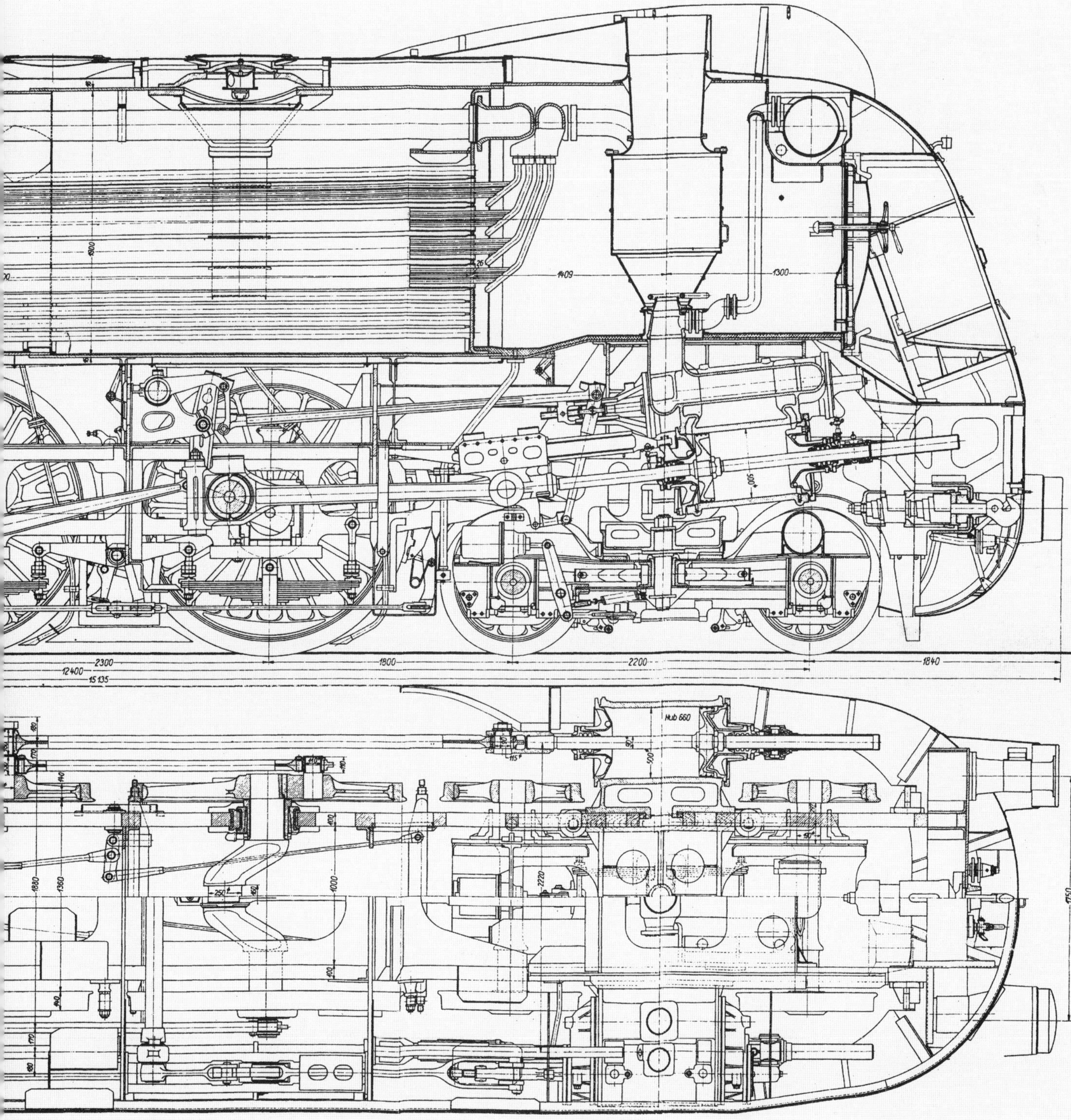
1409
1300
1800
2300
1800
2200
1840
12400
15135
Hub 660
1750
1880
1360
1000

Jürgen-Ulrich Ebel

Die Baureihe 01^{10}

Lokomotivlegende zwischen Stromlinienära und Computerzeitalter

EISENBAHN KURIER
VORBILD UND MODELL

EK-VERLAG

Titelbild
01 1064 bespannte im Sommer 1940 den D 240 Berlin Anhalter Bf – München zwischen Berlin und Saalfeld (294 km). Das Bild entstand im Abgangsbahnhof gegen 10.30 Uhr. Rund vier Stunden benötigte der Zug bis in die Saalestadt.
AUFNAHME: SAMMLUNG GERHARD GRESS

Rückseite
Osnabrück und die ölgefeuerte 01^{10}: Unvergeßlich für diejenigen, die die Höchstleistungen auf der Rollbahn Ruhrgebiet – Hamburg miterleben durften. **01 1068** vor E 521 nach Bremen im Hauptbahnhof Osnabrück im Juni 1967. Das damals noch fast neue Stellwerk Of wurde vom damals in der Hochbaugruppe der BD Münster tätigen Vater des Autors entworfen.
AUFNAHME: HELMUT BITTNER

ISBN 13: 978-3-88255-216-4

Abbildungen ohne Quellenangabe stammen vom Verfasser oder aus seiner Sammlung.

Bearbeitung/Gestaltung: Jörg Sauter
Bildbearbeitung: Steffen Düll, Rico Schreiber

EK-Verlag – EK Medien GmbH – Munzinger Straße 5a – 79111 Freiburg
www.eisenbahn-kurier.de

Unser Gesamtverzeichnis erhalten Sie kostenlos unter Tel. 0761-70 310 0 oder unter service@eisenbahn-kurier.de

Inhaltsverzeichnis

Bild 1, links – Neun Jahre nach dem Krieg waren bei der jungen Deutschen Bundesbahn schon „geordnete Verhältnisse“ eingekehrt. Im Frankfurter Hauptbahnhof wartet im September 1954 **01 1099** des Bw Kassel auf Ausfahrt, und gleich wird die Fahrt gen Kassel beginnen. Wenige Tage nach diesem Foto rückte die Lok ins AW Braunschweig ein und erhielt einen Neubaukessel.
AUFNAHME: ARNOLD MÜLL, SAMMLUNG ALFRED GOTTWALDT

Einführung

Vier Leben – als strahlend schöne Stromlinienloks, die doch bald verbeulte, teilentkleidete Nachkriegsgestalten waren, „entstromt" wiedergeboren und versuchsweise bei einer Lok sogar mit blauer F-Zug-Lackierung, dann wegen wachsender Explosionsgefahr der Kessel mit leistungsfähigen Neubaukesseln in der Architektur der Neubaudampfloks, und schließlich 34-fach als bullige Ölfeuerungsloks mit Monatslaufleistungen bis 28.000 km die „103 der fünfziger Jahre". Die Baureihe 01^{10} steht mit einer solchen Geschichte völlig allein da, und bis heute bewegen die betriebsfähigen Lokomotiven die Massen, sei es in vollbesetzten 13-Wagen-Sonderzügen, sei es die andächtige Fangemeinde, die in ihr die wohl faszinierendste deutsche Schnellzugdampflok sieht.

Die Baureihe 01^{10} vereint in sich mehrere Höhepunkte: Die stärkste deutsche Serien-Schnellzugdampflok, die höchsten Monatslaufleistungen im deutschen und europäischen Dampflokbetrieb, die höchsten Jahreslaufleistungen, die schnellsten dampfbespannten Planzüge Europas. Die letzten 012 setzten 1975 den donnernden Schlussakkord hinter den Dampfschnellzugbetrieb der Bundesbahn, doch auch 35 Jahre später ist ihre Beliebtheit ungebrochen. Was wenige wissen: Erkauft wurden die Super-Leistungen mit vielen Schäden, immensen Reparaturkosten und einer durchaus als dramatisch zu bezeichnenden Geschichte ihrer Erhaltung in den Ausbesserungswerken, namentlich im AW Braunschweig.

Die papierne Hinterlassenschaft über diese Baureihe in Form von Originalakten, Schriftverkehren, Konferenzniederschriften, Ausbesserungsberichten ist nur in Kubikmetern zu messen und übertrifft die aller anderen deutschen Lokomotiven bei weitem.

15 Jahre arbeitete ich, dieser Baureihe seit früher Jugend persönlich, später phasenweise auch beruflich eng verbunden, an diesem Werk. Der vorgesehene Rahmen wurde alsbald gesprengt, doch ergab sich letztlich die Übereinstimmung zwischen Autor und Verlag, daß außergewöhnliche Themen eines außergewöhnlichen Rahmens bedürfen. Die technische Geschichte der Baureihe 01^{10} mußte wahrlich neu geschrieben werden, und auch die Einsatzgeschichte ist nun fast lückenlos dargestellt.

Der erste Band des Werkes beschreibt die Entstehungsgeschichte, setzt sich mit ihrer Technik und den über die Jahrzehnte ausgeführten Umbauten auseinander und stellt mit einer enormen Faktendichte die Rolle der 01^{10} in der Schnellzugförderung dar. Großen Raum nimmt die Darstellung der zeitweise dramatische Züge erreichenden Lokunterhaltung in den Ausbesserungswerken ein.

Die ölgefeuerten Maschinen feierten erst ihre größten Triumphe, als der übrige Dampfschnellzugbetrieb bereits im Niedergang war. Geboten war es, Laufleistungen, Leistung, Einsatzstrukturen und Verbräuche dieser Type eingehend zu betrachten und anhand dessen die Frage zu beantworten, ob die 01^{10} wirklich eine Sonderklasse unter den Dampflokomotiven darstellte. Die Antwort ist ein überraschend eindeutiges Ja. Ebenso eindeutig fiel das Ergebnis eines Vergleiches mit der BR 01^5 aus.

Abgeschlossen wird der Band 1 mit einer gerafften Darstellung der Beheimatungsgeschichte. Band 2 enthält die ausführliche Einsatzgeschichte, geordnet nach Einsatzdirektionen.

Telgte (Westf) im Sommer 2010

Jürgen-Ulrich Ebel

Für eine teils intensive Mitarbeit zu danken ist:

Helmut Bittner, Dr.-Ing. Rudolf Breimeier, Dampflokwerk Meiningen, DB-Museum Nürnberg, Deutsches Dampflokmuseum Neuenmarkt-Wirsberg, DGEG-Archiv Witten, Holger Dittmann, Hansjürgen Eggerstedt, Christian Ernst, Dietmar Falk, Prof.-Dr. Wolfgang Feuerhelm, Michael Frick, Dr. Rüdiger Gänsfuß, Michael Gamper, Reinhard Grisebach, Wulf-Dieter Heinrich, Holger Kaufhold, Johannes Klings, Ronald Krug, Peter Lacha, Dierk Lawrenz, Joachim Lawrenz, Wolfgang Löckel, Steffen Lüdecke, Jürgen Nicklich, Rendsburger Eisenbahnfreunde e.V, Florian Riedel, Hartmut Riedemann, Peter Schmied, Volker Siewke, David Skowronek (Ulmer Eisenbahnfreunde), Stoom-Stichting Nederland, Reinhold Staubach, Ulmer Eisenbahnfreunde e.V., Hansjürgen Wenzel, Hans Werner, Jürgen Westensee, Joachim Wohlfarth, Fritz Wolff.

Häufig vorkommende Abkürzungen:

AW	Ausbesserungswerk (ab 10.1.1952)
BMAG	Berliner Maschinenbau AG
Bwg	Braunschweig
BD	Bundesbahndirektion (ab 10.1.1952)
Bw	Bahnbetriebswerk
BZA	Bundesbahnzentralamt (ab 10.1.1952)
DRB	Deutsche Reichsbahn (ab 1937)
EAW	Eisenbahn-Ausbesserungswerk (10.11.1949-10.1.1952)
ED	Eisenbahndirektion (10.11.1949-10.1.1952)
EZA	Eisenbahnzentralamt (10.11.1949-10.1.1952)
HVB	Hauptverwaltung der DB (ab 10.11.1949)
MV	Mischvorwärmer
RAW	Reichsbahn-Ausbesserungswerk (bis 10.11.1949)
RBD	Reichsbahndirektion (bis 10.11.1949)
RZA	Reichsbahn-Zentralamt (bis 10.11.1949)
TGB	Technisches Gemeinschaftsbüro der Lokindustrie
VT	Verbrennungstriebwagen
ZW	Zentralstelle für den Werkstättendienst
ZTL	Zentrale Transportleitung der DB

Der lange Weg von der S 10^2 zur Stromlinien-01

In der ersten Hälfte der zwanziger Jahre entstanden in einem langwierigen und teils widersprüchlichen Verfahren die Entwürfe für die ersten Einheitslokomotiven. Nur mühsam ging es voran, weil sich technische und verkehrliche Bedingungen gegenüber der Vorkriegszeit stark verändert hatten und sich weiter wandelten. War bis 1913/14 ein vorläufiger Höhepunkt des Schnellzugverkehrs mit einem dichten Fahrplan und schnell fahrenden, aber nur leichten bis mittelschweren D-Zügen erreicht worden, so boten die in der Zeit von ungefähr 1910 bis zum Ende der „Belle Epoque“ 1914 neu in Dienst gestellten Schnellzuglokomotiven der verschiedenen Länderbahnen das dafür erforderliche Spiegelbild: durchwegs dreifach gekuppelt, teure Einzelentwicklungen nach landesspezifischen Vorlieben, fast ausschließlich mit Vierzylinder-Verbundmaschinen und auf lange Lebensdauer ausgelegt. Eine ganze Berufsgruppe, vom Lokomotivputzer bis zum Ingenieur in der Hauptwerkstätte, widmete sich mit Hingabe und für kleine Löhne dem Unterhalt und Betrieb der herausgeputzten Symbole deutscher Weltgeltung.

Damit war es 1919 vorbei. Staat und Volk, durch den verlorenen Krieg verarmt, steckten in der Zwickmühle zwischen ultimativen Forderungen der Siegermächte und anhaltender, auch blutiger Opposition von Kommunisten, Monarchisten, Militaristen und desillusionierten Großagrariern.

Der Eisenbahnbetrieb spiegelte die stark veränderten Verkehrsbedürfnisse ebenso wieder wie die anhaltende Krise. Im Schnellzugverkehr war ehedem „Reisen“ einer kleinen Oberschicht vorbehalten gewesen. Einen Massenverkehr über weite Strecken hatte es nicht gegeben. In den zwanziger Jahren hingegen nahm das Transportbedürfnis der breiten Bevölkerung stark zu – irgendwann mußte jeder unterwegs sein, auf der Suche nach Arbeit, auf dem Weg zur Arbeit, auf Besuch zur weit entfernten Verwandtschaft, auf dem Weg zu einer der vielen politischen Massenveranstaltungen und zunehmend bereits auf der Fahrt in die Sommerfrische. Schnelligkeit war kaum gefragt, wohl Zugkraft für die wenigen, aber schweren Schnellzüge.

Die zuletzt entwickelten Länderbahn-Schnellzuglokgattungen trugen dieser bereits in den letzten Kriegsjahren begonnenen Entwicklung Rechnung: die sächsische XVIII H (DRB-Reihe 18^0), die sächsische XX HV (Reihe 19^0) und die badische IVh (Reihe 18^3). Das allerdings war mehr oder weniger Zufall, denn ihre Entwicklungszeit reichte in die Jahre 1914/15 zurück, als man noch von einem schnellen Sieg träumte und der Schnellzugverkehr nach der Schnelligkeit den Folgeschritt zu hohen Zuggewichten tun sollte.

Die Entwicklung von Einheits-Schnellzuglokomotiven

Dem Aderlaß der Waffenstillstandsabgaben von Lokomotiven und Wagen und weiteren, aus dem Versailler Friedensvertrag herrührenden Fahrzeugverlusten folgte die Gründung der Deutschen Reichsbahn-Gesellschaft, mit deren Einnahmen die junge Republik ihre Reparationszahlungen finanzieren mußte. Was Wunder, daß die neue Staatsgesellschaft unter dem Druck der sie kontrollierenden Siegermächte stark rationalisieren mußte. Unter diesem Vorzeichen wickelte die DRB bis 1924 ein beispielloses Neubauprogramm an Lokomotiven und Wagen ab, meist von unveränderten oder geringfügig weiterentwickelten preußischen Bauarten. Die Reihe 39 war die erste und einzige Reisezuglok-Entwicklung dieser Zeit. Sie sollte mit ihren ursprünglich zugelassenen 120 km/h unermüdliche Schlepperin schwerer Schnellzüge sein und im Bergland endgültig alle Traktionsprobleme lösen. Doch ging über die aus der Not der Zeit geborene große Mehrzweck-Schnellzuglok die Zeit schnell hinweg: Der wirtschaftliche Aufschwung, der im Konsolidierungsjahr 1924 begann, erforderte die Besinnung auf die klassische Schnellzuglok. So stand in allen Typenplänen die klassische Pazifik-Lok ganz obenan. Auf eine bestimmte Antriebsbauart wollte man sich noch nicht festlegen. Neben der Pazifik stand bis in die Entscheidungsphase als Baureihe 22 noch die schwere 1'D1' als 39er-Weiterentwicklung, auch sie mit der Möglichkeit einfacher oder zweistu-

Maximale Zuggewichte der Länderbahnlokomotiven

Gattung/Reihe		Achsfolge	Stückzahl	Ebene 120 km/h	Ebene 110 km/h	Ebene 90 km/h	1:200 70 km/h
Baden							
IVf	18^2	2'C1'h4v	22	-	420 t	830 t	560 t
IVh	18^3	2'C1'h4v	20	(365 t)	520 t	980 t	615 t
Bayern							
S 3/5	17^4	2'Ch4v	24	-	220 t	515 t	365 t
S 3/6	18^4	2'C1'h4v	122	305 t	435 t	835 t	575 t
S 3/6 2m	18^4	2'C1'h4v	18	300 t	435 t	825 t	555 t
Preußen							
S 10	17^0	2'Ch4	135	-	280 t	550 t	350 t
S 10^1	17^{10}	2'Ch4v	209	(190 t)	285 t	650 t	445 t
S 10^2	17^2	2'Ch3	96	(135 t)	210 t	480 t	335 t
P 10	39^0	1'D1'h3	230	-	475 t	910 t	530 t
Sachsen							
XII HV	17^7	2'Ch4v	39	-	135 t	430 t	330 t
XVIII H	18^0	2'C1'h3	10	270 t	375 t	720 t	470 t
XX HV	19^0	1'D1'h4v	23	(325 t)	450 t	885 t	610 t
Württemberg							
C	18^1	2'C1'h4v	37	(280 t)	390 t	765 t	525 t

Bild 2 – Die erste Dreizylinder-Schnellzuglok, die sich gut bewährte, war die preußische S 10^2. Die Normalbauart besaß einen Einachsantrieb auf die erste Kuppelachse. Drei Maschinen aus der ersten Bauserie des Urhebers Vulcan von 1914 aber hatten ursprünglich ein Gleichstrom-Triebwerk erhalten, von dem zu Reichsbahnzeiten noch der Zweiachsantrieb übriggeblieben war. **17 203** (Bw Halle, Aufnahme um 1935 im Bw Leipzig Hbf West) und **17 204** sind deshalb technisch die Ahninnen aller Einheits-Drillingsloks. AUFNAHME: WERNER HUBERT

figer Dampfdehnung. Beiden Bauarten gemein war die für damalige Verhältnisse außerordentliche Größe. Der Beschaffungsdruck war hoch, denn die DRB war dabei, den bislang umfangreichen Bestand an Zweikuppler-Schnellzugloks als nicht mehr zeitgemäß völlig auszumustern.

Ein Blick auf den in Deutschland vor dem Erscheinen der ersten Einheitsloks 1925 vorhandenen Bestand an Heißdampf-Schnellzugloks mit drei und mehr Kuppelachsen, einer Stückzahl von zehn oder mehr und deren Zugkraft ist aufschlußreicher als eine Gesamtauflistung. Die Leistungsangaben entstammen dem nach verbesserter Berechnungsgrundlage überarbeiteten Merkbuch von 1944. Allein die bayerische S $^3/_6$ war unter diesen Gattungen 1924 für 120 km/h zugelassen, die bayerische S $^3/_5$, die P 10 und die preußischen S 10-Bauarten für 110 km/h, die übrigen für 100 km/h. Weitere Gattungen erhielten erst später dank des Schnellzuglokmangels der dreißiger Jahre verbesserte Bremsen und eine Zulassung auf 120 km/h. Ihre Angaben stehen deshalb in Klammern. Die badische IVh ließ man sogar für 140 km/h zu.

Bei der S $^3/_6$ sind hier die 40 später nachgebauten Loks, bei der P 10 die 30 Maschinen der Baulose 1926 und 1927 noch unberücksichtigt. Betrieblich nicht mehr relevant waren die drei ältesten Konstruktionen, die bayerische S $^3/_5$ von 1903, die badische IVf von 1907 und die sächsische XII HV von 1908. Diese Gattungen waren bereits auf den Personenzugdienst zurückgenommen und sind hier nur der Vollständigkeit halber benannt. 900 moderne Schnellzuglokomotiven standen der DR also zur Verfügung. 429 dieser Lokomotiven verfügten über ein Vierzylinder-Verbundtriebwerk, 336 waren Drillinge.

In Sachsen und in Oldenburg, wo man sich mit der XII H_1 (DRB-Reihe 17^8), bzw. der S 10 (DRB-Reihe 16^0) an Dreikuppler-Schnellzugloks mit nur zwei Zylindern versucht hatte, waren diese zu völligen Fehlschlägen geworden. Zahlreich waren die Zwillingsschnellzugloks hingegen unter den Zweikupplern, die hingegen durchweg schon zur Ausmusterung anstanden. Nicht eine Zwillingsloktype gab es also unter den serienmäßig gebauten Dreikupplern.

Die Vierlingslok der Gattung S 10 war 1910 aus dem Bedarf an einer Lok mit sehr großer Zylinderzugkraft entstanden. Aus Profilgründen, um alle Triebwerksteile leicht ausführen zu können und nur geringe Lagerdrücke zu haben, baute man vier kleine statt zweier großer Zylinder ein. An der P 8, die vielfach im Schnellzugdienst eingesetzt war, hatte man zuvor viele durch die großen Zylinder verursachte Lager- und Rahmenschäden erlebt. Die S 10 waren sehr zugkräftig und bis 1930 auf der Rollbahn Ruhrgebiet – Hamburg unersetzlich. Ihr größerer Kohlehunger spielte so nah bei den Ruhrzechen keine große Rolle. Sparsame Verbundloks setzten die genau rechnenden Preußen in „kohlefernen“ Gebieten ein, wo die Transportkosten den Brennstoff teuer machten.

Beliebt wegen ihres gleichförmigen Drehmomentes und somit raschen Anzuges und unübertroffener Zugkraft auf Steigungsstrecken waren die Drillingsloks. Technisch waren sie ein Kompromiß zwischen dem komplizierten Vierling und dem einfachen Zwilling, benötigten wegen größerer Abkühlungsflächen, ungünstigerer Dampfwege und größerer Steuerungsfehler etwas mehr Kohle als letzterer, waren ihm an Laufruhe aber weit überlegen. Die Drillings-S 10 war dann auch 1914 als bloße Vereinfachung der Vierlings-S 10 während des laufenden Serienbaues eingeführt worden. Im Reisezugbetrieb waren solche Loks willkommen, und die Drillings-S 10 wie die nach ihrem Vorbild konzipierte sächsische 18er galten als hervorragender Schnelläufer. Kein Zufall auch, daß die 39er ein Dreizylindertriebwerk erhalten hatte. Da die 2'C-Lokomotiven alle an einem zu kleinen, auf eine Leistung von rund 1.700 PS begrenzten Kessel litten, stand seit 1921 zu erwarten, daß die Entscheidung für eine Neubauschnellzuglok zwischen den Achsfolgen 1'D1' und 2'C1' und zwischen Drilling und Verbundlok fallen würde.

Der Vergleich der jeweiligen Zuglasten in der Tabelle gibt einen ersten Aufschluß, welche Lokomotiven eher als Flachlandrenner und welche eher als „Bergziegen“ anzusehen waren. Während die sächsische 19er sich am Berg wacker schlug, versagte sie im Flachland, vor allem bedingt durch die aus Platzmangel verbaute Dampfmaschine, ungünstige Einströmrohre und die deutlich zu kleinen Niederdruckschieber. Sie gibt schon einen Hinweis, warum eine 1'D1' oder gar eine 2'D1' noch nicht die allgemeine Einheitsschnellzuglok in Deutschland werden konnte: Es herrschten 20-m-Drehscheiben vor, und die einwandfreie Kurvenläufigkeit einer 1'D1' war ungleich schwerer sicherzustellen als die [illegible] Pazifik. Schon der Blick auf die Seitenansicht der XX HV und der 39er offenbart die Schwierigkeiten: Die sächsische Maschine, erster derartiger Versuch in Deutschland, scheinbar vom Kessel und von hinten her entworfen, hat vorne, wo es darauf ankäme, keinen Platz. Bei der 39er sind Laufwerks- und Triebwerksentwicklung tadellos. Die entscheidenden Zentimeter mußte man aber dennoch einsparen, in diesem Falle durch Verkürzung und Einzug des Stehkessels zwischen die Kuppelachsen. Wegen der kleineren Kuppelräder konnte man bei der 39er noch den von der S 10^2 her bewährten Einachsantrieb vorsehen – die geringen Triebwerksmassen ließen auch die reichlich kurzen Treibstangen problemlos erscheinen.

Verbundlok oder Zwilling?

Der Weg wies also eindeutig zur 2'C1', einer Bauart, die, wenn man nur wollte, nahezu von selbst zu den richtigen Proportionen von Kessel und Triebwerk führte. Vor allem die bayerische S $^3/_6$ und die badische IVh ragen in der Darstellung auf Seite 6 durch außerordentlich gute Leistungen hervor. Während die bayerische Lok vor allem bei Geschwindigkeiten bis 100 km/h in ihrem Element war, verlor sie bei höherer Geschwindigkeit durch Drosselverluste in der Dampfmaschine an Leistung. Die alles überragende deutsche Schnellzuglok war bis dahin die badische IVh, eine vergleichsweise riesige Maschine, die in der Ebene wie auch auf Steigungsstrecken mit fast unglaublich großen Anhängelasten glänzte. Noch 1956 erreichte eine von ihnen vor einem Meßzug 162 km/h. Sie setzte bereits den Größenmaßstab der zukünftigen Einheitsloks, denn ihre Leistung mußten diese übertreffen, um zukunftssicher zu sein.

Die beiden süddeutschen Bauarten, wiewohl beide bei Maffei gebaut, folgten unterschiedlichen Philosophien. Die bayerische S $^3/_6$ besaß den preußischen Einachsantrieb der Bauart von Borries. Alle Zylinder liegen in einer Querebene und treiben die mittlere Kuppelachse an. Die Steuerungsübertragung wird auf diese Weise einfach, die Dampfwege allerdings sind aus Platzmangel nicht optimal auszubilden. Der Bedeutung dieses Umstandes widmete man damals noch keine so große Aufmerksamkeit. Die Hochdruckzylinder haben 440 mm Durchmesser, die Niederdruckzylinder 650 mm, ein untadeliges Verhältnis. Die Schieberdurchmesser waren mit 290 mm für Hoch- und Niederdruckzylinder zu knapp bemessen, ebenfalls ein Manko, dessen Bedeutung man damals noch nicht erkannte. Die erwähnte Drosselung der Maschine bei hohen Geschwindigkeiten hat ihre Ursache auch in den zu kleinen Niederdruckschiebern.

Wie die preußische S 10^1 beider Bauarten hat die IVh einen Zweiachsantrieb nach de Glehn. Allerdings liegen hier die Hochdruckzylinder innen, sind weit vorgeschoben und treiben die erste Kuppelachse an, während die Niederdruckzylinder ungefähr in Drehgestellmitte liegen und auf die mittlere Kuppelachse wirken. Beide Schieber sitzen hintereinander auf einer Stange, eine einfache, in der Einstellung aber komplizierte Angelegenheit. Der Zweiachsantrieb besaß für die lange Haltbarkeit der Kropfachsen entscheidende Vorteile. Die Hochdruckzylinder haben wie bei der S $^3/_6$ 440 mm Durchmesser, die Niederdruckzylinder 680 mm. Die Hochdruckschieber haben 320 mm Durchmesser, die Niederdruckschieber gewaltige 470 mm. Mit der badischen Maschine hatte die Reichsbahn ein Pferd im Stall, das als damals nahezu nicht verbesserungsfähiges Muster für die Grundausstattung einer großen Verbund-Schnellzuglok hätte dienen können. Der für die gewaltige Leistung der Dampfmaschine in der Ebene und auf Steigungsstrecken etwas schwächliche Kessel allerdings hätte eine Vergrößerung erfahren dürfen – kein Problem, da die DRG ihre neuen Hauptstrecken-Lokomotiven ohnehin mit 20 t Kuppelachsdruck [illegible] wollte. Das Idealmuster – es wurde all die Jahre der Entwicklungsarbeit an den Einheitsloks nicht erkannt. Hingegen war der auf der IVh so bewährte Zweiachsantrieb für die Baureihe 44 und die folgenden Dreizylinderloks, auch die Baureihen 01^{10} und 03^{10}, keine ideale, sondern eher eine problematische Bauart.

Über weitere Hauptbestandteile der kommenden Einheitslokomotiven war man sich weitgehend einig.

Der Rahmen der bayerischen und badischen Schnellzugloks wie auch der modernen preußischen Lokomotiven war der Barrenrahmen. Ihn hielt man wegen des erwünschten Austauschbaues für unverzichtbar. Um Wartungsaufwand einzusparen, wollte man im Triebwerk nur noch die am stärksten belasteten Lager nachstellbar machen; die übrigen sollten einfache Buchsenlager erhalten.

Da die Einheits-Schnellzuglok an Leistung die drei größten bislang in Deutschland gebauten Typen übertreffen sollte, mußte sie einen möglichst leistungsfähigen Kessel erhalten. Das Leistungsprogramm sah immerhin die Beförderung eines 800 t wiegenden Schnellzuges mit 110 km/h vor. Hierfür hielt man eine indizierte Leistung von 2.400 PS und eine Zughakenleistung von 1.800 PS für nötig. Der neue Leiter des Bauartdezernates (Dez. 23) im Zentralamt Dr.-Ing. Richard-Paul Wagner plädierte für ein „natürliches Leistungsprogramm“: Beförderungsaufgabe (später als „Pflichtenheft“ bezeichnet), zulässige Achslast und die durch Drehscheibendurchmesser begrenzte Länge der Lok bestimmten alle anderen Parameter. Die Höchstgeschwindigkeit von 120 km/h stand bereits fest. Relativ spät allerdings entschied man sich für Kuppelräder von 2.000 mm statt der zunächst vorgesehenen 1.900 mm, fraglos einer Verschleißminderung förderlich. Da man neue 23 m-Drehscheiben einführen wollte, legte man die Lok darauf aus, sah aber vorläufig auch einen Kurztender vor, mit dem der Gesamtachsstand unter 20 m zu halten war. Die von Anfang an gewollte 2'C1'-Bauart ermöglichte nahezu automatisch einen großen Kessel mit einem über dem flachen Rahmen gut entwickelbaren Stehkessel. Alle Voraussetzungen für eine erfolgreiche und sehr leistungsfähige Konstruktion waren so schon im Frühjahr 1923 gegeben. Der vom Vereinheitlichungsbüro der Lokomotivindustrie bis dahin durchgezeichnete Vorentwurf war vor allem eine Zusammenführung der Projekte von Henschel und Borsig. Die äußere Architektur der Lokomotive entwickelte man aus der gerade neuen 39er und der sächsischen XVIII H.

Um Aufschlüsse über die Kardinalfrage „Verbundbauart oder einfache Dampfdehnung“ zu gewinnen, sah man je zehn Maschinen als 2'C1'h2 (später Baureihe 01) und als 2'C1'h4v (später Baureihe 02) vor. Die Zweizylinder-Variante stattete man mit dem neuen Einheits-Kolbenhub von 660 mm und einem Zylinderdurchmesser von 650 mm aus, vertrauend auf die überaus stabile Bauart von Rahmen und Laufwerk. Größere Zylinder hatte in Deutschland zuvor nur die Reihe 95 erhalten! Diese Triebwerksabstimmung rief bei vielen Fachleuten in Deutschland Kopfschütteln hervor, doch berief sich der Bauartdezernent auf die schweren amerikanischen Pazifiks, die nahezu ausschließlich als Zweizylinderloks gebaut wurden. Z.B. hatte die schon seit 1914 gebaute und außerordentlich erfolgreiche K-4s der Pennsylvania Railroad gewaltige Zylinder von 686 mm Durchmesser und 711 mm Hub bei 2.032 mm Kuppelraddurchmesser. Daß man mit den großen Zylindern die Kesselleistung der 01 schnell überfordern konnte und Rahmen sowie Lager den Kolbenkräften nicht gewachsen waren, sah niemand voraus.

Die Vierzylinderverbundtype erhielt Einachsantrieb nach von Borries auf die zweite Kuppelachse. Nur durch Hoch- und Schräglegung der kleinen Hochdruckzylinder gelang es, mit den inneren Treibstangen über die erste Kuppelachse hinwegzukommen. Die Zylinder waren mit 460 und 720 mm Durchmesser wie beim Zwilling reichlich bemessen. Um so knauseriger war man bei der Gestaltung der Dampfkanäle und der Schieber: Die Hochdruckmaschine mußte mit den alten preußischen 220 mm-Schiebern auskommen, die Niederdruckzylinder erhielten 350 mm-Schieber. Alle Schieber wie auch die Schieberüberdeckungen waren für die großen Zylinder zu klein, und die 02 litt dann auch bei zunehmender Geschwindigkeit unter einer wachsenden Einlaßdrosselung vor Hochdruck- und Niederdruckmaschine. Die ohnehin etwas reichlich bemessenen Niederdruckzylinder leisteten mangels ausreichender Füllung das ihnen zugedachte Arbeitspensum dann nicht. Auch die Ausströmrohre und das Blasrohr waren wegen der hinderlichen Innenzylinder alles andere als gut angeordnet.

Schwachpunkt: der Kessel

Bisher keine Vorbilder in Deutschland hatte die Kesselbauart. Nicht die Länge der Heiz- und Rauchrohre war das Besondere – die gewählten 5.800 mm hatte man schon bei der 19er gesehen, die übrigen erwähnten deutschen Pazifiks hatten Rohrlängen von 5.200 bis 5.500 mm, und in Frankreich wie den USA waren Rohrlängen um und über 6 Meter bereits völlig normal. Der Stehkessel war das in Deutschland Neue. Er hatte nahezu senkrechte Seitenwände, und seine Länge nutzte den Freiraum hinter der letzten Kuppelachse vollständig aus. Durchaus begründet war die Ablehnung des quadratischen bis querformatigen Rostes und des kur-

Bild 3 – Entgegen dem Vorurteil, „die" Reichsbahn sei Verbundlok-feindlich gewesen, gab es in Form der Henschel-S 3/6-Bauserie von 1930 und der Baureihe 04 durchaus Ansätze, einmal gefällte Urteile zu überprüfen. Ein Teil der neuen S 3/6 wurde beim Bw Osnabrück-Br beheimatet. Mit ihnen waren Durchläufe zwischen Köln und Altona (460 km) möglich. Das Bild der Osnabrücker **18 535** entstand im Sommer 1930 im Bw Köln Bbf. AUFNAHME: WERNER HUBERT

Bild 4 – Auch der Baureihe 02 traute man anfangs sehr hohe Leistungen zu. Es erwies sich aber, daß sie u. a. wegen zu kleiner Schieberabmessungen in ihrer Leistung bei wachsender Geschwindigkeit immer stärker gedrosselt wurde. **02 001** (Bw Hof), schon mit elektrischer Beleuchtung und großen Windleitblechen, um 1935 im Bw Leipzig Hbf Nord.
AUFNAHME: WERNER HUBERT, SAMMLUNG JÖRG SAUTER

Bild 5 – Die Standard-Schnellzuglok der Reichsbahn wurde die Baureihe 01. **01 082** wurde 1930 von der BMAG unter der Fabriknummer 9311 hergestellt. Bereits ab Werk besaß sie die großen Windleitbleche. AUFNAHME: BMAG, SAMMLUNG JÖRG SAUTER

zen, seitlich ausladenden Stehkessels der süddeutschen Bauarten. Mehrere von diesen besaßen zwei Feuerlöcher, um den Rost überhaupt ausreichend beschicken zu können. Bauartbedingt traten bei dieser Form des Stehkessels vor allem im Bereich der Feuerlöcher und Bodenringe schwere Schäden auf.

Der hier langformatige Rost war nur mäßig geneigt, mit 4,5 m^2 Fläche auffallend knapp kalkuliert und kleiner als die Roste von S 3/6, IVh und XX HV. Mit 246 m^2 Verdampfungsheizfläche und einem beträchtlich auf 100 m^2 vergrößerten Überhitzer sah man den größten bislang für eine deutsche Lok gebauten Kessel vor. Die Heizfläche der Feuerbüchse hätte nun proportional ebenfalls erheblich größer werden müssen als die zwischen 14,4 und 15,6 m^2 großen Feuergewölbe der eben erwähnten Pazifiks und der XX HV. Man beschied sich aber mit 17 m^2. Die kleine Feuerbüchsheizfläche sollte einen größeren Teil der Wärmeabgabe an den Langkessel übertragen und so der Schonung der noch kupfernen Büchse dienen. Der kleine Rost sollte den Heizer zwingen, häufiger zu feuern und ein gleichmäßiges, flaches Feuer zu halten, was einem sparsamen Kohleverbrauch förderlich war. Blasrohr und Schornstein wurden weit gehalten, die Luftzuführung zum Feuer knapp. Auf diese Weise sollte die Auslaßdrosselung der Dampfmaschine gering sein und der Durchgang der Rauchgase durch den Kessel zur besseren Ausnutzung gebremst werden. Keineswegs war Richard Paul Wagner allein ein Verfechter dieser erst später mit seinem Namen verknüpften Kesselbauart. Über die sehr unterschiedlichen Wertigkeiten von feuerberührten und feuerfernen Heizflächen wußte man damals noch nichts. Und auch die neuesten Lehrbücher schwiegen sich dazu aus. Wagner vor allem gebührt der Verdienst, den Durchgang der Heizgase durch den Kessel erforscht, die Systematik von sinnvollen Längen und Durchmessern von Heiz- und Rauchrohren beschrieben und in den Betrieb eingeführt zu haben. Er unterlag allerdings der irrigen Ansicht, daß die weitergehende Ausbeutung der Verbrennungsgase im vorderen Langkesselbereich die knappen Abmessungen von Rost und Feuerbüchse vollständig ausgleichen würde. Andererseits bewegte man sich mit einem Verhältnis von Feuerbüchs- zu Rohrheizfläche im Bereich von 1:13,5, das tüchtige Länderbahn-Pazifiks aufwiesen oder sogar übertrafen.

Keine Beachtung schenkte man Robert Garbes gerade zu dieser Zeit wiederholten Mahnungen, ein ausgewogenes Verhältnis der Rostfläche zur Feuerbüchsheizfläche zu wahren. In Preußen achtete man seit vielen Jahren auf ein empirisch belegtes Verhältnis von mindestens 1:5. Besonders gute und bewährte Konstruktionen wie die P 8 oder die S 10[1] wiesen ein Verhältnis von 1:5,5 auf. Die Einheits-Schnellzuglok sollte nur 1:3,8 erhalten, eine Diskrepanz, die eben kein Versehen, sondern Absicht war. In der prinzipiell richtigen Erkenntnis, daß Hochleistung nur selten benötigt wurde, wollte Wagner also

- den Heizer durch knappe Feuerraumabmessungen zu überlegter Feuerführung zwingen,
- im großen Langkessel einen für kurzzeitige Überleistungen wie Anfahrten und Rampenfahrten ausreichenden Heißwasservorrat (die „Kesselreserve") bereithalten, verbrauchen und wieder aufbauen können,
- die Verbrennungsgase im Langkessel besonders weitgehend ausnutzen,
- und der Dampfmaschine hochüberhitzten und dadurch besonders wirtschaftlichen Dampf zur Verfügung stellen.

Das waren ehrgeizige Ziele, die gleichrangig objektiv unerreichbar waren. Zur Schonung dieser Kesselbauart legte man eine theoretische und mit 60 kg/m^2h Heizflächenbelastung minus 5 % Sicherheitsabschlag niedrig angesetzte „Kesselgrenze" fest. Die damit möglichen 14 t Dampferzeugung pro Stunde der neuen Loks legte man für die Fahrplanberechnung zugrunde. Erwähnenswert ist, daß man bei der endgültigen Konstruktion die Verdampfungsheizfläche auf 238 m^2 zurücknahm. 02 010, eine der 20 Vorauslokomotiven, erhielt einen Kessel mit 6.800 mm langen Rohren, 247 m^2 Verdampfungsheizfläche und einen verbesserten, dafür auf 84 m^2 verkleinerten Überhitzer.

Nicht bedacht war, daß geringe Luftzuführung, wenig leistungsfähige Saugzuganlage, kleiner Rost und kleine Feuerbüchsheizfläche die Verdampfung des Kessels unelastisch machten und seine Leistungsfähigkeit künstlich begrenzten. Vermutlich war die Entkopplung von Kessel- und Maschinenleistung zugunsten eines ziemlich starren Dampfangebotes aber sogar Absicht. R. P. Wagner prophezeite für den 5,8 m-Kessel eine Leistung von 2.500 PS_i, für

Bild 6 – Auch die Baureihe 03 hatte einen Kessel mit 6,8 m langen Rohren und kleiner Feuerbüchsheizfläche. **03 156** (Borsig 1934) besaß schon die zur Mitte verlegten Pumpen, aber noch die einfache Bremse und kleine Vorlaufräder. AUFNAHME (BW LEIPZIG HBF WEST 1935): WERNER HUBERT, SAMMLUNG JÖRG SAUTER

den Langrohrkessel gar 2.600 PS_i. Vermutlich deshalb baute man auch eine Speisepumpe von 350 l/min Leistung ein. Ein solches Dampfangebot wäre für die vorgesehene Maschinenleistung in der Tat völlig ausreichend gewesen. Natürlich nutzte der lange Kessel die Verbrennungsgase noch besser aus, und erstmals wurden mit ihm Dampfverbrauchszahlen von unter 7 kg/PS_ih erreicht. Wie zu erwarten zeichneten sich diese äußerlich gewaltigen Kessel auch im Alltagsbetrieb durch einen bemerkenswert sparsamen Verbrauch des Brennstoffs aus, was in Zeiten wenig angespannter Fahrpläne das beste Argument für diese Bauart war. Den geringen Dampfverbrauch fest im Blick wurde diese Grundbauart zur Standardausrüstung der DRB-Schnellzugloks.

So kamen die Einheits-Schnellzugloks bereits mit einem entscheidenden Geburtsfehler zur Welt. Nicht der später so viel geschmähte lange Langkessel war das Problem, sondern der für große Kesselleistungen in allen Abmessungen zu knappe und auch im Verhältnis Rostfläche – Feuerbüchsheizfläche fehlabgestimmte Feuerraum. Bei den meßtechnischen Untersuchungen erreichten weder die Vierzylinder-Verbundtype 02 noch die Baureihe 01 auch nur annähernd die vom Bauartdezernenten vorhergesagte Leistung. Die Baureihe 01 lag bei Kesselnennleistung mit dem 5,8 m-Kessel bei rund 2.240 PS_i und mit dem später allgemein gebauten 6,8 m-Kessel bei 2.280 PS_i. Die Verbundlok hatte bis ungefähr 50 km/h eine merklich größere Leistung als die 01, die sich bei steigender Geschwindigkeit verlor. Zwischen 80 und 120 km/h übertraf die Baureihe 01 die 02 in zunehmendem Maße. Die Ursache vermutete man in einer ominösen und für die norddeutschen Verfechter einfacher Bauarten willkommenen „Verbundcharakteristik", anstatt das Naheliegende, die zu kleinen Schieber und ungünstigen Dampfwege der 02 wahrzunehmen. Deren Problematik wurde in der Lokomotivfabrik Maffei durchaus erkannt und erregt diskutiert, wo man sieben Jahre zuvor die badische IVh als damals größte deutsche Lokomotive richtigerweise mit besonders großen Kolbenschiebern ausgestattet hatte.

Statt der vorgesehenen 800 t beförderten 01 und 02 mit dem 5,8 m-Kessel nur rund 430 bzw. 490 t mit 110 km/h, nicht mehr als die badische IVh. Bereits 1932 erbrachte die Grunewalder Versuchsabteilung den meßtechnischen Beweis dafür, daß die 01 im schweren Schnellzugdienst eigentlich oberhalb ihrer Möglichkeiten belastet wurde. Sie untersuchte 01 093, die erste Lok mit auf 600 mm Durchmesser verkleinerten Zylindern, vor dem Meßwagen und mit unterschiedlichen Wagenlasten zwischen 455 und 601 t (13 eiserne D-Zug-Wagen und Meßwagen). Gefahren wurde zwischen Berlin und Hamburg in Plänen für 110 und 120 km/h. Es stellte sich heraus, daß die Lok vieler Langsamfahrstellen wegen große Probleme hatte, schnell wieder die Plangeschwindigkeit zu erreichen. Auch die Anfahrten lösten keine Begeisterung aus: Die Beschleunigung betrug vor dem 455 t-Zug 0,165 m/sec^2. Bei einem schwereren Zug sank die Beschleunigung mangels Kesselleistung nach zwei Kilometern fast auf Null, um dann ganz langsam innerhalb zweieinhalb weiterer Kilometer auf 0,077 m/sec^2 anzusteigen. Erreicht wurden im 120er Plan Durchschnittsgeschwindigkeiten bis zu 108 km/h. Vor dem 600 t-Zug benötigte die Lok im 120er Plan zwischen Charlottenburg und Altona insgesamt 38,6 t Wasser, und die Heizflächenbelastung lag zwischen Charlottenburg und Wittenberge bei durchschnittlich 60,4 kg/m^{2}h, was nichts anderes heißt, als daß die Kesselbelastung zeitweise 50, zeitweise aber auch 70 kg/m^{2}h betrug. Der Kessel hatte die Überlastungen hergegeben, doch war schon während der Meßreihe immer wieder ein Nachstemmen der stark undicht werdenden Heizrohre erforderlich. Nach Abschluß des Meßprogramms mußte die Maschine wegen der durch Überforderung aufgetretenen Kesselschäden sogar ins RAW Braunschweig. Auch das Triebwerk wies nach schweren Zugfahrten typische Überlastungsschäden auf. Man nahm aus diesen Fahrten die Erkenntnisse mit nach Hause, daß nur Lokomotiven in bestem Unterhaltungszustand solche Zugfahrten schadlos überstünden. Allerdings tröstete man sich damit, daß es bei der DRB damals kaum solche Zuglasten gab, und auch 120 km/h Plangeschwindigkeit noch absolute Ausnahmen für leichte Züge darstellten. Beide Feststellungen waren innerhalb von nur drei Jahren überholt.

Die Solleistung des Kessels von 14 t Dampf je Stunde war also in der Praxis mit Maschinen durchschnittlichen Unterhaltungszustandes nicht sicher zu erreichen. Überdies führte eine im Betrieb

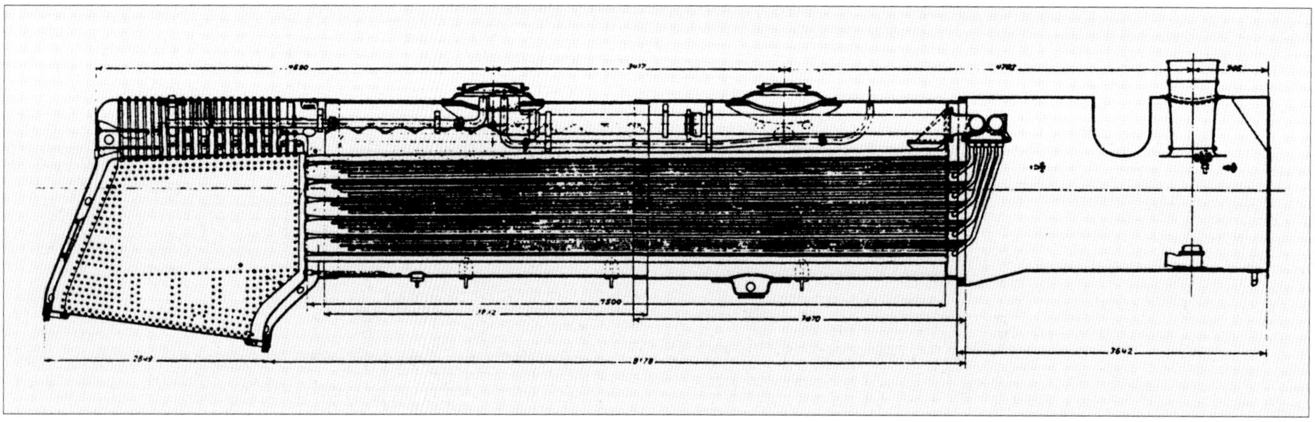

Bild 7 – Wurde die Kesselbauart der Baureihe 05 im Ausland schon mit Kopfschütteln betrachtet, so brachten die Baureihen 45 und 06 noch eine weitere Steigerung. Allein schon die Ansicht des 06-Kessels läßt das Mißverhältnis zwischen kleinem Stehkessel mit erkennbar kleinem Rost und kleiner Strahlungsheizfläche und dem immensen, 7,5 m langen Langkessel deutlich werden.

übliche und überhaupt nicht kontrollierbare Überlastung des Kessels schnell zu Schäden. Schon der häufige Wechsel zwischen Saugzug und Rollen, Feuern und abbrennendem Feuer zog Undichtigkeiten der in der Feuerbüchse nur eingewalzten Heiz- und Rauchrohre nach sich.

Aufschlußreich sind die vielen widersprüchlichen, in den Jahren zwischen 1926 bis 1944 veröffentlichten Leistungsangaben. Eines war ihnen gemein: Die erhoffte Leistung blieb unerreicht, auch nachdem die Baureihe 01 ab der Vergebung 1930 (01 077) mit dem 6,8 m-Kessel und ab 01 093 mit kleineren Zylindern ausgerüstet worden war. Die Baureihe 02 fiel verständlicherweise völlig durch: Auch eine nachträglich verbesserte Dampfmaschine konnte das Manko geringer Kesselleistung nicht ausgleichen, rechtfertigte also kein Geldausgeben. Der Kessel aber war einstweilen sakrosankt, auf deutsch: Wagners heilige Kuh.

Im Nachhinein erst wird die auf einem Vorurteil, der Fehlinterpretation eigener Versuchsergebnisse, dem Nichtwahrhabenwollen der schnellen Fortschritte im amerikanischen oder französischen Dampflokkesselbau und einer Fixierung auf eine möglichst gute Wärmewirtschaft beruhende Angst, auch nur ein Jota an der einmal austarierten Konstruktion der großen Einheitskessel zu ändern, richtig deutlich. Denn viele andere Bauteile verbesserte man, veränderte sie grundsätzlich und war aufgeschlossen für teure, durchaus ergebnisoffene Versuche, beginnend mit der Hochdrucklok 17 206 und der turbinengetriebenen T 18 1001 im Jahr 1924, endend mit der Dampfmotorlok 19 1001 im Jahr 1941. Doch blieb auch die Baureihe 01[10] in allen wichtigen Abmessungen die alte 01 des Bauzustandes 1930 mit ihrem entscheidenden Schwachpunkt.

Versuchsdezernent Nordmann und Bauartdezernent Wagner übertrafen sich Ende der zwanziger Jahre in öffentlichen Darstellungen gegenseitig, die Erfolge des Einheitslokomotivprogramms darzustellen. Die nach den Vorschußlorbeeren enttäuschende Leistung der Baureihe 01 blieb unkommentiert. Der in der Tat vergleichsweise geringe Dampfverbrauch der Einheitsloks, die gelungene Lauf- und Triebwerksbauart, der Austauschbau, das waren die Themen. Vergleiche stellte man wohlweislich nur mit den früheren Länderbahntypen an, nicht aber mit neuzeitlichen Konstruktionen aus dem Ausland.

Die mäßige Leistung der deutschen Schnellzuglok Nummer Eins war anschließend, während der Zeit der wirtschaftlichen Depression, noch kein drängendes Thema. Das ehrgeizige Streckenausbauprogramm der DRB stockte aus Geldmangel ebenso wie die Beschaffung von Einheitslokomotiven und Wagen. Neben der Baureihe 01 hatten bislang nur die überhaupt am dringendsten benötigten Nebenbahnloks nennenswerte Stückzahlen erreicht. Da sich das auf 20 t Achslast ausgebaute Streckennetz kaum vergrößerte, mußte man 1929 in aller Eile eine abgespeckte Version der Baureihe 01 mit nur 17 t Achslast entwickeln. Der erwünschte schnelle Ersatz der verschiedenen 17er-Bauarten war anders nicht zu schaffen. Bei der neuen Baureihe ergab sich infolge des im Durchmesser kleineren, aber gleichlangen Langkessels ein besseres Heizflächenverhältnis von selbst: Sie erhielt ein Verhältnis Feuerbüchs- zu Rohrheizfläche von 1:11,56 und ein Verhältnis Rostfläche zu Feuerbüchsheizfläche von 1:3,97. Ein bewußtes Umdenken aber war das gewiß nicht.

Bis zur Abnahme der 03 001 im Juli 1930 waren für den Schnellzugdienst seit 1925 immerhin 75 Loks der Baureihe 01 (höchste Nummer 01 086), zehn der Baureihe 02, 40 der Reihe 18^{4-5}, eine der Baureihe T 18, 59 der Reihe 39, sieben E 06, eine E 18 alter Bauart, drei E 21, 16 E 16 und 38 E 17 in Dienst gestellt worden. Die Einheitsdampfloks konnten kaum den Ersatz veralteter Maschinen bewirken, sondern sie glichen höchstens die in den letzten Jahren unterbliebenen Beschaffungen aus. Hingegen hatte man 1928 im wachsenden elektrischen Netz mit der E 17 erfolgreich den Schritt von den Versuchsausführungen zur Standardbauart getan. Mit einer Leistung von 2.300 kW (entsprechend 3.150 PS) und einem Reibungsgewicht von 80,8 t war die E 17 allen deutschen Dampf-Schnellzugloks weit überlegen. Infolge ihrer größeren Verfügbarkeit konnte man mit zwei E 17 drei Dampfschnellzugloks ersetzen. Drei neue 01 kosteten 1928 rund 624.000 Reichsmark, zwei E 17 aber 747.000 RM. Zwei Jahre nach der E 17 war mit der E 44 001 die erste geschweißte Drehgestell-Ellok fertig, die endlich kein Reibungsgewicht mehr vergeudete. 79,2 t Dienstgewicht, rund 2.500 PS Dauerleistung und 90 km/h Höchstgeschwindigkeit – bei den Elloks stand bereits mit dem ersten Anlauf eine taugliche Vielzwecklok mit hoher Leistung auf den Schienen! So war das Elektrifizierungsprogramm weniger durch technische Schwierigkeiten als das Finanzierungsproblem in der beginnenden Wirtschaftskrise behindert.

Von September 1930 bis Ende 1932, immer noch in der Krise, kamen folgende Neubauloks in Dienst: 15 Loks der Baureihe 01 mit einem vorläufigen Lieferende bei 01 101 im Juli 1931, dafür 93 Loks der Baureihe 03, zwei Mitteldruckloks der Baureihe 04, zehn E 04, zwei E 16 und der Schnelltriebwagen VT 877.

Dieser epochale „Fliegende Hamburger“ war Vorbote der kommenden Schnelltriebwagenkurse, stark anziehender Schnellzuggeschwindigkeiten und letztlich der Stromlinien-Dampflokomotiven. Mit Schnelltriebwagen und den neuen Elektroloks, vor allem der als Paralleltype zur 01 gedachten E 04, konnte man im ersteren Falle, wenn auch mit geringem Platzangebot, bislang unerreicht schnelle Fernverbindungen anbieten, im zweiten Fall auch schwere Schnellzüge sehr schnell befördern. In der Ebene bewegte die zierliche E 04 09 einen 570 t-Schnellzug mit 130 km/h, und mit 110 km/h konnte sie mehr als doppelt so viel schleppen wie die

Bild 8
Als „Berlin-Nordsee-Expreß“ wurde auf dieser 1934 gelaufenen Postkarte der SVT 877 bezeichnet. Aufgenommen wurde er auf der Hamburger Verbindungsbahn 1933.

01. Anders als die E 04 vergeudete die Baureihe 01 vor schweren Zügen mangels Kesselleistung beim Anfahren wichtige Minuten. Schließlich waren bei der E 04 60 % des eingesetzten Gewichtes als Reibungsgewicht nutzbar, bei der 01 aber nur halb soviel. Mit der E 04 09 führte die Reichsbahn 1933 umfangreiche Meßfahrten durch, bei denen nicht nur die Lokomotivbauart und -Leistung, sondern auch das Laufverhalten der modernen Einheitsschnellzugwagen ausgetestet wurden. Im Juni 1933 erreichte E 04 09 dabei mit einer Wagenlast von 310 t eine Geschwindigkeit von 153 km/h.

Anfang der dreißiger Jahre war also bereits der bis heute verfolgte Weg gewiesen, den Fernverkehr auf der Schiene durchgreifend zu beschleunigen und so gegenüber dem aufkommenden Straßenverkehr den bekannten Vorteilen des Eisenbahnreisens auch den entscheidenden hinzuzufügen: eine bislang und auch noch auf Jahre hinaus auf der Straße nicht erreichbare hohe Reisegeschwindigkeit. Die Befürworter des Dampflokomotivbetriebes hatten dem einstweilen nichts entgegenzusetzen als das Argument geringer Beschaffungskosten und preiswerter Unterhaltung. Doch auch der elektrische Fahrbetrieb nutzte großteils aus Kohle gewonnene Energie, setzte sie aber viel effektiver um als der Dampfbetrieb, der für Lagerung und Versorgung mit Betriebsstoffen, Wartung und Unterstellung riesige Betriebsanlagen benötigte, ganz zu schweigen vom Schmutz, der auch in modernen D-Zugwagen bis in die letzte Polsterritze kroch.

Die eben genannten schnellen Triebwagen und Elektroloks waren keineswegs isolierte Prototypen, sondern Teil ganzer Fahrzeugprogramme, und namentlich im Bereich der Brennkrafttechnik waren die Fortschritte fast atemberaubend: Dem SVT 877 standen bereits alltagstaugliche, vor der Serienfertigung stehende Triebwagen für Bezirks- und Nebenbahnbetrieb und Motorkleinlokomotiven zur Seite. Die Wirtschaftskrise war hier im wahrsten Sinne Motor der Entwicklung, denn es herrschte nun und auch weiterhin das Diktat strikter Wirtschaftlichkeit.

Bild 9 – Kurze Zeit nach der Baureihe 04 stellte man als abgespeckte Variante der E 17 die **E 04** auf zehn Räder. Mit ihr gab es nun eine elektrische Serienlok im Leistungsspektrum der Baureihe 01. Das Bild entstand während der Schnellfahrt München – Stuttgart – München am 28. Juni 1933 im Bahnhof Ulm. Mit der angehängten Wagenlast von 310 t erreichte die Lok eine Geschwindigkeit von 153 km/h.

Bild 10 – Die für das Leistungsprogramm der Baureihe 03 konzipierte Mitteldruck-Verbundlok Baureihe **04** erwies sich bei Meßfahrten als überaus leistungsfähig und erreichte fast die Leistung der 01. Als erste DR-Einheitslok besaß sie große Vorlaufräder. AUFNAHME (IN BERLIN-GRUNEWALD): HERMANN MAEY, SAMMLUNG HANSJÜRGEN WENZEL

So begann 1931 im Reichsbahn-Zentralamt Berlin eine hektische Betriebsamkeit, von vornherein nicht nur um den Dampfbetrieb schneller und leistungsfähiger zu machen, sondern auch im nicht ganz ernst gemeinten Bestreben, die „Konkurrenz" zu besiegen, die wiederum und mit gewissem Recht den Dampfbetrieb als Auslaufmodell diffamierte.

Die Dampflok muß schneller werden

Erste schnellere Dampf-Schnellzuglok war die 1932 aus der Baureihe 03 abgeleitete Mitteldruck-Versuchslok 04. Sie ist Hinweis darauf, daß man die Schwäche der großen Einheitskessel und die Konstruktionsfehler im 02-Triebwerk nach sieben Jahren durchaus erkannt hatte und sich um Abhilfe, sprich eine hochleistungsfähige Schnellzuglok, bemühte. Als erste DRB-Einheitsschnellzugloks besaßen die beiden Versuchs-04er das Drehgestell mit 1.000 mm-Rädern, was sie schon äußerlich „modern" erscheinen ließ. Dabei kam es bei diesem bis hin zur 01^{10} nahezu unverändert weitergebauten Drehgestell nicht auf die Optik an: Die großen Räder liefen mit kleinerer Drehzahl und minderten so die Gefahr von Heißläufern und den bei den bisherigen siebenspeichigen Rädern häufigen Radbrüchen, die beim führenden Drehgestell katastrophale Folgen haben konnten. Die Loks waren als erste Einheitsdampfloks für 130 km/h, bald sogar für 140 km/h zugelassen. Als Signal war das wichtig. Technisch wichtiger aber war das perfekt konstruierte De-Glehn-Vierzylinder-Verbundtriebwerk, das mit den vorgeschobenen Hochdruck-Innenzylindern die erste Kuppelachse, mit den äußeren Niederdruckzylindern aber die zweite Kuppelachse antrieb. 04 001 besaß einen Kessel aus Kupfer-Mangan-Stahl mit 5,8 m Rohrlänge, 04 002 einen aus Chrom-Molybdän-Stahl mit 6,8 m langen Rohren. Beide Kessel waren für einen Druck von 25 atü zugelassen und hatten taschenförmige, senkrecht in der Feuerbüchse angebrachte Wasserkammern (Syphone), um die Strahlungsheizfläche zu vergrößern. Die andernorts wegen ihrer Undichtigkeiten an den Übergängen zur Feuerbüchse und der Neigung zu Steinansatz wenig beliebten Wasserkammern hatte man gewählt, weil Bauartdezernent Wagner wiederum Verbrennungskammern mit diesen Argumenten ablehnte. Diesem Verdikt blieb er starrsinnig treu bis zu seiner Pensionierung, obwohl seit den zwanziger Jahren tausende amerikanischer oder französischer Großlokomotiven mit Verbrennungskammern ausgerüstet waren und die deutsche Lokomotivindustrie für den Export laufend derart ausgestattete Lokomotiven herstellte. Bezeichnenderweise machte denn auch die als Kohlenstaublok 1937 fertiggestellte 05 003, die gegen den erbitterten Widerstand Wagners eine Verbrennungskammer erhielt, durch dieses Bauteil bis 1958 keinerlei Probleme, sondern galt als beste der im Betrieb sehr problematischen 05er. Eigentümlicherweise engagierte sich Wagner sogar bei der Verfeinerung der Syphon-Bauart, vielleicht, weil er durch sie weder Stehkessel- noch Langkesselbauart verändern mußte und auf diese Weise die gewollte weitgehende Wärmeausnutzung im Langkessel nicht schmälerte. Die Versuche mit Wasserkammern dehnte man auf Lokomotiven der Reihen 17^2 und 18^{4-5} aus. Im Mißerfolgsfall konnte man Syphone auch leicht wieder ausbauen. Verbrennungskammern wäre Wagner nicht so einfach wieder „losgeworden", und bei ihrer Bewährung hätte die Gefahr bestanden, daß seine ganze Kesselphilosophie in Frage gestellt worden wäre. 04 001 mit dem kleineren Kessel besaß ein Verhältnis der Feuerbüchsheizfläche zur Rohrheizfläche von 1:8,43, 04 002 von 1:9,34. 04 002 zeigte vor dem Meßzug bei sparsamstem Dampfverbrauch unter Kesselnennleistung eine größere Leistung als die Baureihe 01. Auf die Idee, den strahlungsbetonten Kessel höher zu belasten, kam man aber nicht. Ohne Kesselschäden zu riskieren wären auf diese Weise noch mindestens 200 PS_i „drin" gewesen. Weil die Syphone ständig undicht waren und die Mitteldruckkessel wegen damals noch nicht beherrschbarer Materialprobleme zum Risiko wurden, setzte man den Kesseldruck auf 20, später auf 16 atü herab und bezeichnete die Loks als 02 101 und 102. Die sehr kleine, doch hervorragend abgestimmte Dampfmaschine verlor noch nicht einmal durch die problematische Druckabsenkung ihre Betriebstauglichkeit. Die Maschinen standen beim Bw Hof von 1936 bis 1939 im Einsatz, als der Kessel von 02 102 wegen personalverschuldeten Wassermangels explodierte.

Gar nicht aus dem Experimentierstadium heraus kam 1931 eine als H02 1001 bezeichnete Dreizylinderverbund-Höchstdrucklok, die nach einigen Versuchsfahrten auf dem Fabrikhof des Herstellers BMAG in Wildau eingemottet wurde. Immerhin kostete sie die DRB wenigstens kein Geld. Nicht überliefert ist, ob der Bauartdezernent den teuren Fehlschlag mit der Baureihe 04 begrüßte. Wenig erfolgreich waren auch die anderen gleichzeitig gebauten 25 atü-Mitteldruckloks, die Umbauten der Reihe 17^2, 24 069 (Zweizylinder-Verbund-Triebwerk) und 24 070 (Gleichstrom-Maschine) und 44 011 und 012 mit einem gewaltigen Vierzylinder-Verbund-Triebwerk. Diese Loks waren allesamt sehr leistungsfähig, sehr sparsam im Brennstoff-Verbrauch, aber man mußte sich damit abfinden, daß die Materialfrage für Kesseldrücke oberhalb von 20 atü noch nicht gelöst war. So war die Zeit des praktischen Experimentierens mit neuartigen Triebwerks- und Kesselbauarten bei der DRB vorerst beendet.

In den Jahren 1933/1934 kamen nur 19 Loks der Baureihe 01 neu in Dienst, aber 79 Loks der Baureihe 03, elf E 04, drei E 05, und zwei E 16. Hinzuweisen ist darauf, daß die beiden Baureihen 01 und 03 nun weitere Schritte hin zum endgültigen Bauzustand taten: Mit Beginn des neuen 03-Bauloses ab der Nummer 03 123 (November 1933) verlegte man nach Vorbild der Baureihe 04 die Pumpen in Fahrzeugmitte und belastete die Kuppelachsen so mit je 18 t. Das in der Baureihe 04 erprobte Drehgestell mit 1.000 mm-Rädern, von beiden Seiten auf die Kuppelräder wirkende Scherenbremsen, eine Abbremsung auch der Schleppachse und die Zulassung für 130 km/h erhielten die 03 ab Nummer 03 163 (Oktober 1934) und die 01er der gleichzeitig wieder aufgenommenen Lieferung ab Nummer 01 102. Ab jetzt zeigten beide Baureihen äußerlich auch einen größeren Teil geschweißter statt genieteter Teile.

Der erste Schritt, die vorhandenen Bauarten für höhere Plangeschwindigkeiten zu ertüchtigen, war nun getan, und zwischen Hamburg und Berlin durften ausgesuchte 03 des Bw Altona vor leichten FD-Zügen sogar 140 km/h fahren. Für die spätere Entwicklung der 01^{10} als Hindernis erwähnenswert ist der Umstand, daß man bei der Baureihe 01 die Pumpen nicht wie vom Betrieb gewünscht und bei der 03 realisiert in Tieflage und Fahrzeugmitte anbringen konnte, weil man sonst die zulässige Kuppelachslast überschritten hätte.

Im Januar 1934 verfügte die Reichsbahn-Hauptverwaltung die Entwicklung einer schweren 2'D2'-Schnellzuglok für 135 km/h. Die Lok sollte 650 t mit 120 km/h befördern können, also ungefähr die Leistung bringen, die man sich 1924 von die 01 erhofft hatte (und die die kleine E 04 bereits jetzt übertraf). Die recht genauen Vorgaben legten die Firmen ziemlich fest, und bereits im Sommer 1934 entschied man sich, die Lok nach dem Vorschlag von Krupp als Dreizylinderlok zu bauen, teilweise zu verkleiden und im Kessel auf eine Verbrennungskammer zu verzichten. Vielmehr sollte der 20 atü-Kessel 7,5 m lange Rohre erhalten und ein Verhältnis von Feuerbüchs- zu Rohrheizfläche von 1:14. Bereits 1936 wollte man zwei Versuchsexemplare der Baureihe 06 in Dienst stellen. Parallel entstand die 1'E1'-Güterzuglok der späteren Baureihe 45 mit dem gleichen Kessel. Mit der 45 und der aus ihr abgeleiteten 41 wollte man die dringend erforderliche Beschleunigung auch des Güterverkehrs in Angriff nehmen.

Ab den Nummern 03 194 (Dezember 1934 und 01 150 (Oktober 1935) erhielten die Loks geschweißte Stahlfeuerbüchsen, die leichter waren und sich besser dichthalten ließen als die bisherigen Kupferbüchsen – viel mehr Abhilfe für das typische Schadensbild dieser Kessel als eine Forderung der beginnenden „Heimstoff-Wirtschaft“ des neuen Vierjahresplans. Der in Kleinigkeiten verharrenden Bauartpflege vorhandener Dampfloks stand aber weiterhin der stürmische Fortschritt der übrigen Traktionsarten gegenüber. Mit der E 18 besaß die Reichsbahn ab 1935 erstmals eine Schnellzuglok für 150 km/h und mit 4.000 PS Leistung (2.920 kW).

Gegenüber den Forderungen des Betriebes sei die Entwicklung schnellfahrender Lokomotiven wesentlich verzögert, ganz im Gegenteil zur Entwicklung des Schnelltriebwagens, stellte deshalb der zeitweise im RZA-Bauartdezernat und nun als Leiter des Maschinenamtes Berlin Potsdamer Bf tätige Friedrich Witte während der 24. Sitzung des Ausschusses für Lokomotiven am 23. Mai 1934 in Wernigerode fest. Man müsse deshalb allen Sonderkonstruktionen, allen Versuchen, allen Sonderbaustoffen eine Absage erteilen und nur auf dem Bewährten aufbauen, um dem Betrieb möglichst rasch schnelle Lokomotiven stellen zu können.

Das allerdings mißlang schon bei der 06 gründlich, denn allein die Projektentwicklung dauerte über drei Jahre. Als 1939 die beiden Baumuster erschienen, hatte die DRB sich bereits grundsätzlich gegen eine schwere Schnellzugdampflok entschieden. Wesentlich schneller verlief die 1933 begonnene Entwicklung des „Dampftriebzuges Bauart Henschel“, der als stromlinienverkleideter Henschel-Wegmann-Zug mit der Zuglok 61 001 bereits zwei Jahre später fertiggestellt war. Er bewies, daß ein Dampfzug durchaus Geschwindigkeit und Luxus des SVT-Betriebes erreichen konnte, und das auch noch mit einem erheblich größeren Platzangebot. Der Henschel-Wegmann-Zug, der von 1936 bis 1939 zwischen Berlin und Dresden pendelte, blieb dennoch ein Einzelstück. Da man einstweilen noch keine alltagsfähige Wendezugsteuerung parat hatte, die Tenderlok im Vergleich zum Triebwagen nur eine geringe Reichweite abdecken konnte, nach jeder Zugfahrt zum Ergänzen der Vorräte und zur Feuerbehandlung ins Betriebswerk einrücken mußte, sich zudem noch als ausgesprochen schadanfällig erwies, Zug und Lok aber pro Sitzplatz teurer waren als ein vergleichbarer Triebwagen, galt dieser Versuch alsbald als Irrweg.

Baureihe 05 – kein Baumuster für den Schnellverkehr

Ausgangspunkte der Entwicklung waren hier der Bedarf der Grunewalder Versuchsabteilung für Wagen, die für Meßfahrten mit modernen Wagenbauarten bislang nur auf die 110 km/h schnellen Grunewalder Vierling-Bremsloks der Reihe 17^0 zurückgreifen konnte und das Interesse der deutschen Lokomotivindustrie an der Entwicklung einer Schnellzugdampflok für 150 km/h. Im Krisenjahr 1931 erklärte sich die Industrie sogar bereit, sämtliche Entwicklungskosten zu tragen und ließ in ihrem Vereinheitlichungsbüro bereits Zeichnungen erstellen. Die Reichsbahn war zu dieser Zeit ein ausgesprochen schlechter Kunde, und mangels Aufträgen hatten bereits namhafte Fabriken wie Hohenzollern, die Hanomag oder die Sächsische Maschinenfabrik den Lokomotivbau einstellen müssen. So zeigte die Reichsbahn vorerst kein Interesse an dem Projekt, verwies auf die zukünftige Rolle der Schnelltriebwagen und die Eignung der kommenden Baureihe 04 für Wagenversuche mit hohen Geschwindigkeiten. Erklärtermaßen lag die Motivation der Industrie dagegen in der Erforschung des Dampflokeinsatzes mit höheren Alltagsgeschwindigkeiten, wie die Lokomotivbauvereinigung der Reichsbahn am 24. Dezember 1931 mitteilte. Man hoffe, mit diesem Projekt auch das Interesse der Reichsbahn zu finden. Das Vorhandensein einer Referenzbauart war die Voraussetzung für einen exportorientierten Prestigegewinn der Industrie. Im Frühjahr 1932 sprach sich Richard Anger, Leiter der maschinentechnischen Abteilung auf Drängen des Wagenbau-Referenten im RZA Ackermann für das Projekt aus, das sodann Fahrt aufnahm. Richard Wagner gelang es alsbald, das Industrieprojekt ins technische Korsett der Einheitslokomotivbauart einzubinden, und damit war der weitere Weg vorgezeichnet.

Bild 11
Als Erprobungsmuster für die Auswirkungen einer Windverkleidung diente **03 154**. Vor allem ging es um die Fragen, ob die Vollverkleidung des Triebwerks Vorteile bringe, ob es zu großer Erwärmung der Lager komme, und ob sich Jalousien vor den Triebwerksteilen bewährten.

AUFNAHME:
CARL BELLINGRODT,
SAMMLUNG HANSJÜRGEN WENZEL

Im Verlauf der Projektentwicklung wurde schnell deutlich, daß man hier bereits die Grenzen dessen erreichen würde, was mit einer nach Einheitslok-Grundsätzen gebauten Dampflok auf die Schienen zu stellen war. Nachdem die Industrie allerlei Sonderbauarten mit Einzelachsantrieb, Verbundtriebwerk, Ölfeuerung und vorneliegendem Führerstand und etliche Variationen mehr oder weniger umfangreicher Blechverkleidungen vorgeschlagen hatte, verwarf die DRB alle diese Ideen und entschied sich, zwei Lokomotiven konventioneller Bauart und eine mit Frontführerstand und Kohlenstaubfeuerung bauen zu lassen. Ausschlaggebend hierfür war, daß man sich nicht nur reine Versuchsträger, sondern auch im Alltagsbetrieb verwendbare Bauarten wünschte.

Da man sich bei den Versuchsfahrten nicht mit den schon vor fast 30 Jahren erreichten 156 km/h bescheiden wollte, mußte man Kuppelräder von 2.250 mm (durch stärkere Radreifen dann tatsächlich 2.300 mm) vorsehen. Die erforderliche Laufruhe stellte man durch ein Dreizylindertriebwerk mit Zweiachsantrieb sicher. Um den oberhalb von 120 km/h exponentiell wachsenden Luftwiderstand zu überwinden, mußte man einen außerordentlich leistungsfähigen Kessel vorsehen. Und weil man an der Grundbauart der 01 nicht rütteln wollte, wuchs der Kessel in fast unvertretbarem Umfang in die Länge und wurde der größte bislang für die DRB beschaffte Dampflokkessel. Die Rohrlänge betrug 7,0 m und das Verhältnis von Strahlungs- zu Rohrheizfläche 1:12,84. Der Rost war zwar nun stolze 4,7 m^2 groß, die Strahlungsheizfläche aber nur wenig größer als die der 01 und das Verhältnis von Rost zu Strahlungsheizfläche mit 1:3,48 mindestens als problematisch zu bezeichnen. Da der Kessel trotz dieser gewaltigen Abmessungen bei 16 atü die erforderliche Leistungsreserve nicht erreicht hätte, legte man ihn auf einen Druck von 20 atü aus. Zum zweiten Mal nach der Baureihe 04 verwendete man einen Spezialstahl, in diesem Falle einen schwach mit Molybdän legierten Kesselbaustoff einer Festigkeit von 48 – 55 kg/mm^2. Dieser erlaubte die dünnen Wandungen eines 16 atü-Kessels.

Da die Lokomotive nur rund 18 t Achsdruck erhalten sollte, war sie nicht als Pazifik zu bauen und erhielt auch unter dem Führerhaus ein Drehgestell. Schließlich machte das Leistungsprogramm eine Vergrößerung der Vorräte und damit einen fünfachsigen Tender nötig. Weiterhin galt es noch, eine möglichst windschlüpfige Verkleidung zu konstruieren, die man wegen der immer noch als zu knapp angesehenen Kesselleistung bereits als unerläßliche Voraussetzung für Fahrten mit hoher Geschwindigkeit erkannt hatte.

Die Form der Stromlinienverkleidung für die Baureihe 05 erarbeitete die Fa. Borsig mit Holzmodellen im Format 1:33 und zusetzbaren Verkleidungsteilen 1932/33 in den Windkanälen der TU Charlottenburg und der TH Göttingen. Wie zu erwarten ergab der glatteste Lokomotivkörper, unter Einschluß von Triebwerk und Tender, das beste Ergebnis. Der Luftwiderstand betrug bei 150 km/h weniger als ein Viertel vom dem der Regellok, die Ersparnis an Antriebsleistung 478 PS_i. Weitere Versuche mit 1:20 Modellen führte man 1933 im neuen Windkanal der Aerodynamischen Versuchsanstalt für Luftfahrt in Göttingen durch. Letztere ergaben die zwingende Notwendigkeit von Windleitblechen. So erhielt die Baureihe 05 dieselbe, nahezu ideale Stromform einer umgedrehten Badewanne, wie sie gleichzeitig von der New York Central für ihre „Commodore Vanderbilt“ (2’C2’h2) und die Milwaukee Railroad für ihre berühmte „Hiawatha“ (2’B1’h2) ent-

Bild 12 – Konstrukteur Adolf Wolff von der Fa. Borsig konnte im großzügig dimensionierten Laufwerk der Baureihe 05 auch für einen Zweiachsantrieb annehmbare Verhältnisse schaffen. Er legte den Mittelzylinder gerade und verschob ihn nach vorne, um eine längere Treibstange zu erhalten.

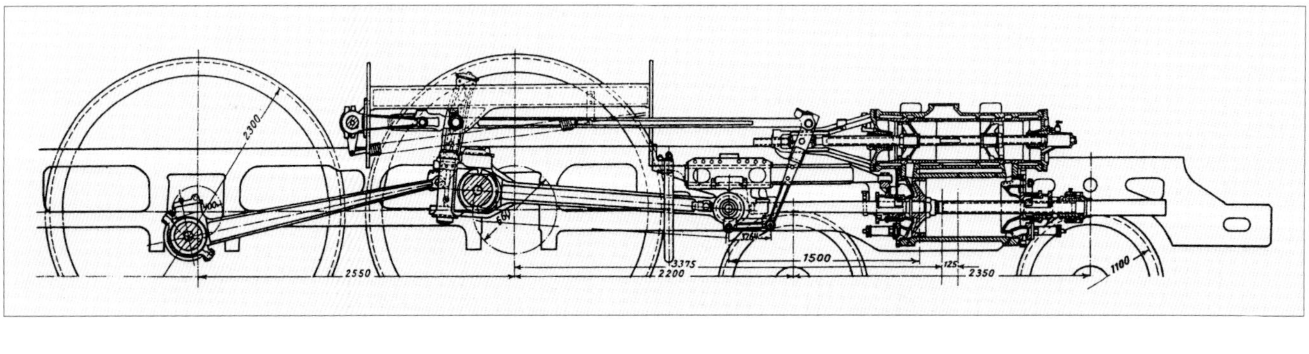

Bild 13
Die Weltrekordlok **05 002** (Bw Altona) während einer Vorführfahrt für die Lokomotivindustrie und ausländische Fachleute von Berlin nach Hamburg im November 1937 im Bahnhof Wittenberge.

AUFNAHME: RUDOLF KREUTZER, SAMMLUNG KLAUS HEINEMANN

wickelt wurde. Beide Bauarten besaßen übrigens schon Rollenlager in den Stangen. Beim umlaufenden schmalen Laufblech der 05 mag man sich an der „Hiawatha" orientiert haben. Zur Wirksamkeit der Stromlinienform gehört auch eine möglichst glatte Verschalung der Unterseite, die bei Triebwagen oder Reisezugwagen problemlos, bei Dampflokomotiven hingegen überhaupt nicht zu bewerkstelligen war. Das wußte man durchaus, konnte es aber nicht ändern. Zu erwarten war, daß die Verkleidung die Luft nach den Seiten und nach oben wegschob und unter der Lok eine Zone starken Unterdrucks verursachte. Hier waren Verschmutzungen und Lagerschäden durch hochgesaugtes Schmieröl, Schmutz und Bremsstaub wahrscheinlich. Als Mittel dagegen und auch zur besseren Ableitung des Auspuffdampfes bezeichnete man Druckausgleichsschlitze im Umlaufblech. Um die gefundene Gestalt der Verkleidung in Übereinstimmung mit den technischen Notwendigkeiten der Dampflok zu bringen, ließ das Zentralamt mit der im März 1934 gebauten 03 154 Meßfahrten im Geschwindigkeitsbereich bis 140 km/h durchführen. Weil die Form der Kessel- und Tenderverkleidung als unproblematisch galt, schließlich konnte man an allen erforderlichen Stellen Klappen anbringen, brachte man nur eine Führerhaus-Windschneide und eine Rauchkammertür-Verkleidung an; den Tender ließ man unverändert. Zylinder, Lauf- und Triebwerk hingegen erhielten die für die 05 vorgesehene Vollverkleidung mit Jalousien und Klappen. Während längerer Betriebsfahrten mit 03 154 stellte man fest, daß schon durch diese Teilverkleidung rund 200 PS Antriebsleistung gespart wurden. Auch trat die befürchtete größere Erwärmung von Achs- und Stangenlagern nicht ein, und das Triebwerk blieb nach Meinung des Zentralamtes ausreichend gut zugänglich. So entschied man sich für die vollständige Verkleidung der Baureihe 05. An der Ausführung wurden nur geringe Änderungen nötig, und im Frühjahr 1935 war 05 001 fertiggestellt. Mit einem Achsstand von mehr als 22 Metern paßte die Lok nur knapp auf die wenigen, gerade neu gebauten 23 m-Drehscheiben. Das Reibungsgewicht von erwünschten 54 t war mit 57,6 t überschritten. Solch ein Riesenaufwand war nötig, um eine Lokomotive der Einheitsbauart in der 03-Leistungsklasse zu befähigen, den 242 t schweren Zug aus Meßwagen und vier D-Zug-Wagen bei Kesselnennleistung von 57 kg/m²h mit 160 km/h in der Beharrung zu befördern! Entstanden war also eine durch das Einheitskessel-Dogma bestimmte, sehr spezielle Lokomotive, die ganz bestimmt nicht Vorbild für exportfähige Hochgeschwindigkeitslokomotiven sein konnte.

Von der Weltrekordfahrt am 11. Mai 1936 gilt es das in Erinnerung zu rufen, was für unser Thema bedeutsam ist: 05 002 erreichte mit einem Vier-Wagen-Zug von 197 t vor Nauen für einige hundert Meter die Geschwindigkeit von 200,4 km/h. Die Bedingungen dafür waren wegen Fehlens von Seitenwind, des um einen Wagen erleichterten Zuges und nasser Schienen günstiger als bei vorangegangenen Fahrten. Dennoch war diese Geschwindigkeit nur zu erreichen, nachdem sich Lokführer Oskar Langhans bei mehr als 190 km/h ausdrücklich die Erlaubnis hatte abnicken lassen, die Steuerung weiter auszulegen. Die per Meßdose am Zughaken gemessene Leistung betrug dann 2.370 PS. Immerhin konnte sich das mitfahrende Publikum nun am nur bei höchster Leistung und hoher Drehzahl auftretenden ohrenbetäubenden Röhren des Dreizylindertriebwerks erfreuen. 25 Jahre später galt dieses als Markenzeichen unserer 01^{10} Öl. Der Kessel wurde hierbei mit 85,4 kg/m²h Verdampfung belastet, weit oberhalb der bei dieser Kesselbauart erlaubten Kesselgrenze, oberhalb der maximalen Förderleistung der Speisepumpe und ebenso deutlich in der bei dieser Kesselbauart unter Hochleistung nicht wieder auffüllbaren Kesselreserve. Unter Beibehaltung der Steuerungsauslegung hätte Heizer Höhne nach einigen Minuten wegen Unterschreitens des niedrigsten Wasserstandes das Feuer herausreißen müssen. Zu diesem Zeitpunkt allerdings wäre der Zug wegen zunehmenden Dampfmangels schon gar nicht mehr 200 km/h gefahren. Zur Wahrheit gehört auch, daß 05 002 nach der Rekordfahrt ins RAW Braunschweig einrücken mußte, das die Lok neu bereifen, mehrere Lager erneuern, die innere Steuerung wieder herstellen mußte und – Beweis für die Überlastung des Kessels – 24 Rauchrohre, 106 Heizrohre und 200 Stehbolzen dichten mußte. Auch im folgenden Alltagsbetrieb vor den bisher von Altonaer 03 beförderten 140 km/h-FD-Zügen fiel die Baureihe 05 durch knappe Kesselleistung, problematische Feuerführung und große Schleuderneigung negativ auf.

Bild 14 – Der Stromlinientender der Baureihe 05 hatte wegen einer Überlastung der letzten Achse sehr schlechte Laufeigenschaften und kam für eine Weiterbeschaffung nicht in Frage. Die Grundbauart der Stromlinienverkleidung übernahm man aber.

In der nationalen Begeisterung über die Weltrekordfahrt von 05 002 ging unter, daß sich die deutsche Einheitsdampflok hier für Höchstgeschwindigkeiten eigentlich disqualifiziert und ganz bestimmt nicht empfohlen hatte. Aufwand und möglicher Ertrag standen in keinem vernünftigen Verhältnis, doch wollte man über eine Veränderung der Grundbauart immer noch nicht nachdenken. Den alltäglichen Schnellverkehr mit Dampfloks in den USA mit Plangeschwindigkeiten von bis zu 160 km/h tat Wagner als nicht vergleichbar ab, obwohl weniger die dortigen Mallet-Dinosaurier, sondern eher mit europäischen Bauarten vergleichbare Loks sehr schnell fuhren. Jedenfalls war für die DRB die Geschwindigkeitsgrenze für normale Dampflokomotiven seither mit 140 km/h abgesteckt, und für nur ganz kurze Zeit sollte sich daran noch etwas ändern.

Für 140 km/h zugelassen war auch die im Dezember 1935 bei Borsig fertiggestellte 03 193. Sie erhielt die Stromlinienverkleidung der Baureihe 05 und deren fünfachsigen Tender. Zum einen sollte sie als dritte Lok den Planeinsatz der Baureihe 05 in einem Zweitagesplan vor FD 23/24 zwischen Hamburg und Berlin ermöglichen, zum anderen dem direkten Vergleich zwischen technisch gleichen Lokomotiven mit und ohne Stromschale dienen.

Die Weichen werden gestellt

Die Jahre 1935 und 1936 brachten die Fertigstellung von 88 Loks der Baureihe 01, 97 Loks der Baureihe 03, zwei Loks Baureihe 05, einer Lok der Baureihe 61, zwei E 04, 29 E 18, einem ET 11 und 17 SVT.

Am 13. Februar 1936 verordnete das Reichsbahn-Zentralamt für Maschinenbau auf Veranlassung des Reichsverkehrsministers, daß in Zukunft für den Bau von Lokomotiven in möglichst großem Umfang heimische Baustoffe verwendet werden sollten. Vor allem ging es hierbei um die Einsparung teurer Buntmetalle. Im Frühsommer 1936 bestellte das Zentralamt die letzten Baulose zweizylindriger 01 und 03, die die Nummern 01 191 – 232 und 03 270 – 298 umfaßten. Um diese Zeit fiel auch die Entscheidung, daß ihre Nachfolgerinnen drei Zylinder erhalten würden. Die Maschinen wurden im Zeitraum Dezember 1936 bis Juli 1938 in Dienst gestellt. Als letzte in Dienst kamen 01 232 (1. Juli 1938, Bw Deutzerfeld) und 03 297 (20. Januar 1938, Bw Rostock). Diese Baulose waren erstmals mit Druckausgleichkolbenschiebern ausgerüstet, nachdem es bei der 03 schon zuvor einzelne Lieferungen gegeben hatte. Es fehlten also seither die bisher für deutsche Einheitsloks charakteristischen Eckventil-Druckausgleicher oben auf den Zylinderblöcken. Die Loks 01 213 – 223 und 44 013 – 039 erhielten Wasserenthärtungsanlagen Bauart Dejektor, 01 224 – 232 und 44 040 – 065 solche der Bauart Neckar. Bei Bewährung wollte man sie auf allen wichtigen Baureihen der Zukunft einbauen.

Die Jahre 1937 und 1938 brachten ein allgemeines Stocken der Triebfahrzeugbeschaffung, was wohl mit der plötzlichen Geldknappheit der Reichsbahn zu tun hatte, denn der nationalsozialistische Staat investierte lieber in Panzer, Schlachtschiffe, Flugzeuge und Kasernen. Nur die erwähnten 37 Loks Baureihe 01 und 29 Loks Baureihe 03, 15 E 18, zwei ET 11 und 20 SVT kamen in Dienst.

Nach dem Anschluß Österreichs und des Sudetenlandes ans Reich verstand auch die an der Reichsbahn sonst wenig interessierte Reichsführung, daß nun große Investitionen ins Verkehrswesen nötig waren. Das Reichsverkehrsministerium ließ deshalb Ende 1938 einen über 3,1 Milliarden RM teuren Beschaffungsplan für Lokomotiven und Wagen vorlegen, nach heutiger Kaufkraft rund 32 Mrd. Euro. Beginnen sollte endlich die Serienfertigung der Baureihen 41, 44 und 45, völlig neu kommen sollten die Baureihen 23, 50, 83 und eine Ersatztype für die 94, wiederaufleben die Serienfertigung der Baureihen 01, 24, 62, 64, 81, 86 und 89. Mit einer Neubauquote von jährlich bis zu 5 % des Lokbestandes wollte man nach den langen Jahren nur knappster Beschaffungen den Triebfahrzeugbestand innerhalb von 25 Jahren völlig erneuern. Natürlich gab es auch einen umfassenden Typenplan für neue Reisezug- und Güterwagen. Mit den neuen Fahrzeugen wollte man Reisezüge und Güterzüge gleichermaßen beschleunigen. Zuallererst sollten die aus Reichssicht unzulänglichen österreichischen Gattungen, die immer noch zahlreichen Länderbahn-Schnellzugloks, die langsamen Länderbahn-Güterzugloks und die P 8 als einzig in großer Stückzahl vorhandene Personenzuglok ersetzt werden.

Nur noch einen Teil der vorgesehen Beschaffungen konnte die DRB ausführen, bevor die Kriegswirtschaft mit ihrem unersättlichen Bedarf an Güterzugloks und Güterwagen alles über den Haufen warf. In den Jahren 1939 bis 1941 kamen noch in Dienst:

Bild 15 - Sehr gut bewährte sich die preußische S 10[1] der Bauart 1914. Bei ihr war der Zweiachsantrieb wegen der geringen Kräfte und Massen unproblematisch. Das Bild zeigt **17 1200** mit Versuchswindleitblechen, elektrischer Beleuchtung und Indusimagnet am Tender im Heimat-Bw Altona im Sommer 1930. Damals lief gerade ein Dauerversuch mit der Induktiven Zugsicherung auf der Strecke Hamburg – Wittenberge. AUFNAHME: WERNER HUBERT

55 Loks der Baureihe 01^{10}, 60 Loks der Baureihe 03^{10}, je zwei Loks der Baureihen 06 und 23, 19 1001, 61 002, 17 E 18 und vier E 19.

Die kurze technische Entwicklungsgeschichte der Einheitsschnellzuglok vor 01^{10} und 03^{10} sei beendet mit einer kommentierten Übersicht einiger Hauptabmessungen wichtiger Schnellzugloks der DRB unter besonderer Heraushebung der Kesselverhältnisse. Das Verhältnis von Dienstgewicht, Leistung, Kesselkenndaten und Anschaffungspreis war bei den verschiedenen Bauarten recht unterschiedlich. Schon auf den ersten Blick wird deutlich, daß die neuzeitlichen Einheitslokomotiven recht preiswerte Anschaffungen waren. Überall dort, wo man der Grundbauart der Einheitslok spezielle Aufgaben stellte, wurde der notwendige Aufwand aber unverhältnismäßig groß und der Preis teuer – schon das ein Hinweis auf eine nicht unbedingt zweckmäßige Grundkonstruktion. Da die bislang ungelöste Aufgabenstellung der dreißiger Jahre die Leistungssteigerung auch der Dampfschnellzugloks war, genügt die Reduzierung auf diese Kennziffern.

	1 **Dienstgew.**	2 H_v	3 N_i	4 **R**	5 H_b:H_r	6 **R**:H_b	7 G_{ld}:N_i	8 **RM**
17^2	80.900	155,5	1.500	2,86	1:9,97	1:4,95	53,93	110.600
17^{10}	83.100	163,06	1.750	3,18	1:8,27	1:5,53	47,49	110.000
18^1	87.800	208,0	1.840	3,95	1:12,87	1:3,80	47,72	127.000
18^3	97.000	224,8	1.950	5,0	1:13,41	1:3,12	49,74	210.100
18^5	96.200	201,7	1.830	4,5	1:13,04	1:3,19	52,57	188.700
19^0	99.900	227,05	1.800	4,5	1:13,68	1:3,43	55,5	177.270
39^0	110.400	217,0	1.620	4,0	1:11,39	1:4,38	68,14	200.000
01	111.100	247,0	2.240	4,5	1:13,61	1:3,77	49,6	202.000
03	100.300	203,65	1.980	4,09	1:11,61	1:3,95	50,66	193.500
04	106.300	206,8	2.320	4,1	1:9,30	1:4,88	45,82	250.000
05	129.900	256,0	2.360	4,7	1:12,84	1:3,94	54,04	265.200
01^{10}	114.300	246,9	2.100	4,32	1:13,61	1:3,91	54,43	259.800
03^{10}	100.340	202,96	1.790	3,9	1:11,76	1:4,08	56,05	242.400
06	141.800	289,0	2.600	5,04	1:14,37	1:3,73	54,54	274.900
231 H	102.320	202,53	2.750	4,25	1:12,12	1:3,63	37,21	Umbau
240 4701	109.040	202,82	3.420	3,76	1:7,14	1:6,62	31,88	Umbau

1. Dienstgewicht in kg: Lok ohne Tender betriebsfähig
2. Verdampfungsheizfläche = H_v in m^2
3. höchste indizierte Leistung = N_i in PS_i, gemessen bzw. gerechnet unter Kesselnennbelastung 57 kg/m²h, bei 17^2 und 17^{10} bei 70 kg/m²h..
4. Rostfläche = R in m^2
5. Heizflächenverhältnis Feuerbüchsheizfläche (H_b) zu Rohrheizfläche (H_r): je kleiner die Zahl, desto günstiger die Kesselabstimmung
6. Strahlungsflächenverhältnis Feuerbüchsheizfläche (H_b) zu Rostfläche (R): je größer die Zahl, desto verdampfungsfreudiger ist der Kessel
7. Leistungsgewicht in kg = Lokgewicht ohne Tender (G_{ld}) zu N_i: Kilogramm Lokgewicht je 1 PS
8. Beschaffungspreis = RM, jeweils der Serienbauart, heutige Kaufkraft: 1 RM = ca. 10 €

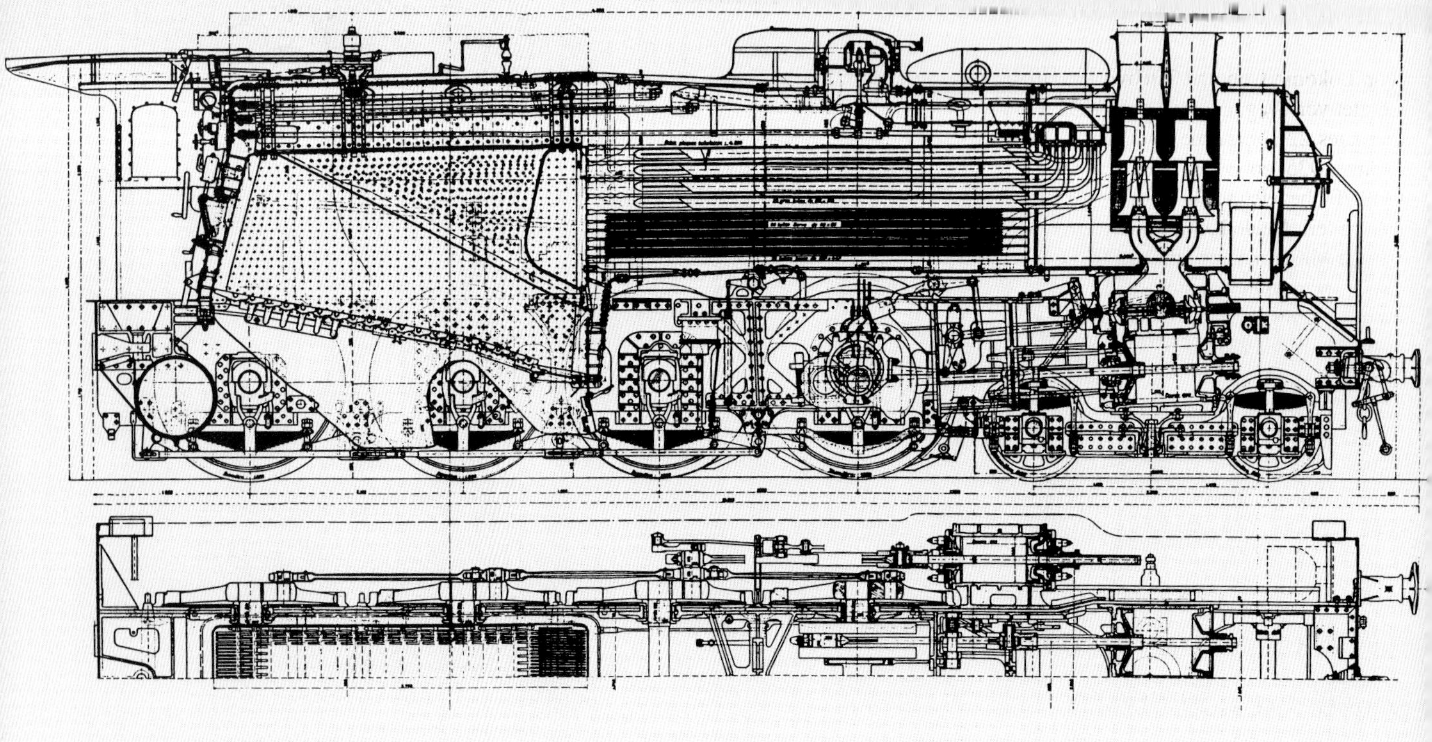

Bild 16 – Verblüfft war Heinrich Nordmann über die überaus hohe Leistungsfähigkeit der nach Plänen von André Chapelon umgebauten PO 4701, nachdem er diese selbst bei einer Mitfahrt erlebt hatte. Auch sie hatte wie die S 10^1 ein de-Glehn-Triebwerk und folgte ähnlichen Konstruktionsprinzipien. Gut zu erkennen sind auf der Schnittzeichnung die Wasserkammer in der Feuerbüchse und das Doppelblasrohr Bauart Kylchap. Das Erlebnen dieser Maschine leitete den Umdenkungsprozeß Nordmanns und der Reichsbahnführung ein und führte zu immer stärkerer Isolierung des Bauartdezernenten Wagner.

Die Aufstellung kann nicht unkommentiert bleiben. Größte und stärkste deutsche Schnellzuglok war 1939 die Baureihe 06. Sie weist die ungünstigste Wertekombination überhaupt auf. Der Kessel war nur bei Überlastung der Feuerbüchsheizfläche in der Lage, die 16,5 t Dampf pro Stunde zu erzeugen, die für die erwünschte Nennleistung von 2.800 PS_i erforderlich waren. Ohne schwere Kesselschäden zu riskieren, konnte die Lok kaum mehr als 2.600 PS_i Dauerleistung abgeben. Ihr Laufwerk sei, so ein damals führender Konstrukteur aus den USA, ein Musterbeispiel dafür, wie man eine 2'D2' nicht bauen dürfe. Durch ihren großen festen Achsstand neigte die Lok in engeren Weichen zum Entgleisen und empfahl sich so kaum für eine umfangreichere Beschaffung.

Das günstigste Leistungsgewicht unter den normalen Einheitsloks weist die Baureihe 01 auf. Der unmittelbare Vergleich aller Werte mit ihrer dreizylindrigen Schwester fällt stark zu deren Nachteil aus, worauf noch zurückzukommen sein wird. Beim Vergleich 03 zu 03^{10} stellte sich das ebenso dar. Am besten war das Leistungsgewicht der Baureihe 04, die unter den Einheitsloks durch ihre äußerst günstigen Kessel-Verhältniszahlen völlig aus der Reihe fiel. Neben den Problemen mit dem Mitteldruckkessel bot der gegenüber der Baureihe 01 sehr hohe Beschaffungspreis keinen Anreiz, diese Type zur Serienreife weiterzuentwickeln.

Das hinter ihr zweitbeste Leistungsgewicht zeigt die preußische S 10^1 (Reihe 17^{10}) der Bauart 1914, von der schon die alten Maschinenmänner berichteten, sie sei der Baureihe 03 nahezu ebenbürtig. Die beiden preußischen S 10-Bauarten, bei denen lange und tiefe Feuerbüchsen von selbst zu einer großen Strahlungsheizfläche führten, besitzen erwartungsgemäß auch die günstigsten Kessel-Verhältniswerte. Die 17^{10} hatte bereits eine Abstimmung, die der von 01^{10} oder 23 in der DB-Bauform in nichts nachstand. Die PS_i-Zahlen aus der DV 939a wurden allerdings aufgrund einer 1923 eingeführten schematischen Kesselgrenze von 57 kg/m²h gerechnet und waren bei S 10^2 und S 10^1 mit 1.440 PS_i bzw. 1.500 PS_i unrealistisch klein. Kessel mit derart großer Strahlungsfläche betrieb man in Preußen schadlos im Alltagsbetrieb mit 70 kg/m²h. Für die Maschinen wird hier deshalb die mit dieser Kesselbelastung errechnete höhere Leistung angegeben. Ohnehin war der Henschel-Entwurf der S 10^1 von 1911 auf eine Leistung von 1.780 PS_i ausgelegt. Mit diesen Angaben ist sie gerecht beurteilt und fügt sich in der Aufstellung zwanglos in richtigem Rang ein. Bestätigt wird hier wieder einmal, daß diese kleine Type die wohl beste deutsche Dampfschnellzuglok war.

Der S 10^1 in der Leistung geringfügig überlegen und mit einem fast ebenso guten Leistungsgewicht war die württembergische C, die ihre Vierzylinderverbund-Schwestern darin deklassiert und auch eine erstaunlich hohe Leistung aufweist.

Allen drei süddeutschen Pazifiks eigen sind ein sehr gutes Leistungsgewicht und auf den ersten Blick ungünstige Kessel-Verhältniszahlen. Maschinen mit diesem Heizflächen- und Strahlungsflächenverhältnis mußten also keineswegs schlecht sein. Denn völlig außer acht bleibt hier die Qualität der Dampfmaschine. Auch der ungünstig abgestimmte, die Verbrennungsgase aber gut ausnutzende Kessel der 01 verhielt sich im Betrieb ja weithin unauffällig. Sogar hier auf den ersten Blick als schlecht erkennbare Maschinen, wie die 19er (verbaute Dampfmaschine, zu kleiner Kessel) und die 39er (Luftmangel am Rost, schlechte Saugzuganlage), schlugen sich im Betrieb wacker, erfuhren aber erst viel zu spät eine technische Gesundung. Angesichts so widersprüchlicher Einzelangaben ist es kein Wunder, daß die damaligen Fachleute lange brauchten, um die Systematik zu erkennen. Doch spätestens 1935/36 war sie weltweit kein Mysterium mehr!

Zum Vergleich hinzugenommen sind die leichte Gattung 231 H der französischen PLM in der Umbauform von 1934 und die Chapelon-Umbaulok 4701 der PO von 1931. Beide waren Vierzylinderverbundloks für 120 km/h, beide mit einem Kesseldruck von 20 atü. Die Strahlungsheizfläche der seit 1934 bei der PO-Midi als 240.701 bezeichneten Lok war vergrößert durch Nicholson-Wasserkammern. Ihr Kessel war ausgelegt auf eine Verdampfungsleistung von bis zu 100 kg/m²h, die 231 H auf eine solche von 80 kg/m²h. Die Berichte über herausragende Zugfahrten solcher und ähnlicher Maschinen vor allem in der britischen Fachpresse wurden bei der DRB lange als Ergüsse von Dilettanten verachtet. Dr.-Ing. Friedrich Fuchs, in der Maschinentechnischen Abteilung der HV Leiter des Referates 31 „Konstruktion und Beschaffung von Lokomotiven und Triebwagen“ und somit mittelbarer Vorgesetzter von Wagner, und Prof. Dr. Hans Nordmann, Leiter des Dezernates 22 „Versuche“ im RZA Berlin, nahmen deshalb am 21. März 1935 an einer Meßfahrt mit der inzwischen als ETAT 240.707 bezeichneten Umbaulok von Paris St. Lazare nach Cherbourg teil. Beide hatten sich noch vor der Abfahrt über die „sehr kleine Maschine“ gewundert. Die Lok bewältigte die 372 km lange, kurven- und steigungsreiche Strecke mit 14 Wagen (607 t) in wenig mehr als dreieinhalb Stunden. Bis Caen fuhr Fuchs auf dem Führerstand mit, Nordmann im Meßwagen. Beide erlebten, wie die Maschine im Verlauf der 1:125-Steigung bei Bernay bis zum Scheitelpunkt eine Zughakenleistung von 2.900 PS (rund 3.400 PS_i) aufbaute. Fuchs gratulierte dem natürlich mitfahrenden André Chapelon zu dieser Lok, und Nordmann meinte nachdenklich: „Ich werde meine Meinung über das Verbundsystem neu durchdenken müssen.“

Kurskorrektur – doch nur halbherzig

Schon 1934 hatte Referent 31, Fuchs, die Firma Borsig ermuntert, Entwürfe für eine Gebirgsschnellzuglok vorzulegen, die bei möglichst geringem Materialeinsatz eine möglichst hohe Leistung haben sollte. Natürlich hielt sich Borsig-Chefkonstrukteur Adolf Wolff hierbei an das Vorbild der gerade erwähnten Umbaulok. Das Ergebnis war eine 2’D h4v-Schnellzuglok mit 1.870 mm großen Treibrädern, einer langen und schmalen Feuerbüchse mit 20,2 m^2 Strahlungsheizfläche, nur 166,47 m^2 Rohrheizfläche und einem Doppelschlot. So hätte denn eine deutsche Hochleistungslok aussehen können, die alle wichtigen Anregungen Chapelons umsetzte. In der 26. Sitzung des Lokausschusses im Oktober 1935, in der er sich auch so negativ über Dreizylinder-01- und 03 äußerte, goß Wagner Hohn und Spott über das Projekt: Borsig solle Versuche nicht auf Kosten der Reichsbahn unternehmen, die Lok sei ein Fremdkörper, der Raddurchmesser ungebräuchlich und ähnliche Unsachlichkeiten sollten überdecken, daß ihm Handfestes dagegen nicht einfiel. Solche Reaktionen machten ihm in der Hauptverwaltung, in der man ja bereits Lösungsansätze aus dem erkennbaren Dilemma suchte, keine weiteren Freun-

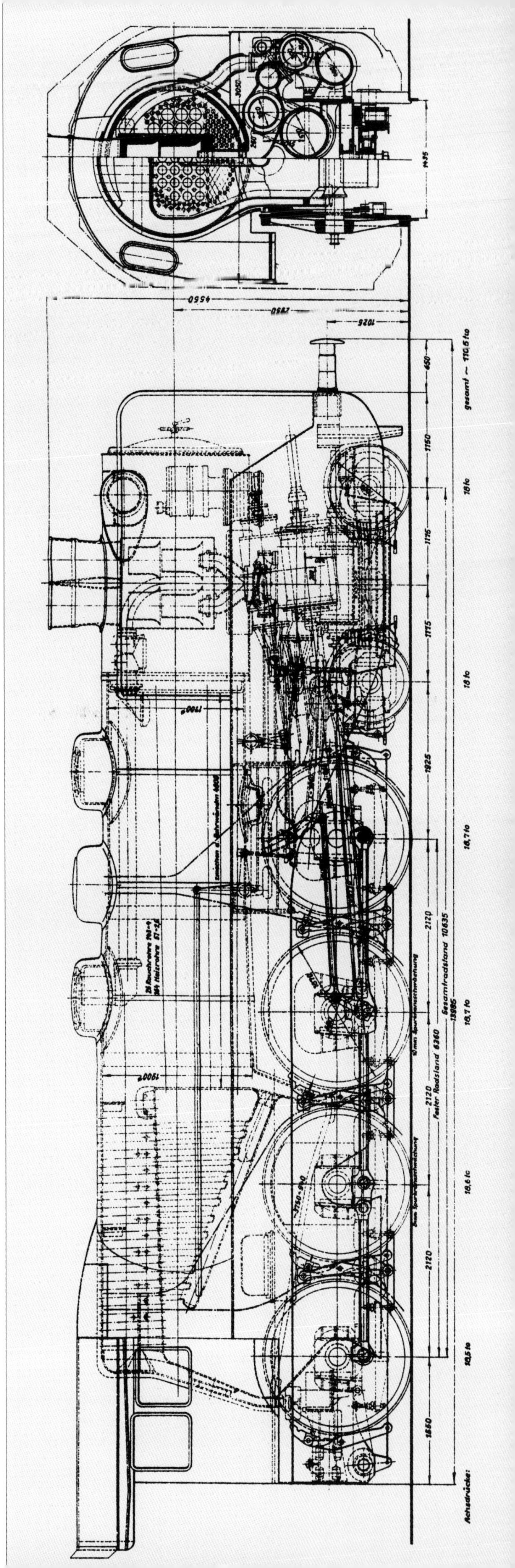

Bild 17 – Der Borsig-Vorschlag einer Gebirgsschnellzuglok vom Juni 1935 war die punktgenaue Umsetzung der Chapelon-Umbaulok auf deutsche Verhältnisse. Doppelkylchap-Blasrohr und ein großer Syphon in der Feuerbüchse fehlen deshalb ebenso wenig, wie der Blechrahmen und der „krumme“ Kuppelraddurchmesser. Kaum vorstellbar erschien es, daß diese kaum die Größe einer S $^3/_6$ erreichende Maschine 3.000 PS_i leisten sollte. Dieser Entwurf forderte deshalb heftigsten Widerspruch heraus.

Die Hauptdaten:

Zylinderdurchmesser	400/570	mm
Kolbenhub	660	mm
Treibraddurchmesser	1.870	mm
Laufraddurchmesser	1.000	mm
Dampfdruck	20	kg/cm^2
Rostfläche	3,5	m^2
Heizfläche Feuerbüchse fb	22,1	m^2
Heizfläche des Syphons fb	5,3	m^2
Heizfläche der Rohre fb	166,47	m^2
Verdampfungsheizfläche fb	193,87	m^2
Überhitzerheizfläche	65	m^2
Leergewicht etwa	101,0	t
Dienstgewicht etwa	110,5	t
Reibungsgewicht etwa	74,5	t
Fester Radstand	6.360	mm
Gesamtradstand	10.635	mm
Größte Geschwindigkeit	130	km/h

de. Versuchsdezernent Nordmann sprach sich zwar geschraubt, aber eindeutig für das Projekt aus. In seiner Stellungnahme nannte er die wichtigsten Bestandteile eines Hochleistungskessels beim Wort: geschweißte Stahlfeuerbüchse mit eingeschweißten Rohren, große Strahlungsheizfläche und nur kurzer Langkessel. Weiter sprach er die Unempfindlichkeit eines solchen Kessels gegen Überlastungsschäden an. Noch einmal allerdings gelang es Wagner, sich durchzusetzen – das allerdings nicht mit Sachargumenten, sondern durch eine äußerst detaillierte Ausrechnung, wieviel Geld die DRB augenblicklich schon in Versuchsbauarten von Dampfloks hineinstecke.

Das Referat 31 entschied am 13. Juni 1936 noch einmal wunschgemäß, wenn auch bereits mit einem in Richtung Wagner erhobenem Zeigefinger: Die Erhöhung der spezifischen Leistung sei im Hinblick auf den Wettbewerb mit den übrigen Schienentriebfahrzeugen unbedingt anzustreben. Statt einer Leistungserhöhung durch schieres Größenwachstum, wie sie gerade mit der Baureihe 45 vorexerziert wurde, sei das der richtige Weg. Anstelle mit der „wenig geeigneten" 2'D solle man dieses Ziel aber vorerst durch Versuche mit vorhandenen Loks verfolgen. Unter Umständen wäre ein Hochleistungskessel auf einer der kommenden 2'C-Personenzuglok zu erproben. Als Sofortmaßnahme zur Leistungserhöhung seien die vertretbaren Kesselgrenzleistungen der wichtigsten Einheitslok-Baureihen durch Versuche zu ermitteln. Das bedeutete bereits faktisch den Abschied von den schematischen 57 kg/m^{2}h.

Bedeutsam wurden die organisatorischen und personellen Änderungen des Jahres 1936: Oskar Hammer, Leiter der Einkaufsabteilung der DRB-Hauptverwaltung ging 1935 in Ruhestand. Er war ab ungefähr 1910 mit dem preußischen Lokomotivbau und später der Entstehung der Einheitslokomotiven engstens befaßt gewesen und galt technisch als konservativ. Fast gleichzeitig schied aus Altersgründen Richard Anger aus, der in der DRB-Hauptverwaltung bislang die Maschinentechnische Abteilung geleitet hatte. Man nutzte diesen Umstand Anfang 1936 zur Zusammenlegung als „Maschinentechnische und Einkaufsabteilung". Leiter der neuen Abteilung 31 wurde der bisherige Präsident der RBD Essen, Werner Bergmann, der zuvor 1930 bis 1932 Leiter des Zentralamtes für Maschinenbau, also direkter Vorgesetzter von Richard Wagner gewesen war.

Im Sommer 1936 ging Bergmanns Referent 31, Friedrich Fuchs, in Ruhestand. Dieser hatte zur Technik der Einheitslokomotiven ähnliche Ansichten wie der Bauartreferent, diesen bislang protegiert, war aber nach seinen Erlebnissen in Frankreich nachdenklich geworden. Nachfolger wurde der frühere Leiter der Versuchsabteilung Grunewald, Karl Günther, aufgeschlossen gegenüber neuen Ideen und ausgewiesener Wagner-Kritiker. Er und Bergmann versuchten fortan, eine Verbesserung der Einheitslokomotive durch neue Baugrundsätze zu initiieren. Organisatorisch wurde das vier Jahre zuvor in vier unabhängige Ämter zerlegte Reichsbahnzentralamt am 1. August 1936 wieder eins. Schließlich wurde mit Wirkung vom 10. Februar 1937 die Reichsbahn wieder eine Reichsverwaltung und dem Reichsverkehrsministerium (RVM) als „Eisenbahnabteilungen" eingegliedert. Als Kürzel bürgerte sich „Mineis" ein. Auch Absetzbewegungen ihm bislang geistesverwandter Ingenieure förderten das langsame Sinken des Wagnerschen Sterns ab Mitte der dreißiger Jahre: Versuchsdezernent Nordmann öffnete sich langsam und begann zu akzeptieren, daß es auch noch andere Wahrheiten gäbe. In Sachen Kesselkonstruktion und Verbundtriebwerk setzte er sich allmählich offen in Widerspruch zum Bauartdezernenten. Friedrich Witte, vor kurzem von Wagner noch als sein Wunschnachfolger aufgebaut, machte Karriere und bekämpfte seit 1936 offen die Einheitslok Wagnerscher Prägung. Er, der das Maschinenamt Berlin 3 und ab 1937 die politisch wichtige Reichsbahnbaudirektion Berlin leitete, wurde Günthers externes Sprachrohr. Außerhalb des Dienstweges veranlaßte Witte – nicht ohne Rückendeckung Günthers – die Industrie, für die leichte Güterzuglok (später Baureihe 50) und die Personenzuglok (Baureihe 23) auch Alternativen mit Hochleistungskesseln anzubieten.

Ironie des Schicksals war es gleichwohl, daß Industrie, Versuchsdezernent und Hauptverwaltung 1936 die Erstarrung der Dampflokomotiventwicklung bereits erkannt hatten, Auswege suchten, und doch alles weiter im gewohnten Gleis lief. Rund 350 Großlokomotiven Wagnerscher Prägung erst waren gebaut, die Grotesken in Form von 06 und 45 noch nicht bzw. gerade erst fertig, der St 47 K-Skandal noch nicht in Sicht, doch noch rund zehnmal so viele Langrohrkessel-Lokomotiven sollten noch gebaut werden.

Im Frühjahr 1938 begann die Reichsbahn-Führung mit einer vorsichtigen Kurskorrektur, und das auch noch auf Veranlassung der nationalsozialistischen Reichsführung: Die Maschinentechnische und Einkaufsabteilung 31 der DR im RVM ordnete an, daß die neue Baureihe 50 einen großen Rost zur Verbrennung auch schlechter Brennstoffe erhalten solle. Ganz von selbst ergaben sich dadurch ein kürzerer Langkessel, eine große Feuerbüchsheizfläche und eine hohe Überlastbarkeit. Die neue Abstimmung kam auch der Baureihe 23 zugute.

Gleichzeitig, am 12. März 1938, beauftragte Ref. 31, Karl Günther, das RZA Berlin mit einer Untersuchung der (schwachen) Leistung der Baureihen 01 und 03 im Vergleich zu neueren französischen Konstruktionen. Als Sachbearbeiter des am 31. Mai 1939 vorgelegten Berichtes 2202/31 Fklv zeichneten Abteilungspräsident und Versuchsdezernent Prof. Hans Nordmann und seine Mitarbeiter Brüggemann und der junge Theodor Düring. Mit großer Akribie und ohne erkennbare Absicht, die eine oder die andere Bauart künstlich auf- oder abzuwerten, stellten die Autoren eine Fülle von nachprüfbaren Sachaussagen zusammen: Vergleiche aus Merkbuch-Belastungstafeln, gestoppte Anfahrten, Angaben aus diversen Versuchsberichten zu Verbräuchen und Leistungen, Auswirkung von Drosselung in der Dampfmaschine, Temperaturen und dergleichen mehr. Verblüfft notierte Nordmann in seinem Resümee: *„Der große Wert der Strahlungsheizfläche ist in dem geschilderten Maß erst im Laufe dieser Untersuchung hervorgetreten."*

Und: *„Da bei Schnellfahrlokomotiven ohnehin auf mindestens 3 Zylinder übergegangen werden muß, empfehlen wir auch die Fortentwicklung der Vierzylinderverbundlokomotive, zum mindesten als Versuchslokomotive, erneut wieder aufzunehmen. Die hohen Kesselanstrengungen der französischen Lokomotiven werden sich mit den vorhandenen Einheitskesseln mit erträglichen Unterhaltungskosten voraussichtlich nicht verwirklichen lassen."*

Das war der Frontalangriff auf die bisherige Einheitslokomotive. Dementsprechend patzig war die Schlußbemerkung, die Richard-Paul Wagner zuständigkeitshalber dem Bericht anschloß: *„Der Bauartdezernent nimmt hierzu wie folgt Stellung: Der Bericht behandelt kritisch 1) die Dampfzylinder und 2) den Kessel."* Anschließend beging er den strategischen Fehler, angesichts der mittlerweile allgemein bekannten Meinung Bergmanns und Günthers seine Position nicht durch Zugeständnisse zu stärken. Stattdessen verlor er sich rechthaberisch in Bauartdetails und stellte für die beteiligten Fachleute erkennbar falsche Behauptungen auf:

„Wenig Nachdruck legt der Bericht auf den Umstand, daß bei den Einheitslokomotiven (...) die Zylinder zwecks Ersparnissen in der Beharrung sehr klein sind, in einzelnen Fällen (01 und andere) erheblich zu klein. Wären sie größer, so würde die unwirtschaftliche Anfahrperiode gekürzt und bei Beharrung das Fahren mit kleinerer

Füllung erlaubt.“ Und: *„Die Lokomotivleistung könnte auch bei der Deutschen Reichsbahn wesentlich erhöht werden, wenn wir von den schematisierten 57 kg/m²h abgingen. Es ist nicht richtig, daß unsere Kessel das nicht vertragen. (...) Die 57/60 kg sind früher gewählt worden mit Rücksicht auf geringe Kesselunterhaltungskosten. Bei Fallenlassen dieser (richtigen) Forderung lassen sich unsere Kessel, wenn sie gut im Stande sind, ohne weiteres ebenso hoch wie die französischen Lokomotiven beanspruchen.“* Natürlich gab es neue Einheitsloks wie die kleine 71^0, deren Kessel man im Normalbetrieb mit 70 kg/m²h belasten konnte, im Falle von 01 und 03 bedeutete diese Behauptung aber eine groteske, kaum nachvollziehbare Fehleinschätzung.

Ungewöhnlicherweise replizierte Nordmann hierauf noch einmal und legte seine Berechnungsweisen dar.

Resümierend forderte er wegen des deutlichen Zusammenhangs zwischen Kesselwirkungsgrad und Rostbelastung eine große Rostfläche und darüber einen großen Feuerraum, der sich „sicher (...) ohne Verbrennungskammer verwirklichen läßt“, letzteres noch ein freundlicher Schlenker in Richtung Wagners. Man müsse die Versuchsbasis höherer Kesselanstrengungen bei den vorhandenen Einheitskesseln erweitern wie auch Lokomotiven mit größerem Feuerbüchsraum bauen. Letzteres allerdings war schon vor drei Jahren verfügt worden, doch Wagner hatte es wirksam „ausgesessen“.

Was Wagner als Kenner des US-Lokomotivbaues eigentlich wissen mußte: Bereits damals verwendete die Lokomotivfabrik Baldwin für die Kesselberechnung Formeln, die die unterschiedlichen Wertigkeiten der Kesselheizflächen berücksichtigten: Danach konnte man für jeden Quadratmeter Strahlungsheizfläche eine stündliche Verdampfung von 268 kg Wasser annehmen, für jeden Quadratmeter indirekter Heizfläche in einem 3,963 m (13 Fuß) langen Langkessel 57 kg, in einem 5,182 m (17 Fuß) langen Langkessel noch 49,5 kg, in einem 7,011 m (23 Fuß) langen Langkessel aber nur noch 41 kg/m²h. Auch wenn die Werte für die wasserberührte Seite der Heizflächen gerechnet wurden, lassen sie erkennen, daß man durch die Verlängerung der DRB-Langkessel die Verdampfungsleistung kaum verbessern konnte, daß hingegen schon die Vergrößerung der Strahlungsheizfläche um 5 m² (wie beim DB-Neubaukessel der 01^{10}) die Kesselleistung um fast 10 % erhöhte. Für den 01-Kessel, um den es hier ja weiterhin geht, seien Wagners eben zitierter Annahme schlichte Realitäten wie die Speisepumpenleistung und die mit den Formeln von Baldwin errechneten Werte gegenübergestellt: 247 m², belastet mit einer Verdampfungsleistung von 57 kg/m²h, erzeugen in der Stunde 14.079 kg Dampf, mit 65 kg/m²h theoretisch 16.055 kg. Die Förderung der ab den höheren 01-Serien verwendeten 250 l-Speisepumpe allerdings reicht schon bei dieser geringen Höherbeanspruchung nicht aus, so daß nach spätestens einer halben Stunde Wassermangel eintreten würde. Nach Baldwin konnte der 01-Kessel (umgerechnet auf feuerberührte Heizflächen) ohne Erschöpfung des Kessels an der Strahlungsheizfläche der Feuerbüchse je Stunde 4.500 kg Wasser verdampfen, im Langkessel 9.550 kg, in der Summe nahezu aufs Kilo genau die Menge der von Wagner als theoretisch bezeichneten, in Wirklichkeit durch schlichte Physik aber sehr realen Kesselgrenze! Diese war im Laufe der Projektentwicklung der 01^{10} mittlerweile zum richtigen Problem geworden, was im Verkehrsministerium in der Berliner Voßstraße nicht unbemerkt geblieben war.

Der Bericht über 01 und 03 machte in der Führungsetage der Maschinentechnischen und Einkaufsabteilung der DRB Furore und ging natürlich auch in der Industrie von Hand zu Hand. Die DRB stand auf der Schwelle der Beschaffung einer ganzen Fahrzeuggeneration, die das Verkehrsunternehmen auf Jahrzehnte festlegen würde, die ersten Exemplare von 01^{10} und 03^{10} standen kurz vor der Fertigstellung, und nun das: Versuchsdezernat und Bauartdezernat in offener Auseinandersetzung, Richard Paul Wagner desavouiert, die Grundbauart der Schnellzuglokomotiven in Frage gestellt. Gerade waren die ersten Bestellungen aus dem großen Fahrzeug-Beschaffungsplan abgeschickt worden, man brauchte die neuen Lokomotiven quasi händeringend, stand aber nun mit leeren Händen da, müßte die Bestellungen über hunderte von 01^{10} und 03^{10} eigentlich stornieren und neu beginnen. Das aber war nicht möglich.

Doch wir eilen voraus, denn zunächst gilt es den Entwicklungsgang der beiden schon zum Zeitpunkt ihres Erscheinens technisch überholten Stromlinien-Schnellzuglokbaureihen zu betrachten.

Bessere Laufeigenschaften für 01 und 03

Am 10. Mai 1935 schickte der Leiter der Maschinentechnischen Abteilung in der Hauptverwaltung der DRB, Richard Anger, unter dem Aktenzeichen 31 Fkl 646 an das Reichsbahn-Zentralamt für Maschinenbau einen Vermerk, der zuständigkeitshalber natürlich auf dem Tisch von Richard Paul Wagner landete: *„Wir ersuchen, die Ausführungsmöglichkeit der 01- und 03-Lokomotiven als Drillingslokomotiven zu prüfen. Da auch die Möglichkeit des Umbaues vorhandener Lokomotiven dieser beiden Bauarten zur Erörterung steht, muß versucht werden, bei der Durchbildung der Drillingbauart mit möglichst wenig baulichen Änderungen auszukommen. In erster Linie wird daher der Einbau eines Hochdruckzylinders unter Übergang auf das Dreizylinder-Verbundverfahren in Frage kommen. Das Reichsbahn-Zentralamt für Maschinenbau in Berlin wolle für den Neubau der beiden Gattungen Entwürfe aufstellen, den Beschaffungsmehrpreis bzw. die Umbaukosten ermitteln und uns die Unterlagen mit eingehender Stellungnahme baldmöglichst vorlegen, wobei auch die Änderung der Achsdrucke zu erörtern wäre.“* War hier noch von der Auslotung von Möglichkeiten die Rede, so ließ der beiliegende Vermerk keinen Zweifel zu, daß die Hauptverwaltung bereits zur allgemeinen Einführung von Mehrzylinderlokomotiven entschlossen war. Mit der Baureihe 05 war die erste Vertreterin der neuen Generation auch bereits fertiggestellt:

„Die Verkürzung der Reisegeschwindigkeiten hat u.a. dazu geführt, daß die Höchstgeschwindigkeit der Einheitsschnellzuglokomotiven der Reihen 01 und 03 in weit stärkerem Maße ausgenutzt wird als bisher und die Beanspruchung dieser Lokomotiven wesentlich gestiegen ist. Bei den neuen Lokomotiven dieser Gattungen, die für 130 km/h Höchstgeschwindigkeit gebaut sind, muß mit noch stärkerer Beanspruchung gerechnet werden. Es ist zwar, wie die Praxis gezeigt hat, möglich, mit diesen Lokomotiven trotz des Zwillingstriebwerks auch bei hohen Geschwindigkeiten einen noch befriedigenden Lauf zu erzielen, jedoch deuten gewisse Schäden und betriebliche Unannehmlichkeiten (z. B. Rahmenbrüche, Achsschäden und Übertragung der Zuckbewegungen auf die unmittelbar hinter der Lokomotive laufenden Wagen) darauf hin, daß bei den jetzt üblichen hohen Fahrgeschwindigkeiten der D-Züge das Zwillingtriebwerk nicht mehr allen Anforderungen entspricht. Bei einem Mehrzylindertriebwerk sind, bedingt durch die Zylinderanordnung und die Unterteilung der Leistung und damit der Kolbenkräfte, die Beanspruchung des Rahmens und die spezifische Beanspruchung bei gleichen Lokomotivleistungen geringer als beim Zweizylindertriebwerk. Ferner werden auch die auf den Zug übergehenden störenden Bewegungen der Mehrzylinderlokomotiven infolge des besseren Massenausgleichs im Triebwerk wesentlich geringer sein. Die Unbequemlichkeiten, die das Mehrzylindertriebwerk in betrieblicher Hinsicht mit sich bringt,

Bild 18 – 03 032 des Bw Altona war eine der für 140 km/h zugelassenen Loks ihrer Baureihe. Hier jagt sie 1938 vor einem aus Hechtwagen bestehenden Ersatzzug für den FDt 1 Hamburg – Berlin durch Reinbek. Solche Leistungen waren Gift für die Achs- und Stangenlager der einfach gebauten Einheitsloks, und meist hielten die Lager solche Einsätze nur rund 5.000 km aus. AUFNAHME: CARL BELLINGRODT/EK-VERLAG

müssen diesen Vorteilen gegenüber in Kauf genommen werden. Ob es unter Gewährleistung ausreichender Betriebssicherheit möglich ist, die Übertragung der Zuckbewegungen auf den Zug durch loses Kuppeln (Vorschlag der LVA Grunewald) zu verhindern, wird besonders untersucht werden. Unabhängig hiervon wird erwogen, die Lokomotiven der Reihen 01 und 03 in Zukunft als Drillinglokomotiven zu bauen und, falls möglich, bei Bedarf auch vorhandene Lokomotiven dieser Bauart umzubauen.“

Am 20. Mai 1935 kam R. P. Wagner der Aufforderung nach und erbat vom Vereinheitlichungsbüro der Deutschen Lokomotivbauvereinigung in der Berliner Hermann-Göring-Straße unter wortgleicher Wiederholung des Vermerkes Entwurfszeichnungen.

An die Konstruktion des Dreizylindertriebwerks für 01 und 03 gingen Reichsbahn und das Vereinheitlichungsbüro der Lokindustrie mit einem bereits reichen Erfahrungsschatz. Bevor es nun an die tatsächliche Projektentwicklung geht, seien einige Zeilen zu verschiedenen Grundbauarten von Dreizylindertriebwerken vorgeschickt, denn auch dort gab es bedeutsame Unterschiede.

Pionierlok war die preußische S 10^2 (Reihe 17^2) von 1914 gewesen, die sich auch noch in den dreißiger Jahren vor Eil- und leichten Schnellzügen mit scharfen Anfahrten bewährte. Bei ihr arbeiteten alle drei Zylinder auf die erste Achse, und die Kurbeln waren um genau 120° versetzt, was zu einem idealen Massenausgleich führte. Ihr folgten die

- preußische G 12^1, Reihe 58^0 von 1915 mit Zweiachsantrieb auf die dritte und innen zweite Kuppelachse,
- sächsische XIII H, Reihe 58^1 von 1917, baugleich mit der preußischen Type,
- „Einheitslok“ G 12, Reihe $58^{2-5,10-21}$ von 1917 mit Einachsantrieb auf die dritte Kuppelachse,
- sächsische XVIII H, Reihe 18^0 von 1917 mit Einachsantrieb auf die zweite Kuppelachse,
- preußische G 8^3, Reihe 56^1 von 1919 mit Einachsantrieb auf die dritte Kuppelachse,
- preußische P 10, Reihe 39^0 von 1922 mit Einachsantrieb auf die zweite Kuppelachse,
- Baureihe 44 von 1926 mit Zweiachsantrieb auf die dritte und innen zweite Kuppelachse,
- Baureihe 85 von 1932, Triebwerk baugleich mit Baureihe 44,
- Baureihe 05 von 1935 mit Zweiachsantrieb auf die zweite und innen erste Kuppelachse,
- Baureihe 84 von 1935 mit Einachsantrieb auf die dritte Kuppelachse,
- Baureihe 06 mit Zweiachsantrieb auf die zweite und innen erste Kuppelachse (projektiert),
- Baureihe 45 mit Zweiachsantrieb auf die dritte und innen zweite Kuppelachse (im Bau).

Wie man sieht, wurde nach der P 10 nur noch die BR 84 mit Einachsantrieb gebaut, obwohl dieser in Sachen Massenausgleich erste Wahl gewesen wäre. Doch schon bei der P 10 waren die Treibstangen reichlich kurz geraten. Mit Ach und Krach hätte man bei der Baureihe 44 noch einen Einachsantrieb auf die dritte Kuppelachse hinbekommen, das aber nur unter Preisgabe der Kesselgleichheit mit der Baureihe 43 und in der Mitte durch Anordnung des Steuerungszylinders neben dem Arbeitszylinder. Schon bei der kleineren G 12 hatte man den Innenzylinder weit nach oben und geneigt stellen müssen, um mit der Treibstange überhaupt über die beiden vorderen Kuppelachsen hinwegzukommen. Und dennoch war der Schieber direkt unter dem Rauchkammerboden kaum noch erreichbar, ganz zu schweigen von der abgeleiteten Innensteuerung, die nie gleichmäßig arbeitete, und der verbauten Ausströmung. Aus schierem Platzmangel in den großen Lokomotiven zog man deshalb den einfacher zu bauenden Zweiachsantrieb vor. Der Auspuffstrahl des Mitteltriebwerks war beim Einachsantrieb strömungsgünstiger zu führen als beim Zweiachsantrieb, doch litten alle Dreizylinderloks mit nur einem Blasrohr unter einer gewissen Auslaßdrosselung. Natürlich hatten alle Drillingsloks größere Abkühlungsflächen in den Zylindern als die Zwillinge. Die Leistung einer Zweizylinderlok gleichen Zylindervolumens erreichten sie nur durch größeren Brennstoff- und Dampfdurchsatz.

Deshalb setzte man bislang bei der DRB den Drillingsantrieb nur dann ein, wenn schwere Lasten in schwierigem Gelände zu schleppen waren. Eine nennenswerte Verbreitung hatten die allein so ausgestatteten Baureihen 44 und 85 vorerst nicht erreicht. Lange Zeit sah man keine Notwendigkeit, Schnellzuglokomotiven mit mehr als zwei Zylindern zu bauen, und in der Tat liefen die Baureihen 01 und 03 bis ungefähr 120 km/h einigermaßen ruhig. Eine größere Laufruhe benötigte man für die Schnellfahrlok. Die 1932/33 mit der Baureihe 04 gesammelten Erfahrungen und deren hoher Beschaffungspreis führten damals zum zweiten Mal nach 1926 zur Ablehnung des Verbundprinzips. Es blieb für die Baureihe 05 das Dreizylindertriebwerk, das allerdings gleichmäßiges Drehmoment und ruhigen Lauf mit größerem Brennstoffverbrauch erkaufte. Im Prinzip führte man auch die Baureihe 05 als erste Drillings-Schnellzuglok nach dem Vorbild der Baureihe 44 aus: Die zweite Kuppelachse ist außen Treibachse und dient dem Antrieb der inneren Steuerung, die Achse davor wird vom Innenzylinder angetrieben. Ein ebensolches Antriebsschema sah man für die in Entwicklung befindliche Vierkuppler-Schnellzuglok Baureihe 06 vor. Bei der Baureihe 45 folgte man dem Vorbild der 44.

Aufschlußreich ist ein Vergleich der bisher gebauten oder projektierten „Dreizylinder-Vorbildtypen":
Baureihe 44 (Bauart 1926 mit 14 atü-Kessel) mit drei 600 x 660 mm-Zylindern; Mittelzylinder in gleicher Flucht wie Außenzylinder, aber höhergelegt und stark nach oben geneigt (1:5,4) bis in Ausbuchtung des Rauchkammerbodens zeigend; äußere Treibstangen von Lagermitte zu Lagermitte 3.500 mm, innere Treibstange 1.930 mm;
Baureihe 05 (20 atü-Kessel) mit drei 450 x 660 mm-Zylindern; Mittelzylinder gegenüber Außenzylindern leicht nach vorne verschoben, aber waagerecht und in gleicher Höhenlage; äußere Treibstangen 4.250 mm, innere Treibstange 2.000 mm;
Baureihe 45 (20 atü) mit drei 520 x 720 mm-Zylindern; Mittelzylinder in gleicher Flucht wie Außenzylinder, aber höhergelegt und stark nach oben geneigt (1:7,2) bis in Ausbuchtung des Rauchkammerbodens zeigend; äußere Treibstangen 3.700 mm, innere Treibstange 2.092 mm;
Baureihe 06 (20 atü-Kessel) mit drei 520 x 720 mm-Zylindern; Mittelzylinder kaum höher als Außenzylinder und leicht geneigt bis in Mitte der ersten Vorlaufachse vorgeschoben; Treibstange außen 3.550 mm, Treibstange innen 2.400 mm.

Eine Besonderheit gilt es für die Baureihen 05, 06 und 45 zu verzeichnen: Sie waren mit Kuhnschen Schleifen in den drei Steuerungen ausgestattet. Diese Bauart wurde sonst nur angewendet, wenn man gute Steuerungsergebnisse für beide Fahrtrichtungen benötigte, z.B. bei Tenderloks. Hier war sie durch Platzmangel in der Innensteuerung der großen Loks begründet. Für die Dreizylinderbauart von 01 und 03 war sie nicht nötig, und die Hängeeisensteuerung der alten 01 und 03 mit ihren für die Hauptfahrtrichtung guten Steuerungsergebnissen reichte völlig aus.

Der Vergleich der Hauptparameter des Antriebes der vier Gattungen läßt die Vermutung zu, daß man sich über die zu vermeidenden Fehler bei der Konstruktion eines Zweiachsantriebes lange Zeit nicht im klaren war. Die Baureihe 44 hatte die Grundbauart vorgegeben, die man bei der Baureihe 45 getreulich nachvollzog. Das Triebwerk der Baureihe 44 aber hatte man aus Vereinheitlichungsgründen im Rahmen und Laufwerk der Zwillingslok Baureihe 43 unterbringen müssen, die Muttertype für die 44 war. So wurde deren Mitteltriebwerk ein aus dem Platzmangel geborener Kompromiß, und der Einfachheit halber nutzte man den Mittelzylinder auch noch als Kesselauflager. Schäden am Mitteltriebwerk waren häufig, die man allerdings noch nicht mit der Schräglage des Zylinders und der kurzen, pulsierenden Treibstange in Verbindung brachte. R. P. Wagner rühmte 1936 bei der Vorstellung der Baureihe 05 deren gleichmäßiges Tangentialdruckdiagramm, das zuckfreien Lauf und größtes Beschleunigungsvermögen sichere. Er favorisierte diesen Antrieb auch aus Gründen der Rahmenbeanspruchung.
Nicht bewußt war ihm, daß die Baureihe 05 ein Sonderfall war, weil man im großräumigen Fahrwerk die drei Zylinder hübsch ordentlich und ohne Neigung nebeneinander packen konnte. Das stellte eine gute Zugänglichkeit sicher, änderte aber nichts daran, daß die mittlere Treibstange für eine Lok, die die bei der Reichsbahn erlaubten 300 Radumdrehungen pro Minute voll ausfahren und überschreiten sollte, reichlich kurz war. Infolge des waagerecht liegenden Zylinders war allerdings der Winkelausschlag gleichmäßig und nicht übermäßig groß.

Bei der 06 endlich scherte man sich nicht mehr um eine mögliche Baugleichheit mit der Baureihe 45, verschob den Mittelzylinder so weit wie irgend in der Lok unterzubringen nach vorne, vermied damit eine Kollision mit dem Drehzapfen des Drehgestells und legte den Zylinder so tief und so wenig geneigt wie möglich. So erhielt man hier erstmals eine längere Treibstange und ein annähernd ausgeglichenes Winkelverhältnis. Die Bedeutung von beidem für eine Schnellzuglok von knapp 3.000 PS hatte man 1935 also bereits erkannt. Bei der Drillings-01 war vom Zweiachsantrieb zunächst keine Rede, und man versuchte auftragsgemäß, die Änderungen gegenüber der Zwillingsbauart auf das absolute Mindestmaß zu begrenzen.

Im August 1935 reichte das Vereinheitlichungsbüro fünf (heute verschollene) Entwurfszeichnungen beim Zentralamt ein, die jeweils Drillings- und Drillingsverbundtriebwerk für die Baureihen 01 (Sk 1497 und 1498) und 03 (1499 und 1500) sowie als Sk 1509 Schaulinien der Anfahrzugkräfte am Treibradumfang der Baureihe 03 zeigten. Man orientierte sich an der Ausführung der 02, die das gewünschte hohe Maß an Übereinstimmung mit der Baureihe 01 besaß. Aufschlußreich war die beiliegende Erklärung:

„Bei allen Entwürfen wurde der Einachsantrieb gewählt, um mit möglichst wenig baulichen Änderungen auszukommen und um kurze und einfache Dampfwege für Ein- und Ausströmung zu erhalten.

Bei diesem vorgesehenen Einachsantrieb wäre bei einem eventuellen Umbau der im Betrieb befindlichen Lokomotiven eine Rahmenänderung an der Zylinderbefestigung nicht erforderlich. Bei Anwendung des Zweiachsantriebs müßte der Innenzylinder mit Rücksicht auf die erforderliche Treibstangenlänge erheblich über die bisherige Zylindermitte nach vorn verlegt werden. Die neue Befestigung der Innenzylinder würde dadurch eine andere Ausbildung des Rahmenvorderteils bedingen.

Die Außensteuerung ist bei Baureihe 01 und 03 bei diesen Entwürfen unverändert beibehalten, während für die innere Steuerung der Baureihe 01 zwei Ausführungsmöglichkeiten vorgesehen sind, einmal wie in Skizze Sk 1497 dargestellt, mit besonderer vollkommen unabhängiger Steuerung oder mit Übertragung von der Außensteuerung nach dem Muster der sächsischen Gattung XVIII H, Sk 1498.

Die Ableitung der unabhängigen Übertragung von innen her ist wegen der Anordnung der Bremszylinder bei der Baureihe 01 hier nicht möglich.

Bei der Baureihe 03 ist die auf Sk 1497 vorgesehene Steuerung mit besonderem Antrieb wegen der nach Rahmenmitte verlegten Luft- und Speisepumpen nicht ausführbar.

Die Kurbelversetzung beträgt bei den Drillingslokomotiven 120°, während bei den Dreizylinderverbundlokomotiven die Versetzung der Außenkurbeln mit 90° angenommen ist, mit Rücksicht auf gleichmäßige Feueranfachung, wobei auch der Vorteil besteht, daß der vordere und hintere Kuppelradsatz unverändert beibehalten werden können.

In dem beigefügten Schaubild der Anzugkräfte nach Sk 1509 haben wir die Dreizylinderlokomotiven der bisherigen Zweizylin-

derausführung gegenübergestellt. Bei den Drillinglokomotiven entsprechen die kleinsten Anzugkräfte bei ungünstigster Kurbelstellung etwa der Zwillingsausführung, während die größten Anzugskräfte wesentlich vermindert sind und so die Schleudergefahr herabgesetzt wird.

Für die Dreizylinderverbundausführung ist eine Füllvorrichtung zur Vergrößerung der Zylinderfüllung und somit Vergrößerung der Anzugkräfte in den ungünstigsten Kurbelstellungen vorgesehen.

Der als Blechträger vorgesehene Rauchkammerträger überbrückt den Innenzylinder und besitzt sowohl am Rauchkammermantel als auch am Rahmen eine lange Befestigungsbasis, wodurch es unbedenklich erscheint, wenn das vordere Kesselpendelblech wegen des Innentriebwerks fortfallen muß.

Aus den vorgenannten Zeichnungen sind auch die jeweiligen neuen Achsdrücke unter Zugrundelegung der gewogenen Gewichte der letzten Neubauausführung eingetragen. Bei Ausführung der 01-Lokomotive sowohl als Drilling- als auch als Dreizylinderverbundlokomotive ergeben sich für das vordere Drehgestell Achsdrücke von über 17 t, was unerwünscht sein dürfte. Wir haben daher auch die Rechnung durchgeführt, bei Verlegung der Luft- und Speisepumpen auf Rahmenmitte, wobei die Achsdrücke auf die Drehgestellachsen entsprechend vermindert werden, was aus den Entwurfszeichnungen zu ersehen ist.

Die Gewichtsermittlung ist unter Berücksichtigung der Verwendung von Stahlfeuerbüchsen durchgeführt."

R. P. Wagner gab Zeichnungen und Erklärung am 3. September 1935 an den Referenten 31, Friedrich Fuchs, in der HV weiter. Als Mitbearbeiter zeichneten Prof. Nordmann, Reichsbahnoberrat Reckel und Reichsbahndirektor Kommerell. Von Wagners Hand stammten die ergänzenden Bemerkungen:

„Die Entwürfe sind hinsichtlich der Breiteneinschränkung für Dampflokomotiven entsprechend der Verfügung 31 Fav 70 vom 26.6.35 untersucht worden.

Die Untersuchung hat ergeben, daß die Lokomotiven 01 und 03 die Regellichtraumumgrenzung nicht überschreiten; dagegen müßte bei Beachtung der aus der TE-Linie entwickelten Umgrenzung bei Neubau die Zylindermitte bei Baureihe 01 und 03 auf jeder Seite um 15 mm nach Maschinenmitte gerückt und ferner die Schiebermitten aus Zylindermitte von 180 mm auf 160 mm gebracht werden.

Bei einem Umbau mit Verwendung der Außenzylinder als Dreizylinderverbund-Lokomotive würde der neuen Forderung betreffend die Einhaltung der nach der TE-Linie entwickelten Umgrenzung nicht entsprochen werden können.

Die vom Vereinheitlichungsbüro angeführten Gründe gegen die Anwendung des Zweiachsantriebs erkennen wir an. Auch wir würden hierbei dem Einachsantrieb den Vorzug geben."

Daß ihm die ganze Richtung nicht paßte, versteckte Wagner in seinen Schlußbemerkungen fast, und ein Verweis auf die Baureihe 93 war ebenso unpassend wie unsachlich. Hatte er die gerade ein paar Wochen vergangenen Probefahrten mit dem Henschel-Wegmann-Zug und 61 001 vergessen, bei denen die fabrikneue Lok so unerträglich gezuckt hatte, daß Abhilfe unumgänglich war?

„Im übrigen halten wir auch den Neubau dieser Lokomotive als Dreizylinderlokomotive nicht für nötig, da allgemein alle 01- und 03-Lokomotiven ruhig laufen und Zucken nur bei schlecht eingestellter Steuerung oder erschlafften Tenderstoßfedern vereinzelt auftritt. Dagegen haben wir alte Lokomotivgattungen, die bekanntermaßen stark zucken (T 14, T 14[1]), an deren Umbau aber niemand denken würde.

In welchem Maße störende Bewegungen von der Lokomotive auf den Wagenzug übergehen, und ob diese Übertragung von Schwingungen durch loses Kuppeln der Lokomotive oder – wie bei unseren Lokomotivmeßwagen – durch eine besondere Federbatterie auf ein für die Reisenden erträgliches Maß gedämpft werden kann, ist von den Versuchsabteilungen untersucht. Über das Ergebnis dieser Untersuchungen, die wir erst zusammenstellen müssen, werden wir zur HV-Verfügung 30 Fkwp 434 vom 12. Juni 1935 (darin ging es speziell um 61 001, d.A.) demnächst gesondert berichten.

Wir haben die Deutsche Lokomotivbau-Vereinigung gebeten, nach Fertigstellung der Entwürfe die Mehrpreise für neue Dreizylinderlokomotiven 01 und 03 und die Umbaupreise für vorhandene Lokomotiven so bald wie möglich mitzuteilen. Wir werden die Angaben sofort nach Eingang vorlegen."

Einen Monat später teilte Wagner Günther die inzwischen von der Lokomotivindustrie genannten Preise mit – 8.000 RM für die Baureihe 01 und 7.500 RM für die Baureihe 03 – und ergriff unter Mitzeichnung mehrerer Vertreter des Versuchsdezernates und des Dezernates 63 im RZA für Einkauf erneut Partei gegen das Vorhaben, nun allerdings mit dem Zugeständnis, notfalls die Dreizylinderbauart mitzutragen. Das geschah sicher, um sich nicht in Gegnerschaft zur erkennbaren Position von Anger und Fuchs wiederzufinden, aber auch um für die bevorstehende Sitzung des Lokomotivausschusses Positionen zu besetzen, denn dessen Mitglieder erhielten den zum Vorhaben geführten Schriftverkehr als Ablichtung:

„... Wir vertreten nach wie vor die Ansicht, daß die gewählte Zylinderanordnung ein sehr teures Mittel ist, um die Ruhe des Laufs zu verbessern, teuer durch erhöhten Beschaffungspreis, durch die durch frühere Versuche erwiesene Vergrößerung des Dampfverbrauchs um rund 4 % und durch vermehrte Unterhaltung. In erster Linie möchten wir vom Umbau vorhandener Maschinen abraten, da der Übelstand keineswegs so ist, daß er auch nur aus Gründen der Annehmlichkeit hohe Umbaukosten rechtfertigen würde (wir erwarten etwa 12 – 15.000,– RM). Ferner möchten wir gegen den Entwurf der Dreizylinder-Verbundmaschine Stellung nehmen, der sich auf denselben Bahnen bewegt wie weit zurückliegende Versuche von Webb. Dreizylinder-Verbundlokomotiven sind gekuppelt und ungekuppelt in mehreren Ländern wie England, Österreich und der Schweiz mehrmals versucht und immer wieder verworfen worden. Auch in dem vorliegenden Falle bietet weder der niedrige Druck von 16 atü noch das schlechte Tangentialdruckdiagramm einen Anreiz zur Wahl dieser Bauart. Die Drillingsanordnung wird bestimmt eine – wenn auch nicht billige – Verbesserung sein und könnte vertreten werden, wenn die Notwendigkeit einer Verbesserung dort (also in der HV, d.A.) für vorliegend erachtet wird.

Wir glauben, daß es mindestens ebenso aussichtsreich sein wird, durch Schaffung einer Tender-Zughakenfeder das Zucken auch bei schlecht imstande befindlichen Lokomotiven im Zuge unmerkbar zu machen. Wir beabsichtigen daher, Versuche in dieser Richtung zu unternehmen, und möchten anheimstellen, vorerst nur für Vergleichsversuche eine 03-Lokomotive in Drillingsanordnung bauen zu lassen, die beim Neubau einen Mehrpreis von 7.500 RM erforderte, wenn der Erfolg der Federversuche nicht abgewartet werden kann."

Von der Hand zu weisen war Wagners Einwand nicht: Angesichts der von ihm nicht zugegebenen, aber objektiv unter Alltagsbedingungen irgendwo zwischen 13 und 14 t Dampferzeugung je Stunde liegenden tatsächlichen Kesselgrenze der 01 würden auch einer gut durchkonstruierten Dreizylinder-01 mit Einachsantrieb rund 0,6 t Dampf in der Stunde oder dauernd mindestens 100 PS gegenüber der Zweizylinderlok für die Traktion fehlen. An eine Leistungssteigerung oder eine Plangeschwindigkeit von 140 km/h vor schweren Zügen mit einer dreizylindrigen, sonst aber unveränderten 01 war also nicht zu denken. Davon allerdings war in diesem Projektstadium auch noch keine Rede. Der Hauptverwal-

Bild 19 – 01 213 (Henschel 23461/1937, Bw Nürnberg Hbf)) war die erste Lok der letzten 01-Bauserie. So sah der letzte Entwicklungsstand dieser Baureihe aus: Vorne liegende Pumpen, genieteter Tender und versuchsweise ein Speisewasserreiniger Bauart Dejektor, der oberhalb der hinteren Kuppelachse zu erkennen ist. Letzterer wurde auch für 01 1001 vorgesehen.
AUFNAHME: HERMANN MAEY, SAMMLUNG HANSJÜRGEN WENZEL

tung ging es vorerst allein um ein kommodes Fahrverhalten der beiden Hauptträgerinnen des Schnellzugverkehrs.

Am 23. und 24. Oktober 1935 traf sich der Lokomotivausschuß im schönen Karlshafen an der Oberweser zu seiner 26. Beratung. Auftragsgemäß hatte er der Hauptverwaltung Empfehlungen zu geben zu so wichtigen Themen wie dem schon erwähnten 2'D-Schnellzuglokprojekt nach Vorbild Chapelons, Vorschlägen von Friedrich Witte zu Einzelachsantrieben, einer 2'C2'h3-Schnellzugtenderlok nach Vorschlag Henschel und eben der Frage des Dreizylindertriebwerks für die Baureihen 01 und 03. Die Sitzung leitete als Vorsitzender Reichsbahndirektor Gaedicke (RBD Essen). Außerdem waren anwesend Rb-Direktor Ruthemeyer (RBD Hannover), Rb-Oberrat Gugel (RBD Stuttgart), Rb-Rat Prinz (RBD Augsburg), Rb-Rat Ziem (RAW Meiningen), Rb-Rat Witte (Rb-Maschinenamt Berlin 3), Lokomotivführer Fleischhauer (Bw Erfurt), Rb-Oberinspektor Thalacker (RZA für Maschinenbau) als Schriftführer und als Gäste Dr.-Ing. R. P. Wagner und Prof. Dr. H. Nordmann. Die in der Niederschrift nachzulesenden ausführlichen Stellungnahmen seien hier nur stichwortartig wiedergegeben, beleuchten aber dennoch die Argumente dafür und dagegen auf anschauliche Weise. Friedrich Witte für den Betrieb und Friedrich Ziem für die Unterhaltung trugen die beiden Hauptbeiträge vor.

Witte stieß sich an der bisher nicht erfolgten Einordnung der dreizylindrigen 01 und 03 in eine bestimmte Geschwindigkeitsgruppe. Es gäbe ein Versuchsprojekt für 140 km/h mit der 03, Dreizylinder-01 und 03 seien aber weiter mit 130 km/h vorgesehen. Bis 140 km/h komme man aber mit der Zweizylinderlok aus, und die Hauptverwaltung habe bislang nichts über höhere Geschwindigkeiten verlauten lassen. Das Dreizylindertriebwerk der 06 sei aber im Hinblick auf die 140 km/h gewählt worden. In seinem Bezirk gäbe es bislang keine auffälligen Schäden an 01 und 03, und die Laufruhe sei ausreichend. Die Einheitslokomotiven seien gerade wegen ihres einfachen Aufbaues beliebt, und man solle zur Erzielung dauerhaft ruhigen Laufes lieber verschleißfestere Treibachslager der Bauart Mangold einbauen. Auch die Frage des Dampfdrucks sei bislang offen. Wenn sich der 25 atü-Kessel bewähre, werde man ohnehin zur Verbundmaschine übergehen müssen. Der Ausschuß solle sich deshalb augenblicklich gegen jede, auch die versuchsweise Anwendung eines Dreizylindertriebwerks bei 01 und 03 aussprechen. Die Dreizylinderverbundbauart lehne er wegen ungleichmäßiger Kraftverteilung ab. Für umzubauende Loks käme sie wegen deren niedrigen Kesseldrucks erst recht nicht in Frage.

Ziem berichtete über die „schweren Prüfungen", die die Baureihen 01 und 03 in den letzten Jahren durch die Steigerung von Zuglasten und Geschwindigkeit erfahren mußten. Die ältesten Loks hätten bereits eine Million Kilometer hinter sich und würden weiterhin voll gefordert. Die Loks seien sparsam und gut zugänglich, und Brüche von Rahmen, Rahmenverbindungen, Kreuzköpfen und Achswellen (letztere nur bei 03) seien schon vor der Erhöhung der Leistung aufgetreten. Auch bei höchsten Geschwindigkeiten gäbe es im Vergleich mit der 02 „keine so großen Nachteile, die zu Maßnahmen zwingen". Vom Standpunkt der Erhaltung bestehe wegen der unerreichbaren Vorzüge der Einfachheit, Übersichtlichkeit und Wirtschaftlichkeit der 01 keinerlei Anlaß, von der Zwillingsbauart abzugehen. Bei 25 Jahren Lebensdauer entstünde durch Zins und Tilgung, Mehraufwand im RAW, Mehraufwand im Bw und Mehrbeschaffungskosten von Teilen für 100 Lokomotiven der Baureihe 01 Mehrkosten von 77.767 RM und 1.000 RM weniger bei der Baureihe 03. Bei Annahme einer Restlebensdauer von 15 Jahren betrage der jährliche Mehraufwand für 100 nachträglich umgebaute Lokomotiven sogar 128.027 RM. Zu diesen festen Kosten käme noch der zeitliche Mehraufwand im Betrieb. Auch er lehnte die Dreizylinderverbundbauart strikt ab.

Prof. Hans Nordmann hob vor allem auf den ruhigen Lauf mehrzylindriger Maschinen ab und schilderte eigene Erlebnisse mit einer 2'D1'h4v auf dem Prüfstand in Paris-Vitry und mit der ausnehmend ruhig laufenden 05. Den Kohlemehrverbrauch von ein paar Prozent sah er als wahrscheinlich an, empfahl aber dennoch „den Bau einer Drillingslokomotive 01 oder 03".

Richard Paul Wagner fand die ganze Angelegenheit recht uninteressant, da sie eher Sache des Betriebes sei. Unruhiger Lauf sei meist auf erschlaffte Kupplungsfedern zurückzuführen. Die Schnellfahrlok Baureihe 61 erhalte derzeit versuchsweise eine neue Federbatterie in der Scharfenberg-Kupplung.

Prof. Nordmann unterstützte Wagners Meinung, loses Kuppeln halte Zuckschwingungen vom Zug fern.

01-Lokführer Fleischhauer vom Bw Erfurt schließlich brach eine Lanze für „seine" Baureihe, die täglich auf schwierigen Strecken unermüdlich Züge von 600 bis 650 t schleppe. Auch mit den ältesten Maschinen könne man bedenkenlos 130 km/h fahren. Der Ausschuß hielt folgende Beschlüsse fest:

- Es gebe kein gebieterisches Bedürfnis für dreizylindrige 01 und 03.
- Vor dem Neubau einer dreizylindrigen 03 solle man die Versuche mit der Federkupplung am Henschel-Wegmann-Zug abwarten.

- Die Dreizylinderverbundlok werde abgelehnt.
- Bedenken gegen die vom RZM vorgelegte konstruktive Durchbildung des Dreizylindertriebwerks bestünden nicht.
- Für neu zu bauende 01 und 03 solle man seitlich nachstellbare Treibachslager Bauart Mangold beschaffen und die Umbaumöglichkeit vorhandener Loks prüfen.

Referent 31, Fuchs, blieb bei seiner Meinung. Als eine seiner letzten Amtshandlungen brachte er nach ungewöhnlich langer Wartezeit am 13. Juni 1936 die Dreizylinderschnellzuglok auf den Weg. Der Lokomotivausschuß erhielt Antwort auf seine Beschlüsse und das Zentralamt für Maschinenbau eine entsprechende Verfügung: Der Lauf der Baureihen 01 und 03 sei zwar befriedigend, die auf den Wagenzug übertragenen Zuckschwingen aber zu beanstanden, Abhilfe auf jeden Fall nötig. Das Dreizylindertriebwerk werde den Lauf der Lok wesentlich verbessern und die Ursache der Zuckbewegungen beseitigen. Überdies werde das Dreizylindertriebwerk bei Lokomotiven, deren Geschwindigkeit dauernd voll ausgenutzt werde, die Beanspruchung von Lauf- und Triebwerk mindern und sich günstig auf die Unterhaltungskosten auswirken. Hierzu verwies er ausdrücklich auf die Baureihen 01 und 03 einerseits und die 05 andererseits. Wörtlich: *„Es ist deshalb in Aussicht genommen, Lokomotiven der Baureihen 01 und 03 mit Drillingstriebwerk und Stromlinienverkleidung durchzubilden und zunächst einige Versuchsausführungen zu beschaffen."* Die Verwendung der haltbareren Mangold-Lager für Treibachsen begrüßte Fuchs und gab sie versuchsweise frei.

Zur gleichen Zeit bestellte die DRB die letzten Baulose der bisherigen Bauart von 01 und 03, die dann bis zum Sommer 1938 in Dienst kamen. Vermutlich gingen sowohl Anger, Hammer und Fuchs wie auch ihre Nachfolger Bergmann und Günther davon aus, daß im Anschluß an die Lieferung der letzten Zweizylinderloks die Serienfertigung der neuen Bauarten beginnen könnte. Das hätte bedeutet, daß der Zeichnungssatz bis Ende 1936 fertig sein mußte, um das ganze Jahr 1937 für den Bau der Versuchsausführungen zu haben. Unrealistisch war diese Annahme nicht, denn für völlig neue Baureihen benötigte man damals vom Vorprojekt bis zur ersten Probefahrt durchschnittlich drei Jahre. Bei der Umgestaltung der Baureihen 01 und 03 aber sollten Hauptbauteile wie Kessel, Rahmen, Laufwerk und Bremse unangetastet bleiben und auch viele der Triebwerks- und Steuerungsteile weiterverwendet werden.

Etwas verblüfft liest man heute, mit welcher Selbstverständlichkeit die Reichsbahnführung der Baureihe 01 das Zusatzgewicht von Drillingstriebwerk und Stromlinienverkleidung aufbürden wollte und auch noch erwartete, daß man an der Grundkonstruktion möglichst wenig ändern solle. Die Fachleute aus der Industrie sahen das vermutlich anders. Daß die Berechtigung einer teuren und im Betrieb hinderlichen Stromlinienverkleidung für 140 km/h-Lokomotiven an sich in Frage zu stellen war, blieb unkommentiert. Es war die Zeit des „Stromlinienfiebers", und die Reichsbahn wünschte einen eindrucksvollen Auftritt ihrer neuen Schnellzuglok-Generation.

Die Projektentwicklung

Die Bedenken kannte sicherlich auch das Vereinheitlichungsbüro der Lokomotivindustrie (VB), als es vom RZA den Auftrag zur Durchbildung der Dreizylinderbauarten von 01 und 03 erhielt. Projektleiter wurden für die Baureihe 01 der von Henschel abgeordnete Ing. Heinrich Wagner, für die 03 Ing. Friedrich Hermann aus dem Hause Jung, ihr Mitarbeiter Dietz wurde zuständig für die Stromlinienverkleidung.

Anders als bei den bisherigen Neubau-Entwicklungen waren hier Ausgangs- und Endpunkt festgelegt, so daß die Konstrukteure von vornherein keinen „großen Wurf" tun konnten. Die Entwicklung mußte auch Rücksicht nehmen auf alle möglichen Vorgaben und Abhängigkeiten und entfernte sich deshalb notgedrungen immer weiter vom Ziel einfacher Ableitung.

Die Hauptproblemstellung war nicht die Konstruktion des Drillingstriebwerkes. Bald stand fest, daß der wünschenswerte Einachsantrieb zu viele konstruktive Probleme verursachen und die Bauartnähe zur 01 verhindern würde. Also blieb nur die zweite Wahl, der Zweiachsantrieb, den man bei der 05 auch gut hinbekommen hatte. Um der Baugleichkeit mit der 01 willen, beließ man das vordere Drehgestell samt Drehzapfen unverändert und nahm darüber eine Hoch- und Schräglegung des Innenzylinders in Kauf.

Das eigentliche Problem aber war das Gewicht. Die Baureihe 01 nutzte das zugelassene Gewicht bereits so weitgehend aus, daß man bei ihr anders als bei der Baureihe 03 Luft- und Speisepumpe nicht aus den schlecht zugänglichen Rauchkammernischen in Fahrzeugmitte hatte verlegen können. Mit mehr als mit den derzeitigen 15,6 und 16 t Achslast wollte man das Drehgestell nicht belasten, und Kuppel- und Schleppachsen boten ganze 500 kg Gewichtsreserve. Der Gewichtszuwachs durch das dritte Triebwerk war mit rund 5 t anzunehmen, und die Stromlinienverkleidung wog rund 6 t. Deren Formgebung im Frontbereich erzwang von vornherein die Verlegung von Luft- und Speisepumpe in Fahrzeugmitte und Tieflage, da eine harmonische Tropfenform um die Pumpen nicht herumzubauen war. Allein die Verlegung der Pumpen aber brachte rund 3 t Mehrgewicht auf die Kuppelachsen. Schließlich war die Lok von vornherein mit der Induktiven Zugbeeinflussung und mit einem Wasserenthärter Bauart Dejektor auszurüsten, die mit mehr als 1 t zu Buche schlugen. Dagegen stand nur die Einsparung eines Teils der Kesselverkleidung, des Umlaufs und der Windleitbleche. So mußte man die ganze Konstruktion im wahrsten Sinne in die Waagschale legen.

Die wirksamste Maßnahme zur Gewichtseinsparung hatte man bereits bei der Baureihe 05 angewendet – einen hochfesten Kesselbaustoff. Hier sah man nun den bereits auf den 20 atü-Baumusterlokomotiven der Baureihen 41 und 45 verwendeten molybdänlegierten Stahl St 47 K vor. Der kleine Zusatz von Molybdän erhöhte dessen Warmfestigkeit, ohne aber die Schweißbarkeit zu beeinflussen. Auch erlaubte dieser Kesselbaustoff nach dem Warmwalzen das Herstellen von Kesselschüssen durch Kaltbiegen. Das K stand nicht dafür, sondern für „Kesselblechgüte".

Der Werkstoffwechsel ermöglichte dünnere Langkesselbleche von 16 (01: 20) mm und Stehkesselbleche von 15 (01: 17) mm. Mit 24,5 t ohne Ausrüstung war der Kessel um 2,2 t leichter als der 01-Kessel aus Kesselbaustoff St 34. Die von der DRB damals gerade allgemein verlangten dickeren Heiz- und Rauchrohrwandungen allerdings ließen den Gewichtsvorteil wieder auf 1,2 t schwinden. Wie auch immer – die erwünschte Kesselgleichheit war zwangsläufig von Anfang an dahin, es galt den Kessel komplett neu zu rechnen und zu konstruieren. Dabei geriet auch die Rauchkammer völlig neu: Ihr Innendurchmesser lag nur noch bei 1.962 mm (01: 2.007), unten war wegen des Mittelzylinders der Boden abgeflacht, und unter die Stromlinienverkleidung paßte die große, runde Rauchkammertür nicht, so daß ein spezieller Rauchkammerring und eine oben abgeschnittene Rauchkammertür her mußten, beide nur in aufwendiger Handarbeit herzustellen. Die in Fahrzeugmitte verlegten Pumpen erhielten Frischdampf nun von den Dampfdom-Entnahmestutzen. Etliche Absperrventile und Anstellspindeln waren wegen der Stromlinienverkleidung nur flach an den Kessel anzuschließen. Eine kurze Auswahl ohne Anspruch auf Vollständigkeit möge unterstreichen, daß vom 01-Kessel wenig mehr als die Hauptabmessungen blieben:

Rauchrohre 171 x 4,5 (01: 171 x 4) mm, Überhitzerrohre 30 x 3 (01: 29 x 3) mm, Rostlänge x Breite 2.542 x 1.700 (01: 2.600 x 1.728) mm, Schornstein 500/590 (01: 500/600) mm, Blasrohr 162 (01: 157) mm, hinterer Dampfentnahmestutzen verlegt, vorderer Dampfentnahmestutzen andere Bauart, hinteres Pendelblech wegen Pumpenverlegung versetzt, vorderer Schlammtopf entfallen, Kolbenspeisepumpe KT 250/Strahlpumpe 250 (01: 350/300) l/min, geschweißter Sandkasten, Aschkastengestänge verändert.

Es folgte die komplette Neukonstruktion des Rahmens mit allen Ansätzen, Ausschnitten, Verstärkungen und einem neuen Rauchkammerträger. Das Ziel hieß auch hier: größere Stabilität bei geringerem Gewicht. Die veränderte Gewichtsverteilung machte auch die Neubemessung aller Ausgleichshebel und Neufestsetzung ihrer Wiegepunkte erforderlich. Natürlich waren auch die zugehörigen Federn neu zu rechnen. Der Ausgleich zwischen letzter Kuppelachse und Schleppachse wurde nun als dünner Hebel ausgebildet. Die Schleppachse der Bauart Adams blieb zwar prinzipiell gleich, man konnte sie aber wegen veränderter Lagerabmessungen mit der 01 nicht tauschen. Die Treibachsen erhielten stabilere, dreiteilige Achslager der Bauart Mangold.

Da im Drillingstriebwerk geringere Kräfte wirkten, konnte man die Zapfen und Kolbenstangen schwächer ausführen und auch hier ein wenig Gewicht sparen: Treibzapfen 200 (01: 240) mm, hintere Treibstangenlager 170 (01: 200) mm, mittlere Kuppelstangenlager 200 (01: 210) mm, Kolbenstange 90 (01: 100) mm). Die äußeren Treibstangen führte man in Profilen und Köpfen schwächer aus, auch eine Maßnahme zur Gewichtseinsparung, und auch die Kuppelstangen wichen wegen unterschiedlicher Lagergrößen von denen der Zwillingslok ab. Von der Baureihe 01 übernehmen konnte man lediglich den hinteren Kuppelradsatz, die beiden anderen Radsätze waren durch Kröpfung und versetzte bzw. geschwächte Gegengewichte nicht zu übertragen.

Beim entscheidenden Unterschied, dem dritten Triebwerk, sah man sich durch Platzmangel zu einem ungesunden Kompromiß gezwungen: Das unverändert zu verwendende Einheitsdrehgestell mit seinem hochstehenden Drehbolzen und die Lage der ersten Kuppelachse erzwangen die Hoch- und Schräglegung des Zylinders, so daß man bei einer bereits ungünstigen Neigung von 1 : 10 ankam. Um eine hinreichend lange Treibstange zu bekommen, hätte der Innenzylinder weit nach vorne verschoben werden müssen. Hingegen war eine einigermaßen ungehinderte Ausströmung zum Blasrohr nur möglich, wenn der Zylinder in der Nähe der Flucht der Außenzylinder lag. Ohne es zu ahnen, baute man in die Lok nun eine Kombination ungünstiger Eigenschaften ein, die ihr später Zeit ihres betrieblichen Daseins zu schaffen machen sollten: Die zu kurze innere Treibstange und den sehr schräg liegenden Mittelzylinder.

Ganz anders als bei der gleichzeitig entwickelten 06 sah die für 01^{10}, 03^{10} und 19^{10} einheitlich entwickelte Stromlinienverkleidung aus. Während man bei der zeitlich früher entwickelten, aber noch nicht gebauten 06 das wannenförmige, aber häßliche Vorbild der 05 aufnahm und durch einen breiten Umlauf Wartungsfreundlichkeit und Stabilität miteinander verband, mußte die Stromlinienverkleidung der drei kleineren Schnellzugloks der gebieterischen Forderung nach möglichst großer Gewichtseinsparung folgen. Man verzichtete also auf einen Umlauf und setzte statt dessen auf einige Querträger zwei Leisten, an denen man Triebwerks- und Kesselverkleidung festschrauben konnte. Eine Schräge bildete die Verbindung. Die beiden Stöße deckte man durch Zierleisten ab. War die Form der 05 noch allein im Windkanal entstanden, so verzichtete man für die neue Generation von Lokomotiven völlig auf solche Versuche mit Holzmodellen. Die für 01^{10}, 03^{10} und 19^{10} entwickelte Form war deshalb eine „architektonische" Verkleidung. Sie bot dennoch eine ähnlich gute Windableitung wie bei der 05, das aber mit einer ungleich attraktiveren Gestalt. Die drei Baureihen trugen von allen weltweit vollverkleideten Dampflokomotiven das wohl schönste Blechkleid, das in gleichem Maße imposanten Auftritt wie gute Windschlüpfigkeit bot. Im Gegensatz zu US-amerikanischen Typen verzichtete man aber auf Schnickschnack wie Wellbleche oder Kiemen. Wohl deshalb kam man bei allen drei Typen mit einer nur sehr geringen Zahl sphärisch gebogener Bleche aus – zwölf an der Lok und acht am Tender, und alle für die drei Baureihen gleich. Die Zugäng-

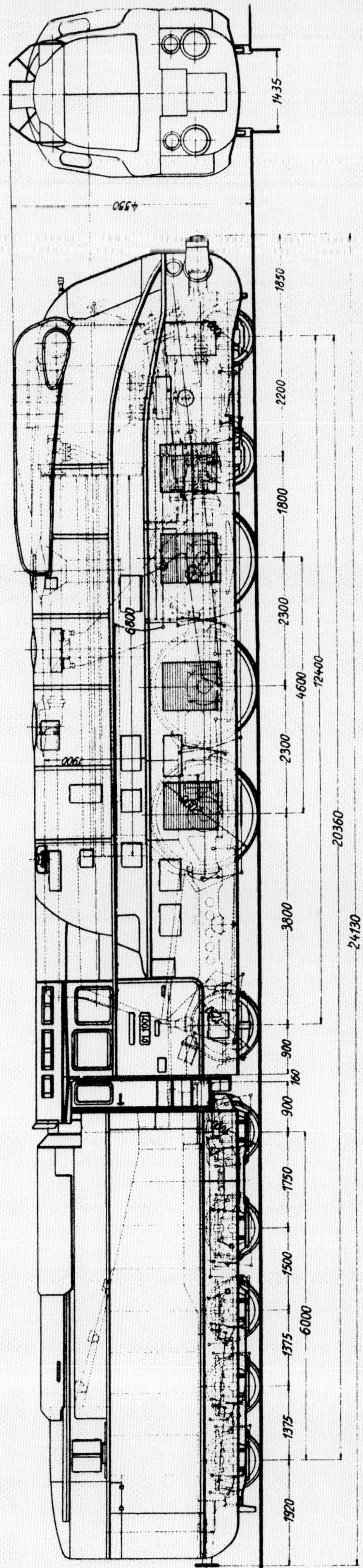

Bild 20 – Die früheste bekannte Abbildung der 01 1001 zeigt den Projektstand von Ende 1937. Die Zierlinien entsprechen nicht der endgültigen Form, die Windleitbleche sind groß, das Doppelblasrohr ist noch vorgesehen. Nur zwei Sandfallrohre hielt man für ausreichend. Technisch ist die Lok hingegen fertig durchkonstruiert.

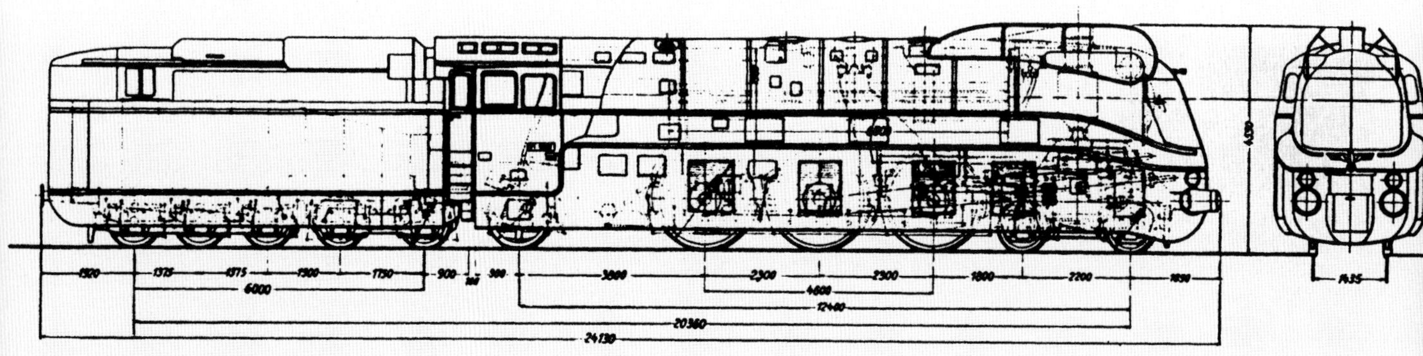

Bild 21 – Einige Wochen später war der Doppelschornstein verschwunden und man hatte die Zierlinien wie bei der 03^{10} und den frühen Serienloks angeordnet. Genau so wurde 01 1001 eben nicht.

lichkeit des Triebwerks stellten Rolläden und Klappen, die des Kessels alleine Klappen sicher. Um letztere zu erreichen, mußte man eine Klappleiter benutzen, die man oben am Kessel einhängen konnte. Bewußt hatte man den eigentlich entscheidenden Faktor der Wartungsfreundlichkeit dem erwünschten Schönheitsideal untergeordnet, was sich alsbald noch bitter rächen sollte. Bei der Baureihe 06 hatte man von vornherein statt Rolläden eine teilweise Freilegung des Triebwerks vorgesehen, und eine eigenständige Kesselverkleidung erhielt diese auch.

Das Führerhaus von 01^{10}, 03^{10} und 19^{10} sollte winddicht an den Tender angeschlossen werden. Schließlich sah man zwischen den Kuppelachsen zur Verminderung von Lagerschäden durch hochgewirbelten Sand Schmutzableitungsbleche und nur noch je zwei Sandrohre vor. Das Reichsverkehrsministerium verfügte die Anbringung des Hoheitsadlers mit dem Hakenkreuz an der Front der drei Lokomotiven, ebenso bei den gleichzeitig fertiggestellten SVT der Bauart „Köln“ und „Berlin“ und den vier E 19. So vereinnahmte es die neuen Attraktionen der DR auch für die Staatsideologie.

Einstweilen noch zurückgestellt blieb der bei Lokomotiven mit Stromlinienverkleidung willkommene Einbau von Rollenlagern in Treib- und Kuppelstangen. In den USA fuhren täglich mit Timken-Rollenlagern ausgerüstete Maschinen 160 km/h, und der mit 01 058 (Bw Hannover Ost) im Herbst 1936 begonnene Versuch war vielversprechend, doch noch nicht abgeschlossen.

Kein Zufall, sondern ein Affront gegen Wagner war es, daß Versuchsdezernent Prof. Nordmann in der VDI-Zeitschrift vom 9. Januar 1937 über die von Chapelon umgebaute 2'D-Schnellzuglok der Paris-Orleans-Bahn berichtete, die Umbaumaßnahmen recht genau beschrieb und die außerordentlich guten Ergebnisse der Versuchsfahrten mit dieser Lokomotive hervorhob. Nordmann hatte, wie eben schon erwähnt, die Lokomotive auch persönlich kennengelernt. In dem Artikel war u.a. zu lesen: *„In der Rauchkammer sitzt ein Doppelblasrohr Bauart Kylchap mit Zwischendüsen unter einem äußerlich vereinigten Doppelschornstein zur Gewinnung eines besonders günstigen Verhältnisses von Rauchkammerunterdruck zu Blasrohrüberdruck. (...) Die Kesselanstrengung wurde bis 120 kg Dampf/m² Heizfläche und 1200 kg Kohle / m² Rostfläche und Stunde hinaufgetrieben; sie erforderte dann freilich schon eine Luftverdünnung in der Rauchkammer von 550 mm Wassersäule und einen Blasrohrüberdruck von 0,75 at. Für 20 t Dampf stündlich beziffert übrigens Chapelon den Vorteil des Doppelblasrohres so hoch gegen die Urform, daß er mit 0,39 at Auspuffdruck jetzt gegen 1,05 at früher einen Leistungsgewinn von 365 PS errechnet.“*

Der Umstand, daß der Versuchsdezernent des RZA eine von der bisherigen Reichsbahn-Einheitsbauart so weitgehend abweichende Type derart würdigte, wurde von Bergmann und Günther, den neuen Männern im Minsterium, durchaus verstanden und führte langfristig zum Auftrag, die Leistungsfähigkeit von 01 und 03 im Vergleich zu französischen Bauarten zu untersuchen. Kurzfristig zog der Artikel eine Anregung des Versuchsdezernenten nach sich, auch auf einer Einheits-Schnellzuglok ein Doppelblasrohr auszuprobieren. Das geschah ausdrücklich im Hinblick auf die in Entwicklung befindlichen Dreizylinderbauarten von 01 und 03. Der bei ihnen durch größere Auslaß-Drosselverluste vorhersagbare Leistungsabfall, das höhere Gewicht und die Notwendigkeit, die Leistung steigern zu müssen und nicht zu senken, ließen es dringend angeraten sein, auch diesen Weg zu versuchen, zumal die bei Chapelon gelesene PS-Zahl verlockend war.

Die Bedeutung richtiger Blasrohr- und Schornsteinabmessungen für Erfolg oder Mißerfolg einer Lokomotivbauart ist heute kaum noch bekannt. Ein gutes Feuer bedarf eines kräftigen Saugzuges. Der durch das Blasrohr ausgestoßene Maschinenabdampf stellt diesen durch die Erzeugung eines starken Unterdrucks in der Rauchkammer her. Ist das Blasrohr eng, ist die Feueranfachung sehr gut, doch es wird Unverbranntes mit durch den Kessel gezogen, und die heißen Rauchgase durchziehen den Langkessel zu schnell. Gleichzeitig muß die Dampfmaschine gegen den Auspuffgegendruck des engen Blasrohres arbeiten. Eine so ausgelegte Maschine ist unempfindlich gegen schlechte Kohlequalität, verbraucht aber mehr Brennstoff und erreicht nicht die höchstmögliche Leistung. Bei weitem Blasrohr ist die Feueranfachung mäßig und der Gegendruck auf die Maschine gering. Eine solche Lok ist mangels eines möglichen großen Kohlendurchsatzes ebenfalls nicht fähig zu großer Maschinenleistung, fällt aber durch geringen Kohle- und Dampfverbrauch auf. Während Preußen, Österreich, Frankreich, Großbritannien und die USA eher der ersten Linie anhingen, setzte man bei den großen Einheitsmaschinen wagnerscher Prägung auf weite Blasrohre und Schornsteine. Wagner sei allerdings ausdrücklich zugute gehalten, daß ausgiebige Versuche zu einer exakten Austarierung zwischen gerade noch eng genug für gute Feueranfachung und ausreichend weit für geringen Gegendruck geführt hatten. Diese Abstimmung allerdings setzte zuverlässige Versorgung mit guter Kohle voraus und erlaubte wegen der bauarttypischen kleinen Stehkessel nur mittlere Leistungen.

Im September 1937 baute man in die Altonaer 03 194 ein Doppelblasrohr ein und unternahm ab Oktober 1937 erste Meßfahrten. Die scharfe Umlenkung der Auspuffrohre unter der Rauchkammer führte zu sehr schlechten Werten, so daß man sich zum Einbau einer strömungsgünstigeren Anlage genötigt sah. Diese erprobte man in Grunewald zunächst im Standversuch mit verschieden großen Einsätzen und erreichte tatsächlich bei zwei

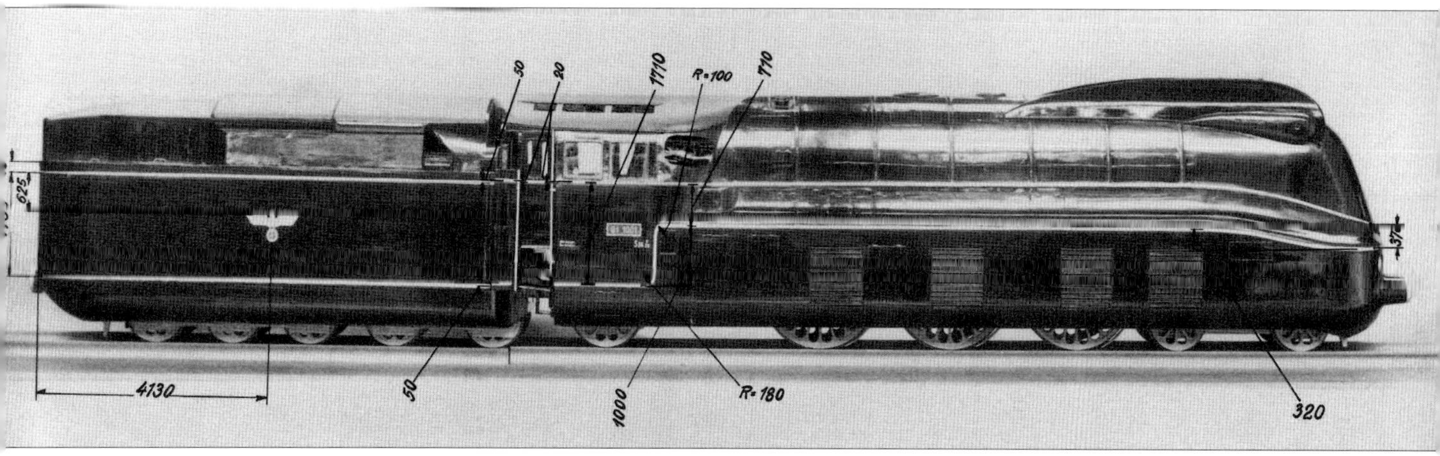

Bild 22 – Die letzten Veränderungen an Zierleisten und Karosserieblechen wurden anhand eines großen Holzmodells festgelegt. AUFNAHME: SAMMLUNG ARNOLD HAAS

Blasrohren von je 120 mm Durchmesser eine Querschnittsvergrößerung von 20 % gegenüber dem einfachen Blasrohr und eine Senkung des Gegendrucks um 45 %. Dieses vielversprechende Ergebnis führte dazu, daß das RZA noch im Herbst 1937 die Ausrüstung der Baureihe 01^{10}, 03^{10} und 19^{10} mit Doppelblasrohren verfügte. Die zeitgenössischen Projekt-Darstellungen zeigten denn auch alle drei Baureihen mit diesem Bauteil.

Von Ende März bis Ende Mai 1938 folgte eine Meßfahrtenreihe der 03 194 mit Geschwindigkeiten von 60 bis 100 km/h. Das gute Ergebnis der Standversuche fand allerdings hier keine Bestätigung. Zum einen war der Dampf bei den Standversuchen mit 250 bis 300 °C viel dichter als der Abdampf der fahrenden Lok mit seinen 100 bis 150 °C, zum anderen stellte sich auch unter Verwendung engerer und weiterer Blasrohreinsätze kein erkennbarer Fortschritt in Form geringeren Brennstoffverbrauchs oder höherer Leistung gegenüber dem Normalblasrohr ein. Allerdings waren die gemessenen Werte kaum schlechter als die von Chapelon dargestellten. Man erwartete zwar noch gewisse Verbesserungen durch Zwischendüsen, doch hätten diese weitere Versuchsfahrten erfordert. Zu diesen kam es nicht mehr, da die RBD Hamburg auf Rückgabe der Lok für den Sommerverkehr drängte. Richtig war die Schlußfolgerung des Versuchsberichts-Verfassers Brüggemann, daß anscheinend der Ursprungszustand der französischen Lok eine ungünstig bemessene Saugzuganlage aufwies, während die Einheitsloks in dieser Hinsicht schon sehr gut seien. 01 1001 war bereits im Bau, als bei Schwartzkopff im Herbst 1938 noch gerade rechtzeitig die Änderungsverfügung eintraf, für die Lok nun doch das normale Blasrohr vorzusehen.

Der systematische Fehler dieses Versuches allerdings blieb unbemerkt: Es ging doch um die Beseitigung der beim Dreizylindertriebwerk durch Auslaßdrosselung bedingten Leistungsminderung. Warum aber führte man die Versuche mit der ohnehin schon leichtfüßigen zweizylindrigen Baureihe 03 und nicht mit einer 39 durch? Es hätte bei der 01^{10} mit Sicherheit meßbare Vorteile gegeben, wenn man dem Auspuffrohr des mittleren Zylinders in einem Doppelblasrohr eine gerade Abströmung nach oben ermöglicht hätte. Diese für eine leistungsfähige Dreizylinderlok einzig richtige Bauart führte man erst 20 Jahre später bei der Baureihe 10 ein, die nicht nur in dieser Hinsicht als eine späte Vollendung der 01^{10}-Bauart anzusehen ist.

Nach Abschluß aller Entwicklungsarbeiten, doch vor dem Bau von 01 1001 nahm man das Gewicht der leeren Lok ohne Tender mit 102,5 t (01: 99,9) an. Das Dienstgewicht der aufgerüsteten und gefüllten Lok sollte bei 113,92 t liegen, die Achslasten bei 16,2, 16,2, 20,38, 20,38, 20,38 und 20,38 t. Die Erfahrung der Ingenieure zeigt sich darin, daß die später während der Abnahmeuntersuchung der 01 1001 gewogenen Gewichte mit diesen Angaben recht genau übereinstimmten. Die Ingenieure vom VB hatten gute Arbeit geleistet, und notgedrungen blieb von der Ausgangstype nahezu kein Stein auf dem anderen. Dennoch lag das Rechnungsgewicht der 01 1001 um ziemlich genau vier Tonnen über dem der 01; die Kuppelachslast hatte man nur durch die starke Belastung der Schleppachse unter die magische Grenze von 20,5 t drücken können. Daß die 01 1001 dennoch „nur eine 01“ war, lag nicht am Vereinheitlichungsbüro.

Bild 23
Gleichzeitig mit der 01^{10} wurde die Baureihe 06 fertig konstruiert. Während man bei der 01 1001 eine möglichst enge Anlehnung an die bisherige 01 verlangt hatte, konnten die Konstrukteure den Zweiachsantrieb der Baureihe 06 ohne ungünstige Kompromisse ausbilden. Man wußte bereits, daß eine Schräglagerung des Zylinders und eine kurze Treibstange für die Haltbarkeit von Gleitbahn und hinterem Stangenlager ungünstig waren und vermied diese Fehler. Um eine längere Treibstange ausbilden zu können, verschob man den Innenzylinder sogar bis über die vordere Laufachse.

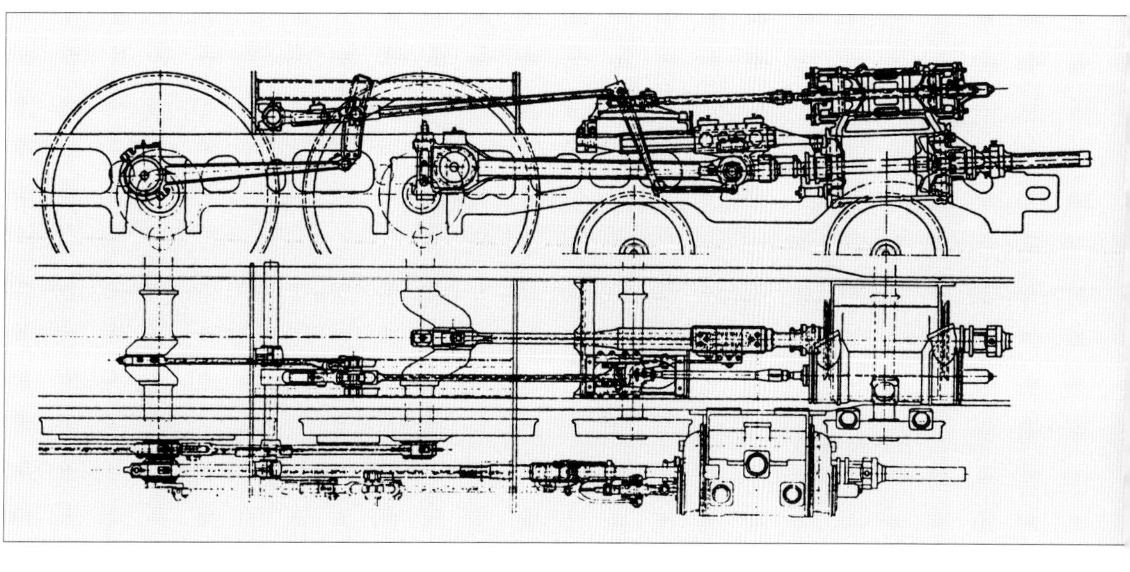

Bild 24 – Im Gegensatz zur 01^{10}, wo es jedes Kilo Stahl zu sparen galt, besaß die ebenfalls 1939 fertiggestellte Baureihe 06 von vornherein das ausgeschnittene Triebwerk, einen begehbaren Umlauf und einen tauglichen Einstieg ins Mitteltriebwerk. Wie 01 1001 war sie schwarz lackiert, besaß aber nur angemalte silberne Blechstreifen.
AUFNAHME (1939 IN BERLIN-GRUNEWALD): HERMANN MAEY, SAMMLUNG HANSJÜRGEN WENZEL

Anscheinend gab es bei der Projektentwicklung noch im späten Stadium unvorhergesehene Schwierigkeiten, die mangels Quellen nur indirekt namhaft zu machen sind. Die Herstellerfirma BMAG veröffentlichte 1938 eine üppig aufgemachte Werbeschrift, deren Redaktionsschluß anhand der abgedruckten Bilder neuer Lokomotiven um die Jahreswende 1937/38 anzusetzen ist. Auf Seite 32 findet sich die Vorstellung der 01 1001. Die zugehörige Zeichnung, klein, aber sehr detailliert, zeigt bereits alle entscheidenden technischen Bauartänderungen gegenüber der Baureihe 01, die Endform von Stromlinienverkleidung und Tender, die 1939 auch tatsächlich montierten großen Windleitbleche. Die Unterschiede zur tatsächlichen Ausführung waren gering: der damals noch vorgesehene Doppelschornstein, Besandung nur der ersten beiden Kuppelachsen, das Fehlen der Schmutzabweiser zwischen den Kuppelrädern und der Indusi (die wurde auch bei 01 und 03 damals noch nicht ab Werk eingebaut), ein wegen engerer Kupplung von Lok und Tender um 10 mm kleinerer Achsstand und die noch wenig elegante Führung der Zierlinien. Aus dem Text ergibt sich erstmals, daß die Lok auf eine Höchstgeschwindigkeit von 150 km/h ausgelegt sei, die man im Dampflokbetrieb noch ohne übermäßigen Aufwand beherrschen könne. Ein mit 1938 datiertes Farbbild der 01 1001, das der bis 1934 im Konstruktionsbüro der BMAG beschäftigte Berliner Marine- und Eisenbahnmaler Walter Zeeden gemalt hatte, zierte den Titel der Werbeschrift. Es machte weitere Details deutlich: Grundfarbe schwarz, Rahmen, Radsätze und Zierlinien rot. Verblüffend: Die Loknummer 01 1001 mußte offenbar nach dem Druck des Titelblattes geschwärzt werden. Im Heft selbst hingegen ist auf Seite 32 die Nummer mehr als zwei Zentimeter groß zu lesen. Die Motivation zu dieser häßlichen Änderung wird kaum von der BMAG ausgegangen sein, denn diese hatte extra das teure Bild malen lassen und wollte nun mit der tollen Stromlinienlok für ihre Kompetenz werben. Der Urheber der Änderung dürfte eher im Bauartdezernat des RZA gesessen haben. R. P. Wagner wachte über sein Vorrecht, neue Lokomotiven in der Fachpresse selbst vorzustellen, und nun preschte das Herstellerwerk lange vor der Fertigstellung mit den entscheidenden Neuigkeiten vor. Doch kann man eine punktuelle Verstimmung zwischen Wagner und der BMAG sicherlich nicht als Grund benennen, warum der Zeichnungssatz im Frühjahr 1938 so gut wie vollständig war, der Bau aber erst im Herbst 1938 begann. Die vorzeitige Vorstellung der 01 1001 ist übrigens auch die früheste Nennung dieser Nummer. Deren Festlegung wie auch die der 03 1001 darf man für das Jahr 1937 annehmen.

Gewollte zeitliche Unterbrechungen der 01-Beschaffung, vor allem zugunsten der Baureihe 03, hatte es immer wieder gegeben, doch wurden 13 Monate lang, vom Juli 1938 bis zur Indienststellung der 01 1001, überhaupt keine 01 abgeliefert. Auch die Auslieferung zweizylindriger 03 hatte bereits im Januar 1938 geendet. Erst am 3. Juli 1938 stellte das RZA einen umfangreichen Lieferplan für das Jahr 1939 auf, in dem bereits die Fertigstellung von Serienlokomotiven der Baureihe 01^{10} aufgeführt war. Nach der vermutlich mit dem anhaltenden Richtungsstreit zwischen Ministerium und Beschaffungsdezernent zusammenhängenden „Trödelei" mußte nun plötzlich alles sehr rasch gehen. Auch hierfür gibt es ein Indiz. Im Betriebsbuch der 01 1001 ist als Baujahr richtig 1938 zu lesen. Das Zeichnungsverzeichnis wurde erst am 8. März 1939 aufgestellt, nichts Besonderes, denn jede einzelne Zeichnung war zuvor durch das Bauartdezernat abgenommen worden. Das Zeichnungsverzeichnis bildete den Anhang zum Vertrag 03.419/ 23.779, der zeitlich also in diesem Zusammenhang zu sehen ist. Aufgeführt ist aber auch eine Änderungsverfügung 695 des RZA. Aufzuklären ist die Angelegenheit heute wohl nicht mehr. Sie bildete allerdings erst den Auftakt für weitere Widersprüche.

Eine eigene Geschichte: die Entstehung der Tender

Als im Sommer 1936 die Entwicklungsarbeiten für 01^{10} und 03^{10} begannen, war man sich schnell klar darüber, daß diese einen Tender mit größeren Vorräten erhalten müßten. Während der bisherige Kohlenvorrat für die überhaupt möglichen Durchläufe ausreichte, besaß die Dehnung der Wasserhalte auf Abstände von 200 km eine große Bedeutung für die Senkung der Reisezeiten, denn jeder Bahnhofs-Wasserhalt kostete mindestens sechs Minuten.

Da 23 m-Drehscheiben in fast allen wichtigen Wende-Bw inzwischen vorhanden waren, brauchte man nicht mit jedem Zentimeter Baulänge zu geizen, und auch die bisherige 01 war mit einem Achsstand von 20.320 mm für 20 m-Scheiben zu lang. Aus dem bisherigen 2'2'T 32 hatte das Vereinheitlichungsbüro der Lokindustrie im Frühjahr 1936 den 2'2'T 34 entwickelt, der erstmals vollständig geschweißt sein sollte. Der Aufbau war mittragend, so daß eine in allen Teilen leichte und dennoch sehr steife Konstruktion entstand. Nur die Drehgestelle bestanden aus zusammengesetzten Stahlgußteilen. Den bereits beim Vorgängertyp auf 10 t Fassungsvermögen vergrößerten Kohlenraum behielt man bei, versteifte ihn aber durch außenliegende Spanten. Nachdem sich im fünfachsigen Tender der Baureihe 05 in den Achsen Pendelrollenlager bewährt hatten, sah man auch hier Rollenlager vor, wählte aber aus Preisgründen Zylinderrollenlager. Diesen Tender wollte man in Zukunft als Einheitsbauart für fast alle großen Einheitslokomotiven benutzen.

An die Verwendung eines noch größeren Tenders für die zukünftige Dreizylinder-01 dachte man ausweislich der wenigen erhaltenen Quellen im Herbst 1936 noch nicht, als Bauartdezernent R.P. Wagner die Verwendung des gerade neu entwickelten 2'3 T 38 vorerst auf die Baureihen 45 und 06 beschränkt sah.

Nicht weiter verwenden wollte man den für die Baureihe 05 gebauten Tender: Diesen hatte man mit einem stark nach vorne geschobenen und auf 5.900 mm Achsstand gestauchten Laufwerk versehen, weil er auch für die kommende Baureihe 06 verwendet werden sollte, die anders nicht auf die großen Drehscheiben passen würde. Der Tender wurde allerdings zur Fehlkonstruktion, weil er enorm schwer war, das Drehgestell mit weniger als 15 t Achsdruck belastete, die drei starren Achsen aber mit 18,9, 19 und 19,4 t. Die Folgen dieser ungleichmäßigen Gewichtsverteilung waren unruhiger Lauf und häufiges Festbremsen der Drehgestellachsen. Auch besaß er 1.100 mm-Radsätze, die man hier wegen der geringeren Geschwindigkeit nicht benötigte. Mehr als ein Muster konnte der 05-Tender also nicht sein. Und auch Bauartdezernent Wagner urteilte während der 27. Sitzung des Lokomotivausschusses wegen der Lastverteilung und wegen des zu großen Metergewichts, ein unveränderter Weiterbau für andere Baureihen könne „unter keinen Umständen in Betracht kommen".

Die Grundbauart von Rahmen und Aufbau dieses Tenders übertrug man im Sommer 1936 auf den fünfachsigen Tender. Vom 2'3 T 37St unterschied er sich hauptsächlich durch einen Raddurchmesser von 1.000 mm, einen Achsstand von 6.000 mm und einen tiefergelegten Boden. Zuvor noch hatte man die Einsparung der entscheidenden 100 mm Länge in die 06-Konstruktion verlagert.

Da sich im 05-Tender der druckluftbetätigte Kohlenvorschieber nicht bewährt hatte, sah man nun eine einfachere Bauart vor. In den Kohlenraum baute man einen auf Schienen laufenden Wagen ein, der vor der Befüllung durch ein Kettengetriebe nach hinten gezogen wurde und bei zunehmender Entleerung des vorderen Kohlenraumes durch sein eigenes Gewicht nach vorne rutschen sollte. Klemmte er, konnte man ihn durch ein Ratschengetriebe mit rund 1,5 t Zugkraft von Hand nach vorne ziehen. Der neue Tender 2'3 T 38 besaß Vorräte von 10 t Kohle und 38 t Wasser, ein Leergewicht von 32,65 t, ein Dienstgewicht von 80,65 t und einen gleichmäßig verteilten durchschnittlichen Achsdruck von 16,13 t. Das gute Nutzlastverhältnis war bisher unerreicht: Der genietete Einheitstender 2'2'T 32 der Baureihen 01 und 03 hatte ein Leergewicht von 33,5 t, und der 2'3 T 37 der Baureihe 05 war leer 40,3 t schwer! Überdies war der neue Tender nur 175 mm länger als der 32er-Tender. Als Bremse baute man eine normale selbsttätige Knorr-Einkammer-Druckluftbremse mit schnellwirkendem Steuerventil (Kpbr) ein. Mit abnehmenden Vorräten konnte man von Hand den Bremsdruck vermindern, um Festbremsen zu vermeiden. Erstmals mit den Lokomotiven 45 001 und 002 kam diese Tenderbauart ab April 1937 zum Einsatz. Im Gegensatz zu den St 47 K-Kesseln der Baureihe 45 machten die Tender keinerlei Probleme und empfahlen sich zur Weiterbeschaffung.

Wegen seiner Verwendbarkeit für die kommende Baureihe 06 war der 2'3 T 38 von vornherein so gestaltet, daß man ohne großen Aufwand eine Stromlinienverkleidung anbringen und entfernen konnte.

Fest stand, daß der Tender grundsätzlich so wie der 05-Tender verkleidet werden sollte, also unter Verlängerung der Verkleidung über den hinteren Pufferträger hinaus und mit Anschluß durch einen Faltenbalg an den ersten Wagen. So wollte man die Bildung von Qualmwirbeln zwischen Lok und Wagen verhindern. Die aus dieser Zeit bekannten Projektzeichnungen der Baureihe 06 zeigen den Tender in dieser Ausführung, und so wurde er für diese Baureihe auch tatsächlich ausgeführt. Die Verkleidung umfaßte unten die Achsen, die durch Klappen erreichbar blieben. Die Abdeckung des Kohlenraums schien für die hohe angestrebte Reisegeschwindigkeit unerläßlich, und wegen der geschlossenen Klappen war auch

Bild 26 – Der erstmals vollständig geschweißte und mit Rollenachslagern ausgerüstete fünfachsige Tender der Baureihe 45 von 1936 besaß ein sehr gutes Gewichts-Nutzlastverhältnis. Er wurde auch für die großen Stromlinienloks vorgesehen. **45 002** im Bw Offenburg 1937. AUFNAHME: CARL BELLINGRODT, SAMMLUNG HANSJÜRGEN WENZEL

Bild 27
Um die Alltagstauglichkeit der für 01^{10} und 03^{10} projektierten Stromlinientender zu erproben, ließ die DRB vorab von der BMAG vier vierachsige Probetender bauen, die im Frühjahr 1939 abgeliefert und mit Lokomotiven der BR 01 und 03 gekuppelt wurden. **01 226** des Bw Dresden-Altstadt (Aufnahme im Heimat-Bw von 1939) lief bis mindestens 1943 mit diesem Tender.

Aufnahme: Werner Hubert, Sammlung Hansjürgen Wenzel

hier wieder eine Kohlenvorschubeinrichtung vorzusehen. Der handbetätigte Kohlenwagen allerdings erschien zu primitiv.

Irgendwann im Laufe des Jahres 1937 wurde es den Verantwortlichen im Zentralamt und im Vereinheitlichungsbüro klar, daß der absehbar größere Wasserverbrauch der Drillings-01 die Verwendung des fünfachsigen Tenders erforderte. Von nun an liefen die Entwicklung des 2'2' T 34St für die Baureihe 03 und des 2'3 T 38St für die Baureihe 01 parallel. Während man beim ansonsten gleichen Tender der 06 die Ausführung mit Faltenbalg an der Rückseite beibehielt, verlängerte man am 01- und am 03-Tender die Seitenverkleidung so weit nach hinten, daß sie den erwünschten strömungsgünstigen Anschluß an die gleichzeitig projektierten Stromlinien-Reisezugwagen herstellte. Ein Faltenbalg wie bei der 05 wurde überflüssig, die beiden Aufstiegsleitern allerdings mußte man von der Tenderrückwand hinter zwei Türen in die Seitenwände verlegen. Diese Maßnahme war dem äußeren Bild der Lokomotive sehr förderlich. Die vorderen Aufstiegsleitern wollte man am Führerhaus anbringen, dieses wie bei der 05 mit geschlossenen Türen ausrüsten. Die Abdichtung zwischen Lok und Tender war mittels Segeltuchplanen vorgesehen. Diesen weit gediehenen und der endgültigen Ausführung schon nahen Entwicklungsstand hatte man gegen Ende des Jahres 1937 erreicht.

Angesichts des Umfanges und der Bedeutung der vorgesehenen Schnellzuglok-Beschaffung gab die DRB bei der BMAG in Wildau Ende 1937 fünf Tender der Bauart 2'2' T 34St in Auftrag. Der Bau fünfachsiger Prototypen erübrigte sich, weil die stromlinientypischen Bauteile des vier- und des fünfachsigen Tenders übereinstimmten. Die vorgelegten Zeichnungen sollten bereits die beabsichtigte Serienbauart zeigen, waren also mit der typischen windschnittigen Verkleidung versehen, die ebenfalls hinten bis über die Puffer reichte und die hinteren Aufstiegsleitern hinter zwei Türen verbarg. Abweichend war nur die Herrichtung für offene Führerhäuser, also mit Leitern und halbhohen Türen. Statt der Vorderwand sah man im oberen Bereich des Tenders einen recht provisorisch anmutenden Windschutz vor. Vor allem ging es bei diesen Baumustern um die Erprobung der Kss-Bremse sowie die Alltagsfestigkeit der Kohlenraumabdeckung und der Kohlenvorschubeinrichtung. Letztere wurde nur bei diesen fünf Tendern durch zwei Druckluftzylinder betätigt, die zwei kastenförmige Schieber hin und her bewegten.

Die fünf Tender wurden zwischen Februar und April 1939 mit den Lokomotiven 44 164 – 168 geliefert und trugen deren Fabriknummern 10980 – 10984. Bereits bei der Abnahme trennte man die Tender von den Maschinen und kuppelte diese mit vorhandenen

Bild 28
Der 2'3 T 38 der Baureihe 06 stimmte mit den Tendern der Baureihe 01^{10} überein, besaß aber hinten nur die kurze Verkleidung der Baureihe 05 mit Aufstiegsleitern. Man hatte ihn schon 1936 entwickelt und wollte nachträglich nicht noch weitere Änderungen an der Konstruktion vornehmen.

Aufnahme (in Berlin-Grunewald): Hermann Maey, Sammlung Hansjürgen Wenzel

2'2'T 32. Die Verfahrensweise war damals nicht nur üblich, sondern Teil eines 1939 vom RVM veranlaßten Programms, in dem die Baureihen 01 und 03 fabrikneue T 34 mit Rollenlagerachsen erhielten und ihre T 32 mit Gleitlagerachsen an die fabrikneuen 41 und 44 abgaben. Die Motivation lag weniger im größeren Wasservorrat als in der der als unerträglich empfundenen hohen Zahl von Zuglaufstörungen durch heißgelaufene Tenderachsen. Die Tender kuppelte man mit Loks der BRn 01 und 03. Später als im Frühjahr 1939 hätten sie kaum kommen dürfen, sollten sie noch Aufschlüsse für die fast fertigen 01 1001 und 03 1001 liefern.

Aus der Erprobung der Bremse ergab sich die Ausrüstung der Baureihen 01^{10} und 03^{10} mit Kss-Bremse und der Tender mit selbsttätiger Lastabbremsung sowie einem fliehkraftgeregelten Bremsdruckregler, der die volle Bremskraft nur oberhalb von 60 km/h wirken ließ. Der druckluftgesteuerte Kohlenschieber bewährte sich nicht und wurde durch den von der Baureihe 45 bekannten kettengetriebenen Wagen auf schiefer Ebene ersetzt. Die übrigen Komponenten der Tender übernahm man unverändert für den Serienbau.

Um die fünf Tender nicht als „Investitionsruinen" abschreiben zu müssen, sah man von Anfang an vor, sie nach der Erprobungsphase mit fünf für 140 km/h zugelassenen 03-Lokomotiven zu kuppeln, die eine Stromlinienverkleidung erhalten sollten. Da die Tender an der Bühne Leitern und Türen besaßen, konnte man sie nicht einfach hinter 03^{10} verwenden. Ausweislich des Schriftverkehrs der Fa. Borsig mit dem RZA arbeitete man noch Ende 1940 an den Zeichnungen für die nachträgliche Verkleidung der fünf 03 und teilweise Freilegung der Triebwerkes der 05 und der 03 193. Die Zeichnungen für letztere meldete Borsig im Frühjahr 1941 fertig, das 03-Projekt blieb unerwähnt.

Auch 03 207 (Borsig 1936, Bw Cottbus) wurde verschiedentlich im Zusammenhang mit den Vorversuchen für die kommende Generation von Stromliniendampfloks genannt. Sie war eine der wenigen schon ab Werk für 140 km/h zugelassenen Loks ihrer Baureihe. Im November 1937 unternahm das Versuchsamt Grunewald mit ihr Meßfahrten zwischen Berlin und Hamburg vor drei Doppelstock-Doppelwagen der Lübeck-Büchener Eisenbahn. Nur wegen der größeren Vorräte war die Lok während dieser Tage mit dem 2'3 T 37 St-Tender der 05 002 gekuppelt, die damals länger im RAW Braunschweig stand.

Bild 29 – Im März 1939 war die Verkleidung an **01 1001** so weit fertiggestellt, daß man probeweise den Frontadler, die Lampen und die Zierleisten auf der eigens dafür dunkel gestrichenen Front befestigte. Der Rest der Lok ist noch hellgrau grundiert. Hier sind zunächst einmal zwei Wischer an der unteren Zierleiste zu sehen. Das Ergebnis fotografierte man spitz von vorn, und erste Fotos der neuen Stromlinienlok erschienen in den Zeitungen. AUFNAHME: SAMMLUNG ULLSTEIN-BILDERDIENST

Die Baumusterlok 01 1001 entsteht

Da es im Betriebsbuch der 01 1001 kein Kesselheft des Ursprungskessels mehr gibt, sind keine Aussagen zum Zeitpunkt von Materialbestellungen oder Wasserdruckprobe des Kessels zu treffen. Das Baujahr von Lok und Kessel war laut Betriebsbuch 1938, die Fabriknummer 11.000. Die frühesten Nachweise zur

Bild 30 – Im Mai 1939 war **01 1001** fast fertig, so daß man sie das erste Mal anheizen und bewegen konnte. Noch ist der Grundierungsanstrich zu sehen, und Fensterscheiben sind auch noch nicht vorhanden. Front- und Tender-Adler, Schilder sowie Zierleisten sind aber schon angebracht, letztere unten mit nur einem Wischer. Zu Besuch gekommen sind Bauartdezernent Wagner (3.v.l.) und der Leiter des Vereinheitlichungsbüros Meckel (4. v.r.). Der Dritte von rechts ist Konstruktionsleiter Heinrich Wagner. AUFNAHME: BMAG, SLG. HANSJÜRGEN WENZEL

Bild 31 – Nahezu gleichzeitig mit der 01 1001 wurde die Baureihe E 19 fertig. Diese auf der schon 1935 gebauten E 18 basierende und eigentlich unspektakulär aussehende Stromlinienlok besaß eine Leistung von knapp 4.000 kW und erreichte bei Meßfahrten 225 km/h. Sie bewies eindringlich, welchen Triebfahrzeugen die Zukunft gehören würde.

AUFNAHME: CARL BELLINGRODT, SAMMLUNG HANSJÜRGEN WENZEL

Entstehung der Lok sind die Wasserdruckprobe des Tenderwasserkastens am 8. Mai 1939 und die Abnahmeprüfung des Dejektor-Speisewasserreinigers am 19. Mai 1939. Das älteste bildliche Zeugnis der Maschine zeigt sie mit fast fertiggestellter Stromlinienverkleidung in der Werkhalle. Offenbar extra für dieses in der Presse veröffentlichte Bild hatte man die Front der Lok schwarz lackiert und die eigentlich zu diesem Zeitpunkt noch lange nicht zum Anbau fälligen vorderen Zierlinien, den Hoheitsadler und die Streckenlaternen angebracht. Zu diesem Zeitpunkt, ebenfalls im Mai 1939, waren abgeschrägte Windleitbleche angebaut, die Zierlinie war bis zur Unterkante der Pufferverkleidung heruntergezogen und besaß zwei „Wischer".

Ein paar Tage später war 01 1001 so gut wie fertig. Bauartdezernent R. P. Wagner, der Leiter des VB Meckel und der dort für die Lok zuständige Konstruktionsleiter Heinrich Wagner kamen zur Besichtigung. Das Erinnerungsbild zeigt die Lok noch ohne Endlackierung, die Fenstergläser fehlen, der Tender zeigt Wasserspuren. Wieder sind die abgeschrägten Windleitbleche zu sehen, die Zierlinie geht nur noch bis zur Puffermitte und hat einen einzigen Wischer, das Fabrikschild sitzt zwischen erster und zweiter Kuppelachse, alle Schilder und Embleme sind angebracht.

Am 27. Juni 1939 informierte das Herstellerwerk die übrigen deutschen Lokomotivhersteller, daß die Maschine ab diesem Tag fertiggestellt, aber noch nicht lackiert sei. Sie stehe zur Besichtigung zur Verfügung. Fertig lackiert werde die Lok am 8. Juli sein, und am 15. Juli werde sie zum Versuchsamt abrollen.

Referent 31, Günther, machte nach seinem Besuch am 4. Juli einige Änderungswünsche auf, um deren Umsetzung sich das RZA kümmern mußte. So wünschte er sich einen Schutz der Kühlrohre vor der Feuerbüchsrohrwand durch ein Schutzblech, eine Ab-

Bild 32 – Eine weitere Variation: **01 1001** im Juli 1939, nun übersäht mit Anschriften. Fenstergläser sind immer noch nicht eingesetzt. Das Fabrikschild ist nach vorn gerückt, die untere Zierlinie hat keinen Wischer, und drei größere Windleitblech-Segmente sind aufgebaut.

AUFNAHME: BMAG, SAMMLUNG HANSJÜRGEN WENZEL

Bild 33 – Äußerlich auf den ersten Blick nicht zu unterscheiden von der Baureihe 01^{10} war die 03^{10}. Bei ihr sahen die Zierlinien allerdings anders aus: Die obere hatte vorn eine Unterbrechung für den – nicht mehr angebrachten – Adler, und die untere Leiste war dunkelrot. **03 1081** (Bw Wien West) gehörte schon zur Serienbauart. AUFNAHME: CARL BELLINGRODT

sperrvorrichtung zwischen Kessel und Dejektor, und es erschien ihm das Hoheitszeichen an der Stirnseite der Lok zu klein. Das RZA solle im Benehmen mit dem Schöpfer des Reichsadlers, Prof. Klein aus München, ein größeres Hoheitszeichen entwickeln, das den Größenverhältnissen der Lok besser angepaßt sei. Dazu allerdings kam es nicht mehr.

Das zeitlich danach anzusiedelnde nächste Bild zeigt die Maschine dann fertig lackiert beim Besuch der Mitarbeiter des Vereinheitlichungsbüros. Auf diesem Bild trägt sie verlängerte Windleitbleche nach Art der 05, das Fabrikschild sitzt auf dem Zylinderblech, die Zierlinie hat keine Wischer mehr. Am Führerhaus ist ein roter Heimstoffkreis hinzugekommen, am Tender sind ausgiebige Farbanschriften mit Gewichts- und Untersuchungsangaben zu erkennen.

Wegen der noch in letzter Minute veranlaßten Änderungen war an eine Ablieferung am 15. Juli 1939 nicht mehr zu denken. Man legte dann den 15. August fest, doch letztlich sollte es der 29. August 1939 werden.

Die vermutlich spätesten Bilder vor der Ablieferung benutzte die BMAG anschließend in der Werbung. Auf ihnen trug 01 1001 das Fabrikschild wieder in der Mitte, die Windleitbleche waren gekürzt, die Zierlinie hatte zwei Wischer, die Farbanschriften am Tender waren verschwunden. Sie hatte man an die Tenderrückseite verlegt, um die ruhige Linienführung der Maschine nicht zu stören.

Am 29. August 1939 untersuchte der Abnahmebeamte der Reichsbahn die Maschine im Herstellerwerk und fertigte ihr die Lauffähigkeitsbescheinigung für die Fahrt zum RAW Grunewald, dem Sitz des Lokversuchsamtes aus. Am nächsten Tag traf die Lok dort ein.

Die kleinere Schwester 03 1001 war am 5. Dezember 1939 bei Borsig fertiggestellt und kam ebenfalls zum Versuchsamt. Ihr Abnahmetag war der 27. Februar 1940. Die Herstellerwerke stellten der DRB für die beiden Lok einschließlich der jeweils rund 25.000 RM Entwicklungskosten 259.800 RM und 242.400 RM in Rechnung. Die relativ geringen Entwicklungskosten sind ein Indiz dafür, daß das Vereinheitlichungsbüro je Bauart kaum mehr als ein halbes Jahr Arbeitszeit investiert hat. So ist es erlaubt, die Ursachen der einjährigen Verzögerung tatsächlich bei der Reichsbahn und in deren Unsicherheit über die Bauart zu vermuten.

Bild 34
Von Anfang 1938 stammt das Ölgemälde der **01 1001** von Walter Zeeden nach damaligem Projektstand, das den Titel der BMAG-Werbeschrift „Unsere Lokomotiven der Jahre 1935 - 1938" zierte. Die nachträgliche Schwärzung der Nummer geschah wohl auf Veranlassung des RZA Berlin.

Beschreibung der 2'C 1'h3-Schnellzuglokomotive 01 1001

Die erst 1941 vom RZA Berlin als DV 930 33 für die Serienbauart der Baureihe 01^{10} herausgegebene Bauartbeschreibung setzt bereits einige Änderungen als gegeben voraus. Da es hier um die Ursprungsbauart geht, wird die ansonsten übernommene Beschreibung in einigen Bereichen ergänzt bzw. geändert. Solche Abweichungen sind durch Kursivschrift kenntlich gemacht. Die aus der Originalbeschreibung des RZA Berlin stammenden optimistischen Behauptungen über Kessel und Leistung seien hier ausdrücklich in Frage gestellt, worauf noch zurück zu kommen ist.

Bilder 35 und 36 – Unmittelbar vor der Ablieferung an die Reichsbahn entstanden diese finster wirkenden Porträts. Die kleinen Windleitbleche sind wieder aufgebaut, das Fabrikschild sitzt in der Mitte, die Anschriften sind an die Tenderrückseite verlegt, und die Zierleisten haben drei Wischer. AUFNAHMEN: SAMMLUNG DR. GÜNTHER SCHEINGRABER

Allgemeines

Die Lokomotive hat ein Reibungsgewicht von 60,2 t *(tatsächlich rund 61 t)* und soll vornehmlich der Beförderung von schweren und besonders schnell fahrenden Zügen im Flachland dienen. Vermöge ihrer großen Leistung braucht sie aber auf Steigungen im Hügelland mit der Geschwindigkeit nicht sonderlich herunterzugehen und ist imstande, nach außerplanmäßigem Halten oder Durchfahren von Langsamfahrstellen den Zug schnell wieder auf seine normale Geschwindigkeit zu bringen.

Kessel und Leistung

Die guten wärmewirtschaftlichen Erfahrungen, die mit den langen Kesseln der Lokomotiven der Reihe 01 gemacht wurden, bewogen dazu, auch die Kessel der Lokomotiven dieser neuesten Einheitsreihe mit 6,8 m langen Rohren auszurüsten. Der leistungsfähige Kessel (246,9 m^2 Heizfläche) konnte bei den gegebenen 6 Radsätzen bequem untergebracht werden. Er ergibt eine Dauerleistung von 2.300 PS_i. Bei 120 km/h Geschwindigkeit können als Dauerleistung etwa 550 t auf ebener und gerader Strecke befördert werden; auf 4‰ Steigung können 425 t noch mit etwa 100 km/h gefahren werden.

Fahrbeschränkung

Die Lokomotive kann auf N- und E-Strecken unbeschränkt, auf G-Strecken einzeln an der Spitze des Zuges, ebenso auf H-Strecken unter gewissen Voraussetzungen verkehren.

Laufwerk

Die Lokomotive wird durch ein zweiachsiges Drehgestell geführt. Der feste Achsstand beträgt 4.600 mm, wobei wegen des besseren Bogenlaufes die Spurkränze des mittleren Radsatzes um 15 mm geschwächt sind. Der hintere Laufradsatz ist als Adamsachse mit 80 mm Seitenverschieblichkeit ausgebildet. Da er nach dem Lastenzug weit genug zurückliegt, ist er auch mit rund 20,9 t belastet. Das Drehgestell hat eine Seitenverschieblichkeit von 70 mm.

Bogenlauf

Durch diese Anordnung ist die Maschine in der Lage, die neue Reichsbahnweiche (1: 7,5 mit Verlängerung auf 1 : 6,6) und Gleis-

Bild 37 – Kurz vor der Fertigstellung der **01 1001** besuchten im Juli 1939 die Mitarbeiter des Vereinheitlichungsbüros der Lokindustrie das Herstellerwerk in Wildau. Zu erkennen sind als 3.v.l Konstrukteur Heinrich Wagner und in der Mitte, den Hut in den Händen, der Leiter des Büros Meckel. AUFNAHME: BMAG, SAMMLUNG ARNOLD HAAS

bögen mit 160 m Halbmesser zu durchfahren. Der Lastenausgleich gestattet ein Befahren von Ablaufbergen mit 200 m Scheitel- und Ausrundungshalbmesser.

Rahmen

Die Maschine ist wie fast alle Einheitslokomotiven mit einem allseitig bearbeiteten Barrenrahmen ausgerüstet, der die austauschbare Herstellung aller mit ihm zu verbindenden Teile ohne besondere Anpaßarbeit gestattet.

Bremse

Die Lokomotive besitzt eine Einkammerdruckluftbremse Bauart Knorr mit Zusatzbremse, wobei die Treibradbremse als Knorr-Einkammerdruckluftschnellbremse (Kssbr) durchgebildet ist. Auch der Tender ist mit einer Knorr-Einkammerdruckluftschnellbremse (Kssbr) und einer genormten Wurfhebelhandbremse ausgerüstet.

Die Bremszylinder des Tenders sind an die Zusatzbremseinrichtung der Lokomotive angeschlossen.

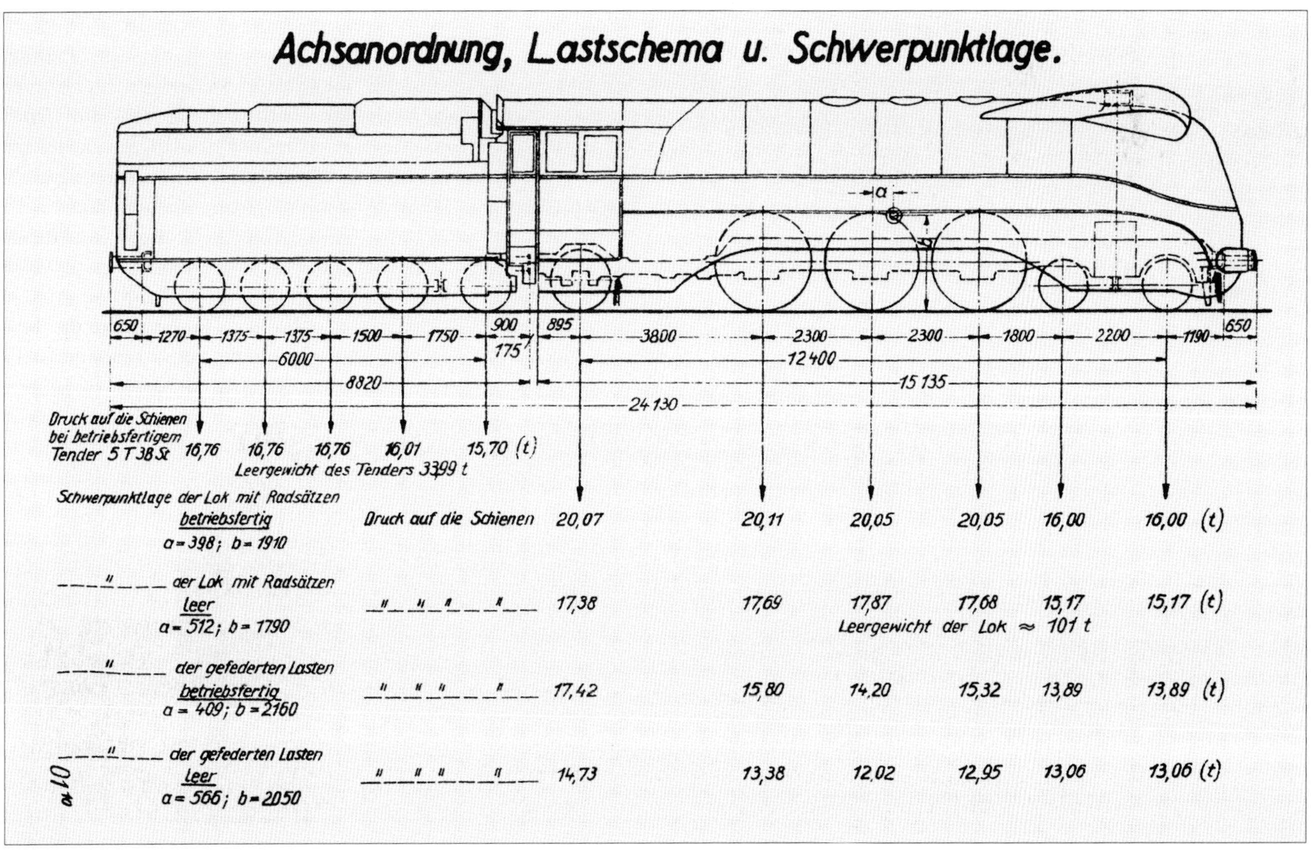

Bild 38 – Lastschema und Schwerpunktlage der 01 1001. Diese nachträglich (Triebwerksausschnitt) aufgestellte Zeichnung stimmt mit den tatsächlichen Werten nicht überein, das tatsächliche Gewicht wurde niemals zutreffend ermittelt.

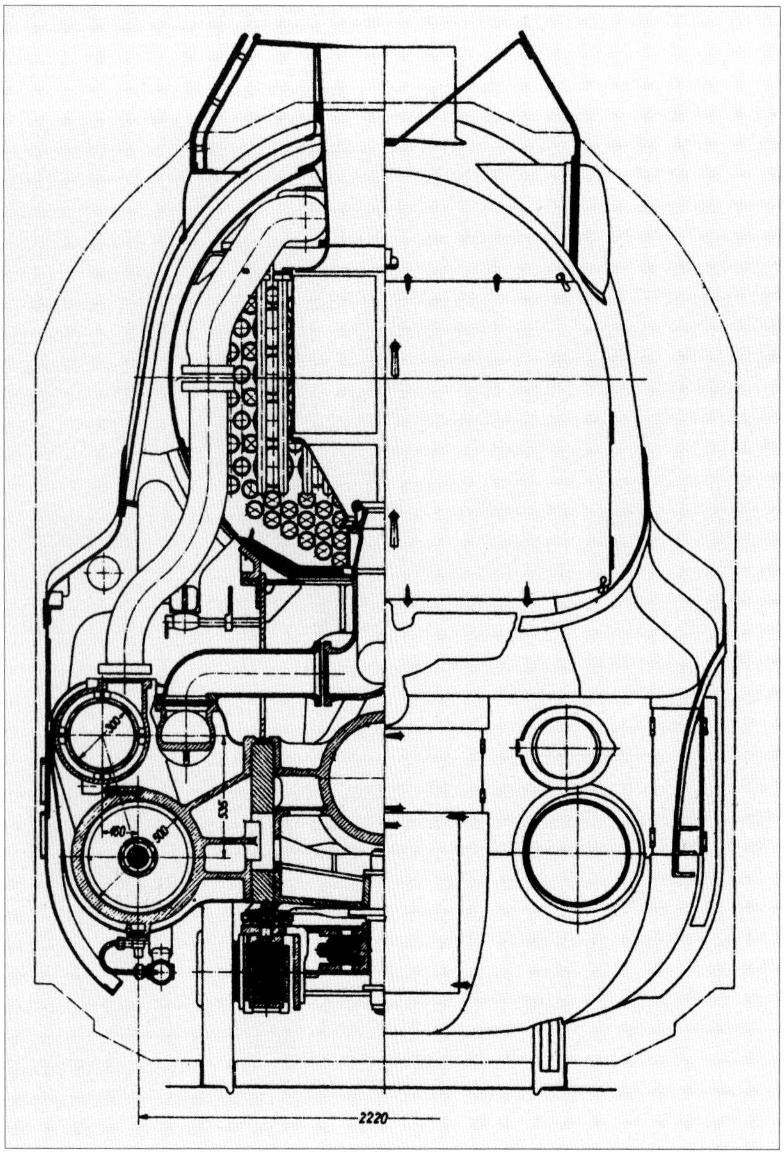

Bild 39 – Frontansicht der 01 1001 mit Verkleidung, Außen- und Innenzylinder sowie Ein- und Ausströmung

Tender

Die Lokomotive ist mit dem ebenfalls vollständig verkleideten Tender 2'3 T 38St gekuppelt, mit dem sie auf Drehscheiben von 23 m Durchmesser gedreht werden kann.

Der Kessel

Der Kessel ist für einen Dampfdruck von 16 kg/cm^2 gebaut.

Langkessel

Der Langkessel besteht aus zwei Schüssen von 16 mm Wanddicke, von denen der vordere einen äußeren Durchmesser von 1.932 mm und der hintere von 1.900 mm hat. Die Längsnaht der Kesselschüsse wird durch je eine gerade Außenlasche mit vierfacher Nietung überbrückt. Schüsse, Rauchkammerrohrwand und Laschen bestehen aus St 47 K.

Dom

Die Kesselmitte liegt 3.100 mm über S.O. Die Kesselaufbauten, Schornstein, Dome und Sandkästen, konnten noch ausreichend ausgebildet werden. Auf jedem Kesselschuß ist ein Dom untergebracht. Der vordere Dom enthält den Speisewasserreiniger, der hintere den Regler. Zwischen beiden ist ein Sandkasten vorgesehen. Die Domausschnitte sind durch untergenietete Blechringe versteift. Die Dome sind aus einem Stück gepreßt und ihre Deckel mit Hilfe eines starken Ringes befestigt. Durch diese Anordnung ist es möglich, ohne Entfernen der Stiftschrauben die Dichtflächen maschinell nachzuarbeiten und den Deckel aufzuschleifen. Der Druckring selbst ist winkelförmig und überträgt die Schließkraft möglichst nahe an den Dichtflächen, so daß Deckelrand und Ring sich nicht verwinden können.

Stehkessel

Der sich an den Langkessel anschließende Stehkessel besteht im Mantelteil aus einem Stück. Die Blechdicke des Mantels und der Stehkesselrückwand ist 15 mm, die der Vorderwand 16 mm. Zur Vorverlegung des Schwerpunktes ist die Rückwand schräg nach vorn geneigt und nur im oberen Teil senkrecht gehalten, wodurch eine einfache Anordnung der Kesselausrüstung auf dem Führerstand möglich wurde.

Die Seitenbeanspruchung des Stehkessels oberhalb der Feuerbüchse wird durch 12 Queranker mit 42 mm dickem Schaft aufgenommen. Die Queranker sind in aufgeschweißte Untersätze eingeschraubt. Außerdem ist der Scheitel des Stehkessels durch die Deckenanker und zwei sichelförmige Bleche versteift. Mantel, Vorder- und Rückwand bestehen aus St 47 K.

Feuerbüchse

Die Feuerbüchse wird von unten eingebaut. Da ihre Seitenwände leicht eingezogen und die des Stehkesselmantels nahezu senkrecht sind, entsteht ein sich stetig nach oben erweiternder Wasserraum. In Verbindung mit der starken Abrundung der oberen Kanten der Feuerbüchse wird dadurch ein ungehindertes Abströmen der Dampfblasen erreicht. Auch wird hierdurch die Lebensdauer der oberen Stehbolzenreihen größer, weil diese infolge ihrer größeren Länge den Ausdehnungen der Feuerbüchswände besser folgen können. Die Feuerbüchse besteht aus I-Z II-Stahl und ist geschweißt, Mantel und Rückwand sind 10 mm dick; die Rohrwand ist im Rohrfeld 15 mm und im unteren Teil 10 mm dick. Die Rohre werden nach dem Einwalzen nicht umgebördelt, sondern durch eine dünne Schweißraupe zusätzlich gegen die Rohrwand abgedichtet. Die Verbindung mit dem Stehkessel bildet ein den Normen angepaßter Bodenring von 22 mm Höhe, der fünf angeschmiedete Ansätze für die Abstützung auf dem Rahmen trägt. Der hinten in der Kessellängsachse liegende Ansatz bildet das mit Keilnachstellung versehene Schlingerstück. Die rechts und links daneben sowie vorn liegenden Ansätze dienen zur Verklammerung mit dem Rahmen. Der Bodenring ist vorn 120 mm, seitlich und hinten 90 mm breit.

Um eine spannungsfreie Verbindung zwischen dem Stehkessel und der Feuerbüchse zu erhalten, wird der Bodenring erst eingenietet, nachdem alle Decken- und Seitenstehbolzen fest eingezogen sind. Ebenso werden alle Untersätze am Steh- und Langkessel vor dem Einbringen der Feuerbüchse bzw. vor dem Zusammenbau des Kessels angenietet oder angeschweißt. Die Decke der Feuerbüchse wird durch eiserne Stehbolzen von 26 mm Durchmesser getragen, die im Feuerraum wie üblich durch Muttern geschützt sind. Mit Rücksicht auf die Bügelanker haben die in der dritten Reihe liegen-

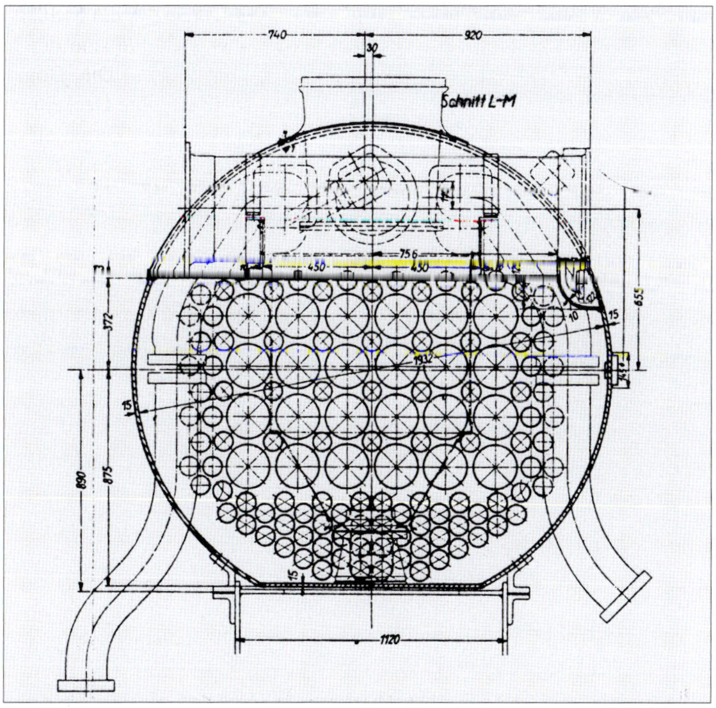

Bild 40 – Blick von vorn auf Dampfsammelkasten, Einströmrohre und Rohrspiegel mit 24 Rauchrohren.

Bild 41, rechts – Längsansicht des Kessels aus St 47 K-Stahl. Dieser erlaubte zwecks Gewichtsminderung dünnere Bleche.

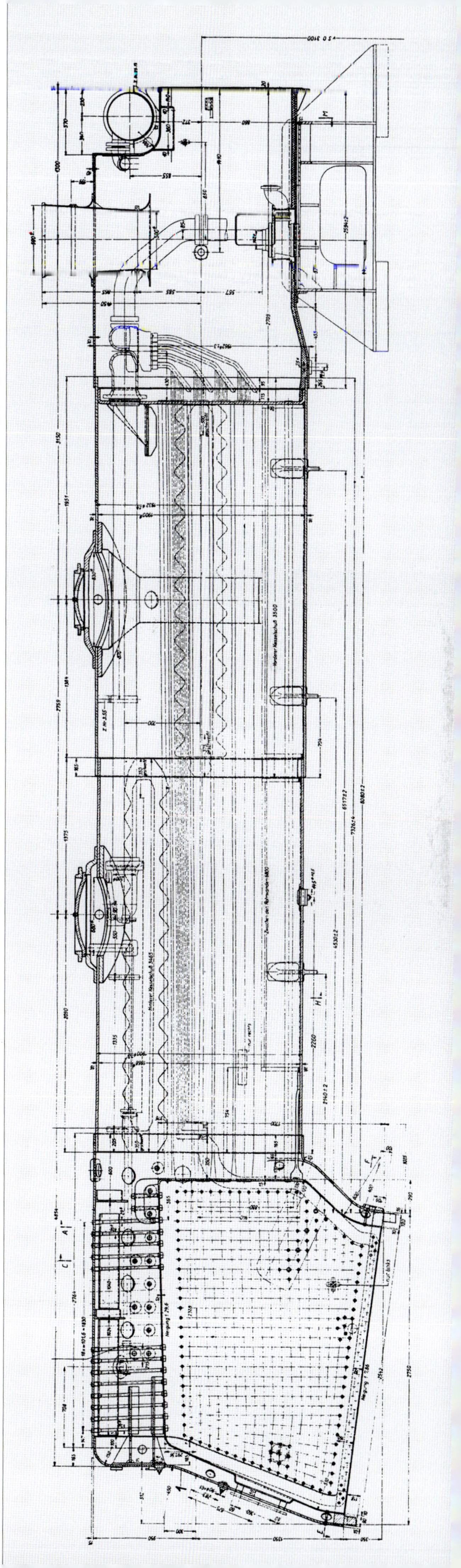

den Deckenstehbolzen einen Durchmesser von 29 mm erhalten. Die Seitenversteifung zwischen Feuerbüchse und Stehkessel übernehmen Aufdorn-Stehbolzen aus Stahl, bei einer Feldteilung von 85-90 mm. An den am meisten gefährdeten Stellen sind bewegliche Stehbolzen vorgesehen.

Der Stehkesselmantel ist oben durch innen untergenietete Blechstreifen verstärkt, damit die äußeren Reihen der Deckenanker noch mit einer zur Abdichtung genügenden Anzahl voller Gänge eingeschraubt werden können. Die Feuerbüchsdecke wird vorn durch 12 Bügelanker getragen, die sich bei Ausdehnung der Rohrwand ungehindert einstellen können. Die Bügel stützen sich vorn auf den Umbug der Rohrwand und sind hinten drehbar auf der dritten Deckenankerreihe gelagert. Die Rückwand wird durch Blechanker, Stehbolzen und durch den einreihigen eingenieteten Feuerlochring von 500 x 360 mm lichtem Durchgang versteift.

Unterhalb des Rohrbündels ist die Rohrwand durch 19 starke Bodenanker gegen den Kessel versteift. Infolge des runden Schaftes der Anker und ihrer großen freien Länge von rund 800 mm ist eine gleichmäßige Beanspruchung auf Abbiegen in jeder Ebene gewährleistet. Die Anker sind mit der Feuerbüchsrohrwand durch Nietschrauben verbunden und am Boden des Längskessels angenietet. Um dem Brechen der Nietschrauben vorzubeugen, sind von den 19 Bodenankern 9 mit doppeltem Kopf und je zwei Nietschrauben ausgeführt. Die feuerberührte Gesamtheizfläche der Feuerbüchse beträgt 16,9 m^2.

Rohrteilung

Zwischen den 6,8 m auseinanderliegenden Rohrwänden sind 24 genormte Rauchrohre 171 x 2,5 mm *in vier Reihen zu sechs Rohren* untergebracht. Die Lage der Heizrohre gegenüber dem Rauchrohrbündel ist so gewählt, daß die gesamte Rohrwandfläche gut gegen den inneren Kesseldruck verankert ist.

Rost

Der Rost ist gegen die Waagerechte im Verhältnis 1: 7,86 geneigt. Bei einer Breite von 1.700 mm und einer Tiefe von 2.542 mm beträgt seine Fläche 4,32 m^2.

Es sind 4 Rostfelder vorhanden mit genormten Roststäben in Längen von 450, 600 und 800 mm. Bei einer Stegstärke der Stäbe von 16 mm und einer Spaltbreite von 14 mm ergibt sich eine freie Rostfläche zu etwa 43 %. Das zweite Rostfeld von vorn mit 450 mm Länge ist in einer Breite von 606 mm als nach unten aufklappbarer Kipprost ausgebildet. Die doppelstegigen Kipproststäbe werden mit versplinteten Bolzen gegen Abrutschen in der Kipplage gesichert. Das Kippprostfeld stützt sich auf die Arme einer unterhalb des Bodenringes gelagerten Querwelle, die mit Spindelantrieb vom Heizerstand aus bedient wird. Beim Öffnen neigt sich der Kipprost um etwa 60° gegen die Rostebene, so daß die Rückstände von der Feuertür aus bequem durch die Kipprostöffnung hindurch in den Aschkasten gestoßen werden können.

Aschkasten

Der Aschkasten ist sehr geräumig ausgebildet; er befindet sich zwischen dem letzten Kuppelradsatz und der Schleppachse und hat 3 Bodenklappen, die nahe ihrem Schwerpunkt aufgehängt sind. Sie werden durch einen Zug vom Führerstand aus betätigt und können in geschlossener Stellung vom Führerstand aus durch einen besonderen Zug verriegelt werden. Luftklappen mit reichlichen Querschnitten sind am Aschkasten vorn und hinten vorgesehen; sie werden vom Führerstand aus bedient. Schräge Schutzbleche über den Klappen und Schutzsiebe verhindern das Herausfallen von glühenden Feuerungsrückständen. Beiderseits im Aschkasten befinden sich Spritzrohre, die durch feine Öffnungen das Berieseln des Aschkastenbodens gestatten.

Feuerschirm

Die Feuerbüchse erhält einen Feuerschirm; die Steine sind so bemessen, daß sie durch das Feuerloch eingebracht werden können. Der Feuerschirm sitzt an den Feuerbüchsseitenwänden auf Flacheisenschienen, die von je 4 Schraubenbolzen gehalten werden; diese Bolzen sind durch hohlgebohrte Stehbolzen durchgesteckt und von außen zugänglich.

Rauchkammer

Der Rauchkammermantel ist ohne Zwischenring an den Langkessel angeschlossen. Die Rauchkammer ist innen 2.709 mm lang, ihr äußerer Durchmesser beträgt 1.962 mm. Um dem Ausglühen und Rosten des unteren Teiles der Rauchkammer zu begegnen, ist diese mit Zement ausgegossen und mit Blechen bekleidet. Den Abschluß der Kammer gegen den Langkessel bildet die 26 mm dicke Rauchkammerrohrwand. Diese ist über dem Rohrbündel durch einen starken waagerechten Blechanker, der seitlich an den Langkessel angeschlossen ist, versteift.

Die Rauchkammer ist vor dem Schornstein mit einer waagerechten Abtreppung versehen, die den Abdampfvorwärmer trägt. Mit Rücksicht auf den Innenzylinder ist der Rauchkammerboden um 91 mm angehoben und eben ausgeführt worden. Rauchkammertürring und Rauchkammertür sind im oberen Drittel mit Rücksicht auf die Stromlinienverkleidung abgeschnitten und haben eine waagerechte Oberkante. Die Tür bleibt ausreichend hoch, um alle Heiz- und Rauchrohre nach vorne ausbauen zu können. Durch einen Mittelverschluß und 8 Vorreiber wird die Rauchkammertür gegen einen besonderen Ring mit Dichtfläche gepreßt und so ein luftdichter Abschluß der Rauchkammer erreicht. Der waagerechte Verschlußbalken ist mit dem Rauchkammermantel auf beiden Seiten verschraubt.

Die Kesselausrüstung

Feuertür

Als Feuertür wird die bekannte Kipptür Bauart Marcotty verwendet, die durch besondere Kanäle im Geschränk einen schwachen Luftstrom in die Feuerbüchse eintreten läßt. Durch diesen werden der Feuerlochring, der Feuerlochschoner und die Tür selbst gegen die starke Wärmeausstrahlung des Feuerbettes geschützt. Auf der rechten Seite des Feuerloches ist ein Blendschirm vorgesehen, der beim Öffnen der Feuertür selbsttätig ausschwenkt, damit der Lokführer durch den Feuerschein aus dem Feuerloch nicht geblendet wird.

Saugzuganlage

Die Hauptabmessungen der Saugzuganlage sind aus der Kesselanordnung sind so gewählt, daß mit niedriger Feuerschicht wirtschaftlich gefahren werden kann.

Der Schornstein ist weit gehalten *(Durchmesser an der engsten Stelle 500, an der Mündung oben 590 mm)*, um die Geschwindigkeit des Dampf-Rauchgasgemisches möglichst gering zu halten. Dementsprechend ist das Blasrohr tiefliegend und weit *(Durchmesser 162 mm mit Steg)* ausgebildet; der Gegendruck in den Zylindern wird hierdurch herabgesetzt. Um eine gute Füh-

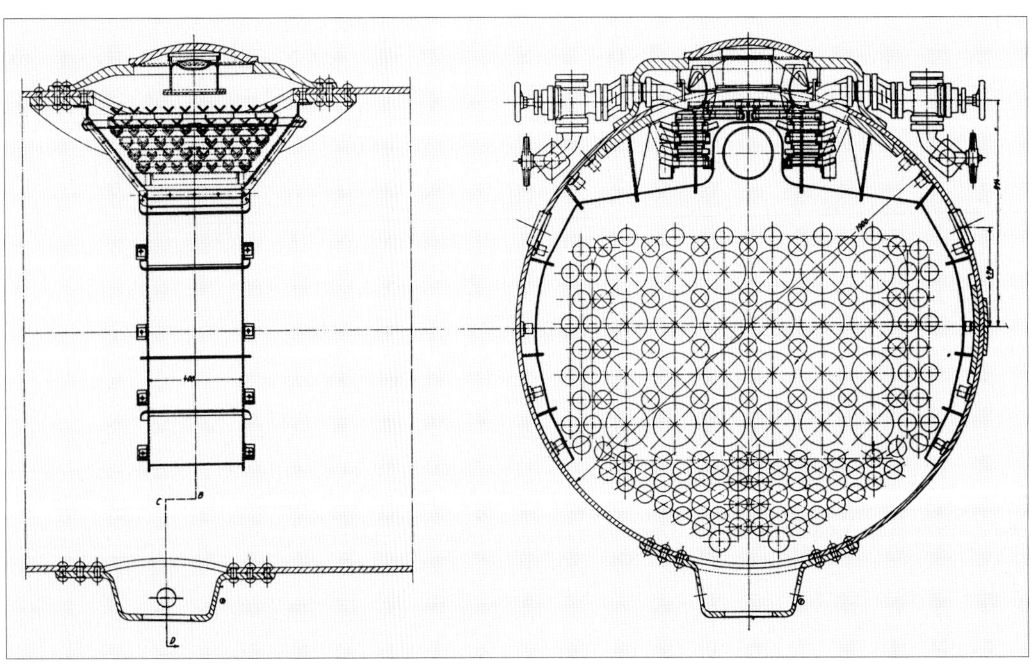

Bild 42
Eines der wenigen unverändert von der Baureihe 01 übernommenen Teile war der Speisewasserreiniger. Diese in der Beschreibung der Baureihe 01^{10} wiedergegebene Zeichnung zeigt allerdings unzutreffend gerade stehende Kesselspeiseventile. Bei den Stromlinienloks mußte man sie an den Kessel schmiegen, um die Verkleidung darüber ziehen zu können.

rungshöhe für den Gemischkegel zu erreichen, ist der Schornstein 516 mm tief in die Rauchkammer eingelassen.

Funkenfänger

Der Funkenfänger ist in seinem oberen Teil zylindrisch, im unteren kegelförmig. Er ist zweiteilig nach den Seiten aufklappbar und am Schornstein leicht pendelnd aufgehängt, um die Maschen bei der Fahrt von Flugasche zu reinigen.

Ventilregler

Im hinteren Dom des Langkessels ist ein Ventilregler Bauart Schmidt & Wagner untergebracht. Mit den großen Auftriebflächen und der feinen Drosselung durch einen Bund auf der Ventilstange werden trotz des sehr geringen Druckabfalls in dem Reglerrohr von 202 mm lichter Weite einwandfreies Arbeiten und leichte Bedienbarkeit erreicht.

Dampfsammelkasten

Der Dampfsammelkasten zeigt die bekannte Trennung von Naß- und Heißdampfkammer, wodurch die frühere Rückkühlung des überhitzten Dampfes an der Trennwand fortfällt. Beide Kästen haben gießtechnisch einfache Formen.

Überhitzer

Der Überhitzer mit 86,5 m² Oberfläche ist in der Bauart Wagner ausgeführt. Er besteht aus *24 Einheiten von je 6 Rohren mit 30 x 3 mm* Durchmesser. Für die Herstellung der Umkehrenden sind zwei Verfahren zugelassen worden, das der Schmidtschen Heißdampfgesellschaft und das der Phönix-AG (ausgebohrte Preßkappen). Ganz allgemein zugelassen sind daneben auch Preßkappen nach anderen Verfahren, jedoch unter vorheriger ausdrücklicher Genehmigung der Beschaffungsstelle. Als Pyrometer ist das übliche Thermoelement der Regelbauart Siemens & Halske eingebaut.

Kesselspeisung

Zum Speisen des Kessels dient die 250 l-Knorr-Pumpe mit Tolkien-Steuerung. An Stelle des bisherigen Druckwindkessels ist ein Stoßdämpfer mit druckluftbeaufschlagtem Schwimmer und einem Belüftungsventil im Führerhaus angeordnet. Der Abdampfvorwärmer hat eine Heizfläche von 10,45 m² bei vierfachem Wasserumlauf. Sein hinterer Deckel ist geteilt, um Spannungen infolge ungleicher Ausdehnung der oberen und unteren Rohrbündel zu vermeiden. Der Vorwärmer trägt zur Dampfeinleitung zwei Stutzen; je einen für den Maschinenabdampf und für die gemeinsame Abdampfleitung der Luft- und Speisepumpe. Der erste sitzt in der Mitte, der andere auf der linken Seite der Lok. Sämtliche Abdampfleitungen sind entwässert. Die Abdampfleitung des Vorwärmers selbst wird linksseitig über einen Wasserabscheider in den Aschkasten geführt.

Als zweite Speiseeinrichtung ist eine saugende Strahlpumpe mit einer Leistung von 250 l/min vorgesehen. Sie ist im Führerhaus auf der Heizerseite gut bedienbar und frostfrei so untergebracht, daß die Streckensicht nicht behindert wird.

Um die Verluste in den Pumpenleitungen möglichst klein zu halten, sind die Saug- und Druckleitungen der Strahlpumpe wie auch die der Kolbenpumpe mit 49 mm lichter Weite ausgeführt. Für die auf der linken Seite liegende Speisewasserkupplung zur Kolbenpumpe ist eine Anwärmevorrichtung vorgesehen, um im Winter das Einfrieren zu verhüten.

Speisedom und Schlammabscheider

Die beiden Druckwasserleitungen führen links und rechts über je ein *wegen der Stromlinenverkleidung sehr flach gebautes* Kesselspeiseventil *mit nach hinten zeigendem Absperrventil* zu dem auf dem vorderen Kesselschuß angebrachten Speisedom mit Schlammabscheider. Beide Speiseleitungen münden in einen Verteiler, durch dessen Öffnung sich das Speisewasser auf einen Winkelrost ergießt. Infolge der beschränkten Raumverhältnisse sind die Abscheideflächen nur klein, die gute Wirksamkeit des Schlammabscheiders wird aber dadurch erreicht, daß die Winkeleisen nach oben offen eingebaut sind; hierdurch wird die Zeitdauer des Durchfließens vergrößert und ein Ausfällen der Kesselsteinbildner erreicht. Vom Winkelrost fließen das Speisewasser und der ausgefällte Schlamm in seitlichen Blechtaschen dem Kesselbauch zu, von wo der Schlamm zum Stehkessel gelangt, ohne mit den Heiz- und Rauchrohren in Berührung gekommen zu sein und deren Wirksamkeit herabzusetzen. Der Langkessel besitzt etwas über der Kessselmitte je eine große Luke zum Reinigen der Blechtaschen.

Umlauf-Wasserreiniger Bauart Dejektor

Nur 01 1001 besitzt ab Werk einen Umlauf-Wasserreiniger Bauart Dejektor der Fa. Müller in Starnberg, wie er auch bei einigen 01 der letzten Bauserie angewendet wurde. Es handelt sich hierbei um einen frühen Versuch der Kesselwasser-Innenaufbereitung, um die schädlichen Auswirkungen des Schlammabsatzes im Kessel zu vermindern. Vereinfacht sieht die Funktion der Anlage so aus:

Auf der linken Seite der Lok ist hinter der Kolbenspeisepumpe ein aufrecht stehender, zylindrischer und unter Kesseldruck stehender Behälter angebracht. Der Dejektorbehälter besteht aus drei Etagen: Oben dem Soda-Behälter, darunter dem Ausscheidetopf und darunter dem Schlammsammler. Durch Rohrleitungen ist der Dejektor mit dem tiefsten Punkt des Stehkessels am Kesselablaßventil (Zuleitung) und dem Langkessel ungefähr in Kesselmitte (Ableitung) verbunden. Beide Rohrleitungen können vom Heizer durch Stellventile geöffnet und geschlossen werden. Im Kessel fallen die bei jedem Speisen zugeführten Bildner vorübergehender Härte durch Druck- und Temperaturwirkung und die Härtebildner der dauernden Härte durch die Wirkung des mit dem Dejektor zugeführten Sodas aus und sammeln sich an der tiefsten Stelle des Kessels. Von dort fließen sie mittels Thermosyphonwirkung durch die Zuleitung dem Dejektor zu. Im Ausscheidetopf fällt der Schlamm aus und sinkt in den Schlammsammler. Von dort aus bläst ihn der Heizer mehrfach während jeder Fahrt durch ein gestängebetätigtes Ablaßventil nach unten ins Freie ab. Das gereinigte Speisewasser wird im Sodabehälter mit Kesselstein-Gegenmittel angereichert und läuft durch die Ableitung wieder dem Langkessel zu. Die Sodamenge wird vom Heizer durch ein Regulierungsventil mit Stellstange gesteuert. Nach jeder Fahrt muß der Heizer eine Probe Kesselwasser nehmen, abkühlen und mittels Methylorangelösung und Salzsäurezugabe die Soda-Dosierung prüfen. Bei Unterdosierung muß während der nächsten Fahrt mehr, bei Überdosierung weniger Soda eingespeist werden. Auch muß die Füllung des Sodabehälters regelmäßig durch Probierventile kontrolliert werden.

Dampfentnahmestutzen

Da die dampfgespeisten Hilfseinrichtungen der Lokomotive weit auseinanderliegen, sind am Kessel drei Dampfentnahmestellen mit je einem Absperrventil angebracht. Das Absperrventil des hinteren Stutzens sitzt auf der linken Seite in Scheitelnähe des Stehkessels kurz vor dem Führerhaus und erhält seinen Dampf von einer im Kesselinneren nach dem Dampfdom verlegten Rohrleitung. Dieser Stutzen trägt die Absperrventile für die Strahlpumpe und Dampfheizung. Von der Leitung zur Strahlpumpe ist über einen Absperrhahn die Vorwärmleitung zur Speisewasserkupplung abgezweigt.

Ein großer Dampfentnahmestutzen ist auf der linken Seite an den Dampfdom angeschlossen. Er enthält die Absperrventile für die Speisewasserpumpe, die Lichtmaschine und den Hilfsbläser.

Die Luftpumpe und Dampfpfeife erhalten dagegen ihren Dampf über ein auf der rechten Seite des Dampfdomes angeschlossenes Absperrventil. Die Dampfleitungen sind möglichst kurz und dehnungsfähig angeordnet und, wie auch alle anderen Dampf-und Heißwasserleitungen der Maschine, mit Glasgespinst umhüllt. *Wegen der Stromlinienverkleidung sind alle Entnahmeventile flach gebaut und mit nach hinten zeigenden Absperrventilen versehen.*

Rohrwand-Kühlungsanlage

Die Lok 01 1001 besitzt in der Feuerbüchse vor der Rohrwand ein System von Kühlrohren, die vom Kesselwasser durchströmt werden. Die zusätzliche Heizfläche in der Feuerbüchse soll die Rohrwand und insbesondere die empfindlichen Einwalzstellen der Rohre vor der Einwirkung der heißen Rauchgase schützen. Eine dampfbetriebene Turbopumpe stellt den Wasserumlauf in den Rohren sicher. Rückschlagventile an jedem Rohrzweig schließen diesen bei Undichtwerden.

Dampfpfeife

Die Dampfpfeife ist auf der rechten Seite unterhalb des Dampfdomes angebracht. Das Pfeifenunterteil ist flach an den Kessel geschmiegt, *und nur der Schallkörper ragt in einer Nische aus der Stromlinienverkleidung hervor.* Sie ist so weit nach vorn geschoben, daß der Schall nicht nach hinten durch das Führerhaus gedämpft wird. Für Bahnhofssignale ist dem vollen Ton ein Halbton durch ein Hilfsventil vorgeschaltet, das auf dem Hauptventil sitzt. Letzteres wird erst nach dem Vorhub des Hilfsventils von 5 mm angehoben und gibt dann den für den Vollton notwendigen Dampfquerschnitt frei. Eine Entwässerung der Pfeife ist vorgesehen.

Alle Ventile werden vom Führerstand aus bedient und sind durch Aufschriften gekennzeichnet.

Wasserstandsanzeiger

Der obere Anschlußflansch der beiden Wasserstandsanzeiger ist unmittelbar unter dem Umbug des Stehkessels angebracht. Die Wasserstandsanzeiger sind mit Selbstschluß versehen.

Sicherheitsventile

Die beiden Sicherheitsventile der Bauart Ackermann sind symmetrisch zur Lokomotivlängsachse auf dem Stehkesselmantel befestigt.

Waschluken

Zum Reinigen des Kessels sind 30 Luken vorgesehen:

1. Kleine Waschluken
   17 Waschluken 65/50 Lon 2129, und zwar:
   2 in der Rauchkammerrohrwand,
   3 in der Stehkesselrückwand über der Feuertür,
   6 im Umbug der Stehkesselrückwand
   4 im Umbug der Stehkesselvorderwand,
   2 über dem Bodenring in Mitte Stehkesselseitenwand,
2. Große Waschluken
   10 große Waschluken 110/85 Lon 2129 im oberen Teil des Stehkesselmantels,
   2 Luken am vorderen Kesselschuß unterhalb des Speisedoms
   1 Stück im hinteren Kesselschuß am Kesselbauch.

Näßvorrichtung

Ein Dreiwegventil gestattet das Betätigen der Rauchkammer- und Aschkastennäßvorrichtungen sowie der Kohlenspritze. Dieses Ventil ist über je einen Absperrhahn sowohl an die Druckleitung der Kolbenspeisepumpe als auch an die der Strahlpumpe angeschlossen.

Hilfsbläser

Um kalte Lokomotiven ohne Feuer aufheizen und ohne Feuer abgestellte Lokomotiven unter Dampf halten zu können, ist rechts und links am Stehkessel dicht über dem Bodenring je ein Kesselaufheizventil vorgesehen. Sie sind als einfache Eckventile mit aufschraubbarer Verschlußkappe ausgebildet und gestatten es, aus einer ortsfesten Dampfanlage Dampf in den Kessel einzublasen und damit das im Kessel befindliche Wasser zu erhitzen und zur Verdampfung zu bringen.

Bild 43, links – Für die Firma BMAG stellte die **01 1001** zwei Jahre lang ein wichtiges Werbemotiv dar. Diese Anzeige erschien im Dezember 1940 ganzseitig in Glasers Annalen und zeigte oben den in den Anhalter Bahnhof zu Berlin im Juli 1940 einfahrenden Führer-Zug, den zwei 01^{10} zogen, vorne 01 1001. Unten hingegen war 01 1001 vor der Ablieferung zu sehen.

Der Rahmen

Barrenrahmen

Der lichte Abstand der beiden Wangen des Rahmens, der wie bei fast allen Reichsbahn-Einheitslokomotiven als Barrenrahmen ausgebildet ist, beträgt 1000 mm. Die durchlaufenden Wangen haben von vorn bis hinter den letzten Kuppelradsatz 100 mm Dicke und sind dann mit Rücksicht auf die Seitenverschiebbarkeit der Schleppachse auf 40 mm eingezogen. Trotz weitgehender Aussparungen ist auf eine gute Steifigkeit Rücksicht genommen, auch ist durch die niedrige Bauhöhe die Zugänglichkeit des inneren Triebwerks gesichert. Als Grundlage für den Austausch aller mit dem Rahmen verbundenen Teile sind die Wangen allseitig lehrenhaltig bearbeitet, sodaß alle Teile, mit Ausnahme der Achsgabelstege, ohne besondere Paßarbeit angebracht werden können.

Achsgabelstege

Die von außen und innen gegen die Wangen geschraubten beiden Achsgabelstege jedes Lagerausschnittes umfassen die Rahmenausschnitte beiderseits mit starken Klammern; der unbedingt notwendige festschließende Sitz zur Übertragung der den Rahmen beanspruchenden Kräfte wird durch genaues Anpassen erreicht. Die äußeren Stege besitzen einen Ansatz für die Stellkeilschraube.

Pufferträger

Als erste Querverbindung versteift der Pufferträger aus Preßblech die Wangen. Er ist so befestigt, daß er als Ganzes ausgewechselt werden kann.

Zughaken und Puffer

Der Zughaken ist durch zwei auf der Zugstange hintereinander sitzende Winkelfedern, die gleichmäßig beansprucht werden, abgefedert. Sein seitliches Einstellen wird durch ein schneidenförmiges Lager am Pufferträger ermöglicht. Die Puffer sind Hülsenpuffer der Einheitsbauart mit einer Gesamteindrückung von 75 mm.

Rauchkammerträger

Die Querverbindung zwischen den Zylindern bildet für den Obergurt des Rahmens der gegenüber den Außenzylindern um 600 mm vorgeschobene Innenzylinder. Der darüberliegende, nicht geschweißte Rauchkammerträger kann nicht als Rahmenquerverbindung betrachtet werden.

Querverbindungen

Im Untergurt ist eine besondere Querverbindung vorgesehen, die gleichzeitig den Zapfen für das Drehgestell trägt. Zwischen den drei Kuppelachsen und den Zylindern wird der Rahmen durch drei senkrecht stehende Querbleche von 30, 25 und 15 mm Dicke versteift. Die ersten beiden Querbleche ragen nach oben und seitlich über den Rahmen hinaus und dienen gleichzeitig zur Befestigung der Schwingen- und Steuerwellenträger. Das vordere dieser beiden Querbleche dient außerdem zur Aufhängung der drei Kreuzkopfgleitbahnen. Vor und hinter der Schleppachse liegen Querverbindungen in Form von Flacheisenstäben, die an die Rahmenwangen angeflanscht sind. Unter der Stehkesselvorderwand und einer Rückwand wird der Rahmen durch die geschweißten Stehkesselträger versteift. Diese stützen sich auf die Oberkante des Rahmens und tragen außen die Klammern, die den Kessel gegen Abheben sichern. Der hintere Stehkesselträger trägt außerdem in der Mitte das nachstellbare Lager für das Schlingerstück. Die Querversteifung wird hinten durch den Zugkasten aus Stahlguß abgeschlossen.

Die Rahmenobergurte sind durch ein waagerechtes Versteifungsblech, das vom Gleitbahnträger bis zum Stehkessel durchläuft, gegen seitliches Verwinden versteift.

Pendelbleche

Vor jeder Kuppelachse ist der Rahmen mit dem Kessel durch ein Pendelblech verbunden. Die Pendelbleche sind so angeordnet, daß sie bei kaltem Kessel nach vorn geneigt, bei warmem Kessel aber senkrecht stehen.

Das Laufwerk

Achsstand

Die Lokomotive wird durch ein *Einheitsdrehgestell* von 2.200 mm Achsstand geführt; der Abstand des Drehgestellzapfens von der ersten Kuppelachse beträgt 2.900 mm. Der Kuppelachsabstand beträgt trotz des großen Raddurchmessers 2.300 mm und somit der feste Achsabstand 4.600 mm. Zur besseren Ausbildung des Aschkastens liegt die Schleppachse 3.800 mm hinter dem letzten Kuppelradsatz; mithin ergibt sich der Gesamtachsstand zu 12.400 mm.

Abstützungen

Die Maschine ist auf dem Laufwerk in vier Punkten abgestützt. Die ersten beiden bilden die für jede Seite getrennt ausgebildeten Lastausgleichsysteme der Kuppelachsen und der Schleppachse, die beiden anderen liegen auf der Quermitte des Drehgestells.

Ausgleichsystem

Die Mitten der Feder- und Längsausgleichsysteme der Kuppelachsen liegen unter den Rahmenplattenmitten; die Schleppachsfedern dagegen liegen 437,5 mm von der Rahmenmitte entfernt, so daß die hinteren Ausgleichhebel schräg zur Achse liegen. Die Ausgleichhebel sind sämtlich gerade und werden von den Lagerböcken beiderseits gefaßt. Die Böcke selbst sind mit Paßschrauben am Rahmen befestigt. Da sie sich mit breiten Flächen gegen den Rahmen abstützen, sind die Paßschrauben weitgehend entlastet. Die Höhe der Achsausschnitte und der Ausgleich gestatten ein Befahren von Ablaufbergen mit 200 m Scheitelhalbmesser.

Treib- und Kuppelachsen

Entsprechend dem Verwendungszweck der Lokomotive als Flachlandmaschine zur Beförderung schnellfahrender Züge erhielten die Kuppelräder einen Durchmesser von 2.000 mm, wobei die Spurkränze der mittleren Kuppelachse des besseren Bogenlaufes wegen um 15 mm geschwächt sind.

Die auf die Achsen aufgepreßten, gegen Verdrehen durch Keile gesicherten Radkörper bestehen aus Stahlguß. Die Speichen sind an den Kurbelarmen und am Übergang in den Radkranz durch Rippen verstärkt, um trotz kleinster Abmessungen die Kräfte aus der Kurbel zuverlässig auf den Radkranz zu übertragen.

Achswellen

Sämtliche Achsen werden zur Gewichtsersparnis wie auch zur einwandfreien Prüfung des Baustoffes auf Lunkerstellen durchbohrt. Diese Längsbohrung hat bei den gekuppelten Achsen und der Schleppachse 70 mm und bei den Laufachsen 50 mm Durchmesser. Bei der 1. Kuppelachse (Kropfachse) ist der Kurbelzapfen außerdem mit einer Längsbohrung von 80 mm Durchmesser versehen. Die Bohrungen an den Nabenseiten sind kegelig ausgedreht, um den Meßbolzen bzw. bei Bearbeitung den Reitstockbolzen der Drehbank aufzunehmen. Im Betriebe werden die Bohrungen mittels Buchsen geschützt, die durch Stege gehalten werden. Die Buchsen haben innen Ansätze, um sie bequem herausziehen zu können.

Treib- und Kuppelzapfen

Die Treib- und Kuppelzapfen *konnten wegen der geringeren Kolbenkräfte schwächer dimensioniert werden als die der Baureihe 01. Sie* sind eingepreßt und ebenso wie die Achswellen mit Längsbohrungen von 80 mm oder 60 mm Durchmesser versehen. Der Treibzapfen ist durch einen Keil gegen Verdrehen gesichert, weil er die Gegenkurbel für die Steuerung trägt. Die Lauf- und Bundflächen sind im Einsatz gehärtet, geschliffen und poliert. Der Baustoff ist St C 10.61.

Die Abmessungen des Treibzapfens sind folgende:

- in der Nabe 200 x 171 mm,
- in der Kuppelstangenebene 200 x 130 mm,
- in der Treibstangenebene 170 x 180 mm,

die des Kuppelzapfens:

- in der Nabe 140 x 181 mm,
- in der Stangenebene 110 x 110 mm.

Zwischen Treib- und Kuppelstangenkopf ist ein Ring mit Gleitsitz auf den Zapfen geschoben, weil die Kuppelstangenlager als Buchsenlager ausgebildet sind. Der Abstand zwischen Treibzapfen und Gegenkurbel wird durch eine Scheibe von 7 mm Dicke gebildet. Die Kuppelstangen werden durch abnehmbare Bodenscheiben gehalten. Zu ihrer Befestigung sind die Zapfenbohrungen mit Gewinde versehen, in die Stiftschrauben mit Mutter eingezogen sind. Die Bordscheiben sind ausgespart und so tief in die Zapfen eingelassen, daß die mit je einem Splint gesicherten Befestigungsmuttern auf den Stiftschrauben vollkommen verdeckt sind. Ein Drehen der Scheibe wird durch einen vierkantigen Ansatz an der Bordscheibe verhindert, der in eine entsprechende Aussparung des Kuppelzapfens greift.

Die rechte Kurbel eilt bei Vorwärtsfahren der linken um 120° und die linke der inneren um 125° 42' 40" voraus. *Diese Anordnung gleicht die Schräglage des Innenzylinders aus und sichert ein gleichmäßiges Drehmoment.*

Gegengewichte

Die Gegengewichte sind so bemessen, daß die Fliehkräfte der umliegenden Gewichte ganz ausgeglichen sind und die freien Fliehkräfte der hin- und hergehenden Massen in lotrechter Richtung 15 % der ruhenden Achsdrücke nicht übersteigen. Im vorliegenden Fall sind diese 14,6% der äußeren hin- und hergehenden Massen. Die inneren hin- und hergehenden Massen sind nicht ausgeglichen. *Die nach links verlegte Kröpfung der hinteren Treibachse für den Steuerungsantrieb bedingt hier ein geringfügig größeres Gegengewicht auf der linken Seite.*

Achslager

Die Achslager der Treibradsätze haben 240 mm Ø bei einer Länge von 299 mm. Mit Rücksicht auf die großen Horizontalkräfte wurden sie als Mangold-Lager ausgebildet. Bei diesen Lagern ist die Lagerschale dreiteilig ausgebildet. Sie besteht aus einer oberen und zwei 150 mm breiten unteren Lagerschalen, die in Höhe der Achsmitte liegen und durch 105 mm breite Keile feinfühlig nachgestellt werden können. Die Keile haben eine Steigung von 1:10. Der Unterkasten wird von unten in das Gehäuse eingebracht; er wird durch zwei Druckschrauben mit Vierkantkopf, die in den geteilt ausgeführten Unterkastenträger eingeschraubt sind, gegen die unteren Lagerschalen gepreßt. Durch die Teilung des Unterkastenträgers ist ein Herausnehmen des Unterkastens ohne Ausbinden der Tragfeder sowie Prüfung des Schmierpolsters möglich. Die dritte Kuppelachse hat ein einfaches Lager erhalten. Seine Abmessungen stimmen mit denen des Treibachslagers überein. Die Achslagergehäuse sind ebenso wie die Unterkästen aus Stahlguß oder St 34.11 R hergestellt und tragen an den Führungsflächen Rotgußgleitbacken, die mit versenkten und verlöteten Schrauben befestigt sind. Die Unterkastenträger sind ebenfalls geteilt ausgeführt; die Unterkästen sind bequem wie bei den Treibachslagern herausnehmbar. Das seitliche Verschieben der Unterkästen wird durch Führungsbolzen mit flachem Kopf, die in Aussparungen der Kästen eingreifen, verhindert. Diese Anordnung war bei dem Treibachslager nicht nötig, weil die Reibung zwischen Unterkasten und den unteren Lagerschalen ein Verschieben nicht zuläßt und außerdem der Unterkasten durch die Köpfe der eingelassenen Druckschrauben festgelegt ist.

Die Lagerausschnitte des Rahmens sind mit beiderseits die Rahmenplatten umfassenden, aus Flußstahl bestehenden Gleitbacken versehen, die mit ¾"-Senkschrauben befestigt werden. Ein eingelassener Paßzapfen soll die senkrecht auftretenden Reibungskräfte übernehmen und damit die Befestigungsschrauben vor dieser Beanspruchung schützen.

Achslagerstellkeile

Die die Gleitbacken außen umfassenden Achslagerstellkeile bestehen aus naturhartem Stahl von 80-92 kg/mm^2 Festigkeit und sind hinten angeordnet; bei Vorwärtsfahrt sind sie also entlastet. Die Stellkeilschraube geht durch einen Ansatz des außen liegenden Achsgabelsteges hindurch. Auf diesen stützt sich die zum Nachstellen vorgesehene Stellmutter ab, die mit einem Sechskantkopf versehen ist. Ihre Sicherungsmutter liegt unten gegen den Steg.

Durch die doppelte Anordnung der Stege ergibt sich eine kurze Verbindung zwischen Federbund und Achslagergehäuse. Der Federträger liegt zwischen den Stegen. Seine Auflager im Lagergehäuse sind mit Druckschalen aus St 34.11R ausgestattet.

Tragfedern

Die mit Ausnahme des Drehgestells durchweg unten liegenden Tragfedern aller Radsätze sind aus Stahl mit einer Festigkeit von 85 kg/mm^2 in ungehärteten und 140 kg/mm^2 in gehärtetem Zustand hergestellt. Die Federblätter haben sämtlich einen Querschnitt von 16 x 120 mm. Die Federn der Kuppelachsen und Schleppachse haben 10 Lagen, die der Laufachsen im Drehgestell 16 Lagen. Die Federspannschrauben übertragen die Last mit Spannschrauben, Sattelscheiben und Federdruckplatten auf die Federn, wobei ihr Gewinde durch eine über den unteren glatten Teil gezogene Buchse aus Gasrohr, die das Gewinde im Federausschnitt nicht zur Anlage gelangen läßt, geschützt ist.

Das Drehgestell

Die Lokomotive hat das bei den Einheitsmaschinen der Reihe 01 und 03 gut bewährte Drehgestell mit 2.200 mm Achsstand erhalten. Die Laufräder haben einen Durchmesser von 1.000 mm. Der größtmögliche Ausschlag des Drehgestells am Drehzapfen ist mit Rücksicht auf einen guten Bogenlauf auf 70 mm festgelegt worden.

Rahmenplatten

Der Drehgestellrahmen besteht aus zwei 30 mm dicken Rahmenwangen, die zwischen den Radsätzen heruntergezogen sind, um den Zylindergußstücken Raum zu geben und gleichzeitig die Lagerfläche des Drehgestellzapfens angenähert auf Achsmitte zu bringen. Diese Rahmenbleche dienen zur Führung der Achsen. Die Last wird aus dem Hauptrahmen unmittelbar auf die beiden Längsfedern des Drehgestells und weiterhin in die Schwanenhalsträger übergeleitet, die zwischen den Achslagern als gleichzeitiger Lastausgleich angeordnet sind und sich auf den Achslagergehäusen abstützen. Um eine möglichst weiche Abfederung zu erzielen, sind zusätzlich noch je zwei ineinander geschobene Schraubenfedern vorgesehen, die an den Enden der Längsfedern angreifen. Die Rahmenplatten haben einen Abstand von 760 mm und sind miteinander durch das den Zapfen aufnehmende Mittelstück sowie oberhalb der Achslager und in Höhe der Achsmitten durch waagerechte Bleche und Winkel verbunden. Das obere Blech reicht von einem Ende bis zum anderen, ist aber beiderseits der Mitte mit großen Ausschnitten versehen. Weiterhin sind drei starke Anker zur Querversteifung vorgesehen; je einer liegt neben den außenliegenden Achslagerführungen dicht über den Achslagerstegen, der dritte Anker über der hinteren Achse, da hier beiderseits Anschläge zur Begrenzung des Drehgestellausschlages an die Rahmenplatten angeschraubt sind.

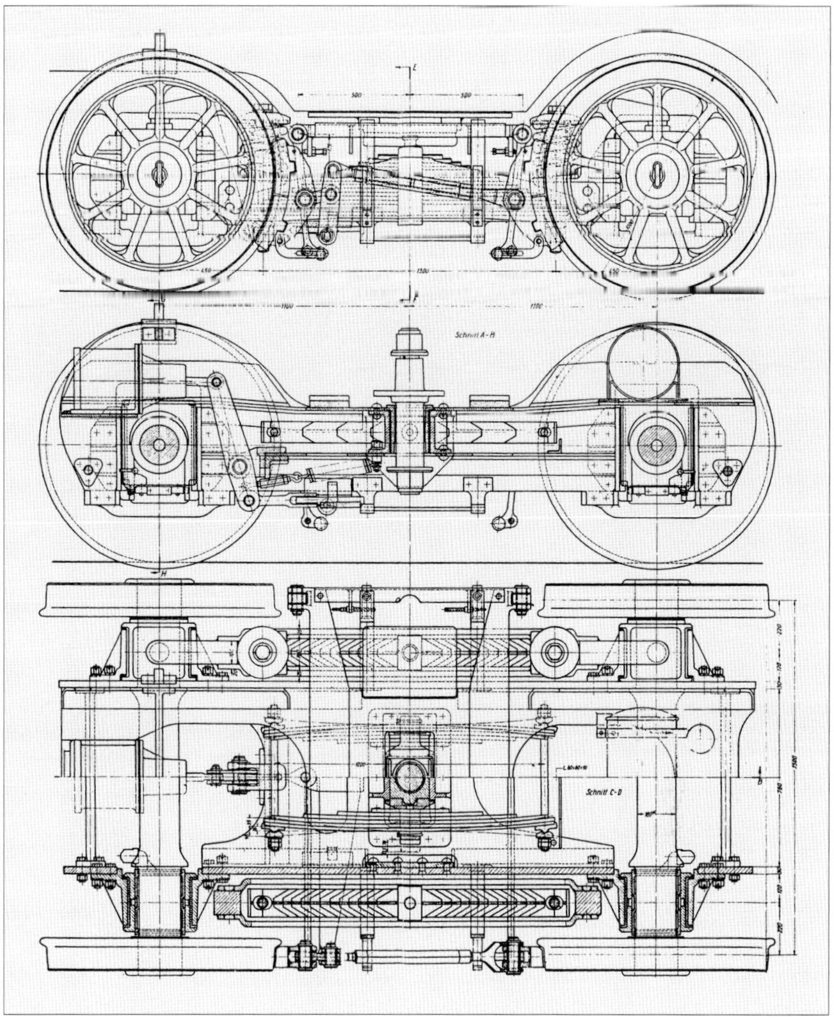

Bild 44 – Das zweiachsige Drehgestell entsprach der seit Jahrzehnten verwendeten „Bauart Hannover" der preußischen Staatsbahn. Die Radsätze wurden einseitig abgebremst. Vor allem der Bruch von Schraubenfedern und das Losewerden der Nietenverbindung des Rahmens sorgten nach 15 Betriebsjahren für Reparaturaufwand.

Drehgestellzapfen

Der Zapfen ist in einer besonderen Querverbindung unter dem Mittelzylinder befestigt. Er kann in senkrechter Richtung ungehindert ohne Lastaufnahme in der Lagerbuchse gleiten und wird durch das quer zur Längsachse angeordnete Drehzapfenlager aus Stahlguß mit Lagerbuchse lediglich zur Aufnahme des Drehgestell-Laufwiderstandes herangezogen. Eine große Scheibe unterhalb des Lagers verhindert bei etwaigen Entgleisungen die Trennung des Drehgestells vom Rahmen.

Rückstellfedern

Die Lagerbuchse trägt seitlich kurze Zapfen, auf die sich die Bunde der Rückstellfedern mit Aussparungen aufsetzen. Die Rückstellfedern haben bei 1.200 mm Spannungslänge 6 Lagen aus Federblättern von 90 x 16 mm Querschnitt. Ihre Pfeilhöhe beträgt unbelastet etwa 22 mm, bei ruhender Belastung mit 4.000 kg Vorspannung -26 mm und bei einer Belastung von etwa 6.930 kg rund -61 mm, entsprechend der bei 70 mm Ausschlag auftretenden Durchbiegung. Die Federn liegen parallel zueinander seitlich vom Drehzapfenlager und sind durch Spannschrauben miteinander verbunden. Die Federbunde haben seitliche Verbreiterungen. Bei Seitenverschiebungen des Drehgestells wird die in der Bewegungsrichtung liegende Feder vom Drehzapfenlager an den seitlichen Verbreiterungen erfaßt, von ihrem Lager auf der Drehzapfenbuchse abgehoben und gespannt. Dabei wird durch die Spannschrauben auch die gegenüberliegende Feder gespannt und die Rückstellkraft auf den Drehzapfen übertragen.

Abstützung des Hauptrahmens

Auf der Rahmenquermitte des Drehgestells sind beiderseits kräftige, rechtwinklig gebogene Federträger mit Gleitplatten angebracht, auf die sich der Hauptrahmen aufsetzt. Von unten stützen sich gegen diese die Bunde der Tragfedern, die an der Berührungsstelle ballig sind, um sich dem Drehgestellrahmen gegenüber schief einstellen zu können. Ein von oben durch den Federträger in den Federbund ragender Bolzen verhindert das Verschieben der Feder in Längsrichtung. Der Kopf des Bolzens hält gleichzeitig die Gleitplatte. Die Tragfedern sind aus 16 Federblättern mit 16 x 120 mm Querschnitt zusammengesetzt; die längsten Federblätter liegen unten und leiten die Kräfte über die 1.300 mm auseinander liegenden Federspannschrauben und je zwei ineinander geschobene Schraubenfedern zu den Schwanenhalsträgern weiter, die sie auf die Achslager übertragen. Die Schwanenhalsträger bestehen aus zwei Blechen von 25 mm Dicke, zwischen deren Enden rechtwinklig gebogene Arme eingeschweißt sind. An den Enden stützen sie sich mit einem balligen Zapfen auf eine Druckplatte im Achslagergehäuse, das den Zapfen mit einem Hals in seiner Lage sichert.

Laufachslager

Die Laufachslager mit 190 mm Durchmesser und 295 mm Länge entsprechen der üblichen Ausführung, wie sie sinngemäß auch bei den Kuppelachsen angewendet ist.

Die Schleppachse

Die Schleppachse hat einen Raddurchmesser von 1.250 mm und ist als Adamsachse ausgebildet. Die Last wird durch ein Gehänge, das als Bügel um das Achslagergehäusse herumgreift, von der unten liegenden Tragfeder auf das Achslager übertragen. Dieser Bügel wird von den Achslagerführungen, die am Rahmen angeschraubt

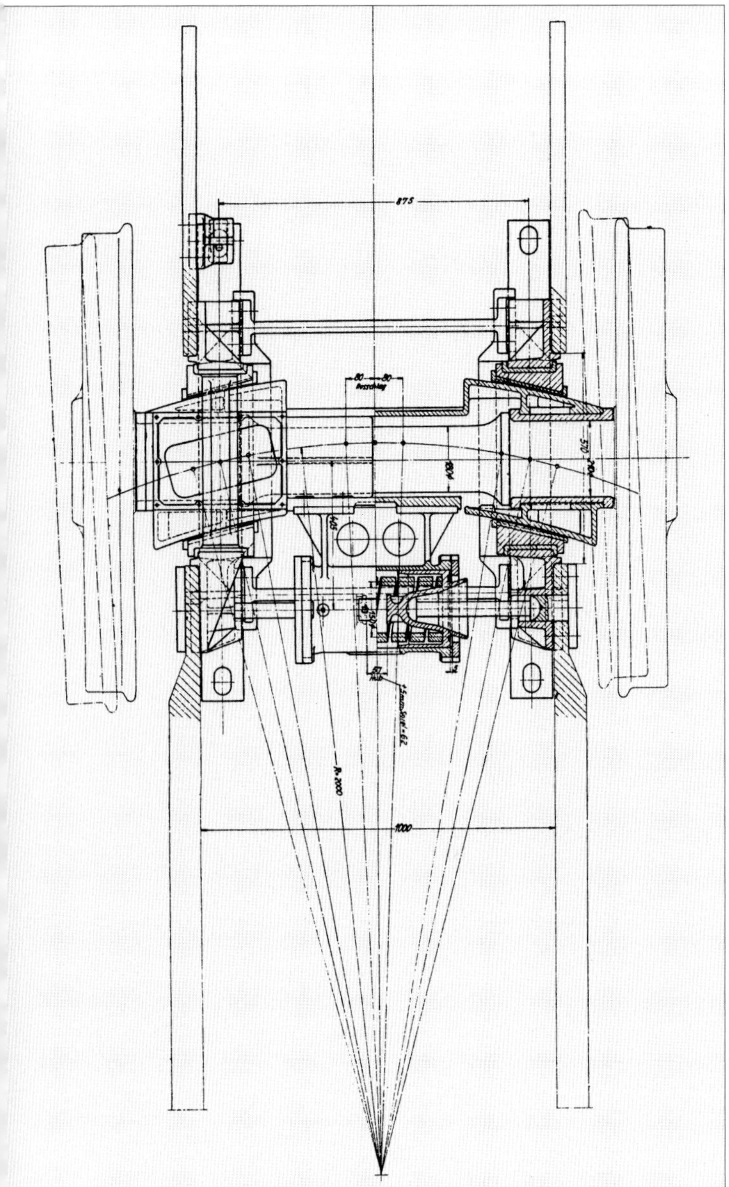

Bild 45 – Auch die Lenkachse der Bauart Adams war in Preußen seit Jahrzehnten bewährt, allerdings verwendete man sie nicht mehr als Führungsachse.

sind, senkrecht geführt und dient seinerseits gleichzeitig zur Radialführung der Achse mit einem Halbmesser von 2.000 mm. Er stützt sich auf das Lager mittels eines stählernen Sattelstückes und einer Gleitplatte innerhalb der Schmiergefäße ab, so daß sich die Achse möglichst reibungslos bewegen kann.

Schleppachslager

Die Lager von 210 mm Durchmesser und 293 mm Länge werden von einem durchgehenden Stahlgußstück aufgenommen. Die Achslagerführungen bestehen aus Stahlguß; sie sind unten durch je einen gekröpften Achsgabelsteg verbunden. Die Unterkästen werden auch hier von unten eingebracht und in ihrer Lage durch zwei Flachstäbe gesichert, die je zur Hälfte in den Lagerkasten und in das Gehäuse eingreifen. Ihre seitliche Verschiebung wird durch Schrauben verhindert, die durch Lagergehäuse, Flachstab und Unterteil hindurchgehen.

Rückstellfeder

Zur Rückstellung wird eine zylindrische Schraubenfeder mit rechteckigem Querschnitt von 40 x 25 mm benutzt, die mit einer Vorspannung von 695 kg eingebaut wird. Die Endspannung beträgt bei dem zulässigen Ausschlag der Achse von 80 mm nach jeder Seite 3.900 kg. Das zylindrische Gehäuse für die Feder ist an das durchgehende Achslagergehäuse angeflanscht. Die Feder wird von beiden Seiten durch Druckstangen belastet, deren Widerlager am Rahmen angeschraubt sind. Ansätze an den Federstellern begrenzen die Federzusammendrückung auf 57 mm. Die in dem Zylinder während der Fahrt gleitenden Federteller werden von einem besonderen Schmiergefäß aus geölt.

Die Zylinder

Das Triebwerk der Lokomotive arbeitet mit einer einfachen Dampfdehnung. Der Innenzylinder treibt den ersten, die beiden Außenzylinder treiben den zweiten gekuppelten Radsatz an. Die Unterteilung des gesamten Zylindervolumens in drei Einheiten gestattet für die Außenzylinder unbedenklich die Anwendung der erwünschten langen Treibstangen, um die senkrechten Kolbenkraftkomponenten klein zu halten; um auch für das Innnentriebwerk eine ausreichend lange Treibstange zu erhalten, ist der Mittelzylinder gegenüber den Außenzylindern um 600 mm nach vorn versetzt. Hierdurch wird die Beanspruchung der Kolbenstangen, der Treibachslager und der Achsgabelstege innerhalb zulässiger Grenzen gehalten. Die Verteilung der Anfahrzugkraft auf zwei Radsätze trägt außerdem zur Verringerung des Verschleißes der Treibachsgleitbacken und Achslagerstellkeile bei.

Innenzylinder

Der Innenzylinder hat eine Neigung der Zylinderachse gegen die Waagerechte von 1:10. Jeder Zylinder stellt mit dem zugehörigen Schieberkasten einen Block für sich dar. Der Innenzylinder ist durch den Rahmen hindurch mit den Außenzylindern beiderseits verschraubt. Gleichzeitig legt er sich mit Winkelfußleisten in Ausschnitte an der Oberkante des Rahmens. Nach vorn und hinten übertragen Paßstücke die Längskräfte. Sein Schieberkasten ist auf der linken Seite 500 mm über Zylindermitte angeordnet. Der Ausströmraum der drei Zylinder ist mit Rücksicht auf die vorgeschobene Lage des Mittelzylinders an den hinteren Teil des Schieberkastens angegossen; an ihn sind die knieförmigen Ausströmrohre der Außenzylinder angeschlossen. Der Flansch zum Anschluß des Einströmrohres liegt in der linken Seitenwand in Höhe der Schieberkastenmitte.

Der Innenzylinder wird mittelbar über den linken Außenzylinder entwässert.

Außenzylinder

Die Zylinder des Außentriebwerkes sind gegen den Rahmen geschraubt; sie legen sich mit einer Winkelleiste in einen Ausschnitt auf der Oberkante der Rahmenwangen. Die Befestigungsschrauben sind durch Ansätze am Gußstück entlastet; diese stützen den Zylinder über Paßstücke gegen den Rahmenausschnitt ab. Die Gesamtanordnung der Zylinder gestattet ein Durchführen des Rahmens durch die Zylinderquerebene in voller Höhe und Stärke. Die Zylinderbohrung hat einen Durchmesser von 500 mm. Da beide Außenzylinder völlig gleich sind, wird für beide Maschinenseiten nur ein Modell benötigt. Mit Rücksicht auf eine lange Lebensdauer (um also ein mehrmaliges Nachdrehen zu gestatten) sind die eigentlichen Zylinderwände sehr dickwandig ausgebildet. Im Gegensatz hierzu sind die übrigen Wände so dünn wie möglich gegossen.

Alle drei Zylinder besitzen keine Zylindersicherheitsventile. An den tiefsten Stellen werden die Zylinderräume durch Rohre entwässert, die zu Entwässerungsventilen unter den Außenzylindern führen und das Kondensat je einem unter den Außenzylindern liegenden, als Schalldämpfer wirkenden Sammelrohr zuleiten.

Die schädlichen Räume liegen zwischen 9,6 und 10,8 v. H..

Schieberkasten

Der Frischdampf strömt den Mitten der Schieberkästen zu. Die Schieber, die als Karl-Schulz-Schieber ausgeführt sind, haben den für die großen Zylinder mit einfacher Dampfdehnung festgelegten Einheitsdurchmesser von 300 mm erhalten und vermeiden infolge großer Kanalquerschnitte größere Einlaßdrosselung. Sie laufen in eingesetzten Buchsen, die gegen die Ausströmung mit je einer leicht aufzuschleifenden Fläche und gegen den Ausströmkasten durch elastische, mit Graphit eingeriebene It-Dichtringe abgedichtet sind.

Ausströmkästen

Die Ausströmkästen der Außenzylinder, die den Abdampf über seitliche Umführungskanäle dem ebenfalls auf Quermitte des Gußstückes sitzenden Anschlußflansch des Ausströmrohres zuführen, sind an die Zylinder angeschraubt. Der hintere Schieberkastendeckel trägt die Führung für den Schieberstangenkreuzkopf; vorn werden die Stangen in geschlossenen Buchsen im Deckel getragen. Dicht neben dem Flansch zum Anschluß der Frischdampfleitung am Schieberkasten sitzt am rechten Zylinder der Anschluß für das Pyrometer, am linken derjenige für den Schieberkastendruckmesser.

Dampfkolben und Kolbenstange

Die Dampfkolben sind aus Stahl St 50.11 R geschmiedet, auf die Kolbenstangen aufgepreßt und durch vernietete Muttern gesichert. Die drei gußeisernen Kolbenringe haben einen Querschnitt von 13 x 8 mm. Die überlappten Stoßfugen sind ebenso wie die Sicherungsschrauben um 60° zueinander versetzt. Die Kolbenstange ist mit einem Kegel 1:15 mittels Keil in den Kreuzkopfhals eingetrieben. Der Stangenkegel wird mit 2 mm Spiel gegen den Kreuzkopfboden eingeschliffen und beim Zusammenbau mit 1 mm Spiel gegen den Kreuzkopfboden eingepreßt, um durch die so erreichte Vorspannung ein Lösen durch die wechselnden Kräfte zu verhindern. Die Stangen sind nach vorn ebenso wie nach hinten mit 90 mm Durchmesser durchgeführt und zur Verringerung der hin- und hergehenden Massen im vorderen Teil mit einer Längsbohrung von 60 mm Durchmesser versehen. Großer Durchmesser und große Länge der Tragbuchsen sichern einen mäßigen Verschleiß, der außerdem durch Drehen der mit exzentrischen Bohrungen versehenen Lagerdeckel, in denen die Tragbuchsen mit Rücksicht auf den Durchhang der Kolbenstangen kippbar gelagert sind, ausgeglichen werden kann.

Stopfbuchsen

Die Stopfbuchsen sind hinten und vorn völlig gleich ausgeführt in Form gußeiserner Kammstopfbuchsen mit Halbschalen, die zusammengeschraubt und mit zwei Paßstiften in ihrer gegenseitigen Lage gehalten werden, so daß sie metallisch dicht auf dem Zylinderdeckel aufgeschliffen werden können. Jede Halbschale enthält drei Kammern mit einheitlichen Abmessungen, in die die genormten Dichtringe eingelegt werden. Um den Abbau des vorderen Zylinderdeckels zu ermöglichen, wird dort die Schließkraft der Schrauben durch einen Druckring übertragen. Die Rippen in den Deckelecken sind aus Festigkeits- und gießtechnischen Gründen ausgespart.

Das Triebwerk

Kreuzkopf

Die Kreuzköpfe des Innen- und Außentriebwerkes weichen in der Anordnung des Mitnehmerbolzens voneinander ab. Bei den äußeren Kreuzköpfen ist der Mitnehmerbolzen in einer Bohrung des Kreuzkopfes gelagert, in der er durch einen Querkeil gehalten wird. Innen mußte der Angriffspunkt der Lenkerstange mit Rücksicht auf das darunter liegende Drehgestell möglichst weit nach vorn gelegt werden. Der Bolzen ist deshalb in einem besonderen Lenkeransatz gelagert, der mit einem Flansch an der linken Seite des Kreuzkopfes befestigt ist.

Der Kreuzkopf hat die übliche einschienige Führung. Der eigentliche Kreuzkopfkörper ist oben offen, wird von unten auf die Gleitbahn geschoben und dann

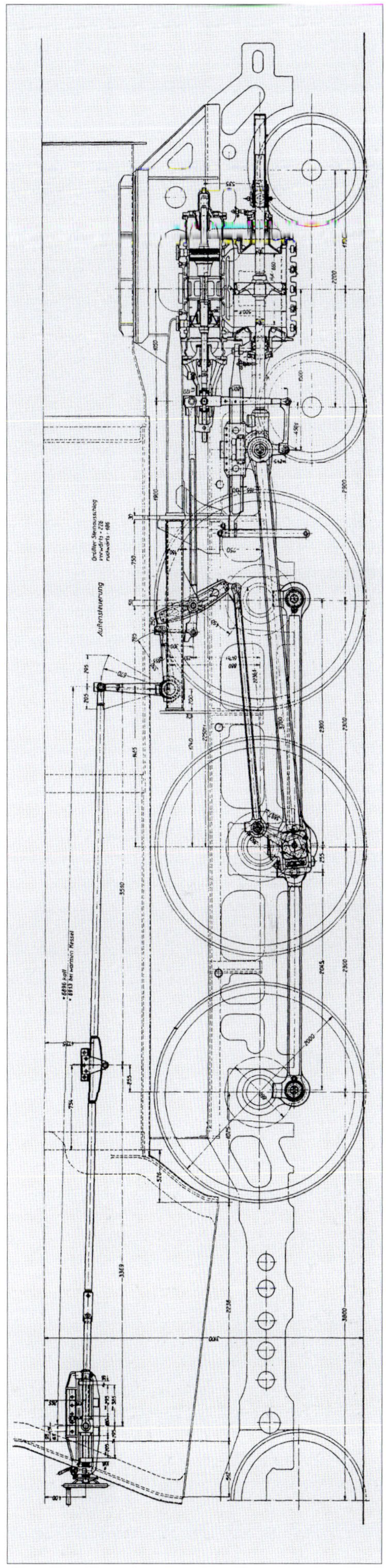

Bild 46 – Ansicht des Außentriebwerks, der Steuerung mit Hängeeisen und des am Stehkessel befestigten Steuerbocks

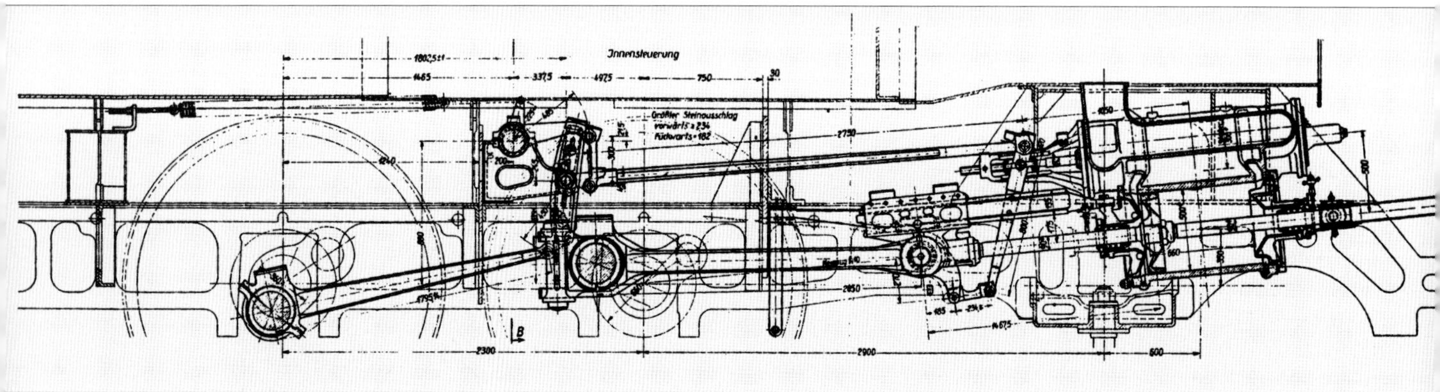

Bild 47 – Das auf die erste Achse wirkende Innentriebwerk wurde zur Achillesferse der Baureihe 01^{10}, begrenzte ihre Leistung und war die Ursache vieler Schäden.

oben durch ein Zwischenstück mit Paßschrauben geschlossen. Die Gleitplatten fassen zur Entlastung der Halteschrauben mit Leisten vorn und hinten um den Kreuzkopf herum.

Der Kreuzkopfbolzen hat eine Lagerlänge von 93 mm bei 115 mm Durchmesser; er ist mit einem Gewindeansatz versehen und wird mit einem kegelförmigen, durch eine Bundmutter mit Splint angepreßten Spaltring üblicher Art befestigt. Da die Kegel am Kopf und am Fuß in einer Fläche liegen, können sie ohne Umspannen leicht geschliffen werden. Gegen Drehen ist der Bolzen durch einen Federkeil im Bolzenkopf gesichert. Das vordere Treibstangenlager wird von einem seitlich gegen den Kreuzkopf geschraubten Schmiergefäß geölt, das mit einem Entlastungsansatz in eine Bohrung der Seitenwand eingreift. Der Ölkanal wird durch ein in das Schmiergefäß eingelötetes Kupferrohr gebildet, das lose in einer Bohrung des Kreuzkopfes liegt und bis an die senkrechte Bohrung eines Ölstutzens reicht, der von unten in den Kreuzkopf eingeschraubt ist und durch eine Aussparung des Deckels dem Stangenschmiergefäß Öl zuführt. Eine Verschlußschraube am Schmiergefäß ermöglicht das Durchstoßen der waagerechten Bohrung.

Gleitbahn

Die Schmierung der Gleitplatten besorgt ein im Oberteil des Kreuzkopfes angeordnetes Schmiergefäß. Der innere Kreuzkopf hat im Oberteil zwei Schmiergefäße. Die untere Gleitfläche erhält

Bild 48 – Die Rohre des Sandstreuers mußte man ebenfalls platzsparend verlegen. Zwischen den Radsätzen waren Abweisbleche angeordnet, damit der Unterdruck den vor die vorauslaufende Achse geworfenen Sand nicht unter die Maschine und in Achs- und Stangenlager saugte.

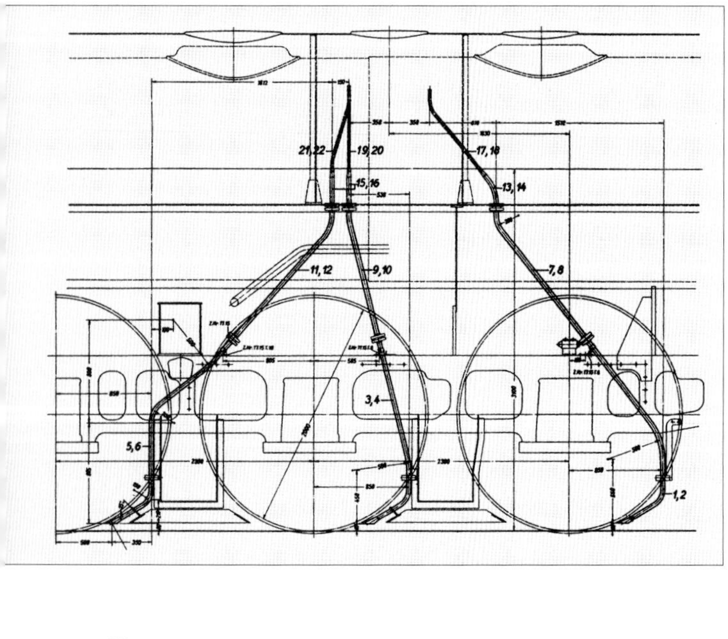

ihr Öl durch zwei Schmierstellen des seitlichen Schmiergefäßes. Die Ölabgabe wird durch Fangdochte geregelt, die durch Verschlußschrauben in den Schmiergefäßdeckeln zugänglich sind. Die Gleitbahnen sind an den hinteren Zylinderdeckeln und an der Querverbindung, die sich hinter dem ersten Pendelblech befindet, mit je zwei Paßschrauben befestigt. Sie sind aus Einsatzstahl hergestellt; ihre Gleitflächen sind im Einsatz gehärtet und geschliffen.

Stangen

Die äußeren Treibstangen haben eine Länge von 3.700 mm, die innere ist 2.050 mm lang. Sämtliche Stangenköpfe sind geschlossen ausgeführt, lediglich der große Kopf der inneren Treibstange ist in offener Schnallenform ausgeführt. Bei beiden Treibstangen werden die hinteren Lager durch einen Stellkeil nachgestellt, der über ein Zwischenstück auf die hintere Lagerhälfte drückt, durch eine Mutter von unten nach oben angezogen wird und durch eine Gegenmutter gesichert ist. Eine weitere Sicherung wird durch eine seitlich in den Stangenkopf eingepaßte Platte mit zwei Schrauben erreicht, die durch den Stellkeil hindurchgehen und in einen Schlitz der Platte eingreifen. Der vordere Kopf der Treibstange ist gegenüber der bei den Einheitsmaschinen bisher üblichen Ausführung so geändert worden, daß zwischen Ober- und Unterteil des Kopfes ein Steg eine gegen Aufbiegen widerstandsfähige Verbindung schafft. Durch die Längsbohrung des Steges überträgt ein Stahlpilz die Kräfte der Keilnachstellung über eine Druckplatte auf die hintere Lagerhälfte des Kreuzkopflagers.

Alle Stangen haben I-förmigen *Querschnitt und sind wegen der geringeren Kolbenkräfte schwächer dimensioniert als die Stangen der Baureihe 01. Die Kuppelstangen zwischen den beiden Treibachsen der Baureihe 01^{10} sind wegen der dort möglichen gegenläufigen Kräfte stärker ausgeführt als die hinteren Kuppelstangen. Das Gelenk zwischen vorderen und hinteren Kuppelstangen ist hinter die äußeren Treibzapfen verlegt.*

Die Lager sind sämtlich mit dünnem Regel-Weißmetall ausgegossen, Die nicht nachstellbaren einteiligen Buchsenlager der Kuppelstangen sind in die Stangenköpfe eingepreßt und durch abgefaste Bundbolzen gegen Verdrehen gesichert.

Nadelschmierung

Die Stangenschmiergefäße haben aufgeschweißte Deckel mit einem Pilzverschluß, der von der Ölabgabestelle getrennt und von oben in den Deckel eingeschraubt ist. Die Führung des Pilzes ist dabei so eingerichtet, daß ein Überfüllen der Schmiergefäße mit Sicherheit verhütet wird; das zur gleichmäßigen Schmierung notwendige Luftpolster zwischen Ölspiegel und Deckel ist daher gewährleistet. Das während der Stangenbewegung im Schmiergefäß herumgeschleuderte Öl gelangt auf eine schalenartige Ausfräsung der eingeschraubten Schmiertülle, die in eine zur Schmierstelle führende enge Bohrung übergeht. In der Bohrung befindet sich eine frei bewegliche, nach Bedarf mehr oder minder dicke Nadel. Die Nadel kann durch eine Verschraubung im Deckel ausgewechselt und somit der Ölzufluß leicht geregelt werden.

Sandstreuer

Um das Reibungsgewicht voll auszunutzen, werden alle drei Kuppelachsen in der Hauptfahrtrichtung gesandet. Dementsprechend sind auf beiden Seiten des auf dem Kesselrücken liegenden Sandkastens je drei Sandstreuer der Regel-Bauart angeordnet, bei denen je eine Preßluftdüse den Sand aufwirbelt und eine zweite ihn durch weite Rohre abbefördert. Erfahrungsgemäß ergibt diese Vorrichtung gleichmäßige sparsame Besandung der Schienen bei mäßigem Luftverbrauch.

Die Steuerung

Die Außen- und Innensteuerungen arbeiten unabhängig voneinander und sind als Heusinger-Steuerungen für Inneneinströmung durchgebildet; sie unterscheiden sich nur im Antrieb der Schwinge. Entsprechend der inneren Dampfeinströmung eilen die Gegenkurbeln nach, um in der Hauptfahrtrichtung den Schwingenstein im unteren Teil der Schwinge zu haben und die Schwingenlager zu entlasten. Die Schieberschubstangen greifen am Voreilhebel oberhalb der Schieberstange an.

Die Außensteuerung zeigt die übliche Ausführung, während innen die Schwinge durch die gekröpfte Achswelle des hinteren Treibradsatzes angetrieben wird.

Bei der Übertragung der Kurbelbewegung auf die innere Schwinge mußte Rücksicht auf den als Treibradsatz für das Innentriebwerk durchgebildeten ersten Kuppelradsatz genommen werden. Die innere Schwinge ist daher hinter diesem angeordnet worden.

Die Außensteuerung ergibt Füllungen bis zu 80,2 v. H. für Vorwärts- und 74 v. H. für Rückwärtsfahrt, die Innensteuerung solche von 80,0 und 74.0 v. H.. Die Steuerung wird sinnfällig betätigt; bei Vorwärtsfahrt läuft also die Steuermutter nach vorn und zeigt den Füllungsgrad auf einer mit erhabenen Ziffern versehenen Teilung an. Der Steuerbock ist am Stehkessel befestigt. Die Steuerstange besteht aus einem nahtlosen Rohr 70 x 5 mm, in das die Gabeln eingeschweißt sind. Sie wird mit einer etwa in der Mitte eingeschweißten Bogenschwinge am Kessel geführt. Steuerwelle und Schwingen sind in geschweißten Trägern gelagert, die durch Längsträger gegen die Außenzylinder gut abgesteift sind und so ein genaues Arbeiten der steuernden Kanten sichern. Die Schieberschubstangen sind an 300 mm langen Pendeln aufgehängt; das Steinspringen wird dadurch in kleinen Grenzen gehalten. Das Gewicht der Steuerhebel und Schieberschubstangen wird durch eine lange Rückziehfeder ausgeglichen. Die Schwingenstangen haben Buchsenlager nach Art der Kuppelstangen. Das Auge der Schwingenkurbel ist geschlitzt, wird auf einen Vierkant am Treibzapfen aufgeschoben und durch anschneidende Paßschrauben festgeklemmt. Die Schwingenkurbel kann so leicht an- und abgebaut und bei Lockerwerden im Betriebe leicht nachgezogen werden, ohne daß die Sitzflächen nachgearbeitet werden müssen.

Schieberschubstange

Die Schieberschubstange trägt hinten in einer Gabelung den Schwingenstein, der beiderseitig an den Anlageflächen geschmiert wird. Der Steinbolzen ist durch Kegelstifte in den Stangenaugen gegen Verdrehen gesichert. Die mit I-Querschnitt ausgeführte Stange umfaßt mit ihrer vorderen Gabel den Voreilhebel. Der Voreilhebel selbst ist in seinem oberen Teil zweiteilig ausge-

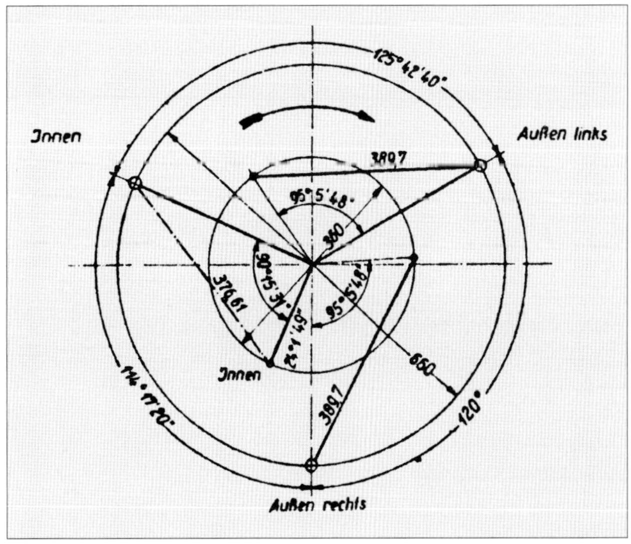

Bild 49 – Auch bei der Baureihe 01^{10} war es nicht möglich, alle drei Kurbeln auf genau 120° zu setzen. Die Kurbelstellungen bei ihr: 120°, 114° 17' 20", 125° 42' 40". Deshalb und wegen der größeren Dampffüllung des Mittelzylinders besaß sie ein leicht hinkendes Auspuffgeräusch.

führt. Beide Teile werden auf die Antriebszapfen des Schieberkreuzkopfes aufgeschoben und dann miteinander verschraubt. Die Paßschrauben sind durch einen Federkeil entlastet, der in der Längsrichtung der Trennstelle in einer Nut liegt; gleichzeitig wird hierdurch ein guter Sitz der Zapfen und Bolzen erreicht.

Schieberkreuzkopf

Die Schieberkreuzköpfe bestehen aus dem eigentlichen Körper mit den Antriebszapfen und den mit zylindrischen Ansätzen in ihn greifenden, oben und unten aufgeschraubten Gleitschuhen. Zum Einstellen und Festhalten des Kreuzkopfes dient vorn und hinten je eine Stellmutter mit zylindrischem Ansatz. Diese tragen außen eine Verzahnung, in die ein auf den äußeren Antriebszapfen aufgeschraubter Sicherungsbügel eingreift. Zwischen den beiden Muttern ist eine geteilte Buchse eingefügt, auf die der Kreuzkopf aufgeschoben wird.

Schieberstange

Die Schieberstangen sind am hinteren Ende mit seitlichen flachen Führungen versehen, wodurch jederzeit der Einbau der Schieber mit der Ringfuge nach unten unter der Bedingung gesichert ist, daß der Körper für die Schiebermittelstellung nach außen zeigt. Durch Stellschrauben an der Prismenführung können die einzelnen Schieber beim Lahmlegen des zugehörigen Triebwerks in der Mittellage festgelegt werden; zu diesem Zweck ist die Unterlegscheibe unter dem Kopf der Stellschraube zu entfernen und die Stellschraube sodann in die hierfür angebrachte Körnermarke der Schieberstange einzudrehen. Zur Gewichtsverminderung ist die Schieberstange von vorn bis zum Sitz des Schieberkreuzkopfes um 45 mm ausgebohrt.

Kolbenschieber

Die Maschinen sind mit Druckausgleichkolbenschiebern der Bauart Karl-Schulz ausgerüstet. Diese sind in üblicher Art mit einer Mutter befestigt und durch Federkeile gegen Drehen gesichert. Je zwei Kolbenringe dichten die Ein- und Ausströmkanten gegen den Kanal ab. Die Schieber sind auf ein lineares Voröffnen von 5 mm eingestellt; die Überdeckungen betragen 38 mm für den Einlaß und 2 mm für den Auslaß. Die Dampfkanäle sind 52 mm breit. Mit einem Stichmaß, das jeder Lokomotive beigegeben ist, kann die Lage des Schieberkreuzkopfes gegenüber einem Körner auf der Stange jederzeit wieder eingestellt werden.

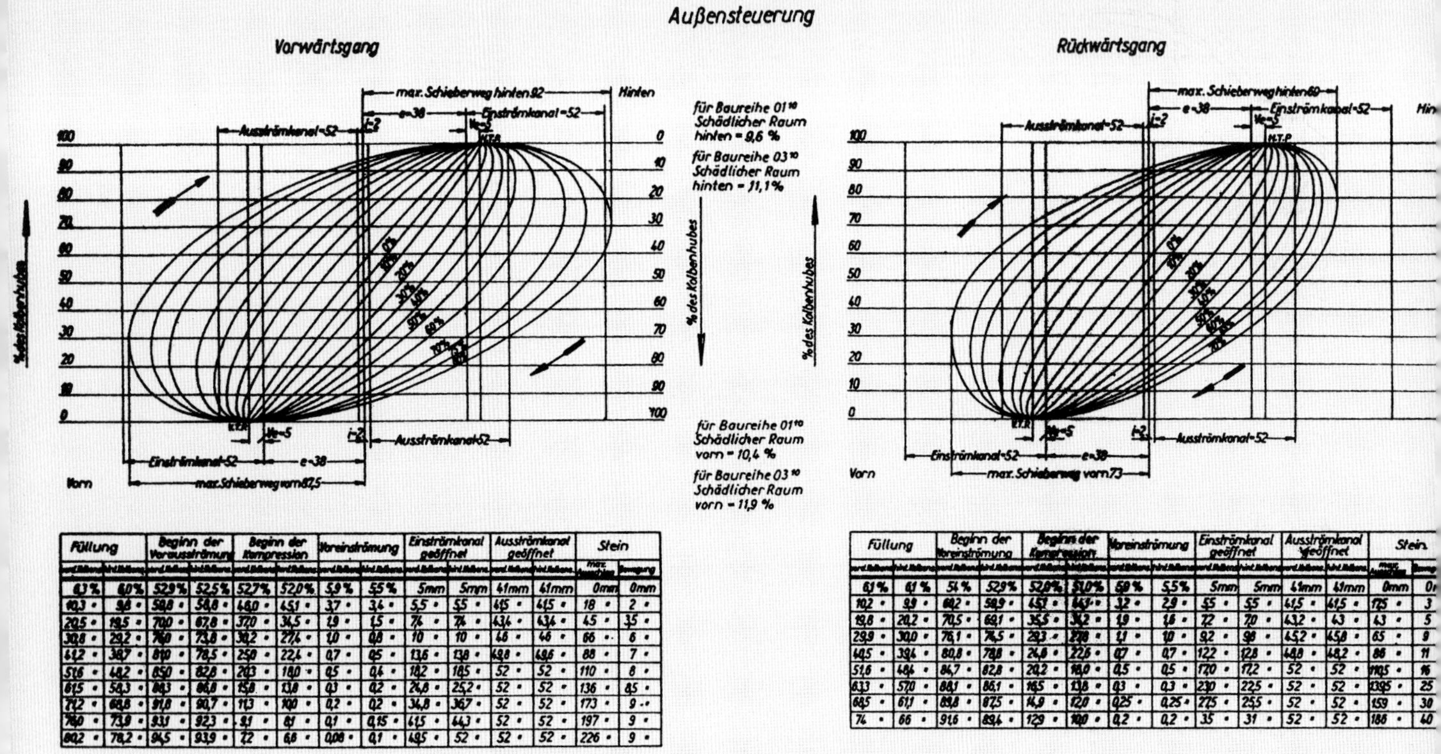

Bild 50 – Steuerungsergebnis der Außensteuerung. Das Ergebnis stimmte nicht mit dem der Innensteuerung überein.

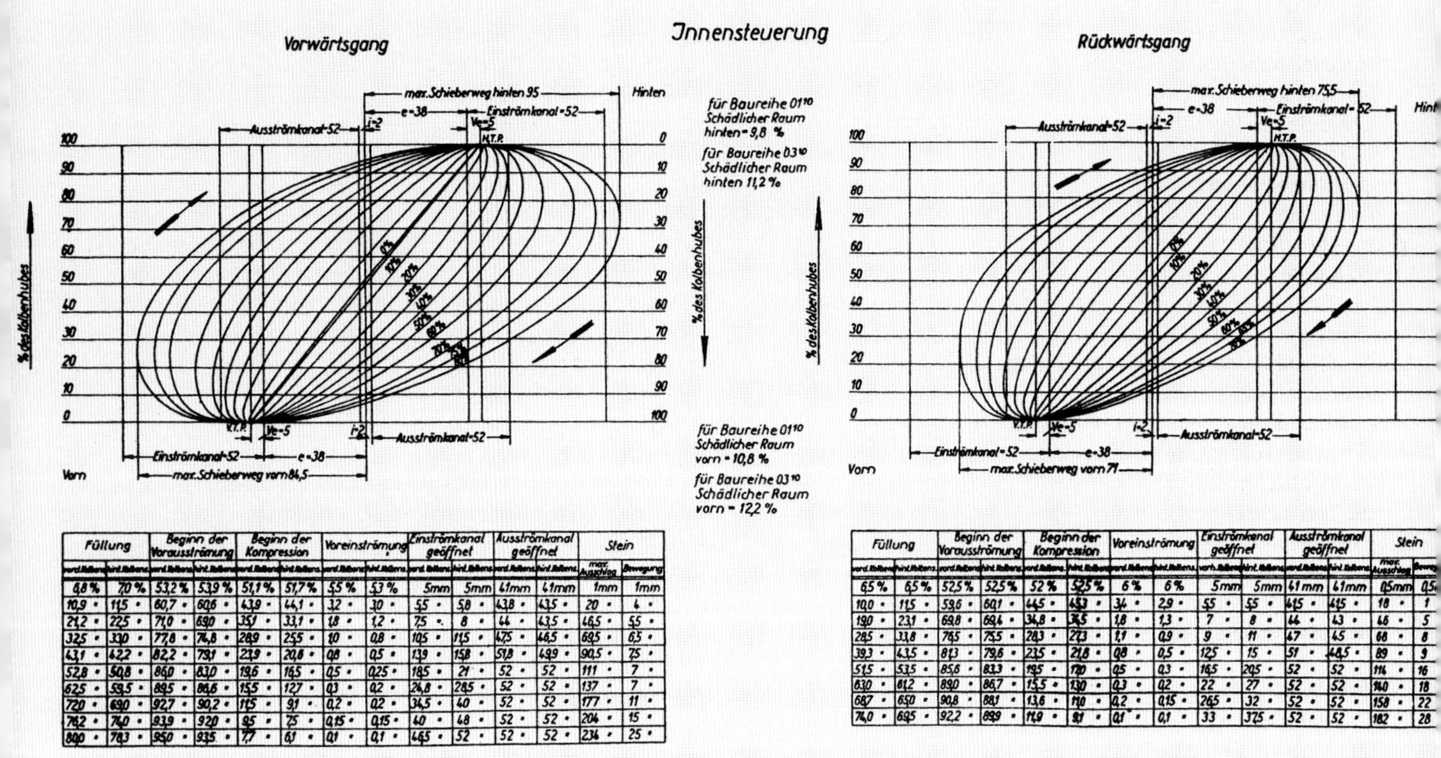

Bild 51 – Steuerungsergebnis der Innensteuerung. Die Innensteuerung erhielt stets eine merklich größere Füllung, als es der Lokführer auf der Steuerungsskala ablas, um den durch die ungünstig verlegten Ein- und Ausströmungsrohre verursachten Leistungsverlust auszugleichen.

Die Lager der zur Steuerung gehörenden Stangen haben eingepreßte Buchsen. Sämtliche Bolzen sind im Einsatz gehärtet und nachgeschliffen.

Schmierung

Alle Bolzen und gleitenden Flächen der Steuerung werden von besonderen Schmiergefäßen aus mit Öl versorgt. Die Ölgefäße der bewegten Lager wurden, soweit es durchführbar war, mit Nadelschmierung, die übrigen mit Dochtschmierung ausgestattet.

Die Bremse

Die Lokomotive ist mit der selbsttätig wirkenden Einkammer-Druckluftbremse Bauart Knorr mit einfach wirkenden Steuerventilen und mit einer Zusatzbremse ausgerüstet.

Treibachsbremse

Die Treibachsbremse wirkt auf alle drei gekuppelten Achsen zweiseitig. Die Bremskraft wird durch zwei Bremszylinder von

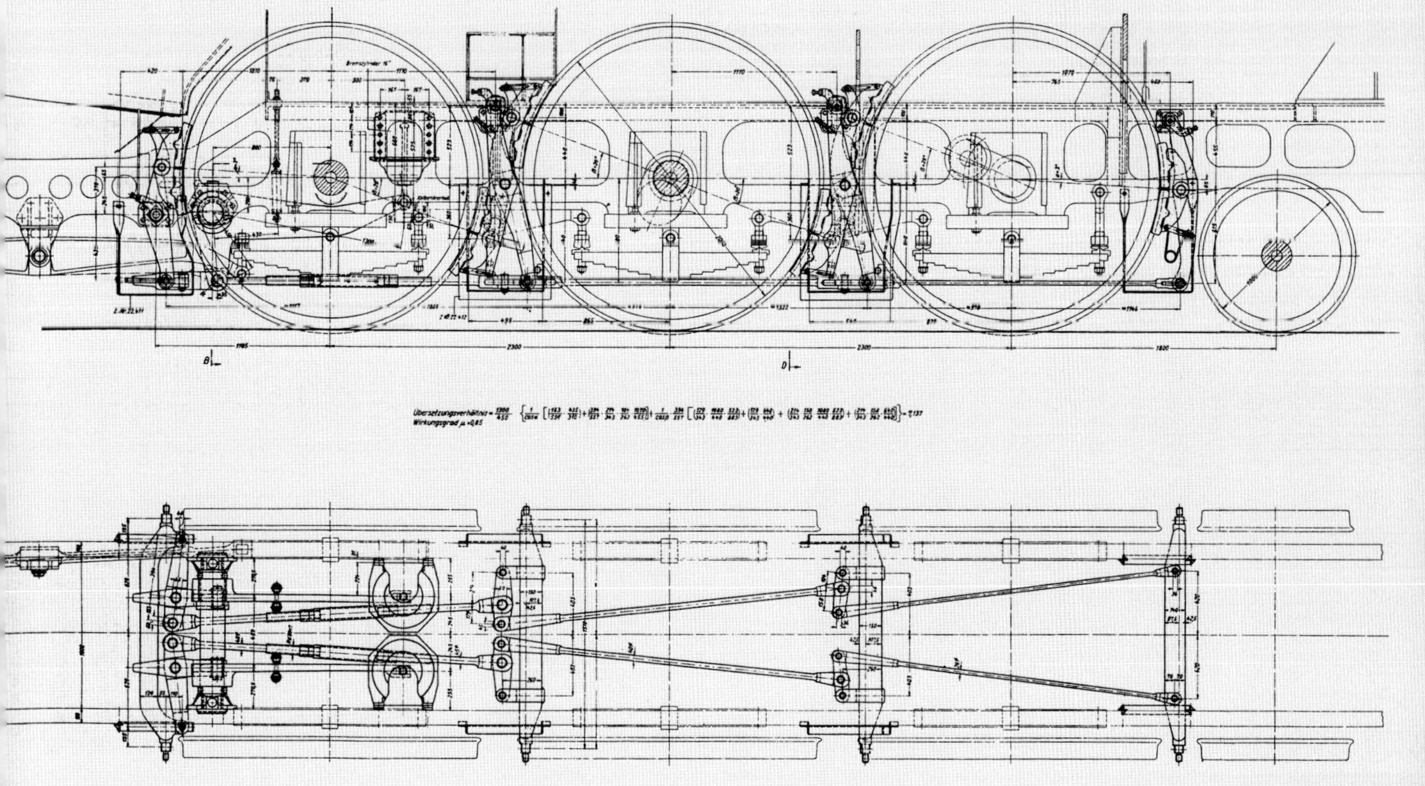

Bild 52 – Alle Kuppelachsen waren beidseitig abgebremst. Die Bremszylinder hingen vor der hinteren Kuppelachse.

16" ∅ erzeugt und über das Gestänge mit einer Übersetzung von 1 : 7,137 auf die Bremsklötze übertragen. Die mit Rücksicht auf den Ausgleich zweiteilig ausgeführte Bremswelle liegt hinter der letzten Kuppelachse. Zwischen den Bremshebeln und den Ausgleichhebeln des Bremsbalkens hinter dem letzten Kuppelradsatz ist je eine Druckstange eingefügt. Vom kurzen Ende der hinteren Ausgleichhebel führen die mit Spannschlössern versehenen Zugstangen zu den Ausgleichhebeln an den Bremsbalken der übrigen gekuppelten Radsätze. Die Bremsgehänge zwischen den gekuppelten Radsätzen sind scherenförmig ausgebildet.

Die Bremskraft wird gesteuert durch ein einfach wirkendes Steuerventil V5, einen Druckübersetzer DÜ10 mit den Druckstufen 3,1 at und 8,0 at für hohe Abbremsung und einen Fliehkraftbremsdruckregler zur Herabsetzung der Bremszylinderdrücke bei Geschwindigkeiten unter 60 km/h. *Der Fliehkraftregler älterer Bauart wird vom Stangenlager des hinteren Kuppelradsatzes rechts angetrieben.*

Die Treibachsen sind unter der Voraussetzung einer Vollbremsung bei Geschwindigkeiten über 60 km/h und Stellung SS oder S des Umstellhahnes mit 200 v. H. abgebremst, bei Geschwindigkeiten unter 60 km/h mit 75 v. H.. In den Stellungen P und G des Umstellhahnes beträgt die Abbremsung 75 v. H..

Zusatzbremse

Die Zusatzbremse wirkt nur auf die Treibachsen. Der Bremsdruck der Zusatzbremse beträgt 3,1 at, wobei die Abbremsung 75 v. H. des Achsdruckes erreicht.

Drehgestellbremse

Die Laufachsen im Drehgestell werden durch die zwischen den Achsen liegenden Bremsklötze einseitig abgebremst. Der Bremszylinder hat 10" ∅ und sitzt über der hinteren Achse. Das Bremsgestänge ist so ausgebildet, daß das Übersetzungsverhältnis für die vorlaufende Achse 4,13 und für die nachlaufende Achse 6,61 beträgt. Dementsprechend ergibt sich bei einem mittleren Bremskolbenhub von 100 mm für die vorlaufende Achse eine Abbremsung von 47,5 v. H. und für die nachlaufende Achse von 76,0 v. H. des Achsdrucks. Die Drehgestell- und Schleppachsbremse besitzen je ein einfach wirkendes Steuerventil Größe 10.

Schleppachsbremse

Die Schleppachse wird ebenfalls nur einseitig abgebremst. Zur Erzeugung der Bremskraft ist ein 10"-Bremszylinder vorgesehen, der auf ein im Verhältnis 1 : 8,45 ausgelegtes Gestänge wirkt und die Achse bei einem mittleren Kolbenhub von 100 mm mit 78,4 v. H. des Achsdruckes abbremst.

Damit die Bremsklötze den Seitenverschiebungen der Achse folgen können, sind ihre Bremsgehänge mit einem Kreuzgelenk pendelnd aufgehängt. Eine die beiden Bremsgehänge verbindende Rundeisenstange ist über eine in sie eingeschweißte Lasche so mit dem Rückstellfedergehäuse des Achslagers verbunden, daß sie und damit auch die Bremsgehänge die Seitenbewegungen der Achse zwangsläufig mitmachen müssen. Dadurch wird erreicht, daß die Bremsklötze auch beim Bremsen in Kurven einwandfrei auf den Radreifen zur Anlage kommen.

Bremsklötze

Es werden grundsätzlich nur geteilte Bremsklötze mit unterteilten Sohlen verwendet, die bei der Schleppachse und den gekuppelten Achsen eine Schleiflänge von insgesamt 600 mm und bei den Laufachsen im Drehgestell von 450 mm Länge haben.

Luftpumpe und Luftbehälter

Die hohen Abbremsungswerte werden durch die Erhöhung des üblichen Bremszylinderdrucks von etwa 3,5 auf 8 kg/cm^2 erreicht. Mit Rücksicht auf den Druckabfall in den Leitungen ist der Druck in den Hauptluftbehältern der Lokomotive von 8 auf 10 kg/cm^2 erhöht worden.

Die Druckluft von 10 kg/cm^2 wird durch eine Doppelverbundluftpumpe Bauart Nielebock-Knorr erzeugt und in zwei Hauptluftbehältern von je 400 l Inhalt gespeichert, die rechts und links vom Rahmen zwischen der letzten Kuppelachse und der Schleppachse untergebracht sind.

Leitungen

Für die durchgehende Bremse bleibt die übliche Hauptluftleitung mit 5 kg/cm^2 Druck bestehen; für das Auffüllen der Vorratsluftbehälter ist eine besondere Leitung, die sogenannte Hauptluftbehälterleitung mit 10 kg/cm^2 Druck vorhanden.

Die Dampfheizung

Der Dampf für die Zugheizung wird dem hinteren Dampfentnahmestutzen mit einer Leitung von 49 mm lichtem Durchmesser entnommen und nach dem Entspannen durch eine Rohrleitung von 49 mm lichter Weite der Anschlußstelle an der Stirnseite der Lokomotive und durch eine Leitung von 70 mm l. W. dem Tender zugeführt. Durch den großen Leitungsdurchmesser wird der Druckabfall vom Anstellventil bis zum Absperrhahn in mäßigen Grenzen gehalten.

Mit dem auf der linken Lokomotivseite angeordneten Anstellventil wird der Heizdampf gedrosselt und sein Höchstdruck (5 kg/cm^2) durch ein Sicherheitsventil begrenzt. Zum Einregeln des Heizdampfdruckes ist im Führerhaus ein Druckmesser angebracht. Vor dem Führerhaus befindet sich das Umschaltventil, das wahlweise die Heizleitung zum Tender oder bei Rückwärtsfahrt zum vorderen Pufferträger zu schalten gestattet. Nach vorn ist die Leitung zunächst in Höhe des Umschaltventils verlegt, bleibt vor dem linken Außenzylinder nach unten, um dann mit einem Rechtsbogen unter den Pufferträger zu dem auf der linken Seite liegenden Hahn für den Innenverkehr zu gelangen. Über dem vorderen Laufradsatz des Drehgestells führt eine abschließbare Verbindung zum Hilfsbläser, um von einer unter Dampf stehenden Lokomotive oder einem Kesselhaus Dampf nehmen und somit das Anheizen der Maschine beschleunigen zu können.

Für die Verbindung zwischen Maschine und Tender wird eine Einschlauch-Gummikupplung von 55 mm lichter Weite verwendet.

Die Rohre der Heizeinrichtung sind mit Wärmeschutzmasse umkleidet.

Die Schmierung

Schmierpumpe Bauart Bosch-Reichsbahn

Eine Hochdruckpumpe der Bauart Bosch-Reichsbahn dient mit 20 Anschlüssen der Schmierung der hauptsächlich unter Dampf gehenden Teile. Sie ist auf dem Führerstand angeordnet und gestattet so eine gute Überwachung; außerdem wird durch diese Lage der Behälterinhalt genügend vom Kessel beheizt. In die Druckleitungen sind auf dem Führerstand Tropfenzeiger eingebaut.

Die Druckleitungen sind unter der Verkleidung verlegt, um auch im Winter eine sichere Ölförderung zu gewährleisten. Vor jeder Schmierstelle dieser Leitungen ist eine Membran-Ölsperre eingeschaltet, die das Leerlaufen der Leitung verhindert.

Die Achslagergleitplatten werden von Schmiergefäßen aus versorgt, die über den Achslagern am Rahmen befestigt sind. Die Achslager haben keine Oberschmierung mehr; dafür sind die Achslagerunterkästen vergrößert, um einen größeren Ölvorrat für das Schmierpolster unterbringen zu können.

Dochtschmierung findet nur bei den fest im Rahmen sitzenden oder wenig bewegten Schmiergefäßen des Triebwerks und der Steuerung Verwendung; alle übrigen Gefäße mit Ausnahme der am Kreuzkopf haben Nadelschmierung.

Schmierpumpe Type DK

Die Luft- und Speisepumpe sind mit je einer selbsttätigen Hochdruckschmierpumpe Type DK der Firma De Limon Fluhme & Co versehen.

Die Beleuchtungsanlage

Lichtmaschine

Die Lokomotive ist mit einer elektrischen Beleuchtungsanlage ausgestattet, die durch einen Einheits-Turbo-Generator Bauart AEG betrieben wird.

Dieser Maschinensatz besitzt einen Dampfeinlaßregler, der so durchgebildet ist, daß er die Spannung von 24 Volt innerhalb einer Betriebsdruckspanne von 6 – 16 kg/cm^2 Überdruck genau hält. Der Stromerzeuger hat eine Leistung von 500 Watt, er kann aber kurzzeitig überlastet werden. Für die Beleuchtung werden etwa 200 – 400 Watt benötigt, so daß für die induktive Zugbeeinflussungseinrichtung noch die hierfür notwendige Leistung verfügbar bleibt. Der gewährleistete Dampfverbrauch der Turbine beträgt etwa 55 kg/h bei Vollast und 12 atü trocken gesättigtem Dampf.

Die Lichtmaschine ist vor dem linken Außenzylinder in Höhe der Rahmenoberkante angeordnet. Der Frischdampf für die Turbine wird dem vorderen Dampfentnahmestutzen auf der linken Seite des Dampfdomes abgezapft, der Abdampf wird über einen besonderen Kondenstopf in die Abdampfleitung vom Vorwärmer zum Aschkasten geführt. Angestellt wird die Turbine durch ein Handrad vom Führerstand aus. Das Anlaßventil muß langsam, aber stets vollständig geöffnet werden, weil sonst der Regler beschädigt wird.

Stromkreise

Die vom Schaltkasten ausgehenden Stromkreise umfassen:

1. Stromkreis für die vorderen Signallaternen,
2. Stromkreis für die Führerhausdeckenlampe, die Wasserstandslampe, die Tenderbühnenlampe, die Triebwerkslampen und Steckdosen,
3. Stromkreis für die hinteren Signallaternen und Steckdosen am Tender.

Der Tenderstromkreis ist durch eine bewegliche Leitung mit einem dreipoligen Steckeranschluß an die Lokanlage angeschlossen.

Schaltkasten

Die einzelnen Stromkreise werden vom Führerhaus aus geschaltet. Hier ist ein Schaltkasten angebracht, der für die Stromkreise zwei 10 A-Sicherungen und drei Serienschalter enthält.

Leitungen

Die Leitungen werden in allen Stromkreisen grundsätzlich zweipolig verlegt, sie liegen in Schutzrohren von R 5/8". Beim Übergang vom Stromerzeuger zur Verkleidung, von der Verkleidung zum Führerhaus und vom Führerhaus zum Tender, sowie als Anschlußkabel für die Laternen ist gedichteter Metallschlauch als Leitungsschutz verwendet.

Lampen

Als Glühlampen werden bei allen Laternen durchweg 25-Watt-Lampen mit Swan-Sockel S 5 (mit 2 Stiften) verwendet, für die Fahrplanbuch- und die Steuerbockleuchten sind kleine 5-Watt-Glühbirnen vorgesehen.

Signallaternen

Als Signallaternen wird die Einheitsbauart Fabeg 1938 verwendet. Diese haben den normalen Scheibendurchmesser von 266 mm. Durch Umlegen eines Handgriffs kann rotes Signallicht gegeben werden. Der Haltering der Glühlampen ist gleichzeitig als Notlichtschalter ausgebildet. *Die vorderen Signallaternen sind wie üblich auf dem Pufferträger befestigt, besitzen aber keine Gläser. Zum Birnenwechsel müssen die an der Frontverkleidung angebrachten Lampenringe geöffnet werden. Für ein drittes Spitzenlicht sind oberhalb der beiden Rauchkammertüren ein Lampenhalter und hinter einem beweglichen Deckel eine Steckdose angebracht.*

Die Führerhausdeckenlampe enthält einen Klappbügel zum Einsetzen eines Notlichtes. Die Handlampen haben einen Schutzkorb, jedoch keine Glasglocke.

Triebwerksbeleuchtung

Sämtliche Maschinen haben außer Wasserstand- und Tenderbühnenlampen auch Triebwerksbeleuchtung. Für die beiden Außentriebwerke, sowie das Innentriebwerk sind je drei Lampen angebracht, die durch Drahtglasglocken geschützt werden.

Die Zugbeeinflussung

Eine auf die Bremse wirkende induktive Übertragungseinrichtung mit drei Wirkungen *(Dreifrequenzbauart 1938 V 8117/171)* prüft das Beachten der durch die Signale übermittelten Befehle und das Fahren mit richtiger Geschwindigkeit vor „Halt" und „Abzweigung" zeigenden Signalen und vor Langsamfahrstellen.

Der für den Betrieb der Zugbeeinflussung erforderliche Gleichstrom (etwa 80 W) wird der Lichtmaschine für die Beleuchtungsanlage entnommen. An diese Maschine ist ein Wechselstromerzeuger angeflanscht, der Wechselströme von 500, 1000 und 2000 Hz liefert, wenn die Drehzahl der Lichtmaschine 3.750 U/min beträgt.

Fahrzeugmagnet und sonstige Bauteile

Der an der rechten Rahmenwange mit besonderer Aufhängevorrichtung verstellbar aufgehängte Fahrzeugmagnet strahlt die für die Übertragung notwendigen Wechselstrom-Magnetfelder aus. Die Unterkante des Magneten soll in der Regel 175 mm über SO, die Magnetmitte 1.008 mm von der Fahrzeugmitte liegen.

Die sonstigen Bauteile, der Doppelabsperrhahn mit Hauptschalter zum An- und Abschalten der Zugbeeinflussung, der Einsatzkasten mit den Hauptrelais, Schaltmagneten, Zeitschaltern, Bedienungstasten, Spannungsmesser und Hupe sind in und unterhalb der rechten Führerhauswand angebaut. An der gleichen Seite der Führerhauswand liegen auch die mit der Hauptluftleitung und dem Hauptluftbehälter verbundenen Ventile und sonstigen luftgesteuerten Bauteile.

Die einzelnen Bauteile der Zugbeeinflussung sind durch Kabel verbunden, die mit Runddraht armiert und in Schutzrohren oder Schutzschläuchen verlegt sind. Sie sind über Trenndosen geführt, die einen Ausbau der gesamten Einrichtung ermöglichen, ohne einen der Aderanschlüsse zu lösen.

Auch die sonstigen Bauteile sind weitgehend steckbar angeordnet und leicht auszuwechseln.

Schreibender Geschwindigkeitsmesser

Der von den Deuta-Werken gelieferte schreibende Geschwindigkeitsmesser zeichnet neben der Fahrverlaufslinie alle Vorgänge der Zugbeeinflussung auf einen Schreibstreifen auf, der auf dem Weg von 1 km 1 cm vorwärtsbewegt wird. Der Geschwindigkeitsmesser wird durch eine in einem Schutzschlauch laufende biegsame Welle angetrieben, *die rechts an die Achsmitte des Schleppradsatzes angeschlossen ist.* Durch ein Wendegetriebe wird erreicht, daß der Zeiger des Geräts nur nach einer Richtung ausschlägt. Die Teilstriche und der Zeiger des Messers sind mit Leuchtmasse belegt, außerdem macht eine indirekte Zifferblattbeleuchtung die Skala bei Dunkelheit gut sichtbar, ohne für den Führer störend zu wirken.

Der Geschwindigkeitsmesser ist steckbar auf einer Anschlußhaube befestigt. In dem Kopf der Anschlußhaube sind zwei mit Abblendvorrichtung versehene Signallampen angeordnet. Die blaue Signallampe brennt, wenn die Zugbeeinflussung wirkbereit ist, die gelbe Signallampe zeigt durch Aufleuchten eine von der Zugbeeinflussung eingeleitete Geschwindigkeitsprüfung an.

Verkleidung und Führerhaus

Kesselverkleidung

Bei der Verkleidung des Kessels ist von der üblichen Bauweise abgewichen worden. Lediglich der in das Führerhaus hineinragende Teil und der untere Teil des Stehkessels vor dem Führerhaus sind in der bisherigen Art verkleidet. Diese Verkleidung allein macht die Bewegung des Kessels bei der Erwärmung mit, während die gesamte übrige Verkleidung fest mit dem Rahmen, der Rauchkammer und dem Führerhaus verbunden ist und somit von der Kesselausdehnung unberührt bleibt. Dadurch konnte die Kesselverkleidung mit der Triebwerksverkleidung einen gemeinsamen Aufbau bilden.

An den Rahmen und die Rauchkammer sind besondere Träger angebracht, auf die sich ein festes, aus Winkeleisen gefertigtes Gerippe als Auflage für die Verkleidungsbleche aufsetzt. Die zahlreichen, über den Langkessel gesetzten Winkeleisenbügel

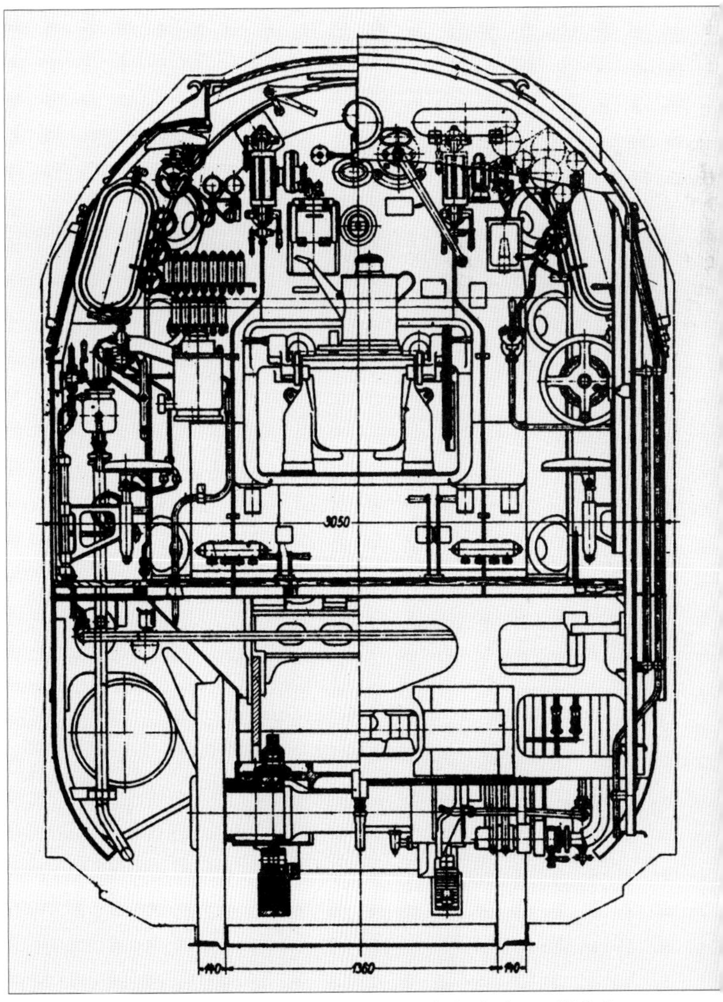

Bild 53 – Die Inneneinrichtung des Führerhauses stimmt mit der der letzten 01-Serien überein, sieht man von den geschlossenen Türen ab.

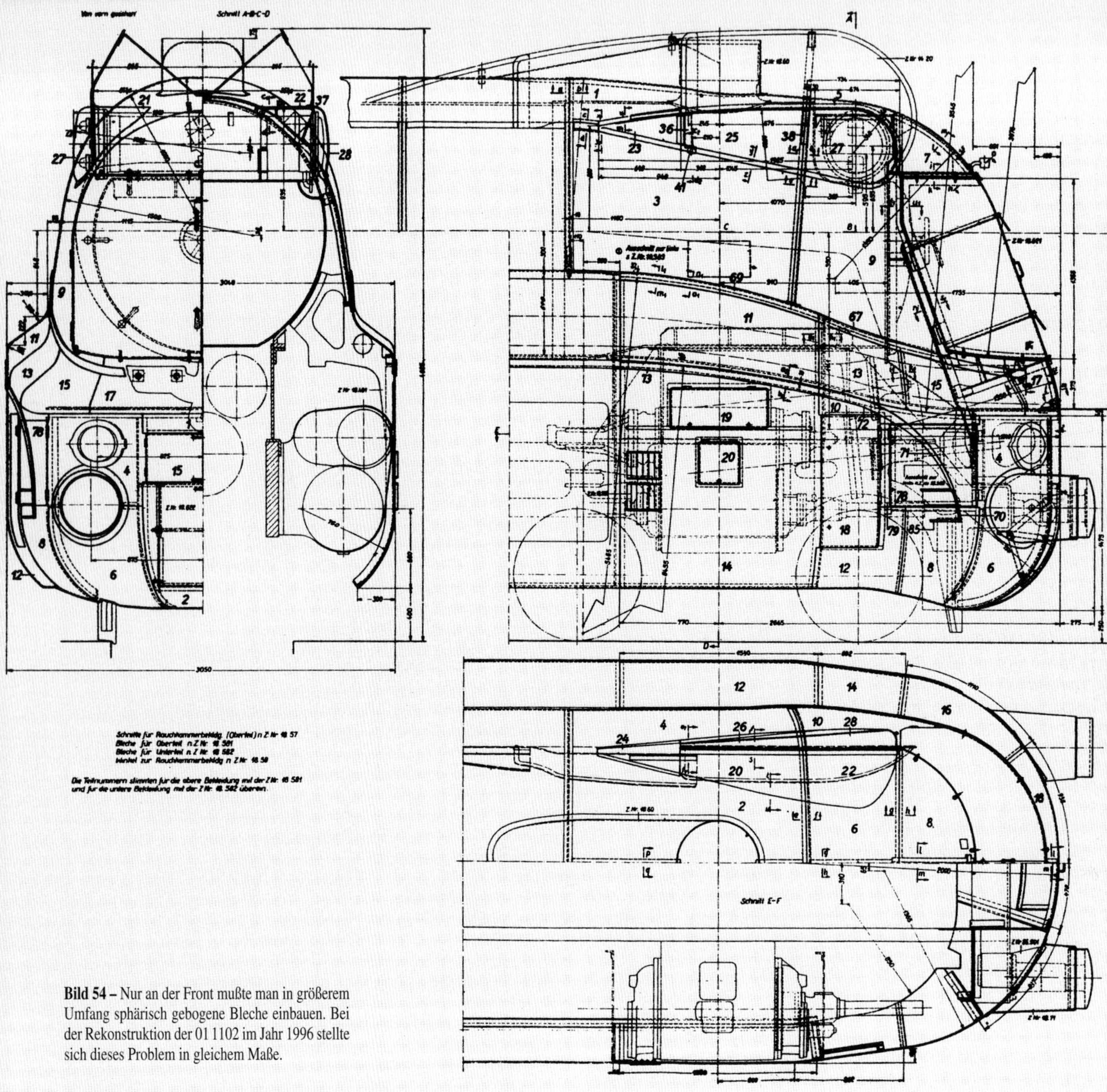

Bild 54 – Nur an der Front mußte man in größerem Umfang sphärisch gebogene Bleche einbauen. Bei der Rekonstruktion der 01 1102 im Jahr 1996 stellte sich dieses Problem in gleichem Maße.

sind an der Scheitellinie genügend steif miteinander verbunden, so daß diese bei der Wartung der Lokomotive ohne Beschädigung der Verkleidung begangen werden kann.

Für den oberen Teil der Verkleidung sind 1,5 mm, für den unteren 2 mm dicke Bleche verwendet. Im Querschnitt gesehen geht die Verkleidung des Langkessels, ohne Platz für einen Umlaufsteg zu lassen, über schlanke S-förmige Übergänge in die Triebwerksverkleidung über. Nach unten hin ist der Kesselbauch gegen Abkühlung durch eine Verkleidung geschützt, die in Wannenform mit der übrigen Verkleidung ein festes Ganzes bildet. Zur Kontrolle der Kesselnähte und Stemmkanten auf Dichtheit ist durch abnehmbare Bleche für Zugänglichkeit gesorgt.

In der oberen Rundung der Verkleidung über den Domen und Sandkästen angebrachte Öffnungen mit verschließbaren Deckeln erlauben den Zugang zum Dampfdom, zum Speisedom und das Nachfüllen der Sandkästen.

Die Ventile, Dampfentnahmestutzen und dergleichen sind überall durch Klappen zugänglich. Da die oberen Verkleidungsbleche über dem Langkessel nur durch übergelegte Ziehbänder gehalten werden, ist im Bedarfsfalle der Langkessel schnell freigelegt.

Die obere Kesselverkleidung geht windschnittig in die Führerhausvorderwand so über, daß die vorderen Führerhausfenster in der Durchdringung dieser schrägen Fläche einen einwandfreien Ausblick auf die Strecke gewährleisten.

Rauchkammerverkleidung

Die Verkleidung über der Rauchkammer fällt unter Wahrung der Querschnittsform der Verkleidung des Langkessels zuerst wenig, dann stark nach vorn ab und geht in windschnittiger Form in den bauchig geformten Teil der unteren Verkleidung vor dem Pufferträger über. *Wegen des quer in der Rauchkammer liegenden Vorwärmers sind strömungsgünstig geformte Aufbauten angebracht. Der Schornstein ist mit einer zylindrischen Verkleidung umgeben und besitzt an seiner Rückseite einen nach hinten flach auslaufenden Buckel, der die Ablagerung von Schmutz in der Unterdruckzone verhindern soll. Die nach hinten abfallenden Windleitbleche bestehen aus jeweils drei einzeln abnehmbaren Teilen und umfassen vorn die Vorwärmerverkleidung. Sie sind in der oberen Hälfte nach innen geknickt und mittels drei Streben am Rauchkammerscheitel stabilisiert. Die Bleche enden vor dem Speisedom.*

Für den Zugang zur inneren Rauchkammer ist in der Verkleidung eine zweiflügelige Tür vorgesehen. Diese ist so groß, daß ein ungehindertes Arbeiten in der Rauchkammer auch beim Ausbau des Überhitzers sowie der Rauch- und Siederohre ohne Abbau weiterer Verkleidungsteile gewährleistet ist. Die in der Rauchkammer angesammelten Verbrennungsrückstände können auf eine innerhalb der Verkleidung liegende Plattform vorgezogen werden, von wo sie durch einen rechteckigen Löschefall in die Grube gelangen. Hierdurch wird ein Verschmutzen der Verkleidung von außen vermieden.

Triebwerksverkleidung

Diese ist vom Pufferträger bis hinten zum Kuppelkastenstirnblech durch frei nach unten ragende Winkel versteift, die, soweit wie möglich, gegen den Rahmen abgestützt sind, während sie vorn um den Pufferträger und Zylinder und hinten unterhalb des Führerhauses und Stehkessels bis 400 mm über SO herabgeführt ist. *Vier große rechteckige Ausschnitte vor den drei Kuppelachsen und dem Gleitbahnbereich ermöglichen dort Wartung und Reparatur. Die Ausschnitte sind durch Jalousien verschlossen, die nach oben geschoben und dort festgestellt werden können. Beiderseits wird der Bereich hinter den Zylindern durch Öffnungen mit Lüftungskiemen gekühlt. Auf der linken Seite befindet sich vor dem Zylinder ein weiterer Kiemenlüfter zur Kühlug der dort angebrachten Lichtmaschine. Der vordere Zughaken ist hinter einer großen Klappe zugänglich, die nach unten weggeschoben werden kann und zur Kühlung des Innentriebwerks mit Lüfterkiemen versehen ist.* Große Klappen ermöglichen den Zugang zu den Absperrhähnen für Bremse und Dampfheizung, zum Zylinder, zu den Achslagerschmierstellen, zu den Apparaten der Bremse und induktiven Zugbeeinflussung, zu den Waschluken am Stehkessel, *zum Aschkasten,* zu der Luft- und Speisepumpe sowie zum inneren Triebwerk. *Dem Zutritt der Verbrennungsluft zum Rost dienen links und rechts im Bereich des Stehkessels jeweils drei Lüftungsöffnungen mit senkrecht stehenden Kiemen.*

Die Wartung der Lok erfolgt, soweit dies nicht von der Erde aus geschehen kann, mit Hilfe einer zusammenklappbaren Leiter, *die in einer Nische links an der* Tenderrückseite mitgeführt wird, und die *am Langkessel rechts in fünf und links in drei besonders dafür vorgesehene Leiternischen* eingehängt werden kann.

Führerhaus

Das Führerhaus mit der üblichen Anordnung ist geräumig gehalten. Es ist durch zwei bis zum Dach reichende Türen über versenkt eingebaute Aufstiege besteigbar. Die hinteren Seitenfenster sind zum Schieben eingerichtet; zwischen ihnen und den davorliegenden festen Fenstern sind außerhalb des Führerhauses Windschutzfenster angebracht. Die Fenster in der vorderen Stirnwand sind um ihre Längsachse drehbar. Das Führerhausdach trägt auf jeder Seite fünf um senkrecht stehende Achsen drehbare Lüftungsklappen, die miteinander gekuppelt sind.

Der für das Durchfahren von Krümmungen erforderliche Zwischenraum zwischen Lok und Tender wird auf dem Führerstand durch eine Tenderbrücke und außen zur Erzielung einer zwanglosen Strömung durch federnd anliegende Seitenklappen überbrückt. Die Tenderbrücke ist an der Lokomotive befestigt, um dem Heizer beim Feuern einen festen Stand zu geben. Im Zuge der glatt geführten Außenfläche fügt sich ein Stirnvorbau des Tenders unter die offene Rückwand des Führerhauses, dieses so nach hinten abschließend.

Zur Bequemlichkeit der Lokomotivmannschaft ist über der Feuertür ein Wärmeaufsatz für Speisen und Öl und an beiden Führerhauslängswänden je ein gefederter Klappsitz vorgesehen.

Bild 55 – Ganzseitige Anzeige aus der „Lokomotive" 11.1939. Verwendet wurde das schon eben gesehene „finstere" Frontmotiv, nun noch dynamisch schräg gestellt.
ABBILDUNG: SAMMLUNG HANSJÜRGEN WENZEL

Der Tender

Allgemeines

Die fünfachsigen Tender 2'3T 38 und 2'3T 38 St sind für die schweren und besonders schnellfahrenden Lok aus dem 2'3T 37 St der 05-Lokomotiven entwickelt worden. Alle Teile sind hierbei so durchgebildet, daß die Verkleidung jederzeit abgebaut und der Tender auch mit Lokomotiven ohne Stromlinienverkleidung gekuppelt werden kann.

Der Kuppelkasten und alle Rohrverbindungen sind so durchgebildet, daß der 2'3T 38 ohne weiteres (und der 2'3T 38 St gegebenenfalls nach Abbau der Stromlinienverkleidung) mit allen S-, P- und G-Lokomotiven der Einheitsbauart gekuppelt werden kann.

Das Verhältnis des Eigengewichts zum Ladegewicht ist für den 2'3T 38 = 1 : 1,49 und für den 2'3T 38 St = 1 : 1,41. Alle Achsen werden doppelseitig abgebremst.

Der Rahmen

Der Rahmen ist vollkommen geschweißt und mit dem Wasserkasten zu einer Einheit verbunden. Er besteht aus zwei äußeren Blechwangen von 20 mm Dicke und 450 bis 895 mm Höhe und zwei inneren Flacheisenträgern von 16 mm Dicke und 200 bis 290 mm Höhe, die mit dem 10 mm dicken Bodenblech des Wasserkastens verschweißt sind. Die beiden außen liegenden Blechwangen, in denen die hinteren drei Achsen fest gelagert sind,

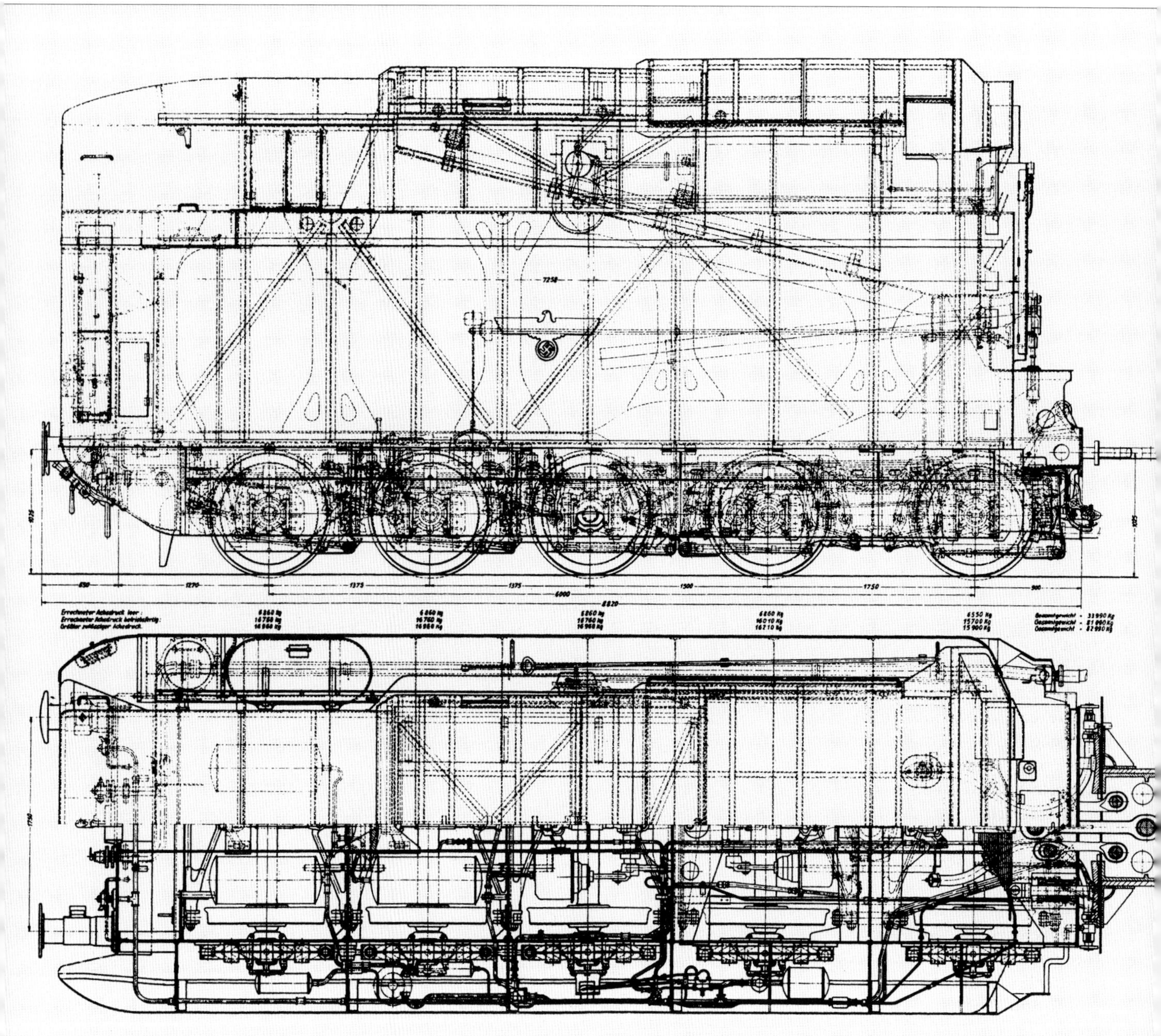

Bild 56 – Seitenansicht und Grundriß des Tenders 2'3 T 38 St. Gut zu erkennen sind die Abdeckhauben und die hinten weit über den eigentlichen Tenderkasten hinausreichende Verkleidung mit der Leiternische. Der Kohlenvorschubwagen wird vom Führerhaus auf der Lokführerseite durch eine oben auf dem Wasserkasten befestigte Ratsche betätigt.

haben einen Abstand von 1.900 mm. Die beiden inneren Längsträger liegen nahe der Tendermitte mit 420 mm Abstand voneinander und nehmen hauptsächlich die Zug- und Stoßkräfte auf. Sie tragen hinten den Zugapparat. Ein starker Kuppelkasten aus zwei waagerecht liegenden 23 mm dicken Blechplatten bildet die vordere Querverbindung; er trägt neben den Kuppelbolzen noch die Stoßpuffer und deren Feder. Ein darüberliegender stufenförmiger Absatz, der gegen den Wasserkasten und den Abschluß des Kohlenkastens vorsteht, bildet eine Plattform und zugleich die Auflage für die Tenderbrücke, die auf ihr mit einer wulstförmigen Holzunterlage gleitet. Die beiden 20 mm dicken Rahmenwangen sind im hinteren Teil durch zwei kräftige Winkel, ein U-Eisen und ein 15 mm dickes Blech gut gegeneinander versteift. Ein 200 mm hoher Breitflanschträger, dessen Tragfähigkeit durch ein auf den Wasserkastenboden stehend aufgeschweißtes Blech von 15 mm Dicke vergrößert wird, verbindet die Rahmenwangen und inneren Längsträger über dem Drehgestellrahmen, um die auf den tragenden Drehgestellzapfen und gegebenenfalls auch auf die seitlichen Stützplatten wirkenden Kräfte auf die Rahmenwangen und Längsträger zu übertragen. Der als Preßstück hergestellte Pufferträger bildet die hinten abschließende Querverbindung, die in ihrer Mitte die Zughakenführung aufnimmt. Er ist mit Rücksicht auf leichte Auswechselbarkeit bei etwaigen Beschädigungen nicht mit dem Rahmen verschweißt, sondern verschraubt.

Die Zugkraft wird von den Hauptlängsträgern in Höhe der vorletzten Achse auf den Zughaken übertragen, der in der dortigen Querverbindung auf einem die mittleren Längsträger verbindenden 65 mm dicken, kräftig versteiften Blech in einer Schneide gelagert ist. Zwei gleichmäßig beanspruchte, hintereinander liegende Wickelfedern sorgen für eine möglichst stoßfreie Übertragung der Kräfte. Die gleichmäßige Lastverteilung wird dadurch erzielt, daß über die hintere Feder eine Hülse geschoben ist, auf die sich der Teller der vorderen Feder abstützt.

Die Kupplung zwischen Lokomotive und Tender übernehmen ein Hauptkuppeleisen mit Bolzen und zwei rechts und links davon in

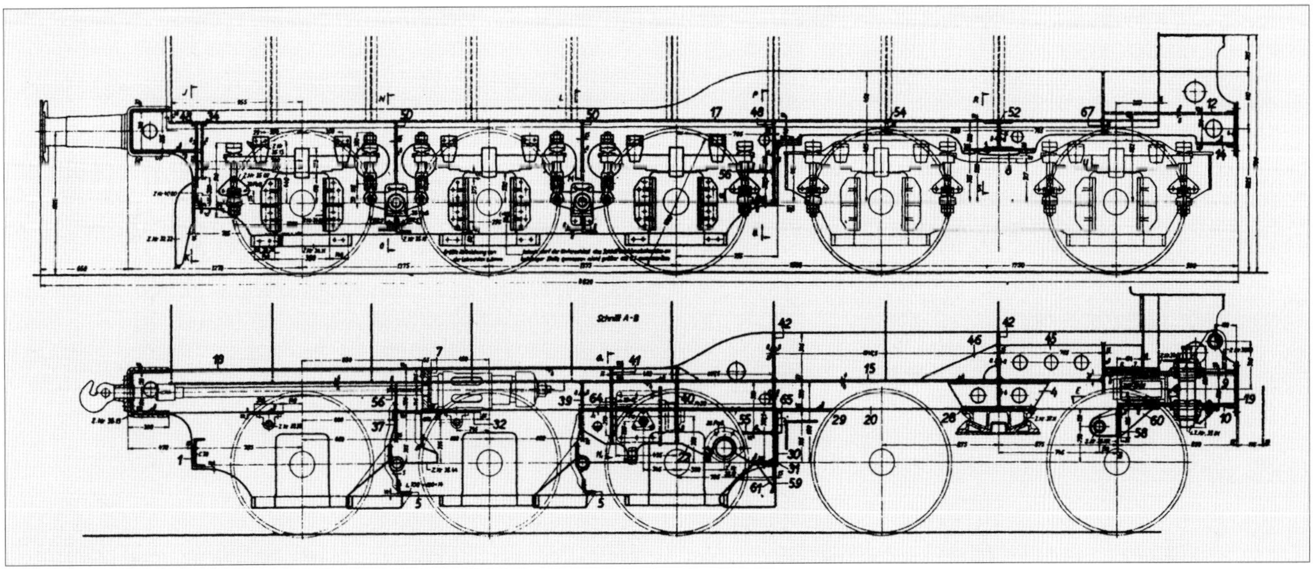
Bild 57 – Die Tenderrahmen-Anordnung mit drei festen Achsen und Drehgestell

gleicher Entfernung angeordnete Notkuppeleisen; letztere sind mit Langlöchern versehen und werden erst nach dem Zerreißen des Hauptkuppeleisens wirksam.

Zwei Stoßpuffer mit doppelseitigen Keilflächen verspannen die Lokomotive und den Tender miteinander und nehmen die Kräfte auf, die die beiden Fahrzeuge seitlich gegeneinander verschieben wollen. Die Enden der Stoßpuffer stützen sich auf einer gemeinsamen, drehbar im Zugkasten gelagerten Feder ab, die mit einer Vorspannung von 21 t eingebaut ist und die den Zugkräften überlagerten Zuckbewegungen der Lokomotive aufnehmen soll. Für das Kuppeln von Lokomotive und Tender ist eine Schraubenkupplung vorgesehen, die nach dem Kuppeln ausgehängt wird.

Für das Schmieren der Stoßpufferplatten sind auf dem Führerstand besondere Schmiergefäße vorhanden.

Das Laufwerk

Die Steifigkeit der drei festen Achsen machte es wünschenswert, statt der üblichen Vierpunktauflagerung eine Dreipunktauflagerung zu wählen, mithin den drei festen Achsen einen Längsausgleich und dem Drehgestell eine Mittelauflage mit Kugelzapfen zu geben.

Das Drehgestell hat einen Achsstand von 1.750 mm. Sein Rahmen besteht aus zwei Blechwangen von 25 mm Dicke, die in der Mitte durch einen Breitflanschträger von 320 mm Höhe mit einer aufgeschweißten Blechplatte von 15 mm Dicke und an den Enden durch rechtwinkelig zusammengeschweißte Bleche von ebenfalls 15 mm Dicke gegeneinander versteift sind. Letztere sind noch durch zwei U-Eisen von 120 mm Höhe, die unmittelbar hinter den Radsternen liegen, gegen die mittlere Querverbindung versteift. Weiterhin sind in der hinteren Hälfte des Rahmens zwei senkrecht stehende Bleche zur Aufnahme der beiden Bremszylinder und der Bremswelle eingeschweißt, die ebenfalls zu einer wirkungsvollen Versteifung des Drehgestellrahmens beitragen.

Die mittlere Querversteifung des Rahmens trägt die Lagerschale des Drehzapfens. Sie ist besonders reichlich bemessen, um die bei starken Bremsverzögerungen auftretenden großen Massenkräfte der Aufbauten auf das Drehgestell übertragen zu können. Um ein Trennen von Drehzapfen und Lagerschale zu verhindern, sind rechts und links neben ihnen je zwei ineinandergreifende, rechtwinklig zueinander stehende Bügel aus 36 mm dickem Rundeisen befestigt, die in senkrechter Richtung nur ein Spiel von 20 mm zulassen. Je zwei seitliche Stützplatten liegen in der Querebene des Drehzapfens. Sie sind von unten gegen den Tenderrahmen bzw. von oben auf die Rahmenwangen des Drehgestells aufgeschweißt und lassen soviel Spielraum frei, daß einer zwanglosen Einstellung des Drehgestells bei verschiedener Höhenlage des Gleises nichts entgegensteht.

Die Aussparungen für die Achslager sind durch bügelförmig gebogene Flacheisen von 60 mm Breite und 16 mm Dicke versteift, die über den Ausschnitten mit den Wangen verschweißt sind. Außerdem sind sie durch Achsgabelstege gegen die starken, aufbiegend wirkenden Bremskräfte gesichert.

Passende Anschläge am Tenderrahmen, zwischen denen sich eine am hinteren Kopfstück des Drehgestellrahmens angeschweißte Knagge frei bewegen kann, verhindern ein Querstellen des Drehgestells bei Entgleisungen.

Je eine Blattfeder über den vier Achsbuchsen mit 8 Lagen von 120 x 16 mm Querschnitt übertragen den Druck des Drehzapfens auf die Achsbuchsen. Über den Federn sind Fangbügel so am Rahmen befestigt, daß sie bei Federbruch oder Bruch einer Federspannschraube nicht herausgeschleudert werden können.

Die Radsätze haben einen Laufkreisdurchmesser von 1.000 mm und abgestufte Achsschenkel zur Aufnahme von Rollenlagern. Es enthält zwei Zylinderrollenlager von 260 mm äußerem Durchmesser, von denen das Innere als Loslager und das äußere als Führungslager ausgebildet ist. Das Loslager ist unmittelbar auf den konisch gehaltenen Achsschenkelteil aufgezogen und das Führungslager mit Hilfe einer geschlitzten Abziehhülse auf dem zylindrischen Achsschenkelteil befestigt. Die Lager stützen sich durch Abstandringe gegeneinander ab und werden durch eine sorgfältig gesicherte Schenkelverschlußmutter gegen seitliches Verschieben gesichert. Durch die Herstellungstoleranz des konischen Achsschenkelteiles und der Innenringbohrung des Loslagers ist eine Verschiebung des Innenringes aus der theoretischen Mittellinie möglich. Um trotzdem gleiche Achslagermittenentfernungen und damit die Austauschbarkeit der Achsen untereinander sicherzustellen, sind neben dem inneren Abstandring noch zwei weitere Abstandringe vorgesehen, deren Breite vom Aufbau des Lagers bestimmt wird.

Die Lager werden mit Fett geschmiert, das von einer Hauptausbesserung bis zur anderen ohne Nachfüllen ausreicht.

Die drei hinteren, fest im Rahmen gelagerten Achsen sind bei einem Raddurchmesser von ebenfalls 1.000 mm mit 1.375 mm Entfernung zwischen den Achsmitten eng aneinander gerückt. Die in gleicher Weise wie beim Drehgestell in Blattzahl, Bundauflage und Fangeinrichtung ausgebildeten sechs Tragfedern über den Achsen sind mit ihren Federgehängen an den beiden äußeren

Enden des Federausgleichsystems an Trägern befestigt, die mit dem Rahmen verschraubt sind. Die übrigen vier Federspannschrauben jeder Seite greifen an je zwei kurzen Ausgleichhebeln an. Um den Federspannschrauben die Möglichkeit zu geben, völlig frei in jeder Richtung ohne jede Biegungsbeanspruchung den durch die Gleisanlage bedingten Schiefstellungen der Achsen nachzukommen, sind ihre an den Ausgleichhebeln angreifenden Enden mit kardanartigen Gelenken versehen und ihre Muttern auf Kreuzgelenken gelagert.

Wasser- und Kohlenkasten

Der Wasserkasten hat einen Fassungsraum von 38 m^3. Er ist aus 6 mm dicken Blechen sowie Winkel- und T-Eisen zusammengeschweißt. Zwei Längsfachwerkkonstruktionen in 1.928 mm Abstand voneinander übernehmen mit vier Querwänden und auf Decke und Boden aufgeschweißten dazwischenliegenden Stehblechen von 200 mm (Decke) bzw. 250 mm bis 600 mm Höhe (Boden) die Versteifung des Kastens und leiten die Deckenlast der Kohle auf die Wangen und Längsträger über. Darüber hinaus ist die Mitte der Decke noch durch eine Längsrippe von 180 x 6 mm Querschnitt versteift. Die Querwände, die gleichzeitig als Schwallwände die Wasserbewegung im Behälter dämpfen sollen, sind mit reichlichen Ausschnitten versehen, damit der Wasserkasten einwandfrei besichtigt werden kann.

Zwei Einläufe von 500 mm Breite und 1.200 mm Länge ermöglichen die Wasserentnahme vom Kran. Sie liegen rechts und links hinten neben dem Kohlenkasten 3.000 mm über SO; dahinter sind in den Ecken des Kastens zwei dicht verschließbare Noteinläufe von 390 mm Durchmesser auf der alten Höhe von 2.742 mm über SO vorgesehen worden.

Eine Verschlußschraube an tiefster Stelle gestattet ein völliges Entleeren des Wasserkastens, zwei vom Führerstand aus zu betätigende Absperrventile schließen die Saugleitungen zu den Speisepumpen ab. Um die bei niedrigem Wasserstand in den Saugrohren auftretenden Wirbel und das Mitreißen von Luft zu verhindern, sind an den beiden Entnahmestellen am Boden des Wasserkastens besondere versenkte Ausläufe vorgesehen, auf deren Boden die Abschlußventile sitzen.

Die Decke des Wasserkastens liegt waagrecht und ist nur innerhalb des Kohlenkastens, dessen Boden sie bildet, etwas von der Mitte an bis zur Kohlenentnahme schräg herabgezogen.

Der Kohlenfassungsraum ist für 10 t bemessen; er wird durch eine im vorderen Teil 865 mm und im hinteren Teil 675 mm hohe, seitlich um je 488 mm gegen die Wasserkastenwand zurücktretende, 6 mm dicke Blechwand eingeschlossen, die von außen durch 12 geschweißte Eckversteifungen gehalten wird. Den Abschluß der Kohlenrutsche gegen den Führerstand bilden drei schräg übereinander angeordnete Vorsteckbretter von 45 mm Dicke, die unten einen Spalt von ≈ 190 mm Höhe zur Kohlenentnahme freilassen.

Mit Rücksicht auf die große Länge des Kohlenkastens ist sowohl bei dem verkleideten wie auch bei dem unverkleideten Tender ein auf 6 Rollen laufender Kohlenwagen vorgesehen, der vor dem Laden von Kohle mit Hilfe einer Zahnradwinde nach hinten hochgezogen wird und nach Entnahme der vorn liegenden Kohle und Lösen der eingebauten Bandbremse von selbst mit der auf ihm liegenden Kohle nach vorn rollt. Sollte der Kohlenwagen einmal klemmen oder infolge zu großen Staudruckes der Kohle nicht von selbst nach vorn rollen, so kann er durch eine in die Zahnradwinde eingebaute und vom Führerhaus aus bedienbare Ratsche mit einer Kraft von rd. 1.500 kg nach vorn gedrückt werden.

Bei den verkleideten Tendern ist der Kohlenkasten zur Erzielung einer wirkungsvollen Stromlinienverkleidung mit zwei teleskopartig übereinandergreifenden, auf Rollen laufenden, gewölbten Blechen überdeckt, an die sich nach vorn und hinten feststehende Verkleidungen anschließen.

Zum Ableiten von Niederschlags- und Spritzwasser aus dem Raum hinter dem Kohlenkasten und von der Kohlenentnahme des Tenders dienen je zwei in Decke und Boden eingeschweißte Rohre. Das Feuergerät findet seinen für die Mannschaft ungefährlichen Platz in einem 3.500 mm langen Rohr von 163 mm lichter Weite, das mit passender Neigung zur Feuertür unter der Kohlenentnahme in den Wasserraum hineinragt.

Die den Wasserstandsanzeiger steuernde Schwimmerblase liegt bei leerem Tender in einer in den Boden eingeschweißten Schale. Ein leichtes Übertragungsgestänge betätigt die Anzeigevorrichtung auf dem Führerstand.

Die Tendervorderwand ist zu beiden Seiten mit hohen und breiten Werkzeug- und Kleiderschränken versehen. An der Rückwand des Wasserkastens befindet sich außerdem noch ein großer Werkzeugkasten.

Die Bremse

Die Bremse des Tenders 2'3T 38 St ist eine selbsttätige Knorr-Einkammerdruckluftschnellbremse (Kssbr). *Für die Baureihe 01^{10} gilt folgende Ausführung: Mit Fliehkraftbremsdruckregler in Abhängigkeit von der Geschwindigkeit und mit selbsttätiger Lastabbremsung in Abhängigkeit von dem Wasservorrat für eine Höchstabbremsung von etwa 180 % des jeweiligen Tendergewichts.*

Die allgemeinen Bremsgestängeanordnungen sowie die Form und Größe der Bremsklötze entsprechen denen des Tenders 2'3T 38.

Die Ausführung der Baureihe 01^{10} unterscheidet sich von den anderen Ausführungen dieses Tenders (Baureihe 06, Baureihe 19^{10}, Baureihe 45) durch die Größe der Bremszylinder, durch die Übersetzungen beim Bremsgestänge für die festen Achsen und für die Handbremse und durch den Druckübersetzer. Bei dieser Ausführung sind für das Drehgestell 2 x 12" und für die festen Achsen 2 x 14" Bremszylinder vorgesehen. Die Gestängeübersetzung beträgt beim Drehgestell 7,45, bei den festen Achsen 8,35, bei der Handbremse von der Handbremsspindel bis zu den Bremsklötzen 13,9. Es ist hier ein Druckübersetzer mit selbsttätiger Lastabbremsung für Bremszylinderenddrücke von etwa 2,8 kg/cm^2 für Geschwindigkeiten unter 60 km/h und etwa 6,5 kg/cm^2 für Geschwindigkeiten über 60 km/h vorgesehen, der in Abhängigkeit von der Geschwindigkeit und dem Wasservorrat durch den Fliehkraftbremsdruckregler so gesteuert wird, daß bei Geschwindigkeiten über 60 km/h eine stetige Abbremsung des Tenders von 180 % und unter 60 km/h von 75 % vorhanden ist. Der Druck in den Hauptluftbehältern der Lok kann in diesem Fall, wie üblich, 8 kg/cm^2 betragen.

Die Anordnung der Bremse an den Baureihen 01^{10} und 03^{10} unterscheidet sich gegenüber den anderen Anordnungen noch dadurch, daß am Tender und an der Lok je ein besonderer Fliehkraftbremsdruckregler vorhanden ist.

Für die durchgehende Bremse bleibt die übliche Hauptluftleitung mit 5 kg/cm^2 Druck bestehen; für das Auffüllen der Vorratsluftbehälter ist eine besondere Leitung zur Lok, die sog. Hauptluftbehälterleitung mit 8 bzw. 10 kg/cm^2 vorhanden. In den Fällen, in denen der Tender mit Lokomotiven gekuppelt ist, die nur mit gewöhnlicher Bremse ausgerüstet sind und somit keine Hauptluftbehälterleitung haben, ist das Füllen der Vorratsluftbehälter über einen seitlich angeordneten Dreiwegehahn aus der Hauptluftleitung (5 at) möglich.

Die Bremse kann mit Hilfe des an der rechten Tenderseite in der Nähe des Steuerventils angebrachten Umstellhahns in den vier Stellungen SS – S – P und G verwendet werden, der Tender kann also sowohl mit schnellfahrenden als auch mit Personen- und Güterzuglokomotiven gekuppelt werden.

Der Tender ist durch die Zusatzbremsleitung auch an die Zusatzbremse der Lok angeschlossen, die Bremszylinder werden

Bild 58, rechts – Ansicht des Tenders vom Führerhaus. Rechts neben dem heizerseitigen Kleiderkasten befindet sich die Ratsche für den Kohlenvorschubwagen.

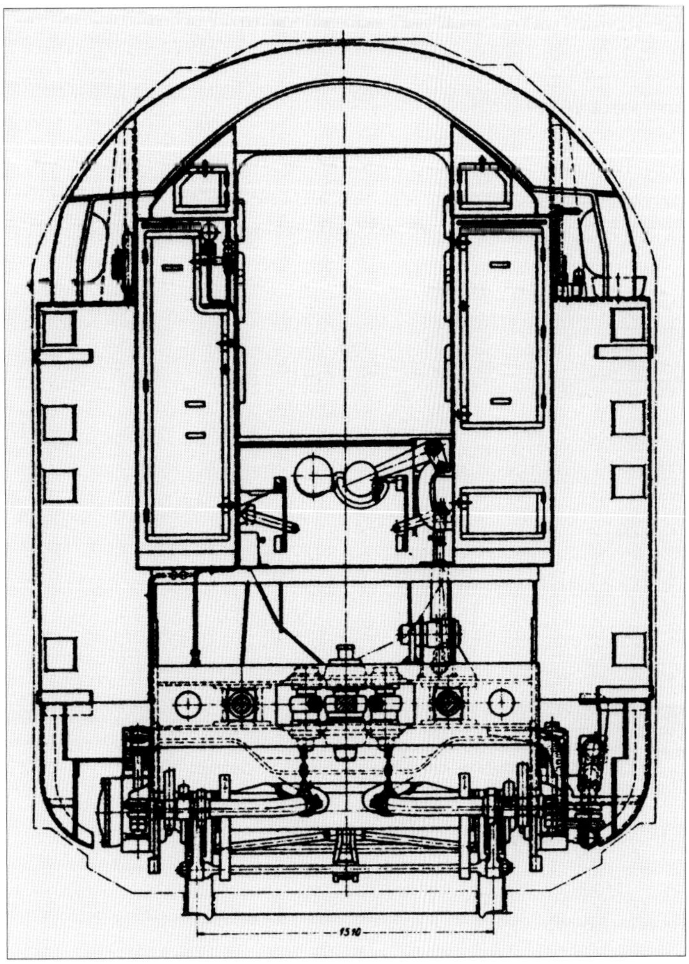

unmittelbar aus der Zusatzbremsleitung gespeist. Da die Zusatzbremse bei den schnellfahrenden Lok nur die Bedeutung einer Haltebremse hat, ist sie auf den niedrigsten Bremszylinderenddruck beschränkt worden, entsprechend einer Abbremsung von etwa 75 % bei vollen Vorräten.

Als Handbremse ist die übliche Wurfhebelbremse vorgesehen, die jedoch nur auf das Bremsgestänge der drei festen Achsen wirkt. Das Übersetzungsverhältnis von der Spindel bis zu den Bremsklötzen beträgt 13,9, die Abbremsung bei vollen Vorräten etwa 44 % von den gebremsten Achsen und 27 % vom ganzen Tender.

Die Handbremse ergibt bei einer Übersetzung von 12,5 von der Spindel bis zu den Bremsklötzen eine Abbremsung von etwa 39 % der gebremsten Achsen des Tenders mit vollen Vorräten oder von etwa 24 % des gesamten Tenders mit vollen Vorräten.

Die Windverkleidung

Die windschnittige Verkleidung der Lokomotive findet ihre folgerichtige Fortsetzung im Tender. So sind das Fahrgestell, die Vorderseite, die Rückseite und der Kohlenkasten verkleidet.

Die Schürzen für das Fahrgestell schließen unmittelbar an die Seitenwände des Wasserkastens an und reichen bis auf 315 mm über SO herunter. Eine Anzahl langer schmaler Klappen in den Schürzen erlauben, den Zustand der Tragfedern und Federgehänge zu beobachten.

Im oberen Teil erstreckt sich die Verkleidung dachartig über den ganzen Aufbau. Etwa zwei Drittel dieses Daches werden für die Kohlenbeladung durch zwei waagerechte Rolltüren, von denen eine über die andere greifend nach hinten läuft, freigegeben. Sie sind auf Kugellagerrollen leicht beweglich; selbsttätig wirkende Sicherheitseinrichtungen sorgen dafür, daß sich die ganz geöffneten oder geschlossenen Rolltüren nicht von selbst in Bewegung setzen.

Zur windschnittigen Verkleidung tragen weiter ein auf dem vorderen Teil des Tenders angebrachter, unter das Führerhausdach greifender Aufbau und eine an der Rückseite befindliche Verkleidung bei, die wirbel- und luftwiderstandsfreie windschnittige Übergänge zwischen den Fahrzeugen schaffen.

Die Ausrüstung

Die gut isolierte Heizleitung von 70 mm lichter Weite führt auf der linken Seite des Tenders von einer Einschlauchgummikupplung mit 55 mm lichter Weite zur hinteren Pufferbohle. Sie ist an den Konsolen befestigt, die den über die Rahmenwangen ragenden Teil des Wasserkastens tragen. An sie sind 2 Absperrhähne angeschlossen, die rechts und links vom Zughaken an der Unterseite der Pufferbohle befestigt sind. Der rechte Hahn ist der im internationalen Verkehr benutzte enge Hahn und der linke der für den deutschen Binnenverkehr bestimmte Pintsch-Hahn.

Die Saugleitungen der Speisepumpen sind durch 53 mm weite und reichlich lange Schläuche gekuppelt. Diese sind nahe der Fahrzeugmitte so gelagert, daß sie bei Kurvenlauf möglichst geringe Verbiegungen erleiden.

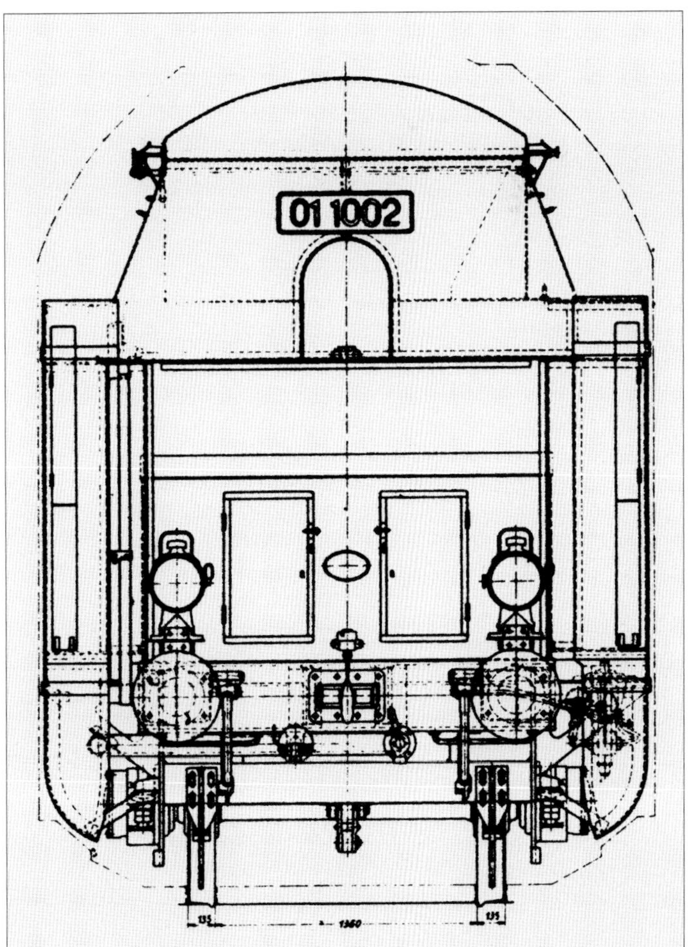

Bild 58, rechts – Rückansicht des Tenders

Farbgebung und Beschilderung

Die Bauteile der Windverkleidung und die Seitenwände des Tenders sind nach dem Zusammenbau gespachtelt und geschliffen, so daß sich sehr glatte Flächen ergeben. Die Lokomotive ist in der traditionellen Farbgebung schwarz-rot lackiert, allerdings mit hochglänzendem Schwarz. Die Zierleisten bestehen aus poliertem rostfreiem Stahl und sind mit Senkschrauben an der Verkleidung befestigt.

Hoheitszeichen in Form des Reichsadlers sind an der Frontseite unterhalb der beiden Rauchkammertüren und in der Mitte der Tenderseitenwände angebracht. An den Führerhausseitenwänden sind je ein Nummernschild mit Klein-Ziffern und Rand und das Gattungsschild S 36.20 angebracht, auf dem Triebwerks-Verkleidungsblech zwischen erster und zweiter Kuppelachse an beiden Seiten je ein Fabrikschild. Ein drittes Nummernschild befindet sich an der Tenderrückseite oben.

Brems- und Fristenangaben und sonstige Aufschriften sind an die Tenderrückseite verlegt.

Die Hauptabmessungen

Alle Gewichtsangaben nach Verwiegung der Lok 01 1001 im August 1939

Lok

Zylinderdurchmesser		500	mm
Kolbenhub		660	mm
Mittlere Kolbengeschwindigkeit:			
bei neuen Reifen		8,16	m/s
bei abgenutzt. Reifen		8,58	m/s
Hubvolumen		3 x 125,5	l
Laufraddurchmesser vorne		1.000	mm
Achsstand des Drehgestelles		2.200	mm
Treibraddurchmesser		2.000	mm
Drehzahl bei 150 km/h			
bei neuen Reifen		397,5	n/min
bei abgenutzten Reifen		418,9	n/min
Schleppraddurchmesser		1.250	mm
Fester Achsstand		4.600	mm
Gesamtachsstand		12.400	mm
Länge der Lok		15.135	mm
Kesselmitte über S.O.		3.100	mm
Dampfüberdruck		16	atü
Kesselinnendurchmesser		1.900	mm
Kesselleergewicht ohne Ausrüstung		24,5	t
Kesselleergewicht mit Ausrüstung		32,9	t
Rostfläche (L=2,542, B=1,7 m)		4,32	m^2
Feuerbüchsheizfläche (fb)		16,9	m^2
Rohrlänge		6.800	mm
Zahl Heizrohre 70 x 2,5 mm		106	
Heizfläche eines Heizrohres		1,39	m^2
Heizfläche der Heizrohre (fb)		147,0	m^2
Zahl Rauchrohre 171 x 4 mm		24	
Heizfläche eines Rauchrohres		3,46	m^2
Heizfläche der Rauchrohre (fb)		83,0	m^2
Rohrheizfläche		230,0	m^2
Verdampfungsheizfläche (fb)		246,9	m^2
Verdampfung bei Heizflächenbelastung 60 kg/m^2h		4,814	t/h
Wasseraum des Kessels		10,88	m^3
Dampfraum des Kessels		4,2	m^3
Verdampfungsoberfläche		14,5	m^3
Zahl Überhitzerelem. 30 x 3 mm		24	
Heizfläche eines Elementes		3,60	m^2
Überhitzerheizfläche (fb)		86,0	m^2
Heizfläche des Vorwärmers		10,45	m^2
Leergewicht		102,2	t
Dienstgewicht		113,515	t
Reibungsgewicht		60,945	t
Achslasten, betriebsfähig	L 1	16,025	t
	L 2	16,280	t
	K 3	20,230	t
	K 4	20,335	t
	K 5	20,380	t
	L 6	20,265	t
Mittlerer Kuppelachsdruck		20,315	t
Zul. Höchstgeschwindigkeit vorwärts		150	km/h
Zul. Höchstgeschwindigkeit rückwärts		50	km/h
Kleinster Krümmungshalbmesser		140	m
Zugkraft		9.900	kg
Leistung		2.100	PS_i
Leistung		2.000	PS_e
Günstigste Geschwindigkeit		100	km/h

Tender

Größte Länge		8.820	mm
Größte Breite		3.130	mm
Größte Höhe		4.258	mm
Raddurchmesser		1.000	mm
Achsstand des Drehgestells		1.750	mm
Fester Achsstand		2.750	mm
Gesamtachsstand		6.000	mm
Leergew. m. Ausrüstung (0,46 t)		34,2	t
Wasservorrat		38,0	m^3
Kohlenvorrat		10,0	t
Dienstgewicht etwa		82,33	t
Achslasten betriebsfähig	T 1	16,59	t
	T 2	16,10	t
	T 3	16,59	t
	T 4	16,58	t
	T 5	16,47	t

Lok und Tender

Dienstgewicht	195,83	t
Achsstand	20.370	mm
Länge über Puffer	24.130	mm

Erprobung, Serienbauart und Betrieb bis 1945

Große Pläne am Vorabend des Weltkrieges

Der am 3. Juli 1938 aufgestellte Beschaffungsplan 1939 enthielt die Baureihe 01^{10} mit 400 Maschinen, die bis 1943 geliefert werden sollten. Die bereits festgelegte Verteilung auf die Fabriken sah so aus:

01 1002 – 1051	50	Krupp
01 1052 – 1105	54	BMAG
01 1106 – 1130	25	Borsig
01 1131 – 1155	25	Henschel
01 1156 – 1180	25	Krauß-Maffei
01 1181 – 1205	25	BMAG

Erwähnenswert ist es, daß die Baureihen 03^{10} und 06 in diesem Beschaffungsprogramm nicht aufgeführt waren. Die noch nicht einmal fertige 06 fehlte, weil man sich grundsätzlich gegen den schweren Vierkuppler entschieden hatte, der nur auf einer Handvoll Strecken im Reich Vorteile versprach. Statt besonders schwerer Schnellzüge wollte man lieber ein dichteres Angebot mittelschwerer Züge mit einer Plangeschwindigkeit von 140 km/h vorsehen, ein für die Kunden jedenfalls erfreuliches Konzept. Diese Züge sollte die BR 01^{10} bespannen, so daß sich die hohe Zahl von Loks erklärt. Im Gegensatz zu den aufgrund des Beschaffungsplans im Herbst 1938 bestellten Loks der Baureihen 24, 41, 44, 64 und 86 unterblieb vorerst eine Bestellung der Stromlinienloks, weil noch nicht einmal ein Baumuster fertiggestellt war.

Eine Serienfertigung der Baureihe 03^{10} hatte seit der Festlegung auf dreizylindrige Schnellzuglokomotiven wohl nie in Frage gestanden. Als Zahlenblock fehlte sie vorerst im Beschaffungsprogramm, weil die DRB zunächst davon ausging, daß sie das Netz der auf 20 t Achsdruck ausgebauten wichtigen Hauptstrecken des „Altreiches" weiter vergrößern könnte. Durch diesen Ausbau überflüssige leichtere Schnellzugloks, namentlich der Baureihen 03 und 18^{4-5} wollte man auf den schwächer ausgebauten Strecken des dem Reich einverleibten Österreich einsetzen. Deren Zahl war noch unbestimmt. Bereits vor der Festlegung des Beschaffungsplanes wußte man im Reichsverkehrsministerium, daß sein Finanz-, Rohstoff- und Arbeitskräftebedarf in Konkurrenz stand mit demjenigen von Wehrmacht, Rüstungsindustrie und allgemeiner Wirtschaft. Gegenüber den mächtigen Konkurrenten sah die Reichsbahn also nicht besonders gut aus. Der Rohstoffmangel war real und nicht bloße „Heimstoffe"-Ideologie. Aus Mangel an Rohstoffen kam das Bauprogramm der Kriegsmarine so mühsam in Gang, daß sie erst um 1944 konfliktfähig sein würde. Auch die Luftwaffe klagte darüber, daß ihre Beschaffungen durch den Mangel an Kupfer, Zinn, Molybdän und Aluminium gebremst würden.

Die Reichsbahnführung sah sich deshalb genötigt, beim RZA eine „Sondergruppe zur Sicherstellung des Beschaffungswesens" einzurichten, die sich um die Einhaltung und Verkürzung der Lieferfristen durch die Fahrzeugindustrie kümmern sollte. Besonders ungehalten äußerte sich im Mai 1939 Beschaffungsreferent 31, Karl Günther, daß die Industrie von den im Lieferplan 1939 enthaltenen 1.075 Dampflokomotiven im Gesamtwert von 212.560.960 RM bis zum 31. Juli 1939 nur 101, weitere 417 Stück bis zum Jahresende und den Rest bis zum Oktober 1940 liefern könnte. Er forderte vom RZA, daß „nichts unversucht bleibt, um die Verkürzung der Lieferfristen und möglichste Beschleunigung der Ablieferung der Lok zu erreichen."

Ein Blick auf die Situation im Reich während dieser Zeit: Der Konsolidierung der nationalsozialistischen Diktatur nach innen durch ein wenn auch hohles Wirtschaftswachstum, soziale Wohltaten für die Volksgenossen, aber auch „Gleichschaltung" und Terror gegen Andersdenkende folgte seit dem Frühjahr 1938 die Aggression nach außen. Die im Herbst 1936 im zweiten Vierjahresplan festgeschriebene Aufrüstung mit dem Ziel der Kriegsfähigkeit bis 1940 sorgte seit Jahren für Hochkonjunktur, und diese überhitzte sich nach dem Anschluß Österreichs und des Sudetenlandes zusehends.

Hitler betrachtete seit Jahren die Gewinnung zusätzlichen „Lebensraums" auf Kosten „rassisch minderwertiger" Völker als legitim und verfolgte die Vergrößerung des vom Nationalsozialismus beherrschten und nutzbaren Wirtschaftsgebietes als Staatsziel. Die Aufrüstung war ihm deshalb Mittel zum Zweck, um die als unvermeidlichen Schicksalskampf erachteten Auseinandersetzungen führen zu können. „Raub als Staatsprinzip" – Adolf Hitler hatte lange schon *„die Gemeinschaft der abendländisch zivilisierten Nationen"* verlassen, so Thomas Mann schon 1936. Die Ausschaltung der Deutschen jüdischer Abstammung aus dem Wirtschaftsleben, ihre Enteignung und Entrechtung, was war das anderes als Raub? Hitler arbeitete auf den militärischen Konflikt mit Polen hin, im früheren Österreich war die starke Militarisierung des Altreiches noch in hektischem Aufbau, die Waffenindustrie arbeitete unter Volldampf, die Wehrmacht zog Reservisten ein, viele hundert Kilometer Reichsautobahn, die die Reichsbahn planerisch, personell und finanziell schultern mußte, waren im Bau. Alle Sparten von Zulieferern, angefangen bei den Kohlezechen und Stahlwerken, endend bei Knopflieferanten aus der Provinz, profitierten von den Projekten des Staates, benötigten immer mehr Arbeitskräfte. Die Arbeitnehmer wiederum freuten sich über höhere Löhne und erstaunlich verbesserte Sozialleistungen, konsumierten fleißig, und die Automobilindustrie bot erstmals Modelle für die von Hitler propagierte Massenmotorisierung an. Doch bereits 1937 hatte Reichsbankpräsident Hjalmar Schacht auf die finanzielle Schieflage des Reiches infolge der auf Pump finanzierten Aufrüstung hingewiesen. Als er den Staatsbankrott vorhersagte, zwang Hitler ihn im Januar 1939 ebenso zum Rücktritt wie im Vorjahr Außenminister von Neurath, der vor einem Krieg mit den westlichen Nachbarn gewarnt hatte. Historiker vergleichen das System des Nationalsozialismus heute mit einem „Schneeballsystem", dem immer neues und immer mehr Kapital zugeführt werden muß, um den letztendlich unvermeidlichen Zusammenbruch hinauszuzögern. Die Fortsetzung des angefangenen Raubzuges in Form der „Zerschlagung der Rest-Tschechei" im Frühjahr 1939 und des bevorstehenden Überfalls auf Polen war deshalb folgerichtig. Mit dem deutsch-sowjetischen Nichtangriffspakt vom 23. August 1939 wurde nicht nur der Weg frei für den Krieg gegen Polen, sondern die beiden menschenverachtenden Diktatoren hatten die Beute bereits vor dem ersten Schuß verteilt.

Wer die Zeitung las, konnte ahnen, was Hitler wollte. Die in den seit Frühjahr 1939 vorbereiteten Aufmarsch einbezogenen Eisenbahnabteilungen des Reichsverkehrsministeriums wußten fraglos genau Bescheid, und dort war deshalb bekannt, daß es in naher Zukunft andere Aufgaben geben würde als einen Streckenausbau für höhere Achslasten. Weil man aus dem Altreich nun keine 03 und 18^{4-5} für die „Ostmark" abziehen konnte, wurde die Beschaffung der BR 03^{10} zwingend. An eine Kriegswirtschaft im Verkehrswesen dachte man nicht, vermutlich, weil man annahm, daß Hitlers Drohgebärden („ich spiele immer va banque") abermals ohne einen Schuß zum Erfolg führen würde.

Im Mai 1939 überarbeitete das RZA den zahlenmäßig unveränderten Beschaffungsplan, veränderte die Zahlen bei den Fabriken Krauß-Maffei, Schichau und Schwarzkopff (BMAG) und bezog die Wiener Lokfabrik stärker ein. Zwischenzeitlich hatten sich Reichsbahn und Industrie auf die vom „Reichskommissar für die Preisbildung“ vorgeschlagenen Staffelpreise geeinigt, die für die Serienlokomotiven so aussahen:

Anzahl	01^{10}	03^{10}
11 - 20	236.640 RM	218.220 RM
21 - 40	235.460 RM	217.060 RM
41 - 100	234.460 RM	216.060 RM

In diesen Summen waren jeweils 21.000 RM für die Stromlinienverkleidung von Lok und Tender enthalten, für die ein Vorbehalt der Preisminderung nach Fertigstellung galt. Nicht enthalten waren die Mehrkosten für Kesselbleche aus hochwertigem Molybdänstahl (St 47 K), die Bremskraftregelung für schnellfahrende Lokomotiven und die Kohlenvorschubeinrichtung. Die bei 01 1001 und 03 1001 berechneten Entwicklungskosten von rund je 25.000 RM (nach heutige Kaufkraft 250.000 €) waren bei Serienfertigung abzuziehen. Zehn Maschinen der Henschel-Lieferung sollten Wälzlager in Treib- und Kuppelstangen, Steuerung und den Achsen des vorderen Drehgestells erhalten. Am 31. Mai 1939 segnete die Einkaufsabteilung Lieferplan wie auch Preise der Schnellzuglok-Bestellung ab, und das RZA konnte die Verträge ausfertigen. Dieses bestellte sodann bei den Firmen folgende 194 Schnellzuglokomotiven, von denen die 03^{10} zu Lasten der ursprünglich vorgesehenen 01^{10}-Beschaffungen gingen:

Hersteller	Zahl	Nummern
Henschel	50	01 1002 - 1051
BMAG	54	01 1052 - 1105
Borsig	40	03 1003 - 1042
Krupp	30	03 1043 - 1072
Krauß-Maffei	20	03 1073 - 1092

Die Lieferung aller 01^{10}-Serienmaschinen erfolgte aufgrund des Vertrages 03.419/63.804 und des Zeichnungsverzeichnisses vom 7. Juni 1939. Bald danach bestellte das Herstellerwerk das Material. Das Datum der Wasserdruckprobe des (noch nicht eingebauten) Kessels ist nur von 01 1067 überliefert: der 4. Januar 1940. Drei Monate später war die Lok fertig. Wasserdruckproben der Tender sind von 01 1065 (31.01.40), 01 1080 (18.03.40), 01 1082 (21.03.40) und 01 1105 (11.06.40) bekannt. Aus den bekannten Arbeitsabläufen ist deshalb eine Bauzeit von rund fünf Monaten je Lok anzunehmen. Der Ablieferung der 01 1001 folgte also nahezu bruchlos mit 01 1052, die am 25. Januar 1940 abgeliefert wurde, der Serienbau. Größere Verbesserungen gegenüber der Baumusterlok waren deshalb ausgeschlossen.

Hitler hatte fest darauf vertraut, daß Großbritannien und Frankreich sich um ihre Bündnisverpflichtung Polen gegenüber drücken würden. Das böse Erwachen folgte rasch, als diese dem Reich den Krieg erklärten. Erst angesichts der alsbald eskalierenden Auseinandersetzungen wies die Reichsführung die Reichsbahn an, sich auf einen längeren Waffengang einzurichten. Noch im Oktober 1939 reduzierte die DRB alle Bestellungen nicht kriegswichtiger Lokomotiv- und Wagenbauarten bzw. buchte sie auf Güterzugloks und Güterwagen um. Lediglich das bereits angearbeitete Baulos des 01^{10}-Urhebers BMAG, die drei allerdings auf 60 Loks reduzierten 03^{10}-Baulose, die beiden 23-Baumuster und 27 Serienloks der BR 45 ließ man bestehen. Weil das RZA weiterhin Wert auf die Erprobung von Stangenwälzlagern bei einer größeren Anzahl von Maschinen legte, erhielt die BMAG am 17. Januar 1940 den Auftrag, statt der 01^{10} zehn Loks der BR 50 mit Stangenwälzlagern zu liefern. Vermutlich weil bereits Teile für die 01^{10} angearbeitet waren, erhielten auch die sechs letztgelieferten Maschinen Wälzlager.

Alternativbauart nach französischem Rezept

Der im Laufe der Projektentwicklung der Baureihen 01^{10} und 03^{10} zwischen der Maschinentechnischen und Einkaufsabteilung im RVM und dem hierarchisch mehrere Stufen tiefer angeordneten Bauartdezernenten im Berliner Zentralamt ausgebrochene Streit über die zweckmäßige Bauweise von Dampf-Schnellzuglokomotiven verschärfte sich, nachdem das schon erwähnte Gutachten über die Gründe der unzureichenden Leistungsfähigkeit der Baureihen 01 und 03 seit dem 31. Mai 1939 auf dem Tisch lag (siehe Seite 22). Am selben Tag gab zwar Referent 31, Karl Günther den Bau der ersten Serienlokomotiven frei, vollzog aber eine halbe Kurskorrektur. Wenige Tage, nachdem dieser bei der BMAG die nahezu fertige 01 1001 besichtigt und noch letzte Änderungen bewirkt hatte, veranlaßte er am 5. August 1939 seinen Chef, Abteilungsleiter Ministerialdirektor Werner Bergmann zu einer Verfügung an das Zentralamt, nach der die Reichsbahn jeweils drei Exemplare von mehreren, mindestens aber drei unterschiedlichen Versuchsausführungen von stromlinienverkleideten Schnellzuglokomotiven der 01-Klasse erproben wollte. Die Versuchslokomotiven sollten zu Lasten der damals noch nicht festgelegten Vergabe 1941 gehen. Ausdrücklich benannt wurde als Anstoß die Überlegenheit der neuen französischen Lokomotiven. In dem Schreiben wurden „Vorschläge ohne persönliche Rücksichtnahme“ gefordert, denn inzwischen wäre „genug gegen die bisherigen Baugrundsätze zu sagen“. Alle Beteiligten wußten, auf wen das gemünzt war, und der Bauartdezernent durfte sich seither als kaltgestellt betrachten. Letzten Anlaß für diesen Affront hatten wohl die mühsamen Entwurfsarbeiten der 01^{10} gegeben, bei der man nur mit vielen Verrenkungen das zulässige Gewicht annähernd einhalten konnte, über den zu hohen Achsdruck schwieg und für teures Geld nichts Besseres, sondern technisch nur wieder den Stand des Jahres 1925 bekommen hatte.

Referent Günther hatte auch detaillierte Forderungen zur Ausführung hineinformuliert, und diese zeigten, daß er und seine Mitarbeiter die Chapelonschen Baugrundsätze verstanden hatten. Die drei geforderten Varianten,

1. Eine Lok mit dem bisherigen 01^{10}-Kessel, aber Vierzylinder-Verbundtriebwerk, strömungsgünstige Dampfwege, Anfahrvorrichtung französischer Bauart;
2. Eine Lok mit Dreizylindertriebwerk, Zylinderinhalt nicht zu knapp, strömungsgünstige Dampfwege, Kessel mit 20 atü, langer und schmaler Feuerbüchse mit 4,5 m^2 Rostfläche, Strahlungsheizfläche mindestens sechsmal so groß wie Rostfläche, Rohrheizfläche nur achtmal so groß wie Strahlungsheizfläche, Rohrlänge möglichst unter 5 m;
3. Eine Vierzylinder-Verbundlok mit dem unter 2. genannten Kessel,

sie würden durch ausreichend viele Kombinationen von Kesselbauarten und Triebwerksanordnungen aussagekräftiges Material für die Neuorientierung ergeben. Noch im gleichen Monat schickte das Zentralamt den ihm aufgedrängten Konstruktionsauftrag an die Firmen Borsig (Ausführung mit strahlungsbetontem Kessel) und Henschel (01^{10}-Kessel) weiter.

Die Henschel-Vorschläge

Anscheinend sah man in der Reichsbahn-Führung eine 01^{10} mit Verbundtriebwerk als denkbare und organische Weiterentwicklung, die ohne große Kosten und Einbrüche während der Lieferung einzuführen war. Bei Fa. Henschel war man sich der Sache deshalb recht sicher und ließ den Konstruktionsauftrag von den beiden verdienten „Alten Herren“ des Unternehmens ausführen.

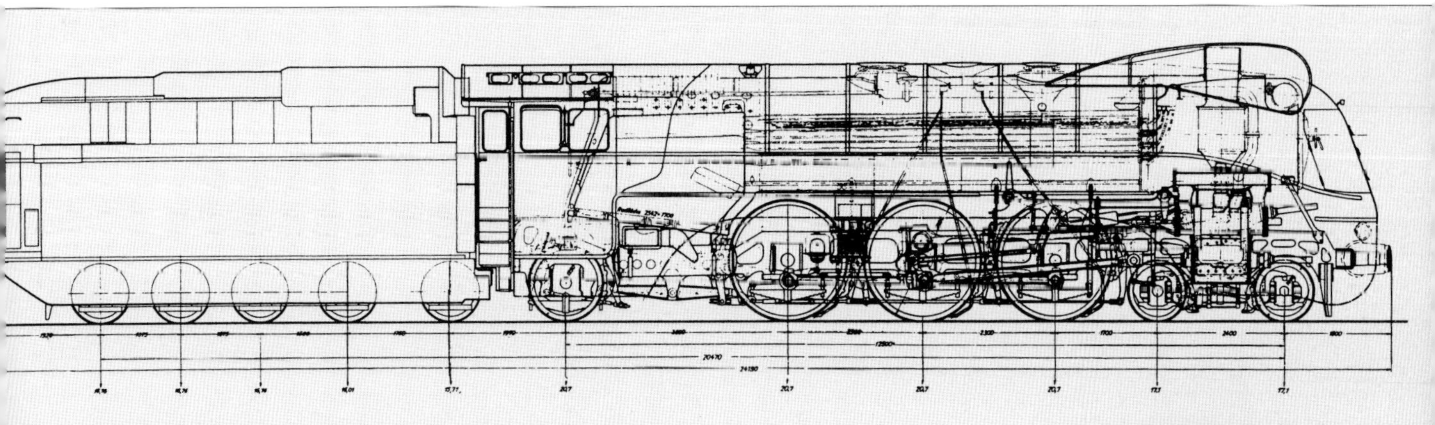

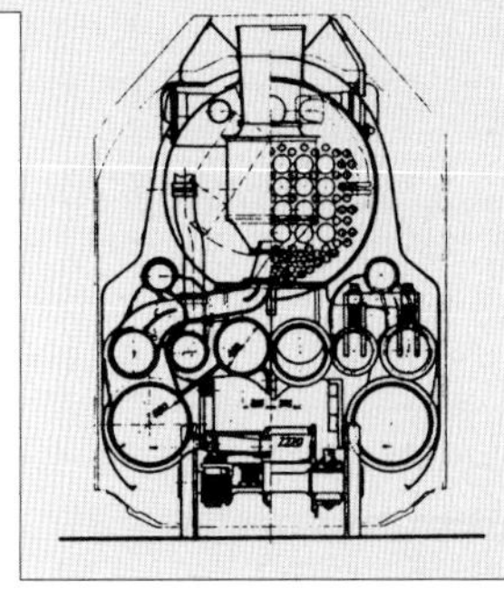

Bild 60
Letztes Henschel-Projekt PI R 1317 einer 01^{10} mit Vierzylinderverbund-Triebwerk Bauart von Borries vom 3. Oktober 1940.

ABBILDUNG: HENSCHEL, SLG. A. GOTTWALDT

Dies waren Georg Heise, Leiter des Büros TB 1 (Reichsbahn, Europa), und der gerade vom Vereinheitlichungsbüro der Lokindustrie zurückgekommene A. Knipping. Heise hatte sich fast 30 Jahre zuvor als Schöpfer der stark französisch inspirierten preußischen S 10^1 einen Namen gemacht, und einen besseren Vierzylinderverbund-Fachmann als ihn gab es in Deutschland wohl nicht. Die beiden stellten im Oktober 1939 routiniert den Entwurf PI 1285 fertig, eine nach außen hin mit der 01 1001 völlig gleiche Maschine, sieht man von der bereits vorgesehenen Triebwerksausschneidung ab. Im Laufwerk war als Abweichung höchstens die Führung der Schleppachse durch ein Bissel-Gestell zu nennen, was man bei der Reichsbahn für die Zukunft ohnehin vorsah. Für den Kessel schlug man als Möglichkeit vor, ohne sie bei den Projekten zeichnungsmäßig darzustellen, die Zahl der überhitzerbesetzten Rauchrohre zu Lasten der Heizrohre auf 28 zu vergrößern, so die Verdampfungsheizfläche auf 242,7 m^2 zu verkleinern, aber die Überhitzerheizfläche auf 100,9 m^2 zu vergrößern. Hiermit wollte man möglichst hohe Heißdampftemperaturen erzielen, um auch mit einem 16 atü-Kessel eine ausreichende Wärmenutzung in beiden Triebwerksstufen zu erreichen.

Das Triebwerk des **Vorschlages 1** zeigte folgende Merkmale:

- Vierzylinderverbundbauart nach de Glehn mit allen vier Zylindern unterhalb der Rauchkammer, Zweiachsantrieb auf die erste Kuppelachse (innere Hochdruckzylinder) und die mittlere Kuppelachse (äußere Niederdruckzylinder),
- Ein Zylinderblock mit beiden Hochdruckzylindern innen, wenig höher, leicht ansteigend und gegenüber den Außenzylindern nach vorne verschoben, 420 mm Durchmesser, 640 mm Hub und Schieber mit 250 mm Durchmesser,
- Niederdruckzylinder außen waagerecht mit 640 mm Durchmesser, 660 mm Hub und Schieberdurchmesser 350 mm,
- Steuerung der Hochdruck-Dampfmaschine vom äußeren Niederdruckschieber-Kreuzkopf abgeleitet,
- Anfahrvorrichtung handbetätigt mit Drehschieber nach französischem Vorbild.

Die gesamte Anordnung erinnert sehr stark an die Heisesche Ausführung der S 10^1 der Bauart 1914.

Die **Ausführung 2** zeigte folgende Merkmale:

- Vierzylinderverbundbauart nach von Borries mit allen vier Zylindern in einer Reihe unterhalb der Rauchkammer, Einachsantrieb auf die mittlere Kuppelachse,
- Hochdruckzylinder innen, hochgesetzt, geneigt mit 420 mm Durchmesser, 660 mm Hub und seitlich liegenden Schiebern mit 250 mm Durchmesser,
- Niederdruckzylinder außen waagerecht mit 640 mm Durchmesser, 660 mm Hub und Schieberdurchmesser 350 mm,
- jeweils ein gemeinsames Gußstück für Hoch- und Niederdruckzylinder einer Seite.
- Steuerungsableitung u. Anfahrvorrichtung wie bei Vorschlag 1.

Für beide Bauarten gilt: Das Leergewicht nahm Henschel mit 106 t, das Dienstgewicht der Lok mit 117 t an. 62,1 t Reibungsgewicht hätte sie auf die Schienen gebracht.

Technische Neuigkeiten boten die beiden klassischen Varianten von Verbundloks nicht, und die Dampfmaschine war sogar gegenüber der BR 02 deutlich knapper dimensioniert. Die beiden Mittsechziger hatten sozusagen „Altbekanntes“ geliefert. Die von außen abgeleitete Steuerung der Innenzylinder war üblich, nicht ideal, hier aber unproblematisch, weil wenigstens die Niederdruckzylinder die genau arbeitende Außensteuerung besaßen. Die Vereinigung je eines Hoch- und Niederdruckzylinders bei der „von-Borries-Variante“ 2 war dringend angeraten, da man auf diese Weise einigermaßen harmonische Dampfwege innerhalb des Blocks ausbilden konnte. Übliche Von-Borries-Typen wie die S 3/6 zeigten immer eine Drosselung bei hohen Geschwindigkeiten und geringen Schieberausschlägen. Beide Vorschläge zeigen knappe Schieberabmessungen, die schon unter denen der badischen IVh von 1918 lagen. In der Niederdruckmaschine hätte man deshalb sowohl in Ein- wie auch Ausströmung bei hohen Geschwindigkeiten mit Drosselverlusten rechnen müssen. Vor allem aber die knappe Leistung des 01^{10}-Kessels bildete hier das Problem, so daß es keinen wirklichen Fortschritt gegenüber den Baureihen 02 und 04 hätte geben können.

Nach Stornierung der Aufträge über 01^{10} und 03^{10} verunsichert über die Realisierungschancen fragte Henschel im Frühjahr 1940 beim Zentralamt nach. Von dort aber teilte man Henschel wohlgemut mit, man möge neue Zeichnungen mit einem auf 460/690 mm vergrößerten Zylinderdurchmesser, Einachsantrieb und den gemeinsamen Zylinderblöcken für Hoch- und Niederdruckzylinder vorlegen. Henschel tat das am 10. Oktober 1940 und packte, vermutlich angeregt durch die Borsig-Vorschläge, einen eigenen Vorschlag einer 1'C2'h4v mit gleicher Dampfmaschine, Einachsantrieb und auf 2.250 mm verkleinertem Kuppelachsstand dazu. Der Lokachsstand lag bei 11.350 mm, die Loklänge bei 15.050 mm, die Gesamtlänge von Lok und Tender bei 23.870 mm. Hier wurde aus Platzmangel die Steuerungsübertragung zur Mitte vor den Zylindern angeboten, die sich einstens bei der Bauart 1911 der Vierlings-S 10 gar nicht bewährt hatte. Wieder mußte man den 01^{10}-

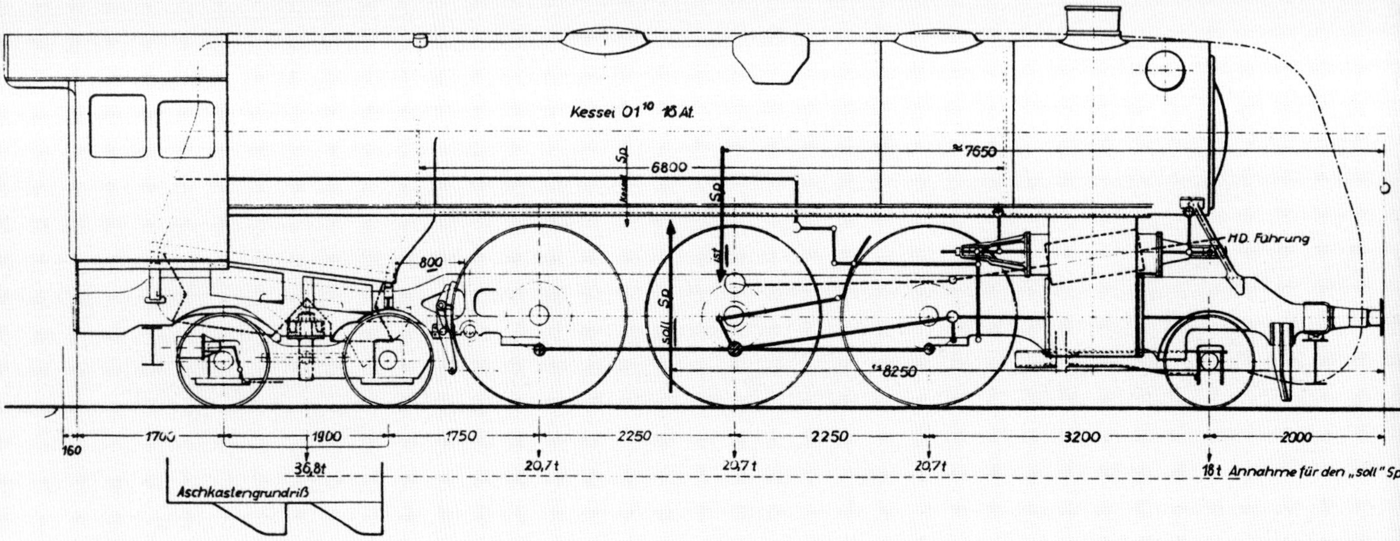

Bild 61 – Henschel-Projekt Sk 1317 mit umgedrehter Achsanordnung, ebenfalls mit Von-Borries-Triebwerk und 01^{10}-Kessel vom Sommer 1940. ABB.: HENSCHEL, SLG. A. GOTTWALDT

Kessel vorsehen, so daß diese Vorschläge auch dann keine Chance gehabt hätten, wenn nicht die ganze Beschaffung von Reisezugloks schon der Kriegswirtschaft geopfert worden wäre.

Die Borsig-Vorschläge

Bei Borsig war der auch von amerikanischen und französischen Konstrukteuren geschätzte Chefkonstrukteur Adolf Wolff verantwortlich, dem schon bei der BR 05 eine für Höchstleistungen geeignete Bauart von Dampfmaschine und Triebwerk gelungen war, und der sich für die neue Aufgabe auch durch seinen originellen Entwurf für die 2'Dh4v-Gebirgsschnellzuglok BR 07 von 1935 empfohlen hatte. Im Januar 1940 legte Wolff 1:10-Bauzeichnungen für vier Varianten vor. Alle besaßen gleiche Kessel und gleiches Laufwerk. Wegen des schweren Hinterkessels hatte Wolff die Achsfolge umgedreht und ein hinteres Drehgestell vorgesehen, das er von der BR 06 übernahm. Notgedrungen mußte er wegen des so in der Vorderpartie entstandenen großen Platzmangels bei der Triebwerksgestaltung originelle Lösungen anbieten. Kuppelachsstand und Bremsanordnung der Kuppelachsen entsprach der BR 01^{10}, und vorn sollte ein Krauß-Helmholtz-Lenkgestell die Lok führen. Letzteres hatte sich bei den Versuchsfahrten mit der E 18 auch bei höchsten Geschwindigkeiten bewährt. Starke Rückstellfedern führten zu einem rund 30 Prozent geringeren Anlaufdruck der ersten Kuppelachse als bei einer Führung der Lok durch ein Drehgestell. Mit 12.600 mm war der Gesamtachsstand um 200 mm größer als bei der 01^{10}. Die Länge der Lok allein war mit 15.600 mm um 465 mm größer als die des konventionellen Drillings. Mit dem vorgesehenen 2'3 T 38 St hätte sich also eine Gesamtlänge der Lok von 24.595 mm ergeben. Leergewicht, Dienst- und Reibungsgewicht hätten dem der 01^{10} nahezu entsprochen und nutzten die zulässigen 20 t Achsdruck schon rechnerisch völlig aus. Exakte Vergleiche sind wegen der Unklarheiten über die tatsächlichen Gewichte der Serien-01^{10} nicht anzustellen.

Die Stromlinienverkleidung folgte der Ausführung der BR 01^{10}, sah auch schon den praktischen Triebwerksausschnitt vor, den Borsig damals gerade an der Baumusterlok 03 1002 ausführte. Im Bereich des Belpaire-Stehkessels mußte man die Verkleidung oben breiter halten.

Der Kessel

Der auf 20 atü Betriebsdruck ausgelegte Kessel lohnt eine genauere Betrachtung. Er folgte Chapelons Baugrundsätzen und wurde bestimmt durch die in Höhe der Feuertür fast 4 m lange Feuerbüchse mit einem nach vorne in der Neigung 1:6 abfallenden, nur 1,2 m breiten und 3,65 m langen Rost. Infolge des starken Gefälles konnte man diesen durch Bau eines „Schaufelfeuers" ebenso beschicken wie den Rost einer 17^{10}. Der Aschkasten war für Reichsbahnverhältnisse riesig und verfügte über vordere wie auch seitliche Luftklappen von erheblicher Größe. Die Heizfläche der Feuerbüchse wurde noch vergrößert durch zwei wasserführende Feuerschirm-Tragrohre und betrug 27,8 m^2. Feuerbüchsdecke und Stehkesseldecke waren eben (Bauart Belpaire). Diese war in Deutschland letztmalig bei der preußischen P 10 (BR 39) angewendet worden. Der nur 5 m lange Langkessel von 1,9 m Durchmesser enthielt 157 Heizrohre (Heizfläche 111,99 m^2) und 40 Rauchrohre (Heizfläche 78,54 m^2). Nahezu der ganze Rohrspiegel war deshalb mit Überhitzerelementen besetzt. Mit der für DRB-Verhältnisse sehr großen Zahl von Überhitzerelementen (Heizfläche 88,59 m^2) war eine sehr hohe Überhitzung möglich. Der Überhitzer war gegenüber dem der 01^{10} zwar kaum vergrößert, versprach aber mit einem Verhältnis Verdampfungs- zu Überhitzerheizfläche von 2,46 (01^{10}: 2,87) eine deutlich höhere Überhitzung im Teillastbereich.

Die ungewöhnlich große Zahl der Heizrohre kleinen Durchmessers diente einer guten Wärmeabgabe trotz des nur kurzen Langkessels. Das Verhältnis Feuerbüchs- zu Rohrheizfläche (1:6,85) war für Wagner-Anhänger skandalös (BR 01: 1:13,52!) und versprach eine dramatische Verdampfung und als Nennleistung des nur 218,33 m^2 Verdampfungsheizfläche enthaltenden Kessels nach der Baldwin-Formel 16,6 t Dampf je Stunde. Real wäre dieser Hochleistungskessel im Alltagsbetrieb aber schadlos mit 90 kg/m^2h zu belasten gewesen, entsprechend knapp 20 t Dampf je Stunde. Einen so leistungsfähigen Kessel hat es bei der DRB niemals gegeben, und höchstens die Neubaukessel der Baureihen 10 und 45 wären annäherungsweise zu solchen Leistungen in der Lage gewesen. Scheinbar waren die Borsig-Projekte bei der DB unbekannt, denn erst mit der BR 66 und den Hochleistungskesseln für die Baureihen 01 und 41 begann Friedrich Witte, sich an den Bereich extrem hoher Strahlungs- und Überhitzerverhältnisse heranzutasten.

Das Triebwerk

Die Grundbauart des Triebwerkes war von der BR 01^{10} übernommen, allerdings fielen die Treibstangen des Außentriebwerkes naturgemäß um einiges kürzer aus. Die Dampfwege waren nach Chapelon schlank und strömungsgünstig gehalten. Die tief angeordneten Doppelblasrohre mit weiten Zuleitungen und Doppelschlot von je 460 mm Durchmesser an der Oberkante versprachen

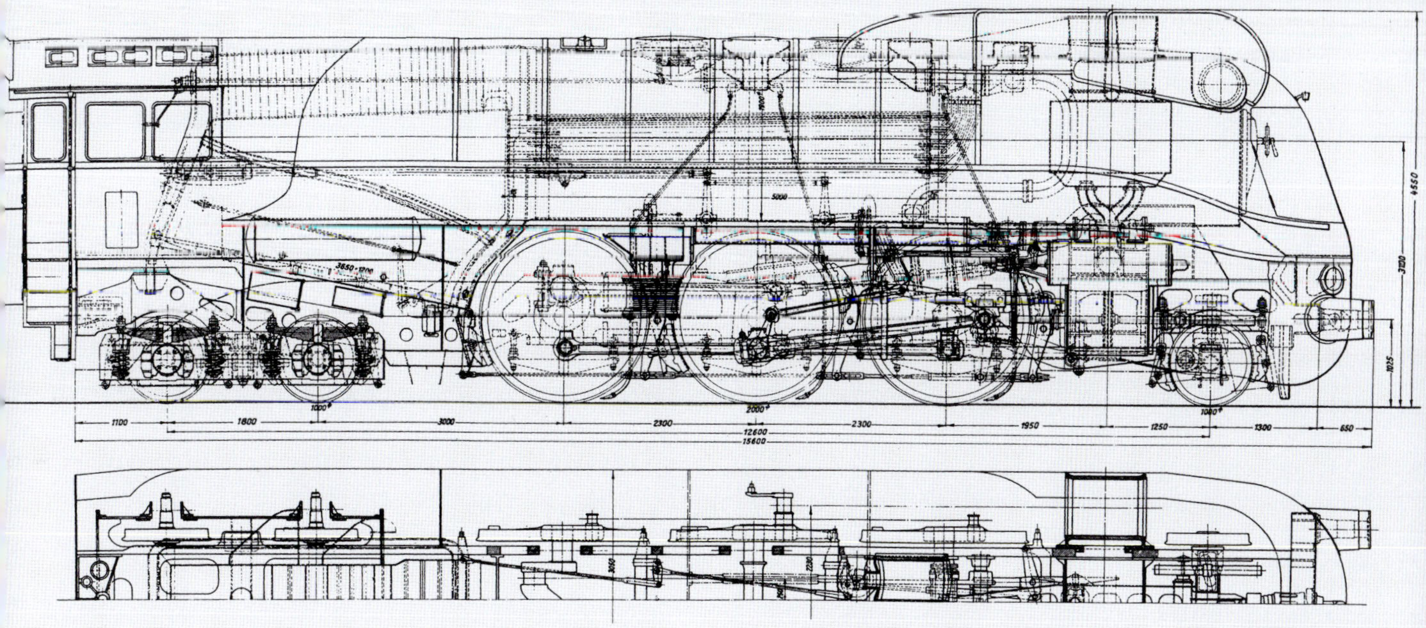

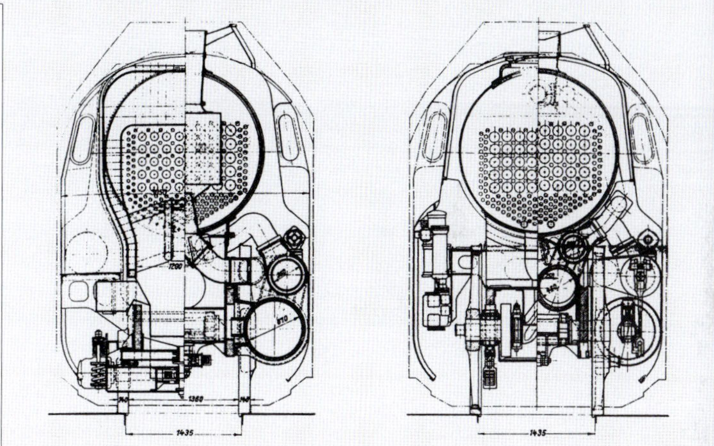

Bild 62 – Borsig-Entwurf 2 vom Januar 1940 für eine Alternativbauart zur 01^{10}. Doppelblasrohr, eine lange schmale Feuerbüchse, Vierzylinderverbundtriebwerk mit Antrieb außen auf die zweite Kuppelachse und innen zurückverlegten Hochdruckzylindern mit Antrieb auf die dritte Kuppelachse.

schon im Ausgangszustand eine drosselungsarme Abströmung des Auspuffdampfes. Die Ausführung mit Kylchap-Mehrfachblasrohren war optional.

Entwurf 453-409

- Vierzylinderverbundbauart nach von Borries mit allen vier Zylindern in einer Ebene unterhalb der Rauchkammer, Einachsantrieb auf die mittlere Kuppelachse,
- Hochdruckzylinder außen, waagerecht mit 660 mm Hub, 460 mm Durchmesser und Schiebern mit 250 mm Durchmesser,
- Niederdruckzylinder innen in Schräglage auf den Rahmen gestützt, 720 mm Hub und 670 mm Durchmesser, Schieberdurchmesser 350 mm,
- Niederdruckzylinder mit getrennter Ausströmung und jeweils eigenem Blasrohr und Schornstein,
- Steuerung der Niederdruck-Dampfmaschine von der Außensteuerung abgeleitet.

Diese Ausführung entsprach der, wie sie z.B. auf der preußischen $S\,10^1$ der Bauart 1914 realisiert war. Für den angepeilten großen Dampfdurchsatz waren auch hier Hoch- wie Niederdruckschieber etwas knapp bemessen und ließen eine gewisse Dampfdrosselung vor allem in der Niederdruckmaschine befürchten. Die strömungsgünstigen Dampfwege, auch auf der Abdampfseite, versprachen dennoch deutliche Vorteile gegenüber den bislang ausgeführten Bauarten. Die von außen abgeleitete Steuerung der Innenzylinder war auch hier vorgesehen.

Entwurf 453-410

- Vierzylinderverbundbauart nach de Glehn mit zwei Außenzylindern in Schornsteinflucht und zwei Innenzylindern rückwärts verschoben und oberhalb der ersten Kuppelachse auf den Rahmen gestützt, Zweiachsantrieb auf die mittlere Kuppelachse (Außenzylinder) und auf die hintere Kuppelachse (Innenzylinder),
- Niederdruckzylinder außen, waagerecht mit 720 mm Hub und 670 mm Durchmesser, Schieberdurchmesser 350 mm,
- Hochdruckzylinder innen, in leichter Schräglage mit 660 mm Hub, 460 mm Durchmesser und Schiebern mit 250 mm Durchmesser,
- Niederdruckzylinder mit getrennter Ausströmung und jeweils eigenem Blasrohr und Schornstein,
- Steuerung der Niederdruck-Dampfmaschine von der Außensteuerung abgeleitet.

Es handelt sich hier um die Umkehrung der Bauart de Glehn mit nach hinten verschobenen Innenzylindern, eine originelle und hier wegen der beengten Platzverhältnisse im vorderen Bereich für einen Zweiachsantrieb zwingende Lösung, die erstmals von der französischen PLM im Jahr 1930 bei ihrer riesigen Versuchslok 241 C1 angewendet worden war. Diese gilt als Prototyp für die in den fünfziger Jahren gebaute 4.000 PS_i starke SCNF-Reihe 241 P. Das bei Entwurf 453-409 zu den Schieberabmessungen Gesagte trifft auch hier zu. Die Dampfwege waren günstig ausgeformt, wenn auch bei den Innenzylindern sehr lang. Die Aufteilung des Triebwerksangriffs auf zwei Achsen versprach trotz der hohen Leistung eine lange Lebensdauer der beiden Treibachsen.

Entwurf 453-411

- Dreizylinderbauart mit allen Zylindern in Schornsteinflucht, Einachsantrieb auf die mittlere Kuppelachse,
- Zylinder außen, waagerecht mit 660 mm Hub und 480 mm Durchmesser, Schieberdurchmesser 300 mm, Ausströmung in vorderen Schornstein,
- Innenzylinder stark geneigt und auf den Rahmen aufgestützt, Ausströmung in hinteren Schornstein,
- eigene Steuerung des Innenzylinders von der letzten Kuppelachse aus.

Im Gegensatz zu einer 2'C1'der 01^{10}-Größe machte hier die Konstruktion eines Einachsantriebes keine besonderen Probleme, da man wegen der vorn kurzen Bauart der Lok bei Hochlegung des Zylinders gut über die erste Kuppelachse hinwegkam. Bei den Dreizylinderbauarten war der Einachsantrieb wegen des gleichmäßigen Triebwerksangriffs auf nur eine Achse aus unterhaltungstechnischen wie auch Traktionsgründen vorzuziehen. Im Gegensatz zur Verbundlok sind die hier wie auch beim Entwurf 453-412 schwereren Treibstangen wegen ihrer geringen Länge nicht ideal und hätten wegen der jeweils rund 1.000 PS Zylinderleistung erhöhte Unterhaltungskosten durch Lagerverschleiß erwarten lassen. Grundsätzlich aber war bei der Drillingsvariante dieser Einachsantrieb mit drosselfreier Ausblasung durch zwei Schornsteine die beste Ausführung.

Entwurf 453-412

- Dreizylinderbauart mit Außenzylindern waagerecht in Schornsteinflucht, Innenzylinder zurückverlegt und in leichter Schräglage oberhalb der ersten Kuppelachse auf den Rahmen gestützt,
- Zylinder außen wie bei Entwurf 453-411,
- Innenzylinder mit Antrieb der letzten Kuppelachse und eigener Steuerung von der mittleren Kuppelachse, Ausströmung in hinteren Schornstein.

Diese Ausführung stellt die Umsetzung des Entwurfs 2 auf die Dreizylinderbauart dar, geschah aus dem gleichen Grund und versprach wie dieser eine gute Schwerpunktlage. Doch auch diese Variante des Zweiachsantriebes war dem Einachsantrieb prinzipiell unterlegen, da die kurzen Treibstangen wie bei der 01^{10} zu erheblichen Tangentialschwingungen und damit Zugkraftschwankungen (Schleudergefahr) geführt hätten. Das allerdings konnte man damals noch nicht wissen, sondern stellte es erstmals bei der damals noch laufenden und weiter unten beschriebenen Erprobung der 01 1001 fest. Bekannt war allerdings bereits, daß die Einheitsloks der DRB mit Zweiachsantrieb (BR 05, 44, 45, 85) im Triebwerksbereich sehr hohe Unterhaltungsaufwendungen verursachten.

In der Projektbeschreibung kündigte Wolff für alle vier Bauarten eine Mehrleistung gegenüber der 01^{10} von mindestens 35 Prozent entsprechend einer Nennleistung von rund 2.850 PS_i an. Diese Erwartung war recht zurückhaltend, denn sogar die noch mit einer verhalten strahlungsorientierten Auslegung des Kessels, aber außerordentlich kräftigen Dampfmaschinen versehenen Baureihen 10 und 45 (mit Neubaukessel) waren in der Lage, deutlich mehr als 3.000 PS_i zu mobilisieren. Mit der viel kleineren Umbau-240 von Chapelon wurden am Zughaken 2.900 PS erreicht, entsprechend ungefähr 3.400 PS_i! Deshalb darf man die beiden besten Entwürfe 453-410 und 453-411 mit rund 3.200 ohne Kesselüberlastung einsetzbaren PS_i einschätzen. Nebenbei sei noch angemerkt, daß ein Drilling mit der hier vorgesehenen und nahezu unerschöpflichen Kesselleistung auch eine Dampfmaschine von 3 x 720 x 520 mm (wie BR 45) und die Langhubsteuerung der BR 05 gut vertragen hätte und oberhalb der Reibungsgeschwindigkeit zu enorm schnellem Beschleunigen und zur Beförderung von 600 t-Zügen mit 140 km/h Plangeschwindigkeit in der Lage gewesen wäre.

Die in der Dampfwirtschaft sparsamste Bauart wäre fraglos die mit der zweistufigen Dampfdehnung gewesen, weil erst diese den Kesseldruck von 20 atü voll hätte ausnützen können. Ob das größere Druckgefälle die höheren Unterhaltungskosten hätten aufwiegen können, sei dahingestellt, denn vermutlich wäre jeder Dampfminderverbrauch gegenüber einem strömungstechnisch optimierten Drilling durch die Drosselverluste in der Dampfmaschine wieder aufgezehrt worden. Ob die Verbundlok die für den Drilling erwähnten Zugleistungen hätte erbringen können, muß auch fraglich bleiben, denn gerade bei hoher Anstrengung hätten solche Lokomotiven wohl an der „Verbundcharakteristik“ der BR 02 gelitten.

Jedenfalls wäre mit einem Bau einer dieser Dampf-Schnellzuglokomotiven „der Dampf“ in seinen Traktionsleistungen dem elektrischen Betrieb wieder nahezu ebenbürtig geworden, und das bei viel geringeren Anlagekosten.

Doch genug des „hätte“ und „wäre“ und zurück auf den Boden des kriegsbestimmten Alltages im Herbst 1939: Die Reichsbahn stellte alle noch nicht angearbeiteten Bestellungen von Stromlinien-Schnellzugdampfloks auf Güterzugloks um, und vom Borsig-Baulos 01 1106-1130 war keine Rede mehr. Stillschweigend verschwanden die Pläne für die neue Generation von Dampf-Schnellzugloks in der Schublade.

Die meßtechnische Erprobung von 01 1001

Bereits am 14. Februar 1939 hatte das Versuchsdezernat im Reichsbahn-Zentralamt (RZA) Berlin die meßtechnische Untersuchung von 01 1001 nach ihrer Fertigstellung veranlaßt. Die Lok war nach der Eintragung in den Standortseiten des Betriebsbuches vom 30. August 1939 bis zum 11. März 1940 beim Versuchsamt Grunewald beheimatet, ab dem Folgetag beim Bw Leipzig Hbf West. Die Genehmigungsurkunde der RBD Halle für 01 1001 stellte am 18. März 1940 interessanterweise der spätere Maschinentechnische Referent der HVB Friedrich Flemming aus, der sich mit dieser Baureihe in den fünfziger Jahren noch intensiv beschäftigen sollte.

Als erstes Exemplar der kommenden Generation von Stromlinienloks unterzog man 01 1001 einer Erprobung, die sich noch bis in den Krieg hinein erstreckte, vom Bau der Serienlokomotiven allerdings überholt wurde. In Form der Materialbestellungen hatte der Bau von diesen bereits begonnen, als 01 1001 an die DRB abgeliefert wurde. So waren Änderungen nur noch im Detail möglich.

Begonnen hatte das Versuchsgeschehen allerdings schon vor der Ablieferung der 01 1001, denn die in Wildau zeitweise montierten Windleitbleche im 05-Format waren bei der Abnahme bereits wieder verschwunden. Probefahrten außerhalb des BMAG-Werksgeländes sind nicht bekannt. Sie sind aber anzunehmen, da sie bei jeder ersten Maschine einer neuen Baureihe üblich waren, schon allein, um dem Herstellerwerk mögliche Blamagen bei der Abnahmeuntersuchung zu ersparen.

Die in Grunewald nachgewiesenen 6.454 km im Versuchseinsatz belegen, daß die Erprobung in aller Eile verlief und wohl hauptsächlich der Aufstellung der Lastentafeln diente. Immerhin ergab sich aus den Fahrten, daß die durch das Dreizylindertriebwerk erhofften Verbesserungen eingetreten waren. Die Aufschreibungen der Versuchsabteilung belegen für August 1939 31 km an einem Betriebstag, im September 277 km an einem Tag, im Oktober 1.605 km an sieben Tagen, im November 2.333 km an fünf Tagen, im Dezember 591 km an einem Tag, im Januar 1940 645 km an drei Tagen und im Februar 1940 972 km an fünf Tagen. Von Ende September 1939 stammt eine Sichtung der 01 1001 vor einem Meßzug mit Bremslok 17 057 im Bahnhof Wannsee. Am Regler der Stromlinienlok stand der von der 05-Weltrekordfahrt bekannte Grunewalder Lokführer Oskar Langhans.

Nahezu vollständig hatte man noch die Fahrten mit 60, 80, 100 und 120 km/h durchführen können. Die erste Fahrt mit 140 km/h mußte man mit Lokschaden abbrechen. Danach mußte das Lokversuchsamt Grunewald Versuche mit wichtigeren Maschinen wie der Baureihe 50 vorziehen, so daß es keine vollständige meßtechnische Überprüfung der 01 1001 mehr gab. Ein ähnliches Schicksal erfuhren dort gleichzeitig die Loks 03 1002, 06 001 und

Bild 63
Bis zum Februar 1940 dauerte die Erprobung der **01 1001** bei der Versuchsabteilung Grunewald. Eine Volluntersuchung mit Geschwindigkeiten über 120 km/h konnte man nicht mehr vornehmen. Nach der Untersuchung kam 01 1001 zum Bw Leipzig Hbf West. In dessen Planeinsatz ist sie hier im Sommer 1940 vor einem Abteilwagen-Personenzug bei der Einfahrt in den Bahnhof Bad Köstritz (Strecke 161 Leipzig – Zeitz – Gera) zu sehen. Um das Triebwerk zu kühlen, sind die Kupplungsklappe und eine Jalousie geöffnet.

AUFNAHME: SAMMLUNG KLAUS WOHLFARTH

61 002. Meßfahrten wurden immer seltener, bis sie im Laufe des Jahres 1940 völlig eingestellt wurden.

Am 26. Februar 1940 war der kurzgefaßte und mit nur elf Diagrammen versehene Versuchsbericht der Versuchsgruppe 3 im Versuchsamt für Lokomotiven Grunewald fertiggestellt, wurde ordnungsgemäß vom Leiter des Amtes Friedrich Röhrs abgezeichnet und ans RZA Berlin abgeschickt. Offenbar ging der Bericht durch diverse Hände, denn der Eingangsstempel im RZA zeigt erst das Datum 31. März 1940.

Ausdrücklich verstand sich der Bericht nur als erster Überblick. „Bei den anliegenden Schaubildern ist also nicht so sehr die genaue zahlenmäßige Lage der Versuchspunkte von Bedeutung als vielmehr ihre allgemeine Tendenz", so hieß es einleitend. Warum die Abwertung der eigenen Meßergebnisse, die doch sonst immer mit geradezu wissenschaftlichem Aufwand gemittelt und extrapoliert wurden, um statt eines Meßpunkte-Gewirrs schöne Kurven zu zeigen?

Einige Erkenntnisse aus dem Bericht: Aus den Meßergebnissen ging deutlich hervor, daß der dritte Zylinder bei niedrigen Geschwindigkeiten gegenüber der zweizylindrigen 01-Lok erhöhten Dampfverbrauch verursachte. Bei 100 km/h war der Dampfverbrauch je PS_e wegen des beginnenden Einflusses der Stromlinienverkleidung nahezu gleich mit der 01, bei 120 km/h endlich merklich geringer, wenn auch nur um 3,5 %.

Die Dampfeintrittstemperaturen entsprachen den bei 01 093 gemessenen, kein Wunder beim gleichen Kessel. Auch Kohlenverbrauch und Wirkungsgrad stimmten mit den bei 01 093 gemessenen Werten überein.

Die Zughakenleistung war erst ab 100 km/h größer als die der 01. Der im Verhältnis nur sehr kleine Gewinn durch die Stromlinienverkleidung wurde erklärt durch den Verlauf der n_i-Kurven (PS_i). Die großen Ersparnisse durch die Verkleidung wurden also durch die unzureichende Zylinderleistung teilweise wieder zunichte gemacht. *„Der Grund für den hohen indizierten Dampfverbrauch liegt zum Teil in der Dreizylinderanordnung als solcher und zum Teil an den hohen Widerständen der Dampfwege bei höheren Geschwindigkeiten (ungünstige Strömungsverhältnisse). Die wegen Lokschadens abgebrochene erste Fahrt mit V=140 km/st z.B. ergab Dampfschaulinien, deren Ausschublinien rund 1 at über der Nullinie lagen. Die ungünstigen Strömungsverhältnisse im Zylinderblock kommen auch in einem Vergleich der α-Werte (α: Widerstand) zum Ausdruck. Das Verhältnis von $p_{mi}:p_{sch}$ sinkt bei der 01 140 bei 25 % Füllung von 0,34 auf 0,27. Bei der Lok 01 1001 bewegen sich die Werte zwischen 0,385 und 0,265."* (p_{mi}: **mittlerer indizierter** Druck im Zylinder [Maßstab für die entwickelte Zugkraft], p_{sch}: **gemessener Schieberkastendruck).**

Da p_{mi} stets recht ungenau aus den Indikatordiagrammen ermittelt oder aus der effektiven (Zughaken-)Leistung zurückgerechnet sind, sind die beobachteten Unterschiede wohl nicht relevant.

Den Ingenieuren hätte auffallen können, daß infolge des 50 % größeren, für die Einlaßdrosselung fast allein maßgeblichen Schieberquerschnittes der Dreizylinderlok solche Abweichungen zum Ungünstigen physikalisch nicht hätten auftreten dürften. So ist zu vermuten, daß die – nach Skala – eingestellten Füllungsgrade beider Loks nicht identisch waren. Laut Henschel-Taschenbuch fällt α (bei der dazwischen liegenden) 03 wie folgt aus:

- 40 km/h: 0,334 x p Kessel
  (mit p_{sch} also etwa noch 15/16 x kleiner)
- 100 km/h 0,222
- 120 km/h 0,195

Somit wurden vermutlich die Werte für 01 140 damals zu günstig ermittelt. In der internationalen Literatur werden viele sehr unterschiedliche Verläufe von alpha genannt, die stark von der Loktype und den Meßmethoden abhängen.

Dem dürren Versuchsbericht fügte Prof. Dr. Hans Nordmann, Leiter des Versuchsdezernates (Dez 22) im Reichsbahn-Zentralamt Berlin, einen eigenen Bericht hinzu, den auch Bauartdezernent Wagner mitverfaßt hatte. Der Chef des RZA Curt Emmelius zeichnete ab, und dann sandte man am 14. Mai 1940 Berichte und Diagramme ins Ministerium in die Berliner Voßstraße. Nicht verwunderlich war es, daß die zuvor kritische Bewertung des Dreizylindertriebwerks hier sanfter ausfällt.

Der kursiv gesetzte Kurzbericht von Nordmann und Wagner ist an einigen Stellen durch Anmerkungen des Autors ergänzt. Da Nordmann und Wagner fast keine Zahlen nannten, seien aus anderen Quellen bekannte Angaben vorangestellt.

Nach Eckhardt wurden unter Kesselnennbelastung folgende Höchstleistungen gemessen:

km/h	PS_i 01	PS_e 01	PS_i 01^{10}	PS_e 01^{10}
60	2.080	1.780	2.020	1.770
80	2.150	1.735	2.110	1.770
100	2.200	1.640	2.150	1.705
120	2.250	1.480	2.160	1.550

Der geringe Abstand zwischen indizierter und effektiver Leistung bei der 01^{10} resultiert aus der Stromlinienverkleidung, die offenbar doch bis herunter auf 60 km/h noch Vorteile brachte.

Der Kesselwirkungsgrad der Stromlinienlok lag im günstigsten Falle bei 65 Prozent (01: 66 %, 02: 72,5 %, 50: 74,5 %). Der indizierte Dampfverbrauch d_i lag nach Eckhardt bei 6,38 kg/PS_ih (Widerspruch zu Nordmann) bei der 01: 6,13. Die Überhitzung erreichte bei beiden 01-Bauarten 390 °C. Der mechanische Wirkungsgrad in Prozent laut Eckhardt:

km/h	01^{10}	01
60	87,6	85,6
80	83,8	80,7
100	79,4	74,6
120	71,7	65,8

Der Wert für die 01 bei 120 km/h ist dabei unrealistisch gut und wieder Hinweis dafür, daß die effektive Leistung der 01 vermutlich zu hoch angegeben ist. Der Gesamtwirkungsgrad der 01 betrug nach Eckhardt 9,78 %, derjenige der 01 1001 9,23 %.

Die im Versuchsbericht behauptete Drosselung in der Dampfmaschine wurde auch von Nordmann/Wagner als gegeben angesehen. So baute sich ein Großteil der folgenden Argumentation auf die in diesem Detail wohl fehlerhaften Angaben auf.

Nordmann/Wagner: *„Die Untersuchung der verkleideten Dreizylinderlokomotive 01 1001, die vorerst nur in dem Geschwindigkeitsbereich von V = 60 km/h bis V = 120 km/h vorgenommen wurde, ist zunächst abgeschlossen (...). Wegen der augenblicklichen Kriegseinschränkungen konnten die Versuche noch nicht auch auf höhere Geschwindigkeiten ausgedehnt werden, obwohl die Lokomotive mit ihrem guten, durch das Gefühl sehr ruhigen Laufs bestätigten Massenausgleich als Drillingsmaschine an sich für eine Höchstgeschwindigkeit von 140 km/h, ausnahmsweise auch 150 km/h, vorgesehen ist.*

Der Zweck der angestellten Versuche war naturgemäß einmal die Ermittlung der absoluten Leistungscharakteristik und Verbrauchszahlen, dann aber zu finden, wieweit die Gesamtabweichung von der normalen Zwillingsbauart der 01-Reihe beiden Komponenten (der Dreizylindermaschine und der strömungsgünstigen Verkleidung) zuzuschreiben ist.

Die Untersuchung wurde vom Lokomotiv-Versuchsamt Grunewald in der üblichen Weise vorgenommen und zeigte (...) bezüglich Kesselwirkungsgrad und Dampftemperatur (h = 0,66, $t_{ü}$ = rund 390 °C bei Vollast) Werte wie bei der Zwillingsbauart, was bei dem gleichen Kessel nicht überrascht. Dagegen ergab sich ein wesentlicher Unterschied zwischen der Leistungscharakteristik der Neubaulokomotive und der bisherigen Regellokomotive (...).

Die indizierte Leistung N_i der Drillingslokomotive erreicht nämlich schon bei einer Geschwindigkeit von 108 km/h ihren Scheitelwert von 2.100 PS_i und zeigt also für höhere Geschwindigkeiten eine fallende Tendenz, während die Leistungskurve der Zweizylinderlokomotive auch bei 120 km/h noch kein Absinken zeigt. Außerdem aber weist diese letztere Leistungskurve eine absolut höhere Lage des bei 2.250 PS_i noch kaum erreichten Scheitels auf. Beide Abweichungen sind Folgen der Dreizylindermaschine. Die erste weist auf stärkere Drosselung der gesamten Dampfströmung in dem zusammengedrängten Komplex des Dreizylinderkörpers hin, die in gleich ausgeprägter Form bei den langsamer fahrenden Güterzug- und Tenderlokomotiven bei sonst gleicher Bauart in zwei- und dreizylindriger Form nicht aufgetreten ist. Nach Ansicht des Bauartdezernates ist allerdings die scheitellose Kurve der Zweizylinderlokomotive auf deren zu kleinen Zylinderinhalt zurückzuführen, ein Fehler, der bei der 01^{10} verbessert wurde. Nachdem Prof. Föttinger durch sehr schöne Strömungsbilder nachgewiesen hat, wie man durch den Einbau kleiner Leitschaufeln die sonst sehr starke Wirbelbildung in knieförmig gestalteten Kanälen fast ganz unterdrücken kann, sollte man künftig von diesem Hilfsmittel auch bei der Dampfströmung, wenigstens bei einem knickreichen Gesamtweg, Gebrauch machen. Bekannt war dagegen an sich schon die geringere Leistung der mit gleicher Dampfmenge gespeisten Dreizylindermaschine gegenüber der zweizylindrigen, die sich bei einer Synthese aller einschlägigen Vergleichsversuche als allgemeines thermisches Gesetz erwiesen hat, und zu dem die beiden Maschinenformen der 01 nur ein weiteres Beispiel bilden. Auch daß keine eindeutige Proportionalität zwischen den beiden Dampfverbräuchen besteht, hat sich hier bestätigt, insofern der spezifische Dampfverbrauch der Lokomotive (01 1001) 6 bis 8 % höher als bei der Zweizylinderlokomotive liegt. Der günstigste Verbrauchswert beträgt 6,7 kg/PS_ih bei 108 km/h gegen 6,2 kg/PS_ih der zweizylindrigen Maschine bei 120 km/h.

In der effektiven Leistung erreicht die Zwillingslokomotive bei Geschwindigkeiten unter 100 km/h höhere Werte, ein Beweis dafür, daß die thermodynamischen Nachteile der Drillingslokomotive in diesem Geschwindigkeitsbereich noch nicht durch den aerodynamischen Gewinn der Verkleidung aufgehoben werden. Erst bei höheren Geschwindigkeiten wird infolge der Auswirkung der Stromlinienverkleidung die Zweizylinderlokomotive in ihrer effektiven Leistung von der Neubaulokomotive übertroffen."

(Entgegen Nordmann/Wagners Angaben war die PS_e-Leistung der 01 1001 bereits bei 80 km/h größer als die der 01. Für eine Lokomotive, die mit einer Geschwindigkeit von 130 bis 150 km/h planmäßig eingesetzt werden soll, liegt die günstigste Geschwindigkeit dennoch zu niedrig. Nur zum Teil ist hierfür eine von Nordmann schon 1939, wenn auch in nur halb so großem Umfang erwartete „Drillingscharakteristik" verantwortlich zu machen. Einen nennenswerten Anteil dürfte die „erzwungene Bauart" in möglichst enger Anlehnung an die BR 01 haben. Die BR 05 ist ein Beispiel dafür, daß es auch der DRB durchaus möglich war, eine drosselungsarme Hochgeschwindigkeits-Drillingslok zu entwickeln. Die Unterlegenheit des Drillings gegenüber der 01 unterhalb von 100 km/h ist ein erster Hinweis auf das problematische Anfahrverhalten der BR 01^{10}, das in der Ursprungsausführung wenig mit mangelnder Kesselleistung zu tun hatte.

Die speziell bei der BR 01^{10} im betrieblichen Einsatz von Anfang an festgestellte unnormale Schleuderneigung bis in hohe Geschwindigkeitsbereiche findet hier aber keine Erwähnung. Nur indirekt findet sich eine Bestätigung aus dem Bericht über die gleichzeitig durchgeführte meßtechnische Untersuchung der ersten 03^{10}. Bei dieser fand man eine in der inneren Steuerungsbauart begründete stärkere Füllung des Innenzylinders (z.B. 30 Prozent bei 28er Steuerungseinstellung), die auch akustisch auffiel. Da die Steuerungen von 01^{10} und 03^{10} prinzipiell gleich waren, dürfte sich dieses Problem auch bei der 01^{10} ergeben haben. Der Auspuffschlag der Maschinen war immer unterschiedlich, und 01 1001 fiel hierbei stets auf eine deutlich unterscheidbare Weise besonders auf.

Vermutlich hat man die Schleuderneigung schon damals mit „langem" Anfahren, also mit großer Füllung und kleinem Schieberkastendruck ausgeglichen. Auch hierin mag ein Teil der unterhalb von 100 km/h festgestellten schwächeren Leistung begründet sein. Da schon die BR 01 vor schweren Zügen damals als „lahm" galt, dürften auch dem Drilling flotte Anfahrten nur vor leichten Zügen möglich gewesen sein).

km/h		40	50	60	70	80	85	90	95	100	110	120	130	
Steigung		Wagengewicht in t (D= u E=Zug)*) **)												
0	1 : ∞	—	—	—	—	1470	1290	1120	970	855	650	500	375	
1‰	1 : 1000	—	—	—	—	1145	1010	890	780	690	530	410	310	
2‰	1 : 500	—	—	—	1195	925	820	730	640	570	440	345	260	
3‰	1 : 333	—	—	—	990	770	680	615	540	480	370	290	220	
4‰	1 : 250	—	—	1050	835	665	585	520	455	410	315	245	185	
5‰	1 : 200	1150	1060	900	715	560	505	445	395	350	270	220	155	
6‰	1 : 166	995	925	785	620	490	440	390	340	305	235	180	130	
7‰	1 : 140	870	810	690	550	430	385	340	300	265	205	155	110	
8‰	1 : 125	770	720	610	485	380	340	300	260	230	175	130	90	
10‰	1 : 100	620	580	495	350	300	265	235	205	180	130	95	60	
14‰	1 : 70	480	400	340	260	195	170	150	125	105	70	—	—	
20‰	1 : 50	270	250	205	150	105	85	—	—	—	—	—	—	
25‰	1 : 40	190	175	140	95	—	—	—	—	—	—	—	—	

km/h		40	50	60	70	80		90		100	110	120	130	140
Steigung		Wagengewicht in t (D-Zug)*)												
0	1 : ∞									1065	850	660	505	380
1‰	1 : 1000							1010		815	660	510	400	295
2‰	1 : 500					985		800		650	525	410	315	230
3‰	1 : 333				990	800		655		530	430	330	250	185
4‰	1 : 250			1020	825	665		545		440	355	275	205	145
5‰	1 : 200		1070	865	700	565		460		375	300	230	170	115
6‰	1 : 166	1080	925	750	600	485		395		320	250	190	140	90
7‰	1 : 140	950	810	655	525	420		340		270	215	160	110	
8‰	1 : 125	840	715	580	460	370		295		230	180	130		
10‰	1 : 100	675	575	460	360	285		230		175.	130	90		
14‰	1 : 70	465	390	310	235	180		135		95				
20‰	1 : 50	295	240	180	130	90								
25‰	1 : 40	210	165	115										

Bild 64
Zuglastentafeln aus dem Merkbuch 1944 für die Baureihen 01 (oben) und 01[10] (unten). Die Angaben beruhen auf den Meßwagenergebnissen. Tendenziell war hiernach der Stromlinien-Drilling der 01 ab 80 km/h generell an Zugkraft überlegen. In Steigungen allerdings relativiert sich das Bild, und dort ist in fast allen Geschwindigkeits- und Steigungslagen die 01 leicht überlegen. Diese Charakteristik enttäuschte, weil man sich vom gleichmäßigen Drehmoment des Drillings in Steigungen generell bessere Zugleistungen als vom Zwilling erhofft hatte.

Nordmann/Wagner: „Bei der Untersuchung der absoluten Leistungsersparnis durch die Verkleidung ist die Sachlage hier insofern ungünstiger als bei dem früheren Vergleich der verkleideten und unverkleideten 03, als dort in beiden Fällen die gleiche Zwillingsmaschine vorhanden war. Dort konnte also, abgesehen von einem kleinen Leistungsgewinn durch die etwas geschütztere Lage der Dampfzylinder, der Zugkraft- und Leistungsunterschied im übrigen eindeutig der Verkleidung zuerkannt werden, und auch der thermische Vorteil der geschützteren Lage (rd. 25 PS) war mittelbar eine Folge der Verkleidung, wenn auch nicht streng aerodynamischer Art. Hier hat aber die 01 eine weitere Veränderung durch das dreizylindrige Triebwerk erfahren, und der Unterschied gegen die bisherige Regelform wird auch zum Teil von der verschiedenen Maschinenreibung herrühren. Ein Vergleich der Wirkungsgrade $h = N_e : N_i$ zeigt bei diesen nur durch das Triebwerk verschiedenen Maschinen – entgegen der ersten Erwartung etwas kleinerer Zahlenwerte für die Dreizylinderlokomotive – einen um einige Prozente höheren Wirkungsgrad, der wohl der größeren Laufruhe zu verdanken ist. Da die Dreizylindermaschine also ohnehin ein wenig leichter läuft als der Zwilling, so wird die Widerstandsverminderung der verkleideten Dreizylinderlokomotive im wesentlichen zwar aerodynamischer Herkunft sein, zum kleineren Teil aber tatsächlich von diesem Umstand herrühren. Die Ersparnisse Δ (Z_i-Z_e) würden also als obere Grenzwerte gelten müssen, zahlenmäßig allerdings schwer nach dem veränderten h zu korrigieren sein, da man wie häufig im Meßwesen, nur ein Gesamtergebnis, aber nicht die Komponenten einzeln erhalten kann. Andererseits ist die 01 1001 bei kälterer Jahreszeit gefahren, der Luftwiderstand mit der größeren Luftdichte also übernormal. Diese beiden Zustände dürften sich zum Teil ausgleichen. Da an sich auch noch die unter Umständen verschiedenen Windverhältnisse auszumerzen wären, endlich streng genommen für gleiches Z_i zu rechnen ist, wenngleich diese Toleranz bei den im höheren Leistungsgebiet flachen h-Kurven unerheblich sein dürfte, so bleibt dem aerodynamischen Gewinn ohnehin der Charakter einer gewissen, wenn auch zahlenmäßig geringen Unsicherheit.

Wir haben deshalb einfach, im Bewußtsein einer Annäherungsrechnung, den Vergleich der unverkleideten Zweizylinder- und der verkleideten Dreizylinderlokomotive auf der Basis gleicher Kesselanstrengung (57 kg/m²h) für die jeweiligen Fahrgeschwindigkeiten durch Synthese der zugehörigen Versuchsberichte vollzogen, wobei die Werte der verkleideten Lokomotive 01 1001 durch den Index v und die Zahlen der unverkleideten Lokomotive 01 140 durch den Index u, die Zugkraft- und Leistungsunterschiede durch ein vorgesetztes Δ gekennzeichnet sind.

V	*80*		*100*		*120*		
[km/h]	*01v*	*01u*	*01v*	*01u*	*01v*	*01u*	
Z_i	*6920*	*7280*	*5630*	*6030*	*4670*	*5110*	*kg*
Z_e	*5800*	*6000*	*4500*	*4500*	*3470*	*3320*	*kg*
Z_i-Z_e	*1120*	*1280*	*1130*	*1530*	*1200*	*1790*	*kg*
ΔZ_i-Z_e	*160*		*400*		*590*		
Δ *PS*	*47*		*148*		*260*		

Erwägt man die geschilderten Unsicherheiten, die bei kleineren Geschwindigkeiten angesichts des quadratisch wachsenden Luftwiderstandes mehr hervortreten, so wird man dem kleinen ΔZ *und* Δ *PS bei 80 km/h noch keine ausschlaggebende Bedeutung beimessen, sondern feststellen müssen, daß sich fühlbare aerodynamische Leistungsersparnisse (mehr als 100 PS) erst von rund 100 km/h an zeigen, und also die Verkleidung – natürlich auf normale Betriebsverhältnisse bezogen – erst lohnt, wenn die Maschinen mit mehr als 100 km/h fahren. Nimmt man die ungünstigere thermische Stellung der Drillingsmaschine hinzu, so beginnt ein absoluter Vorteil des verkleideten Drillings erst bei 100 km/h, wo sich die beiden Ne-Kurven schneiden und in der obigen Tabelle die* Z_e*-Werte gleich sind. Bei einer Geschwindigkeit von V = 100 km/h beträgt die rein aerodynamische Ersparnis der verkleideten Lokomotive 400 kg entsprechend 148 PS, das sind rund 9% der effektiven Zugkraft bzw. Leistung der unverkleideten Lokomotive; bei V = 120 km/h sind es 590 kg entsprechend 260 PS oder 18% der effektiven Zugkraft bzw. Leistung.*

Vergleichsweise seien die Ergebnisse der verkleideten Lokomotive 03 193 und der unverkleideten Lokomotive 03 154 angeführt, die für Geschwindigkeiten bis 140 km/h vorliegen und den großen Gewinn der Verkleidung bei besonders großen Geschwindigkeiten veranschaulichen, der bei 140 km/h 385 PS oder 48 % der effektiven Leistung ausmacht. Dieser Vergleich wurde herangezogen, um zu prüfen, ob die aerodynamische Wirkung der etwas anders gestalteten Verkleidung der 01 nicht hinter der aus dem Windkanal unmittelbar abgeleiteten der 03 zurückbleibt.

Die Höhe der erzielten Leistungsersparnis bei der verkleideten 03-Lokomotive betrug nach unseren Versuchsergebnissen:

V	*100*	*120*	*140*	*km/h*
Δ *PS*	*195*	*290*	*385*	*PS*

Diese Werte liegen mit 195 PS gegen 148 PS für V = 100 km/h und 290 PS gegen 260 PS für V = 120 km/h höher als die Ersparnisse bei der Lokomotive 01 1001, ein Umstand, der zum Teil durch Unterschiede der Lufttemperatur und -dichte, sowie der Windverhältnisse bei den beiden Untersuchungen erklärt werden könnte. Bei der Größe des Leistungsunterschiedes von 47 bzw. 30 PS ist allerdings zu vermuten, daß daneben ein Unterschied in der aerodynamischen Wertigkeit der beiden etwas verschiedenen Formen der Verkleidung vorliegt, von denen demnach die der 03-Lokomotive strömungstechnisch etwas günstiger zu sein scheint. Doch ist der Unterschied andererseits nicht so erheblich, daß man von einer anderen, geringeren Größenordnung des aerodynamischen Vorteils sprechen könnte. Bedauerlich im Sinne der Erkenntnis bleibt, daß die Versuche mit der 01 1001 noch nicht auf 140 km/h ausgedehnt werden konnten, da durch ein weiteres Wertepaar ΔZ *das Urteil an Sicherheit wesentlich gewonnen hätte."*

(Die bei der 03 193 gemessene absolut größere Dampfersparnis bei 100 und 120 km/h ist nicht aussagekräftig, da der Vorsprung gegenüber der 01 1001 bei wachsender Geschwindigkeit schrumpft. Zu erwarten war eigentlich das Gegenteil, weil die 01^{10} oberhalb von 100 km/h wie eben dargestellt eine wachsende Drosselung aufweist und zur Erzielung der höchsten Maschinenleistung mit weiter ausgelegter Steuerung gefahren werden mußte. Im Gegensatz zu den beiden technisch gleichen 03 war die Drillings-01 mit der um fast 10 t leichteren 01 ohnehin nur bedingt vergleichbar.

Nordmann/Wagner: *„Im Gebiet der kleineren Geschwindigkeiten (Anfahrt, Steigung) ist bei gleicher Kesselanstrengung die dreizylindrige Stromlinien-01-Lokomotive nicht ganz so leistungsfähig wie die bisherige Regellokomotive. Rein qualitativ liefert sie unterhalb 100 km/h ein ungünstiger, darüber ein günstiger verlaufendes s-V-Diagramm; die 100 km/h werden etwas langsamer erreicht, von da ab beschleunigt die Stromlinienlokomotive jedoch besser.*

Quantitativ wäre allerdings noch an Hand von Fahrschaulinien zu untersuchen, ob dieser Unterschied ernstlich in Ansatz zu bringen ist, oder ob man nicht ohne weiteres den üblichen 01-Plan unter einer etwas höheren Anstrengung des Kessel innehalten soll. Nachdem die jetzigen Fahrpläne sehr erhebliche Fahrzeitzuschläge aufweisen und die tatsächliche Kesselanstrengung der Regellokomotive damit zweifellos unter 57 kg/m²h fühlbar heruntergedrückt wird, ist nicht zu befürchten, daß die neue 01 diesen Richtwert überschreitet. Auch kommt ja bei den schnelleren Zügen, die in der Horizontalen bei leidlicher Beharrung mehr als 100 km/h erreichen, schon ein gewisser Ausgleich für die langsamere Anfahrt zustande. Auf stärkeren Steigungen mit so geringer Geschwindigkeit, daß ein aerodynamischer Gewinn ganz ausfällt, würde bei gleicher Last und gleichen Fahrzeiten die Anstrengung des Drillings bis etwa 6 bis 8 %, nämlich dem spezifischen Dampfverbrauch entsprechend, höher liegen. Doch kommen solche Steigungen auf FD-Zug-Strecken im allgemeinen nicht vor, auch bliebe das Maß der nominellen Überanstrengung gegenüber einem den Zwilling tatsächlich mit 57 kg/m²h anstrengenden Plan noch bescheiden. Nach allem verlohnt ein besonderes s-V-Diagramm betrieblich zur Zeit nicht, zumal reine 01^{10}*-Dienstpläne zunächst wohl kaum eingerichtet werden. Damit soll nicht gesagt werden, daß ein s-V-Diagramm nicht aufgestellt werden wird: wir wollen es sogar durch eine ergänzende Fahrschaulinien-Studie der Anfahrten ergänzen und darüber noch berichten, glaubten aber durch diese Arbeiten die Berichterstattung über die Leistungseigenschaften der neuen 01 nicht aufhalten zu sollen.*

Zusammenfassend ist also die dreizylindrige windschnittige 01-Lokomotive so zu beurteilen:

Der durch das ausgeglichene Dreizylindertriebwerk erstrebte sehr ruhige Lauf, namentlich die Vermeidung von Zuckbewegungen bei schlecht eingestellter Steuerung, ist erreicht. Wie bei allen Dreizylinderlokomotiven zeigt sich dafür aber ein etwas höherer spezifischer Dampfverbrauch – hier 6 bis 8 % - oder umgekehrt bei gleich angestrengtem Kessel eine entsprechende Leistungsminderung. Diese tritt als Subtrahend zu dem Leistungsgewinn durch die stömungsgünstige Verkleidung und hat also für die dreizylindrige Stromlinienlokomotive die spezielle Folge, daß ein resultierender Leistungsgewinn am Zughaken erst bei namhafter Geschwindigkeit, hier bei 100 km/h, beginnt. Günstigere Fahrpläne oder fühlbare Kohlenersparnisse bei gleichen Fahrplänen können also nur bei Schnellzügen gewonnen werden, deren Höchstgeschwindigkeit bei 120 km/h und darüber liegt und auch längere Zeit zur Anwendung kommt. Nach Wiedereintritt normaler Verhältnisse werden also die Stromlinien-01-Lokomotiven in Dienstplänen, welche die schnellsten Züge enthalten, zusammenzufassen sein."

Nordmanns und Wagners mittelbarer Vorgesetzter Karl Günther, im Verkehrsministerium Referent in der Abteilung 31 „Konstruktion und Beschaffung von Lokomotiven und Triebwagen" der Reichsbahn, notierte am 4. Juni 1940 mit spitzer Feder eine Aktennotiz zu diesem Bericht, u.a.: *„Der Dampfverbrauch wäre, weil die Wärmeverluste durch die Verkleidung vermindert werden, zweifellos niedriger, wenn das RZA bzw. die Lokomotiv-*

fabriken die Dampfwege der Dreizylindermaschine, wie angeordnet, strömungsgünstig gebaut hätten. Die Änderung der Verkleidung (auf die leichte, „architektonische" Form, der Autor) scheint den Windwiderstand erhöht zu haben." Und in einem Schreiben an das RZA mit Fristsetzung 15. Juli 1940 für einen Bericht: *„Nach den Berichten der RBDen, die auch in Abschrift dort vorliegen, sind an den Lok der Baureihe 01^{10} im Betriebe eine größere Anzahl Mängel aufgetreten, deren Beseitigung dringend erforderlich erscheint."*

Der Auftritt der äußerlich so eindrucksvollen Stromlinienlok war also nicht gerade rühmlich, und nichts deutete darauf hin, daß sie einmal als deutsche „Super-Pazifik" reihenweise Höchstleistungen vollbringen würde.

Am 19. Juni 1940 informierte Prof. Nordmann mit einer Kurzfassung des Berichtes die RBD Augsburg, Dresden, Erfurt, Frankfurt (M), Halle, Hannover, Köln, München, Nürnberg und Osten über die wesentlichen Ergebnisse der Erprobung. Zu diesem Zeitpunkt standen bereits etliche Serienlokomotiven im Einsatz.

Erwähnenswert ist, daß damals per Wagners Federstrich die Leistungsfähigkeit des Kessels anscheinend auf 14,8 t gesteigert worden war. Das geschah, indem man den Sicherheitsabschlag von 5 % wegließ und die mögliche Kesselbelastung mit 60 kg/m²h ansetzte. Ob der Kessel diese Verdampfungsleistung ohne Erschöpfung durchzuhalten in der Lage war, ließ der Kurzbericht offen. Deutlich hervor tritt die mangelhafte Eignung der neuen Type für den schweren und besonders schweren Schnellzugverkehr mit herabgesetzten Fahrzeiten, wie er ab 1940 von Jahr zu Jahr mehr zum Regelfall wurde. Ab 1942 kam es verstärkt zur Schwerpunktbildung der BR 01^{10} mit eigenen Laufplänen. Das erst 1945 erschienene Merkbuch 1944 trug dem Rechnung, indem es der BR 01^{10} erstmals eine eigene Schlepplastentafel zuwies. Diese und die aller anderen relevanten Baureihen war im Zentralamt durch den Prinzen von Schaumburg-Lippe nach neuen Formeln berechnet worden und billigte vielen Baureihen, darunter 01^{10} und 01, merklich höhere Zuglasten zu. Schaumburg-Lippe versicherte dem Autor noch persönlich den höheren Realismus-Gehalt seiner Formeln. Ob die für die BR 01^{10} genannten 140 km/h-Werte tatsächlich wie behauptet auf Meßfahrten beruhten, wußte auch er nicht mehr. Aufschlußreich ist der unmittelbare Vergleich mit den im selben Merkbuch wiedergegebenen 01-Werten. Man kann diese so zusammenfassen: In der Ebene und in Steigungen bis 5 Promille war der Drilling der alten 01 in allen Last- und Geschwindigkeitsstufen teils sehr deutlich überlegen. Bei größeren Steigungen reduzierte sich die Überlegenheit des Drillings auf den Bereich bis 40 km/h. Bei größeren Geschwindigkeiten vermochte der Zwilling in Steigungen durchweg mehr zu schleppen, wenn auch nicht viel. Beide Tafeln sind hier wiedergegeben.

Übrigens war auch die erste Serienlok 01 1052 beim Versuchsamt in Grunewald. Fabrikfrisch kam sie am 17. Februar 1940 hierher und blieb bis zum 28. November 1943. Anfangs führte man mit ihr die Bremsversuche durch, die dann am 8. März 1941 zu der Verfügung führten, für alle 01^{10} und 03^{10} die zulässige Geschwindigkeit auf 140 km/h zu senken. Später diente sie hauptsächlich für Wagenversuche. Eine Bauartpflege an den Stromlinienloks gab es mit Ausnahme der noch nicht einmal mehr zeichnungsgerecht umgesetzten Triebwerksausschneidung nicht mehr.

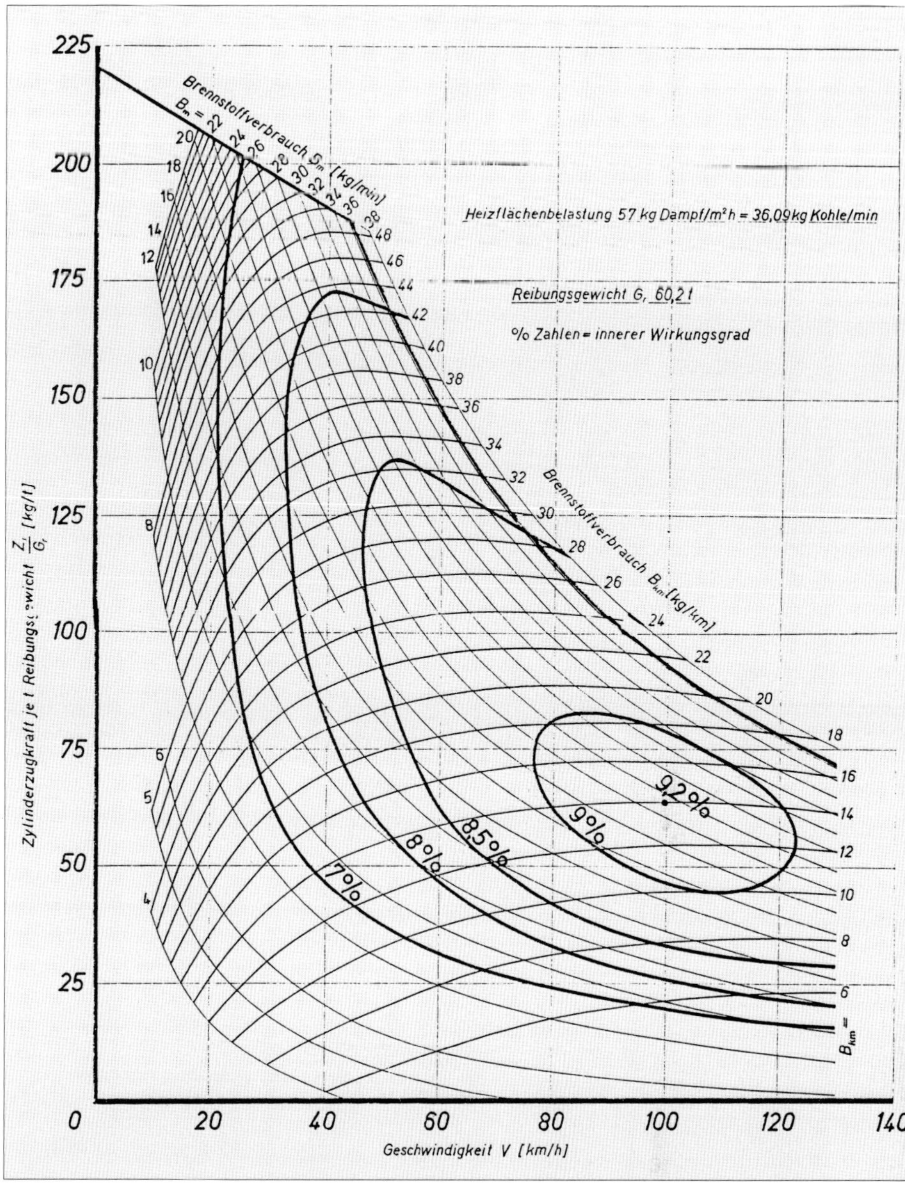

Bild 65 – 1950 stellte das Eisenbahn-Zentralamt Minden als Beispiel für das neu entwickelte „Kennlinienfeld" eine derartige Zusammenführung von Geschwindigkeit, Brennstoffverbrauch und Zugkraft auch für die BR 01^{10} auf, und zwar mangels aktueller Zahlen mit den Angaben für die 1939 meßtechnisch erfaßte 01 1001. Der Bereich des günstigsten Verhältnisses von Verbrauch, Geschwindigkeit und Anstrengung lag bei einer höheren Geschwindigkeit als bei der späteren Neubaukessel-Ausführung, aber im Bereich nur mittlerer Anstrengung.

Die Serienlokomotiven – nur wenige Änderungen

Die Serienloks weisen nur zwei bedeutsame Änderungen auf. Die **Rohrwand-Kühlanlage** erwies sich bei den Versuchsfahrten mit 01 1001 als funktional nicht in Ordnung und betrieblich hinderlich. Man stellte eine Minderung der Gastemperatur um lediglich 15 °C in der Rauchkammer fest. Auch zeigte die Rohrwand weiterhin die für Stahlfeuerbüchsen typischen Ansätze und Nester, die darauf hindeuteten, daß die Heizgase nicht unter den Schmelzpunkt der Schlacke abgekühlt wurden. Dem gegenüber

Bild 66 – Die ersten Serienlokomotiven unterschieden sich durch eine veränderte Anordnung der Zierleisten am Bug und das Fehlen von Adler-Schildern von 01 1001. **01 1055** (Bw Leipzig Hbf West) steht 1940 abfahrbereit im ehemals preußischen Teil des Leipziger Hauptbahnhofes. Nach einigen Betriebsmonaten macht die Maschine bereits einen schmuddeligen Eindruck.
Aufnahme: Johannes Töpelmann, Sammlung Bernd Neddermeyer

Bild 67 – Die Leipziger **01 1053** wird gleich den Anhalter Bahnhof in Berlin verlassen, um vor dem D 24 Berlin – München wieder in heimatliche Gefilde zu fahren, Sommer 1940. Die Führung der Zierleisten um den Bug ist gut zu erkennen. Rechts fährt gerade eine 39 ein. Noch arbeitete man an Verbesserungen im Bahnhof, so war man dabei, die Anfahrbereiche mit Blechwannen auszurüsten, damit man den vielen Anfahrsand besser aufkehren konnte. Der Eindruck eines friedensmäßig unbeeinträchtigten Eisenbahnbetriebes blieb aber nicht mehr lange bestehen.
Aufnahme: Bildarchiv der Eisenbahn-Stiftung

Bild 68 - Ein Blick auf die Details der Stromlinienverkleidung an **01 1062** (Bw Berlin Anhalter Bf). Es posieren zwei Reichsbahner und ein dienstverpflichteter „Fremdarbeiter" aus Belgien oder Frankreich. AUFNAHME: SAMMLUNG ARNOLD HAAS

Bild 69 - 01 1101 besaß ab Werk eine Dreifrequenz-Resonanz-Indusi-Anlage der Bauart 1938 (V) 8117/171. Geliefert hatten sie die Vereinigten Eisenbahn-Signalwerke. Auf dem Schaltschrank sind Warnsignalhupe, Wachsamkeits-, Befehls- und Rückstelltasten zu erkennen. Bereits ab Werk mußten die Loks mit zweischichtigen Lichtschutzvorhängen versehen sein, damit die zunächst sehr seltenen britischen Flieger die Loks nicht erkennen konnten. AUFNAHME: SAMMLUNG WERNER WILLHAUS

stand ein Leistungsabfall der Turbopumpe beim Speisen mit dem Injektor oder dem Abblasen der Sicherheitsventile, somit eine große Empfindlichkeit gegen feuchten Dampf, ein Versagen bzw. grundloses Anspringen der Schnellschlüsse und eine wesentliche Erschwernis beim Anheizen, da dieses mit eigenem Feuer durch die Anordnung der Kühlrohre unmöglich war. Somit hätte man jeweils fünf Stunden lang Fremddampf von 5 atü verfügbar haben müssen. Vor Abgabe der 01 1001 an den Betrieb im März 1940 baute man deshalb die Kühlanlage aus und sah sie an den Serienloks überhaupt nicht mehr vor.

Außerdem entfiel der **Wasserreiniger Bauart Dejektor**. Die Anlage schied zwar wirksam den Schlamm aus, konnte aber das Kesselwasser nicht entsalzen. Auch waren die für den Heizer aufwendige Bedienung der Dejektor-Anlage und die ständigen Wasseranalysen im angestrengten Betrieb kaum fehlerfrei durchzuführen, so daß man die Einsparungsmöglichkeit von 1 t Gewicht dankbar annahm.

Alle 01^{10}-Serienmaschinen erhielten das alternativ zum Dejektor, Neckar-Verfahren und mehreren verschiedenen Abschlammventilen erprobte, viel billigere und nun zur allgemeinen Beschaffung bestimmte **Schnellschlußventil Bauart Gestra**. Dieses am tiefsten Punkt des Stehkessels angebrachte Abschlammventil betätigte der Heizer vom Führerstand oder von außerhalb des Rahmens.

Nach einer Betriebsbucheintragung baute man die Dejektor-Anlage von 01 1001 bereits am 5. März 1940 im Versuchsamt Grunewald aus. Diese Eintragung allerdings wird durch ein Prüfblatt im Betriebsbuch widerlegt, nach dem das RAW Stargard den Dejektor Nr.188, Größe 5, noch bei der L 3 am 29. Februar 1944 mit 26 atü geprüft hat.

Alle Maschinen sind ab Werk mit **Induktiver Zugsicherung** der Dreifrequenz-Resonanzbauart ausgerüstet, 01 1052 - 1088 mit der Bauart 1938 VES/Knorr-Bremse (VK) 38/270, 01 1089 – 1105 mit Bauart 1938 Vereinigte Eisenbahn-Signalwerke (V) 8117/171.

- Die Schwingkreisfrequenz 1.000 Hz ist geschaltet vor Langsamfahrstellen, an Vorsignalen und Überwachungssignalen (Schaltung ab V_{ziel} kleiner als 100 km/h): Langsames Fahren nötig, bzw. Halt zeigendes Signal wird in ca. 1.000 m erreicht.
- Die 500 Hz-Frequenz ist geschaltet 250 m vor Hauptsignalen mit dahinter liegenden besonderen Gefahrenpunkten (Schaltung ab V_{ziel} kleiner oder gleich 40 km/h): Weiter herunterbremsen auf 0 km/h vor Halt zeigendem Hauptsignal. Sie ist auch vor Langsamfahrstellen geschaltet: Langsam fahren mit bis zu 30 km/h.
- Die 2.000 Hz-Frequenz wirkt als Fahrsperre an Halt zeigenden Hauptsignalen und löst sofortige Zwangsbremsung aus.

An kleinen Änderungen sind zu nennen: Die **Klappe vor der Kupplung** wurde nun oben aufgehängt, damit sie sich beim Fahren nicht unbeabsichtigt öffnen konnte.

01 1052 – 1060 erhielten **keinerlei Hoheitsschild**. Bei ihnen zog man anders als bei 01 1001 beide **Zierleisten** vorn um den Bug herum. Bei den Maschinen 01 1061 – 1105 kehrte man zur **Absenkung der unteren Linie** zurück und brachte in der Mitte der Tenderseitenwände 900 mm breite Reichsadler aus Aluminium an. Diese wurden bei 01 1052 – 1060 nachgerüstet.

Bilder 70, 71 und 72 – 01 1088 (Bw Dresden Altstadt) besaß die zweite Ausführung der Zierleisten. Nach wenigen Betriebswochen sah sie im Sommer 1040 noch fast neu aus. Die Lüftungsrippen auf der linken Seite neben der Zierlinie sollen der Kühlung der dahinter liegenden Lichtmaschine dienen.

AUFNAHMEN: WERNER HUBERT, SAMMLUNG JOHANNES GLÖCKNER UND JÖRG SAUTER

Die Karosserie mindestens der Loks 01 1001 und 01 1052 – 1100 war **glänzend schwarz** lackiert. Ob man überhaupt eine 01^{10} mit dem inzwischen für alle Stromlinienloks angeordneten dunkelgrauen Farbton RAL 7016 abgeliefert hat, ist unbekannt. Möglicherweise waren 01 1101 – 1105 grau. Die von 01 1102 und 1103 bekannten Bilder lassen sie recht hell erscheinen. Ein Faktum ist nur, daß ab 1942 zunehmend Stromlinienloks auch der BR 01^{10} auf grau umlackiert wurden. Diese Farbgebung behielten sie bis zur Entstromung 1949.

Bei Stromlinienlokomotiven besonders bedeutsam war eine möglichst weitgehende Wartungsfreiheit des Triebwerks während der Zugfahrten, weil manche Lager bei Zughalten auf die Schnelle am Bahnsteig kaum ausreichend kontrolliert und nachgeölt werden konnten. Man strebte deshalb nach amerikanischem Vorbild frühzeitig die Ausrüstung der Baureihen 01^{10} und 03^{10} mit Rollenlagertriebwerken an, die überdies Sicherheit gegen das unter der Verkleidung befürchtete Warmgehen boten.

Als Vorbereitung für die neuen Stromlinienloks erprobte man seit Oktober 1936 die mit Stangenrollenlagern ausgerüstete Lok 01 058 (Bw Hannover) und alternativ die mit Umlaufbuchsenlager in Treib- und Kuppelstangen versehene 01 158 (Bw Magdeburg). Bei 01 058 hatte man wegen der unterschiedlichen Stellungen der Kuppelachsen durch die Federung und Erhaltung einer Nachstellbarkeit des Achsstichmaßes die Lager der vorderen und hinteren Kuppelstangen sowie die beiden hinteren Treibstangenlager als Pendelrollenlager ausgeführt. Die beiden Hauptkuppellager auf

Bild 73 – Die 01^{10} in ganzer Länge: **01 1089** im Heimat-Bw Dresden-Altstadt im Sommer 1940. AUFNAHME: WERNER HUBERT, SAMMLUNG ARNOLD HAAS

Bild 74
01 058 war die erste Reichsbahnlok mit Rollenlagerstangen. Diese bewährten sich sehr gut. Die Bilder zeigen links oben die Gesamtansicht, rechts oben das Treibstangenlager mit Pendelrollen, links unten das Hauptkuppelstangenlager mit Zylinderrollenlager und hinten liegendem Gelenk und rechts unten ein kleines Kuppelstangenlager mit Pendelrollen.

der Treibachse waren Zylinderrollenlager und stellten dadurch die Stabilisierung des Stangensatzes auf den Achsen sicher. Die im November 1937 nach 160.000 km durchgeführte Untersuchung ergab bis auf einen schadhaften Dichtring keine Schäden. Der Fettverbrauch lag bis dahin bei nur insgesamt 7 kg! Im März 1938 mußte man wegen der Erneuerung der Radreifen nach 223.000 km alle Stangen abbauen, und alle Lager sahen weiterhin tadellos aus. Auch bei der nächsten Untersuchung im November 1939 nach 435.000 km Gesamtlaufleistung waren die Lager mit einer Ausnahme immer noch einwandfrei. Bis dahin hatte man nur alle 135.000 km nachschmieren müssen. Ersetzen mußte man das linke hintere Kuppelstangenlager, weil der Innenring gebrochen war. Anscheinend war die Lok in diesem Zustand einige tausend Kilometer gefahren, ohne Schaden zu nehmen. Als Ursache des de-

Bilder 75 und 76 (rechts oben)
01 1100 (Bw München Hbf) war die erste 01^{10} mit Rollenlagerstangen. Die Aufnahmen entstanden im Juli 1940 bei Probefahrten des Herstellerwerkes BMAG in Wildau. Auf die Strecke ging es gewiß nicht, denn der Kohlenkastendeckel steht offen. Einige Tage später, am 18. Juli 1940, wurde sie abgeliefert.

Aufnahmen:
Sammlung Arnold Haas und Sammlung Robin Garn

fekten Lagers fand man zuviel Achslagerspiel und einen losen Stellkeil. Bei einem Schleudern der Lok mußten dadurch Überlastungen des Lagers eintreten. Schon hier wurde deutlich, daß Rollenlager einzig durch Veränderungen der Kuppelachsabstände infolge Verschleißes und durch Schleudern gefährdet waren.

Die guten Ergebnisse der Rollenlagerlok und die weniger guten mit 01 158 kamen für die Baumusterlok 01 1001 zu spät. Zehn der Serienmaschinen wollte das RZA aber mit Rollenlagerstangen versehen, um danach über den Umbau aller Loks zu entscheiden. Auch nach Entfall der dafür vorgesehenen Henschel-Lieferung erhielten die letztgelieferten Maschinen, **01 1100 – 1105** in allen Treib- und Kuppelstangen des Außentriebwerks **Rollenlager** des Herstellers Fischer (FAG), Schweinfurt, und **Nadellager** (Rollen kleinen Durchmessers) in den Kreuzköpfen und den kleinen Lagern der Steuerung. Wegen der gegenüber der Gleitlagerausführung schwereren Stangenbauart mußte man die Gegengewichte aller Achsen vergrößern. Die Lagerbauart entsprach der von 01 058.

Bauart und Außendurchmesser der Lager:

Kuppelstangenlager 1. und 3. Achse: Pendelrollenlager 223 20 k	215 mm
Hauptkuppelstangenlager 2. Achse: Zylinderrollenlager WHL 180 k	320 mm
hint. Treibstangenlager 2. Achse: Pendelrollenlager 17-52 910	310 mm
große Lager der Schwingenstangen: Pendelrollenlager 223 16 k	170 mm

Wie bei 01 058 verlegte man das Gelenk der Kuppelstangen hinter die Treibachse, vermutlich, um bei allen Stangenstellungen dessen Ölgefäß erreichen zu können. Abweichend von den übrigen fünf Wälzlagerloks erhielt 01 1101 **Doppellagerkreuzköpfe der Bauart Kuen**. Ausdrücklich hinzuweisen ist darauf, daß man sich

Bild 77 – „Rollenlager-Stangenbaukasten" der Loks 01 1100 – 1105 vor dem Einbau. Es werden vor der Lok die Treibstange mit hinteren Rollenlagern, dahinter die hintere Kuppelstange, vorn die vordere Kuppelstange, davor eine Schwingenstange mit Nadellagern, dazu auch einige Innen- und Außenringe gezeigt. Von den späteren Rollenlagerstangen der DB unterschieden sich diese durch jeweils nur eine Verstärkungsrippe im hinteren Stangenkopf. Diese Stangen hielten nahezu ohne Beanstandung zwischen 22 und 26 Jahre.
AUFNAHME: SAMMLUNG ANDREAS KNIPPING

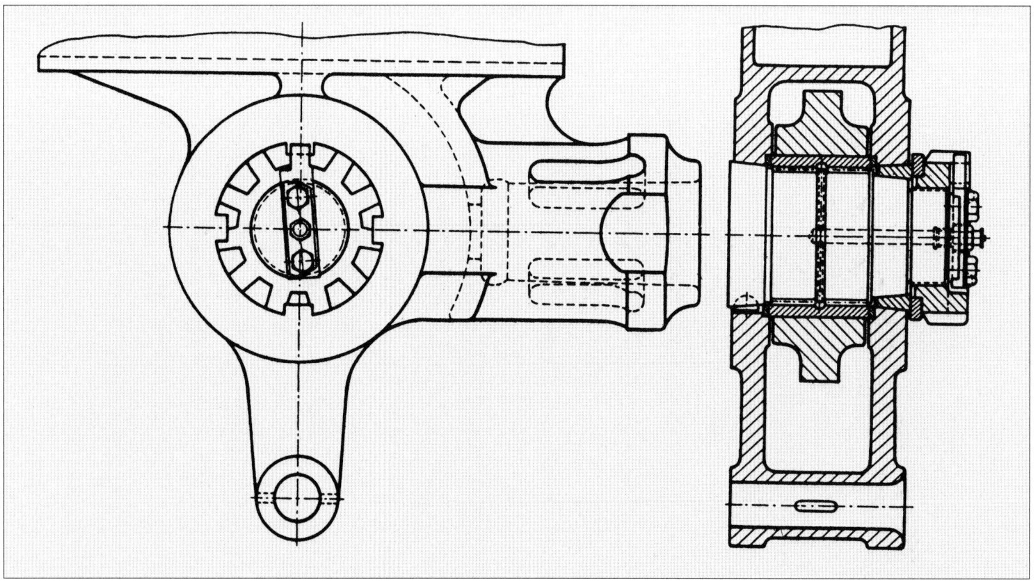

Bild 78
Die Nadellager in den Kreuzköpfen von 01 1100 – 1105 waren von vornherein überlastet, und man mußte die Kreuzköpfe wieder auf Gleitlager umstellen.

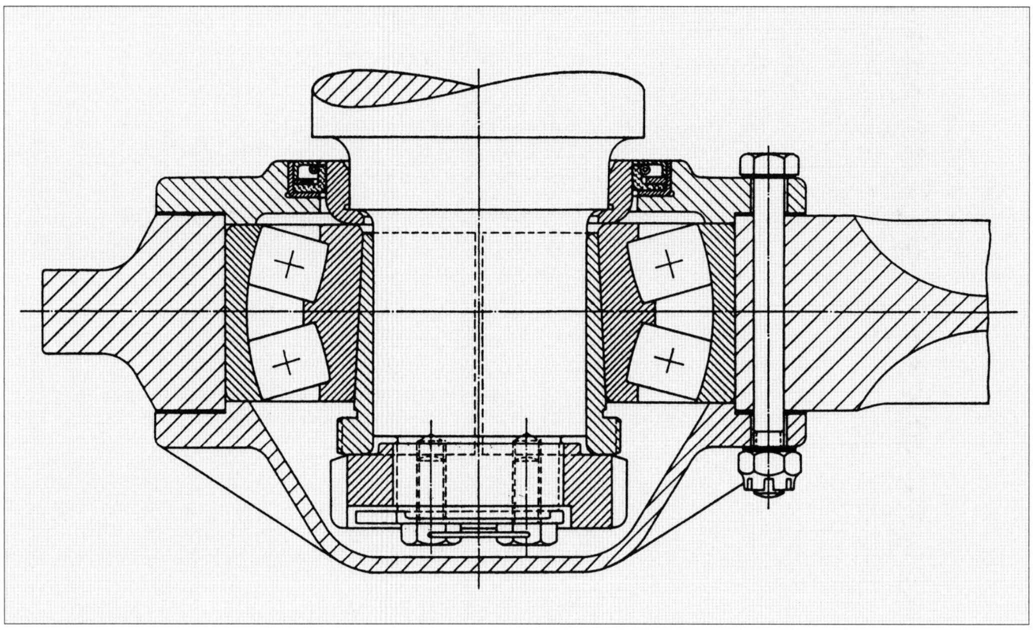

Bild 79
Kleines Kuppelstangenlager Bauart 1940 mit Pendelrollen von oben gesehen.

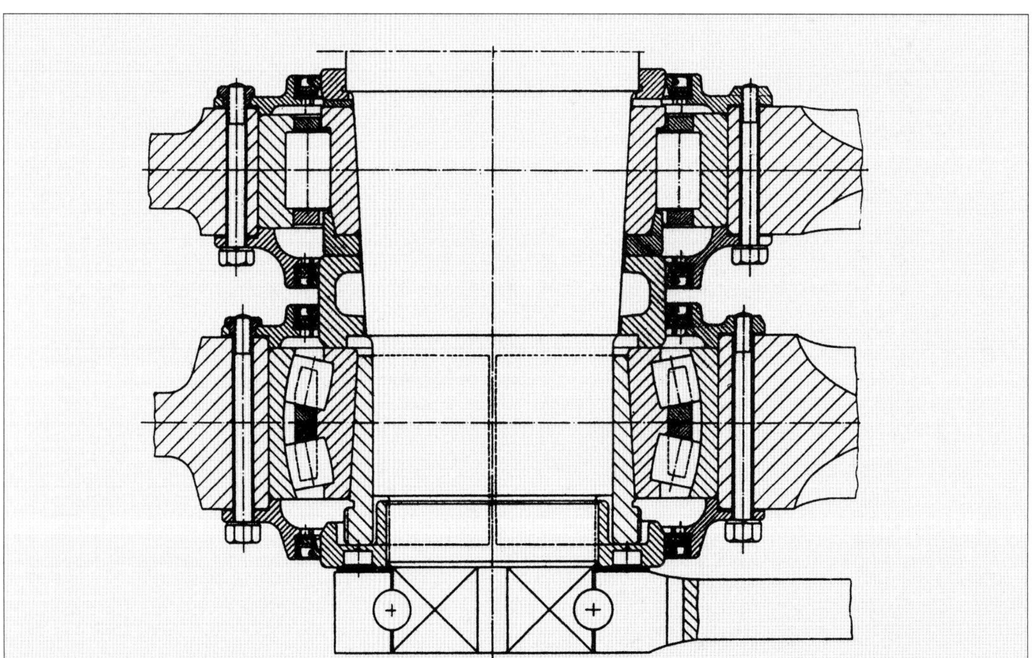

Bild 80
Treibzapfen mit rollengelagerter Treibstange (unten) und darüber Hauptkuppelstangenlager mit Zylinderrollen.

Bild 81, oben
Richtigerweise hatte man bei Gleitlager- und Rollenlager-01[10] das Kuppelstangengelenk hinter das Hauptkuppelstangenlager gelegt, um dem Zweiachsantrieb eine starre Stangenverbindung zu geben. Bei der DB vergaß man deren Bedeutung! Auch das hintere Schwingenstangenlager war mit Rollen ausgerüstet. Die Ansicht zeigt **01 1104** nach dem Abbau der Verkleidung.

AUFNAHME: CARL BELLINGRODT/EK-VERLAG

Bild 82
Die mangelhafte Abdichtung des Lagerdeckels am hinteren rechten Kuppelstangenlager war die einzig ernstzunehmende Ursache für schadhafte Rollenlager. Angeschlossen war hier ursprünglich der Fliehkraftregler der lastabhängigen Bremsverstellung.

AUFNAHME: SAMMLUNG ANDREAS KNIPPING

damals noch nicht in der Lage sah, zweiteilige Treibachsen zu bauen, so daß man am Innentriebwerk nur das vordere Treibstangenlager und die kleinen Steuerungslager mit Rollenlagern versehen konnte.

Bei 01 1100 – 1105 waren auch die **Achsen des vorderen Drehgestells mit Rollenlagern** versehen.

01 058 lief bis Ende 1944 und insgesamt 890.000 km mit ihren Rollenlagerstangen, bis die Spiele in den Achslagern so groß wurden, daß ein Wälzlager zu Bruch ging. Da man aus dem zerstörten Herstellerwerk keinen Ersatz bekommen konnte, rüstete man die Lok noch Anfang 1945 mit Normalstangen aus.

Über das tatsächliche Gewicht der Serienbauart sind zutreffende Angaben nicht zu machen. Sogar die Lokbeschreibung DV 930.33 von 1941 enthält widersprüchliche Angaben: auf dem Lastschema die 1940 vor der Fertigstellung errechneten Gewichtsangaben und auf der Längsansicht (Blatt 3a) wiederum die errechneten Leer- und Dienstgewichte sowie darunter weit höhere

Bild 83 – Ganzansicht des Rollenlagertriebwerks von **01 1104** im Bw Kassel am 25. August 1951. Kleines Schwingenstangenlager und Kreuzkopflager waren ursprünglich Nadellager und wurden schon 1940 auf Gleitlager umgestellt. Als einzige 01^{10} besaß 01 1104 Doppellagerkreuzköpfe der Bauart Kuen. AUFNAHME: CARL BELLINGRODT/EK-VERLAG

Bild 84 – Zufällig posiert dieser Leutnant des Heeres (graue Uniform) auf Urlaub in München vor der nagelneuen **01 1100**, deren Nummer dezent an der Pufferverkleidung angebracht ist, Sommer 1940. Dieses Bild belegt, daß mindestens 01 1001 – 1100 ab Werk schwarz lackiert waren. AUFNAHME: SAMMLUNG ROBIN GARN

Angaben, die mit „größter zulässiger Achsdruck" bezeichnet sind. Das dort genannte Gesamtgewicht von 115,64 t erscheint unrealistisch hoch, da die Loks durch Weglassung des Dejektors gegenüber 01 1001 hätten leichter werden müssen. Unrealistisch und idealisiert erscheinen die zuvor errechneten Leer- und Betriebsgewichte. Das Merkbuch DV 939a von 1944 wiederum nennt ein Dienstgewicht von 114,3 t.

Angaben in t	01 1001 gewogen	Serie errechn.	Serie DV 1941	Serie DV 1944
Leergewicht	102,200	100,960	104,320	103,100
Dienstgewicht	113,515	112,280	115,640	114,300
Reibungsgewicht	60,945	60,210	62,010	60,200
mittl. Kuppelachsdruck	20,315	20,070	20,670	20,066
Achslasten betriebsfähig				
L 1	16,025	16,000	16,480	16,600
L 2	16,280	16,000	16,480	16,600
K 3	20,230	20,050	20,650	19,700
K 4	20,335	20,050	20,650	19,800
K 5	20,380	20,110	20,710	20,700
L 6	20,265	20,070	20,670	20,900

Auch für den Tender existieren in der Beschreibung abweichende Gewichtsangaben, allerdings in weit geringerem Maße:

Leergewicht 34,150 t
Dienstgewicht 82,150 t

Es blieb deshalb nichts anderes übrig, als aus den Betriebsbüchern die wenigen Verwiegungsangaben herauszusuchen, bei denen man nicht einfach die Gewichte der 01 1001 abgeschrieben hatte. Die Verwiegungen wurden vor der Ablieferung vorgenommen und waren vorschriftsmäßig mit niedrigstem Wasserstand im Kessel durchzuführen. Für das Personal war ein Zuschlag von 150 kg, 50 kg Kohle für jeden m^2 Rostfläche (hier 216 kg) und 75 kg Sand im Sandkasten hinzuzurechnen. Unterschiedlich vollständiger Werk-

Bild 85
Blick auf die zweite Treibachse mit angebauten Treib- und Kuppelstangen. Das Gegenkurbellager der Schwingenstange ist mit einem Rollenlager ausgerüstet.

AUFNAHME: SAMMLUNG ANDREAS KNIPPING

zeugbestand, geringe Unterschiede in der Ausfräsung von Rahmenfenstern, leicht differierende Wasserfüllungen, sie addierten sich schnell zu Unterschieden im Leer- und Betriebsgewicht von rund 1 t. Gemittelte Werte liegen für die leere Lok bei 101,02 t, die betriebsfähige bei 112,39 t und das Reibungsgewicht bei 60,38 t. Die Tender wiegen im Mittel 34,630 t leer und gefüllt 81,684 t. Wenigstens die Tenderangaben liegen also in der Nähe der 34,2 und 82,2 t aus dem Merkbuch, denn „Normfüllungen“ waren kaum möglich.

Lok Serienbauart 1940			**Reibung**	**1.**	**2**	**3.**	**4.**	**5.**	**6.**
01 1053	leer 100,80	voll 112,27	60,20	16,10	16,00	20,09	19,99	20,12	19,97
01 1056	leer 100,89	voll 112,37	60,33	16,10	15,96	20,15	20,08	20,10	19,98
01 1059	leer 100,89	voll 112,31	60,31	16,06	16,04	20,04	20,13	20,14	19,90
01 1065	leer 101,13	voll 112,33	60,30	15,94	16,02	20,07	20,12	20,11	20,70
01 1067	leer 100,90	voll 112,28	60,29	15,97	15,93	20,13	20,10	20,06	20,09
01 1079	leer 100,99	voll 112,39	60,38	16,05	15,95	20,14	20,14	20,10	20,01
01 1093	leer 100,84	voll 112,36	60,25	16,00	16,10	20,08	20,05	20,12	20,01
01 1095	leer 101,64	voll 113,22	60,76	16,11	16,22	20,28	20,21	20,27	20,13
01 1102	leer 101,25	voll 112,86	60,52	16,12	16,15	20,15	20,21	20,16	20,07
01 1105	leer 101,04	voll 112,51	60,45	16,06	16,01	20,11	20,23	20,11	19,99

Tender			**1.**	**2.**	**3.**	**4.**	**5.**
01 1055	leer 34,76	voll 81,68	15,87	15,99	16,61	16,63	16,58
01 1057	leer 34,56	voll 81,62	15,97	16,05	16,60	16,52	16,48
01 1058	leer 34,63	voll 81,63	15,88	15,99	16,65	16,61	16,50
01 1061	leer 34,72	voll 81,79	15,92	16,10	16,60	16,64	16,53
01 1067	leer 34,68	voll 81,70	15,88	15,99	16,62	16,66	16,55
01 1069	leer 34,71	voll 81,67	15,75	16,14	16,67	16,61	16,50
01 1082	leer 34,61	voll 81,79	15,86	16,03	16,67	16,65	16,58
01 1093	leer 34,56	voll 81,69	15,87	16,09	16,57	16,61	16,55
01 1095	leer 34,51	voll 81,65	15,99	16,17	16,69	16,49	16,31
01 1105	leer 34,57	voll 81,62	15,91	15,98	16,61	16,62	16,50

Eine derart große Diskrepanz zu den in der Lokbeschreibung genannten 115,64 t ist nicht mehr durch Meßungenauigkeiten zu erklären. Auch die Angaben aus dem Merkbuch von 1944 nach Ausschneidung der Triebwerksverkleidung sind nicht nachvollziehbar.

Im Umkehrschluß wäre es denkbar, daß der Lokbeschreibung von 1941 die Angaben zu 01 1001 zugrunde gelegen haben, der DV 939a von 1944 die der Serienlok. Doch wie erklären sich dann die durch die Bank großen Unterschiede zu den verwogenen Lokomotiven?

Beachtenswert sind bei den Angaben von 1944 auch die Achslasten. Irgendwann nach 1941 hatte man scheinbar mit einem Kunstgriff, nämlich der Höherbelastung von Drehgestell und Schleppachse durch Verstellung der Ausgleiche, den Kuppelachsdruck auf nahezu genau die zugelassenen 20 t gedrückt. Schriftliche Unterlagen hierüber waren bislang nicht zu finden.

Bild 86 – Bereits vor der Abnahme begannen die Probleme: **01 1059** am 17. Februar 1940, einen Tag nach der Ankunft aus dem Herstellerwerk, vor dem Anheizschuppen des RAW Braunschweig. Das Triebwerk ist unter der Verkleidung völlig vereist und läßt sich nicht mehr bewegen. Erst am 22. Februar 1940 waren Abnahmeprobefahrt und Abnahme möglich.
AUFNAHME: SAMMLUNG HORST TROCHE

Die Baureihe 01^{10} im Betrieb – 1940 bis 1945

Als die Serienloks der BR 01^{10} im Betrieb erschienen, gab es den Schnellverkehr, für den man sie gebaut hatte, nicht mehr. Die Ausrüstung mit einer Stromschale war im vollen Bewußtsein erfolgt, daß diese betriebliche Erschwernisse mit sich bringen würde. Diese sollten aber aufgewogen werden durch höhere Leistung und geringeren Brennstoffverbrauch. Nun waren diese Argumente entfallen, die Schwierigkeiten aber geblieben.

Die ersten Serienloks kamen noch gerade rechtzeitig, um im Februar/März 1940 die letzten Schneetage des harten Winters zu erleben. Man stellte auch bei ihnen eine schon bei der BR 05 aufgefallene unangenehme Eigenschaft der nach unten offenen Stromlinienverkleidung fest, nämlich, daß sie einen Unterdruck unter der Lok erzeugte, der den Schnee unter die Verkleidung saugte. Schnee wirbelte auch durch den Spalt zwischen Lok und Tender bis ins Führerhaus und ließ dieses völlig vereisen. Auch bildeten sich bis zu 40 cm dicke Eisborken unter der Verkleidung, die nach wenigen Tagen die Zuführung der betroffenen Loks ins RAW Braunschweig erzwangen. Dort taute man das Eis dann tagelang ab. Der Unterdruck unter der Verkleidung saugte auch hochgewirbelten Staub und Sand auf, so daß die Loks deutlich häufiger als unverkleidete Maschinen von Heißläufern betroffen waren. Die zwischen den Rädern angebrachten Ableitbleche erwiesen sich als wirkungslos.

Bereits im April 1940 hatte der Leiter des Maschinentechnischen Büros der RBD Halle Friedrich Flemming in Berlin ein Gespräch mit R. P. Wagner, seinem früheren Vorgesetzten und Förderer im Bauartdezernat. Flemming schob seinem Bericht über den Einsatz der ersten Maschinen in seinem Direktionsbezirk am 13. April 1940 die erbetene Mängelliste nach, die dann aber nicht nur im Zentralamt, sondern auch auf dem Tisch von Karl Günther im Verkehrsministerium landete. Aus Flemmings 28 Punkte umfassenden Liste seien nur die wichtigsten erwähnt: bei allen Loks mangelhaftes Anziehen der Strahlpumpe mit viel Wasserverlust und Sichtbehinderung durch Dampf, zu kleine Klappen über den Kesselspeiseventilen, Warmwerden der Kreuzköpfe bei schweren Zugfahrten, mangelhafte Lage und Funktion des Schmiergefäßes am mittleren Kreuzkopf, Erwärmung des hinteren Lagers der Treibstange am Innentriebwerk, kein Feuerlöschstutzen vorhanden, schlecht zugängliche Ölsperren am mittleren Schieberkasten, Verschmutzung von Lichtmaschine und linker Kolbenstopfbuchse durch Lösche beim Rauchkammerreinigen, unten schlechter Schluß der Rauchkammertür durch Lösche, Kesselmanometer im Führerhaus durch Luftklappenzughebel verdeckt, keine Steuerbock- und Fahrplanlampe vorhanden, Regendurchlässigkeit der Belüftungsklappen im Führerhaus, keine Handgriffe oben neben den Tenderleitern, Erwärmung der vorderen Laufachsen bei manchen Loks, ins Führerhaus eindringender Dampf beim Abblasen der Sicherheitsventile, Wassereinfüllöffnungen am Tender von unten nicht zu erkennen – passendes Anfahren zum Wasserkran erschwert.

Am 24. Mai 1940 legte die RBD Hamburg als GDW nach Berichten des RAW Braunschweig eine weitere umfangreiche Liste vor. Schon bei den Abnahmeuntersuchungen standen die meisten Lokomotiven wegen Nachbesserungen durch den Hersteller wochenlang im RAW Braunschweig.

Die Bauart der Stromschale entwickelte sich sofort zum „Dauerbrenner" der Beschwerden. Unpraktisch für den Betrieb war es, daß man die Stromlinienloks zur Vornahme von Zwischenbremsuntersuchungen alle halbe Jahre ins RAW überführen mußte, weil die Bw wegen der Verkleidung die Untersuchung nicht selbst ausführen konnten.

Alsbald klagten die Bw darüber, daß sie für Arbeiten am Triebwerk und an den Zylindern Verkleidungsteile entfernen mußten. Auch sei die Zugänglichkeit des Mittelzylinders sehr erschwert.

Bild 87
Alltag im Erfurter Hauptbahnhof am 10. Oktober 1940, Während eine Gleisrotte an einer Weiche arbeitet, huscht hinten **01 1084** (Bw Erfurt) vorbei. Alle Jalousien stehen offen.

AUFNAHME: SAMMLUNG ULRICH WALLUHN

Bild 88
01 1065 rückt Ende 1942 ins Heimat-Bw Halle P ein. Einige Masten der begonnenen, aber infolge zunehmender Bombenangriffe abgebrochenen Elektrifizierung des Rangierbahnhofs stehen im Hintergrund. Für eine regelmäßige Reinigung der Karosserie von Lok und Tender hatte man im vierten Kriegsjahr offenbar keine Stunde Arbeitszeit mehr übrig.

AUFNAHME: RBD HALLE, SLG. UWE BÖGER

Immer wieder bemängelt wurde das Fehlen des Umlaufs, das Kesselarbeiten umständlich mache.

Bei schneller Fahrt begannen vor allem die Kesselbekleidungsbleche stark zu flattern, ein Umstand, der bei der 1996 verkleideten 01 1102 ebenso auftrat. So wurden dauernd Verkleidungsteile lose, und Schrauben gingen verloren. Insgesamt, so die RBD Hamburg, sei der Aufwand in Bw und RAW mit diesen Maschinen deutlich höher als für unverkleidete Loks. Bereits in diesem Schreiben wurde der Umbau der BR 01^{10} in den Zustand der BR 06 gefordert, also mit Umlaufblechen und ausgeschnittener Triebwerksverkleidung.

Vergleichsfahrten von 03 1002 mit ausgeschnittener Schürze und 03 1043 mit Vollverkleidung ergaben im Frühjahr 1940, daß der Windwiderstand beider Bauarten ungefähr gleich war. Ministerialdirektor Bergmann, Leiter der Maschinentechnischen- und Einkaufsabteilung des Reichsverkehrsministeriums, verfügte daraufhin am 24. August 1940, daß alle noch nicht fertiggestellten Lokomotiven den Triebwerksausschnitt erhalten sollten, die schon fertiggestellten Lokomotiven müßten umgebaut werden. Den versuchsweisen Umbau einer 03^{10} mit einem begehbaren Umlauf nach Muster der BR 06 allerdings verschob er am 1. November 1940 bis „nach Eintritt ruhiger Verhältnisse".

Vorbildlok für die Reduktion der Stromlinienverkleidung war die BR 06. Die dortige Variante – Freilegung der Kuppelachsen bis 225 mm über Achsmitte und vorn Absenkung der Freilegung bis auf genau die Mitte des zweiten Laufradsatzes – wurde für die Musterlok 03 1002 übernommen. Bei der 03^{10} wurden alle Loks, die ab Werk mit ausgeschnittener Verkleidung ausgeliefert wurden, genau so ausgeführt. Den Umbau der 01^{10} in eben dieser Form verfügte das RZA am 8. Januar 1941 und vergab die Sonderarbeitsnummer 754. Nach den entsprechenden und in der DV 930-Beschreibung der 01^{10} wiedergegebenen korrigierten Zeichnungen wurde aber keine einzige Lok geliefert und auch nur sehr wenige umgebaut, da diese Bauart im Zylinderbereich unpraktisch war. Allgemeine Verbreitung fand eine um 1.600 mm nach vorn verlängerte Ausschneidung, die Gleitbahnen, Kreuzkopf und Zylinder-

Bild 89 – 01 1062 (Bw Breslau Hbf) im Jahr 1943 im Wende-Bw Dresden Altstadt. Sie zeigt nicht nur die kriegsbedingte Vernachlässigung, sondern auch die Sonderarbeit 754 „Teilfreilegung des Triebwerks". Abweichend von den Zeichnungen ist der Ausschnitt vorn länger ausgeführt und legt Kreuzkopf und Zylinderentwässerung frei. Auch vom Zylinderblock ist eine Ecke zu sehen.
AUFNAHME: WERNER HUBERT, SAMMLUNG HANSJÜRGEN WENZEL

hähne freilegte. Diese hatte das VB (Vereinheitlichungsbüro der Lokindustrie) dem RZA mit Zeichnung SK 270 vorgeschlagen. Mit Verfügung vom 1. September 1941 genehmigte das RZA Berlin diese Ausführung. Schon vorher, am 12. April 1941, hatte es angeordnet (2332 Fldsr), daß die RAW bei den Stromlinienloks neun Klappen in der Bekleidung vergrößern und die Windleitbleche wegen Nichterreichbarkeit der beiden Kesselspeiseventile um 200 mm verkürzen sollten. Diesen Umbau erledigten die RAW allgemein in Zusammenhang mit der Sonderarbeit 754.

Bereits die im Herbst 1941 umgebauten 01 1077 und 1078 und die im Februar 1942 umgebaute 01 1062 zeigten den nach vorn verlängerten Ausschnitt, der eine Ecke des Zylinderblocks freilegte. Das RZA Berlin verfügte dennoch am 21. Dezember 1942, daß an der ursprünglichen Umbauzeichnung für die SA 754 festgehalten werden müsse. Wörtlich: *„Lediglich zu Versuchszwecken ist s.Z. genehmigt worden, daß bei einigen 01.10- und 03.10-Lok die Verkleidung nach der anl. Zeichnung VB-SK 270 zurückgeschnitten wird"*. Zu diesem Zeitpunkt allerdings waren bereits viele 01^{10} nach SK 270 umgebaut. Die am 29. November 1942 umgebaute 01 1102 ist die bislang einzige mit dem kleineren Ausschnitt nach SA 754 nachgewiesene 01^{10}.

Weiter nahmen die Beschwerden kein Ende: Der Vorwärmer war in der Verkleidung kaum zugänglich, und die Schrauben der dortigen Verkleidungsklappen brannten fest.

Das RMA Fulda beschwerte sich am 29. Oktober 1942 für das Bw Bebra, daß die Temperatur der Stromlinienbekleidung des Kessels wegen des darunter fehlenden Wärmeschutzes immer so hoch sei, daß man dringliche Arbeiten an den äußeren Armaturen erst nach Absenkung des Kesseldrucks ausführen könne. Die Wärmestrahlung verbrenne auch die Deckeldichtungen der Sandstreudüsen, so daß der Sandstreuer nicht arbeite. Durch die schadhaften Dichtungen werde der Sand statt dessen unter die Verkleidung geblasen und falle auf Rahmen und inneres Triebwerk. Bereits öfter habe man hierdurch Heißläufer und Betriebsstörungen gehabt. Das RMA Fulda schlug vor, die Sandstreudüsen außerhalb der Verkleidung anzuordnen und durch einen Schutzkasten gegen die Hitzestrahlung zu schützen. Eine weitere Feststellung des Bw Bebra: Die unter der Verkleidung durch diverse kleine Undichtigkeiten dauernd vorhandenen Dampfschwaden gelangten auch in den Sandkasten und feuchteten den Sand an, der dann zu einer festen Masse zusammenbackte.

Die Schlußfolgerung des genervten Heimat-Bw: *„Betrieblich werden durch diese Mängel viele Verspätungen hervorgerufen. Wiederholt blieben 01^{10} bei starken Zügen in Steigungen durch Versagen der Streusandeinrichtungen hängen oder können bei Signalstutzungen mit ihren ungünstigen Tangentialdrücken und mangelhafter Sandstreuung nur äußerst schwer anziehen."*

Interessant ist hier der früheste Hinweis auf die unnormal hohe Schleuderneigung der BR 01^{10} durch starke Zugkraftschwankungen, deren Ursache in den fünfziger Jahren das Versuchsamt für Lokomotiven weiter untersuchte (siehe Seite 118).

Auf das Problem mit den Gummidichtungen der Sandstreudüsen hatte allerdings schon lange vorher das RZA Berlin reagiert und deren Ersatz durch IT-Dichtungen angeordnet (RZA 2333 Fkldbn vom 2. Juli 1941).

Ärgerlich machte es sich bemerkbar, daß die Unterhaltungswerke nur geringe Ersatzteilbestände besaßen und vieles erst beim Hersteller bestellen mußten. Die RBD Frankfurt berichtete am 21. April 1941 an das Reichsverkehrsministerium, daß das Bw Bebra schon Maschinen hätte abstellen müssen, bis seltener benötigte Ersatzteile eingetroffen wären. So habe 01 1080 nach dem Bruch einer Tendertragfeder vier Tage gestanden. 01 1079 habe man nach dem Bruch des vorderen Zughakens einige Tage ohne vordere Kupplung einsetzen müssen.

Ins Frühjahr 1941 fällt eine Verfügung des Zentralamtes (siehe Aufstellung am Ende des Kap.), nach der die Höchstgeschwindig-

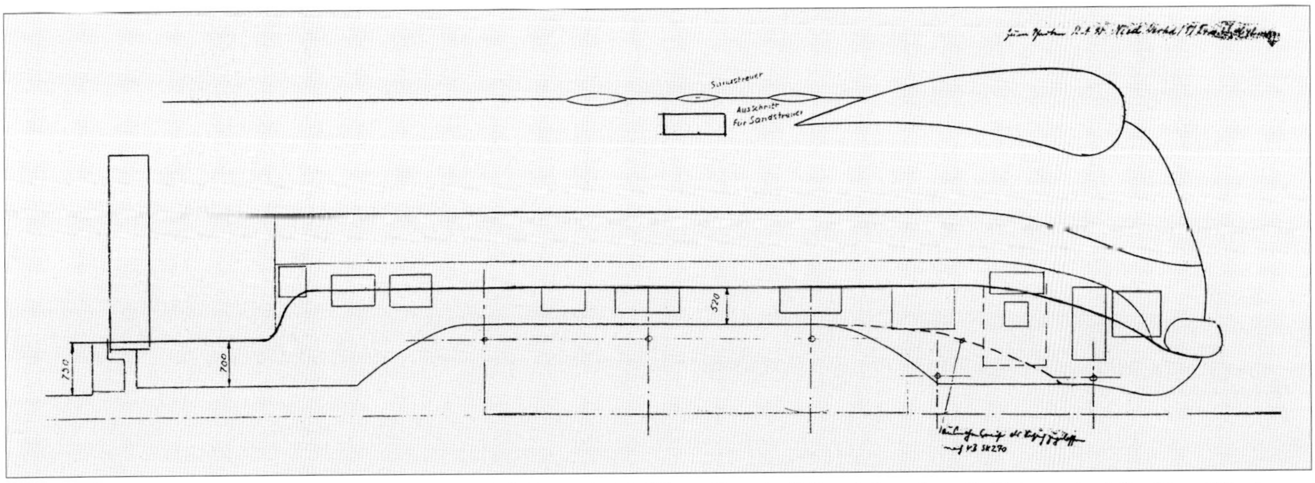

Bild 90 – Vorschlag des RAW Nied für eine weitergehende Triebwerksfreilegung der BR 01^{10} vom November 1942, nach dem nahezu alle Bleche von den Puffern bis zur Führerhausunterkante entfallen sollten. Die Skizze zeigt auch den ersten Ansatz der Sonderarbeit 754, wie er bei der BR 03^{10} umgesetzt wurde und den Vorschlag SK 270 des Vereinheitlichungsbüros, bei dem die nach vorn verlängerte Ausschneidung vor dem Kreuzkopf und einen Teil des Zylinders freilegte. So wurde 1941 ein Großteil der 01^{10} umgebaut.

keit der Baureihen 01^{10} und 03^{10} von 150 auf 140 km/h zurückgenommen wurde. Das allerdings hatte nichts mit der Technik der Loks zu tun, sondern damit, daß die neuen Reisezugwagen nicht mehr für 150 km/h erprobt und zugelassen wurden. Eigentlich war die Verfügung schon deshalb unnötig, weil es keine Plangeschwindigkeiten von 140 km/h mehr gab.

Keine Chance hatte das RAW Nied beim RZA mit seinem bereits radikalen Vorschlag vom 23. November 1942, bei der Triebwerksfreilegung nicht nur nach Zeichnung SK 270 zu verfahren, sondern die Verkleidung unterhalb des Führerhauses ganz zu entfernen (Höhengewinn 700 mm gegenüber SA 754) und vor dem Führerhaus das Triebwerk bis zur Oberkante der Zylinder freizulegen (Höhengewinn 520 mm gegenüber SA 754). Vor den Zylindern wollte man in einem Bogen zur Unterkante der Pufferverkleidung absenken, so daß auch die Lichtmaschine ohne Klappen zugänglich geworden wäre. Am 22. Dezember 1942 erhielt das RAW Nied aus Berlin die Ablehnung vom RZA, das auch die Freilegung der Sandstreudüsen für nicht erforderlich hielt. Dennoch wurden einige Loks, darunter 01 1001 und 1094, nach diesem Vorschlag teilentstromt.

Die zeichnungsgerechte Freilegung des Triebwerks, ob nach DV 930 oder SK 270, bedeutete einen erheblichen konstruktiven und arbeitsmäßigen Aufwand. Während die RAW Meiningen und Nied die Umbauten in eigener Regie durchführten, und zwar jeweils bei der nächsten planmäßigen L 2 oder L 3, schickte das RAW Braunschweig die im Werk zur L 2 eintreffenden Maschinen fast immer ins Wagen-RAW Magdeburg, das die mit dem Triebwerksausschnitt zusammenhängenden Blecharbeiten als L 0 ausführte und dafür je Lok 1.963 RM berechnete. Die L 2-Planarbeiten, die Vergrößerung der Verkleidungsklappen und die Verkürzung der Windleitbleche führte das RAW Braunschweig hingegen selbst aus. Der ordnungsgemäße Umbau nach SA 754 oder SK 270 schlug beim RAW Nied 1941 mit 1.567 RM, beim RAW Meiningen 1942 mit 1.740 und 1943 mit Kosten von rund 3.100 RM zu Buche. Möglicherweise arbeitete Nied mit vorgefertigten Blechen. Rechts sind diejenigen Loks aufgelistet, in deren Betriebsbüchern entweder die Sonderarbeit 754 oder nur „Triebwerk teilweise freigelegt" notiert sind. Über den tatsächlichen Zustand – einfache Entfernung von Triebwerksverkleidungsteilen oder Herstellung des auch ästhetischen Ansprüchen genügenden Triebwerksausschnitts – ist damit nichts gesagt. Die nicht genannten Maschinen können ebenso umgebaut worden sein. 01 1056 z. B. war seit 1943/44 recht weitgehend entkleidet, ohne daß dazu im Betriebsbuch ein Eintrag steht. Hinweise auf den Ablauf der Umbauten gibt eine Aufstellung des RAW Braunschweig vom 4. September 1942, nach der es bis dahin an 01 1060 – 1062, 1069, 1070 – 1078 und 1085 – 1087 die Verkleidung geändert habe, und eine des RAW Nied vom 28. November 1942, nach der es die vier Loks seines Unterhaltungsbestandes (01 1079 – 1082) der SA 754 unterzogen habe.

01 1001	28.01.43	Meiningen
01 1053	02.04.43	Meiningen
01 1054	01.03.43	Meiningen
01 1058	18.05.43	Meiningen
01 1059	21.01.43	Meiningen
01 1060	29.04.42	Braunschweig
01 1061	24.01.42	Meiningen
01 1062	15.02.42	Braunschweig
01 1063	19.02.43	Meiningen
01 1064	23.04.43	Meiningen
01 1065	22.03.43	Meiningen
01 1066	19.02.43	Meiningen
01 1067	24.05.43	Meiningen
01 1068	12.07.43	Meiningen
01 1069	15.04.42	Braunschweig
01 1070	02.09.41	Magdeburg
01 1071	26.08.41	Magdeburg
01 1072	04.10.41	Magdeburg
01 1073	41	Magdeburg
01 1074	16.10.41	Magdeburg
01 1075	29.09.41	Magdeburg
01 1076	27.10.41	Magdeburg
01 1077	10.09.41	Magdeburg
01 1078	41	Magdeburg
01 1079	04.09.41	Nied
01 1080	17.07.41	Nied
01 1081	15.10.41	Nied
01 1082	04.11.41	Nied
01 1083	24.06.43	Meiningen
01 1085		Braunschweig
01 1086		Braunschweig
01 1087		Braunschweig
01 1093	04.12.42	Stargard
01 1099	07.05.43	Meiningen
01 1100	08.11.43	Meiningen
01 1102	29.11.42	Meiningen
01 1103	28.10.42	Meiningen
01 1104	17.09.42	Meiningen
01 1105	18.08.42	Meiningen

Bild 91 – Eine nicht vom RZA abgesegnete, auch nicht schöne, aber wirksame Triebwerksfreilegung zeigte in Dresden Altstadt 1943 die Breslauer **01 1056**.
Aufnahme: Werner Hubert, Sammlung Hansjürgen Wenzel

Aktenkundig wurden nicht nur die durch die Verkleidung verursachten Schwierigkeiten. Loks der Baureihen 01^{10}, 03^{10} und 44 hatten häufig Probleme mit dem Innentriebwerk. Meist ging es um unzureichende Schmierung oder das Abfallen der inneren Lenkerstange, die wenig haltbar versplintet war.

Bekanntlich besaßen die Baureihen 01^{10} und 03^{10} keine Zylindersicherheitsventile, sondern nur die luftbetätigten Entwässerungsventile. Der Innenzylinder wurde indirekt über den linken Außenzylinder entwässert. Die Entwässerungsventile setzten sich zu und mußten dauernd von Hand durchgestoßen werden, und sogar ein Wasserschlag, der einen Innenzylinder stark beschädigte, ist bekannt.

Wenig Freude hatte man anfangs auch mit den sechs mit Rollenlagern in Triebwerk, Steuerung und Laufachsen ausgerüsteten Loks 01 1100 – 1105. Im August 1940 bereits zerlegte sich nach nur 800 km Laufleistung das innere Kreuzkopflager der 01 1100. 01 1101 blieb wenig später mit zerstörtem linkem Kreuzkopflager liegen. Man hatte damals den Nadellagern in den Kreuzköpfen zu viel zugetraut, denn Kreuzkopflager erfahren keine vollständige Drehbewegung, aber einseitigen Druck und Zug durch Kippbewegungen der Treibstange und damit Kantenpressungen.

Bei allen sechs Loks stellte man daraufhin die drei vorderen Treibstangenlager noch im August/September 1940 und die Steuerungslager 1942 auf Gleitlager um. Letztere allerdings wiesen danach einen hohen Verschleiß auf, da sie keine Ölgefäße besaßen und hoher Flächenpressung unterlagen. Erst Ende der fünfziger Jahre stellte man die Steuerungslager der sechs Maschinen auf die modernere Normalbauart der BR 01^{10} um.

01 1102 erlitt im September 1940 den ersten bekanntgewordenen Schaden am linken vorderen Kuppelstangenlager, bei dem auch die Kuppelstange verbogen wurde. Bis Kriegsende stellte man bei 01 1100, 1101, 1104 und 1105 je ein nach rund 110.000 km Laufleistung schadhaft gewordenes hinteres Treibstangenlager fest. Meist waren die Leichtmetall-Lagerdeckel gebrochen, und die Simmerringe hatten sich darunter verdreht. Ansonsten hielten die Stangenwälzlager auch im angestrengten Schnellzugdienst erstaunlich gut. Nicht ohne Grund auch standen die Rollenlagerloks zwischen Indienststellung 1940 und Neubekesselung als nahezu einzige ihrer Baureihe fast ununterbrochen im Einsatz, und 01 1104 war die Lok mit der höchsten Gesamtlaufleistung. Erst im Dezember 1966 wurde als letzte 01 1101 auf die Lagerbauart 1957 umgestellt.

Zurück zum „Dauerbrenner" Stromlinienverkleidung. Das RAW Stargard fragte am 6. Oktober 1942 beim Bw Kattowitz nach, ob es die Stromlinienverkleidung unterhalb des Umlaufes entfernen dürfe, einschließlich vollständiger Freilegung von Zylindern und Stangen. Die „anderen Bezirke Stettin-Breslau" hätten bereits zugestimmt. Allerdings müßten die abgebauten Teile im Heimat-Bw gelagert werden. Das Bw Kattowitz, das RMA Kattowitz und die RBD Oppeln waren einverstanden, da „dadurch dem Bw die Unterhaltung und dem Lokpersonal die Wartung der Lok erleichtert wird". Die RBD Oppeln übersandte allerdings den Schriftwechsel vorsichtshalber am 19. Oktober 1942 an das RZA Berlin. Dieses lehnte eine Woche später ab und verwies auf seine Umbauverfügungen vom 8. Januar und vom 23. Mai 1941.

Das änderte nun allerdings nichts mehr daran, daß alsbald die planmäßigen Umbauten vom willkürlichen Abbau von Teilen in RAW und Bw überholt wurden. Überdies beschwerten sich RBD, daß auch Triebwerksausschnitt und größere Klappen keine Erleichterung in der Wartung brächten. Mehrere Bw hätten deshalb in Schadvormeldungen an RAW vermerkt, die Freilegung nicht vorzunehmen. Einer der Gründe lag darin, daß man nun auf Unterwegsbahnhöfen das Mitteltriebwerk nicht mehr erreichen konnte, was vorher durch die vordere Jalousie möglich war. Auch das Bw Halle P beschwerte sich am 3. Februar 1943 nach Eintreffen der in Meiningen umgebauten 01 1059, daß die Triebwerksfreilegung nach SA 754 nicht ausreiche.

Die RBD Köln forderte am 15. Januar 1943 im Namen der ihr unterstellten RAW sogar die völlige Entkleidung. Sie belegte ihre Forderung mit einer aufschlußreichen Aufstellung:

„In den RAW'n beträgt der Mehraufwand nur für Abnahme, Wiederherstellungsarbeiten und Anbau der Verkleidung z.B. beim Abachsen der Lok etwa 200 Std,

- *beim Auswechseln des Vorwärmers etwa 80 Std,*

Bilder 92 und 93 – 01 1078 des Bw Hannover gehörte 1942/43 zu denjenigen 01^{10}, bei denen man versuchsweise zur Wartungserleichterung weitere Frontbleche abgebaut hatte. Die Bilder entstanden 1943 auf der Fahrt nach Hamm im Bahnhof Bielefeld. AUFNAHMEN: STADTARCHIV BIELEFELD

- *bei Erneuerung eines Speiserohres etwa 45 Std,*
- *beim Auswechseln einiger Stehbolzen etwa 35 Std,*
- *bei Arbeiten an den Steuerungsteilen etwa 15 Std.*

Das Abnehmen, Wiederherstellen und die Anbringung der Gesamtverkleidung wird schätzungsweise einen Mehraufwand von mindestens 500 Arbeitsstunden erfordern. Inwieweit vorstehende Nachteile der stromlinienförmigen Verkleidung durch Herabsetzung des Eigenwiderstandes und die hierdurch mögliche größere Wirtschaftlichkeit der Lok aufgehoben werden, kann von hier aus nicht nachgeprüft werden. Unter den heutigen Verhältnissen mit den stark herabgesetzten Durchschnittsgeschwindigkeiten der Züge wird ein wirtschaftlicher Vorteil nicht zu erzielen sein. Aber auch bei späterer Erhöhung der Durchschnittsgeschwindigkeiten dürfte zu prüfen sein, ob die wirtschaftlichen Vorteile einer stromlinienverkleideten Lok mit einer Höchstgeschwindigkeit bis zu 140 km/h wirklich die großen Nachteile aufwiegen, die mit einer derartigen Verkleidung verbunden sind.“

Eine fast prophetische Annahme, denn diese Frage hatte sich nur sechs Jahre später die Reichsbahn tatsächlich zu stellen und beantwortete sie contra Verkleidung.

Am 23. Januar 1943 wies das RZA Berlin abermals die Wünsche verschiedener Direktionen nach Teilentkleidung oder gar völliger Entkleidung zurück. Als die RBD Breslau das RZA am 19. März 1943 darüber informierte, daß inzwischen die RAW z. T. die Verkleidungsbleche im Triebwerksbereich völlig entfernten, setzte sich das RZA abermals zur Wehr: „*... Eine weitergehende Entfernung der Stromlinienverkleidung hat das RVM bisher abgelehnt. Auf ein gutes Aussehen der Schnellzuglokomotiven wird vom RVM der größte Wert gelegt.*“

Nahezu zeitgleich, am 9. Januar 1943, verfügte das Reichsverkehrsministerium (31 Fkl 1288) eine vergleichende Betriebsuntersuchung zwischen Lokomotiven, die nur das teilweise freigelegte Triebwerk besaßen und solchen, bei denen man weitere Verkleidungsteile entfernen sollte. Die in der Verfügung genannte Skizze der zu entfernenden Teile ist nicht erhalten, doch gibt es Lichtbilder der entkleideten 01 1078. Bei ihr blieben zwar die Seiten unverändert, die Front war unterhalb des Kessels aber völlig offen. Ob die anderen Lokomotiven ebenso oder stärker entkleidet wurden, ist nicht bekannt. Für die verkleidete Bauart standen:

- 01 1071 – 1076 des Bw Hannover Hbf und 01 1079 und 1080 des Bw Braunschweig Hbf.

Teilweise entkleidet waren

- 01 1077 und 1078 des Bw Hannover Hbf und 01 1070, 1081, 1082, 1085 – 1087 des Bw Braunschweig Hbf.

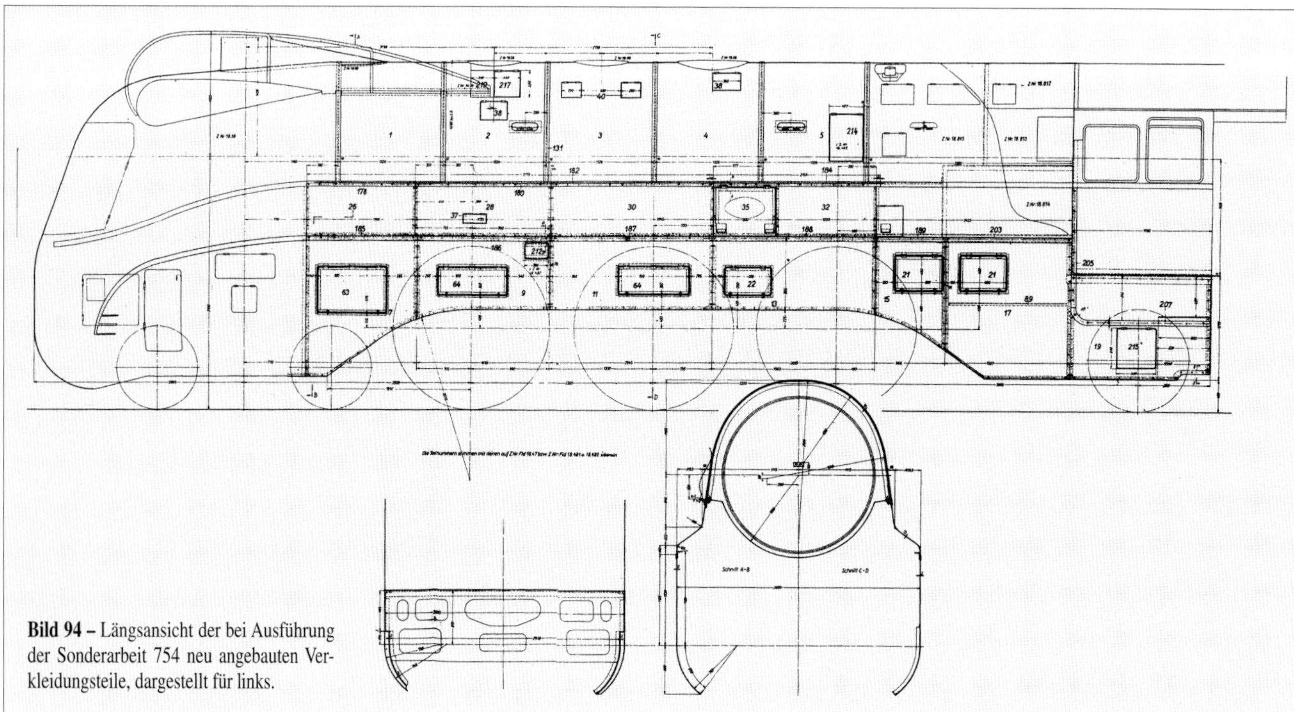

Bild 94 – Längsansicht der bei Ausführung der Sonderarbeit 754 neu angebauten Verkleidungsteile, dargestellt für links.

Der Betriebsversuch dauerte bis zum 31. März 1943. Wie zu erwarten benötigten die stärker verkleideten Maschinen mehr RAW-Tage. So mußte man Bremsuntersuchungen der verkleideten Maschinen im RAW Braunschweig ausführen. Im Schnitt benötigten die verkleideten Loks im ersten Quartal 1943 zwölf RAW-Tage, vier Ausbesserungstage im Bw und einen w-Tag, zusammen 17 Tage. Die stärker entkleideten Loks benötigten sechs RAW-Tage und vier Bw-Reparaturtage, zusammen zehn. Natürlich waren auch die Bw-Ausbesserungskosten der teilentkleideten Lokomotiven niedriger: 187,20 RM je 1.000 km gegenüber 214,20 RM je 1.000 km. Der Brennstoffverbrauch der verkleideten Lokomotiven war fast durchweg höher als derjenige der teilentkleideten Loks.

Das Resumee: „*Die bisherige Versuchszeit hat ergeben, daß die teilweise Abnahme der Verkleidung an den Lokomotiven der Reihe 01^{10} eine bessere Untersuchung und Unterhaltung durch Lokomotivpersonal und die Werkstatt und damit geringere Bw-Ausbesserungskosten ermöglicht. Gerade mit Rücksicht auf die schwierige Personallage im Werkstättenteil der Bahnbetriebswerke erscheint uns dieser Vorteil von großer Bedeutung. Ein höherer Verbrauch an (Betriebs)-Stoffen ist bisher bei den augenblicklich üblichen Geschwindigkeiten nicht eingetreten.*

Eine vergleichsfähige Gegenüberstellung der RAW-Kosten, die jedoch erst in mehreren Monaten möglich ist, läßt weitere Vorteile für die teilweise verkleideten Lokomotiven erwarten. Wir beabsichtigen deswegen, den Betriebsversuch fortzuführen. Da bei kleineren Lokomotivzahlen die Ergebnisse des öfteren streuen (...), haben wir für die Zukunft bei beiden Bahnbetriebswerken je 4 Lokomotiven vollverkleidet und je 4 Lokomotiven teilweise verkleidet eingesetzt.“

Hierzu kam es allerdings ebensowenig wie zu einer Fortsetzung des Versuches, denn aussagekräftig genug waren bereits die ersten Ergebnisse. Weiterhin lehnte das Reichsverkehrsministerium eine über die SA 754 hinausgehende Entkleidung ab, wie

Die bis 1945 durchgeführten Bauartänderungen in der Übersicht:

Ausgeführte Sonderarbeit (SA)	Verfügung	SA	Ausführung
Vorderes Treibstangenlager auf Buchsenlager umgebaut (01 1100 – 1105)			1940
Hoheitszeichen angebracht (Loks bis ca. 01 1060)		SA 634a	1940
Lichtschutzvorhänge angebracht		SA 660	1940
Selbsttätiges Führerbremsventil angebaut		SA 671	1940-43
Hauptluftbehälter für 10 kg/cm² angebaut	RZA 3831 Fkblh 127 vom 13.09.40		1941-43
Triebwerk teilweise freigelegt, Klappen vergrößert und Leiter umgebaut	RZA Fklds v. 8.1.41 und 23.5.41	SA 754	1941-43
Geschwindigkeit auf 140 km/h heruntergesetzt	RZA 2932 Fklds v. 8.3.41		1941
Windleitbleche um 200 mm verkürzt (bei wenigen Loks ausgeführt)	RZA 2332 Fkldsr v. 12.4.41		1941-42
Gummidichtungen der Sandstreudüsen durch IT-Dichtungen ersetzt	RZA 2333 Fkldbn vom 2.7.41		1941
Außenverriegelungen an der Rauchkammertürverkleidung angebracht	RZA Pal 2333 Fkldbl v.4.7.41		1941-43
Steuerungslager auf Buchsenlager umgebaut (01 1100 – 1105)			1942
Füllungsskala an der Steuerschraube angebracht			1943
Doppelschraubenfedern am Lokdrehgestell angebaut		SA 725b	1943
3 Schwingensteine KS 1275 eingebaut (nur wenige Nennungen)	RZA Fkldbp v. 31.12.41		1943
40 Steuerungsbuchsen aus Zinklegierung „Zamak 5“ eingebaut (nur bei einem Teil der Loks)	Rbd Dre. 61 W 5 Fulst v. 30.10.42		1943
Überhitzerelemente am Dampfsammelkasten mit Doppelkegeln gedichtet	RZA Ü 2330/36 Kldbe 5.9 v.5.4.43		1944
Achslagergleitplatten aus Grauguß (nur wenige Nennungen)		SA 775a	1944
Fliegerschutzkasten am Führerhaus angebracht (nur wenige Nennungen)		SA 783	1944-45

Heinrich Nordmann, der Leiter des Versuchsdezernates im RZA Berlin am 18. Juni 1943 auf eine entsprechende Frage der RBD Wuppertal erläuterte. Nach einer längeren Rechtfertigung der Stromlinienverkleidung hieß es weiter:

„Wenn die RBD Köln darüber hinausgehend bei ihren Stromlinienlok (der BR 03^{10}) die Triebwerksverkleidung vom Führerhaus bis zum Zylinder abgebaut hat, so hat sie ~~dies jedenfalls ohne unsere Zustimmung und ohne die Genehmigung des RVM~~ (im Originalbrief durchgestrichen) *auf eigene Verantwortung getan.*

Die vollständige Entfernung der Stromlinienverkleidung, die auch schon vorgeschlagen worden ist, macht die Herstellung einer ganz neuen Verkleidung, eines neuen Traggerüstes für die Verkleidung und den Anbau von Umlaufblechen erforderlich. Es ist zweifelhaft, ob die erforderlichen Werkstoffmengen für den Umbau freigegeben werden können. Andererseits muß aber auf ein ordentliches und einheitliches Aussehen der S-Lok unbedingt Wert gelegt werden. Wir stellen anheim, wegen der vollständigen Entfernung der Triebwerksverkleidung dem RVM unmittelbar einen entsprechenden Bericht vorzulegen.“

Man könnte aus dieser Darstellung bereits eine gewisse Resignation angesichts der um sich greifenden Eigenmächtigkeiten ableiten. Andererseits begrüßte Nordmann am 5. Oktober 1943 in seiner Antwort an die RBD Hannover deren Grundgedanken ausdrücklich und legte sogar noch eine Skizze bei, wie man auch eine weitgehende Triebwerksentkleidung gefälliger und praktischer ausführen könne.

Nun folgte auch im Reichsverkehrsministerium die Kehrtwende, und dieses stimmte am 19. Oktober 1943 zu, daß das Triebwerk doch weitgehend freigelegt werden dürfe. Die abgenommenen Teile müßten sorgfältig gelagert werden, damit man sie später, wenn die Fahrgeschwindigkeit der Züge wieder erhöht werde, erneut anbauen könne.

Man kann sich leicht vorstellen, wie schnell in den folgenden Monaten das Äußere der vom Betrieb so wenig geschätzten Stromlinienloks herunterkam. Die nach kurzer Zeit infolge der vielen Reparaturen verbeulte Verkleidung, verzogene Rauchkammer-Verkleidungstüren, die sich gelegentlich während der Fahrt öffneten und nun durch manchmal brachiale Riegel gesichert waren, das mehr oder weniger weitgehend freigelegte Triebwerk, sie boten keinen guten Anblick mehr, auch wenn ein Teil der Loks ab 1942 noch eine Neulackierung in grau erhielt.

Noch im Frühjahr 1943 rüstete das RAW Braunschweig auf Ersuchen des Bw Hannover Ost die Lok 01 1073 und am 30. September 1943 die 01 1077 mit um 1.000 mm nach hinten verlängerten Windleitblechen aus, wohl mit 05-ähnlichen Blechen, wie das Herstellerwerk sie schon vor der Ablieferung an 01 1001 ausprobiert hatte. Eine bessere Dampfableitung blieb aus, so daß es keine weiteren Umbauten gab.

Den bereits eingetretenen Realitäten folgte das Reichsverkehrsministerium erst am 11. September 1944, als es resigniert verfügte: „Zur weiteren Vereinfachung der Unterhaltung der stromlinienverkleideten Lok sind alle Verkleidungsbleche unterhalb des Kessels und Führerhauses zu entfernen... Die abgenommenen Verkleidungsbleche sind zum Schrott zu nehmen“. Die Abnahme der Verkleidungen sollte in den Bw erfolgen, die für diese Arbeitserleichterung sicherlich dankbar waren. So war denn im Winter 1944/45 wohl keine Lok mit Triebwerksverkleidung mehr im Einsatz. Wenige Wochen später war die Zeit der Stromlinienloks ohnehin vorläufig zu Ende.

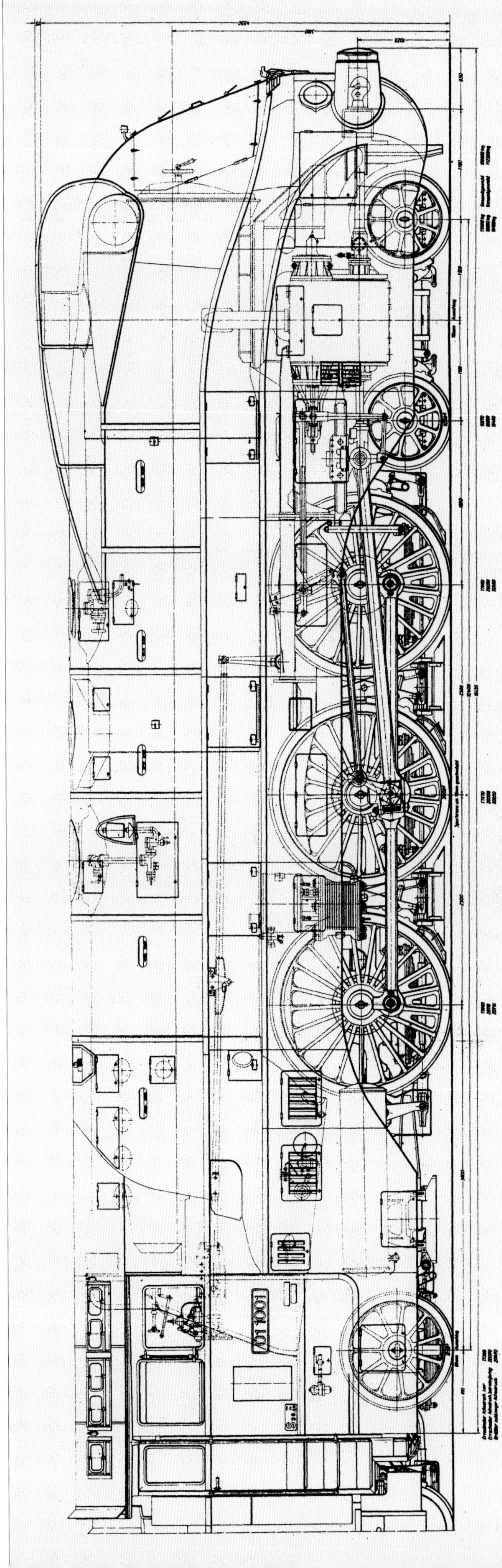

Bild 95 – Längsansicht der Baureihe 01^{10} nach der einzig wichtigen Bauartänderung bis 1945: Der Teilfreilegung des Triebwerks nach Sonderarbeitsnummer 754 von 1941. Tatsächlich verlief die Absenkung des Ausschnitts weiter vorn und legte die hintere Ecke des Zylinderblocks frei.

Bild 96 – In diesem Zustand fuhren die wenigen in den Jahren 1945/46 überhaupt betriebsfähigen 01^{10}. Das Triebwerk komplett freigelegt, die Verkleidung verbeult und mit Resten vom Tarnstrich, der Tender dagegen noch komplett verkleidet. **01 1103** (Bw Kassel) am 17. August 1946 als Wendelok im Bw Hanau, vermutlich im Dienst der amerikanischen Besatzungsmacht.
AUFNAHME: KARL-FRIEDRICH HECK, SAMMLUNG ROBIN GARN

Von der Stromlinienlok zur „Super-Pazifik“

Die BR 01^{10} in neuer Gestalt

Bereits 1947 begab man sich bei der DR in der amerikanischen und britischen Zone (Bi-Zone) Westdeutschlands an Planungen, wie der Eisenbahnverkehr der Zukunft aussehen sollte. Auf den Triebfahrzeugsektor bezogen sah die Idealperspektive so aus, daß alle Länderbahn-Schnellzugloks ausgemustert und durch aufgearbeitete Einheitsloks bzw. Neubauloks ersetzt werden sollten. Nur die bayerische S 3/6 wollte man weiter im Betrieb belassen. Der augenblicklich völlig unnormalen Struktur des Lokomotivparks mit einer riesigen Zahl von 1'E-Güterzuglokomotiven und einem schmerzlichen Mangel an schnellfahrenden und leistungsfähigen Reisezuglokomotiven gedachte das RZA Göttingen damals durch die schnelle Aufarbeitung aller Einheits-Schnellzugloks einschließlich der Baureihen 05 und 06, aller schadhaften 39er und die Einstufung der BR 41 als Reisezuglok mit Zulassung für 100 km/h und Umzeichnung auf BR 22 zu begegnen.

Mit ernsthaften Planungen für Neubaulokomotiven durfte die Hauptverwaltung der Eisenbahnen (HVE) einstweilen noch nicht beginnen, und es gab auch durchaus Einwände, z.B. die bewährte Reihe 17^{10} der Bauart 1914 einstweilen als Reservegattung weiter vorzuhalten. Unstrittig war, daß man die erst wenige Jahre alte und mit 55 Exemplaren nicht zu den Splittergattungen zählende BR 01^{10} im Gegensatz zur zahlenmäßig deutlich schwächeren BR 03^{10} möglichst schnell wieder in Dienst nehmen wollte. In der RBD Hannover beim Bw Göttingen P und in der RBD Kassel bei den Bw Kassel und Bebra standen damals einzelne Exemplare der BR 01^{10} im Einsatz. Unter Hinweis auf den durch die Zonengrenzziehung auf der Nord-Süd-Strecke angewachsenen Verkehr setzte die RBD Kassel bereits vor einer Entscheidung über die Zukunft der BR 01^{10} die Aufarbeitung weiterer vier Maschinen durch, die dringend benötigt würden. Das Bw Göttingen P in der britischen Zone sollte seinen 01^{10}-Einsatz beenden, da diese Baureihe in der Britischen Besatzungszone nur „Reservegattung“ war.

Am 3. Dezember 1947 verfügte auf Veranlassung der HVE in Offenbach (Main) das Reichsbahn-Zentralamt (RZA) Göttingen als Sonderarbeit 25 die „Entstromung“ der BR 01^{10}. Bei der anstehenden Hauptuntersuchung sollte die noch vorhandene Stromlinienverkleidung von Lokomotivoberteil und Tender entfernt und durch eine normale Kesselverkleidung und Umlaufbleche ersetzt werden. Angesichts der damals geringen Zuggeschwindigkeiten sah man den Aufwand für Erhaltung oder gar Komplettierung der Stromschale und die bei ihr bekannten betrieblichen Erschwernisse in krassem Widerspruch zum möglichen Nutzen.

Zu diesem Zeitpunkt standen bereits 16 01^{10} im Einsatz, von denen die 13 Loks der amerikanischen Zone voll unterhalten wurden. Weitere 13 Lokomotiven aus dem Schadpark arbeitete das RAW Nied zwischen dem November 1947 und dem Januar 1949 auf.

So verfügte die RBD Kassel bis Januar 1949 über einen Betriebspark von 26 meist gerade L 3-untersuchten 01^{10}. Von einer Umsetzung der RZA-Verfügung vom Dezember 1947 aber war einstweilen keine Rede. Alle Lokomotiven hatte man bei den genannten Untersuchungen nur „teilentstromt“. Am Tender fielen sämtliche Verkleidungsteile, an der Lok alle Teile, die noch von der Triebwerksverkleidung vorhanden waren. Rauchkammer-Verkleidungstüren und Klappen in der Kesselbekleidung beließ man, soweit sie gangbar waren. Die Kesselbekleidung war als

Bild 97
So sah die „Teilentstromung" aus. Bei **01 1098** hatte man während der L 2 am 28. August 1948 im RAW Nied sämtliche Bekleidungsteile mit Ausnahme der Kesselverkleidung entfernt. Deren funktional wichtigen Teile wurden sogar aufgearbeitet. Als Dachlüfter baute man einen einfachen Kasten auf. Hier steht die Kasselaner Lok am 17. Juni 1949 im Heimat-Bw. Acht Wochen später kam sie zur Entstromung ins RAW Nied.

AUFNAHME: CARL BELLINGRODT/EK-VERLAG

Bild 98, rechts
Ein Blick auf das entkleidete Triebwerk, hier bei **01 1097** (Bw Kassel), wohl auch 1948 als Wendelok im Bw Hanau.

AUFNAHME: SAMMLUNG HELMUT GRIEBL

Wärmeisolierung weiter erforderlich, und die bisherige graue Lackierung der Loks blieb, wurde sogar erneuert. Mit rund 40.000 Mark waren die L 3-Untersuchungen verhältnismäßig teuer. So boten die früher so stolzen Stromlinienloks ein äußerlich zwar trauriges Bild, waren technisch aber durchaus gut in Schuß.

Sonderarbeit 25 – die „Entstromung"

Am 24. März 1948 verfügte die Hauptverwaltung erneut die Anbringung einer normalen Kesselverkleidung und kleiner Windleitbleche, doch erst ab Herbst 1948 standen der Reichsbahn genügend D-Mark zur Verfügung, um erste Lokumbauten und nun auch Wagen- und Lokomotivneubauten zu projektieren. Bei der durchgreifenden Sanierung der BR 01^{10} ging es vorhersehbar um eine Summe von rund 4 Millionen neuer Deutscher Mark, damals sehr viel Geld. Nach der Sanierung der BR 01^{10} wollte man die Maschinen neu verteilen, da sie im langsam wieder auflebenden schweren Fernreiseverkehr eine wichtige Rolle spielen sollten. Der Sommerfahrplan 1949 sollte ja erstmals wieder zahlreiche und von der Fahrzeit attraktive Schnellzugverbindungen bieten. Direkt im Anschluß an die Aufarbeitung der 01^{10} wurde die Entstromung der bislang abgestellten 03^{10} vorgesehen.

Das Bauartdezernat des RZA Göttingen erstellte eilends bis Mitte 1948 die Umbauzeichnungen. Im ersten Ansatz sah man eine „große Lösung" vor; und die Lokomotiven sollten allesamt eine neue Rauchkammer mit runder Tür, ein geschlossenes Umlaufblech mit Schürze, neue Domhauben und Sandkästen, ein hinten offenes Führerhaus mit am Tender angebrachtem Aufstieg und eine zweiteilige Kohlenraum-Abdeckung erhalten. Mit Ausnahme letzterer hätten sie dann ihren zweizylindrigen Schwestern fast zum Verwechseln ähnlich gesehen. Das Diktat fehlenden Geldes verhinderte diesen Umbau. Stattdessen mußte man alles aus der Stromlinienzeit an den Lokomotiven belassen, was noch sinnvoll verwendbar war.

Als Baumusterlok für beide Baureihen diente 03 1056, die unter Aufsicht des RZA Göttingen seit dem 19. November 1948 im

Bild 99
01 1075 war die am schwersten beschädigte Lok ihrer Baureihe. Ihren Ursprungstender verschrottete wohl schon 1946 das RAW Braunschweig. Hier ist sie im Januar 1949 kurz nach der Ankunft bei der Fa. Henschel in deren Werkshof zu sehen.

AUFNAHME: SAMMLUNG HENSCHEL-MUSEUM

RAW Braunschweig eine L 4 erhielt und am 4. Februar 1949 fertiggestellt war.

Ab Ende 1948 wurden die z-Stellungen der abgestellten 01^{10} aufgehoben, was allerdings als Eintrag in die Betriebsbücher kaum Niederschlag fand. Da nun angesichts des bevorstehenden Sommerfahrplans 1949 dringend eine große Zahl aufgearbeiteter 01^{10} benötigt wurde, war sogar Eile geboten. Neben dem RAW Nied sollten die Fa. Henschel und das RAW Mülheim-Speldorf an der Entstromung mitwirken. Die ersten Lokomotiven liefen dem PAW Henschel und dem RAW Nied im Dezember 1948 zu, das RAW Mülheim-Speldorf erhielt Ende Januar 1949 den gesamten Arbeitsvorrat als Lokzug. Was sich in der Vorausschau als eine Routinemaßnahme darstellte, wurde dann doch erheblich komplizierter und vor allem mindestens 1 Million DM teurer als eingeplant.

Am Kessel von 01 1076, die als eine der ersten Loks bereits im Dezember 1948 bei Henschel in Arbeit war, zerriß am 24. Januar 1949 bei der Wasserdruckprobe unter 21 atü der vordere Langkesselschuß der Länge nach. An der Waschluke unterhalb des Speisedoms hatte sich zuerst eine geringe Undichtigkeit gezeigt. Als der Vorschmied versuchte, die undichte Stelle zu verstemmen, platzte der Kessel unter lautem Knall in Längsrichtung auf. Anschließend stellte man einen Dauerbruch am Lukenfutter fest, der nur noch 2 mm von der Außenseite des Kesselblechs entfernt war.

Das RZA Göttingen machte alle Reichsbahndirektionen und die Geschäftsführenden Direktionen des Werkstättenwesens (GDW) bereits am 26. Januar 1949 „auf diesen Vorgang wegen seiner großen Bedeutung für die Betriebssicherheit besonders aufmerksam“ (so Bauartdezernent Friedrich Witte) und ermahnte zur Aufmerksamkeit beim Umgang mit St 47 K-Kesseln. Die Neigung dieses Kesselbaustahls zum Verspröden durch den Verlust von Eisennitrit an den Korngrenzen vor allem im Bereich von Schweißstellen war seit dem Zerknall der 50 846 im Jahr 1941 bekannt.

Bereits nach rund vier Betriebsjahren waren die 01^{10}-Kessel aus dem seit 1938 in großem Umfang eingeführten Kesselbaustahl St 47 K durchweg in schlechtem Zustand. Risse traten überall dort auf, wo Untersätze mit Kehlschweißungen am Kesselblech befestigt waren. Diese Untersätze gab es in großer Zahl, vor allem am Stehkessel, aber auch am Langkessel (Halter für Kesselbekleidung, Ventiluntersätze, Waschluken...). Auf die BR 01^{10} gemünzt hielt Witte es für erforderlich, sämtliche geplanten L 3-Untersuchungen der schon 1947/48 aufgearbeiteten Maschinen zu L 4-Schadgruppen hochzustufen, weil dann die Rohre ausgebaut und die Kessel besser zu prüfen wären.

Die RBD Frankfurt berichtete am 10. Februar 1949 als zuständige Geschäftsführende Direktion des Werkstättenwesens (GDW) an die Hauptverwaltung über den Vorfall mit 01 1076 und kam zu einer wenig hoffnungsvollen Perspektive: „... Das Absuchen des Kesselinneren mit der Lupe und das Nichtauffinden von Rissen bietet keine Gewähr dafür, daß tatsächlich keine Risse vorhanden sind. Die Anrisse liegen vielfach verdeckt unter den Schweißnähten...“ Alle Kessel von 01^{10} untersuchte man anschließend an den gefährdeten Stellen mit einem Röntgen-Nietlochprüfer, grünem

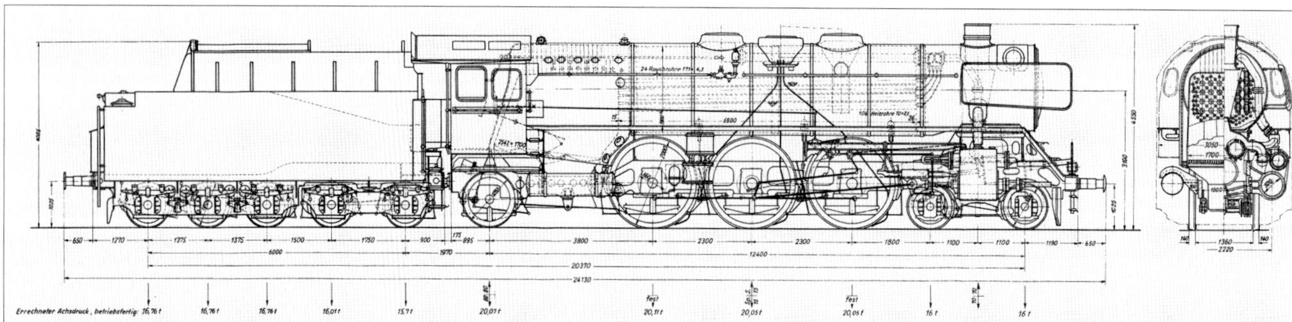

Bild 100 – Nach dem ersten Entstromungsprojekt von 1948 sollte die BR 01^{10} äußerlich weitestgehend der BR 01 angepaßt werden. Neue Rauchkammer, geschlossenes Umlaufblech, neue Domhauben und eine Kohlenraumabdeckung fielen aber dem Rotstift zum Opfer. Den Gewichtsverlust bei Abbau der Verkleidung schätzte man offenbar falsch, um rund 1,5 t zu klein ein.

Bild 101, oben
Manche 01^{10} waren in viel besserem Zustand. Von 1945 (Foto) bis zur Entstromung im März 1947 stand **01 1068** des Bw Hannover im Reservepark und abgestellt in Hannover Süd. Auf der Lok ist noch die Kurzbezeichnung „Han.Hbf" zu lesen.

AUFNAHME: H. P. ROBERTS, SAMMLUNG HANSJÜRGEN WENZEL

Bild 102
Der am 24. Januar 1949 während der Wasserdruckprobe aufgeplatzte Kessel der **01 1076**. Im Betrieb hätte dieser Schaden einen Zerknall und damit ein großes Unglück hervorgerufen. Die Reparatur des Kessels verzögerte die Fertigstellung der Lok stark. Ihren Tender bekam deshalb die eben gezeigte 01 1075.

AUFNAHME: SAMMLUNG HENSCHEL-MUSEUM

Metallöl und Magnetpulver, und stellte an mehreren Kesseln ähnlich gefährliche Schäden wie bei 01 1076 fest. Über jeden Kessel erhielt das RZA Göttingen ein eigenes Prüfprotokoll und nahm es zu den Akten. Bei der Aufarbeitung des Gesamtbestandes nach Schadgruppe L 4 war es nun unerheblich, daß ein Teil der Loks nur Monate vorher (z.B. 01 1094 L 3 Oktober 1948, L 4 August 1949) teure Untersuchungen erhalten hatten.

Die über den Arbeitsumfang einer normalen L 4 hinausgehenden Arbeiten im Zusammenhang mit der SA 25 „Entstromung" listete das RZA Göttingen in einer 28 Einzelpunkte umfassenden Anweisung samt dazugehörendem Zeichnungspaket auf. Detailliert war dort aufgeführt, daß und wie alle restlichen Teile der Stromschale zu entfernen waren. Neu angefertigt wurden Kesselbekleidung, Handstangen, Aufstiege und Umlaufblech. Das Führerhaus erhielt vorn durchdrehbare Fenster mit Stauschuten (SA 19). Die kleinen Windleitbleche, die die 01^{10} mit als erste DB-Loks erhielten, verbuchte man als SA 44. Die Lichtmaschine, die bislang vor dem linken Außenzylinder am Rahmen befestigt gewesen war, brachte man an üblicher Stelle links hinter dem Schornstein an. Beschädigte Führerhausdächer ersetzte man durch eine Einfachbauart mit 52er-Dachlüfter. Die Indusi-Anlage wurde durchweg erneuert. Nach Muster der übrigen Einheitsloks erhielten die Maschinen Umlaufbleche, die man aber bis zur Vorderkante der Rauchkammer gerade durchzog. Das Trittblech unterhalb der Rauchkammer erhielt aufklappbare Mittelteile. In zwei Blechtaschen links und rechts am Trittblech hatte man bei 03 1056 die Lampen fest angeschraubt, beließ sie aber bei den übrigen entstromten 01^{10} und 03^{10} doch auf dem Pufferträger. Die Schraubenlöcher in den Taschen allerdings hatten alle. Über die Form der Mittelschürze war man sich nicht einig: Henschel und

Bild 103 – Das Gesicht der neuen 01^{10}. Man hatte sich bei der äußerlichen Entkleidung auf das Minimum an Notwendigem beschränkt, was dem Aussehen der Lokomotiven nicht schlecht bekam. **01 1088** im Heimat-Bw Hagen-Eckesey am 11. Juni 1950. AUFNAHMEN (3): CARL BELLINGRODT/EK-VERLAG

Bild 104 – Paradebild der **01 1088** in Sichtweite ihres Heimat-Bw Hagen-Eckesey am 11. Juni 1950. Damals waren die 01^{10} die ersten Schnellzugloks, die die kleinen Windleitbleche und Stauschuten an den Frontfenstern erhielten. Aus der Stromlinienzeit stammt noch der Bremskraftregler mit Antrieb von der letzten Kuppelachse. Ihn hatten nur noch einzelne der entstromten 01^{10}.

Bild 105 – Dazu gehört auch die Ansicht von hinten mit dem aus dieser Perspektive riesigen Tender. Am Führerhaus hängt übrigens noch ein Schild „Deutsche Reichsbahn".

das RAW Nied brachten nur ein schmales Schutzblech unter der Rauchkammer an und ließen den Mittelzylinder sichtbar, während das RAW Mülheim-Speldorf vor dem Rauchkammertürring eine bis zum Pufferträger herabreichende Blechschräge anbrachte. Die sparsame Verwaltung beließ einige stromlinienbedingte Bauteile an den Maschinen, wie den freiliegenden Vorwärmer mit niedriger Rauchkammertür, die flachliegenden Kesselspeiseventile, den flachen Blechsandkasten und die geschlossenen Führerhäuser. Einige Maschinen, z.B. 01 1088, behielten aus demselben Grund noch einige Jahre den Antrieb der separaten automatischen Lastabbremsung der Lok von der letzten Kuppelachse rechts. Für dessen Befestigung mußte man einen stabilen und nach unten eingezogenen Verkleidungsträger stehenlassen. Bei Schäden allerdings schloß man auch bei ihnen die Lokabbremsung an den Fliehkraftregler des Tenders an. Als letzte Relikte der Stromlinienverkleidung hielten sich die Zierleisten an Führerhaustüren und Tenderflanken bei fast allen Maschinen bis zur Ausmusterung.

Im Zuge der L 4 führte man weiterhin meist noch folgende Sonderarbeiten aus, meist Rückumstellungen auf hochwertige

Bild 106 – Die spitzere Ansicht von **01 1104** (Bw Kassel 25. August 1951) läßt mehr das Typische der entstromten 01[10] hervortreten. Vor allem der freiliegende Vorwärmer wirkte fremdartig. Auch macht die Lok deutlich, daß der Umbau keineswegs bei allen Loks gleichartig ausgeführt worden war. Fa. Henschel brachte bei seinen Umbauloks, z.B. der eben gesehenen 01 1088, gerade Griffstangen, Verkleidungen der Einströmrohre auf den Zylindern, offen liegende Stromleitungen an der Front und nicht bis zum Kessel reichende Schrägbleche an. Das EAW Nied (01 1104) wiederum brachte am Führerhaus an Stelle der alten Stromliniengriffleiste frei stehende Griffstangen, gekröpfte Griffstangen vorn und ein Schrägblech an, das den Mittelzylinder unverdeckt ließ. AUFNAHME: CARL BELLINGRODT/EK-VERLAG

Baustoffe oder Vereinfachungen, wie sie damals alle Einheitsloks erhielten (siehe auch Gesamtaufstellung aller Sonderarbeiten am Ende des Kapitels, Seite 179): SA 4, SA 5, SA 16, SA 19, SA 42, SA 44, SA 46, SA 49, SA 55, SA 62, SA 85. Bei den Lokomotiven 01 1062, 1082, 1087, 1090, 1093, 1098 und 1101 waren die Rauchkammern in so schlechtem Zustand, daß man sie neu fertigen mußte, nun natürlich mit runden Türen. Auf „Schnickschnack" jeglicher Art verzichtete man schon aus Geldmangel. Aus dem selben Grund erhielten Maschinen, bei denen die aufwendig gebauten Dachlüfter schadhaft waren, aufgesetzte Blechkästen nach Muster der BR 52. So ausgerüstet waren 01 1081, 1082, 1086, 1087, 1092, 1093, 1097, 1099, 1101, 1103.

Durch den Umbau wurden die Maschinen erheblich leichter als im Bauzustand 1940, und das Reibungsgewicht war kleiner geworden als das der BR 01. Aber wie schwer waren sie? Die Entstromungszeichnungen waren eigentümlicherweise mit den im voraus errechneten Gewichtsangaben von 1938 versehen, und auch die im DB-Merkbuch 1953 genannten Gewichte führen

Bild 107
Das RAW Mülheim-Speldorf wiederum versah seine Loks auch oberhalb des Umlaufs mit Wärmeschutzverkleidungen der Einströmrohre. Das Schrägblech sitzt weiter vorn, umfaßt die Rauchkammer, und das Umlaufblech ist mit einer nur schmalen Umfassungsleiste versehen. **01 1089** war als letzte Lok beim RAW Speldorf im September 1949 fertiggestellt und erhielt eine aufwendige Lackierung mit vorangegangener Spachtelung.

AUFNAHME: SAMMLUNG HANSJÜRGEN WENZEL

Bild 108 – 01 1081 des Bw Bebra ist hier von schräg hinten zu sehen, aufgenommen im November 1949 im Bahnhof Würzburg. Auch sie zeigt den einfachen Dachlüfter und die Haltestange am Führerhaus. So kurz nach der Umbenennung zur Bundesbahn trägt die Lok die entsprechende Bezeichnung nur als Farbanschrift. Nach dem Abbau der Abdeckleiste zwischen Lok und Tender kann man in diesem Bauzustand nicht mehr von einem wirklich „geschlossenen" Führerhaus sprechen. AUFNAHME: DR. GÜNTHER SCHEINGRABER

nicht weiter, da man hier der Einfachheit halber die Angaben der Stromlinienlok belassen hatte. In nur fünf der ausgewerteten 45 Betriebsbücher fanden sich Eintragungen der nach den L 4 durchgeführten Verwiegungen.

Lok	gefüllt	Reibungsgewicht	Achslasten von vorn nach hinten
01 1055	110,900	59,570	15,795, 15,700, 19,850, 19,845, 19,875, 19,835
01 1062	108,020	57,560	15,240, 15,450, 19,070, 19,500, 18,990, 19,770
01 1068	106,285	57,230	15,015, 14,990, 19,065, 19,065, 19,100, 19,055
01 1070	110,550	59,400	15,310, 15,200, 19,550, 19,610, 20,240, 20,640
01 1089	108,695	58,430	15,415, 15,390, 19,465, 19,470, 19,495, 19,460

Der Mittelwert der Angaben für die betriebsfähigen Lok liegt bei 108,9 t (01: 111,1 t), und die Kuppelachslast bei nur 19,5 t (01: 19,9 t). 01 1089 zeigte nach einer unfallbedingten L 4 im AW Nied am 18. April 1952 höhere Gewichte und eine sehr ungünstige Lastverteilung:

01 1089 113,750 59,900 16,700, 16,350, 19,650, 19,900, 20,350, 20,800

Da die Verwiegung im Zusammenhang mit der Herstellung eines korrekten Gewichtsausgleiches in Längs- und Querrichtung geschah, gab man sich offensichtlich keine Mühe, den dafür vorgeschriebenen niedrigsten Kesselwasserstand (damals 100 mm über Feuerbüchsdecke) auch nur annähernd zu treffen. Bei diesem befanden sich 10,88 t Wasser im Kessel. Die hier aufgeführten Gewichtsunterschiede von fast 6,5 t lassen nur den Schluß zu, daß in einigen Fällen die Kessel ziemlich leer, im letzten Fall aber bis zur

Bild 109, rechts – Die Doppelverbundluftpumpen waren damals noch „Stand der Technik", wurde aber bald darauf durch zweistufige Wülfel-Pumpen verdrängt. **01 1101** am 25. August 1951. AUFNAHME: CARL BELLINGRODT/EK-VERLAG

Bild 110 – Der Blick von links zeigt die 1950 im EAW Nied entstromte **01 1101** am 25. August 1951 im Bw Kassel. Neben den Rollenlagerstangen fällt sofort die runde Rauchkammertür auf. Das Einströmrohr mit der sichtbaren Abzweigung des Rohrs für die Mitte ist völlig unverkleidet. Auch hier ist am Führerhaus eine einfache Griffstange angebracht, und auf dem Dach sitzt ein kastenförmiger Behelfslüfter. Beide reichten über das Profil hinaus! Die silbernen Kesselspannbänder stehen der Lok nicht schlecht.

Bild 111 – Wäre nicht die zur Stangenstellung unpassende Gegengewichtssichel, man könnte diese Triebwerksansicht für eine der BR 01 halten. Gleitlagertriebwerk der **01 1073** am 20. Oktober 1950. Auch Lampen sind nun am Schwingenträger angebracht, keine Selbstverständlichkeit bei anderen Staatsbahnen. AUFNAHMEN (2): CARL BELLINGRODT/EK-VERLAG

Decke (von der Wasserdruckprobe?) gefüllt waren. Die leere Stromlinienlok war – ohne Tender – rund 3,2 t schwerer als eine Zweizylinder-01, setzt man das gewogene Gewicht von 01 1001 als richtig voraus. Das läßt aber keine Rückschlüsse auf das Gewicht der Stromlinienverkleidung zu, da diese Umlaufbleche, Kesselbekleidung, Windleitbleche und Rauchkammerschürze ersetzte und das Gewicht des Dreizylindertriebwerkes höher war.

Der Mittelwert aus fünf verwogenen Maschinen ist nun mit den Angaben für die neubekesselte 01^{10} zu vergleichen. Eine Gegenübersetzung der für Altbaukessel, Neubaukessel, Pumpen und Heinl-Wasserspeicher bekannten Gewichte führt danach zu dem Ergebnis, daß die Bauart mit Altbaukessel geringfügig, und zwar um 320 kg, schwerer war als die Neubaukessellok. Mit einem anzunehmenden Leergewicht von 99,92 t ergibt sich ein betriebsfähiges Gewicht von 110,9 t ohne Tender. Gut in Übereinstimmung damit stehen die Wiegeergebnisse von 01 1055, so daß deren Zahlen als sehr wahrscheinlich richtig anzunehmen sind. Sie werden deshalb weiter hinten auch im direkten Vergleich alt und neu verwendet. Einfacher ist es beim Tender: Sein Leergewicht im entkleideten Zustand wurde in allen Quellen übereinstimmend mit 33,2 t, das voll beladene Dienstgewicht mit 81,2 t angegeben. Die betriebsfähige Lok mit vollen Vorräten wog also 192,1 t, hatte aber nur noch ein Reibungsgewicht von rund 58,6 t, was sicher nicht willkommen war und die ohnehin schon unangenehme Schleuderneigung dieser Type weiter verstärkte.

Eine Aufstellung der Entstromungsdaten befindet sich im Kapitel „Unterhaltung" auf Seite 193.

Blauer „Salondampfer" 01 1087

Zwei Lokomotiven sind eigens zu erwähnen: 01 1089, die letzte in Mülheim-Speldorf fertiggestellte 01^{10}, erhielt eine besonders aufwendige Lackierung in schwarz-rot mit vorheriger Spachtelung. Und an 01 1087 wurden Kessel, Führerhaus, Zylinderseiten und Tenderflanken gespachtelt und blau lackiert. Rauchkammer, Schornstein und Windleitbleche blieben schwarz (RAL 9005), Fahrgestell, Triebwerk und Umlaufblechseiten rot (RAL 3000). Die Kesselspannbänder wurden aus rostfreiem Stahl gefertigt. Stromleitungen und Triebwerkslampen waren gelb. Die bisher gelegentlich vertretene Meinung, 01 1087 sei am 1. März 1949 mit dieser Sonderlackierung versehen worden, ist nicht zu halten, da das EZA Göttingen erst am 2. November 1949 die Versuchslackierung verfügte. Umlackiert wurde die Lokomotive am 8. Februar 1950 bei Henschel in Kassel, einen Tag, bevor die Abnahme nach der L 4-Untersuchung erfolgte. Der in der Verfügung genannte blaue Farbton RAL 5001 (grünblau) ist nicht sicher, da das EZA München am 11. Juli 1951 in einem Schreiben an das EZA Minden unter Bezugnahme auf 01 1087 und die neuen blauen Doppelstockzüge den RAL-Farbton 5003 (saphirblau) angab. Der RAL-Ausschuß teilte wiederum am 7. Juli 1951 dem EZA Minden mit, daß der Farbton der Rheingoldwagen und der blauen Doppelstockwagen neu als RAL 5011 (stahlblau) bezeichnet werde. Das kurz nach der Neulackierung aufgenommene und hier wiedergegebene Lichtbild zeigt die Lok in einer verhältnismäßig hellen Farbgebung, so daß zu vermuten ist, daß sie tatsächlich in RAL 5001 grünblau lackiert war. RAL 5003 ist deutlich dunkler, RAL 5011 hebt sich auf schwarz-weiß-Bildern von schwarz nicht ab. Wie auch immer, im – wahrscheinlichen – Grünblau, kombiniert mit Schwarz, Rot und silbernen Kesselspannbändern muß die Lok eine wirkliche Schönheit gewesen sein, zumal sie auch eine „richtige" Rauchkammertür besaß.

Der Vollständigkeit halber ist zu erwähnen, daß am 17. April 1950 das EZA Göttingen die Fa. Henschel anwies, auch drei der

Bild 112 – Der Zugführer übergibt den Bremszettel, und gleich kann die Fahrt von **01 1104** beginnen, Kassel 1950. Dies Bild zeigt die frühe Bundesbahnbeschriftung der 01^{10}: Nummernschild und Gattungsschild von 1940, den Rest als Farbanschriften.
AUFNAHME: DB/HELMUT FÖRST, SAMMLUNG WILLY REINSHAGEN

dort zur Aufarbeitung stehenden 03^{10} in der blauen Farbe der Doppelstockzüge (tatsächlich gab es erst einen Zug aus drei 22,4 m-Wagen) zu lackieren. Ausgeführt wurde diese Farbgebung im Juni 1950 bei den Loks 03 1014, 1022 und 1043.

Bereits am 26. Juni 1950 beschwerte sich das Bw Bebra beim MA Fulda, daß sich die blaue Lackierung der 01 1087 kaum sauber halten lasse und der Kessel trotz allen Putzens langsam schwarz werde. Dabei scheint es zunächst geblieben zu sein, denn erst am 22. November 1951 kam das EZA Minden auf die Angelegenheit zurück und legte fest, daß der Farbton RAL 5011 auch für diejenigen Loks gelte, die die zukünftig aus Doppelstockwagen bestehenden Leichtschnellzüge befördern sollten. Als erste Lok wollte man 01 1087 im EAW Nied versuchsweise mit einem hitzefesten blauen Lack der Fa. Wülfing, Wuppertal lackieren. Erst gelegentlich ihrer L 3 vom am 8. Mai 1952 erhielt 01 1087 also eine Lackierung nach RAL 5011. Daß diese Lackierung bis zur Neubekesselung im Februar 1954 Bestand hatte, ist zu vermuten; Eberhard Schüler berichtete dem Autor von verschiedenen Sichtungen. 01 1087 war jedenfalls der „Salondampfer" des Bw Bebra, ein Status, den sie über die Neubekesselung hinaus bis in die sechziger Jahre behielt. Sauberes Rot, glänzendes Schwarz, frische Pufferringe - das waren

Bild 113 – Diese Bildrarität zeigt die gerade von Henschel entstromte und blau lackierte **01 1087** während der Abnahmeprobefahrt am 9. Februar 1950 im EAW Kassel. Dadurch sind sowohl das Fehlen der Mittelschürze wie auch der Anbau von Indiziereinrichtungen an die Zylinder erklärt. Als einzige 01^{10} und vermutlich nicht zufällig erhielt damals 01 1087 eine völlig neue und glatte Rauchkammertür mit kleinen Scharnierleisten.
AUFNAHME: SAMMLUNG VOLKER SIEWKE

jahrelang ihre Markenzeichen. Hartnäckig hält sich das Gerücht, die Maschine habe 1953 im Bundestagswahlkampf den Sonderzug von Konrad Adenauer befördert.

Induktive Zugsicherung – Die Anlagen im Überblick

Fast alle Lokomotiven rüstete man während der Jahre 1946 bis 1951 mit teils aufgearbeiteten, teils neuen Dreifrequenz-Indusi-Anlagen der Generation 1938 der Lieferer Lorenz (Bauart 212), VES/Knorr-Bremse (Bauart 38/270) oder der Vereinigten Eisenbahn-Signalwerke (Bauart 8117/171) aus. Auf die Beibehaltung der seit 1940 bestehenden Bauart (01 1001 – 1088 VK 38/270), 01 1089 – 1105 V 8117/171) achtete man nicht mehr. Acht der zehn Aufarbeitungsloks des AW Nied (01 1054, 1065, 1066, 1068, 1069, 1078, 1080, 1089) und drei von Henschel (01 1073, 1076, 1083) verließen die Werke 1949 ohne oder ohne funktionierende Indusi und wurden erst bis 1951 nachgerüstet. Aus der folgenden Aufstellung von 1953 ergibt sich, daß die Loks keineswegs nur während Untersuchungen im AW neue Anlagen erhielten, sondern manche erst Wochen oder Monate danach. Nur 01 1064 hatte damals noch ihre Erstanlage. Ab 1952 baute man die verbesserte Anlage 171 L ein, die von den Vereinigten Werken und Lorenz geliefert wurde. Ab 1954 verbaute man bei Ersatzbedarf die vereinheitlichte Anlage „Indusi 1954" (I 54) und seit 1960 die „Indusi 1960" (I 60). Beide haben gegenüber den älteren Anlagen den Vorteil, daß der Lokführer am 500- bzw. 1.000 Hz-Magnet nicht nur seine Kenntnisnahme quittieren, sondern tatsächlich bremsen muß, will er die Zwangsbremsung vermeiden.

In den wenigen erhaltenen Indusiheften liegen Nachweise für die seit 1940 verbauten Anlagen. Z.B. trug 01 1065, deren Betriebsbuch in der Sammlung des Autors erhalten ist, bis 1950 ihre ursprüngliche Anlage VK 38/270. Es folgte eine L 212 von 1938, die sie bis zur Ausmusterung 1971 behielt. Die meisten Loks aber wurden im Laufe der Zeit mit I 54 oder I 60 ausgerüstet.

1001	27.05.49	VK 38/270	1078	09.11.50	VK 38/270
1052	15.04.49	V 8117/171	1079	15.11.49	VK 38/270
1053	19.09.49	L 212	1080	17.04.50	VK 38/270
1054	26.01.51	L 212	1081	15.03.49	VK 38/270
1055	21.04.50	VK 38/270	1082	26.03.49	VK 38/270
1056	02.07.49	V 8117/171	1083	06.09.50	VK 38/270
	03.10.52	V/L 171 L	1084	26.06.49	VK 38/270
1057	24.06.49	V 8117/171	2085	10.08.49	L 212
1058	02.07.49	VK 38/270	1086	12.05.49	VK 38/270
1059	27.06.49	V 8117/171	1087	01.03.49	VK 38/270
	01.12.52	V/L 171 L	1088	20.08.49	V 8117/171
1060	05.08.49	V/L 171 L		28.03.53	V/L 171 L
1061	15.05.49	V 8117/171	1089	02.06.51	VK 38/270
1062	08.01.48	VK 38/270	1090	20.06.48	V 8117/171
1063	29.09.49	VK 38/270	1091	14.05.49	V 8117/171
1064	21.03.40	VK 38/270	1092	02.08.49	V 8117/171
1065	10.02.50	L 212	1093	23.06.48	V 8117/171
1066	03.11.50	VK 38/270	1094	01.07.48	V 8117/171
1068	24.05.50	VK 38/270	1095	07.01.48	V 8117/171
1069	17.05.50	VK 38/270	1096	18.08.48	V 8117/171
1070	01.04.49	VK 38/270	1097	07.02.47	V 8117/171
1071	30.03.49	V 8117/171	1098	13.02.47	V 8117/171
	06.05.53	V/L 171 L	1099	09.04.48	V 8117/171
1072	15.03.49	V 8117/171	1100	29.06.48	VK 38/270
1073	30.03.50	V/L 171 L	1101	13.05.48	V 8117/171
1074	28.04.49	V 8117/171	1102	18.08.48	V 8117/171
1075	12.06.49	L 212	1103	23.08.48	V 8117/171
1076	27.06.50	VK 38/270	1104	03.10.47	V 8117/171
1077	04.11.48	VK 38/270	1105	24.12.46	V 8117/171

Bild 114 – Wuppertal-Langerfeld am 13. Mai 1949: **01 1080** (Bw Hagen-Eckesey) befördert den D 65 Köln – Norddeich Mole, der schon so etwas wie Normalität im Reisezug- und Bäderverkehr signalisierte. Gebildet ist der Zug durchweg aus Eilzugwagen. Als Besonderheit muß gelten, daß die Lok noch ohne Indusi unterwegs ist, der einzige Bildbeweis bei einer 01^{10}.

AUFNAHMEN (2): CARL BELLINGRODT /EK-VERLAG

Bild 115 – In der ersten Hälfte der fünfziger Jahre besaßen noch fast alle 01^{10} Indusi-Anlagen der Bauart 1938. Die am 31. März 1949 entstromte **01 1073** (Bw Hagen-Eckesey) sah noch anderthalb Jahre später fast wie neu aus. Am 13. Oktober 1950 hatte man sie für die Beförderung eines Sonderzuges des Modelleisenbahnclubs Wuppertal extra herausgeputzt. Das Foto entstand im Bf. Wuppertal-Vohwinkel. 01 1073 hatte damals schon die von den Vereinigten Werken und Lorenz gelieferte verbesserte Anlage V/L 171 L.

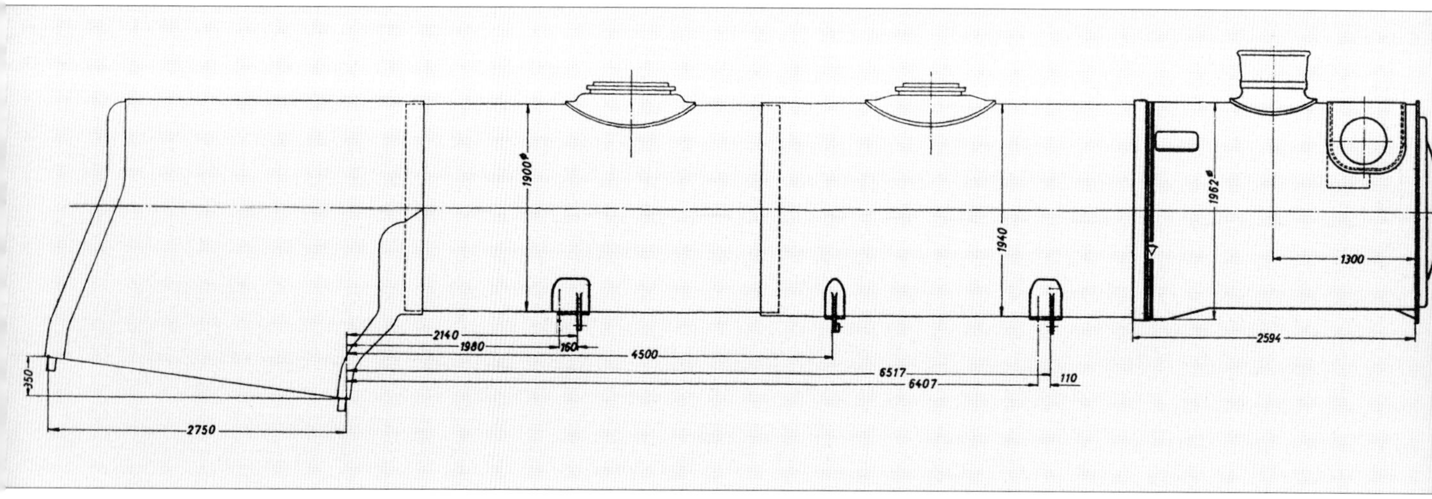

Bild 116 – Um den 01-Kessel Henschel 23559 für die BR 01^{10} verwendbar zu machen, mußte man drei Pendelstützenhalter versetzen und eine neue Rauchkammer anbauen. Zeichnung Fld 2.10 Bl 010 vom 31. Oktober 1953.

Ein 01-Kessel für 01 1095

Die Ausbesserung eines Kessels im RAW dauerte immer länger als die des Fahrgestells, so daß schon die DRB darauf achtete, bei größeren Baureihen mehr Kessel als Fahrgestelle zu unterhalten, um die Kessel durchtauschen zu können und so die Ausbesserungszeiten zu verkürzen. Weil es bis auf den Kessel von 01 1067 keinen Tauschkessel für die BR 01^{10} gab, wandte sich Bauartdezernent Friedrich Witte bereits am 31. Oktober 1949 an die Fa. Henschel, die feststellen sollte, ob normale 01-Kessel auch auf der BR 01^{10} verwendet werden könnten. Henschel antwortete am 12. Januar 1950, daß die Pendelbleche versetzt, der Schlammtopf entfernt und die wegen des Innenzylinders im Durchmesser kleinere Rauchkammer der BR 01^{10} angebaut werden müßten. Das EZA Minden ließ die Angelegenheit wegen des absehbar hohen Aufwandes zunächst auf sich beruhen.

Am 30. Mai 1952 schrieb der Werksdirektor des EAW Braunschweig an das EZA Minden: Man habe gerade im Tausch gegen 82 Lok der BR 01 die Unterhaltung der 54 01^{10} aus Nied übernommen, und es gäbe für diese Baureihe nur einen Ersatzkessel, der momentan wegen größerer Schäden im EAW Nied abgestellt sei. Ein Bestand von nur 1,76 Prozent Ersatzkesseln sei aber zu gering, um einen reibungslosen Durchlauf der Untersuchungen zu gewährleisten. Überdies fiele die BR 01^{10} gerade in größerer Zahl zu Untersuchungen an und werde durch den Kesselbaustoff St 47 K immer schadanfälliger. Die Prüfung habe ergeben, daß 01-Kessel mit geringem Umbauaufwand herzurichten seien, und man befinde sich hiermit im Einklang mit der Hauptverwaltung, die am 7. Mai 1952 entschieden habe, die BR 01^{10}-Kessel durch solche aus St 34 zu ersetzen. Das EAW Braunschweig werde noch vier Tauschkessel der BR 01 nach Nied geben, die dort wohl ausreichen würden. Selbst habe man bereits den Kessel Henschel 23559 von 1938 für einen Umbau in Aussicht genommen und bitte um Zustimmung.

Das Bauartdezernat des EZA Minden war mit der Herrichtung von 01-Kesseln für die BR 01^{10} einverstanden, kündigte die Aufstellung von Zeichnungen an und wies das EAW Braunschweig an, noch mit dem Umbau zu warten. Am 13. Januar 1953 trafen auf dem Dienstweg über die GDW Hamburg im EAW Braunschweig die sechs notwendigen Umbauzeichnungen ein. Besondere Eile hatte man nicht an den Tag gelegt, denn die Zeichnungen waren im Bauartdezernat am 31. Oktober 1952 fertig gewesen, aber erst am 20. November von Witte abgezeichnet worden.

Wenige Wochen später bereits richtete das EAW Braunschweig den Kessel Henschel 23559/38 gemäß den Zeichnungen her. Der Kessel war am 11. September 1951 aus 01 193 ausgebaut

Bild 117
01 1095 (Bw Kassel) war nach Einbau eines 01-Kessels äußerlich auf den ersten Blick nicht von den übrigen entstromten 01^{10} zu unterscheiden. Hier verläßt sie, bereits mit engerem Schornstein, aber noch mit Gleitlagerstangen ausgerüstet, am 6. Juni 1958 den Bahnhof Hagen. Sie befördert den Langstrecken-Personenzug P 1768 Kassel – Mönchengladbach im Durchlauf. Ob man eigens für solch lange Fahrten den Kohlenkasten auf ganzer Länger mit Brettern vergrößert hat?

Aufnahme: Hans Schmidt/EK-Verlag

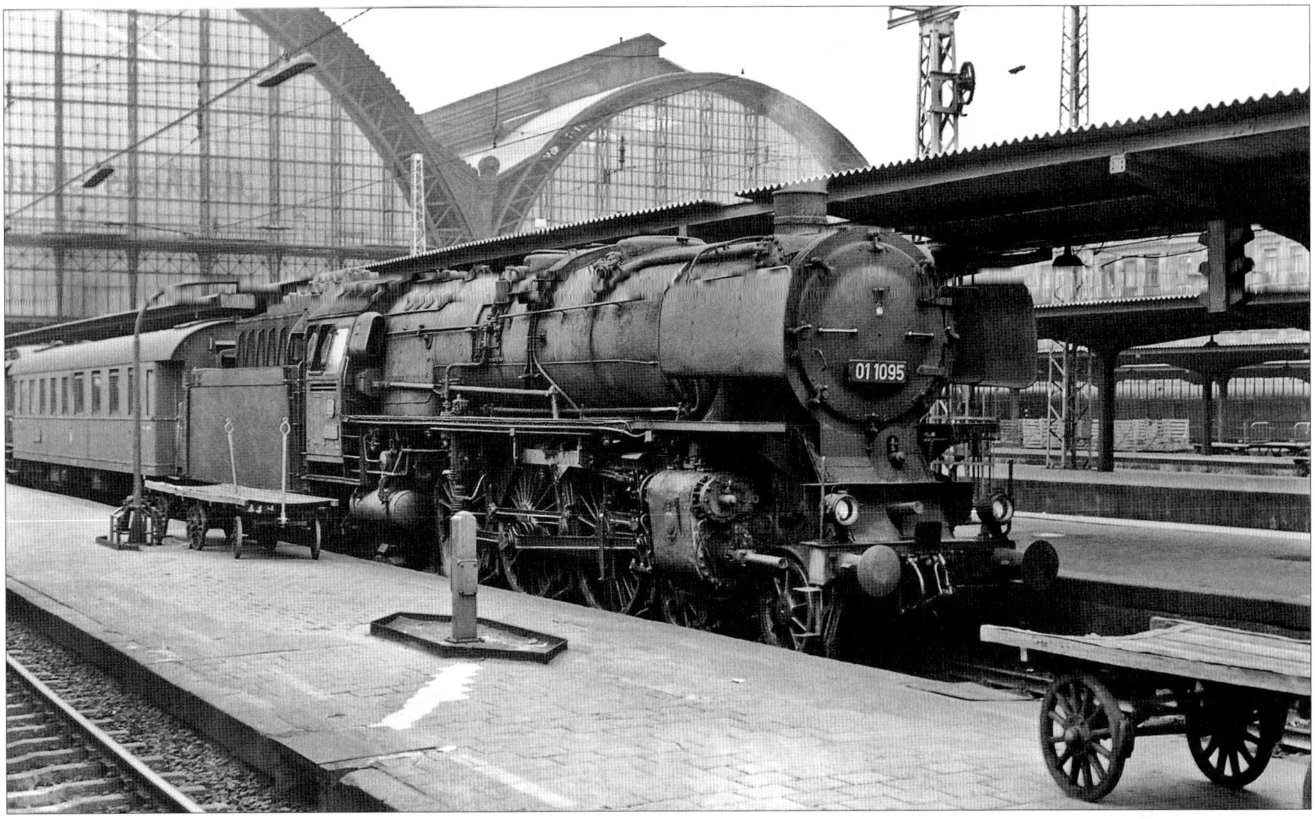

Bild 118 – 01 1095 (Bw Kassel), abfahrbereit in Frankfurt (M) Hbf mit E 565 nach Kassel, 29. Juni 1958. Gegenüber dem älteren Bild sind Rollenlagerstangen und das DB-Schild hinzugekommen. Ein drittes Spitzenlicht fehlt noch. Sogar die eng anliegende Pfeife der Stromlinienloks mit dem isolierungsfreien Fenster am Kessel hat man offenbar übernommen.
AUFNAHME: HANS SCHMIDT/EK-VERLAG

worden, hatte am 28. September 1951 eine Zwischenuntersuchung erhalten und lag seither als EK 46046 unbenutzt im EAW Braunschweig. Eingebaut wurde er sodann in 01 1095, die vom 21. Januar bis 6. März 1953 eine L 3 erhielt. Wie prekär die Kesselsituation im Jahr 1953 wurde, mag man daran erkennen, daß das AW Braunschweig den aus 01 1095 ausgebauten Ursprungskessel 11346 nach Aufarbeitung zeitgleich mit der Zulieferung der ersten Neubaukessel am 19. November 1953 noch in 01 1070 einbauen mußte.

Am 10. März 1953 informierte das EAW Braunschweig das EZA Minden und die GDW Hamburg, daß 01 1095 mit dem 01-Kessel dem Betrieb übergeben worden sei. Man habe für den Umbau des Kessels rund 500 Stückzeitstunden und für 2.800 DM Material aufgewendet. Unter Gesamtausgaben von 5.600 DM sei so mit geringen Mitteln ein Ersatzkessel gewonnen worden. Der Behauptung des EAW Braunschweig, daß es noch zwei weitere als Ersatzkessel geeignete 01-Kessel gäbe, widersprach das EAW Nied, das seinen Tauschkesselbestand nicht geschmälert sehen

Bild 119
01 1095 beschleunigt am 23. März 1961 im Vorfeld des Kasselaner Hauptbahnhofs, um vor dem schweren D 74 mit einigermaßen Schwung aus dem Talkessel herauszukommen. Die Lok wird den Zug bis Frankfurt (M) Hbf führen. Im Hintergrund ist 03 127 (Bw Braunschweig) mit einem Personenzug auf dem Weg nach Norden, und direkt hinter der 01^{10} ist eine Hannoveraner 01 mit Neubaukessel auf dem Weg vom Bw in den Bahnhof. Vorne warten noch zwei Langenschwalbacher Wagen auf Personenzugeinsätze. Alltag…

AUFNAHME: GERHARD MOLL

wollte. So blieb es bei 01 1095 als einziger so umgebauter 01^{10}. Sie wurde nach einer Mitteilung des Maschinenamtes Kassel vom Juli 1953 von den Personalen, „älteren, erfahrenen Lokführern" günstig beurteilt und machte gut Dampf. Werkstättenmäßig und betrieblich behandelte man sie wie alle anderen 01^{10}; d.h. sie erhielt auch die üblichen Verbesserungen und Bauartänderungen, wie z.B. Rollenlager. Den 01-Kessel nahm man allerdings davon aus. Als einzige Bauartänderung seit 1953 ist im Kesselheft der Einbau des Rußbläsers Bauart Gärtner unter dem 18. Oktober 1960 eingetragen. Äußerlich erkennbar allerdings war der Einbau eines im Durchmesser kleineren Schornsteins, wie ihn alle übrigen 01 der DB im Rahmen der Bauartänderung „Verbesserung der Verdampfung" erhielten.

01 1095 erhielt als letzte 01^{10} am 13. März 1962 gelegentlich der fälligen L 3 einen Hochleistungskessel, und zwar den Kessel Henschel 28959/54 aus 01 1094. Diesen Kessel behielt sie bis zur Ausmusterung 1968. Ihren bisherigen 01-Kessel musterte die ZW am 9. Oktober 1962 aus, unter dem 10. Juni 1963 verbuchte das AW Braunschweig die Zerlegung.

Unkalkulierbare Gefahr – 40 Ersatzkessel für die BR 01^{10}

In den Jahren nach der Entstromung der BR 01^{10} verschlechterte sich deren Kesselzustand rapide. Waren früher Risse an den St 47 K-Kesseln vor allem in der Nähe von Kehlschweißungen aufgetreten, so mußte man sie seit 1951/52 auch an nicht geschweißten Blechen feststellen. Von diesen Schäden waren in ähnlichem, wenn auch nicht so schlimmem Umfang, die ebenfalls mit St 47 K-Kesseln ausgerüsteten Baureihen betroffen: BR 03^{10}, 05, 41, 45, ein Teil der BR 50 und die BR 71, insgesamt rund 1.000 Loks. Kritisch wurde die Situation vor allem, weil es in den Bw keine Möglichkeit gab, die Kessel gründlich zu überprüfen. Nur in den EAW, wo bei L 3- und L 4-Untersuchungen die Kesselbekleidung abgenommen wurde, waren routinemäßige Prüfungen selbstverständlich, die aber bei weitem nicht die notwendige Kontrollhäufigkeit brachten. Das EZA Minden stellte deshalb Skizzen von besonders rißgefährdeten Stellen bei den verschiedenen Baureihen auf, die regelmäßig in den Bw und bei L 0 und L 2 in den EAW zu untersuchen waren. Alle Loks mußten durch einen zweiten roten Punkt am Führerhaus gekennzeichnet werden. Darüber hinaus waren die Personale von St 47 K-Loks in den Bw angehalten, aufmerksam auf Dampfschwadenbildung zu achten, die Kesselundichtigkeiten anzeigten. Am 27. Juni 1952 genehmigte die HVB eine neue, abermals verschärfte Richtlinie über das Schweißen an St 47 K-Kesseln.

Kurz vorher schrieb der Mindener Bauartdezernent Friedrich Witte auf Veranlassung der HVB am 21. Mai 1952 an die Vereinigung Deutscher Lokomotivfabriken und erteilte einen Konstruktionsauftrag über geschweißte Ersatzkessel für zunächst die Baureihen 01^{10}, 41 und 50. Das Technische Gemeinschaftsbüro (TGB) der Industrie in Kassel lehnte allerdings diese Arbeit ab, weil man vorerst mit den Konstruktionsarbeiten für die Bauartänderungen an den BR 23, 65 und 82 vollauf beschäftigt sei.

Wenige Monate später, am 27. September 1952, teilte der Werkdirektor des neuen 01^{10}-Unterhaltungswerkes Braunschweig, Dr.-Ing. Riechmann, dem EZA Minden die alarmierende Feststellung mit, daß die St 47 K-Kessel der BR 01^{10} rißanfälliger seien als die der BR 41, was u. U. an der größeren Belastung im Einsatz liege. Jüngst seien die Loks 01 1057 und 1096 mit gravierenden Stehkesselschäden zur L 0 angefallen. Die Risse am Kessel der 01 1096 waren entlang einer Längsnietung aufgetreten, es bestand also die Gefahr einer Kesselexplosion. Riechmann suchte am 2. Oktober 1952 Friedrich Witte persönlich im EZA Minden auf und forderte dringlich, sich um einen Ersatzkessel für die BR 01^{10} zu kümmern, womit er bei Witte offene Türen einrannte.

Wenige Tage später lief dem EAW Braunschweig 01 1103 zu, deren Stehkessel trotz mehrerer Schweißungen undicht blieb und mehrere Risse aufwies. Im September 1952 mußte das EAW

Bild 120
Von September bis November 1952 dauerte im AW Braunschweig die L 3 des Kessels von **01 1078**. Großflächig mußte man Teile des Stehkessels erneuern. Der Ausdruck „Portalflicken" wird durch dieses Bild verständlich. Im Dezember 1952 baute man den Kessel in 01 1079 ein.

Bild 121 – Kurz nach der Neubekesselung wurde im Dezember 1953 die erste Kasselaner Umbaulok **01 1105** im Heimat-Bw porträtiert. Das eindrucksvolle Bild der Lok wird vor allem durch den von der Seite so mächtigen, von vorn deutlich schmaleren Schornstein geprägt. Die ersten Kessel waren alle mit blanken Kesselspannbändern versehen. Griffe und Tritte sucht man an der Rauchkammertür noch vergebens. Störend und für den Lokführer sichtbehindernd wirkten die beiden großen Sandkästen auf dem Umlaufblech.

AUFNAHME: HENSCHEL, SAMMLUNG ROBIN GARN

Braunschweig bei der planmäßigen L3 der 01 1078 den Kessel 11334 wegen diverser Risse am Stehkessel ausbauen, die allesamt an den Stellen aufgeschweißter Untersätze aufgetreten waren. Die Lok kam am 14. Oktober 1952 mit dem Kessel 11327 aus 01 1086 wieder in Dienst. Stehkessel und Feuerbüchse des Kessels 11334 mußte das EAW Braunschweig großflächig erneuern, die Seitenwände mit sogenannten Portalflicken versehen. Dabei blieben vom alten Stehkessel fast nur die gekümpelten Teile, Umbüge, Stiefelknechte und Ecken stehen. Verwendet wurden 19 mm-Bleche aus normalem Kesselbaustahl St 34. Der Kessel kam am 16. Dezember 1952 auf 01 1079 wieder in Dienst. Die Reparaturmethode mit Portalflicken erhielt sogar eine eigene Sonderarbeitsnummer: SA 152. Man wendete sie anschließend bei zwölf 01^{10}-Kesseln an, um diese überhaupt noch in Dienst halten zu können, denn für die Neubekesselung aller Loks auf einmal hatte man wegen der teuren Neubauten (E 10, ET 56, V 80, V 200, VT 95, LS-Wagen) kein Geld. Überdies unterzog man grundsätzlich bei jeder Ausbesserung die Kessel nach Entkleidung der Stehkessel einer Dampfdruckprobe. Mit rund 8.000 Arbeitsstunden und Ausgaben von bis zu 70.000 DM für eine L 3 war die Unterhaltung der 01^{10} nun unverhältnismäßig teuer geworden, und der Einbau von Ersatzkesseln wurde auch unter wirtschaftlichen Aspekten unumgänglich.

Nach wie vor gab es allerdings Stimmen, bis in die HVB, die die Dramatik der Kesselprobleme der BR 01^{10} nicht anerkennen wollten. Auch die dem EAW Braunschweig vorgesetzte GDW Hamburg vertrat diese Meinung, so daß bis zum Herbst 1952 wertvolle Zeit verloren ging. Friedrich Witte sah sich mehrfach gezwungen, auf die Gefährlichkeit des Weiterbetriebes der 01^{10}-Kessel hinzuweisen. Er hielt den vorgesetzten Dienststellen vor, diese würden die Verantwortung auf das schwächste Glied in der Überwachungskette, die Kesselprüfer abwälzen, ein Zustand, der unerträglich sei.

Um keine Zeit zu verlieren, beauftragte Witte unmittelbar nach dem Gespräch mit dem Direktor des EAW Braunschweig die Fa. Henschel, bereits Projektzeichnungen für einen Ersatzkessel aufzustellen und dem Referenten 21 der HVB, Friedrich Flemming, zuzusenden. Da nur ein 01-Tauschkessel aus normalem Kesselbaustahl zur Verfügung stünde, sei in nächster Zeit die Fertigung weiterer Ersatzkessel unumgänglich. Nach Wittes Meinung sei der Kesselersatz auf drei Jahre zu strecken, so daß ab 1953 jährlich 16 Kessel beschafft werden müßten. Rund 4 Millionen Mark seien insgesamt für die Ersatzkessel erforderlich. Zu diesem Zeitpunkt dachte auch Friedrich Witte allein an einen vollständig geschweißten Ersatzkessel aus St 34, aber in den alten Abmessungen, wie aus einem Aktenvermerk von ihm hervorgeht. Auch er hatte also zu diesem Zeitpunkt weder den Ehrgeiz einer Leistungserhöhung, noch sah er sie als betrieblich erforderlich an.

Diese Ansicht war in kürzester Zeit überholt. Fa. Henschel legte bereits am 14. Oktober 1952 dem EZA Minden als PI 1873 den Kesselentwurf vor, allerdings noch ohne Mischvorwärmer. Zwei Tage später trafen sich Friedrich Flemming und Witte bei der Fa. Henschel. Bei diesem Gespräch äußerte Flemming die Absicht der HVB, die Ersatzkessel nach den neuen Baugrundsätzen, also mit einem hohen Anteil von Strahlungsheizfläche, und mit Heinl-Mischvorwärmer auszuführen. Sämtliche Anschlüsse am Rahmen und Führerhaus müßten unverändert bleiben. Bereits am 6. Dezember 1952 erteilte die HVB für dies dringende Projekt eine Ausnahmegenehmigung vom sonst zu dieser Zeit geltenden Beschaffungs- und Bindungsstop. Witte forderte die Firmen Krupp und Henschel auf, am Kessel die Änderungen für den Mischvorwärmer zur berücksichtigen und ein Angebot für 20, 40 und 60 Kessel zu erstellen. Krupp legte dieses am 16. Dezember 1952 vor: 86.800 DM bei 20 Stück, 79.700 bei 40 und 78.440 DM bei 60 Stück. Für Überhitzerelemente mit verchromten Benteler-Um-

Bild 122 – Von der linken Seite fallen an **01 1001**, aufgenommen am 2. Juni 1954 im Bw Offenburg, Sandkästen und die vor dem Zylinder angebrachte Mischvorwärmerpumpe V 15 auf.
AUFNAHME: CARL BELLINGRODT/EK-VERLAG

kehrenden stellte man 12.000 DM und für die Kesselvollisolierung und Kesselspannbänder aus Nirosta-Stahl 16.200 DM je Kessel in Aussicht. Die Preise galten bei Krupp ohne Heinl-Mischvorwärmer, den die DB selbst einkaufen wollte, und ohne Rauchkammertür, Aschkasten und die von den alten Kesseln weiterverwendeten Armaturen. Henschel bot am 15. Dezember 1952 Zurüstteile mit an und kam auf 114.000, 108.700 und 106.000 DM. Unter genauem Vergleich des Lieferumfanges lag das Henschel-Angebot für 20 Kessel bei 116.970 DM je Stück und das von Krupp bei 118.335 DM.

Am 3. Januar 1953 legte die HVB mit Verfügung S72 722 Stae 285 ein „Drei-Jahres-Programm für die Beschaffung von Ersatzkesseln aus St34 für Lok R 01^{10}" fest. Am 6. Januar 1953 entschied die HVB, daß Loks, die nach Anlieferung der Ersatzkessel zur L2 anfielen und umfangreiche Kesselarbeiten erforderten, stattdessen sofort den Neubaukessel erhalten sollten. Formsache war danach der Vortrag des Mindener Dezernates 23, das der HVB am 16. Februar 1953 die Angebote erläuterte und für einen Auftrag über zunächst 20 Kessel an die Fa. Henschel plädierte. Die Einverständniserklärung der HVB erging am 4. März 1953.

Kurze Zeit später liefen die Entwicklungslinien für den Kessel der BR 10 und den 01^{10}-Ersatzkessel zusammen. Es war aufgefallen, daß der 01^{10}-Ersatzkessel mit geringfügigen Anpassungen auch für die Neubaulok ausreichen würde. Die Doppelfertigung teurer Kümpelteile konnte man so vermeiden. Am 21. März 1953 fragte Friedrich Witte noch bei der Fa. Henschel an, ob man nicht den Kesseldruck erhöhen, den dadurch nötigen Gewichtszuwachs durch Verkleinerung des Kessels auffangen und so zu einer ähnlich hohen spezifischen Verdampfungsleistung kommen könnte wie bei der BR 23. So geschah es auch. Um den Umbauaufwand an der Führerhausvorderwand gering zu halten, zog man den Stehkessel nach hinten von 2.000 mm auf 1.900 mm Breite ein und konnte dann die bisherigen Befestigungen und die Führerhausvorderwand beibehalten. Die Konstruktionsarbeiten gingen in großer Eile voran. Da der 10er-Kessel auf 18 atü gerechnet wurde, war der 01^{10}-Kessel ebenfalls mit diesem Druck zu betreiben. Man unterließ allerdings die Hochsetzung des Drucks, vermutlich mit Rücksicht auf das dafür nicht ausgelegte Triebwerk.

Entscheidend für die Ausrüstung der Baureihe 01^{10} und der neuen BR 10 mit dem erwünschten zweistufigen Heinl-Mischvorwärmer war die ausreichende Leistungsfähigkeit der Speisepumpe. Die DB bestellte deshalb vorab in Wien eine zweistufige Kolbenspeisepumpe, ausgelegt auf eine Förderung von 15 t Wasser von rund 100 °C je Stunde. Ab März 1953 erprobte das Versuchsamt für Lokomotiven (VersA) Minden im Standversuch die Leistungsfähigkeit der Pumpe. Im Ausgangszustand mit Heinl-Steuerung förderte die Pumpe höchstens 246,7 l/min. entsprechend 14,8 t pro Stunde, eindeutig zu wenig, um kurzfristige Leistungsspitzen der großen Schnellzuglokomotiven ausgleichen zu können. Nach Einbau einer bei der DB üblichen Tolkien-Steuerung erhöhte sich die maximale Förderleistung auf leicht mehr als 300 l/min, entsprechend 18 t/h. Damit war die erwünschte kurzzeitige Heizflächenbelastung des für 01^{10} und 10 gleichen Kessels mit 85 kg/m^2 ohne Probleme möglich, und die Bestellung einer teureren 300 l-Pumpe erübrigte sich.

Das Bestellschreiben 22.042/63.3753 EZA Minden über 20 Kessel zum Preis von 2.339.400 DM ging am 1. April 1953 an Henschel heraus. Im Jahr 1953 sollte Henschel 16 Kessel liefern, beginnend im September, den Rest im Januar 1954. Das Bestellschreiben Lk 15.059/63.9603 über 20 Mischvorwärmeranlagen Bauart Heinl an die Fa. Knorr folgte am 10. April 1953.

Für zusätzlichen Druck sorgte die Hauptverwaltung, die am 13. Mai 1953 per Fernschreiben Friedrich Witte und Vertreter des AW Braunschweig wie des Herstellerwerkes vorlud: „Schadbestand untragbar. Beschaffung neuer Kessel muß beschleunigt werden. Besprechung bei HVB Offenbach/M (Ref 27) am 15.5.1953 um 13.30 Uhr..." In diesem Gespräch forderte Referent Flemming, die Lieferung der ersten vier bis sechs Kessel auf August vorzuziehen und alle 20 Kessel noch 1953 auszuliefern, auch wenn dadurch zusätzliche Haushaltsmittel erforderlich seien. Fer-

Bild 123 – Auch von vorn ist der Eindruck der 01^{10} nun bullig geworden. **01 1061** war zur Zeit des Umbaues in Hagen-Eckesey beheimatet, wo am 24. Januar 1954 dieses Bild entstand. Das die Mischvorwärmerpumpe hier noch umrahmende Umlaufblech fiel im Laufe der Jahre der Vereinfachung zum Opfer. Noch nicht vorhanden ist dort die aufgrund von Beschwerden bald angebrachte Stufe. Das Nummernschild ist noch provisorisch und bemalt. AUFNAHME: CARL BELLINGRODT/EK-VERLAG

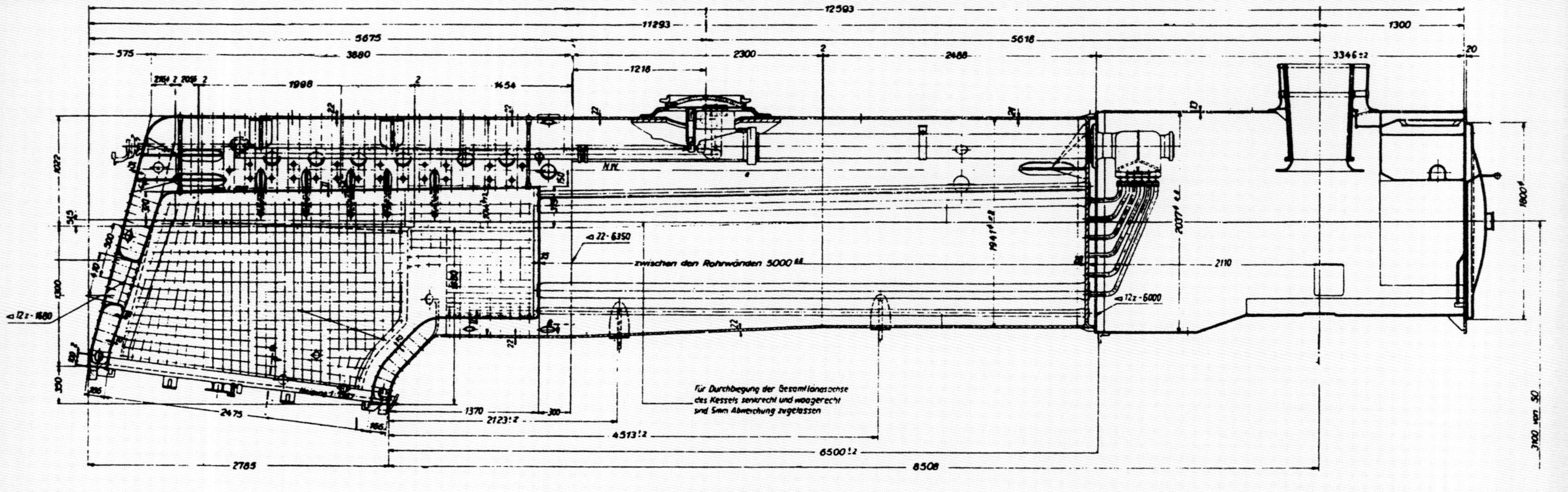

Bild 124 – Seitenansicht des Neubaukessels in seiner ersten Ausführung mit ovalem, zweiteiligem Schornstein. Im Bereich der Verbrennungskammer ist der Langkessel konisch erweitert.

Bild 125 – Prinzipdarstellung der Anordnung von Kessel und Mischvorwärmeranlage auf der Lok. Oberhalb der Kuppelachse steht der bald eingesparte Warmwasserspeicher.

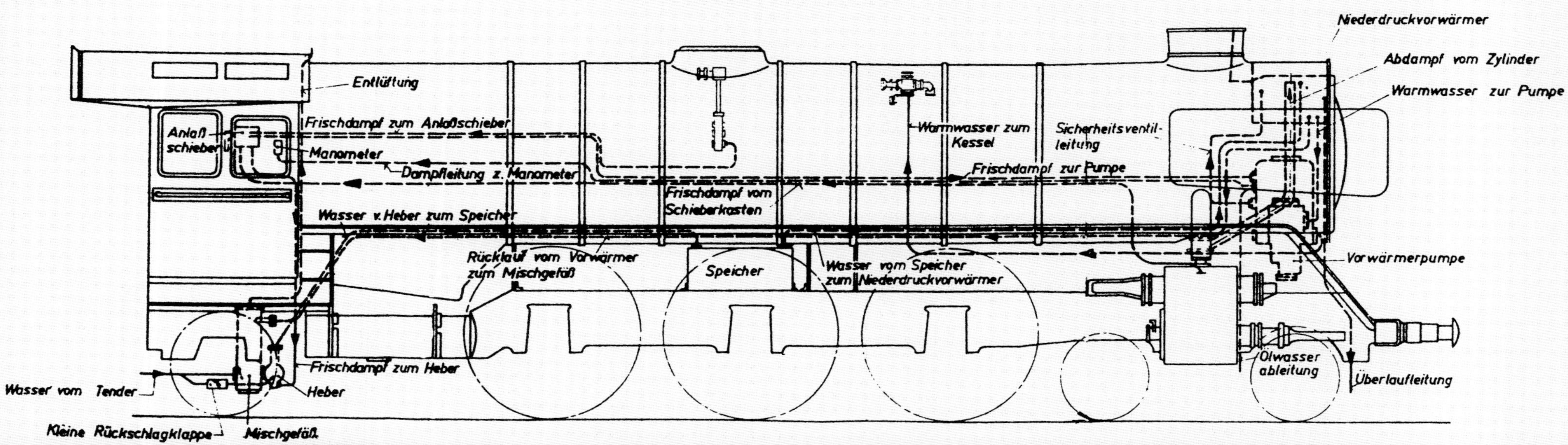

ner stellte Flemming bereits finanzielle Bindungen für das Baulos 1954 der nächsten 20 Kessel in Aussicht. Das Bestellschreiben des BZA Minden über diese Kessel an Henschel folgte deshalb schon am 12. Juni 1953, und am 3. Juli 1953 teilte das BZA der Fa. Knorr-Bremse die Erweiterung der Heinl-Mischvorwärmer-Bestellung auf 40 Stück mit.

Wie immer, wenn alles besonders schnell gehen muß, häuften sich Unklarheiten und Pannen. So bestand noch im August 1953 die Münchner Firma Knorr-Bremse, Lieferer der Mischvorwärmer, darauf, daß die bisher links in Fahrzeugmitte vorgesehene Speisepumpe um der kurzen Leitungswege willen vorn links in eine Rauchkammernische müsse. Im Vertrag mit der Fa. Knorr war auch die Rede von zwei Warmwasserspeichern für den Mischvorwärmer. Aus Platzmangel einigte man sich Ende August, daß der Warmwasserspeicher in nur einem 650 l fassenden Behälter über der mittleren Kuppelachse in den Rahmen eingebaut werden sollte. Daß dort aber die Steuerung des Mittelzylinders im Wege war, hatte man in der Hektik vergessen. Auch daß der Sand nicht mehr auf dem Kessel, sondern in vier Kästen hinter dem Umlauf mitgeführt werden sollte, ergab sich ganz zum Schluß.

Am 1. September 1953 informierte sich die Spitze des AW Braunschweig, darunter der schon bisher in Sachen 01^{10} sehr engagierte Direktor Riechmann, bei Henschel über den Stand der Dinge und erfuhr erst dort von den inzwischen vorgenommenen Änderungen. Zuvor hatte man auch noch nicht gewußt, daß die Aschkästen aus korrosionsfestem Chromstahl bestehen sollten. Für das AW bedeutete das die Anschaffung einer speziellen Pulverbrenn-Schneidemaschine der Fa. Messer-Griesheim für 2.600 DM. Auch stellte sich heraus, daß sowohl bei Henschel wie auch im AW noch diverse Zeichnungen fehlten, darunter der komplette Rohrplan des Mischvorwärmers, Sandkästen und neue Sandfallrohre. Einige fertiggestellte Stehkessel und Langkesselschüsse sahen die AW-Leute immerhin schon. Anfang Oktober 1953 mußte das BZA Minden auf Ersuchen des AW Braunschweig eilends bei der Fa. Knorr intervenieren, da diese die bereits für August zugesagten Mischvorwärmerteile und Speisepumpen immer noch nicht angeliefert hatte.

Technische Merkmale des Neubaukessels und des Lokumbaus

Wie gesagt wurde für die BR 10 und die 01^{10} der gleiche Kessel vorgesehen. Im Verlauf der beiden Projekte allerdings liefen die Entwicklungslinien notgedrungen wieder auseinander. Die BR 10 erhielt einen längeren Langkessel, ein Dampfsammelrohr statt eines Reglerdoms, einen Heißdampfregler, eine größere Rauchkammer und einen Doppelschornstein.

Der Vorstellung des neuen Kessels seien einige Zeilen vorangestellt, in denen die Unklarheiten der Leistungsdefinition herausgestellt werden sollen. 01 1001 erreichte 1940 ihre höchste Leistung von 2.160 PS_i und 1.550 PS_e bei 120 km/h. Als Verdampfungsheizfläche wurden in der Beschreibung von 1941 246,9 m^2, als Kesselnennbelastung 60 kg/m^2h angegeben, entsprechend einer Verdampfungsleistung von 14,83 t je Stunde.

Der folgende Text stammt weithin aus der 1953 aufgelegten Beschreibung der BR 01^{10} mit neuem Kessel. In ihm ist die alte Bauart mit nur 2.120 PS_i angegeben, die Verdampfungsheizfläche hingegen mit 247,15 m^2. Insofern stimmen die im folgenden Absatz wiedergegebenen Vergleichsprozente nicht ganz. Die gegenüber dem Altbaukessel genannte um 10 Prozent höhere Dampfleistung hieße 16,31 t/h. Bei dieser Verdampfungsleistung wird der Neubaukessel aber mit 79 kg/m^2h belastet. Der Neubaukessel war ausweislich der vorliegenden Bestellunterlagen und des Berichtes der Lokomotivversuchsamtes für eine Nennleistung von 15 t/h Dampferzeugung konstruiert. Die wiederum wird mit einer Kesselbelastung von 72,6 kg/m^2h erreicht. Zeitgenössischen Angaben von Friedrich Witte zufolge waren aber die Neubaukessel der DB für eine Nennbelastung von 70 kg/m^2h und eine schadlose kurzzeitige Belastung bis 85 kg/m^2h konstruiert. Unten steht der Kessel mit einer Verdampfungsleistung von 14,5 t. Ganz offenbar war man sich weder bei der Konstruktion, noch bei den recht oberflächlich und eilig durchgeführten Meßfahrten darüber klar, wie gut der neue Kessel überhaupt war. Beabsichtigt war zunächst nur ein kleinerer Ersatzkessel, der die Leistung des alten 01^{10}-Kessels mit geringerem Brennstoffverbrauch erreichte und überlastbar war. „Lässigkeiten" wie diese verwirren das Bild bereits, und vollendet wird die Verwirrung durch die unterschiedlichen Leistungsangaben, die seit 1953 für die Baureihe 01^{10} gehandelt werden. Auch im praktischen Betrieb tastete man sich im Laufe mehrerer Jahre an die Leistungsgrenze heran, über die es aber keinerlei meßtechnische Belege gibt. Auch die Zuglastentafel im Merkbuchnachtrag zeigt viel zu niedrige Werte auf. Der Leistungsdiskussion ist deshalb ein eigenes Kapitel vorbehalten. Doch zurück zur Beschreibung des Kessels:

Der Kessel wurde nach den neuen Baugrundsätzen entwickelt und für eine Heizflächenbelastung von rund 70 kg/m^2h, entsprechend einer Dampfmenge von 14,5 t/h ausgelegt. Er ist in seinem Aufbau durch zwei Merkmale besonders gekennzeichnet. Erstens ist er in sämtlichen Verbindungen geschweißt, wobei Kehlschweißungen zugunsten von Stumpfschweißnähten weitgehend vermieden und an den Übergängen möglichst gleiche Querschnitte der zu verbindenden Teile eingehalten sind. Zweitens sind seine Heizflächenanteile so abgestimmt, daß er über einen hohen Anteil hochwertiger Strahlungsheizfläche in Form einer an die Feuerbüchse anschließenden Verbrennungskammer verfügt. Damit ist der Kessel höher belastbar und wiegt durch die Anwendung der Schweißung, auf die erzeugte Dampfmenge bezogen, wesentlich weniger. Seine um ca. 10 % höhere Dampfleistung wird mit einem 8,5 % kleineren Rost, einer 16,5 % kleineren Verdampfungsheizfläche und einer 12 % größeren Überhitzerheizfläche erzeugt, während das Betriebsgewicht 0,7 % niedriger ist.

In der Tabelle auf der folgenden Seite sind die Abmessungen des alten und neuen Kessels einander gegenübergestellt. Die Gewichte im Altkesselzustand wurden auf Basis verschiedener Verwiegungen ermittelt und gerundet (siehe Seite 107), die Angaben für den Neubaukessel entstammen dem Nachtrag 1 von 1956 zum Merkbuch 939c von 1953 und sind außer dem wohl richtigen Leergewicht offenbar erwünschte Idealwerte für die Einstellung des Gewichtsausgleichs.

Die allgemeinen Konstruktionsmerkmale des neuen Kessels sind:

- Verbrennungskammer
- auf 140 mm verbreiterter Wasserraum im Stehkessel
- Versteifung der Stehkesseldecke mit den Seitenwänden durch Einbau von T-Verstärkungen im Übergang
- gewindelos mit Spiel eingeschweißte Decken- u. Seitenstehbolzen
- durch Schraubkappen verschlossene Gelenkstehbolzen mit Ausgleichsring unter der Verbrennungskammer
- Bodenringqueranker
- gekümpeltes Feuerloch
- gepreßter, U-förmiger Bodenring
- Befestigung des Aschkastens am Rahmen statt am Kessel
- Luftzuführung am Umfang des Bodenrings durch reichlich bemessene Luftklappen.

Der Kessel ist gefertigt aus Kesselbaustahl St 34. Der **Langkessel** besteht aus zwei verschweißten Schüssen mit einer Blechstärke

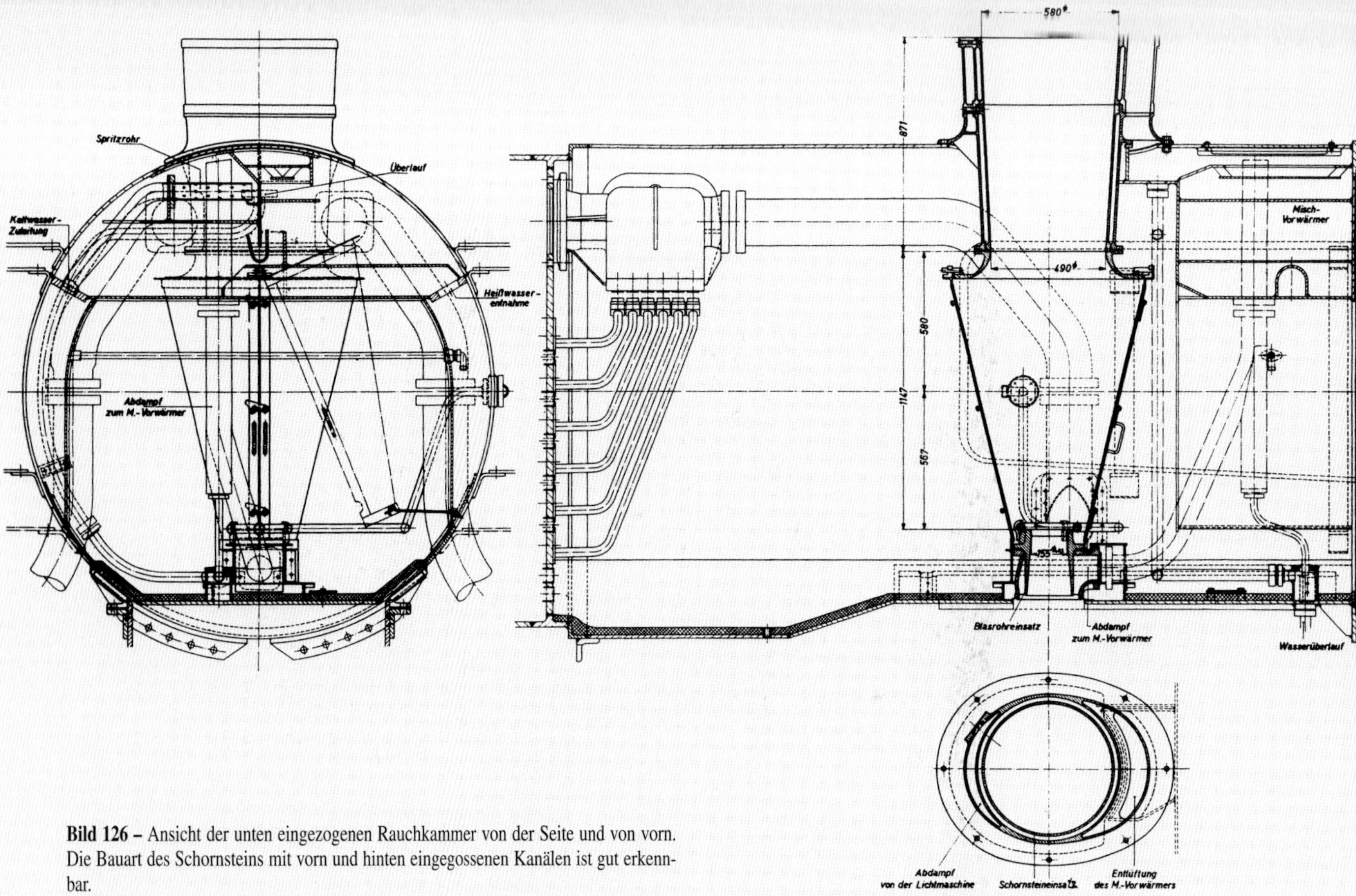

Bild 126 – Ansicht der unten eingezogenen Rauchkammer von der Seite und von vorn. Die Bauart des Schornsteins mit vorn und hinten eingegossenen Kanälen ist gut erkennbar.

Technische Angaben		**vor Umbau**	**mit Neubaukessel**
Dampfdruck	kg/cm²	16	16
Rostabmessungen L x B	m	2,542 x 1,7	2,475 x 1,598
Rostfläche	m²	4,32	3,94
Rohrlänge	mm	6800	5000
Wasserinhalt bei n.W.	t	10,88	10,5
Dampfraum bei n.W.	m³	4,2	4,8
Verdampfungsoberfläche	m²	14,5	14,5
Heizflächen			
Feuerbüchse	m²	16,90	22,00
Rauchrohre		24 x 171/4	44 x 143/4,25
Rauchrohre	m²	83,06	92,96
Heizrohre		106 x 70/2,5	119 x 54/2,5
Heizrohre	m²	147,19	91,55
Verdampfungsheizfläche	m²	247,15	206,51
Überhitzerelemente		24 x 30/3,5	44 x 38/4
Überhitzer	m²	86,00	96,15
Gewicht Kessel			
leer ohne Ausrüstung	t	24,50	25,22
leer mit Ausrüstung	t	32,90	32,79
betriebsfähig	t	44,16	43,84
Angaben zur Lok			
Lokleergewicht	t	99,92	99,6
Lokreibungsgewicht	t	59,6	60,4
Lokdienstgewicht	t	110,9	110,8
Dienstgew. Lok und Tender	t	192,1	192,0
Achslasten	t		
	1.	15,8	15,1
	2.	15,8	15,1
	3.	19,8	20,0
	4.	19,8	20,2
	5.	19,9	20,2
	6.	19,8	20,2
Indizierte Leistung rund	PSi	2.120	2.350
Indizierte Zugkraft	(0,8 pk) kg	15.840	15.840

von 22 mm, die lediglich beim vorderen Schuß oben auf 21 mm ermäßigt ist. Der Innendurchmesser liegt vorn bei 1.941 mm und hinter dem Dom bei 2.000 mm. Zur Vermeidung von Umbauten am Führerhaus ist der durch den Einbau der Verbrennungskammer bedingte Langkessel-Durchmesser von 2.000 mm im Bereich des Stehkessels auf 1.900 mm Durchmesser eingezogen. Am Langkessel sind zwei Pendelblechhalter angenietet.

Die vordere Rohrwand von 28 mm Durchmesser ist mit einem umlaufenden Gurt versehen, der vor den vorderen Langkesselschuß vorgeschweißt ist. An diesen Gurt ist von vorn die 3.346 mm lange **Rauchkammer** angeschweißt, die im hinteren Bereich einen Innendurchmesser von 2.037 mm hat und im vorderen Bereich wegen der mittleren Dampfmaschine auf einen Durchmesser von 1.774 mm eingezogen ist. Die Rauchkammer besteht aus 13 mm starken Blechen. Sie ist vorn an beiden Seiten mit Nischen versehen, die die Speisepumpe (links) und die Luftpumpe (rechts) aufnehmen sollen. Der besseren Sichtverhältnisse wegen beließ man die Luftpumpe allerdings an angestammter Stelle.

Auch der **Stehkessel** besteht aus 22 mm starken, seine Rückseite aus 15 mm starken Blechen. Die **Feuerbüchse** besteht aus 11 mm starken IZ II-Stahl-Blechen mit Ausnahme der Rückwand (10/12 mm), des Stiefelknechts (12 mm) und der Feuerbüchsrohrwand (15 mm).

Um die Stillstandsverluste möglichst klein zu halten, wurde die **Rostfläche** von 4,32 m² auf 3,95 m² verkleinert. Der Rost besitzt eine Neigung von 1:7957 und vier Felder, von denen das zweite von vorn als Kipprost ausgebildet ist. Der Kessel enthält 106 Heizrohre und 44 Rauchrohre zur Aufnahme der Überhitzerelemente. Die hinteren Umkehrenden der Überhitzerelemente sind bis 200 mm an die Feuerbüchsrohrwand herangeführt.

Von der bei neuen Kesseln üblichen Umstellung auf Heißdampfregler wurde mit Rücksicht auf die damit verbundenen Umbaukosten abgesehen. Die Lokomotive besitzt einen normalen Naßdampfregler. Der **Dom** ist gegenüber dem Altbaukessel weiter nach vorn gerückt. Er ist mit einem untergelegten Verstärkungsring mit dem Kessel vernietet. Die modernere Bauart, den

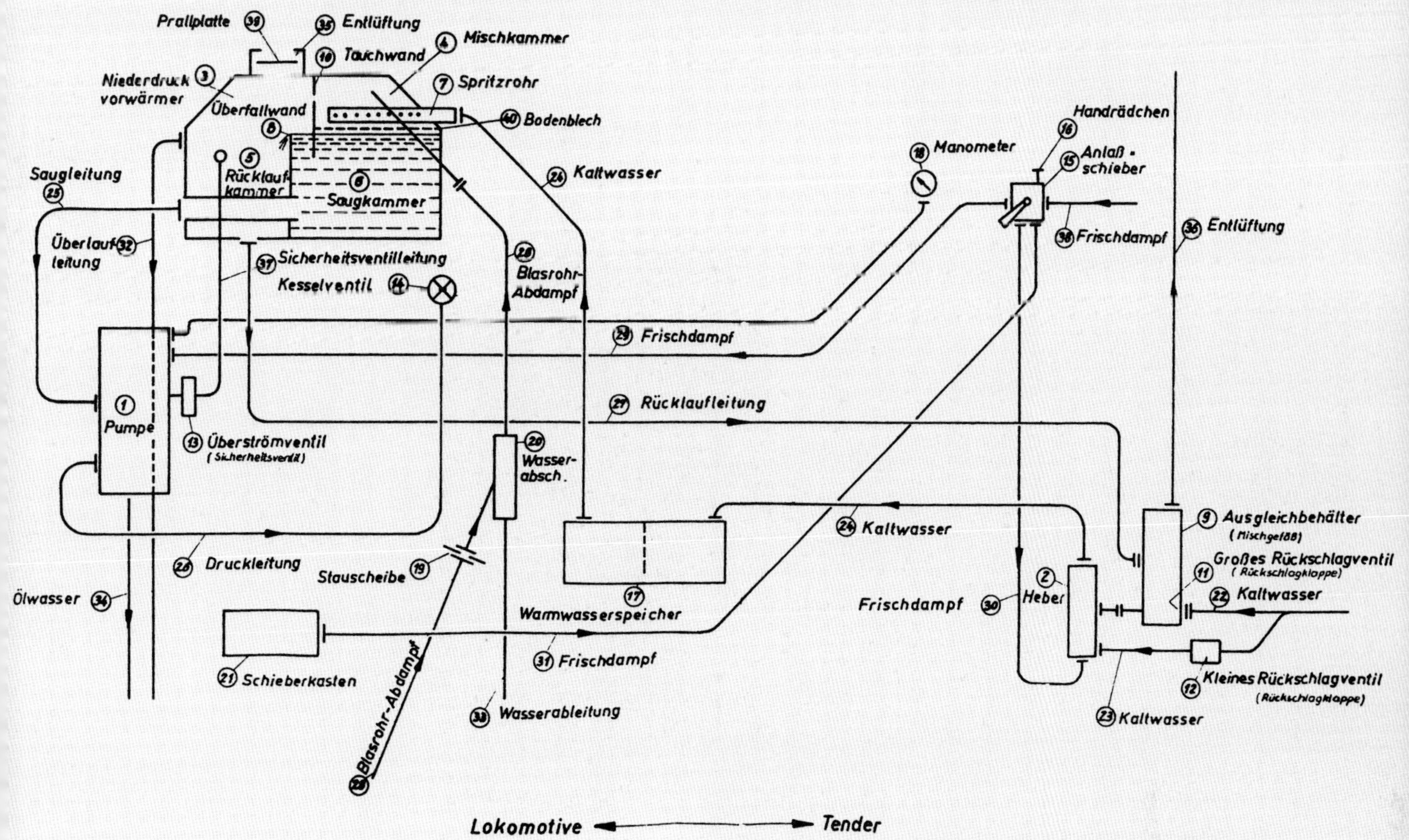

Bild 127 – Schema der zweistufigen Mischvorwärmeranlage Bauart Heinl

Domhals einfach aus dem Kesselblech hervorzupressen, zog Ausbeulungen nach sich, und die so ausgerüsteten Baureihen 23 und 65 hatte man gerade vorläufig aus dem Dienst ziehen müssen.

Die **Sandkästen** sind vom Kesselscheitel auf den Umlauf heruntergesetzt, um die mit zunehmender Elektrifizierung beim Einsatz von Dampflokomotiven auf solchen Strecken gegebenen Gefahrenmomente (Besteigen des Kessels) zu vermeiden. An jeder Lokseite sind zwei hohe Sandkästen vorhanden.

Wegen des Warmwasserspeichers des Mischvorwärmers mußte die Innensteuerung umgebaut werden.

Die umgebaute Lokomotive Baureihe 01^{10} mit neuem Kessel zeigt im einzelnen folgende Neuerungen:

Statt der früheren Oberflächenvorwärmeranlage ist die Lokomotive mit der Mischvorwärmeranlage Bauart Heinl ausgerüstet. Der Niederdruckvorwärmer dieser Anlage ist so in die Rauchkammer eingebaut, daß er nach außen überhaupt nicht in Erscheinung tritt, also das äußere Bild der Lokomotive nicht beeinträchtigt. Der Heißwasserspeicher liegt als flacher Behälter unter dem Langkessel auf dem Rahmen zwischen zweiter und dritter Kuppelachse. Die Entlüftung des Niederdruckvorwärmers für den Abzug von Dampfschwaden ist in einem Kanal vorn im Schornsteinmantel hochgeführt. Etwa überkochendes Wasser wird durch einen Überlauf aus der Entlüftungskammer nach unten abgeleitet.

Durch die Verwendung der Mischvorwärmeranlage erübrigt sich der bisherige Speisewasserreiniger.

Der Kessel ist zur Vermeidung von Stillstandsverlusten an allen seinen Flächen mit Asbest-Matratzen isoliert.

Der Kessel ist mit einem zweiten druckluftbetätigten **Gestra-Abschlammventil**, das am Boden des vorderen Kesselschusses sitzt, ausgerüstet.

Linksseitig am Stehkessel ist über dem Bodenring ein **automatisches Entsalzungsventil** angebaut. Mit diesem wird zur Vermeidung des Überschäumens und Wasserüberreißens die Konzentration der Salze und Laugen im Kesselwasser in bestimmten Grenzen gehalten. Das Entsalzungsventil besteht im wesentlichen aus einer Stufendüse mit Düsennadel, einem Steuerkolben und ei-

Bild 128 – Draufsicht auf **01 1060** mit einem Kessel der ersten Bauart, aufgenommen im Mai 1955 in Hamburg Hbf, als die Lok gerade zum Bw Osnabrück Hbf gekommen war. 13 Jahre sollte sie dort bleiben. Hier ist zu sehen, daß das Trittblech vor der Rauchkammer zweiteilig und zu den Seiten wegzuklappen war.

Aufnahme: John Jürgens, Sammlung Gerd Neumann

Bild 129
Detailansicht von **01 1068** (Bw Osnabrück Hbf) 1955 im Bw Köln Bbf. Hohe Sandkästen, der Dampfverteiler am Dom, ein Kesselspeiseventil, Lichtmaschine mit Wechselstromaufsatz für die Indusi, Wärmeschutzverkleidung der Einströmrohre und Gleitlagerstangen – das Bild der „jungen" Neubaukessel-01[10].

AUFNAHME: KLAUS OESTERWIND

Bild 130, links unten
Ein Blick auf den Arbeitsplatz des Lokführers in der Neubaukessellok **01 1086**. Die Feuertür ist mit einem Blendschutz versehen. Sonst hat sich für den Meister gegenüber früher nichts verändert.

AUFNAHME: HANS HOSCHEIT, SLG. H. WENZEL

ner Einstellschraube. Stufendüse und Nadel sind aus verschleißfestem, korrosionsbeständigem Baustoff hergestellt. Die Vorrichtung öffnet sich nur, wenn aus dem Kessel Dampf entnommen wird, also wenn die Lokomotive unter Dampf fährt. Dabei wird über eine Leitung vom Schieberkasten her durch den Steuerkolben die Nadel zurückgezogen und gibt den Ausströmquerschnitt des Ventils frei. Fällt der Dampfdruck vom Schieberkasten her weg, so schließt eine Feder die Düse, so daß unnötige Wasserverluste vermieden werden. Der Anschluß der Vorrichtung liegt so hoch über dem Bodenring, daß Verstopfungen durch Schlamm vermieden werden.

Die Köpfe der unter der Verbrennungskammer angeordneten Gelenkstehbolzen sind mit Schraubkappen verschlossen, damit der Raum unter den Kappen zur Beseitigung von Schlamm durchgespült werden kann. Sie sind durch ein abnehmbares Verschlußblech der Kesselbekleidung zugänglich.

Die längs durch den Kessel führende Leitung zum Dampfentnahmestutzen für die hinten liegenden Verbrauchsstellen ist im Kessel fest eingeschweißt und deshalb dickwandig ausgeführt

Die Lokomotive besitzt eine neue **Einheitsdampfpfeife** mit eingebautem Absperrventil. Diese ist seitlich vorn am Langkessel angeordnet, entnimmt den Dampf über ein im Kessel zum Scheitel hochgeführtes Rohr und entwässert unter der Lok ins Freie.

Der im Rahmen gelagerte **Aschkasten** besteht aus hochverschleißfestem und zunderbeständigem Chromstahlblech, seine Bodenklappen sind aus besonders hitzebeständigem Sphäro-Guß hergestellt. Infolge Verwendung des hochwertigen Baustoffes konnten seine Wände nur 4 mm stark gehalten werden. Seine Seitenwände sind durch Rippen versteift. Die Verbrennungsluft tritt durch Klappen an Stirn- und Rückseite sowie hauptsächlich durch nach oben geöffnete große Seitenklappen ein. Diese Klappen können vom Führerstand aus bedient werden. Ferner ist im oberen Teil jeder Seitenwand noch je eine durch Vorreiber verschlossene senkrecht liegende Seitenklappe vorgesehen, die zum Durchstoßen der Ascherückstände im Kasten dient.

Schornstein und Blasrohr der Lokomotive sind mit auswechselbaren Einsätzen versehen, um bei wechselnden Anforderungen an der Saugzuganlage entsprechende Änderungen vornehmen zu können.

Die Einziehung des Stehkessels auf 1.900 mm Durchmesser bedingt eine Kröpfung der Steuerstange. In die Steuerstange ist

Bild 131 – Die zweite Umbaulok **01 1060** (Bw Hagen-Eckesey) in Seitenansicht in Hagen am 24. Januar 1954. An der fehlenden Durchsicht ist schwach die Plazierung des Warmwasserspeichers oberhalb der mittleren Kuppelachse zu erkennen. AUFNAHME: CARL BELLINGRODT/EK-VERLAG

deshalb ein Pendel eingeschaltet, das den seitlichen Versatz überbrückt.

Für den unverändert beibehaltenen Steuerbock ist ein starker Untersatz unmittelbar in die Stehkesselseitenwand eingeschweißt.

Die Funktion des **Heinl-Mischvorwärmers** in Kurzform: Die Anlage besteht aus dem Niederdruckvorwärmer in der Rauchkammer, dem Mischgefäß links unterhalb des Führerhauses, dem Strahlheber, der am Mischgefäß befestigt ist, dem auf dem Rahmen liegenden 600 l fassenden Warmwasserspeicher und der zweistufigen Kolbenspeisepumpe V 15 links in der Rauchkammernische. Die V 15-Pumpe hat einen Dampfzylinder und zwei übereinander angeordnete Wasserzylinder mit einer durchgehenden Kolbenstange.

Die Anlage wird mit einem einzigen Anlaßschieber bedient, der zunächst den Strahlheber, der dann sofort mit der Förderung von Kaltwasser beginnt, und danach die Speisepumpe mit Frischdampf beaufschlagt. Der Heber fördert Frischwasser aus dem Mischgefäß, dem es vom Tender zuläuft, durch den Heißwasserspeicher in den Niederdruckvorwärmer in der Rauchkammer. Überschüssiges Wasser läuft von dort wieder zum Mischgefäß und weiter zum Speicher, so daß sich auf Dauer dort eine Heißwasserreserve für Fahrten mit geschlossenem Regler bildet.

Bild 132 – 01 1089 mit einem Kessel von 1954 hatte bereits zwei Jahre später einen einteiligen Gußschornstein erhalten, weil der ursprüngliche zerbrochen war. Die Lok des Bw Hagen-Eckesey ist hier auf dem heimischen Bw-Gelände nördlich des Bahnhofs Hagen zu sehen. AUFNAHME: GERHARD MOLL

In den Niederdruckvorwärmer wird rund ein Sechstel des Maschinenabdampfes und der Luftpumpenabdampf geleitet. Das vom Heber geförderte Wasser schlägt den Dampf nieder und erwärmt sich dabei bis knapp unter 100 °C. Nicht kondensierter Dampf entweicht durch die Entlüftung im Schornsteinmantel ins Freie (und erzeugt beim Fahren die sog. „Zwiebel“ auf dem Schornstein). Das erhitzte Wasser läuft der Mischvorwärmerpumpe zu und wird in der ersten Pumpen-Förderstufe mit dem Pumpenabdampf vermischt und auf ca. 115 °C aufgeheizt. Die zweite Förderstufe pumpt es sodann in den Kessel. Dieser zweistufige Mischvorwärmer sorgte neben hohem Wärmerückgewinn durch Kondensation für einen Speisewasserrückgewinn von rund 5 Prozent.

Zutreffende Aussagen über die Gewichte für die neubekesselte Lok sind wiederum nicht zu machen, die Angaben im Merkbuch 1953 stimmen nicht. In den Betriebsbüchern blieben die Gewichtsangaben aus der Stromlinienzeit meist unverändert. Den (wohl einem Wunschdenken entsprungenen) Angaben aus dem Nachtrag des Merkbuches 1953 und einer Aufstellung der Sollgewichte verschiedener Baureihen des AW Braunschweig von 1954 seien einige der wenigen geänderten Angaben gegenübergestellt. Schon diese machen deutlich, daß die vom BZA Minden gewollte Entlastung der Drehgestellachsen zugunsten eines höheren Reibungsgewichtes nicht gelungen war. Offenbar bereitete es Probleme, das größere Gewicht des Hinterkessels gleichmäßig auf die Kuppelachsen zu verteilen, wie untenstehende Tabelle zeigt.

Bild 133 – Führerhaus mit Beschilderung und Beschriftungen – **01 1053** (Bw Offenburg) in Freiburg im Jahr 1954. Das Gattungsschild ist den beiden kleinen Profilschildern gewichen, das Bundesbahnschild ist noch lang, Aufschrift für Gestänge- und Bremsbauart und Indusi-Schaltschrank mit schnell zugänglicher Außenklappe. Ganz offenbar ist der Meister hoch droben auf dem Führerstand stolz auf seine starke Lokomotive.
AUFNAHME: GERHARD GRESS

Bereits während der laufenden Bauserie wurden Änderungen nötig. Nach wenigen Betriebstagen der ersten umgebauten Loks gab es peinliche Beschwerden: Der oberste Vorreiber an der Rauchkammertür war schlicht unerreichbar, weil man an der Tür unten einen Tritt und oben Haltegriffe vergessen hatte. Schon seit Dezember 1953 schweißte das AW Braunschweig die Teile an die neuen Kessel und lieferte sie für die schon ausgelieferten fünf Loks an die Heimat-Bw nach.

Der Betriebsmaschinenkontrolleur 2 des BZA Minden hielt sich vom 6. bis 9. Dezember 1953 im Bw Hagen-Eck auf, um die Personale einzuweisen und eine Erprobung der ersten Neubaukessellok 01 1060 vorzunehmen. Auch die ersten Fahrten von 01 1105 (Bw Kassel) am 15. Dezember 1953 und von 01 1072 (Bw Bebra) am 20. Dezember begleitete er und wies die Lehrlokführer dieser Bw auf die Besonderheiten des neuen Kessels hin. Als Ergebnis der verschiedenen Fahrten erstellte er auch eine umfangreiche Mängelliste, die sich weithin mit einem Bericht des Bw Hagen-Eck vom 12. Januar 1954 deckte:

- schlechte Abdichtung des Führerhausbodens nach unten
- Eindringen von Asche aus dem Aschkasten ins Führerhaus
- keine Standmöglichkeit vor der Mischvorwärmerpumpe, Unfallgefahr
- Kondensieren des Lichtmaschinenabdampfes und Zurücklaufen in die Lichtmaschine
- zu wenig Spiel und Festklemmen der Aschkastenbodenklappen
- Klemmen der Feuertür
- keine Temperaturanzeige für Speisewasser aus dem Mischvorwärmer
- schlecht erkennbarer Ausschlag des Hubzählers der Mischvorwärmerpumpe
- unpraktisch angebrachte Führerhausdeckenleuchte, dadurch Manometer schlecht sichtbar
- schlechte Befestigung des Vorsteuerventils der Bremsanlage
- keine Aufstiegsmöglichkeit auf den Kessel
- kein Essenwärmer am Stehkessel
- zu großer Sandverbrauch der Sandstreuer
- gelegentlicher Wasserauswurf aus dem Mischvorwärmer beim Bremsen oder Beschleunigen
- Entlüftungsrohr des MV-Ausgleichsbehälters auf Führerhausdach zu kurz
- verlängerte Windschutzbleche zwischen Lok und Tender ohne Sichtmöglichkeit nach hinten.

Meist handelte es sich also um Beschwerden über Arbeitsausführungen des AW Braunschweig, die dieses schon bei den nächsten Maschinen berücksichtigen konnte.

	leer	voll	Reibung	1. La	2. La	1. Ka.	2. Ka.	3. Ka.	Sa.
Merkbuch 1953	99,6	110,8	60,40	15.10	15,10	20,00	20,20	20,20	20,20
AW Braunschweig Sollgew.		114,3	60,20	16,60	16,60	19,70	19,80	20,70	20,90
01 1001	102,2	111,8	58,90	16,20	16,45	18,75	20,00	20,15	20,25
01 1070	100,91	110,5	59,40	15,31	15,20	19,55	19,61	20,24	20,64
01 1078	99,6	112.3	60,89	15,27	15,25	20,22	20,33	20,34	20,63
01 1098	99,6	110,8	59,55	15,33	15,26	18,89	20,34	20,32	20,53

Bild 134 – Ab Ende September 1954 war **01 1092** beim Lokomotiv-Versuchsamt in Minden. Rund zwei Wochen dauerte es, bis man sie mit der gesamten Meßtechnik ausgerüstet hatte. Nötig wurde auch Improvisation wie hier, als man auf die Schnelle Schieberringe wechseln mußte. **Bild 135** – Hier werden am 13. Oktober 1954 die Filter im Wasser-Durchflußmesser geprüft.

AUFNAHMEN (14): BZA MINDEN, BUSTORFF, SAMMLUNG W. LÖCKEL

Die Erprobung der Neubaukessel-01^{10}

Während seines Aufenthaltes im Bw Hagen-Eckesey unternahm der Bmktr 2 auch vier Zugfahrten mit 01 1060. Am 7. Dezember 1953 morgens ging es mit dem 195 t schweren E 731 von Hagen nach Emden, immerhin ein Durchlauf von 338 km, und nachmittags mit dem Gegenzug E 732 wieder zurück. Am 8. Dezember 1953 ging es abends mit dem 333 t schweren E 341 nach Kassel, das kurz vor Mitternacht erreicht wurde. Am nächsten Morgen fuhr die Lok mit E 342 zurück, erhielt in Hagen noch einen Wagen angehängt und bespannte den Zug bis zum Zielbahnhof Mönchen-Gladbach. Bei E 731/732 war der Brennstoff eher schlecht mit Feinkohle und fast nur Abrieb, bei E 341/342 war der Brennstoff gut. Der Bmktr schrieb am 14. Dezember in seinem Bericht:

Die Dampfentwicklung war in allen Leistungs- und Geschwindigkeitsbereichen bei angestrebter niedrigster Feuerhaltung mehr als ausreichend. Der Abgriff der Saugzuganlage war gleichmäßig auf das Brennstoffbett verteilt. Die seitlichen Luftklappen mußten geschlossen bleiben, da die Feueranfachung zu stark wurde und das Feuerbett aufriß. Es muß sich zeigen, ob die seitlichen Luftklappen benutzt werden müssen, wenn mit höherem Brennstoffbett gefahren wird, wenn Kohle schwerer oder geringerer Güte zur Verwendung kommt, oder wenn die Lok bei größerem Schlackeanfall nicht mehr die anteilige Luft durch den Rost bekommt. (...)

Bei 30 % Füllung und 15,5 kg/cm² Schieberkastendruck wurden Überhitzertemperaturen von bis zu 400 °C erreicht. Der Schlackeanfall war beim Entschlacken der Lok in den Wende-Bw Kassel und Emden West sehr gering. Die Schlacke war gut porös, und auf keiner Stelle war ein Zufließen des Rostes festzustellen. Die Lok hätte unbedenklich noch weiter laufen können.

Die Mischvorwärmeranlage arbeitete einwandfrei. Die Pumpenleistung war in allen Leistungsbereichen mehr als ausreichend. Die hochdruckseitig der Vorwärmeranlage erreichten Vorwärmtemperaturen lagen bei 30 % Füllung und 15,5 kg/cm² Schieberkastendruck zwischen 115 und 118 °C, bei leichterer Beanspruchung der Lok pendelten sie zwischen 105 und 115 °C. Der Lauf der Lok war ausgezeichnet.“

Fast ein Jahr dauerte es noch, bis der Betriebsdienst eine Lok für eine gründliche Untersuchung vor dem Meßwagen entbehren konnte. 01 1092 (Bw Hagen-Eckesey) kam am 29. September 1954 direkt aus der L 4 zum Versuchsamt nach Minden und blieb bis zum 14. Dezember 1954. Die Aufgabenstellung des BZA für das Versuchsamt lautete: Meßfahrten mit 60, 90, 120 und 140 km/h und mit einer Heizflächenbelastung ab 30 kg/m²h bis zur höchstmöglichen Kesselleistung, ohne Kesselreserve oder Feuerreserve in Anspruch zu nehmen, d.h. Erhöhung der Maschinenleistung soweit, bis der Kesseldruck nicht mehr zu halten war. In Minden wurde die Lok mit Meßinstrumenten ausgerüstet. Der Meßzug bestand aus dem Lok-Meßwagen 2, einem Meßbeiwagen und bei niedrigen Geschwindigkeiten einer Bremslok der BR 45, bei Hochleistungen oder den 120 km/h-Fahrten zwei Bremsloks der Baureihe 18^3. Vom 25. bis 30. Oktober fanden Meßfahrten mit 90 km/h auf der Strecke Hamburg-Harburg – Cuxhaven statt, an

Bild 136 – Am 21. Oktober 1954 war der Meßzug, vorneweg **01 1092** und hinten eine Brems-45er zum ersten Mal unterwegs, vorerst nur, um die Funktion der Lok und der Meßtechnik zu prüfen. Man unternahm eine Rundfahrt Minden – Lehrte – Vorsfelde – Braunschweig – Lehrte – Minden und fuhr die Lok dabei bis 100 km/h aus. Das Bild entstand in Minden.

16 Tagen vom 2. bis 24. November mit 60 und 90 km/h auf der Strecke Herford – Rheine und an zehn Tagen vom 25. November bis zum 8. Dezember 1954 mit 120 km/h auf der Strecke Hamburg-Harburg – Bremen. Die vorgesehenen Fahrten mit 140 km/h

Bild 137 – Bevor es auf die alte Berliner Rennstrecke ging, hielt man am 21. Oktober 1954 in Lehrte.

mußten vorläufig entfallen. Die in der Nähe liegenden Strecken ließen wegen Bauarbeiten diese Geschwindigkeit momentan nicht zu, das Budget für Reisekosten war aber erschöpft, und die BD Wuppertal bestand auf der Rückgabe der Lok für den Vorweihnachtsverkehr. Vom 1. bis zum 5. Februar 1955 holte man mit der Lok noch Fahrten mit 90 km/h zwischen Löhne und Rheine nach, damit wenigstens die Meßprogramme für Mittelleistung bei 60 und 90 km/h abgearbeitet waren. Zusätzliche Reisekosten wurden nicht genehmigt.

So waren nun zwar viele Meßpunkte gesammelt, doch ließen die Fahrten noch Fragen offen. Das lag nicht allein an den organisatorischen Problemen. Die Mischvorwärmerpumpe Heinl V 15 schaffte bei hoher Kesselleistung nicht genügend Wasser heran, was Versuchsdezernent Dr. Müller und Bauartdezernent Witte am 13. April 1955 in ihrem Bericht an die Hauptverwaltung allein auf konstruktive Mängel der von der Fa. Knorr-Bremse gelieferten Heinl-Pumpe zurückführten. Eine verbesserte Pumpe sei bereits im Versuchsamt in Erprobung. Noch störender machte sich die schon aus dem Alltagsbetrieb bekannte außerordentlich starke Neigung der BR 01^{10} zum Schleudern bemerkbar. *„Bei Fahrgeschwindigkeiten bis herauf zu 90 km/h war der erreichbaren Leistung durch das häufige Schleudern auch bei trockenen Schienen absolut eine Grenze gesetzt. Erst bei Geschwindigkeiten von 120 km/h wurde bis zu Leistungen von rund 1.850 PS am Zughaken kein Schleudern mehr beobachtet, aber schon beim Festhalten der Lok auf 100 bis 110 km/h bei Langsamfahrstellen durch die nachlaufende Bremslok trat gelegentlich noch Schleudern auf."* Von der Zwillings-01 sei eine solche Schleuderneigung bei vergleichbaren Leistungslagen unbekannt. So begegnete Versuchsleiter Dr. Kröber bereits in einem Eilbericht an das Versuchsdezernat des BZA Minden am 18. Dezember 1954 der vorhersehbaren Kritik am unvollständigen Meßprogramm, in dem allein Kesselleistungen bis 14 t/h und Geschwindigkeiten bis 90 km/h mit ausreichend vielen Meßwerten dokumentiert waren. Das, auf das es ankam, die Tauglichkeit der Neubaukessellok für hohe Geschwindigkeiten und hohe Leistungen zu überprüfen, blieb nahezu ungemessen.

Dr. Kröber ließ für eine Leistungslage, bei der 01 1092 ohne Sanden bereits stark schleuderte (60 km/h rund 1.600 PS_i) und für

Bild 138 – Bei einem Zwischenhalt werden aus dem Maihack-Indikator die Indizierstreifen entnommen, auf denen die Steuerungseinstellung aufgezeichnet ist.

Bild 139 – Im Meßwagen. 01 1092 hat gerade Lehrte verlassen, fährt mit 100 km/h, wie oben am großen Tachometer abzulesen ist. Der Glaskasten ist sozusagen das Allerheiligste des Meßwagens, werden doch in ihm die verschiedenen Meßpunkte aufgezeichnet. Die drei anderen Seiten des Kastens sind verglast und mit einer soliden Messing-Haltestange umgeben, damit Beobachter den nötigen Abstand wahren. Versuchsamtsleiter Theodor Düring schaut dem Meßingenieur interessiert über die Schulter.

die brauchbare Indikator-Diagramme auch für die BR 01 vorlagen, die Tangentialdruck-Diagramme für beide Bauarten berechnen, und zwar getrennt für jede Lokseite, unter Berücksichtigung der hin- und hergehenden Massen und unter Annahme, daß die aus dem mittleren Triebwerk herrührenden Kräfte sich je zur Hälfte auf die rechte und linke Lokseite verteilten. Anlage 4 seines Berichtes zeigte die Höhe der Inanspruchnahme der Haftreibung bei beiden Baureihen, getrennt für jede Lokseite, bezogen auf die Summe der Raddrücke aller gekuppelten Räder der betreffenden Lokseite. Die periodische Entlastung der Räder durch die freien Fliehkräfte der dem Ausgleich der hin- und hergehenden Massen dienenden Gegengewichte war bei Bildung des Verhältnisses der Tangentialkraft zum Reibungsgewicht trotz des kleinen Anteils bei 60 km/h berücksichtigt. In der absoluten Höhe der Reibungsziffer war die Ursache der Schleuderneigung also nicht zu suchen. Kröber nahm eher an, daß der zeitliche Verlauf, je nachdem, ob die Tangentialkräfte periodisch wieder unter ein kritisches Maß abgebaut werden, eine entscheidende Rolle spiele. Zu einer Beurteilung reiche aber das bisherige Erfahrungsmaterial nicht aus.

Eigentümlicherweise wurden die bei 60 km/h noch unbedeutenden Massenkräfte zwar berücksichtigt, jedoch die viel größeren Vertikalkräfte des schrägen Innentriebwerks nicht einmal erwähnt! Bemerkenswert ist weiterhin, daß im fast gleichen Arbeitspunkt und mit fast der gleichen Zugkraft-Kennziffer der Drilling mit nur 25 % Füllung auskam, wo der Zwilling bereits 33 % Auslage benötigte. Ob das nur der größeren Kanalöffnung der drei Schieber zuzuschreiben war, was bei lediglich 60 km/h schon erstaunlich wäre, oder ob einfach nur die Steuerungsskala nicht stimmte, ist nicht zu beantworten.

Leider unterblieb eine eingehende Erforschung des Schleuderphänomens, obwohl schon die gezeichneten Diagramme belegten, daß im Triebwerk der 01^{10} alles andere als ausgeglichene Zustände herrschten. Erkenntnisse über die grundsätzliche Unzweckmäßigkeit des schräg gestellten Innentriebwerks mit kurzer Treibstange hätten nicht nur zu Änderungen am Innentriebwerk der 01^{10} geführt, sondern auch die Entwicklungsrichtung der Baureihe 10 entscheidend verändert. Da man mit deren Bau noch nicht begonnen hatte, hätte man ziemlich sicher nicht wider besseres Wissen das „zweitklassige" Dreizylindertriebwerk mit Zweiachsantrieb beibehalten, sondern wäre auf das ohne Veränderung der bereits feststehenden Abmessungen einsetzbare Verbundtriebwerk mit Zweiachsantrieb übergegangen. Einstweilen konnten Müller und Witte der HVB nur mitteilen, daß die Schleuderneigung der 01^{10} im Widerspruch zur Theorie stehe. Man beabsichtige, für Dreizylinderloks eine neue Fahrweise zu erproben: für große Leistungen mit übergroßen Füllungen, aber gedrosseltem Schieberkastendruck. Auf Seite 168 wird diesem Thema, das erst zehn Jahre später zum richtigen Problem wurde, weiter nachgegangen.

Bilder 140 und 141
Vier Wochen später laufen die Meßfahrten zwischen Herford und Rheine. Hier steht am 23. November 1954 der Meßzug abfahrbereit im Rangierbahnhof Herford, vorn **01 1092**, hinten 18 319 und 316.

Zurück zum eigentlichen Versuchsbericht. Müller und Witte kommentierten diesen natürlich, er sei nur im unteren und mittleren Leistungsbereich ausreichend mit Meßpunkten belegt. Überdies sei die Tendenz der oberhalb von 14 t/h Dampferzeugung extrapolierten Kurven anfechtbar. Meßpunkte seien offenbar zu hoch bewertet. Überdies fragten beide nach der Daseinsberechtigung des Warmwasserspeichers des Mischvorwärmers, der oberhalb der mittleren Kuppelachse auf dem Rahmen angeordnet war und Bauartänderungen der Innensteuerung behinderte. Über Gebühr häufig brach damals diese für die Innensteuerung gekröpfte Achse. Bei stehender Lok, also fehlender Vorwärmung fiel während eines Speisens mit der Mischvorwärmerpumpe die Speisewassertemperatur bei Benutzung des Warmwasserspeichers auf 85 °C, mit Umgehung des Speichers auf 75 °C. Man wisse deshalb nicht, ob die Wärme aus dem Wasserspeicher im Alltagsbetrieb überhaupt Nutzen bringe. Müller und Witte baten abschließend, erneut eine 01^{10} für Meßwagenversuche zur Verfügung zu stellen, sobald man eine Fahrweise gefunden habe, mit der diese Loktype nicht schleudere. Wie wir wissen, kam es weder zum einen, noch zum anderen. Immerhin bewährten sich mittlerweile bereits rund 30 Maschinen mit Neubaukessel Tag für Tag im schweren Schnellzugdienst. Zugförderungsreferent Flemming in der HVB war anscheinend mit den wenigen Angaben zufrieden und hielt keinen weiteren Forschungsaufwand für nötig.

Deshalb seien die in Dürings und Kröbers Versuchsbericht vom 14. März 1955 erwähnten Erkenntnisse auch nur stichwortartig und unter Verzicht auf die wenig aussagefähigen Diagramme wiedergegeben. Zeichnerische Darstellungen des Wesentlichen, also von Leistung, Dampf- und Brennstoffverbrauch waren nur unvollständig möglich, man beschränkte sich auf Nebenwerte wie Speisewassertemperatur und einige recht aufschlußreiche Beiwerte zur guten Qualität des Kessels. Der Kernsatz von Düring und Kröber lautete: „Offensichtlich war auch bei der höchsten (…) im Versuch erzielten Heizflächenbelastung von rund 75 kg/m^2h die Grenze der Leistungsfähigkeit des Kessels bei weitem nicht erreicht.“ Der Heinl-Mischvorwärmer arbeitete abgesehen von der schwachen Pumpenleistung einwandfrei und erzielte Speisewassertemperaturen zwischen 110 und 118 °C. Der Wär-

Bild 142, oben links
Damit man nicht die Meßkabel trennen mußte, fuhr **01 1092** zwischen den Meßfahrten mitsamt dem ganzen Meßzug und den Bremslokomotiven ins Bw Herford, um dort zu restaurieren. Mit der Kleinbekohlungsanlage werden hier gerade die vier eigens eingebauten Bretterabteilungen im Tender mit genau ausgewogenen Kohlenmengen gefüllt.

Bild 143, oben rechts
Die Lösche aus der Rauchkammer wird gesammelt und analysiert. Sie darf nur wenig Unverbranntes enthalten.

Bild 144, rechts
Vor dem Meßzug stehend schlackt **01 1092** über dem Kanal im Bw Herford aus.

Bild 145 – Auf dem Gleisdreieck im Abzweig der Osnabrücker Strecke hat der Meßzug gewendet und ist von den Bremslokomotiven wieder in den Bahnhof Rheine geschleppt worden. Vermutlich muß noch ein Planzug abgewartet werden, und so haben am 23. November die Meßfahrtteilnehmer Gelegenheit, sich die Beine zu vertreten.

merückgewinn durch den Vorwärmer lag allerdings nur bei bescheidenen 8 bis 8,7 %. Der Kesselwirkungsgrad erreichte bei schwacher Leistung bis 85 %, um bei einer Rostbelastung von mehr als 600 kg Kohle je m² und Stunde auf rund 65 % abzusinken. Der Kessel zeigte sich in der Feuerführung unempfindlich, war mit flachem, gleichmäßigen Feuer zu fahren und paßte sich allen Leistungslagen auch bei schnellen Änderungen der Belastung gut an. Die Anteile an CO_2, CO + H_2 und Sauerstoff in den Rauchgasen war bei Schwach- wie Hochleistung ausgewogen, der Luftüberschuß gut, so daß Änderungen an Schornstein, Blasrohr, Aschkastenluftklappen und Rostlage nicht erforderlich waren. In seiner privaten Kladde notierte sich Theodor Düring die bei 15 t/h Dampferzeugung erzielten Leistungen:

V	60	90	120	km/h
N_i	2.329	2.490	2.505	PS_i
N_{zo}	1.933	2.000	1.747	PS_e

Exemplarisch seien hier noch ausgewählte Meßergebnisse der Fahrt mit der höchsten Maschinenanstrengung und der schnellsten, aber nur wenig angestrengten Fahrt gegenübergestellt.

Meßfahrt 28 (größte gemessene Leistung)

Während mehr als 32 Minuten Dauer und über 49,3 km wurden in der Beharrung von 91,5 km/h eine Zughakenleistung von 2.145 PS und eine Zugkraft von 6.350 kg gemessen, die die Lok laut Theodor Düring „mit Leichtigkeit" erbrachte. Das entspricht einer indizierten Leistung von 2.650 PS_i. Die Steuerungsauslegung betrug 32,5 %, der Schieberkastendruck 15 atü, die Dampferzeugung 15.370 kg/h, entsprechend einer nur geringfügig über der Kesselnennleistung liegenden Heizflächenbelastung von 74,3 kg/m²h. Die in der Maschine verarbeitete Dampfmenge lag bei 14.567 kg/h. Während dieser hohen Leistung verbrauchte die Lok nur 5,49 kg Dampf pro PS_ih. Die Heißdampftemperatur erreichte mit 403 °C die höchsten Werte während der Meßfahrten. Die Dampftemperatur in der Ausströmung lag bei 146 °C, ebenfalls dem höchsten während der Meßfahrten gemessenen Wert. Das Speisewasser trat aus dem Heinl-Mischvorwärmer mit 115 °C in den Kessel ein. Der stündliche Kohlenverbrauch war mit 2.430 kg recht hoch und erreichte nur eine 6,3fache Verdampfung. Schließlich betrugen die Abgaswerte 14,6 % CO_2, 5,8 % Sauerstoff und 0,1 % CO+H_2. Auch bei dieser Meßfahrt war die Speisepumpenleistung zu gering, und die Lok begann immer wieder zu schleudern.

Meßfahrt 42 (größte gemessene Geschwindigkeit)

Die gefahrene Strecke lag bei 27 km, die Durchfahrtszeit bei 13,25 Minuten, entsprechend 124,5 km/h. Hier betrug die Zughakenleistung 1.250 PS_e, die indizierte Leistung 2.080 PS_i. Die Füllung lag bei 22,5 %, der Schieberkastendruck bei 15 atü. Für diese Anstrengung benötigte die Lok eine Heizflächenbelastung von 57,8 kg/m²h (11.960 kg/h) und eine Maschinendampfmenge von 11.324 kg/h. Der Dampfverbrauch erreichte hier mit 5,45 kg/PS_ih den kleinsten während der Meßfahrten gemessenen Wert. Infolge der geringen Anstrengung lag die Schieberkastentemperatur bei 368 °C, die Ausströmungstemperatur bei nur 116 °C. Der stündliche Brennstoffverbrauch lag auf die erzeugte Dampfmenge bezogen mit 1.400 kg erheblich günstiger als beim Hochleistungsversuch. Die Lok erreichte eine 8,5fache Verdampfung, während es unter Hochleistung nur die 6,3fache war. Der für die Konstruktion von Dampfloks seit Jahrzehnten benutzte Mittelwert lag bei 1:7. Die Abgaswerte lagen bei 12,6 % CO_2, 5,7 % Sauerstoff und 0,1 % CO+H_2. So empfahl sich die Maschine erstaunlicherweise gerade für den Teillastbereich mit hohen Geschwindigkeiten, was man nach Nordmanns Versuchsergebnissen von dieser Dreizylindertype nicht erwartet hätte.

Meßwagenfahrten haben den Vorteil der wissenschaftlichen Nachprüfbarkeit, doch muß man sie auch als Ausnahmesituationen bezeichnen. Gefahren wurde mit bester Kohle, fast neuer Lokomotive und besonders qualifiziertem Lokpersonal. Würde sich die Bewährung des neuen Kessels auch im Alltagsbetrieb beweisen?

Bilder 146 und 147 – Der BZA-Fotograf ist dem Zug vorangefahren und hat an der Strecke Rheine – Osnabrück am Bahnübergang der Landstraße Ibbenbüren – Hopsten bei Kilometer 164 Aufstellung genommen. Das Vorsignal kündigte die Frei-Stellung des Einfahr-Hauptsignals des Bf. Esch an. Für den 23. November 1954 verzeichnet der Versuchsbericht Fahrt 23 mit 60,9 km/h nach Rheine und dann die Rückfahrt 24 mit 90,9 km/h und 1.942 PS_i. Mit dieser Leistung tat sich die Lok nicht weh, und so fahren sie und die Bremslokomotiven an diesem schönen Spätherbsttag, fünf Tage vor dem 1. Advent, unter Wattewolken gen Osten.

Aufschlußreich ist es deshalb, die Auswirkungen der Neubekesselung im Hinblick auf jährliche Ausnutzung, Ausbesserungskosten und Brennstoffkosten zu untersuchen. Allein beim Bw Bebra gab es in den fünfziger Jahren einen über längere Zeit unveränderten Planeinsatz. Dieser spielte sich überwiegend zwischen Hannover und Würzburg/Frankfurt ab und bestand aus großteils schweren Schnellzügen, die im Hügelland mit häufigsten Geschwindigkeiten von 80 bis 100 km/h zu transportieren waren. Die Überprüfung der zur Verfügung stehenden Betriebsbögen ergab, daß nur relativ wenige Maschinen während der vier letzten Jahre des Betriebes von Altbaukesselloks ohne Unterbrechung zum Bw Bebra gehörten. Dennoch war die Auswertung von 30 Fahrzeugjahren möglich, 20 von Altbaukesselloks und zehn von Neubaukesselloks.

1952 Lok	km/Jahr	Betriebstage	Kohle/1.000 km	Ausbesserungskosten im Bw in DM	Ausbesserungskosten AW L 0 in DM	Ausbesserungskosten AW L 2 in DM	Ausbesserungskosten AW L 4 in DM
Altbaukesselloks							
01 1063	155.079	271	15,2	30.527	8.777	31.195	-
01 1070	185.252	300	15,2	36.610	4.228	38.823	-
01 1071	90.846	179	15,4	23.852	20.236	-	-
01 1072	193.901	302	14,1	26.324	7.171	37.641	-
01 1082	98.572	210	14,8	17.957	13.250	29.353	-

1953 Lok	km/Jahr	Betriebstage	Kohle/1.000 km	Ausbesserungskosten im Bw in DM	Ausbesserungskosten AW L 0 in DM	Ausbesserungskosten AW L 2 in DM	Ausbesserungskosten AW L 4 in DM
Altbaukesselloks							
01 1063	141.802	248	15,1	26.808	9.019	63.471 (L 3)	-
01 1070	167.866	282	16,9	41.188	9.982	80.870 (L 3)	-
01 1071	146.908	271	15,4	25.997	-	104.091 (L 3)	-
01 1072	153.955	246	15,3	35.446	6.787	-	236.797
01 1082	122.278	216	14,8	22.935	11.001	85.375 (L 3)	-

1954 Lok	km/Jahr	Betriebstage	Kohle/1.000 km	Ausbesserungskosten im Bw in DM	Ausbesserungskosten AW L 0 in DM	Ausbesserungskosten AW L 2 in DM	Ausbesserungskosten AW L 4 in DM
Altbaukesselloks							
01 1070	117.567	206	15,2	16.140	3.773	33.241	-
01 1071	178.324	287	14,3	28.108	5.778	35.587	-
01 1081	191.199	311	15,0	33.407	-	33.276	-
01 1082	132.809	239	14,4	18.462	12.486	35.587	-
Neubaukessellok							
01 1072	208.324	294	13,3	26.947	-	33.709	-

1955 Lok	km/Jahr	Betriebstage	Kohle/1.000 km	Ausbesserungskosten im Bw in DM	Ausbesserungskosten AW L 0 in DM	Ausbesserungskosten AW L 2 in DM	Ausbesserungskosten AW L 4 in DM
Altbaukesselloks							
01 1070	193.235	281	14,7	35.855	-	29.947	-
01 1071	123.050	187	14,3	16.339	10.010	34.118	215.832
01 1081	148.905	241	14,3	30.249	2.187	-	231.296
01 1082	211.359	300	14,2	38.864	86	40.435	-
Neubaukesselloks							
01 1063	191.226	263	13,5	26.786	6.566	34.331	-
01 1072	193.960	302	13,8	34.159	6.694	-	-
01 1084	211.640	291	13,3	29.945	6.555	-	-
01 1093	183.905	279	14,2	30.029	6.425	36.568	-

1956 Lok	km/Jahr	Betriebstage	Kohle/1.000 km	Ausbesserungskosten im Bw in DM	Ausbesserungskosten AW L 0 in DM	Ausbesserungskosten AW L 2 in DM	Ausbesserungskosten AW L 4 in DM
Altbaukesselloks							
01 1070	151.169	233	15,4	28.796	4.593	-	239.114
01 1082	112.174	179	14,5	21.026	3.046	-	239.663
Neubaukesselloks							
01 1062	180.016	303	14,7	34.488	-	34.012	-
01 1063	181.486	275	14,2	35.724	3.267	39.565	-
01 1071	162.105	277	14,8	25.215	-	32.390	-
01 1072	171.017	271	15.1	35.251	-	33.444	-
01 1081	177.593	253	14,1	21.495	-	32.390	-

Das für den Betrieb erfreuliche Ergebnis war, daß die gute meßtechnische Bewährung des Neubaukessels im schweren Alltagsdienst weitgehend bestätigt wurde. In den vier letzten Jahren des Betriebes von Altkesselmaschinen erreichten diese durchschnittlich nur noch 249 Jahresbetriebstage, an denen sie 605 km fuhren, durchschnittlich 150.812 km im Jahr (12.570 km/Monat). Ihre Verfügbarkeit lag somit bei nur 68 Prozent. Dabei war die Summe der Wartungs- und Reparaturaufwendungen im Heimat-Bw mit durchschnittlich 21.679 DM/Jahr (144 DM je 1.000 km) nicht auffällig. Auffällig hingegen war die starke Streuung der Summen, ein Hinweis darauf, daß auch diese Maschinen nach Planausbesserungen im AW zunächst wenig Kosten verursachten, nach einigen Monaten dann aber umso mehr. Die Kosten für Bedarfsausbesserungen der Schadgruppe L 0 im AW waren ebenfalls gering, was auch am hohen Aufwand der Planausbesserungen L 2 bzw. L 3 gelegen haben mag.

Die betriebliche Verfügbarkeit der Neubaukesselloks war natürlich deutlich besser, was bei L 4-untersuchten Maschinen mit nagelneuen Kesseln nicht verwundern mag. Sie erreichten durchschnittlich im Jahr 281 Betriebstage, entsprechend einer Verfügbarkeit von 77 Prozent. Die längere Verfügbarkeit ließ zwangsläufig die Jahresleistungen sprunghaft steigen, und zwar auf 186.127 km. Immerhin 15.500 km monatlicher Laufleistung je Lokomotive ließen sich also sicher kalkulieren. Auffällig waren

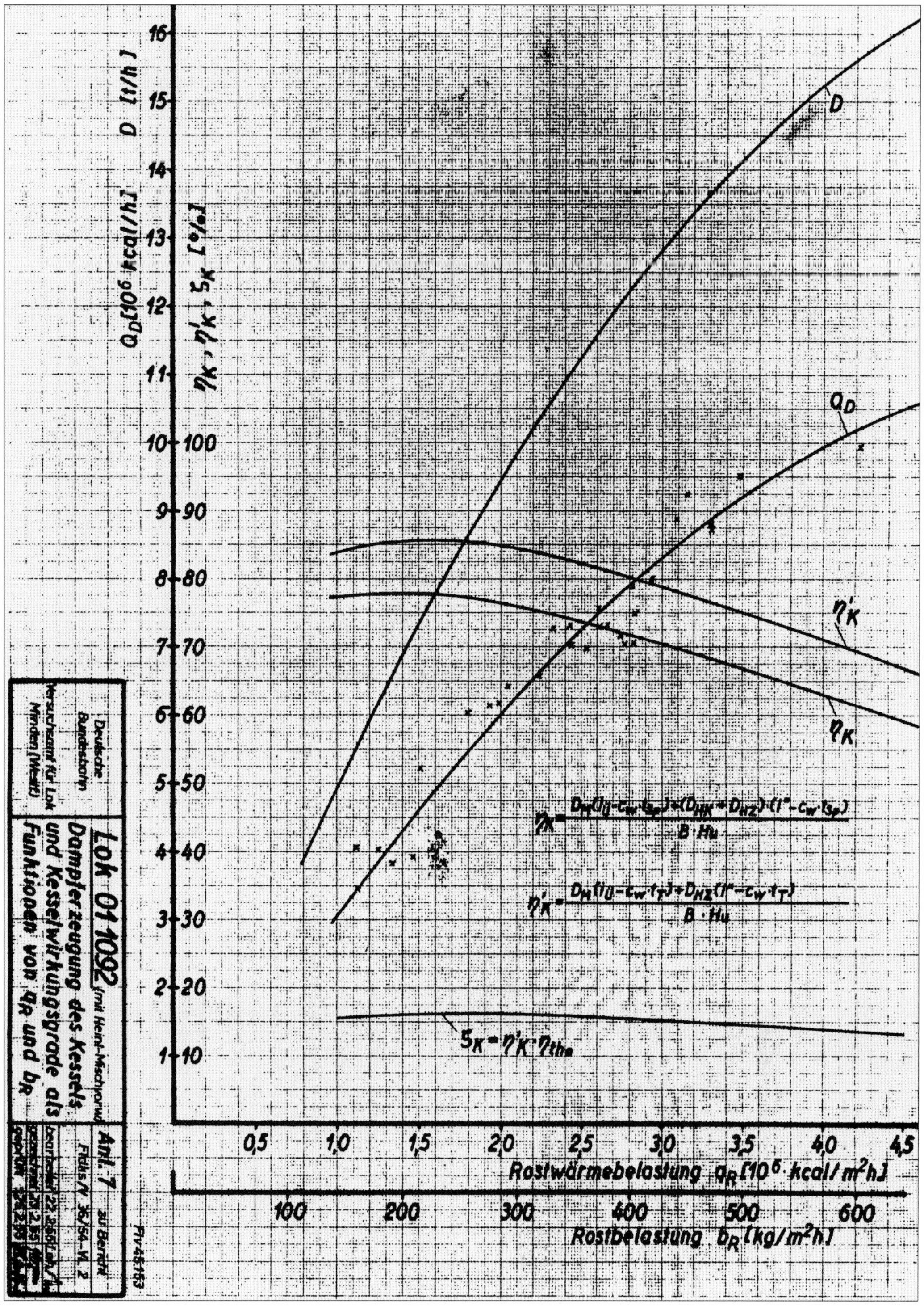

Bild 147
Anlage 7 aus dem Versuchsbericht über 01 1092 vom 13. April 1955. Unten sind Rostbelastung in Kilokalorien pro m² und in kg aufgeführt, D bezeichnet die Dampferzeugung in t pro Stunde, Q_d die Erzeugungswärme, η_k den Kesselwirkungsgrad und η'_k den Wirkungsgrad der gesamten Kesselanlage.

die stark angestiegenen Aufwendungen, die das Bw mit Wartung und Reparatur treiben mußte: Je Lok waren es 30.004 DM, absolut ein Drittel mehr als für die Altbaukesselloks, doch auf die Laufkilometer bezogen 161 DM/1.000 km und damit 12 Prozent mehr. Vermutlich gingen diese Mehraufwendungen teils auf das Konto der höheren Kilometerleistung, teils aber zu Lasten der komplizierten und anfälligen Mischvorwärmeranlage. Die L0-Aufwendungen der neuwertigen Loks waren mit jeweils 2.550 DM/Jahr natürlich noch gering. Überhaupt fielen nur sechs Bedarfsausbesserungen an.

Besonders erfreulich war, daß abseits spezieller Meßreihen die Maschinen mit Neubaukessel je 1.000 km im Alltagsbetrieb zuverlässig 0,8 t bzw. 5,5 Prozent Kohle weniger verbrauchten als die Maschinen mit altem Kessel im gleichen Umlaufplan, 14,1 statt 14,9 t/1.000 km. Angesichts der schweren Bebraer Dienste war schon die eine wie auch die andere Verbrauchszahl als Ganzjahreswert sehr günstig, doch nun ließ sich erwarten, daß nach Umrüstung des ganzen Bestandes bei einer Jahresdurchschnittsleistung von 180.000 km ein Minderverbrauch von fast 8.000 t Kohle eintreten würde. Dieser nennenswerten Einsparung standen die bleibend hohen Bw-Aufwendungen gegenüber, die in der Tendenz weiter wachsen mußten, je angestrengter die Lokomotiven eingesetzt wurden. Die nach der Neubekesselung binnen fünf Jahren auf 200.000 km je Lok und Jahr gesteigerten Laufleistungen, schwerere Züge und gekürzte Fahrzeiten, sie verlangten Maschinen und Menschen alles ab. Die Leistungsreserven des Kessels ließen die hohen Leistungen bei günstigsten Verbräuchen zu, doch waren Lauf- und Triebwerk der Beanspruchung auf Dauer nicht gewachsen.

Dritte Kesselserie und frühe Schäden

Die neuen Kessel standen auf der Baureihe 01^{10} sofort unter hoher Belastung. Schon in den ersten Tagen hatte man mehr oder weniger störende Bauart- und Fertigungsmängel bemerkt, die eben schon erwähnt wurden. Nach wenigen Monaten zeigten sich aber auch erste Schäden. So erhielten die letzten fünf Kessel der ersten Bauserie Dampfpfeifen mit verstärktem Unterteil, weil die bisherige Bauart Risse bekam. Unter starker Abnutzung litten die Dichtflächen der Rauchkammertüren, die dann irgendwann begannen, Fremdluft zu ziehen, was die Feueranfachung verschlechterte.

Auch die ovalen, zweiteiligen Schornsteine mit eingegossenen Abdampfkanälen für Mischvorwärmer und Lichtmaschine waren nicht stabil genug. Sie bekamen vorn am Unterteil Risse, und mehr als einmal stürzten ganze Schornsteine in die Rauchkammer.

Am 28. August 1954 verfügte die HVB (73.733 Flde 1) die Beschaffung weiterer acht, bald darauf abgeändert auf 13 Kessel für die vorläufig noch durch Portalflicken ertüchtigten Maschinen. Am 29. Oktober lag das vom BZA Minden angeforderte Angebot der Fa. Henschel auf dem Tisch, und am 5. November 1954 sandte das BZA das Bestellschreiben 22.042/63.1745 ab. Die fünf Kessel 29088 – 29092 waren mit hartverchromten Anschweißenden für Rauch- und Heizrohre zu versehen und kosteten jeweils 131.000 DM, acht Kessel sollten normale Rohre erhalten und jeweils 129.300 DM kosten. Die neue Kesselserie stimmte in ihren Abmessungen mit den vorangegangenen überein, erhielt aber an der Stehkesselrückseite bereits den Rußbläser Bauart Gärtner. Diese Bauserie von 1955 erhielt einteilige, ovale Gußschornsteine, die vorn und hinten Abdampfkanäle besaßen. Gut bewährten sich diese und die verstärkten Anschweißenden an Heiz- und Rauchrohren von fünf Kesseln. Letztere übernahm man für alle Neubaukessel der Baureihen 03^{10} und 41, unterließ aber einen Einbau in die 01^{10}. Mit den stabileren Essen rüstete man auch die Lokomotiven der Umbaujahre 1953 und 1954 nach.

Vom 3. bis 17. Oktober 1955 war 01 1055 zur L 2 im AW Braunschweig. Bei ihr stellte man Anfressungen in den Bodenringecken, Risse und Doppelungen im Stehkesselblech fest. Genau dieselben Schäden wies 01 1056 auf, die ebenfalls am 3. Oktober zulief und das AW am 17. Oktober 1955 wieder verließ. Hier handelte es sich um Materialfehler, denn die 1954 beim Kessel 28917 verwendete Stahlcharge erwies sich als stark alterungsanfällig. Gerade noch rechtzeitig nahm man die Fa. Henschel in Gewährleistungsanspruch.

Bild 149 – Ein Blick von oben auf den einteiligen Schornstein, **01 1094** (Bw Osnabrück Hbf) im August 1966 im Hamburger Hauptbahnhof. Die angegossenen Entlüftungskanäle sind gut zu erkennen. AUFNAHME: GERHARD GRESS

01 1085 war mit ihrem neuen Kessel 28915 nur drei Jahre gefahren, und noch Anfang Juni 1957 hatte man sie bei Henschel auf Ölhauptfeuerung umgebaut. Drei Monate später mußte sie mit Anrissen an den Pendelblechhaltern des Kessels ins AW Braunschweig einrücken und verließ es am 25. Oktober 1957 mit dem neuen Ersatzkessel 29332. In der Folge wies das BZA Minden

Bild 150
Am 29. September 1959 fährt **01 1090** (Bw Kassel) vor dem D 73 aus Frankfurt (M) aus, gesehen vom großen Stellwerk. Einteiliger Schlot und der hinten dickere und dann wieder schamlere Kessel sind aus dieser ungewöhnlichen Perspektive besonders gut zu erkennen.

AUFNAHME: GERD NEUMANN

Bild 151 – 1955 erhielt **01 1078** einen Neubaukessel der dritten Bauserie. Die Osnabrücker Kohlelok verläßt hier im März 1958 Münster Hbf mit einem D-Zug von Hamburg nach Köln. Kennzeichen der Kessel aus dieser Bauserie war der einteilige Schlot. AUFNAHME: LUDWIG ROTTHOWE

unter dem Zeichen 2301 Fld K 334 am 12. September 1957 das AW Braunschweig an, alle Maschinen dieser Baureihe auf Anrisse an den Pendelblechhaltern zu untersuchen. Als man bei den folgenden Maschinen ähnliche Schäden feststellte, verfügte das BZA Minden 1958 als Sonderarbeit 234 den Einbau von Pendelblechhaltern, die nur noch ans Langkesselblech angenietet waren. Den Kessel 28915 aus 01 1085 versah man mit vier eingeschweißten Flicken, richtete ihn wieder für Kohlefeuerung her und verwendete ihn ab dem 22. Juni 1958 in der Kohlelok 01 1091 weiter. Bei dieser wiederum hatte man im 1955 gelieferten Kessel 29089 eine Blechdoppelung in der Rohrwand entdeckt und mußte den Kessel ausbauen.

Am 14. März 1958 stellte das AW Braunschweig im Stehkessel der zur L 0 zugelaufenen 01 1100 (Bw Bebra) Risse zwischen der ersten und zweiten Deckenstehbolzenreihe fest. Abermals ergab die Untersuchung des herausgetrennten Blechstücks, daß es sich um eine nicht alterungsfeste Lieferung von Blechen aus St 34 handelte. Stücke aus dieser Lieferung waren in Kesselschüssen, Stehkesseln und Rohrwänden der Kessel 29085 – 087 und 29092 – 096 verwendet worden. Die betroffenen Lokomotiven 01 1059,

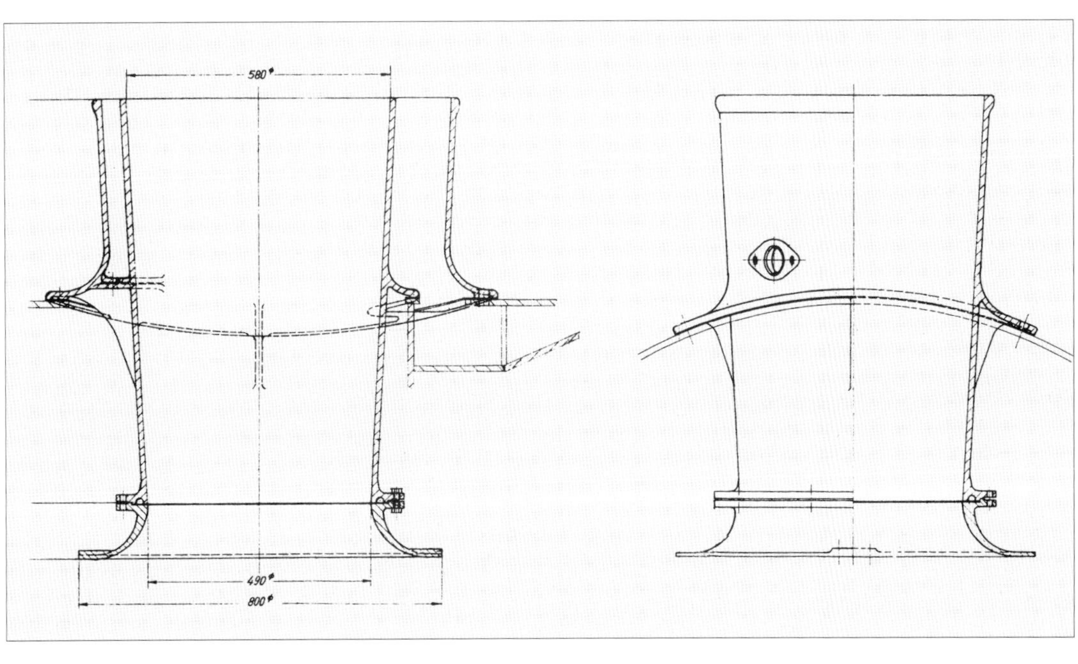

Bild 152
Äußerlich unterschieden sich die mit Kesseln der Bauart 1955 ausgerüsteten Maschinen nur durch den ovalen, einteiligen Gußschlot mit senkrechten Gußgraten von den zuvor umgebauten Maschinen. Ganzansicht des Schornsteins mit Maßen; Zeichnung Fld 5.060 Bl.010 vom 8. November 1954.

1070, 1071, 1079, 1081, 1082, 1088, 1096 und 1100 beobachtete man im Betrieb fortan genau. Bei Austreten von Dampfschwaden unter der Kesselbekleidung war die betroffene Lok dem AW Braunschweig zuzuführen. Ansonsten untersuchte man bei den nächsten L 0 die Kessel und ersetzte Bleche mit Anrissen.

Die Auswertung verschiedener Betriebsbücher ergab, daß die L 4 im AW Braunschweig samt Anpassung des Fahrgestells, Beschaffung und Einbau der Mischvorwärmerpumpe und des Neubaukessels meist zwischen 210.000 und 240.000 DM kostete. Für die DB ging es also um einen Gesamtaufwand von rund zwölf Millionen Mark. 17 Lokomotiven der Baureihe 10 hätte man dafür kaufen können, wenn diese Type denn schon fertig durchkonstruiert gewesen wäre. Vermutlich hat die Hoffnung, mit dem Kessel der Baureihe 10, aber für viel weniger Geld eine nahezu gleiche Traktionsleistung auf die Schienen zu bringen, entscheidend dazu beigetragen, daß die BR 10 nicht mehr in Serie ging. So machte die zu ersetzende Type ihren eigenen Ersatz überflüssig. Eine detaillierte Aufstellung der Ersatzkessel, der Lokomotiven und Einbaudaten befindet sich im Kapitel „Unterhaltung" auf Seite 202.

Muster für alle? Der „Klappentender" von 01 1070

1940 besaßen alle 01^{10} verschließbare Kohlenräume und eine Kohlenvorschubeinrichtung. Seit 1954 hatte die DB an der Franco-Crosti-Lok 50 1412 einen Tender erprobt, dessen Kohlenraum durch zwei seitlich klappende Deckbleche zu verschließen war. Die Deckel wurden durch zwei luftbeaufschlagte Westinghouse-Langhubkolben betätigt, deren Zylinder senkrecht im Wasserraum des Tenders standen. Was bei der Franco-Crosti-Lok erforderlich war, um das Eindringen der ausgekühlten Rauchgase in den Führerstand zu vermeiden, griff das BZA Minden 1955 auf, um die von Reisenden vielfach beklagte innere und äußere Verschmutzung schnellfahrender Reisezüge durch Kohlenstaub vom Tender der Zuglok zu beenden. Es ging um nichts weniger als die Ausrüstung aller Schnellzugloks mit verschließbaren Kohlenräumen.

Bild 153 – Getriebe der Kohlenvorschubeinrichtung in betriebsfertigem Zustand
Aufnahme: Henschel-Archiv

Anders als bei der 50 1412 wurde bei dem neuen Projekt auch ein Kohlennachschubschild vorgesehen, der im Lieferzustand durch eine Preßluftpumpe (umgebaute Knorr-Speisepumpe 2501), die hinten auf dem Tender angebracht war, ein Klinkgetriebe und

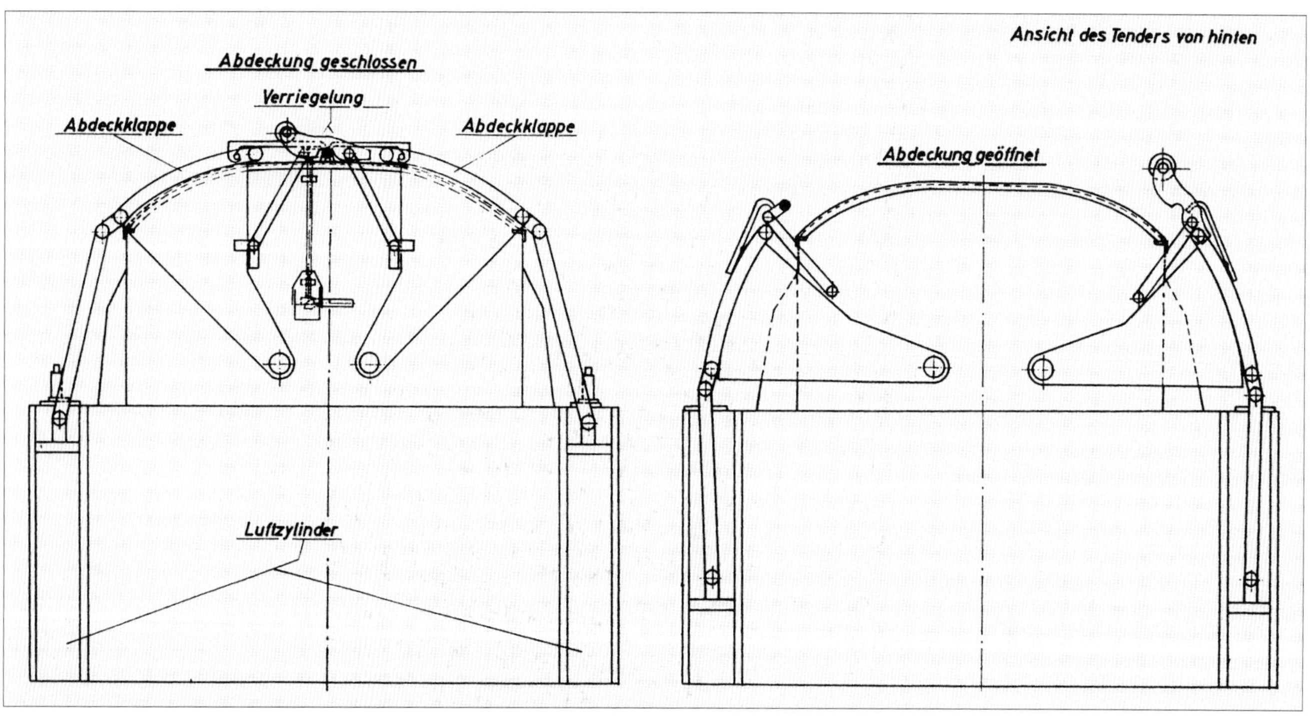

Bild 154 – Kohlenkastenabdeckung am Tender von **01 1070**. Links geschlossen, rechts geöffnet. Zur Betätigung dienen zwei stehende Druckluftzylinder links und rechts im Wasserkasten. Mit einer am rechten Deckel angebrachten Klinke werden die geschlossenen Klappen verriegelt.

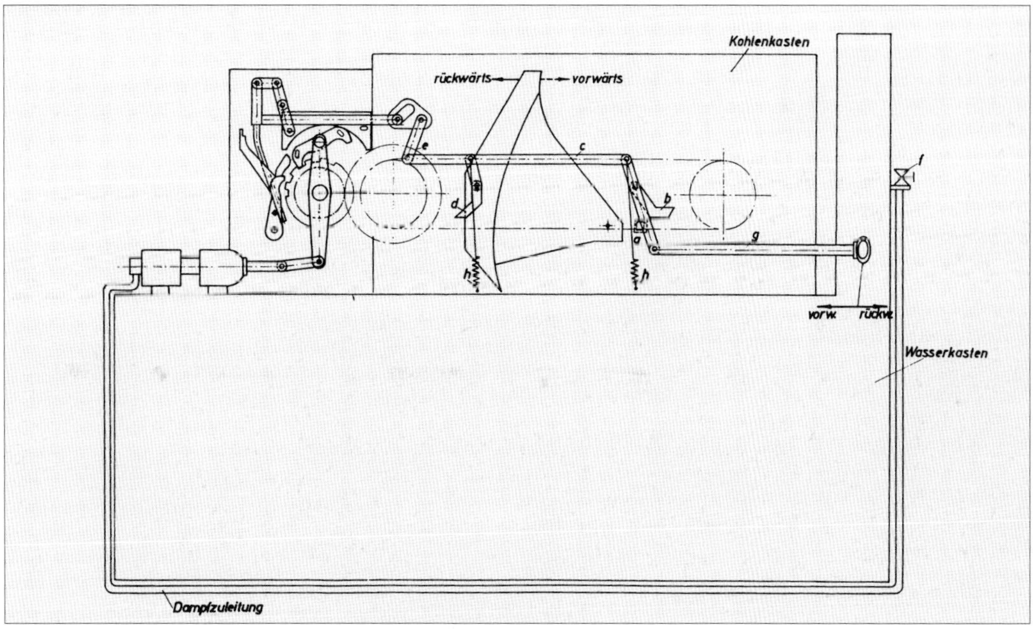

Bild 155
Kohlennachschubeinrichtung im Tender von **01 1070** im zweiten Bauzustand mit Dampfantrieb. Die Dampfzufuhr zur Dampfpumpe links wird rechts mit Hebel f ganz rechts angestellt, g ist der Betätigungshebel für den Schild, b und d die Umschalthebel vorwärts und rückwärts.

Bild 156
Antriebsmaschine für den Kohlenvorschubschild noch ohne Verkleidung

Bild 157
Kohlenvorschubschild, völlig nach hinten gezogen. Die Zugketten waren hinten ungeschützt und konnten schnell durch Kohlestücke blockiert werden.

AUFNAHMEN (2): HENSCHEL-ARCHIV

Bild 158
Probelauf der Kohlenraum-Klappen mittels Bremsluft der Henschel-Werklok. Der lange, in den Wasserraum stehend eingebaute Luftzylinder zeichnet sich deutlich in der Tenderseitenwand ab.

Bild 159
Nach Einbau auch der Blechverkleidung der Luftrohre links am Kohlenkasten war der für **01 1070** vorgesehene Tender im Juli 1956 bei Henschel fertig für den Transport zum Lokversuchsamt Minden.

AUFNAHMEN (2): HENSCHEL-ARCHIV

zwei an den Innenseiten des Kohlenkastens entlanglaufende Ketten angetrieben wurde. Die Betätigung der Anlage und die Umsteuerung erfolgten von Hand durch Steuerventile an der Vorderseite des Tenders.

Das BZA Minden stellte der Fa. Henschel für den Umbau im Frühjahr 1956 den Tender Henschel 24813/41 zur Verfügung, der bis 1949 mit 45 020 und danach mit 45 011 gekuppelt gewesen war. Ende Juli 1956 war der Tender fertiggestellt und wurde dem Versuchsamt für Lokomotiven in Minden zugeführt.

Dieses erprobte den Tender im Standbetrieb vom 30. Juli bis zum 22. Oktober 1956. Im ersten Bauzustand mit Druckluftbetätigung versagte die Vorschubeinrichtung völlig. Die Umsteuerung funktionierte nicht, bei einer Einleitung von Druckluft mit 8 atü reichte die Kraft zum Vorschieben einer Kohlenmenge von 6 t nicht aus. Mit 11 atü war der Kohlenberg vorwärts zu schieben. Wiederholt versagten die Steuerventile, und nur Monteure der Fa. Henschel konnten die Anlage wieder in Gang bringen.

Im zweiten Bauzustand wurde die Pumpe mit Dampf von 10 – 12 atü betrieben, und für die Einleitung der Schaltvorgänge baute man an der rechten Kohlenkastenwand eine einfache mechanische Umsteuerung ein. Auch die Betätigung war nun einfach: Erreichte der Kohlenschild die vordere Endstellung, stieß er mit einer Nocke einen Hebel an, der automatisch den Rücklauf in Gang setzte. War der hintere Endpunkt erreicht, erfolgte eine erneute Richtungsumkehrung. Durch Absperren des Antriebsdampfes wurde der Schild in der hinteren Endstellung gehalten. Während der Betätigung beulte sich die Kohlenkastenrückwand sichtbar nach hinten, und die Wasserkastendecke vibrierte stark. Eine Verstärkung dieser Bauteile für den Serienbau erschien angeraten. Ungelöst blieb das Problem, daß der Nachschubschild den Koh-

Bild 160 – Für knapp zwei Jahre lief der mit Abdeckhauben und einem Kohlenvorschubschild ausgerüstete 45er-Tender hinter **01 1070** des Bw Bebra. Kurz nach der Indienststellung ist 01 1070 hier 1957 als Wendelok im alten Bw Braunschweig Hbf zu sehen. AUFNAHME: FRICKE, SAMMLUNG GERHARD MOLL

lenberg hochstaute und die geschlossenen Abdeckklappen blockierte. Erst nach Zurückschieben des Schildes oder Verbrauch eines Teils der Kohlen kamen die Klappen wieder frei.

Nach der Erprobung des Tenders wurde er dem AW Braunschweig zugeliefert, das ihn noch neu bereifte und untersuchte. Anschließend kuppelte man ihn mit 01 1070, die als letzte 01^{10} vom 26. Oktober bis 28. November 1956 mit einem Neubaukessel ausgerüstet wurde.

Mit den teuren Umbauplänen drang Friedrich Witte wie üblich bei der DB-Hauptverwaltung nicht durch. Es blieb dabei, daß die 26 Loks der BR 03^{10} und die 31 Loks der BR 50^{40} „Klappentender" erhielten. Der 45er-Tender war bis zum 12. März 1958 mit 01 1070 gekuppelt, stand anderthalb Jahre im AW Braunschweig und lief dann vom 15. Oktober 1959 bis zu deren Ausmusterung mit 01 1097. Tenderabdeckklappen und Kohlennachschubeinrichtung waren allerdings schon am 25. Mai 1965 im AW Braunschweig ausgebaut worden. Insgesamt bewährten sich die Klappentender nicht besonders. Beim Kohleladen ging es meist rauh zu, so daß es häufig zu Beschädigungen der Klappen kam, die, einmal verzogen, nicht mehr schlossen. Gerne wurde auch der Kohlenkasten überladen, so daß man die Deckel ohnehin nicht schließen konnte. Im AW wurde dennoch bei jeder Ausbesserung die Funktionsfähigkeit wieder hergestellt, und einige Wochen lang ging es danach meist auch gut... So ist dieser Tenderumbau wieder einmal ein Beispiel für gute Ideen der Konstrukteure, die am Eisenbahnalltag wie an gleichgültigem Personal scheiterten. Die Verwendung der hier erwähnten Tender von 01 1070 und 1097 ist in Band 2 im Kapitel „Lebensläufe" aufgelistet.

Bild 161
Seit 1959 lief der Klappentender hinter **01 1097** des Bw Kassel. Landläufigem Vorurteil zum Trotz funktionierten Klappen und Vorschubschild gut, wenn Kohlenlader und Heizer nicht allzu brachial mit ihnen umgingen. Am 16. April 1964, als dieses Bild der mittlerweile beim Bw Osnabrück Hbf beheimateten Lok entstand, war der letzte AW-Aufenthalt einen Monat her, und die Klappen gingen immer noch.

AUFNAHME: PETER KONZELMANN, SAMMLUNG HANSJÜRGEN WENZEL

Bild 162 – Nur wenige Wochen nach Umbau auf Ölfeuerung mußte **01 1085** (Bw Bebra) wegen Kesselrissen an den Pendelblechhaltern ins AW Braunschweig. Um die Reparatur zu beschleunigen und Zeit zu gewinnen für eine gründliche Überprüfung des schadhaften Kessels erhielt die Lok vom 5. September bis 25. Oktober 1957 eine L 0, bei der man den fabrikneuen Tauschkessel 29332 einbaute. Äußerlich entspricht dieser völlig der Serienbauart, doch gehört er bereits zur Folgebauart für die BR 01 mit vergrößertem Überhitzer. Das Bild zeigt die Lok noch ohne Schornsteinaufsatz am 12. Juli 1958 vor D 173 München – Bremerhaven bei Vollmerz Ramholz auf der Nord-Süd-Strecke. AUFNAHME: CARL BELLINGRODT/EK-VERLAG

Drei Prototypen für den 01-Hochleistungskessel

Damit zügige Hauptuntersuchungen möglich waren, bestellte die DB bei der Fa. Henschel am 2. September 1955 mit Schreiben 22.042/63.3715 noch drei Tauschkessel. Diese wiesen einige Unterschiede zu den zwei vorhergegangenen Lieferungen auf: Da der kleine Kessel der BR 23 unerwartet leistungsfähig geworden war, hatte man nach dieser Erfahrung die Abmessungen der Ersatzkessel für die Baureihen 01^{10} und 18^{5} sehr knapp gehalten. Aufgrund der guten Erfahrungen mit diesen Neubaukesseln der ersten Bauart setzte Friedrich Witte nun konsequenter auf spezifische Höchstleistung und sehr hohe Überhitzung. So verkleinerte man die Verdampfungsheizfläche abermals deutlich. Die Überhitzerheizfläche dagegen vergrößerte man durch zwei weitere Elemente (46 statt 44) und die Verlängerung der Elemente in Richtung Feuerbüchse (Abstand von dort nur noch 150 statt 200 mm) auf ein in Deutschland bislang noch nicht dagewesenes Maß. Die drei Kessel wurden mit diesen veränderten Abmessungen auch als „Versuchskessel für die demnächst zu beschaffenden neuen Kessel für die Zweizylinder-01“ bezeichnet. Allerdings wurden die Dampferzeuger der BR 01 mit einem Einfachventil-Heißdampfventilregler ausgerüstet, während man bei der BR 01^{10} nicht etwa aus Bewährungs-, sondern allein aus Kostengründen beim Naßdampfregler geblieben war. Beide Kesselbauarten waren übrigens tauschbar. Auch die 01-Ersatzkessel besaßen deshalb den abge-

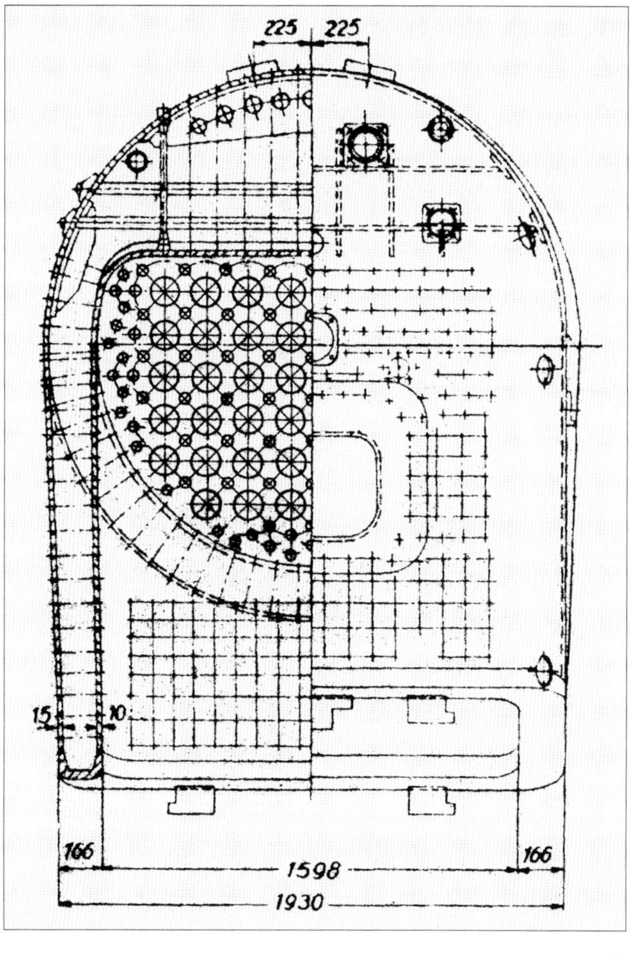

Bild 163 – Äußerlich unterschieden sich die drei Tauschkessel nicht von den 54 Vorgängern. Innerlich war der Überhitzer zu Lasten der Heizrohrfläche vergrößert, was an den sechs (bisher vier) Rauchrohren in der untersten Reihe zu erkennen ist.

flachten Rauchkammerboden und einige in der Rauchkammervorderwand sogar den für den mittleren Schieber nötigen Ausschnitt. Kesseltausche zwischen 01 NK und 01^{10} gab es allerdings nicht. Im Gegensatz zu den „Ersatzkesseln“ der Baureihen 01^{10} und 18^{5} bezeichnete die DB die neuen Kessel der BR 01 und die sehr ähnlichen Kessel der BR 03^{10} und 41 gemäß der gewandelten Aufgabenstellung als „Hochleistungskessel“.

Die drei Heinl-Mischvorwärmeranlagen beschaffte man aus Preisgründen bereits 1956 mitsamt denen für die Neubaukessel der BR 50^{40}. Der Stückpreis der Tauschkessel lag ohne Mischvorwärmer bei 130.384 DM, der Mischvorwärmer kostete 7.000 DM. Die von Bartels/Holzborn (Porträt 01 1052) in diesem Zusammenhang fälschlich genannten Fabriknummern 28275 und 28276 gehörten zu Industrielokomotiven für die Roddergrube.

Die 01^{10}-Kessel mit der kleineren Heizfläche erzeugten die gleiche Dampfmenge wie die übrigen 01^{10}-Kessel, und den vom Autor befragten 01^{10}-Lokführern war es noch nicht einmal bekannt, daß es überhaupt zwei Kesselbauarten gab. Mit einer Verdampfungsheizfläche von 193,09 m² war dieser Nachbaukessel übrigens um ziemlich genau 10 m² kleiner als der 03-Altbaukessel! Die mit dem 01^{10}-Kessel laut Witte schadlos mögliche Verdampfungsleistung von 17,5 t/h, die im Betrieb alltäglich abgefordert wurde, entsprach bei diesen drei Kesseln einer Heizflächenbelastung von 90,6 kg/m²h, so daß man hier wie bei der BR 66 erstmals dem Leistungsniveau französischer Kessel nahe gekommen war. Die gegenüber der Kesselbauart 1953 abweichenden Abmessungen:

- 96 Heizrohre 54/2,5 mm — 73,93 m²
- 46 Rauchrohre 143/4,25 mm — 97,16 m²
- Verdampfungsheizfläche — 193,09 m²
- 46 Überhitzerelemente mit fb. Heizfläche — 100,54 m²

Bereits im Februar 1956 waren bei Henschel die geänderten Zeichnungen fertiggestellt. Der erste Kessel war bei Fa. Henschel am 18. April, der letzte am 16. Mai 1957 fertig. Nur einen Kessel benutzte das AW Braunschweig alsbald für die mit Rissen an den Pendelblechhaltern ins Werk gekommene 01 1085, die beiden anderen erst 1959, als reihenweise Zwischenuntersuchungen fällig wurden.

Drei im Jahr 1955 bestellte Tauschkessel			**Einbau im AW**
Henschel 29331 – 29333/57			
Vertrag 22.042./63.3715 vom 02.09.1955			
29331/57	Abn. He. 18.04.57	**01 1103**	28.01.59 – 19.03.59
29332/57		**01 1085**	05.09.57 – 25.10.57
29333/57	Abn. He. 16.05.57	**01 1097**	11.08.59 – 15.10.59

Die Oberklasse aller DB-Schnellzug-Dampfloks: 01^{10} Öl

Ursprünglich dachte man beim ersten 01^{10}-Neubaukessel nicht an eine Leistungssteigerung, sondern nur an einen zweckmäßigen Ersatzkessel. Dieser reichte für mehr als 15 t Dampferzeugung in der Stunde aus, und man glaubte, auf diese Weise auch eine gewisse Überlastung des Kessels beherrschen zu können. Zwar war es dem Heizer des Lokomotivversuchsamtes bei den Meßfahrten „mit Leichtigkeit“ gelungen, die für 2.650 PS_i nötigen 15,5 t Dampf/h zu erzeugen, doch waren höhere Verdampfungsleistungen von z.B. 80 kg/m²h und mehr vom „Otto-Normalheizer“ kaum zu erreichen, geschweige als sichere Leistungsreserve für die Zugförderung einzuplanen.

Dennoch war Zugförderungsreferent Flemming in der Hauptverwaltung der DB weitsichtig genug, bereits im Vorfeld der Neubekesselung Vorerhebungen mit dem Ziel zu beginnen, einen der Neubaukessel von der Fa. Henschel mit einer Ölhauptfeuerung versehen zu lassen. In seiner Verfügung 21.213 Fklke vom 6. August 1953 ist auch zu lesen, daß Henschel aus Kostengründen dafür möglichst Bauteile für den Umbau von türkischen, ägyptischen, iranischen und südamerikanischen Loks benutzen sollte. Bereits am 10. Juli 1953 hatte Flemming die Ausrüstung von 10 001 und 002 mit Ölzusatzfeuerung verfügt. Überhaupt erste ölgefeuerte Lok der DB wurde die Bebraer 44 475, eine Lok, die schon zuvor mit einem Verbrennungskammer-Stehkessel, Henschel-Mischvorwärmer MVR und Turbospeisepumpe VTP-B 250 ausgerüstet worden war. Sie erhielt während einer L 0 im AW Göttingen vom 31. Januar bis 24. Februar 1955 eine Ölzusatzfeuerung. Der Ölbehälter wurde hinter dem Kohlenkasten auf den Tender gestellt. Links und rechts von der Feuertür wurden zwei Ölbrenner der Bauart Cosmovici angeordnet, die bei hohen Maschinenleistungen zusätzlich zur Kohlenfeuerung benutzt wurden. Die bereits rund 40 Jahre alte, ursprünglich rumänische Erfindung hatte Henschel modifiziert und sich patentieren lassen. Die Lok lief seit dem Frühjahr 1955 im Bebraer 44-Plan mit hohen Tageslaufleistungen und bewies die Vorteile der Schwerölfeuerung vor jeder Kohlefeuerung.

Wesentlichen Einfluß auf die Entscheidung für Einführung der Ölfeuerung in größerem Umfang hatte die Zugförderungskrise auf der Rollbahn im Winter 1955/56. Sie betraf nicht nur die überforderten Osnabrücker 03, sondern in fast gleichem Maße die im Sommer 1955 als Abhilfe von diesem Dilemma nach Osnabrück geholten 01^{10}. Auch deren Kesselleistung reichte nicht aus, um den durch Schwergang der Züge und Heizung erheblich größeren Dampfbedarf zu decken. Der Heizer arbeitete an seiner körperlichen Leistungsgrenze, und doch scheiterte er häufig genug, bewegte sich der Zeiger im Kesseldruckmanometer unrettbar nach links. Das Problem aber war nicht der Heizer, sondern der Brennstoffdurchsatz bei hoher Lokomotivleistung.

Hierzu gab es bislang nur unzulängliches Versuchsmaterial, und wechselnde Kohlequalitäten machten die bestehenden Faustformeln für die Berechnung von Rost- und Aschkastengrößen ziemlich wertlos. Nach Strahl und Meineke entsprach die Verfeuerung von 450 kg Steinkohle je m² Rostfläche und Stunde einer mittleren Leistung und von 600 kg der höchstmöglichen Dauerbelastung. Auf die 01^{10} bezogen ergaben sich bei guter Kohlequalität (7.000 kcal/kg) bei diesen Rostbelastungen Verdampfungsleistungen von 13 t/h bzw. 16 t/h. Auch im Winter müßte der zweite Wert für eine sichere Zugförderung ausreichen, so interpretierte man die Faustformeln und stattete den Neubaukessel mit einer recht kleinen Rostfläche aus.

Dem damaligen Vizepräsident der BD Münster, Hanns Schwarzkopf, einem der besten Zugförderungsfachleute der DB, war es vorbehalten, der Theorie die Praxis entgegenzustellen. Er wies nach, daß bei Langläufen wie den 450 km-Fahrten zwischen Köln und Hamburg weniger die Heizflächenbelastung, mehr aber die Gesamtmenge der verfeuerten Kohle von Bedeutung sei. Irgendwann sei der Rost so verschlackt, der Aschkasten so gefüllt, daß eine planmäßige Weiterbeförderung des Zuges nicht mehr gewährleistet sei.

Schwarzkopf hatte durch die Auswertung von Aufschreibungen des Bw Osnabrück Hbf herausgefunden, daß man im schweren Flachland-Schnellzugdienst offenbar insgesamt etwa 1,5 t Kohle je m² Rostfläche verfeuern könne, bei günstigen Verhältnissen vielleicht 1,8 t/m². Danach waren Lokwechsel, Ausschlacken und Feuerbehandlung umvermeidlich.

Auf die rund sieben Stunden dauernden Köln-Hamburg-Durchläufe bezogen ergibt sich auch unter Berücksichtigung des günstigeren Wertes eine mögliche Durchschnittsbelastung des Rostes von nur 257 kg/m²h, also weit weniger als in der Faustformel für mittlere Leistungen angenommen. Mit dieser wären nach der Verdampfungsziffer von 1:7 theoretisch rund 7 t Dampf je Stunde zu erzeugen, entsprechend einer Heizflächenbelastung von 34 kg/m²h, also weniger als die Hälfte der Kesselnennleistung! Offenbar waren also die Annahmen viel zu hoch angesetzt. Die „Schluckfähigkeit" des Rostes, ein Begriff, den Schwarzkopf neu einführte, war bei Einsatz der im Winter viel länger nötigen Kesselnennleistung bereits nach dreieinhalb bis vier Stunden erschöpft. Notgedrungen „brach man" deshalb im Winter bereits planmäßig viele der schweren Schnellzugbespannungen in Osnabrück oder Bremen und stellte dort eine frische Lok vor den Zug. Nennenswerte Fahrzeitverluste brachte das noch nicht einmal mit sich, da in Osnabrück oder Bremen ohnehin alle „Durchläufer" einen Aufenthalt von acht bis zehn Minuten zum Wasserfassen einlegen mußten. Hinderlicher waren die Zugbrechungen für die wirtschaftliche Ausnutzung der Maschinen, denn die Osnabrücker Umläufe waren auf höchste spezifische Laufleistungen ausgelegt. Im Winter wuchs deshalb der absolute Lokomotivbedarf und konnte kaum noch aus dem bestehenden Reservelok-Bestand gedeckt werden.

So bildeten die Zugförderungsprobleme auf der Rollbahn zwischen dem Ruhrgebiet und Hamburg, der damals am dichtesten mit Zügen belegten DB-Strecke, den Ausgangspunkt für Überlegungen, wie man die Zugförderung im schweren und schwersten Schnellzugverkehr auch unter widrigen Bedingungen sichern könne. Die BR 10 ließ weiterhin auf sich warten, und hinter den elektrischen Schnellzugloks war die BR 01^{10} die mit Abstand stärkste Schnellzugtype. Nur die Umstellung dieser besonders angestrengt arbeitenden Schnellzuglokomotiven auf Ölfeuerung bot die Gewißheit einer auch im Winter uneingeschränkten Langlauffähigkeit wie auch einer stets und zuverlässig verfügbaren Nennleistung. Eine Leistungssteigerung stand – noch – nicht zur Debatte.

Neben die technischen Beweggründe traten allerdings gleichrangig wirtschaftliche und traktions-strategische Überlegungen. Bereits Anfang der fünfziger Jahre hatte sich die Bundesbahn für eine Fernstreckenelektrifizierung und gegen eine großangelegte Verdieselung entschieden, die ihr vor allem die Amerikaner schmackhaft machen wollten. Der Dieseltraktion sollte kurz- und mittelfristig die Bespannung der Fernschnellzüge im nicht elektrifizierten Netz zufallen, und zwar sowohl mit Triebwagen- wie lokomotivbespannten Zügen. In möglichst großem Umfang begann die DB allerdings schon 1952, den Nebenbahndienst und den Rangierdienst zu verdieseln. Streckendiesellokomotiven mittlerer Leistung für Reisezüge waren in Form der V 80 serienfertig entwickelt, wurden aber einstweilen nicht beschafft. Statt ihrer baute man einstweilen die BR 23 weiter, die viel billiger war und ebenfalls den Ersatz überalterter Länderbahnloks bewirkte. Eine allgemeine Verdieselung widersprach aber nicht nur dem langfristigen Konzept, auch kurzfristig war sie unerwünscht, da der Treibstoffpreis für leichtes wie schweres Heizöl in der ersten Hälfte der fünfziger Jahre auf die Kalorienerzeugung berechnet um 100 bzw. 50 Prozent über dem Kohlepreis lag. Auch im November 1956 war der Dieselokeinsatz immer noch viel teurer. Für 10^6 Bruttotonnenkilometer mußten im Falle der V 200 im November 1956 3.270 DM und bei der 01^{10} 2.690 DM ausgegeben werden. Auch V 200 im Schnellzugdienst waren zweimännig besetzt. D.h.: Mitte der fünfziger Jahre waren die im Reisezugdienst eingesetzten Dampflokomotiven gesamtwirtschaftlich noch billiger als neu beschaffte Dieselloks!

In der zweiten Hälfte des Jahres 1955 erlebte die DB sprunghafte Verteuerungen der Kohle um rund 15 Prozent. Ohnehin hatte sie wegen der Verknappung und damit ständig steigender Preise deutscher Kohle bereits begonnen, in großem Umfang – immerhin bis zu 20 Prozent des Bedarfs – Steinkohle aus den USA und Polen zuzukaufen. Der Preisauftrieb war so rasant, daß sogar der Mittelpreis aus einheimischer und Importkohle im Herbst 1956 ein Preisniveau erreichte, auf dem man ein Jahr zuvor noch schweres Heizöl einkaufen konnte.

Die absehbare Kohlenversorgungslücke der DB ließ deshalb 1955 die Absicht reifen, die am höchsten ausgelasteten Dampflokomotiven, sprich die Loks mit den teuersten Kohlenkonten, auf Ölfeuerung umzustellen. Wegen seines hohen Preises kam leichtes Heizöl nicht in Frage, sondern man orientierte von vornherein auf das nur halb so teure Bunkeröl C, das in Raffinerien beim Aufspalten von Rohöl in Benzin, Heizöl/Dieselöl, Bitumen und Rohstoffe für die Chemische Industrie als Abfall übrig bleibt. Man tat dieses, obwohl eine Ölfeuerung mit diesem Schweröl einige technische Problemlösungen erforderte: Es war in kaltem Zustand nicht fließfähig, erforderte zum Anheizen Fremddampf, verbrauchte Energie zum Beheizen während des Betriebes, bildete Rückstände von rund 10 Prozent, und sein hoher Schwefelanteil ließ starke Korrosionen überall dort erwarten, wo Rauchgase sich niederschlagen konnten. Andererseits war der rund 25 Prozent höhere Energiegehalt als in der Steinkohle verlockend, und die Fa. Henschel hatte bereits viele Jahre Erfahrung in Konstruktion und Bau ölgefeuerter Exportlokomotiven. Überdies ließ der schnell wachsende Straßenverkehr für die kommenden Jahre ein großes und preiswertes Angebot an schwerem Heizöl erwarten. Mitte 1956 entfielen die Zölle auf Importöl, die Ölquellen in Niedersachsen sprudelten ergiebig, und punktgenau war am 13. Juli 1956 mit 01 1100 die erste ölhauptgefeuerte Lok der DB fertig. Am 18. September 1956 stellte man die erste V 200 der Serienbauart in Dienst. Die vier Ereignisse trafen natürlich nur zufällig aufeinander, aber sie sind bezeichnend für die plötzlich einsetzende Dynamik.

Allerdings vollführte auch der Preis für schweres Heizöl unvorhersehbare Sprünge. Dem Wegfall der Zölle folgte zunächst ein Verfall des Preises bis fast auf den Preis von Steinkohle, um dann zum Jahresende 1957 um nahezu 50 Prozent hinaufzuschnellen. Friedrich Witte beklagte denn auch 1958 in einem Fachartikel, daß die starken Schwankungen im Wärmepreis technische Entscheidungen außerordentlich erschwerten.

Neben dem wichtigen Preisargument erwartete die DB vom ölgefeuerten Dampflokbetrieb vor allem folgende Vorteile:

- gleichförmigen, hoher Heizwert des Brennstoffs
- geringen Stillstandsverbrauch
- Verminderung von Brennstoffverlusten
- thermische Verbesserung durch hohe Überhitzung
- Ausnutzung der vorhandenen Bw- und AW-Anlagen
- Verminderung der Lokbehandlungszeiten
- Verminderung des Personalaufwandes im Bw
- Entlastung des Personals von körperlicher Arbeit
- Beteiligung des Heizers an der Streckenbeobachtung
- niedriger Preis der technischen Umstellung
- die Option leichten Rückbaues auf Kohlefeuerung
- größere und sicher einsetzbare Leistungsreserven
- höhere monatliche Laufleistungen
- größere Reichweite durch große Brennstoffvorräte
- Möglichkeit des Betankens vor dem Zug am Bahnsteig
- schnelle Betriebsbereitschaft
- größere Sicherheit unter Fahrleitungen
- geringere Verschmutzung der Züge
- keine Gefahr von Schwellen- und Bahndammbränden.

Die Pilotlok 01 1100

Anders als 44 475 und die beiden Versuchsloks der BR 10 sollte eine 01^{10} eine Ölhauptfeuerung erhalten. Die Fa. Henschel hatte der DB eine vom Unternehmen patentierte und für Exportlokomotiven bereits angewendete Anlage nach Zeichnung PI 1974/2

Bild 164 – So haben wir die „Öler" in Erinnerung – **01 1088** (Bw Osnabrück Hbf) donnert im Juli 1967 nach der langen Schnellfahrt durch niedersächsisches Bauernland mit einem Hamburg-Köln-D-Zug die lange S-Kurve der nördlichen Wiehengebirgsrampe bei Vehrte hoch. In 5 Minuten wird sie in Osnabrück den Zug an eine E 10 übergeben. Wenige Wochen später standen auch hier die Fahrleistungsmasten. AUFNAHME: LUDWIG ROTTHOWE

Bild 165, oben
Die erste Lok der Bundesbahn mit Ölhauptfeuerung – **01 1100** kurz nach der Indienststellung an einem schönen Augustmorgen 1956 im Heimat-Bw Kassel.

AUFNAHME: HENSCHEL/EK-VERLAG

Bild 166
Dieselbe Ansicht, nun von nahem. Oberhalb des aus Platzmangel nun geneigt hängenden Hauptluftbehälters ist der Ölvorwärmer zu erkennen, am Stehkessel die verschiedenen Dampfversorgungsleitungen der Ölfeuerung und Betätigungsventile. Selten schön ist hier einmal am Heinl-Mischbehälter (links vor dem Schleppachsrad) der Heber zusehen, den man bald wegen mangelnder Zuverlässigkeit einsparte.

AUFNAHME: HENSCHEL-ARCHIV

angeboten, die in Zusammenarbeit mit dem BZA Minden für die Verwendung auf der BR 01^{10} angepaßt wurde. Mit Verfügung 21.213 Fldk/K erteilte Flemming am 29. September 1955 dem BZA Minden den Auftrag, eine Feuerungsanlage der beschriebenen Bauart bei Henschel zu bestellen. Friedrich Witte führte diesen Auftrag der HVB namens des BZA mit Schreiben 22.042/23.0086 am 6. Oktober 1955 aus. Zu einem Endpreis von 36.910 DM sollte die komplette Ölfeuerungsanlage in einen noch zu liefernden Ersatzkessel eingebaut werden. Im Bestellschreiben an Fa. Henschel ist zur Bauabwicklung zu lesen: *„Der Einbau wird folgendermaßen durchgeführt: Der Kessel mit dem Feuerkasten und allen Teilen, die vor dem Einbau des Kessels in das Fahrgestell angebaut werden müssen, wird an das Erhaltungswerk, AW Braunschweig, geliefert. Nach der durchgeführten Untersuchung der Lok, die diesen Kessel erhält, wird die Lok Ihnen zugeführt, wo alle Einzelteile eingebaut werden können. Die Abnahmeprobefahrten muß wieder das Erhaltungswerk, AW Braunschweig, durchführen, wozu Sie einen Monteur unentgeltlich bis zu 6 Tagen zur Unterweisung stellen."*

01 1100 als eine der letzten noch zur Neubekesselung anstehenden Loks wurde im März 1956 als Umbaulok bestimmt. Nachdem der vorgesehene Kessel am 19. Mai 1956 im AW Braunschweig eingetroffen war, lief die Lok dem AW Braunschweig zur L 4 am 24. Mai 1956 zu, erhielt den Kessel Henschel 29097/55 und wurde um den 20. Juni herum (genaue Angaben sind nicht möglich, weil das Betriebsbuch verschollen ist) der Fa. Henschel zum Ölumbau überstellt. Gar nicht erst eingebaut wurden bei der gerade neubekesselten Lok der Rost, die Bodenring-Queranker,

Bild 167, rechts
Die improvisierte Tankstelle im dachlosen Ringlokschuppen des Bw Kassel war vom Sommer 1956 bis zum Sommer 1957 in Betrieb und wurde dann durch eine ortsfeste Anlage ersetzt. Das Bunkern mit dieser Anlage erforderte zwei Arbeitskräfte. Das Bild stammt vom März 1957, als der Ölbehälter von **01 1100** schon verlängert war.

Bild 168, unten rechts
Das improvisierte Tanken oben auf dem Tender „ohne Netz und doppelten Boden“: Kein schöner Arbeitsplatz – glitschig, der Dunst des heißen Öls, den „Voll-Ruf“ bloß nicht zu spät…

AUFNAHMEN (2): BD KASSEL/EK-VERLAG

der Aschkasten samt Näßvorrichtung, in der Rauchkammer Funkenfänger und Näßvorrichtung. Die Lok behielt den einteiligen Gußschornstein der dritten Neubaukesselserie.

Die Erstausführung der Ölfeuerung in 01 1100

Der Einbau einer Ölhauptfeuerung in eine bisher rostgefeuerte Lok war wirtschaftlich nur vertretbar, wenn die Umbaukosten niedrig blieben. Auch mußte man sich damit bescheiden, daß der nachträgliche Umbau eines nicht für Ölfeuerung konstruierten Kessels immer eine zweitklassige Lösung blieb. Als Ziel der Bauausführung sah man deshalb eine sicher verfügbare Leistungsreserve und eine der Kohlenfeuerung im Kalorienverbrauch mindestens gleichwertige Anlage. Man erhoffte sich eine dem höheren Heizwert entsprechende Verbrauchsminderung um ungefähr 25 Prozent. Weil die im Folgenden beschriebene Ölfeuerung durch baldige Umbauten immer komplizierter wurde, ist die ausführliche Darstellung der Ausgangsbauart geboten, die noch von mancherlei beabsichtigten Provisorien geprägt war.

Den selbsttragenden **Ölbehälter** von 10 m^3 Fassungsvermögen stellte man in den bisherigen Kohlenkasten des Tenders so hinein, so daß man ihn im Falle der Nichtbewährung jederzeit wieder entfernen konnte. Seine Decke ist gegen Wärmeverluste isoliert. Die **Einfüllöffnung für Öl** befindet sich am hinteren Ende des Ölbehälters in der Mitte. Sie ist mit einem einfachen Deckel und Knebelschrauben verschlossen. In die Einfüllöffnung ist ein gelochter Einsatz eingelassen, um das Hineinfallen von Gegenständen zu verhindern. In der Mitte des Behälterdeckels ist eine **Entlüftungsöffnung** vorgesehen, damit Gase abziehen können und ein Druckausgleich bei Ölentnahme besteht. Im Ölbehälter ist eine **Beheizungsanlage für das Öl** eingebaut, die aus einfachen Rohrschlangen besteht, eine ungefähr in halber Höhe, eine vorn unten im Bereich der Ölentnahme. Die Rohrschlangen werden mit Dampf aus dem hinteren Dampfentnahmestutzen versorgt, der auf der Heizerseite zu einem zusätzlichen Dampfverteiler geleitet wird. Dieser besitzt ein Anstellventil „Heizung Ölvorrat“. Der Heizdampf strömt dann durch eine Schlauchkupplung zum Tender. Die Beheizungsanlage stellt die Fließfähigkeit des Öls im Bereich von 40 bis 95 °C sicher. Für die Ableitung des sich im Behälter unterhalb des Ölvorrates sammelnden Kondenswassers sind an der Ölbehältervorderwand zwei Drosselventile angebaut. Um den Ölvorrat messen zu können, ist vorn auf dem Behälterdeckel eine Öffnung, in die ein **herausziehbarer Peilstab** eingehängt ist. Die **Temperatur des Öls** im Behälter wird dem Heizer durch ein Fernthermometer angezeigt.

Das Öl wird vorn an der tiefsten Stelle des Behälters durch ein Topfsieb geleitet und entnommen. An der Stirnseite des Tenders befindet sich im Bereich des früheren Kohlenstichblechs das **Öl-**

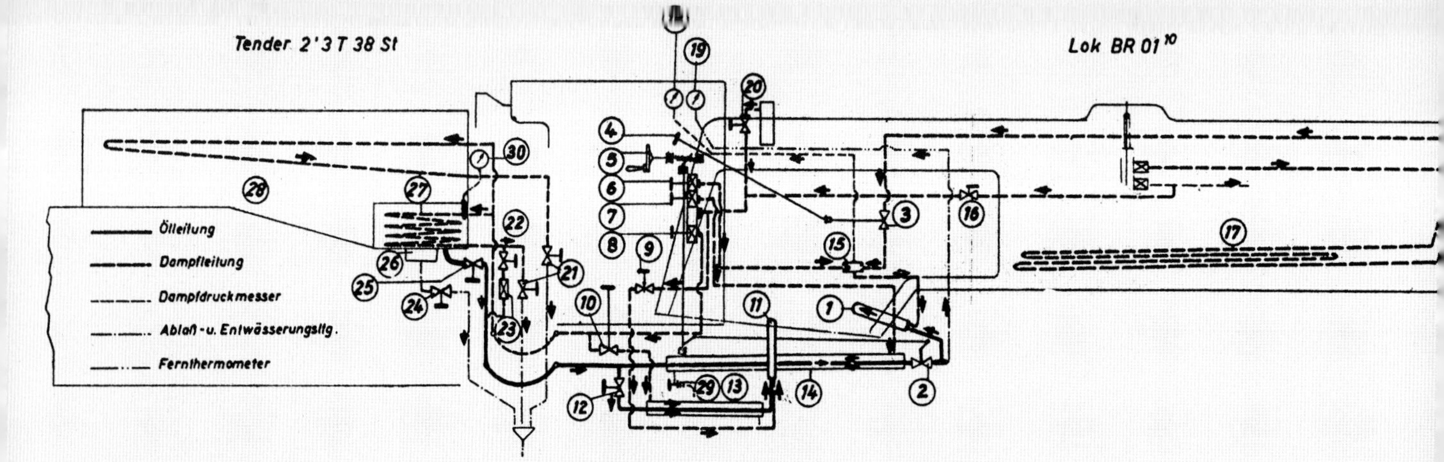

1 Hauptbrenner
2 Ölregulierschieber
3 Heißdampfventil NW 16
4 Handrad zum Heißdampfventil
5 Handrad für Ölregulierschieber
6 Dampfventil NW 16 für Hauptbrenner
7 Dampfventil NW 16 zum Ölvorwärmer des Hauptbrenners
8 Dampfventil NW 16 für Heizschlange im Tender
9 Nadelventil für Dampfregulierung des Standbrenners
10 Dampfventil NW 16 zum Ölvorwärmer des Standbrenners
11 Standbrenner
12 Ölventil für Standbrenner
13 Ölvorwärmer zum Standbrenner
14 Ölvorwärmer zum Hauptbrenner
15 Kugelrückschlagventil NW 16
16 Absperrhahn NW 25
17 Überhitzer-Element
18 Brenner-Dampfdruckmesser
19 Fernthermometer am Hauptbrenner
20 Absperrventil vor dem Dampfentnahmestu
21 Drosselventil NW 10
22 Dampfventil NW 16 zum Ausblasen der Ölleit
23 Rückschlagventil NW 16
24 Ölsumpfablaßventil NW 32
25 Ölanstellventil NW 40
26 Ölsumpfbehälter
27 Heizschlange
28 Ölbehälter
29 Stufendüsenkondensomat
30 Fernthermometer im Ölbehälter

behälter-Absperrventil, mit dem der Heizer die komplette Ölversorgung des Brenners stoppen kann. Durch ein Rohr und eine anschließende Schlauchkupplung führt die Ölleitung aus dem Führerhaus unter dessen Boden schräg nach vorn zur linken Lokomotivseite.

Parallel zum Bodenring führt die Leitung dann durch einen **2 m langen Ölvorwärmer**, der aus einem Gegenstromdampfmantel gebildet ist. Hier wird das Öl auf 100 bis 120 °C vorgewärmt. Der Heizer kann auch hier die Temperatur mit einem Fernthermometer ablesen. Er regelt auch die Heizdampfmenge mit einem zweiten Heizdampfventil, je nach Öldurchsatz zum Brenner. Angeordnet oberhalb des linken Luftbehälters folgt nun das **Regelorgan der Ölfeuerung**. Der Heizer dreht ein in ungefähr 1,5 m Höhe links neben dem Stehkessel angebrachtes Handrad, das durch ein Gestänge den Drehschieber betätigt und regelt dadurch die Menge des zum Brenner fließenden Öls. Dreht er das Rad nach links, läuft das Öl dem vorn unterhalb der tiefsten Stelle des Bodenrings in der Mitte angeordneten **Ölbrenner** drucklos zu. Zunächst ist ein Rundbrenner eingebaut. Das Öl wird in ein Rohr geleitet, dessen Mündung durch Vor- oder Zurückschieben der in der Mitte liegenden Dampfdüse verengt oder erweitert werden kann.

Die Bedienelemente für die Feuerung sind in einer **Steuersäule** zusammengefaßt, in der auch ein Dampfverteiler mit den Ventilen für Brennerdampf, Ölbehälterheizung und Ölvorwärmer angebracht ist.

Als **Zerstäuberdampf** dient Dampf aus diesem Dampfverteiler, der zunächst oberhalb des Brenners durch eine kleine Rohrschlange im Feuerraum geführt, überhitzt und anschließend dem Brenner zugeleitet wird. Zwischengeschaltet ist ein Ventil, mit dem der **Brennerdampfdruck** je nach Zuglast reguliert wird. Betätigt und geregelt wird die Dampfzuführung durch ein links noch oberhalb des Brennerölreglers angebrachtes Ventil. Der Brennerdampfdruck wird durch ein Manometer neben dem Öltemperatur-Manometer angezeigt. Eine ausreichende Zuführung von **Verbrennungsluft** wird während der Fahrt durch die Blasrohrwirkung und beim Leerlauf und im Stillstand durch den **Hilfsbläser** am Blasrohr sichergestellt.

Statt des Aschkastens ist ein aus Schamottesteinen **aufgemauerter Feuerkasten** angeordnet, der vorn den Brenner überbrückt. Dieser Ausschnitt liefert mittels einer verstellbaren Klappe auch einen Teil der Verbrennungsluft. Die übrige Verbrennungsluft wird dem Feuerkasten von unten durch Ausschnitte im Mauerwerk zugeleitet. Der darunter befindliche **Luftzuführungskasten** besitzt vorn eine vom Führerstand aus verstellbare Luftklappe und unten eine verriegelte Reinigungsklappe.

Um die direkte Bestrahlung mit Flammen zu vermeiden, ist die Feuerbüchse im unteren Teil und nach hinten treppenförmig ansteigend mit **Schamottesteinen ausgemauert**. In glühendem Zustand fördert die Ausmauerung die Zündung des Brenners. Die Feuertür ist durch einen mittels Vorreibern fest verschlossenen **Luftkasten** ersetzt. Er besitzt eine regelbare **Luftklappe für Sekundärluft** und eine verschließbare Schauluke. Die Schauluke dient auch dem **Einwurf von Sand** zur Reinigung der Kesselrohre. Ein Sandbehälter ist vorn auf dem Tender angeordnet.

In der Feuerbüchse ist kein **Feuerschirm** eingebaut. Die Brennerflamme zeigt vom Brenner nach hinten in Richtung auf den Luftkasten und soll dann durch den Saugzug nach vorn gezogen werden, damit sich ein **langer Ausbrennweg** ergibt.

Auf der linken Stehkesselseite ist ein **Fremddampfanschluß** vorgesehen, mit dem zunächst der Ölvorrat der kalten Lok über die Heizleitung einer anderen Lok angewärmt wird. Über den Fremddampfanschluß ist anschließend auch der Brenner zu betreiben, bis der Kessel genügend Eigendruck erreicht hat (4 – 6 atü). Abweichend von den üblichen Bestimmungen für das Anheizen kalter Loks hat das BZA für 01 1100 die Sondergenehmigung erteilt, die kalte Lok vom Starten des Brenners in 80 bis 100 Minuten auf vollen Kesseldruck aufzuheizen. Sobald genügend Eigendruck für den Brennerbetrieb erreicht ist, muß auch der Bläser geöffnet werden, um Verbrennungsluft zum Brenner zu saugen.

Die **Inbetriebnahme** der Lok geschah folgendermaßen: Der Heizer öffnete den Ölzulauf bis zum Regulierventil und die Dampfzufuhr des Ölvorwärmers. In jedem Fall stellte er nun zuerst den Zerstäuberdampf an und regelte ihn auf 3 bis 4 atü ein. Dann verließ der Heizer den Führerstand, begab sich zur rechten Lokseite, entzündete die Lunte. Der Lokführer beobachtete den Vorgang, öffnete nun Hilfsbläser und Ölregulierschieber, der Heizer hielt die Lunte von rechts durch die Brennereinführung, und der Brenner zündete. Im Ein-Brenner-Betrieb konnte man bei der mit 10 atü angeheizt stehenden Lok von einer Drucksteigerung von ungefähr 0,5 atü/min ausgehen.

Bild 169, links
Schema der Ölfeuerung von **01 1100** nach Einbau eines zusätzlichen Zündbrenners (11) mit Naßdampfbetrieb. 1957 wurde dieser unterhalb des Hauptbrenners 1 angeordnet

Bild 170
Die Feuerbüchse der **01 1100** besaß im Ausgangszustand vom Sommer 1956 statt des Rostes einen Luftzuführungskasten. Der Feuerraum ist an den besonders beanspruchten Bereichen mit Schamottesteinen ausgekleidet. Der Zündbrenner 12 mit einem Schutzkasten darüber ist bereits eine nachträgliche Zurüstung. Der Aufwand für die Luftzuführung ist beträchtlich, aber bei einer Ölfeuerung unvermeidlich.

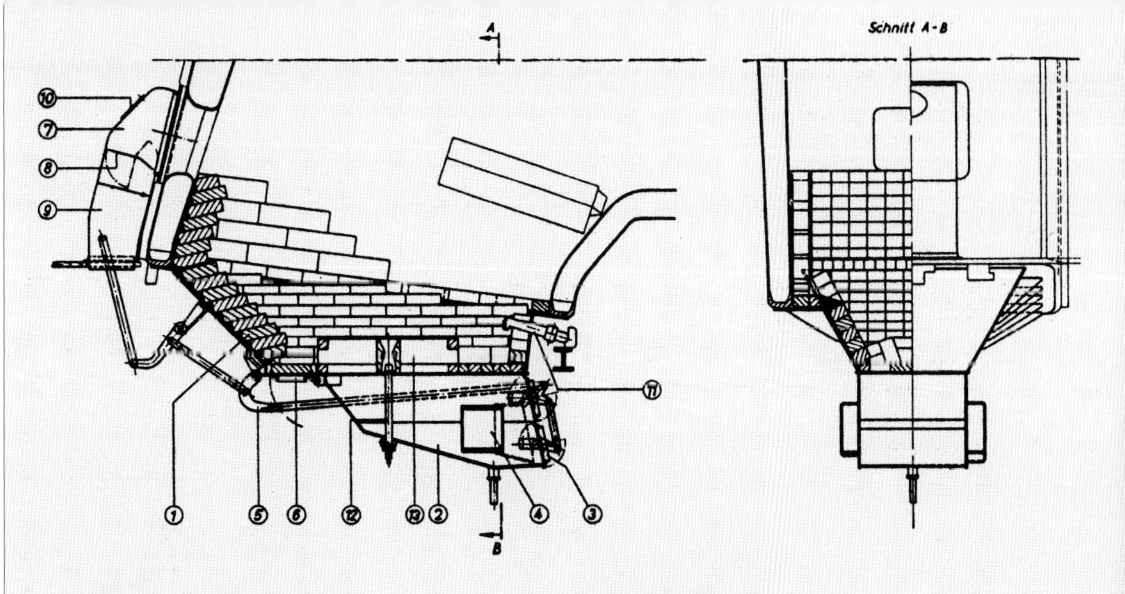

1 Feuerkasten mit Ausmauerung
2 Luftkasten
3 Luftklappen, vorn
4 Luftklappen, seitlich
5 Gestänge für vordere Luftklappe
6 Feuerkastenbodenklappe
7 Luftkanal-Oberteil (aufklappbar)
8 Regulierklappe
9 Luftkanal-Unterteil (fest)
10 Schauklappe
11 Hauptbrenner
12 Zündbrenner
13 Zündstein

Während des **Fahrens** regelte der Heizer nur die Ölvorwärmung, den Brennerdampfdruck bis auf maximal 10 atü und die Ölmenge nach der Fahrweise des Lokführers, zweckmäßigerweise auf dessen Zuruf der Steuerungseinstellungen und des Öffnens und Schließens des Reglers hin. Sobald ein ausreichender Auspuffdruck bestand, war der Bläser zu schließen. Der Heizer war gehalten, Öl und Brennerdampf so zu regulieren, daß die Lok mit einer ganz leichten, bräunlichen Trübung der Abgase fuhr. Völlige Unsichtbarkeit der Abgase hingegen war zu vermeiden; sie deutete auf einen starken Luftüberschuß bei der Verbrennung hin. Bei Dunkelheit orientierte sich der Heizer an einer Richtwertskala.

Nach der Fahrt wurden zweckmäßigerweise die Ölleitungen durchgeblasen. Beim Brenner, Ölschieber und Vorwärmer durfte dieses erst nach Erkalten der Feuerbüchsausmauerung erfolgen, damit es nicht mehr zu einer Zündung kam. Zuerst wurde das Behälterabsperrventil, dann die Dampfventile geschlossen. Um das Eindringen von Kaltluft zu vermeiden, waren alle Luftklappen zu schließen.

Bild 171 – Anordnung des noch kurzen Ölbehälters, seiner Beheizung und der Ölzuführung zur Feuerung im Ausgangszustand Sommer 1956. Die Feststellung der Inhaltsmenge erfolgt allein über den Peilstab 9.

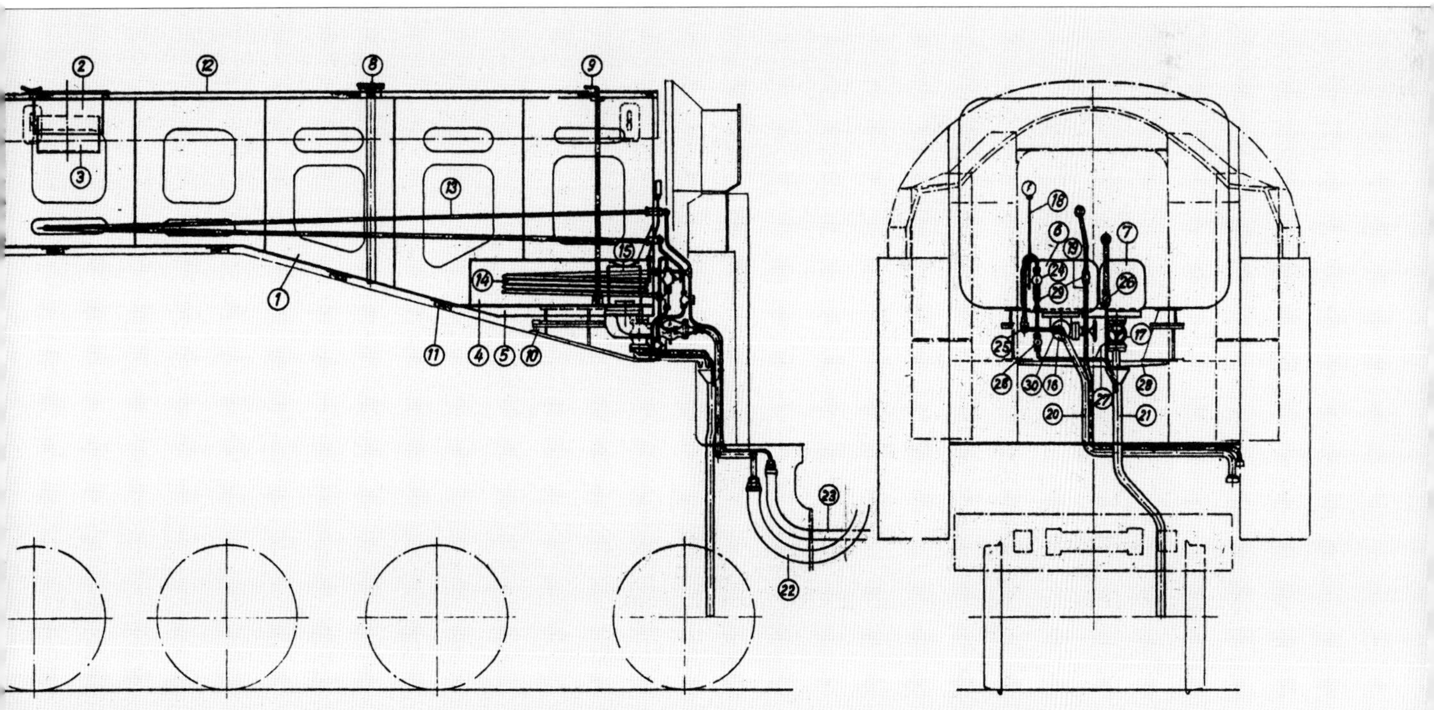

1 Ölbehälter
2 Öleinlauf mit Deckel
3 Sieb im Öleinlauf
4 Ölentnahmebehälter
5 Ölschlammsack
6 Stirnwanddeckel zum Ölentnahmebehälter
7 Stirnwanddeckel zum Schlammsack
8 Ölbehälterentlüfter
9 Ölstandmesser
10 Träger für Ölbehälter
11 Holzunterlage
12 Ölbehälterbekleidung
13 Obere Heizschlange
14 Untere Heizschlange
15 Sieb im Ölentnahmebehälter
16 Ölanstellventil
17 Ölschlammablaßventil
18 Fernthermometer
19 Dampfleitung zu den Heizschlangen
20 Ölentnahmeleitung
21 Ölschlammablaß und Entwässerungsleitung
22 Schlauchkupplung zur Ölentnahme
23 Schlauchkupplung für Dampf
24 Dampfventil zum Ausblasen der Ölleitung
25 Rückschlagventil
26 Drosselventil
27 Entwässerungsleitung
28 Ölablaufrinne
29 T-Verbindungsstutzen
30 Lötstutzen

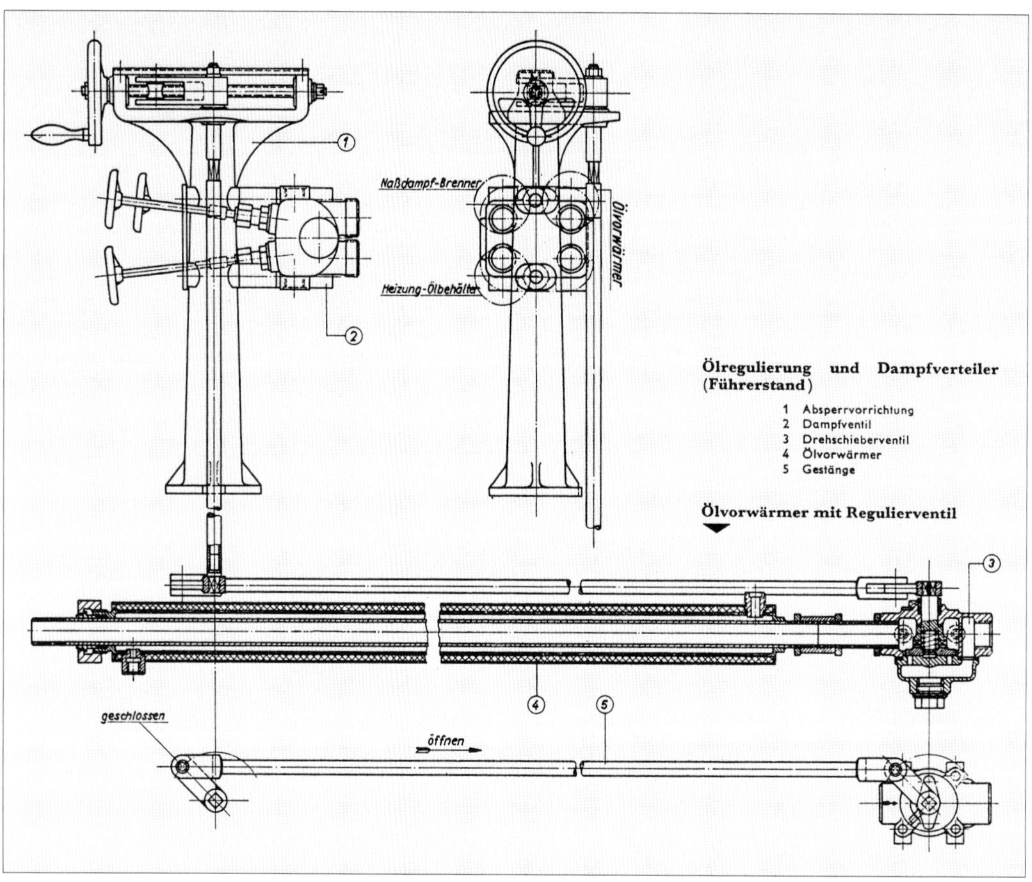

Bild 172, oben links
So einfach sah im Ursprungszustand die Regelung der Vorwärmung und des Heizölzuflusses am Tender der **01 1100** aus.

Bild 173, oben rechts
Ölregulierung mittels eigener Steuersäule. Von der Übersichtlichkeit der Zeichnung ist hier nicht viel zu erkennen: Absoluter Platzmangel zwischen Strahlpumpe und Öler. Mit dem Handrad oberhalb der Steuersäule wurde ursprünglich der Brenner geöffnet (nach links) und geschlossen.

AUFNAHMEN (2): HENSCHEL-ARCHIV

Bild 174
Bedienstand auf **01 1100** für Ölregulierung mittels eines Steuerungshandrades und Dampfverteilung auf dem Führerstand (oben) von rechts und frontal, darunter Übertragungswelle zur Dampfzufuhr des Ölvorwärmers von der Seite und von oben

Auf dem Weg zur Serienbauart – Versuchsbetrieb mit 01 1100

Am Dienstag, 10. Juli 1956 heizte man 01 1100 im Anheizschuppen der Fa. Henschel erstmals an. Hierbei war die Rauchentwicklung zunächst sehr stark. Beim Aufheizen der Lok mit Fremddampf bestand keine Möglichkeit, den Bläser anzustellen, solange nicht der Kesseldruck 4 bis 6 atü erreicht hatte. Ein Druckluftrohr, das man in den Schornstein hängte, blieb wirkungslos, so daß man notgedrungen und verbotenerweise den Kessel mit Druckluft aufpumpte, um auf diese Weise den Bläser und die Feuerluftzuführung in Gang zu bekommen. Zwei Arbeitstage dauerte es, bis Henschel-Monteure durch Änderungen an der Brennöl- und Luftregelung einigermaßen erträgliche Verhältnisse geschaffen hatten.

Im seit 1944 und weiterhin zum Teil dachlosen Ringlokschuppen 1 des Heimat-Bw Kassel war mittlerweile auf zwei Schuppenständen eine provisorische Betankungsanlage eingerichtet worden. Auf einem Stand standen zwei dampfbeheizte Kesselwagen, die dauernd verbunden waren, um während des Füllvorganges vom leeren auf den vollen Wagen umschalten zu können. Die 100 mm-Steigleitung vom Tankwagen war an einer Schuppendachstütze befestigt, so daß man das Ende von oben in den Tenderölbehälter stecken konnte. Da man den Tankwagen mit Druckluft von 0,5 atü beaufschlagt hatte, lief das Öl dem Tender ohne Pumpe zu, sobald unten der Schieber geöffnet wurde. Den Füllvorgang kontrollierte man von der Ölbehälterdecke aus mit einem Peilstab. Der Tankvorgang erforderte also während der ganzen Prozedur zwei Männer.

Am 12. Juli 1956 reiste dann eine Meßwagenbesatzung des Lokversuchsamtes mit zwei Meßwagen und einer 45er für eine erste Funktionsprüfung der 01 1100 an. Für diese Verfahrensweise hatte man sich entschieden, weil nur das Versuchsamt mit seinen Meßmöglichkeiten feststellen konnte, wie letztlich Bauart und Einstellung der Ölfeuerung aussehen müßten. Am selben Tag noch unternahm man auf der Main-Weser-Bahn eine Leerfahrt von Kassel nach Treysa. Bei dieser qualmte die Lok trotz großen Luftüberschusses wieder sehr stark. Der bisher eingesetzte Rundbrenner schien den Feuerraum nur unvollkommen auszufüllen. Während der kurzen Wendezeit im Bw Treysa setzte man einen anderen Brenner ein. Dieser war als **Flachbrenner** ausgebildet, Die Ölöffnung war ungefähr 8 cm breit und 2 cm hoch. Unterhalb des Ölkanals war der Dampfkanal von 0,55 mm Höhe angeordnet, aus dem Zerstäuberdampf mit einem regulierbaren Druck von bis zu 10 atü bei höchster Lastfahrt austrat. Auf den fächerförmig austretenden Dampfstrahl tropfte das Öl und wurde zerstäubt. Der Brenner konnte nach Lösen der nur durch Anpreßbügel befestigten Rohre schnell zur Reinigung ausgebaut werden.

Am 13. Juli 1956 fuhr man mit zwei Meßwagen und der 45 als Bremslok von Kassel nach Bebra, nachdem man das Blasrohr auf 145 mm Durchmesser verengt hatte. Von dort aus fuhr die 45 mit den Meßwagen wieder zurück. 01 1100 übernahm einen planmäßigen D-Zug und beförderte den samt nicht arbeitender Zuglok der BR 01 insgesamt 620 t schweren Zug bis Göttingen. Von Göttingen ging es ebenfalls vor einem 01-bespannten Planzug mit einem Gesamtgewicht 545 t über Dransfeld wieder nach Kassel zurück. Sowohl vor dem Meßzug mit Bremslok wie auch vor den Planzügen arbeitete die Lok zeitweise sehr angestrengt, und die Rauchentwicklung war viel geringer. Beharrungszustände erreichte man aber kaum. Die bestandene Rundfahrt definierte man als Abnahmeprobefahrt nach der L 4-Untersuchung und fertigte der Lok ein Abnahmedokument mit Datum 13. Juli 1956 aus.

Nach diesen Fahrten baute man einen aus zwei Steinreihen bestehenden **Feuerschirm** ein, da die Brennerflamme vom Saugzug zu stark in den Langkessel gezogen wurde.

Es folgten am 17. und 18. Juli 1956 jeweils zwei Fahrten Kassel – Bebra und zurück mit zwei Meßwagen und Bremslok BR 45. Trotz eines auf 140 mm verengten Blasrohres war der Kesseldruck nicht über längere Zeit „spitz“ zu halten, und es wurden maximal 1.330 Zughaken-PS erreicht. Erhöhter Öldurchsatz bewirkte nur stärkeres Qualmen.

Am 19. Juli 1956 wiederholte man die Meßfahrt in gleicher Weise. Nun fuhr auch Friedrich Witte mit. Als Ergebnis der Fahrt beschloß man, im Feuerkasten seitliche Luftöffnungen herzustellen und in den gemauerten Boden zusätzliche Öffnungen zu schlagen.

Am 20. Juli 1956 unternahm man die letzte Meßfahrt, wiederum mit den beiden Meßwagen und der 45 als Bremslok. Nun ging es über Bebra nach Hanau und wieder zurück. Bei dieser Fahrt war endlich die Dampferzeugung auch unter Hochleistung gut und die Neigung zum Qualmen gering. Der Luftüberschuß von rund 100 % zeigte aber, daß offenbar ein Teil der angesaugten Luft gar nicht an der Verbrennung teilnahm.

Anschließend nahm Henschel ab dem 23. Juli 1956 an der Lok versuchsweise verschiedene Änderungen vor:

- Das Feuerkastengewölbe wurde vorn erweitert, so daß man **beiderseits des Brenners Luftklappen** anbringen konnte.
- Der **Bläser** erhielt eine zusätzliche Dampfleitung zum Fremddampfanschluß.
- Den **Blasrohrdurchmesser** verkleinerte man von 155 auf 145 mm, den Mündungsdurchmesser des **Schornsteins** mittels eines Einsatzes von 580 auf 510 mm und den kleinsten Durchmesser von 490 auf 465 mm.
- Der obere Teil des **Luftkastens** am Feuerloch wurde außen sehr heiß und erhielt innen eine Isolierung.
- Der bisher innen über der Feuertür angebrachte **Schutzschirm** war überflüssig und wurde entfernt.
- Völlig unzulänglich und schadanfällig war die provisorische **Zerstäuberdampf-Überhitzung** mittels einer Heizschlange im Feuerkasten. Man verlegte ein Dampfrohr vom Dampfverteiler zu einem Überhitzerelement und von diesem nach hinten zum Brenner, so daß trockener Heißdampf zum Brenner gelangte.
- Wegen seiner häufigen Benutzung wurde der **Bläser** mit einem schnellwirkenden Ventil mit Handgriff statt des bisherigen Handrades ausgestattet.
- Weil der Brenner mit einer Regelbarkeit von maximal 30 l/min bis minimal 7 l/min (entsprechend 2.150 – 500 PS_e) im Leerlauf zuviel Öl verbrauchte, und weil er unterwegs mittels brennender Putzwolle nicht wieder zu zünden war, wurde ein **zusätzlicher Zündbrenner** vorgesehen, der in der Mitte des Feuerkastenbodens unter einem mit Löchern versehenen Schutzkasten senkrecht stehend angeordnet wurde. Er wurde mit Naßdampf aus der Dampfleitung der Tenderölvorwärmung versorgt. Diesen Zündbrenner konnte der Heizer allein und vom Führerstand aus entweder mit einer durch das Schauloch gehaltenen Gaslanze oder nach dem Hineinwerfen eines brennenden Reisigbündels auf den Schutzkasten starten.
- Auch hatte es sich herausgestellt, daß der **Feuerschirm** mit zwei Steinreihen zu kurz war, die Brennerflamme vom Saugzug zu stark hochgezogen wurde und es bei hoher Anstrengung große Ölverluste und sehr hohe Abgastemperaturen gab. Weil die **Überhitzung** deutlich höher als bei Kohleloks war und bis 480 °C erreichte, waren die Kolbenstangen bereits blau angelaufen und Schieberschäden zu befürchten. Man nahm an, daß im Ausgangszustand die Ölverbrennung bis in die Kesselrohre hineinreichte In den Rückständen in der Rauchkammer fand man bis zu 16 % unverbranntes Öl. Deshalb verlängerte man den Ausbrennweg durch Vergrößerung des Feuerschirms auf vier Steinreihen.

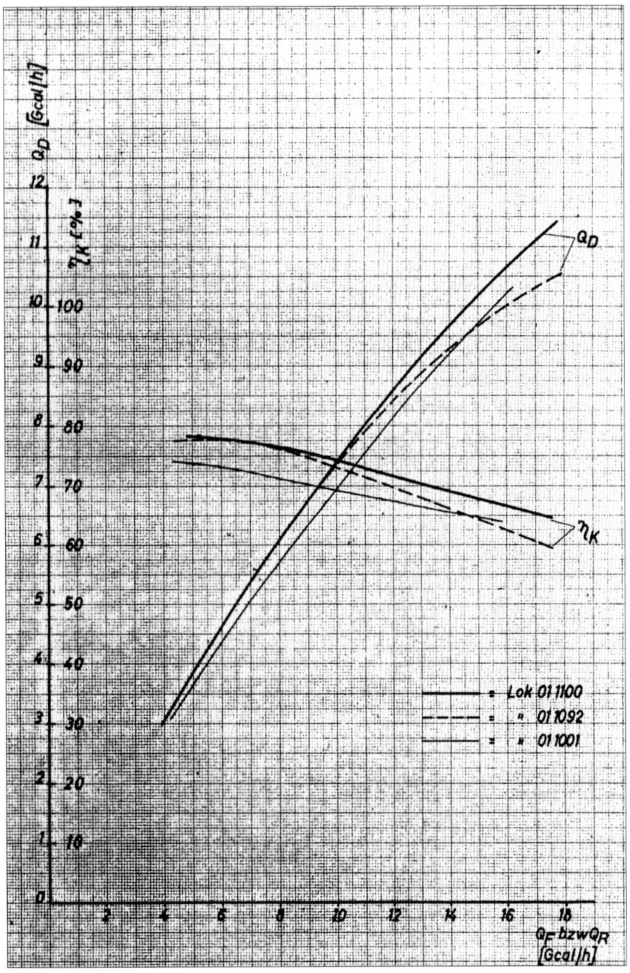

Bild 175 – Anlage 3a des Berichtes über die Untersuchung von 01 1100 vor dem Meßwagen „Vergleich der Dampfwärmeerzeugung und der Kesselwirkungsgrade für 01 1100, 01 1092 (Kohle) und 01 1001 (Stromlinienverkleidung)". Von 01 1092 gab es von nur vier Meßfahrten verwertbare Meßpunkte, so daß die Angaben zu dieser Lok im Bereich hoher Kesselleistung zweifelhaft erscheinen. Der Kesselwirkungsgrad (η_k) der 01 1001 mit Altbaukessel war erwartungsgemäß gegenüber den Neubaukessel schlechter.

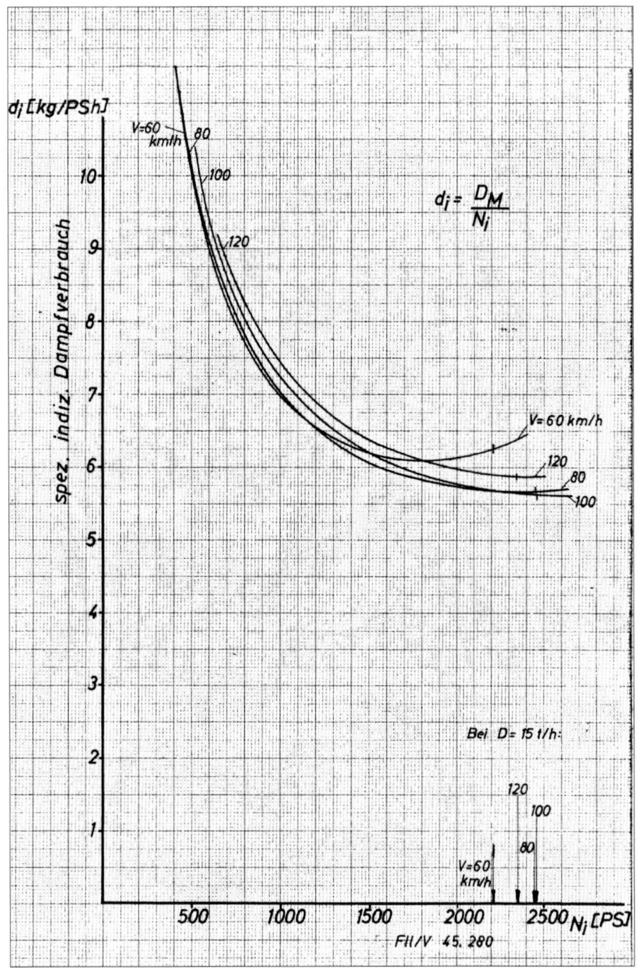

Bild 176, rechts – Anlage 5a: Spezifischer indizierter Dampfverbrauch in Abhängigkeit von der indizierten Leistung, Geschwindigkeit (V) konstant. In allen Leistungslagen war der Dampfverbrauch deutlich geringer als bei der Altbaukessellok 01 1001 (siehe auch Anlage 8a).

- Schließlich stellte man fest, daß der Rußbläser Bauart Gärtner besser wirkte als der eingeworfene Sand. Man entfernte deshalb den Sandbehälter.

Der angespannte Einsatz der Kasseler Loks während der Ferienzeit machte es erforderlich, die Lok ab dem 1. August 1956 trotz noch unbefriedigender Einstellung in den achttägigen 01^{10}-Umlaufplan hineinzunehmen. Die Schulung mehrerer Lokpersonale erledigte man sozusagen über dem rollenden Rad, und immer wieder kamen während Stillstandszeiten Techniker der Firma Henschel ins Bw, um kleine Veränderungen vorzunehmen. Während dieser Zeit kam es in der Halle des Frankfurter Hauptbahnhofs zu einem ärgerlichen Zwischenfall: Durch eine Brennerstörung füllte die Lok die ganze Bahnhofshalle mit fettem, stinkendem Ölqualm.

Im August 1956 war 01 1100 an 30 Tagen eingesetzt und einen Tag in Reparatur; sie fuhr während dieser Zeit 22.043 km, die sieben kohlegefeuerten Schwestern durchschnittlich 20.925 km. Deren Lastwert lag bei 537 t, derjenige der Öllok bei 525 t. Auf 1.000 km verbrauchte 01 1100 10,66 t Öl, die Kohlemaschinen 14,38 t Kohle. Das Verhältnis der Heizwerte lag bei 1,37 : 1,0, so daß die Öllok bereits einen fast ebenso günstigen Verbrauch wie die Kohleloks erreicht hatte. Unter Zugrundelegung dieser Verbrauchswerte, der Kohlenpreise ab Zeche von 63 DM/t und 95,50 DM/t für schweres Heizöl ergaben sich Brennstoffkosten je 1.000 km für die Kohleloks von 905,94 DM und für 01 1100 von 1.018,03, entsprechend Mehrkosten von 12,3 Prozent. Verglichen mit dem Preis von 88 DM/t für die bereits umfangreich eingesetzte amerikanische Kohle ergab sich für 01 1100 eine Kostenersparnis von 24,3 %.

Im September kam 01 1100 an 27 Einsatztagen auf 20.084 km bei einem Lastwert von 532 t und einem Verbrauch von 11,28 t auf 1.000 km. Die Kohleloks fuhren 19.426 km mit durchschnittlich 534 t und 14,62 t Kohlenverbrauch auf 1.000 km. So belief sich die Ersparnis im spezifischen Verbrauch auf ziemlich genau die wegen des höheren Heizwertes erhofften 25 Prozent. Die Lok hatte also nach nur einem Monat des Tüftelns bereits eine ebenso wirtschaftliche Brennstoffausnutzung erreicht wie die Kohleloks. Das Betriebsgeschehen der folgenden Jahre zeigte: Besser ging es nicht.

Im Oktober fuhr die Lok zunächst im Plandienst weiter und stand anschließend vom 14. Oktober bis zum 17. Dezember 1956 dem Mindener Versuchsamt für Lokomotiven zur Verfügung. Weil nur im Bw Kassel eine geeignete Betankungsanlage vorhanden war, blieb die Lok während der ganzen Zeit dort. Die Fahrten mit 60, 80 und 100 km/h führte man auf der Strecke Kassel – Gießen durch, und zwar zunächst zwischen dem 30. Oktober und 17. November und am 6./7. Dezember 31 Fahrten mit 80 km/h, folgend vom 22. bis 24. November und am 7. Dezember 14 Fahrten mit 60 km/h und vom 27. November bis 1. Dezember elf Fahrten mit 100 km/h. Es folgten vom 10. bis zum 15. Dezember 1956 auf der Strecke Lehrte Hamburg-Harburg neun Fahrten mit 120 km/h. Gefahren wurde mit Meßwagen 2 und Beiwagen sowie einer, zeitweise auch zwei Bremsloks der BR 18^3. Die Aufgabenstellung lautete, den gesamten Leistungsbereich des Kessels bis

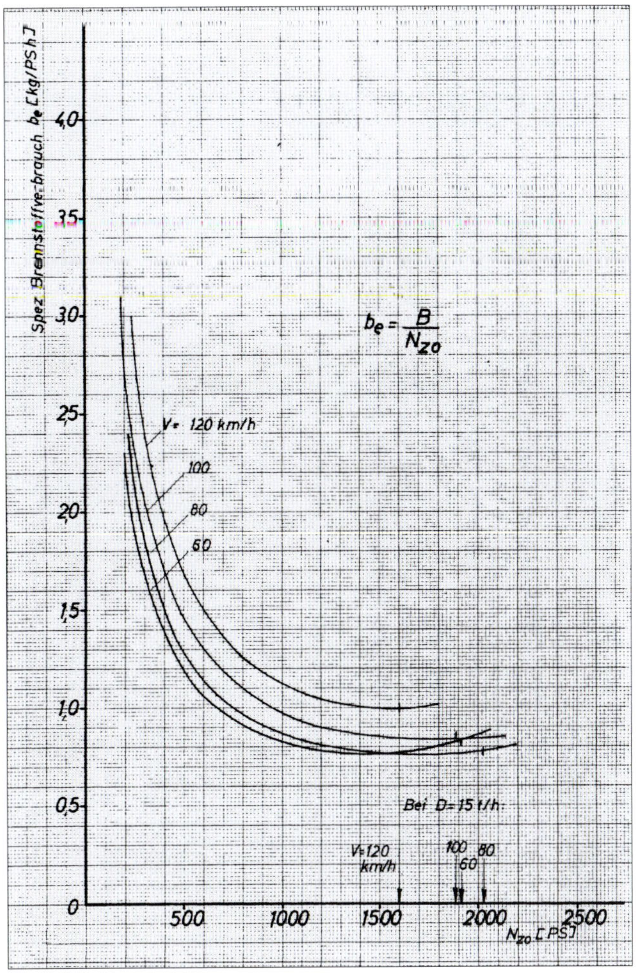

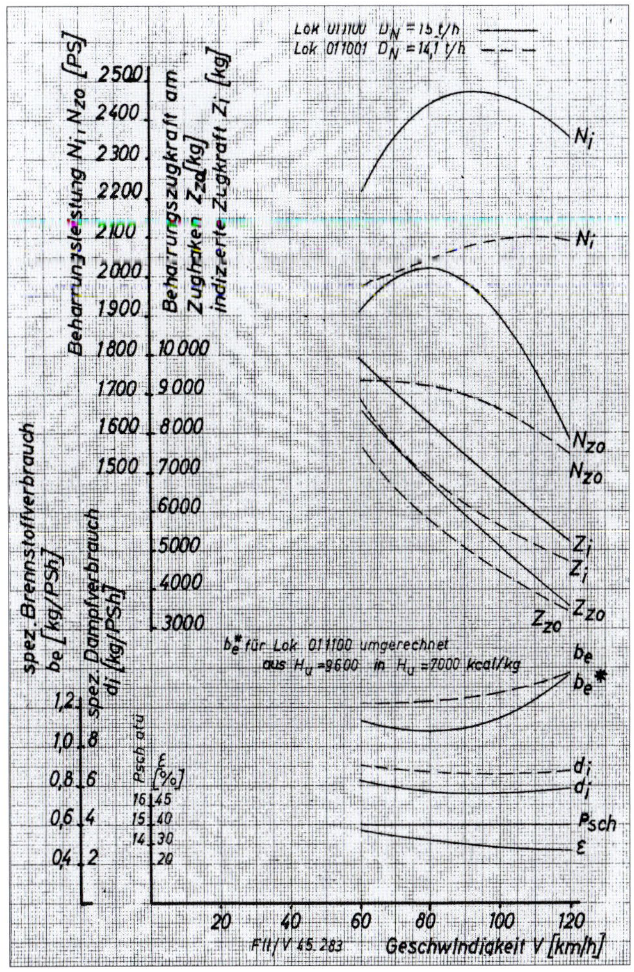

Bild 177, links – Anlage 6a: Spezifischer Brennstoffverbrauch b_e (Heizwert 9.600 kcal/kg) in Abhängigkeit von der Zughakenleistung N_{zo} in PS und konstanter Geschwindigkeit. Besonders auffällig ist die Kurve für 80 km/h, die belegt, daß auch das Fahren unter hoher Anstrengung, z.B. auf Steigungen, erst oberhalb von 2.000 PS_e zu einem niedrigeren Brennstoffverbrauch führt. Da hier nur die Kesselnennleistung eingesetzt wird, sind die Kesselreserven für Steigungsfahrten und schwerere Züge offensichtlich. Auch bei 100 km/h sind leicht steigende Verbräuche erst oberhalb der Nennleistung von rund 1.600 PS_e erkennbar.

Bild 178 – Anlage 8a: Vergleich der Leistungscharakteristiken der Stromlinienlok 01 1001 und der ölgefeuerten 01 1100. Hier sind die positiven Effekte der Stromlinienverkleidung durchaus erkennbar: Die Kurve für die Zughakenleistung N_{zo} fällt bei der unverkleideten Öllok viel früher und viel stärker ab als bei der Stromlinienlok, und letztlich haben beide Typen bei 120 km/h nahezu die gleiche Zughakenleistung. Das erwartbare Schneiden beider Kurven bei rund 125 km/h blieb dennoch wegen der höheren Kessel- und PS_e-Leistung der Öllok aus. Die aus den Zughaken-PS rückgerechneten N_i-Kurven beider Bauarten müßten eigentlich nahezu parallel verlaufen. Spezifischer Brennstoffverbrauch und Dampfverbrauch sind niedriger als bei 01 1001; bei 120 km/h verliert sich der Vorsprung der Öllok mangels Stromlinienverkleidung.

zur Grenzleistung, die ohne Inanspruchnahme der Kesselreserve erreichbar war, auszutesten. Neben der Ermittlung der Leistungen waren die Wärmeumsetzung im Kessel und die Leistungsfähigkeit des Mischvorwärmers zu erproben.

Gegenüber den weitgehend mißlungenen Meßfahrten mit 01 1092 im Jahr 1954 erhielt man hier eine viel größere Datenbasis. Dennoch kamen in den wichtigsten Geschwindigkeitsbereichen nur wenig mehr als drei Stunden Meßzeit bei 120 km/h und sechseinhalb Stunden mit 100 km/h zusammen.

Während der Meßfahrten setzte man versuchsweise zwei Arten von Zündbrennern ein, und zwar bis zum 7. November 1956 einen Kombibrenner geschweißter Ausführung mit eingebautem Zündbrenner und den schon zuvor im Alltagsbetrieb benutzten stehenden Zündbrenner. Der Kombibrenner führte zu unvollkommener Verbrennung und Qualmbildung. Danach setzte man wieder den gußeisernen Hauptbrenner ein. Auch der stehende Zündbrenner bewährte sich nicht.

Im Bericht des Lokversuchsamtes von Theodor Düring und Dr. Kröber vom 8. April 1957 kommen die Autoren zu einem positiven Gesamtergebnis. Die Ölhauptfeuerung habe sich betriebs- und leistungsmäßig bewährt. Die Kesselnennleistung werde ohne Schwierigkeiten erreicht, und eine weitere Steigerung der Leistung im Dauerbetrieb sei lediglich wegen der begrenzten Leistungsfähigkeit der Heinl-Speisepumpe (noch) nicht möglich. Die Heinl-Anlage schaffte bislang höchstens 14,3 t Wasser je Stunde in den Kessel, so daß man gezwungen war, Beharrungsleistungen oberhalb dieser Verdampfungsmenge unter Nutzung des Wasserspeichers des Mischvorwärmers auszufahren. Veränderungen an Pumpe und Wasserheber führten nur zu stark erhöhtem Dampfverbrauch. Kein Zweifel bestand daran, daß man die ölgefeuerte Lok bei ordnungsgemäß funktionierender Speiseanlage mit Leistungen von 2.700 PS_i (die man ja schon knapp erreicht hatte) betrieblich einsetzen könnte. Auftragsgemäß beschäftigte man sich deshalb in einem zweiten Bericht mit der aus Sicht der DB mangelhaften Bewährung der teuren Heinl-Mischvorwärmeranlage.

Auffällig, aber vorhersehbar war das Absinken des Kesselwirkungsgrades bei höheren Kesselanstrengungen, weil Feuerbüchse und Verbrennungskammer nicht lang genug für einen völligen Ausbrand der Brennerflamme waren. Die Folge waren eine Nachverbrennung in den Kesselrohren und hohe Abgasverluste. Man verlängerte deshalb während der Meßfahrten den Feuerschirm noch auf fünf Steinreihen (1,1 m Länge). Der lange Feuerschirm erleichterte dem Heizer die Einregulierung einer einwandfreien Verbrennung merklich. Der geringe Luftüberschuß bei hoher Kesselleistung milderte die Abgasverluste spürbar. Bei geringerer Leistung erreichte der Kesselwirkungsgrad 77,8 %, bei Kesselnennleistung 15 t/h nur

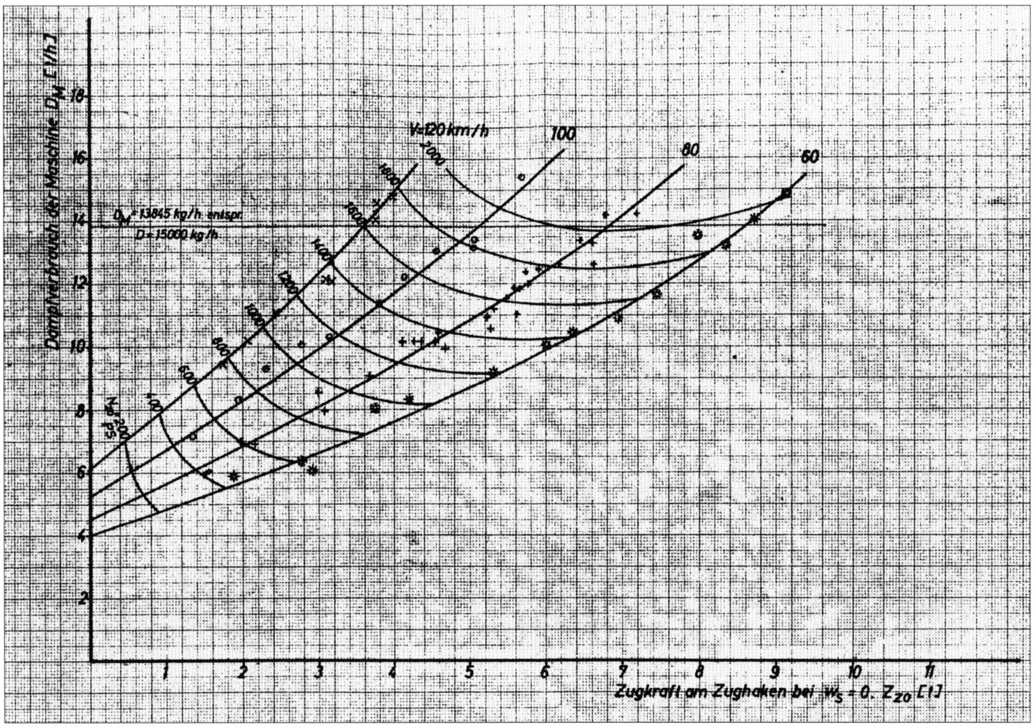

Bild 179
Anlage 15: Maschinendampfmenge, abhängig von der Zughakenkraft für 60, 80, 100 und 120 km/h. Aus nur wenigen (eingezeichneten) Meßpunkten entwickelten Könner aus dem Versuchsamt eine vielleicht sogar zutreffende Tabelle, aus der man für jede Leistungs- und Geschwindigkeitslage den jeweiligen Dampfverbrauch ablesen kann. Angesichts der leicht unterschiedlichen Kessel- und Schieberkastendrücke sind Zweifel aber erlaubt.

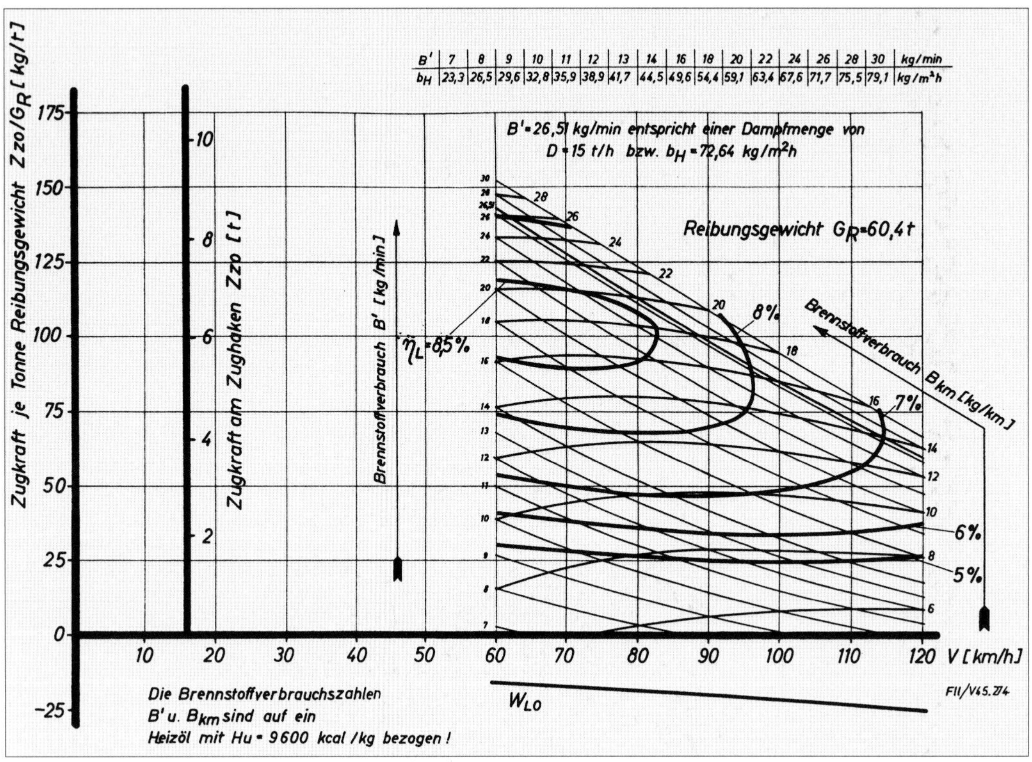

Bild 180
Anlage 18: Das „Kennlinienfeld“, eine Erfindung des Lokversuchsamtes Minden. Hier sind Zugkraft je t Reibungsgewicht, Zughaken-Zugkraft, Geschwindigkeit, Brennstoffverbrauch je Kilometer und je Minute und oben als Hilfstabelle der Brennstoffverbrauch in kg pro Minute sowie in kg pro Quadratmeter Kesselheizfläche und Stunde aufgeführt. Mit etwas Übung kann man schon aus der Form der Kurven Schnell- und Güterzugloks und natürlich auch gute und schlechte Bauarten unterscheiden. Hier beschränkt sich der Bestwert des Wirkungsgrades von rund 8,5 % auf den Bereich von 60 bis 83 km/h, Zugkräfte von rund 5,5 bis 7,3 t und einen Brennstoffeinsatz von rund 16,2 bis 20,4 kg/min, somit auf mittlere Kesselleistungen, die auch ein alter wagnerscher Langrohrkessel klaglos bringen würde.

noch 67,5 %. Der Gesamtwirkungsgrad der Lok lag bei maximal 8,5 % mit einem weiten Bereich oberhalb von 8 %. Da man mit der Feuerung noch beim Experimentieren war, vor allem, um die Abgasverluste und (zu) hohen Überhitzungswerte zu mindern, zeigten Brennstoffverbrauch, Verbrennungsqualität und vor allem die Rauchgasanalysen große Streuungen ohne eine zwingende Systematik. Gemein ist allen im Folgenden dokumentierten Fahrten ein Ölverbrauch von rund 0,64 – 0,71 je PS_i-Stunde. Dampf- und Ölverbrauch lagen ausgerechnet bei Fahrt 62 mit der höchsten PS_i-Leistung am günstigsten. Angesichts der kurzen Meßzeit bis zum Schadenseintritt ist hier ein Fragezeichen zu setzen.

Fraglos aber war die Ölfeuerung der Lok nun in einem solchen Zustand, daß eine uneingeschränkte Betriebstauglichkeit und ein geringer Brennstoffverbrauch zu erwarten war. Unbefriedigend waren die hohen Überhitzungs- und Rauchgastemperaturen, durch die im Alltagsbetrieb ohne weitere Verbesserungen Schäden an den Kolbenschiebern und Überhitzerrohren zu erwarten waren.

Folgend werden einige typische Leistungslagen dokumentiert. Die besten Verhältnisse aus Leistung und Dampfverbrauch hatte man bei den Meßfahrten 25 und 59 erzielt. Man könnte sie so interpretieren: Im Bereich von 80 km/h arbeitete die Maschine mit enorm hoher Zughakenleistung bei einer Kesselbelastung von wenig mehr als der Nennleistung. Der Dampfverbrauch dabei war gering, der Heizölverbrauch durch die sehr hohen Abgastemperaturen hoch. Da diese Leistungslage eine längere Phase während des kräftigen Beschleunigens eines Zuges dokumentiert, stellt sie

Bild 181
01 1100 (Bw Kassel) wendet im Bw Frankfurt (M) 1 im September 1956. Zu dieser Zeit lief sie mit wenigen Problemen im Plandienst.

AUFNAHME: P. WYMETAL

der Lok ein in dieser Hinsicht sehr gutes Zeugnis aus. Auch hier ist ein Fragezeichen angebracht: Ausgerechnet bei der größten Zughakenleistung trat bei der Lok das bei dieser Baureihe berüchtigte „Hochgeschwindigkeitsschleudern“ auf, das schon die ganzen Meßfahrten von 01 1092 vermiest hatte.

Die Fahrt 59 in der „Plateauphase“ von 120 km/h zeigt die Lok genau in Höhe ihrer Nennleistung. Offenbar absolviert sie diese unangestrengt mit einer zurückgenommenen Steuerung, ohne vollen Schieberkastendruck, mit geringem Dampf- und Ölverbrauch. Die Abgastemperaturen lagen demnach leidlich günstig. Dies Ergebnis ließ für den häufigsten Betriebszustand der Schnellzuglok einen niedrigen Verbrauch und geringen Verschleiß erwarten. Theodor Düring notierte sich bei der Kesselnennleistung von 15 t Dampf je Stunde und 90 km/h die günstigsten spezifischen Verbrauchswerte für Dampf und Brennstoff bei 2.470 PS_i und 1.990 Zughaken-PS.

Meßfahrt 25 am 16. November 1956 (größte Zughakenleistung)

Während 21,8 Minuten Dauer und über 28,6 km wurden in der Beharrung von 78,7 km/h eine Zughakenleistung von 2.100 PS und eine Zugkraft von 7.185 kg gemessen, entsprechend einer indizierten Leistung von 2.480 PS_i. Die Steuerungsauslegung betrug 35 %, der Schieberkastendruck 14,8 atü, die Dampferzeugung 15.540 kg/h, entsprechend einer Heizflächenbelastung von 75,25 kg/m²h. Die in der Maschine verarbeitete Dampfmenge lag bei 14.275 kg/h. Pro Minute wurden 28,9 kg Öl verfeuert, auf die Stunde umgerechnet 1.735 kg. Pro PS_i-Stunde waren das 0,7 kg Heizöl. Während dieser Leistung verbrauchte die Lok 5,76 kg Dampf pro PS_ih. Die Heißdampftemperatur erreichte 454 °C, die Rauchkammertemperatur 501 °C. Die Dampftemperatur in der Ausströmung lag bei 207 °C. Diese Fahrt mußte man wegen plötzlichen Schleuderns der Lok abbrechen. Das Speisewasser trat aus dem Heinl-Mischvorwärmer mit 109 °C in den Kessel ein. Schließlich betrugen die Abgaswerte 12,9 % CO_2 und 2,6 % Sauerstoff.

Meßfahrt 42 am 27. November 1956 (größte gemessene Leistung bei 100 km/h)

Während 26 Minuten Dauer und über 41,5 km wurden in der Beharrung von 95,8 km/h eine Zughakenleistung von 2.010 PS und eine Zugkraft von 5.680 kg gemessen, entsprechend einer indizierten Leistung von 2.450 PS_i. Die Steuerungsauslegung betrug 30 %, der Schieberkastendruck 15,15 atü, die Dampferzeugung 16.500 kg/h, entsprechend einer Heizflächenbelastung von 79,9 kg/m²h. Die in der Maschine verarbeitete Dampfmenge lag bei 15.426 kg/h. Pro Minute wurden 28,7 kg Öl verfeuert, auf die Stunde umgerechnet 1.722 kg. Pro PS_i-Stunde waren das 0,7 kg Heizöl. Während dieser hohen Leistung verbrauchte die Lok 6,3 kg Dampf pro PS_ih. Die Heißdampftemperatur erreichte 457 °C, die Rauchkammertemperatur 510 °C. Die Dampftemperatur in der Ausströmung lag bei 202 °C. Die beiden letzten Temperaturangaben waren die höchsten während der Meßfahrten gemessenen Werte. Das Speisewasser trat aus dem Heinl-Mischvorwärmer mit 107 °C in den Kessel ein. Schließlich betrugen die Abgaswerte 13,5 % CO_2 und 1 % Sauerstoff. Während dieser Fahrt lief bereits die mittlere Gleitbahn heiß.

Meßfahrt 57 am 10. Dezember 1956 (mittlere Leistung bei 120 km/h)

Während 36,4 Minuten Dauer und über 73,1 km wurden in der Beharrung von 120,2 km/h eine Zughakenleistung von 1.405 PS und eine Zugkraft von 3.150 kg gemessen, entsprechend einer indizierten Leistung von 2.112 PS_i. Die Steuerungsauslegung betrug 22,5 %, der Schieberkastendruck 15,1 atü, die Dampferzeugung 13.800 kg/h, entsprechend einer Heizflächenbelastung von 66,83 kg/m²h. Die in der Maschine verarbeitete Dampfmenge lag bei 12.747 kg/h. Pro Minute wurden 23,8 kg Öl verfeuert, auf die Stunde umgerechnet 1.425 kg. Pro PS_i-Stunde waren das 0,67 kg Heizöl. Während dieser Leistung verbrauchte die Lok 6,0 kg Dampf pro PS_ih. Die Heißdampftemperatur erreichte 456 °C, die Rauchkammertemperatur 469 °C. Die Dampftemperatur in der Ausströmung lag bei 184 °C. Das Speisewasser trat aus dem Heinl-Mischvorwärmer mit 105 °C in den Kessel ein. Schließlich betrugen die Abgaswerte 13,6 % CO_2 und 1,8 % Sauerstoff.

Meßfahrt 59 am 12. Dezember 1956 (größte gefahrene Geschwindigkeit)

Während 15,8 Minuten Dauer und über 32,2 km wurden in der Beharrung von 122,2 km/h eine Zughakenleistung von 1.700 PS und eine Zugkraft von 3.745 kg gemessen, entsprechend einer indizierten Leistung von 2.464 PS_i. Die Steuerungsauslegung betrug 27,5 %, der Schieberkastendruck 14,9 atü, die Dampferzeugung 15.100 kg/h, entsprechend einer Heizflächenbelastung von 73,12 kg/m²h. Die in der Maschine verarbeitete Dampfmenge lag bei 14.045 kg/h. Pro Minute wurden 26,8 kg Öl verfeuert, auf die Stunde umgerechnet 1.620 kg. Pro PS_i-Stunde waren das 0,66 kg Heizöl. Während dieser Leistung verbrauchte die Lok 5,7 kg Dampf pro PS_ih. Die Heißdampftemperatur erreichte 439 °C, die Rauchkammertemperatur 453 °C. Die Dampftemperatur in der Ausströmung lag bei 187 °C. Das Speisewasser trat aus dem Heinl-Mischvorwärmer mit 105 °C in den Kessel ein. Schließlich betrugen die Abgaswerte 12,5 % CO_2 und 3,7 % Sauerstoff.

Meßfahrt 61 am 13. Dezember 1956 (größte Leistung am Zughaken bei 120 km/h)

Während 22,1 Minuten Dauer und über 44 km wurden in der Beharrung von 119,8 km/h eine Zughakenleistung von 1.770 PS und eine Zugkraft von 3.990 kg gemessen, entsprechend einer indizierten Leistung von 2.408 PS_i. Die Steuerungsauslegung betrug 27,5 %, der Schieberkastendruck 15,1 atü, die Dampferzeugung 15.900 kg/h, entsprechend einer Heizflächenbelastung von 77 kg/m²h. Die in der Maschine verarbeitete Dampfmenge lag bei 14.816 kg/h. Pro Minute wurden 27,3 kg Öl verfeuert, auf die Stunde umgerechnet 1.636 kg. Pro PS_i-Stunde waren das 0,68 kg Heizöl. Während dieser hohen Leistung verbrauchte die Lok 6,15 kg Dampf pro PS_ih. Die Heißdampftemperatur erreichte 459 °C, die Rauchkammertemperatur 471 °C. Die Dampftemperatur in der Ausströmung lag bei 205 °C. Das Speisewasser trat aus dem Heinl-Mischvorwärmer mit 105 °C in den Kessel ein. Schließlich betrugen die Abgaswerte 13,2 % CO_2 und 2 % Sauerstoff.

Meßfahrt 62 am 13. Dezember 1956 (größte indizierte Leistung)

Während 13,6 Minuten Dauer und über 27,3 km wurden in der Beharrung von 120,3 km/h eine Zughakenleistung von 1.680 PS und eine Zugkraft von 3.755 kg gemessen, entsprechend einer indizierten Leistung von 2.682 PS_i. Die Steuerungsauslegung betrug 30 %, der Schieberkastendruck 14,9 atü, die Dampferzeugung 15.750 kg/h, entsprechend einer Heizflächenbelastung von 76,27 kg/m²h. Die in der Maschine verarbeitete Dampfmenge lag bei 14.573 kg/h. Pro Minute wurden 28,6 kg Öl verfeuert, auf die Stunde umgerechnet 1.720 kg. Pro PS_i-Stunde waren das 0,64 kg Heizöl. Während dieser Leistung verbrauchte die Lok 5,43 kg Dampf pro PS_ih. Die Heißdampftemperatur erreichte 443 °C, die Rauchkammertemperatur 481 °C. Die Dampftemperatur in der Ausströmung lag bei 185 °C. Das Speisewasser trat aus dem Heinl-Mischvorwärmer mit 108 °C in den Kessel ein. Schließlich betrugen die Abgaswerte 13,7 % CO_2 und 1,4 % Sauerstoff. Diese Fahrt mußte nach kurzer Beharrungszeit abgebrochen werden, weil der mittlere Gleitbahnschuh verloren ging.

Ab Anfang 1957 fuhr 01 1100 wieder im Kasselaner Planbetrieb.

Die Serienmaschinen

Am 27. August 1956, kurz nach dem Beginn des Planeinsatzes von 01 1100 legte das Versuchsamt dem BZA seinen Bericht über die ersten Meßfahrten vor, und die Fa. Henschel legte das Angebot PI 1974/3 der weiterentwickelten Anlage von 01 1100 vor, die nun „serienreif" sein sollte. Beide Schriftsätze gelangten natürlich auch auf den Tisch des Zugförderungsreferenten in Frankfurt, der das BZA bereits am 19. Oktober 1956 anwies, die für den Umbau von 30 weiteren 01^{10} nötigen Bauteile bei Fa. Henschel zu beschaffen. Mit der Forderung, die Anlagen selbst im AW Braunschweig einbauen zu wollen, setzte sich das BZA Minden beim Patentinhaber aber nicht durch. Außerdem führten weitere Änderungswünsche aus den noch laufenden Meßwagenversuchen noch im Dezember 1956 zum eilig nachgereichten Henschel-Projekt PI 1474/4. Am 7. Dezember legte Witte in Frankfurt persönlich das von seiner Abteilung kommentierte Angebot vor, und neun Tage später gab Flemming (Verfügung 21.213 Fldk/K 4) grünes Licht. Am 30. Januar 1957 bestellte das BZA Minden bei Henschel die Fertigung und den Einbau von 24 Ölhauptfeuerungsanlagen für die BR 01^{10}. Die wegen der mittlerweile höheren Preise reduzierte Zahl von Anlagen korrigierte man alsbald aber wieder auf 30. Die Veränderungen gegenüber 01 1100:

- Der **Vorratsraum für Brennstoff** wurde vergrößert, indem man ihn bis an die Tenderrückwand verlängerte. Er faßte nun 13,5 m³ schweres Heizöl, die je nach Jahreszeit und Zuggewicht für rund 800 bis 1.000 km Fahrt ausreichten. Befüllt wurde er durch die bisherige große Einfüllöffnung fast in der Mitte der Behälterdecke.
- Die fertig geschweißten und einer Wasserdruckprobe unterzogenen Ölbehälter waren von der Niedersächsischen Waggonfabrik Graaff in Elze der Fa. Henschel zuzuliefern.

Bild 182 – Vereinfachtes Schema der Ölhauptfeuerung in der Serienausführung 1957 der Baureihe 01^{10}.

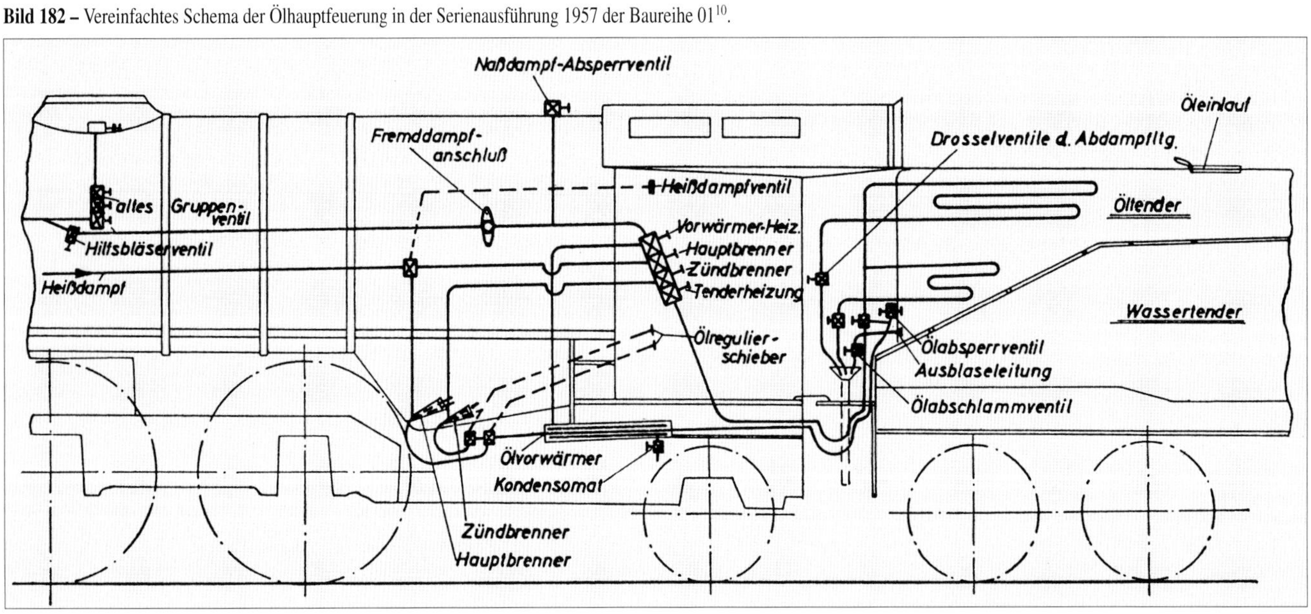

Bild 183 – Am fünften Tag des planmäßigen Bebraer Öler-Einsatzes, Freitag, dem 7. Juni 1957, entstand dieses Bild der aus Bebra ohne große Anstrengung ausfahrenden **01 1100**. Bei ihr wurde der vorhandene Ölbehälter verlängert, den schönen Ovalschlot hingegen hatte sie behalten. Sogar der jüngst erneuerte Zylinder ist zu erkennen. Am Haken hat sie den D 167 „Riviera-Expreß" von Ventimiglia nach Hamburg-Altona, den sie planmäßig von Frankfurt bis Hannover befördert. Ganz offenbar ließ man das im Umlaufplan vorgesehene Tanken am Bahnsteig entfallen, denn der Zug fährt vom mittleren der östlichen Bebraer Bahnsteige aus. AUFNAHME: CARL BELLINGRODT/EK-VERLAG

- Die Maschinen wurden statt mit einem Zündbrenner mit einem **Kombibrenner Bauart Pillard** mit integriertem Standbrenner ausgerüstet. Der Hauptbrenner war beim Aufheizen mit Naß- sonst mit Heißdampf zu betreiben, der Standbrenner nur mit Naßdampf.
- Um Qualmen zu vermeiden war eine **feinfühlige Einstellbarkeit** des Ölschiebers nötig. Dieser hatte bislang einen viel zu großen Totgang und wurde auf eine spielfreie Übertragung der Handradbewegung mittels einer schräg nach unten verlaufenden Welle zum Schieber umgebaut. Die bisherige Steuerungssäule entfiel deshalb.
- Rechts neben dem Handrad für die Brennersteuerung war deshalb am Stehkessel ein **Dampfverteilerstutzen** befestigt, der von oben nach unten die Regelventile für die Dampfleitungen zum Brenner, zum Ölvorwärmer und zu den Tender-Heizschlangen enthielt. Praktisch war es, daß nun alle Bedienelemente der Ölfeuerung für **sitzende Bedienung** eingerichtet wurden. Die Brennersteuerung erhielt eine **Punktbeleuchtung**.
- In die Ölleitung zum Brenner war zwischen Ölvorwärmer und Ölregulierschieber ein **weiteres Absperrventil** eingebaut.
- Am Luftzuführungskasten waren nun auch **seitliche Luftklappen** vorgesehen, die aber im laufenden Betrieb anders als die vordere und die Türluftklappe geschlossen bleiben sollten.
- Da die Messung des Ölvorrates mit dem Peilstab von der Tenderdecke aus sehr umständlich war, erhielten die Serienlokomotiven versuchsweise zwei in der Höhe versetzt an der Ölbehältervorderseite angebrachte **sichtbare Wasserstände** und die Lok 01 1076 (Bw Osnabrück Hbf) versuchsweise einen **pneumatischen Ölstandsanzeiger** (pneumatische Uhr) der Bauart Knappe & Becker mit Anzeigeinstrument, ebenfalls an der Ölbehältervorderseite. Im Betrieb versagten die Wasserstandsanzeiger bald, da sie sich zusetzten. Der **Zerstäuberdampf** wurde nun vorn vom Dampfanschluß der Luftpumpe abgezweigt und durch das abgezweigte Überhitzerelement geleitet.
- Schließlich sollten zur Vermeidung von zu hohen Überhitzungstemperaturen die **Überhitzerumkehrenden** auf einen Abstand von rund 200/350 mm von der hinteren Rohrwand gekürzt werden.

Das BZA Minden legte am 30. Januar 1957 auch fest, daß die Maschinen während des Umbaues auf Ölhauptfeuerung **neue Blasrohre und Schornsteine** erhalten sollten. Der Blasrohrdurchmesser wurde von 150 mm bei den kohlegefeuerten Maschinen auf 145, versuchsweise auch auf 138 mm verkleinert, um den Saugzug zu verbessern. Der Ersatz der wenig haltbaren ursprünglichen Schornsteine erster Bauart stand ja ohnehin an, und ein Teil der Lokomotiven hatte bereits den einteiligen Gußschornstein der dritten Neubaukesselserie erhalten. Den neuen Schornstein führte man nach Vorbild der gerade bei den 03^{10}-Neubaukesseln verwendeten Bauart aus, also zweiteilig mit separatem Innenschornstein und äußerer zylindrischer Hülle, in die vorn der Kanal der Mischvorwärmerentlüftung eingelassen war. Äußerlich erschien der Schornstein gegenüber der Zylinderachse nach vorn versetzt.

Den Personalen gab man bei der Einweisung nun den Rat, die Vorwärmung des Öls auf knapp unter 100 °C zu begrenzen, um ein Verdampfen von im Öl mitgeführten Wasser und damit ein Abreißen der Brennerflamme zu verhindern. Es bestand durch das nachlaufende und wieder zündende Öl die große Gefahr einer Verpuffung.

Bild 184
Teile der Ölfeuerung der 01^{10}-Serienbauart 1957 links unter dem Führerhaus.
1: Fernthermometer-Ableitung,
2: Regulierwelle vom Führerstand,
3: Ölregulierschieber in Wärmeschutzkasten,
4: Öl vom Vorwärmer zum Regulierschieber,
5: Heizdampf zum Ölvorwärmer,
6: Ölvorwärmer

Von der Bedienungsanweisung, bis zu zehn Minuten ohne Brenner aus der Kesselreserve fahren zu dürfen, rückte man wegen der damit verbundenen Kaltluftbelastung des gesamten Kessels wieder ab und gebot, niemals ohne Brenner unter Dampf zu fahren. Nur beim Umrangieren im Bw, und nur nach Schließen aller Luftklappen sei brennerloses Fahren erlaubt. Beim Hilfsbläser war man sich noch nicht einig. Einstweilen hieß die Anweisung, ihn bei unter Dampf fahrender Lok zu schließen. Später ging man dazu über, den Hilfsbläser dauernd anzustellen.

Als erste Lok paßte man 01 1100 vom 25. Januar bis 14. Februar 1957 während einer L 0 im AW Braunschweig der kommenden Serienausführung an. Auch den linken Zylinder erneuerte man. Bei ihr vergrößerte man den vorhandenen Ölbehälter nach hinten hin. Den bisherigen einteiligen Schornstein der Bauart 1955 beließ man.

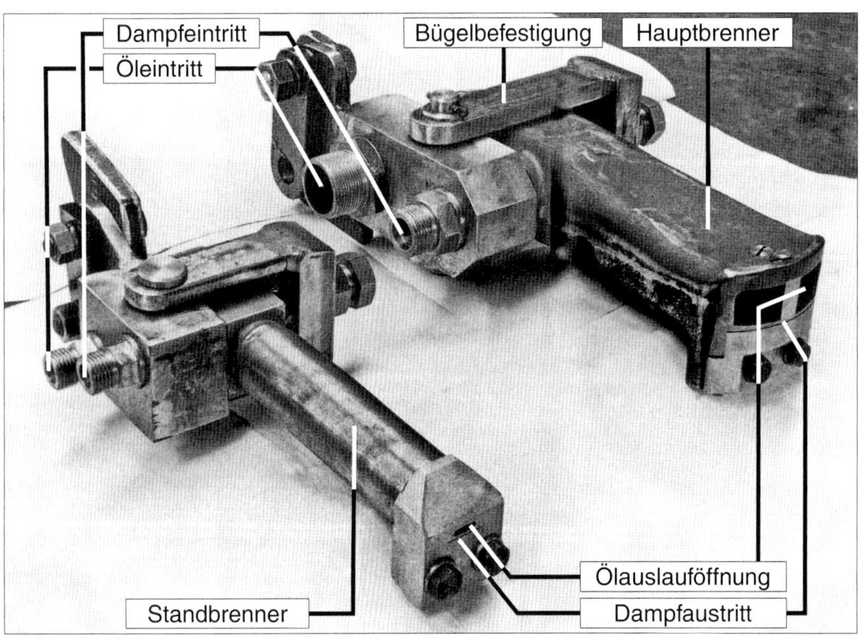

Bild 185 – Die Ölbrenner, links der kleine Standbrenner, rechts der größere Hauptbrenner

Nach den Planungen sollte zunächst 01 1084 als zweite Versuchslok dienen. Erst nach ihren Meßfahrten wollte man die weiteren Loks bei Henschel fertigstellen lassen, und zwar zunächst insgesamt zehn Loks für das Bw Bebra, weil dort die Tankstelle schon fast fertig war, und danach 20 für das Bw Osnabrück Hbf bestimmte Maschinen, damit diese dort vor Einbruch des Winters 1957/58 verfügbar wären. Doch abermals kam es anders als vorhergesehen.

Entgegen allen Absprachen begann Henschel direkt mit der Serienfertigung. Zeitweise wurde im Mai 1957 an sieben Loks zur gleichen Zeit gearbeitet! Als erste war nicht 01 1084 fertig, sondern am 21. Mai 1957 01 1105 und am Folgetag 01 1102. Weitere sechs Loks waren bei Henschel bereits angearbeitet, als das BZA Minden die Arbeiten stoppte und den Abruf weiterer Loks untersagte. Versuchsweise setzte man bei den ersten, für das Bw Bebra bestimmten Umbaumaschinen 01 1105 und 1102 dem Schornstein einen Aufsatz aus Stahlguß auf, der bei 01 1102 zylindrisch, bei 01 1105 oben mit einer angegossenen Caledonian-Krempe versehen war. Vom Schornsteinaufsatz versprach man sich einen weiter verbesserten Saugzug und eine einwandfreie Abdampfwegleitung auch bei höchsten Geschwindigkeiten.

Versuchslok wurde nun 01 1102. Sie blieb nach Fertigstellung des Ölumbaues durch Henschel bis zum 26. Mai 1957 im Bw Kassel kalt abgestellt, bis sich BZA und Henschel auf die weitere Vorgehensweise geeinigt hatten. Am folgenden Tag fuhr sie unter eigenem Dampf zum Lokversuchsamt Minden und stand diesem dann bis zum 6. Juli 1957 zur Verfügung. Gleichzeitig war übrigens die nagelneue, mit Ölzusatzfeuerung ausgerüstete 10 001 zur meßtechnischen Erprobung in Minden. Nach Ausrüstung mit Meßinstru-

Bild 186
Bedienstand für die Ölfeuerung:
1: Absperrventil für Heißdampf zum Hauptbrenner und im Vierfach-Dampfverteiler rechts Dampfregulierung des Hauptbrenners,
2: Regulierventil zum Ölvorwärmer Lok,
3: Dampfregulierventil (durch Vorreiber verdeckt) des Standbrenners,
4: Regulierventil für die Ölbehälter-Heizschlangen,
5: Feuertürverriegelung (Druckstück mit Vorreiber abgeklappt),
6: Rückblaseventil.
Oberhalb der Strahlpumpe sitzt die Brennerregulierung mit Punktbeleuchtung. Sie ist eingestellt auf Standbrenner 0. Der Standbrenner wird durch kurze Drehung nach rechts voll geöffnet, der Hauptbrenner durch dosierbare Drehung nach links von 0 bis 100 Prozent geöffnet. Die Anzeigeinstrumente oben zeigen: links oben Öltemperatur am Austritt aus Ölvorwärmer, rechts oben zweites Schieberkastenmanometer, links unten Dampfdruck Hauptbrenner, rechts unten Dampfdruck Standbrenner.

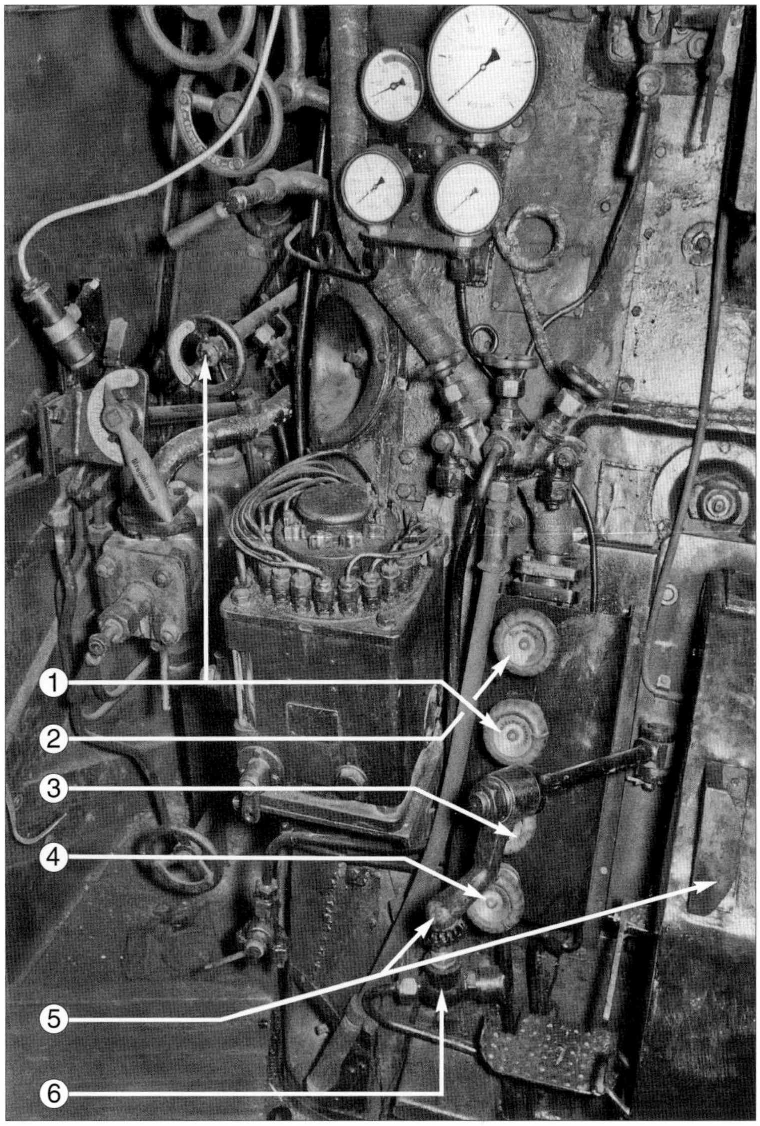

menten unternahm das Versuchsamt vom 13. bis 25. Juni 1957 neun Beharrungsfahrten mit Meßwagen und Bremsloks BR 45 und 18 505 zwischen Kassel und Gießen, die sich allerdings auf einen Meßzyklus mit 80 km/h und Kesselleistungen bis 13,2 t/h beschränkten. Die gegenüber 01 1100 getroffenen Bauartänderungen standen auf dem Prüfstand. Man unternahm zunächst Fahrten mit Schornstein ohne Aufsatz und mit Blasrohrmündungen von 145 und 138 mm, danach mit einem von Henschel gelieferten Schornsteineinsatz und einem Blasrohrdurchmesser von 138 mm und schließlich mit Schornsteinaufsatz und 145er-Blasrohr. Am 19. Juni – Flemming, Witte und Düring fuhren mit – setzte man eine Blasrohrdüse ein, allerdings ohne Erfolg. Einen Teil der Fahrten führte man mit einem Pillard-Kombibrenner, den größeren Teil mit dem Henschel-Flachbrenner aus 01 1100 durch. Die Bewertung der stark streuenden Angaben fällt nicht leicht. Dennoch: Die Werte mit Aufsatz und 145er-Rohr waren bei den gefahrenen mittleren Anstrengungen tendenziell am besten, die Qualmentwicklung am geringsten. Der Blasrohrdruck stieg bei keiner Anstrengung über 0,31 atü und lag meist bei nur 0,15 – 0,22 atü. Damit war nun eine wesentlich geringere Auslaßdrosselung erreicht als noch bei 01 1100. Die Heißdampftemperaturen waren durchweg um rund 25 °C niedriger als bei 01 1100. Auch die Abgastemperaturen waren kleiner. Dennoch lag der Brennstoffverbrauch durchweg um rund 15 Prozent über dem der 01 1100. Ausdrücklich erwähnt der Versuchsbericht Theodor Dürings vom 3. August 1957 die bessere Feueranfachung und Abgasaustragung durch den hohen Schornsteinaufsatz. Bei den Fahrten untersuchte man auch unterschiedliche Anordnungen und Eintrittsgrößen des Verbrennungslufteintritts in den Feuerkasten. Als besonders wirksam erwies sich die Vergrößerung der Luftklappe direkt am Brenner und dort auch das Anbringen eines Leitbleches. Die Luftzutrittsfläche erhöhte man auf insgesamt 3,985 m^2, entsprechend rund 60 Prozent des freien Rohrquerschnittes. Erst diese Endausführung, der Einsatz des Brenners von 01 1100, ein Blasrohrdurchmesser von 145 mm und der Verzicht auf eine Düse ließen die Lok wieder die Öl-Verbrauchswerte der 01 1100 erreichen. Alle Versuchsfahrten unternahm man mit einem vereinfachten Heinl-Mischvorwärmer, bei dem die zweite Vorwärmstufe, Wasserheber und Wasserspeicher stillgelegt waren. Endlich förderte die Kaltwasserstufe der Pumpe genügend Wasser, und zwar bis 350 l/min. Bei einer Leistung von 300 l/min verbrauchte die Pumpe 7,5 kg Dampf. HVB-Referent 21, Flemming, wies nach der Fahrt vom 19. Juni 1957 an, die Fahrten abzubrechen und die Lok im letzten Zustand dem Betrieb zurückzugeben. Notwendig machte es sich, bei 01 1102 und allen anderen bereits gelieferten Loks statt des Kombibrenners unterhalb des Hauptbrenners einen Standbrenner einzubauen. Beide besaßen einen gemeinsamen Ölregulierschieber, aber getrennte Regulierung des Einblasedampfes.

Kostenlos mußte Henschel acht Hauptbrenner und Standbrenner nachliefern, die in die schon fertigen Loks eingesetzt wurden.

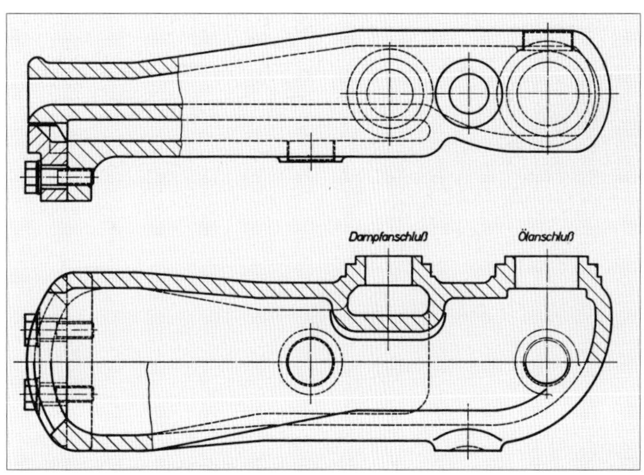

Bild 187 – Hauptbrenner der Serienloks BR 01^{10} von der Seite und von oben gesehen; Strahlrichtung nach links. Unter dem Ölkanal befindet sich der nur 0,55 mm hohe Dampfaustritt.

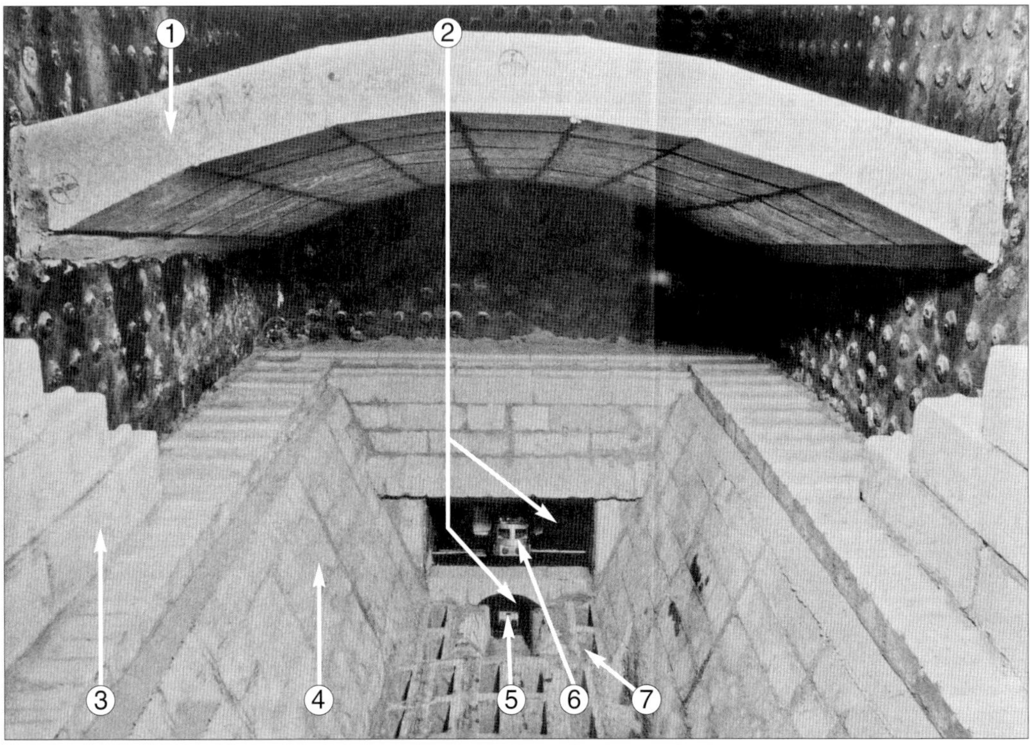

Bild 188
Blick in den Feuerkasten vom Führerhaus nach vorn.
1: verlängerter Feuerschirm aus Schamottesteinen,
2: Luftzuführungsöffnungen für die Brenner,
3: Ausmauerung des unteren Teils der Feuerbüchse,
4: Feuerkastenausmauerung,
5: Standbrenner (in der Mulde),
6: Hauptbrenner,
7: Feuerkastenboden, ausgemauert mit Gittersteinen zur Luftzufuhr.

Weitere Anpassungen auf den Zustand von 01 1102 verschob man, da die Loks ab dem 2. Juni 1957 einen großen Teil der planmäßigen Langläufe des Bw Bebra übernehmen mußten. Drei weitere Schornsteinaufsätze mit Krempe waren laut einer Mitteilung von Friedrich Witte für 01 1101, 1081 und 1085 beschafft, lagen aber offenbar im Lager des AW Braunschweig. Die Bebraer Loks 01 1077, 1081, 1082, 1084, 1085, 1101, 1103 und 1104 blieben deshalb zunächst ohne Schornsteinaufsatz.

In ähnlicher Eile wie zuvor ging zwischen Juli und November 1957 der Umbau der 20 für Osnabrück bestimmten Lokomotiven vor sich. Während es beim Ölumbau der Bebraer 01^{10} hauptsächlich um wirtschaftliche Erwägungen ging, war für die Osnabrücker Loks die mögliche Leistungssteigerung entscheidend. Als Resultat der Versuchsfahrten mit 01 1102 erhielten die für das Bw Osnabrück Hbf umgebauten Maschinen Standbrenner und zylindrischen Schornsteinaufsatz schon direkt bei der Fa. Henschel. Die Bebraer „Öler" baute man gelegentlich der nächsten L 2-Untersuchungen in Braunschweig 1958/59 um. Der eigentlich für alle 01^{10}, 03^{10} und Neubaukessel-41 vorgesehene „Kranzschornstein" der 01 1105 erwies sich als ungünstig, da er Luftverwirbelungen am Schornsteinkopf erzeugte und so

Bild 189 – Blick auf die Vorderseite des Tenders mit Ölbehälter.
1: Fernthermometer für Behälterfüllung,
2: Heizdampfzuführung,
3: Kondensatabführung,
4: Abdampfregulierung der unteren Heizschlange,
5: Durchgangsventil zur Abdampfregulierung der oberen Heizschlange,
6: Absperrventil am Ölauslauf,
7: Ausblaseventil Richtung Brenner,
8: Abschlamm- und Entleerungsventil.

Bilder 190 und 191
Erstgelieferte Lok der Öler-Serienbauart war am 21. Mai 1957 **01 1105** (Bw Bebra). Von den nachgelieferten Lokomotiven unterschied sie sich durch einen gegossenen Schornsteinaufsatz mit Caledonian-Krempe. Der Tender war noch völlig glatt, und sogar einen schnell erreichbaren Feuerlöscher sucht man vergebens. Den Behelfsdachlüfter hatten damals noch viele 01^{10}, bis es dem BZA auffiel, daß er aus dem Lichtraumprofil herausstand. Die Bilder entstanden am 7. Juni 1957 in Bebra.

AUFNAHMEN (2): CARL BELLINGRODT/EK-VERLAG

Bild 192
Fast gleichzeitig, im Sommer 1957 entstand dieses Bild der im Bw Hamburg-Altona drehenden **01 1105**. Aus dieser Perspektive sah der Kranzschlot sogar einigermaßen flott aus. Wie diese Lok sollten eigentlich auch alle 01^{10}, 03^{10} und 41 NK ausgerüstet werden.

AUFNAHME: WALTER HOLLNAGEL, SLG. GERD NEUMANN

Bild 193 – Eben hat **01 1102** (Bw Bebra) am 4. September 1958 mit dem D 174 Bremerhaven – München in Kreiensen gehalten und baut gerade wieder Geschwindigkeit auf. Seit Hannover folgt die Nord-Süd-Strecke dem Tal der Leine und durchquert hier zwischen Ritterode und Salzderhelden die reizvolle Hügellandschaft des Leineberger Landes. Hinter dem Zug, 50 Meter tiefer im Talgrund, windet sich der Fluß. 01 1102 hatte als zweitgelieferte Serienlok als erste und vorerst einzige den hohen, zylindrischen Schlotaufsatz.

Bild 194 – 01 1079, abgeliefert am 17. September 1957, steht für den Zustand der 20 für das Bw Osnabrück Hbf umgebauten 01^{10}. Sie besaßen von Anfang an den Schornsteinaufsatz. 01 1079 beförderte am 9. Februar 1958 den D 94 Hamburg – Köln. Das Stahlwerk Hagen-Haspe, damals Arbeitsplatz für ein paar tausend Menschen, ist schon seit Jahren verschwunden.

AUFNAHMEN (2): CARL BELLINGRODT/EK-VERLAG

Bild 195
01 1085 (Bw Bebra) wurde als sechste Umbaulok (siehe Aufschrift vorn unterhalb des Rauchkammertrittblechs) am 5. Juni 1957 an die DB abgeliefert, als Carl Bellingrodt in Bebra schon eifrig den ersten Ölern im Planeinsatz nachstellte. Direkt vor Überstellung der kalten Lok zum Bw Kassel entstand dieses Bild im Werkshof bei Henschel. Die Lok dokumentiert den „Normalzustand" der ersten 01^{10} Öl. Im Hintergrund links ist 01 1077 zu sehen.

Bild 196
Mitte Oktober 1957 waren die Osnabrücker **01 1054**, 1055, 1060, 1061, 1066, 1068, 1080 und 1088 bei Henschel zum Ölumbau. In Arbeit befinden sich auf diesem Bild von links 01 1054, eine Garratt-Lok für Südafrika, **01 1088**, 44 1264 und ganz hinten eine weitere 01^{10}.

AUFNAHMEN (2): HENSCHEL-ARCHIV

die Führung des Abdampfstrahls nach oben eher behinderte. Auch äußerlich wirkte der Kranz am klobigen Schornstein wenig geschmackvoll. Am 27. November 1959 wies Friedrich Witte die BD Kassel an, beim nächsten AW-Aufenthalt den Kranz am Schornstein von 01 1105 abzudrehen und dem Aussehen der übrigen Loks anzupassen. Ebenso verfuhr man mit den drei übrigen Kranzschlotaufsätzen. 01 1100 schließlich behielt ihren einteiligen Ovalschlot noch länger und wurde erst während einer L 2 vom 7. Februar bis 16. März 1961 im AW Braunschweig mit dem großen, zylindrischen Schornstein ausgerüstet.

Im Herbst 1957 baute das Bw Bebra an seine Loks eine **Ausblasvorrichtung in die Brenner-Ölzuleitung** ein, mit der man das Öl auch in den Behälter zurückblasen konnte. Weiter änderte das Bw Bebra den Ölregulierschieber und die Leitung vom Schieber zum Hauptbrenner nach einem zuvor an 01 1082 erprobten Muster und baute Zuleitung und Drehzug des Standbrenners nach Zeichnungen des BZA Minden um. Es folgte der Umbau auch der Osnabrücker Loks.

Am 10. Januar 1958 verfügte das BZA Minden den Umbau von drei weiteren Maschinen, die sich wiederum technisch geringfügig von den Loks des Umbaujahres 1957 unterschieden. Sie erhielten eine verbesserte Feuerungsanlage nach Muster der im Frühjahr 1958 untersuchten 44 1264. Bei ihnen war bereits ein **Doppelbrenner** eingebaut. Die Brenner waren getrennt und jeweils für kleine und große Leistung zu steuern und erlaubten so eine feinfühlige Anpassung der Feuerung an jede Leistungslage. Der **Dampfverteiler** hatte nun fünf Anschlüsse: (von oben) Ölvorwärmer, linker Brenner, rechter Brenner, Ausblaseleitung, Ölbehälterheizung. Die Brenner waren bedarfsweise bei höchsten Leistungen zusätzlich mit Naßdampf aus der Zuleitung zur Ölheizung zu beaufschlagen. Durch eine Sperrklinke war sichergestellt, daß nicht versehentlich zunächst das Öl und dann der

Bild 197
Seit 1958 standen im Bw Bebra zwischen den beiden Lokschuppen zwei beheizte Heizöl-Hochbehälter. Bis dahin hatte man die Kesselwagen direkt an die Tankstelle angeschlossen. Die Tankstelle dieser Bauart ist eine Erfindung des Bebraer Dienststellenvorstehers Holzhauer, dessen Engagement entscheidend war für die Laufleistungsrekorde der Bebraer Öler. Der Heizer von **01 1104** wird sich in acht nehmen, dem Schuppenheizer eine Dusche zu verpassen. Wie man aber sieht, ist 1958 das gleichzeitige Wassernehmen und Bunkern bereits alltägliche Übung. Sicherheit am Arbeitsplatz? Man denke lieber nicht daran…

AUFNAHME:
BD KASSEL/EK-VERLAG

Brennerdampf angestellt wurde. Direkt hinter dem Regulierschieber war jeweils ein Absperrschieber angeordnet, um bei einer Brennerstörung mit nur einem Brenner weiterfahren zu können. Der Heizer hatte nun ein eigenes Schieberkastenmanometer, das ihm die Leistungslage der Lok jederzeit anzeigte. Verändert wurden die **Bedienungsarmaturen**, die Saugzuganlage mit nun einem Blasrohr von nur noch **138 mm Durchmesser** und der **Feuerschirm, der auf sieben Steinreihen** verlängert wurde. Endlich war der Ausbrennweg der Flammen auch bei stärkstem Arbeiten der Maschine so weit nach hinten verlängert, daß die gesamte Feuerbüchsheizfläche einen hohen Wärmeeintrag erfuhr. Beim Tender waren statt bislang einer nun zwei Öleinfüllöffnungen ganz hinten auf dem Ölbehälter nebeneinander angeordnet.

Erwähnenswert ist hier, daß allein der Bestand des Bw Bebra vermehrt wurde. Bw Osnabrück Hbf gab die ölgefeuerte 01 1061 nach Bebra und erhielt als Ersatz die kurz zuvor mit Ölfeuerung ausgerüstete 01 1063, um auch dort die neue Bauart im Vergleich mit den übrigen Lokomotiven im Alltagsbetrieb zu erproben.

Die gegenüber dem Vorzustand veränderten Dimensionen laut **Nachtrag 2 des Merkbuchs 939c**:

Lokleergewicht	101,0	t
Lokdienstgewicht	111,6	t
Leergew. Lok u. Tender	134,9	t
Dienstgew. Lok u. Tender	196,5	t
1.	15,0	t
2.	15,1	t
3.	20,0	t
4.	20,8	t
5.	20,2	t
6.	20,6	t
Indizierte Leistung bei 70 kg/m²h rund	2.470	PS_i
Indizierte Zugkraft (0,8 pk)	15.840	kg
Heizölvorrat	13,5	t

Vergessen wurde offenbar die Korrektur der Überhitzerheizfläche, die nun wegen der Abzweigung eines Elementes zur Überhitzung des Brennerdampfes 93,96 m² beträgt. Die Nachprüfung von Verwiegungsangaben brachte hier nur geringfügig andere Werte.

Bild 198
Ein Blick auf Ölbehälter, Tankstelle und Tankvorgang mit **01 1073** am 23. Juni 1960 im Bw Osnabrück Hbf. Das Gerüst bot wenigstens einen gewissen Unfallschutz. Die Lok besitzt noch die eine, mittige Einfüllöffnung. Mittlerweile haben die Maschinen einen Feuerlöscher in einer Nische des Werkzeugkastens erhalten, der später noch mit einer Klappe umgeben wurde. Doch unbekümmert raucht der Schuppenarbeiter an der Tankstelle seine Zigarette… Auf dem Tenderfabrikschild stehen die Angaben Krupp 2001/1939 – es ist der Tender von 06 001.

AUFNAHME:
PETER KONZELMANN,
SAMMLUNG HANSJÜRGEN RIPPIN

Bild 199
Weil die Ölloks etwas mehr Brennstoff brauchten, als man zuvor angenommen hatte, reichte der Vorrat nicht für die komplette Tour Würzburg/Frankfurt – Hamburg und zurück. Deshalb erhielt das Bw Bebra zwischen nördlicher Drehscheibe und östlichstem Bahnsteig bereits Anfang Juni 1957 einen zusätzlichen Betankungsgalgen, mit dem nordwärts fahrende Züge **W**asser am **B**ahnsteig gleichzeitig fassen und **T**anken konnten. Im ersten Öler-Umlaufplan von 1957 waren es allein D 167 und F 211, die beim Durchlauf zwischen Frankfurt und Hannover „Wba und Tba" in Anspruch nehmen mußten. Im Juni 1958 faßt **01 1105** vor D 167 Nahrung aus der Anlage.

AUFNAHME: HELMUT FÖRST/BD KASSEL

Bild 200
Die gerade auf Ölfeuerung umgebaute **01 1074** (Bw Osnabrück Hbf) verläßt mit dem hauptsächlich aus LS-Wagen gebildeten D 93 Köln – Hamburg-Altona am 26. Oktober 1957 den Bahnhof Oberbarmen. Im Hintergrund ist die große Wagenhalle und Wendeanlage Oberbarmen der Wuppertaler Schwebebahn zu sehen.

AUFN.: C. BELLINGRODT/EK-VERLAG

Bild 201 – Der „Öler" in ganzer Kraft und Schönheit. Die mit der Rollenlagerstangen der Bauart 1940 ausgerüstete **01 1104** (Bw Bebra), am 13. März 1958, gerade bei einer L 2 im AW Braunschweig neu bereift und mit Schornsteinaufsatz versehen, vor der Abnahmeprobefahrt. Hohe Sandkästen, der glatte Tender und das zum Tender noch offene Führerhaus sind typisch für diese Zeit.
AUFNAHME: JOACHIM WOHLFARTH

Lok	Jahr	Leergewicht	gefüllt	Reibungsgewicht	Achslasten von vorn nach hinten
01 1063	1958	99,6	111,65	60,52	15,58, 15,63, 19,98, 20,39, 20,15, 19,92
01 1071	1958	99,6	110,99	60,39	15,06, 15,13, 20,03, 20,38, 19,98, 20,41
01 1073	1960	99,6	111,26	60,89	15,01, 15,03, 20,27, 20,39, 20,23, 20,33
01 1075	1960	99,6	111,67	60,57	15,18, 15,32, 20,07, 20,40, 20,10, 20,60
01 1089	1958	99,6	111,66	60,64	15,26, 15,27, 20,09, 20,45, 20,10, 20,49
Tender 01 1073	1960	34,56	81,67		

Die Gleichheit aller Leergewichtsangaben von 99,6 t, die aber weitgehende Übereinstimmung der Angaben für das Dienstgewicht in der DV 939 und beim Verwiegen kann nur mit dem Fehlen der Steinausmauerung beim Verwiegen im AW zusammenhängen. Die Abweichungen der Absolutwerte sind wieder auf unterschiedliche Füllungsgrade des Kessels, Abweichungen der Achslasten untereinander aber auf die Einstellung des Lastausgleichs zurückzuführen. Gemein ist allen die im Verhältnis gering belastete erste Kuppelachse und die stark belastete Schleppachse. Der Versuch bei 01 1063, die durch die Steineinbauten hohe Schleppachslast mittels Verstellung der Ausgleiche zu mindern, brachte automatisch mehr Last auf das vordere Drehgestell, was auch nicht erwünscht war.

Die Angaben im Merkbuch als einigermaßen realistischer Mittelwert sind hier endlich einmal zutreffend.

Lok	Ölumbau bei der Firma Henschel	
10 Loks für Bw Bebra		
01 1105	05.04.57 - 21.05.57	Kranzschlot
1102	12.04.57 - 22.05.57	Schlotaufsatz
1104	17.04.57 - 25.05.57	
1103	01.05.57 - 29.05.57	
1101	03.05.57 - 31.05.57	
1085	07.05.57 - 05.06.57	
1077	21.05.57 - 07.06.57	
1084	27.05.57 - 14.06.57	
1081	28.05.57 - 24.06.57	
1082	03.07.57 - 16.08.57	
20 Loks für Bw Osnabrück Hbf		
01 1001	15.07.57 - 21.08.57	
1076	21.07.57 - 28.08.57	
1073	27.07.57 - 30.08.57	
1059	07.08.57 - 05.09.57	
1074	10.08.57 - 13.09.57	
1079	14.08.57 - 17.09.57	
1075	18.08.57 - 19.09.57	
1058	24.08.57 - 24.09.57	
1064	29.08.57 - 30.09.57	
1089	02.09.57 - 04.10.57	
1092	07.09.57 - 08.10.57	
1057	10.09.57 - 14.10.57	
1080	14.09.57 - 18.10.57	
1061	18.09.57 - 24.10.57	
1088	21.09.57 - 30.10.57	
1068	24.09.57 - 04.11.57	
1054	28.09.57 - 06.11.57	
1060	05.10.57 - 13.11.57	
1055	01.10.57 - 19.11.57	
1066	09.10.57 - 26.11.57	
Zweite Umbauserie 1958		
01 1052	15.04.58 - 12.06.58	Bebra
1071	21.04.58 - 19.06.58	Bebra
1063	11.05.58 - 20.06.58	Osnabrück Hbf

Für den Umbau auf Ölhauptfeuerung berechnete Henschel je nach Aufwand zwischen 43.000 und 47.000 DM. Der Umbau der mit einer verbesserten Ölfeuerung ausgestatteten letzten drei Loks kostete rund 50.000 DM.

Die ölgefeuerten Loks im Betrieb

Auch nach Fertigstellung der letzten „Öler" war nicht der Endzustand der Ölfeuerung erreicht, und auch mit den Anlagen auf den 01^{10} war man noch nicht ganz zufrieden. Bisher hatten sich Erprobung und Anpassung nahezu parallel abgespielt, immer behindert vom Drängen des Betriebes, die Versuchsloks wieder freizugeben. Am 2. August 1957 stimmte die HVB Wittes Vorschlag zu, eine der Versuchsamts-45 mit einer Ölhauptfeuerung nach Muster der 01^{10} auszurüsten und die optimale Bauart im Standversuch herauszufinden. Die nicht mehr betriebsfähige 45 012 erhielt bei Henschel die Feuerungsanlage und einen 2'2' T 34-Tender mit Ölbehälter, den man nach den Versuchen für die BR 44 weiterverwenden wollte. Am 22. Januar 1958 traf 45 012 wieder in Minden ein. Etliche der folgenden Änderungen an 01^{10} wurden an ihr erprobt.

Beginnend mit dem Ölumbau erhielten die Loks der BR 01^{10} mit Kesseln der ersten beiden Bauserien den Rußbläser Bauart Gärtner, mit dem man vom Stehkessel aus einen scharfen Dampfstrahl gegen die Feuerbüchsrohrwand richten und so bei fahrender Lok die Rohre und Überhitzerelemente von Belägen befreien konnte. Die Loks mit den 13 Kesseln der letzten Bauserie 1955 hatten den Gärtner-Bläser von Anfang an. Die Ausführung der Sonderarbeit 215 zog sich bis 1962 hin und erfaßte auch die Kohleloks. Im Betrieb stellte sich heraus, daß man mit dem täglichen Betätigen des Gärtner-Bläser allein bei den Ölloks die Rohrheizflächen nicht sauber halten konnte. Es war erforderlich, alle paar Tage die Rohre von Hand zu reinigen.

Im Dezember 1957 zog man eine erste Zwischenbilanz. Sie fiel recht positiv aus. Von Juni bis Dezember 1957 lag der durchschnittliche Lastwert der Bebraer Ölloks bei 598 t und der Kohleloks bei 569 t. Die monatliche Durchschnittsleistung der Bebraer Loks: 13.400 km bei den Kohleloks, 19.400 km bei den Ölloks. Im August erreichten die zehn Ölloks durchschnittlich jeweils 22.945 km. Sie steckten auch 25 Prozent Überlast in der Ferienzeit ohne Verspätungen weg. Nur auf den ersten Blick erschien die energiewirtschaftliche Bilanz etwas mager: Den höheren Abgasverlusten und einem umgerechnet ungefähr gleichen Kalorienbedarf wie bei den Kohleloks standen höhere Monatsleistung, höhere Zuglasten und eine größere Überlastbarkeit gegenüber. Der Betriebsdienst rühmte, „daß die Züge mit den ölgefeuerten Lok pünktlich verkehren"! Was eigentlich wollte man mehr?

Die in der Folge mit Ölhauptfeuerung ausgerüsteten Loks der BR 41 erhielten die endgültige Bauart der Ölfeuerung mit zwei kleineren Schlitzbrennern gleicher Leistung. Weitere Verbesserungen: Ölregulierschieber direkt vor den Brennern, Ölabsperrschieber zwischen Regulierschieber und Brennern, Verbesserung des Drehzuges zum Ölregulierschieber, Verlegung der Heißdampfleitung für Brennerdampf von der rechten auf die linke Lokseite, Sieb in der Heißdampfleitung vor den Brennern, Brennerluftklappen aus Sphäroguß, verbessserter Ölvorwärmer, luftbetätigte Öleinfülldeckel im Tender, beheiztes Füllrohr an Tenderrückseite für Betankung vom Boden aus, Wärmeisolierung der

Bild 202 – Erst der Blick von oben offenbart die Feinheiten des Öler-Schornsteins: Der Außenschlot ist vorgeschoben, und vorn kann überschüssiger Dampf aus dem Vorwärmer entströmen. 01 1071 und 01 1081 (hinten), beide vom Bw Bebra, um 1958 im Bw Frankfurt (M) 1. AUFNAHME: SAMMLUNG JOCHEN LAWRENZ

Bild 203, rechts – Gesamtansicht der Doppelbrenneranlage von der Seite in der Stellung wie eingebaut und von oben; Strahlrichtung wieder nach links.

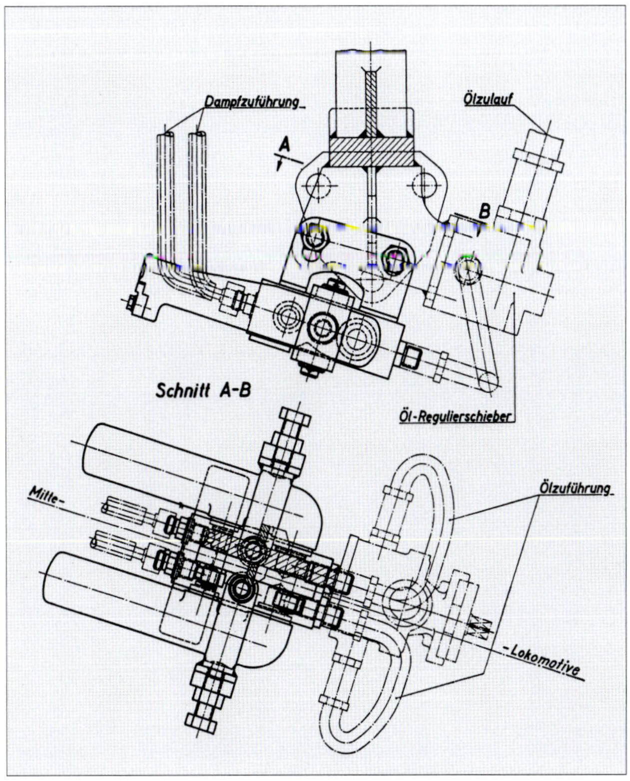

Ölbehältervorderwand, Ölstandsanzeiger Knappe & Becker, zwei zusätzliche Entlüftungen auf dem Ölbehälter, Absperrventil für obere Behälter-Heizschlange, Entwässerung der Ölbehälterheizung, Verbesserung der unteren Heizung, Kasten für den Feuerlöscher hinten am Tender. Zusätzlicher Sicherheit dienten zwei Schnellschlüsse der Ölleitung, von denen einer im Führerhaus an der Heizerseite mit einem waagerecht aufgehängten Seilzug betätigt wurde. Der zweite war außen zu betätigen und zwar beiderseits im Bereich der Aufstiegstreppen zwischen Führerhaus und Tender. Dieser „Bauart 1959“ paßte man im Laufe einiger Jahre auch die ölgefeuerten 01^{10} an (Sonderarbeit 245).

Nach kurzer Zeit allerdings herrschte heillose Verwirrung über den Standard der Ausrüstung der mittlerweile fast 100 ölgefeuerten Lokomotiven, weil häufig genug mangels Ersatzteilen nur ein Teil der Nachrüstungen auszuführen war. Man behalf sich mit Listen, die dann bei jedem AW-Aufenthalt mit dem Befund an der Lok verglichen wurden. Zeitweise gab es auch Streit, weil das BZA mit gewisser Berechtigung argumentierte, daß es nur ein „Entweder – oder“ bei der Frage „zwei luftbetätigte Öleinfülldeckel auf der Ölbehälterdecke und zusätzlicher Anschluß für Bodenbetankung“ geben könne. Letztlich erhielten die 01^{10} beides, und beide Betankungsmöglichkeiten wurden benutzt.

Trotz einer weiteren Kürzung der Überhitzerelemente auf einen Abstand von 550/700 mm oder 550/890 mm von der hinteren Rohrwand waren die Heißdampftemperaturen der ölgefeuerten Maschinen immer noch zu hoch für die verfügbaren Schmiermittel und führten zu Beschädigungen der Schieber und Zylinderblöcke. Deshalb baute man 1961 bei einem Teil der Loks als Sonderarbeit 261 eine „Heißdampftemperatur-Regulierung“ ein. Mit

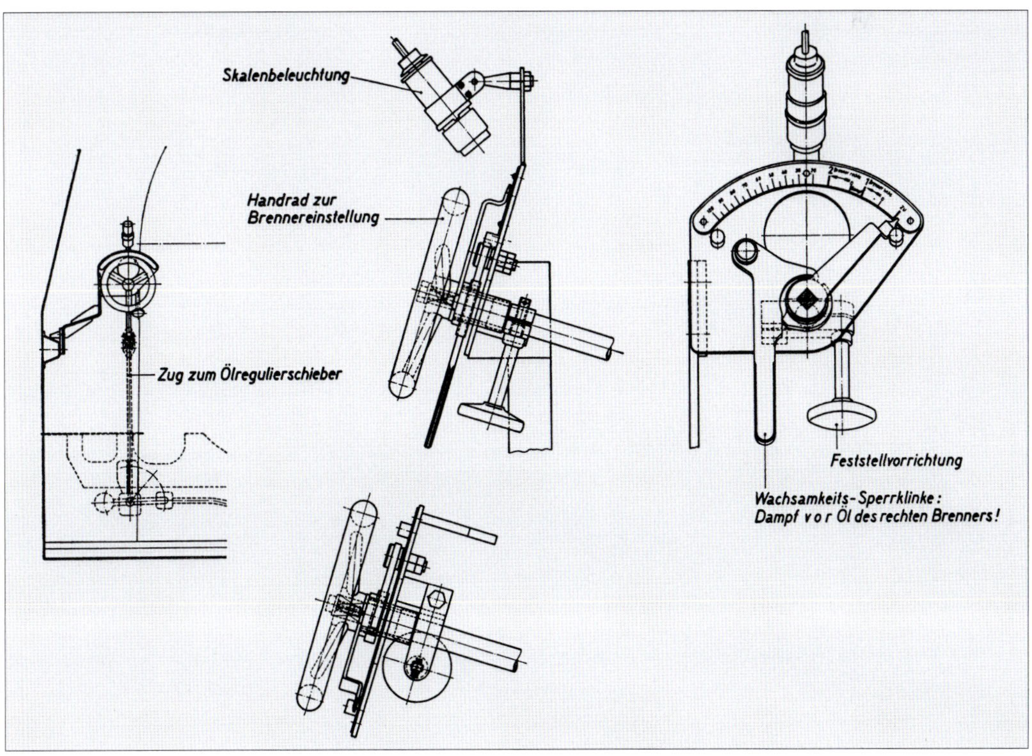

Bild 204
Endgültige Bauart der Brennerregulierung mit Sperrklinke und Stufenschaltung Brenner links, Brenner rechts. Mit dieser Einrichtung wurden alle 01^{10} nachgerüstet.

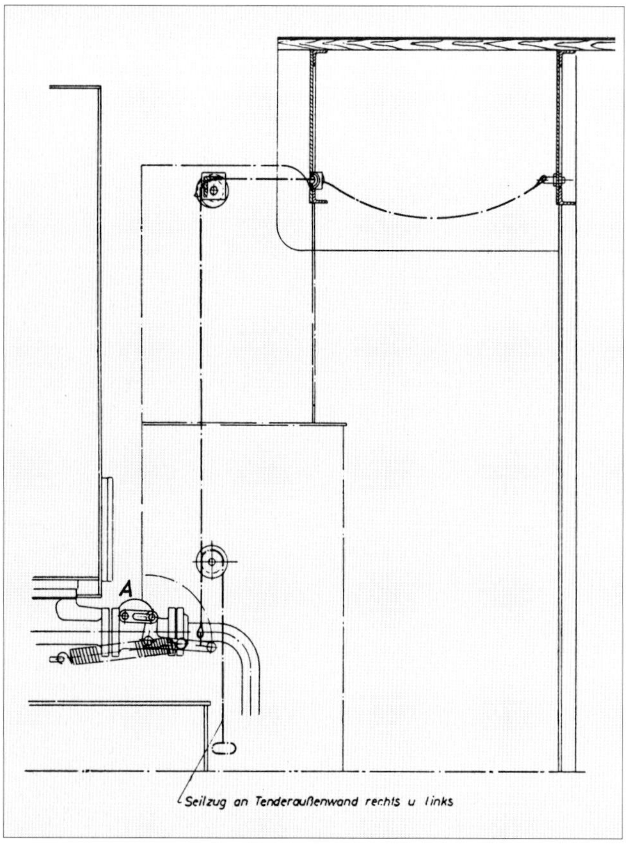

Bild 205 – Schnellschluß für den Fall eines Führerstandsbrandes: Der Heizer kann beim Verlassen entweder die Leine über der Tür ziehen, er kann unter der Führerhaustreppe den zweiten Zug betätigen, oder der Lokführer kann auf seiner Seite dasselbe tun.

dieser konnte man verdampfungsbereites Wasser aus dem Kessel in die Heißdampfsammelkammer einspritzen und so die Temperatur senken. Was sich bei den 41er-Ölloks mit Heißdampfregler bewährte, verschwand nach kurzer Zeit bei der 01^{10} sang- und klanglos wieder.

Eine enorm hohe Zahl von Zuglaufstörungen während der Bebraer Langläufe durch Überhitzer- und Schieberschäden waren für die BD Kassel Anlaß zu einer „Selbsthilfe-Maßnahme“. In der Vorweihnachtszeit 1960 kam es allein zu 18 Zuglaufstörungen mit Ersatzlokgestellung durch Überhitzerschäden. Der Maschi-

Bild 206 – Aus der Praxis geborene Verbesserungen am Tender: Zwei Öldeckel, die von unten mit Kettenzügen zu betätigen sind und rechts im Werkzeugkasten ein Schrank mit Feuerlöscher. AUFNAHME: HENSCHEL-ARCHIV

nenchef der BD Kassel, Prinz Schaumburg, wies das Bw Bebra daraufhin an, die Überhitzerelemente weiter zu kürzen, und zwar auf einen Abstand von 1.000/1.340 mm von der hinteren Rohrwand. Bei den so umgebauten Maschinen sanken schlagartig und in bemerkenswertem Umfang die Ausfall- bzw. Reparaturtage. Darüber informierte die BD Kassel den Bauartdezernenten Friedrich Witte im BZA Minden und schlug eine derartig starke Ver-

Bild 207 – 01 1063 erhielt zunächst im AW Braunschweig eine L 2 mit auf den 9. Mai 1958 lautender Frist, die neuen Rollenlagerstangen und das dritte Spitzenlicht. Es folgte vom 11. Mai bis 20. Juni 1958 der Einbau der Ölfeuerung neuer Ausführung mit Doppelbrennern bei Fa. Henschel. Das Bild zeigt die Lok dort fertig zur Rückfahrt zum AW Braunschweig, wo sie dann noch neun Tage für Nacharbeiten verblieb. AUFNAHME: HENSCHEL-ARCHIV

Bild 208
Blick von oben auf **01 1057** (Bw Osnabrück Hbf) nach ersten Umbauten, aufgenommen im Juli 1963 von Carl Bellingrodts Wohnung in Wuppertal-Barmen aus. Hinten auf dem Ölkasten sind zwei Einfüllöffnungen vorhanden. Die Lok wurde nachträglich schon mit Anschlüssen für Bodenbetankung ausgerüstet.

Bild 209
01 1063 (Bw Osnabrück Hbf) ist am 9. April 1960 vor D 96 Hamburg – Köln in Garath bei Düsseldorf südwärts unterwegs.

Bild 210
Mit leicht geöffneten Zylinderventilen, rauchlos und mit „Zwiebel“ auf dem Schlot „bläst“ am 4. September 1958 die Bebraer **01 1082** vor D 173 auf der Nord-Süd-Strecke nach Norden. Im Hintergrund ist das Dorf Ippensen bei Kreiensen zu sehen.

AUFNAHMEN (3):
CARL BELLINGROT/EK-VERLAG

Bild 211
Wieder ein Blick auf einige Details: die vom Tender hinter der Treppe nach vorn führenden Ölschläuche, der Mischbehälter vor dem Schlepprad ohne Heber, die frischen Aufschriften und schließlich das nach hinten noch ohne Faltenbalg reichlich luftige Führerhaus.

AUFNAHME: HENSCHEL-ARCHIV

kürzung der Überhitzerelemente für alle 01^{10} Öl vor. Witte aber reagierte nicht konstruktiv, sondern äußerte sich sehr zornig über die nicht genehmigte Eigenmächtigkeit. Sie sei völlig untragbar, da die sinkende Heißdampftemperatur die Wirtschaftlichkeit der Maschinen beeinträchtige. In der Tat wiesen die Loks mit gekürzten Überhitzern rund 50 bis 70 °C niedrigere Heißdampftemperaturen auf. Der Streit ging monatelang hin und her, und die BD Kassel argumentierte, daß nur die Maschinen mit gekürzten Überhitzerelementen die geforderten hohen Monatsleistungen durchhielten. Und: Eine geringfügig verschlechterte Dampfwirtschaft stehe in keinem Verhältnis zu Zuglaufstörungen, hohen Reparaturkosten und einer niedrigen Verfügbarkeit der Maschinen mit 550 mm Umkehrendabstand von der hinteren Rohrwand. Im März 1962 besaßen bereits 28 der 34 01^{10} Öl entweder auf 550/890 mm oder 1.000/1.340 mm Abstand von der hinteren Rohrwand gekürzte Überhitzerelemente. Witte hingegen forderte am 19. Juli 1962 den Rückbau der Überhitzerelemente in den Ausgangszustand und verstieg sich nach der Weigerung der BD Kassel am 23. August 1962 zu erkennbarem Unsinn: *„Die von Ihnen erzielten Erfolge z. B. bezüglich Verbesserung der Störungsfreien Laufleistung u a m sind nach unserer Auffassung nicht auf die Kürzung der Überhitzerelemente zurückzuführen. Die Auffassung, daß die störungsfreie Laufleistung Vorrang vor allem anderen habe, teilen wir nicht…"* Die anheim gestellte Beschwerde bei der Hauptver-

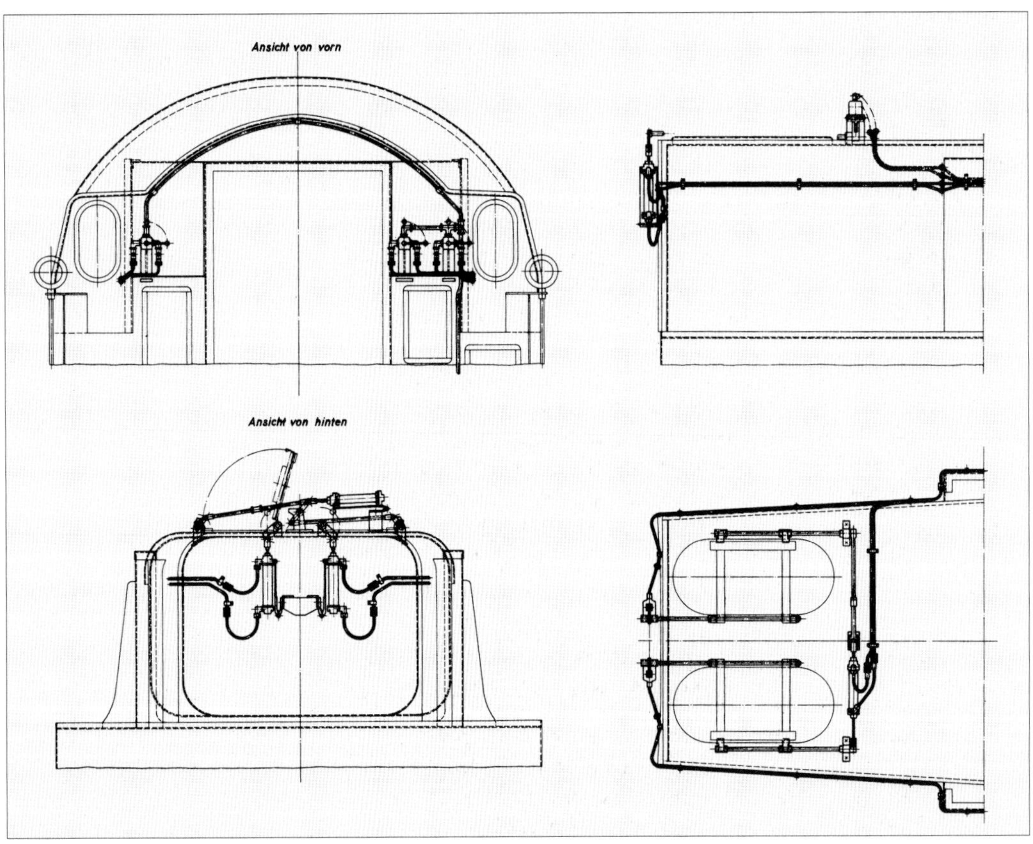

Bild 212
Anordnung und Betätigung der Druckluftbetätigung der beiden Öleinfüllöffnungen der Ölfeuerung Bauart 1959. Sowohl die beiden Füllöffnungen wie auch die Luftbetätigung der Deckel baute man als Sonderarbeit 276 erst ab 1962 an die 01^{10} Öl an.

Bild 213 – Der luftbetätigte rechte Deckel ist geöffnet, sichtbar werden Einfüllöffnung und Siebeinsatz. AUFNAHME: DIERK LAWRENZ

waltung nutzte der Witte seit seiner Mindener Zeit nicht gerade freundlich gesonnene Prinz Schaumburg am 7. Februar 1963 für ein langes, wütendes Schreiben, in dem er dennoch detailliert die Motivation für eine Beibehaltung der gekürzten Überhitzer begründete. Wie vorherzusehen wies die HVB sodann den Rückbau an, weil die Bebraer Loks ab Sommer 1963 anderwärts eingesetzt würden, Witte forderte Satisfaktion für Schaumburgs Brief, Schaumburg beschwerte sich abermals in Frankfurt.

Der Streit über die Wertigkeit hoher Heißdampftemperaturen oder Schonung von Überhitzer und Schiebern durch Absenkung der Überhitzung bei den Ölloks dauerte an und zog sich bis in die siebziger Jahre hin. Mehrfach wurden verbindliche Längenmaße für die Überhitzerelemente festgelegt, diskutiert, ausprobiert und wieder verworfen. Maschinen, die hauptsächlich mit Mittelleistung fuhren, ließen sich eben nicht mit denjenigen über einen Kamm scheren, die hunderte Kilometer weit nur mit Höchstleistung fahren mußten. Überhitzerschäden blieben die zahlenmäßig größte Ausfallursache bei den ölgefeuerten Loks der DB, und tatsächlich gelöst wurde das Problem bis heute nicht.

Ein weiterer heftiger Streit zwischen den Direktionen Kassel und Münster einerseits und dem Zentralamt Minden andererseits entbrannte 1961 über die zweckmäßige Bauart der Ölbrenner. Die Direktionen wiesen darauf hin, daß die noch verbliebenen Maschinen mit nur einem Hauptbrenner meßbar sparsamer waren als die bereits auf Doppelbrenner Bauart 1960 umgebauten elf Bebraner und neun Osnabrücker Loks. Letztere würden auch sehr

Bild 214 – Bodenbetankung im Bw Hamburg-Altona. Der schwere Schlauch ist an einem Gestell federnd aufgehängt. AUFNAHME: DIERK LAWRENZ

Bild 215 – Vier verschiedene Tenderbauarten im Bw Köln Bbf am 23. Mai 1963: Von links **01 1089** (Bw Osnabrück Hbf) mit Öltender in der letzten Umbauform, die Wuppertaler Wannentender-P 8 38 3076, 03 1022 (Bw Hagen-Eckesey) mit Kohlenraumabdeckung und dampfbetätigtem Vorschubschild und die Kölner 03 276 mit normalem 2'2'T 34. AUFNAHME: GERHARD MOLL

Bild 216 – 012 082 beim Wasserfassen und bei der Bodenbetankung im Heimat-Bw Rheine im Januar 1974. Dort war eigens ein Beobachtungsstand errichtet worden. Doch ließ man beim Bunkern normalerweise die Einfülldeckel geschlossen und orientierte sich an der Füllanzeige an der Tendervorderseite. Das Gestell im Vordergrund dient der Befüllung von Sandkästen am Umlauf und auf dem Kessel.

Bild 217 – Frontansicht eines 012-Tenders im letzten Bauzustand, Bw Rheine 1973. Unmittelbar rechts von den Kuppeleisen ist das Ölrohr vom Absperrschieber in Richtung Lok verlegt. Auch im Führerhaus war nun ein Feuerlöscher vorgeschrieben.
AUFNAHME: DIERK LAWRENZ

stark qualmen, so die Beschwerde der Direktionen. Friedrich Witte wollte sich auf Änderungen nicht einlassen, versprach aber immerhin eine Überprüfung und setzte den Umbau der letzten Einbrennerloks auf Doppelbrenner vorläufig aus. Letztlich aber blieb es dabei: Am 1. September 1961 verfügte er, daß auch die verbliebenen 14 Loks Doppelbrenner erhalten sollten. Die Regelungsmöglichkeiten für Dampf und Öl wurden verbessert, und die Diskussionen über das Problem waren beendet.

Nach mehreren Unfällen durch Verpuffungen beim Befüllen des Tenders baute man als Sonderarbeit 268 von 1961 bis 1963 Entlüftungsstutzen mit Flammenschutzsicherung in die Tenderöl-

Bild 218
01 1054 und **1064**, beide vom Bw Osnabrück Hbf, verlassen am 10. September 1967 das Bw Hamburg-Altona, um vor einen Kölner Schnellzug zu setzen.

AUFNAHME:
PETER KONZELMANN,
SAMMLUNG HANSJÜRGEN RIPPIN

Bild 219
Keine 01^{10} glich der anderen, auch von hinten nicht. **01 1060** und **1064**, auch diese vom Bw Osnabrück Hbf, rasten am 7. März 1967 im Heimat-Bw, noch mit Nummernschildern.

AUFNAHME: WOLF-DIETMAR LOOS

behälter ein. Ein auffälliges Warnschild an beiden Seiten des Ölbehälters sollte gleichzeitig besonders Mutige daran erinnern, hier nicht mit Pechfackeln, Karbidlampen oder der damals fast unvermeidlichen Zigarre zu hantieren. Nicht erwähnt in den Betriebsbüchern ist der zweite tragbare Feuerlöscher, den alle Ölloks an der Tenderrückseite erhielten. Ab 1962 bekamen alle Loks des Umbaujahres 1957 statt der bisherigen Einfüllöffnung auf dem Ölbehälter ganz hinten zwei Deckel (wie Loks mit Umbaujahr 1958 und Serienbauart 1959). Diese Deckel erhielten die mittlerweile bei den Serienumbauten 1959 bewährten Druckluftzylinder, um sie vom Führerhaus entriegeln, öffnen, schließen und verriegeln zu können (SA 276).

Um die Betankung auch unter Fahrleitungen zu ermöglichen (z.B. in Würzburg Hbf) erhielten alle 01^{10} Öl von 1962 bis 1965 an der Tenderrückwand links und rechts am bisherigen Werkzeugkasten Tankstutzen, die in ein gemeinsames Steigrohr mündeten, das nach oben auf die Decke des Ölbehälters geführt war. Das Betankungsrohr ist mit Rückschlagventil und Auslauf versehen. (Sonderarbeit 275).

So waren nun die Sicherheitsbedingungen geschaffen, damit niemand mehr auf den Tender klettern mußte.

Mischvorwärmer Bauart 1957

Von Anfang an bereitete der zweistufige Heinl-Mischvorwärmer Probleme, die besonders im angestrengten Schnellzugdienst ärgerlich waren. Bekanntlich hatte man sich anfang der fünfziger Jahre wegen der Vorwärmung in der zweiten, unter Druck stehenden Stufe über 100 °C hinaus bei Reisezugloks mit hoher Laufleistung und dementsprechend hohem Jahreskohlenverbrauch für die teure, österreichische Heinl-Anlage entschieden. Güterzugloks und Tenderloks sollten den Henschel-Mischvorwärmer mit Turbopumpe erhalten. Die Probleme mit dem Heinl-MV betrafen alle bei der DB inzwischen mit diesen Anlagen ausgerüsteten Maschinen gleichermaßen, also die Baureihen 01^{10}, 03^{10} und 23 (Nummern ab 23 053). Auch die nagelneue 10 001 hatte bereits während der ersten Versuchsfahrten Probleme mit dem Heinl-MV.

Bereits 1956 entfernte man bei einem Teil der 01^{10} den Warmwasserspeicher. Zu diesem Zeitpunkt dachte man schon über einen weitergehenden Umbau nach. Die Schwachstelle des Heinl-Mischvorwärmers: Der Niederdruckvorwärmer, in dem das vom Strahlheber geförderte Wasser einen Teil des Maschinenabdampfes und den Luftpumpenabdampf niederschlug, kochte bei starker Beanspruchung der Lokomotive infolge zu reichlichen Abdampfangebotes aus. Beim anschließenden Anstellen der Pumpe füllten sich die Speisepumpenzylinder nur mit Dampf, und die Pumpe versagte völlig. Als Sofortmaßnahme wurde 1957 bei allen 01^{10} das Abdampfrohr zum Niederdruckvorwärmer durch eine Blende von 100 mm auf 65 mm verengt. Dadurch ging allerdings bei mäßiger Lokomotivanstrengung ein Teil der wirtschaftlichen Ausnutzung des Vorwärmers verloren. Auch mußte der Heizer nun bei großer Kesselverdampfung und hohem Abdampfangebot die Pumpenleistung in jedem Fall steigern, sonst wurde zuviel heißes Wasser in den Rücklauf gefördert. Dann konnte es infolge Erwärmung des Kaltwassers zu verminderter Leistung des Hebers kommen. Eine ungenügende Heberleistung führte jedoch zum eben erwähnten Auskochen und damit zum Versagen der MV-Anlage. Aus dieser Empfindlichkeit des Hebers und dem im praktischen Betrieb nicht leicht zu erreichenden Gleichlauf zwischen Heber und Pumpe entwickelte sich der dringliche Wunsch der Bw nach Entfernung dieses empfindlichen Bauteiles unter Verzicht auf die Hochdruckvorwärmung. Einziges Förderorgan sollte die in einigen Teilen geänderte Vorwärmerpumpe V 15 werden. Damit wurde die Bedienung der Anlage für das Lokpersonal wesentlich einfacher. Durch die jetzt nur noch „atmosphärische" Vorwärmung erreichte man fürderhin höchstens 98°C Speisewassertemperatur statt der vorher üblichen 110 – 115°C.

Während der Meßfahrten mit 01 1102 mit Ölfeuerung und hohem Schornstein im Juni 1957 erprobte man an ihr auch eine Vereinfachung der Heinl-Anlage. Man hatte einfach den Strahlheber (am Mischgefäß unterhalb des Führerhauses links) entfernt und die zweite Druckstufe des Vorwärmers stillgelegt. Gleichzeitig begannen Versuche mit 01 1100, die mit einer umgebauten, für 10 002 bestimmten Heinl-Speisepumpe ausgerüstet worden war. Es stellte sich heraus, daß nun mit der zweistufigen Speisepumpe ein zuverlässiges Regelorgan für den Vorwärmer zur Verfügung stand. Der so vereinfachte Heinl-Mischvorwärmer erhielt die Bezeichnung „Mischvorwärmer Bauart 1957", kurz MV '57. Alle 01^{10}, 03^{10} und 23 wurden entsprechend umgebaut, und alle neubekesselten 01, 41 und Serien-50^{40} erhielten den MV'57 von Anfang an. Bemerkenswerterweise wurde diese doch bedeutende Umgestaltung keiner Sonderarbeitsnummer für würdig befunden.

Bild 220 – Das Rollenlagertriebwerk der BR 01^{10}, hier **01 1082**, bot einen eindrucksvollen Anblick. Gut zu sehen sind bei dieser Treibstangenstellung auch die unterschiedlichen Stellungen der Gegengewichte der Treibachsen 1 und 2. Zum Ausrüstungsstandard der Loks gehörte auch eine de Limon-Spurkranzschmierung, deren Pumpe von der Schwinge angetrieben wird.
AUFNAHME: BURKHARD WOLLNY

Größere Laufleistungen durch Rollenlager

Mit den seit 1940 in 01 1100 – 1105 im beobachteten Dauerversuch erprobten Stangenrollenlagern hatte man den Beweis erhalten, daß nach anfänglichen Problemen diese Bauart im Schnellzugbetrieb einen deutlich geringeren Wartungsaufwand, geringste Schmierstoffkosten und höhere Laufleistungen ermöglichte. Die sechs Maschinen standen im Gegensatz zu allen anderen 01^{10} seit 1940 nahezu ohne Unterbrechung im Einsatz. Es erschien deshalb als sinnvoll, alle hochbelasteten Schnellzuglokomotiven mit Rollenlagern im Triebwerk auszurüsten. Zunächst verfügte die HVB am 16. Mai 1952 (21.213 Fkltr 49) den Umbau von fünf Loks der BR 01 auf Stangenrollenlager. Am 17. Dezember 1952 hatte das Technische Gemeinschaftsbüro der Lokindustrie auf Veranlassung des BZA Minden Zeichnungen für Rollenlagerstangen und eine Verstärkung der Gegengewichte fertig. Die projektierten Stangen hatten eine schwerere Ausführung als die von 1940, äußerlich vor allem an den zwei Verstärkungsrippen in den Stangenköpfen erkennbar. Doch kam es einstweilen nicht zu einem Umbau, weil die HVB in Form von 23 024 und 025 zunächst einen Versuch in kleinerem Rahmen durchführen wollte. Nach deren Bewährung verfügte die HVB die Ausrüstung der Baureihen 10, 23 und 66 ab Werk mit Rollenlagertriebwerken. Wirksam wurde diese Änderung ab der Vergabe 1954 und der Nummer 23 053. Weiter ließ das BZA Minden im Februar 1954 durch das Technische Gemeinschaftsbüro der Lokindustrie (TGB) eine Umbauzeichnung zunächst für die BR 01 aufstellen und verfügte den Umbau von fünf Hannoveraner 01, den das Unterhaltungswerk Nied 1955 an 01 206, 211, 217, 222 und 223 ausführte. Sie können als „Prototypen“ für die Baureihen 01^{10} und 03^{10} gelten, da ihre Stangenbauart bis auf die 25 mm kürzeren Treibstangenschäfte der für die beiden Drillingslok-Typen entsprach.

Im April 1954 erhob man auch die bisherigen Laufleistungen der sechs Rollenlager-01^{10}:

Lok	km bis 1945	km bis 4.54	km gesamt
01 1100	438.407	717.000	1.155.500
01 1101	514.107	580.000	1.094.000
01 1102	358.602	604.000	962.500
01 1103	511.633	515.000	1.026.500
01 1104	751.115	646.000	1.397.000
01 1105	381.754	626.000	1.007.500

In diesen 14 Jahren wurden zwölf hintere Treibstangenlager, fünf Hauptkuppelstangenlager und sechs Kuppelstangenlager schadhaft – bezogen auf die Gesamtlaufleistung von 6,5 Millionen km ein hervorragendes Ergebnis, das die Überlegenheit dieser Lagerbauart gegenüber den normalen Gleitlagern bereits klar herausstellte.

Anschließend gab die HVB mit Verfügung 21.213 Fldw/K 28 am 29. August 1955 die Umrüstung der 48 mit Gleitlagerstangen fahrenden 01^{10} mit Rollenlagerstangen frei.

Das BZA Minden beauftragte daraufhin am 11. November 1955 das TGB, die Konstruktionszeichnungen für die BR 01^{10} und 03^{10}, aber auch für die BR 03 zu erstellen. Am 3. Oktober 1956 waren die Zeichnungen für 01^{10} und 03^{10} fertig, am 27. Oktober die für die 03. Mit der Lagerausführung für die 03 projek-

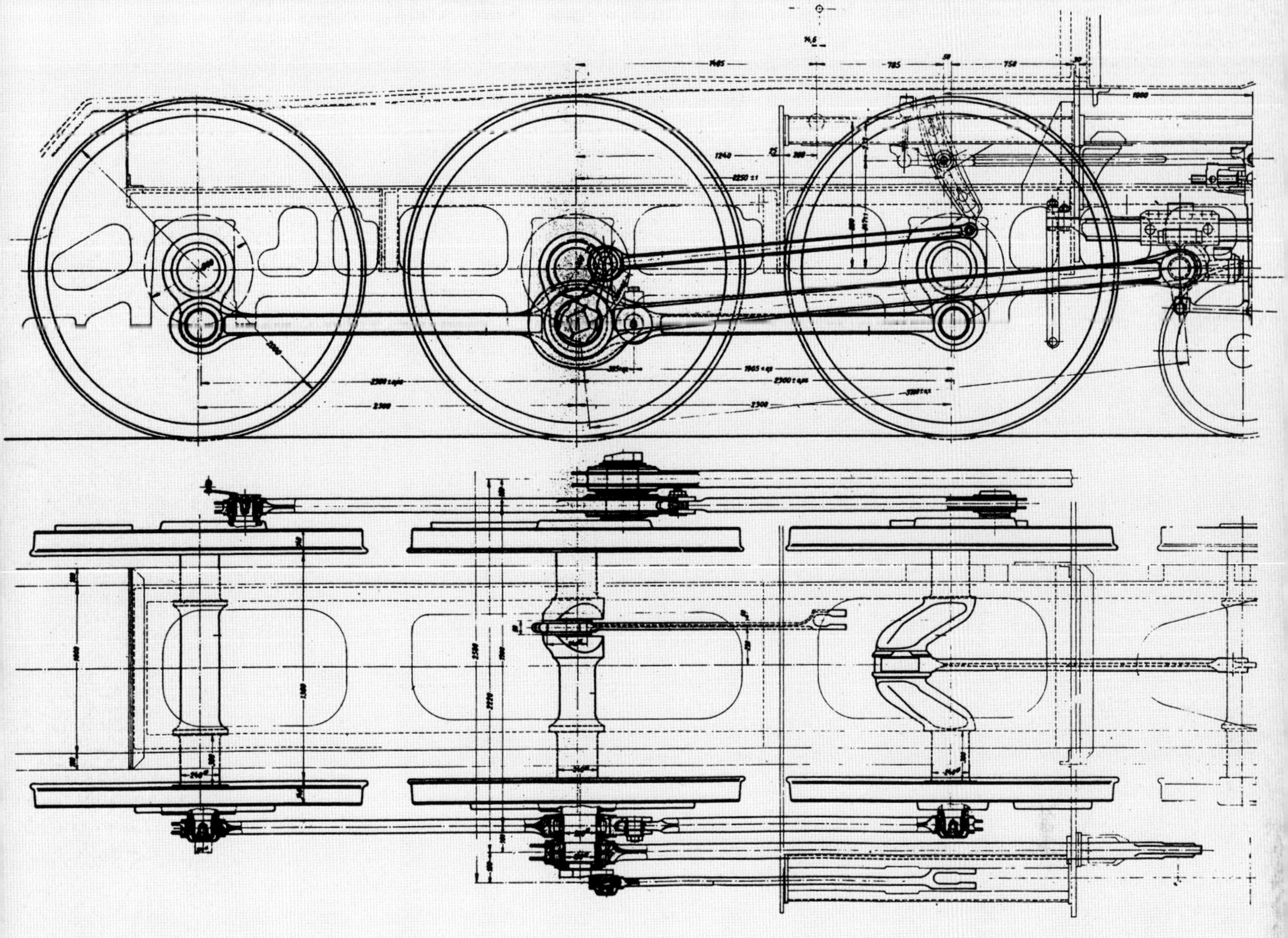

Bild 221 – Die Rollenlagerstangen der Bauart 1957 entsprachen bis auf die 25 mm längere Treibstangen der im Jahr 1955/56 auf fünf 01 erprobten Bauart. Anders als bei der Bauart 1940 liegt hier das Kuppelstangengelenk vor dem großen Treibstangenlager.

tierte man auch noch Rollenlagerstangen für die BR 39 und 41. Wünschenswert wäre es gewesen, auch die Achslager auf Wälzlagerung umzustellen, doch hätte das die Fertigung neuer Rahmen bedeutet, weil die Wälzlager größere Ausschnitte benötigten. Die Wälzlagerung auch der inneren Treibstange verbot sich, weil man dann eine zweiteilige, bislang nur für das BR-10-Projekt auf dem Papier stehende Kropfachse benötigt hätte.

So beschränkte man sich auf die Wälzlagerung der äußeren Treibstangen (nur hinteres Lager), der Kuppelstangen und des hinteren Schwingenstangenlagers. Verwendet wurden wie 1940 Pendelrollenlager im hinteren Treibstangenlager, den Kuppelstangenlagern an der ersten und dritten Achse, im Schwingenstangenlager sowie Zylinderrollenlager am Hauptkuppelstangenlager an der mittleren Achse. Die Stangenköpfe aber führte man deutlich massiger aus als bei den „Pilotmaschinen" von 1940. Das Gelenk der äußeren Kuppelstangen ordnete man nun anders als bei der Erstausführung von 1940 vor dem Treibstangenlager an. Als Vorbild dafür hatten offenbar die 1952 entstandenen Zeichnungen für 23 024 und 025 gedient. Bei diesen Lok mit Lenkgestell war das Gelenk vorn sinnvoll, da man Lauf- und erste Kuppelachse ohne Ausbau der Treibstangen absenken konnte. Bis auf die Treibstangen übernahm man die 23-Maße unverändert. Die Kuppelstangenzapfen verstärkte man auf 100 mm. Die Maße der von SKF gelieferten Lager: Kuppelstangen-Pendelrollenlager 232 22K mit innen 100/110 mm und außen 200 mm, hinteres Treibstangen-Pendelrollenlager 23140K mit innen 190/200 und außen 340 mm, Hauptkuppelstangen-Zylinderrollenlager WUPL 200 mit 200 mm innen und außen 360 mm, Schwingenstangen-Pendelrollenlager mit innen 65/70 mm und außen 150 mm. Die Tragzahlen der Kuppelstangenlager lagen nun dynamisch/statisch bei nur noch 45.500/44.000 kg gegenüber 53.300/52.000 kg bei der Ausführung 1940. Bei gleicher Belastung war eine Halbierung der Lebensdauer gegenüber der Ursprungsbauart zu erwarten. War ein Gelenk in der vorderen Kuppelstange bei Zweizylinderloks unproblematisch (01) oder sinnvoll (23, 66), verbot es sich eigentlich für Dreizylinderloks mit Antrieb der beiden ersten Achsen.

Am 20. August 1957 informierte das BZA Minden die beteiligten Dienststellen und das AW Braunschweig über die Anlieferung der ersten 24 Stangensätze, Bauanweisung und Zeichnungen. Zwecks längerer Lebensdauer der Rollenlager und Verschleißminderung waren gleichzeitig Achslagergleitplatten aus Hartmanganstahl einzubauen. Den Umbau, für die Rollenlagerstangen bezeichnet als Sonderarbeit 1.201 und die Achslagergleitplatten als SA 1.219, führte man weisungsgemäß bei der jeweils nächsten L 2 aus. Erste Umbaulok war die im Dezember 1957 fertiggestellte 01 1071. Die meisten Loks baute das AW Braunschweig 1958 um, 01 1072 erhielt als letzte Gleitlagerlok erst sechs Jahre später Stangen mit Rollenlagern. Das AW Braunschweig berechnete je Lok Stoffkosten von 16.281 DM und einschließlich Löhnen und Gemeinkosten einen Eigenaufwand von 18.313 DM.

01 1100 – 1105 bezog man in den Umbau nicht mit ein. Sie erhielten während anfallender Untersuchungen die neuen Stangen erst, als die alten Lager verschlissen waren. Für die Qualität der Bauart spricht, daß man bei ihnen die alten Rollenlagerstangen von 1940 erst zwischen 1962 und 1966 erneuern mußte.

Wenig bekannt ist, daß 1958/59 bei allen Lokomotiven die mittlere Treibstange durch eine verstärkte Bauart ersetzt wurde. Eine Rollenlagerung aber war auch bei ihr nicht möglich. „Ersatz

Bild 222 – Das Wälzlagertriebwerk von hinten, gesehen an der Kohlelok 01 1072. Die Stangenköpfe sind durchweg mit stabilen Doppelrippen ausgestattet.
Aufnahme: Burkhard Wollny

aufgearbeiteter Treibstangen bei hochbelasteten Lok“ stand für die Sonderarbeit 218 in den Betriebsbüchern.

Ohne die fast wartungsfreien Rollenlagertriebwerke wären die geradezu phantastischen Monatskilometerleistungen der Jahre 1958 bis 1961 beim Bw Bebra gar nicht denkbar gewesen.

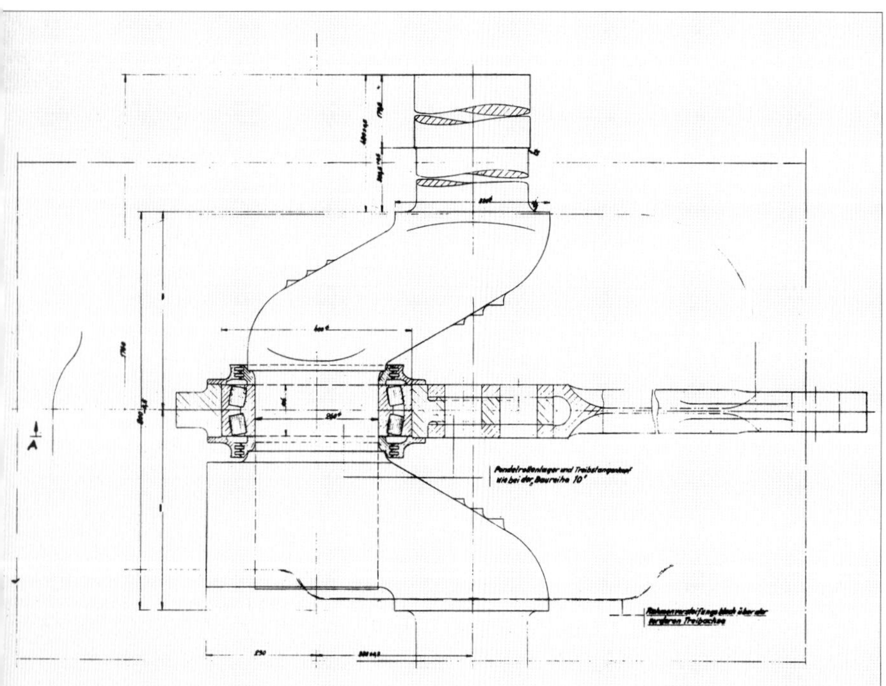

Die Umbautermine der „Sonderarbeit 201“:

01 1071	22.12.57	01 1094	23.09.58
01 1090	26.01.58	01 1089	25.09.58
01 1057	18.02.58	01 1092	15.10.58
01 1001	24.02.58	01 1096	15.10.58
01 1069	28.02.58	01 1078	22.10.58
01 1087	06.03.58	01 1088	09.11.58
01 1052	16.03.58	01 1059	16.11.58
01 1054	27.03.58	01 1099	02.12.58
01 1056	18.03.59	01 1064	16.12.58
01 1095	31.03.58	01 1083	19.12.58
01 1062	23.04.58	01 1066	28.01.59
01 1053	06.05.58	01 1068	09.03.59
01 1086	18.05.58	01 1077	18.03.59
01 1074	20.05.58	01 1070	28.04.58
01 1097	21.05.58	01 1081	12.02.59
01 1065	03.06.58	01 1082	11.02.59
01 1060	21.06.61	01 1084	21.02.58
01 1076	22.06.58	01 1085	28.04.59
01 1091	22.06.58	01 1098	14.05.59
01 1093	25.06.58	01 1055	18.07.62
01 1063	29.06.58	01 1102	05.08.62
01 1080	29.06.58	01 1104	13.11.63
01 1061	06.07.58	01 1072	24.06.64
01 1075	21.07.58	01 1105	05.07.64
01 1073	03.09.58	01 1103	07.04.65
01 1079	11.09.58	01 1100	02.12.65
01 1058	21.09.58	01 1101	15.12.66

Bild 224
Nur ein Teil der 01^{10} erhielt die zusätzliche Zentralschmierung. Heizer Cordes vom Bw Osnabrück Hbf betätigt hier die unterhalb des Bosch-Ölers angebrachte Schmierpumpe auf der ölgefeuerten 01 1089 während der Fahrt von Bremen nach Hamburg im März 1967.

AUFNAHME: KLEIN-TEBBE, SAMMLUNG HANS WERNER

Bild 223, linke Seite unten
Ungebaut blieb die am 24. April 1959 vom BZA Minden projektierte geteilte Kropfachse mit Preßverband. Nach Vorbild der BR 10 hätte man mit einer solchen Achse dann auch das hintere Lager der inneren Treibstange auf Rollenlager umstellen können. Lokausschuß und DB-Hauptverwaltung sprachen sich gegen die Investition von ca. 800.000 DM aus, weil sie sich nicht mehr lohne. Die vielen Schäden, die mit dem ständig überlasteten hinteren Treibstangenlager zusammenhingen, waren gewiß teurer.

Eine zusätzliche Zentralschmierung

Unter den folgend aufgelisteten Bauartänderungen sind einige zu finden, die mit der Senkung des Wartungsaufwandes zu tun haben. Dazu gehört auch der Einbau einer zusätzlichen Zentralschmiereinrichtung für die Achslagerführungen (Sonderarbeit 220). Die Schmierpumpe wurde unterhalb des Bosch-Ölers angebracht und besaß einen Pumphebel, den man solange betätigen konnte, bis kein Widerstand mehr fühlbar war, was die ausreichende Füllung der Lager anzeigte. Ein gleichartiges Gerät für die Schmierung der Tenderachslager baute man links vorn am Tender am linken Werkzeugkasten an. Diese nützliche Einrichtung erhielten viele, aber nicht alle 01^{10}. In der folgenden Aufstellung sind die bekannten Einbaudaten angegeben. Ein Strich markiert, daß die Loks keine Zentralschmierung erhielten. Die Betriebsbücher einiger Loks konnten nicht überprüft werden, so daß dort keine Angaben möglich sind.

01 1001	28.05.62	01 1060	-	01 1070	-	01 1079	-	01 1088	-	01 1097	-
01 1052		01 1061	04.11.64	01 1071	18.04.62	01 1080	-	01 1089	11.11.64	01 1098	06.06.62
01 1053	-	01 1062	-	01 1072	24.06.64	01 1081	-	01 1090		01 1099	-
01 1054	01.07.62	01 1063	-	01 1073	01.07.64	01 1082	-	01 1091	-	01 1100	
01 1055	18.07.62	01 1064	22.08.62	01 1074	24.05.62	01 1083		01 1092	-	01 1101	
01 1056	-	01 1065	-	01 1075	02.07.63	01 1084	-	01 1093	25.03.64	01 1102	-
01 1057	06.06.62	01 1066	05.05.64	01 1076	02.03.64	01 1085		01 1094	04.03.64	01 1103	23.05.62
01 1058	-	01 1068	14.04.62	01 1077	-	01 1086	06.06.62	01 1095	-	01 1104	-
01 1059	-	01 1069	-	01 1078	01.12.64	01 1087	-	01 1096	-	01 1105	15.09.63

Bild 225
Die kraftvolle Anfahrt auch schwerster Züge, ohrenbetäubendes Beschleunigen und ein unverwechselbares Röhren bei schneller Fahrt waren die Markenzeichen der 01^{10}. Hier legt sich **012 080**, die das Bw Altona bereits umgezeichnet hatte, weil das Schild gestohlen worden war, 1968 in Glückstadt ordentlich ins Zeug.

AUFNAHME: GERD NEUMANN

Lange unbemerkt – die Achillesferse

Die aufgrund der Erfahrungen mit den Baureihen 05 und 44 gewählte Triebwerksanordnung mit Dreizylinder-Zweiachsantrieb bei der Baureihe 01^{10} bildete nur bei oberflächlicher Betrachtung eine dem Einachsantrieb ebenbürtige Bauart. Aufgrund des Platzmangels in großen Lokomotiven hatte man den Zweiachsantrieb seit der BR 44 bei allen derartigen Dreizylindertypen gewählt.

Den hohen Verschleiß des Innentriebwerks mit häufigen Schäden am Kreuzkopf, den Gleitbahnen und am hinteren Schnallen-Treibstangenlager nahm man bis 1945 als bauartbedingt hin. Ärgerlicher, aber nicht zu beseitigen, blieb das sogar gegenüber Zwillingsloks schlechtere Anfahrverhalten der BR 01^{10} vor schweren Zügen in Steigungen. 1954 fiel bei den Meßfahrten mit der neubekesselten 01 1092 die durchaus bekannte Schleuderneigung speziell dieser Baureihe bis weit über der Reibungsgrenze auch meßtechnisch auf. Meßfahrten mit hohen Leistungen waren mit der Lok kaum durchzuführen, da bloßes Gegenhalten der Bremsloks auf Beharrung bereits zum Schleudern führte. In den frühen sechziger Jahren schließlich mehrten sich schwere Triebwerksschäden der mittlerweile seit rund 1.000.000 km ölgefeuerten Maschinen, die hauptsächlich vor schweren und schnellen Zügen eingesetzt waren und dabei die Nennleistung häufig weit überschreiten mußten. Über Gebühr häufig waren Brüche der vorderen Kuppelstangen und Kuppelzapfen, schadhafte Gleitbahnen und schadhafte Treibstangenlager am Mitteltriebwerk.

Der von den Zeitgenossen nicht erkannte Zusammenhang zwischen Triebwerksbauart, hoher Leistungsabgabe und Schadenshäufung wurde erst aufgrund der jetzt ausgewerteten Betriebsbücher und Akten aus dem AW Braunschweig zur Gewißheit: Der Zweiachsantrieb mit schräg stehendem Mittelzylinder und kurzer Mitteltreibstange ist eine für hohe Leistungen unzweckmäßige Bauart. Bei allen entsprechend ausgerüsteten Einheitsloks war die Schadanfälligkeit des Mitteltriebwerks hoch. Und: Die Ausrüstung der 01^{10} mit Stangenrollenlagern im Außentriebwerk war zwar die entscheidende Voraussetzung für sehr hohe Monatslaufleistungen, doch führte sie bei Eintritt von Schäden zu deren Verschlimmerung. Verstärkt wurde der Bauartfehler durch die ohnehin bauartbedingt größere Dampffüllung des Mittelzylinders, durch Bauartmängel in dessen Befestigung und im Laufe langen Einsatzes durch unterschiedliche Ausbohrgrade von Mittel- und Außenzylindern, die u. U. die Dampffüllung des Mittelzylinders weiter vergrößerten. Da die Schadensereignisse erst ab 1964 einen solchen Umfang annahmen, daß man sie nicht mehr als Zufall ignorieren konnte, muß man neben der grundsätzlich zweitklassigen technischen Ausführung die jahrelange Be- und Überlastung der ölgefeuerten Maschinen, die nun zu schneller Alterung führte, als zweite und gleichrangige Ursache für die vielen Schäden anführen. Fest steht heute: Man hätte spätestens nach dem dritten Bruch vorderer Kuppelstangen 1965 die Stangensätze aller Ölloks erneuern müssen und dadurch genügend Zeit und Sicherheit gewonnen. Immerhin waren die Stangen bis dahin im Schnitt sechs Jahre und 1,1 Mio. km bis zum Auftreten des ersten Bruches 1964 gelaufen. Im Schnitt folgten danach nur noch 700.000 km bis zur Abstellung.

Für den entsprechenden Fachdialog aufgrund der vorliegenden Quellen ist Peter Schmied und Wulf-Dieter Heinrich zu danken.

Das Triebwerk der 01^{10} als Drillingslokomotive mit Zweiachsantrieb unterscheidet sich von dem einer normalen Zwillingslok durch einige Effekte, die nicht so offensichtlich sind. Die wichtigsten gehen auf zwei Ursachen zurück

- die Lage der Kuppelstangen und
- das schrägliegende Innentriebwerk mit seiner kürzeren Treibstange.

An dieser Stelle sei der Hinweis erlaubt, daß die Schrägstellung **nicht**, wie immer wieder vermutet wird, zu einem ungleichförmigen Drehmoment oder Auspuffschlag führt, da ja Kurbelwelle und Steuerung ebenfalls um den gleichen Winkel verdreht sind. Das bei vielen Baureihen typische „Hinken" des Drillingsrhyth-

Bild 226 – Der „Öler“ in voller Fahrt – ein prächtiges Bild von Maschinenschönheit und Kraft, **012 063** am 9. August 1973 bei Salzbergen. Doch blieb es verborgen, daß die Konstruktion ihres Triebwerks grundsätzlich zweitklassig war, was nach vielen Jahren großer Anstrengung zunehmenden Verschleiß und viele Schäden verursachte. AUFNAHME: BURKHARD WOLLNY

mus wird stets verursacht durch die abweichende Länge des Abdampfrohres des Innenzylinders (z.B. Baureihe 05, 18 201) oder Steuerungsfehler (z.B. BR 39^{0}, 58^{10}).

Die Kuppelstangen dienen bekanntlich dazu, das Drehmoment von der Treibachse auf weitere mit ihr gekuppelte Achsen zu übertragen, um deren senkrechte Radsatzlast (früher „Achsdruck“ genannt) als Reibungsgewicht für die Aufbringung der Zugkraft nutzbar zu machen. Was man normalerweise nicht merkt, weil man immer nur eine Seite der Lokomotive sieht, und woran man oft auch nicht denkt: Bei der Drillingslokomotive sind die Kuppelstangen links und rechts nicht um einen rechten Winkel (90°) sondern um 120° gegeneinander versetzt. Naturgemäß verteilt man die Wirkung der drei Zylinder gleichmäßig über den Vollkreis. Daher sind die Treibzapfen des **Außen**triebwerks um eben dieses Drittel, also 120°, gegeneinander versetzt. Und ebenso selbstverständlich verwendet man bei Lokomotiven mit außenliegendem Triebwerk die Treibzapfen auch zur Lagerung der Kuppelstangen, die daher dieselbe Winkellage annehmen. Im Gegensatz zu Dreizylinderlokomotiven mit Einachsantrieb, die ein nahezu gleichmäßiges Tangentialdiagramm aufweisen, ist dieses beim Zweiachsantrieb „verwischt“, ein erster Anhaltspunkt für die weniger gelungene Bauart. Bereits 1941 klagte das Bw Bebra über das schlechte Anfahrverhalten der BR 01^{10} in Steigungen und vermutete als Ursache ihre ungünstigen Tangentialdrücke.

Ein als völlig starr gedachtes Kurbelgetriebe mit Kuppelstangen funktioniert nach dem System des Parallelogramms. Die miteinander gekuppelten Wellen laufen völlig gleichmäßig um. Natürlich ist dazu ein Paar von Stangen notwendig, sonst fiele die Übertragung in den Totpunkten aus. Mit der Verwendung eines Stangenpaares wird das System bei starrer Lagerung aber „statisch überbestimmt“. Die bei der Übertragung eines gegebenen Drehmoments in den beiden Stangen entstehenden Kräfte können daher nur unter Beachtung der elastischen Verformungen berechnet werden.

Die einfachste Annahme dafür ist die, daß nur die Stangen selbst elastisch verformbar seien (also unter Zugkraft gedehnt und unter Druckkraft gestaucht werden), die Achswellen aber starr bleiben. Für ein Getriebe ohne Stichmaßfehler und ohne „Luft“ in den Lagern zeigt dann eine einfache Rechnung, daß für 90° Kurbelversatz die Kräfte in beiden Stangen während einer Radumdrehung „harmonisch“ – also nach einer Sinusfunktion – verlaufen. Infolge der elastischen Verformung bleibt die getriebene Welle gegen die treibende um einen bestimmten (natürlich sehr kleinen) Winkel zurück, wie wenn sie über eine Feder nachgezogen würde. Die Abbildung „Kurbelgetriebe mit Kuppelstangen“ stellt diese Verhältnisse für den Fall einer einzigen gekuppelten Achse dar (der Deutlichkeit halber stark übertrieben). Solange das Drehmoment sich nicht ändert, bleibt dieser Nacheilwinkel konstant – die getriebene Welle läuft also völlig synchron mit der treibenden um, wie man es von den Radsätzen einer Lokomotive ja auch verlangen muß.

Die Verhältnisse ändern sich grundlegend, wenn die Kurbeln nicht rechtwinkelig versetzt sind. Die Stangenkräfte verlaufen dann nicht mehr harmonisch, der Spitzenwert liegt bei um 120° versetzten Kurbeln für gleiches Drehmoment um 15 % höher als an den Stangen einer Zwillingslokomotive. Die Kuppelstangen müssen also stärker dimensioniert werden oder sie werden höher beansprucht. Tatsächlich wurden die punktuell gegenläufigen Kräfte der beiden Triebwerke bei der Dimensionierung der vorderen Zapfen und Kuppelstangen der BR 01^{10} im Ausgangszustand 1939 auch beachtet.

Außerdem bleibt der „Nacheilwinkel“ jetzt nicht mehr konstant, sondern er schwankt. Das bedeutet, daß die Wellen nicht mehr synchron umlaufen, sondern um einen geringen Winkelbetrag gegeneinander hin und her schwingen. Wenn eine Lokomotive Zugkraft abgibt, brauchen ihre Räder dazu einen bestimmten Schlupf (die Räder müssen sich ein klein wenig schneller drehen, als für reines Rollen erforderlich wäre). Wenn das Rad bei gleichbleibender Fahrgeschwindigkeit in seiner Drehzahl schwankt, tun

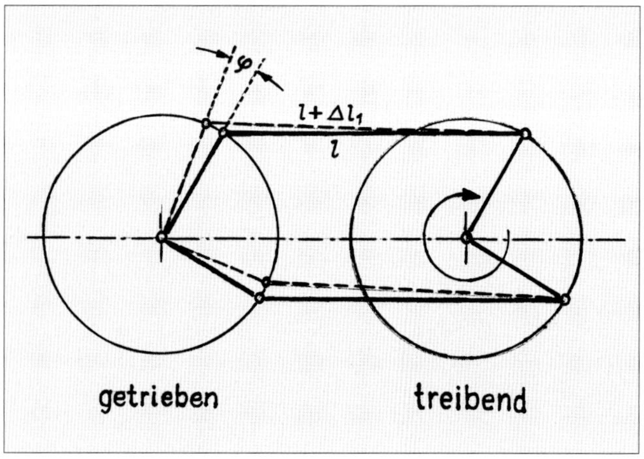

Bild 227 – Kurbelgetriebe mit Kuppelstangen; das Zurückbleiben der getriebenen Welle ist stark übertrieben dargestellt. ABBILDUNG: PETER SCHMIED

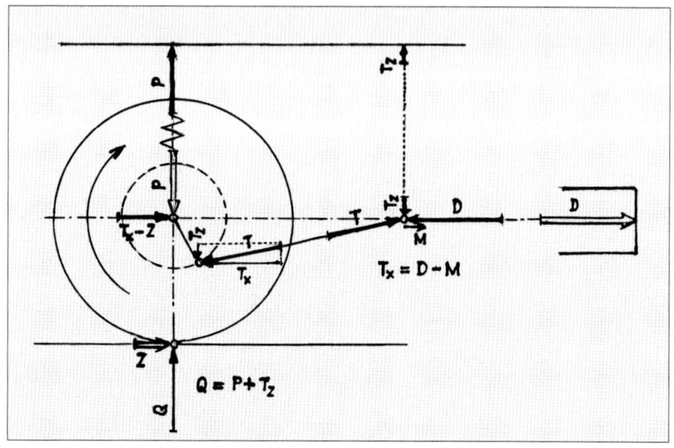

Bild 228 – Vertikalkraft im Triebwerk. D = Dampfkraft auf den Kolben, M = Massenkraft, T = Kraft in der Treibstange mit den Komponenten T_x und T_z, Z = Zugkraft am Radumfang, P = Tragfederkraft, Q = senkrechte Radsatzkraft.

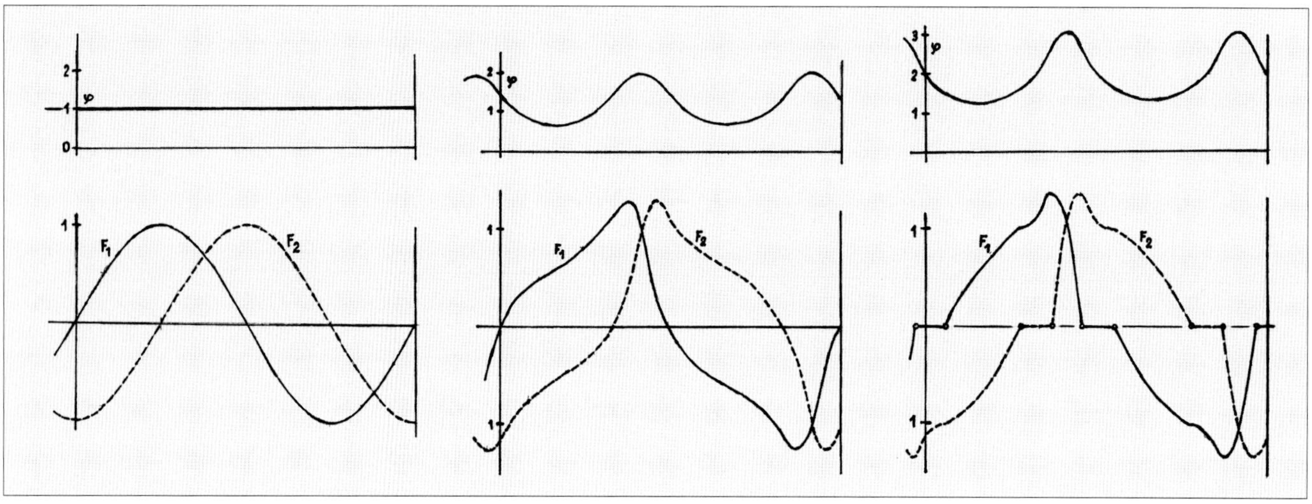

Bild 229 – Stangenkräfte im Zweizylindertriebwerk (links), im Dreizylindertriebwerk und ganz rechts im Dreizylindertriebwerk mit Lagerspiel. F_1, F_2 = Stangenkräfte, φ = Nacheilwinkel ABBILDUNGEN (3): PETER SCHMIED

dieses auch der Schlupf und die zwischen Rad und Schiene übertragene Zugkraft. Als Folge des nichtlinearen Kraftschluß-Schlupf-Gesetzes wird damit die bei einem bestimmten mittleren Haftwert aufzubringende Zugkraft kleiner als mit einem gleichmäßig arbeitenden Kuppelgetriebe.

Wenn die Stangen nicht mit Rollenlagern ausgerüstet sind, gibt es an den Lagern notwendigerweise ein gewisses Spiel - die Lagerluft. Wenn die Lagerluft größer ist als die im betreffenden Arbeitspunkt eintretende elastische Formänderung der gegenüber liegenden Kuppelstange, fällt die betroffene Stange in diesem Punkt für die Übertragung aus – sie „trägt nicht“. Dadurch werden die genannten Effekte noch verstärkt - die Kraftspitzen wachsen, und der Nacheilwinkel schwankt noch stärker. Die Übertragung wechselt dabei ziemlich rasch und mit hoher Amplitude von der rechten zur linken Seite. Dadurch können in der Achswelle Torsionsschwingungen angeregt werden, die sie zusätzlich beanspruchen und auch das Haftwertverhalten ungünstig beeinflussen.

Leider hatte man sich bei der ab 1958 erfolgten Umrüstung auf neue Rollenlager wohl aus Gründen der Baugleichheit dafür entschieden, das erforderliche Knick-Gelenk der Kuppelstangen nach vorn, also zwischen die beiden Treibachsen zu verlegen. Die Pilotloks der neuen Bauart 23 024 und 025 hatten das Gelenk vorn erhalten, damit man das Krauß-Helmholtz-Lenkgestell ausbauen konnte, ohne das Triebwerk zu demontieren. Bei den 1955 mit Rollenlagerstangen ausgerüsteten 01 übernahm man diese Bauart (01, 02, 03, 04 und 05 hatten von Anfang an alle die Gelenke hinten). Bei der Zweizylinderlok 01 war es in der Tat egal, ob das Gelenk im vorderen oder hinteren Kuppelstangenpaar angeordnet wurde. Ganz anders war es bei der BR 01^{10}, bei der sich die Beweglichkeit auf das Parallelkurbelgetriebe außerordentlich schädlich auswirken mußte. Unerkannt und unbeachtet blieb, daß sich die Bauart 1938 des Rollenlagertriebwerkes an 01 1100 – 1105 sehr gut bewährt hatte. Bei ihr lag das Gelenk der Kuppelstangen hinter dem Treibzapfen. Aus den vier bekannten Betriebsbüchern ist ablesbar, daß die Triebwerke bis zum Umbau auf die Bauart 1957 (1962 – 1966) völlig ohne die typischen Schäden der Folgebauart blieben.

Vertikalkräfte treten auch im Triebwerk von Lokomotiven mit waagerecht liegenden Zylindern auf, da sich die Treibstange während einer Radumdrehung abwechselnd abwärts und aufwärts neigt. Bekanntlich wirkt bei der Vorwärtsfahrt einer „normal“ gebauten Lokomotive die Kraft der Treibstange auf den Zapfen des Treibrades fast stets (ausgenommen in kurzen Abschnitten vor Erreichen der Totpunktlage) nach unten und auf die Gleitbahn des Kreuzkopfes nach oben. Das gilt unabhängig davon, ob die Kurbel sich im unteren oder im oberen Halbkreis befindet, da sich die Dampfkraft an der Kolbenstange nahe den Totpunktlagen umkehrt. Das gilt übrigens nicht für die Kraft aus der Beschleunigung der hin- und hergehenden Massen, aber die wirkt sich erst bei höheren Fahrgeschwindigkeiten nennenswert aus.

Nach den Gleichgewichtsbedingungen der Statik muß die Summe der an einem starren Körper angreifenden Kräfte für jede Richtung verschwinden. Danach ergibt sich in der Horizontalrichtung die Kraft auf das Hauptlager aus der Differenz zwischen der Kolbenkraft und der Radzugkraft – steht die Kurbel im oberen Halbkreis, wird die Lagerkraft größer als die Kolbenkraft. Analog dazu wird die senkrechte Radkraft („Achsdruck") um das Maß der vertikalen Stangenkraft größer als die über die Tragfeder eingeleitete Federkraft.

Auf den Lokomotivrahmen wirkt wie bei jedem Triebfahrzeug das „Zughakenmoment" infolge der auf Schienenhöhe eingeleiteten Zugkraft und der etwa 1,04 m darüber am Zughaken abgegebenen Kraft. Man darf sich nicht dadurch täuschen lassen, daß die Horizontalkräfte tatsächlich in Höhe der Achslager in den Rahmen geleitet werden. Eine einfache Rechnung zeigt, daß diese Differenz stets durch die innere Wirkung am Triebwerk ausgeglichen wird. Das wird auch sofort klar, wenn man die gesamte Lokomotive einschließlich der Räder vorübergehend als Starrkörper betrachtet. Dieses Kippmoment entlastet bei Vorwärtsfahrt die Federkräfte vorderer Achsen und belastet hinten liegende stärker. Für die Aufhängung der 01^{10} bedeutet das eine Entlastung des Drehgestells und eine Vermehrung der Federkräfte an den untereinander ausgeglichenen Kuppelachsen und der Schleppachse. Daneben wird der Rahmen durch die (schwankenden) Kräfte auf die Kreuzkopfgleitbahnen „angehoben", und alle Federn werden entlastet. Die Rechnung zeigt, daß sich die beiden Wirkungen an unserer Lokomotive nahezu gegenseitig aufheben, die Federkräfte an den Kuppelachsen bleiben gegenüber dem Ruhezustand fast unverändert. An der hinteren Treibachse der 01^{10} ist die Vertikalkraft der äußeren Treibstangen wie bei Zwillingslokomotiven bei der Vorwärtsfahrt stets nach unten gerichtet und vergrößert die Radaufstandskraft.

Anders liegen die Dinge bei der vorderen Treibachse, auf die das **Innentriebwerk** einwirkt. Einerseits ist als Folge der kürzeren Treibstange (2.050 mm gegen 3.750 mm) die Pulsation der Vertikalkraft stärker. Von größerer Bedeutung aber ist die **Schräglage** des Triebwerkes. Denkt man an den Zustand im Bereich nahe dem hinteren Totpunkt, so wirkt dort die Dampfkraft auf den Kolben nach vorn – die Massenkraft schwächt die Wirkung zwar ein wenig ab, die Dampfkraft dominiert aber jedenfalls im Bereich normaler Drehzahlen. Diese Kraft zieht über die Treibstange den Radsatz nach oben – im Gegensatz zur Wirkung des Außentriebwerks wird dieser also bei Vorwärtsfahrt um bis zu 27 kN je Rad **ent**lastet. Sogar noch viel stärker ist dieser Effekt in der unteren Mittelstellung bei der glücklicherweise bei dieser Type wenig relevanten Rückwärtsfahrt. In der unteren Mittelstellung des Innentriebwerks tritt bei Vorwärtsfahrt dagegen eine um bis zu 39 kN stärkere statische **Be**lastung auf, abnehmend mit der Geschwindigkeit.

Nebenbei wird die Kreuzkopfgleitbahn des Mitteltriebwerks stark belastet, wozu auch die sehr verwindungssteife innere Treibstange noch beiträgt. Die Gleitplatten werden infolge von Vertikalbelastung und Kantenpressung zu heiß und brechen aus. Die konstruktiv ungünstige Befestigung des Mittelzylinders mit der Gefahr langsamen Losewerdens und der schnelle Verschleiß von hinterem Treibstangenlager wie Kreuzkopfgleitplatten seien als Folgen, aber auch Verstärker des Pulsierens erwähnt. Die Auswertung einer 1964 und 1965 geführten Reparaturkladde im Bw Osnabrück Hbf ergab, daß nahezu täglich eine oder sogar mehrere Lokomotiven mit Schäden der inneren Gleitbahn in Reparatur standen. Gleitbahnschäden der Mitte waren die bei weitem häufigste Ursache von Reparaturen.

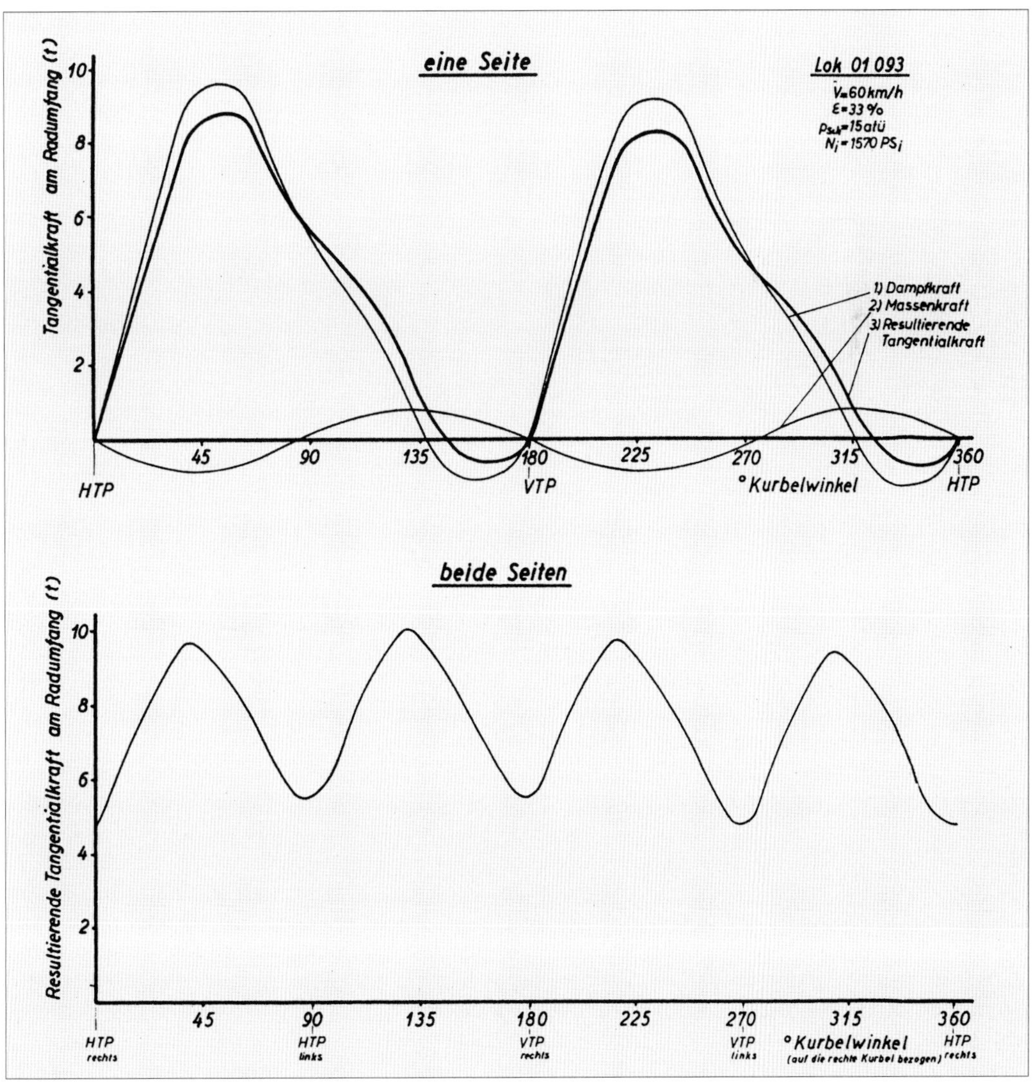

Bild 230
Während der Meßfahrten mit **01 1092** im Herbst 1954 trat bei hoher Leistung vielfach ein Schleudern des Triebwerkes auf. Das erschien so rätselhaft, daß der Verfasser des Meßberichtes, Dr. Kröber beauftragt wurde, auch Aussagen über die Tangentialschwingungen im Triebwerk der Baureihe 01^{10} zu machen. Aus Gründen des thematischen Zusammenhangs werden die Anlagen des auf Seite 134 erwähnten Berichtes hier besprochen.

Anlage 2 des Kröber-Berichtes: Tangentialkraftdiagramm für die Baureihe 01 bei einer Steuerungsauslegung von 33 Prozent, 60 km/h und rund 1.570 PS_i Leistung. Das obere Diagramm zeigt die anteilige Tangentialkraft (Zugkraft) einer Triebwerksseite unter Berücksichtigung der (geringen) Massenkräfte. Unten ist die resultierende Zugkraft beider Lokseiten dargestellt. Die recht große Ungleichförmigkeit des Zwillings, insbesondere bei diesem Füllungsgrad, ist gut zu erkennen. Die Zugkraft am Radumfang schwankt viermal zwischen 5 und 10 t um den Mittelwert von 7,5 t!

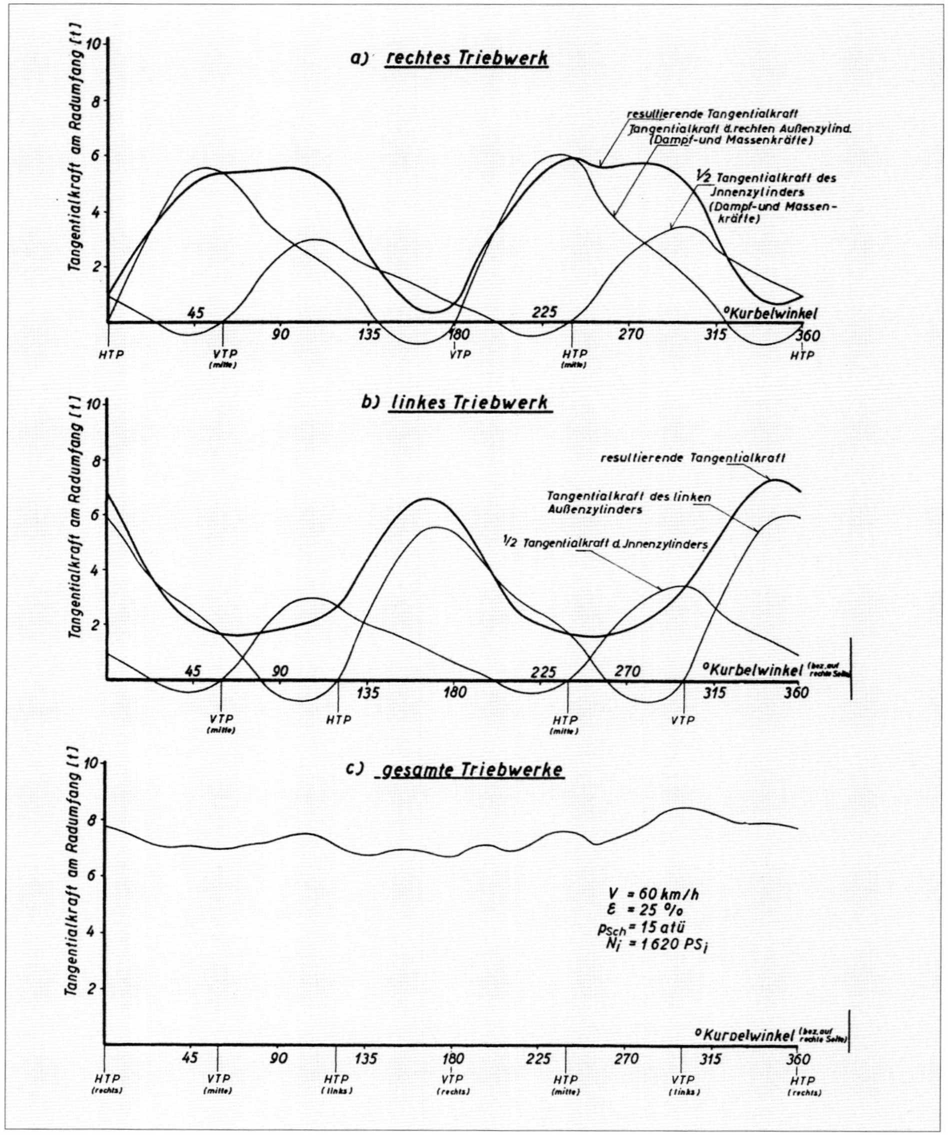

Bild 231 – Anlage 3 des Kröber-Berichtes: Tangentialkraftdiagramm für **01 1092** bei einer Steuerungsauslegung von 25 Prozent, 60 km/h und 1.620 PS_i. Die Spitzenwerte der Tangentialkraft jeder Lokseite a) und b) bleiben erheblich unter denen der Zwillings-01 mit ihren größeren Zylindern. Die unten c) dargestellte Gesamtkraft (Zugkraft am Radumfang) des Drillings ist wegen des abweichenden Innentriebwerks unregelmäßig geglättet, schwankt aber dennoch nur zwischen 7 und 9 t um den Mittelwert von 7,5 t. Die unterschiedlich hohen Spitzenwerte während einer Radumdrehung entstehen durch die Reihenfolge der Triebwerkskurbeln rechts – links – mitte. Die **Schrägstellung** des Innentriebwerks incl. Steuerung im Winkel von 1:10 und entsprechendem Kurbelversatz hat hierbei **keinen** Einfluß, wohl aber die **Ungleichförmigkeit** infolge der **kurzen, inneren Treibstange**.

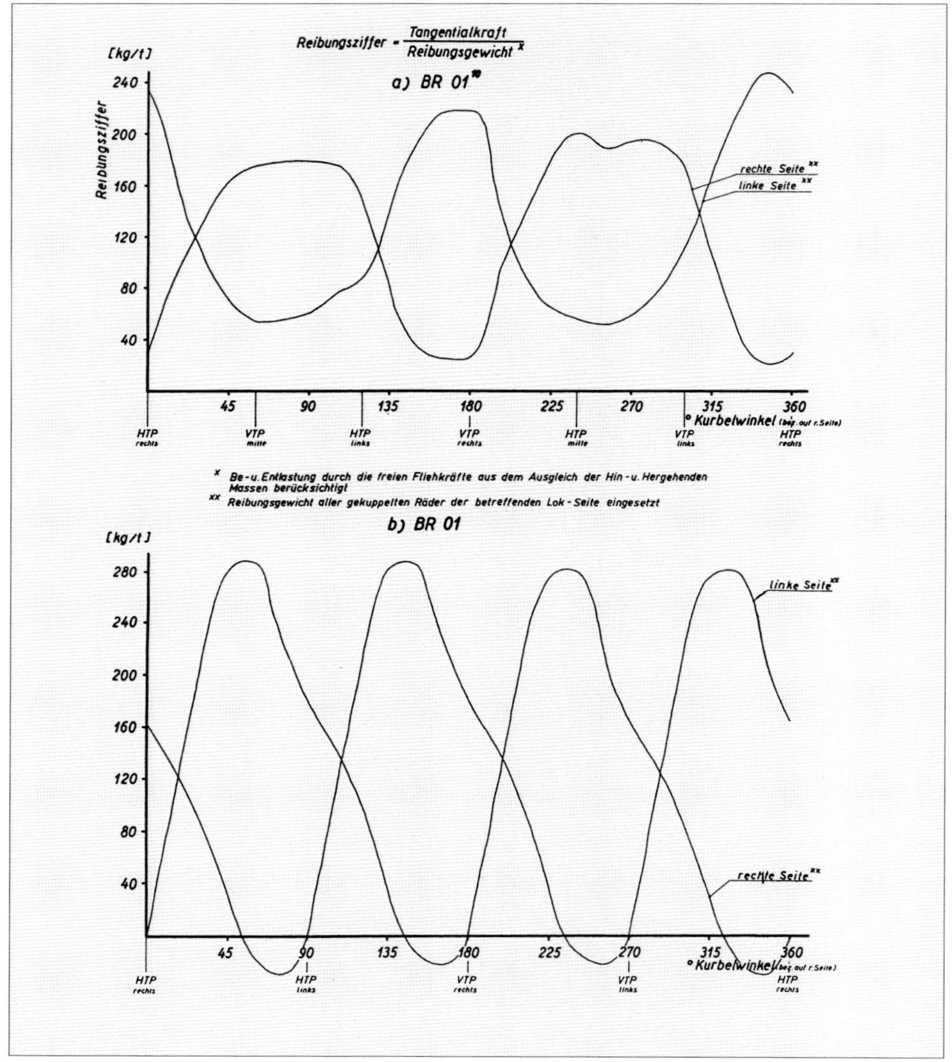

Bild 232 – Anlage 4 des Kröber-Berichtes: Inanspruchnahme der Reibungsziffer bei maximaler Zylinderzugkraft für **01 1092** (oben a) und die BR 01 (unten b). Das Diagramm a) zeigt wieder die anteiligen Tangentialkräfte für beide Lokseiten. Die jeweils halbe Kraft des Innentriebwerks wurde bereits addiert. Die Überlagerung beider Seiten analog zur Anlage 3 c) führt zur maximal möglichen Zugkraft am Radumfang beim mittleren Haftwert von 240 kg/t. Die Schwankungsbreite liegt beim Drilling recht günstig zwischen 230 und 260 kg/t, was die Erwartungen der Entwickler bezüglich der Haftwertnutzung beflügelte. Die im unteren Diagramm b) dargestellten Tangentialkräfte der Zwillings-01 schwanken nach Überlagerung beider Seiten dagegen zwischen 180 und 290 kg/t aufgrund der langen Füllung allerdings weniger stark als in der Anlage 2 c) dargestellt. Das Durchgehen lässt sich dennoch nur bei bestem Schienenzustand oder mittels Sanden verhindern. Bei der Aufstellung der Schlepplasten-Tafeln berücksichtigte man diesen Unterschied durch einen höher angesetzten betrieblich sicheren Haftwert für den Drilling mit μ = 0,204 gegen nur μ = 0,185 für Zwillingsloks (und Verbundloks mit ebenfalls 90° Kurbelversatz).

Bild 233
Vor einem schweren Hamburg-Köln-D-Zug hat in Münster Hbf die Osnabrücker **01 1001** im Frühjahr 1960 Schwierigkeiten. Sie dreht durch, und der Lokführer tut etwas völlig Falsches, indem er das rasende Triebwerk mit Sand zu stoppen versucht. Das plötzliche Stoppen überlastet die Kuppelstangen, kann sofort zum Verbiegen der Stangen oder nach vielfacher Überlastung zum Bruch führen.

Als Beispiel wurde das auch im Bericht des Mindener Lokomotiv-Versuchsamtes von 1954 (Seite 136) von Verfasser Kröber dargestellte Verhalten bei der Geschwindigkeit von 60 km/h bei 25 % Füllung, also einer Leistung von ungefähr ⅔ der Höchstleistung untersucht. Mit einer Leistung von 1.600 PS_e (1.177 kW) wird eine Zugkraft von 71 kN entwickelt. Infolge des Zweiachsantriebs entsteht diese Zugkraft aus den eingeleiteten Drehmomenten abwechselnd an den beiden Treibradsätzen. Das Diagramm „Gesamte Radumfangskraft“ zeigt als Kurve T_2 die von beiden Außentriebwerken zusammen an der hinteren Treibachse entwickelte Zugkraft am Radumfang. Die Kurve T_1 stellt die am vorderen Treibradsatz durch das Innentriebwerk entwickelte Umfangskraft dar (die Skalierung der Abszissenachse beginnt im vorderen Totpunkt des rechten Triebwerks). Wie bei jeder einzylindrigen Dampfmaschine gibt es hier im Verlauf jeder Umdrehung zwei Mal einen Bereich, in dem die Zugkraft negativ wird. Hier müssen die beiden vorderen Kuppelstangen nicht nur das Moment übertragen, das von der Treibachse T1 für ihre Radzugkraft benötigt wird, sondern zusätzlich noch das Moment für die Konterwirkung des Triebwerks. Die stark ausgezogene Kurve gibt den Verlauf der gesamten Zugkraft wieder, der – wie es sich für eine Drillingslokomotive gehört – recht gut ausgeglichen ist.

Wie oben erwähnt, wirkt die Vertikalkraft (siehe Diagramm „Vertikalkräfte“) auf die hintere Treibachse zwar pulsierend, aber stets die Radkraft verstärkend. Beim vorderen Treibradsatz (Kurve T_1) zeigt sich aber der erwartete Bereich, in dem die Achse entlastet, das heißt die Radaufstandskraft gegenüber der Kraft der Tragfedern vermindert wird. Mit 27 kN (das sind 2,75 t nach alter Rechnung) fällt die Entlastung zudem schon bei 60 km/h recht deutlich aus. Da diese „Achsdruckverminderung“ der Dampfkraft dem Schieberkastendruck proportional ist, kann man sich gut vorstellen, daß schon bei dieser Geschwindigkeit mit einer Füllung von 32 Prozent z.B. beim Beschleunigen die Achse in diesem Punkt die ihr zugemessene Zugkraft nicht mehr auf die Schiene bringt, sondern das Bestreben zeigt „durchzudrehen“. Ein Schleudern der vorderen Treibachse wird meist bei 50…90° Kurbelwinkel nach dem hinteren Totpunkt des Innentriebwerks einsetzen. Nahezu die volle Kolbenkraft bildet dann die Tangentialkraft (ca. proportional sin (Kurbelwinkel)), viel zu viel für die Übertragung nur über die erste Achse. Diese wird also unter Ausnutzung der Spiele in Achslagern und Kuppelstangen durchzugehen versuchen. Dabei vergrößert sich die Tangentialkraft aufgrund der günstigeren Kurbelstellung noch bis hin zu 90° (sin = 1), was bei ungünstigen Haftwertbedingungen zum Schleudern des ganzen Triebwerks führen muß.

Beim vorliegend gewählten Beispiel spielt die Massenkraft der Gegengewichte von 2,75 kN in der pulsierenden Vertikalkraft bei 60 km/h nur eine geringe Rolle. Bereits bei 90 km/h ist sie aber bereits auf das 2,25fache angewachsen, um bei 140 km/h das (höchstzulässige) Konstruktionsmaß von 15 % der ruhenden Radlast, also 15 kN zu erreichen.

Bildet man die Summe der beiden vertikalen Kraftanteile, so gibt es bei dieser Geschwindigkeit die o. a. Extremwerte: In der Kurbellage unten [Bild 90°] addieren sich die vertikalen Kräfte auf bis zu 39 kN Belastung je Rad. In der Kurbellage kurz vor dem hinteren Totpunkt, sobald die Voreinströmung beginnt [Bild 168°], addieren sie sich zur Entlastungen um bis zu 27 kN je Rad. Gefährliche Werte erreichte die Entlastung während des berüchtigten „Rohreblasens“, bei dem die Steuerung während arbeitender Maschine voll ausgelegt wurde.

Weithin unbekannt blieb bisher der Umstand, daß ohnehin der Mittelzylinder bereits in fabrikneuer Ausbohrung im Urmaß nahezu während der gesamten Fahrzeit unter Dampf eine um rund zehn Prozent größere Leistung abgibt als die Außenzylinder. Aus den Darstellungen der äußeren Steuerungen sowie den Steuerungsdiagrammen in der Lokbeschreibung von 1941 ist der Umstand zu entnehmen, daß der innere Zylinder bei Füllungslagen zwischen 20 und 40 % bis zu absolut 2,7 Prozent mehr Füllung erhält, also beispielsweise bei einer Steuerungseinstellung auf 30 Prozent, ca. 32,7 Prozent. Fast wichtiger noch, auch der Einlaß wird um bis zu 15 % relativ (11,5 statt 10 mm bei 30 % Füllung) weiter geöffnet. In Summe ergibt das einen bis zu 10 % höheren p_{mi}, sprich eine größere Zugkraft. Die Ursache findet sich in der Anlenkung des Hängeeisens **vor** der Schwinge. Bei der 44 war es tatsächlich gerade umgekehrt infolge der mittels Gelenk geteilten inneren Schwingenstange und eines gekürzten Aufwerfhebels. Man muß davon ausgehen, daß dieser Effekt bei der Konstruktion der 01^{10} kein Versehen, sondern gewollt war, denn man hätte bei einem Versehen die Anlenkung der Schwingenstange etwas nach unten/vorn verlegen oder den inneren Aufwerfhebel noch weiter

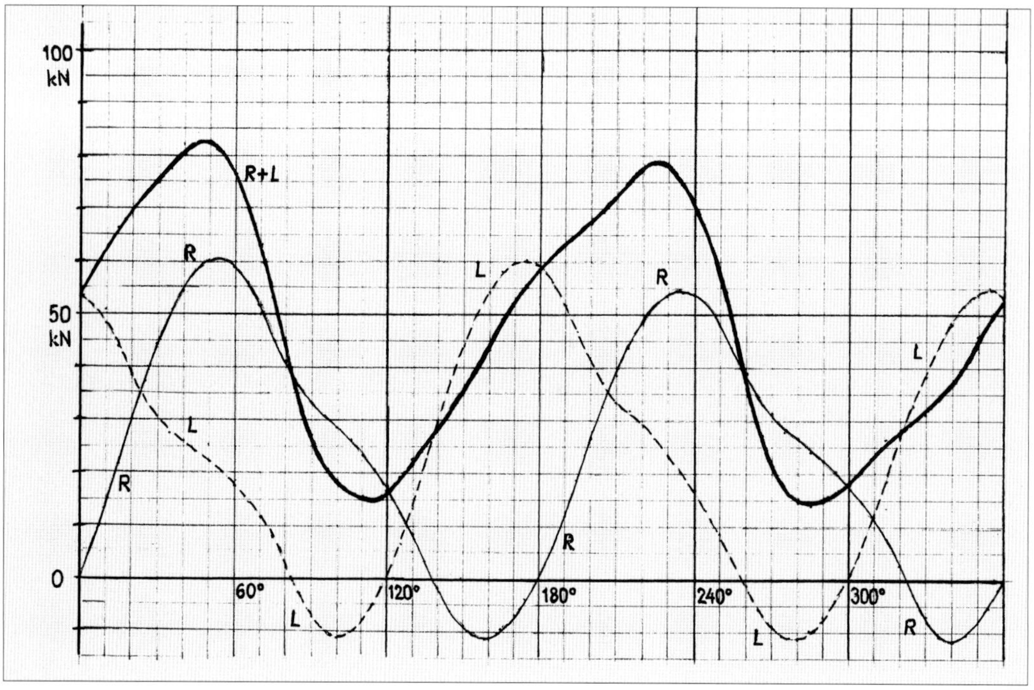

Bild 234
Zugkraft (Radumfangskraft) an der hinteren Treibachse (Summe aus R und L)

kürzen können. Möglicherweise wollte man auf diese Weise den bereits vor der Konstruktion befürchteten größeren Auslaßgegendruck des Mittelzylinders ausgleichen.

Das „Hochgeschwindigkeitsschleudern" jenseits von 80 km/h bei hoher Anstrengung wird durch die bei höherer Geschwindigkeit weiter anwachsende Kräftesumme erklärt. Daß die Lokomotive nicht auch nach dem Erreichen der Plangeschwindigkeit von 120 oder 135 km/h zum Schleudern neigt, wird durch die in der Beharrungsphase erheblich kleinere Anstrengung bewirkt. Bei dieser erfolgt mit einer Steuerungseinstellung von ungefähr 25 Prozent die Anpassung der Geschwindigkeit mit dem Regler. Ohnehin galt bei der BR 01^{10} das Fahren mit großer Füllung bei einem Schieberkastendruck von nur 10 bis 12 atü als einzig probates Mittel, um Schleudern zu vermeiden.

Bild 235 – Gesamte Radumfangskraft. T_1: aus Innentriebwerk; T_2: aus Außentriebwerk (R und L)

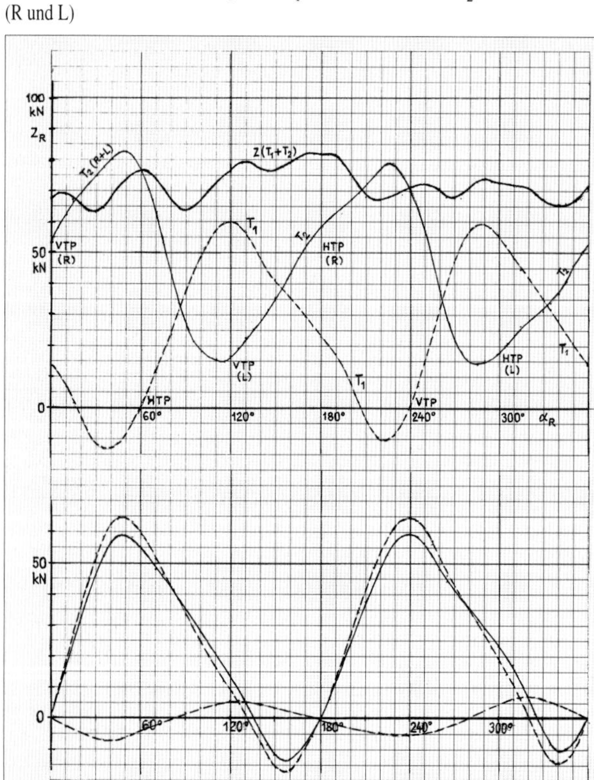

Daß die 01^{10} auch bei Höchstgeschwindigkeit unter hoher Anstrengung plötzlich, aber weitgehend unvermeidbar schleudern konnte, wurde bereits bei den Meßfahrten mit 01 1092 im Jahr 1954 deutlich. Das Ausfahren von Hoch- und Höchstleistung in der Beharrung war auch bei 120 km/h nicht möglich.

Nur einen Schritt ist es von der Erklärung des Hochgeschwindigkeitsschleuderns zur Begründung relativ häufiger und nur mit viel Glück meist glimpflich abgelaufener Schadensereignisse. Bei dem stark pulsierenden Drehmoment der Treibachse nur eines Zylinders fällt bei der 01^{10} die stärkste Kraftentfaltung des Kolbens für den Antrieb (bei großer Füllung vereinfacht betrachtet nach halbem Kolbenhub) nicht mit einer adäquaten Stellung der Kuppelstangen zusammen. Im Falle beginnenden Schleuderns der ersten Antriebsachse durch das stark pulsierende Drehmoment und die entlastenden Kräfte infolge der Schräglage des Zylinders begünstigt, müssen die vorderen Kuppelstangen infolge ihrer ungünstigen Stellung zur Kurbel hohe Kräfte bis hin zur größten Kolbenkraft übertragen. Der Kolben in Mittellage mit

Bild 236 – Vertikalkräfte, die von den Treibstangen auf die Treibradsätze ausgeübt werden. T_1 = Treibachse 1, T_2 = Treibachse 2. ABBILDUNGEN (3): PETER SCHMIED

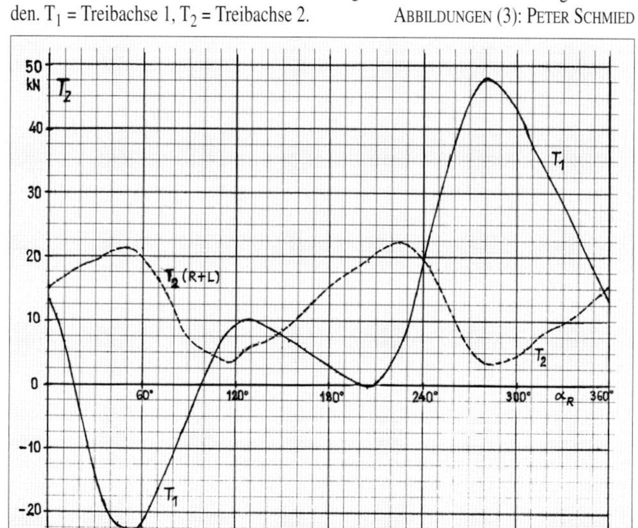

Bild 237 – Ein eindrucksvolles Bild: **012 077** überquert am 28. September 1972 mit dem E 2109 auf dem Weg nach Hamburg-Altona den Hindenburgdamm. Niemand wird gestört, und deshalb fliegen gerade einige Hände voll Sand in die Feuerbüchse, die unter Mitnahme von anhaftenden Ölresten als schwarze Körner auf die letzten Wagen des Zuges herunterprasseln. Was heute als Umweltfrevel gelten müßte, was damals objektiv eine schlimme Tortur für den Kessel war, bedeutete auch eine unwissentliche Gefährdung der Maschine. Bei hoher Geschwindigkeit, der beim Rohreblasen üblichen weiten Steuerungsauslegung und voll geöffnetem Regler nahm das Pulsieren der ersten Treibachse gefährliche Größenordnungen an.
AUFNAHME: ULRICH BUDDE

höchster Entfaltung der Antriebskraft korrespondiert ja mit Lagen der Kuppelstangen in der Nähe der 60°-Stellung, also verringertem Wirkungsradius.

Man behalf sich ab 1965 durch den Einbau neuer Treib- und Kuppelzapfen und die häufige Sichtprüfung der Kuppelstangen auf Anrisse. Nichts allerdings war daran zu ändern, daß bei hoher Belastung der Lokomotiven im Laufe der Zeit die Schadenshäufigkeit stark zunahm. Es bildete eben einen großen Unterschied, ob im Innentriebwerk beim Anfahren Kolbenkräfte von ungefähr 700 PS und in der Beharrung im Mittel 550 PS wirksam wurden, oder ob die Lokomotive vor schwersten Zügen mit Kolbenkräften von 1.000 PS im Innenzylinder und je 850 PS in den Außenzylindern beschleunigte und in der Beharrung bei 135 km/h immer noch jeweils 800 PS wirkten. So verzeichnete das Bw Osnabrück Hbf im Jahr 1964 seinen ersten Kuppelstangenbruch, ein Jahr nach Erhöhung der Plangeschwindigkeit auf 135 km/h.

1954 durchgeführte Meßfahrten erbrachten nebenher Aufschluß über eine weitere Ursache der häufigen Schäden des Innentriebwerks. Eigentlich ging es um die Ermittlung der Treibstangenkräfte bei schwerer Dampffahrt (Füllung 30 Prozent und 15 atü Schieberkastendruck) und im Leerlauf bei den Baureihen 01^{10}, 03 und 44. Die gerade zuvor neubekesselte 01 1001 des Bw Offenburg wurde deshalb vom Mindener Versuchsamt vom 12. bis zum 14. Mai 1954 mit Meßwagen 4 und Bremslok 18^3 auf der Strecke Offenburg – Basel untersucht. Interessanterweise wurden dabei Geschwindigkeiten bis zu 150 km/h ausgefahren. Die Gleichheit der Kräfte ergab sich für das Außentriebwerk bei 118 km/h, für das Innentriebwerk bei 98 km/h. Bestätigt wurde wieder, daß innere und äußere Dampfmaschinen bei gleicher Steuerungseinstellung mit unterschiedlichen Füllungsgraden arbeiten. Als Ergebnis hielt Berichtsverfasser Schröter fest, daß die Stangenkräfte unter Dampf von einem Höchstwert bei niedriger Geschwindigkeit auf ein Minimum in der Nähe der Höchstgeschwindigkeit sanken und darüber dann wieder anstiegen. Im Leerlauf nahmen die Kräfte mit dem Quadrat der Geschwindigkeit zu, und die innere Treibstange zeigte größere Kräfte als die äußeren Stangen. An der Welle des inneren, hinteren Treibstangenlagers wurde bei 140 km/h eine Reibungsarbeit von 430 mkg/cm^2sec (sic!) gemessen; zulässig waren höchstens 400. Als verwertbares Ergebnis hielt man fest, daß die üblichen 5 atü Restdampf im Leerlauf oberhalb von 100 km/h nicht ausreichten. Als Folge dieser unerwarteten Feststellung wies man die Personale an, bei Leerlauffahrten in der Nähe der Höchstgeschwindigkeit den Regler mit etwa 10 atü geöffnet zu halten. Gerade nach Ausrüstung des Außentriebwerks mit Rollenlagern mag diese Anweisung gerne vergessen worden sein, so daß ein Teil der Schäden des hinteren inneren Treibstangenlagers auf Rechnung der Lokführer zu nehmen ist.

Kolbenstangenbrüche, Kuppelzapfenbrüche, Stangenbrüche…

1964 kam es bei Osnabrücker Ölloks innerhalb weniger Wochen zu sieben Brüchen der Kolbenstange des Mitteltriebwerks mit schweren Triebwerksschäden, Zuglaufstörungen und Hilfslokgestellung:

18.05.1964	01 1089 Öl	D 62 bei Hittfeld
21.05.1964	01 1001 Öl	F 192 bei Bremen
07.06.1964	01 1054 Öl	E 521 bei Diepholz
25.08.1964	01 1069 K	3047 bei Rotenburg
11.09.1064	01 1074 Öl	D 172 bei Buchholz
25.09.1964	01 1099 K	E 522 bei Hittfeld
26.09.1964	01 1068 Öl	D 62 bei Bohmte

Bild 238
Seit dem Auftreten erster Brüche wurden die Rollenlager-Kuppelstangen im AW Braunschweig immer besonders aufmerksam untersucht. Hier liegen zwei hintere Kuppelstangen und dahinter, halb verdeckt eine vordere, erkennbar am Ölbehälter auf dem Gelenklager. Die Hauptkuppelstangenlager enthielten Zylinderrollen, wie deutlich zu sehen ist.

AUFNAHME: DR. HEINRICH BAUMANN

Fast alle Loks waren noch kurz zuvor im AW Braunschweig gewesen und hatten seither nur geringe km-Leistungen gehabt. Als wahrscheinliche Ursache benannte die BD Münster ein Zusetzen der hinteren Entwässerungsbohrung und das Fehlen von Zylindersicherheitsventilen bei 01^{10} und 03^{10}. Irrigerweise hatte man bei der Aufstellung von deren Zeichnungen im Jahr 1937 angenommen, daß bei Wasserschlägen die Schieberkörper der Druckausgleichs-Kolbenschieber auseinander gedrückt würden, und das Wasser in die Ausströmung entweichen könnte. Nach 24 Betriebsjahren wußte man aber, daß ein Wasserschlag schneller wirkte, als die Schieberkörper sich auseinander bewegen konnten. Gegenüber dem BZA Minden forderte die BD Münster deshalb für ihre 01^{10} Öl die Herstellung einer zusätzlichen Zylinderentwässerung für den Mittelzylinder an dessen hinterem Deckel. Die Begründung weist auf die Bedeutung dieses Ansinnens in einer Zeit hin, in der normalerweise für Bauartänderungen an Dampfloks kein Geld mehr ausgegeben werden sollte: „Die Lok müssen auf langen Streckenabschnitten in den auf elektrische Traktion abgestellten Fahrplänen Züge bis 600 t Last bei Geschwindigkeiten bis 135 km/h befördern." Nach Genehmigung durch die HVB führte das AW Braunschweig den Umbau als Sonderarbeit 1.295 **nur** bei allen im Unterhaltungsbestand geführten 01^{10} der BD Münster, also auch einigen Kohleloks, gelegentlich der jeweils folgenden L 2 bis Ende 1967 aus. Rund ein Drittel der Maschinen erhielt im Zuge der Erneuerung verschlissener Deckel hinten am Zylinder solche mit Zylindersicherheitsventilen. Der allgemeine Einbau unterblieb aus Kostengründen. Nachdem das veranschlagte Geld aufgebraucht war, tauschte man einfach an Außenzylindern vorhandene Deckel mit Sicherheitssventilen zum besonders gefährdeten Mittelzylinder.

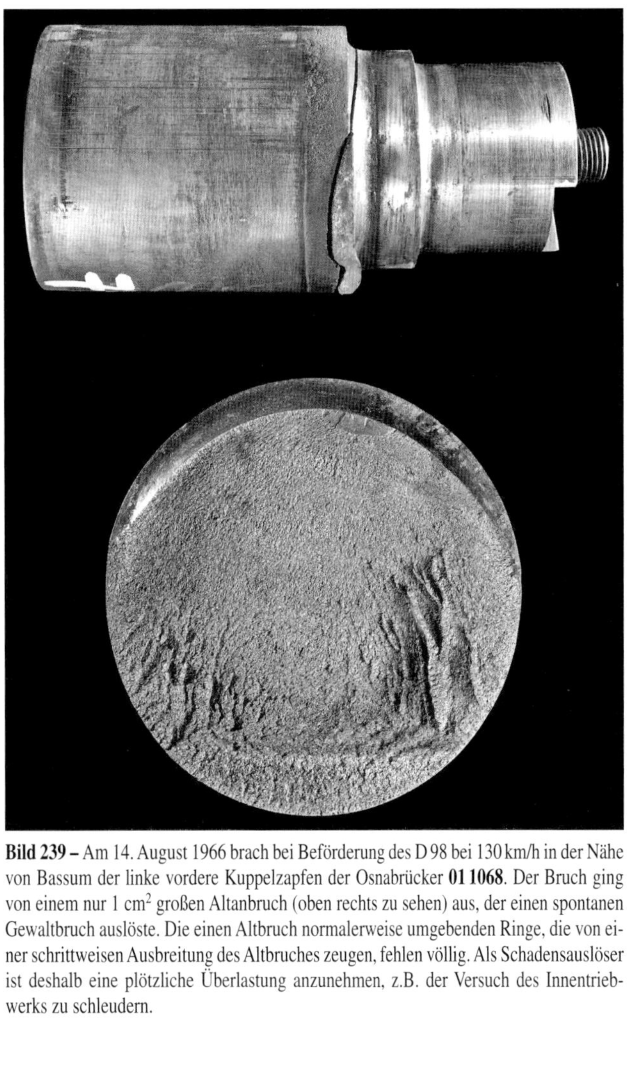

Bild 239 – Am 14. August 1966 brach bei Beförderung des D 98 bei 130 km/h in der Nähe von Bassum der linke vordere Kuppelzapfen der Osnabrücker **01 1068**. Der Bruch ging von einem nur 1 cm^2 großen Altanbruch (oben rechts zu sehen) aus, der einen spontanen Gewaltbruch auslöste. Die einen Altbruch normalerweise umgebenden Ringe, die von einer schrittweisen Ausbreitung des Altbruches zeugen, fehlen völlig. Als Schadensauslöser ist deshalb eine plötzliche Überlastung anzunehmen, z.B. der Versuch des Innentriebwerks zu schleudern.

Letztlich konnten auch die Umbauten die Schäden nicht ganz beenden: Bei 01 1085 (Bw Osnabrück Hbf) brach während einer Zugfahrt am 21. April 1964 bei 100 km/h die Kolbenstange des Mittelzylinders. Dieser hatte einen um mehr als 20 mm weiter ausgebohrten Innendurchmesser als die Außenzylinder. Eine folgende Untersuchung brachte das gleiche Ergebnis für 01 1055, 1060, 1084 und 1091. Aus Kostengründen konnte man diesen der DV 946 eigentlich widersprechenden Mangel nicht beseitigen (siehe hierzu Seite 175). Die Vermutung, daß die durch den größeren Durchmesser noch größeren Kolbenkräfte und das Lösen der ohnehin „konstruktiv ungünstigen Befestigung des Innenzylinders", die vielen Kolbenstangenbrüche, Gleitplattenschäden und Lagerschäden des Innentriebwerks wie auch der „unruhige Lauf" begünstigt würde, konnte man nicht weiter belegen, doch spielte das größere Zylindervolumen sicher ebenso eine Rolle wie auch die schon seit 1939 bekannten Steuerungsunterschiede zwischen innen und außen.

Bild 240 – Auch bei der 01^{10} war die Schadensstruktur „linkslastig“: Viele linke Zylinder an 01^{10} und 03^{10} wurden schadhaft, hinter dem linken Zylinder häuften sich Rahmenbrüche und bevorzugt brach die linke vordere Kuppelstange. Als mögliche Ursache ist die hier erkennbare strömungsungünstige Abzweigung des inneren Einströmrohres vom linken Einströmrohr anzusehen. Immerhin wurde sie bei der BR 44 wegen häufigen Undichtwerden des Flansches am Zylinder umgebaut und separat verlegt. AUFNAHME (**011 072**): BURKHARD WOLLNY

Bei 01 1074 (Bw Osnabrück Hbf) löste sich am 18. Juli 1968 während der Beförderung des D 595 bei 120 km/h zwischen Königsmoor und Tostedt die mittlere Kolbenstange aus dem Kreuzkopf; der vordere Zylinderdeckel wurde herausgedrückt.

Schadhafte Stangenlager gehörten im Dampflokdienst zu den häufigsten, wenn auch meist nicht schweren Schäden während der Zugfahrten. Kam es zu Schäden, waren diese unterschiedlich, aber jeweils durchaus typisch. Eine Überlastung der Kuppelstangenlager und der mittleren Treibstange bei Loks mit Gleitlagern führte allgemein zum Lagerschaden, d.h. der Ausguß bekam erst Spiel, schmolz dann, und das Lager begann zu schlagen. Das Schlagen war auch bei 120 km/h für das Lokpersonal hörbar und durch das verkochende Öl auch zu riechen. Im allgemeinen konnte der Führer die Lok ohne große Folgeschäden anhalten. Schlimmer war es, wenn ein Treib- oder Kuppelzapfen infolge eines Ermüdungsrisses brach, was bei normal belasteten Gleitlager-Loks nur außerordentlich selten geschah. Meist wurden dabei auch die betroffenen Treib- oder Kuppelstangen beschädigt oder zerstört. Herumschlagende Triebwerksteile führten fast immer zu Beschädigungen der Steuerung, der Luftpumpe und an den Rädern.

Schäden der Stangenrollenlager waren eigentlich sehr selten. Vor allem die ursprüngliche Lagerbauart von 1940 bewies außerordentliche Langlebigkeit. Doch auch bei der DB-Bauart von 1957 gab es eigentlich nur wenige Schäden. Z. B. mußte man im ersten Halbjahr 1964 50 Rollenlager ersetzen, die meist schon 600.000 bis 800.000 km gelaufen waren und Schäden wie verschlissene Käfige oder ausgebrochene Innenringe aufwiesen. Tendenziell sank die Zahl der schadhaften Lager sogar; so mußten im ersten Halbjahr 1966 nur 16 Lager an 01^{10} ersetzt werden. Anders als solche Dauerschäden, die in der Werkstatt fast immer rechtzeitig erkannt wurden, konnte es infolge allmählicher Stichmaßveränderungen der Achsen auch zu einem plötzlichen Fressen des Rollenlagers auf dem Zapfen kommen. Ein solcher Schaden trat schlagartig auf. Mangels Bewegung des gefressenen, festsitzenden Stangenlagers verbog sich die betroffene Stange und brach immer. Durch das Weiterdrehen der übrigen Kuppelachsen gegen den Widerstand wurden die übrigen Kuppel- und Treibstangen fast immer verbogen. Der schlagartige Stillstand des arbeitenden Triebwerks führte manchmal zu einem Gefühl des Aufbäumens der Lok, aber soweit bekannt nie zur Entgleisung. Die Schäden am Triebwerk waren fast immer sehr groß, und fast immer waren Kolbenstangen, mittlere Treibstange, Steuerung und alle Kuppelstangen der Lok in Mitleidenschaft gezogen. Stangenbruch aufgrund eines fressenden Rollenlagers kam allerdings nur sehr selten vor.

Ein Zapfenbruch bei Rollenlagerloks führte zu einem ähnlichen Schadensbild, da gelöste Triebwerks- und Steuerungsteile herumschlugen. Da Zapfenschäden in der Mehrzahl die erste Kuppelachse betrafen, war nahezu immer das Innentriebwerk stark mitbetroffen. Im vorherigen Kapitel wurden die vielfachen Belastungen der Treib- und Kuppelzapfen durch die problematische Triebwerksbauart beschrieben. Seit 1963 traten in der Tat die durch ständige Überlastung des immer wieder unbemerkt zum Durchgehen neigenden Innentriebwerks oder durch Schleudern des Triebwerks begünstigten Zapfenbrüche vermehrt auf. Nach Millionen von Lastwechseln, versuchtem und vollendetem Schleudern waren die Zapfen einfach verbraucht. Das AW Braunschweig begann daraufhin, ältere Kuppelzapfen zu erneuern. Die Abhilfemaßnahme schien zu funktionieren, doch begann das Problem 1966/67 aufs neue. Exemplarisch, und weil der Zapfen vom BZA Minden genau untersucht wurde, sei ein schweres Schadensereignis beschrieben. Bei 01 1068 (Bw Osnabrück Hbf) brach am 14. August 1966 während der Bespannung des D 98 in der Nähe des Bf Bassum bei 120 km/h der linke vordere Kuppelzapfen. Als Auslöser wurde ein nur 1 cm^2 großer Dauerbruch festgestellt, von dem der plötzliche Bruch des kompletten Zapfens ausgegangen war. Die Belastungen waren eben sehr hoch und wechselnd, so daß eine nur kleine Schadensstelle zu diesem gravierenden Ergebnis führen konnte. Ebenso ging es bei 01 1089 (Bw Osnabrück Hbf). Alte Anbrüche am linken hinteren und rechten vorderen Kuppelzapfen führten am 4. August 1967 vor D 376 in der Nähe der Blockstelle Gabelung bei Bremen dazu, daß bei hoher Geschwindigkeit nahezu das gesamte äußere Triebwerk einschließlich beider Treibstangen zerstört wurde. Der Unfall ging glimpflich ab, doch mußte der Lokführer wegen Schocks abgelöst werden.

Schließlich konnten auch die wie die Zapfen durch millionenfache Lastwechsel malträtierten Kuppelstangen brechen. Auch ein solcher Bruch führte meist zu umfangreichen Schäden am ganzen Triebwerk. Das Dilemma mit den brechenden Kuppelstangen nahm recht plötzlich erst 1964 seinen Anfang, ein Hinweis auf die Dauerbelastung. Die Schadensursache war kaum in langsam wachsenden Stichmaßfehlern der Achsen zu suchen, gegen die Rollenlagerloks besonders empfindlich seien, sondern ebenfalls im Pulsieren des Zweiachstriebwerkes. Das war schon daran zu sehen, daß in der Mehrzahl die beiden vorderen Kuppelstangen brachen, und von diesen die linke häufiger als die rechte. Auch in diesem Falle wäre es geboten gewesen, die mittlerweile durchweg über 1 Million km gelaufenen Stangen zu ersetzen. Das allerdings unterblieb, natürlich aus Kostengründen, eine unter Sicherheitsaspekten bedenkliche Gleichgültigkeit.

Allerdings sah sich die Zentralstelle für den Werkstättendienst genötigt, am 30. August 1967 mit Betreff „Erhebliche Zuglaufstörungen durch Stangen- und Zapfenbruch bei Lok BR 01^{10}“ Sicherheitsmaßnahmen zu veranlassen: Alle Kuppelzapfen von 01^{10} Öl, die älter als drei Jahre waren, mußten beim nächsten Zulauf ins AW Braunschweig erneuert werden. Alle 01^{10} Kohle und alle 01^{10} Öl, die schon neue Zapfen erhalten hatten, waren bei jedem Ausbau der Radsätze mit Fluoreszenzverfahren und Ultraschall zu untersuchen. Alle Treib- und Kuppelstangen sollten ab sofort bei allen Ausbesserungen, bei denen sie abgebaut wurden, mit dem Magnetpulververfahren auf Anrisse und Brüche untersucht werden. Wie bisher sollte das AW Braunschweig abgebaute Stangen immer nach dem Schlämmkreideverfahren untersuchen. Die zusätzlichen Maßnahmen hielt die ZW vor allem für erforderlich, weil ein Teil der alten Anbrüche wohl schon bei der jeweils letzten L 0 im AW Braunschweig vorhanden war. So hatte man es bei 01 1071 festgestellt. Bei dieser war am 29. Juli 1967 vor E 755 bei Oberneuland nahe Bremen die linke vordere Kuppelstange gebrochen. Erst 17.000 km zuvor war die Lok zu einer L 0 mit Stangenabbau in Braunschweig gewesen.

Tendenziell erhöhte sich mit zunehmender Alterung die Zahl der Stangenbrüche. Eine gewisse Häufung gab es 1968 bei den noch sehr angestrengt eingesetzten Hamburger 012. 1971 erlitt 012 085 (Bw Hamburg-Altona) in voller Fahrt vor einem Schnellzug in der Nähe der Hochdonner Brücke über den Nordostseekanal einen Stangenbruch, der sie fast zum Entgleisen gebracht hätte. Als „Stangenbrecherloks“ machten die Maschinen bei den Personalen damals unrühmlich von sich reden. Der für die Lokabnahme verantwortliche Abteilungsleiter B im AW Braunschweig, Dipl.-Ing. Jürgen Westensee, war Ende 1971 soweit, alle noch betriebsfähigen 32 Loks wegen betriebsgefährlichen Zustandes der Rollenlagerstangen aus dem Verkehr ziehen zu lassen und riskierte dafür einen handfesten Streit mit Werkdirektor und vorgesetzter Behörde. „Von oben“ wurde entschieden, daß die Loks noch benötigt würden, und noch am 10. August 1974 zerlegte 012 081 in voller D-Zug-Fahrt ihr Triebwerk, wurde aber mit Altteilen wieder repariert.

Unbemerkt seitens AW und BZA blieb der Umstand, daß die Zylinder auf der linken Lokseite zweieinhalbmal so häufig wie rechts ersetzt werden mußten. Bei der gleichartigen DB-03^{10} war sogar ein Verhältnis 6 : 1 zu finden. Der einzige Unterschied zwischen „links“ und „rechts“ war das vom linken Einströmrohr nahezu im rechten Winkel und sehr strömungsungünstig abgezweigte Einströmrohr der Mitte. Bei der DB-44 hatte man wegen vieler Undichtigkeiten am linken Zylinder das innere Einströmrohr bereits in der Rauchkammer abgezweigt und eigens befestigt. Zur Vermeidung schädlicher Vibrationen am Zylinder wäre auch bei 01^{10} und 03^{10} ein solcher Umbau sinnvoll gewesen.

Hingegen erklärt sich der Umstand, daß links mehr vordere Kuppelstangen brachen und auch links sich im ersten Rahmenfenster hinter dem Zylinder die Rahmenbrüche häuften, durch die auf dieser Seite sich zeitweise addierenden Kolbenkräfte bei Loks mit voreilendem rechten Triebwerk.

Bauartänderungen seit 1945 in Gesamtübersicht

Insgesamt erhielt die BR 01^{10} im Verhältnis zu anderen Schnellzuglok-Baureihen verhältnismäßig viele Bauartänderungen, was nichts mit spezifischen Mängeln zu tun hat, sondern fast ausschließlich mit der überragend wichtigen Rolle dieser Type im schwersten Schnellzugdienst. Fast immer ging es bei den Änderungen um Vereinfachungen oder Verbesserungen zur Senkung des Wartungs- und Unterhaltungsaufwandes. Meist wurden die Bauartänderungen in kurzer Zeit an einer großen Zahl von Lokomotiven ausgeführt. Häufig allerdings wurde nicht der Gesamtbestand erfaßt. So waren Zentralschmierung, rotierende Klarsichtscheiben oder die endgültige Bauform der Ölfeuerung nicht auf allen Maschinen zu finden. Diese, Achslagergleitplatten aus Hartmanganstahl, Stangenrollenlager, eine zusätzliche Zentralschmierung, Spurkranzschmierung, bessere Führerhausdachlüfter, dichte Gummiwulste zwischen Lok und Tender und die Vereinfachung der Ölbetankung machten die Arbeit leichter, verkürzten den Abschlußdienst und führten erst zu der Standfestigkeit, die eine Einsatzfähigkeit von 20 Stunden am Tag und Laufleistungen von mehr als 20.000 km im Monat ermöglichte.

Ein Bauartmangel, der ebenso bei den Baureihen 01 und 03 für Probleme sorgte, war das vordere Drehgestell, an dem in den fünfziger Jahren viele Federbrüche und Brüche der Wiege auftraten. Die Bauart wurde allgemein verstärkt, und einige Loks erhielten auch völlig neu gefertigte Drehgestelle, nachdem eine Lok der BR 01 entgleist war.

Nicht als Bauartänderung galt übrigens der Umbau des Heinl-Mischvorwärmers in den MV '57. Ebensowenig findet man in den Betriebsbüchern Aufzeichnungen über den Ersatz der zwei an jeder Seite auf dem Umlaufblech befestigten hohen Sandkästen. Diese behinderten die Sicht nach vorn, auch wurde der Sand häufig naß. Ersetzt wurden sie durch je drei tief hinter dem Umlaufblech angeordnete Kästen. Vom September 1959 stammten die Umbauzeichnungen, den Umbau führte man von 1960 bis 1962 aus. Das ärgerliche Problem des Naßwerdens und im Winter Einfrierens des Sandvorrates bestand aber wie bei allen DB-Maschinen mit tiefgesetzten Sandbehältern fort. Auch die Verstärkung der Gegenkurbeln für die Schwingenstangen oder die Verstärkung der Schwingenlagerböcke der mittleren Steuerung galten nicht als Sonderarbeiten. Beide Teile waren häufig gebrochen, und nach dem Ersatz sank die Zahl der Schäden stark.

Allgemein viel kürzer als bei den Ölloks war die Liste der Umbauten der weiterhin kohlegefeuerten Lokomotiven. Bei ihnen schlief die Bauart-Fortentwicklung allgemein zwischen 1963 und 1965 ein. Die HVB verfügte das Ende aller Sonderarbeiten mit

Bild 241
Auf diesem Bild von **01 1105** sind gleich mehrere Bauartänderungen der Bundesbahnzeit zu sehen: Die Reflexwasserstände, die isolierte Dampfzuleitung zum Dampfbläser Bauart Gärtner (links unten) und die Reglerschließeinrichtung.

AUFNAHME: JOACHIM LAWRENZ

Wirkung zum Jahresende 1965, und von dieser Vorschrift wurden seither nur noch in sehr geringem Umfang Ausnahmen erlaubt.

Noch in der Schlußphase der vollen Unterhaltung rüstete man den Mittelzylinder der Loks der BD Münster mit einer eigenen Entwässerung aus. Bis dahin hatte man ihn über einen der tiefer gelegenen Außenzylinder entwässert, was viele Probleme gemacht und auch teure Schäden verursacht hatte.

Aus dem Betriebsbuch von 012 084 ist zu entnehmen, daß bei ihr während einer L 0 im Mai 1970 die Achslagergleitplatten aus Hartmanganstahl wieder gegen solche aus Rotguß ausgewechselt wurden. Diese „Entfeinerung" von zweifelhaftem Wert wurde so bei einigen 012 ausgeführt. Im Falle der 012 084 mußte man ein Jahr später alle Rollenlager-Treib-und Kuppelstangen auswechseln.

Letzte Bauartänderung war der Anbau eines zweiten Indusi-Fahrzeugmagneten für Rückwärtsfahrt auf der linken Seite. Da Loks ohne zweiten Fahrzeugmagnet ab dem 1. Januar 1973 nicht mehr eingesetzt werden durften, erhielten ihn die Rheiner 012 der Reihe nach in der zweiten Jahreshälfte 1972. Die BD Hamburg hatte wegen der bevorstehenden Umbeheimatung den Einbau nicht mehr durchführen lassen. So zog sich der Umbau der im Oktober 1972 aus Hamburg-Altona nach Rheine gekommenen 012 bis ins Frühjahr 1973 hin, und mehrere Maschinen durften vor der Wiederinbetriebnahme monatelang nicht eingesetzt werden.

Die Ausführung von Bauartänderungen, die Baureihen und die Zahl der Lokomotiven wurden von der Hauptverwaltung gegenüber dem Zentralamt verfügt. Dieses stellte die notwendigen Zeichnungen auf, legte eine Sonderarbeitsnummer fest und fertigte eine Verfügung samt Arbeitsanweisung aus. Das Zentralamt schickte anschließend Zeichnungen, Verfügung und Arbeitsanweisung an die Geschäftsführenden Direktionen des Werkstättenwesens (GDW), im Falle des AW Braunschweig die BD Hamburg, im Falle des AW Nied die BD Frankfurt. Die GDW gaben mit einem eigenen Geschäftszeichen die Unterlagen an die ausführenden AW weiter. Da sich in den verschiedenen Betriebsbüchern für ein und denselben Umbau Verfügungsangaben von Hauptverwaltung oder Zentralamt oder GDW finden, wird hier grundsätzlich die Verfügung von HVR/HVE/HVB genannt und nur, wenn diese nicht herauszufinden war, die Zentralamts- oder GDW-Verfügung.

Ausgeführte Sonderarbeit (SA)	Verfügung	SA	Zeitraum
Ersatz der Dochtschmierung im vorderen Treibstangenlager	HVR 21.212. Fkl 430 v. 25.4.46	SA 4	1949-50
Entfall der Oberlagerschmierung	HVR 21.212. Fkl 430 v. 25.4.46	SA 5	1949-51
Schmierleitungen der Luft- und Speisepumpe von Stahl auf Kupfer umgestellt	HVR 21.212. Fkl 961 v. 26.11.46	SA 16	1949-51
durchdrehbare Führerhausstirnfenster angebaut	HVR 21.213 Fkl 515 v. 3.5.47	SA 19	1949-53
Stromlinienverkleidung abgebaut, normale Kesselverkleidung und Umlaufbleche angebaut	RZA 2330 Fklstrl vom 3.12.47		
	HVR 21.213 Fkl 15/2 v. 24.3.48	SA 25	1949-51
Anwärmvorrichtung für Speiseleitung der Kolbenspeisepumpe angebaut	RZA 2334 Fklvo 10 v. 19.11.48	SA 42	1949-53
kleine Windleitbleche angebaut	RZA 2334 Fkl ä 15 v. 22.4.49	SA 44	1949-51
Befestigung der Ausströmkästen mit 36er-Muttern	RZA 2331 Fklä 61 v. 22.2.49	SA 46	1949-50
Induktive Zugbeeinflussung nach Schaltung VK 270 neu eingebaut			1949-51
Steuerbock geändert	RZA 2331 Fkltr 32 v. 11.4.49	SA 49	1949-54
Rückumstellung der Schieberstangentragbuchsen von Gußeisen auf Rotguß	RZA 2331 Fkltr v. 2.5.49	SA 55	1949-51
Änderung der Schwingensteinbolzen an Schieberschubstangen	RZA Fkltr 75 v. 28.4.49	SA 56	1950-54
Stangenschmiergefäße aufgeschweißt	RZA 2335 Fkltr 15 v. 1.6.49	SA 57	1953-54
Änderung der inneren Schwingenstangenbeilagen (nur einzelne Nennungen)	RZA 2331 Fkltr 85a v. 26.5.49	SA 61	1950
eingepreßte Schieberbuchsen eingebaut	EZA 2331 Fkla 12 v. 30.5.49	SA 62	1950-53
Doppelverbundluftpumpe durch zweistufige Wülfel-Pumpe ersetzt		-	1950-52
Rauchkammerbodenschutz eingebaut	EZA 2330 Fklke 104 v. 14.11.49	SA 74	1951-54

Ausgeführte Sonderarbeit (SA) – Fortsetzung	Verfügung	SA	Zeitraum
Achs- und Stangenlager sowie Steuermutter auf WM 80 umgestellt, Achslager und Kreuzkopfgleit-Platten, Wasserstandsanz., Mischdüsen der Strahlpumpe und Steuerungsbuchsen auf Rg 5 umgest.	RZA 2331 Fkll a 39 v. 8.2.49	SA 85a	1949-51
Pyrometeranlage Bauart 1949 angebaut	HVE 21.213 Fke 3 v. 14.12.51	SA 124	1952-54
Einbau der Spurkranzschmierung Bauart de Limon	HVE 21.213 Fkltr v.3.9.51	SA 142	1959-68
Auswaschhahn des mittl., hinteren Zylinderdeckels mit Verstärkungen versehen	HVB 21.213 Fklt v. 18.06.52	SA 146	1952-53
Beleuchtung für 2. sichtbaren Wasserstand	BZA 2304 Fklela 14 v.11.9.52	SA 150	1954
Portalflicken aus St 34 in Seitenwände von St 47 K-Stehkesseln eingeschweißt (einige Loks)	HVB 27.272 Fnl 289 v. 6.1.53	SA 152	1952-53
Federbügel am Drehgestellrahmen umgebaut	HVB 21.213 Fkl 308 v.12.3.53	SA 157	1954-58
Handstangen am Führerhaus in Einpolterung	BZA Mdn 2330 Fldo C/K v. 18.5.55	-	1955-57
Neubaukessel eingebaut	HVB 21.213/K 13 v. 22.4.54	SA 167	1953-62
Schutzblech unterhalb der Rauchkammer geändert		SA 167a	1954-61
Warmwasserspeicher des MV ausgebaut		SA 167w	1956-57
stählerne Rohrleitungen durch kupferne ersetzt	HVB 21.213 Fldk/K 2 v. 13.4.54	SA 168	1956
Pufferträger verstärkt	HVB 22.213 Fld/K 69 v. 13.9.54	SA 175	1959-60
Anschlußstutzen zum Durchspülen der Überhitzerelemente angebracht	HVB 21.213 Fldk/K 76 v. 21.7.55	SA 195	1955-57
Ölhauptfeuerung eingebaut	BZA Mdn 22.042/23.0091 v.30.1.57	-	1957-58
Blende 65 mm Durchmesser in Abdampfrohr zum Niederdruckvorwärmer eingesetzt (nur Öllok)	BZA Mdn 22.042/23.0091 v.30.1.57	-	1957-58
Blasrohr 138 mm statt 150 mm und neuen Schornstein eingebaut (nur Öllok)		-	1957-58
Einfülltrichter für Speisewasser-Enthärter in Tender (Führerhaus) eingebaut	BZA 2304 Fldrk/K 11 v.12.55	SA 196	1958-60
drittes Spitzenlicht angebaut	HVB 21.213 Fhbl/K 2 v. 15.8.55	SA 197	1958-59
Stangenwälzlager eingebaut	HVB 21.213 Fldw/K 28 v.29.8.55	SA 201	1957-62
Wassereinlaufdeckel mit Hebelzügen versehen	BD Mst 21M17 Fld 28 v. 26.2.57		1957
Rußbläser Bauart Gärtner eingebaut (nicht Loks mit 3. Serie Neubaukessel, dort vorhanden)	HVB 21.213 Fldk/K 30 v. 2.3.56	SA 215	1957-62
Ersatz von aufgearbeiteten Stangen bei hochbelasteten Loks (mittlere Treibstange neu)	HVB 73.733 Sta 134 v. 14.12.56	SA 218	1958-60
Achslagergleitplatten aus Hartmanganstahl	HVB 73.733 Sta 134 v. 14.12.56	SA 219	1958-62
zusätzliche Zentralschmierung eingebaut	HVB 73.733 Sta 134 v. 14.12.56	SA 220	1962-64
Kontraststreifen hinter Wasserständen	HVB 21.213 Fldk/K 99 v. 12.1.57	SA 222	1959-61
Fußtritte aus Gitterrosten angebaut	HVB 21.213 Fld/K 100 v. 12.12.56	SA 225	1959-62
seitliche Lüftungsklappen in Führerhausdach eingebaut (nur Loks mit 52er-Lüftern)	HVB 21.213 Fld/K 140 v. 11.2.57	SA 226	1960-62
Einbau einheitl. Drehgestelle für 01, 01^{10}, 03, 03^{10}	BZA 2303 Fkll auf 2/3 v.12.2.58	SA 233	1958- 62
Pendelblechhalter am Kessel angenietet	HVB 21.213 Fldk/K 123 v. 20.2.58	SA 234	1958
44 Überhitzerelemente bei ölgefeuerten Loks auf 550 mm Abstand von Rohrwand gekürzt			1960-61
rotierende Klarsichtfenster eingebaut (nur bei einem Teil der Loks)	HVB 21.213 Fld/K 47 v. 12.4.58	SA 238	1961-63
Kondenstopf für Dampfheizungsleitung am Tender eingebaut	HVB 21.213 Fldk/K 75 v. 7.10.58	SA 241	1959-61
Ölfeuerung auf Serienbauart 1960 umgebaut	HVB 21.213 Fldk/K 4 v. 24.4.58	SA 245	1959-61
Ausrüstung von 01^{10}-Lok mit vollständig neuen Überhitzern (nur wenige Nennungen)		SA 245a	1959
je Lokseite zwei hohe Sandkästen durch drei niedrige ersetzt		-	1960-63
Gummiwulst zwischen Lok und Tender	HVB 21.213 Fldf/K 30 v. 24.6.60	SA 257	1962-63
Heißdampftemperatur-Regulierung eingebaut (nur Ölloks)	HVB 21.213 Fld/K1540 v. 26.10.60	SA 261	1961
Einbau zweiteiliger Feuerschirmträger (nur Ölloks)	HVB 21.213 Fldk/K 151 v. 6.2.61	SA 264	1961-62
Einbau von Entlüftungen mit Flammenschutzsicherung in Tenderölbehälter	HVB 21.230 Fldk/K 182 v. 18.3.61	SA 268	1961-63
Halter für Verbandskasten angebracht	HVB 21.213 Fld/K 188 v. 19.4.61	SA 270	1961-62
neue Längsausgleichhebel (Schwanenhalsträger) in das Lokdrehgestell eingebaut (nicht alle Loks)	HVB 21.213 Fldl/K 38 v. 5.10.61	SA 271	1962-68
verschleißfeste Steuerungsbuchsen und vordere Treibstangenlager aus GZ Sn BZ 12 eingebaut	HVB 21.213 Flde 115 v. 17.8.61	SA 272	1961-63
Ableitbleche für Sandstreuer angebracht	HVB 21.213 Flds/K 43 v. 20.4.61	SA 273	1961-62
federlose Müller-Druckausgleich-Kolbenschieber eingebaut			1962
88 Überhitzer-Umkehrenden mit 500 mm Rohr abgeschnitten und durch neue Umkehrenden mit 1.000 mm Rohr ersetzt (Abstand der Umkehrenden zur Rohrwand nun 50 mm)	ZW Ffm Fldk/ü v.13.6.64	-	1964
Argus-Kugelhahnkupplung in Ölleitung zwischen Lok und Tender eingebaut (Ölloks)	HVB 21.213 Fldk/K 114 v. 22.8.61	SA 274	1965
tiefliegende Anschlußstutzen und Steigleitung für Bodenbetankung eingebaut (Ölloks)	HVB 21.213 Fld/K 150 v. 5.10.61	SA 275	1962-65
Einbau luftgesteuerter Öleinlaufdeckel in den Ölbehälter	HVB 21.213 Fld/K 150 v. 5.10.61	SA 276	1962-63
Ersatz der Doppelschraubenfedern am Lokdrehgestell durch Gummifedern	HVB 21.213 Fldl/K 38 v. 5.10.61	SA 277	1962-63
Reinigungsöffnung am Mischvorwärmer Bauart '57 vergrößert	HVB 21.213 Fld/K 150 v. 5.10.61	SA 280	1962-65
Schutzblech für Rußbläserleitung am Stehkessel		SA 285	1963
Indusiabhängige Reglerschließvorrichtung eingebaut	HVB 21.213 Fld/K 150 v. 27.7.63	SA 286	1964-65
einsatzgehärtete Gleitbahnen und verschleißfeste Kreuzkopfgleitpl. eingeb. (16 Loks Bw Os Hbf)	BZA 2303 Fldw/K 200/69 v. 20.3.64	SA 288	1964-65
Zweites Schmiergefäß an äußere Kreuzköpfe angeb. (16 Loks Bw Os Hbf)	BZA 2303 Fldw/K 200/69 v. 20.3.64	-	1964-65
vordere Kolbenstangenführung festgelegt (nur bei L 3, einzelne Loks)	BZA 2303 Fldwk/K 8 v. 1.6.64	SA 289	1964
Indusi der Bauform I 60 eingebaut (nur Ölloks)		SA 290	1964-65
Anbau eines linken Indusi-Magneten		SA 292	1972-73
zusätzliche Entwässerung des Mittelzylinders (nur Loks der BD Münster)	HVB 21.213 Fld/K 150 v. 18.9.65	SA 295	1965-67
Gleitbahn-Auflage verstärkt		SA 998.2	1962
Strahlpumpe am Neubaukessel zurückversetzt		SA 998.4	1962
Notabsperrzug für Ölzuführung außen am Tenderaufstieg angebracht		-	1970-71

Bilder 242 und 243 – Auch hier, bei **012 081**, sind wiederum einige Bauartänderungen zu erwähnen: Der Neubaukessel, der zweiteilige zylindrische Schornstein, der gegossene Neubauzylinder, der kleine Sandkasten. Hinten setzt sich die Serie von Bauartänderungen fort: Stauschute mit Klarsichtfenster, Indusi der Bauart 60, nachträglich eingebaute Griffstangeneinpolterung unterhalb der Seitenfenster, Gummiwulst zwischen Tender und Lok, Trittstufen mit Rosten, lastabhängige Abbremsung mit Geber von der ersten Tenderachse, Ölbehälter…

Aufnahmen (2): Dieter Kempf

Die Dauerkrise – Untersuchungen, Umbauten, Unerwartetes

In der Literatur bislang meist vernachlässigt wurde die Rolle der Bahnbetriebswerke und Ausbesserungswerke in Betrieb und Unterhaltung der Loks. Die aus deren Betrachtung gewonnenen Erkenntnisse sind aber nicht nur für die Fahrzeuggeschichte interessant, sondern aus ihnen ergeben sich entscheidende Angaben zur Bewährung einer Baureihe. In besonderem Maße gilt das für die Baureihe 01^{10}, die als einzige deutsche „Super-Pazifik" in Westdeutschland eine geradezu ehrfürchtige Bewunderer-Gemeinde besitzt. Mit der Geschichte der Baureihe 01^{10} vom Anfang bis zum Ende auf das Engste verbunden war das Ausbesserungswerk Braunschweig, so daß dessen Arbeit auf den folgenden Seiten breite Darstellung findet. Von einer „planmäßigen Unterhaltung" kann man bei der 01^{10} aber eigentlich nur für die ersten beiden Betriebsjahre und die zehn Jahre zwischen Neubekesselung und Reduzierung der vollen Unterhaltung 1964 sprechen. Zeit ihres Betriebsdaseins reihten sich zunächst wegen Unzulänglichkeiten erforderliche und später zu immer weiterer Leistungs- und Laufkilometersteigerung nötige Umbauten aneinander, bis in der zweiten Hälfte der sechziger Jahre massive Alterungs- und Überlastungsschäden die Unterhaltungskosten der ölgefeuerten Loks ins uferlose steigen ließen. Kurzerhand bezeichnete man sie Ende 1967 als „Splittergattung" und nahm sie aus der Kostenstatistik des Werkstättendienstes, weil die 33 Ölloks die Kostenstruktur des gesamten Dampflokparks verfälschten.

Das Folgende wäre ohne eine gewisse Kenntnis der Schadgruppen und Fristenregelungen kaum zu verstehen. Am Beispiel der BR 01^{10} und ihrer kleineren Schwester 03^{10} seien diese und die mannigfachen Veränderungen deshalb einleitend in geraffter Form beschrieben.

Fristen und Schadgruppen

Große Bedeutung für die Unterhaltung der BR 01^{10} hatten die mehrfach geänderten Vorschriften. Ohne deren Kenntnis bliebe manches im wenig planmäßigen Ablauf des Daseins der 55 Lokomotiven unerklärbar.

Die Neubaulokomotiven der BR 01^{10} (und 03^{10}) unterlagen natürlich den bei der DRB üblichen Fristen: Ein „Unterhaltungsabschnitt" zwischen zwei Hauptuntersuchungen umfaßte nach der BO von 1928 höchstens fünf Jahre. Im Unterhaltungsabschnitt war spätestens nach drei Jahren die erste Zwischenuntersuchung (ZU) L 3 ohne Wasserdruckprobe fällig, die eine Kesselfrist von zwei Jahren begründete. Eine L 3 mit Wasserdruckprobe (L 3m) begründete eine maximal dreijährige Frist. Nach deren Ablauf war in jedem Fall eine Hauptuntersuchung (HU) nach Schadgruppe L 4 fällig. L 4- und L 3-Zeitfristen galten für Kessel, Fahrwerk und Tender. Als Orientierungswert für den ungefähren Zeitpunkt der nächsten Fahrwerksausbesserung war für 01^{10} und 03^{10} zunächst eine „Solleistung" von 180.000 km festgelegt. Im Betriebsbogen begann deshalb nach jeder L 3 und L 4 und ebenso nach einer Fahrwerksausbesserung L 2 die Kilometeraufschreibung bei Null.

Während eines Unterhaltungsabschnittes durfte man maximal 365 kalte Standtage zwecks Fristverlängerung anrechnen. Waren weniger Tage anrechenbar, verkürzten sich die Maximal-Fristen von L 3 und L 4 entsprechend. Es war deshalb ständiges Anliegen der Betriebswerke, Lokomotiven erst unmittelbar vor Ablauf der L 3-Frist ins RAW zu schicken, denn die neue Frist begann erst mit der Fertigstellung. Auf diese Weise konnte man dann eine Frist von manchmal knapp sieben Jahren auschöpfen.

Zwischenausbesserungen nach Schadgruppe L 2 (bis 1933 F 2) dienten der Erhaltung eines guten Fahrwerkszustandes zwischen den L 3-Untersuchungen. Neben dem Fahrzeugzustand galt es hier die Solleistung von 180.000 km zwischen zwei L 2 zu beachten und zustandsbezogen die Mindestdicke der Radreifen. Eine Zeitfrist gab es nicht. Abgefahrene Radreifen oder sonstige schwere Schäden machten L 2 auch vor Abfahren der Solleistung erforderlich. Hingegen war eine Überschreitung der Solleistung bei gutem Zustand des Fahrwerks erlaubt. Bei L 2 führte das RAW die vorgeschriebenen Planarbeiten am Fahrwerk aus, darüber hinaus nach Befund weitere Arbeiten, auch am Kessel. Bedarfsausbesserungen nach Schadgruppe L 0 konnten jederzeit anfallen und je nach Schadensumfang auch zu L 2 oder L 3 hochgestuft werden.

Mit Erlassen vom 9. Mai 1940 und einem weiteren vom 21. April 1942 räumte das Reichsverkehrsministerium großzügigere Verlängerungsmöglichkeiten für L 3- und L 4-Fristen ein.

Bei Neubaulokomotiven wie der BR 01^{10} war im ersten Unterhaltungsabschnitt nach Ausschöpfung der Verlängerungsmöglichkeiten der ersten L 3 spätestens fünf Jahr nach Inbetriebnahme eine zweite L 3 erlaubt, diese mit Wasserdruckprobe, die ebenfalls eine Zeitfrist von drei Jahren begründete. Die zuständigen Maschinenämter durften L 3-Zeitfristen mit Einzelgenehmigung statt durch Standtags-Anrechnung zustandsbezogen um bis zu zwölf Monate verlängern, auch über den bislang höchstzulässigen Vierjahreszeitraum hinaus. Die Solleistung von 180.000 km setzte man sogar faktisch außer Kraft, so daß etliche Maschinen bis zur ersten L 2 zwischen 200.000 und 240.000 km liefen. Unter Anrechnung von Standtagen durfte man aber eine Maximalfrist von zehn Jahren zwischen zwei L 4 nicht überschreiten.

Auf die 01^{10} bezogen heißt das, daß die Lokomotiven zwischen Frühjahr 1943 und Herbst 1944 ihre erste ZU nach Schadgruppe L 3 erhielten. Die L 4-Zeitfrist von 01 1001 begann übrigens am 29. August 1939, doch rechnete man die Zeit beim Versuchsamt bis zum März 1940 und die folgenden, nicht wenigen Abstell-, w- und z-Tage an, so daß das RAW Stargard die erste L 3 nach viereinhalb Jahren vom 30. Januar bis 24. März 1944 ausführte.

Bis zum Zusammenbruch 1945 erlebten die Maschinen allgemein nur eine L 3, zwei L 2 und meist zwischen einer und drei L 0. Nach dem Kriegsende kamen die Maschinen der RBD Kassel unter Ausnutzung alter oder gedehnter Fristen wieder in Betrieb, so daß die erste größere Serie von L 3 erst in den Jahren 1947/48 erforderlich wurde. Bis 1951 liefen die letzten Maschinen mit diesen L 3-Fristen und wurden deshalb erst so spät entstromt. Außer 01 1096, die 1948 eine L 4 erhielt, „schafften" alle anderen 01^{10} die Zeit bis zur Entstromung mit ihrer ersten L 4-Frist von 1940. Zeitlich überlappend lief zwischen Ende 1948 und Frühjahr 1951 die bei Abstell- wie auch Betriebsloks gleichermaßen durch Zeitfrist wie Zustand gebotene Grundüberholung mit Entstromung nach Schadgruppe L 4 ab.

Nach der Entstromung galten für die BR 01^{10} die eben erwähnten Unterhaltungszyklen nach BO 1928. Von einer „Planmäßigkeit" der Unterhaltung konnte allerdings keine Rede sein, denn schon bei der Grundüberholung hatten sich schwere Kesselschäden herausgestellt, die außerplanmäßige Aufwendungen schon für die nahe Zukunft erwarten ließen. An mehr als der Hälfte des Bestandes mußte man deshalb statt einer billigen Fristverlängerung in den Jahren 1952/53 eine volle L 3 ausführen.

Seit 1949 galt für die BR 01^{10} eine Solleistung von 270.000 km zwischen zwei L 2, in etlichen Betriebsbüchern fälschlich nachträglich auf 400.000 km korrigiert. Eine L 2-Zeitfrist kannte die DB weiter nicht.

Ihre zweite und letzte L 4 und den DB-Neubaukessel bekamen die Lokomotiven zwischen Dezember 1953 und Juli 1956. In die Betriebsbücher trug man eine dreijährige Kesselfrist ein, so daß einschließlich der wahrscheinlichen Fristverlängerungen die nächste Serie von L 3-Zwischenuntersuchungen für die Jahre 1957 bis 1959 zu erwarten war. 01 1095 erhielt am 6. März 1953 einen 01-Ersatzkessel, der L 3-untersucht war. Fristgerecht folgte bei ihr die L 4 vom 20. April bis 20. Mai 1955. Am 13. März 1962 erhielt sie bei Schadgruppe L 3 einen aufgearbeiteten Neubaukessel.

Ab 1954 galt für die BR 01^{10} wegen der hohen Beanspruchung eine Solleistung von nur noch 250.000 km.

Erhebliche Änderungen für die Unterhaltung aller Dampflokomotiven brachte die ab dem 1. September 1957 geltende neue Eisenbahn-Bau- und Betriebsordnung (EBO). Mit ihr führte man statt der recht schematischen Zeitfristen eine stärker auf den individuellen Zustand der Maschinen bezogene Unterhaltung ein und trennte die Fristung von Kessel, Fahrwerk und Tender. Die Schadgruppe L 4 und damit die Begriffe Haupt- und Zwischenuntersuchung wie auch Zwischenausbesserung verschwanden. Die Untersuchung nach Schadgruppe L 3 bestand nun aus einer Fahrwerksuntersuchung L 2 und einer Kesseluntersuchung H 2. Die L 3 begründete eine vierjährige Fahrwerks- und Kesselfrist. Letztere war nach Besichtigungen durch den Kesselprüfer nach dem 4. und 5. Jahr auf maximal sechs Jahre auszudehnen. Versuchsweise hatte man die neuen Regelungen seit Anfang 1957 bei einigen Baureihen, darunter der 01^{10} angewendet, und bei ihr brachte das den Entfall etlicher rund drei Jahre nach der Neubekesselung eigentlich erforderlicher L 3 mit sich.

Der Fahrwerkszeitfrist war nach der neuen EBO gleichrangig eine „Laufleistungsgrenze“ zur Seite gestellt, im Falle der BR 01^{10} die bisherigen 250.000 km. Die L 2 war eine Untersuchung ohne planmäßige Kesselarbeiten. Arbeiten am Kessel nach Befund oder Vormeldung gehörten zum außerplanmäßigen Arbeitsumfang einer L 2. Da die 01^{10} während der folgenden, zehn Jahre währenden Höchstleistung häufig mehr als 200.000 km im Jahr fuhren, hatte die L 2-Zeitfrist für sie kaum Bedeutung. Die L 2-Intervalle lagen bei wenig mehr als einem Jahr, so daß man mit der L 2 ein Mittel besaß, den Zustand der Lokomotiven trotz des hohen Materialverschleißes auf gleichbleibend gutem Niveau zu halten.

Vor allem die inzwischen fast überall eingeführte Speisewasser-Innenaufbereitung erlaubte die Dehnung der Kesselfrist nach einer H 2 auf nun höchstens acht Jahre im Jahr 1959. Die Besichtigungen nach dem 4. und 5. Jahr blieben; neu eingeführt wurde die Kesseluntersuchung U 06 (U = Unterhaltungsstufe) nach Ablauf des 6. Jahres, die eine zweijährige Fristverlängerung begründete. Eine Wasserdruckprobe war hierbei nur nach umfangreichen Kesselarbeiten vorgeschrieben. Gleichzeitig setzte man die Laufleistungsgrenze der Schnellzugdampfloks auf 300.000 km herauf. U 0 der 01^{10} führte man allgemein im AW Braunschweig aus, erledigte bedarfsweise weitere Reparaturen und verbuchte diese als L 0.

Die Verlängerung der möglichen Kesselfrist auf zehn Jahre folgte 1962. Die U 06 stand nun für vier mögliche Jahre Fristverlängerung, allerdings mußte nach dem achten Jahr die U 08, eine Besichtigung durch den Kesselprüfer erfolgen. Dieser konnte natürlich bei schlechtem Kesselzustand eine sofortige L 3 veranlassen.

Infolge des unerwartet langsamen Abschiedes von der Dampflok sah sich die HVB genötigt, mit einer weiteren Änderung der EBO (Verfügung 27.272 fav 134 vom 9. November 1964) eine Verlängerungsmöglichkeit der Kesselfristen bis auf 14 Jahre zu schaffen. Nach dem inzwischen fast schon verwirrenden System von Besichtigungen und U 0 führte man gleichzeitig für den Kessel als Hauptbauteil übersichtlichere Fristen ein:

- H 0 (Bedarfsausbesserung) ohne Fristung,
- H 2.1 (Untersuchung im AW, Wasserdruckprobe nur nach umfangreichen Kesselarbeiten, Frist 4 Jahre, nach dem zweiten Jahr Besichtigung durch den Kesselprüfer;
- H 2.2 (die bisherige H 2, Untersuchung im AW mit Wasserdruckprobe unter 20,8 atü, Frist 4 Jahre, dann zweimal je 1 Jahr Verlängerungsmöglichkeit nach Besichtigung).

Auf eine H 2.2 durfte eine H 2.1 folgen. Nur zwei H 2.1 nacheinander waren möglich. Alte Gewohnheiten hatten bei der DB bekanntlich ein langes Leben, so verwendeten viele AW die bisherige Bezeichnung U 06 weiter und erfanden für die zweite H 2.1 sogar die „U 010“.

Überdies erlaubte man nun L 3-Untersuchungen ohne Kesselausbau, ein deutlicher Hinweis auf den beginnenden Auslauf der Dampflokunterhaltung.

Die Trennung von Kesselfristen und planmäßiger Unterhaltung der übrigen Lokomotive führte zwar zu einer Verlängerung des möglichen Einsatzes, aber auch zum unwillkommenen Zustand, daß nun Laufleistungsgrenze und L 2-Zeitfrist beim Fahrgestell, H 2-Fristen und Besichtigungen zwecks Fristverlängerung beim Kessel AW-Zuführungen erforderlich machten. Ganz zu schweigen von der schon seit alters her notwendigen Wachsamkeit, den für die Hauptreisezeit nötigen Betriebsbestand auch durch vorfristige Untersuchungen abzusichern. Nur in unvollkommenem Maße gelang es, die Termine zu verbinden, so daß die Kesseltermine häufig eigene L 0 nötig machten.

Infolge dieser Maßnahmen erhielten etliche 01^{10} nach ihrer Neubekesselung keine weitere L 3 mehr. Ein beispielhafter Unterhaltungsablauf sah für eine Kohlelok dann ungefähr so aus:

- L 4 1954, Besichtigung (Bes.) 1957, Verlängerung (Verl.) 1958, Verl. 1959, U 06 1960, U 08 1962, H 2.1 1964, Bes. 1966, Bes. 1967, Fristablauf nach 14 Jahren 1968.

Ein beispielhafter Untersuchungsablauf einer Öllok sah ganz anders aus:

- L 4 1954, Besichtigung (Bes.) 1957, Verl. 1958, Verl. 1959, U 06 1960, L 3 1962, Bes. 1965, Bes. 1966, Bes. 1967, H 2.1 1968, Bes. 1970, Bes. 1971, H 2.1 1972, Bes. 1974, Einsatzende 1975.

Seit 1967 konnte man zustandsbezogen bzw. durch Anrechnung von Standzeiten die vierjährige L 2-Zeitfrist um zweimal ein Jahr verlängern.

Mit den Änderungen der Fristenregelung von 1964 einher ging eine Neubezeichnung auch der übrigen Schadgruppenbezeichnungen mit zweistelligen Ziffern, weil dort schon eigenmächtige Differenzierungen um sich gegriffen hatten. Nichts änderte sich daran, daß eine L 0 eine Bedarfsausbesserung, eine L 2 eine Fahrwerksuntersuchung mit Fristung, und eine L 3 eine L 2 mit Kesseluntersuchung und Kesselfristung war. Das AW Braunschweig benutzte die neuen Bezeichnungen ab Mitte Februar 1965. Die neuen Bezeichnungen:

Schadgruppe	Lok	Kessel	Tender
L 00	nach Befund	nach Befund	nach Befund
L 01	nach Befund	H 2.1	nach Befund
L 02	wie L 00, aber mit Ausachsen, Rahmen- und Triebwerksarbeiten		
L 03	nach Befund	H 2.2	nach Befund
L 09	wie L 00, aber für Unfallreparaturen		
L 20	L 2	nach Befund	nach Befund
L 21	L 2	H 2.1	L 2
L 30	L 2 + Befund	H 2.2	L 2 + Befund

Bild 244 – Im März 1940 waren zeitweise bis zu acht 01^{10} im Abnahme-RAW Braunschweig versammelt und warteten auf mehr oder weniger umfangreiche Nacharbeiten. Sechs von ihnen sind hier abgestellt neben der nördlichen Halle zu sehen: **01 1065**, dahinter **01 1064**, **1063**, **1062**, **1056** und **1057**. Rechts am Bildrand ist schwach eine der Baracken des werkseigenen Zwangsarbeiterlagers zu erkennen.

AUFNAHMEN (4): HEINZ STOTTMEISTER, SAMMLUNG MICHAEL FRICKE

Bilder 245 und 246, oben und links
Mitte März 1940 war auch **01 1067** im RAW Braunschweig abgestellt. Aus unbekanntem Grunde hatte man bei ihr die Lampenringe abgebaut. Im Hintergrund warten 17^2 auf Ausbesserung.

Bild 247, unten
Zum gleichen Zeitpunkt, um den 14./15. März 1940 machte sich **01 1066** auf zu einer Probefahrt.

Nur noch einige wenige 01^{10} erhielten zwischen 1964 und 1967 L 3. Seit Anfang 1965 waren L 3 für kohlegefeuerte 01^{10} und seit Anfang 1968 auch für die Ölloks untersagt. Für die übrigen Dampfloks der DB folgte die gleiche Unterhaltungseinschränkung mit dem Jahresanfang 1969.

Die Laufleistungsgrenze für die Baureihen 01 und 01^{10} erhöhte die HVB ab Anfang 1967 auf 320.000 km, ab 1968 mit einer Überschreitungsmöglichkeit von 10 Prozent.

Ab dem 8. Juli 1969 erlaubte die HVB bei fast allen Dampflokomotiven, den Laufleistungsgrenzwert um bis zu 20 % zu überschreiten. Ausgenommen wurden nur die Baureihen 012 und 023, bei denen es bei 10 % blieb. Zustandsbezogen konnte die Fahrwerkszeitfrist auf mehr als sechs Jahre verlängert werden. So erhielt 011 056 im Juli 1969 im Bw Kassel wegen „langer Standzeit“ auf die L 2-Frist noch eine Verlängerung von zwei Jahren. Ihre letzte Bedarfsausbesserung hatte sie im Juli 1967 gehabt. Erst vier Jahre später ging sie auf z. So ermöglichten die neuen Fristregelungen im Bedarfsfalle auch das „Durchfüttern“ von Lokomotiven, die schon jahrelang kein AW mehr gesehen hatten.

Keine einzige 01^{10} erhielt die am 2. April 1970 (HVB 27.272 Fav 134) eingeführte Kesselauslaufuntersuchung H 2.8 mit nochmals vier Jahren Frist plus zwei Jahren Verlängerungsmöglichkeit, mit der man die Betriebszeit vieler 44 und 50 auf bis zu 20 Jahre seit der letzten L 4 streckte.

Inbetriebnahme: Hindernisse, Kinderkrankheiten

Der Lebenslauf der Baumusterlok 01 1001 nahm einen etwas ungewöhnlichen Anfang. Liefertag war laut Betriebsbuch-Vordruck „Bescheinigung über die Bauüberwachung von Fahrzeugen“ – gestempelt und unterschrieben durch die BMAG und den Abnahmebeamten des Reichsbahn-Abnahmeamtes Berlin 2, Grahl – der 29. August 1939. Am selben Tag stellte dieser Beamte das „Zeugnis der Lauffähigkeit“ für die Fahrt auf eigenen Rädern von Wildau nach Grunewald aus. Das Versuchsamt für Lok und Triebwagen Grunewald trug auf der Seite „Standorte und Leistungen“ ein: „Am 30.8.39 von Fa. Schwartzkopff geliefert.“ Das Deckblatt des am 29. August vom erwähnten Abnahmebeamten angelegten Betriebsbuches gibt als Tag der Anlieferung den 30. August, als Tag der Abnahme aber den 29. August 1939 an. Was nicht sein kann…

Die Widersprüchlichkeiten lassen nur einen Schluß zu: Wie auch in einigen anderen Fällen benutzte man die Bauabnahme im Herstellerwerk, die Lauffähigkeitsbescheinigung zum RAW Grunewald und die 31 km lange Überführungsfahrt dorthin als vorläufige Abnahme. Meßfahrten, nicht aber die Benutzung im Regeldienst waren damit erlaubt. Vorschriftswidrig allerdings erhielt 01 1001 am 29. August 1939 bereits ihre „Endabnahme“, völlig ohne eingehende Überprüfung im Abnahme-RAW und ohne protokollierte Lastprobefahrt. Nun, die folgenden Meßfahrten mit einer Gesamtlaufleistung von mehr als 6.000 km ersetzten diese sicherlich.

Die RBD Halle, bei der die Lok ab Mitte März 1940 beheimatet war, hatte auch ihre Schwierigkeiten mit dem übergebenen Betriebsbuch: Als Einbaudatum des Kessels stand dort der 5. März 1940, nachdem das RAW Grunewald an diesem Tag eine erste Bauartänderung am Kessel ausgeführt hatte. Als Beginn der ersten L 4-Frist im neu angelegten Fristenblatt und Betriebsbogen setzte man aber den 29. August 1939 ein. Die Genehmigungsurkunde der RBD Halle wiederum stammt vom 18. März 1940.

Für alle folgenden Serienmaschinen bestimmte man das RAW Braunschweig als Abnahme-RAW, das auch etliche Maschinen der kleineren Schwestertype 03^{10} abnehmen sollte. Am 26. Januar 1940, einem Freitag, trafen dort aus dem Herstellerwerk kommend als erste 01 1052 und 1053 ein. Es folgten am 2. Februar 1940, genau eine Woche später, 01 1054, 1055 und 1056, und am nächsten Freitag schließlich trafen 01 1057 und 1058 ein. Das Werk hatte sich den Zulauf der neuen Lokomotiven für diesen Wochentag gewünscht, damit man am Samstag die Eingangsuntersuchung durchführen und noch an diesem Tag die vorgesetzte „Geschäftsführende Direktion des Werkstättenwesens" (GDW) Hamburg über Mängel informieren konnte. Bei fabrikneuen Maschinen war immer eine genau vorgeschriebene Prozedur bei der Abnahmeuntersuchung einzuhalten, da der Hersteller für Baumängel, nicht aber für Bauartmängel haftete. Dem Herstellerwerk war also Gelegenheit zu geben, auf Mängelrügen zu antworten, sie vor Ort selbst nachzuprüfen und zu entscheiden, ob eine Rückholung ins Werk, der Einbau einwandfreier Teile durch eigene Kräfte im Abnahme-RAW, oder ein Nachbesserungsauftrag an das RAW praktischer wäre. Im letzteren Falle mußte das RAW seinen Aufwand nachweisen, und er wurde vom Kaufpreis abgezogen. Man kann sich leicht vorstellen, daß dieses Verfahren eine Abnahme innerhalb von einem oder zweier Tage, wie sie bei Serienlokomotiven eingeführter Bauart normal war, bei den komplizierten Stromlinien-Neulingen unmöglich machte. In der Tat wurden zunächst bei nahezu jeder Lok mehr oder weniger umfangreiche Nacharbeiten erforderlich. Bereits auf den Überführungsfahrten traten Probleme auf, da der lange Winter mit Frost und hohem Schnee den Lokomotiven arg zusetzte. Die erwünschte Zuführung jeweils mehrerer Loks konnte das Herstellerwerk ebenfalls nicht mehr sicherstellen. Die ersten zehn Serienloks verbrachten vor ihrer Abnahme insgesamt 243 Tage im RAW Braunschweig. „Spitzenreiter" waren 01 1055 mit 36 und 01 1056 mit 46 Tagen. Im März und April standen meist um fünf, maximal sogar acht Loks (z. B. 14. März 1940: 01 1055, 1057, 1062 – 1067) im RAW kalt abgestellt (siehe Liste der Abnahmen auf Seite 284). Auch die folgenden Maschinen verbrachten zu Nachbesserungen meist mehr oder weniger lange im RAW Braunschweig. Besonders lange benötigte man für 01 1089 (25. Mai bis 6. Juli 1940). Den schnellsten Durchlauf bis zur Abnahme erzielte 01 1100 (Samstag, 20. bis Montag, 22. Juli 1940). Die Lastprobefahrt führte man wohl bei allen Lokomotiven vor einem planmäßigen Zug zwischen Braunschweig und Magdeburg durch.

Stetiger Wandel: Unterhaltung 1940 – 1945

Als Unterhaltungswerke für die Baureihe 01^{10} wurden die RAW Braunschweig, Nied, Meiningen und Stargard bestimmt, die zuvor und weiterhin die BR 01 und bald auch einen Teil der BR 03^{10} unterhielten. Die Verteilung auf die Werke blieb bis 1941 stabil. Ziemliche Schwierigkeiten verursachte lange Zeit die Versorgung mit einer ausreichenden Zahl von Ersatzteilen. Durch das ganze Jahr 1941 erstreckte sich ein Schriftwechsel zwischen den Heimat-Direktionen, den GDW und den RAW über das Fehlen von Ersatzteilen. Zuständigkeitshalber mußten die GDW für die RAW Ersatzteile beim Hersteller oder Zulieferern bestellen, und die RAW bedienten auf Bestellung durch die RBD die verschiedenen Heimat-Bw. Eine derart hierarchische Organisation war zwar gut zu kontrollieren, aber sehr unbeweglich. Dazu kam noch, daß viele Ersatzteile für 01^{10} und 03^{10} nicht wie ursprünglich gewünscht mit denen der BRn 01 und 03 übereinstimmten. Diverse Bw führten deshalb 1941 Klage über das Fehlen von Überhitzerelementen. Z. B. war im RAW Meiningen ein einziger Satz von Tauschelementen für 30 zu unterhaltende 01^{10}-Lokomotiven vorhanden. Der Mangel an solch wichtigen Teilen führte zu vielen Stillstandstagen von Lokomotiven und unerwünschter „Bastelei" im Bw. Erst Anfang 1942 lagen in den RAW ausreichend viele Tauschelemente bereit, und auch die übrige Ersatzteilversorgung verbesserte sich.

Bild 248 – Während ihrer kurzen Beheimatungszeit beim Bw Breslau hatte **01 1060** während einer Zugfahrt einen Lagerschaden an der zweiten Treibachse. Vom 14. bis 18. Mai 1943 brachte das nächstgelegene RAW Lauban die Lok wieder in Ordnung. Anschließend ließen sich einige Lehrlinge in HJ-Kluft vor der hier völlig ungewohnten Stromlinienlok fotografieren. AUFNAHME: SAMMLUNG HOLGER KAUFHOLD

Im Jahr 1942 begann die Reichsbahn mit einer umfangreichen Typenbereinigung, die bei den Direktionen größere Bestände zusammenführte und Anfang 1943 die Aufgabe der 01^{10}-Unterhaltung beim RAW Nied mit sich brachte. 1943 gab es noch größere Umwälzungen mit der Folge, daß in den Direktionen Oppeln und Breslau große, wenn auch kurzlebige Bestände entstanden. Schließlich zog man im Mai 1944 alle 01^{10} in den RBD Hannover und Kassel zusammen, so daß seitdem nur noch die Unterhaltungswerke Braunschweig und Nied für sie zuständig waren.

Eine Nennung der Einzelnummern erübrigt sich hier, da im Kapitel „Entwicklung des Bestandes" die Wanderungsbewegungen ausführlich beschrieben sind. Die ausgezählten Bestände fluchten nicht immer mit den in den Werkstättenstatistiken genannten Angaben, die auch immer nur die Gesamtzahl der in einem RAW unterhaltenen 01^{10} erfaßten.

Kostenmäßig stellten sich die neuen Maschinen wie zu erwarten unauffällig. Einzig größere Bauartänderung war die teilweise Freilegung des Triebwerks. In den knapp fünf Betriebsjahren bis Kriegsende erhielten die Maschinen allgemein zwei L 2-Fahrwerksausbesserungen, die zwischen 14.000 und 18.000 RM kosteten, und 1943/44 eine L 3 mit Kosten zwischen 24.000 und 30.000 RM, und meist eine oder zwei Bedarfsausbesserungen. Die Kostenunterschiede bei den L 3 ergaben sich, weil teils erst bei dieser Untersuchung die Triebwerksausschnitte angebracht wurden.

Bilder 249 und 250
Im RAW Braunschweig stand seit dem Januar 1944 die Hannoveraner **01 1075** mit schweren Bombenschäden abgestellt. Hauptsächlich, weil der Tender irreparabel war und die Stromschale entweder neu gebaut oder völlig hätte entfernt werden müssen, blieb sie abgestellt und wurde 1945 sogar zur Ausmusterung vorgesehen. Ab Januar 1949 erhielt sie eine Untersuchung bei Henschel und bekam den Tender von 01 1076.

AUFNAHMEN (2):
RAW BRAUNSCHWEIG,
SAMMLUNG HORST TROCHE

RAW Braunschweig

Das Abnahme-RAW, zugehörig zum Werkstättenbezirk 1 Hamburg, blieb anschließend zuständig für die Unterhaltung der in den Direktionen Berlin, Hannover und Köln eingesetzten Maschinen und der beim Bremsenversuchsamt Berlin-Grunewald benutzten 01 1052. Ende 1940 waren hier neben den 17 Loks der BR 01^{10} noch 89 der BR 01, 88 der BR 03, zwei der 03^{10}, je zwei 05 und 06, fünf Vierlinge der Reihe 17^{0} und alle 93 17^{2} werkstättenpflichtig. Mit insgesamt 298 unterhaltenen Schnellzugdampfloks war das RAW Braunschweig seinerzeit das bedeutendste Ausbesserungswerk der Reichsbahn. Erwähnenswert ist, daß das auf fließende Fertigung eingerichtete und erst im Mai 1927 in Betrieb genommene RAW im Jahr 1941 mindestens neun 01^{10} im RAW Magdeburg mit Triebwerksausschnitten versehen ließ. Im Werkstättenbezirk Hamburg war dieses RAW für Zubringerarbeiten und Personenwagenunterhaltung zuständig. Die dortige Ausführung der Umbauten an der Blechverkleidung war deshalb sinnvoll.

Nur 1941/42 verlor Braunschweig einen Teil seiner Berliner Unterhaltungsloks an das RAW Stargard, wohin sie nach der Zuordnung der Werkstättenbezirke auch eigentlich gehörten. 01 1052 ging dem RAW im Jahr 1942 verloren. Doch blieb der Unterhaltungsbestand sonst bis zum Frühjahr 1944 weitgehend konstant, als hier weitere 18 in die RBD Hannover umbeheimatete Maschinen werkstättenpflichtig wurden. Statt ihrer verlor Braunschweig die Unterhaltung eines kleinen Teils seiner 01 und 03.

Aus diversen Betriebsbüchern ist abzulesen, daß sich der Zustand der 01^{10} im Jahr 1944 rapide verschlechterte. Die Werkstätten der zerstörten Heimat-Bw Hannover und Braunschweig waren kaum noch arbeitsfähig, so daß enorm viele 01^{10} zu meist mehreren Bedarfsausbesserungen ins RAW Braunschweig fahren mußten. 01 1080 erhielt 1944 neun, 01 1081 fünf L 0. Wegen der dauernden Luftangriffe kamen die Arbeiten im RAW Braunschweig im Februar 1945 fast zum Stillstand. Die Bw Hannover und Braunschweig hatten zu dieser Zeit schon einen Teil ihrer Bestände entweder in der Nähe des RAW oder auf Bahnhöfen abgestellt, da weiterhin vernichtende Luftangriffe schwere Schäden an den Bahnhofsanlagen verursachten. 01 1085 erhielt noch am 6. Februar 1945 im RAW eine Bedarfsausbesserung.

In Braunschweig L 3-untersuchte Maschinen:

L 3	01 1072	Hannover Hbf	27.03.1943
L 3	01 1082	Braunschweig Hbf	21.06.1943
L 3	01 1073	Hannover Hbf	13.08.1943
L 3	01 1071	Hannover Hbf	09.09.1943
L 3	01 1077	Hannover Hbf	30.09.1943
L 3	01 1074	Hannover Hbf	21.10.1943
L 3	01 1070	Hannover Hbf	22.11.1943
L 3	01 1075	Hannover Hbf	25.11.1943
L 3	01 1076	Hannover Hbf	16.12.1943
L 3	01 1079	Braunschweig Hbf	19.12.1943
L 3	01 1078	Hannover Hbf	23.12.1943
L 3	01 1080	Braunschweig Hbf	16.01.1944
L 3	01 1100	Göttingen Pbf	27.06.1944
L 3	01 1088	Braunschweig Hbf	12.07.1944
L 3	01 1089	Göttingen Pbf	04.08.1944
L 3	01 1069	Braunschweig Hbf	31.08.1944
L 3	01 1084	Braunschweig Hbf	25.09.1944
L 3	01 1086	Braunschweig Hbf	1944
L 3	01 1087	Braunschweig Hbf	1944

RAW Meiningen

Das zum Werkstättenbezirk 4 Dresden gehörende RAW Meiningen wurde 1914 eröffnet. Es unterhielt u.a. die Einheits-Schnellzuglokomotiven der RBD Dresden, Erfurt, Halle, München und Nürnberg: Ende 1940 waren das 66 Loks BR 01, 30 Loks BR 01^{10}, drei Loks BR 02, 41 Loks BR 03, 15 Loks BR 03^{10}. Auch hier blieb der Unterhaltungsbestand länger fast unverändert. Im Laufe der Jahre 1942 und 1943 verlor Meiningen durch Umbeheimatung eines Teile der Hallenser und aller Dresdner 01^{10} in die Direktionen Berlin, Breslau, Hannover und Kattowitz diese an die RAW Braunschweig und Stargard. Bis Mai 1944 ging der Meininger Unterhaltungsbestand von zuletzt 20 Lokomotiven durch deren Umbeheimatung in die Direktionen Hannover und Kassel auf die RAW Braunschweig und Nied über. Letzte Untersuchungslok war 01 1104 des Bw Kassel, deren L 3-Untersuchung vermutlich auf dem Wege der sog. Werkhilfe im Juli 1944 vom zuständigen RAW Braunschweig nach hier verlagert wurde. Letzte 01^{10} im RAW bis 1990 war die Hallenser 01 1064, die vom 1. August bis 10. September 1944 eine L 2 erhielt und dann zum Bw Hannover kam. Dem Werk blieb die Unterhaltung von mehr als 70 01, 20 03 und sechs 03^{10}.

Folgende Lokomotiven erhielten in Meiningen ihre erste L 3:

L 3	01 1059	Halle P	21.01.1943
L 3	01 1063	Halle P	23.02.1943
L 3	01 1096	Würzburg	07.03.1943
L 3	01 1065	Halle P	22.03.1943
L 3	01 1064	Halle P	23.04.1943
L 3	01 1058	Halle P	18.05.1943
L 3	01 1067	Leipzig Hbf West	24.05.1943
L 3	01 1083	Erfurt P	24.06.1943
L 3	01 1068	Leipzig Hbf West	12.07.1943
L 3	01 1098	Würzburg	14.01.1944
L 3	01 1053	Leipzig Hbf West	21.02.1944
L 3	01 1099	Würzburg	12.03.1944
L 3	01 1105	Nürnberg Hbf	18.04.1944
L 3	01 1097	Würzburg	25.05.1944
L 3	01 1104	Kassel	18.09.1944

RAW Nied

Das am westlichen Rand von Frankfurt gelegene Ausbesserungswerk wurde 1918 in Betrieb genommen und gehörte zum Werkstättenbezirk 6 Kassel. Es war ab 1940 zuständig für die Unterhaltung der dem Bw Bebra zugewiesenen vier 01^{10}. An Schnellzugloks waren dort Ende 1941 noch 41 Loks der BR 01, 18 Loks der BR 03 und sechs der BR 03^{10} werkstättenpflichtig. Bis Mitte 1943 wurde die Unterhaltung der Stromlinienloks komplett verlagert, im Falle der 01^{10} zum RAW Braunschweig. 01 1081, die als letzte Stromlinienlok noch bis zum Jahresende 1942 beim Bw Bebra beheimatet war, erhielt als vorläufig letzte ihrer Baureihe im RAW Nied noch im Dezember 1942 ihre erste L 3-Zwischenuntersuchung. Erst im Frühjahr 1944 kamen wieder 01^{10} zu Untersuchungen ins RAW Nied, als erste die eigentlich zum RAW Braunschweig gehörende 01 1085. Ab Mai 1944 hatte das RAW Nied zuständigkeitshalber die nun in der RBD Kassel beheimateten 20 Lokomotiven zu reparieren und zu untersuchen. Noch im Februar 1945 erhielt 01 1103 als vorläufig letzte eine L 3-Zwischenuntersuchung, wurde aber nach der Rückkehr zum Bw Kassel direkt abgestellt.

Die L 3-Untersuchungen:

L 3	01 1081	Bebra	16.12.1942
L 3	01 1085	danach Göttingen Pbf	08.02.1944
L 3	01 1101	Kassel	29.09.1944
L 3	01 1102	Kassel	09.11.1944
L 3	01 1103	Kassel	04.02.1945

RAW Stargard

Das 1859 in Betrieb genommene RAW Stargard, 40 Kilometer östlich von Stettin gelegen, war eine der ältesten Lokwerkstätten der Reichsbahn überhaupt. Stargard gehörte zum Werkstättenbezirk 2 Berlin und unterhielt Ende 1940 23 Loks der BR 01, vier 01^{10} der Direktion Osten, Bw Frankfurt (Oder), 90 Loks der BR 03 und fünf der BR 03^{10}. Zeitweise fuhren wegen der schnellen Erreichbarkeit über die Strecke Berlin – Stettin auch 01^{10} des Bw Berlin Anhalter Bf und 01 1052 des Bremsenversuchsamtes Grunewald zu Ausbesserungen und Untersuchungen dorthin. Durch den Aufbau von 01^{10}-Beständen in den Direktionen Breslau und Kattowitz ergab sich eine kurzfristige Spitze von 19 Unterhaltungsloks im Sommer 1943. Obwohl das RAW Stargard von allen Schnellzuglok-RAW immer noch am günstigsten lag, ergaben sich enorm lange Anfahrwege, von Breslau aus fast 400 und von Kattowitz mehr als 500 km. Vor allem deshalb gab man die Beheimatung der schadanfälligen 01^{10} an so ungünstigen Einsatzorten auch bald wieder auf. Die Westverlagerung des gesamten Bestandes ließ bis Spätsommer 1944 den Unterhaltungsbestand auf Null schrumpfen. Letzte Untersuchungslok war 01 1095, die auf dem Weg von Kattowitz nach Kassel vom Juli bis September 1944 eine L 3 erhielt. Es blieb die Unterhaltung einiger 01, mehr als 100 Loks der BR 03 und mehr als der Hälfte des 03^{10}-Bestandes, die in gegenläufiger Bewegung zur 01^{10} eine Ostwanderung angetreten hatten. Ende 1944 begann dann die allgemeine große Flucht nach Westen.

Untersuchungen erhielten in Stargard:

L 3	01 1057	Breslau Hbf	21.05.1943
L 3	01 1052	Bremsenversuchsamt Berlin	28.08.1943
L 3	01 1060	Breslau Hbf	26.09.1943
L 3	01 1092	Kattowitz	12.10.1943
L 3	01 1054	Breslau Hbf	23.12.1943
L 3	01 1066	Breslau Hbf	05.01.1944
L 3	01 1090	Breslau Hbf	1944
L 3	01 1056	Breslau Hbf	03.02.1944

Die Verteilung der Lokomotiven auf die Unterhaltungs-RAW 1940 – 1944 (ausgezählt)

RAW	30.6.40	31.12.40	30.6.41	31.12.41	30.6.42	31.12.42	30.6.43	31.12.43	30.6.44
Braunschweig	17	17	16	14	18	18	17	17	35
LVA Berlin	1	1	1	1	1	-	-	-	-
RBD Berlin	4	4	3	1	5	5	-	-	-
RBD Hannover	9	9	9	9	9	17	17	17	35
RBD Köln	3	3	3	3	3	-	-	-	-
Meiningen	19	30	30	30	28	27	19	20	-
RBD Halle	14	14	14	14	16	15	7	8	-
RBD Erfurt	2	2	2	2	2	2	2	-	-
RBD Dresden	3	4	4	4	-	-	-	-	-
RBD München	-	6	6	6	1	1	-	-	-
RBD Nürnberg	-	4	4	4	9	9	10	12	-
Nied	4	4	4	4	4	4	-	-	20
RBD Frankfurt	4	4	4	4	4	-	-	-	-
RBD Kassel	-	-	-	-	-	-	-	-	20
Stargard	-	4	5	7	5	6	19	18	-
LVA Berlin	-	-	-	-	-	1	1	-	-
RBD Berlin	-	-	1	3	-	-	-	-	-
RBD Breslau	-	-	-	-	-	-	12	12	-
RBD Osten	-	4	4	4	1	-	-	-	-
RBD Oppeln	-	-	-	-	4	5	6	6	-
Bestand	**40**	**55**	**55**	**55**	**55**	**55**	**55**	**55**	**55**

L 3	01 1055	Breslau Hbf	16.02.1944
L 3	01 1091	Kattowitz	07.03.1944
L 3	01 1001	Kattowitz	24.03.1944
L 3	01 1062	zuvor Breslau Hbf	24.06.1944
L 3	01 1061	zuvor Breslau Hbf	14.07.1944
L 3	01 1093	zuvor Kattowitz	14.07.1944
L 3	01 1094	zuvor Kattowitz	1944
L 3	01 1095	zuvor Kattowitz	18.09.1944

Ausbesserung in anderen RAW

Außer in den Unterhaltungswerken erhielten Lokomotiven unserer Baureihe bis zum Kriegsende 1945 auch in anderen Ausbesserungswerken und teils auch in Betriebswerken Ausbesserungen. Die Einsparung von Überführungsfahrten und Ausfalltagen war bei besonders gut ausgestatteten Groß-Bw sinnvoll, oder wenn ein in der Nähe gelegenes RAW kleinere Arbeiten ebenso gut erledigen konnte wie das Unterhaltungswerk. Die folgende Auflistung fußt auf den Angaben in den Betriebsbüchern. Da ein erheblicher Teil von ihnen unvollständig ist bzw. zehn Bücher verschollen sind, müssen die Angaben unvollständig bleiben. Die Fülle der Angaben ist auch so eindrucksvoll, das Bild ausreichend dicht.

Lokomotiven des Bw Breslau suchten für kleinere Arbeiten in den Jahren 1943/44 in der Regel das 30 km östlich gelegene RAW Oels auf, statt den fast 400 km langen Weg nach Stargard anzutreten. Die L 0 der 01 1060 im Mai 1943 im RAW Lauban scheint mit einem Schaden des Innentriebwerks während einer Zugfahrt, vielleicht nach Dresden, zusammenzuhängen. Kattowitzer Loks suchten für kleine Arbeiten das nahe RAW Gleiwitz-Lokwerk auf.

Leipziger Maschinen fuhren statt ins RAW Meiningen ins am östlichen Stadtrand von Leipzig gelegene Engelsdorf, Hallenser ins RAW Halle und Hannoveraner 01^{10} ins RAW Hannover.

Den Umbau der ständig undichten Überhitzeranschlüsse auf Doppelkegeldichtungen führte für Loks der RBD Hannover offenbar zentral das Bw Stendal aus. Ausbesserungen von Maschinen in den RAW Berlin-Tempelhof und Brandenburg wurden durch Lauf- oder Triebwerksschäden während einer Zugleistung erforderlich, die keine Überführungsfahrt nach Braunschweig mehr erlaubten.

Das Bw München Hbf neigte offenbar dazu, neben Bedarfsausbesserungen auch einen Teil der üblichen Fristarbeiten zu Lasten der RAW abzuwickeln. Es war dies eine übliche Methode, mit niedrigen Bw-Unterhaltungskosten zu glänzen. Dies, die tatsächlichen Verantwortlichkeiten für Schäden verfälschende Bild zu bekämpfen, bemühte sich die Bundesbahn noch 15 Jahre später.

RBD Berlin					
01 1060	Berlin Ahb	L 0	RAW Berlin-Tempelhof	30.09.42 – 01.10.42	Kesselarbeiten
RBD Breslau					
01 1054	Breslau Hbf	L 0	RAW Oels	01.10.43 – 13.10.43	
01 1054	Breslau Hbf	L 0	RAW Oels	29.02.44 – 14.03.44	
01 1055	Breslau Hbf	L 0	RAW Oels	29.02.44 – 10.03.44	Tragfedern, Rost, Aschkasten
01 1057	Breslau Hbf	L 0	RAW Oels	05.01.44 – 28.01.44	Überhitzer gedichtet, Zylinderdeckel
01 1057	Breslau Hbf	L 0	RAW Oels	03.05.44 – 16.05.44	Bremsunt. Überhitzer mit Doppelkegeln
01 1060	Breslau Hbf	L 0	RAW Lauban	14.05.43 – 18.05.43	Treibachslager und innere Steuerung
01 1060	Breslau Hbf	L 0	RAW Oels	20.06.43 – 28.06.43	
01 1060	Breslau Hbf	L 0	RAW Oels	19.12.43 – 28.12.43	Aschkastenklappen gerichtet
01 1060	Breslau Hbf	L 0	RAW Oels	09.02.44 – 25.02.44	Stangenlager ausgegossen
01 1061	Breslau Hbf	L 0	RAW Oels	14.12.43 – 20.12.43	Mittelzylinder, Überhitzer, Stangenlager

01 1061	Breslau Hbf	L 0	RAW Oels	05.01.44 – 17.01.44	Mittelzylinder
01 1061	Breslau Hbf	L 0	RAW Oels	22.02.44 – 05.03.44	Mittelzylinder, Stangenlager
RBD Halle					
01 1057	Halle P	L 0	RAW Halle (S)	23.11.42 – 24.11.42	Kesselarbeiten
01 1063	Halle P	L 0	RAW Halle (S)	20.12.43 – 20.12.43	Luftpumpe gewechselt
01 1064	Halle P	L 0	RAW Halle (S)	19.10.42 – 20.10.42	Kesselarbeiten
01 1053	Leipzig Hbf West	L 0	Bw Leipzig	23.07.43 – 24.07.43	
01 1055	Leipzig Hbf West	L 0	RAW Leipzig	16.10.40 – 23.10.40	
01 1055	Leipzig Hbf West	L 0	Bw Leipzig Hbf West	29.04.42 – 01.05.42	hint. Laufachse gewechselt
01 1067	Leipzig Hbf West	L 0	RAW Leipzig	09.09.40 – 11.09.40	Vorwärmer getauscht
01 1068	Leipzig Hbf West	L 0	RAW Leipzig	10.12.40 – 12.12.40	
RBD Hannover					
01 1079	Braunschweig Hbf	L 0	RAW Brandenburg West	29.10.43 – 30.10.43	2. vordere Laufachse wiederhergestellt
01 1081	Braunschweig Hbf	L 0	RAW Brandenburg West	24.11.43 – 26.11.43	mittlerer Kreuzkopf repariert
01 1001	Hannover	L 0	Bw Stendal	04.10.44 – 05.10.44	Überhitzer mit Doppelkegeln
01 1055	Hannover	L 0	Bw Stendal	29.09.44 – 03.10.44	Überhitzer mit Doppelkegeln
01 1058	Hannover	L 0	Bw Stendal	06.10.44 – 11.10.44	Überhitzer mit Doppelkegeln
01 1059	Hannover	L 0	RAW Hannover	09.09.44 – 20.09.44	Unfallschäden beseitigt (Pufferträger vorn neu, Rahmen gerichtet)
01 1059	Hannover	L 0	Bw Bremen Hbf	18.10.44 – 31.10.44	Beschußschäden beseitigt
01 1066	Hannover	L 0	RAW Berlin-Tempelhof	04.06.44 – 13.06.44	
01 1066	Hannover	L 0	Bw Stendal	21.09.44 – 23.09.44	Überhitzer mit Doppelkegeln
01 1067	Hannover	L 0	RAW Berlin-Tempelhof	31.05.44 – 08.06.44	mittleres Triebwerk aufgearbeitet
01 1070	Hannover	L 0	RAW Magdeburg	21.08.41 – 02.09.41	Triebwerksausschnitt
01 1070	Hannover	L 0	RAW Magdeburg	09.08.41 – 20.08.41	Triebwerksausschnitt
01 1071	Hannover	L 0	RAW Hannover	29.11.43 – 04.12.43	
01 1072	Hannover	L 0	RAW Magdeburg	30.09.41 – 04.10.41	Triebwerksausschnitt
01 1074	Hannover	L 0	Bw Stendal	25.09.44 – 27.09.44	Überhitzer mit Doppelkegeln
01 1075	Hannover	L 0	RAW Magdeburg	22.09.41 – 29.09.41	Triebwerksausschnitt
01 1077	Hannover	L 0	RAW Magdeburg	03.09.41 – 10.09.41	Triebwerksausschnitt
01 1077	Hannover	L 0	RAW Hannover	06.12.43 – 10.12.43	
01 1077	Hannover	L 0	RAW Hannover	23.05.44 – 24.05.44	
RBD Frankfurt					
01 1082	Bebra	L 0	RAW Göttingen	05.03.41 – 07.03.41	1. Laufachse überdreht
RBD Kassel					
01 1097	Kassel	L 0	RAW Kassel	11.09.44 – 16.09.44	
RBD München					
01 1102	München Hbf	L 0	Bw München Hbf	07.11.41 – 08.11.41	Wälzlager untersucht und nachgefettet
01 1102	München Hbf	L 0	Bw München Hbf	12.12.41 – 13.12.41	Wälzlager untersucht und nachgefettet
01 1102	München Hbf	L 0	Bw München Hbf	07.03.42 – 24.03.42	3 vordere Treibstangenlager auf Gleitlager umgebaut, dito inneres Schwingenlager
01 1102	München Hbf	L 0	Bw München Hbf	22.05.42 – 29.05.42	Schieberkörper und Kolbenringe neu
01 1103	München Hbf	L 0	Bw München Hbf	23.04.41 – 21.05.41	3 vordere Treibstangenlager auf Gleitlager umgebaut, dito inneres Schwingenlager, Schieberuntersuchung, Vorwärmer gereinigt
01 1103	München Hbf	L 0	Bw München Hbf	02.11.41 – 06.11.41	Wälzlager untersucht und nachgefettet
01 1103	München Hbf	L 0	Bw München Hbf	12.12.41 – 15.01.42	Wälzlager untersucht und nachgefettet
01 1104	München Hbf	L 0	Bw München Hbf	07.04.41 – 23.04.41	Schieber und Kolben untersucht
01 1104	München Hbf	L 0	Bw München Hbf	10.11.41 – 10.12.41	Wälzlager untersucht und nachgefettet
01 1104	München Hbf	L 0	Bw München Hbf	18.02.42 – 05.03.42	Schieber- und Kolbenringe erneuert
01 1105	München Hbf	L 0	Bw München Hbf	07.03.41 – 22.03.41	Triebwerk und Steuerung aufgearbeitet
01 1105	München Hbf	L 0	Bw München Hbf	07.04.41 – 18.04.41	Treib- und Kuppelradsätze überdreht
01 1105	München Hbf	L 0	Bw München Hbf	24.09.41 – 20.10.41	vordere Treibstangengleitlager neu, Kolben- und Schieberuntersuchung, Speisepumpe
01 1105	München Hbf	L 0	Bw München Hbf	27.10.41 – 12.11.41	linkes gebrochenes Treibstangenwälzlager ersetzt, alle Stangenwälzlager untersucht und gefettet
01 1105	München Hbf	L 0	Bw München Hbf	01.12.41 – 02.12.41	alle Stangenwälzlager untersucht und gefettet
01 1105	München Hbf	L 0	Bw München Hbf	09.12.42 – 12.12.42	rechtes Treibstangenwälzlager neu
RBD Nürnberg					
01 1102	Nürnberg Hbf	L 0	RAW Nürnberg	15.03.44 – 27.04.44	Kesselarbeiten
01 1103	Nürnberg Hbf	L 0	RAW Nürnberg	10.06.43 – 24.06.43	Wälzlager untersucht und nachgefettet
01 1103	Nürnberg Hbf	L 0	RAW Nürnberg	17.02.44 – 19.02.44	Kolben- und Schieberuntersuchung
01 1103	Nürnberg Hbf	L 0	RAW Nürnberg	14.03.44 – 18.03.44	3 Kolben untersucht
01 1104	Nürnberg Hbf	L 0	Bw Nürnberg Hbf	20.05.43 – 20.05.43	Wälzlager untersucht und nachgefettet
01 1104	Nürnberg Hbf	L 0	RAW Nürnberg	20.03.44 – 24.03.44	Kreuzköpfe und vorderes Treibstangenlager aufgearbeitet
RBD Oppeln					
01 1095	Kattowitz	L 0	RAW Gleiwitz-Lokwerk	14.07.43 – 26.07.43	

Bild 251
01 1070 war seit 1945 in Braunschweig abgestellt, wurde vom 5. November bis 18. Dezember 1947 im RAW Nied aufgearbeitet und L 3-untersucht. Anschließend war sie beim Bw Bebra im Einsatz und beförderte schwere Schnellzüge auf der Nord-Süd-Strecke. Der äußere Eindruck sagte nichts über den (guten) technischen Zustand aus.

AUFNAHME: SAMMLUNG HOLGER KAUFHOLD

Nicht alt, nicht neu: Unterhaltung 1945 – 1949

Die Lokomotivzählungen des Jahres 1945 vermitteln ein recht gutes Bild über Verteilung und Zustand der 55 01^{10}. Genauere Angaben finden sich im Kapitel „Entwicklung des Bestandes". Alle 32 Lokomotiven der RBD Hannover waren spätestens seit Frühjahr 1945 abgestellt. Von den 23 Kasselaner Maschinen waren einige im Betrieb. 13 Loks des Bw Göttingen Pbf befanden sich seit der Anpassung der Direktionsgrenzen an die ab Mitte 1945 geltenden Besatzungszonen in der britischen Zone. 01 1087, die 14. Göttinger Lok, stand in Friedberg und somit in der RBD Frankfurt. Während die Maschinen in der britischen Zone als „Reservegattung" einstweilen abgestellt blieben, stufte die in Frankfurt (M) gebildete „Oberbetriebsleitung Süd" in der amerikanischen Besatzungszone die BR 01^{10} im Gegensatz zur 03^{10} als Betriebsgattung ein. Dies geschah auf Betreiben der Besatzungsmacht, die für ihren „Korridor-Verkehr" zwischen den amerikanischen Exklaven Bremerhaven und Bremen und dem Verwaltungsmittelpunkt Frankfurt (M)/Wiesbaden die Vorhaltung einer ausreichenden Zahl von Schnellzugloks beanspruchte. Weil in der RBD Kassel keine 01 vorhanden waren, mußte diese also Lokomotiven der Baureihe 01^{10} betriebsfähig halten, zu jener Zeit übrigens die einzigen Schnellzugloks in diesem Direktionsbezirk.

Bereits die erste, im März 1946 aufgestellte Werkstatistik W16 führte deshalb für den Stichtag 31. Dezember 1945 einen zu unterhaltenden Bestand von elf Maschinen auf: die in der RBD Frankfurt abgestellte 01 1087 und zehn Maschinen der RBD Kassel. Deren Unterhaltungsbestand bestand tatsächlich aber aus fünf Maschinen des Bw Kassel, der im Direktionsbezirk abgestellten 01 1067 und vier Loks des dem „US-Korridor" zugeschlagenen Bw Göttingen Pbf.

Erhaltungswerk für alle elf war nominal das RAW Nied. Unabhängig davon war aber tatsächlich für die Erhaltung der Göttinger 01^{10} das unter britischer Bestimmung stehende RAW Göttingen zuständig, wie sich aus Einstempelungen auf den Betriebsbögen verschiedener Loks ergibt. Ab der zweiten Jahreshälfte 1946 erledigte auch das RAW Nied Ausbesserungen an Göttinger 01^{10}.

Die Einzelnummern der zu erhaltenden Loks mußten quartalsweise die beteiligten Direktionen dem Unterhaltungswerk nennen. Die Not der Zeit brachte es mit sich, daß man regelrecht „von der Hand im Mund" leben und mit allem fahren mußte, was man irgendwie am Fahren halten konnte. Im Falle der 01^{10} hieß das meist, daß die jeweils besten Loks betriebsfähig waren, mit Teilen aus abgestellten Maschinen fahrbereit gehalten wurden, und daß im Falle eines größeren Schadens oder der Fälligkeit einer Frist zu entscheiden war, ob diese, oder eine derzeit abgestellte Maschine einfacher herzurichten sei. Die Fluktuation des Betriebsbestandes war deshalb sehr hoch, was damals von der OBL Süd beklagt wurde und dazu führte, für jedes Quartal eine Werkstatistik aufzustellen.

Keineswegs gelang es auch dem RAW Nied, dem RAW Göttingen sowie den Heimat-Bw Kassel und Göttingen Pbf, die im Unterhaltungsbestand genannte Zahl von Maschinen zu erreichen, geschweige betriebsfähig zu halten. Mit Stichtag 31. März 1946 nahm die OBL Süd deshalb den Unterhaltungsbestand der RBD Kassel auf acht Maschinen zurück und wies dem Bw Kassel zwei Maschinen der BR 01 zu. Der 01^{10}-Unterhaltungsbestand umfaßte deshalb nun neun Loks, darin weiterhin die abgestellten 01 1067 und 1087. Im Sommer 1946 mußten das RAW Göttingen und das RAW Nied je eine Göttinger und Kasselaner Maschine nach Schadgruppe L 3 aufarbeiten, da anders der betriebsfähige Minimalbestand nicht mehr zu halten war. Fast ein halbes Jahr dauerte anschließend die Ausbesserung der 01 1097. Mit diesen Untersuchungen erst begann wieder eine Unterhaltung der Baureihe 01^{10}, die man als „planmäßig" bezeichnen könnte. Bis auf die Kesselverkleidung entfielen bei diesen und den folgenden Untersuchungen alle anderen Stromlinienteile der Lokomotiven.

Erstmals am 1. Januar 1947 waren alle neun zu unterhaltenden 01^{10} bei der RBD Kassel nachgewiesen, auch wenn in der Statistik weiterhin drei bis vier Göttinger Maschinen bei ihnen „versteckt" wurden. Der 1. Januar 1947 war auch insofern ein bedeutsames Datum, als seither die Verwaltung der Reichsbahn in der britischen und US-Zone vereinigt waren. Am 31. Januar 1947 war in der ersten gemeinsamen Werkstatistik erstmals der Gesamtbestand von 55 Loks aufgeführt:

	zugewiesen	Lokbetriebsbestand	Gesamtbestand
GBL Süd:	9	10	10
GBL West	-	-	32
Korridorlok	15	13	13

„Korridorlok" waren in diesem Fall die beim Bw Göttingen Pbf für die amerikanischen Besatzungsschnellzüge vorgehaltenen Maschinen.

In der kurzen Phase, als Loks der RBD Hannover, Bw Göttingen Pbf, zu Lasten der GBL Süd unterhalten werden mußten, erledigten die RAW Göttingen und Braunschweig einige L 0-Ausbesserungen und eine L 3-Untersuchung. Es folgten ab Anfang 1947 noch einige Ausbesserungshilfen. Ab 1948 trat das RAW Göttingen nicht mehr mit 01^{10}-Ausbesserungen in Erscheinung. Im einzelnen sind durch Betriebsbucheintragungen nachgewiesen:

01 1089 Göttingen Pbf	L 0	RAW Göttingen	24.08.45 – 19.10.45
01 1100 Göttingen Pbf	L 0	RAW Göttingen	10.11.45 – 28.11.45
01 1089 Göttingen Pbf	L 0	RAW Göttingen	02.01.46 – 17.01.46
01 1088 Göttingen Pbf	L 0	RAW Göttingen	04.03.46 – 21.03.46
01 1089 Göttingen Pbf	L 0	RAW Göttingen	03.05.46 – 10.06.46
01 1096 Göttingen Pbf	L 3	RAW Göttingen	23.08.46 – 03.11.46
01 1088 Göttingen Pbf	L 0	RAW Braunschweig	15.07.47 – 30.07.47
01 1089 Göttingen Pbf	L 0	RAW Göttingen	12.02.48 – 12.02.48

Nach der Gründung der „Bi-Zonen-Reichsbahn" begann der Wiederaufbau eines einigermaßen zuverlässig funktionierenden Lokomotiv- und Wagenbestandes mittels eines umfangreichen Aufarbeitungsprogramms. Die nun zuständige Generalbetriebsleitung Süd erhielt von der Hauptverwaltung den Auftrag, bis zum 5. Mai 1947 einen „Plan für die Auffüllung der Fehlbestände der Einsatzgattungen" vorzulegen. Da die RBD Kassel einen deutlichen Lokmangel beklagte, wurde ihr auch vor der vorgesehen Entstromung und gründlichen Aufarbeitung des Bestandes nach Schadgruppe L 4 eine Reihe von notwendigen Zwischenuntersuchungen an Loks des Betriebsbestandes zugestanden. Der betriebsfähige Bestand überholte alsbald den mit Stichtag 26. Mai 1947 wie auch am 1. Juli 1947 mit zehn Loks festgelegten Unterhaltungsbestand. Noch im laufenden Quartal allerdings erhöhte man den Unterhaltungsbestand auf 18 Loks. Der schnell anwachsende Bestand wiederum ermöglichte es, die Lokomotiven für den Nord-Süd-Verkehr schrittweise vom Bw Göttingen Pbf zum Bw Bebra umzuschichten und dort einen 01^{10}-Bestand aufzubauen. In der GBL West, also der britischen Zone, blieb die 01^{10} Reservegattung und damit abgestellt.

Das RAW Nied führte zwischen dem Sommer 1946 und dem Beginn der „Entstromung" der Baureihe Ende 1948 an folgenden Betriebsloks Untersuchungen aus. Mit einem Aufwand von rund 27-30.000 RM können sie nicht übermäßig nachhaltig gewesen sein. Die an 01 1096 nötige L 4 bewegte sich mit 56.685 Mark ebenfalls im Rahmen des bei der BR 01 in dieser Zeit Üblichen.

Lok und Bw	**Unt. im RAW Nied**	**dann**
01 1105 Bw Göttingen P	L 3 23.09.46 – 23.12.46	Bw Göttingen P
01 1097 Bw Kassel	L 3 14.08.46 – 06.02.47	Bw Kassel
01 1098 Bw Göttingen P	L 3 13.09.46 – 12.02.47	Bw Göttingen P
01 1088 Bw Göttingen P	L 3 13.01.47 – 27.02.47	Bw Göttingen P
01 1089 Bw Göttingen P	L 3 28.02.47 – 10.04.47	Bw Göttingen P
01 1093 Bw Kassel	L 3 15.03.47 – 08.05.47	Bw Kassel
01 1103 Bw Kassel	L 3 22.05.47 – 22.08.47	Bw Kassel
01 1090 Bw Bebra	L 3 05.08.47 – 04.09.47	Bw Bebra
01 1104 Bw Kassel	L 3 09.05.47 – 02.10.47	Bw Kassel
01 1095 Bw Kassel	L 3 13.11.47 – 08.01.48	Bw Kassel
01 1099 Bw Kassel	L 3 .48 – 09.04.48	Bw Kassel
01 1101 Bw Kassel	L 3 05.04.48 – 12.05.48	Bw Kassel
01 1096 Bw Bebra	L 4 28.02.48 – 18.06.48	Bw Kassel
01 1102 Bw Kassel	L 3 21.05.48 – 18.08.48	Bw Kassel
01 1087 Bw Kassel	L 3 20.06.48 – 10.09.48	Bw Bebra

Auf die seit 1947 im RAW Nied abgestellte 01 1067 verzichtete man endgültig und musterte sie 1948 aus. Aus ihr gewann das RAW einen Tauschkessel. 26 Maschinen der Bw Bebra, Göttingen und Kassel umfaßte der 01^{10}-Unterhaltungsbestand sodann mit Stichtag 1. April 1948, von denen aber erst 21 betriebsfähig waren. Um den schnell wachsenden Bedarf an Schnellzugloks für die Nord-Süd-Strecke zu decken, arbeitete das RAW Nied auch neun seit 1945 abgestellte Maschinen aus der RBD Hannover sowie vier seit längerem abgestellte Göttinger Maschinen auf. Alle wurden beim Bw Bebra beheimatet. Mit durchschnittlich 27- bis 31.000 Mark bewegten sich auch hier die Aufarbeitungskosten im Rahmen des Unauffälligen; 01 1072 hatte größere Schäden und benötigte bis zur Wieder-Indienststellung mehr als sieben Monate und 56.685 neue Deutsche Mark.

Lok, abgestellt in	**Unt. im RAW Nied**	**dann**
01 1060 Braunschweig	L 3 04.11.47 – 18.12.47	Bw Bebra
01 1070 Braunschweig	L 3 05.11.47 – 18.12.47	Bw Bebra
01 1062 Braunschweig	L 3 28.11.47 – 08.01.48	Bw Bebra
01 1071 Braunschweig	L 3 28.11.47 – 14.01.48	Bw Bebra
01 1081 Braunschweig	L 3 19.03.48 – 29.04.48	Bw Bebra
01 1082 Braunschweig	L 3 19.03.48 – 06.05.48	Bw Bebra
01 1084 Göttingen P	L 3 28.04.48 – 03.06.48	Bw Bebra
01 1086 Göttingen P	L 3 19.04.48 – 09.07.48	Bw Bebra
01 1085 Göttingen P	L 2 09.07.48 – 10.08.48	Bw Bebra
01 1094 Göttingen P	L 3 11.06.48 – 15.10.48	Bw Bebra
01 1072 Braunschweig	L 3 10.03.48 – 28.10.48	Bw Bebra
01 1077 Braunschweig	L 3 09.03.48 – 04.11.48	Bw Bebra
01 1052 Hameln	L 3 23.09.48 – 14.01.49	Bw Bebra

Der angewachsene Bestand guter Maschinen erlaubte es, drei Maschinen schlechten Unterhaltungszustandes beim Bw Göttingen Pbf abzustellen.

01 1089 Bw Göttingen P	i. D. bis 10.02.48	z
01 1088 Bw Göttingen P	i. D. bis 23.02.48	z
01 1100 Bw Göttingen P	i. D. bis 15.06.48	z

Im Herbst 1948 schließlich genehmigte die Hauptverwaltung auch die Aufnahme der BR 01^{10} der GBL West in die Einsatzgattungen. Die aufzuarbeitenden Maschinen waren für die Bw Hagen-Eckesey, Düsseldorf-Abstellbahnhof und Paderborn vorgesehen. Die GBL West bezeichnete in einem Schreiben vom 3. Dezember 1948 an die Hauptverwaltung ihre Aufarbeitung als besonders dringlich, bat, die Erhaltungs-RAW für die Lok des aufgestockten Unterhaltungsbestandes festzulegen und vorab mitzuteilen, welchem RAW man die Vormeldung zur Aufarbeitung schicken solle. Der Unterhaltungsbestand der GBL West vom 1. Januar 1949 umfaßte denn auch bereits acht Loks für die RBD Essen und 19 für die RBD Wuppertal. Als Erhaltungs-RAW für die 27 Loks sah man das RAW Braunschweig vor, das an der bereits angelaufenen Entstromung bislang keinen Anteil hatte. Die nächsten W 16-Statistiken, letztmalig die vom 31. August 1949, wiesen denn auch jeweils 27 Loks bei den RAW Braunschweig und Nied aus. In Braunschweig wurde ab dem März 1949 allerdings mit 01 1084 nur eine einzige Lok aufgearbeitet, bevor die bisherigen Pläne schon wieder überholt waren. Vorläufig blieben also alle 01^{10} beim EAW Nied werkstättenpflichtig.

Die „Entstromung": eine logistische Herausforderung

Auf Seite 92 wurde bereits die „Entstromung" in technischer Hinsicht beschrieben. Umfangreiche Aufarbeitungsprogramme waren kurz nach der Währungsreform aus Geldmangel nicht mehr möglich. Dennoch mußte man die technische Gesundung der

Bild 252
Beginnend am 23. Dezember 1948 dauerte bei der Fa. Henschel die Entstromung von **01 1076** neun Monate. Hierfür war vor allem das Aufplatzen des Kessels unter Wasserdruck im Februar 1949 verantwortlich. Deutlich zu erkennen ist das Fehlen der linken Rahmenwange zwischen zweiter Kuppelachse und Zylinderblock. Das Schadstück ersetzte man durch entsprechende Teile des 01 1067-Rahmens, den man sich dafür ins Werk geholt hatte.

AUFNAHME: HENSCHEL-ARCHIV

Bild 253
Am Rahmen der **01 1074** fehlte der gesamte Bereich mit Schleppachse und Rahmenabschluß. Auch ihre Ausbesserung bei Henschel hatte am 23. Dezember 1948 begonnen, war aber bereits am 11. März 1949 beendet. Man mag das angesichts dieses Anblicks kaum glauben. Auch hier dienten Teile der 01 1067 zur Komplettierung.

AUFNAHME: HENSCHEL-ARCHIV

Baureihen 01^{10} und 03^{10} anpacken, da man die noch jungen Lokomotiven im zukünftigen Fernverkehr dringend benötigte. 28 abgestellte Maschinen und 26 Betriebsloks der BR 01^{10} galt es aufzuarbeiten. Die Steuerungsfunktion der L 4-Abwicklung oblag dem zuständigen Erhaltungswerk Nied. Dieses war nicht in der Lage, neben der planmäßigen Unterhaltung der Betriebsloks den Abstellpark aufzuarbeiten, so daß man folgende Rollenverteilung festschrieb: Die Fa. Henschel arbeitet als Privat-AW (PAW) 20 und das AW Mülheim-Speldorf zehn abgestellte Maschinen auf. Auf diese Weise wollte man den Betriebspark bis zur Reisesaison 1949 verdoppeln. Das Unterhaltungswerk sollte 1949 und 1950 25 Betriebsloks nach Schadgruppe L 4 untersuchen. Da man zwecks Gewinnung eines Tauschkessels zwischenzeitlich die in Nied abgestellte 01 1067 ausgemustert hatte, verschoben sich die Zahlen etwas.

01 1067, deren Tender bereits seit 1947 mit 01 1100 gekuppelt war, transportierte man zur Fa. Henschel, die für die Wiederherstellung der besonders stark ramponierten Loks zuständig war. Ihren Kessel erhielt nach Aufarbeitung das RAW Nied, Teile ihres Rahmens und die Zylinder verwendete man beim Wiederaufbau mehrerer Loks.

Als erste Lok im neuen Gewand war 01 1074 am 11. März 1949 bei Henschel fertiggestellt. Am selben Tag hatte das RAW Nied als erste 01 1071 fertig, Mülheim-Speldorf 01 1080 am 28. April 1949. Dort und bei Henschel waren die Aufträge bis Ende September 1949 abgewickelt. Zur Entlastung des EAW Nied übernahm die Fa. Henschel nach Abschluß ihres Auftrages noch drei Aufarbeitungen von Betriebsloks. Wohl aus dem gleichen Grund erledigte das RAW Braunschweig die Entstromung der Bebraer Betriebslok 01 1084. Die Entstromung der übrigen Bebraer und Kasselaner Betriebsloks im AW Nied zog sich wesentlich länger hin, da die sparsame Hauptverwaltung zunächst die bestehenden Fristen aufbrauchen wollte. Viele der Loks hatten 1947 und 1948 eine L 3 erhalten. Erst am 18. Mai 1951 verließ 01 1096 deshalb als letzte in neuer Gestalt das Werk. Diese hatte wegen der erst drei Jahre zurückliegenden L 4 nur eine L 3 mit Wasserdruckprobe erhalten müssen.

Aus heute nicht mehr bekannten, vermutlich im Zustand der St 47 K-Kessel zu suchenden Gründen wurden zwischen den drei Werken mehrere Kesselaustausche notwendig, die in der unten stehenden Aufstellung kenntlich gemacht sind. Bei Henschel dauerte die Aufarbeitung der 01 1076, deren Kessel bei der Wasserdruckprobe aufgeplatzt war, besonders lange. Sie erhielt im August 1949 den vom RAW Nied zugelieferten Tender Krupp 2001/39, der zuvor mit 06 002 gekuppelt war. Ihren eigenen Tender hatte die tenderlos angelieferte 01 1075 erhalten.

Die L 4 mit „Entstromung" war trotz der Kesselprobleme eine verhältnismäßig preiswerte Untersuchung. Man beschränkte sich auf das technisch unabdingbare Minimum und spendierte z. B. keineswegs allen Lokomotiven neue Rauchkammer-Vorderteile mit „normaler" Tür. Einige Preise für diese L 4:

01 1055 (Abstellpark) 77.443 DM, 01 1056 (Abstellpark) 119.201 DM, 01 1058 (Abstellpark) 125.740 DM, 01 1060 (Betriebslok) 87.277 DM, 01 1071 (Abstellpark) 64.278 DM, 01 1074 (Abstellpark) 116.710 DM, 01 1076 (Abstellpark, Kesselzerknall bei Wasserdruckprobe) 137.727 DM, 01 1081 (Betriebslok) 61.608 DM, 01 1102 (Betriebslok) 78.042 DM, 01 1103 (Betriebslok) 58.285 DM. Diese Angaben zeigen, in welch unterschiedlichem Betriebs-, Abstell- oder Beschädigungszustand sich die Maschinen befanden. Preistreibend waren z.B. der Ersatz der Rauchkammer, eine bei einigen Maschinen nötige Neubereifung oder unvorhergesehene Kesselschäden.

Die Entstromungen in zeitlicher Reihenfolge:

PAW Henschel

19 Loks, Beginn Dezember 1948, Abschluß 29.09.49
3 Loks als Arbeitshilfe für Nied

Lok	zuvor Status	von/bis	Kessel aus/Kessel an
01 1074	abg. Seelze	23.12.48 – 11.03.49	weiter
01 1056	abg. Uelzen	04.01.49 – 30.03.49	weiter
01 1073	abg. Lehrte	23.12.48 – 31.03.49	weiter
01 1058	abg. Lehrte	04.01.49 – 05.04.49	weiter
01 1001	abg. Hannover	11.01.49 – 27.04.49	weiter
01 1061	abg. Braunschweig	13.01.49 – 03.05.49	weiter
01 1091	abg. Eichenberg	19.01.49 – 10.05.49	weiter
01 1086	Bw Bebra	01.49 – 13.05.49	von Nied aus 01 1071 an Nied, dort in 01 1060
01 1075	abg. Braunschweig	13.01.49 – 16.05.49	weiter
01 1092	abg. Göttingen P	17.01.49 – 01.06.49	weiter
01 1057	abg. Hameln	14.02.49 – 08.06.49	weiter
01 1059	abg. Hameln	14.02.49 – 08.06.49	weiter
01 1088	abg. Göttingen P	17.01.49 – 09.06.49	weiter
01 1083	abg. Hannover	05.03.49 – 14.06.49	weiter
01 1100	abg. Göttingen P	09.03.49 – 29.06.49	weiter
01 1064	abg. Hameln	02.03.49 – 26.07.49	weiter
01 1076	abg. Lehrte	23.12.48 – 23.08.49	weiter
01 1079	abg. Hannover	11.03.49 – 24.08.49	weiter
01 1063	abg. Bf.Wendessen	24.05.49 – 29.09.49	von Msp aus 01 1089 an Msp, dort in 01 1089
01 1087	Bw Bebra	09.49 – 09.02.50	weiter
01 1062	Bw Kassel	04.04.50 – 09.08.50	weiter
01 1070	Bw Bebra	14.03.50 – 05.09.50	weiter

Kessel: 1 x von Mülheim-Speldorf, 1 x an ZAL Oberhausen, 1 x von Nied, 1 x nach Nied

Bild 254, oben rechts
Klaus Oesterwind verdanken wir die einzig bekannte Reportage von der Entstromung der BR 01^{10}, aus der hier elf Bilder gezeigt werden. Die außerordentliche Seltenheit der Aufnahmen wiegt deren teils unzulängliche Qualität sicher auf. **01 1053** (vorn) und **01 1080** sind nach vier Jahren in Wind und Wetter im Februar 1949 im Freigelände des RAW Mülheim-Speldorf als Arbeitsvorrat abgestellt. Die Stromlinienverkleidungen an Lok und Tender sehen noch recht intakt aus.

Bild 255
Im März 1949 stand das Fahrwerk von **01 1089** noch unberührt im Freigelände des RAW Speldorf. Ihren Kessel hatte man aus unbekanntem Grund zur Fa. Henschel transportiert, und von dort erhielt das Werk den Kessel von 01 1063. Vielleicht mußten besonders kitzlige Schweißungen an dem St 47 K-Kessel ausgeführt werden, für die das Herstellerwerk von hunderten von St 47 K-Kesseln prädestiniert war?

Bild 256
April 1949 im RAW Mülheim-Speldorf: Der Kessel von **01 1069** ist ausgebaut und entrohrt, rechts daneben steht der Kessel von 38 2990.

Bild 257
Weil man am Schwingenträger die Nummer **01 1066** lesen kann, weiß man, daß hier im April 1949 die heutige Museumslok aufgearbeitet wird. Hinter dem Rahmen der 01 1066 steht ein weiterer einer Schwesterlok.

Bild 258
Im Mai 1949 werden der Kessel von **01 1066**, wie abermals an der Rauchkammertür zu lesen ist, und ein P 8-Kessel im RAW Mülheim-Speldorf probegeheizt. Schattenhaft ist noch ein Teil der Bw-Kurzbeschriftung an der Rauchkammertür zu lesen: …Hbf.

Bild 259
01 1054 (danach Bw Paderborn) während der Endmontage im RAW Mülheim-Speldorf im April 1949. Sie ist schon eingeachst, aber ohne Laufachsgestelle, vor ihr ist 39 062 fast fertig. Wie man sieht, waren die räumlichen Verhältnisse nicht gerade erfreulich.

Bild 260, unten rechts
01 1080 war Mitte April 1949 als erste Entstromungslok des RAW Speldorf fertiggestellt. Zuvor wurde sie im Anheizschuppen für die Abnahme vorbereitet. Die Lampennischen sind offenbar rot lackiert.

RAW Nied

22 Loks, Beginn 16.12.48, Abschluß 18.05.51

Lok	zuvor Status	von/bis	Kessel aus/Kessel an
01 1071	Bw Bebra	16.12.48 – 11.03.49	aus 01 1067 an He, dort in 01 1086
01 1084	Bw Bebra	09.03.49 – 27.06.49	weiter
01 1060	Bw Bebra	06.05.49 – 07.07.49	von He aus 01 1086 in 01 1094
01 1085	Bw Bebra	01.04.49 – 11.08.49	weiter
01 1094	Bw Bebra	06.49 – 31.08.49	aus 01 1060, in 01 1082
01 1082	Bw Bebra	23.06.49 – 30.09.49	aus 01 1094, in 01 1081
01 1081	Bw Bebra	13.09.49 – 11.11.49	aus 01 1082, in 01 1098
01 1103	Bw Kassel	01.08.49 – 26.11.49	weiter
01 1098	Bw Kassel	18.09.49 – 09.12.49	aus 01 1081, in 01 1090
01 1090	Bw Bebra	10.49 – 15.12.49	aus 01 1098, in 01 1095
01 1095	Bw Kassel	29.10.49 – 06.01.50	aus 01 1090, in 01 1105
01 1105	Bw Kassel	19.12.49 – 10.02.50	aus 01 1095, in 01 1097
01 1097	Bw Kassel	06.01.50 – 23.03.50	aus 01 1105, in 01 1104
01 1104	Bw Kassel	30.01.50 – 31.03.50	aus 01 1097, in 01 1072
01 1072	Bw Bebra	15.02.50 – 16.06.50	aus 01 1104, in 01 1101
01 1101	Bw Kassel	05.50 – 07.07.50	aus 01 1072, in 01 1093
01 1093	Bw Bebra	05.50 – 21.07.50	aus 01 1101, in 01 1052
01 1052	Bw Bebra	16.06.50 – 18.08.50	aus 01 1093, in 01 1102
01 1102	Bw Kassel	01.08.50 – 26.09.50	aus 01 1052, in 01 1099
01 1099	Bw Kassel	10.50 – 01.12.50	aus 01 1102, in 01 1077
01 1077	Bw Bebra	14.02.51 – 22.03.51	aus 01 1099, in Reserve
01 1096	Bw Kassel	19.03.51 – 18.05.51	weiter

Kessel: 1 x ex 01 1067, 1 x von Henschel, 1 x nach Henschel; ein Kessel Überschuß für Tausch

RAW Braunschweig, Arbeitshilfe für RAW Nied

Lok	zuvor Status	von/bis	Kessel aus/Kessel an
01 1084	Bw Bebra	09.03.49 – 27.06.49	weiter

RAW Mülheim-Speldorf

10 Loks, Beginn 01.02.49, Abschluß 29.09.49

Lok	zuvor Status	von/bis	Kessel aus/Kessel an
01 1080	abg. Hildesheim	01.02.49 – 28.04.49	weiter
01 1053	abg. Hildesheim	19.02.49 – 13.05.49	weiter
01 1054	abg. Hildesheim	24.02.49 – 13.05.49	weiter
01 1065	abg. Hildesheim	10.02.49 – 21.05.49	weiter
01 1068	abg. Hannover	17.03.49 – 02.06.49	weiter
01 1066	abg. Hildesheim	03.03.49 – 09.06.49	weiter
01 1069	abg. Hameln	19.03.49 – 21.06.49	weiter
01 1078	abg. Hannover	19.03.49 – 24.06.49	weiter
01 1055	abg. Hildesheim	26.03.49 – 15.07.49	weiter
01 1089	abg. Göttingen P	10.03.49 – 29.09.49	von He aus 01 1063 an He, dort in 01 1089

Kessel: 1 x von Henschel, 1 x nach Henschel

Bild 261
01 1053 (links) und **01 1054** waren im RAW Mülheim-Speldorf beide am 13. Mai 1949. Wenige Tage zuvor stehen auch sie im Anheizschuppen, und 01 1053 wird gerade zur Abnahmeuntersuchung vorbereitet.

Bild 262
Am 1. Juni 1949 erlebte die entstromte **01 1068** ihre Abnahmeuntersuchung. Im Bahnhof Mülheim-Speldorf wurde sie indiziert. Zwei Tage später stand sie beim Bw Hagen-Eckesey im Einsatz. Anscheinend hatte auch sie rote Lampennischen.

Bild 263
01 1078 (danach Bw Hagen-Eckesey) während der Abnahmeprobefahrt vor einem D-Zug im Bahnhof Mülheim (Ruhr) am 23. Juni 1949. Die planmäßige 01 blieb wie üblich vor dem Zug.

Bild 264, oben – Wie beim RAW Nied war bei Fa. Henschel die erste entstromte 01^{10} am 11. März 1949 fertig. In Kassel war das **01 1074**. Auch sie kam zum Bw Hagen-Eckesey. Das stark retuschierte Foto entstand bei der Abholung der Lok durch ein Personal des neuen Heimat-Bw.

Unterhaltung im EAW Nied von 1949 bis 1952

Die Verteilung der Vollaufarbeitung der Lokomotiven auf vier Werke und die unterschiedlichen Schadensbilder der Kessel hatten zu einer Reihe von Kesseltauschen geführt, die bereits eben angesprochen wurden. In den folgenden Jahren führte man, so gut es angesichts des kritischen Zustandes der Kessel ging, eine planmäßige Unterhaltung durch. Die Kessel überwachte man aufmerksam, und das Unterhaltungswerk AW Nied nahm auftragsgemäß auch bei jeder L 0 oder L 2 eine Kesselbesichtigung vor.

Da man den Kessel 11323 der ausgemusterten 01 1067 aufgearbeitet und 1949 in 01 1071 eingebaut hatte, standen nun für 54 Betriebsloks 55 Kessel zur Verfügung. So gewann man gewisse Zeitreserven für den meist unkalkulierbaren Arbeitsaufwand der St 47 K-Kessel und konnte die Loks mittels durchgetauschter Kessel schneller wieder in Betrieb nehmen. Dazu allerdings kam es in nur geringem Umfang, denn nach der großen Serie von L 4-Untersuchungen zwischen 1949 und 1951 erwartete man die nächste Häufung von Untersuchungen erst für die Jahre 1953 bis 1955. Seit dem Frühjahr 1951 stand deshalb der aus 01 1077 ausgebaute Kessel 11333 aufgearbeitet als Tauschkessel im AW Nied bereit.

Doch war diese Planung schnell überholt. 01 1091, die seit dem November 1951 im AW Nied war, sollte zweieinhalb Jahre nach der Vollaufarbeitung eine Kesselfristverlängerung erhalten, die man aber wegen schwerer Kesselschäden zur kompletten Zwischenuntersuchung L 3 hochstufen mußte. Selbstverständlich gehörte dazu auch der Ausbau des Kessels, denn anders hätte man den Rissen an Lang- und Stehkessel nicht zu Leibe rücken können. Am 4. Januar 1952 war 01 1091 fertig. Auch 01 1068 mußte eine L 3 erhalten. Am 2. Mai 1952 war sie fertiggestellt. Es folgte 01 1083 von Anfang März bis zum 9. April 1952. Sie erhielt den eben erwähnten Tauschkessel 11333. Auch 01 1092 mußte statt einer L 2 vom 8. April bis zum 9. Mai 1952 eine L 3 erhalten. 01 1086 erhielt am 8. Mai 1952 in Nied eine L 3-Untersuchung, unter Einbau des Kessels 11339 aus 01 1083.

Sozusagen außer der Reihe lief im EAW Nied die 01 1089, die am 25. November 1951 einen schweren Unfall erlitten hatte, ab dem 1. Dezember 1951 im EAW Nied stand und vom 28. Januar bis 1. April 1952 eine 100.600 DM teure L 4-Hauptuntersuchung erhielt. U.a. mußte das AW den Rahmen richten und schweißen, zwei Achswellen und die dritte Kuppelachse ersetzen.

Bild 265 – 01 1071 ist hier am 11. März als erste Entstromungslok des RAW Nied während der Abnahme im Werk zu sehen. Der Untersuchungsaufschrift fehlt noch das Datum. Während der L 4 hatte sie den Kessel der 01 1067 erhalten. Die Neuherstellung eines vorderen Nummernschildes unterblieb offenbar. Auch diese Lok zeigt, daß man in Kassel, Nied und Mülheim keineswegs eine für alle Loks verbindliche Ausführung von Einzelbauteilen durchführte; als Beispiel sei das Fehlen einer Verkleidung der Einströmrohre erwähnt. AUFNAHME: KARL-FRIEDRICH HECK, SLG. JOACHIM CLAUS

Bild 266 – 01 1091, schon mit der Beheimatungsaufschrift „Bw Hagen-Eckesey“ versehen, vor der Abholung bei der Fa. Henschel am 10. Mai 1949. Ob die Lok schwarz lackiert ist, sei dahingestellt. Scheinbar auch durch mehrfaches Überlackieren nicht auszulöschen war am Tender der Abdruck des Reichsadlers. AUFNAHME: HENSCHEL-ARCHIV

01 1071 mußte das Heimat-Bw Bebra am 13. Februar 1952 abstellen, weil am Kesselbauch im Bereich der hinteren Pendelstützen Dampf austrat. Neben der hinteren rechten Pendelstütze gab es bereits einen eingeschweißten Rundflicken von 320 mm Durchmesser. Neu waren zwei kreisförmige Risse an der linken Stütze, die bis an den alten Flicken heranreichten. Einfachste Lösung – ein großer Flicken von 640 mm Durchmesser. Wochen allerdings dauerte es, bis sich das EZA Minden einverstanden erklärte, denn eigentlich waren nur Flicken bis 500 mm Durchmesser zulässig. Die L 0 der Lok im EAW Nied dauerte vom 28. Februar bis 30. Mai 1952. 19.627 DM hatte die Reparatur gekostet, für die man den Kessel ausbauen mußte. Bereits am 3. Juni war die Lok wieder im Werk, nun wegen eines Achslagerschadens, den das AW bis zum 13. Juni 1952 beseitigte. Letzte in Nied L 3-untersuchte Lok war 01 1080 (13. Mai bis 19. Juni 1952). Mit rund 55- bis 70.000 Mark waren diese L 3-Untersuchungen aufgrund des Kesselzustandes bereits deutlich überteuert, denn die L 4 lag gerade zweieinhalb Jahre zurück.

Den Abschluß dieses kurzen Kapitels soll die Aufstellung der im RAW/EAW/AW Nied nach der Entstromung ausgeführten L 3 und L 4 bilden.

L 3	01 1091	04.01.1952
L 3	01 1069	10.01.1952
L 3	01 1073	07.02.1952
L 3	01 1065	27.02.1952
L 3	01 1075	07.03.1952
L 3	01 1083	09.04.1952
L 4 nach Unfall	01 1089	18.04.1952
L 3	01 1068	02.05.1952
L 3	01 1086	08.05.1952
L 3	01 1092	09.05.1952
L 3	01 1080	19.06.1952

Unterhaltung der Altbaukesselloks in Braunschweig

Am 15. Mai 1952 begann die Überleitung der BR 01^{10}-Unterhaltung zum AW Braunschweig. Nach sieben Jahren Unterbrechung war dieses ab dem 1. Juli 1952 wieder Unterhaltungswerk. Das AW Nied übernahm dafür von Braunschweig die BR 01 der Nord-Direktionen und unterhielt nun alle DB-01. Den aus 01 1086 ausgebauten Kessel 11327 transportierte man mit dem übrigen Ersatzstückbestand am 16. Juni 1952 zum AW Braunschweig. Dieses baute den Kessel nach aufwendigen Reparaturen am 14. Oktober 1952 in 01 1078 ein.

Ausschlaggebend für den Wechsel des Unterhaltungswerkes war keineswegs eine schnellere Erreichbarkeit des Werkes, denn für alle 01^{10}-Standorte lag das AW Nied viel günstiger. In Braunschweig aber wurden bereits die mit St 47 K-Kessel ausgerüsteten Baureihen 03^{10} und 41 sowie die mit Mo St 48-Kesseln versehenen 05 unterhalten. Die dort bereits gesammelten Erfahrungen und die eigens für die Schweißung von St 47 K-Kesseln qualifizierten Schweißer boten die besten Voraussetzungen für einen risikoarmen Weiterbetrieb der Lokomotiven. Wich man bei kleineren Arbeiten bisher und weiterhin auf näher liegende Werke aus, so mußten St 47 K-Maschinen mit Kesselarbeiten grundsätzlich immer ins Unterhaltungswerk. Im Falle des Bw Offenburg bedeutete das allein vier bis fünf Tage Ausfall nur wegen der langen Überführung.

Erste in Braunschweigs Zuständigkeit überhaupt ausgebesserte Lok war 01 1105, die am 3. Juni 1952 in Arbeit genommen wurde und das Werk nach einer L 0 am 4. Juli 1952 verließ. Erste L 2-Lok war 01 1096 (20. Juni bis 18. Juli 1952). Die ersten L 3m erhielten 01 1060 und 01 1084 vom 1. bzw. 4. Juli an. Beide waren am 7. August 1952 fertig. Drei Jahre nach der L 4 (7. Juli 1949) hatte man auch ihre mögliche Fristverlängerung zur L 3 hochstufen müssen. Bei fast allen der in der Folgezeit zur Fristverlängerung oder zur planmäßigen L 2 zulaufenden 01^{10} mußte man ebenso verfahren (siehe Angaben in den Lebensläufen am Ende von Band 2). Erstaunlicherweise aber hinterließ die St 47 K-Krise in der Kostenstatistik des BZA Minden so gut wie keine Spuren, wie die Werkstatistik W 31.7 für das Jahr 1953 belegt.

Über der Fixierung auf den problematischen Kessel darf man nicht den Blick auf allgemeine Auffälligkeiten in der Unterhaltung der Lokomotiven vergessen. Die Loks hatten mittlerweile ein Betriebsalter von durchschnittlich neun Jahren und eine Laufleistung knapp unter einer Million Kilometern. Die Eintragungen in den Betriebsbüchern zeigen bereits Häufungen von speziellen Schäden oder Arbeiten, wie man sie eigentlich von so jungen Lokomotiven nicht erwartet hatte. „Massenware“, wenn auch im Schnellzugdienst nicht anders zu erwarten, waren die ständigen Arbeiten an Schiebern, Achs- und Stangenlagern. Zu erwarten war auch die Neubereifung der Radsätze, die man bei einem Teil der Lok bei der L 4 nur überdreht hatte. Einen „Dauerbrenner“ bei allen Einheits-Schnellzugloks bildeten die Schäden an den Einheits-Drehgestellen: vordere Laufachse im Drehgestell gewechselt, Drehgestell getauscht und vermessen, Federträger am Drehgestell aufgearbeitet...

Auffällig aber waren bereits die folgenden Nennungen (in der Reihenfolge abnehmender Häufigkeit): Beide Treibradsätze getauscht – Achswellen erneuert, Anbrüche an Radsternen geschweißt, mittlerer hinterer Zylinderdeckel erneuert, Risse an Rahmenverbindung geschweißt, mittleres Treibstangenlager ausgegossen (bei L 0), neue mittlere Treibstange eingebaut, mittlere Kolbenstange erneuert, Zylinder-Befestigungsschrauben z.T. erneuert. Diese Schäden, die zum Teil auf die Bauart des Dreizylindertriebwerks zurückgingen, verfolgten die BR 01^{10} während ihrer gesamten Betriebszeit.

1953 wurde die Situation so kritisch, daß die Herstellung von Neubaukesseln zur Erhaltung der Betriebssicherheit unumgänglich wurde. Nur ein Notbehelf, um nicht durch die inzwischen völlig unkalkulierbaren Kessel-Aufarbeitszeiten den ganzen Unterhaltungsplan durcheinander zu bringen, war die Herrichtung eines 01-Kessels als zweiten Tauschkessel für die Baureihe 01^{10}. 01 1095 fuhr ab dem 6. März 1953 mit dem Kessel Henschel 23559 aus 01 193. Als sofortige Folge dieses Umbaus unterblieb bereits die Aufarbeitung des im April 1953 aus 01 1100 ausgebauten Kessels 11356, da er Portalflicken, Rückwandflicken und Vorschuhe in den Feuerbüchsseitenwänden, eine neue Feuerbüchsdecke und durchlaufende Streifenflicken im 1. und 2. Langkesselschuß benötigt hätte. Letzte planmäßig erteilte Zwischenuntersuchungen vor der Neubekesselung waren vier Jahre nach der jeweiligen L 4 die L 3 an 01 1071 vom 6. März bis 7. Mai 1953 (Kessel 11335 aus 01 1082), an 01 1100 vom 6. April bis 11. Juni 1953 (Kessel 11323 aus 01 1071) und an 01 1081 vom 15. Mai bis 19. Juli 1953.

Noch zwei weitere Maschinen, die aufgrund von Kesselschäden zu Bedarfsausbesserungen ins AW Braunschweig kamen, stufte man von L 0 auf L 3m hoch:

01 1063 erhielt am 4. Juni 1953 eine L 0/3m ohne Kesseltausch, und in 01 1070 baute man noch am 19. November 1953 den aufgearbeiteten St 47 K-Kessel aus 01 1095 ein. Diese Maschine war überhaupt die letzte, die noch eine L 3-Untersuchung mit dem alten Kessel erhielt. Ihren bisherigen Kessel 11326, den man am 15. Oktober 1953 ausgebaut hatte, musterte man sofort aus. Verfügungsgemäß waren danach alle zu L 2 oder L 3 anfallenden Maschinen mit neuem Kessel auszurüsten.

Vom Januar 1952 bis zum November 1953 hatte man 38 Maschinen nach Schadgruppe L 3 untersuchen müssen, davon zehn mit Kesseltausch. Durch besonders hohe L 3-Kosten von rund 94.000 DM fielen 01 1058 und die schon im Vorjahr teuer ausgebesserte 01 1071 auf. Das war ein kostenmäßig völlig unhaltbarer Zustand, und spätestens in den Jahren 1956/57, wenn die nächste L 4-Serie angestanden hätte, wäre guter Rat im wahrsten Sinne teuer gewesen. Auffällig ist es, daß seit Anfang 1953 die Aufwendungen nicht nur der Kesselarbeiten, sondern auch für die Fahrwerks- und Tenderausbesserung steil anstiegen. Da vorerst nur 40 Neubaukessel bestellt waren, wollte man auf diese Weise das einstweilen übrig bleibende Viertel des Bestandes noch für einige weitere Jahre „fit machen“. Die sparsame Hauptverwaltung bewirkte auf diese Weise, daß 01 1070, 1079, 01 1082 und 01 1100 noch drei weitere Jahre mit altem Kessel in Betrieb blieben, ein unter Sicherheitsaspekten bedenklicher Umstand, denn auch die für sie benötigten Kessel standen ab Herbst 1955 einbaufertig parat.

Einige aus der Lokausgangsliste des AW Braunschweig willkürlich gezogene, aber aufschlußreiche Vergleichszahlen der aufgewendeten Arbeitsstunden sind für die Endphase der Altkesselunterhaltung aufgeführt. Sie unterstreichen die Unausweichlichkeit von Kesselneubauten ebenso wie den singulären Negativrang der 01^{10} sogar unter den St 47-K-Lokomotiven. Die am gleichen Richtwert gemessenen 03^{10} fuhren zwar hohe Kilometerleistungen, aber mit viel geringerer Auslastung. Die im Fahrwerk preiswert zu unterhaltenden 03 begannen durch die teils schon 20 Jahre alten Kessel (aus Normalstahl) steigende Aufwendungen zu verursachen. Bei den L 4 sind die ersten beiden Neubaukesselok mit aufgezählt. 03^{10} erhielten 1952/53 keine L 4. Die aufgezählten Daten bezeichnen nicht das Abnahmedatum, sondern den Abfahrtstag der Lok.

Stunden:		**Fahrg.**	**Tender**	**Kessel**	**Summe**	**Richtwert**
L 2-Fahrwerksausbesserungen:						
03 072	25.09.1952	2.433	303	763	3.499	4.800
03 168	19.09.1952	2.569	391	660	3.620	4.800
41 178	29.08.1952	2.563	349	727	3.639	4.600
03 1001	03.10.1952	2.781	375	506	3.662	5.000
05 003	31.07.1952	2.969	406	498	3.873	5.000
41 216	09.07.1952	2.772	254	969	3.995	4.600
03 1009	05.09.1952	3.012	369	816	4.197	5.000
03 1008	25.07.1952	3.321	375	545	4.241	5.000
01 1099	29.08.1952	3.328	540	**614**	**4.482**	5.000
05 002	05.09.1952	3.765	532	928	5.225	5.000
01 1096	18.07.1952	3.309	555	**1.537**	**5.401**	5.000
01 1101	13.11.1952	3.648	607	**2.176**	**6.431**	5.000
L 3-Zwischenuntersuchungen:						
41 018	24.07.1952	5.107	823	1.482	7.412	7.900
03 005	23.07.1952	5.462	891	1.396	7.749	8.400
03 1055	18.05.1953	5.225	767	2.068	8.060	8.800
03 1056	11.03.1953	5.274	659	2.249	8.182	8.800
03 1084	12.05.1953	5.817	596	2.406	8.819	8.800
41 164	11.07.1952	5.443	773	2.812	9.028	7.900
01 1001	30.10.1952	5.488	1.018	**2.530**	**9.036**	8.800
01 1078	15.10.1952	5.782	950	**2.561**	**9.293**	8.800
03 210	08.07.1952	6.004	743	2.605	9.352	8.400
01 1103	28.11.1952	5.714	989	**2.992**	**9.695**	8.800
01 1079	18.12.1952	5.686	902	**3.487**	**10.075**	8.800
01 1088	02.04.1953	6.023	1.136	**3.060**	**10.219**	8.800
L 4-Hauptuntersuchungen:						
01 1060	04.12.1953	6.773	1.304	**391**	**8.468**	11.500
01 1105	09.12.1953	6.296	1.530	**2.231**	**10.057**	-
41 343	09.07.1953	7.058	887	2.294	10.239	10.200
03 281	15.07.1952	6.641	856	3.018	10.515	10.500
01 090	18.07.1952	8.713	936	3.935	13.584	11.000

Nicht ohne Pannen – die Neubekesselung im AW Braunschweig

Nach Erhalt der Aufträge über je 20 Neubaukessel für 1953 und 1954 teilte die Fa. Henschel dem BZA Minden im Juli 1953 mit, daß man zwar erst im September mit der Lieferung beginnen, aber alle 20 Kessel bis Ende 1953 abliefern könne. Es sei daran nichts zu ändern, weil man die Kümpelbleche und Gesenke selbst erst in der zweiten Augusthälfte zugeliefert bekäme. Trotz dieser Zusage war es absehbar, daß Henschel nicht innerhalb eines Monats sechs Kessel fertig haben könnte. Man mußte sich also auf Verzögerungen einrichten, und der bereits mit den Heimat-Betriebswerken ausgeklügelte Zuführungsplan für die ersten 20 Maschinen war Makulatur. Für das AW Braunschweig galt es ja auch andauernd die sichere Zugförderungsfähigkeit der 01^{10}-Heimat-Bw zu wahren und die Hauptreisezeiten weitgehend von Umbauten freizuhalten. Doch auch den zweiten Plan, nach der die Liefe-

Bild 267 – 01 1061 (Bw Hagen-Eckesey) wurde als siebte Neubaukessel-01^{10} am 21. Januar 1954 vom AW Braunschweig fertiggestellt. AUFNAHME: CARL BELLINGRODT/EK-VERLAG

rung 1953 ab September 1953 mit monatlich vier Kesseln beginnen und sich die Lieferung 1954 mit je vier Kesseln von Februar bis Ende Juni 1954 anschließen sollte, konnte das Lieferwerk nicht einhalten.

Interessant ist, wie sich das AW Braunschweig am 27. August 1953, also nur Tage vor dem angekündigten Lieferbeginn, den Ablauf der ersten Neubekesselungen vorstellte:

September 1953:
01 1092 (L 2), 01 1089 (L 2), 01 1094 (L 2), 01 1078 (schon im AW, L 2)
Oktober 1953:
01 1099 (L 2), 01 1084 (L 2), 01 1093 (L 3), 01 1080 (L 2)
November 1953:
01 1101 (L 3), 01 1070 (L 3), 01 1072 (L 3), 01 1052 (L 3), 01 1056 (L 2)
Dezember 1953:
01 1097 (L 3), 01 1105 (L 3), 01 1085 (L 2), 01 1090 (L 3), 01 1053 (L 2)

Diese Liste war ebenso Makulatur wie die von Henschel am 29. September 1953 zugesagte Lieferung von 14 Kesseln noch im Jahr 1953. Lediglich der erstgelieferte Kessel 28904 war nahezu wie angekündigt am 2. November 1953 im AW Braunschweig. Am 30. Oktober 1953 rief das AW beim Bw Hagen-Eckesey 01 1060 als erste Maschine ab. Sie traf am folgenden Tag ein und wurde ab Sonntag, dem 1. November 1953, im AW geführt. Genau eine Woche später wiederholte man die Vorgehensweise mit der Kasselaner 01 1105. 01 1060 erhielt zufälligerweise den Kessel mit der höheren Fabriknummer und war nach bemerkenswert glattem Durchlauf nach genau fünf Arbeitswochen am Freitag, dem 4. Dezember 1953, fertig. Die Rücküberführung erfolgte wieder am Samstag. Die letzte L 3 hatte sie erst vor 15 Monaten, am 7. August 1952 erhalten. Anhand der in den Lebensläufen am Ende des zweiten Bandes genannten Untersuchungsdaten ergibt sich, daß sie kein Einzelfall war. Ihre L 4 kostete 224.383 DM.

Auch 01 1105 war nach fünf Arbeitswochen fertig und rollte ebenfalls am Samstag ab. Im Regelfall erfolgten die Zuführungsfahrten zum AW am Freitag, damit man an diesem Tag und Samstagvormittag (noch halber Arbeitstag!) Reinigung, Schadaufnahme und Auftragszettel fertigstellen und am Montagmorgen mit der Demontage beginnen konnte. Veranschlagt wurde eine Durchlaufzeit von vier Wochen. Die war zwar nur selten einzuhalten, doch bekam man es hin, daß die Maschinen in der Mehrzahl der Fälle am Donnerstag oder Freitag vom Personal des Heimat-Bw wieder abgeholt wurden.

Außer 01 1105 erhielten von den für 1953 eingeplanten Loks nur 01 1052 und 1072 in diesem Jahr noch einen Neubaukessel. Mehrere der Maschinen mußte man entgegen der BZA-Weisung doch noch mit altem Kessel ausbessern, 01 1070 erhielt mangels Neubaukesseln noch im November 1953 eine L 3-Untersuchung. Sie stand beim Zusammenbau nur wenige Meter von der Neubaukessellok 01 1060 entfernt und kam als letzte Altkessellok erst am 26. Oktober 1956 zur L 4 ins AW Braunschweig. So entstand die ärgerliche Notwendigkeit, ganz kurz vor der Neubekesselung noch eine ganze Anzahl von teuren Reparaturen an eigentlich schon abgeschriebenen Altbaukesseln ausführen zu müssen. Auch der Wunsch der Hauptverwaltung, in der Sommerreisesaison 1954 „möglichst viele voll einsatzfähige" 01^{10} einsetzen zu können, ging nur bedingt in Erfüllung: Bis Anfang Juni 1954 fuhren 24 Loks mit neuen Kesseln.

Den schnellsten L 4-Durchlauf erreichte man mit 01 1096, die im April 1955 nach 15 Arbeitstagen wieder nach Hause konnte. Auch 01 1055, 1066 und 1068 waren nach je 23 Arbeitstagen sehr schnell fertig.

Die Neubaukessel lieferte das Herstellerwerk dem AW Braunschweig meist in Einzellieferungen zu. Der Hersteller hatte eine fließende Fertigung organisiert und wollte verständlicherweise in

Bild 268 – Der Kessel Henschel 28953, der erste der Bauserie 1954, Ende März 1954 während der Probeheizens im Herstellerwerk. Mangels eines Aschkastens fällt die Glut durch den Rost auf den Fußboden. Dies war der erste Kessel der zweiten Bauserie. Ihn erhielt Ende April 1954 die 01 1054. AUFNAHME: HENSCHEL-ARCHIV

jeder Woche einen Neubaukessel nach Braunschweig abfahren. Das aber kollidierte dort mit den Möglichkeiten, die vorgesehenen Lokomotiven passend bei den Bw abzurufen. Das AW wiederum hatte den ebenso nachvollziehbaren Wunsch, die Kessellieferungen während der Hauptreisezeit zu stoppen, weil die Bw dann auf keine Lok verzichten wollten. Das aber paßte der Fa. Henschel nicht, die die erste Serie bis Anfang August 1954 auslieferte. Aus Platzmangel lagerte man deshalb acht Kessel der Bauserie 1954 in einer nicht mehr benötigten Halle des AW Hannover-Leinhausen und rief sie von dort nach Eintreffen der Umbaulok im AW Braunschweig einzeln ab. Offenbar stand der Kessel mit der höchsten Nummer auf dem zuletzt in die Halle geschobenen Transportwagen. Daraus erklärt sich, daß man im August 1954 den Kessel mit der höchsten Fabriknummer als ersten, und den mit der niedrigsten Nummer im Dezember 1954 als letzten abrief. Alle losen Bauteile dieser Kessel blieben bis zum Abruf bei Henschel.

Auch von Pannen blieb man nicht verschont: Am für 01 1098 vorgesehenen Kessel 28922 war die Rauchkammer 40 mm zu kurz, so daß er am 12. Mai 1954 zur Korrektur an den Hersteller zurückging. Am 28. Mai 1954 war er wieder in Braunschweig und wurde in 01 1064 eingebaut. Am Kessel 28958 waren die vorderen Stehkesselstützen vertauscht. Das AW Braunschweig erledigte die Korrektur zu Lasten der Fa. Henschel. Bei Kessel 28959 schließlich war der Rauchkammerträger schräg, was zu Abweichungen in der Kesselmittellinie führte. Am 23. Juni 1954 erhielt Henschel den Kessel zurück und lieferte ihn repariert am 9. Juli 1954 an. Auch solche Fehler führten zu den nur auf den ersten Blick und ohne Hintergrundwissen unlogischen Verwerfungen zwischen fortlaufenden Fabriknummern der Kessel und Fertigstellungsdatum der Loks.

Manchmal passierte auch Vorhersehbares: Bei der L 4 von 01 1059 stellte man im März 1955 fest, daß die vordere Treibachse mit ihrem Treiblagersitz (sprich in der Kröpfung) mit 234,14 mm Durchmesser unter Werkgrenzmaß lag. Da man keine neuen Kropfachsen auf Lager hatte, mußte man die Lok im eigentlich nicht zulässigen Zustand in den Betrieb geben. Durch die ganze Laufbahn der 01^{10} blieben die teuren Kropfachswellen knapp.

Das Werk war gehalten, die Maschinen der verschiedenen Bw gleichmäßig abzurufen, möglichst je Woche eine Maschine fertigzustellen und die Sommerreisesaison 1954 freizuhalten. Die Auswertung der in der folgenden Aufstellung angegebenen Fertigstellungsnummern von 1 bis 53 ergab, daß die Loks des Bw Kassel im Mittel den Rang 24,5 belegten, die aus Hagen-Eckesey 25,1, die Offenburger 26,1 und die Bebraer 26,2. Die hochbelasteten Kasselaner Maschinen versah das AW Braunschweig also vorrangig mit neuen Kesseln, und die weniger strapazierten der Bw Offenburg und Bebra mußten überdurchschnittlich lange mit Altbaukesseln fahren.

Die Frage „wohin mit den Altbaukesseln“ entwickelte sich zu einem Problem, da das AW Braunschweig weder den Platz zum Abstellen, noch die personellen Kapazitäten für die Zerlegung besaß. Weisungsgemäß waren von den Kesseln alle Armaturen, Regler, Reglerknierohr, Überhitzer, noch gute Heiz- und Rauchrohre, Domdeckel usw. zurückzugewinnen, was einen erheblichen Arbeitsaufwand bedeutete. Man einigte sich darauf, daß das AW Mülheim-Speldorf die Teile von den Kesseln abbauen sollte, bevor das ZAL (Zentrales Altstofflager) Oberhausen diese zerlegte. Am 4. November 1953 rollte als erster der aus 01 1100 ausgebaute Kessel 11356 nach Speldorf. Ausdrücklich erging der Hinweis, daß das AW Braunschweig nur Wagen bis 14 m Achsstand verwenden dürfe, weil die Schiebebühne in Speldorf nicht länger sei. Den im Januar 1954 aus 01 1058 ausgebauten Kessel wollte man eigentlich noch als Prüfkessel für das AW Göttingen herrichten, und als sich das zerschlug, bewahrte man den gut erhaltenen Kessel noch bis Mai 1954 als Reserve auf.

Weil mit dem 30. Juni 1955 die Kesselzerlegung im ZAL Oberhausen endete, übernahm anschließend das AW Duisburg-Wedau diese Arbeit. Der Platzmangel war zeitweise so groß, daß das AW Braunschweig den für Ölfeuerung vorbereiteten Neubaukessel 29097 erst aus Hannover abrufen konnte, nachdem der im Februar 1956 aus 01 1079 ausgebaute Altkessel 11334 am 2. Mai 1956, und das nur nach dringender Intervention von Werkdirektor Riechmann, abgefahren worden war! Am 20. November 1956 verließ auf dem Flachwagen Trier 2024 der St 47 K-Kessel 11348 aus 01 1070 als letzter das AW Braunschweig in Richtung Schrott.

Erste Neubaukessellok war 01 1060, letzte 01 1070. Die Zeitangaben von zehn Kesseln bzw. Maschinen, deren Betriebsbücher verschollen sind, wurden aus Akten des AW Braunschweig bzw. Werkkarten ergänzt. In der Übersicht auf Seite 202 bezeichnen die Spalten von links nach rechts Henschel-Nummer, Fabriknummer, Wasserdruckprobe im Henschelwerk, Eintreffen des Kessels im AW, Einbaulokomotive, deren AW-Aufenthalt, die Reihenfolge der Fertigstellung und das Heimat-Bw in Kurzform.

Ersatzkessel in der Reihenfolge der Fabriknummern

Baulos 1953, 20 Kessel, Henschel 28903/53 – 28922/54, Bestellschreiben 22.042./63.3753 vom 01.04.1953

1.	28903/53	Abn. He. 22.10.53	02.11.53 Bwg	01 1105	07.11.53 – 11.12.53	2.	Kassel
2.	28904/53	Abn. He. 26.10.53	03.11.53 Bwg	01 1060	01.11.53 – 04.12.53	1.	Hagen-Eckesey
3.	28905/53	Abn. He. 09.11.53	19.11.53 Bwg	01 1072	09.11.53 – 17.12.53	3.	Bebra
4.	28906/53	Abn. He. 16.11.53	25.11.53 Bwg	01 1080	23.11.53 – 22.12.53	4.	Hagen-Eckesey
5.	28907/53	Abn. He. 23.11.53	01.12.53 Bwg	01 1052	01.12.53 – 30.12.53	5.	Bebra
6.	28908/53	Abn. He. 02.12.53	11.12.53 Bwg	01 1090	12.12.53 – 10.01.54	6.	Bebra
7.	28909/53	Abn. He. 11.12.53	19.12.53 Bwg	01 1061	11.12.53 – 21.01.54	7.	Hagen-Eckesey
8.	28910/53	Abn. He. 18.12.53	04.01.54 Bwg	01 1097	30.12.53 – 28.01.54	8.	Kassel
9.	28911/53	Abn. He. 23.12.53	08.01.54 Bwg	01 1058	08.01.54 – 10.02.54	9.	Offenburg
10.	28912/53	Abn. He. 04.01.54	12.01.54 Bwg	01 1087	15.01.54 – 12.02.54	10.	Bebra
11.	28913/53	Abn. He. 06.01.54	14.01.54 Bwg	01 1066	26.01.54 – 19.02.54	11.	Hagen-Eckesey
12.	28914/53	Abn. He. 11.01.54	19.01.54 Bwg	01 1062	28.01.54 – 25.02.54	12.	Kassel
13.	28915/54	Abn. He. 14.01.54	23.01.54 Bwg	01 1085	05.02.54 – 07.03.54	13.	Bebra
14.	28916/54	Abn. He. 20.01.54	30.01.54 Bwg	01 1104	12.02.54 – 11.03.54	14.	Kassel
15.	28917/54	Abn. He. 25.01.54	03.02.54 Bwg	01 1056	19.02.54 – 18.03.54	15.	Offenburg
16.	28918/54	Abn. He. 29.01.54	08.02.54 Bwg	01 1076	25.02.54 – 25.03.54	16.	Hagen-Eckesey
17.	28919/54	Abn. He. 05.02.54	15.02.54 Bwg	01 1001	05.03.54 – 01.04.54	17.	Offenburg
18.	28920/54	Abn. He. 15.02.54	24.02.54 Bwg	01 1093	12.03.54 – 08.04.54	18.	Bebra
19.	28921/54	Abn. He. 22.02.54	03.03.54 Bwg	01 1103	19.03.54 – 14.04.54	19.	Kassel
20.	28922/54	Abn. He. 24.02.54	10.03.54 Bwg	(01 1098)	12.05.54 zurück an Fa. Henschel		
		zweite Anlieferung	01.06.54 Bwg	01 1064	02.07.54 – 27.07.54	30.	Hagen-Eckesey

Baulos 1954, 20 Kessel, Henschel 28953/54 – 28972/54, Bestellschreiben 22.042./63.3753 vom 12.06.1953

21.	28953/54	Abn. He. 08.03.54	27.03.54 Bwg	01 1054	02.04.54 – 29.04.54	20.	Offenburg
22.	28954/54	Abn. He. 11.03.54	02.04.54 Bwg	01 1083	09.04.54 – 14.05.54	22.	Hagen-Eckesey
23.	28955/54	Abn. He. 15.03.54	05.04.54 Bwg	01 1098	25.03.54 – 09.05.54	21.	Kassel
24.	28956/54	Abn. He. 23.03.54	09.04.54 Bwg	01 1077	28.04.54 – 27.05.54	24.	Bebra
25.	28957/54	Abn. He. 24.03.54	12.04.54 Bwg	01 1074	03.05.54 – 31.05.54	25.	Hagen-Eckesey
26.	28958/54	Abn. He. 29.03.54	20.04.54 Bwg	01 1102	07.05.54 – 10.06.54	26.	Kassel
27.	28959/54	Abn. He. 06.04.54	24.04.54 Bwg	(-)	23.06.54 zurück an Fa. Henschel		
		zweite Anlieferung	09.07.54 Bwg	01 1094	14.07.54 – 24.08.54	31.	Bebra
28.	28960/54	Abn. He. 14.04.54	03.05.54 Bwg	01 1101	15.04.54 – 21.05.54	23.	Kassel
29.	28961/54	Abn. He. 20.04.54	05.05.54 Bwg	01 1086	07.05.54 – 15.06.54	27.	Bebra
30.	28962/54	Abn. He. 23.04.54	10.05.54 Bwg	01 1075	20.05.54 – 24.06.54	28.	Hagen-Eckesey
31.	28963/54	Abn. He. 07.05.54	22.05.54 Bwg	01 1063	16.06.54 – 15.07.54	29.	Bebra
32.	28964/54	Abn. He. 12.05.54	29.05.54 Han	01 1068	03.12.54 – 29.12.54	40.	Hagen-Eckesey
33.	28965/54	Abn. He. 17.05.54	03.06.54 Han	01 1084	16.11.54 – 13.12.54	39.	Kassel
34.	28966/54	Abn. He. 31.05.54	15.06.54 Han	01 1057	28.10.54 – 26.11.54	38.	Offenburg
35.	28967/54	Abn. He. 14.06.54	25.06.54 Han	01 1099	09.10.54 – 07.11.54	37.	Kassel
36.	28968/54	Abn. He. 19.06.54	05.07.54 Han	01 1065	20.09.54 – 15.10.54	35.	Hagen-Eckesey
37.	28969/54	Abn. He. 23.06.54	06.07.54 Han	01 1053	27.09.54 – 01.11.54	36.	Offenburg
38.	28970/54	Abn. He. 15.07.54	26.07.54 Han	01 1092	01.09.54 – 28.09.54	34.	Hagen-Eckesey
39.	28971/54	Abn. He. 08.07.54	02.08.54 Han	01 1055	26.08.54 – 20.09.54	33.	Offenburg
40.	28972/54	Abn. He. 21.07.54	05.08.54 Bwg	01 1089	03.08.54 – 03.09.54	32.	Hagen-Eckesey

Baulos 1955, 13 Kessel, Henschel 29085/55 – 29097/55, Bestellschreiben 22.042./63.1745 vom 05.11.1954

41.	29085/55	Abn. He. 10.02.55	23.02.55 Bwg	01 1059	11.03.55 – 04.04.55	41.	Offenburg
42.	29086/55	Abn. He. 02.03.55	16.03.55 Bwg	01 1096	12.04.55 – 29.04.55	42.	Kassel
43.	29087/55	Abn. He. 02.05.55	11.05.55 Bwg	01 1088	13.06.55 – 13.07.55	43.	Osnabrück Hbf
44.	29088/55	Abn. He. 03.06.55	18.06.55 Bwg	01 1073	25.08.55 – 26.09.55	45.	Hagen-Eckesey
45.	29089/55	Abn. He. 13.05.55	26.05.55 Bwg	01 1091	25.06.55 – 25.08.55	44.	Hagen-Eckesey
46.	29090/55	Abn. He. 14.06.55	29.06.55 Bwg	01 1069	04.10.55 – 01.11.55	46.	Hagen-Eckesey
47.	29091/55	Abn. He. 04.07.55	02.08.55 Bwg	01 1078	03.11.55 – 06.12.55	48.	Hagen-Eckesey
48.	29092/55	Abn. He. 16.08.55	16.09.55 Bwg	01 1081	12.11.55 – 22.12.55	49.	Bebra
49.	29093/55	Abn. He. 16.09.55	17.10.55 Bwg	01 1071	13.10.55 – 09.11.55	47.	Bebra
50.	29094/55	Abn. He. 29.10.55	29.11.55 Bwg	01 1079	15.02.56 – 20.03.56	50.	Hagen-Eckesey
51.	29095/55	Abn. He. 09.11.55	19.12.55 Bwg	01 1070	26.10.56 – 29.11.56	53.	Bebra
52.	29096/55	Abn. He. 13.12.55	02.01.56 Bwg	01 1082	31.08.56 – 10.10.56	52.	Bebra
53.	29097/55	Abn. He. 22.12.55	19.05.56 Bwg	01 1100	24.05.56 – 13.07.56	51.	Kassel

Bild 269, rechts – Alles mußte seine Ordnung haben: Frachtbrief über den Versand eines „eisernen Lokomotivkessels“ mit einem „wirklichen Gewicht“ von 32.090 kg, aufgegeben am 7. Juli 1954 in Kassel auf Wagen 910615 und in Empfang genommen am 10. Juli 1954 durch das AW Braunschweig. Der Kessel 28959 war zuvor durch das AW zurückgewiesen und von Henschel nachbessert worden.

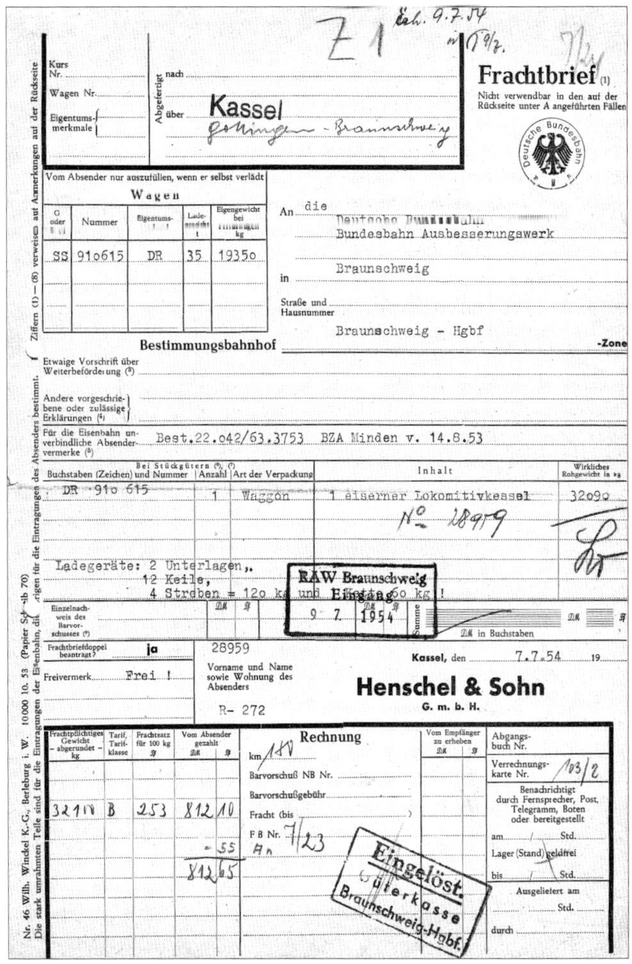
Frachtbrief
Kassel
Deutsche Bundesbahn Ausbesserungswerk
Braunschweig
Braunschweig - Hgbf
Bestimmungsbahnhof
SS 910615 DR 35 19350
Best.22.042/63.3753 BZA Minden v. 14.8.53
DR 910 615 1 Waggon 1 eiserner Lokomotivkessel 32090
Nº 28959
Ladegeräte: 2 Unterlagen, 12 Keile, 4 Streben = 120 kg
AW Braunschweig Eingang 9. 7. 1954
28959
Kassel, den 7.7.54
Henschel & Sohn G. m. b. H.
R- 272
Rechnung
Eingelöst Güterkasse Braunschweig-Hgbf.

Die Aufstellung mit allen Einzelangaben wird hier erstmals veröffentlicht. Allein 35 Lok wurden 1954 umgebaut. Der Bestand der Altbaukessel-Loks verminderte sich entsprechend rasch:

1. Januar 1954, 48 Loks:
01 1001
01 1053 1054 1055 1056 1057 1058 1059
01 1061 1062 1063 1064 1065 1066 1068 1069 1070
01 1071 1073 1074 1075 1076 1077 1078 1079
01 1081 1082 1083 1084 1085 1086 1087 1088 1089 1090
01 1091 1092 1093 1094 1095 1096 1097 1098 1099 1100
01 1101 1102 1103 1104

1. Juli 1954, 26 Loks:
01 1053 01 1055 1057 1059
01 1063 1064 1065 1068 1069 1070
01 1071 1073 1078 1079
01 1081 1082 1084 1088 1089
01 1091 1092 1094 1095 1096 1099 1100

1. Januar 1955, 14 Loks:
01 1059
01 1069 1070
01 1071 1073 1078 1079
01 1081 1082 1088
01 1091 1095 1096 1100

1. Juli 1955, 12 Loks:
01 1069 1070
01 1071 1073 1078 1079
01 1081 1082 1088
01 1091 1095 1100

1. Januar 1956, 5 Loks:
01 1070
01 1079
01 1082
01 1095
01 1100

1. Juli 1956, 3 Loks
01 1070
01 1082
01 1095

1. Januar 1957, 1 Lok
01 1095

Abschließend sei noch die Verwendung der Altbaukessel aufgelistet, auch diese erstmals veröffentlicht. Die problematische Schlußphase der Altkesselunterhaltung führte dazu, daß einige Kessel innerhalb von nur 13 Jahren auf drei Lokomotiven Dampf erzeugten. Abschreibefehler bzw. unterlassene Eintragungen in den Kesselverzeichnissen der Loks 01 1086 und 1089 sind durch eine Untersuchungsliste des AW Braunschweig und den Abgleich mit anderen Betriebsbüchern widerlegt. Die Abkürzung „Bwg NK“ besagt, daß die Lok, die den Altbaukessel zuletzt trug, anschließend im AW Braunschweig einen Neubaukessel erhielt.

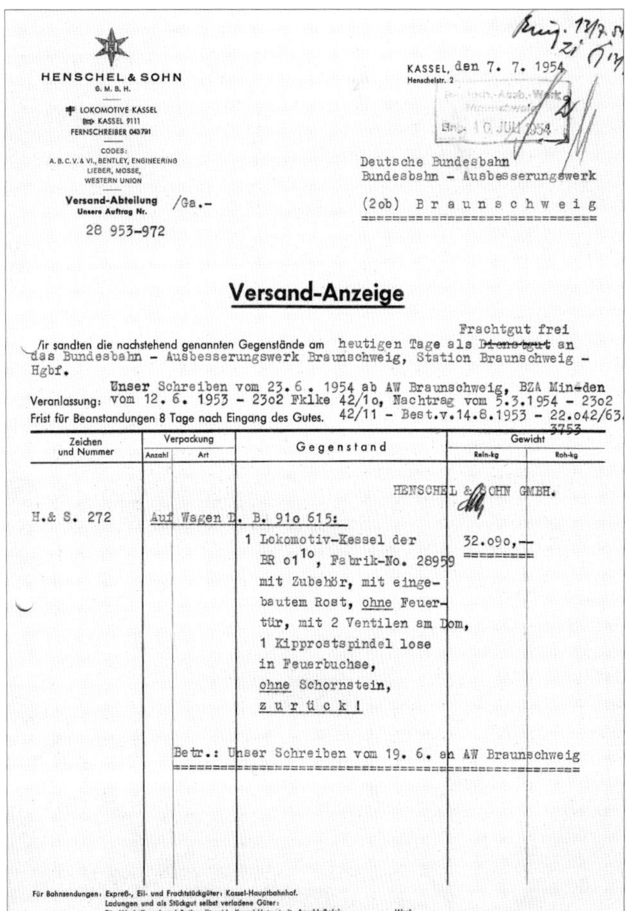
HENSCHEL & SOHN G. M. B. H.
LOKOMOTIVE KASSEL
KASSEL 9111
FERNSCHREIBER 043791
Versand-Abteilung /Ga.-
28 953-972
KASSEL, den 7. 7. 1954
Deutsche Bundesbahn
Bundesbahn - Ausbesserungswerk
(20b) B r a u n s c h w e i g
Versand-Anzeige
Wir sandten die nachstehend genannten Gegenstände am heutigen Tage als Frachtgut frei an das Bundesbahn - Ausbesserungswerk Braunschweig, Station Braunschweig - Hgbf.
Unser Schreiben vom 23.6. 1954 ab AW Braunschweig, BZA Minden
Veranlassung: vom 12. 6. 1953 - 2302 Fklke 42/10, Nachtrag vom 5.3.1954 - 2302 42/11 - Best.v.14.8.1953 - 22.042/63.3753
Frist für Beanstandungen 8 Tage nach Eingang des Gutes.
HENSCHEL & SOHN GMBH.
H.& S. 272 Auf Wagen D. B. 910 615:
1 Lokomotiv-Kessel der BR 01[10], Fabrik-No. 28959 32.090,--
mit Zubehör, mit eingebautem Rost, ohne Feuertür, mit 2 Ventilen am Dom,
1 Kipprostspindel lose in Feuerbuchse,
ohne Schornstein,
z u r ü c k !
Betr.: Unser Schreiben vom 19. 6. ab AW Braunschweig

Bild 270, rechts – Die zugehörige Versandanzeige der Fa. Henschel an das AW Braunschweig. Für Kessel 28959 ist notiert: mit Zubehör, mit eingebautem Rost, ohne Feuertür, mit 2 Ventilen am Dom, 1 Kipprostspindel lose in Feuerbüchse, ohne Schornstein. Das AW Braunschweig baute den Kessel bis zum 24. August 1954 in 01 1094 (Bw Bebra) ein.

Verwendung und Verbleib der Altbaukessel

Kessel	in Lok	von/bis	dann	
11000	01 1001	29.09.39 – 05.03.54	Bwg NK	
			19.03.54 an ZAL Obh	Zerlegung
11308	01 1052	16.02.40 – 16.06.50	EAW Nied	
	01 1102	26.09.50 – 07.05.54	Bwg NK	
			08.06.54 an ZAL Obh	Zerlegung
11309	01 1053	20.02.40 – 27.09.54	Bwg NK	
			01.11.54 an ZAL Obh	Zerlegung
11310	01 1054	27.02.40 – 02.04.54	Bwg NK	
			26.04.54 an ZAL Obh	Zerlegung
11311	01 1055	08.03.40 – 26.08.54	Bwg NK	
			06.09.54 an ZAL Obh	Zerlegung
11312	01 1056	19.03.40 – 19.02.54	Bwg NK	
			25.03.54 an ZAL Obh	Zerlegung
11313	01 1057	15.03.40 – 28.10.54	Bwg NK	
			18.11.54 an ZAL Obh	Zerlegung
11314	01 1058	06.03.40 – 29.12.52	AW Bwg	
	01 1082	09.04.53 – 31.08.56	Bwg NK	
			29.10.56 an AW Dui	Zerlegung
11315	01 1059	22.02.40 – 11.03.55	Bwg NK	
			29.03.55 an ZAL Obh	Zerlegung
11316	01 1060	28.02.40 - 06.05.49	RAW Nied	
	01 1094	31.08.49 – 14.07.54	Bwg NK	
			26.08.54 an ZAL Obh	Zerlegung
11317	01 1061	02.03.40 – 11.12.53	Bwg NK	
			05.01.54 an ZAL Obh	Zerlegung
11318	01 1062	18.03.40 – 28.01.54	Bwg NK	
			27.02.54 an ZAL Obh	Zerlegung
11319	01 1063	20.03.40 – 24.05.49	PAW He	
	01 1089	29.09.49 – 03.08.54	Bwg NK	
			28.09.54 an ZAL Obh	Zerlegung
11320	01 1064	23.03.40 – 02.07.54	Bwg NK	
			09.07.54 an ZAL Obh	Zerlegung
11321	01 1065	27.03.40 – 20.09.54	Bwg NK	
			11.10.54 an ZAL Obh	Zerlegung
11322	01 1066	29.03.40 – 26.01.54	Bwg NK	
			18.02.54 an ZAL Obh	Zerlegung
11323	01 1067	02.04.40 – 16.12.48	RAW Nied	
	01 1071	11.03.49 – 06.03.53	AW Bwg	
	01 1100	11.06.53 – 24.05.56	Bwg NK	
			08.06.56 an AW Dui	Zerlegung
11324	01 1068	03.04.40 – 03.12.54	Bwg NK	
			20.12.54 an ZAL Obh	Zerlegung
11325	01 1069	04.04.40 – 04.10.55	Bwg NK	
			21.10.55 an AW Dui	Zerlegung
11326	01 1070	06.04.40 – 15.10.53	AW Bwg	
			09.11.53 an ZAL Obh	Zerlegung
11327	01 1071	08.04.40 – 16.12.48	RAW Nied	
	01 1086	12.05.49 – .03.52	AW Nied	
	01 1078	14.10.52 – 03.11.55	Bwg NK	
			09.12.55 an AW Dui	Zerlegung
11328	01 1072	11.04.40 – 03.02.50	EAW Nied	
	01 1101	07.07.50 – 14.04.54	Bwg NK	
			27.04.54 an ZAL Obh	Zerlegung
11329	01 1073	16.04.40 – 25.08.55	Bwg NK	
			03.12.55 an AW Dui	Zerlegung
11330	01 1074	17.04.40 – 03.05.54	Bwg NK	
			31.05.54 an ZAL Obh	Zerlegung
11331	01 1075	23.04.40 – 20.05.54	Bwg NK	
			16.06.54 an ZAL Obh	Zerlegung
11332	01 1076	20.04.40 – 25.02.54	Bwg NK	
			11.03.54 an ZAL Obh	Zerlegung
11333	01 1077	23.04.40 – 14.02.51	EAW Nied, Reservekessel	
	01 1083	09.04.52 – 10.04.54	Bwg NK	
			10.05.54 an ZAL Obh	Zerlegung
11334	01 1078	03.05.40 – 20.09.52	AW Bwg	
	01 1079	16.12.52 – 15.02.56	Bwg NK	
			02.05.56 an AW Dui	Zerlegung
11335	01 1079	30.04.40 – 03.11.52	AW Bwg	
	01 1098	19.12.52 – 25.03.54	Bwg NK	
			20.04.54 an ZAL Obh	Zerlegung

Bild 271
Kessel 29085 war bei Henschel als erster der Bauserie 1955 fertig. Als Bestandteil der Abnahmeuntersuchung durch den Hersteller wird hier am 10. Februar 1955 das Verhalten des Bodenrings bei der Wasserdruckprobe gemessen. Den Kessel erhielt 01 1059.

AUFNAHME: HENSCHEL-ARCHIV

11336	01 1080	03.05.40 - 23.11.53	Bwg NK	
			03.12.53 an ZAL Obh	Zerlegung
11337	01 1081	06.05.40 - 13.09.49	EAW Nied	
	01 1098	09.12.49 - 10.11.52	AW Bwg	
	01 1058	31.01.53 - 08.01.54	Bwg NK	
			17.05.54 an ZAL Obh	Zerlegung
11338	01 1082	07.05.40 - 23.06.49	RAW Nied	
	01 1081	11.11.49 - 12.11.55	Bwg NK	
			20.12.55 an AW Dui	Zerlegung
11339	01 1083	09.05.40 - .03.52	AW Nied	
	01 1086	08.05.52 - 08.05.54	Bwg NK	
			19.05.54 an ZAL Obh	Zerlegung
11340	01 1084	30.05.40 - 16.11.54	Bwg NK	
			13.12.54 an ZAL Obh	Zerlegung
11341	01 1085	28.05.40 - 05.02.54	Bwg NK	
			01.04.54 an ZAL Obh	Zerlegung
11342	01 1086	25.05.40 - .01.49	PAW He	
	01 1060	07.07.49 - 01.11.53	Bwg NK	
			10.11.53 an ZAL Obh	Zerlegung
11343	01 1087	30.05.40 - 16.01.54	Bwg NK	
			30.01.54 an ZAL Obh	Zerlegung
11344	01 1088	25.05.40 - 13.06.55	Bwg NK	
			24.06.55 an ZAL Obh	Zerlegung
11345	01 1089	25.05.40 - 10.03.49	RAW Msp	
	01 1063	29.09.49 - 16.06.54	Bwg NK	
			25.06.54 an ZAL Obh	Zerlegung
11346	01 1090	06.06.40 - .10.49	EAW Nied	
	01 1095	06.01.50 - 21.01.53	AW Bwg	
	01 1070	19.11.53 - 26.10.56	Bwg NK	
			20.11.56 an AW Dui	Zerlegung
11347	01 1091	27.06.40- 24.06.55	Bwg NK	
			02.01.56 an AW Dui	Zerlegung
11348	01 1092	08.07.40 - 01.09.54	Bwg NK	
			16.09.54 an ZAL Obh	Zerlegung
11349	01 1093	10.07.40 - .05.50	EAW Nied	
	01 1052	18.08.50 - 01.12.53	Bwg NK	
			21.12.53 an ZAL Obh	Zerlegung
11350	01 1094	22.07.40 - .06.49	RAW Nied	
	01 1082	30.09.49 - 31.01.53	AW Bwg	
	01 1071	07.05.53 - 13.10.55	Bwg NK	
			01.11.55 an AW Dui	Zerlegung
11351	01 1095	11.07.40 - 29.10.49	EAW Nied	
	01 1105	10.02.50 - 07.11.53	Bwg NK	
			14.11.53 an ZAL Obh	Zerlegung
11352	01 1096	19.07.40 - 12.04.55	Bwg NK	
			12.04.55 an ZAL Obh	Zerlegung
11353	01 1097	07.08.40 - 06.01.50	EAW Nied	
	01 1104	31.03.50 - 12.02.54	Bwg NK	
			04.03.54 an ZAL Obh	Zerlegung
11354	01 1098	02.07.40 - 18.09.49	EAW Nied	
	01 1090	15.12.49 - 12.12.53	Bwg NK	
			14.12.53 an ZAL Obh	Zerlegung
11355	01 1099	04.07.40 - .10.50	EAW Nied	
	01 1077	22.03.51 - 28.04.54	Bwg NK	
			25.05.54 an ZAL Obh	Zerlegung
11356	01 1100	22.07.40 - 07.04.53	AW Bwg, nicht weiterverwendet	
			04.11.53 an ZAL Obh	Zerlegung
11357	01 1101	01.08.40 - .05.50	EAW Nied	
	01 1093	21.07.50 - 12.03.54	Bwg NK	
			09.04.54 an ZAL Obh	Zerlegung
11358	01 1102	13.08.40 - 01.08.50	EAW Nied	
	01 1099	02.12.50 - 08.10.54	Bwg NK	
			19.10.54 an ZAL Obh	Zerlegung
11359	01 1103	06.08.40 - 19.03.54	Bwg NK	
			03.05.54 an ZAL Obh	Zerlegung
11360	01 1104	17.08.40 - 30.01.50	EAW Nied	
	01 1072	16.06.50 - 09.11.53	Bwg NK	
			25.11.53 an ZAL Obh	Zerlegung
11361	01 1105	17.09.40 - 19.12.49	EAW Nied	
	01 1097	23.03.50 - 30.10.53	Bwg NK	
			18.01.54 an ZAL Obh	Zerlegung

Abkürzungen:
ZAL Obh Zentrales Altstofflager Oberhausen
AW Dui AW Duisburg-Wedau

Nicht gerade planmäßig: Unterhaltung bis 1965

Im Zeitraum nach der Entstromung bis nach der Neubekesselung wendete die DB je Lok rund 20.000 DM für Bauartverbesserungen, sprich Sonderarbeiten auf. Allein 17.000 DM davon betrafen die Anpassung an den Neubaukessel und den Einbau der Mischvorwärmeranlage. Ganz offenbar hatte sich also bis 1953 die BR 01^{10} keiner besonders herausgehobenen Bauartpflege erfreut. Die Entstromung war ohnehin teuer genug geworden, und schon bei dieser Gelegenheit hatte man diverse Bauartverbesserungen durchgeführt.

Eine neben den laufenden Neubekesselungen besondere Herausforderung wurde dem Werk auf mehreren Flachwagen verteilt am 27. April 1954 auf den Hof gefahren. 01 1052 des Bw Bebra war bei einer Flankenfahrt in Hanau (siehe Band 2, Bw Bebra) schwer beschädigt worden. Bei der Bergung hatte amerikanisches Militär mit schwerem Gerät geholfen, da die Lok einen Damm hinabgestürzt war. Möglicherweise mit „Wild-West-Methoden“, wahrscheinlicher aber, weil die Lok nicht anders zu bergen war, hatte man den Kessel vom Fahrgestell abgetrennt und den Rahmen hinter der ersten Treibachse durchgeschnitten. Die Schadensaufnahme ergab als Hauptschäden:

- Rechte Seite (Aufstoßseite): Teil des Pufferträgers abgerissen, Zylinder zerstört und abgerissen, Steuerung, Treibstange, Kuppelstangen, Steuerungshalter, Luftpumpe komplett abgerissen und zerstört, Radstern der ersten Treibachse abgerissen, diverse Schleifschäden am Rahmen, Führerhaus hochgestaucht, hintere Rahmenquerverbindung mit Tenderkupplung abgerissen;
- Linke Seite: Triebwerk und Steuerung ebenso zerstört wie rechts, Zylinderblock gerissen, verbogene Stangen teils abgebrannt, linke Einströmung und Speisepumpe abgerissen;
- Kessel: Vorderer Langkesselschuß rechts seitlich lange Einbeulung mit tiefen Kratzern, weiter hinten runde Einbeulung, hinterer Pendelblechhalter rechts abgerissen, Rauchkammer beschädigt;
- allgemein: Lokdrehgestell abgerissen, Rahmen durch Absturz verbogen, alle Radreifen beschädigt bzw. zerstört, Tendervorderseite zerstört, Absturzschäden am Tenderfahrgestell rechts, Bremsgestänge nahezu vollständig zerstört, Windleitbleche zerstört, beide Umlaufbleche und vier Sandkästen zerstört.

Größer konnte der Schaden kaum sein, und im Grunde waren von der Lok nur der Bausatz des Rahmens mit dem Innenzylinder und Teilen des Innentriebwerks, das Drehgestell und der Kessel noch zu gebrauchen.

Ein Dreivierteljahr fast dauerte es, bis sich die DB-Hauptverwaltung für eine Reparatur entschied, weil die Lok in Bebra dringend benötigt wurde.

Die als L 0 eingestufte Wiederherstellung begann am 19. Februar 1955. Die Rahmenteile wurden von allem Anhängenden befreit, sodann einzeln vorgerichtet, dann auf der Richtbank verspannt und verschweißt. Die Schweißung genau im großen Rah-

Bild 272 – Vorderpartie der **01 1052** im AW Braunschweig, 27. April 1954. Zwischen dem erdverschmierten Außenzylinder und dem Rahmen hängt der Rest einer Laterne.

Bild 273 – Die linke Vorderpartie, von Steuerung und Triebwerk sind nur verbogene Reste geblieben.

Bild 274 – Rechte Lokseite mit Blick von schräg vorn nach hinten. Die Durchtrennung des Rahmens ist gut sichtbar.

Bild 275 – Hintere Lokpartie mit Schleppachse und Unterbau des Führerhauses.
AUFNAHMEN (4): D. SCHNEIDER (AW BRAUNSCHWEIG)/HANS REICHL

menfenster zwischen erster und zweiter Kuppelachse hat der Autor selbst gesehen und muß deshalb Legenden von der Weiterbenutzung des 01 1067-Rahmens bestreiten. An Großteilen wurden neu beschafft: Zwei Radkörper 2.000 mm 1. Treibachse, zwei Radkörper 2. Treibachse, zwei Achsen, eine Heinl-Speisepumpe, zwei Außenzylinder, zwei äußere Treibstangen, vier äußere Kuppelstangen, diverse Steuerungsstangen. Das Führerhaus baute man in Schweißbauart selbst. Die übrigen Teile wurden entweder selbst hergestellt oder aus dem Ersatzteilbestand der BR 01^{10} übernommen. Tender und Kessel kamen mit kleineren Reparaturen aus, doch mußte man wegen des Ausbaues aller Rohre und des Einschweißens von Kesselflicken eine Wasserdruckprobe durchführen. Am 26. Juni 1955 war die Lok fertiggestellt.

Die hohe Beanspruchung der BR 01^{10} im Verein mit der rund drei Jahre dauernden Neubekesselung führte zu kurzen Unterhaltungszyklen und einem stoßweisen Untersuchungsanfall. Der erste Kesseltausch nach Neubekesselung wurde bereits 1957 erforderlich. 01 1085 mußte Anfang September mit Anrissen an den angeschweißten Pendelblechhaltern zu einer L 0 ins AW Braunschweig. Nach ihr mußte man auch alle anderen 01^{10} auf angenietete Pendelblechhalter umbauen. Auf diesen Bauartmangel wird auf Seite 126 weiter eingegangen.

Auch jetzt ist wieder ein Blick auf die außerplanmäßigen Arbeiten während Ausbesserungen und Untersuchungen angebracht. Aufwendig blieb die Unterhaltung des Triebwerks und des vorderen Drehgestells. Die massenhaft auftretenden Risse in den Speichen der Treib- und Kuppelachsen machten nun zunehmend den Ersatz ganzer Radkörper erforderlich. Die Lebensdauer der großen Radsterne war offenbar auf 1,5 bis 2 Mio. km begrenzt, und so blieb die Erneuerung von Radsternen auf Dauer ein Thema. Den Rissen in den Rahmenquerverbindungen gesellten sich nun auch Risse der Rahmenwangen selbst hinzu. Eine auffällige Häufung zeigte sich direkt hinter den Außenzylindern, wo der Rahmen durch ein Fenster geschwächt war. In der überwiegenden Mehrzahl der Fälle traten an dieser Stelle die Risse oder Brüche links auf. Nach einiger Zeit ging man dazu über, an dieser Stelle neue T-Stücke in die Rahmen einzuschweißen. Derartige Überlastungsschäden zeigten auch hochbelastete 01, vor allem bei der DR in der späteren Umbauform 01^5. Nun mußte man auch die ersten Kuppelstangen ersetzen, entweder nach Verbiegungen oder aufgrund von Anrissen. Auch hier ergab sich eine Häufung bei den vorderen Kuppelstangen, in der Mehrzahl links. Mittlerweile mußte man auch die ersten Zylinder erneuern, weil sie Risse aufwiesen. Ersatzbedarf gab es fast nur bei linken Zylindern. Die mittlerweile üblichen Schäden, Treibachswellen, mittlere Treib- und Kolbenstange, mittlerer, hinterer Zylinderdeckel, lose Zylinderschrauben, waren weiterhin häufig, mit wachsender Tendenz.

Erst nach der Neubekesselung wies die DB der BR 01^{10} eine Sonderrolle unter den Dampflokomotiven zu, und ziemlich genau

Bild 276 – Dieses Bild zeigt **01 1052** drei Jahre später, schon ölgefeuert, vor dem D 290 „Adria-Expreß" am 19. Juni 1958 bei Marbach (Kr Fulda). Eine neue Rauchkammertür hatte man bei der Wiederherstellung nicht zur Hand gehabt, so erhielt sie eine gebrauchte der BR 44, mit der sie dann einige Jahre fuhr. AUFNAHME: CARL BELLINGRODT/EK-VERLAG

1954 begann der Einsatz in Laufplänen mit besonders hoher Laufleistung. Es war durchaus bekannt, daß man solche Leistungen nur als Dauerzustand stabilisieren konnte, wenn man das Lauf- und Triebwerk als wichtigsten Verschleißträger wartungsärmer und langlebiger machen könnte. Allein deshalb erhielten die Maschinen ab 1958 Achslagergleitplatten aus Hartmanganstahl, im Außentriebwerk Treib- und Kuppelstangen mit Rollenlagern und später zum Teil zusätzliche Zentralschmierungen. Eine weitere Maßnahme, die bereits ab Seite 133 ausführlich beschrieben worden ist, war der Einbau von Ölhauptfeuerungen in 34 Maschinen. Durch diese erhöhte man die Durchlauffähigkeit vor einem Zug auf bis zu 900 km, erschloß eine zuverlässig verfügbare „Leistungs-Oberklasse" jenseite von 2.500 PS und machte die Maschinen unabhängig von Kohlenqualität und Heizerleistung. Mit dem Einbau der Ölfeuerung hatte das AW Braunschweig nichts zu tun: Sowohl die Pilotlok 01 1100 wie auch die 1957/58 serienmäßig folgenden Maschinen wurden von der Fa. Henschel auf Ölhauptfeuerung umgebaut. In mehreren Fällen hing dieser Umbau zeitlich an einer L 2, so daß die Maschinen entweder vor oder nach dem Ölumbau im AW Braunschweig waren. Die folgenden Umbauten an der Ölfeuerung, namentlich die Umstellung auf zwei Hauptbrenner, führte dann das AW Braunschweig aus.

Eine erste „Arbeitsspitze" nach der Neubekesselung gab es 1958/59, als fast alle Lokomotiven L 2 mit dem Einbau von Rollenlagerstangen erhielten und die für diese Zeit vorhergesehene erste größere Zahl von L 3 anfiel. So brachte das AW Braunschweig die drei 1957 gebauten Nachbaukessel (siehe Seite 132) zwischen 1957 und 1959 „in Umlauf" und entspannte so die mit dem gleichzeitigen Ende des Unterhaltungsabschnittes auftretenden Arbeitsspitzen. Fortan trennte man auch bei der 01^{10} die Aufarbeitung von Fahrgestell und Tender von der des Kessels. Zu dieser Zeit gab es noch nicht die „auslaufende Unterhaltung", so daß bei allen L 3 der Kessel auszubauen war. Stand bei der Arbeitsaufnahme ein aufgearbeiteter Kessel parat, baute man diesen ein. Meist konnte man so die Dauer einer L 3 auf nur vier oder fünf Wochen begrenzen. Bei diesem Tauschverfahren gelang es kaum, auf eine „sortenreine" Verwendung der Tauschkessel zu achten. Je fünf Kessel tauschte man von Öl- auf Kohleloks und von Kohle- auf Ölloks. Schon bei Ausbesserungsbeginn war deshalb festzulegen, für welche Bauart der Kessel bestimmt sein sollte: Im Falle der Ölfeuerung mußte man ein engeres Blasrohr, kürzere Überhitzerelemente, ein abgezweigtes Überhitzerelement für den Brennerdampf und den Wegfall der Bodenringanker einplanen.

Seit dem 3. März 1962, als die bisher mit einem 01-Kessel gefahrene 01 1095 den Kessel 28959 erhielt, hatte man noch zwei Kessel Überschuß.

Nach Einbau der neuen Kessel und dem Beginn der besonders hohen Laufleistungen mußten die Maschinen im Schnitt einmal im Jahr Fahrwerksausbesserungen der Schadgruppe L 2 erhalten. Bei diesen waren in der Regel auch Kesselreparaturen nach Schadbefund zu erledigen. Kostete um 1952 eine L 2 noch durchschnittlich rund 30.000 Mark, so war sie 1957 schon um 10.000 Mark teurer. Danach bewegten sich die Kosten für die Unterhaltung der ölgefeuerten Maschinen steil nach oben. Diese Entwicklung war keineswegs mit allgemeinen Preissteigerungen zu erklären. Natürlich war hier die in den Jahren 1958 bis 1961 um nahezu 30 Prozent erhöhte Auslastung ausschlaggebend. Größere Zuglasten, Verkürzung von Fahrzeiten, dichtere Zugkopplungen mußten zu höherem Anfall von Bedarfsausbesserungen und von Fahrwerksuntersuchungen führen. Der Anstieg der Jahreslaufleistung je Lok fiel dabei in Bebra viel deutlicher aus als in Osnabrück, wo die Zahl der Schadensereignisse mit Reparaturzeiten im Bw und AW den Leistungszuwachs großteils wieder aufzehrte. Doch forderte auch die Alterung der mittlerweile 20 Jahre alten Fahrwerke ihren Tribut. So wurden ab 1960 fast alle Zylinder der Ölloks zur Erneuerung fällig. Und auch die neuen waren durch die hohen Dampftemperaturen häufig nach drei Jahren abermals verbraucht. Im Falle des Innenzylinders entstanden durch den notwendigen Ausbau des Kessels allein schon Kosten von 50.000 DM. Nur halb so viel kostete der Ersatz der Außenzylinder. 01 1061 des Bw Bebra mußte 1961 wegen Rissen in der Feuerbüchse ins AW. Die Wiederherstellung mit Kesseltausch und der Erneuerung aller drei Zylinder dauerte drei Monate und mußte zur L 3 hochgestuft werden. Rund 200.000 DM dürfte diese L 3 gekostet haben. Kohlegefeuerte Maschinen dagegen behielten überwiegend ihre Ursprungszylinder, und auch sonst wurden sie von gravierenden Ad-hoc-Schäden, wie sie bei den Ölloks mittlerweile ziemlich alltäglich wurden, weitgehend verschont.

Einige Zahlen des AW Braunschweig dazu: Im letzten Vierteljahr 1961 lagen bei der 01^{10} Öl die Kosten für eine L 0 bei durchschnittlich 28.690 DM und damit um 58 Prozent über dem Vorjahr, die Kosten für L 2 lagen bei 71.850 DM und damit 18 Prozent höher als ein Jahr zuvor, und L 3 kosteten 125.696, 15 Prozent mehr als im Vorjahr. Bei der 01^{10} Kohle kosteten L 0 21.415, 23 Prozent weniger als im Vorjahr, L 2 mit 59.850 DM ebenso viel wie im Vorjahr und die eine angefallene L 3 lag bei 105.225 DM. Im gleichen Zeitraum sanken die Untersuchungskosten für die Baureihen 03 und 03^{10} deutlich.

Eine Episode blieb die Unterhaltungseinschränkung der Kohleloks ab Juni 1961. Nach Verfügung der ZW sollten die Maschinen, die meist seit der Neubekesselung keine Untersuchung mehr erhalten hatten, nur noch eine „Auslauf-L 3" erhalten und nach dieser bis zum Aufbrauch der Kesselfrist nur noch L 2. Probeweise ließ die ZW die anstehenden L 3 an 01 1056 und 01 1087 im Oktober und November 1961 als Auslauf-L 3 ausführen, was in erster Linie den Verbleib des Kessels auf der Lok, nur teilweise Demontage der Kesselbekleidung und eine vereinfachte Lackierung bedeutete. Man sparte bei 01 1056 402 Arbeitsstunden ein und 228 bei 01 1087. Bei letzterer waren umfangreiche Arbeiten an der Rauchkammer nötig, die die Stundeneinsparungen z. T. wieder aufzehrten. Nach Protesten der BD Kassel und Münster, die auf den dringenden Bedarf an den Maschinen für Sonderdienste und Spitzenzeiten hinwiesen, stand die 01^{10} Kohle ab Oktober 1961 wieder mit voller Unterhaltung im Unterhaltungsplan. Faktisch aber blieb es beim Auslauf, denn die ZW versagte in der Folge Anträgen auf L 3 für diese Lok meist ihre Zustimmung und ließ nur Fristverlängerungen mit L 0-Arbeiten zu. 01 1053, 1056, 1062, 1065, 1083, 1086, 1093, 1094, 1095, 1099 erhielten zwischen 1962 und 1964 L 3, außer 01 1065 nur Lokomotiven der BD Kassel, die ungleich stärker ausgelastet waren als die des Bw Osnabrück Hbf.

01 1057 mußte das Bw Osnabrück Hbf am 23. Januar 1962 wegen eines Innentriebwerksschadens abstellen. Aus dem Innenzylinder trat so viel Dampf aus, daß man die Lok wegen Sichtbehinderung nicht mehr einsetzen konnte. Ein Reparaturversuch im Bw schlug fehl. Ab dem 1. Februar 1962 war die Lok im AW Braunschweig, das laut Auftragszettel vom 6. Februar 1962 eine L 2 mit Ausbau des Kessels vornehmen wollte. Bis zum 18. April mußte das AW auf einen neuen Innenzylinder warten. Mittlerweile war ein kurz zuvor aus der 01 1068 ausgebauter Kessel aufgearbeitet worden, so daß man sich entschied, diesen einzubauen, um die Inbetriebnahme nicht bis in die sommerliche Reisesaison zu verzögern. Die Maschine war am 6. Juni 1962 fertiggestellt, nun mit neuer L 3-Frist. Weniger als zwei Jahre später war auch der Tauschkessel wieder „herunter".

Aufschlußreich ist der Vergleich der nach der Neubekesselung und bis 1962 in Form von Sonderarbeiten in die Maschinen investierten Summen: Sie lagen bei den kohlegefeuerten Maschinen bei rund 50.000 DM, davon knapp 30.000 DM für das Rollenlagertriebwerk. Bei ölgefeuerten Lokomotiven waren es deutlich mehr als 120.000 DM, davon rund 55.000 DM für den Umbau auf Ölfeuerung und deren nachträgliche Verbesserung.

Jahrelang führte das AW Braunschweig die Abnahmeprobefahrten mit BR 01^{10} vor dem schweren F 111 (später D 111) zwischen Hannover Hbf und Braunschweig durch. Die Fahrplangeschwindigkeiten des Zuges lagen bei 100 bis 120 km/h. Nachdem wiederholt Osnabrücker Lokomotiven kurz nach der Rückkehr aus dem AW mit Triebwerksschäden ausgefallen waren, unternahm das Bw Osnabrück Hbf nach L 0 mit umfangreichen Triebwerksarbeiten, L 2 und L 3 durchweg eine eigene Lastprobefahrt, und zwar vor einem der schweren Köln-Hamburg-Durchläufer. Die Belastung der Lok war realistischer, und häufig genug schickte das Bw Osnabrück Hbf anschließend die Maschine zu Nacharbeiten wieder nach Braunschweig. Anfang 1962 waren der Braunschweiger Abnahme-Lokführer, Lokbi Meerkatte, und Arbeitsprüfer Sander in Osnabrück und nahmen an solchen Lastprobefahrten frisch untersuchter 01^{10} teil. Sie gestanden zu, daß vor allem die einwandfreie Beurteilung des mittleren Kreuzkopfes und der Gleitbahn Schwierigkeiten bereite. Anschließend versprach das AW Braunschweig, in Zukunft besonders darauf zu achten, daß vor der Probefahrt gleiche Bedingungen für alle drei Triebwerke geschaffen würden, der mittlere Kreuzkopf satt aufliege und dieser, die Gleitbahn und die mittlere Treibstange spannungsfrei verbunden würden. Man nehme an, daß dann „die derzeitigen Lastprobefahrten des AW Bwg für eine Beurteilung der Lok auf volle Betriebstüchtigkeit für schwerste Zuglasten bei höchster Geschwindigkeit genügen."

Am 12. April 1962 folgte eine hochkarätig besetzte Konferenz im AW Braunschweig, die „Verbesserungen an S-Lok und die Hebung der störungsfreien Laufleistung" zum Thema hatte. Tatsächlich aber ging es allein um die 01^{10} Öl. Hier saßen nun einmal fast alle zusammen, die dienstlich mit dieser Baureihe zu tun hatten: Friedrich Witte und Betriebsmaschinenkontrolleur Schmidt vom BZA Minden, gleich vier Vertreter der BD Münster, darunter der „Zugförderungspapst" Vizepräsident Schwarzkopf, natürlich mit jeweils mehreren Beamten das Maschinenamt und das Bw Osnabrück Hbf, die Direktion Kassel mit Abteilungspräsident Monschau an der Spitze, Vertretern der Bw Kassel und Bebra, die Direktion Hamburg als GDW, die Zentralstelle für das Werkstättenwesen Frankfurt und in großer Besetzung das AW Braunschweig. Neben Detailfragen wie den dauernden Überhitzerschäden und dem Streit zwischen Witte und der BD Kassel um die Kürzung der Überhitzerelemente ging es auch um Grundsätzliches. Schwarzkopf wies darauf hin, daß sich die Leistungstonnenkilometer der 01^{10} Öl seit 1957 um 21 Prozent erhöht hätten. Der Stundenaufwand im AW für eine L 2 sei aber mit 3.700 Fertigungsstunden im Jahr 1957 und 3.800 im Jahr 1961 nahezu gleich. Daraus sei zu schließen, daß der Werkstättendienst unter Berücksichtigung der erhöhten Beanspruchung und des wachsenden Lebensalters der Maschinen zu wenig tue. Monschau klagte, daß die Unterhaltung in Bebra besonders schwierig sei, weil man für Ausbesserungen im Bw viel zu wenig Zeit habe und die Loks von Personalen verschiedener BD und Bw besetzt würden. Der Vertreter der GDW Hamburg Petersen meinte, irgendwer müsse dem Einhalt gebieten, daß die Anforderungen an die S-Dampflok immer höher würden. Und Friedrich Witte wiederholte seine Mahnung: „Die Lok BR 01 hoch 10 sind für die stark erhöhten Anforderungen bei gleichzeitig zurückgehendem Pflegeaufwand in den Heimatbetriebswerken, die nur noch stundenweise nach mehreren Tagen Umlauf berührt werden, nicht gebaut worden."

Zur Hebung der Ausbesserungsqualität der hochbeanspruchten Öler wurde man sich einig, möglichst bald Probefahrten mit einer der Mindener Bremsloks durchzuführen. Vorgeschlagen wurde für die Probefahrten eine Rundfahrt Braunschweig – Schandelah – Vorsfelde – Lehrte (Drehen im Gleisdreieck) – Braunschweig. 106 km könnten mit 120 km/h und 35 km mit 50 km/h gefahren werden.

Das Problem ausreichend anstrengender Probefahrten wurde schnell akut, weil seit Beginn des Sommerfahrplans der D 111

Bild 277
01 1064 (Bw Osnabrück Hbf) war am 30. September 1957 auf Ölhauptfeuerung umgebaut worden. Nur zwei Wochen später hatte sie einen Wasserschlag, der das innere Triebwerk beschädigte. Die Lok kam zwar am 15. Oktober 1957 ins AW Braunschweig, wurde aber zunächst von einer Reparatur zurückgestellt. Vom 26. Oktober bis zum 11. November 1957 dauerte dann die notwendige L 0. Das Bild zeigt 01 1064 zuvor abgestellt im Werkshof.

AUFNAHME: KARL-JULIUS HARDER, SAMMLUNG J. LAWRENZ

nicht mehr für Probefahrten benutzt werden durfte. Als Alternativen bot die BD Hannover an: D 1009, Hannover ab 13.01, Helmstedt an 14.15, der nur 100 km/h fahrende Dm 80671, Hannover ab 16.16, Helmstedt an 17.40 und eventuell D 109, Hannover ab 14.13, Helmstedt an 15.38 Uhr.

Vermutlich hätte das Versuchsamt für Lokomotiven, bzw. dessen Leiter Theodor Düring der Verwendung „seiner" Vierzylinderverbundloks für AW-Probefahrten nicht einfach so zugestimmt, aber seit Anfang 1962 gab es die Versuchsämter alter Form in Minden nicht mehr, und die Versuchsamtsloks kamen in die Zuständigkeit der BD Hannover, Bw Minden. 18 316 und 18 505 standen vermutlich schon ab Mai 1962 leihweise dem Maschinenamt Braunschweig zur Verfügung. Das allerdings heißt nicht, daß sie dauernd in Braunschweig waren, sondern eine der Loks wurde abgerufen, wenn Lastprobefahrten anstanden. Auch 18 323 wurde im Laufe des Jahres 1962 mehrfach als Bremslok bei Abnahmefahrten gesichtet. 18 505 war den Rest des Jahres 1962 im AW Braunschweig, allerdings in der Richthalle, wo man mehrere Monate an ihr herumschraubte. Am 6. Dezember 1962 erst wurde sie fertiggemeldet. Zumindest vom Frühjahr bis zum Sommer 1963 war 18 505 nach Erinnerung von Dipl.-Ing. Horst Troche, damals im AW Braunschweig tätig, dauernd im AW Braunschweig und nahezu fast immer unter Dampf neben dem Anheizschuppen zu sehen. Sie war bei Lastprobefahrten mit 01^{10}, 03, 03^{10}, und 41 Öl auf den eben genannten Strecken im Einsatz. Mit 18 505 waren aber keine vollwertigen Lastprobefahrten möglich: Man konnte mit ihr bei 120 km/h höchstens 1.200 PS am Zughaken vernichten, und die zugelassene Höchstgeschwindigkeit von 140 km/h, die von der 01^{10} auf der Rollbahn seit kurzem täglich erreicht wurde, durfte nicht ausgefahren werden. Horst Troche erzählte dem Autor, daß die Lok unter den anstrengenden Probefahrten mit 01^{10} sehr gelitten habe. Bei einer Mitfahrt hinter 01 1075 habe er das Gefühl gehabt, es „zerreiße" die S 3/6! Ende 1963 endete die kurze Karriere der 18 505 als Bremslok für das AW Braunschweig schon wieder; sie wurde schadhaft nach Minden zurückgegeben.

Die endgültige Lösung des Lastprobefahrtenproblems brachte das AW Braunschweig mit eigenen Mitteln und fast ohne Kosten zustande. Zwischen Januar und August 1963 wurden insgesamt zwölf Drehgestelltender der Bauarten 2'2' T 34 zu Belastungswagen mit jeweils rund 67 t Gewicht umgebaut. Die Wasserkästen füllte man mit Kernschrott und Kies und kuppelte je zwei Tender per Tenderkurzkupplung mit den Stirnseiten aneinander. Aus den Veränderungsmeldungen des AW Braunschweig sind acht der zwölf Fertigstellungsdaten der „Probefahrtwagen" überliefert:

Han 9500	Krupp 2964	07.02.63	ex 01 013
Han 9501	Krupp 1989		ex 03 089
Han 9502	Eßlingen 4352	07.02.63	ex 03 251
Han 9503	Krupp 2944	31.01.63	ex 01 034
Han 9504	Borsig 14781	24.01.63	ex 01 189
Han 9505	Esslingen 4354	21.02.63?	ex 03 267
Han 9506	Borsig 15106	15.07.63	ex 01 031
Han 9507	Charente-Maritime 82	30.07.63	ex 01 075
Han 9508	Schneider 2447	09.07.63	ex 03 012
Han 9509	Krupp 1921		ex 03 053
Han 9522	Krupp 2802		ex 39 109
Han 9523	WLF 2321		ex 39 103

Bei 01^{10}-Probefahrten verwendete man in der Regel sechs Tender, somit ein Wagengewicht von ungefähr 400 t, das einem Zehn-Wagen-Schnellzug entsprach. Während der Lastprobefahrt wurden der 9 km lange Hauptstreckenabschnitt von Braunschweig bis Schandelah mit maximal 100 km/h und die 29 km lange Nebenbahn Schandelah – Vorsfelde mit 60 km/h sozusagen zum Einfahren genutzt. Unterwegs hielt man in Velpke, prüfte die Lager, und wenn alle kalt waren, meldete der Abnahmelokführer die folgende Schnellfahrt auf der alten Berlin – Stendal – Lehrter Rennstrecke an. Diese erreichte der Probezug in Sichtweite der DDR-Grenze und der Stadt Oebisfelde über die Velpker Kurve an der Abzweigstelle Grafenhorst. Knapp 70 km fast ebener und nur dünn belegter Hauptstrecke standen nun zum Ausfahren der Lok mit 140 km/h zur Verfügung. Wolfsburg und Gifhorn durchraste der Zug, und erst kurz vor Lehrte ließ der Lokführer den Zug rollen. In Lehrte wurden natürlich die Achs- und Stangenlager erneut geprüft. Dann konnte man den ganzen Zug im Gleisdreieck wenden, und mit Plangeschwindigkeit 120 km/h ging es über Peine wieder nach Braunschweig. Im Vorfeld des AW erfolgten die Dampfdichtigkeitsprobe und Schlußdurchsicht, nachdem die Lok den Probezug ins AW zurückgebracht hatte. Im Normalfall wurden anschließend noch kleine Nacharbeiten nötig, die man im Freigelände oder im Anheizschuppen erledigte. Dann erfolgten Abnahme und Fertigmeldung ans Bw.

Die sich häufenden Schäden am mittleren Triebwerk der 01^{10} lösten viele und sich über Jahre hinziehende Überlegungen aus, wie man die Zahl der Schäden vermindern könne, die häufig zu Zugförderungsstörungen führten. So nahm das AW Braunschweig als Hauptschadensursache fälschlich an, daß die Kippbewegungen der Pendellager-Kuppelstangen auf die Kreuzköpfe übertragen würden. Als Abhilfeversuch baute man statt der Gleitbahnplatten

Bild 278
Die meisten 01^{10} erhielten in den Jahren 1958/59 Wälzlagerstangen. An **01 1056** (Bw Kassel) wurde dieser Umbau während einer drei Wochen dauernden L 2 mit umfangreichem Arbeitsprogramm ausgeführt. Am 18. März 1959 verläßt sie hier das AW Braunschweig in Richtung Heimat, ausgerüstet mit nagelneuen Wälzlagerstangen.

AUFNAHME: ROSTOCK/EK-VERLAG

aus Rotguß 5 nun solche aus Gußbronze 14 ein. Der Erfolg war kurzfristig gut, doch bekamen die Platten bald Risse und Ausbrüche. So ging man wieder auf die bisherige Bauart über. Auch weitere Versuche mit anderen Legierungen brachten wenig Erfolg. Vielfach wölbten sich die Platten unter längerer Belastung hoch und liefen dann natürlich heiß. Die Schäden an der mittleren Gleitbahn hatten überdies nichts mit Rollenlagerstangen zu tun, sondern hauptsächlich mit der Grundbauart des Triebwerks. Irrig war auch die Meinung, daß man das erlaubte Betriebsgrenzspiel des Kreuzkopfes auf der Gleitbahn auf 1 mm vergrößern solle. Und zu allem Übel stellte man fest, daß Verschleiß im Straßmann-Bohrwerk vielfach zu falschen Schräglagen der Bohrungen im Innenzylinder geführt hatten. Eine wirksame Korrektur war nur nach einem Ausbau des Zylinders möglich, für den die ganze Lok zerlegt werden mußte. Einen schräg gebohrten Zylinder besitzt bis heute 01 1066, und Schäden am hinteren Lager der inneren Treibachse sind bei ihr häufig. Auch ein Ausbohren bot keine Heilung, denn die Mittelzylinder waren ohnehin meist schon viel weiter ausgebohrt als die bei den Ölloks bereits durchweg erneuerten Außenzylinder. Viele Innenzylinder näherten sich dem Werkgrenzmaß, waren bereits ausgebuchst, oder Risse waren mittels dicht gesetzter Kupferstifte „genäht" worden (Metaloc-Verfahren). Keinesfalls wollte man sich 1964/65 noch vorfristige L 3 mit Erneuerung von Mittelzylindern ans Bein binden.

Ein Triebwerk mit Außenzylindern nahe am Urmaß (500 mm) und weit ausgebohrtem Innenzylinder, z.B. mit 520 mm, und die seit 1940 bekannte, durch Steuerungsabweichung größere Dampffüllung des Mitteltriebwerks addierten sich zu noch größerer Ungleichheit. Die Kolbenkraft des größeren, mit mehr Dampf zu füllenden Mittelzylinders lag nach Notizen des AW Braunschweig dadurch bei manchen Loks um rund 10 Prozent über den Kolbenkräften der Außenzylinder. Bei der Beschleunigung eines schweren Zuges verteilten sich die dafür nötigen rund 2.700 PS_i auf das Mitteltriebwerk mit 1.000 PS_i und nur noch je 850 PS_i auf die beiden Außentriebwerke. Die Belastung von Kreuzkopf, Gleitbahn, Stangenlagern und Kropfachse gerade dort, wo sie ohnehin schon anfällig waren, wuchs weiter. Im Jahr 1963 hatten von 44 überprüften 01^{10} bereits 18 und damit 41 Prozent einen Unterschied in den Außenzylinder-Durchmessern von mehr als den seit 1959 zulässigen 10 mm, eine Lok sogar von 20,2 mm. Den maximal zulässigen Unterschied von 15 mm zwischen Außen und Innen übertrafen gar schon 49 Loks, also fast alle. Einen Größenunterschied von mehr als 20 mm zwischen Mitte und Links wiesen zwölf Loks auf, eine davon 24,4 mm. Nachdem bei 01 1001 am 21. Mai 1964 die mittlere Kolbenstange gebrochen war, nahm man auch die unterschiedlichen Zylinderdurchmesser und die möglicherweise für die höhere Kolbenkraft zu schwache Kolbenstange als mögliche Unfallursache ins Visier. 01 1001 hatte links einen Zylinderdurchmesser von 503,70 mm, in der Mitte einen von 524,94 und rechts 500,05 mm.

Da die Restlaufzeit der Maschinen bereits überschaubar war, paßte man die Vorschriften dem Problem an, versuchte bei unruhig laufenden Lokomotiven mit unterschiedlichen Zylinderdurchmessern außerhalb der erlaubten Größenordnung zunächst eine Abhilfe durch L 2-Planarbeiten, und nur wenn das nichts fruchtete, durch teure Maßnahmen wie den Wechsel von Zylindern. Das war eine letztlich richtige Entscheidung, denn auch neue Mittelzylinder mit richtiger Schrägbohrung hätten nichts am grundsätzlichen Bauartmangel der 01^{10} geändert.

Ein weiterer häufiger Schaden betraf die Überhitzer, vor allem der ölgefeuerten Maschinen. Über den richtigen Kompromiß beim Abstand der Umkehrenden von der Feuerbüchse, sprich deren maximaler Erhitzung und damit Qualität des Heißdampfes wurde man sich nie einig. Friedrich Witte vertrat bis zu seiner Pensionierung 1965 die Meinung, eine möglichst hohe Überhitzung sei entscheidend wichtig für die Wirtschaftlichkeit einer Lok. Dem standen häufige Lokausfälle und Reparaturkosten gegenüber, die ganz offenbar die durch sehr hohe Überhitzung möglichen 0,2 m^3 Öl Minderverbrauch pro 1.000 km und damit eine Einsparung von vielleicht 5.000 DM je Öllok und Jahr deutlich überstiegen. Überdies herrschte lange Zeit falsche Sparsamkeit, indem auch so hoch belastete Loks wie die 01^{10} Öl im AW Braunschweig grundsätzlich nur aufgearbeitete Überhitzerelemente erhielten. 1964 erging die Anweisung, grundsätzlich bei jeder L 2 wenigstens die gegossenen Umkehrenden zu erneuern. Das verbesserte die Haltbarkeit, doch sah man sich bald genötigt, auch spätestens alle sechs Jahre einen kompletten Wechsel der Überhitzerrohre zu veranlassen. Erst als der Kesseldruck 1965 bei zwei Osnabrücker Lokomotiven während angestrengter Zugfahrten verschlissene Heizrohre zerdrückt hatte, was zu Verletzungen des Personals führte, stellte man auch an die Qualität von Heiz- und Rauchrohren höhere Anforderungen. Diese mußten nun ebenso regelmäßig gegen neue Rohre getauscht werden.

1963/64 berechnete das AW Braunschweig für eine L 3-Untersuchung bei Ölloks im Schnitt um die 150.000 DM, bei Kohleloks dagegen nur rund 80.000. Auch die Fahrwerksuntersuchungen L 2

Bild 279
01 1104 (Bw Bebra) hatte vom 14. Februar bis 12. März 1958 im AW Braunschweig eine L 2, bei der an außerplanmäßigen Arbeiten die Ausführung der Sonderarbeit 197 „Anbau des 3. Spitzenlichtes" erledigt wurde.

AUFNAHME: JOACHIM WOHLFAHRTH

waren unterschiedlich teuer: rund 60.000 DM bei Kohleloks und rund 70.000 DM bei Ölloks.

Eine regelrechte „Kesselkrise" gab es im Jahr 1964, allerdings eigentümlicherweise beschränkt auf Osnabrücker Ölloks. Keine zwei Jahre nach ihrer letzten L 3 kam am 27. Februar 1964 die Lok 01 1057 ins AW Braunschweig. Sie zeigte bedenkliche Matratzenbildungen in der ganzen Feuerbüchsdecke und um das Feuerloch, diverse Stegrisse zwischen Stehbolzen und eine um 15 mm nach innen gewanderte linke Feuerbüchs-Seitenwand. So sahen Lokomotiven aus, bei denen mehrere Minuten die Feuerbüchsdecke nicht mehr mit Wasser bedeckt gewesen war. Noch bedenklicher wurde die Sache, als eine Woche später, am 4. März 1962, 01 1068 zur L0 im AW eintraf. Auch sie hatte erst vor zwei Jahren eine L 3, zeigte das genannte Schadensbild, und zusätzlich noch in den beiden Feuerbüchs-Seitenwänden rund 500 x 500 mm große Schadstellen.

Als dritte schließlich tauchte am 24. März 1964 im AW 01 1066 auf, die am 26. September 1961 die letzte L 3 gehabt hatte, und auch diese hatte schwere Feuerbüchsschäden wie die beiden anderen Lokomotiven. Bei ihr war zusätzlich die rechte Feuerbüchs-Seitenwand ausgebeult. Bei allen Lokomotiven hatte die Gefahr einer Kesselexplosion bestanden, doch waren AW-Abteilungsleiter Lok und Kesselprüfer inzwischen von ihrem Vorwurf an das Heimat-Bw „Wassermangel" abgerückt, da dieser die Schäden in den Seitenwänden nicht erklären konnte. Zufälligerweise war an diesem Tag Betriebsmaschinenkontrolleur 1 Schmidt vom BZA Minden im Bw Osnabrück Hbf und erfuhr von den Schäden. Schmidt informierte sofort den kurz vor dem Ruhestand stehenden Mindener Bauartdezernenten Friedrich Witte. Dieser vermutete aufgrund der gleichartigen Schadensbilder, daß beim Bremsen von 135 – 140 km/h mit bis 110 km/h offenem Regler die Stehkesseldecke kurzzeitig vom Wasser entblößt war, oder daß beim Bremsen die Brenner nicht sofort auf kleine Leistung gestellt wurden. Die Schäden in den Seitenwänden aber waren auch ihm unerklärlich. Die Diskussion über Ursache und mögliche Schuldige wogte unter Beteiligung der DB-Hauptverwaltung mehrere Monate hin und her. Das Bw Osnabrück wehrte sich vehement gegen den Vorwurf des Wassermangels: Die Loks BR 01^{10} neigten nicht zum Wasserüberreißen, und man fahre des-

Bild 280
01 1084 (Bw Bebra) hatte einen leichten Unfall und erhielt vom 12. Januar bis 3. März 1959 im AW Braunschweig eine L 0. Das Bild zeigt sie bei der Rückkehr von der Probefahrt ins Werk auf dessen Zufahrtsgleis.

AUFNAHME: ROSTOCK/EK-VERLAG

Bild 281
Die berühmte „Kesselschlange" des AW Braunschweig. Zwischen ausgemusterten 41-Kesseln aus St 47 K und 44-Kesseln steht an dritter Stelle der 01[10]-Kessel Henschel 28966, der am 18. April 1962 aus 01 1057 ausgebaut worden war. Weiterverwendet wurde er ab dem 21. Januar 1963 in 01 1063 und ist mit dieser noch heute in Braunschweig vorhanden. Weiter hinten steht der 1959 von 01 1072 abgekuppelte Tender 11328. Seit Einbringung des „Klappentenders" ex BR 45 im Jahr 1956 in den Bestand hatte man einen Tender mehr als Loks. Seine Weiterverwendung ist unbekannt.

AUFNAHME: KARL-HEINZ BEBENSEE

halb nicht mit niedrigem Wasserstand. Vermutlich traf die Behauptung von BD Münster und Bw Osnabrück Hbf zu, daß der enorme Hitzeeintrag in die Feuerbüchse durch lange „Vollgasfahrt" nicht zu vermeiden sei und längerfristig immer zu Schäden führen müsse. Die DB-Hauptverwaltung verfügte aber am 4. Juni 1964 auf Wunsch von Witte für alle ölgefeuerten Loks den Einbau einer bremsabhängigen Brenner-Drosseleinrichtung. Wittes Vorsicht ist angesichts der Gefahr durch solche Schäden zu verstehen. Letztlich unterblieb die Umsetzung dieser Sonderarbeit, vor allem weil sich die BD Kassel wehrte, die Anlage sei teuer, noch nicht erprobt, und die Schäden seien allein auf einige Osnabrücker 01[10] Öl beschränkt. Das Bw Osnabrück mußte sich verpflichten, bei jedem Auswaschen der ölgefeuerten 01[10] die Feuerbüchsdecke metallisch zu reinigen und auf Anrisse zu untersuchen, und auch das AW sollte die Feuerbüchsen von Ölloks noch aufmerksamer prüfen. 01 1068 war nach einer teuren L 0 am 22. April 1964 wieder fertiggestellt, 01 1057 (L 0) und 01 1066 (L 2) am 5. Mai 1964.

Noch eine vierte Lok aber war von den Schäden betroffen: 01 1064, die am 24. Juli 1964 wegen der zehn Jahre nach der letzten L 3 nötigen Kesseluntersuchung H 2.1 und eines Zylinderrisses ins AW Braunschweig kam. Am 28. Juli 1964 sprach der Kesselprüfer die Fristverlängerung aus, scheinbar ohne die kurz zuvor ausgesprochenen Mahnungen allzu ernst zu nehmen, denn der wahre Schadensumfang zeigte sich einen Tag später bei der Arbeitsaufnahme. Ihr Kessel wurde ausgebaut, und mit dem mittlerweile aufgearbeiteten Tauschkessel aus 01 1057 und neuer L 3-Frist war die Lok am 1. September 1964 fertiggestellt. Interessanterweise sind die Arbeiten an 01 1057 und 01 1064 im Stammheft der Betriebsbücher als Bedarfsausbesserung L 0 deklariert, im Kesselheft aber als „L 3-Untersuchung mit Kesseluntersuchung H 2.2". Im Zusammenhang mit dieser „Osnabrücker Kesselkrise" stand ein Teil der folgend aufgeführten Aufarbeitungen und letzten Kesseltausche an 01[10]-Loks.

Acht Jahre nach Einbau der Ölfeuerung und Rollenlagerstangen ist es Zeit für eine Zwischenbilanz aus Sicht des Unterhaltungsdienstes. Wegen ihrer geringeren Anstrengung und Laufleistung blieben die außerplanmäßigen Aufwendungen für die kohlegefeuerten Maschinen unauffällig. Umso teurer wurde, wie als Tendenz eben schon beschrieben, die Erhaltung der ölgefeuerten Loks. Neben den eben genannten Problemen mit dem Triebwerk und dem Kessel wurden Rahmenrisse oder Rahmenbrüche, vor allem hinter den Zylindern, das innere Steuerungsgestell, lose werdende Schrauben an Rahmen und Zylindern und der mittlerweile häufige Ersatzbedarf an großen Radkörpern zum Preistreiber. Doch weit teurer noch als das erst heraufdämmernde Problem mit den Rollenlagerstangen und Kuppelzapfen wurde der Ersatz unerwartet vieler Zylinderblöcke.

Auch hier war das Schadensbild jahrelang unauffällig gewesen. 1955 hatte man bei der schlimm verunfallten 01 1052 beide Außenzylinder durch geschweißte Neubauzylinder ersetzen müssen. Auch an 01 1072 mußte man am 10. Dezember 1954 nach einem Unfall einen linken Zylinder ersetzen. Deshalb war es zunächst noch unauffällig, daß man bei 01 1102 am 1. August 1955 einen neuen linken Zylinder, bei 01 1081 am 22. Dezember 1955 einen neuen Innenzylinder (Kesselausbau!), bei derselben Lok am 5. Dezember 1956 einen linken Zylinder tauschen und am 24. April 1956 bei 01 1088 einen neuen rechten Zylinder einbauen mußte. Solchen Ersatzbedarf gab es immer, weil Beschädigungen, Undichtwerden oder heißdampfbedingte Risse bei allen Einheitsloks gleichermaßen vorkamen. Als Ersatz lagen immer einige neue Zylinderrohlinge aus Grauguß im Lager, und erst direkt vor dem Einbau bohrte man den Ersatzzylinder auf das Maß des auf der anderen Lokseite eingebauten Zylinders auf. Zehnmal so teuer wie bei einem Außenzylinder war immer ein Ersatz des Innenzylinders, da man den Kessel und wegen der zum Teil durchgehenden Schrauben manchmal auch die Außenzylinder abbauen mußte. So lange es irgend ging, behalf man sich bei der Mitte deshalb mit Ausbohren, und wenn das nicht mehr ging, mit Ausbüchsen. Daß man irgendwann, z.B. nach einem Riß, Mittelzylinder doch ersetzen mußte, war den Verantwortlichen klar, und das war bei der zahlenmäßig ungleich größeren Baureihe 44 nicht anders. Der Ersatz von Mittelzylindern bei der 01[10] war im AW Braunschweig etwas vergleichsweise Seltenes, und deshalb unauffällig. Zwischen 1955 und 1969 mußte man nur bei vier kohlegefeuerten 01[10] einen neuen Mittelzylinder einbauen, bei zweien einen aufgearbeiteten Altzylinder. Der weitaus größere Teil der Kohleloks behielt die alten Zylinder von 1940 bis zur Ausmusterung.

Ganz anders sah es bei den ölgefeuerten Maschinen aus. Schlagartig mußte man 1958/59 bei 27 Lokomotiven den linken Außenzylinder und bei acht den rechten Außenzylinder ersetzen. Die Schadensursache war klar: Die deutlich höheren Heißdampftemperaturen, die angestrengtere Fahrweise der Ölloks, sie führten zu Rissen. Doch unerklärlich blieb die Schadensstruktur: Warum die Häufung der Schäden auf der linken Seite? Und war ein Zylinder erst einmal ersetzt, hatte man keineswegs Ruhe: 01 1001

Bild 282 - 01 1081 des Bw Kassel hatte vom 23. Juni bis 13. Juli 1964 eine L 0 im AW Braunschweig. Während der Rücküberführung wurde kurz nach dem Verlassen des AW unter ihr eine Weiche gestellt. Die Lok entgleiste, stürzte um, geriet in Brand und blockierte einen ganzen Tag lang die Streckengleise von Hannover nach Helmstedt. Bis zum 22. August dauerte die sodann erforderliche Ausbesserung. Lokführer und Heizer wurden leicht verletzt. AUFNAHME: SAMMLUNG CHRISTIAN ERNST

erhielt am 4. Februar und abermals am 19. August 1959 einen linken gebrauchten Tauschzylinder. Bei 01 1055, 1057, 1088 und 1104 hielten die eingebauten aufgearbeiteten Tauschzylinder kaum ein Jahr. In 01 1061, 1073 und 1081 hielten die zwischen 1960 und 1962 eingebauten neuen Innenzylinder nur ein Jahr. 01 1073 verbrauchte drei, 01 1061 vier Innenzylinder. Sechs linke Zylinder (einschließlich dessen von 1940) benötigten 01 1055 und 1057, fünf 01 1059, 1073, 1074, 1081, 1088 und 1104. Generell besaßen die aufgearbeiteten Tauschzylinder nur eine geringe, die neuen aber eine recht große Haltbarkeit. Acht ölgefeuerte Loks behielten ihre ursprünglichen Innenzylinder bis zur Ausmusterung. Einzig erhaltene Lok mit einem alten Innenzylinder ist die Kohlelok 01 1056.

Ein wenig Statistik:

- 20 kohlegefeuerte Loks erhielten links sechs neue und 14 gebrauchte Zylinder, entsprechend einen je Lok. In der Mitte wurden bei ihnen vier neue und zwei gebrauchte Zylinder verbaut, entsprechend 0,3 je Lok. Rechts erhielten Kohleloks vier neue und vier gebrauchte Zylinder gleich 0,4 je Lok.
- 34 ölgefeuerte Loks erhielten links 45 neue und 65 gebrauchte Zylinder; jede Lok erhielt nachträglich deshalb im Durchschnitt 3,2 linke Außenzylinder. In der Mitte erhielten die 34 Ölloks 31 neue und neun gebrauchte Zylinder, entsprechend 1,2 je Lok. Rechts war der Einbau von 28 neuen und 21 gebrauchten Zylindern nötig, entsprechend 1,4 je Lok.

Die deutliche Diskrepanz beim Ersatzbedarf zwischen links und rechts ist bei kohle- wie auch ölgefeuerten Maschinen sichtbar. Das Verhältnis liegt sowohl bei den Kohleloks wie bei den Ölloks bei 2,5 zu 1, hat also anscheinend nichts mit der Ölfeuerung zu tun. Vermutlich würde man in den Betriebsbüchern auch auf mehr linke als rechte losewerdende Zylinder stoßen. Da sich linke und rechte Triebwerksseite technisch nicht unterscheiden, vom Einströmrohr des linken Zylinders aber auch die Einströmung des Mittelzylinders abgezweigt wird, könnten hier Vibrationen auftreten, die bei Alterung zu Schäden führen. So war es jedenfalls bei der verwandten BR 44. Vielleicht hatten auch von der Mischvorwärmerpumpe auf ihr Gestell übertragene Vibrationen eine Auswirkung. Die höheren Heißdampftemperaturen könnten den Alterungsprozeß beschleunigt haben.

Mehr als 2,5 Mio DM kostete neben der planmäßigen Unterhaltung der Kauf von 85 neuen Außenzylindern à 3.500 DM und 35 neuen Innenzylindern à 5.000 DM, die Aufarbeitung von rund 100 alten Zylindern und der Einbau von 220 Zylindern.

Die höhere Zahl von Rahmenbrüchen links erklärt sich aus der größeren Belastung dieser Seite durch Zylinderkräfte bei allen Lokomotiven, bei denen der rechte Zylinder voreilt. Bei diesen übt der rechte Zylinder noch einen Teil seiner Kolbenkraft aus, während sich im nächsten Zylinder bereits Kolbenkraft aufbaut. Das gilt für 01 und 01^{10} in gleichem Maße.

Zum Jahresende 1963 hatte das AW Braunschweig die Kesselschmiede geschlossen. Seither schickte man 01^{10}-Kessel, die wegen größerer Schäden am Fahrwerk (Kesselbefestigung auf Mittelzylinder) oder am Kessel selbst ausgebaut werden mußten, zur Hauptuntersuchung ins AW Bremen. Die im Frühjahr 1964 L 3-untersuchten 01 1086 und 1093 erhielten noch die bereits vor längerer Zeit aufgearbeiteten und seither bereitstehenden Tauschkessel 29097 (aus 01 1100, H 2.2 30.11.62 – 06.02.63) und 29096 (aus 01 1082, H 2.2 26.02.63 – 28.05.63). Das AW Bremen-Sebaldsbrück führte an sechs Kesseln H 2.2-Untersuchungen aus:

Kessel aus Lok	im AW Sebaldsbrück	Einbau im AW Braunschweig
28961 aus 01 1086	27.02.64 – 08.04.64	06.05.64 in 01 1057
28920 aus 01 1093	24.02.64 – 16.04.64	27.05.64 in 01 1098
28964 aus 01 1057	17.04.64 – 10.06.64	01.09.64 in 01 1064
28955 aus 01 1098	17.04.64 – 18.06.64	23.09.66 in 01 1074
28922 aus 01 1064	28.08.64 – 28.09.65	13.12.67 in 01 1066
28953 aus 01 1074	06.09.66 – 20.04.67	18.10.67 in 01 1055

Bild 283 – Hochbetrieb im AW Braunschweig am 27. Mai 1968. An diesem Tag waren gleich drei 01^{10} im Werk – **01 1052** und **1057** vom Bw Osnabrück Hbf und **01 1105** vom Bw Altona, und alle zu Bedarfsausbesserungen. Zwei von ihnen, und im Vordergrund deren Rollenlagerstangen sind zu sehen. AUFNAHME: KLAUS OESTERWIND

L0 – das leidige Übel der sechziger Jahre

Im Gegensatz zu anderen Baureihen waren die ölgefeuerten 01^{10} Dauergäste im AW Braunschweig mit Reparaturen, die die Bw-Werkstätten überforderten oder die aufgrund eines komplexen Verschleißbildes von vornherein nur im AW auszuführen waren. Solche Bedarfsausbesserungen der Schadgruppe L 0 konnten 2.000 Mark teuer und nach vier Tagen erledigt sein oder 50.000 Mark und zwei Monate kosten. Die zwischen 1958 und 1961 um rund ein Fünftel angewachsene spezifische Auslastung der ölgefeuerten Maschinen führte zu einem nur auf den ersten Blick unlogischen Unterschied im Anfall von Bedarfsausbesserungen bei den Bw Osnabrück Hbf mit überwiegendem Flachlanddienst und Bebra, mit „schwierigem Mittelgebirgsdienst", deutlich höheren Laufleistungen und schwereren Zügen. Der sich allgemein und trotz teurer L 0 weiter verschlechternde Allgemeinzustand der Maschinen führte häufig genug dazu, daß einer ausgeführten L 0 im Abstand von nur wenigen Wochen eine weitere oder gar zwei oder drei L0 folgten. Solche Lokomotiven kamen dann gar nicht mehr richtig zum Arbeiten und waren ausweislich der Betriebsbögen offenbar für das betreffende Jahr ziemlich verloren. Ganz eindeutig war für diesen Zustand die vereinfachte Unterhaltung aller Dampfloks ausschlaggebend, bei der man Planarbeiten zugunsten von Befundarbeiten reduziert und so die Unterhaltung verbilligt hatte. Für die weiterhin auf sehr hohem Leistungsniveau arbeitenden 01^{10} Öl wäre eine Ausnahme von der vereinfachten Unterhaltung geboten gewesen, wie es die BD Münster und Kassel forderten. Mehrere Lokomotiven fielen bei Aufstellung der weiter unten stehenden L 0-Liste auf. Negativer Spitzenreiter mit 21 L 0 in nur neun Jahren war die Osnabrücker 01 1080. L 0-Häufungen mit fünf L 0 im Jahr wie bei ihr oder von vieren wie bei 01 1063 und 1075 waren dennoch Einzelfälle. Die ausgeführten Arbeiten zeigen allerdings auch hier wieder die typischen Schäden an den hochbelasteten Ölloks auf. Die Zahl der Kesselschäden war mit Ausnahme der in der Osnabrück-Tabelle erkennbaren Kesselkrise von 1964 gering.

01 1075 (Bw Osnabrück Hbf), die am 21. Juli 1959 eine L 2 erhalten hatte, hatte anschließend offenbar „den Wurm" im Fahrwerk. Viermal mußte sie 1960 ins AW Braunschweig einrücken, und jedesmal waren ziemlich schwerwiegende Reparaturen auszuführen. Nur 160.000 km erreichte sie in diesem Jahr.
22.03.60 – 12.04.60: Radreifen vom 2. Laufradsatz rechts und links und vom 2. Treibradsatz links erneuert. Achslager vom 2. Laufradsatz und vom Schleppradsatz mit WM 80 ausgeschleudert. Kolben- und Schieberuntersuchung ausgeführt. Ausgleichs- und Bremsgestänge teilweise aufgearbeitet. Mittlere Gleitbahn erneuert, mittlere Kreuzkopfgleitplatten und Kreuzkopflager erneuert. Beilagen für Druckstangen enger gelegt.
13.07.60 – 03.08.60: Radreifen vom 1. Treibradsatz links erneuert, die übrigen Radsätze überdreht. Laufachslager mit WM 80 ausgeschleudert. Kolben- und Schieberuntersuchung ausgeführt. Kreuzkopfgleitplatten erneuert. Steuerung aufgearbeitet. Drehzapfen erneuert. Ausgleichshebel vom Drehgestell erneuert.
22.08.60 – 22.09.60: Kolbenuntersuchung ausgeführt. Steuerung teilweise aufgearbeitet. Bremse eingestellt.
12.12.60 – 19.12.60: Rechter Radreifen vom 2. Treibradsatz erneuert. 7 Anrisse an den Radsternen geschweißt. Achsschenkel vom Treibradsatz bearbeitet.

01 1063 (Bw Osnabrück Hbf) fiel 1964/65 durch vier dicht auf eine L 2 folgenden Bedarfsausbesserungen am Fahrgestell auf.
06.08.64 – 19.08.64: Schleppachslager ausgegossen und eingeklebt

05.02.65 – 10.03.65: Mittleres, hinteres Treibstangenlager ausgeschleudert. Achslager links 3 und 4 und rechts 3 und 4 ausgegossen und geklebt. Mittlere Schieberbüchse erneuert, Kolben und mittleren Schieber untersucht, Ringe erneuert, 2 Radsätze überdreht, 1 Radreifen erneuert, 2 Radkörperanrisse geschweißt.
28.07.65 – 26.08.65: Zwei Risse im Rahmenblech verschweißt, mittlere Gleitbahn neu verlegt. Links, Mitte und rechts Kreuzkopfgleitplatten erneuert. Kolben- und Schieberuntersuchung mit Erneuerung der Ringe ausgeführt. Rechten Radreifen vom 2. Treibradsatz erneuert. Ausgleich und Bremsgestänge teilweise aufgearbeitet.
03.09.65 – 14.09.65: Linke und mittlere Gleitbahn neu verlegt, linke und mittlere Kreuzkopfgleitplatten erneuert, zweite Achse rechts und links Achslager erneuert.

01 1080 (Bw Osnabrück Hbf), L 0-Spitzenreiterin, kam im Jahr 1965 auf fünf L 0. Der letzten aufgeführten Ausbesserung folgte 1966 die nächste L 0 nach vier Wochen auf dem Fuße…
12.01.65 – 26.01.65: Linkes Schiebergehäuse nach Metaloc-Verfahren abgedichtet. Schiebergleitbahnen neu angebaut.
Tenderbeleuchtung geprüft.
09.02.65 – 21.02.65: Mittlere Gleitbahn erneuert. Mittleren Kolben untersucht und Ringe erneuert.
17 Heiz- und 15 Rauchrohre ausgewechselt und mit Spiel eingeschweißt. 44 Überhitzereinheiten und Kessel: Feuerkasten aufgearbeitet. Elf Umkehrenden erneuert. Kessel und Rohre gewaschen.
04.03.65 – 25.03.65: Mittlere Gleitbahn geschliffen, Kreuzkopfgleitplatten links und Mitte erneuert. Mittleren Kolben untersucht, Ringe erneuert.
Kessel: Feuerkasten aufgearbeitet.
27.08.65 – 20.09.65: 3 Achslagerführungen erneuert, 3 Achslagerstellkeile nachgeschliffen. Rechts Schieberbuchse erneuert, mittlere ausgebohrt. Kolben- und Schieberuntersuchung ausgeführt, mit Erneuerung der Ringe. Alle Radsätze neu bereift. Mittlere Treibstangenlager und alle Achslager ausgeschleudert, Achslager geklebt. Ausgleich und Bremsgestänge teilweise aufgearbeitet.
Kessel: 3 Heizrohre und 7 Rauchrohre gewechselt. 44 Überhitzerelemente und Feuerkasten aufgearbeitet. 25 Umkehrenden erneuert. 66 Stehbolzen und 198 Gelenkstehbolzen gewechselt. Stehbolzenkontrollbohrungen aufgebohrt. Kessel gewaschen. Reglerstopfbuchse neu verpackt.
Tender: Seile für Ölschnellschlußventil wiederhergestellt.
26.11.65 – 15.12.65: Linken Zylinder mit Metaloc-Verfahren abgedichtet. Speisepumpe getauscht. Rechten Zylinder ausgebohrt, linke Schieberbuchse erneuert. Steuerung teilweise aufgearbeitet. Linken und mittleren Schieber untersucht. Beleuchtung und Indusi teilweise aufgearbeitet und geprüft. Bremsgestänge teilweise aufgearbeitet.
Kessel: 3 Heiz- und 4 Rauchrohre vorgeschuht und ohne Spiel eingeschweißt. 44 Überhitzerelemente aufgearbeitet, 18 Umkehrenden erneuert, Feuerkasten aufgearbeitet, Kessel und Rohre gewaschen. Mischvorwärmer gereinigt.
Tender: Zugvorrichtung wiederhergestellt, Beleuchtung geprüft.

01 1103 (Bw Bebra) beendete im Januar 1963 ihre dortige Beheimatung ein halbes Jahr nach der letzten L 2 mit einer L 0. 1963 war für sie ein schwarzes Jahr, denn sie kam in diesem Jahr auf einmalige fünf Bedarfsausbesserungen, mittendrin eine neue L 2 und nur 100.000 km Laufleistung. Ab Ende Januar 1963 war sie beim Bw Kassel.
09.01.63 – 30.01.63: Sämtliche Radsätze überdreht, Anrisse in den Radkörpern elektrisch geschweißt. Schieberuntersuchung ausgeführt. Mittleres hinteres Treibstangenlager mit WM 80 ausgeschleudert. Rechts und links 1. – 5. Achslager mit Atlas eingeklebt. Luftpumpe und Speisepumpe gewechselt.
Kessel: Niete und Naht am mittleren Pendelblech nachgestemmt, Ventilregler getauscht.
04.06.63 – 12.06.63: Rechtes hinteres Treibstangenwälzlager erneuert. Mittleres Schwingenlager sowie rechte und linke 2. und 4. Achslager ausgeschleudert, gesamte Achslager sind mit Atlas eingeklebt. Kolben und Schieber untersucht, Ringe erneuert. Reifen der 2. Lauf- und der Schleppachse überdreht.
11.07.63 – 24.07.63: Radreifen der 3., 4. und 5. Achse überdreht. Anriß am Radkörper geschweißt. Rechts und links 3., 4. und 5. Achslager mit WM 80 ausgeschleudert und mit Henkel eingeklebt.
Kessel: Feuerkasten aufgearbeitet.
(L 2: 10.09.63 – 02.10.63): Mittleren Dampfzylinder ausgebohrt. Planarbeiten L 2 und Bremsrevision 3 ausgeführt. Sämtliche Radreifen erneuert. Achslager mit Henkel geklebt, Buchsen im Ausgleich geklebt. Mittleres Treibstangenlager und sämtliche Achslager mit WM 80 ausgeschleudert. Luftpumpe und Speisepumpe getauscht.
Kessel: 46 Überhitzereinheiten aufgearbeitet. 88 Umkehrenden erneuert und wieder normal verlängert. Regler getauscht. Feuerkasten aufgearbeitet. Mischvorwärmer gereinigt. Kessel und Rohre gewaschen.
11.11.63 – 27.11.63: Linke 1. Kuppelstange und 1 Wälzlager erneuert. Die Bohrungen der 1. rechten Kuppelstange ausgeschweißt. Links und rechts 3. Achslager ausgegossen, rechts 3. und 5., links 3. Achslager mit Henkel geklebt.
06.12.63 – 09.12.63: Linke Gleitbahn neu verlegt.

L 0-Anfall 1960 – 1967

Bw Osnabrück Hbf 20 Ölloks Stammbestand

	1960	1961	1962	1963	1964	1965	1966	1967	
01 1001	0	1	2	0	3	2	2	1	
01 1054	0	1	0	0	2	1	1	2	
01 1055	0	2	1	0	1	0	1	0	
01 1057	1	1	1	2	3	2	1	1	
01 1058	2	1	0	2	2	1	1	1	
01 1059	1	2	1	2	0	2	3	2	
01 1060	2	0	3	1	0	1	2	2	
01 1063	1	1	2	1	2	4	2	1	
01 1064	1	1	2	3	1	0	2	1	
01 1066	1	1	1	2	1	1	3	1	
01 1068	1	2	1	0	1	2	1	1	
01 1073	2	0	2	2	0	1	0	1	
01 1074	0	1	0	1	2	0	1	1	
01 1075	4	0	3	2	2	0	1	0	
01 1076	2	1	2	1	1	2	1	2	
01 1079	1	1	1	0	3	1	0	0	
01 1080	3	1	4	3	1	5	2	1	
01 1088	1	0	0	1	1	2	4	2	
01 1089	1	2	1	1	3	2	0	1	
01 1092	1	1	1	1	0	1	1	1	
Summe	**25**	**20**	**28**	**26**	**29**	**30**	**29**	**21**	**208**
L 0 je Lok	1,2	1,0	1,4	1,3	1,4	1,5	1,4	1,0	1,3

Bw Bebra/Kassel 12 Ölloks

	1960	1961	1962	1963	1964	1965	1966	1967	
01 1061	1	2	1	1	0	1	0	-	
01 1071	0	0	1	3	1	0	1	-	
01 1077	0	0	0	0	2	-	-	-	
01 1081	1	0	1	0	2	1	3	0	
01 1082	2	0	0	1	1	-	-	-	
01 1084	0	1	1	1	2	0	2	1	
01 1100	0	1	2	1	2	0	1	0	
01 1101	0	0	0	1	0	1	1	0	
01 1102	1	3	2	1	2	0	1	1	
01 1103	1	2	0	6	2	1	1	0	
01 1104	1	0	0	1	0	2	0	1	
01 1105	2	0	4	1	2	1	0	0	
Summe	**9**	**9**	**12**	**15**	**16**	**7**	**10**	**3**	**83**
L 0 je Lok	0,7	0,7	1,0	1,2	1,3	0,7	1,0	0,4	0,8

Bw Bebra/Kassel 8 Kohleloks

	1960	1961	1962	1963	1964	1965	1966	1967	
01 1056	1	0	0	0	1	0	1	1	
01 1062	1	1	0	1	1	0	1	0	
01 1086	1	1	0	1	1	0	1	0	
01 1087	0	1	2	0	1	0	0	0	
01 1090	1	0	1	1	1	-	-	-	
01 1093	1	1	0	1	0	1	0	1	
01 1096	2	0	0	1	2	1	-	-	
01 1098	2	0	1	2	0	0	0	0	
Summe	**9**	**4**	**4**	**7**	**7**	**2**	**3**	**2**	**37**
L 0 je Lok	1,1	0,5	0,5	0,9	0,9	0,3	0,5	0,3	0,6

Auswertbar waren die Angaben für 20 Ölloks des Bw Osnabrück Hbf und insgesamt 160 Monate. Auf die Auswertung der Osnabrücker Kohleloks wurde verzichtet, weil diese nur als Reserve mit geringen Laufleistungen dienten. Die Einsätze der Ölloks beim Bw Kassel folgten denen des Bw Bebra nach und schrieben deren Tendenz sinkender Kilometerleistungen linear fort. Sie wurden deshalb in einer Tabelle zusammengefaßt. Auswertbar waren insgesamt zwölf Maschinen mit mindestens fünf Beheimatungsjahren und 88 Einsatzmonaten. Die in Bebra und Kassel recht angestrengt eingesetzten Kohleloks erhielten eine eigene Nennung. Hier waren acht Maschinen mit 58 Einsatzmonaten auswertbar.

Prinzipiell gilt: Osnabrücker 01^{10} Öl waren im Langlauf mit sehr schweren Zügen und hohen Reisegeschwindigkeiten eingesetzt. Die Haupteinsatzstrecke enthielt in rund einem Drittel viele Halte und nennenswerte Steigungen und zu zwei Dritten lange Teilstücke ohne Halt und mit Plangeschwindigkeiten von 120 km/h, ab 1963 auch 135 km/h. Die Jahreslaufleistungen stiegen von 1960 bis 1963 von 165.000 auf 175.000 km je Lok an, um danach bis 1968 auf rund 140.000 km abzufallen.

Die Bebraer Ölloks fuhren nahezu ausschließlich in Langläufen mit schweren Zügen. Rund zwei Drittel der Strecken lagen in Mittelgebirgen und enthielten lange Steigungs- und Gefälleanteile. Der Bereich nördlich von Hannover war flach. Überall waren die Fahrzeiten mit Plangeschwindigkeiten von 100 und 120 km/h entspannt. Die Bebraer Lokomotiven erreichten Anfang der sechziger Jahre Jahreslaufleitungen von über 200.000 km (Ölloks) und um 140.000 km (Kohleloks). Bis zum Ende der Bebraer Beheimatung 1963 sanken diese auf rund 160.000 und 120.000 km ab. Solche Werte fanden sich auch zu Kasselaner Zeiten. Offenbar kam das Bw Kassel anfänglich mit den Ölloks nicht gut klar, zu erkennen an den unlogisch hohen L 0-Anfällen 1963 und 1964. Nach Elektrifizierung des Südteils der Main-Weser-Bahn 1965 lagen die Jahreslaufleistungen nur noch bei rund 120.000 km für die Ölloks und 90.000 km für die Kohleloks. Der starke Rückgang der Laufleistungen fand seinen Widerhall in einem entsprechend starken Abnehmen von L 0, während die seit Jahren andauernde Überforderung der Ölloks in Osnabrück weiterhin viele Bedarfsausbesserungen nötig machte. Deren Zahl sank erst nach der Halbierung der Einsatzstrecke im Herbst 1966.

Die Tabellen spiegeln den Grad der Anstrengung gut wider: In Osnabrück mußte man im Durchschnitt mit 1,3 L 0 je Lok oder besser verständlich spätestens nach neun Monaten mit L 0 rechnen – bei jeder Lok. Die Bebraer bzw. Kasselaner Ölloks waren um rund 40 Prozent weniger schadanfällig. Rund ein Jahr und zwei Monate lagen im Schnitt bei ihnen zwischen zwei L 0. Zwei Jahre dauerte es schließlich im Schnitt, bis eine Kohlelok aus der BD Kassel zu einer L 0 ins AW mußte. Da sie auch vor schweren Zügen und mit teils hohen Jahreslaufleistungen glänzten, wird hier erst richtig deutlich, wie brutal das dauernde Fahren mit fast Höchstgeschwindigkeit vor schweren Schnellzügen im Flachland aufs Material ging. Osnabrück zog 1967 die Konsequenzen aus der Malaise und ließ auch vorfristig eine große Zahl von L 2 ausführen, bei denen nicht nur die Planarbeiten erledigt, sondern ein umfangreiches Programm von Befundschäden ausgebessert wurden. Auch zwei L 3 wurden bis Ende 1967 noch nötig. Für das letzte Osnabrücker Einsatzjahr konnte man deshalb eine deutliche Stabilisierung der Einsatzbereitschaft, sprich weniger Pannen auf freier Strecke und unerwartete L 0-Anfälle erreichen. Der enorm angespannte Umlaufplan mit 883 km Tagesdurchschnitt war dennoch mit dem gegebenen Bestand von Ölloks kaum zu beherrschen, da die Schadanfälligkeit hoch blieb und fast ununterbrochen $V\,200^1$, 01 und 01^{10} Kohle des Bw Rheine und 41 Öl des Bw Osnabrück Hbf im Plan mitfahren mußten. Die stark sinkenden Durchschnittsleistungen der einzelnen Maschinen zogen natürlich einen ebenso starken Rückgang des L 0-Anfalls nach sich.

Seit Anfang 1965: „Auslaufende Unterhaltung“

Die L 3-Fristen hatte man 1964 auf maximal 14 Jahre gedehnt, konnte aber mit einem guten Kesselzustand nicht den schnellen Verschleiß von Zylindern, Radsätzen, Radreifen, Rahmen, Triebwerk und Aufbau ausgleichen. Immer mehr Befundreparaturen flossen neben den Planarbeiten in jede L 2 ein. Diese durch die hohen Kilometerleistungen der Ölloks nahezu jährlich ausgeführte Untersuchung wurde somit immer teurer und unerwünschterweise zum wichtigsten Instrument, die einstweilen unersetzliche Baureihe 01^{10} Öl auf einem technischen Niveau zu halten, das den teils extremen Einsatzanforderungen entsprach. Im Laufe der sechziger Jahre wurde die Erfüllung dieser Aufgabe immer teurer und schwieriger, so daß sich Schäden und daraus nötig werdende Bedarfsausbesserungen häuften. Doch auch bei diesen lagen bald die tatsächlichen Kosten um 10 bis 20 Prozent über dem Erwartbaren. Ähnlich verhielt es sich bei L 2 und L 3. Weitgehend unbekannt blieb es, daß die Kosten einer L 2 für 01^{10} von der ZW auf ca. 70.000 DM „gedeckelt“ worden waren. In dem Protokoll einer Besprechung des BZA Minden mit dem AW Braunschweig vom 13. Dezember 1967 ist zu lesen: *„ Bei der Aufarbeitung dieser Lok mußten – nach Ausführung des AW Braunschweig – in den letzten Jahren trotz Höchstbeanspruchung dieser Lokomotiven im Betriebe, die Zielwerte der ZW bei der Ausbesserung beachtet werden, d.h. es wurde kostensparend aufgearbeitet. Dabei wurden Mängel an der Zylinder- und Rauchkammerbefestigung nicht behoben, zumal durch die Verlängerung der Kesselhauptuntersuchung auf 14 Jahre, der Kessel jahrelang nicht ausgebaut wurde, so daß die Rahmen und Zylinderverbindung nicht zugänglich waren. Eine Folge ist das Ausschlagen der Paßschraubenlöcher für die Zylinder-, Rauchkammer- und Drehzapfenträgerbefestigung.“* Eine solche Arbeitsweise stand in krassem Widerspruch zur täglichen Belastung der Maschinen. Die dem AW Braunschweig von oben aufgezwungene Aufarbeitungsqualität nach Maßstab der in zwei bis drei Jahren zur Ausmusterung anstehenden 03 blieb beim Bw Osnabrück Hbf, der BD Münster und der BD Kassel natürlich nicht unbemerkt. Während diese noch vehement eine Ausnahme von der „auslaufenden Unterhaltung“ forderten, gingen ZW und HVB von einer Ausmusterung der Baureihe 01^{10} nach Fertigstellung der Elektrifizierung der Rollbahn, also 1967/68 aus.

Nach Bewältigung der „Osnabrücker Kesselkrise“ war die planmäßige Vollunterhaltung der Baureihe 01^{10} jedenfalls vorbei, obwohl sich das in offiziellen Schriftstücken noch anders darstellte. 01 1086, 1093 und 1098 hatten nach jeweils zehn Betriebsjahren 1964 als letzte Kohleloks eine L 3 erhalten, weil die BD Kassel

Bild 284 – 01 1088 (Bw Osnabrück Hbf) hatte vom 17. Februar bis 16. März 1966 eine planmäßige L 2. Unter anderem überdrehte man die Kuppelradreifen aufs Minimalmaß (siehe Bild), eine nur unter dem Gesichtspunkt der „Kostendeckelung" verständliche Billigmaßnahme. Der Kostenrahmen für L 2 war eingehalten, doch mußte, wie vorherzusehen, die Lok drei Monate und 63.000 km später wegen loser Radreifen abgestellt werden. Einen Teil der sommerlichen Reisesaison verbrachte sie sodann mit einer L 0 im AW Braunschweig, nun zur Neubereifung, und die Verantwortlichen im Heimat-Bw waren richtig sauer. AUFNAHME: SAMMLUNG ROBIN GARN

die Loks noch planmäßig benötigte und bislang zu viele Loks mit alten L 4-Daten besaß. Weder für Kohle- noch für Ölloks wollte die HVB anschließend noch L 3 genehmigen. Dementsprechend erhielten die anfallenden Loks 1965 nur Fristverlängerungen.

1966 kam die Osnabrücker 01 1074 am 9. August mit umfangreichen Schäden zur L 0 ins AW Braunschweig. Rauchkammerträger und Rahmenverbindungen zwischen 1. und 2. Kuppelachse waren lose, die innere Treibstange verbogen. Nur sieben Jahre nach der letzten L 3 und ein halbes Jahr nach einer teuren L 0 waren wieder umfangreiche Fahrgestellarbeiten nötig. Weil man ohnehin den Kessel abnehmen mußte, stufte man die Arbeiten zur L 3 hoch und baute den 1964 im AW Bremen untersuchten und seither bereitstehenden Tauschkessel aus 01 1098 ein. Am 22. September 1966 war die Lok fertiggestellt. Ihr bisheriger Kessel wurde alsbald im AW Bremen als Tauschkessel aufgearbeitet.

Im Jahr 1966 wurde das Ende des hochwertigen Dampfschnellzugbetriebes durch die Elektrifizierung des südlichen Teils der Rollbahn bis Osnabrück und die bevorstehende Elektrifizierung der Strecke Gießen – Frankfurt (M) erstmals absehbar. Alle Dampfschnellzuglok-Baureihen kamen auf den Prüfstand, und monatelang sah es so aus, als wenn die 01^{10} tatsächlich 1968 ausgemustert würden. Letztmalig am 6. Juni 1966 waren 54 Loks im Unterhaltungsplan aufgeführt. In der Vorausplanung für das Arbeitsaufkommen der AW für das vierte Quartal 1966 und die drei ersten Quartale 1967 vom 18. Oktober 1966 führte die Zentralstelle für den Werkstättendienst (ZW) noch neun L 2 und fünf L 3 für die 01^{10} Kohle auf, für die Ölloks zehn L 2, aber keine einzige L 3.

Deshalb war das Schicksal der Kasselaner Öllok 01 1061 zeitweise ungewiß. Bei der Lok war keine zwei Monate nach ihrer letzten L 2 der Mittelzylinder gerissen, und sie wurde am 1. September 1966 z-gestellt. Da sie eine nur fünf Jahre alte L 3-Frist hatte, entschied man sich für die teure Aufarbeitung, bei der der Kessel abgenommen und ein neuer Zylinderblock eingesetzt wurde. Die L 0 dauerte im AW Braunschweig vom 25. Oktober bis zum 28. November 1966.

Im Herbst 1966 kam man in Frankfurt zur Erkenntnis, daß man mit den stärksten Maschinen wohl am meisten anfangen könnte und entschied, die Loks würden nicht ausgemustert, sondern entweder in der BD Hamburg oder der BD Regensburg weiterbetrieben. Gleichzeitig strich man die Deckelung der L 2-Kosten und gab ausdrücklich auch L 2-Kosten von 100.000 DM frei – ohnehin war das bereits ein realistisches Kostenniveau für eine zufriedenstellende Lauf- und Triebwerksüberholung. 52 Loks der BR 01, 01 NK und 03 aber, alle 26 Loks der BR 03^{10} wurden 1966 ausgemustert, denn für sie gab es nun keine Aufgaben und keine Zukunft mehr. Am 1. Oktober 1966 erstellte die ZW im Zusammenhang mit den auf eine längere Einsatzzeit der großen Baureihen zielenden Plänen eine Vorausschau über die voraussichtlich verbleibende Einsatzdauer. Sie ging bei einer durchschnittlichen Einsatzdauer von zwölf Jahren nach der letzten L 3 bei den Maschinen und Fortdauer der Planunterhaltung mit L 2 und H 2.1 von folgender Bestandsminderung aus (ohne 01 1090 des Lok-Vers.-Amtes Minden):

Jahr	Kohle	Öl	Jahr	Kohle	Öl
1966	-	2	1973	4	6
1967	3	1	1974	4	8
1968	1	1	1975	1	1
1969	-	1	1976	3	3
1970	1	-	1977	-	-
1971	2	7	1978	-	1
1972	-	3			

Bild 285 – „Links“ war eigentümlicherweise die Problemseite der 01^{10}. Linke Zylinder waren eher verschlissen, links brachen Rahmenwange und vordere Kuppelstange häufiger. Im Laufe der sechziger Jahre wuchs sich die Verbindung der drei Zylinder untereinander und mit dem Rahmen zum Kostentreiber aus, da sich die Paßschrauben lockerten und bei zu weit gewordenen Löchern oder an schlecht zugänglichen Stellen nicht mehr dauerhaft zu sanieren waren. AUFNAHME: CARL BELLINGRODT/EK-VERLAG

Das hieß nichts anderes, als daß ohne Eingriffe das Ausscheiden der Kohleloks unerwünscht spät erfolgen würde, daß aber der 1971 erwartbare Einbruch des Öllokbestandes noch durch mehrere L 3-Untersuchungen abgefangen werden mußte.

Im Unterhaltungsbestand vom 19. Oktober 1966 standen deshalb wohl noch alle 34 Ölloks, die 13 Kohleloks der BD Münster, die Mindener 01 1090, aber nur die vier Kasselaner Kohlemaschinen, die noch 1962 und 1964 L 3 erhalten hatten. 01 1056 und 1087 waren aus dem Unterhaltungsbestand ausgeschieden.

Am 15. November 1966 berichtete die BD Münster an die OBL West, daß seit der gerade fertiggestellten Elektrifizierung der Rollbahn bis Osnabrück eine weitere Unterhaltung der Baureihen 01 Neubaukessel (NK) und 01^{10} Kohle in der Direktion wirtschaftlich nicht mehr weiter vertretbar sei. Alle 13 in Osnabrück vorhandenen 01^{10} Kohle seien überflüssig. Man wolle deshalb nach dem Festtagsverkehr diese Loks nach Rheine umbeheimaten und dort die 01 NK ersetzen. Die Maßnahme sei allerdings zeitlich begrenzt, da die Kohleloks in Rheine mit weiterer Elektrifizierung durch 01^{10} Öl verdrängt würden. Die BD Münster ersuchte gleichzeitig um Prüfung, ob es noch überbezirkliche Einsatzmöglichkeiten für 01 NK und 01^{10} Kohle gäbe. Wenn nicht, sollten die Loks beider Baureihen auslaufen und bei Erreichen der Laufleistungsgrenze jeweils z-gestellt werden. Im Herbst 1966 bereits legte die BD Münster fest, daß die im Mai bzw. August 1967 fälligen L 2 an den Kohleloks 01 1072 und 1095 nicht mehr ausgeführt und sie als erste 01^{10} z-gestellt werden sollten. Von den Ölloks sollten nach den Vorstellungen der BD Münster noch zehn Loks neue L3-Untersuchungen erhalten:

01 1089 L 4 03.09.54
01 1055 L 4 20.09.54
01 1088 L 4 13.07.55
01 1079 L 4 20.03.56
01 1085 L 3 25.10.57
01 1052 L 3 28.06.59
01 1001 L 3 19.08.59
01 1054 L 3 02.09.59
01 1076 L 3 05.11.59
01 1060 L 3 02.12.59

Die Unterhaltungsplanung „höheren Orts“ ging aber von einem schnelleren Ende der BR 01^{10} aus: In der Aufstellung der ZW vom 9. Januar 1967 waren für das laufende Jahr für beide Bauarten keine L 3 mehr, für die Kohleloks zwei L 2 und für die Ölloks zwölf L 2 vorgesehen. So waren die Wünsche der BD Münster unrealistisch.

1967 – Krisen- und Schicksalsjahr der 01^{10}

Im Unterhaltungsplan vom 1. Juni 1967, mittlerweile waren die Kasselaner Ölloks in Hamburg, standen alle 34 Ölloks mit voller Unterhaltung, von den Kohleloks nur noch die Mindener 01 1090 und acht Rheiner Maschinen. Die noch in Kassel geliebenen Kohleloks 01 1056, 1062 und 1087 sollten keine L 2 und L 3 mehr erhalten. Der folgende Unterhaltungsplan für die Zeit vom 1. Juli 1967 bis zum 30. Juni 1968 sah weiterhin keine L 3, wohl aber sieben L 2 für Kohleloks und zwölf L 2 für Ölloks vor. Dabei konnte es nicht bleiben, denn ohne Untersuchungen würden im Jahr 1968 die Lokomotiven mit den ältesten L 4-Fristen, 01 1055 und 1089 abgestellt werden müssen, was alleine Osnabrück getroffen hätte, und an unerwarteten Schadensereignissen fehlte es nicht.

Im August 1967 mußte man dort **01 1055** mit schwerem Verschleiß und einem losen Zylinder abstellen und mit einer umfangreichen Schadensliste zur L 0 vormelden. Hauptmangel war der mittlerweile berüchtigte „schlechte Lauf“. U. a. fehlten Schrauben am linken Zylinder. Dieser, die Rahmenverbindungen zwischen Treibachse 1 und 2 und die Pendelbleche waren lose. Am 29. August kam sie im Werk an, und am 4. September 1967 begann man mit den Arbeiten. Diese unterbrach man allerdings schon am ersten Tag, weil die Abnahme des Kessels erforderlich schien. Zunächst wollte das AW Braunschweig die Lok wegen der kurzen Kesselfrist direkt z-stellen. Dadurch sah aber die BD Münster ihre Bespannungssicherheit auf der Rollbahn unmittelbar gefährdet. Die ZW entschied im Benehmen mit der OBL West kurzfristig, daß 01 1055 eine L 3 bekommen sollte, und am 13. September 1967 gingen die Arbeiten weiter, nun als L 0.3 eingestuft. Das hieß nichts anderes, als daß am Fahrwerk nur Befund-

Bild 286
Am 29. Juli 1967 brach in der Nähe von Bremen in voller Fahrt die linke vordere Kuppelstange von **01 1071**, die rechte Stange brach auch, und die hinteren Kuppelstangen wurden durch den Schlag verbogen. Man stellte die Lok im Bw Bremen Hbf ab, und am 7. August 1967 kam sie ins AW Braunschweig. In der Ausbesserungsniederschrift ist zwar die Beseitigung der Begleitschäden an innerem Triebwerk, innerer Steuerung und Zapfen der 3. Kuppelachse beschrieben, nicht aber der Ersatz der gebrochenen Stangen. Versehen? Jedenfalls kein Einzelfall...

arbeiten auszuführen waren, ohne neue Fahrgestellfrist und daß der schon im April untersuchte Tauschkessel 28953 aus 01 1074 eingebaut wurde. Am 18. Oktober war die Lok fertiggestellt.

Bei **01 1089** „zerlegte sich" gleich das ganze Triebwerk. Am 4. August 1967 brachen in voller Fahrt auf der Rollbahn die Kuppelzapfen der 1. Kuppelachse links und der 3. Kuppelachse rechts. Alle Kuppelstangen wurden stark verbogen. 70 Minuten dauerte es, bis eine Hilfslok den Zug weiterbefördern konnte. Aufschlußreich und ein Schlaglicht auf den technischen Zustand des Osnabrücker Bestandes ist ein Blick in das Betriebsbuch dieser Lokomotive. Sie hatte 1954 einen neuen Kessel erhalten und stand 1967 vor dem Ende ihrer Laufbahn, da die Kesselfrist im Jahr 1968 unweigerlich ablief. Doch noch vom 8. August bis zum 6. September 1967 erhielt sie notgedrungen im AW Braunschweig eine aufwendige L 0, über die folgendes eingetragen ist: „Achslagerführungen vermessen. Achslagerführungen: 8 nachgeschliffen, 4 erneuert. 4 Achslagerstellkeile geschliffen. Am Rauchkammerträger 12 Schrauben gewechselt. 1 Rahmenblech erneuert. Zughaken gewechselt. Rechts vor dem 1. Achsausschnitt Rahmenriß geschweißt. Mittlere Gleitbahn geschliffen und gehärtet. Luftpumpe, Speisepumpe und 2 Hauptluftbehälter getauscht. Achsgabelstege geklebt. Mittlere und rechte Schieberbuchse ausgebohrt. Kolben- und Schieberuntersuchung ausgeführt. Mittlere Kolbenstange geschliffen. Mittlere Kreuzkopfgleitplatten erneuert. Mittleres hinteres Treibstangenlager ausgeschleudert. Steuerung und Schwingen vermessen und aufgearbeitet. 1. bis 5. Radsatz Reifen überdreht. Links bei 3., rechts bei 3. und links bei 5. Achse Zapfen erneuert. Alle Achslager ausgegossen und eingeklebt. Beleuchtung und Indusi aufgearbeitet und geprüft. Ausgleich aufgearbeitet, Bremsgestänge teilweise aufgearbeitet. Kessel: Kessel und Rohre gewaschen, Regler getauscht, Feuerkasten aufgearbeitet."

Noch eine weitere L 0 und 67.000 km später war die Lok dann am Ende.

Mitte August 1967 meldete das Bw Osnabrück Hbf **01 1066** sechs Jahre nach deren letzter L 3 routinemäßig zur am 11. September 1967 fälligen H 2.1 vor. Praktischerweise wollte man die Kesseluntersuchung nach 250.000 km zur Ausführung einer L 2 nutzen. Am 8. September stellte das Bw die Lok ab, und am 11. September 1967 lief sie dem AW Braunschweig zu. 01 1066 blieb zunächst als Arbeitsvorrat stehen; und für den 22. September 1967 sah man den Arbeitsbeginn vor. Bei der an diesem Tag vorgenommenen Schadaufnahme stellten sich umfangreiche Schäden an Kessel- und Zylinderbefestigungen heraus. Zunächst stellte man die Lok wartend auf „L 2/3" wieder neben dem Anheizschuppen ab. Auch bei ihr stellte sich nun die Frage „Sein oder Nichtsein". Die BD Münster forderte abermals die Untersuchung, und die ZW stimmte Ende Oktober zu. Das erfolgte nur, weil der 1964 aus 01 1064 ausgebaute Kessel 28922 seit Herbst 1965 fertig untersucht zum Einbau bereit stand und vor dem Ende der L 3-Unterhaltung der BR 01^{10} zum Jahresende 1967 noch untergebracht werden sollte. Vom 1. November bis zum 13. Dezember 1967 dauerte die L 3 mit H 2.2. 01 1066 war die letzte Maschine ihrer Baureihe, die noch eine Untersuchung nach Schadgruppe L 3 erhielt. Unter Ausnutzung aller möglichen Fristverlängerungen wäre sie theoretisch bis Ende 1981 zu betreiben gewesen.

01 1057 (Bw Osnabrück Hbf), eine der vom Rahmen her schlechtesten 01^{10}, kam am 16. September 1967 wegen unruhigen Laufs zu einer L 0 ins AW Braunschweig. Um ein Haar wäre ihr Schicksal besiegelt gewesen, doch hatte sie erst vor fünf Jahren eine L 3 und vor acht Monaten eine L 2 gehabt. Die Kesselarbeiten waren unspektakulär, doch der Rest hatte es in sich: Die Rauchkammer über dem Mittelzylinder lose, der Rauchkammerträger mehrfach gerissen, Risse im Speisepumpenträger, rund 4 m Knotenblech lose bzw. mit Rissen durchsetzt, Nieten und Schrauben der Rahmenverbindungen lose, an beiden Außenzylindern diverse Paß- und Normalschrauben lose, und damit hatte auch der Innenzylinder keinen festen Halt mehr. Um einen Kesselausbau zu vermeiden, rüstete man die Lok total ab, entfernte alle Lauf- und Triebwerksteile, natürlich die Umlaufbleche, schnitt einfach die Rauchkammer vor dem Kessel weg, baute den Kesselträger aus und schweißte ihn. Alle drei Zylinder wurden aus dem Altteiltregal erneuert. Die Schraubenlöcher für die Zylinder im Rahmen waren derart „ausgenudelt", daß mehrere Paßschrauben gar nicht mehr griffen. Man reparierte alles so gut wie eben möglich, mußte aber den grundsätzlichen Schad- und Verschleißzustand als irreparabel hinnehmen. Nach fast zwei Monaten, am 15. November 1967 war die Lok fertiggestellt. Die bei ihr neu eingeführte Reparaturmethode wendete man anschließend noch bei mehreren 01^{10}, darunter 01 1071 und 1080 und vielen 44 an.

01 1091 des Bw Rheine, eine der schon aus dem Unterhaltungsbestand gestrichenen Loks, erlitt am 31. Oktober 1967, nur zwei Wochen nach einer aufwendigen Fahrwerks-L 0, in der Nähe

Bilder 287 und 288
Nur weil sie eine junge L 3-Frist hatte, erhielt **01 1057** im Herbst 1967 noch eine umfangreiche Bedarfsausbesserung. U.a. mußte man alle drei Zylinder ersetzen. Um sich den Kesselausbau zu ersparen, schnitt man einfach die Rauchkammer vor dem Kessel ab. Die beiden Bilder der im Zylinderbereich völlig „abgeräumten" Maschine sagen mehr als viele Worte über den verschlissener Zustand der Osnabrücker „Öler" aus.

von Lingen einen Bruch der linken vorderen Kuppelstange. Die Schäden waren so umfangreich, daß man die Lok am 1. November 1967 im AW Lingen zunächst lauffähig herrichteten mußte. Vom 6. bis 28. November 1967 dauerte die Ausbesserung im AW Braunschweig.

Am 26. Oktober 1967 trafen sich Vertreter der Zentralstelle für den Werkstättendienst (ZW), des AW Braunschweig, der BD Münster, des Bw Osnabrück Hbf und des MA Osnabrück in der Hasestadt zu einer Art Krisensitzung mit dem alleinigen Thema 01^{10} Öl und debattierten darüber, wer denn für deren schlechten Zustand verantwortlich sei. ZW und AW Braunschweig hatten gerade noch abgestritten, daß die Unterlassung wichtiger Unterhaltungsarbeiten aus Kostengründen ursächlich sei. Nachdenklich wurde man nach der Besichtigung von 01 1088 mit langsam sich lösendem Dampfzylinder und 01 1075 mit losem Kessel. Erst die Mitfahrt auf der als „laufunruhig" geltenden 01 1079 vor D 395 von Osnabrück bis Bremen aber löste bei ZW-Vertreter Lederer einen abrupten Meinungswechsel aus. Die Bewegungen des Kessels waren unübersehbar und nahmen ab 130 km/h beängstigende Formen an, so daß Lederer spontan zusicherte, daß „in Zukunft an diesen Lok mehr getan" werden müsse. Zu diesem Zeitpunkt, eine Woche vor ihrem finalen Unfall, war 01 1079 wegen diverser schwerer Schäden bereits im AW Braunschweig vorgemeldet, und eigentlich wartete man nur noch auf den Abruf. Doch kam es bekanntlich anders.

Zur Geschichte des Auslaufens der BR 01^{10} gehört es, das Schicksal von **01 1079** und **01 1088** weiter zu beleuchten. Am 6. November 1967 traf die durch einen Aufstoß beschädigte 01 1079 (Bw Osnabrück Hbf) im Schlepp von 01 1076 im AW Braunschweig ein. Weniger durch die aktuellen Unfallschäden, sondern mehr durch die bereits im Vormonat dem AW Braunschweig gemeldeten schweren Vorschäden war ihre Aufarbeitung teurer als eine L 3-Untersuchung. Die Überprüfung ihrer Reparaturwürdigkeit

Bild 289
01 1079, sie schied aufgrund teurer Vorschäden wegen eines Bagatell-Unfalles aus und wurde zur dringend erwünschten Ersatzteilspenderin. Das Bild zeigt sie im November 1967 im AW Braunschweig, hinter ihr der Tender der aufgefahrenen 44 Öl. Den Kessel von 01 1079 erhielt 01 1088.

bildete den Anlaß, die Abstellkandidatin 01 1088 genauer anzuschauen, denn ein Absinken des Osnabrücker Einsatzbestandes auf 20 Maschinen würde absehbar im Sommer 1968 zu Bespannungsproblemen führen.

So beorderte man 01 1088 am 21. November 1967 ins AW Braunschweig. Dieses verglich die Wiederherstellungskosten von 01 1079 und 1088. Letztere, die Lok mit der zweitältesten HU-Frist einer Osnabrücker 01^{10} Öl, hatte im März 1967 schon eine teure Kessel-L0 erlebt und kaum Chancen, die letztmögliche Kesselfristverlängerung zu erhalten. Auch das Fahrwerk (L 2 März 1966, seither 229.000 km) erlaubte nur noch einen Einsatz von rund einem halben Jahr. So entschied man sich für die preiswerteste Option, den Kessel 29094 aus 01 1079 in 01 1088 einzubauen und bei dieser eine L 2 auszuführen. 01 1079 stellte man am 24. November 1967 daraufhin z. Ihr Kessel stammte von 1956, und die aktuelle Kesselfristverlängerung datierte auf den 10. November 1969, doch war noch eine weitere Verlängerung bis maximal zum 20. März 1970 möglich. Am 18. Dezember 1967 baute man den Kessel aus, erneuerte alle Heiz- und Rauchrohre und arbeitete die Überhitzerelemente auf. Die Arbeiten an 01 1088 begannen ebenfalls am 18. Dezember, und den aufgearbeiteten Kessel erhielt sie Mitte Januar 1968. Die Lok verließ das Werk mit frischer L 2 am 7. Februar 1968. Ihr alter Kessel 29087 stand bis zur Verschrottung noch mehr als ein Jahr im Freigelände des Werkes. Die beiden aus 01 1055 und 1066 ausgebauten Kessel benötigte man für Tauschzwecke nun auch nicht mehr, und alle drei gingen den Weg alten Eisens. Warum man nicht einfach einer der vielen Rheiner 01^{10} Kohle, z.B. 01 1086, 1093 oder 1098, die alle noch 1964 eine L 3 erhalten hatten und dennoch zur Ausmusterung anstanden, ins AW Braunschweig geholt hat? Die Maschinen waren durchweg viel besser im Stand als die Öler, der Umbau auf Ölfeuerung wäre um einiges billiger gekommen als das Umsetzen des Kessels, eine neue L 2, und das für eine Restlaufzeit von nur zwei Jahren.

Nachdem man sich für die Aufarbeitung der 01 1088 entschieden hatte, wurden am 29. November 1967 zwischen der ZW und dem AW Braunschweig das weitere Vorgehen in Sachen 01^{10} festgelegt: Bei Formänderung von Triebwerksteilen, speziell der Stangen, sollten die Loks sofort ins AW. Die vorderen Kuppelstangen wollte man ab sofort immer mit dem Magnetoflux-Verfahren prüfen. Schließlich legte man fest, daß 01 1079, 01 1089 und drei weitere 01^{10} Kohle als Ersatzteilspender dienen sollen. Bei den Ölloks standen damit 01 1079 und 1089 als erste Ausmusterungskandidaten fest, da ab dem 1. Januar 1968 die BR 01^{10} keine L 3 mehr erhalten durfte. 01 1095 war seit dem September 1967 erste kohlegefeuerte Abstellkandidatin, obwohl sie erst 1962 eine L 3 gehabt hatte. Die im März 1968 fällige Kesseluntersuchung H2.1 durfte nicht durchgeführt werden, weil die Lok nicht mehr im Unterhaltungsbestand war und dementsprechend eine im November 1968 nötige L 2 nicht erlaubt war. Die Zahl der

Bild 290
Der ausgemusterte Kessel von **01 1088** – er hätte nur noch eine Frist bis zum 29. November 1968 gehabt. Doch auch mit dem Kessel von 01 1079 endete die Laufbahn von 01 1088 wegen eines teuren Schadens bereits am 9. November 1969.

AUFNAHME: DIETMAR FALK

kohlegefeuerten Ersatzteilspender sollte sich in den nächsten Monaten aufgrund von Schäden schneller vermehren, als man gedacht hatte.

Am 6. Dezember 1967 sah der Dezernent 24 des BZA Minden, Robrade, Anlaß, auf die sich häufenden Brüche von Kuppelstangen und Kuppelzapfen bei Lokomotiven mit Stangenwälzlagern und deren schwerwiegende Folgen hinzuweisen. Vermutlich spielte er auf die Brüche der linken vorderen Kuppelstange an 01 1071 am 29. Juli und am 17. Oktober 1967 sowie die Zapfenbrüche an 01 1089 am 4. August 1967 an. Als wahrscheinlichen Grund nahm er Stichmaßfehler in den Achslagern an. Ausdrücklich wurde darauf hingewiesen, daß ein Spiel von 3 mm zwischen Achslagergleitplatte und Lager zu klein sei und daß 8 mm als Betriebsgrenzmaß festgelegt seien. Im Falle der 01^{10} allerdings spielte auch wohl das Innentriebwerk eine gewichtige Rolle, und die Häufung der Brüche linker Kuppelstangen blieb unerwähnt.

Als Ersatzteile für abgängige Stangen standen mittlerweile alle Stangensätze der abgestellten 03^{10} und der auf Gleitlager rückgebauten Rollenlager-01 zur Verfügung. Man nahm sogar in Kauf, daß vor deren Verwendung teils noch Längenanpassungen vorgenommen werden mußten.

Von einer ebenfalls allein dem Thema 01^{10} Öl gewidmeten Sitzung von ZW und AW Braunschweig am 21. Dezember 1967 in Frankfurt stammt die noch unter dem Eindruck der Osnabrücker Erlebnisse stehende, deprimierende, aber exakt zutreffende Beschreibung der Ölloks:

Die Verwendung der Neubaukessel

28903/53	01 1105	Öl	11.12.53-23.07.59	
	01 1054	Öl	03.09.59-15.03.72 z	
28904/53	01 1060	Öl	04.12.53-12.10.59	
	01 1073	Öl	16.03.60-14.04.72 z	
28905/53	01 1072	K	17.12.53-09.10.59	59 – 61 TK
	01 1094	K	13.12.61-09.08.68 z	
28906/53	01 1080	Öl	22.12.53-24.08.61	
	01 1061	Öl	02.11.61-16.06.75 z	
28907/53	01 1052	Öl	30.12.53-15.07.59	
	01 1001	Öl	20.08.59-27.09.72 z	
28908/53	01 1090	K	10.01.54-13.05.69 z	
28909/53	01 1061	Öl	21.01.54-24.08.61	
	01 1081	Öl	04.01.62-01.06.75 z	
28910/53	01 1097	K	28.01.54-10.09.59	
	01 1072	K	12.11.59-20.09.72 z	
28911/53	01 1058	Öl	10.02.54-02.10.61	
	01 1084	Öl	22.02.62-13.04.73 z	
28912/53	01 1087	K	12.02.54-24.04.68 z	
28913/53	01 1066	Öl	19.02.54-15.08.61	
	01 1058	Öl	09.11.61-20.12.72 z	
28914/53	01 1062	K	25.02.54-19.01.62	K auf Öl
	01 1075	Öl	04.04.62-01.06.75 z	
28915/54	01 1085	Öl	07.03.54-05.09.57	
	01 1091	K	23.06.58-15.09.71 z	Öl auf K
28916/54	01 1104	Öl	11.03.54-26.04.61	
	01 1066	Öl	27.09.61-01.11.67	zerlegt 1968
28917/54	01 1056	K	18.03.54-14.07.71 z	
28918/54	01 1076	Öl	25.03.54-05.10.59	
	01 1060	Öl	03.12.59-22.06.72 z	
28919/54	01 1001	Öl	01.04.54-15.07.59	
	01 1076	Öl	05.11.59-11.05.71 z	
28920/54	01 1093	K	08.04.54-17.02.64	
	01 1098	K	27.05.64-08.05.70 z	
28921/54	01 1103	Öl	14.04.54-28.01.59	
	01 1052	Öl	29.06.59-25.02.72 z	
28922/54	01 1064	Öl	27.07.54-29.07.64	65 – 67 TK
	01 1066	Öl	13.12.67-01.06.75 z	
28953/54	01 1054	Öl	29.04.54-23.07.59	
	01 1074	Öl	18.11.59-11.08.66	66 – 67 TK
	01 1055	Öl	18.10.67-15.05.75 z	
28954/54	01 1083	K	14.05.54-21.02.69 z	
28955/54	01 1098	K	09.05.54-03.04.64	64 – 66 TK
	01 1074	Öl	23.09.66-05.10.72 z	K auf Öl
28956/54	01 1077	Öl	27.05.54-30.01.62	
	01 1099	K	24.10.62-18.10.68 z	Öl auf K
28957/54	01 1074	Öl	31.05.54-16.09.59	
	01 1059	Öl	12.04.60-01.12.70 z	
28958/54	01 1102	Öl	10.06.54-29.12.72 z	
28959/54	01 1094	K	24.08.54-08.11.61	
	01 1095	K	13.03.62-10.03.68 z	
28960/54	01 1101	Öl	21.05.54-01.03.61	
	01 1080	Öl	20.07.61-10.01.75 z	
28961/54	01 1086	K	15.06.54-03.02.64	
	01 1057	Öl	06.05.64-12.08.71 z	K auf Öl
28962/54	01 1075	Öl	24.06.54-15.02.62	
	01 1068	Öl	15.04.62-23.01.74 z	
28963/54	01 1063	Öl	15.07.54-01.12.62	
	01 1082	Öl	18.04.63-12.09.74 z	
28964/54	01 1068	Öl	29.12.54-14.02.62	
	01 1057	Öl	06.06.62-04.03.64	
	01 1064	Öl	01.09.64-20.10.72 z	
28965/54	01 1084	Öl	13.12.54-22.01.62	
	01 1092	Öl	15.03.62-08.06.73 z	
28966/54	01 1057	Öl	26.11.54-18.04.62	
	01 1063	Öl	21.01.63-01.06.75 z	
28967/54	01 1099	K	07.11.54-21.09.62	
	01 1100	Öl	13.12.62-01.06.75 z	K auf Öl
28968/54	01 1065	K	15.10.54-08.06.71 z	
28969/54	01 1053	K	01.11.54-02.04.68 z	
28970/54	01 1092	Öl	28.09.54-03.02.62	
	01 1077	Öl	27.03.62-24.09.73 z	
28971/54	01 1055	Öl	20.09.54-29.08.67	zerlegt 29.04.68 AW Bremen
28972/54	01 1089	Öl	03.09.54-07.05.68 z	
29085/55	01 1059	Öl	04.04.55-21.02.60	
	01 1101	Öl	20.04.61-11.07.74 z	
29086/55	01 1096	K	29.04.55-30.04.69 z	
29087/55	01 1088	Öl	13.07.55-21.11.67	zerlegt 1969
29088/55	01 1073	Öl	26.09.55-26.01.60	
	01 1071	Öl	29.06.60-12.05.73 z	
29089/55	01 1091	K	25.08.55-05.05.58	
	01 1105	Öl	23.07.59-27.09.72 z	K auf Öl
29090/55	01 1069	K	01.11.55-24.06.69 z	
29091/55	01 1078	K	06.12.55-05.08.69 z	
29092/55	01 1081	Öl	22.12.55-16.11.61	
	01 1062	K	01.03.62-22.02.73	Öl auf K
29093/55	01 1071	Öl	09.11.55-10.05.60	
	01 1104	Öl	14.06.61-22.05.74 z	
29094/55	01 1079	Öl	20.03.56-21.11.67	
	01 1088	Öl	08.02.68-09.11.69 z	
29095/55	01 1070	K	29.11.56-23.01.70 z	
29096/55	01 1082	Öl	10.10.56-14.02.63	
	01 1093	K	26.03.64-01.03.70 z	Öl auf K
29097/55	01 1100	Öl	13.07.56-30.10.62	
	01 1086	K	15.03.64-30.09.68 z	Öl auf K
29331/57	01 1103	Öl	19.03.59-05.05.72 z	
29332/57	01 1085	Öl	25.10.57-20.09.71 z	
29333/57	01 1097	K	15.10.59-16.05.69 z	

„Die Lok der BR 01^{10} mit unruhigem Lauf, die von der BD Münster (Westf) benannt wurden, sind stark abgefahren. Der Unterhaltungszustand der Lok ist sehr schlecht. Die Lok haben seit der letzten L3 1 – 2 Mio. Lauf-km gefahren und mit einer Ausnahme schon 5 und mehr L2 erhalten. Die Schäden sind jetzt meist im Rahmen einer Schadgruppe L0 oder L2 zu beseitigen, obwohl die Kosten für die Aufarbeitung der Lokrahmen den Kosten einer aufwendigen L3 entsprechen. Bei den schon ausgebesserten Lok mußten die Rauchkammerträger, alle Dampfzylinder, die Pendelbleche, die meisten Rahmenverbindungen und Knotenbleche abgebaut, aufgearbeitet und zum Teil auch erneuert werden, weil sie lose oder gerissen waren. (...) Bei der Lokbaureihe 01^{10} Öl hat der Lokrahmen die durch den Kessel ermöglichte Verlängerung des Unterhaltungsabschnittes von L3 bis L3 nicht mitgemacht. Es ist damit zu rechnen, daß der Kessel 1 x während des Unterhaltungsabschnittes (L3 bis L3) zur gründlichen Aufarbeitung aller Kesselverbindungen und des Lokrahmens ausgebaut werden muß.“ Es folgte eine 14 Punkte umfassende Liste zukünftig besserer Aufarbeitungsausführung und das Resumee: *„Die erheblichen Aufwendungen bei den Schadgruppen L02 und L2 führen dazu, daß sich auch die Stückkosten bei der Lok BR 01^{10} Öl im Durchschnitt wesentlich erhöhen werden. Es werden z.B. die Kosten für das Fahrgestell bei der Schadgruppe L2 häufig 50 % und mehr über dem Zielwert der L2 liegen und damit noch die Kosten der Schadgruppe L3 (für das Fahrgestell) überschreiten dürfen. (...) Die Zielwerte sind bei der Lok BR 01^{10} Öl für die Schadgruppe L02, L2 und L3 ab sofort aufzuheben.“*

Die beschriebenen Maßnahmen begannen nach Berichten der Bw Hamburg-Altona und Osnabrück Hbf bereits im Laufe des Jahres 1968 zu wirken, auch wenn man manche, wie das zusätzliche Festkleben der Zylinder als Provisorium ansehen muß. Die Zahl der L0-Vormeldungen ging deutlich zurück. Durchgreifende Wirkung allerdings blieb aus, weil ab dem 1. Januar 1968 L3 bei dieser Baureihe, und damit ein Abheben des Kessels, nicht mehr zulässig waren. Auch begannen bereits die Abstellungen von Kohleloks, was man in Braunschweig wegen der dadurch verbesserten Ersatzteilsituation ausdrücklich begrüßte. Nur noch durchschnittlich 74.000 km störungsfreie Laufleistung bei den Kohleloks und 82.000 km der Ölloks hatte man 1967 in der BD Münster erreicht.

Die nebenstehende Aufstellung gibt nach Beendigung der vollen Unterhaltung am 31. Dezember 1967 Aufschluß über die Verwendung aller Neubaukessel. Hinter einigen Loknummern ist notiert, wenn es Kesselwechsel zwischen Kohle- und Ölloks gab. Zwischen den Verwendungen standen die aufgearbeiteten Kessel bisweilen länger als Tauschkessel (TK) im AW Braunschweig. Die Liste gibt auch darüber Auskunft. Besonders lange harrten die Kessel 28905, 28922, 28953, 28955 und die 1957 gelieferten, aber erst 1959 verwendeten Tauschkessel 29331 und 29333 des Einbaues.

Aufschlußreich ist die zeitlich gestaffelte Aufzählung der Untersuchungen:

L4:
1953: 5, 1954: 35, 1955: 10, 1956:4

L3:
1957: 1, 1958:1, 1959: 11, 1960: 3, 1961: 10, 1962: 13, 1963: 3, 1964: 5, 1965: 0, 1966: 1, 1967: 2.

Interessant ist in diesem Zusammenhang die Betrachtung, wie viele Tauschkessel die Maschinen nach der Neubekesselung erhielten:

01^{10} Öl: 3 keinen, 27 einen, 3 zwei;
01^{10} Kohle: 11 keinen, 10 einen.

01 1057, 01 1066 und 01 1074 waren die einzigen 01^{10}, die drei verschiedene Neubaukessel trugen. Der auffällige Unterschied zwischen kohlegefeuerten und ölgefeuerten Maschinen rührt von der ungleich größeren Beanspruchung einschließlich extrem hoher Laufleistungen der „Öler“ her, die zu einem größeren Anfall und dazu noch arbeitsintensiven und teuren Untersuchungen führte

1968 bis 1975 – der langsame Rückzug

Mit der Aufgabe der 01^{10} Öl-Einsätze bei den Bw Kassel und Osnabrück Hbf 1967/68 veränderte sich die Unterhaltungsstruktur recht stark. Der hochwertige Einsatz war beendet, und bei den Bw Rheine wie auch Altona gab es einen ausgesprochenen Saisonverkehr, der sich auf weniger als vier Monate konzentrierte. Während acht Monaten des Jahres waren die Laufleistungen gering. Die L2-Zyklen verlängerten sich hierdurch beträchtlich, und die Bedarfsausbesserung L0 wurde zum „Normalfall“ der Unterhaltung. Bei einigen Maschinen gab es nach 1970 gar keine L2 mehr, und sie wurden noch bis zum Aufbrauch der L2-Frist, zur Laufleistungsgrenze oder bis zu einem schweren Schaden mit teils sehr aufwendigen L0 „durchgefüttert“. Vor allem das Bw Hamburg-Altona nutzte die stillen Monate, um einen großen Teil seines Bestandes ins AW Braunschweig zu schaffen und dort per L0 für die Sommerferien fit machen zu lassen. Manchmal standen bis zu fünf Maschinen gleichzeitig im AW Braunschweig, das die nicht benötigten Maschinen als Puffer für schwache Arbeitswochen nutzte.

Nach dem Unterhaltungsbestand vom 13. Oktober 1967 sollten alle 34 Ölloks und acht Rheiner 01^{10} Kohle weiter unterhalten werden. Mit dem Beginn des Jahres 1968 und der seither nur noch auf L2 und L0 eingeschränkten Unterhaltung war dennoch das Ausscheiden der Maschinen bei Erreichen der 14-Jahresfrist, schweren Kesselschäden, verweigerten Fristverlängerungen oder Fahrwerksschäden, die eine Abnahme des Kessels erforderlich machten, unvermeidlich geworden.

Der Unterhaltungsbestand der OBL West vom 1. Juni 1968 enthielt nach dem unfallbedingten Ausscheiden von 01 1079 noch 22 012 und acht 011 in den BD Münster und elf 012 in der BD Hamburg. Nach dem Ausscheiden von 01 1089 und dem Ende der Osnabrücker Einsätze wies der Unterhaltungsbestand der ZW vom 1. Oktober 1968 für die BD Münster elf und die BD Hamburg 21 012 aus. Erstmals war keine 011 mehr zu unterhalten. In den Jahren 1968 und 1969 schieden diese deshalb zum größten Teil aus, einige infolge abgelaufener Kessel- oder L2-Fristen, einige durch Schäden, etliche aber auch durch Verweigerung der Verlängerung noch junger L3-Untersuchungsfristen. Die meisten Abstelloks wurden dem AW Braunschweig zugeführt, das auf diese Weise seit 1968 immer über einen mehr oder weniger großen Bestand an Ersatzteilspendern verfügte. Verschrottungen und Verkäufe in größerem Umfange begannen erst 1969. So wurden im August 1969 im Werk 01 1053, 1087 und 1089 zerlegt. Weil man nun keine Großteile mehr neu beschaffen durfte, sammelte das AW aus abgestellten Loks vor allem bauartspezifische Ersatzteile: ganze Tender für Ölloks, Schornsteine, Ölbrenner und sonstige Teile der Ölfeuerung, Rauchrohre, Heizrohre, Überhitzerelemente, Mischvorwärmerpumpen, gut erhaltene Zylinderblöcke, gegossene Einströmrohre, Steuerungsteile aller Art, Kolbenstangen, Kolben, Schieber, Treib- und Kuppelradsätze mit guten Bandagen, Kropfachsen für Mitte und für Steuerung, Drehgestelle, Schleppachsgestelle, Rollenlagerstangen, Luftbehälter. Ohne den reichen Ersatzteilbestand hätte man die letzten Lokomotiven gar nicht bis 1975 im Einsatz halten können.

Sogar Zylinder wechselte man noch aus: So bei 012 064 am 2. Februar 1969, bei 012 059 am 23. April 1969 und bei 012 001 am

Bild 291 – Seit 1963 verwendete man beim AW Braunschweig, um bei Abnahmeprobefahrten auch hohe Maschinenanstrengungen ausfahren zu können, einen aus Tenderpärchen bestehenden „Probefahrtzug“. An 01^{10} hängte man meist drei der verfügbaren Pärchen an und erzeugte damit eine Wagenlast von rund 400 t. **01 1085** und das Abnahmepersonal legen 28. Mai 1968 im Bahnhof Lehrte eine Pause ein, nachdem die Lok zwischen Wolfsburg und Lehrte den Probefahrtzug eben noch mit 140 km/h befördert hatte. AUFNAHME: HELMUT BÜRGER

9. Dezember 1970 den jeweils linken Zylinder. Bei der Hamburger 012 071 kam es „ganz dicke“: Sie erhielt während einer außerordentlich langen und teuren L 0 vom 11. September bis 22. Dezember 1969 gleich alle drei Zylinder aus altbrauchbarem Tauschteilbestand neu. Hierbei wurde die bei 01 1057 erprobte Arbeitsweise mit Abbau der Rauchkammer (siehe Seite 219) angewendet.

Knapp wurden mit der Zeit die Kropfachswellen für die erste Treibachse. Der Bedarf hingegen stieg wegen zunehmenden Verschleißes. Als man keine Lagerbestände mehr hatte, behalf man sich mit dem Umarbeiten von 44er-Achswellen. Auch wenn es hier nun nicht weiter behandelt wird: unruhiger Lauf, lose Kessel und Zylinder, lose werdende Rohre am Kessel, Stangenbrüche, Lagerschäden, Risse in Zylindern, Rahmenbrüche, Radspeichenrisse, sehr viele Überhitzerschäden – die klassischen Schäden der 01^{10} blieben auch nach dem Oktober 1968 für die Heimat-Bw und das AW Braunschweig das tägliche Geschäft. Die Loks wurden alt… Die Zahl der Schadensereignisse während Zugbespannungen ging allerdings wegen der geringeren Jahreslaufleistung und der nur saisonal größeren Anstrengung zurück. Dementsprechend sank die Zahl der L 0 sehr stark.

Am 16. Dezember 1969 trafen sich im BZA Minden wieder einmal Vertreter der Öllok einsetzenden Direktionen. Das Thema der Sitzung war unter dem Eindruck der im Sommer 1969 nach einer Verpuffung in Brand geratenen 012 066 hauptsächlich die Sicherheit der ölgefeuerten Loks. Schon vor dem Unglück hatte im Februar 1969 der Betriebsmaschinenkontrolleur des BZA bei 012-Heizern des Bw Rheine Gleichgültigkeit bis schwerwiegende Fehler in der Bedienung der Ölfeuerung festgestellt. Man war sich einig, daß auch im auslaufenden Dampflokbetrieb keine Kompromisse in Sachen Sicherheit gemacht werden dürften: Ver-

Bild 292
Am 4. April 1968 erlitt **01 1064** (Bw Osnabrück Hbf) in der Nähe von Buchholz einen Wasserschlag des Innenzylinders, bei dem u. a. innere Kolbenstange, Kolben und Deckel zu Bruch gingen. So wie die Lok aussieht, sind diese Teile nach vorn herausgeflogen, überfahren worden, und offenbar ist dabei eine Feder abgerissen. Die Lok wurde im Bw Buchholz abgestellt und direkt von dort ins AW geschleppt. Bis zum 15. Mai 1968 dauerte die aufwendige L 0.

einheitlichung der immer noch unterschiedlichen Feucrungsanlagen, intensive Schulung, eine neue Bedienanweisung folgten. Offenbar war es wegen der vielen mittlerweile nur kurz eingewiesenen Heizer sogar nötig, auf der Heizerseite ein Schild anzubringen: „Hilfsbläser muß bei Brennerbetrieb voll geöffnet sein! Beide Brennerdampfventile betätigen! Ölvorwärmer benutzen!“

Für die Überführung der Lokomotiven ins Unterhaltungswerk Braunschweig gab es übrigens feste Fahrpläne. Der mehrere Jahre beim Bw Rheine gültige Plan ist bekannt: Lokomotiven, die mit eigener Kraft ins Werk fahren konnten, verließen als Lz-Fahrt das heimische Bw gegen 5.15 Uhr. Die weiteren Zwischenzeiten: Osnabrück Rbf 6.17, Löhne 7.15, Minden 7.50, Wunstorf 8.27, Seelze Sof 8.42, Hannover-Linden 8.55, Lehrte Lvf 9.27, Braunschweig Rbf Stw 2 an 10.06 Uhr. Die Fahrt über Löhne – Elze war wegen zu hohen Lokgewichtes nicht möglich. Soweit möglich schleppte man beschädigte oder kalte Lokomotiven auch in diesem Plan. Altonaer Loks verließen das Heimat-Bw meist gegen 7 Uhr und fuhren über Lüneburg, Uelzen, Lehrte nach Braunschweig. Wenn es keine Gründe für Geschwindigkeitseinschränkungen gab, waren die Loks mittags im AW und das Personal abends wieder zu Hause. Die Rückfahrten zu den beiden Heimat-Bw begannen wegen der Anreise der Personale erst zwischen 12 und 14 Uhr, und auch für diese kam man mit vier bis fünf Stunden aus.

Einige persönliche Erinnerungen zu den Abnahmefahrten von ausgebesserten Lok steuert Dipl.-Ing. Jürgen Westensee bei, der im AW Braunschweig von 1969 bis 1971 für die Betriebszulassung der Loks nach Bundesbahn-Gewerbeordnung verantwortlich zeichnete.

„Für Probefahren aller Art bot sich wegen der dichten Belegung der Strecke Hannover – Helmstedt die fast leere alte Schnellfahrstrecke Berlin – Hannover an, die von Braunschweig aus jederzeit zu erreichen war. Aber nach kürzester Zeit beschwerten sich die testenden Lokführer, daß sie die Schnellzuglok BR 012 gar nicht ausfahren könnten. Sie würden von den örtlichen Stellwerkern quasi von Signal zu Signal gestutzt, so daß sie die Maschinen nur bis maximal 80 km/h beschleunigen könnten, um anschließend sofort hart abbremsen zu müssen. Da mir diese Vorstellung von Betriebsführung etwas merkwürdig vorkam, eine sicherheitstechnische Freigabe der Lok unter diesen Umständen beim besten Willen nicht zulässig erschien, fuhr ich seither bei Probefahrten mit. Dabei erfuhr ich auch, daß die Schnellzugloks, die im täglichen Betriebseinsatz bis zu 140 km/h schnell fuhren, bei der Rückfahrt nach Hamburg-Altona in Lehrte „abgefangen“ wurden, um sie dort vor sehr schwere Leergüterzüge nach Hamburg zu spannen. Man wollte damit Leerfahrten von knappen Güterzugloks vermeiden. Die Güterzüge durften dann mit max. 60 km/h gefahren

Bilder 293 und 294 – Ein Blick in die Radsatzwerkstatt des AW Braunschweig mit Lauf- und Kuppelachsen der BR 01^{10}. Im Hintergrund wird eine Kuppelachse überdreht. Der andere Blick geht in die Stangenwerkstatt mit Wälzlager-Treib- und Kuppelstangen und zwei Schwingenstangen der Innensteuerung. AUFNAHMEN (2): HELMUT BÜRGER

Bild 295
Bereits im August 1968 war die eben mit dem Probefahrtzug gezeigte **01 1085** des Bw Osnabrück Hbf schon wieder im AW. Nach der Ausbesserung hat sie die Richthalle verlassen und fährt auf die Schiebebühne. Gebäude und Schiebebühne sind noch heute vorhanden. In der Osnabrücker Endzeit wechselten viele der heute horrend teuren „Spitzschilder“ von Osnabrücker 01^{10} in Privateigentum über, nicht unbedingt per Diebstahl, sondern geduldet.

AUFNAHME: GERD NEUMANN

Bild 296
Nachdem **012 066** am 3. August 1969 in Papenburg in Brand geraten war und der Lokführer nur ohne Rücksichtnahme auf die eigene Unversehrtheit ein schlimmes Unglück verhindert hatte, kam die Lok am 11. August 1969 ins AW Braunschweig. Zwei Tage später stand sie zusammen mit 044 136 noch auf dem Gleis neben dem Anheizschuppen abgestellt, wo die neu hereingekommenen Lokomotiven gereinigt wurden. Am 3. September 1969 kehrte sie repariert nach Rheine zurück. Als Schadensursache ermittelte man eine fehlerhafte Brennerbedienung durch den Heizer und schulte die Rheiner Heizer nach.

AUFNAHME: HELMUT BÜRGER

Bild 297
Ganz genau hingesehen wurde 1969 bei den Ausbesserungskosten des schnell schrumpfenden Bestandes an Kohleloks. **011 098** des Bw Braunschweig schien noch relativ sicher, da die Lok erst 1964 ihre letzte L 3 gehabt hatte und das BZA Minden sie noch für Wagenversuche benötigte. Hier steht sie am 9. November 1969 auf die Reparatur ihres Tenders wartend in der Richthalle, doch schon sechs Monate später läuteten ihr die Totenglöcklein.

AUFNAHME: KLAUS OESTERWIND

werden, was aber für das Innentriebwerk der BR 012 eine Quälerei schlimmster Sorte bedeutete. Die Lok waren dafür weder konstruiert, noch vom AW Braunschweig für den Betriebseinsatz freigegeben worden. Diese Eigenmächtigkeit des Betriebsdienstes durfte nicht geduldet werden.

In einem folgenden Gespräch mit dem Abteilungspräsidenten für den Betriebsdienst gelang es, eine entlastende Regelung herbeizuführen. Die Schnellfahrloks mußten wegen der folgenden Betriebsanforderungen selbstverständlich bis zur vollen Grenzbelastung ausgefahren werden. Alles andere verbot sich. Zwischen der Betriebsleitung der Direktion Hannover und dem AW Braunschweig wurde vereinbart, die Lokrückgabe so durchzuführen, daß die Lok nach Lehrte in fliegender Fahrt direkt hinter dem TEE 77 auf die Strecke nach Hamburg gelassen werden sollte. Zwischen TEE 77 und dem folgendem D 585 bestand kurz nach 16 Uhr fahrplanmäßig ein kleines Zeitloch von vier Minuten. Der TEE 77 fuhr mit 160 km/h, während der D 585 mit 140 km/h von Hannover folgte. Der TEE konnte und durfte auf keinen Fall gestört werden. Aber dieses kleine Fahrplanloch leuchtete als einmalige Chance, die einfach ergriffen werden mußte. Und ab sofort fuhr ich aus Sicherheitsgründen bei jeder dieser Fahrten mit. Heute bekäme niemand mehr so eine Trasse bewilligt, denn: Vier Minuten, ein kitzelndes Risiko und dann noch mit Dampf!

Die Rückgabelok nach Altona starteten im AW etwa um 12 Uhr, rollten zügig bis Lehrte, so daß das Fahrplanloch immer auf Zeigersprung genau (ohne die heute so üblichen Verspätungen) erreicht werden konnte. Wir rollten auf der nördlichen Umgehungskurve am Bahnhof vorbei, schlichen an das Ausfahrsignal heran, um nicht anhalten zu müssen und, sobald der TEE vorbei war und das Signal Fahrt frei gab, preschten wir sofort hinterher. Da der Abstand zum TEE ausreichend groß war, gab ich dem Lokführer stets den Auftrag, die Lok voll auszufahren. Uns ging es vor allem darum zu überprüfen, wie sich das mittlere Triebwerk verhielt. Würde es warm werden, was machen die Achslager, wie klingt der Auspuff, mit welchem Schieberdruck konnte die Höchstgeschwindigkeit gehalten werden. Dazu wurden die Loks mit ihrer ur-

Bild 298 – Vom 23. März bis zum 14. April 1971 erhielt 012 081 (Bw Hamburg-Altona) in Braunschweig ihre letzte L 2. Mit zwei Tenderpärchen im Schlepp dürfte ihr während der Probefahrt das Halten von 140 km/h zwischen Wolfsburg und Lehrte leicht gefallen sein. Hier wartet sie im Bf. Lehrte auf die Weiterfahrt nach Braunschweig.

sprünglich zulässigen Höchstgeschwindigkeit von 150 km/h gefahren. Wer dieses Toben, Rollen, Brausen und Rauschen auf einer Dampflok jemals erlebt hat, wird direkt süchtig danach. Bremstechnisch bestand keinerlei Gefahr, denn die Lok war dafür konstruiert. Bei diesem Tempo fiel immer wieder auf, daß die Lok ruhig wie ein Brett auf der Schiene lag, ruhiger als die Ellok BR 110. Zu beachten war nur die Durchfahrt des schwingungskritischen Bereichs von 105 bis 110 km/h sowohl beim Beschleunigen als auch beim Bremsen, weil dann die Eigenschwingung mit Resonanz die Lok belasteten, die so zerstörerisch auf alle Verbindungen im Rahmen bis zum Kessel wirkten. Bei 150 km/h erlebten wir nun mehrfach, daß wir vor Celle den TEE 77 beinahe eingeholt hatten. In 2 ½ Stunden erreichten wir hinter den Schlußlichtern des TEE (Tatsache: Wegen des Streckenselbstblocks konnten wir in der Ferne die Schlußlichter sehen) den Bahnhof Altona. Da die Weichenstraßen bis zum Bahnsteig wie für den TEE lagen, mußte für uns nur die unmittelbar letzte Weiche vor dem Bahnsteig umgelegt werden. Wir hielten direkt am Bahnsteiganfang, damit die Lok sofort ins Bw rollen konnte, während ich die ein paar Meter entfernte abfahrbereite 012-Lok des Zuges nach Westerland bestieg, wenn ein Besuch bei den Eltern in Heide vereinbart war. Auf der Fahrt dorthin wurden die Problemgespräche zu diesen Loks zum Infor-

Bild 299
Die Hamburger 012 085 mußte man im September 1971 wegen Ablaufs der L 3-Frist abstellen. Im Sommer 1971 hatte sie, die Anfang Juni 1971 auf der Hochdonn-Brücke Stangenbruch erlitten hatte, noch für großen Streit gesorgt, da das Bw Altona sie kurzerhand mit den Stangen der abgestellt im Schuppen stehenden 012 076 regeneriert hatte. Diese Eigenmächtigkeit wollte AW-Abnahmeleiter Jürgen Westensee nicht mittragen, orderte die Lok ins Werk und ließ sie vermessen. Weil alle Maße in Ordnung waren, der Stangenbruch somit unerklärlich erschien, lehnte Westensee die Verantwortung für den Weiterbetrieb der BR 012 ab und wurde kurzerhand zum BZA Minden „wegbefördert“. 012 085 blieb den Braunschweigern hingegen noch länger als Ersatzteilspender erhalten, Bild vom 12. Mai 1972.

AUFNAHME: WALTER HANOLD

Bild 300
1973 ging die Zahl der AW-Besuche Rheiner Loks stark zurück, da immer zu befürchten war, daß die Loks nicht zurückkämen. So machte Rheine vieles selbst, bestellte Ersatzteile aus Braunschweig oder gewann sie aus eigens dafür zurückgehaltenen z-Loks. 012 055 rückt am 23. Juli 1973 gerade in den Reparaturschuppen des Bw Rheine ein, weil Undichtigkeiten am inneren Triebwerk zu beseitigen sind.

AUFNAHME: DR. HEINRICH BAUMANN

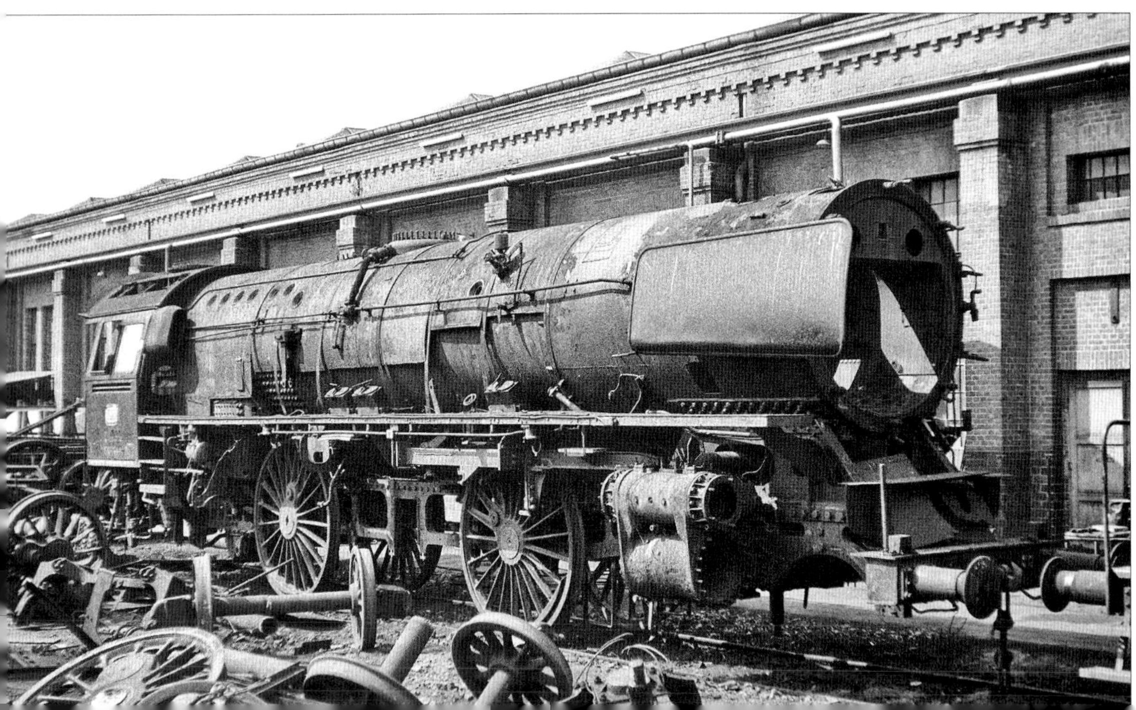

Bild 301
Wenn nichts Besseres zu tun war, beschäftigte man sich im AW Braunschweig auch mit der Zerlegung von Loks. So dauerte es von Mitte August bis Anfang Oktober 1973, bis von **011 091** (zuletzt Bw Rheine) nichts mehr zu sehen war. Offenbar hatte man vor der Zerlegung alles zurückgewonnen, was von ihr noch weiterverwendbar war.

AUFNAHME: CHRISTIAN ERNST

Bild 302
Ein weiteres Beispiel, wie weitgehend man zwecks billiger Erhaltung des schrumpfenden Restbestandes manche Lokomotiven ausschlachtete. An Neuteilen kaufte man kaum noch mehr als Überhitzer-Umkehrenden aus Indien ein. Von der im Oktober 1972 abgestellten Rheiner **012 064** verwendete man sogar noch vordere Treibachse und Außenzylinder weiter. Die mittlere Treibachse setzte man „einen vor", damit der Torso nicht auf die Nase fiel. So stand das bereits im Mai 1973 an die Deutsche Erz- und Metall-Union Hannover verkaufte Wrack neben der Richthalle und wurde im Herbst 1973 auf Rechnung des Erwerbers im AW zerlegt.

AUFNAHME: CHRISTIAN ERNST

mationsgewinn fortgesetzt, wie früher üblich bei der Reichsbahn nach Hinweisen gestandener Maschinenamtsmänner. Ein schnelleres „Taxi" hat es für mich nie wieder gegeben."

Der Unterhaltungsbestand vom 31. Mai 1970 wies nach dem Ausscheiden der 1969 abgestellten 012 088 noch 31 zu unterhaltende 012 aus, 20 in der BD Hamburg und elf in der BD Münster. Daran änderte sich bis Anfang 1971 nichts, als eine Rheiner und zwei Hamburger 012 aus dem Unterhaltungsbestand schieden.

Als letzte Kohlelok kam 011 062 ins AW Braunschweig. Vom 23. Juni bis zum 3. August 1971 erhielt sie eine L 0.2 mit H 2.1, also eine Bedarfsausbesserung, bei der auch die Lok aus den Achsen gehoben wurde, und eine Kesseluntersuchung. Die verhältnismäßig teure Ausbesserung geschah auf Veranlassung des BZA Minden, das die Lok für Wagenversuche möglichst lange vorgehalten sehen wollte.

Ab dem 26. September 1971 umfaßte der Unterhaltungsbestand noch zehn Hamburger und 17 Rheiner Maschinen. Unerwartet kochte zu dieser Zeit der alte Streit über die Länge der Überhitzerelemente wieder hoch. Das Bw Rheine erlebte im ersten Halbjahr acht Hilfslokgestellungen wegen Überhitzerschäden, davon drei der BR 012. Man erinnerte sich daran, daß 1962 die Zahl der Überhitzerschäden nach Kürzung der Elemente auf 1.000/1.340 mm Abstand von der hinteren Rohrwand um fast 2/3 zurückgegangen war. Das AW Braunschweig klärte über die negativen Folgen einer Kürzung auf: rund 50 °C weniger Überhitzung, größere Neigung zum Wasserüberreißen, höherer Brennstoffverbrauch. Die BD Münster möge entscheiden. Das tat sie: 500 mm Abstand sollten reichen, und alle Ölloks, also auch 042 und 043 bei L 2 entsprechend umgebaut werden.

Im Oktober 1972 waren nach Abgabe der Altonaer Loks zum Bw Rheine nur noch dessen Maschinen zu unterhalten, die gar nicht mehr alle benötigt wurden. Zum 1. Oktober 1972 strich die ZTL deshalb den Unterhaltungsbestand zunächst auf fünf Maschinen zusammen, mußte dann aber doch vorerst noch zehn Loks weiter unterhalten lassen. Die planmäßige Unterhaltung dieser Loks lief zum Jahresende 1973 aus. Die letzte planmäßige L 2-Untersuchung einer 01^{10} erhielt 012 066 zusammen mit der sechs Jahre nach der letzten L 3 erforderlichen Kesseluntersuchung H 2.1 vom 20. Dezember 1973 bis zum 6. Februar 1974.

1974 erhielten noch mehrere Rheiner 012 Bedarfsausbesserungen. Im Sommer kam zum letzten Mal eine DB-01^{10} zu einer Aus-

Bild 303
012 066 erhielt als letzte 01^{10} eine L 2-Untersuchung. Am 1. Februar 1974 unternahm man mit der fertigen, aber noch unlackierten Maschine eine Funktionsprobefahrt, die die Lok vom Werk bis in den Rangierbahnhof führte. Indiziert wurde damals schon lange nicht mehr. Hinter der Lok ist das Verbindungsgleis vom AW zum Braunschweiger Rangierbahnhof zu sehen.

AUFNAHME: CHRISTIAN ERNST

Bild 304
Am 6. Februar 1974 hat **012 066** auch die „große Runde" über Wolfsburg und Lehrte mit 140 km/h-Fahrt ohne Beanstandungen hinter sich gebracht und kehrt in der Abenddämmerung mit dem Probezug über das eben erwähnte Verbindungsgleis ins Werk zurück. Links hinter der Lok ist das Einfahrtstor zu erkennen.

AUFNAHME: CHRISTIAN ERNST

Bilder 305 und 306
Mit Stangenschaden der Mitte humpelte gleichfalls am 6. Februar 1974 die **012 081** „auf zwei Zylindern" von Rheine nach Braunschweig, im Schlepp die verunfallte 042 052. Die verbogene Treibstange führte man auf dem linken Umlauf mit. Das Rheiner Personal konnte sodann am 7. Februar 1974 mit 012 066 nach Hause fahren.

AUFNAHMEN (2): HARTMUT RIEDEMANN

Bild 307, rechts – Der letzte Arbeitsauftrag für eine DB-01[10] wurde am 22. August 1974 ausgefüllt. Nach dem letzten Stangenbruch sind an **012 081** umfangreiche Schäden zu beseitigen – eigentlich hätte man die Lok am liebsten abgestellt. 1,3 Mio. km ist sie seit ihrer letzten L 3 im Jahr 1962 gelaufen, davon nur 185.000 km nach der letzten L 2 am 14. April 1971. 7.400 km im Monatsdurchschnitt der letzten drei Jahre – welch ein Abstieg…

Bwhi 4

Restlaufzeit: 1 1/4 Jahre   Kesselfrist-Auslauf: 4.1.1976

AW Braunschweig   Auftragszettel für Lok   300 012 Rheine   75 012 081-6

Zuführungsgrund: Mi Kolbenstange aus Kreuzkopf und Kolbenkörper herausgerissen.   2'3'T38

Eing.: 15.8.74   L3 AW Bwg am 3.1.62   1 297 200 km   22.8.1974
L2 AW Bwg am 14.4.71   185 000 km
L0 AW Bwg am 20.3.74   30 000 km   f. B2 gez. Rö
Letzte Br 3 im AW Bwg am 14.4.1971
Gz-Dienst   1652 Vorg-Std.

Die Lok wurde warm überführt!   – Leerprobefahrt, Lastprobefahrt ausführen.

Ausbesserung nach Schadgruppe L0.9.

Fahrgestell: Beide Laufachsen zu viel Seitenspiel. 1. Kuppelachs-Schenkel für hi Treibstangenlager beschädigt. Mi Treibstange verbogen. Lagerschalen beschädigt. Mi Fangbügel der Treibstange gebrochen. Mi Voreilhebel und Lenkeransatz gebrochen. Mi vo Kolbenstopfbuchse und -Stangenstützhülse gebrochen. Mi vo Zylinderdeckel Druckring durchgedrückt (Stiftschrauben verbogen). Mi hi Kolbenstopfbuchse gebrochen. Mi Kreuzkopf gerissen. Mi Schieberführung verbogen. Li Dampfkolben undicht. Vorn und hi Querverbindung vom Drehgestell verbogen. Zwischen 1. + 2. Kuppelachse oberes Rahmenblech gerissen (re). Schrauben vom vord Pendelblechträger lose. Mi hi Gleitbahnschrauben lose. Li hi Rauchkammerträger oben in der Schweißnaht gerissen. Mi hi Zylinder und Drehzapfenträger löst sich. Re 1. Bremszugstange der Treibradbremse verbogen. Re über der 1. Laufachse Halter und Schelle der Luftleitung lose. Bremssohlen an der Lok laufen teilweise über. Führerbremsventil auswechseln. Fangbügel der Einstellachse verbogen. Re Federspannschrauben der Einstellachsfeder verbogen. Hi Pralltopfrohr verbogen. Li 1. Sandrohr fehlt. Re Kreuzkopfbolzenmutter lose. Dampfpfeife undicht. Feuerkasten mit Luft- und Brennerklappen und Gestänge verbogen. Führerstand, Lichtleitung erneuern (Leitungen sind brüchig). Re vord Triebwerkleuchte Leitungsrohr ausgeschlagen. Zuleitungen zu den Drehfenstermot. aufarbeiten. Licht- und Indusileitung auf gute Isolation bringen.
Voraufnahme: Strahlpumpenspindelführung undicht. Kopfflansch vom Anstellventil der Dampfstrahlpumpe undicht. Alle Einströmzweigrohrflansche und re mittl Flansch in der Rauchkammer undicht. Bez. Heißdampfverschraubungen undicht. Li Spülstutzen schadhaft.

Tender: Bremssohlen am Tender laufen teilweise über. Bremsbalken und Dreieckwellen teilweise verbogen bzw abgerissen. Fangbügel verbogen. Schrauben vom Lagerbock der Handbremswelle lose. Schmierpresse von Vielpunktschmierung baut keinen Druck auf. Holzleiste der Tenderbrücke erneuern. Mi Abzweigdose unt Tender erneuern.
Voraufnahme: Stoßpufferhöhe 10 mm über der Mitte.

Hauptbauteil Kessel: 306 012 03
Speisewasserinnenaufbereitung Verfahren TIA+Sobi. Vorreiber der Rauchkammertür abgebrochen.
Voraufnahme: Re Kesselspeiseventil im Grundflansch und Kopfflansch undicht. Regler undicht.

Fehlende Teile: Li und re DB-Schild. Mittl Treibstange und Kolbenstange.

Abgebaute Teile: Mi Lenkerstange, mittl Treibstangenlager und Bolzen, mittl Schwingenstange, Exzenterstange, Lenkeransatz, Teil mittl Steuerung, Teil Bremsgestänge.
Teile liegen auf der Lok.

Radreifenstärke: 1. Laufachse = 64 mm   1.-5. Tenderachse = 43 mm
2. Laufachse = 64 mm
Kuppelachse = 48 mm
hi Laufachse = 50 mm

besserung ins AW Braunschweig. Bei 012 081 war am 10. August 1974 in voller Fahrt die mittlere Treibstange gebrochen und hatte Kolben mit Stange, beide Zylinderdeckel und die innere Steuerung zerstört, sowie Treibachse, Bremsgestänge, Bremsleitungen und Rahmen beschädigt. Die Lok traf am 15. August 1974, mit zwei Zylindern selbst fahrend, im AW Braunschweig ein. Eine genaue Übersicht über die schweren Schäden und auch den beklagenswerten Gesamtzustand bietet der letzte Auftragszettel für eine DB-01[10], der hier im Original abgedruckt ist. Vom 20. August bis zum 17. September 1974 dauerte die Wiederherstellung mit Altteilen aus abgestellten 012. Als Schadgruppe gab man „L 09" an, was besagte, daß Unfallreparaturen auszuführen waren. Bei ihrer Lastprobefahrt wurde der Probezug zum letzten Mal mit einer 01[10] verwendet.

Die Tender des Probezuges hießen seit der Einführung von EDV-Nummern zumindest buchmäßig 30 80 9785 001 – 012. Nachdem auch 042 und 043 ab August 1975 keine L 2 mehr erhielten, benutzte man sieben der Tender noch eine Zeitlang als Ablaufberg-Bremswagen im Braunschweiger Rangierbahnhof; fünf wurden im Herbst 1975 zerlegt.

Um die Tenderschäden scherte man sich nicht mehr und kuppelte 012 081 mit dem Tender der jüngst abgestellten 012 068. Pikanterweise war die Maschine bereits im Februar 1974 mit einem ähnlichen Schadensbild im AW gewesen; allerdings hatte sich da die mittlere Treibstange nur verbogen. Aus Kostengründen unrepariert geblieben waren damals der lose Drehgestellzapfen, der sich lösende Mittelzylinder sowie der gerissene Rauchkammerträger. Die Laufruhe von 012 081 war im Frühjahr 1974, wie der Autor bei einer Mitfahrt selbst feststellen konnte, für eine 01[10] beschämend, und der sich lösende Mittelzylinder dürfte auch für das zweite Schadensereignis Auslöser gewesen sein.

Aus der damaligen Preisliste für „Schwerpunktschäden" an 012 ist ein Teil der Arbeitspreise zu entnehmen: Vor- und

Bild 308
Vom 20. Februar bis zum 20. März 1974 dauerte die vorletzte Ausbesserung der **012 081**. Hier wird sie nach dem Ausachsen gerade auf Böcken abgesetzt.

AUFNAHME: CHRISTIAN ERNST

Bild 309
Am 10. September 1974 wurde zum letzten Mal eine 012 der DB mit 140 km/h gescheucht. **012 081** brachte nach erfolgreicher Triebwerksreparatur die „große Runde" ohne Beanstandungen hinter sich, hier bei Hämelerwald.

AUFNAHME: KLAUS KÄHLER

Nacharbeiten 4.250 DM, Lok aus- und einachsen 7.200 DM, Feuerkasten aufarbeiten 3.800 DM, Bremsgestänge aufarbeiten 2.080 DM, Drehgestell aufarbeiten 1.600 DM, Rahmenreparatur 2.000 DM, Achslager 600 DM, Treibzapfen beschädigt 1.950 DM, Kolbenuntersuchung 5.200 DM, Schieberuntersuchung 3.300 DM, mittlere Gleitbahn schadhaft 4.200 DM, Steuerungsgestänge 1.300 DM, Treibstangenlager 1.700 DM, Strahlpumpe schadhaft 390 DM, Einströmrohre undicht 2.800 DM, Lichtanlage schadhaft 1.550, Rauchkammertür schadhaft 750 DM, Schleppachsgestell repariert 2.000 DM. Vorsichtig veranschlagt verursachten die vielen nicht genannten kleineren Arbeiten zusammen weitere Kosten in Höhe von mindestens 5.000 DM. Rund 45.000 DM dürfte diese letzte L 0 an 012 081 gekostet haben.

Der Bestand zu Beginn des letzten Betriebsjahres wies noch acht Maschinen aus, die auch bei kleinen Schäden abzustellen waren. Danach liefen dem Werk nur noch abgestellte Lokomotiven zur Verschrottung zu. Im November 1975 führte das AW noch einige Arbeiten an der im Werk als Denkmalslok vorgesehenen, dann aber an die Ulmer Eisenbahnfreunde verkauften 01 1066 aus und nahm die Lok am 28. November 1975 auch in Betrieb. Am 1. Februar 1976 stellte das seit Anfang 1976 zur AWst des AW Hannover-Leinhausen herabgestufte Werk Braunschweig jegliche Dampflok-Ausbesserung ein, und ab Oktober 1976 lieferte es auch keine Ersatzteile mehr an die restlichen Dampflok-Bw.

Doch auch weiterhin blieb man der 01^{10} verbunden: Im November 1976 traf aus Rheine 012 063 ein. Gleichzeitig zerlegte man als letzte ihrer Bauart 012 055 und 080. Von letzterer bewahrte man eine Rahmenwange und eine Triebwerksseite auf und baute daraus 1978 für den neuen „Kaufhaus-Bahnhof" Hamburg-Altona eine kinetische Plastik, die jedermann in Bewegung setzen kann. Die starke Abnutzung auch des Lokomotivrahmens ist bis heute an diesem Rahmen deutlich zu erkennen. Bis April 1977 arbeitete man 01 1063 äußerlich auf und stellte sie dann vor der Hauptpost neben dem Braunschweiger Hauptbahnhof auf. Schließlich führte im Frühjahr 1996 die erste Reise der wiedererstandenen Stromlinienlok 01 1102 in ihr ehemaliges Abnahme- und Unterhaltungswerk. Tausende Menschen, darunter viele ehemalige Mitarbeiter des AW, erlebten ihre offizielle Inbetriebnahme.

Auch beim AW Braunschweig seien L 3 und L 4 nach Entstromung und Neubekesselung in Listenform angegeben:

L 3	01 1060	07.08.1952	L 3	01 1095	06.03.1953	L 3	01 1072	11.11.1959	L 3	01 1062	28.02.1962
L 3	01 1084	07.08.1952	L 3	01 1088	01.04.1953	L 3	01 1074	17.11.1959	L 3 NK	01 1095	12.03.1962
L 3	01 1057	12.08.1952	L 3	01 1082	09.04.1953	L 3	01 1060	02.12.1959	L 3	01 1092	14.03.1962
L 3	01 1055	26.08.1952	L 3	01 1071	07.05.1953	L 3	01 1073	16.03.1960	L 3	01 1077	27.03.1962
L 3	01 1053	10.09.1952	L 0/3	01 1063	03.06.1953	L 3	01 1059	12.04.1960	L 3	01 1075	04.04.1962
L 3	01 1066	11.09.1952	L 3	01 1100	11.06.1953	L 3	01 1071	29.06.1960	L 3	01 1068	15.04.1962
L 3	01 1061	19.09.1952	L 3	01 1081	19.07.1953	L 3	01 1101	20.04.1961	L 3	01 1057	06.06.1962
L 3	01 1094	22.09.1952	L 0/3	01 1070	19.11.1953	L 3	01 1104	13.06.1961	L 3	01 1099	24.10.1962
L 3	01 1056	07.10.1952	L 4	01 1095	20.05.1955	L 3	01 1080	19.07.1961	L 3	01 1100	13.12.1962
L 3	01 1078	14.10.1952	L 0/3	01 1085	25.10.1957	L 3	01 1066	26.09.1961	L 3	01 1063	20.01.1963
L 3	01 1001	29.10.1952	L 0/3	01 1091	22.06.1958	L 3	01 1056	25.10.1961	L 3	01 1083	20.02.1963
L 3	01 1076	07.11.1952	L 3	01 1103	18.03.1959	L 3	01 1061	01.11.1961	L 3	01 1082	17.04.1963
L 3	01 1103	27.11.1952	L 3	01 1090	13.05.1959	L 3	01 1058	08.11.1961	L 3	01 1086	15.03.1964
L 3	01 1059	05.12.1952	L 3	01 1052	28.06.1959	L 3	01 1087	23.11.1961	L 3	01 1093	25.03.1964
L 3	01 1079	16.12.1952	L 3	01 1105	22.07.1959	L 3	01 1053	06.12.1961	L 0.3	01 1057	05.05.1964
L 3	01 1098	19.12.1952	L 3	01 1001	19.08.1959	L 3	01 1094	12.12.1961	L 3	01 1098	27.05.1964
L 3	01 1074	06.01.1953	L 3	01 1054	02.09.1959	L 3	01 1081	03.01.1962	L 0.3	01 1064	01.09.1964
L 3	01 1054	17.01.1953	L 3	01 1097	14.10.1959	L 3	01 1065	29.01.1962	L 3	01 1074	22.09.1966
L 3	01 1058	31.01.1953	L 3	01 1076	04.11.1959	L 3	01 1102	14.02.1962	L 3	01 1055	18.10.1967
L 3	01 1085	31.01.1953				L 3	01 1084	21.02.1962	L 3	01 1066	12.12.1967
L 3	01 1064	19.02.1953									

L 0-Gruppen und AW in Heimatnähe

Auch nach dem großen Krieg dauerte die Einbeziehung weiterer Ausbesserungswerke in die Unterhaltung der BR 01^{10} fort. Leider fehlen in vielen Betriebsbüchern Ausbesserungsseiten, so daß in den folgenden Aufstellungen nicht immer anzugeben ist, was der Hauptgrund der Zuführung war. Nicht aufgeführt sind die bereits beschriebenen Entstromungen, die neben dem Unterhaltungswerk Nied das PAW Henschel, das RAW Braunschweig und das RAW Mülheim-Speldorf erledigt hatten. Für 01 1052, 1076, 1083, 1085, 1087, 1090, 1099, 1100, 1101 sind keine Angaben möglich.

RBD/ED/Essen

Das Bw Paderborn unterhielt traditionell nur eine kleine Werkstatt, und fast alle Reparaturen und größeren Fristarbeiten führte das EAW/AW Paderborn aus. Dieses unterhielt zwar sonst nur alte Preußen, doch war die Ausstattung auch für größere Reisezuglokomotiven ausreichend. Der Besuch von 01^{10} beschränkte sich auf die Paderborner Beheimatungszeit von 1949 bis 1952 und die Zeit der Planunterhaltung der Paderborner Maschinen im EAW Nied.

1949 liefen zwei Lokomotiven kurz nach der Entstromung erneut das EAW Mülheim-Speldorf an, wo sie die L 4 erhalten hatten. Man sollte Nacharbeiten vermuten, doch handelte es sich im Fall der 01 1056 um eine Unfallreparatur.

01 1001	Paderborn	L 0	EAW Paderborn	17.04.50 - 28.04.50	Bremsuntersuchung
01 1001	Paderborn	L 0	EAW Paderborn	28.11.51 - 12.12.51	Kesselarbeiten
01 1001	Paderborn	L 0	EAW Paderborn	04.03.52 - 12.03.52	Bremsuntersuchung
01 1053	Paderborn	L 0	EAW Paderborn	21.01.52 - 29.01.52	
01 1054	Paderborn	L 0	RAW Mülheim-Speldorf	28.05.49 - 16.06.49	
01 1054	Paderborn	L 0	EAW Paderborn	19.09.49 - 29.09.49	
01 1054	Paderborn	L 0	EAW Paderborn	22.05.50 - 16.06.50	
01 1054	Paderborn	L 0	EAW Paderborn	15.11.51 - 28.11.51	
01 1054	Paderborn	L 0	AW Paderborn	26.03.52 - 04.04.52	
01 1055	Paderborn	L 0	EAW Paderborn	14.09.50 - 20.09.50	Kuppelradsätze überdreht, Bremsgestänge aufgearbeitet
01 1056	Paderborn	L 0	RAW Mülheim-Speldorf	25.06.49 - 04.06.49	Kolben und Schieber, Bahnräumer, 2. Laufachse
01 1056	Paderborn	L 0	EAW Paderborn	09.01.50 - 06.02.50	Zylinder, Kolbenschieber
01 1056	Paderborn	L 0	EAW Paderborn	15.05.50 - 17.05.50	Drehgestell aufgearbeitet
01 1056	Paderborn	L 0	EAW Paderborn	14.09.51 - 09.10.51	Drehgestell, Laufachsreifen nachgedreht
01 1057	Paderborn	L 0	EAW Paderborn	15.12.49 - 22.12.49	Kesselarbeiten
01 1057	Paderborn	L 0	EAW Paderborn	22.03.50 - 05.04.50	Kesselarbeiten
01 1057	Paderborn	L 0	EAW Paderborn	04.02.52 - 22.02.52	Kesselarbeiten
01 1058	Paderborn	L 0	EAW Paderborn	02.05.50 - 19.05.50	Kesselarbeiten
01 1058	Paderborn	L 0	EAW Paderborn	19.06.50 - 10.07.50	Kesselarbeiten
01 1058	Paderborn	L 0	EAW Paderborn	14.08.50 - 19.08.50	hint. Laufachse neue Lagerausgüsse
01 1058	Paderborn	L 0	EAW Paderborn	29.11.50 - 09.12.50	Kesselarbeiten
01 1058	Paderborn	L 0	EAW Paderborn	28.06.51 - 07.07.51	Kesselarbeiten
01 1059	Paderborn	L 0	EAW Paderborn	23.05.50 - 27.05.50	abgerissene Niete am Drehgestell ersetzt, Laufachsfedern und Achslager neu
01 1059	Paderborn	L 0	EAW Paderborn	04.06.51 - 19.06.51	Schieber repariert
01 1059	Paderborn	L 0	AW Paderborn	17.03.52 - 28.03.52	hint. mittl Zylinderdeckel neu
01 1064	Paderborn	L 0	PAW Henschel	17.12.49 - 10.02.50	Kesselreparatur nach Fast-Zerknall

ED/BD Karlsruhe

Nahezu gleichzeitig mit dem Wechsel der 01^{10}-Unterhaltung vom AW Nied zum AW Braunschweig wanderte der Bestand des Bw Paderborn nach Offenburg ab. Die ungünstige Lage mehr als 600 km vom Unterhaltungswerk entfernt führte bei jedem AW-Aufenthalt zu mehrtägigen Reisezeiten für Loks und Personale. Mit Billigung der ZW und der Werkstättendirektionen führte man deshalb fast alle Bedarfsausbesserungen im AW Offenburg aus, das nur durch einige Rangierbahnhofsgleise getrennt neben dem Heimat-Bw lag. Ausgenommen wurden ausdrücklich Schweißarbeiten an St 47 K-Kesseln. Durch die Unterhaltung der BR 39 war das AW Offenburg für Reparaturen auch an der komplizierten 01^{10} prädestiniert. In einem Fall führte das AW auch eine L 2 aus, im Sommer 1952 an 01 1055.

01 1001	Offenburg	L 0	AW Offenburg	30.05.53 - 10.06.53	Zylinderdeckel Mitte
01 1053	Offenburg	L 0	AW Offenburg	30.06.52 - 19.07.52	
01 1053	Offenburg	L 0	AW Offenburg	16.03.54 - 22.03.52	
01 1053	Offenburg	L 0	AW Offenburg	28.01.57 - 07.02.57	Ausströmung, mittl. Kolben, 3 Rauch- und 14 Heizrohre gewechselt, Niete, Nähte Luken gedichtet
01 1054	Offenburg	L 0	AW Offenburg	08.04.53 - 23.04.53	
01 1054	Offenburg	L 0	AW Offenburg	08.06.53 - 23.06.53	
01 1054	Offenburg	L 0	AW Offenburg	13.10.53 - 03.11.53	
01 1055	Offenburg	L 0	AW Offenburg	15.12.52 - 23.01.53	Unfallschaden beseitigt, Lauf- u.Kuppelradsätze im AW Bwg neu bereift, alle Achslager ausgegossen, Kolben, Schieber-Unt., Steuerung aufgearbeitet

01 1055	Offenburg	L 2	AW Offenburg	22.07.53 - 20.08.53	Planarbeiten, Radsätze neu bereift, Schieber ausgebessert, mittl.Kolben neu, Achs- und Stangenlager ausgegossen
01 1055	Offenburg	L 0	AW Offenburg	16.01.54 - 07.02.54	Treibachse 2. neu bereift, Kolben, Schieber
01 1056	Offenburg	L 0	AW Offenburg	31.12.52 - 14.01.53	Kuppelkasten neu, Kolben, Schieber
01 1056	Offenburg	L 0	AW Offenburg	16.11.53 - 02.12.53	5 Achsen überdreht, 1 neu bereift, Achs- und Stangenlager ausgegossen
01 1056	Offenburg	L 0	AW Offenburg	09.01.57 - 21.01.57	Tenderarbeiten
01 1056	Offenburg	L 0	AW Offenburg	24.06.57 - 24.07.57	Radsätze überdreht, Lager teils ausgegossen, Kessel, Stehbolzen, Niete, Nähte Luken gedichtet
01 1058	Offenburg	L 0	AW Offenburg	28.05.52 - 20.06.52	
01 1058	Offenburg	L 0	AW Offenburg	14.07.52 - 16.07.52	
01 1058	Offenburg	L 0	AW Offenburg	21.02.53 - 02.03.52	
01 1059	Offenburg	L 0	AW Offenburg	17.11.53 - 16.12.53	Kesselarbeiten
01 1059	Offenburg	L 0	AW Offenburg	11.04.57 - 14.04.57	Kesselarbeiten
01 1084	Offenburg	L 0	AW Offenburg	05.01.53 - 23.01.53	alle Achs- und Stangenlager ausgegossen, Achsen neu bereift, bzw. z.T. überdreht

RBD/ED/BD Kassel

In der Kriegszeit hatte man zur Vermeidung zusätzlicher Leerfahrten auf der hochbelasteten Ost-West-Strecke Erfurt – Frankfurt (M) im Bw Bebra eine L 0-Gruppe gebildet. Diese bestand nach 1945 fort und erledigte seit 1948 etliche, auch kompliziertere Bedarfsausbesserungen an 01^{10} der Bw Bebra und Kassel. Als Beispiel sei die L 0 an 01 1081 vom 12. bis 25. Dezember 1953 genannt: „Beide vorderen Laufachsen gewechselt, Treib- und Kuppelradsätze neu bereift, sechs Achslagergleitplatten und 14 Federspannschrauben aufgearbeitet. Lagerausgüsse mit WM 80 in Achslager 1L, 2R, 2L". Die L 0-Gruppe wurde im Jahr 1960 aufgelöst.

Einige wenige Ausbesserungen erledigten die EAW Kassel und Göttingen (siehe bei 01 1072, 1096, 1097, 1102 – 1105). Auch hier dürfte die Minimierung der Ausfallzeiten der bereits 1948 angestrengt eingesetzten Maschinen eine Rolle gespielt haben. 01 1072 mußte das AW Göttingen nach einer in der Nähe passierten Havarie wieder betriebsfähig herrichten.

01 1052	Bebra	L 0	Bw Bebra	01.12.55 - 14.12.55	Einströmung, Kipprost
01 1052	Bebra	L 0	Bw Bebra	20.11.58 - 10.12.58	Einströmrohr rechts
01 1060	Bebra	L 0	Bw Bebra	19.11.48 - 21.12.48	umfangreiche Triebwerksarbeiten, Steuerungen wiederhergestellt, Lagerausgüsse neu
01 1062	Bebra	L 0	Bw Bebra	20.12.52 - 23.12.52	
01 1063	Bebra	L 0	Bw Bebra	14.08.50 - 19.08.50	Mitteltriebwerk, Außentriebwerk
01 1063	Bebra	L 0	Bw Bebra	27.11.50 - 08.12.50	vordere Laufachse gewechselt, Lagerausgüsse
01 1063	Bebra	L 0	Bw Bebra	12.11.51 - 26.11.51	vordere Laufachse gewechselt, Drehgestell, Steuerung, Schieber aufgearbeitet
01 1063	Bebra	L 0	Bw Bebra	15.11.52 - 28.11.52	Treibachse, Lagerausgüsse Achsen, Stangen
01 1063	Bebra	L 0	Bw Bebra	23.08.55 - 31.08.55	Mittl. Triebwerk aufgearbeitet
01 1063	Bebra	L 0	Bw Bebra	18.11.55 - 28.11.55	1 Kuppelachse neue Reifen, Lagerausgüsse
01 1070	Bebra	L 0	Bw Bebra	24.10.51 - 29.10.51	
01 1070	Bebra	L 0	Bw Bebra	18.04.52 - 24.05.52	
01 1070	Bebra	L 0	Bw Bebra	10.05.53 - 16.05.53	
01 1070	Bebra	L 0	Bw Bebra	27.10.54 - 31.10.54	2. Laufachse gewechselt, Federn
01 1071	Bebra	L 0	Bw Bebra	04.10.57 - 15.10.57	
01 1071	Bebra	L 0	Bw Bebra	22.08.58 - 28.08.58	
01 1071	Bebra	L 0	Bw Bebra	31.10.58 - 06.11.58	
01 1072	Bebra	L 0	Bw Bebra	25.06.54 - 30.06.54	Drehgestell aufgearbeitet
01 1072	Bebra	L 0	Bw Bebra	01.04.57 - 09.04.57	Drehgestell aufgearbeitet, Gleitbahnen neu
01 1072	Bebra	L 0	AW Göttingen	05.12.58 - 17.12.58	Unfallschaden an Zylinder und Einströmung
01 1077	Bebra	L 0	Bw Bebra	24.11.49 - 01.12.49	Bremse geprüft
01 1077	Bebra	L 0	Bw Bebra	23.06.50 - 28.06.50	
01 1077	Bebra	L 0	Bw Bebra	29.10.57 - 12.11.57	
01 1077	Bebra	L 0	Bw Bebra	05.08.59 - 01.09.59	
01 1081	Bebra	L 0	Bw Bebra	27.10.50 - 14.11.50	Innentriebwerk und linke Einströmung rep.
01 1081	Bebra	L 0	Bw Bebra	17.12.53 - 25.12.53	3 Kuppelradsätze neu bereift, 2 Laufachsen getauscht
01 1081	Bebra	L 0	Bw Bebra	21.11.57 - 22.11.57	Ölfeuerung nach Muster 01 1082 geändert
01 1081	Bebra	L 0	Bw Bebra	21.10.59 - 28.10.59	rechte Gleitbahn neu, Laufachsspiel beseitigt
01 1082	Bebra	L 0	Bw Bebra	14.07.50 - 15.07.50	Lager 2. Treibachse
01 1082	Bebra	L 0	Bw Bebra	25.11.52 - 16.12.52	Radreifen 2. Treibachse neu, 8 Achslager neu, Bremse des Drehgestells aufgearbeitet
01 1082	Bebra	L 0	Bw Bebra	21.02.56 - 05.03.56	mittl. Triebwerk aufgearbeitet
01 1082	Bebra	L 0	Bw Bebra	01.11.57 - 02.11.57	Seitenspiel 2. Laufachse, Ölausblasung der Brennerzuleitung angebaut
01 1082	Bebra	L 0	Bw Bebra	16.01.58 - 28.01.58	2. Treibachse Radreifen neu, Triebwerk rechts
01 1082	Bebra	L 0	Bw Bebra	27.07.59 - 11.08.59	mittl. Triebwerk aufgearbeitet, Federn z.T. gew.
01 1084	Bebra	L 0	Bw Bebra	31.08.54 - 02.09.54	Schieber aufgearbeitet
01 1084	Bebra	L 0	Bw Bebra	05.10.55 - 21.10.55	2 Laufachsen ausgewechselt, Drehgestell aufgearbeitet, Federung aufgearb.

01 1084	Bebra	L 0	Bw Bebra	28.11.57 – 29.11.57	Ölfeuerung nach Muster 01 1082 geändert
01 1086	Bebra	L 0	Bw Bebra	26.01.56 – 08.02.56	
01 1086	Bebra	L 0	Bw Bebra	20.09.56 – 24.09.56	Drehgestell aufgearbeitet, Triebwerksarbeiten
01 1086	Bebra	L 0	Bw Bebra	02.12.61 – 11.12.61	mittl. Triebwerk aufgearbeitet
01 1093	Bebra	L 0	Bw Bebra	14.09.55 – 15.09.55	Drehgestell aufgearbeitet
01 1093	Bebra	L 0	Bw Bebra	01.11.55 – 14.11.55	Drehgestell aufgearbeitet, 1 Kuppelachse bereift, Achsabstände, Achs- und Stangenlager
01 1094	Bebra	L 0	Bw Bebra	18.05.55 – 21.05.55	Regler gedichtet
01 1094	Bebra	L 0	Bw Bebra	26.05.55 – 15.06.55	
01 1096	Bebra	L 0	Bw Bebra	– 12.04.50	
01 1102	Bebra	L 0	Bw Bebra	03.03.58 – 11.03.58	Ölfeuerung nach Muster 01 1082 geändert
01 1102	Bebra	L 0	Bw Bebra	09.01.59 – 23.01.59	Drehgestellachsen überdreht, Schleppachse neu
01 1103	Bebra	L 0	Bw Bebra	24.09.57 – 28.09.57	mittl. Triebwerk aufgearbeitet
01 1103	Bebra	L 0	Bw Bebra	15.04.58 – 16.04.58	Ölfeuerung nach Muster 01 1082 geändert
01 1103	Bebra	L 0	Bw Bebra	19.11.59 – 12.12.59	Unfallschäden an rechter Seite beseitigt
01 1104	Bebra	L 0	Bw Bebra	19.10.57 – 24.10.57	Drehgestell aufgearbeitet, vord. Achse neu, 2. Treib-Achse neue Reifen, Achsabstände korr., Steuerung aufgearbeitet
01 1104	Bebra	L 0	Bw Bebra	26.11.57 – 26.11.57	Ölfeuerung nach Muster 01 1082 geändert
01 1104	Bebra	L 0	Bw Bebra	25.03.58 – 29.03.58	Drehgestell aufgearbeitet
01 1104	Bebra	L 0	Bw Bebra	10.12.58 – 17.12.58	mittleres Triebwerk aufgearbeitet
01 1105	Bebra	L 0	Bw Bebra	02.12.57 – 04.12.57	Ölfeuerung nach Muster 01 1082 geändert
01 1105	Bebra	L 0	Bw Bebra	17.08.60 – 09.09.60	mittleres Triebwerk aufgearbeitet
01 1062	Kassel	L 0	Bw Bebra	07.03.54 – 11.03.54	
01 1095	Kassel	L 0	AW Nied	18.09.56 – 22.09.55	Tenderarbeiten
01 1096	Kassel	L 0	Bw Bebra	– 24.01.50	
01 1096	Kassel	L 0	Bw Bebra	09.02.54 – 26.02.54	
01 1097	Kassel	L 0	EAW Kassel	08.09.51 – 22.09.51	
01 1102	Kassel	L 0	EAW Kassel	13.11.51 – 15.11.51	linkes hinteres Kuppelstangenwälzlager neu
01 1102	Kassel	L 0	Bw Bebra	15.01.53 – 17.01.53	Radsätze bereift, Stangengleitlager ausgegossen, Steuerung aufgearbeitet, Vorwärmer gewechselt
01 1103	Kassel	L 0	RAW Kassel	06.04.48 – 22.04.48	mittlere Triebwerk aufgearbeitet
01 1103	Kassel	L 0	AW Hannover	23.04.52 – 26.04.52	Steuerbock umgebaut, Steuerung berichtigt
01 1104	Kassel	L 0	EAW Kassel	24.11.50 – 27.11.50	Lok auf größere Kesselschäden untersucht
01 1104	Kassel	L 0	Bw Kassel	13.10.51 – 13.10.51	linkes hinteres Treibstangenwälzlager neu
01 1105	Kassel	L 0	AW Göttingen	29.05.53 – 02.06.53	Kesselarbeiten
01 1105	Kassel	L 0	Bw Bebra	07.12.56 – 14.12.56	Unfallschäden beseitigt, vorderen Pufferträger neu

BD Münster

Wegen der angestrengten Dienste legte die BD Münster großen Wert auf die Ausführung möglichst aller Ausbesserungen im AW Braunschweig. Dementsprechend kurz ist die Aufstellung der anderwärtigen Ausbesserungshilfen. Das vor Weihnachten 1957 überlastete AW Braunschweig reichte 01 1074 nach Göttingen weiter, damit sie rechtzeitig für den Festtagsverkehr wieder in Osnabrück sein konnte. Die im Bw Oldenburg Hbf ausgeführten Arbeiten dürften der Entlastung der Osnabrücker Bw-Werkstatt gedient haben, die Arbeiten wie den Wechsel von Pufferträgern sonst durchaus selbst ausführte.

012 054	Rheine	L 0	AW Lingen	26.04.71 – 03.05.71	nur Tender im AW
01 1058	Osnabrück Hbf	L 0	AW Lingen	11.12.59 – 17.12.59	Kuppelkasten erneuert
01 1074	Osnabrück Hbf	L 0	AW Göttingen	11.12.57 – 23.12.57	mittl. Kolbenstange neu, 2. Laufachse bereift, Zylinderdeckel neu, Laufwerksarbeiten
01 1076	Osnabrück Hbf	L 0	Bw Oldenburg Hbf	– 03.07.56	
01 1080	Osnabrück Hbf	L 0	Bw Oldenburg Hbf	08.02.57 – 15.02.57	Unfallschäden am Tender beseitigt

ED/BD Wuppertal

Direkt nach der Indienststellung der Maschinen führte das RAW Mülheim-Speldorf im Juni und Juli 1949 Reparaturen an 01 1068 und 1080 aus, die es unmittelbar zuvor noch L 4-untersucht hatte. Gewährleistungsarbeiten sind deshalb zu vermuten. Auch der Ausbesserung der 01 1064 durch die Fa. Henschel im Jahr 1949 lag ein gewährleistungspflichtiger Kesselschaden zugrunde.

Danach führte ab Herbst 1949 bis 1955 das nahe bei Hagen gelegene EAW/AW Schwerte viele L 0 aus. 1950 erhielt 01 1080 im EAW Braunschweig, das als Ausbesserungshilfe für das Unterhaltungswerk Nied tätig wurde, eine L 2-Zwischenausbesserung. Im Betriebsbuch der 01 1089 schließlich fielen im Jahr 1952 eine Unfallreparatur im EAW Paderborn und 1959 umfangreiche Radsatzarbeiten im (der BD Wuppertal zugehörigen) Bw Altenhundem auf.

Ziemlich umfangreich war die Einbeziehung des Heimat-Bw Hagen-Eckesey in das Ausbesserungsgeschehen. Was hier als L 0 ausgezeichnet und abgerechnet wurde, erledigten allerdings andere Bw als laufende Bw-Reparaturen. L 0 im Heimat-Bw gab es während der gesamten Beheimatungszeit. Die letzte ist nachgewiesen für 01 1065 im Frühjahr 1958.

01 1060	Hagen-Eckesey	L 0	Bw Hagen-Eckesey	21.01.53 - 23.01.53	Unfallschäden am Führerhaus, Gangwerk, mittlere Treibachse neu
01 1061	Hagen-Eckesey	L 0	EAW Schwerte	10.10.49 - 10.10.49	Laufachse nachgedreht
01 1061	Hagen-Eckesey	L 0	Bw Hagen-Eckesey	15.11.49 - 30.11.49	Dampfkolbenuntersuchung
01 1061	Hagen-Eckesey	L 0	Bw Hagen-Eckesey	12.11.51 - 25.11.51	Mittelzylinder Deckel gedichtet
01 1061	Hagen-Eckesey	L 0	Bw Hagen-Eckesey	08.06.53 - 11.06.53	Treibachse gewechselt, Stangenlager, Achslager
01 1064	Hagen-Eckesey	L 0	PAW Henschel	17.12.49 - 10.02.50	Kesselreparatur nach Fast-Zerknall
01 1064	Hagen-Eckesey	L 0	Bw Hagen-Eckesey	13.11.50 - 17.11.50	Gangwerk ausgebuchst, Schwingensteine neu
01 1064	Hagen-Eckesey	L 0	AW Schwerte	01.10.54 - 02.10.54	Unfallschäden Pufferträger und Rahmen vorn
01 1064	Hagen-Eckesey	L 0	AW Schwerte	29.11.54 - 29.11.54	Unfallschäden Pufferträger und Rahmen vorn
01 1065	Hagen-Eckesey	L 0	AW Schwerte	14.08.50 - 28.08.50	
01 1065	Hagen-Eckesey	L 0	AW Schwerte	02.11.51 - 22.11.51	
01 1065	Hagen-Eckesey	L 0	Bw Hagen-Eckesey	27.01.53 - 30.01.53	
01 1065	Hagen-Eckesey	L 0	Bw Hagen-Eckesey	12.04.58 - 16.04.58	Stangenlager neu, Überhitzer, Laufwerk, Bremse
01 1066	Hagen-Eckesey	L 0	Bw Hagen-Eckesey	01.11.49 - 18.11.49	
01 1066	Hagen-Eckesey	L 0	Bw Hagen-Eckesey	09.05.53 - 14.05.53	
01 1068	Hagen-Eckesey	L 0	RAW Mülheim-Speld.	29.06.49 - 13.07.49	Wasserschlag: mittl. Treibstange neu
01 1068	Hagen-Eckesey	L 0	Bw Hagen-Eckesey	01.12.53 - 05.02.53	vord. Lauf- und Schleppachse gewechselt
01 1069	Hagen-Eckesey	L 0	AW Schwerte	06.05.52 - 17.05.52	
01 1069	Hagen-Eckesey	L 0	Bw Hagen-Eckesey	16.12.53 - 18.12.53	2. Lauf- u. 2. Treibachse gewechselt
01 1069	Hagen-Eckesey	L 0	Bw Hagen-Eckesey	25.01.54 - 28.01.54	
01 1069	Hagen-Eckesey	L 0	Bw Hagen-Eckesey	12.11.57 - 16.11.57	Überhitzerrohre gewechselt
01 1073	Hagen-Eckesey	L 0	AW Schwerte	06.12.54 - 09.12.54	Rahmenblech geschweißt
01 1073	Hagen-Eckesey	L 0	Bw Lehrte	10.08.56 - 16.08.56	Achslager beider Treibachsen
01 1074	Hagen-Eckesey	L 0	Bw Hagen-Eckesey	13.12.49 - 17.12.49	Überhitzer gedichtet
01 1074	Hagen-Eckesey	L 0	Bw Hagen-Eckesey	21.09.53 - 24.09.53	vordere Treibachse neu, Stangenlager ausgegossen
01 1074	Hagen-Eckesey	L 0	AW Schwerte	27.07.55 - 27.07.55	Drehgestell aufgearbeitet
01 1074	Hagen-Eckesey	L 0	AW Schwerte	02.08.55 - 05.08.55	Drehgestell aufgearbeitet
01 1075	Hagen-Eckesey	L 0	Bw Hagen-Eckesey	06.12.49 - 10.12.49	Achs- und Stangenlager z. T. neu
01 1075	Hagen-Eckesey	L 0	Bw Hagen-Eckesey	07.08.51 - 18.08.51	1. Treibachse neue Reifen, alle Stangenlager neu
01 1075	Hagen-Eckesey	L 0	Bw Hagen-Eckesey	20.10.52 - 22.10.52	Einströhmrohr gedichtet, Regler neu
01 1074	Hagen-Eckesey	L 0	AW Göttingen	20.07.53 - 01.08.53	Unfallschäden beseitigt; 1. Treibachse neu, bereift, Stangen untersucht
01 1078	Hagen-Eckesey	L 0	Bw Hagen-Eckesey	28.04.54 - 30.04.54	Kuppelstangenlager links, Gangwerk
01 1078	Hagen-Eckesey	L 0	Bw Hagen-Eckesey	28.11.57 - 04.12.57	Treibachse gewechselt, Achslager
01 1080	Hagen-Eckesey	L 0	RAW Mülheim-Speld.	11.06.49 - 22.06.49	linkes Treibstangenlager, Schutzbleche Lok-Tender
01 1080	Hagen-Eckesey	L 0	Bw Hagen-Eckesey	19.12.49 - 23.12.49	linkes Speiserohr neu, Regler neu
01 1080	Hagen-Eckesey	L 2	EAW Braunschweig	12.03.50 - 20.04.50	Planarbeiten
01 1080	Hagen-Eckesey	L 0	EAW Schwerte	15.10.51 - 26.10.51	3 Kuppelachsen neu bereift
01 1088	Hagen-Eckesey	L 0	Bw Hagen-Eckesey	08.02.50 - 23.02.50	Kuppel- und Schleppachsen gewechselt,
01 1088	Hagen-Eckesey	L 0	EAW Schwerte	14.09.50 - 10.10.50	Unfallschäden beseitigt, Seitenschlag 1. Kuppelachse beseitigt, alle Achsen überdreht, Rahmen vermessen
01 1089	Hagen-Eckesey	L 0	Bw Hagen-Eckesey	12.07.50 - 20.07.50	1. Kuppelachse bereift, Lager ausgegossen
01 1089	Hagen-Eckesey	L 0	AW Paderborn	02.05.52 - 14.05.52	Unfallschäden beseitigt. Rahmen gerichtet, vorn zwei Rahmenstücke eingeschweißt
01 1089	Hagen-Eckesey	L 0	AW Schwerte	30.07.55 - 30.07.55	Drehgestell aufgearbeitet
01 1089	Hagen-Eckesey	L 0	Bw Altenhundem	20.02.56 - 03.03.56	alle Kuppelräder überdreht
01 1091	Hagen-Eckesey	L 0	Bw Hagen-Eckesey	13.12.53 - 15.12.53	1. Treibachse gewechselt, Achs- und Stangenlager ausgewechselt, Federung
01 1091	Hagen-Eckesey	L 0	AW Schwerte	14.03.55 - 30.03.55	2 Kuppelachsen gewechselt, Achslager neu
01 1092	Hagen-Eckesey	L 0	AW Schwerte	14.09.49 - 22.09.49	Drehgestell aufgearbeitet
01 1092	Hagen-Eckesey	L 0	AW Schwerte	09.03.50 - 27.04.50	Kesselarbeiten
01 1092	Hagen-Eckesey	L 0	Bw Hagen-Eckesey	16.03.53 - 20.03.53	1. Treibachse getauscht, 2. Treibachse bereift
01 1092	Hagen-Eckesey	L 0	Bw Hagen-Eckesey	01.07.54 - 03.07.54	mittleres Triebwerk aufgearbeitet, Treibstange neu

Letzte Untersuchungen und z-Stellungsgründe

Aufschlußreich ist die Untersuchung der Abstellgründe. Nach Unfällen mußte man vier Lokomotiven ausmustern. Mit schweren Schäden, die man mit der Bauart der Lok und jahrelanger Überlastung in Zusammenhang bringen kann, schieden 13 Ölloks, aber nur eine Kohlelok aus. Nur bei je zwei Öl- und Kohleloks schaffte man es, die 14jährige Kesselfrist auszunutzen. Die im Verhältnis meisten Maschinen schieden aus, weil der Aufwand einer erforderlichen Fahrwerksuntersuchung oder einer Bedarfsausbesserung in keinem wirtschaftlich vertretbaren Verhältnis zur noch möglichen Restlaufzeit stand.

Auffällig ist, daß man die an Kohleloks 1968/69 nach sechs und zehn Jahren L 3-Frist anfallenden Kesselfrist-Verlängerungen fast durchweg nicht mehr ausführte, auch wenn die Maschinen wie 01 1090, 1098 oder 1099 noch in sehr gutem Allgemeinzustand waren. Bei den Ölloks hingegen führte man bis Anfang 1974 alle Fahrwerksuntersuchungen und H 2.1-Kesseluntersuchungen aus, denen eine erwartbare Restlaufleistung von mindestens 150.000 km gegenüberstand. Das mußte man schon deshalb tun, weil immer auch einige Loks durch nicht vorhersehbare und in der Reparatur zu teure Schäden ausschieden.

Die Abstellgründe

Unfall:	**4**
Schäden:	
Öl: Mittelzylinder gerissen, teure L 0	7
Öl: Rauchkammerträger gerissen oder lose, teure L 0	4
Öl: mittlerer Schwingenträger gebrochen	1
Öl: Gleitbahn links lose	1
Kohle: Rauchkammerrohrwand gerissen	1
Kohle: mittlerer Gleitbahnträger zerstört	1
Kohle: Einströmstutzen gerissen, teure L 0	1
Fristen:	
Öl: L 0 wegen nur noch kurzer L 3-Frist abgelehnt	5
Kohle: L 0 wegen nur noch kurzer L 3-Frist abgelehnt	2
Öl: L 2 wegen nur noch kurzer L 3-Frist abgelehnt	4
Kohle: L 2 wegen nur noch kurzer L 3-Frist abgelehnt	1
Öl: L 2 wegen Kostenhöhe abgelehnt	1
Öl: Ablauf der 14jährigen L 3-Kesselfrist	2
Kohle: Ablauf der 14jährigen L 3-Kesselfrist	2
Kohle: H 2.1 nach 13 Jahren L 3-Frist abgelaufen	1
Kohle: nach 6 Jahren nötige H 2.1 abgelehnt	5
Kohle: nach 10 Jahren nötige H 2.1 abgelehnt	2
Kohle: L 2-Frist nach Verlängerung abgelaufen	2
Sonstige:	
Öl: Anbau des linken Indusi-Magneten abgelehnt	1
Öl: nicht mehr benötigt (1975)	4

Es folgt nun für die einzelnen Lokomotiven die Betrachtung der Fristenentwicklung bis zur Abstellung. Bei vielen Maschinen beantwortet diese bereits die Frage nach dem Abstellgrund. Die aufgeführten Fristangaben nennen immer den letztmöglichen Einsatztag. Die fett gedruckten Zeitangaben geben die letzten ausgesprochenen Fristen und den ersten Abstelltag an.

01 1001 Öl		**Frist verlängerbar bis**
Lok: letzte L 3	19.08.59	19.09.65 (max. 1973)
L 2 und Kessel H 2.1	22.06.65	22.06.69
L 0 mit Neubereifung	03.04.68	-
letzte L 2 und Kessel H 2.1	26.06.69	**26.06.73**
letzte L 0	03.05.72	-
abgestellt	19.08.72	
Laufleistung seit letzter L 2	260.700 km	
z-Stellung	**27.09.72**	
Grund	neue L 2 wegen Kesselfristablaufs am 27.06.73 abgelehnt	

01 1052 Öl		**Frist verlängerbar bis**
Lok: letzte L 3	28.06.59	28.06.65 (max. 1973)
L 2 und Kessel H 2.1	24.02.65	24.02.69
L 0 und Kessel H 2.1	26.03.69	**26.03.73**
letzte L 2	16.07.70	**16.07.74**
letzte L 0 und Neubereifung	01.12.71	-
abgestellt w L 0	23.02.72	
Laufleistung seit letzter L 2	168.000 km	
z-Stellung	**25.02.72**	
Grund	Mittelzylinder gerissen, innere Treibstange verbogen, L 0 zu teuer für 1 Jahr Kesselrest-frist	

01 1053 Kohle		**Frist verlängerbar bis**
Lok: letzte L 3	06.12.61	06.12.67 (max. 1975)
letzte L 2	16.09.65	**16.09.69**
L 0 u. Neubereifung 3,4,5,6	25.10.66	-
letzte L 0 und Kessel H 2.1	06.12.67	**06.12.73**
abgestellt	21.01.68	
Laufleistung seit letzter L 2	195.368 km	
z-Stellung	**02.04.68**	
Grund	linker Einströmstutzen gerissen, L 0 abgelehnt	

01 1054 Öl		**Frist verlängerbar bis**
Lok: letzte L 3	02.09.59	02.09.65 (max. 1973)
L 2 und Neubereifung	21.03.65	21.03.69
L 0 und Kessel H 2.1	22.03.66	22.03.70
letzte L 2	14.10.68	**14.10.72**
L 0 und Kessel H 2.1	05.05.70	**05.05.72***
letzte L 0	03.05.71	-
abgestellt	09.03.72	
Laufleistung seit letzter L 2	337.400 km	
z-Stellung	**15.03.72**	
Grund	Laufleistungsgrenze erreicht, L 2 wg. kurzer L 3-Frist durch ZTL abgelehnt	

* noch ohne mögliche Verlängerung

01 1055 Öl		**Frist verlängerbar bis**
L 4	20.09.54	20.09.68
L 0 und Kessel U 0 10	25.11.64	20.09.68
L 2 und Neubereifung	12.04.65	12.04.69
Lok: letzte L 3	18.10.67	18.10.73 (max. 1981)
L 0 mit Neubereifung	16.02.69	
letzte L 2 und Kessel H 2.1	07.12.72	**07.12.76**
letzte L 0	19.05.74	-
abgestellt	10.05.75	
Laufleistung seit letzter L 2	229.400 km	
z-Stellung	**15.05.75**	
Grund	Zylinderschaden Mitte am 10.05.75	

01 1056 Kohle		Frist verlängerbar bis
Lok: letzte L 3	25.10.61	25.10.1967 (max. 1975)
letzte L 2 u. Neubereifung	14.07.65	**14.07.71***
letzte L 0 und Kessel H 2.1	15.07.67	**30.07.71**
abgestellt	14.07.71	
Laufleistung seit letzter L 2	289.400 km	
z-Stellung	**14.07.71**	
Grund	L 2-Zeitfrist abgelaufen, neue L 2 und H 2.1 durch ZTL abgelehnt	

* Anrechnung von langer Standzeit und mit 2 Jahren Verlängerung

01 1057 Öl		Frist verlängerbar bis
Lok: letzte L 3	05.05.64	05.05.70 (max. 1978)
L 0 mit Neubereifung	19.12.65	
letzte L 2	31.03.69	**31.03.73**
letzte L 0 und Kessel H 2.1	15.01.70	**14.01.72***
abgestellt	23.11.70	
Laufleistung seit letzter L 2	184.800 km	
z-Stellung	**12.08.71**	
Grund	Lok schleudert, innere Gleitbahn lose, innere Treibstange verbogen, Rauchkammerträger gerissen, div. andere Schäden, teure L 0 durch ZW abgelehnt	

* noch ohne mögliche Verlängerung

01 1058 Öl		Frist verlängerbar bis
Lok: letzte L 3	08.11.61	08.11.67 (max. 1975)
L 2 mit Neubereifung und Kessel H 2.1	23.06.66	23.06.70
letzte L 2 und Kessel H 2.1	21.04.70	**21.04.74**
letzte L 0	27.09.71	-
abgestellt	16.12.72	
Laufleistung seit letzter L 2	331.200 km	
z-Stellung	**20.12.72**	
Grund	Laufleistungsgrenze erreicht, L 2 wegen Kostenhöhe abgelehnt	

01 1059 Öl		Frist verlängerbar bis
Lok: letzte L 3	12.04.60	12.04.66 (max. 1974)
L 2 mit Neubereifung und Kessel H 2.1	14.12.65	14.12.69
letzte L 2 und Kessel H 2.1	23.04.69	**23.04.73**
letzte L 0	08.03.70	-
abgestellt	13.11.70	
Laufleistung seit letzter L 2	171.700 km	
z-Stellung	**01.12.70**	
Grund	Rauchkammerträger lose	

01 1060 Öl		Frist verlängerbar bis
Lok: letzte L 3	02.12.59	02.12.65 (max. 1973)
L 2 mit Neubereifung und Kessel H 2.1	09.11.65	09.11.69
L 2	16.11.67	16.11.71
L 0 und Kessel H 2.1	15.12.69	**03.12.73**
letzte L 2	20.07.70	**21.07.74**
letzte L 0 (mit Kesselbes.)	01.12.71	-
abgestellt	22.06.72	
Laufleistung seit letzter L 2	235.500 km	
z-Stellung	**22.06.72**	
Grund	teure L 0 wegen kurzer Kesselfrist abgelehnt	

01 1061 Öl		Frist verlängerbar bis
Lok: letzte L 3	01.11.61	01.11.67 (max. 1975)
L 0 mit Neubereifung und Kessel H 2.1	01.11.67	01.11.71
letzte L 2 und	29.11.71	**29.11.75**
Kessel H 2.1	29.11.71	**01.11.75**
letzte L 0	25.10.72	
abgestellt	15.06.75	
Laufleistung seit letzter L 2	291.500 km	
z-Stellung	**16.06.75**	
Grund	nicht mehr benötigt	

01 1062 Kohle		Frist verlängerbar bis
Lok: letzte L 3	28.02.62	28.02.68 (max. 1976)
L 2 mit Neubereifung	04.12.63	
letzte L 2	19.04.67	19.04.71
L 0 und Kessel H 2.1	21.05.68	21.05.72
letzte L 0 und Kessel H 2.1	03.08.71	**04.08.73**
abgestellt	10.02.73	
Laufleistung seit letzter L 2	154.300 km	
z-Stellung	**22.02.73**	
Grund	L 2-Frist zweimal verlängert bis 19.04.73; 2. Verlängerung der L 2-Zeitfrist abgelaufen, Kesselfrist verlängerbar bis 1975	

01 1063 Öl		Frist verlängerbar bis
Lok: letzte L 3	20.01.63	20.01.69 (max. 1977)
L 2 mit Neubereifung	30.03.66	30.03.70
L 2 und Kessel H 2.1	01.05.68	01.05.72
letzte L 0 und Kessel H 2.1	09.05.72	**09.05.76**
letzte L 2	28.02.73	**28.02.77**
abgestellt	01.06.75	
Laufleistung seit letzter L 2	188.000 km	
z-Stellung	**01.06.75**	
Grund	nicht mehr benötigt	

01 1064 Öl		Frist verlängerbar bis
Lok: letzte L 3	01.09.64	01.09.70 (max. 1978)
L 2 mit Neubereifung	13.07.65	13.07.69
letzte L 0 und Kessel H 2.1	27.01.70	**27.01.74**
letzte L 2	15.06.71	**15.06.75**
abgestellt	24.09.72	
Laufleistung seit letzter L 2	157.700 km	
z-Stellung	**20.10.72**	
Grund	Mittelzylinder gerissen	

01 1065 Kohle		Frist verlängerbar bis
Lok: letzte L 3	29.01.62	29.01.68 (max. 1976)
L 0 mit Neubereifung	07.10.64	
letzte L 2	31.01.66	**31.01.72**
L 0 und Kessel H 2.1	06.11.67	**06.11.71**
letzte L 0	05.07.70	
abgestellt	03.06.71	
Laufleistung seit letzter L 2	280.500 km	
z-Stellung	**08.06.71**	
Grund	L 2-Zeitfrist zweimal verlängert, L 2 mit H 2.1 und neuen Radreifen abgelehnt	

01 1066 Öl		Frist verlängerbar bis
L 3	26.09.61	11.09.67
L 2 mit Neubereifung	10.10.65	10.10.69
Lok: letzte L 3	12.12.67	13.12.73 (max. 1981)
L 2	05.04.71	05.04.75
letzte L 0	18.01.72	
letzte L 2 und	06.02.74	**06.02.78**
Kessel H 2.1*	06.02.74	**06.02.76**
abgestellt	01.06.75	
Laufleistung seit letzter L 2	133.500 km	
z-Stellung	**01.06.75**	
Grund	nicht mehr benötigt	

* eingetragene H 2.1-Frist (verlängerbar bis 1978)

01 1067 Kohle		Frist verlängerbar bis
Lok: letzte L 3	24.05.43	**13.05.47**
letzte L 2	22.10.44	**22.10.46**
letzte L 0	05.01.44	-
abgestellt	14.01.45	
Laufleistung seit letzter L 2	117.777 km	
z-Stellung	**14.01.45**	
Grund	Unfall, Flankenfahrt im Bf. Eschwege West	

01 1068 Öl	Unt.	Frist verlängerbar bis
Lok: letzte L 3	15.04.62	15.04.68 (max. 1976)
L 2 und Neubereifung	08.06.66	08.06.70
L 2 und Kessel H 2.1	21.04.68	21.08.72
L 0.2 und Kessel H 2.1	17.09.70	**17.09.74**
letzte L 2	04.08.71	**04.08.75**
letzte L 0	10.01.73	
abgestellt	28.11.73	
Laufleistung seit letzter L 2	179.200 km	
z-Stellung	**23.01.74**	
Grund	loser Radreifen 1.Tr., teure L 0 abgelehnt, da Kesselfristablauf am 18.09.74	

01 1069 Kohle	Unt.	Frist verlängerbar bis
Lok: letzte L 3	01.11.55	01.11.61 (max. 1969)
L 2 und Kessel U 06	13.07.61	13.07.65
letzte L 0	09.09.64	
letzte L 2 mit Neubereifung und Kessel H 2.1	08.09.65	**08.09.69**
abgestellt	18.06.69	
Laufleistung seit letzter L 2	238.000 km	
z-Stellung	**24.06.69**	
Grund	Kesselfrist nicht mehr verlängerbar (14 J.)	

01 1070 Kohle		Frist verlängerbar bis
Lok: letzte L 3	29.11.56	29.11.62 (max. 1970)
L 0 und Kessel U 0 6	07.10.62	
letzte L 0 und Neubereifung	07.12.65	
letzte L 2 u. Kessel H 2.1	06.04.66	**06.04.70**
abgestellt	24.12.69	
Laufleistung seit letzter L 2	240.200 km	
z-Stellung	**23.01.70**	
Grund	L 2 abgelehnt (Zeitfrist am 07.04.70) wegen nahen L 3-Fristablaufs (14 Jahre)	

01 1071 Öl		Frist verlängerbar bis
Lok: letzte L 3	29.06.60	29.06.66 (max. 1974)
L 0 und Kessel H 2.1	15.06.66	15.06.70
L 2 mit Neubereifung	19.10.66	19.10.70
letzte L 2	17.12.68	**17.12.73***
L 0 und Kessel H 2.1	11.06.70	**11.06.74**
letzte L 0	25.10.72	
abgestellt	10.05.73	
Laufleistung seit letzter L 2	292.600 km	
z-Stellung	**11.05.73**	
Grund	beantragte L 2 abgelehnt, da am 12.06.74 Kesselfristablauf (14 Jahre)	

* bereits in 1. Verlängerung

01 1072 Kohle		Frist verlängerbar bis
Lok: letzte L 3	10.11.59	11.11.65 (max. 1973)
L 0 und Kessel H 2.1	10.11.65	10.11.69
letzte L 2	30.05.67	**14.05.73***
z-Stellung	12.06.69	
Grund	loser Treibradreifen, Kessel H 2.1 fällig	
L 0 und Kessel H 2.1	21.09.69	**21.09.73**
letzte L 0	08.07.70	
abgestellt	18.09.72	
Laufleistung seit letzter L 2	296.600 km	
z-Stellung	**20.09.72**	
Grund	Rauchkammerrohrwand gerissen, neuer Rohrsatz nötig, L 2 unwirtschaftlich	

* mit 2. Verlängerung

01 1073 Öl		Frist verlängerbar bis
Lok: letzte L 3	16.03.60	16.03.66 (max. 1974)
L 2 und Kessel H 2.1	08.12.65	08.12.69
L 0.2 mit Neubereifung	20.12.67	-
letzte L 2	12.02.69	**12.02.73**
L 0 u. Kessel H 2.1	26.01.70	**26.01.74**
letzte L 0	14.07.71	
abgestellt	13.04.72	
Laufleistung seit letzter L 2	274.200 km	
z-Stellung	**14.04.72**	
Grund	Rauchkammerträger gerissen, Mittelzylinder lose, schlechter Allgemeinzustand	

01 1074 Öl		Frist verlängerbar
L 3	18.11.59	22.04.69 (max. 1973)
L 2 und Kessel U H 2.1	14.04.65	14.04.71
letzte L 3 und Neubereifung	22.09.66	22.09.72 (max. 1980)
letzte L 2	18.09.68	**18.09.72**
L 0.2 und Kessel-Bes.	16.09.70	**16.09.72**
letzte L 0	09.12.70	
abgestellt	20.08.72	
Laufleistung seit letzter L 2	221.700 km	
z-Stellung	**05.10.72**	
Grund	Mittelzylinder lose	

01 1075 Öl		Frist verlängerbar bis
Lok: letzte L 3	04.04.62	04.04.68 (max. 1976)
L 0 und Neubereifung	21.12.66	
L 0 und Kessel H 2.1	18.03.68	18.03.72
letzte L 2 und	26.04.72	**26.04.76**
Kessel H 2.1	26.04.72	**04.04.76**
letzte L 0	11.09.74	
abgestellt	01.06.75	
Laufleistung seit letzter L 2	252.000 km	
z-Stellung	**01.06.75**	
Grund	nicht mehr benötigt	

01 1076 Öl		**Frist verlängerbar bis**
Lok: letzte L 3	04.11.59	04.11.1965 (max. 1973)
L 2 und Kessel H 2.1	05.04.65	08.04.69
letzte L 2 und H 2.1	06.11.68	**06.11.72**
letzte L 0	22.10.70	
abgestellt w L 0	17.12.70	
Laufleistung seit letzter L 2	128.000 km	
z-Stellung	**12.05.71**	
Grund	teure L 0 wegen knapper Kesselfrist abgelehnt	

01 1077 Öl		**Frist verlängerbar bis**
Lok: letzte L 3	27.03.62	27.03.68 (max. 1976)
L 0 und Kessel H 2.1	25.02.68	25.02.72
letzte L 2 und Kessel H 2.1	19.01.72	**19.01.76**
letzte L 0	14.03.73	
abgestellt	20.09.73	
Laufleistung seit letzter L 2	101.200 km	
z-Stellung	**24.09.73**	
Grund	Mittelzylinder gerissen, lose Radreifen	

01 1078 Kohle		**Frist verlängerbar bis**
Lok: letzte L 3	06.12.55	06.12.61 (max. 1969)
L 0 und Kessel U 06	04.10.61	04.10.65
L 0 mit Neubereifung	18.12.61	
L 0 und Kessel H 2.1	03.11.65	**03.11.69**
letzte L 2	01.12.64	**01.12.69***
letzte L 0	07.02.68	
abgestellt	20.07.69	
Laufleistung seit letzter L 2	298.600 km	
z-Stellung	**05.08.69**	
Grund	L 0 abgelehnt, da Kesselfristablauf nahe (14 Jahre)	

* mit 1. Verlängerung

01 1079 Öl		**Frist verlängerbar bis**
Lok: letzte L 3	20.03.56	20.03.62 (max. 1970)
L 0 und Kessel U 0 6	23.05.62	19.03.66
L 2 mit Neubereifung	10.03.65	10.03.69
letzte L 0 u. Kessel H 2.1	09.11.65	**09.11.69**
letzte L 2	06.09.66	**06.09.70**
abgestellt	03.11.67	
Laufleistung seit letzter L 2	186.685 km	
z-Stellung	**24.11.67**	
Grund	Unfall bei Ostercappeln, Reparatur wegen Altschäden zu teuer	

01 1080 Öl		**Frist verlängerbar bis**
Lok: letzte L 3	19.07.61	19.07.67 (max. 1975)
L 0 und Kessel H 2.1	24.04.67	24.04.71
L 0 mit Neubereifung	24.08.70	
L 0 und Kessel H 2.1	22.02.71	**22.02.75**
letzte L 2	03.05.72	**03.05.76**
abgestellt	10.01.75	
Laufleistung seit letzter L 2	215.800 km	
z-Stellung	**10.01.75**	
Grund	Kesselfrist nach H2.1 bis 22.02.75	

01 1081 Öl		**Frist verlängerbar bis**
Lok: letzte L 3	03.01.62	03.01.68 (max. 1976)
L 2 und Kessel H 2.1	05.03.68	05.03.72
letzte L 2	14.04.71	**03.01.76***
L 0 und Kessel H 2.1	18.04.72	**03.01.76**
letzte L 0	17.09.74	
abgestellt	01.06.75	
Laufleistung seit letzter L 2	249.400 km	
z-Stellung	**01.06.75**	
Grund	nicht mehr benötigt	

* nach 1. Verlängerung

01 1082 Öl		**Frist verlängerbar bis**
Lok: letzte L 3	17.04.63	17.04.69 (max. 1977)
L 2	13.04.66	13.04.70
L 0 und Kessel H 2.1	24.05.67	24.05.71
L 2 und Neubereifung	09.10.67	09.10.71
letzte L 2	28.01.70	**17.01.75***
L 0 und Kessel H 2.1	30.06.71	**30.06.75**
letzte L 0	07.02.73	
abgestellt	04.09.74	
Laufleistung seit letzter L 2	294.300 km	
z-Stellung	**12.09.74**	
Grund	L 0 wegen naher L 2-Frist und Laufleistungsgrenze abgelehnt	

* mit 1. Verlängerung

01 1083 Kohle		**Frist verlängerbar bis**
Lok: letzte L 3	20.02.63	**20.02.69** (max. 1977)
letzte L 2	07.07.65	**07.07.69**
letzte L 0	30.10.67	
abgestellt w L 2	25.10.68	
Laufleistung seit letzter L 2	268.000 km	
z-Stellung	**21.02.69**	
Grund	beantragte L 2 mit Kessel H 2.1 abgelehnt	

01 1084 Öl		**Frist verlängerbar bis**
Lok: letzte L 3	22.02.62	22.02.68 (max. 1976)
L 0, Kessel H 2.1 und neue Radreifen	13.09.67	
letzte L 2	04.12.68	**04.07.73***
L 0 und Kessel H 2.1	12.05.70	**12.05.74**
letzte L 0	02.08.72	
abgestellt	13.04.73	
Laufleistung seit letzter L 2	344.100 km	
z-Stellung	**13.04.73**	
Grund	Laufleistungsgrenze erreicht, fällige L 2 abgelehnt	

* mit 1. Verlängerung

01 1085 Öl		**Frist verlängerbar bis**
Lok: letzte L 3	25.10.57	25.10.63 (max. 1971)
L 2 und Kessel U 06	02.09.64	
L 2	08.03.66	
letzte L 2	21.12.67	**21.12.71**
und Kessel H 2.1	21.12.67	**25.10.71**
letzte L 0	13.08.70	
abgestellt	17.09.71	
Laufleistung seit letzter L 2	301.000 km	
z-Stellung	**20.09.71**	
Grund	Kesselfrist nicht mehr verlängerbar (14 J.)	

01 1086 Kohle		**Frist verlängerbar bis**
Lok: letzte L 3	15.03.64	**15.03.70** (max. 1978)
L 0 mit Neubereifung	14.03.66	
letzte L 2	21.12.66	**21.12.70**
letzte L 0	20.06.68	
abgestellt	13.09.68	
Laufleistung seit letzter L 2	146.000 km	
z-Stellung	**30.09.68**	
Grund	Unfall, Rahmen verzogen	

01 1087 Kohle		**Frist verlängerbar bis**
Lok: letzte L 3	23.11.61	23.11.67 (max. 1975)
letzte L 2	10.10.66	**10.10.70**
letzte L 0 und Kessel H 2.1	16.02.68	**16.02.72**
abgestellt w L 2	09.04.68	
Laufleistung seit letzter L 2	38.000 km	
z-Stellung	**24.04.68**	
Grund	Unfall, Flankenfahrt in Paderborn mit 44 201	

01 1088 Öl		**Frist verlängerbar bis**
Lok: letzte L 3	13.07.55	13.07.61 (max. 1969)
L 0 mit Neubereifung und Kessel U 06	05.11.61	20.03.65
L 2 und Kessel H 2.1	29.11.64	**29.11.68***
letzte L 2	07.02.68	**07.02.72**
Einb. Ksl 29094 (01 1079)	07.02.68	
U 0 10-Frist 29094	**09.11.69****	
letzte L 0	27.11.68	
abgestellt	28.09.69	
Laufleistung seit letzter L 2	177.000 km	
z-Stellung	**09.11.69**	
Grund	Rauchkammerträger gerissen, Kesselfristablauf 10.11.69	

* Kessel 29087, ausgebaut 21.11.67
** Frist 29094 noch verlängerbar bis 20.03.70 (nicht ausgenutzt)

01 1089 Öl		**Frist verlängerbar bis**
Lok: letzte L 3	03.09.54	03.09.60 (max. 1968)
L 0 und Kessel U 06 und Neubereifung	27.09.60	
L 2 und Kessel U 0 10	11.11.64	**03.09.68**
L 0 und Neubereifung	26.08.65	
letzte L 2	04.08.66	**04.08.70**
letzte L 0	31.01.68	
abgestellt	03.05.68	
Laufleistung seit letzter L 2	262.000 km	
z-Stellung	**07.05.68**	
Grund	Mittelzylinder gerissen, Kesselfristablauf (14 Jahre) bevorstehend	

01 1090 Kohle		**Frist verlängerbar bis**
Lok: letzte L 3	13.05.59	13.05.65 (max. 1973)
L 2	29.03.62	
letzte L 2 und Kessel U 06	13.05.64	**14.05.69***
letzte L 0	24.08.67	
abgestellt	31.03.69	
Laufleistung seit letzter L 2	208.000 km	
z-Stellung	**13.05.69**	
Grund	Ablauf L 2-Zeitfrist, fällige Kessel H 2.1 abgelehnt	

* nach einjähriger Verlängerung wegen geringer Laufleistung

01 1091 Kohle		**Frist verlängerbar**
Lok: letzte L 3	22.06.58	22.06.64 (max. 1972)
L 2 und Kessel U 06	23.10.63	23.10.67
letzte L 2 u. Neubereifung	13.04.66	**30.05.72***
L 0 und Kessel H 2.1	17.10.67	**18.10.71**
letzte L 0	02.06.70	
abgestellt	31.08.71	
Laufleistung seit letzter L 2	297.300 km	
z-Stellung	**15.09.71**	
Grund	vierjährige Kesselfrist H 2.1 bis 18.10.71	

* mit Verlängerung

01 1092 Öl		**Frist verlängerbar bis**
Lok: letzte L 3	14.03.62	14.03.68 (max. 1976)
L 0 und neue Radreifen	03.02.65	
L 2 und Kessel H 2.1	05.03.68	05.03.72
letzte L 0	29.09.71	
letzte L 2	12.04.72	**12.04.76**
und Kessel H 2.1	12.04.72	**12.04.74***
abgestellt	08.05.73	
Laufleistung seit letzter L 2	120.900 km	
z-Stellung	**08.06.73**	
Grund	Mittelzylinder gerissen	

* noch ohne die mögliche Verlängerung um zweimal ein Jahr

01 1093 Kohle		**Frist verlängerbar bis**
Lok: letzte L 3, Neubereifung	25.03.64	25.03.70 (max. 1978)
letzte L 2	13.12.66	**13.12.70**
letzte L 0	08.11.67	
abgestellt	16.02.70	
Laufleistung seit letzter L 2	179.500 km	
z-Stellung	**01.03.70**	
Grund	Kessel 25.03.70 H 2.1 erforderlich, abgelehnt wegen bevorstehender L 2-Frist	

01 1094 Kohle		**Frist verlängerbar bis**
Lok: letzte L 3	12.12.61	12.12.67 (max. 1975)
letzte L 2	14.07.66	**14.07.70**
L 0 und Kessel H 2.1	09.01.68	**09.01.70***
letzte L 0	13.06.68	(Unfall, Tendertausch)
abgestellt	07.08.68	
Laufleistung seit letzter L 2	157.900 km	
z-Stellung	**09.08.68**	
Grund	mittlerer Gleitbahnträger zerstört	

* zweimal ein Jahr Verlängerung möglich

01 1095 Kohle		**Frist verlängerbar**
Lok: letzte L 3	12.03.62	12.03.68 (max. 1976)
L 0 und Neubereifung	11.07.62	
letzte L 2	10.11.64	**10.11.68**
letzte L 0	30.08.66	
abgestellt	31.01.68	
Laufleistung seit letzter L 2	265.000 km	
z-Stellung	**10.03.68**	
Grund	Kessel H 2.1 wegen kurzer L 2-Frist abgelehnt	

01 1096		**Frist verlängerbar bis**
Lok: letzte L 3	29.04.55	29.04.61 (max. 1969)
L 2 und Kessel U 06	07.02.62	29.04.65
L 0 und Kessel H 2.1	24.05.65	**29.04.69**
L 0 und Neubereifung	27.07.65
letzte L 2	09.11.66	**09.11.70**
letzte L 0	15.01.68
abgestellt	01.10.68
Laufleistung seit letzter L 2	144.893 km
z-Stellung	**30.04.69**
Grund	Kesselfrist nicht mehr verlängerbar (14 J.)

01 1097 Kohle		**Frist verlängerbar bis**
Lok: letzte L 3	15.10.59	15.10.65 (max. 1973)
L 0 und Neubereifung	18.03.64	
letzte L 2 und Kessel H 2.1	25.05.65	**25.05.69**
letzte L 0	16.11.66	
abgestellt	11.03.69	
Laufleistung seit letzter L 2	281.700 km	
z-Stellung	**26.05.69**	
Grund	fällige L 2 und Kessel H 2.1 abgelehnt	

01 1098 Kohle		**Frist verlängerbar bis**
Lok: letzte L 3	27.05.64	27.05.70 (max. 1978)
L 0 und Neubereifung	01.12.63	
letzte L 2	22.03.67	**22.03.71**
und Besichtigung	22.03.67	**15.05.70**
letzte L 0	26.11.69	
abgestellt	07.04.70	
Laufleistung seit letzter L 2	174.900 km	
z-Stellung	**08.05.70**	
Grund	nicht mehr benötigt, L 0 und Kessel H 2.1 abgelehnt	

01 1099 Kohle		**Frist verlängerbar bis**
Lok: letzte L 3	24.10.62	**24.10.68** (max. 1976)
letzte L 2	09.11.65	**09.11.69**
letzte L 0	31.05.67	
abgestellt	10.10.68	
Laufleistung seit letzter L 2	243.000 km	
z-Stellung	**18.10.68**	
Grund	von OBL West genehmigte L 2 und H 2.1 im AW wegen Kostenüberschreitung nicht begonnen	

01 1100 Öl		**Frist verlängerbar bis**
Lok: letzte L 3	12.12.62	12.12.68 (max. 1976)
Kessel H 2.1	17.10.68	17.10.72
letzte L 2	20.01.72	**20.01.76**
letzte L 0 und Kessel H 2.1	02.10.72	**02.10.76**
abgestellt	01.06.75	
Laufleistung seit letzter L 2	227.000 km	
z-Stellung	**01.06.75**	
Grund	nicht mehr benötigt	

01 1101		**Frist verlängerbar bis**
Lok: letzte L 3	19.04.61	19.04.67 (max. 1975)
L 2	11.02.66	
L 0 und Kessel H 2.1	15.12.66	
letzte L 2	16.02.72	**16.02.76**
L 0 und Kessel H 2.1	19.04.71	**19.04.75**
letzte L 0		
abgestellt	25.06.74	
Laufleistung seit letzter L 2	235.000 km	
z-Stellung	**11.07.74**	
Grund	Bruch mittlerer Schwingenträger, im AW z-gestellt	

01 1102 Öl	**Unt.**	**Frist verlängerbar bis**
Lok: letzte L 3	14.02.62	14.02.68 (max. 1976)
L 0 und Neubereifung	05.08.62	
L 0 und Kessel H 2.1	14.01.68	14.01.72
L 2	12.06.68	12.06.72
letzte L 2	25.01.71	25.01.75
L 0 u. Kessel H 2.1	14.02.72	**14.02.74***
letzte L 0	15.06.72	
abgestellt	02.10.72	
Laufleistung seit letzter L 2	126.000 km	
z-Stellung	**29.12.72**	
Grund	Anbau des ab 01.01.1973 vorgeschriebenen linken Indusimagneten abgelehnt	

* danach noch zweimal ein Jahr Verlängerung möglich

01 1103 Öl		**Frist verlängerbar bis**
Lok: letzte L 3	18.03.59	19.03.65 (max. 1973)
L 2 mit Neubereifung und Kessel H 2.1	07.04.65	07.04.69
letzte L 2	26.11.69	**26.11.73**
Kessel H 2.1	06.10.68	**06.10.72**
letzte L 0	24.11.71	
abgestellt	15.03.72	
Laufleistung seit letzter L 2	169.000 km	
z-Stellung	**05.05.72**	
Grund	Zylinderriß	

01 1104 Öl		**Frist verlängerbar bis**
Lok: letzte L 3	13.06.61	14.06.67 (max. 1975)
L 0 und Neubereifung	19.02.67	
L 2 und Kessel H 2.1	21.06.66	21.06.70
Kessel H 2.1	21.05.70	**21.05.74**
letzte L 2	03.03.71	**03.03.75**
letzte L 0	12.12.72	
abgestellt	04.03.74	
Laufleistung seit letzter L 2	253.500 km	
z-Stellung	**22.05.74**	
Grund	H 2.1-Frist abgelaufen	

01 1105 Öl		**Frist verlängerbar bis**
Lok: letzte L 3	22.07.59	22.07.65 (max. 1973)
L 2 und Kessel H 2.1	25.05.65	25.05.69
L 2 mit Neubereifung	16.03.67	16.03.71
letzte L 2	11.02.70	**11.02.74**
L 0 und Kessel H2.1	13.03.69	**14.03.73**
letzte L 0	27.01.72	
abgestellt	23.09.72	
Laufleistung seit letzter L 2	220.000 km	
z-Stellung	**27.09.72**	
Grund	Gleitbahn links lose, L 0 abgelehnt, da Kesselfristablauf am 14.03.73	

Baureihe 01^{10} – tatsächlich die deutsche „Super-Pazifik“?

Das eindrucksvolle Äußere der Stromlinien-Dampflok 01 1001 trog – unter dem Kleid verbarg sich eine Dampfmaschine, die weniger leistungsfähig war als die der 01. Doch auch wenn die unvermeidlichen Drosselverluste der Dampfmaschine auf dem Papier zu einer Leistungseinbuße führten, in der Praxis war die Stromlinien-01 erheblich leistungsfähiger als der Zwilling von 1925. Die Verkleidung bot bereits ab 80 km/h Vorteile, weil die bessere Windschlüpfigkeit es erlaubte, mit kleiner Steuerungsauslegung und in der Beharrung mit geringerer Regleröffnung zu arbeiten. Je schneller die Lok fuhr, umso größer wurden deshalb die Leistungsreserven, so daß man für diese Type erstmals Plangeschwindigkeiten von 140 km/h vorsehen konnte. Eine Erprobung oberhalb von 120 km/h oder einen artgemäßen Einsatz allerdings gab es nie. Erst 55 Jahre später konnten die damaligen Annahmen überprüft werden. Bei den Probefahrten mit 01 1102 im Jahr 1995/6 konnte sich der Autor selbst auf der Lok wie auch im ersten Wagen vom absolut ruhigen und zuckfreien Lauf der Lok sowohl bei 150 km/h wie sogar bei 160 km/h und vom hohen Wert der Stromlinienverkleidung überzeugen.

Bereits 1939/40 fiel die eigentümliche, in diesem Umfang und bis zu hohen Geschwindigkeiten sonst nirgends beobachtete Schleuderneigung auf. Sie verstärkte sich, nachdem ab 1949 die Verkleidung abgebaut und die Loks um ungefähr 4 t leichter geworden waren. Negativ trat nun auch die geringere Leistung hervor, wie weiter hinten erwähnt wird.

Vermutlich wären deshalb die Lokomotiven auch ohne die gefährliche Alterung der St 47 K-Kessel mit neuen Kesseln ausgerüstet worden, als die Entwicklung der BR 10 jahrelang fast auf der Stelle dümpelte. Die DB verfügte über keine Dampfschnellzugloks mit mehr als 2.200 PS_i einsetzbarer Leistung, benötigte sie aber noch auf Jahre hinaus dringend, um auf den großen Nord-Süd-Magistralen die Fahrzeiten kürzen und die Zuggewichte dem Bedarf anpassen zu können. Der Neubekesselung mußte deshalb nach kurzer Zeit nahezu zwangsläufig der Umbau auf Ölhauptfeuerung folgen, weil erst diese Leistungsreserven oberhalb von 2.500 PS_i sicher verfügbar machte. Innerhalb von nur vier Jahren schraubte man die spezifische Auslastung der 34 ölgefeuerten Maschinen um ungefähr ein Viertel hoch, entsprechend der Leistung neun „normal“ eingesetzter Schnellzugloks. Nur rund elf Jahre, von 1957 bis 1968, dauerte diese „Leistungsexplosion“, so daß man der Baureihe 01^{10} Öl wirklich eine singuläre Rolle im Schnellzugbetrieb der DB während dieser Zeit zubilligen muß.

Dabei war die BR 01^{10} eigentlich mit einer Art eingebauter Achillesferse geschlagen, denn bei ihr, wie auch bei der als Vorbild dienenden BR 44 hatte man das Dreizylindertriebwerk mit Zweiachsantrieb zumindest „unzweckmäßig“ angeordnet. Was man über Jahrzehnte nicht als Zusammenhang erkannte: Die Triebwerksbauart erklärte sowohl die Schleuderneigung als auch den großen Verschleiß am Mitteltriebwerk und die unnormal hohe Zahl von Stangenbrüchen. Die Erhaltungskosten der Öllloks wuchsen mit der Dauer ihrer hohen Auslastung immens an, ohne daß man den immer schlechteren Gesamtzustand der Maschinen stabilisieren konnte. Teils lag das auch an der „auslaufenden Unterhaltung“ mit ihren Arbeitsvereinfachungen, längeren Fristen und größeren Toleranzen. Die Direktionen und Betriebswerke, die mit den Maschinen auch in den sechziger Jahren noch Höchstleistungen mit Plangeschwindigkeiten bis 140 km/h erbringen mußten, forderten verzweifelt bessere Ausbesserungsqualität, doch war es nur Stückwerk, wenn man sich um Teile, die plötzlich durch besondere hohe Schadenszahlen auffielen, nun besonders Gedanken machte. Der Auslaufbetrieb der Jahre 1968 bis 1975 ist für eine Beurteilung unerheblich. Zu messen ist die 01^{10} daran, wie sie trotz ihres Bauartmangels die immer größeren Anforderungen bewältigt hat. Auf den folgenden Seiten werden hierfür viele Zahlen vorgestellt und kommentiert, die nur einen Schluß zulassen: Die Stellung dieser Baureihe bei der Bundesbahn war tatsächlich einzigartig, und gemessen am Ausgangszustand leistete sie 20 Jahre lang enormes.

Die Achillesferse der 01^{10}

Die Bauart des Dreizylindertriebwerks mit Zweiachsantrieb, kurzer mittlerer Treibstange und schräg liegendem Innenzylinder (siehe Lokbeschreibung auf Seite 50) wurde bislang weder unter Fachleuten noch in der Öffentlichkeit als Problem wahrgenommen. Dennoch war die Bauart der 01^{10} entscheidend für die weiter hinten beschriebene Leistungseinschränkung auf ungefähr 2.500 PS_i, wollte man hohen Verschleiß und Akutschäden wie Stangen- und Zapfenbrüche vermeiden. Vermutlich sind im Laufe des Einsatzes der BR 01^{10} durch Lagerschäden der mittleren Treibstange, mittlere Kolbenstangenbrüche, mittlere Kreuzkopf- und Gleitbahnschäden, Brüche der beiden vorderen Kuppelstangen mit Begleitschäden, Kuppelstangenzapfenbrüche, Schäden an den Befestigungen der Zylinder, Rahmenschäden und nicht zuletzt die damit zusammenhängenden vielen Zuglaufstörungen finanzielle Folgen in mehrfacher Millionenhöhe entstanden. Die Problematik eines Dreizylindertriebwerks dieser Bauart war noch nicht einmal ein akademisches Diskussionsthema zwischen Ingenieuren wie z.B. die ewige Frage „Verbund – ja oder nein“, obwohl sie betrieblich und kostenmäßig bedeutsamer war. Weil man sie 1954 bei den Meßfahrten mit 01 1092 zwar bemerkt, aber nicht gründlich untersucht hatte, konnte man den Mechanismus „Ursache – Wirkung“ nicht erkennen, führte die BR 10 nach Vorbild der 01^{10} aus, und eine Problemlösung für beide Lokomotivtypen unterblieb.

Die Charakteristik der Be- und Entlastung der vorderen Treibachse durch die umschwingende mittlere Treibstange führte im Alltagsbetrieb nicht nur zu Schäden, sondern auch zu einem sehr diffizilen Verhalten der Lokomotiven vor dem Zug. Nicht die Baureihe 03, die 01^{10} war berüchtigt für problematisches Anfahren und „Hochgeschwindigkeitschleudern“, das es Zeitzeugen zufolge in diesem Umfang nur bei dieser Schnellzugloktype gab.

Tunlichst war vor schweren Zügen mit maximaler Füllung, aber geringer Regleröffnung anzufahren und diese nur vorsichtig zu erhöhen, bis die Reibungsgeschwindigkeit erreicht war. Deshalb bestand die charakteristische Anfahrt einer 01^{10} aus einem zunächst nahezu unmerklichen, fast unhörbaren Inbewegungsetzen des Zuges, dem nahezu obligatorischen Schleuderer und dann einem ganz vorsichtigen Beschleunigen. Erst bei flottem Fahrradtempo begann infolge größerer Regleröffnung aus dem leise-gleichmäßigen Auspuff ein kräftiger Dreizylindertakt hervorzuwachsen. War man bei 30 – 35 km/h über die Reibungsgeschwindigkeit hinaus, durfte man den Orkan entfesseln – mit 45 Prozent Füllung und dem Regler am Anschlag ließ der Führer während des Beschleunigens fast 3.000 PS arbeiten. War die Maschine gut im Stand, begann sofort das bei der Schar der Verehrer dieser Lokomotivtype so andächtig bewunderte zügige Beschleunigen mit knallhartem Auspuffschlag. Auch jenseits von 120 km/h war vor einem 600 t-Zug noch eine merkliche Beschleunigung möglich. Der Lokführer ließ dennoch tunlichst die linke Hand in der Nähe des Reglers, denn unvorhersehbares, bei der großen Zylinderkraft nahezu kanonenschußähnliches Losschleudern war bei dieser Type noch bis über 80 km/h zu befürchten. Daß dieses Schleudern durchweg vom Mitteltriebwerk ausging, daß dies die beiden vorderen Kuppelstangen und Kuppelzapfen über Gebühr und auf Dauer auf Bruch belastete, wissen wir erst durch die Recherche für dieses Buch. Sogar bei 120 km/h war die 01^{10} nicht völlig vor einem plötzlichen Schleudern gefeit: Trafen Entlastung der ersten Treibachse beim Hochschwingen und eine Minderung der Reibung wie beim Überfahren einer Weiche oder Laub zusammen, ging die Lok möglicherweise durch. Glücklicherweise kam das nur sehr selten vor. So täuschte das nach außen pure, brutale Kraft versprechende Äußere der „Öler" darüber hinweg, daß diese Lokomotiven doch verwundbar waren.

Bei Betrachtung der „Achillesferse" der 01^{10} darf man aber nicht außer acht lassen, daß es in Europa niemals Dampfschnellzuglokomotiven gab, die mit solcher Auslastung und mit solchen Kilometerleistungen betrieben wurden wie unsere „Öler". Die vielgerühmten französischen „Super-Power-Loks" waren mit Planpersonal besetzt und kamen im Monatsdurchschnitt kaum auf 15.000 km. Auch erhielten sie bis zum Ende der Beschaffung genietete Rahmen und Kessel sowie nachstellbare Lager und bedurften deshalb eines hohen Wartungsaufwandes. In Großbritannien wurde zwar mit verhältnismäßig kleinen Maschinen sehr schnell gefahren, doch waren auch dort die Monatsleistungen viel geringer. Die hohen Leistungen wären auch bei fehlerlos konstruierten Lokomotiven einhergegangen mit hohem Verschleiß, Schäden und hohen Unterhaltungskosten. Während 01^{10} Öl jahrelang Monatsleistungen von durchschnittlich rund 10.800 Tonnenkilometern (Laufleistung 18.000 km x Zuggewicht) erreichten, waren es bei den übrigen Schnellzugloks nur rund 15.000 km und 400 t, entsprechend 6.000 tkm. Die 1,8mal so große Auslastung mußte in jedem Fall ihren Preis kosten.

Unterhaltungskosten im Bw und Ausbesserungswerk

Zeitraum 1939 – 1949

Die neuen Stromlinienlokomotiven verursachten naturgemäß in den ersten Betriebsjahren nur geringe Unterhaltungsaufwendungen. Zwischen 1940 und 1945 fielen im allgemeinen zwei Fahrwerksausbesserungen L 2 mit je 18.000 RM und eine L 3 mit rund 26.000 RM an. Mit 5.000 bis 10.000 RM lagen auch die Kosten für Bedarfsausbesserungen niedrig. Da kaum erwähnenswerte Umbauten auszuführen waren, beschränkten sich die Umbaukosten je Lok meist auf knapp 2.000 RM. Im Durchschnitt waren für jede Lok deshalb rund 62.000 RM Ausbesserungskosten im RAW aufzuwenden. Hinzu kamen die laufenden Wartungsarbeiten und Reparaturen im Bw, die zwischen 160 und 190 RM je 1.000 Laufkilometer schwankten. Keineswegs verursachten Lokomotiven mit höheren Laufleistungen immer die höheren laufenden Kosten. Die Maschinen waren bis 1945 meist zwischen 300.000 und 350.000 km im Einsatz, so daß man unter Vernachlässigung von Verzinsung und Abschreibung der Anschaffungskosten für die rund viereinhalb Betriebsjahre auf rund 110.000 bis 120.000 RM Unterhaltungskosten kommt. Ein Vergleich mit anderen Baureihen ist kaum möglich, weil der größte Teil der 01^{10} mitten im ersten Unterhaltungsabschnitt abgestellt wurde und deshalb die diesem Unterhaltungsabschnitt zuzuordnenden Kosten für die erste L 4 nicht realistisch zu fassen sind.

Tendenziell ist zu sagen: Zwischen zwei L 4-Untersuchungen erreichten 01-Loks in einem Zeitraum von rund sechs bis sieben Jahren rund 600.000 bis 650.000 km. Die bis 1945 abgefahrenen Kilometer der 01^{10} zeigen, daß für diese eine ebenso hohe Leistung möglich gewesen wäre. Die planmäßigen Kosten der BR 01 für eine L 2 waren um 1942 ebenso hoch wie die der BR 01^{10}: 18.345 RM. Real waren die L 2-Kosten bei der 01 aber meist niedriger. Die planmäßigen Kosten für eine L 3 lagen ungefähr 4.000 RM niedriger als bei der BR 01^{10}. Die älteren 01 verursachten bereits ziemlich hohe L 0-Kosten, so daß unter dem Strich die Unterhaltung im RAW für beide Bauarten ungefähr gleich teuer war. Rund 90 bis 120 RM, also rund rund die Hälfte der 01^{10}, kosteten 01er im Bw je 1.000 km. Hier spielen die hinderliche Stromlinienverkleidung und das dritte Triebwerk eine Rolle.

Die in der Unterhaltung aufwendigen Loks der BR 39 erreichten ebenfalls rund 100.000 Laufkilometer im Jahr. Die Kosten für eine L 2 und eine L 3 lagen auf 01^{10}-Niveau. In der Bw-Unterhaltung waren sie noch billiger als die BR 01, die RAW-Schadgruppen und Bedarfsausbesserungen der mittlerweile 20 Jahre alten Maschinen addierten sich, auf den Kilometer bezogen, auf einen Betrag leicht oberhalb der BR 01^{10}.

Die zwischen 1945 und 1949 im Betrieb stehenden 01^{10}-Lokomotiven erhielten meist eine rund 30.000 RM kostende L 3 und eine L 2, die mit 25.000 RM verhältnismäßig teuer war. Die zwischen 1949 und 1951 an den Betriebsloks auszuführende L 4 mit Entstromung war wegen des guten Allgemeinzustandes meist recht günstig und schlug mit nur 50.000 bis 80.000 DM zu Buche. Die Unterhaltungskosten im Bw je 1.000 km waren mit 150 bis 200 RM trotz der großteils entfernten Verkleidung nicht niedriger als vor 1945. Solche Lokomotiven erreichten zwischen Lieferung und Entstromung fast planmäßige Laufleistungen von 500.000 bis 600.000 km, so daß sich bei ihnen die gesamten Unterhaltungskosten seit Indienststellung bis zum Abschluß der ersten L 4 mit rund 420 bis 450 RM/1.000 km erheblich günstiger stellten als bei den seit 1944/45 abgestellten Maschinen, die meist auf Beträge jenseits von 1.000 RM kamen. Bei ihnen lagen die L 4-Kosten je nach Kriegsbeschädigung und Vollständigkeit zwischen 65.000 und 140.000 DM.

Zeitraum 1949 – 1956

Während dieses Unterhaltungsabschnittes taten sich die Altbaukesselloks noch nicht durch sehr hohe Laufleistungen hervor. Auch die Kilometerleistungen von 01 und 03 stiegen an, und die Baureihe, die im – wenn auch leichten – F-Zugdienst mit Extremleistungen glänzte, war bis 1957 die 03^{10}. Erst in der Schlußphase des Altbaukessellok-Einsatzes wurden ab 1954 Jahresleistungen von mehr als 200.000 km erreicht, sozusagen im Sog der bereits eingesetzten Neubaukessel-01^{10}.

Die kaum vergleichbaren und teils auch unvorhersehbaren Unterhaltungskosten waren ein Markenzeichen der Altkessel-01^{10}. Durchschnittlich umfaßte der Zeitraum zwischen Entstromung und Neubekesselung nur fünf Jahre. Fast alle Lokomotiven mußten wegen schwerer Kesselschäden 1952/53 vorzeitig L 3-Zwischenuntersuchungen erhalten. Der typische Ablauf dieses zweiten Erhaltungsabschnittes sah deshalb so aus: eine L 2 für rund 30.000 DM, eine L 3 für zwischen 50.000 und 100.000 DM. Dazu kamen noch fünf bis zehn Bedarfsausbesserungen, die sich auf bis zu 30.000 DM summieren konnten. Zusammen mit der folgenden L 4 mit Neubekesselung verursachte dieser extrem teure Unterhaltungsabschnitt im AW und Bw je nach Zustand des Altbaukessels Kosten von 320.000 bis 400.000 DM. Die Bw-Unterhaltungskosten waren mit 150 bis 200 DM je 1.000 km auf bisherigem Niveau. Manche Maschinen kamen in einem nur rund vier Jahre umfassenden Unterhaltungsabschnitt auf 630.000 km, andere im gleichen Zeitraum auf nur 520.000 km. In jedem Fall lagen die Kosten in diesem Unterhaltungsabschnitt mit 610 bis 640 DM je 1.000 km recht hoch.

Die Kosten der BR 01 lagen in diesem Zeitraum allerdings mit rund 600 DM/1.000 km kaum niedriger. Sie erreichte weiterhin im Durchschnitt nur 100- bis 120.000 km/Jahr, und die L 4-Zyklen waren häufig nur vier bis fünf Jahre lang. Die Alterung der Maschinen führte zu einer höheren Zahl von Bedarfsausbesserungen, und die Kosten für L 2 und L 3 wuchsen auf 30.000 bzw. über 50.000 DM, ohne daß dem eine kräftige Erhöhung der Laufleistungen gegenüber stand, wie sie nun bei der 01^{10} begonnen hatte.

Die im Schnellzugdienst eingesetzten 39er kamen in rund sechsjährigen Unterhaltungszyklen während dieser Zeit auf rund 600- bis 650.000 km, also auf 01-Niveau. L 2 kosteten mittlerweile 30.000 und L 3 50.000 DM. In den Bw- und AW-Kosten lagen die mittlerweile überalterten Maschinen schon bei 820 bis 900 DM/ 1.000 km.

Zeitraum 1956 – 1967

Zwischen 1956 und 1958 ließ die DB 34 Loks der BR 01^{10} auf Ölhauptfeuerung umbauen, die fortan von Osnabrück und Bebra aus in besonders angespannten Umlaufplänen mit hohen Laufleistungen eingesetzt wurden. Der Umbau kostete rund 50.000 DM. Im Herbst 1957 paßte die DB ihre Unterhaltungsvorschriften dem durch die Speisewasser-Innenaufbereitung besseren Kesselzustand an. Nun gab es sechsjährige Kessel- und vierjährige Fahrwerksfristen. Alsbald folgte eine Ausdehnung der Kesselfristen auf acht, zehn und 1964 auf maximal 14 Jahre. Gerade bei der 01^{10} veränderte sich die Unterhaltung stark in Richtung auf den individuellen Fahrzeugzustand hin. Vor allem in die ölgefeuerten Maschinen investierte die DB noch viel: einschließlich der Ölfeuerung rund 120.000 DM zur Verbesserung der Langlauffähigkeit, Langlebigkeit von Bauteilen, Wartungsminderung und Erhöhung der Sicherheit. Bei den Kohlemaschinen wurde hingegen nur halb so viel für bauartverbessernde Maßnahmen ausgegeben. Überhaupt lief nun die Unterhaltung der kohle- und der ölgefeuerten Loks auseinander. Etliche Kohleloks fuhren bis zur Ausmusterung mit ihrer bei Neubekesselung erteilten Kesselfrist. Bei den Ölloks gab es 1959 einen Schub von L 3, und den nächsten 1961/1962.

Zwei Beispiele von vergleichbar eingesetzten Lokomotiven sollen die erheblich höheren Kosten der Ölloks gegenüber den Kohleloks verdeutlichen. Die seit 1957 ölgefeuerte 01 1071 des Bw Bebra verursachte seit der L 4 im November 1955 bis zur nächsten L 3 im Juni 1960 im AW und im Bw Kosten von 514.387 DM, denen 801.689 km (174.000 km/Jahr) gegenüberstanden, entsprechend 641 DM/1.000 km. Die kohlegefeuert gebliebene Schwesterlok 01 1072, ebenfalls beim Bw Bebra beheimatet, kostete seit der L 4 im Dezember 1953 bis zum Abschluß der nächsten L 3 im November 1959 453.697 DM und leistete 955.943 km (159.000 km/Jahr). Bei ihr betrugen demnach die Kosten in Bw und AW 475 DM/1.000 km.

Von 1958 bis 1961 erhöhte man die planmäßige spezifische Leistung der Ölloks um 25 Prozent. Beim Bw Bebra wuchs die Kilometerleistung je Lok und Jahr von rund 180.000 auf rund 200.000 km im Jahr, in Osnabrück von 160.000 auf 175.000. Die durchschnittliche Zuglast erhöhte sich von 550 auf 610 t in Bebra und 570 t in Osnabrück. Demgegenüber verharrten die Kohleloks auf einem Leistungsniveau von maximal 160.000 Jahres-km, das mittlerweile auch einige 01 und 03 erreichten. Ihr Verschleiß und ihre Schadanfälligkeit blieben demgemäß gering.

So bildeten die 01^{10} Öl unter den DB-Dampfloks eine Sonderklasse, und den extremen Belastungen hätte man durch eine entsprechend aufwendige Unterhaltung Rechnung tragen müssen. Um 1960 kostete für Kohleloks eine L 3 leicht über 100.000 DM und eine L 2 um die 50.000 DM. Teurer war die Unterhaltung der Ölloks: Eine L 3 konnte 100.000 DM, aber auch 150.000 DM kosten, eine L 2 rund 60.000 DM. Jährlich waren eine bis zwei Bedarfsausbesserungen nötig, die mittlerweile auch schon durchschnittlich mehr als 20.000 DM kosteten. Sie und die L 2 entwickelten sich zum unerwünschten Hilfsmittel, die Lokomotiven auf einem technisch einigermaßen zufriedenstellenden Niveau zu halten, denn L 3-Fristen von zehn bis 14 Jahren hätte sonst keine Öllok durchgehalten. Auch die Laufleistungsgrenze von 250.000, bald 300.000 km war meist Theorie, denn fast alle Ölloks kamen weit vor diesem Laufwert zur nächsten L 2 ins AW Braunschweig. Meist war diese nach einem bis anderthalb Jahren wieder fällig.

Mit dem Beginn der sechziger Jahre vereinfachte die Bundesbahn die Führung der Betriebsbücher. Dem fielen z.B. die Angaben über Ausbesserungskosten zum Opfer, was die Quellenlage für die Folgezeit stark beeinträchtigt. Bis zum Ende der planmäßigen Vollunterhaltung Ende 1967 verdoppelten sich die Unterhaltungskosten für die durch ständige Überforderung schnell alternden und durch viele Akutschäden wie Stangenbrüche mittlerweile als unzuverlässig geltenden Ölloks. Weil die Hauptverwaltung bis ins Jahr 1967 hinein von einer Ausmusterung der ganzen Baureihe im Jahr 1968 ausgegangen war, galt eine „Deckelung" der L 2-Kosten auf rund 70.000 DM, die man erst 1967 aufhob. Diese Verweigerung dringend erforderlicher Zusatzaufwendungen war die Hauptursache für den schlechten Zustand der Ölloks. Die letzte, nach Aufgabe der Kostendeckelung Ende 1967 an 01 1066 ausgeführte L 3 kostete deutlich mehr als 200.000 DM. Auch die L 2-Kosten hatten sich in schwindelerregende Höhen entwickelt. Eine L 2 konnte ebenso 100.000 wie 160.000 DM kosten. Vorsichtig gerechnet mußte die DB um 1965 pro Jahr in jede Öllok rund 130.000 DM für Ausbesserungen und Untersuchungen und 40.000 für Arbeiten im Bw stecken, mehr als 1.100 DM je 1.000 km. Damit waren die 01^{10} die teuersten Dampfloks der DB, und zwar auf den Kilometer bezogen wie auch absolut. Was Wunder, daß man die Maschinen 1967 aus der Statistik der Ausbesserungskosten strich: Sie vergifteten das ganze Zahlenwerk, denn man war stolz auf die geringen Kosten des auslaufenden Dampfbetriebes. Der Reichsbahn in der DDR ging es mit ihren technisch aufs engste verwandten 03^{10}, die ebenfalls ölgefeuert vor sehr schweren Zügen überfordert im Langlauf eingesetzt wurden, ebenso: Die Loks waren seit Anfang der siebziger Jahre die teuersten Triebfahrzeuge der DR.

Die Laufleistungen

Zeitraum 1940 bis 1945

Von einer „Betriebsbewährung" kann man in der Kriegszeit eigentlich gar nicht sprechen, denn einigermaßen friedensmäßige Betriebsbedingungen herrschten im Fernreiseverkehr nur bis zum Frühling 1941, somit weniger als ein Jahr seit Indienststellung. Die folgende Aufstellung zeigt nicht den Durchschnitt, sondern die Höhepunkte der Lokomotivauslastung in dieser für Personale und Maschinen schwierigen Zeit.

Kein Zufall ist es, daß unter den höchsten Laufleistungen allein neun Nennungen von Loks des Bw Hannover sind, deren großer Einsatzraum von Kassel, Bebra, Altenbeken und Hamm im

Bild 310
01 1090 (Bw Dresden Hbf) steht für die Generation der stromlinienverkleideten 01^{10}. Hier wartet sie an einem Sommerabend 1941 vor dem D 60 nach Dresden auf die Abfahrt im Anhalter Bf zu Berlin. Die Pufferaufschrift offenbart, daß sie, vielleicht am Vortag, auch den E 134 Dresden – Leipzig befördert hatte. Wegen der recht kurzen Bespannungen blieben die Kilometerleistungen mäßig.

AUFNAHME: SAMMLUNG JÖRG SAUTER

Süden, Hamburg im Norden, Bremen im Westen und Berlin im Osten begrenzt wurde. Daß man mit den Stromlinienloks bis in das Jahr 1944 hinein Betriebsleistungen auf dem Niveau der zweizylindrigen 01 erzielte, war nur durch „technischen Raubbau" möglich, dem bereits große Teile der Verkleidung zum Opfer fielen. Doch nicht nur das Äußere litt, die technische Vernachlässigung war viel gravierender. Die Kesselproblematik, wiewohl seit dem Zerknall von 50 846 im Jahr 1941 erkannt, blieb dabei noch im Hintergrund.

Daß fast alle Stromlinien-Dampfloks der Reichsbahn zwischen Herbst 1944 und Frühjahr 1945 abgestellt wurden, hatte keine bauartspezifischen Gründe. Auch alle anderen Schnellzugloks waren bei größeren Schäden von den zunehmenden Abstellungen betroffen: Die vom Bombenkrieg beschädigten Ausbesserungswerke waren kaum noch arbeitsfähig, und bei der zuletzt zugelassenen Plangeschwindigkeit von 80 km/h konnte man Reisezüge ebenso mit 41ern wie vielfach den gerade fabrikneu und fast nur im Reichsgebiet in Betrieb genommenen 42ern befördern. Im Januar 1945 wurde überdies förmlich die Abstellung aller Schnellzugloks verfügt, ein Gebot, das von den meisten RBD nicht beachtet wurde, im Falle der Stromlinienloks aber zum Stillstand aller 01^{10} der RBD Hannover bis spätestens März 1945 führte.

Gerade die mit Stangenrollenlagern versehenen Loks 01 1100 – 1105 blieben über den Zusammenbruch hinaus in der amerikanischen Besatzungszone nahezu ohne Unterbrechung in Betrieb. Das war ebensowenig ein Zufall wie der Verbleib aller Lokomotiven der britischen Zone auf dem Abstellgleis.

Im Zusammenhang mit dem damaligen Alltagsbetrieb ist die Bewertung unserer Type durch den Leiter des Versuchsdezernates des RZA Göttingen Dr.-Ing. Theodor Müller interessant, die dieser gelegentlich der Beratungen über ein neues Dampflokomotiv-Typenprogramm am 10. Juli 1948, also noch vor Beginn der Entstromung, zu Papier brachte:

„Die 01 ist an sich in ihrer ursprünglichen zweizylindrigen Form für die meisten Zwecke und Streckenverhältnisse ausreichend gewesen. Der Übergang zur dreizylindrigen Form ist nur infolge der Forderung nach höherer Geschwindigkeit und damit größerer Laufruhe und besserem Massenausgleich vollzogen worden.

Leider ist die Drillings-Stromlinienlok 01^{10-11} gegenüber der Zwillingsbauart leistungsmäßig und wärmewirtschaftlich (im Gegensatz zur 03^{10} und vergleichbaren 03) im großen Ganzen weniger günstig ausgefallen; dies wird ja auch durch die Beurteilung seitens des Betriebes im allgemeinen bestätigt. Ihre spezifischen Verbrauchswerte liegen ungünstiger als bei der Zwillings-01, an sich beim Drilling das Normale, weil ja bekanntlich, wie 1938 von Prof. Nordmann nachgewiesen, bei einander größenordnungs- und bauartmäßig entsprechenden Lok der Drilling bei Vollast 6,5 - 12 % mehr Dampf braucht (also entsprechend weniger leistet) als der Zwilling. Die 03^{10} macht in dieser Beziehung anscheinend eine Ausnahme nach der günstigen Seite, indem sie thermisch und leistungsmäßig der zweizylindrigen Regelform überlegen ist.

Auch die Steigfähigkeit der 01^{10-11} auf Hügellandstrecken soll nach Ansicht des Betriebsmaschinendienstes nicht den gestellten Erwartungen entsprechen und kaum besser als beim Zwilling sein. Das dürfte jedoch weniger durch die Bauart der 01^{10-11} und ihr (hier mehrfach praktisch und theoretisch untersuchtes) Tangentialdiagramm verursacht, als vielmehr auf unsachgemäße Fahrweise der Lokpersonale auf Steigungen sowie konstruktive Mängel der Besandungsanlage zurückzuführen sein. In bezug auf das Anzugsvermögen, die Anfahrbeschleunigung und die größere Laufruhe ist die 01^{10-11} allerdings der 01^{0-2} zweifellos überlegen.“

In der folgenden Aufstellung sind die aus Betriebsbögen und „Wirtschaftlichkeitsübersicht neuer Einheitslok“ herausgezogenen Monatsleistungen von mehr als 14.000 km zwischen 1940 und 1945 zeitlich sortiert aufgeführt. 14.000 km entsprechen bei 28 Betriebstagen rund 500 km am Tag. Die Aufstellung ist für den Zeitraum April 1941 bis April 1945 nicht vollständig, da etliche Betriebsbücher nicht erhalten oder unvollständig sind. Anfang 1945 fuhren nur noch wenige Loks, die meist nur noch 2.000 bis 8.000 km im Monat erreichten. Im April 1945 war keine mehr im Einsatz. Auch unter diesem Vorbehalt ist der Abbau von einem nahezu friedensmäßigen Schnellzugbetrieb 1940 bis zum improvisierten Kriegsbetrieb 1944 deutlich abzulesen.

Die größte bekannte Laufleistung erzielte 01 1082 (die uns als Spitzenreiter abermals begegnen wird) im Oktober 1940 mit 16.699 km bei einem Lastwert von 672 t. 17,4 kg Kohle benötigte sie, um 1 t 1.000 km weit zu transportieren. In dieser Hinsicht günstigste Lok bis 1945 war 01 1072, die im Juni 1940 bei 13.071 Monats-km und einem mittleren Zuggewicht von 731 t 16,0 kg für die 1.000 km-Beförderung von 1 t benötigte. Die größte Zuglast bewegte 01 1078 im Oktober 1940 mit 754 t.

Die Auslastung der hochgezüchteten und durch die Verkleidung schwierig zu reparierenden Maschinen war sehr hoch, die Ausnutzung je Einsatzmonat infolge der geringen Zuggeschwindigkeiten meist niedrig. Die Zuggewichte lagen fast immer weit oberhalb von 600 t, vielfach über 700 t. Diese Zahlen wären auch bei einer Gesamtbetrachtung zutreffend. Der überraschend günstige, dann aber ansteigende Kohlenverbrauch (rechts dargestellt in t/1.000 km) war den sehr hohen Zuglasten und dem von Jahr zu Jahr schlechteren Brennstoff sicher angemessen. Auffällig ist die hohe Zahl der Betriebstage je Monat. Die Loks wurden also dringend gebraucht. Neben den Monaten mit hohen Leistungen standen aber auch solche, in denen die Loks reparaturbedingt nur wenig liefen. Der realistische Mittelwert aller Maschinen dürfte bei kaum 9.000 km je Monat gelegen haben. Damit belegten sie keinen schlechten Platz, sondern fanden sich im Durchschnitt der übrigen Einheits-Schnellzugloks.

Lok	Monat	Heimat Bw	Einsatztage	km	Verbrauch t/1.000 km	Ø Last t
01 1082	Oktober 1940	Bebra	30	16.699	11,7	672
01 1081	August 1940	Bebra	31	16.597	13,0	618
01 1082	November 1940	Bebra	30	16.344	11,3	664
01 1079	Oktober 1940	Bebra	31	16.339	12,0	651
01 1081	Oktober 1940	Bebra	31	16.248	14,3	655
01 1081	November 1940	Bebra	30	16.167	14,3	667
01 1081	Dezember 1940	Bebra	31	16.000	15,2	657
01 1082	September 1940	Bebra	29	15.796	11,6	652
01 1079	November 1940	Bebra	30	15.478	13,2	660
01 1080	November 1940	Bebra	29	15.549	11,7	677
01 1086	Dezember 1940	Köln-Deutzerfeld	28	15.544	12,0	552
01 1085	November 1940	Köln-Deutzerfeld	27	15.502	13,2	617
01 1079	September 1940	Bebra	28	15.313	12,0	659
01 1081	September 1940	Bebra	29	15.312	13,0	656
01 1079	August 1940	Bebra	30	15.218	11,5	637
01 1093	September 1940	Frankfurt (O) Pbf	29	15.260	12,7	690
01 1087	Juli 1940	Köln-Deutzerfeld	31	15.140	11,7	610
01 1085	September 1940	Köln-Deutzerfeld	29	15.013	12,0	628
01 1082	August 1940	Bebra	28	14.978	11,1	641
01 1095	September 1940	Frankfurt (O) Pbf	28	14.871	12,1	709
01 1086	Oktober 1940	Köln-Deutzerfeld	27	14.794	11,8	641
01 1080	September 1940	Bebra	29	14.718	11,5	653
01 1080	Dezember 1940	Bebra	30	14.595	14,1	647
01 1078	Oktober 1940	Hannover	31	14.524	12,7	754
01 1087	August 1940	Köln-Deutzerfeld	27	14.671	11,8	624
01 1099	Dezember 1940	Würzburg	30	14.480	13,3	620
01 1085	August 1940	Köln-Deutzerfeld	28	14.458	11,1	627
01 1087	Oktober 1940	Köln-Deutzerfeld	25	14.272	13,1	633
01 1089	November 1940	Dresden-Altstadt	29	14.268	14,3	716
01 1092	August 1940	Frankfurt (O) Pbf	28	14.206	12,7	698
01 1086	September 1940	Köln-Deutzerfeld	26	14.126	11,4	630
01 1077	Dezember 1940	Hannover	29	14.079	13,5	692
01 1093	September 1941	Frankfurt O Pbf	30	16.224	13,8	715
01 1087	Januar 1941	Köln-Deutzerfeld	28	16.028	14,3	621
01 1085	Januar 1941	Köln-Deutzerfeld	28	15.585	14,5	553
01 1070	Juli 1941	Hannover	30	15.017	14,9	703
01 1080	Januar 1941	Bebra	31	14.973	14,6	646
01 1086	Januar 1941	Köln-Deutzerfeld	27	14.779	13,2	630
01 1072	Januar 1941	Hannover	31	14.654	16,3	718
01 1081	Januar 1941	Bebra	31	14.537	17,6	641
01 1070	Oktober 1941	Hannover	27	14.442	15,3	733
01 1089	März 1941	Dresden-Altstadt	30	14.137	15,9	704
01 1074	April 1941	Hannover	29	14.078	16.3	690
01 1074	Januar 1941	Hannover	31	14.015	17,2	724
01 1070	September 1942	Hannover	30	14.781	16,1	704
01 1073	September 1943	Hannover	30	15.846	15,2	670
01 1093	Juli 1943	Kattowitz	29	15.363	16,0	702
01 1079	August 1944	Braunschweig Hbf	30	15.881	14,2	660

Zeitraum von der Entstromung bis zur Neubekesselung

Nach dem Krieg waren die Zuglasten, die Streckenhöchstgeschwindigkeit, die Plangeschwindigkeiten der D-Züge und die umlaufplanmäßige Ausnutzung der Schnellzuglokomotiven geringer als zuvor. Erst 1952 wurden wieder Laufleistungen über 20.000 km im Monat erreicht, nun wieder mit Plangeschwindigkeiten von 120 km/h. Beteiligt an diesen Laufleistungen waren beileibe nicht nur 01^{10}, sondern in größerem Umfang 01, 03 und 03^{10}, da unsere Lokomotiven mehr im schweren Schnellzugdienst

Bild 311 - Mit die höchsten Monatslaufleistungen einer Altbaukessel-01^{10} über 20.000 km erzielte **01 1082** des Bw Bebra. Auf diesem Bild dampft sie am 7. Juni 1955 vor dem Leichtschnellzug D 690 Kassel – München bei Zellingen am Mainufer entlang gen Würzburg. AUFNAHME: CARL BELLINGRODT/EK-VERLAG

liefen. Entgegen landläufiger Erwartung nutzte nicht das Bw Offenburg die Loks auf seiner langen Rennstrecke besonders intensiv aus, sondern das Bw Bebra, dessen Einsatzraum im Süden durch Frankfurt und Würzburg und im Norden durch Hannover begrenzt war. Die dort 1953/54 keineswegs erst mit dem Einsatz erster Neubaukesselloks beginnende „Kilometer-Inflation" ist deutlich zu erkennen: 1953: 7, 1954: 4, 1955: 11, 1956: 1 Nennung von mehr als 20.000 km/Monat. Die in den seit Anfang 1954 gemischten Umläufen mitlaufenden Altbaukesselloks hielten mit, allerdings waren bei ihnen keine Laufleistungen von mehr als 23.000 km/Monat zu finden, die es bei den Neubaukesselloks seit 1954 bereits zahlreich gab. Der gegenüber diesen höhere Brennstoff-Verbrauch ist durchaus zu erkennen. Die im Betriebsbogen der 01 1082 für den August 1956 genannten 24.000 km beruhen leider auf einem Rechenfehler, der durch die Gegenrechnung von Tonnenkilometern und Kohlenverbrauch „enttarnt" ist.

Die gleichzeitig bei den Bw Hagen-Eckesey, Offenburg und Kassel laufenden Altbaukessel-Maschinen erreichten mit einer Ausnahme keine Monatsleistungen von 20.000 km oder mehr.

Lok	Monat	Heimat Bw	Einsatztage	km	Verbrauch t/1.000 km	Ø Last t
01 1001	Dezember 1952	Offenburg	31	21.412	13,5	532
01 1072	März 1953	Bebra	31	20.349	14,7	518
01 1093	März 1953	Bebra	31	20.013	14,9	529
01 1082	Juli 1953	Bebra	31	20.053	13,7	547
01 1070	Juli 1953	Bebra	29	20.112	15,4	551
01 1063	Juli 1953	Bebra	31	21.117	13,7	543
01 1082	August 1953	Bebra	30	21.401	14,2	554
01 1063	August 1953	Bebra	29	20.087	14,0	551
01 1082	Juni 1954	Bebra	30	21.821	12,8	511
01 1071	Juni 1954	Bebra	29	20.346	13,1	504
01 1071	August 1954	Bebra	31	21.265	13,9	540
01 1071	September 1954	Bebra	29	20.922	13,5	516
01 1070	Januar 1955	Bebra	31	20.910	14,0	503
01 1070	März 1955	Bebra	29	20.724	14,6	498
01 1082	März 1955	Bebra	29	20.689	14,5	497
01 1071	März 1955	Bebra	29	20.436	14,6	489
01 1082	April 1955	Bebra	29	21.059	14,0	502
01 1071	Juni 1955	Bebra	29	20.421	12,7	528
01 1082	Mai 1955	Bebra	28	20.602	15,0	524
01 1070	Mai 1955	Bebra	30	22.188	14,5	503
01 1071	Juli 1955	Bebra	31	21.547	14,2	566

Zeitraum 1953 - 1975

1954, im ersten vollen Betriebsjahr von Neubaukesselloks, wurden gleich zweimal beim Bw Bebra Leistungen von mehr als 25.000 km/Monat erreicht, beide Male durch 01 1093. Das Bw Bebra festigte damit seinen ersten Platz in der Statistik der höchsten Laufleistungen. Da Monatsleistungen von 20.000 km für die BR 01^{10} nun beim Bw Bebra alltäglich waren, werden in der Aufstellung auf Seite 254 nur die herausragenden Leistungen oberhalb von 25.000 km/Monat genannt. Die überhaupt höchste bekannte Monatsleistung einer DB-Dampflok bildeten die von der kohlegefeuerten 01 1052 erreichten 28.889 km im Juli 1956. Diese Nennung stammte von Klingensteiner-Ebner und war, weil das Betriebsbuch der Lok verschollen ist, nicht zu prüfen.

Nach Einführung der Ölfeuerung im Sommer 1957 bildete man in Bebra speziell auf die Öllloks zugeschnittene Langlauf-Umläufe mit Tagesleistungen von teils über 1.000 km, die bald auch planmäßig bis Hamburg und zeitweise bis Treuchtlingen führten. Sogar in Ingolstadt konnte man 01^{10} fallweise antreffen, so daß es nie ein größeres Einsatzgebiet für Dampfschnellzugloks eines Bw in Deutschland gab. Die höchste bekannte Laufleistung einer Öllok und zweithöchste überhaupt erreichte 01 1104 mit 27.503 km im Juli 1961. Kein Zufall war es, daß im kilometerfressenden Öler-Umlauf ab Sommer 1957 hauptsächlich die sechs schon seit 1940 mit gutem Erfolg mit Stangenrollenlagern ausgerüsteten Loks 01 1100 – 1105 fuhren. Der entsprechende Umbau der übrigen Lokomotiven ab 1958 war danach nur folgerichtig, die Ausrüstung mit weiteren verschleißmindernden Umbauten wie Achslagergleitplatten aus Hartstahl ebenso. Ohne diese Ertüchtigungen hätten ab Ende der fünfziger Jahre die 01^{10} Öl nicht zur „Sonderklas-

Bild 312
Die höchste Monatslaufleistung einer 01^{10}, einer DB-Schnellzugdampflok und auch vermutlich aller europäischen Dampfschnellzugloks erzielte **01 1052** des Bw Bebra im Juli 1956 noch kohlegefeuert mit 28.889 km. Das Bild zeigt die Lok drei Jahre später, am 10. Juli 1959 ölgefeuert beim „Ausfahren der Spitze“ in Mosbach (Baden). Links der Lok ist das Meterspurgleis der Kleinbahn Mosbach – Mudau zu erkennen.

AUFNAHME: GERHARD MOLL

se“ der deutschen Schnellzuglokomotiven werden können – die größten Schnellzuglasten, die höchsten Laufleistungen, die schnellsten Reisezeiten, dafür konnte diese Baureihe nur durch diese Umbauten stehen.

Ab 1961 übernahmen Osnabrücker Loks das „blaue Band“ der höchsten planmäßigen Laufleistungen. Die tatsächliche Laufleistung je Triebfahrzeug allerdings hielt von Jahr zu Jahr weniger mit den steigenden Planleistungen Schritt. Ursache war die andauernde Überforderung der Osnabrücker Ölloks durch ständiges Fahren mit Hochleistung vor schweren Zügen. Während die Bebraer Umläufe ab 1962 zurückgenommen und die Loks infolge der Elektrifizierung der Nord-Süd-Strecke ab Sommer 1963 ganz nach Kassel verdrängt wurden, erlebte Osnabrück zu dieser Zeit erst einen kilometrischen Höhepunkt. Nicht zufällig hatte das mit der Einführung der Plangeschwindigkeit von 135 km/h für etliche Schnellzüge zu tun. Nach 1963 allerdings ging es auch dort nur noch bergab. Ursache war nicht ein sinkender Leistungsumfang, sondern die außerordentlich hohe Beanspruchung der Loks, die immer größere Reparaturzeiten erforderte. Der letzte Osnabrücker Umlaufplan vom Sommer 1968 für 13 Loks mit 883 Tages-km Durchschnitt war der angestrengteste Großumlauf überhaupt. 4,2 Millionen planmäßigen Zugkilometern pro Jahr stand eine ständig sinkende Verfügbarkeit des Bestandes infolge Schäden und Bedarfsausbesserungen gegenüber. Dieser Umlauf dürfte an der Grenze dessen liegen, was im Dampflokbetrieb logistisch machbar war, technisch war der Umlauf hingegen mit der 01^{10} Öl im damaligen Zustand der Maschinen nicht mehr durchzuhalten. Die BR 01^{10} ging deshalb in Osnabrück sozusagen mit fliegenden Fahnen unter, denn gegen Ende der Osnabrücker Einsatzzeit zerfielen die Ölloks regelrecht. Rahmenbrüche, Kuppelstangenbrüche, schwere Schäden am Innentriebwerk, lose werdende Kessel, sich lösende Zylinderschrauben, das waren die typischen Schäden.

Die 21 im Laufe des Jahres 1968 in Osnabrück noch verfügbaren Ölloks kamen im Durchschnitt noch auf Laufleistungen von 130- bis 140.000 km/Jahr, insgesamt rund 2.8 Mio Zugkilometer oder rund ein Drittel zu wenig. Das heraufziehende Dilemma war schon im Herbst 1967 bemerkt worden, und ohne den dauernden Einsatz von aus Rheine geliehenen 01^{10} Kohle, eigenen ölgefeuerten 41ern und 220/221 hätten sich die Osnabrücker Bespannungsprobleme in der Hauptreisesaison zu einer in alle Himmelsrichtungen ausstrahlenden Zugförderungskrise ausgewachsen. Auch das gehört zur Geschichte unserer Baureihe, und die Ursachen hierfür wurden auf den vorangegangenen Seiten ausführlich beleuchtet.

Hoch- und Höchstleistungen nach Plan

Ziemlich singulär war ein von 1949 bis 1951 bestehender Durchlauf Braunschweig Hbf – Aachen (418 km) mit Hagener 01^{10}. Seit 1951 aber bemühte sich die DB, den knappen Schnellzuglok-Bestand durch ausgeklügelte Einsatzpläne wirtschaftlicher zu nutzen. Seit 1951/52 wurden deshalb zunehmend lange, direktionsübergreifende Bespannungen von anfangs über 200 km, bald über 400 km, seltener über 500 km eingerichtet. Bei den Langläufen stand die 01^{10} viele Jahre an erster Stelle, obwohl auch 01, 03, vor allem aber 03^{10} und 05 kurzzeitig, d.h. von 1952 bis 1957 etliche Langläufe fuhren. Von den europäischen Staatsbahnen richteten nur die British Railways zeitweise ähnlich lange Dampflok-Durchläufe wie die DB ein.

Wohl im Februar 1952 begann die nur vier Monate dauernde Bespannung von F 55/56 „Blauer Enzian“ zwischen Bebra und München durch Bebraer Loks. Immerhin 463 km waren die Loks vor dem Zug, damals der bislang längste Durchlauf von 01^{10}. Bebraer Kohle-Loks bespannten auch zwischen 1954 und 1957 den D 511 zwischen Frankfurt (M) und Lübeck mit 557 km Fahrweg. Mit der Beheimatung von 01^{10} in Osnabrück begann 1955 die Bespannung von F 11/F 12 zwischen Hamburg und Aachen (524 km), die allerdings 1956 geteilt wurde. Durchläufe zwischen Hamburg und Köln (457 und 478 km je nach Laufweg) von Osnabrücker Loks gab es seit 1955 täglich mehrere. Wegen der Alltäglichkeit von Bespannungsabschnitten von über 400 km mit ölgefeuerten Loks sei hier auf die Kapitel über die Direktionen Kassel und Münster verwiesen.

Langläufe von mehr als 500 km blieben selten. Im Sommer 1959 und Winter 1959/60 beförderten Bebraer Ölloks D 84 zwischen Hamburg-Altona und Würzburg (542 km). Im Sommer 1960 gab es folgende lange Bebraer Bespannungen: D 87 und D 89 Würzburg – Hamburg-Altona (544 km) und D 276 Hamburg-Altona – Frankfurt (534 km). Im folgenden Winterplan gab es nur die genannte Bespannung von D 89, und im Sommer 1961 waren es allein D 87 und D 89 (Würzburg – Hamburg). Im Turnus- und Sonderzugdienst erlebten 01^{10} Kohle seit 1959 einige Durchläufe zwischen Hannover und Ingolstadt. Mit 555 km waren dies die zweitlängsten Durchläufe von 01^{10}. Diese Einsätze gab es letztmalig im Winter 1961/62 mit dem nur an bestimmten Tagen verkehrenden D 86 und dem Autoreisezugpaar D 181/182. Ab Sommer 1962 wurde der Abschnitt Treuchtlingen – Ingolstadt elektrisch betrieben. Für den Winterfahrplan 1961/62 ist an

Durchläufen von mehr als 500 km sonst nur der D 88 zwischen Hamburg-Altona und Würzburg zu nennen.

Im Sommersaisonplan 1962 folgte noch eine kurzfristige Einsatzerweiterung. Eine Bebraer Öllok (planmäßig 01^{10}, ersatzweise auch BR 10) kam mit einem Eilzug nach Treuchtlingen und beförderte sodann den mit Ellok auf der gerade elektrifizierten Strecke aus Ingolstadt kommenden D 89 bis nach Hamburg-Altona weiter (684 km). Dies war gleichzeitig der letzte Dampfloklanglauf über 500 km bei der DB. Am 30. Mai 1964 waren die über die „Ostroute" via Wuppertal, Hagen fahrenden Köln-Hamburg-Züge zum letzten Mal im Durchlauf dampfbespannt. Der „elektrische Lückenschluß" zwischen Köln und Hagen beendete bei der DB die letzten Dampflok-Langläufe über 400 km. Durchläufe von 457 km hatte es zum Schluß nur vor D 94, D 393 und 394 gegeben. Der am Samstagabend um 18.20 Uhr in Köln Hbf angekommene D 394 war der letzte planmäßige Dampflok-Durchlauf von über 400 km der DB.

Erwähnt werden müssen die schnellsten planmäßigen Dampfzüge, die jemals in Deutschland gefahren sind. 1937 beförderten die zwei 05er im Wechsel mit 03 193 und auch anderen 03 zwischen Altona und dem Lehrter Bahnhof in Berlin das Zugpaar FD 23/24 auf einer Strecke von 293,3 km mit einer Reisegeschwindigkeit von 108,6 km/h. Schon 1938 mußte man wegen der häufigen Ersatzloks der BR 03 die Reisegeschwindigkeit auf 104,8 km/h senken. Der Henschel-Wegmann-Zug war zwischen Dresden Hbf und dem Anhalter Bf in Berlin auf 179,9 km Fahrstrecke 103,8 km/h schnell.

Nach 1945 war der erste Zug, der zwischen zwei Halten bei der Bundesbahn wieder 100 km/h erreichte, der seit Juli 1951 verkehrende F 44 „Roland" Bremen – Frankfurt (M). Zwischen Bremen und Hannover (122,3 km) war er 100,5 km/h schnell. Überhaupt empfahlen sich 01^{10} und 03^{10} durch ihren sehr ruhigen Lauf besonders für die Beförderung schneller Reisezüge. So nahm man sie bevorzugt für die 1951 neu eingeführten F-Züge.

Züge, die während der Dampflokzeit auf dem gesamten Bespannungsweg schneller als 100 km/h waren, gab es bei der DB wie auch bei den übrigen europäischen Staatsbahnen nur ganz wenige. In Frankreich führte der R 41 die Liste der schnellsten Dampfzüge an. In den Jahren 1958 bis 1961 war der Rapid auf dem 166 km langen Bespannungsabschnitt zwischen Paris Est und Troyes 107,2 km/h schnell. Einzig bekannter Zug der British Railways, der in der Nachkriegszeit mit dem weiter unten erwähnten D 832 konkurrieren konnte, war wohl der „Bristolian", der 1958 auf der 189,3 km langen Strecke von Bristol nach London-Paddington mit einer Castle-Class planmäßig 108,2 km/h schnell war. Die hohe V_{max} machte es möglich, obwohl die Castle-Class eine 2'C-Maschine war. Bei einer Mitfahrt wurden 98 Meilen gemessen, 4 Min. Verspätung wurden aufgeholt. Ob der Bespannungsabschnitt sich auf Paddington – Bristol beschränkte, ist mangels Kursbuch nicht belegt.

Der „Royal Scotsman" und andere Züge in Richtung Schottland, in der Vorkriegszeit ebenfalls sehr schnell, lagen nach 1945 sicherlich unter diesen 108,2 km/h.

Mit dem D 195/196 gab es bei der DB 1963/64 erstmals ein Dampfzugpaar, das auf einer langen Strecke, und sogar mit einem Zwischenhalt schneller als 100 km/h war. D 195/196 waren auch die einzigen der schnellsten 01^{10}-Züge der DB, die sechsmal wöchentlich fuhren. Die übrigen Leistungen waren auch planmäßig, aber auf einen Verkehrstag in der Woche beschränkt. Der 1971 verkehrende, vier Wagen leichte D 832 als Flügelzug zum Schnellzug Flensburg – Hamburg war die schnellste planmäßige Dampflokleistung in Deutschland überhaupt und höchstwahrscheinlich ebenso auf dem ganzen europäischen Kontinent. Auch wenn die Geschwindigkeit beeindruckend ist, die 01^{10} brauchte mindestens 400 t am Zughaken, um „vernünftig zu liegen". Vor so leichten Zügen wie dem D 823 oder dem ebenso leichten D 195/196 mußte der Lokführer die Steuerung auf 25 Prozent zurücknehmen, und wenn er den Regler auf mehr als 8 atü öffnete, rannte ihm der Zug schon manchmal auf 150 km/h hoch.

Nicht vergessen werden darf, daß die schweren Köln-Hamburg-Züge, die planmäßig 550 bis 600, gelegentlich aber auch 700 t Wagengewicht hatten, seit der Erhöhung der Plangeschwindigkeit auf 135 km/h zwischen Osnabrück und Hamburg-Harburg auch mit fast 100 km/h Reisegeschwindigkeit unterwegs waren. Im Sommer 1968 war der aus zehn Wagen bestehende D 497 zwischen Osnabrück und Hamburg-Harburg mit einem Zwischenhalt in Bremen 103 km/h schnell. D 836 übertraf zwischen Westerland und Hamburg als einziger Dampfzug in Deutschland auch auf allen Teilabschnitten die 100 km/h-Marke. Auch die letzten schweren D-Züge waren 1972 sehr schnell.

Wulf-Dieter-Heinrich erinnert sich an die Mitfahrt in einem der leichteren Züge: *„D 1323 mit 012 080 und 8 Wagen/320 t von Westerland nach Hamburg-Altona; ab Heide in fünf Minuten auf gestoppte 120 km/h, weiter bis gut 135 km/h und nach Durchfahrt St. Michaelisdonn mit 120 km/h auf der Kanalrampe von gut 6 Promille bis auf 125 km/h Beharrungsgeschwindigkeit beschleunigt. Dies entspricht 2.600 PS_i bzw. 2.100 PS_e, bezogen auf die Ebene! Chapelon läßt grüßen. Der Zug wurde vor der Einfahrt nach Hamburg-Altona gestellt, weil er fast zehn Minuten vor Plan dort war. Kommentar des Lokführers auf meine Frage: „Wir sind nicht zu schnell gefahren, die Pläne sind zu lang!" (2 h 55 min im Sommer 1971)"*

Festzuhalten ist: Der 01^{10} gebührt auch die Ehre, den schnellsten dampfbespannten planmäßigen Reisezug in Deutschland befördert zu haben.

Für die folgende Aufstellung und viele weitere Angaben zum Bereich Fahrpläne und Umlaufpläne ist Ronald Krug zu danken.

Fpl.	Zug-Nr.	Tage	Bespannungsabschnitt	ab	an	Lok	Bw	km	km/h	Zugbildung/Bemerkungen
So 71	D 832	So	Kiel Hbf – Neumünster	13:34	13:51	012	H-Alt	31,0	109,4	3 Bm, ABm Mo-Sa = V-Lok
So 71	D 823	Mo	Westerland – Hamburg Altona	6:21	8:39	012	H-Alt	236,9	103,0	2 Bm, 3 ABm
Wi 71	D 823	Mo	Westerland – Hamburg Altona	6:20	8:38	012	H-Alt	236,9	103,0	2 Bm, 2 ABm
Wi 70	D 826	Mo	Westerland – Hamburg Altona	6:30	8:50	012	H-Alt	236,9	101,5	3 Bm, 2 ABm
So 71	D 591	Sa	Kiel Hbf – Hamburg Altona	15:33	16:35	012	H-Alt	104,9	101,5	6 Bm, Am; So-Fr=V-Lok, Konsul
Wi 71	D 591	Sa	Kiel Hbf – Hamburg Altona	15:35	16:37	012	H-Alt	104,9	101,5	6 Bm, Am; So-Fr=V-Lok, Konsul
So 63	D 195	aSa	Osnabrück Hbf – Hamburg Hbf	20:10	22:31	01.10 Öl	Osn H	238,0	101,3	BDm, Am, Bm, BRym, 2 Bm
Wi 63	D 195	aSa	Osnabrück Hbf – Hamburg Hbf	20:10	22:31	01.10 Öl	Osn H	238,0	101,3	BDm, Am, Bm, 2 Bm
Wi 66	F 2	S/vF*	Hamburg Hbf – Osnabrück	17:30	19:52	01.10 Öl	Osn H	238,0	100,6	2 Am, WR, 2 Am; Hanseat
Wi 69	D 836	nS	Westerland – Hamburg Altona	6:30	8:52	012	H-Alt	236,9	100,1	3 Bm, 2 ABm

* Feiertagsregelung, sonst V200

Das Fahren mit zulässiger Höchstgeschwindigkeit von 140 km/h war seit 1963 beim Bw Osnabrück Hbf Alltag, und die Lokführer wurden angehalten, diese auch auszufahren, um Zeitreserven für Bahnhofshalte aufzubauen. Geschwindigkeiten von 150 km/h wurden versehentlich mit leichten Zügen (unter 400 t) immer wieder erreicht. Die höchste verbürgte, unter Beobachtung von Zeugen – in diesem Falle dem Vertreter des Eisenbahn-Bundesamtes –, gefahrene Geschwindigkeit einer 01^{10} lag bei 160 km/h. Sie wurde am 9. Februar 1996 von 01 1102 während der Abnahmeprobefahrt vor einem 216 t schweren Zug zwischen Eisenach und Neudietendorf erreicht, mehrere Minuten lang gehalten und im Abnahmeprotokoll notiert. Die Stromlinienlok lief dabei sehr ruhig, hatte noch Leistungsreserven und war nicht übermäßig laut.

Im Sommer 1956 standen noch 400 Dampfschnellzuglok im Dienst, die in 74 Laufplänen eingesetzt wurden. 37 Loks waren für Saisonzüge nötig. 1955/56 leisteten die Loks der OBL Süd durchschnittlich 542 km/Tag, 1956/57 nur noch 501 km/Tag. Bei der OBL West waren es 1955 615 und 1956 600 km. Durchschnittliche Tageslaufleistungen von mehr als 700 km gab es 1956 in nur wenigen Laufplänen:

BR 01: 6 Laufpläne mit insgesamt 31 Tagen
Bw Hannover: 12, Bw Köln Bbf: 3, Bw Offenburg: 6, Bw Würzburg: 10
BR 01^{10}: 5 Laufpläne mit insgesamt 20 Tagen
Bw Bebra: 5, Bw Kassel: 9, Bw Offenburg: 6
BR 03: 2 Laufpläne mit insgesamt 11 Tagen
Bw Hamburg-Altona 5, Bw Köln-Deutzerfeld 6
BR 03^{10}: 2 Laufpläne mit insgesamt 8 Tagen
Bw Dortmund Bbf: 3, Bw Hamburg-Altona: 5
BR 05: 1 Laufplan mit insgesamt 3 Tagen
Bw Hamm: 3

Mehr als 800 Durchschnittskilometer gab es nur in drei Laufplänen:

BR 01^{10}: 2 Laufpläne mit insgesamt 10 Tagen
Bw Bebra: 5, Bw Osnabrück Hbf: 5
BR 03^{10}: 1 Laufplan mit 3 Loks
Bw Dortmund Bbf: 3

Unsere 01^{10} besetzte also mit 54 Maschinen schon 30 Laufplantage mit mehr als 700 km, alle anderen 400 planmäßig fahrenden Dampfschnellzugloks nur 56.

Im Sommer 1957 war die Zahl der Schnellzugdampfloks auf 381 abgesunken. Über 700 km/Tag kamen:

BR 01: 4 Laufpläne mit insgesamt 13 Tagen
Bw Hannover: 4, Würzburg: 9
BR 01^{10}: 3 Laufpläne mit insgesamt 19 Tagen
Bw Bebra: 5, Bw Kassel: 5, Bw Osnabrück Hbf: 9,
BR 03: 1 Laufplan mit insgesamt 2 Tagen
Bw Köln-Deutzerfeld: 2

Mehr als 800 Durchschnittskilometer gab es nur in fünf Laufplänen:

BR 01: 1 Laufplan mit insgesamt 6 Tagen
Bw Hannover: 6
BR 01^{10}: 3 Laufpläne mit insgesamt 16 Tagen
Bw Bebra: 10, Bw Osnabrück Hbf: 6
BR 03^{10}: 1 Laufplan mit insgesamt 3 Tagen
Bw Dortmund Bbf: 3

In diesem Jahr besetzten 01^{10} also 35 Plantage mit mehr als 700 km, die übrigen Dampfschnellzugloks 24. Die Leistungsausweitung bei der 01^{10} während der sonst schnell sinkenden Tendenz ist offensichtlich. Bis 1959 sank der Planbedarf an Schnellzugdampfloks auf 306 Maschinen. Im Sommerfahrplan dieses Jahres fuhren noch 25 Loks der BR 01^{10} täglich mehr als 700 km, zwei der BR 10, aber nur zwölf Loks der übrigen Baureihen, ausnahmslos 01er des Bw Hannover. Dessen Neubaukessellok 01 217 erreichte im Juli 1959 24.202 km.

Aus den vielen bekannten Umlaufplänen und Aufzeichnungen der Fahrplanbüros ergibt sich die folgende, weitgehend vollständige und als repräsentativ zu bezeichnende Übersicht der dienstplanmäßigen Durchschnittsleistungen von mehr als 800 km am Tag. Es überwiegen die Umlaufpläne hoher Kilometerleistung der Bw Bebra und Osnabrück Hbf. Die höchsten Planleistungen aber erreichte das Bw Kassel 1959 mit einem zweitägigen Plan für Kohleloks, der durch einen Langlauf nach Lübeck bestimmt wurde. Alle anderen 01^{10}-Bw hatten niemals Umlaufpläne mit mehr als 800 durchschnittlichen Tages-km.

Sommer 1954	Bw Bebra	Plan 82.02	916 km	2 Kohleloks
Sommer 1955	Bw Bebra	Plan 82.02	878 km	2 Kohleloks
	Bw Bebra	Plan 82.03	892 km	3 Kohleloks
	Bw Osnabrück Hbf	Plan 01	836 km	5 Kohleloks
	Bw Osnabrück Hbf	Saisonplan 01	874 km	4 Kohleloks
Sommer 1956	Bw Bebra	Plan 82.02	875 km	5 Kohleloks
	Bw Osnabrück Hbf	Plan 01	833 km	5 Kohleloks
Sommer 1957	Bw Bebra	Plan 82.01	855 km	5 Ölloks
	Bw Bebra	Plan 82.02	834 km	5 Kohleloks
	Bw Osnabrück Hbf	Plan 02	832 km	6 Kohleloks
	Bw Osnabrück Hbf	Saisonplan 02	866 km	6 Kohleloks
Winter 1957/58	Bw Bebra	Plan 82.02	812 km	3 Ölloks
	Bw Osnabrück Hbf	Plan 02	829 km	5 Ölloks
Sommer 1958	Bw Bebra	Plan 82.01	822 km	4 Ölloks
	Bw Bebra	Saisonplan 02	831 km	5 Ölloks
	Bw Osnabrück Hbf	Plan 01	843 km	6 Ölloks
	Bw Osnabrück Hbf	Plan 03	802 km	4 Ölloks
Winter 1958/59	Bw Bebra	Plan 82.01	822 km	4 Ölloks
	Bw Osnabrück Hbf	Plan 01	900 km	6 Ölloks
Sommer 1959	Bw Bebra	Plan 82.03	842 km	3 Ölloks
	Bw Kassel	Plan 22.02	977 km	2 Kohleloks
	Bw Osnabrück Hbf	Plan 01	841 km	6 Ölloks
	Bw Osnabrück Hbf	Plan 02	881 km	5 Ölloks
Winter 1959/60	Bw Bebra	Plan 82.03	925 km	3 Ölloks
	Bw Osnabrück Hbf	Plan 01	829 km	6 Ölloks
Sommer 1960	Bw Bebra	Plan 82.02	844 km	5 Ölloks
	Bw Bebra	Plan 82.03	936 km	6 Kohleloks
	Bw Osnabrück Hbf	Plan 01	919 km	5 Ölloks
	Bw Osnabrück Hbf	Plan 02	871 km	6 Ölloks
	Bw Osnabrück Hbf	Plan 03	812 km	5 Ölloks
Winter 1960/61	Bw Bebra	Plan 82.02	826 km	9 Ölloks
	Bw Osnabrück Hbf	Plan 01	815 km	6 Ölloks
	Bw Osnabrück Hbf	Plan 02	901 km	6 Ölloks
Sommer 1961	Bw Bebra	Plan 62.02	876 km	6 Ölloks
	Bw Bebra	Plan 62.03	803 km	6 Ölloks
	Bw Osnabrück Hbf	Plan 01	869 km	6 Ölloks
	Bw Osnabrück Hbf	Plan 02	862 km	8 Ölloks
	Bw Osnabrück Hbf	Saisonplan 01	850 km	8 Ölloks
Winter 1961/62	Bw Bebra	Plan 62.02	855 km	5 Ölloks
	Bw Bebra	Plan 62.03	901 km	4 Ölloks
	Bw Osnabrück Hbf	Plan 01	825 km	6 Ölloks
	Bw Osnabrück Hbf	Plan 02	848 km	6 Ölloks
Sommer 1962	Bw Bebra	Plan 62.01	831 km	6 Ölloks
	Bw Bebra	Plan 62.02	812 km	6 Ölloks
	Bw Osnabrück Hbf	Plan 01	884 km	6 Ölloks
	Bw Osnabrück Hbf	Plan 02	860 km	6 Ölloks
Winter 1962/63	Bw Osnabrück Hbf	Plan 01	958 km	6 Ölloks
Sommer 1963	Bw Osnabrück Hbf	Plan 01	903 km	6 Ölloks
	Bw Osnabrück Hbf	Plan 03	846 km	6 Ölloks

	Bw Osnabrück Hbf	Plan 01	884 km	2 Öllloks
Winter 1963/64	Bw Osnabrück Hbf	Plan 01	904 km	6 Öllloks
	Bw Osnabrück Hbf	Plan 02	864 km	6 Öllloks
Sommer 1964	Bw Osnabrück Hbf	Plan 01	873 km	6 Öllloks
	Bw Osnabrück Hbf	Plan 02	805 km	6 Öllloks
	Bw Osnabrück Hbf	Plan 03	842 km	3 Öllloks
Sommer 1965	Bw Osnabrück Hbf	Plan 01	895 km	6 Öllloks
	Bw Osnabrück Hbf	Plan 02	829 km	5 Öllloks
Winter 1965/66	Bw Osnabrück Hbf	Plan 01	892 km	6 Öllloks
Winter 1967/68	Bw Osnabrück Hbf	Plan 01	803 km	12 Öllloks
Sommer 1968	Bw Osnabrück Hbf	Plan 01	883 km	11 Öllloks

Aus den bekannten Umlaufplänen lassen sich etliche Laufplantage mit mehr als 1.000 km Fahrtstrecke ablesen. Die mit 1.194 km wohl höchste Tagesleistung im deutschen Dampflokbetrieb überhaupt fuhr das Bw Kassel im Sommer 1959 mit kohlegefeuerten Maschinen. Der Tag bestand hauptsächlich aus dem Langlauf Kassel – Lübeck und zurück. Die Leistung wird nicht geschmälert durch den Umstand, daß Kassel weder vorher noch nachher Leistungen von 1.000 km an einem Plantag verzeichnete.

Das Bw Bebra erreichte mehrere Jahre lang bis zu 1.188 km am Tag. Auch kurz vor dem Ende gab es dort 1962 noch Tagesleistungen bis 1.103 km.

Das Bw Osnabrück Hbf erreichte bereits 1955 mit Kohleloks planmäßig Tagesleistungen von mehr als 1.000 km, die man allerdings schon nach kurzer Zeit nicht mehr durchhalten konnte. Erst der Einsatz von Ölloks ermöglichte dort eine dauerhafte Stabilisierung hoher Laufleistungen. Seine Höchstleistung von 1.173 Tageskilometern erreichte Osnabrück erst im Winter 1965/66. Danach gab es keine Leistungen über 1.000 km/Tag mehr.

Bw Bebra, Sommer 1956, Kohleloks, Plan 82.02, Tag 1:	1.045 km
Bw Bebra, Sommer 1957, Ölloks, Plan 82.01, Tag 2:	1.188 km
Bw Bebra, Sommer 1958, Ölloks, Plan 82.01, Tag 2:	1.188 km
Bw Bebra, Sommer 1958, Ölloks, Saisonplan 82.01, Tag 2:	1.028 km
Bw Bebra, Sommer 1958, Kohleloks, Plan 82.02, Tag 2:	1.188 km
Bw Bebra, Sommer 1958, Ölloks, Plan 82.01, Tag 2:	1.188 km
Bw Bebra, Winter 1958/59, Ölloks, Plan 82.01, Tag 1:	1.068 km
Bw Bebra, Winter 1958/59, Ölloks, Plan 82.01, Tag 4:	1.188 km
Bw Bebra, Winter 1959/60, Ölloks, Plan 82.03, Tag 1:	1.038 km
Bw Bebra, Winter 1959/60, Ölloks, Plan 82.03, Tag 2:	1.045 km
Bw Bebra, Sommer 1960, Ölloks, Plan 82.02, Tag 1:	1.092 km
Bw Bebra, Sommer 1960, Ölloks, Plan 82.03, Tag 4:	1.109 km
Bw Bebra, Sommer 1960, Ölloks, Plan 82.02, Tag 6:	1.109 km
Bw Bebra, Sommer 1960, Ölloks, Plan 82.03, Tag 2:	1.109 km
Bw Bebra, Sommer 1960, Ölloks, Plan 82.03, Tag 5:	1.105 km
Bw Bebra, Sommer 1960, Ölloks, Saisonplan 62.02, Tag 1:	1.091 km
Bw Bebra, Sommer 1961, Ölloks, Plan 62.03, Tag 2:	1.109 km
Bw Bebra, Sommer 1961, Ölloks, Plan 62.03, Tag 5:	1.105 km
Bw Bebra, Winter 1961/62, Ölloks, Plan 62.02, Tag 1:	1.131 km
Bw Bebra, Sommer 1962, Ölloks, Plan 62.01, Tag 5:	1.103 km
Bw Kassel, Sommer 1959, Kohleloks, Saisonplan 22.02. Tag 1:	1.194 km
Bw Osnabrück Hbf, Sommer 1955, Kohleloks, Plan 01, Tag 1:	1.022 km
Bw Osnabrück Hbf, Sommer 1955, Kohleloks, Plan 01, Tag 3:	1.022 km
Bw Osnabrück Hbf, Sommer 1957, Kohleloks, Plan 02, Tag 1:	1.148 km
Bw Osnabrück Hbf, Sommer 1957, Kohleloks, Plan 02, Tag 1:	1.148 km
Bw Osnabrück Hbf, Winter 1958/59, Ölloks, Plan 01, Tag 1:	1.160 km
Bw Osnabrück Hbf, Sommer 1959, Ölloks, Plan 02, Tag 1:	1.148 km
Bw Osnabrück Hbf, Sommer 1960, Ölloks, Plan 01, Tag 1:	1.138 km
Bw Osnabrück Hbf, Sommer 1960, Ölloks, Plan 02, Tag 3:	1.076 km
Bw Osnabrück Hbf, Sommer 1960, Ölloks, Plan 03, Tag 1:	1.066 km
Bw Osnabrück Hbf, Winter 1960/61, Ölloks, Plan 01, Tag 1:	1.128 km
Bw Osnabrück Hbf, Winter 1960/61, Ölloks, Plan 03, Tag 1:	1.066 km
Bw Osnabrück Hbf, Sommer 1961, Ölloks, Plan 01, Tag 1:	1.128 km
Bw Osnabrück Hbf, Sommer 1961, Ölloks, Plan 02, Tag2:	1.066 km
Bw Osnabrück Hbf, Sommer 1961, Ölloks, Saisonplan 04, Tag 1:	1.152 km
Bw Osnabrück Hbf, Winter 1961/62, Ölloks, Plan 01, Tag 2:	1.128 km
Bw Osnabrück Hbf, Winter 1962/63, Ölloks, Plan 01, Tag 2:	1.086 km
Bw Osnabrück Hbf, Winter 1962/63, Ölloks, Plan 01, Tag 5:	1.026 km
Bw Osnabrück Hbf, Winter 1962/63, Ölloks, Plan 01, Tag 6:	1.022 km
Bw Osnabrück Hbf, Winter 1963/64, Ölloks, Plan 01, Tag 2:	1.086 km
Bw Osnabrück Hbf, Winter 1963/64, Ölloks, Plan 01, Tag 4:	1.105 km
Bw Osnabrück Hbf, Sommer 1964, Ölloks, Plan 01, Tag 3:	1.053 km
Bw Osnabrück Hbf, Sommer 1964, Ölloks, Plan 01, Tag 5:	1.068 km
Bw Osnabrück Hbf, Winter 1965/66, Ölloks, Plan 01, Tag 4:	1.086 km
Bw Osnabrück Hbf, Winter 1965/66, Ölloks, Plan 01, Tag 6:	1.173 km

Die höchsten Laufleistungen

Die Baureihe 01^{10} ist berühmt für ihre Langläufe, und ein gut Teil ihres Renommees rührt von diesem Eindruck her. So ist es aufschlußreich zu untersuchen, ob sich die bereits genannten hohen planmäßigen Laufleistungen auf Dauer stabilisieren ließen und was die absoluten Jahres- und Monatsbestleistungen waren. Unerläßlich ist dabei der Blick auf die übrigen Dampfschnellzugloks der DB.

Allgemein erreichten die Schnellzuglok-Baureihen 01, 03 und 03^{10} auch in der Zeit der größten Ausnutzung von 1954 bis 1964 nur Jahreslaufleistungen von 130- bis 180.000 km. Die drei 05er lagen im Durchschnitt trotz ihrer F-Zug-Langläufe nie besser, sondern fast immer nur im Mittelfeld. Die bereits vielfach im Personen- und Eilzugdienst eingesetzten S 3/6 der Altkesselbauart erreichten während dieser Zeit meist 70- bis 100.000 km. Die gerade mit Neubaukessel versehenen 18^6 hatten eine Blütezeit von nur drei bis vier Jahren, und auch in dieser kamen sie nur auf 100- bis 140.000 Jahres-km. Nichts hatte sich also am jahrzehntealten Durchschnitt von rund 450 Tages-km, rund 13.000 Monats-km und einer Verfügbarkeit von unter 300 Tagen im Jahr geändert. Sogar die Paradelok 05 002 kam 1939, in ihrem besten Jahr vor 1945, auf nur 99.197 km. Ihr absolut bestes Jahr war 1956 mit 157.232 km. Die Stromlinienloks der BR 01^{10} waren bis 1945 keinen Deut besser, was nicht an ihnen, sondern an der allgemeinen Betriebsorganisation lag. Die beste Monatsleistung vor 1945 erreichte 01 1082 des Bw Bebra im Oktober 1940 an 30 Betriebstagen mit 16.699 km. Das entspricht 557 Tages-km. Bei rund 300 Einsatztagen hätte man von ihr rund 167.000 Jahres-km erwarten können, doch tatsächlich waren es in den zwölf Monaten zwischen Indienststellung Anfang Mai 1940 und Ende April 1941 nur 149.810 km. Schwesterlok 01 1081 vom gleichen Bw kam 1940 auf 150.764 km. Diese Jahresleistung wurde wohl von keiner anderen 01^{10} bis 1945 übertroffen.

Die von der Qualität einer Baureihe unabhängigen laufleistungsbegrenzenden Faktoren galten für die dreißiger wie für die frühen fünfziger Jahre gleichermaßen:

- Besitzstandswahrung der Direktionen und Bw durch Überbestände mit der Folge umlaufender kalter Reservetage,
- zu geringe Zahl leistungsfähiger Triebfahrzeuge für noch nicht auf 20 t Achsdruck ausgebaute Strecken mit der Folge einer Überlastung und hoher Schadanfälligkeit der eingesetzten Loks,
- starre und kaum auf den individuellen Fahrzeugzustand bezogene Untersuchungsfristen,
- Wartefristen bis zum Abruf nach AW-Vormeldungen,
- kurze Auswaschfristen infolge Fehlens einer Speisewasser-Aufbereitung,
- hoher Reparatur- und Wartungsaufwand im Bw durch zu komplizierten und teils unpraktischen Einzelteilaufbau,

- unterschiedliche Qualifikation der Werkstätten in den Bw,
- Besetzung durch Planpersonale, und davon meist nur zwei,
- „direktionsegoistische“ Tendenzen im Laufplanaufbau mit der Folge kurzer Bespannungsabschnitte und ungünstiger Zugkopplungen,
- geringe Zugdichte, dadurch lange Standzeiten in Wende-Bw.

Dazu kamen noch „individuelle“ Probleme, wie im Falle der 01^{10} zunächst die für den Alltagsdienst hinderliche Stromlinienverkleidung, die problematischen und einer Dauerüberwachung bedürfenden St 47 K-Kessel und das häufig schadhafte Innentriebwerk. Auf diese Weise war kaum eine größere Betriebsbereitschaft als 250 Tage im Jahr zu erzielen.

Im Verlauf der fünfziger Jahre erzielte die DB erstaunliche Rationalisierungserfolge im dampfbetriebenen Schnellzugdienst: Vereinfachung der Bauart, verschleißärmere Bauteile, die Einführung der Speisewasser-Innenaufbereitung, eine veränderte Fristenregelung, durchdachte, auf direktionsübergreifende Langläufe ausgerichtete Laufpläne, bessere Ausstattung der Werkstätten und AW und eine strikte Kontrolle der Bw und AW durch Betriebs- und Werkstättenkontrolleure ließen durchschnittliche Betriebsbereitschaft und Jahreskilometerleistung ansteigen. Beeinträchtigt wurden die Bemühungen dadurch, daß der Schnellzuglokbestand ab ungefähr 1955 dauernd in Bewegung war. Das Vorrücken des elektrischen Fahrdrahtes aus dem Süden setzte Dampfloks frei, die nach Norden verschoben wurden und ihrerseits die dort vorherrschende 03 in die Provinz verdrängten. Da die DB keine stärkere Dampfschnellzuglok als die 01^{10} besaß, konzentrierte man diese nach der Neubekesselung dort, wo alle anderen Baureihen überfordert waren. Das Bw Offenburg allerdings benötigte keineswegs dringend 01^{10}, doch wollte man die auf der oberen Rheintalstrecke verkehrenden F-Züge grundsätzlich mit laufruhigen Dreizylinderlokomotiven befördern. Der Umgruppierungsprozeß zog sich deshalb ungefähr vier Jahre hin. Die ölgefeuerten 01^{10} ausgenommen wurden die Rationalisierungserfolge im Dampfschnellzugverkehr durch die Nordwanderung eines großen Teil des Bestandes bereits wieder zunichte gemacht: Der letztlich unwirtschaftliche Einbau von Hochleistungskesseln in 01 und 03^{10} zwecks Leistungssteigerung ist ein schönes Beispiel für den richtigen Lösungsansatz, der aber durch den Beginn des Auslaufbetriebes bereits überholt war, als er noch realisiert wurde.

Die besondere Rolle der 01^{10} im Schnellzugdienst begann ab 1952 deutlich zu werden. Bei den Bw Bebra, Kassel und Offenburg profilierte sie sich im F-Zugdienst, und diese Dienststellen waren es auch, die plötzlich begannen, überdurchschnittliche Laufleistungen zu erzielen. Alle drei bespannten, mehr oder weniger aus der Mitte heraus, Langläufe im Nord-Süd-Verkehr, der in der schmal gewordenen Bundesrepublik einen stürmischen Aufschwung nahm. Die Entwicklung der Laufleistungen unserer Lokomotivtype spiegelt deshalb in diesen Einsätzen nicht zufällig den Verlauf des Wirtschaftswunders im Laufe der fünfziger Jahre wieder.

Schon Mitte der fünfziger Jahre fiel den Lokomotiven der drei genannten Bw die Rolle einer Art 103 der Fünfziger Jahre zu. 1955 begann auch der Aufbau eines 01^{10}-Bestandes in Osnabrück, weil mittlerweile auf der erstarkten vierten Nord-Süd-Magistrale (in diesem Falle eher Süd-Nord) Köln – Hamburg keine andere Lokomotivbaureihe mehr leistungsmäßig ausreichte. Folgerichtig und gut investiert war die Neubekesselung der Loks innerhalb von drei Jahren, denn nur so würden die Lokomotiven den wachsenden Ansprüchen in Sachen Geschwindigkeit, Zuggewichte und Jahreslaufleistung genügen können.

Schlagartig war es mit den neubekesselten Maschinen möglich, Jahreslaufleistungen von 200.000 km und mehr zu erreichen, und man ging daran, die Umlaufpläne erheblich zu verdichten. Allein der Aufbau der Lokomotivumläufe hatte zuvor solche Jahreslaufleistungen gar nicht ermöglicht. Kein Zufall war es deshalb, daß die erste bekannte Nennung einer 01^{10}-Jahreslaufleistung von 200.000 km in das Jahr 1954 fiel: 01 1093 des Bw Bebra erreichte 219.322 km. In das Jahr 1955 fiel die einzig bekannte Nennung einer Maschine mit Altbaukessel: 01 1082, ebenfalls vom Bw Bebra, mit 211.359 km.

Doch auch bei der 01^{10} konzentrierten sich Jahreslaufleistungen von mehr als 200.000 km allein auf den Zeitraum 1954 – 1964 und auf die vier erwähnten Bahnbetriebswerke. Eine weitere Verbesserung von Leistung und Langlauffähigkeit führte man 1957/58 durch den Einbau von Ölhauptfeuerungen in 34 und von Rollenlagerstangen in die äußeren Triebwerke bei allen Maschinen durch. Waren es in den Jahren 1954 bis 1959 noch 19 kohlegefeuerte Lokomotiven gewesen, die mehr als 200.000 km im Jahr erreicht hatten, so standen diesen im Zeitraum 1958 bis 1964 27 Nennungen ausnahmslos ölgefeuerter Loks der Bw Bebra und Osnabrück Hbf gegenüber. Die dort laufplanmäßig eingesetzten Loks unserer Baureihe kamen in dieser Zeit allgemein auf Jahreslaufleistungen zwischen 170.000 und 190.000 Jahres-km. Nimmt man das Jahresmittel aller übrigen Schnellzugdampflok mit eher optimistischen 140.000 km und die ölgefeuerten 01^{10} mit 180.000 km an, so leisteten um 1960/61 die 34 Öllloks rund 6,12 Millionen Kilometer, und das vor den schwersten D-Zügen, die die DB damals auf den großen Magistralen fahren ließ. Berücksichtigt man nun auch noch die geringere Leistungsfähigkeit von nur 1.800 bis 2.200 PS_i der übrigen Schnellzugdampfloks, so lautet das Fazit: Alle anderen Baureihen, und auch die V 200 waren nicht in der Lage, die Traktionsleistung der BR 01^{10} Öl und ihrer Weiterentwicklung BR 10 zu erbringen. Der Einsatz anderer Baureihen hätte entweder die Umstrukturierung des Zugangebotes auf leichte Einheiten, oder aber erheblich geringere Reisegeschwindigkeiten nötig gemacht. Das erstere war nicht möglich, weil Nord-Süd-Strecke und Rollbahn bereits bis zum Platzen belegt waren und teilweise bereits im Gleiswechselbetrieb betrieben wurden, das zweite indiskutabel.

Insofern trifft es tatsächlich zu, was in der großen Zahl erhaltener Gesprächsprotokolle des Werkstätten- und Bema-Dienstes anklingt: Die Wahrnehmung der DB-Oberen galt den leistungsstarken Elektroloks, der V 200, den Schnelltriebwagen und eben der 01^{10} Öl. Alle anderen Schnellzugdampfloks fanden fast keine Erwähnung, waren bereits uninteressant. Nicht vermessen ist es, für den Zeitraum vor der Elektrifizierung der Nord-Süd-Strecke den Einsatz einer einzigen 01^{10} Öl wie den zweier 01 zu gewichten. Die „Aufrüstung“ der 01^{10} Öl und ihre dann folgende jahrelange Überforderung mit der Folge immenser Unterhaltungskosten ist Zeugnis für die jahrzehntelange Versäumnis, dem Betriebsmaschinendienst eine Dampfschnellzuglok mit wenigstens 3.000 PS_i zur Verfügung zu stellen. Der leider viel zu lange zerredete Bau der 10er, die im Rückblick kaum noch nachvollziehbare Neubekesselung von 50 Loks der BR 01 mit fast französisch konzipierten Hochleistungskesseln, sie sind Zeugnis der späten Erkenntnis und des fast verzweifelten Versuches, die wachsenden Zuggewichte und geforderten hohen Geschwindigkeiten auch schon vor der Fernstrecken-Elektrifizierung zu realisieren.

Die höchste im deutschen und auch im europäischen Dampf-Schnellzugdienst erreichte Jahreslaufleistung betrug 254.363 km. Erreicht wurde sie 1961 von der Bebraer 01 1082. Vielleicht sollte man im Berliner Deutschen Technikmuseum auf einer neben ihr stehenden Tafel darauf aufmerksam machen. Diese Laufleistung entspricht im ganzen Jahr mehr als 21.000 km im Monat. Allein viermal erreichte 01 1082 mehr als 200.000 Jahres-km. Die in dieser Hinsicht wohl beste aller 01^{10} war die ebenfalls erhaltene 01 1104, die fünfmal die magische Grenze durchbrach und von 1956 bis 1962 fast anderthalb Millionen Kilometer abspulte.

Aufschlußreich ist die Aufstellung für die beteiligten Bw nach Zeitablauf (2 Loks mit Altkessel sind unterstrichen):

Bw Bebra

Kohleloks

01 1093	1954	219.322
01 1082	1955	211.359
01 1084	1955	201.402
01 1084	1956	200.974

Ölloks

01 1104	1958	209.064
01 1081	1958	206.243
01 1102	1958	204.397
01 1071	1959	218.871
01 1081	1959	203.449
01 1082	1959	200.282
01 1081	1960	231.720
01 1061	1960	224.044
01 1104	1960	222.025
01 1102	1960	203.811
01 1082	1961	254.363
01 1084	1961	252.091
01 1071	1961	247.059
01 1104	1961	228.856
01 1082	1962	235.857
01 1071	1962	222.035
01 1103	1962	218.831
01 1104	1962	217.324
01 1061	1962	214.580
01 1081	1962	202.771

Bw Kassel

Kohleloks

01 1102	1955	206.775
01 1098	1955	206.165
01 1097	1956	223.120
01 1098	1956	219.952
01 1102	1956	204.703
01 1104	1956	207.442
01 1062	1958	201.434
01 1096	1959	203.624

Bw Offenburg

Kohleloks

01 1059	1954	202.880
01 1053	1955	213.812
01 1055	1955	207.608
01 1001	1955	206.749
01 1054	1956	220.498
01 1056	1956	217.608
01 1054	1956	210.578
01 1053	1956	207.871
01 1001	1956	206.918

Bw Osnabrück Hbf

Ölloks

01 1066	1958	202.844
01 1001	1961	214.177
01 1075	1961	201.000
01 1073	1962	219.195
01 1058	1962	229.015
01 1088	1962	205.000
01 1076	1963	220.000
01 1073	1964	202.416

Keine Bögen sind bekannt von 16 Loks: 01 1052, 1075, 1076, 1077, 1083, 1085, 1086, 1087, 1088, 1090, 1094, 1095, 1099, 1100, 1101, 1105. Bei mindestens zehn von ihnen ist aufgrund ihrer Beheimatung in Bebra oder Kassel mit einer oder zwei Jahresleistungen über 200.000 km zu rechnen. Durch Aufschreibungen der BD Münster sind diese für 01 1075, 1076 und 1088 nachgewiesen, und bei 01 1087, 1100, 1101 und 1105 belegen Kilometerstände in Ausbesserungsvormeldungen Jahresleistungen von mehr als 200.000 km.

Keine Jahresleistungen von mehr als 200.000 Kilometern erreichten 17 Loks: 01 1057, 1059, 1060, 1063, 1064, 1065, 1067, 1068, 1069, 1070, 1072, 1074, 1079, 1080, 1089, 1091, 1092.

Die Monats-Höchstleistungen

Monats-Höchstleistungen von mehr als 25.000 km konzentrierten sich ebenfalls allein auf den Zeitraum 1954 bis 1964 und wurden fast ausschließlich beim Bw Bebra bis 1961 erbracht. Osnabrück und Kassel sind mit zwei bzw. einer Nennung vertreten, alle anderen Bw erreichten solche Laufleistungen nicht. 01 1052 spulte als Kohlelok im Juli 1956 die höchste von einer DB-Dampflok bekannt gewordene Monatslaufleistung ab, übrigens gefolgt von 03 1043, die im Juli 1954 im leichten F-Zug-Langlaufdienst 28.460 km erreicht hatte. Die mit Abstand höchste Zahl von sechs Nennungen erreicht 01 1082.

Lok	Monat	Bw	Einsatz-tage	km	Verbrauch t/1000 km
kohlegefeuerte Loks					
01 1052	Juli 1956	Bebra	31	28.889	
01 1082	November 1956	Bebra	29	26.776	12,2
01 1082	März 1957	Bebra	30	26.452	12,2
01 1093	Juli 1954	Bebra	30	26.348	13,8
01 1093	August 1954	Bebra	31	26.310	13,5
01 1084	August 1955	Bebra	30	25.974	13,7
01 1082	Januar 1957	Bebra	30	25.814	12,2
01 1063	Mai 1957	Bebra	30	25.420	12,5
01 1097	Juli 1961	Kassel	31	25.052	13,8
ölgefeuerte Loks					
01 1104	Juli 1961	Bebra	31	27.503	12,4
01 1102	August 1960	Bebra	30	27.462	13,2
01 1071	August 1960	Bebra	30	27.365	12,0
01 1102	Juli 1959	Bebra	31	27.360	13,8
01 1071	Juli 1961	Bebra	31	26.972	11,0
01 1081	Juli 1960	Bebra	31	26.808	12,5
01 1052	Juli 1960	Bebra		26.294	
01 1103	Juli 1960	Bebra	31	26.280	12,0
01 1082	Juli 1961	Bebra	31	26.180	11,6
01 1077	Juli 1962	Bebra		26.180	
01 1082	Juli 1960	Bebra	31	26.127	12,7
01 1057	Mai 1963	Osnabrück Hbf	28	26.092	12,2
01 1071	Juli 1960	Bebra	31	26.030	11,8
01 1082	August 1961	Bebra	31	25.692	11,8
01 1081	Oktober 1960	Bebra	30	25.346	12,7
01 1104	Juli 1957	Bebra	30	25.266	11,6
01 1057	Juni 1963	Osnabrück Hbf	30	25.225	12,1
01 1084	Oktober 1961	Bebra	31	25.035	13,4

Einige Gesamtlaufleistungen

Nur wenige Kohleloks kamen während ihrer Regeldienstzeit auf eine Laufleistung von mehr als 3 Millionen Kilometer, wohl aber etliche der ölgefeuerten Maschinen. Ursache sind die allgemein bei den Kohleloks entspannteren Umlaufpläne wie auch das recht frühe Ausscheiden der meisten Maschinen nach nur rund 26 bis 30 Einsatzjahren. Die Ölloks hingegen kamen auf einen Schnitt

Bild 313 – Die höchste Monatslaufleistung ölgefeuerter 01^{10} erreichte **01 1104** (Bw Bebra) im Juli 1961 mit 27.503 km. Sie erreichte auch als einzige fünfmal mehr als 200.000 km Jahreslaufleistung. Im März 1960 bespannte die Lok den E 570 Braunschweig – Frankfurt (M) Hbf, gesehen zwischen Frankfurt-Bonames und Frankfurt-Eschersheim.
AUFNAHME: JÜRGEN A. BOCK

von 28 bis 32 Jahren. Dienstälteste im Regeldienst war 01 1100 mit 402 Betriebsmonaten, entsprechend 33 Jahren und sechs Monaten. Ihr folgte 01 1101 mit 33 Jahren von 1940 bis 1974. Beide Loks waren 1944/45 nur zehn Monate bzw. ein Jahr abgestellt, was hier von der Betriebszeit abgezogen wurde. Auch die längste absolute Betriebszeit hat 01 1100 mit 33 Regeldienstjahren und rund 18 Jahren Museums-Dienstzeit. Die höchste Gesamtlaufleistung erreichte die eben herausgestellte 01 1082.

Es folgt eine Auswertung der von Indienststellung an geführten Betriebsbögen mit Gesamtlaufleistungen über 3 Mio. km aus den Betriebsbüchern. Bei 01 1088 wurden die aus Betriebsbuch, BD-Aufstellungen und Ausbesserungszetteln addierbaren Kilometer aufgeführt. Bei 01 1080 sind 415.000 km für den Zeitraum 04.1940 – 12.1943 enthalten, die aus der Ein-Jahresüberwachung und dem Mittel von Braunschweiger Vergleichsloks stammen. Für 01 1081 und 1082 wurden auf die gleiche Weise für den Zeitraum 04.40 – 12.42 330.000 und 329.000 km ermittelt und eingebracht.

Kohleloks:

01 1070	04.40 - 01.70	3.072.816 km
1096	07.40 - 10.68	3.091.142 km
1056	02.40 - 07.71	3.127.163 km
1095	07.40 - 03.68	3.199.440 km
1097	07.40 - 05.69	3.200.136 km
1062	02.40 - 02.73	3.233.204 km

Ölloks:

01 1088	05.40 - 11.69	3.038.639 km
1074	04.40 - 08.72	3.135.813 km
1059	02.40 - 11.70	3.258.639 km
1079	05.40 - 11.67	3.297 508 km
1071	04.40 - 05.73	3.493.343 km
1100	08.40 - 05.75	3.769.374 km
1054	02.40 - 03.72	3.778.274 km

Bild 314 – 01 1062, hier während des letzten Einsatzjahres am 8. Mai 1972 in makellosem Pflegezustand im Heimat-Bw Rheine, war unter den kohlegefeuerten Maschinen diejenige mit der höchsten Gesamtlaufleistung: 3.233.204 km. AUFN.: BURKHARD WOLLNY

Bild 315 – Insgesamt viermal kam **01 1082** auf mehr als 200.000 Jahreskilometer. Die 1961 erreichte Leistung von 254.363 km war gleichzeitig die höchste Jahreslaufleistung einer deutschen wie auch einer europäischen Dampflok. Mit 4.416.500 km erreichte sie auch die höchste Laufleistung im Regeldienst. Offenbar ragten 01 1082 und 1104 durch die Vereinigung jeweils mehrerer Rekorde aus der Masse ihrer Kolleginnen hervor. Freuen wir uns, daß die beiden anscheinend besten 01^{10} erhalten geblieben sind. Die beeindruckende Pose zeigt die Lok (Bw Bebra) im August 1959 im Bahnhof Marburg. AUFNAHME: GERHARD MOLL

1103	08.40 - 05.72	3.734.146 km
1057	02.40 - 12.70	3.795.453 km
1001	08.39 - 09.72	3.814.235 km
1073	04.40 - 04.72	3.820.293 km
1075	08.40 - 05.75	3.840.673 km
1064	03.40 - 10.72	3.842.297 km
1105	09.40 - 09.72	3.868.675 km
1068	03.40 - 01.74	3.868.900 km
1060	02.40 - 06.72	3.889.452 km
1061	02.40 - 05.75	3.992.074 km
1066	03.40 - 05.75	3.997.747 km
1102	09.40 - 12.72	4.066.875 km
1058	02.40 - 12.71	4.071.004 km
1063	03.40 - 05.75	4.106.765 km
1080	04.40 - 01.75	4.134.200 km
1055	02.40 - 05.75	4.153.372 km
1104	08.40 - 03.74	4.187.451 km
1081	05.40 - 05.75	4.315.300 km
1082	05.40 - 09.74	4.416.500 km

Bebra, Kassel, Osnabrück – ein Leistungsvergleich

Neben den summarischen und Einzelnennungen von Höchstleistungen und der Aufzählung von Laufplänen mit hoher Kilometerleistung ist auch die Betrachtung der tatsächlichen Betriebsjahre unter Nennung der wichtigen Nebenzahlen aufschlußreich. Ausgewählt wurden Lokomotiven der Bahnbetriebswerke mit den höchsten Laufleistungen in den Jahren 1958 bis 1961 während der Entwicklung der Leistungsspitze und 1964 bis 1966 im langsamen Niedergang. Methodisch war es dabei nicht unbedingt geboten, alle Lokomotiven zu nennen, wohl aber, für alle Jahre die jeweils gleiche Lok zu betrachten. Wegen des unregelmäßigen Anfalls langer Untersuchungszeiten würde eine willkürliche Auswahl verschiedener Lokomotiven zu einem schiefen Bild führen, weil das Vorhandensein von L 3-Untersuchungen durchaus zu 50 Tagen Abwesenheit und 40.000 Minder-Kilometern führen konnte – oder zum Gegenteil, wenn man zufällig Jahre ohne Untersuchungen erwischt hätte.

Wegen der vielen Wechsel von 01^{10} der BD Kassel zwischen Bebra und Kassel, des Fehlens von zehn Betriebsbüchern und der Umbeheimatung von Kohle-01^{10} in die BD Münster erst im Jahr 1959, konnten als Vergleichsgrundlage nicht überall fünf Bücher ausgewertet werden, die eine durchgängige Beheimatung während der Vergleichszeiträume aufwiesen. Dennoch ist die auf 1.692 Fahrzeugmonaten basierende Darstellung erstaunlich zutreffend. Daß beim Bw Osnabrück für das Jahr 1960 die Kilometerleistung von allen 20 Ölloks mit durchschnittlich 164.000 km anzugeben ist (M 21-Kladde der BD Münster), in der Aufstellung mit sechs zufällig ausgewählten Maschinen aber mit 173.000 km,

Bild 316, rechts – Mit mehr als 220.000 km durchschnittlicher Jahreslaufleistung und Wagengewichten von fast 620 t zelebrierten 1961 die 01^{10} des Bw Bebra den Höhepunkt des dampfgeführten Schnellzugverkehrs in Deutschland. Zwischen Würzburg, Ingolstadt und Hamburg fuhren die Maschinen hin und her. **01 1077** und **01 1081** verlassen am 14. Mai 1961 den Hamburger Hauptbahnhof für eine lange Reise nach Süden – Alltag, und doch bald vorbei. AUFNAHME: JOACHIM WOHLFAHRTH

01 1077

ist weitgehend einer einzigen, besonders guten Lok zuzuschreiben, also ein Ergebnis, das bei Betrachtung aller Loks abgeschliffen worden wäre. Nicht verschwiegen sei, daß die Listen wegen der anderen Darstellungsweise in den Betriebsbögen enorm zeitaufwendig auszuwerten waren. In Betriebsbögen haben Jahre auch keineswegs immer 365 bzw. 366 Tage, wie auch schon einmal 20.000 km einfach verloren gehen können... Folgend werden zunächst die Tabellen vorgestellt und darunter kommentiert.

Bw Bebra 1958 – 1961 (6 Ölloks)

			Reparatur					Öl t/
Lok	**i.B.**	**kalt**	**AW**	**Bw**	**w/z**	**km**	**Zuglast**	**1000 km**
1958								
01 1071	234	41	58	28	4	155.144	579	13,1
01 1081	310	11	34	9	1	206.243	570	12,3
01 1082	258	6	68	30	3	168.962	580	12,3
01 1084	288	7	41	26	3	196.645	576	11,8
01 1103	266	2	74	22	1	184.250	576	12,3
01 1104	299	4	27	35	0	209.064	584	12,6
gemittelt	275,8	11,8	50,4	25	2	186.718	578	12,4
1959								
01 1071	303	0	36	26	0	218.871	571	12,6
01 1081	283	2	47	33	0	203.449	582	12,4
01 1082	272	2	57	30	4	200.282	561	12,8
01 1084	259	7	73	22	4	198.966	551	12,1
01 1103	267	1	50	46	1	196.321	581	11,2
01 1104	274	1	72	15	3	191.556	544	13,1
gemittelt	276,3	2,2	55,8	28,7	2	201.574	565	12,4
1960								
01 1071	246	2	91	21	6	196.638	610	12,5
01 1081	302	3	43	18	0	231.720	604	12,7
01 1082	244	19	84	14	5	184.785	606	12,8
01 1084	217	74	48	27	0	157.271	611	13,6
01 1103	262	13	55	21	15	196.388	598	12,4
01 1104	292	1	23	50	0	222.025	596	12,8
gemittelt	260,5	18,7	57,3	25,2	4,3	198.138	604	12,8
1961								
01 1071	308	1	28	22	6	247.059	618	12,4
01 1081	232	2	105	24	2	175.624	619	12,7
01 1082	320	0	28	13	4	254.363	615	13,0
01 1084	322	0	27	16	0	252.091	616	12,9
01 1103	251	2	92	19	1	192.485	608	12,0
01 1104	295	1	55	14	0	228.856	622	13,2
gemittelt	288	1	55,8	18	2,2	225.080	616	12,7

Beim Bw Bebra war 1958 mit 187.000 Jahreskilometern und einem durchschnittlichen Zuggewicht von 577 t bereits ein hoher Standard erreicht. Je Fahrzeugbetriebstag wurden durchschnittlich 677 km erreicht. In diesem Jahr waren die genannten sechs Loks zwischen 234 und 310 Tage unter Dampf. Wie damals in der BD Kassel üblich, wurden in der verkehrsarmen Herbst- und Winterzeit mehrere Loks kalt abgestellt. Die Zahl der Kalttage war deshalb hoch. In den nächsten Jahren wurden die Umläufe so gestrafft und verdichtet, daß man sich diese Reserven nicht mehr leisten konnte. Sie verloren sich mit Ausnahme des Jahres 1960 deshalb fast völlig. Die Zahl der Einsatztage wuchs von Jahr zu Jahr. Nur im Jahr 1960 wurde diese Tendenz durch zwei Lokomotiven mit außerordentlich langen Untersuchungen und eine Lok, die länger als kalte Reserve abgestellt war, zunichte gemacht. Im Jahr 1959 betrug die km-Leistung je Fahrzeugbetriebstag 730 km, 1960 schon 760 km, und 1961, dem besten Jahr gar 782 km.

Die Zahl der Ausbesserungstage blieb trotz der Leistungsausweitung über den ganzen Zeitraum mit 50 bis 57 AW-Tagen nahezu konstant. Die Zahl der Ausbesserungstage im Bw sank sogar, weil man Fristarbeiten in Zugpausen schob und teilweise in Wende-Bw ausführen ließ. Die Zahl der Wartetage vor einer AW-Ausbesserung ist immer sehr gering, ein Hinweis auf die hohe Dringlichkeit, diese Lokomotiven dem Betrieb nur kurz zu entziehen. Auch damals gab es bei den Ausbesserungen schon „Ausreißer", Loks, die entweder umfangreiche Schäden aufwiesen und nach Ausbesserungen einfach nicht wieder richtig zum Laufen kamen. Die Aufwärtsentwicklung der durchschnittlichen Zuggewichte mit rund 40 t Zuwachs und der Jahreskilometer mit fast 20.000 km ist außerordentlich für diese kurze Zeit. Bedeutsam ist es, daß die starke Aufwärtsentwicklung weder mit einem deutlich wachsenden Ausbesserungsaufwand, noch mit einem meßbar höheren Brennstoff-Verbrauch erkauft werden mußte! Auch ist ein durchschnittlicher Heizölverbrauch von rund 12,5 t auf 1.000 km als ausnehmend niedrig zu bezeichnen. Insgesamt ist zu sagen, daß die Baureihe 01^{10} hier beim Bw Bebra mit dem hälftigen Wechsel zwischen Hügel- und Flachland und langen Durchläufen wohl ihre ideale Einsatzstelle gefunden hatte.

Bw Bebra 1958 – 1961 (2 Kohleloks)

			Reparatur					Kohle t/
Lok	**i.B.**	**kalt**	**AW**	**Bw**	**w/z**	**km**	**Zuglast**	**1000 km**
1958								
01 1070	199	93	52	11	10	97.617	557	15,0
01 1072	220	84	44	17	0	113.551	530	14,6
gemittelt	209,5	88,5	48	14	5	105.584	544	14,8
1959								
01 1070	270	32	31	27	5	153.653	557	14,1
01 1072	227	40	34	23	41	130.174	559	15,2
gemittelt	248,5	36	32,5	25	23	141.914	558	14,7
1960								
01 1070	260	65	23	18	0	140.117	556	14,9
01 1072	269	66	13	18	0	145.621	561	14,5
gemittelt	264,5	65,5	18	18	0	142.869	559	14,7
1961								
01 1070	224	90	40	11	0	127.304	576	13,5
01 1072	265	31	54	15	0	138.745	566	14,8
gemittelt	244,5	60,5	47	13	0	133.025	571	14.2

Die beiden Bebraer Kohleloks, die eine durchgehende Beheimatung aufwiesen, bieten ein seltsames Kontrastbild zu den Einsatztriumphen der Öler. Ihnen kamen seit deren Einsatzbeginn nur noch Hilfsfunktionen zu, zwar auch mit einem eigenen Umlauf, vor allem aber als „Springer" in Sonderdiensten oder als Reserve für ausfallende Ölloks. Die Zahl der Kalttage ist deshalb im ganzen Zeitraum hoch. Die Zahl der Ausbesserungstage im AW und Bw ist nur wenig niedriger als bei den Ölern und paßt nicht zu den geringen Kilometerleistungen. Da die Kohleloks fallweise in den Öler-Umläufen mitfuhren, ist auch hier die Tendenz steigender Zuggewichte zu beobachten, wenn auch auf niedrigerem Niveau. Der Kohlenverbrauch ist den geringeren Zuggewichten und dem um 25 Prozent kleineren Energiegehalt der Kohle angemessen.

Bw Kassel 1958 – 1961: 4 Kohleloks

			Reparatur					Kohle t/
Lok	**i.B.**	**kalt**	**AW**	**Bw**	**w/z**	**km**	**Zuglast**	**1000 km**
1958								
01 1056	205	143	0	17	0	154.873	422	14,3
01 1062	289	18	27	31	0	201.434	534	17,0
01 1096	264	39	36	25	1	170.223	532	14,4
01 1097	294	18	28	25	0	196.587	531	14,6
gemittelt	263	54,4	23	24,4	0,2	180.779	505	15,1

1959								
01 1056	299	20	24	22	0	194.146	529	14,7
01 1062	299	13	24	28	1	178.591	569	16,1
01 1096	319	26	0	20	0	203.624	526	14,7
01 1097	211	43	65	44	2	133.300	482	15,3
gemittelt	282	25,5	28	28,5	1	177.415	526	15,4
1960								
01 1056	259	25	57	25	0	160.281	526	14,9
01 1062	270	19	23	54	0	169.943	525	14,3
01 1096	250	20	63	31	2	154.164	534	14,6
01 1097	285	21	28	30	2	179.861	495	14,3
gemittelt	266	21	43	35	1	166.062	520	14,5
1961								
01 1056	239	17	62	37	10	154.064	560	15,0
01 1062	219	92	23	25	6	136.252	530	14,7
01 1096	188	143	0	30	4	112.294	539	15,0
01 1097	282	9	43	30	1	192.231	556	14,5
gemittelt	232	65	32	31	5	146.926	546	14,8

Das Bw Kassel setzte allein Kohleloks ein und das auf recht hohem Leistungsniveau. 1958 waren das an jedem Fahrzeugbetriebstag 687 km. Mit 263 Einsatztagen und einer Durchschnittsleistung von fast 181.000 km war dieses das beste der betrachteten Jahre. Bemerkenswert ist die sehr unterschiedliche Nutzung der Lokomotiven. Offenbar war der Bestand groß genug, um einzelne Maschinen monatelang kalt wegzustellen. Die höchste Zahl von Betriebstagen gab es 1959. Mit der in diesem Jahr beginnenden 01-Beheimatung in Kassel ging der Umfang der Leistungen von Jahr zu Jahr mehr zurück. Dieser Rückgang täuscht darüber hinweg, daß die Loks enorm viele Kilometer leisteten, wenn sie denn im Einsatz waren. Im Jahr 1961 fuhren sie an jedem der durchschnittlich 232 Betriebstage immer noch ungefähr so viele Kilometer wie in den beiden Vorjahren: 633 km. Die hohe Tagesleistung erklärt den trotz steigender Zuggewichte sinkenden spezifischen Kohlenverbrauch. 1961 gab es schon längere kalte Abstellperioden einzelner Loks. Kasselaner 01^{10} wurden nach Osnabrück umbeheimatet, und im Herbst 1961 begann die Beheimatung von 01^{10} Öl aus Bebra. Die Zuggewichte auf der Main-Weser-Bahn lagen erheblich unter denen der Bebraer Bespannungen, dennoch war der Kohlenverbrauch tendenziell erkennbar höher. Dabei mag es eine Rolle spielen, daß sich die Kasselaner Einsätze mit angespannteren Fahrplänen auf fast durchweg hügeligen Strecken abspielten.

Bw Osnabrück Hbf 1958 – 1961: 6 Ölloks

			Reparatur					Öl t/
Lok	i.B.	kalt	AW	Bw	w/z	km	Zuglast	1000 km
1958								
01 1001	242	10	67	34	12	165.123	606	12,8
01 1054	273	5	48	33	6	178.454	541	12,2
01 1058	249	6	71	31	8	158.762	533	12,9
01 1064	266	7	52	28	12	186.705	538	11.8
01 1079	270	16	30	47	2	179.679	548	12,1
01 1092	261	5	67	29	3	168.172	542	12,0
gemittelt	260,2	8,2	55,7	33,7	7,2	172.816	551	12,3
1959								
01 1001	259	11	72	20	3	181.604	550	11,8
01 1054	252	12	78	21	2	163.655	544	11,5
01 1058	296	15	7	45	2	190.404	550	12,2
01 1064	265	12	30	28	30	190.088	551	11,8
01 1079	271	8	38	27	21	151.586	611	13,3
01 1092	254	9	64	28	10	168.019	548	12,1
gemittelt	266,1	11,2	48,2	28,2	11,3	174.226	559	12,1
1960								
01 1001	275	8	31	48	4	170.096	563	12,9
01 1054	256	9	32	54	15	168.086	540	12,4
01 1058	267	5	63	25	6	175.642	549	11,9
01 1064	291	6	15	39	15	193.722	571	12,4
01 1079	236	8	91	26	5	161.259	561	12,2
01 1092	257	11	61	33	4	160.365	553	12,7
gemittelt	263,7	7,8	48,8	37,5	8,2	171.528	556	12,4
1961								
01 1001	300	9	19	33	4	214.177	563	12,6
01 1054	283	10	34	35	3	196.356	563	12,3
01 1058	245	9	78	26	7	170.855	568	12,4
01 1064	239	3	72	34	17	163.391	602	12,7
01 1079	250	10	68	36	1	169.058	567	12,9
01 1092	268	8	27	60	2	178.870	568	12,8
gemittelt	264,1	8,2	49,7	37,3	5,7	182.118	572	12,6

Die Osnabrücker Ölloks wurden allgemein angestrengter eingesetzt als die Bebraer. Ihre Haupteinsatzstrecke bestand auf 100 km Länge aus dauernden Anfahrten und danach einem 350 km langen Abschnitt mit nur wenigen Halten und fast ständigem Fahren mit 120 km/h. In der Aufstellung wird die Beanspruchung schon durch die hohe Zahl von Bw-Reparaturtagen deutlich. Im Verhältnis zu Bebra ist deshalb auch die Zahl der jährlichen Einsatztage deutlich geringer und kann offenbar nicht über durchschnittlich 270 Tage gesteigert werden. Ebenso verhält es sich mit den jährlichen Kilometerleistungen: Sie stagnieren leicht über 170.000 km, und erst 1961 findet ein Sprung um gleich 10.000 km statt. Auch die Zuglasten blieben bis 1960 weitgehend gleich bei rund 550 t, um 1961 erstmals erkennbar zu steigen. Hier spielte die größere Zahl von Schnellgüterzügen eine Rolle, die in Bebra nahezu völlig im Bespannungsprogramm fehlten. Nicht recht erklärlich ist die im Verhältnis zu Bebra immer deutlich höhere Zahl von Wartetagen vor der Fahrt ins AW. Der Brennstoffverbrauch ist trotz des langen Fahrens unter Hochleistung bemerkenswert niedrig, sogar niedriger als in Bebra. Die Kilometerleistung je Fahrzeugbetriebstag entwickelte sich so: 1958: 664 km, 1959: 655 km, 1960: 650 km, 1961: 689 km. Nach einem seit 1958 anhaltenden Rückgang der Kilometerleistung je Fahrzeug schnellte die Kilometerleistung in diesem Jahr infolge der Verdichtung der Umlaufpläne hoch, ohne daß sich einstweilen an der Zahl der Ausbesserungstage etwas auffällig veränderte.

Bw Osnabrück Hbf 1959 – 1961: 4 Kohleloks (erst ab 1959 in Osnabrück)

			Reparatur					Kohle t/
Lok	i.B.	kalt	AW	Bw	w/z	km	Zuglast	1000 km
1959								
01 1065	253	36	33	38	5	129.692	527	15,2
01 1069	251	29	36	29	20	122.285	524	15,4
01 1078	275	21	42	24	3	141.313	523	15,1
01 1091	284	24	23	31	3	138.490	523	15,5
gemittelt	265,8	27,5	33,5	30,5	7,7	132.945	524	15,3
1960								
01 1065	284	13	33	34	2	142.733	528	15,7
01 1069	256	24	32	41	13	117.554	531	16,2
01 1078	234	13	71	34	14	111.509	526	13,9
01 1091	287	16	32	27	4	141.688	522	15,5
gemittelt	265,3	16,5	42	34	8,2	128.371	527	15,3
1961								
01 1065	274	25	31	28	7	129.930	569	15,8
01 1069	253	22	45	22	23	129.371	544	15,5
01 1078	253	26	49	25	12	123.582	532	14,9
01 1091	253	28	49	24	11	122.361	533	14,9
gemittelt	258,3	25,2	43,5	24,7	13,3	126.311	544	15,3

Bild 317 – Ihre besten Zeiten hatten in der zweiten Hälfte der sechziger Jahre die 01^{10} der BD Kassel lange hinter sich. Mit 101.000 km im Jahr 1966 war **01 1056** noch die beste unter ihren kohlegefeuerten Schwestern. Im Juni 1966 verläßt sie hier vor einem Vorzug des D 184 den Bahnhof Treysa in Richtung Gießen. AUFNAHME: JÜRGEN A. BOCK

Die Rolle der Osnabrücker Kohleloks als Aushilfe- und Sonderloks wird durch die ebenso hohe Zahl von Einsatztagen wie bei den Ölloks, aber niedrigere Zuglasten und Kilometerleistungen deutlich. Letztere sind leicht im Abnehmen begriffen, erklärbar durch die Zuteilung weiterer 01^{10}, mit denen sie sich die Leistungen teilen mußten. Da die Loks zum Teil dieselben Züge beförderten wie die Öler, ist auch hier für das Jahr 1961 eine Zunahme der Zuglasten zu beobachten. Wegen der längeren Standzeiten ohne Leistungen war der Brennstoffverbrauch pro 1.000 km höher als bei den Bebraer oder Kasselaner 01^{10} Kohle.

Bild 318 – Die Osnabrücker Schnellzugloks, ständig unter dem Zwang, mit sehr schweren Zügen an der oberen Geschwindigkeitsgrenze fahren zu müssen, litten besonders unter der „auslaufenden Unterhaltung“ im AW. Die laufplanmäßig von ihnen noch 1966/67 verlangten rund 210.000 km Jahreskilometer schafften die Loks niemals. Immer mußten Reserveloks im Umlauf mitfahren. **01 1054** kam 1966 auf nur 116.000 km bei mehr als 120 Werkstattagen. 1967 waren es 147.000 km, 1968, ab Ende September schon in Rheine, 110.000 km. Das Bild der Lok vor einem Eilzug von Hamburg nach Bremen entstand im Februar 1968 zwischen Buchholz und Sprötze. AUFNAHME: RAINER SCHNELL

Bw Kassel 1964 – 1966: 5 Ölloks

Lok	i.B.	kalt	Reparatur AW	Bw	w/z	km	Zuglast	Öl t/ 1000 km
1964								
01 1061	275	1	42	34	14	174.296	524	14,1
01 1081	204	2	103	42	15	124.814	526	13,6
01 1084	239	0	87	28	12	156.177	526	13,3
01 1103	286	2	35	42	1	188.074	485	12,6
01 1104	267	4	40	39	16	163.059	508	12,9
gemittelt	254,2	1,8	61,4	37	11,6	161.284	514	13,3
1965								
01 1061	274	2	35	38	16	153.220	501	13,5
01 1081	279	5	41	40	0	160.037	506	12,4
01 1084	274	8	44	39	0	161.568	507	13,8
01 1103	245	18	44	40	18	135.446	501	13,1
01 1104	275	7	27	48	8	160.004	514	13,3
gemittelt	269,4	8	38,2	41	8,4	154.055	506	13,2
1966								
01 1061	187	61	57	17	43	100.876	503	14,3
01 1081	220	20	85	27	13	126.130	490	12,0
01 1084	208	19	95	31	12	107.939	505	14,7
01 1103	292	12	25	36	0	156.705	385	13,9
01 1104	286	16	46	17	0	154.312	507	13,8
gemittelt	238,6	25,6	61,6	25,6	13,6	129.192	478	13,7

Ein Jahr nach der Umbeheimatung der Bebraer 01^{10} nach Kassel leisteten die Ölloks im Jahr 1964 noch immer weniger Zugdienste als die Kohleloks im Jahr 1960. Auch die Zuglasten waren kleiner als Anfang der sechziger Jahre. Auffällig ist die Zunahme der Kalttage, nachdem der Einsatzraum 1964 und 1965 durch den Wegfall der Leistungen nach Hannover und südlich von Gießen entscheidend verkleinert worden war. Mehr Loks mußten sich weniger Leistungen teilen, und 1966, einige Monate vor dem Ende, war die durchschnittliche Jahreslaufleistung auf nur noch 129.000 km gesunken. Weil die Loks nun vielfach vor Personen- und Eilzügen eingesetzt waren, sanken auch die Zuglasten. Demgegenüber stand ein ständig steigender Brennstoffverbrauch. Die km-Leistungen je Fahrzeugbetriebstag entwickelten sich so: 1964: 634 km, 1965: 571 km, 1966: 541 km.

Bw Kassel 1964 – 1966: 4 Kohleloks

Lok	i.B.	kalt	Reparatur AW	Bw	w/z	km	Zuglast	Kohle t/ 1000 km
1964								
01 1056	227	74	28	34	3	109.107	477	14,4
01 1062	254	57	21	34	0	119.140	509	16,0
01 1072	266	32	34	29	5	105.808	518	15,4
01 1098	225	30	87	20	4	101.413	488	16,4
gemittelt	243	48,3	42,5	29,2	3	108.867	498	15,6
1965								
01 1056	200	114	27	19	5	81.103	479	16,5
01 1062	59	255	14	6	31	25.521	488	16,8
01 1072	259	51	28	23	4	85.511	556	17,5
01 1098	243	101	0	21	0	97.877	471	17,0
gemittelt	190,2	130,3	17,3	17,2	10	72.503	499	17,0
1966								
01 1056	259	57	25	24	0	101.122	455	18,4
01 1062	179	162	24	0	0	75.433	?	?
01 1072	232	83	0	35	15	83.126	519	16,2
01 1098	195	122	0	48	0	79.870	?	?
gemittelt	216,2	106	12,2	26,8	3,8	84.888	487	17,3

Die Betrachtung der Kasselaner Kohleloks zeigt das gleiche Bild wie bei den Ölloks, nur auf wesentlich niedrigerem Niveau. Während die Zuglasten ungefähr denen der Ölloks entsprachen, brachen nach dem Verlust der eben erwähnten Einsätze im Oktober 1964 und Sommer 1965 die Leistungen regelrecht zusammen. Lange Standzeiten im Feuer führten zu unnormal hohem Kohlenverbrauch je 1.000 km. Kaltzeiten von mehr als einem halben Jahr zeigen, daß die Loks eigentlich bereits überflüssig waren.

Bw Osnabrück Hbf 1964 – 1966: 5 Ölloks

Lok	i.B.	kalt	Reparatur AW	Bw	w/z	km	Zuglast	Kohle t/ 1000 km
1964								
01 1001	245	4	78	25	14	155.857	567	13,5
01 1054	257	6	23	36	44	158.103	542	12,6
01 1064	295	2	40	25	4	193.696	581	13,4
01 1079	236	5	74	49	2	139.427	561	13,6
01 1092	280	3	38	36	9	181.037	579	15,0
gemittelt	262,6	4	50,6	34,2	14,6	165.624	566	13,6
1965								
01 1001	251	0	82	30	2	166.202	588	12,5
01 1054	276	3	59	24	3	171.737	596	13,1
01 1064	256	3	64	34	8	160.693	596	15,7
01 1079	265	6	75	15	4	164.527	535	12,6
01 1092	291	2	21	41	10	174.480	605	12,9
gemittelt	267,8	2,8	60,2	28,8	5,4	167.528	584	13,4
1966								
01 1001	240	3	77	33	12	142.828	658	11,2
01 1054	214	3	38	88	22	116.012	607	13,7
01 1064	247	2	53	46	17	137.733	603	13,4
01 1079	261	3	27	69	5	128.913	605	13,6
01 1092	257	3	34	58	13	137.157	606	13,1
gemittelt	243,8	2,8	45,8	58,8	13,8	132.529	616	13,0

Die Osnabrücker Ölloks waren seit 1964 die am angestrengtesten eingesetzten DB-Dampfloks. Die Jahreskilometerleistung war zwar auf 166.000 km zurückgegangen, die Zuglasten waren aber ebenso hoch wie 1961. Die Zahl der Jahreseinsatztage lag immer noch unter 270 Tagen, und auch die Ausbesserungszeiten bewegten sich in der Höhe des Jahres 1961. Das gerade Gesagte gilt auch für das Jahr 1965, in dem sogar ein Anstieg der Einsatztage, der Jahreslaufleistung, vor allem aber der Zuglasten zu verzeichnen ist. Letztere erhöhten sich im Jahr 1966 abermals, und zwar auf das letztmals im Jahr 1961 beim Bw Bebra aufgeführte hohe Gewicht von 616 t. Was hier nicht zu erkennen ist: Neben dem Ansteigen der Zuggewichte und der Höchstgeschwindigkeit wurden auch die Laufpläne immer dichter gepackt. Ganz offenbar waren die Lokomotiven diesen stark steigenden Anforderungen nicht mehr gewachsen, was sich in den fast explodierenden Ausbesserungszeiten (1964: 85, 1965: 89, 1966: 105 Tage), den im Jahr 1966 nur noch 244 Einsatztagen und in einem – gemessen an den steigenden Laufplananforderungen – dramatischen Rückgang der Jahreskilometerleistung ausdrückt. Auch die Betrachtung der Kilometer je Fahrzeugbetriebstag bestätigt diesen Einbruch: 1964: 631 km, 1965: 626 km, 1966: 543 km.

Bw Osnabrück Hbf 1964 – 1966: 5 Kohleloks

Lok	i.B.	kalt	Reparatur AW	Bw	w/z	km	Zuglast	Kohle t/ 1000 km
1964								
01 1053	290	33	0	37	6	115.077	533	16,5
01 1065	278	40	29	18	1	120.869	517	14,4
01 1069	258	35	51	19	3	105.318	513	15,7
01 1078	261	21	35	39	10	100.632	524	16,9
01 1091	309	35	0	20	2	131.359	514	15,2
gemittelt	279,2	32,8	23	26,6	4,4	114.651	520	15,7

1965								
01 1053	220	83	29	29	4	78.620	500	16.1
01 1065	285	56	0	23	1	106.090	499	17,0
01 1069	234	58	34	30	9	83.969	501	15,9
01 1078	264	49	28	21	3	93.971	505	15,3
01 1091	258	57	25	22	3	92.196	494	16,3
gemittelt	252,2	60,6	23,2	25	4	90.969	500	16.1
1966								
01 1053	262	24	30	39	10	89.919	506	15,4
01 1065	209	75	53	19	9	71.372	509	16,2
01 1069	214	119	0	28	4	73.783	511	15,7
01 1078	146	160	23	27	9	45.796	517	17,5
01 1091	180	127	38	15	5	66.160	508	18,0
gemittelt	202,2	101	28,8	25,6	7,4	69.406	510	16,6

Den Osnabrücker Kohleloks oblag von 1964 bis 1966 weiterhin die Reservefunktion für die Öler und der immer wichtigere Sonderdienst in den Hauptreisezeiten. Gemessen an den Einsatzkilometern war die Zahl der Einsatztage deshalb 1964 und 1965 noch hoch. 1966 sanken beide stark ab, vor allem wegen des Wegfalls der Hälfte des Einsatzraumes. Eine über längere Zeit anhaltende Ersatzfunktion für die sehr schadanfälligen Öler mochte man den Kohleloks mit Plangeschwindigkeiten von 135 km/h und 600 t schweren Schnellzügen aber nicht mehr zumuten. Einige Maschinen standen deshalb schon im Sommer, die meisten ab Herbst 1966 kalt, bis alle Kohleloks im März 1967 nach Rheine abliefen.

Die Baureihe 01^{5} – der 01^{10} ebenbürtig?

Seit 1952 hatte auch die Deutsche Reichsbahn eine Neubau-Schnellzugloktype in ihrem Typenplan stehen. Zunächst war diese eine zierliche 2'C1'-Vierzylinderverbundlok für 140 km/h mit sehr kleinem Verbrennungskammerkessel, die man als verbesserte 03^{10} bezeichnen könnte. Im zweiten Anlauf vergrößerte sie sich in allen Maßen und erhielt wegen des großen Stehkessels mit der riesigen Rostfläche von 5,8 m^2 die Achsfolge 2'C2'. Mit dem dritten Entwurf LOWA L-SK-386 vom 10. Dezember 1952 kam man in der Leistungsklasse der BR 01^{10} an. Entwurfsverfasser Johannes Töpelmann orientierte sich ganz offen an dieser, tat aber das Vernünftige, einen zweiachsigen Vierzylinderverbundantrieb vorzusehen. Kessel- und Triebwerksabmessungen hätten zu einer sehr leistungsfähigen Maschine ohne eingebaute „Achillesferse" geführt, wie sie, (erstmals in diesem Buch bewiesen) der zweiachsige Dreizylinderantrieb darstellt.

1954 folgte die nächste Wende: Nun war eine sehr schwere und mit großem Kessel ausgerüstete Dreizylinder-2'C1'vorgesehen, die 2.200 mm große Kuppelräder erhalten sollte.

Zu einer Projektentwicklung kam es nicht mehr, da die volkseigene Industrie bereits mit der Bauabwicklung der Baureihen 25 und 65^{10} und 83 sowie den Projekten für die wesentlich dringender gebrauchte BR 23^{10} und einen aus ihr abgeleiteten 52-Ersatz überfordert war. Ein Streckenausbau auf 140 km/h, wie er offenbar als Voraussetzung für das Dreizylinder-Projekt von 1954 angenommen worden war, war weder finanziell, noch personell machbar und stand deshalb auch in keinem Plan. Das Technische Zentralamt der DR vermochte der Industrie deshalb keine eindeutigen Entwicklungsvorgaben zu machen, und so standen die drei bisherigen Entwicklungsansätze wie Fremdlinge nebeneinander. Kein Zufall war es deshalb, daß man parallel zur Beschaffung der Neubautype 23^{10} die Baureihe 39 mit einem leistungsfähigen Rekokessel versah. 85 Maschinen wurden von 1958 bis 1961 rekonstruiert und waren zu – fast – uneingeschränkt verwendbaren und für die südliche Hälfte der DDR zweckmäßigen Schnellzuglokomotiven geworden. Der leichte Barrenrahmen und das preußische Triebwerk mit nachstellbaren Lagern in allen Stangen allerdings waren auf die Dauer von der nun möglichen hohen Leistung überfordert. Den 22-Kessel verwendete man auch für die Baureihe 03^{10}, die man nach dem Kesselzerknall der 03 1046 in Wünsdorf eilends mit Ersatzkesseln versehen mußte. So war die DR in kurzer Zeit und mit verhältnismäßig geringem Aufwand zu 214 modernen Reisezuglokomotiven hoher Leistung gekommen. Fest stand, daß die Baureihe 22 nur wenige Jahre fahren würde und im Grunde nur die zeitliche Lücke bis zur Verfügbarkeit einer 2.000 PS-Diesellok für 120 km/h ausfüllen sollte. Die Weiterverwendung der 22-Kessel hatte man von vornherein eingeplant.

Zunächst unangetastet blieben die alten 01, die immer noch die DR-Schnellzuglokomotiven mit der höchsten Leistung waren. Auf die Dauer allerdings mußte man die Kessel ersetzen, deren Unterhaltung immer teurer wurde. Da man sich nicht mit einem geschweißten Nachbaukessel oder dem 39E-Rekokessel zufrieden geben wollte, erhielt die Fahrzeugversuchsanstalt Halle (FVA) in Halle (S) den Auftrag, für die Baureihe 01 einen Rekokessel zu entwickeln. Die Projektleitung lag beim Leiter des Versuchswesens Max Baumberg, der seinen jungen Mitarbeiter Dieter Hentrich mit der Entwicklung des Kessels beauftragte. Anders als bei der Bundesbahn, bei der es 1953 nur um einen zweckmäßigen Ersatzkessel gegangen war, den man wegen seiner höheren spezifischen Leistung erheblich kleiner als den Altbaukessel ausführte, ging es hier um Leistungssteigerung. Der neue Kessel war zweifellos durch seine absolute Größe für hohe Verdampfungsleistungen gut. Konstruiert war er wie der Neubaukessel der 01^{10} für eine Heizflächenbelastung von 70 kg/m^2h, also hier für eine Nennleistung von 15,7 t Dampf pro Stunde. Die Zeichnungen der Neubaukessel der Baureihen 01^{10} und 10 lagen in Halle natürlich vor, wie Hentrich dem Autor berichtete, doch verbot sich wegen der insgesamt schlechteren Rahmenbedingungen eine Adaption.

Bei der DR galt es ja Einschränkungen zu beachten, von denen die DB zehn Jahre zuvor völlig frei gewesen war. So mußte man mit völlig unklaren Kohlequalitäten bis hin zu Braunkohlenbriketts rechnen. Notgedrungen erhielt der Neubaukessel deshalb eine überaus große Rostfläche und einen veränderten Rohrbesatz. Richtigerweise hatte man die mit Überhitzerrohren bestückten Rauchrohre enger als bei der DB ausgeführt, um den Heizgasstrom zu bremsen. Der Durchmesser der Überhitzerrohre wiederum entsprach mit 38 x 4 mm dem der BR 01^{10}. 4,87 m^2 Rostfläche mit schlechter Kohle waren hart an der Grenze dessen, was überhaupt mit Handfeuerung möglich ist. Die DB dagegen hatte zwecks besserer Anpassung an die überwiegenden Mittelleistungen einen sehr kleinen Rost vorgesehen, darüber aber wegen des hohen Heizwertes ihrer Steinkohle eine überdurchschnittlich große Strahlungsfläche anordnen können. Das Verhältnis von Rost- zu Strahlungsheizfläche betrug bei ihr 1:5,55. Mangels hochwertiger Kohle konnte die DR keine im Verhältnis so wirksame Strahlungsheizfläche vorsehen. Bei ihr lag das Verhältnis deshalb nur bei 1:4,83. Auch war zu beachten, daß der Überhitzer nicht zu groß wurde, weil mit dem verfügbaren Heißdampföl Temperaturen über 400 °C nicht beherrschbar waren. Das Verhältnis Überhitzerheizfläche zu Verdampfungsheizfläche betrug bei der 01^{10} deshalb 1:2,15, bei den drei letztgebauten Kesseln sogar 1:1,92, bei der 01^{5} aber gewolltermaßen nur 1:2,3.

Die vorhersehbaren Nachteile in Verdampfungsdynamik und Wirtschaftlichkeit gedachte man durch einen möglichst großen Langkessel aufzuwiegen. Bei fast gleichen Außenabmessungen wie beim Langkessel der BR 10, an dem man sich orientiert hatte, brachte man noch rund 5 m^2 Rohrheizfläche mehr unter. Wegen der großen Rohrheizfläche erreicht der Kessel kein so gutes Heiz-

Bild 319 – Im Bw Hamburg-Altona gab es von 1968 bis 1972 täglich Begegnungen zwischen 01^5 und 01^{10}. Im August 1968 standen mit **01 502** und **510** des Bw Wittenberge sowie **01 1057** und **1080** des Bw Osnabrück Hbf sogar zwei Pärchen nebeneinander. Neben den eindrucksvollen und geputzten Reichsbahnloks sahen die beiden schmutzigen Öler, ihrer Schilder beraubt, richtig schäbig aus. AUFNAHME: JOHN JÜRGENS, SAMMLUNG ROBIN GARN

flächenverhältnis wie der 01^{10}-Kessel. Vorteile bot aber die große Heißwasserreserve, auf die die DB auch bei der BR 10 gesetzt hatte, weil sie beim Anfahren und in Steigungen unmittelbar eingesetzt werden konnte. Natürlich war deshalb auch der Wasserraum des 01^5-Kessels der größte der drei unten aufgeführten Vergleichstypen. Doch das Verhältnis Rohrheizfläche zu Verdampfungsoberfläche, ein Kriterium für die Verdampfungsfähigkeit des Langkessels, lag schlechter als beim 01^{10}-Kessel. Vorteile bot der im Verhältnis größere Dampfraum des Kessels, der die Neigung zum Wasserüberreißen verminderte. So war der Kessel vorhersehbar allen betrieblichen Anforderungen gewachsen, konnte aber wegen der vielen Einschränkungen keine Idealkonstruktion „aus einem Guß" werden. Er blieb notgedrungen unter seinen Möglichkeiten.

Bei der Rekonstruktion führte man noch eine Reihe von Verbesserungen durch: So erhielten die Maschinen vorn am verlängerten Rahmen und in Tieflage angeordnete Pumpen, Mischvorwärmer IfS (vergleichbar Heinl ohne zweite Druckstufe), neue Zylinder mit Trofimow-Druckausgleichschiebern und strömungsgünstigere Dampfwege, stärkere Radsätze und neue Führerhäuser. Ganz neu wurde die Architektur der Maschinen. Die Lage der Pumpen bedingte eine Höherlegung der Umläufe, und nach Baumbergs Geschmack erhielten die Maschinen eine durchgehende Verkleidung auf dem Kessel, hinter der sich Mischvorwärmer, Schornstein, Dome und Lüftungsaufsatz auf dem Führerhaus verbargen. Da einige Maschinen auch noch Umlaufverkleidungen und Boxpok-Kuppelradsätze erhalten hatten, bot die Baureihe 01^5 äußerlich das Bild einer völlig neuen und im Erscheinungsbild außerordentlich eindrucksvollen Loktype.

01 501 war 1962 als erste im Raw Meiningen fertiggestellt, und die 1964/65 gebauten 01 519 – 535 erhielten Ölhauptfeuerung ab Werk. Weitere wurden nachgerüstet, so daß am Ende nur noch 01 506, 511, 513, 514, 515, 516, 518 kohlegefeuert blieben. Die Ölhauptfeuerung der DR unterschied sich insofern von der DB-Bauart, als die beiden Brenner an der Stehkesselrückseite unterhalb des Fußbodens angeordnet waren und nach vorn in Richtung Stiefelknecht strahlten. Die Regelung und Zuführung von Förderdampf und Öl war dadurch erleichtert. Die Lokomotiven waren zwar mit sehr langen Feuerschirmen ausgerüstet, so daß ein langer Brennweg im Feuerraum gesichert schien, doch wurde bei starker Maschinenanstrengung ein Teil der beiden Brennerflammen über den Feuerschirm gesogen. Die Überhitzerrohre wurden dann zu stark beheizt, was unmittelbar zu Schäden führte. Überdies war das Heißdampfzylinderöl solch hohen Temperaturen nicht gewachsen, so daß die Schieber schadhaft wurden. Sogar die Farbe an Zylindern, Rauchkammer und Schornstein verbrannte. Bei den Kohleloks kürzte man daraufhin die Überhitzerelemente um 750, bei den Ölloks gar um 1.000 mm. Durch diese Maßnahme war die Heißdampftemperatur zwar bei 380 bis 390 °C zu halten, doch war einiges an Wirtschaftlichkeit vertan. Die Lage der Brenner führte zu einer starken Geräuschbelästigung des Personals, die man mit einer besser gedämmten Feuertür minderte.

Betrieblich befriedigten die fast neuen Maschinen. Leider gab es keine Volluntersuchung vor dem Meßwagen mehr, denn auch bei der DR dachte man 1965 nicht mehr an Dampfloks, sondern an V 240, VT 18, E 11 und E 42.

Weisbrod/Petznick berichten über die Versuchsfahrten der 01 504, sie habe mit Regelblasrohr bei 80 km/h mit der „Kesselgrenzleistung" von 70 kg/m²h zunächst nur 1.715 PS am Zughaken erreicht, und das bei 44 Prozent Füllung. Der Druckverlust von 1,4 bis 2 atü zwischen Regler und Schieberkasten war unnormal hoch (BR 01^{10} und 10 ungefähr 0,3 – 0,5 atü), so daß man höchstens einen Schieberkastendruck von 14 atü einsetzen konnte. Dementsprechend fielen Leistungssteigerung und Wirtschaftlichkeit bescheiden aus. Der beste Dampfverbrauch je PS_e-Stunde lag unter den oben genannten Rahmenbedingungen zunächst bei enttäuschenden 8,9 kg. Die alte 01 hatte bei Versuchsfahrten in Grunewald nach dieser Quelle einen Bestwert von 8,1 kg/ PS_eh erreicht.

Bild 320 – 01 504 (Bw Erfurt P) als Versuchslok mit Schürzen, Boxpokradsätzen und Giesl-Ejektor und **01 1100**, die erste deutsche Dampflok mit Ölhauptfeuerung, waren Stars unter den Lokomotiven. Hier wechseln sie sich im Bahnhof Bebra am 15. Mai 1965 sogar vor dem gleichen Zug ab. AUFNAHME: JOACHIM CLAUS

Die folgenden Meßfahrten mit 01 504, die man mittlerweile mit einer Giesl-Anlage ausgerüstet hatte, brachten keine besseren, sondern in Teilbereichen sogar noch schlechtere Ergebnisse.

Die Enttäuschung der Beteiligten ist nur mittelbar erkennbar. Baumberg sah sich genötigt, eine weitere Meßreihe mit ausnahmsweise genehmigten 18 atü Kesseldruck durchzuführen. Sie brachten die erwartete Erhöhung des höchstmöglichen Schieberkastendrucks auf 16 atü, der höchsten Zughakenleistung auf 1.850 PS_e, einen günstigsten Dampfverbrauch von 8,7 kg je PS_eh und Einsparungen beim spezifischen Kohleverbrauch in Höhe von 7 Prozent gegenüber dem Kesselbetrieb mit 16 atü. Das hohe Druckgefälle zwischen Kessel und Schieberkasten aber blieb gleich. Die Suche nach der Ursache blieb erfolglos: Die Überhitzerrohre hatten den gleichen Durchmesser wie bei der 01^{10}, und die Dampfwege zwischen Überhitzer und Schieberkasten hatte man strömungsgünstiger als bei der alten 01 gestaltet. Wegen des nur unwesentlichen Leistungsgewinns und absehbar höherer Unterhaltungskosten beließ man den Kesseldruck auf 16 atü.

Der Kesselwirkungsgrad war mit 75 bis 90 % günstig, der mechanische Wirkungsgrad mit 78 % guter Durchschnitt. Sehr enttäuschend war die Wirkung des Mischvorwärmers, der nur 65 bis 85 °C Speisewassertemperatur brachte, auch das ein Faktum, das dampfverbrauchserhöhend wirkte.

Nach den Tabellen unten ergeben sich für 80 km/h bei Kesselnennleistung abweichend von den Angaben der Hallenser Versuchsanstalt etwas günstigere d_e-Werte:

	D/h [kg]	PS_e	kg/PS_eh
01:	13.750	1.763	7,8
01^5:	15.370	1.880	8,2
01^{10} Öl:	14.160	1.948	7,3

Dr.-Ing. Rudolf Breimeier steuerte eine vergleichende Untersuchung der verschiedenen Bauarten bei, die folgend wiedergegeben wird:

BR 01^5: Einschätzung der Leistung

01 (untersuchte Lok 01 093 und 01 140), VersA-Bericht von 1954

Nennleistung $D = 14{,}08$ t/h
$D_M = 13{,}75$ t/h
$d_i = 6{,}02\ kg/PS_ih$ (günstigster Wert)

V [km/h]	$N_i\ [PS_i]$	$N_{Z0}\ [PS_e]$	ΔN [PS]
60	2.094	1.822	272
80	2.159	1.763	396
100	2.219	1.646	573
120	2.283	1.471	812

01^{10} Öl
(eigene Berechnung auf Basis verschiedener Versuchsberichte)

Nennleistung: $D = 15{,}00$ t/h;
$D_M = 14{,}16$ t/h ;
$d_i = 5{,}84\ kg/PS_ih$ (günstigster Wert)

V [km/h]	$N_i\ [PS_i]$	$N_{Z0}\ [PS_e]$	ΔN [PS]
60	2.235	1.935	300
80	2.364	1.948	416
100	2.414	1.849	565
120	2.425	1.669	756
130	2.425	1.555	870
140	2.417	1.419	998

Auffällig ist der bei Geschwindigkeiten von mehr als 100 km/h im Vergleich zur 01 geringere Eigen-Leistungsbedarf ΔN der 01^{10} Öl. Ursache hierfür sind wahrscheinlich die Stangenwälzlager, das geschlossene Führerhaus und der gegenüber der Kohle-Lok verlängerte und vollständig abgedeckte Treibstoffbehälter. Die Lok bot so einen geringeren Roll- wie auch Luftwiderstand. Der letztere Effekt wird auch der 01^5 nach der Umstellung auf Ölfeuerung zugute gekommen sein.

01^5 Kohle

Ausgangspunkt der Berechnungen ist das N_{Z0}-V-Diagramm nach Weisbrod/Petznick [Baureihe 01]. Diesem Bild liegt – von den geschilderten Dampfzuständen (siehe u. a. die verhältnismäßig ungünstigen spezifischen Dampfverbrauchswerte je PS_eh in dieser Darstellung) ausgehend – die Kesselgrenzleistung zugrunde, die mit einer Heizflächenbelastung von $b_H = 70\,kg/m^2h$ erreicht wurde. Der Dampfverbrauch der Hilfsbetriebe wird aufgrund der Erfahrungen mit der 01 (330 kg/h) für die 01^5 bei höherer Kesselleistung auf 350 kg/h geschätzt. Der Eigen-Leistungsbedarf ist von der 01 abgeleitet, er nimmt infolge des Wirkungsgrads der mechanischen Antriebsanlage (Kolben, Kreuzkopf, Gestänge) in Höhe von 96 % mit einer gegenüber der 01 gesteigerten Leistung geringfügig zu.

Nennleistung: $D = 15{,}72$ t/h;
$D_M = 15{,}37$ t/h;
$d_i = 6{,}39\,kg/PS_ih$ (günstigster Wert)

V [km/h]	N_i [PS_i]	N_{Z0} [PS_e]	ΔN [PS]
60	2.149	1.875	274
80	2.281	1.880	401
100	2.353	1.775	578
120	2.407	1.590	817

Vergleich der Zughakenleistungen N_{Z0} (Nennleistung in der Ebene)

V [km/h]	01 PS_e	01^5 Kohle PS_e	01^{10} Öl PS_e
60	1.822	1.875	1.935
80	1.763	1.880	1.948
100	1.646	1.775	1.849
120	1.471	1.590	1.669
130	-	1.485	1.555
140	-	-	1.419

Da der Leistungsangabe der 01^5 die Dampfleistung des Kessels zugrunde liegt, ist durch die Ölfeuerung bei nachträglich eingeschränkter Überhitzerheizfläche keine höhere Nennleistung zu erwarten, zumal die Ölfeuerung die Maschinen-Dampfmenge vermindert. Die 01^{10} profitierte bei der Umstellung auf Ölfeuerung trotz dieser Einschränkung von der gesteigerten Dampftemperatur und damit Dampfqualität. Ihre Dampfwirtschaft war deshalb eindeutig besser.

Der Brennstoffverbrauch der 01^5 Kohle ist nicht vergleichsfähig, lag aber erkennbar über dem von in gleichen Diensten eingesetzten und mit gleicher Kohle gefeuerten Altbau-01 (Bw Berlin Ostbahnhof, Bw Dresden Altstadt). Die ölgefeuerten Erfurter Maschinen lagen in vergleichbaren Diensten im 1.000 km-Verbrauch leicht über den Bebraer 01^{10} Öl.

Wenig haltbar waren die Lager von Achsen und Stangen, die man mit Ausnahme der Treibachse wegen Buntmetallmangels nur mit dem weichen WM 10-Ausguß ausrüsten konnte. Dauernd Ärger verursachten die Schieber, die vielfach schadhaft wurden. Personale bezeichneten den Lauf der Reko-01 als hart und unruhiger als den der Altbau-01. Diese Feststellung war wegen der höheren einsetzbaren Zylinderleistungen und des größeren, auf den Kuppelachs-Federn lastenden Gewichtes wenig verwunderlich, und gleiche Feststellungen gab es über die 01^{10} Öl. Schließlich stellten sich im Laufe der Zeit schwere Rahmenschäden ein, üblicherweise Brüche an den Rahmenfenstern hinter den Zylindern. Fraglos waren die Überlastungsschäden durch die höhere Zylinderleistung verursacht. Schon die alte Reichsbahn hatte frühzeitig den Zylinderdurchmesser der 01 verkleinert, um Überlastungsschäden zu beenden. Letztlich schieden fast alle 01^5 mit Rahmenbrüchen aus dem Dienst. Wiederholt hatte sich hier die Geschichte der BR 22, deren preußisches Fahrwerk und Triebwerk die Leistungssteigerung durch den Rekokessel nicht verkrafteten. Eine bessere Abstimmung des Überhitzers, höhere Dampftemperaturen, qualitativ besseres Zylinderöl und ein besserer Vorwärmer hätten der Reko-Lok zum Vorteil gereicht und eine höhere Leistung ermöglicht. Dem standen teils politisch bedingte Mangelsituationen entgegen. Auch die Ölfeuerung dürfte das Bild nicht wesentlich verändern. Selbstverständlich kann man mit dieser „mehr aufdrehen“ und die Lok „schärfer hernehmen“, aber das führte schon im gegebenen Planeinsatz zum bekannten Schadensergebnis.

Baureihe		01 alt	01^5 Kohle	01^{10} NK Kohle
Höchstgeschwindigkeit	km/h	130	130	140
Zylinderdurchmesser	mm	2 x 600	2 x 600	3 x 500
Kolbenhub	mm	660	660	660
Kesseldruck	atü	16	16	16
Rost Länge x Breite fb	mm	2,6x1,73	2,5x1,95	2,475x1,598
Rostfläche	m^2	4,5	4,87	3,96
Heizfläche der Feuerbüchse	m^2	17,0	23,5	22,0
Rohrlänge	mm	6.800	5.500	5.000
Anzahl Heizrohre		106	125	119
Heizfläche Heizrohre fb	m^2	147,0	103,7	91,55
Anzahl Rauchrohre		24	43	44
Heizfläche Rauchrohre	m^2	83,0	97,3	92,96
Rohrheizfläche fb	m^2	230	201,0	184,51
Verdampfungsheizfläche	m^2	247	224,5	206,51
Überhitzerheizfläche fb	m^2	85,0	97,5	96,15
Heizflächenverhältnis	Hf:Hr	13,54	8,55	8,39
Wasserraum (b. 125 mm ü. Fb)	m^3	10,48	11,4	10,5
Dampfraum (b. 125 mm ü. Fb)	m^3	5,1	5,5	4,8
Verdampfungsoberfläche	m^2	15,1	15,68	14,5
Gewicht des Kessels	kg	34.100	30.000	32.790
Gewicht der leeren Lok	kg	99.900	98.900	99.600
Gewicht der Lok dienstber.	kg	111.300	111.000	111.600
Reibungsgewicht	kg	59.700	60.400	60.400

Zusammengefaßt: 01^5 und 01^{10} lassen sich nur bedingt vergleichen. Die überragend hohe Leistung des 01^5-Kessels wird durch den weiter oben begründeten hohen Dampfverbrauch für die PS-Stunde wieder aufgebraucht. Im Dauerbetrieb unter hoher Geschwindigkeit vor schweren Zügen war die DR-Lok der 01^{10} deshalb unterlegen. Letztere war in der Lage, auch höchste Leistungen mit günstigem Dampfverbrauch zu entwickeln. Überdies besaß der Kessel nicht die beim DR-Kessel recht deutlich erkennbar gewordene absolute Kesselgrenze irgendwo zwischen 70 und 75 kg/m^2h. Eine zuverlässig zur Verfügung stehende Leistungs-Oberstufe durch die Ölfeuerung, wie sie bei der 01^{10} täglich eingesetzt werden mußte, war mittels der DR-Ölfeuerung kaum möglich, da diese aus bauartbedingten Gründen bei gesteigerter Leistung mit um so größerem Abgasverlust arbeitete. Diese Mängel fielen im Alltagsbetrieb, der in der DDR meist nicht aus langen Beharrungsfahrten bestand, kaum ins Gewicht. Das Anfahren war gegenüber der alten 01 deutlich schneller, und im schweren Schnellzugdienst war die 01^5 erst durch die BR 132 vollwertig ersetzbar.

Fazit: Es gab in Deutschland nur zwei Dampflokbaureihen, mit denen man 600 t-Schnellzüge planmäßig mit 135 km/h befördern konnte: Die BR 10 und ihre Muttertype 01^{10}.

Dr.-Ing. Rudolf Breimeier

Das tatsächliche Leistungsvermögen der ölgefeuerten 01^{10}

Annäherung an eine „unbekannte“ Lokomotive

Über die Leistung der Baureihe 01^{10} sind im Gegensatz zur zweizylindrigen Schwester nur wenige meßtechnisch abgesicherte Angaben bekannt, die der fachlich interessierten Öffentlichkeit zugänglich sind. Für die frühen Jahre ist dies den Kriegswirren zuzuschreiben, die das Interesse an schnellfahrenden Lokomotiven, die erst 1939 und 1940 fertiggestellt waren, unterbanden. Danach fielen die letzten Entwicklungsschritte dieser Lokomotive vor rund 50 Jahren in die Zeit des sogenannten Strukturwandels der Zugförderung, die eine vertiefende Beschäftigung mit der auslaufenden Dampftraktion nicht mehr zu rechtfertigen schien.

Fachleuten und Freunden der Dampflokomotive blieb dennoch nicht verborgen, daß 01^{10}-Lokomotiven in ihrer letzten Ausführung mit Neubaukessel ab 1953 und mit Ölfeuerung ab 1957 im Alltagsbetrieb eine außerordentlich hohe Leistung bewiesen. Die etwa zur gleichen Zeit beschafften Diesellokomotiven der Baureihe V 200 taten sich schwer, die als veraltet und unmodern geltenden Dampflokomotiven zu ersetzen. Obwohl insgesamt vier Maschinen der Baureihe 01^{10} systematisch vor dem Meßwagen untersucht worden waren, erfuhr die Fachöffentlichkeit darüber nur unzureichende Details. Mangels besserer Erkenntnisse verwiesen Fach- und Hobby-Autoren bis in die Gegenwart zur fahrdynamischen und traktionstechnischen Charakterisierung der Baureihe 01^{10} auf das sogenannte s-V-Diagramm der Baureihe 01 und die hieraus entwickelte Schlepplastentafel aus dem Merkbuch (siehe Tabelle auf Seite 280). Einzig der Hinweis auf eine indizierte Leistung der ölgefeuerten Variante von 2.470 PS ließ ge-

Bild 321
01 1104 (Bw Kassel) bläst vor E 442 Kassel – Köln am Bk Eschental bei Brilon Wald die Steigung hinauf, 30. März 1964 (Ostermontag).

AUFNAHME: LUDWIG ROTTHOWE

genüber der zweizylindrigen Schwesterbauart 01 eine verhältnismäßig geringe Leistungssteigerung von 230 PS_i erkennen. Mit den Merkbuchangaben nicht im Einklang stand die Bewertung des Betriebsmaschinen-Dienstes, der seit 1963 den ölgefeuerten 01^{10} Bespannungen von 600 t-Zügen mit einer Plangeschwindigkeit bis zu 135 km/h zumutete. Und noch 1996 bewies 01 1102 bei den Probefahrten gelegentlich der Wiederinbetriebnahme ein verblüffend hohes Leistungsvermögen (230 t auf 20 Promille mit 70 km/h in der Beharrung, indizierte Leistung hiernach errechnet zu 2.660 PS).

Um Widersprüche aufzuklären, die vorhandene Informationslücke zu füllen und das Leistungsverhalten der modernisierten Lokomotive mit Maß und Zahl zu beschreiben, zogen wir neben dem kurzen Nordmann-Bericht von 1940 seine klassische Betrachtung über das (mangelnde) Leistungsvermögen der Baureihen 01 und 03 von 1939 ebenso zu Rate wie die Berichte des Versuchsamtes für Lokomotiven in Minden. An der Spitze dieses Amtes stand zu damaliger Zeit bis zu dessen Auflösung der bekannte Dampflokomotiv-Fachmann Theodor Düring, der nicht gerade ein Freund von dreizylindrigen Schnellzuglokomotiven war und deshalb einer besonders wohlmeinenden Bewertung unverdächtig ist.

Ein Rückblick

Ausgangspunkt der Betrachtung ist die dreizylindrige Schnellzuglok der Baureihe 01^{10} in der beschriebenen Erstausführung. Das Bild 322 zeigt das Leistungsverhalten dieser Maschine im Vergleich mit ihrer zweizylindrigen Ursprungsvariante Baureihe 01.

Die indizierte Leistung N_i – abgeleitet aus dem Kennlinienfeld auf Seite 73), das sich ohne Einbuße an Genauigkeit von 130 bis 140 km/h extrapolieren läßt – ist gegenüber der zweizylindrigen Schwesterlokomotive der Baureihe 01 erkennbar niedriger. Wenn weitere Quellen auch geringfügig höhere maximale indizierte Leistungen von 2.100 PS , 2.120 oder auch 2.160 PS nennen, so ist das Ergebnis dennoch ernüchternd. Nach Nordmann [Dampflokomotiven und Tender] war beim Übergang vom zwei- zum dreizylindrigem Antrieb bei Leistungen von weniger als 900 PS_i je Einzelzylinder mit einer Leistungseinbuße von 6 % zu rechnen. Dieser Wert wird im Bereich niedriger Drehzahlen der Dampfmaschine und damit bis zu Geschwindigkeiten von etwa 80 km/h im Bild 322 auch bestätigt, bei höheren Drehzahlen vergrößert sich hingegen die Leistungseinbuße beträchtlich. Die kompliziertere Führung der Frisch- und vor allem der Abdampfleitungen bei manchen dreizylindrigen Triebwerken verursacht erfahrungsgemäß Drosselverluste, die in diesem Fall zu einem schwach ausgeprägten Leistungsscheitel der 01^{10}-Dampfmaschine bei einer Geschwindigkeit von etwa 110 bis 120 km/h führen. Dank der Stromlinienverkleidung war der Luftwiderstand jedoch spürbar vermindert, so daß bei einer Geschwindigkeit von mehr als 95 km/h die dreizylindrige Lokomotive mit ihrer effektiven Leistung N_{Z0} am Zughaken die zweizylindrige Vorgängerin übertraf und die bei der Projektierung erwarteten Vorteile bot (siehe hierzu auch Nordmann-Versuchsbericht auf Seite 70).

Die effektive Leistung N_{Z0} und die in den Bildern 338 und 339 dargestellten effektiven Zugkräfte Z_{Z0} bzw. Z_{Z10} sind für die Ursprungsausführung der 01^{10} mit Stromschale entnommen und für den Geschwindigkeitsbereich von 120 bis 140 km/h extrapoliert worden. Abgesichert sind beide Extrapolationen durch Ermittlung der effektiven Zugkraft aus der indizierten Zugkraft abzüglich des Fahrwiderstands der Lokomotive (siehe Kapitel „Das Zugkraft-Geschwindigkeits-Diagramm", Seite 277), vermindert um den Effekt der Stromlinienverkleidung. Dieser entsprach bei einer Geschwindigkeit von 140 km/h einem Leistungsgewinn von rund 380 PS am Zughaken [Düring: Einheitslokomotiven, Abb. 115, S. 265]. Die Wirkung der Stromlinienverkleidung ist in dieser Quelle für die Lokomotive 03 193 mit der Stromschalenform der Baureihe 05 ausgewiesen. Da die äußeren Abmessungen (Länge, Breite, Höhe) der angesprochenen Baureihen nur geringfügig voneinander abweichen, ist dieser Analogieschluß statthaft. Der Luftwiderstand eines bewegten Körpers wird nur von dessen Form und Oberflächenbeschaffenheit beeinflußt.

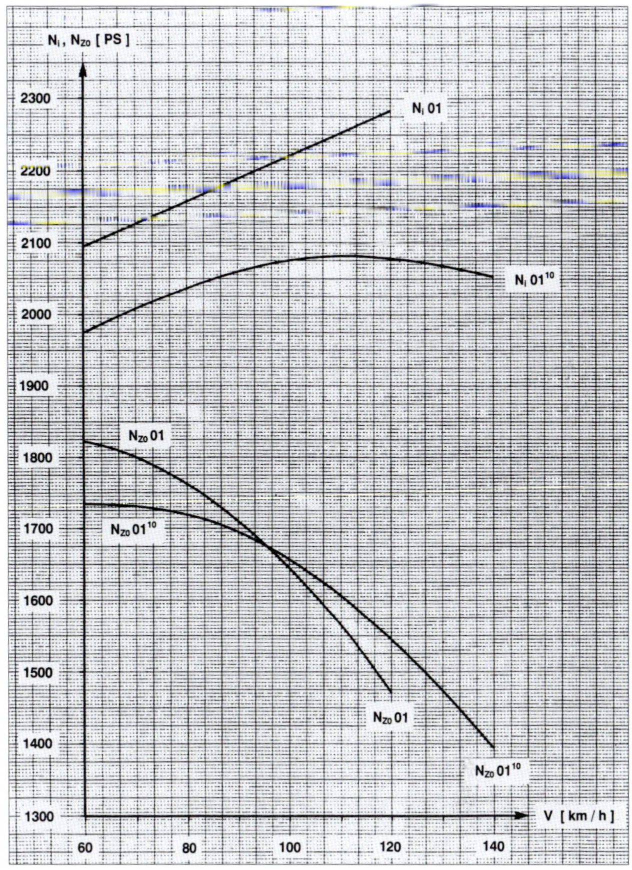

Bild 322 – Indizierte Leistung N_i (Nennleistung) und Leistung am Zughaken auf ebener Strecke N_{Z0} der Lokomotivbaureihen 01 (mit Altbaukessel) und 01^{10} (mit Altbaukessel und Stromlinienverkleidung) in Abhängigkeit von der Geschwindigkeit V oberhalb der Haftreibungsgrenze

Dampfleistung des Kessels	D	= 14,080 t/h
Maschinendampfmenge	D_M	= 13,750 t/h

Obwohl die Angaben für Z_{Z0} und N_{Z0} der Ursprungsausführung der 01^{10} derselben Quelle (Bericht 01 1100, Anlage 8a) entstammen, lassen sie sich nicht entsprechend der Gleichung

$$N_{Z0}\ [PS] = Z_{Z0}\ [kg] \times V\ [km/h]/270$$

ineinander überführen. Hier liegt eine Ungenauigkeit vor, die nicht ausgeräumt werden konnte. Wird die Zugkraftangabe als realistisch unterstellt, ergeben sich bis zu rund 50 PS niedrigere *effektive* Leistungsdaten, als sie in 01 1100, Bild 178 und Bild 340 dargestellt sind.

Die Verbesserung der Lokomotive durch den Neubaukessel

Der Einbau neuer Kessel ermöglichte neben der Leistungssteigerung durch eine gute Abstimmung von Verbrennung, Dampferzeugung und Überhitzung eine deutlich verbesserte Ausnutzung des Brennstoffs, zunächst noch in der Form von Kohle. Bild 323 zeigt den spezifischen effektiven Kohlenverbrauch verschiedener Schnellzug-Dampflokomotiven bei einer Geschwindigkeit von 100 km/h.

Der nach den obigen Ausführungen gegenüber der zweizylindrigen Altbau-01 zu erwartende Mehrverbrauch der 1954 unter-

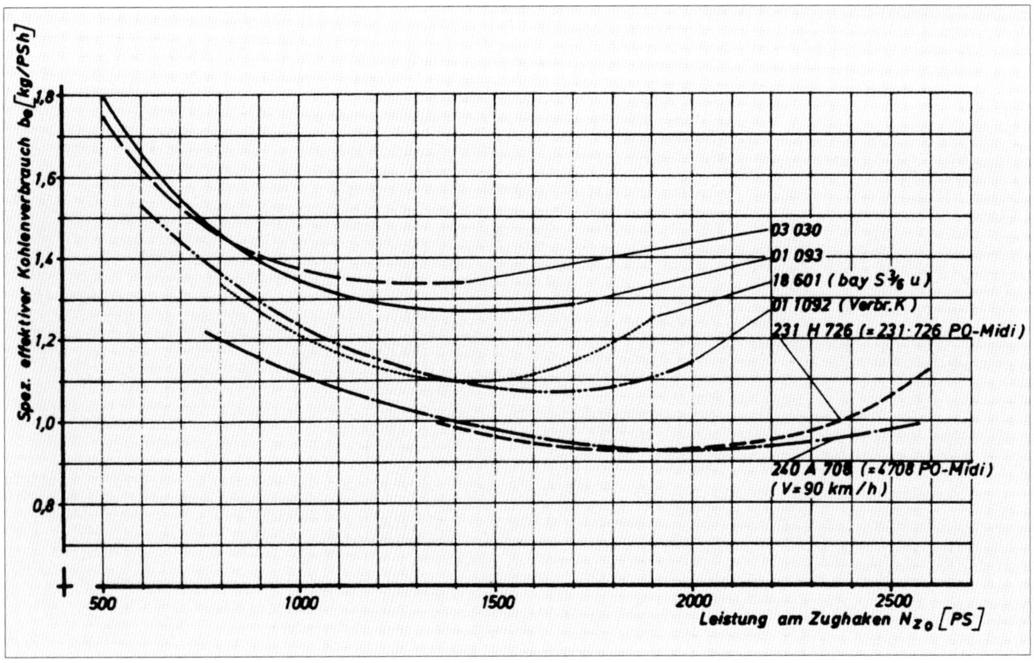

Bild 323
Spezifischer effektiver Kohlenverbrauch b_e deutscher und französischer Schnellzug-Dampflokomotiven in Abhängigkeit von der Leistung am Zughaken N_{Z0} bei einer Geschwindigkeit von V = 100 km/h.
(Die deutschen Lokomotiven 01 093, 01 1092, 03 030 und 18 601 sind den französischen Lokomotiven 231 H 726 und 240 A 708 gegenübergestellt)

suchten dreizylindrigen 01 1092 trat nicht auf. Vielmehr unterbot diese Lokomotive den spezifischen Kohlenverbrauch ihrer zweizylindrigen Schwester spürbar und war hierin im ausgewiesenen Geschwindigkeitsbereich der Verbundlokomotive der Baureihe 18^6, der ebenfalls durch einen Neubaukessel modernisierten bayerischen S 3/6, ebenbürtig. Die Differenz hinsichtlich der Ausnutzung des Brennstoffs zwischen den konventionellen deutschen Schnellzuglokomotiven der Baureihen 01 und 03 und den thermisch hervorragenden französischen Verbundmaschinen hatte Witte durch den neuen Kessel mehr als halbiert. Dies stellt bei einer dreizylindrigen Lokomotive mit einstufiger Dampfdehnung eine hervorragende technische Leistung dar.

Die indizierte Nennleistung der kohlegefeuerten 01 1092 lag laut dem ab Seite 117 ausgewertetem Versuchsbericht von 1955 bei Geschwindigkeiten von 60, 100 und 120 km/h bei 2.329, 2.490 und 2.505 PS_i; der spezifische indizierte Dampfverbrauch erreichte danach den äußerst günstigen Mittelwert von 5,7 kg/PS_ih bei einem Gesamtwirkungsgrad der Lokomotive von 9 %. Mit einer Heizflächenanstrengung von 74,3 kg/m^2h erreichte die Lok ohne Schwierigkeiten 2.650 PS_i.

Der Einsatz der Ölfeuerung

01 1100, die erste vollständig mit schwerem Heizöl gefeuerte Dampflokomotive der Deutschen Bundesbahn, ist gründlich mit Hilfe von Versuchsfahrten durchgemessen worden. Aus der Vielzahl von Tabellen und Diagrammen über das Leistungsverhalten dieser Maschine aus dem Frühjahr 1957 sind ab Seite 142 bereits die wichtigsten vorgestellt worden, die allerdings nicht widerspruchsfrei sind.

Wenn auch die Ölfeuerung in ihrer ersten Ausführung betrieblich bereits den Anforderungen genügte, wurde diese für deutsche Verhältnisse neue Technik während der Jahre 1957 und 1958 (siehe

Bild 324 – Während der Meßfahrten auf der alten Hannoverschen Westbahn zwischen Rheine und Herford wird **01 1092** am 23. November 1954 im Bw Herford bekohlt. Weil die Kohlenmenge genau abgemessen werden muß, füllt man sie per Kleinbekohlung in abgeteilte Kammern des Tenders. Um die Lok nicht aufwendig entkabeln zu müssen, steht sie mitsamt Meßeinrichtungen, Meßzug und Bremsloks im Bw. AUFNAHME: SAMMLUNG WOLFGANG LÖCKEL

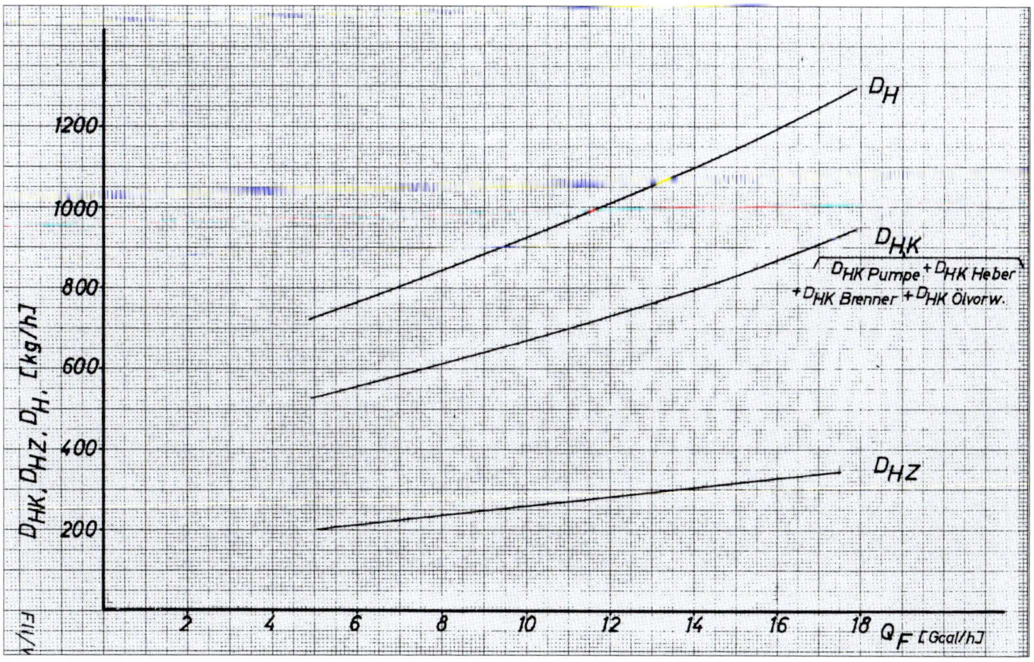

Bild 325
Lok 01 1100, Dampfverbrauch der Hilfsbetriebe

Seite 146 – 154) stetig vervollkommnet. Die endgültige Charakteristik der ölgefeuerten 01^{10} tritt allem Anschein nach in einem Diagramm für die Lokomotive 01 1063 aus dem Jahre 1959 zutage.

Das Leistungsverhalten von 01 1063 und 01 1100 ist im Bild 326 gegenübergestellt. Weil damals Plangeschwindigkeiten von mehr als 120 km/h im Schnellzugdienst mit Dampflokomotiven nicht vorgesehen waren, unterblieben Versuchsfahrten mit höheren Geschwindigkeiten. In der Praxis wurden die Maschinen der Baureihe 01^{10} wenige Jahre später bis zur Grenze ihrer zugelassenen Geschwindigkeit von 140 km/h und auch über ihre Nennleistung hinaus ausgefahren. Ist das Leistungsverhalten im nicht durch Meßergebnisse dokumentierten Bereich hoher Geschwindigkeit und auch höherer Leistung zu beurteilen, bleibt daher nichts anderes übrig, als die vorhandenen Unterlagen und Diagramme sinnvoll zu ergänzen und zu extrapolieren. Um die dabei leicht möglichen Fehler zu minimieren, ist es empfehlenswert, sich der Materie sehr vorsichtig zu nähern und Ergebnisse durch Quervergleiche aus zusätzlichen Quellen abzusichern. Das sei den folgenden Zeilen ausdrücklich vorangestellt.

Auffällig für die Lokomotive 01 1100 – und damit für die Ursprungsform der ölgefeuerten Maschine – ist bei der grafischen Darstellung der indizierten Leistung (Zylinderleistung) der ausgeprägte Scheitel mit einer Spitze von 2.470 PS_i im Bereich der Geschwindigkeit von etwa 90 bis 95 km/h. Bei einer Geschwindigkeit von 120 km/h sank die indizierte Leistung auf 2.350 PS_i ab. Eine unreflektierte Extrapolation dieser alten Leistungskurve verheißt für 140 km/h nur noch rund 2.100 PS_i. Dieser Wert, der eine Leistungs-Einbuße gegenüber dem Spitzenwert von nahezu 400 PS_i bedeuten würde, erscheint aber wenig wahrscheinlich.

Für 01 1063 liegt die Leistungsspitze mit 2.425 PS_i niedriger, ein Scheitel kann – wenn überhaupt – bei etwa 120 km/h vermutet werden. Die beiden dargestellten Charakteristiken sind widersprüchlich, erkennbar auch an den teils nicht bei gleicher Geschwindigkeit auftretenden Schnittpunkten der N_i- und N_{Z0}-Kurven. Angesichts dessen, daß die Maschinendampfmengen D_M beider Lokomotiven trotz gleicher Kesselleistung von D = 15 t/h unterschiedlich waren, verwirrt sich das Bild zusätzlich (01 1100: D_M = 13,845 t/h, 01 1063: D_M = 14,160 t/h, die Maschinendampfmenge ist ein Leistungsbegriff, sie stellt die Dampfmenge dar, die die Dampfmaschine je Zeiteinheit – hier je Stunde – verarbeitet).

Eine Lösung des Widerspruchs scheint Düring in der Abbildung 87 seines Standardwerks über die deutschen Einheits-Schnellzuglokomotiven zu bieten. Eine Überprüfung der hier erkennbaren Leistung am Zughaken zeigt aber, daß er einfach die beiden angesprochenen Charakteristiken zusammengefaßt hat: Im Bereich der Geschwindigkeit bis zu etwa 100 km/h dominieren die Angaben für 01 1100, oberhalb dieser Geschwindigkeit ist die 01 1063 maßgebend.

Eine erste Klärung hinsichtlich der unterschiedlichen Maschinendampfmengen war dennoch rasch herbeizuführen: Die Diffe-

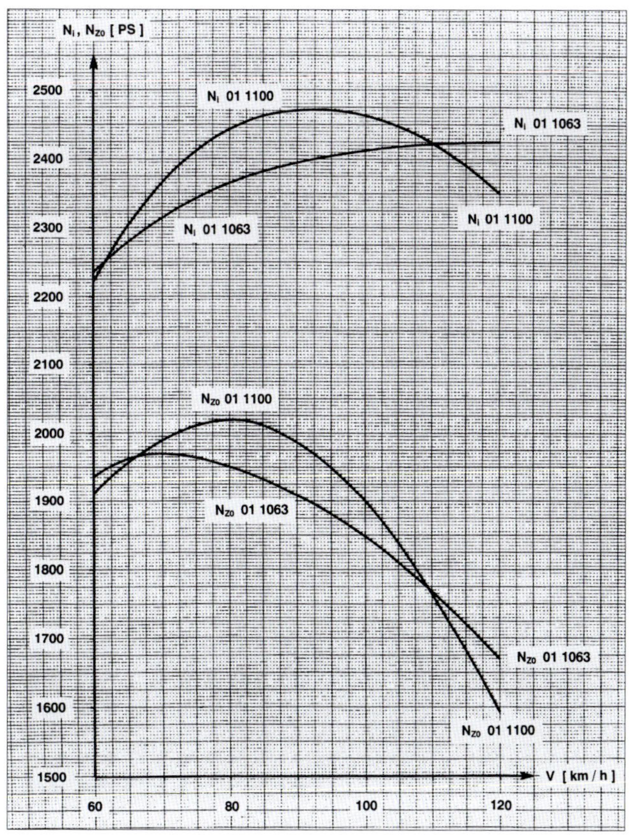

Bild 326 – Indizierte Leistung N_i und Leistung am Zughaken auf ebener Strecke N_{Z0} der ölgefeuerten Schnellzuglokomotiven 01 1100 und 01 1063
01 1100:
Dampfleistung des Kessels D = 15,0 t/h; Maschinendampfmenge D_M = 13,845 t/h
01 1063:
Dampfleistung des Kessels D = 15,0 t/h; Maschinendampfmenge D_M = 14,160 t/h

Bild 327 – Die erste ölhauptgefeuerte Dampflok der DB, schon im Plandienst. **01 1100** (Bw Bebra) mit D 383 München – Hamburg im Bahnhof Bebra, 4. November 1958.
AUFNAHME: CARL BELLINGRODT/EK-VERLAG

renz zwischen Kesselleistung und Maschinen-Dampfmenge ist im Dampfbedarf der Hilfsbetriebe begründet. Kesselspeisepumpe, Lichtmaschine, Luftpumpe, ggf. Dampfpfeife und Injektor benötigen bei einer kohlegefeuerten Lokomotive der Baureihe 01 bei Vollast rund 330 kg Dampf je Stunde. Ölgefeuerte Lokomotiven weisen mit dem Ölbrenner (01 1100) bzw. den beiden Brennern (endgültige Ausführung) und dem Ölvorwärmer weitere Dampfverbraucher auf, die den Dampfbedarf der 01^{10} bei Vollast nach Bild 325 auf 840 kg/h erhöhen. Wie aus diesem Bild hervorgeht, ist bei der 01 1100 zusätzlich der Bedarf der Dampfheizung des Zuges (D_{HZ}) in der Größenordnung von rund 300 kg/h berücksichtigt worden. Da dies im allgemeinen bei Dampflokomotiven nicht üblich war, vielmehr diese geringe zusätzliche Leistung des Kessels innerhalb der Schwankungsbreite der üblichen Belastung liegt, wird hier aus Gründen der Vergleichbarkeit in dieser Betrachtung ebenfalls auf die Berücksichtigung des Heizdampfes für den Zug verzichtet.

Für die 01 1100 bedeutet dieses eine Vergrößerung der Maschinen-Dampfmenge auf 14,160 t/h und damit eine Steigerung der indizierten Leistung auf maximal 2.540 PS_i. Das Bild 326 gewinnt hiermit jedoch keineswegs an Klarheit. Um die Plausibilität insbesondere der Charakteristik dieser ersten ölhauptgefeuerten Lokomotive der Deutschen Bundesbahn zu überprüfen, sind weitere Überlegungen erforderlich.

Der spezifische indizierte Dampfverbrauch

Einen ersten, groben Maßstab zur Beurteilung der Qualität von Dampfmaschinen stellt der spezifische indizierte Dampfverbrauch d_i dar. Die Größe d_i ist die Dampfmenge, die die Maschine benötigt, um während der Zeitspanne von einer Stunde die Lei-

Bild 328
Die ölgefeuerten 01^{10} standen eine ganze Leistungsklasse über ihrer Muttertype, der BR 01 und erreichten zeitweise um 50 Prozent höhere Laufleistungen als diese. **01 1081** (Bw Kassel) und die kurz vor der Ausmusterung stehende Paderborner 01 077 treffen sich im Juli 1966 im Bw Rheine.

AUFNAHME: GERHARD MOLL

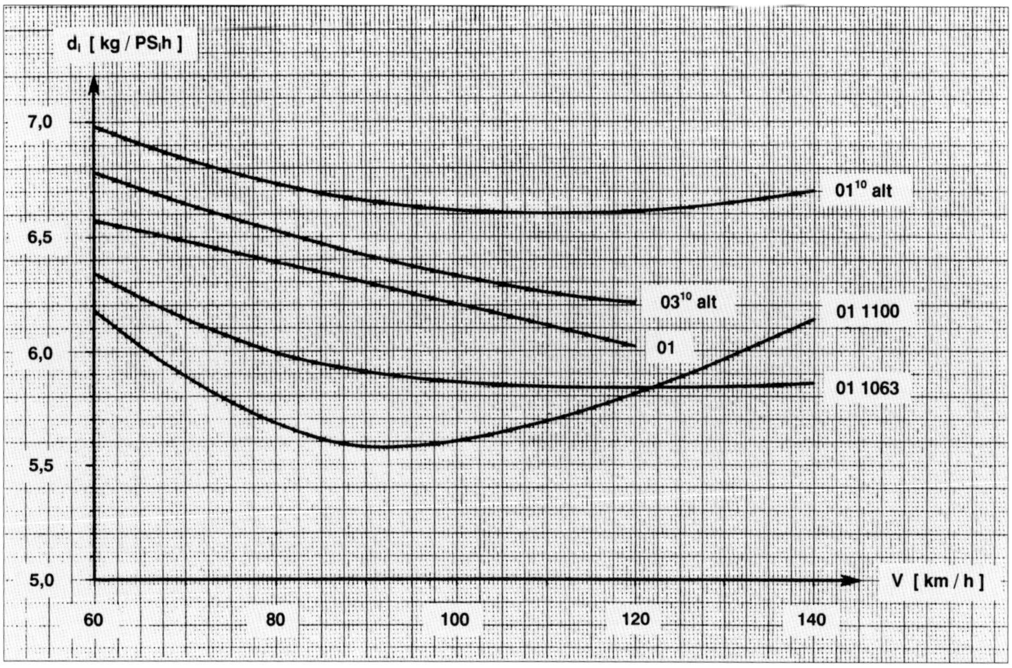

Bild 329
Spezifischer indizierter Dampfverbrauch d_i verschiedener Schnellzugdampflokomotiven in Abhängigkeit von der Fahrgeschwindigkeit V bei Nennleistung.

Maschinendampfmengen D_M:

Lokomotiven mit Altbaukessel und Kohlefeuerung:
01^{10}: D_M = 13,750 t/h
01: D_M = 13,750 t/h
03^{10}: D_M = 11,366 t/h

Lokomotiven mit Neubaukessel und Ölfeuerung:
01 1100: D_M = 13,845 t/h
01 1063: D_M = 14,160 t/h

stung von einem PS zu erbringen. Im Bild 329 sind die spezifischen indizierten Dampfverbräuche verschiedener Schnellzuglokomotiven bei ihrer Nennleistung in Abhängigkeit von der Fahrgeschwindigkeit einander gegenübergestellt.

Die höchsten – und damit ungünstigsten – Werte weist die Baureihe 01^{10} in ihrer alten Bauform auf. Charakteristisch ist die schwach ausgeprägte Muldenform der Kurve mit einem Minimalwert von 6,60 kg/PS$_i$h. Wesentlich günstigere Verbrauchszahlen erreicht die zweizylindrige Schwesterbauart 01 mit einem Minimalwert von 6,02 kg/PS$_i$h. Erstaunlich sind die Daten der dreizylindrigen Baureihe 03^{10} in ihrer alten Bauform. Sie sind wesentlich günstiger als die Werte der 01^{10} alter Bauform und nur 0,1 kg/PS$_i$h größer als die der hier nicht dargestellten zweizylindrigen 03. Die Muldenform der obersten Kurve (01^{10} alt) deutet sich hier nur leicht an.

Die Kurve für die ölgefeuerte 01 1063 ähnelt in ihrer Form der 01^{10} alt, verläuft allerdings in einem wesentlich niedrigeren Verbrauchsbereich und erreicht mit 5,84 kg/PS$_i$h einen recht günstigen Bestwert. Obwohl Meßwerte für die 01 1063 nur im Geschwindigkeitsbereich bis 120 km/h vorliegen, läßt sich aufgrund der vorliegenden Ergebnisse für die Lokomotiven der Baureihen 01^{10} alt und 03^{10} alt die Kurve – ohne Gefahr zu laufen, einen bedeutenden Fehler zu begehen – bis 140 km/h extrapolieren. Düring bestätigte entsprechend Bild 330 grundsätzlich diesen Charakter des Dampf-Verbrauchs der ölgefeuerten 01^{10}; und der in dieser Quelle gezeigte Kurvenverlauf deutet sogar auf einen Bestwert von rund 5,75 kg/PS$_i$h bei etwa 140 km/h hin. Die vorgenommene Extrapolation erscheint – auch angesichts der bereits angesprochenen Charakteristik der kohlegefeuerten 01 1092 – daher ausreichend vorsichtig.

Ausgehend vom Leistungsverhalten entsprechend Bild 326 und ergänzt durch das noch zu diskutierende Bild 332 ergeben sich für die spezifischen Dampfverbrauchszahlen der 01 1100 Werte, die aus dem Rahmen fallen. Die Muldenform der Kurve ist extrem überhöht, der Minimalwert von weniger als 5,60 kg/PS$_i$h erscheint außerordentlich günstig, bei der Geschwindigkeit von 140 km/h wird mit 6,14 kg/PS$_i$h – siehe oben Düring [Lok-Magazin 12/1965] – mit Sicherheit ein überhöhter Verbrauchswert ausgewiesen.

Um die Qualität der bisherigen Ergebnisse einschätzen zu können, erscheint deren Überprüfung ratsam. Postupalsky hat ein Verfahren (Bild 331) entwickelt, den günstigsten spezifischen Dampfverbrauch d_i von Lokomotiv-Dampfmaschinen in Abhän-

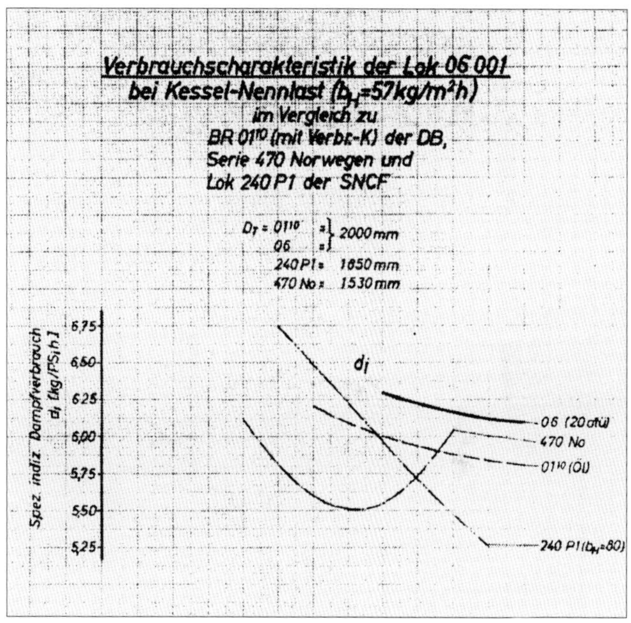

Bild 330 – Spezifischer indizierter Dampfverbrauch von vier Lokomotiven

01^{10} (Öl)	Lokomotive mit einstufiger Dampfdehnung der Deutschen Bundesbahn
06	Lokomotive mit einstufiger Dampfdehnung der Deutschen Reichsbahn
240 P1	Verbundlokomotive der Französischen Staatsbahnen
470	Verbundlokomotive der Norwegischen Staatsbahn

gigkeit vom Druck p_K des Dampfes, dessen Temperatur $t_ü$ und vom Volumen J eines Einzelzylinders bei mäßigem Blasrohrdruck von 0,30 bis 0,35 atü zu ermitteln. Ein höherer Blasrohrdruck mit dem Ziel eines stärkeren Saugzugs, wie er beispielsweise für die Ölfeuerung mit ihrem größeren Verbrennungsluftbedarf eventuell erforderlich ist, steigert den spezifischen Dampfverbrauch. Wie das Bild 331 zeigt, übt die Temperatur $t_ü$ des Dampfes einen bestimmenden Einfluß auf das Ergebnis aus. Sie überschritt bei der Nennleistung der Einheitskessel alter deutscher Reichsbahn-Bauart selten 390 °C, lag auch beim kohlegefeuerten Neubaukessel der 01 1092 nur geringfügig höher, erreichte nach dem Einbau der Ölfeuerung mit 440 bis 450 °C hingegen sehr hohe Werte. (Die ersten Neubaukessel der Deutschen Bundesbahn waren bei Nennleistung für Heißdampftemperaturen von rund 400 bis 410 °C ausgelegt. Aufgrund der Erfahrungen mit höheren Dampftemperaturen, die mit der Ölfeuerung gewonnen wurden, ließ das BZA

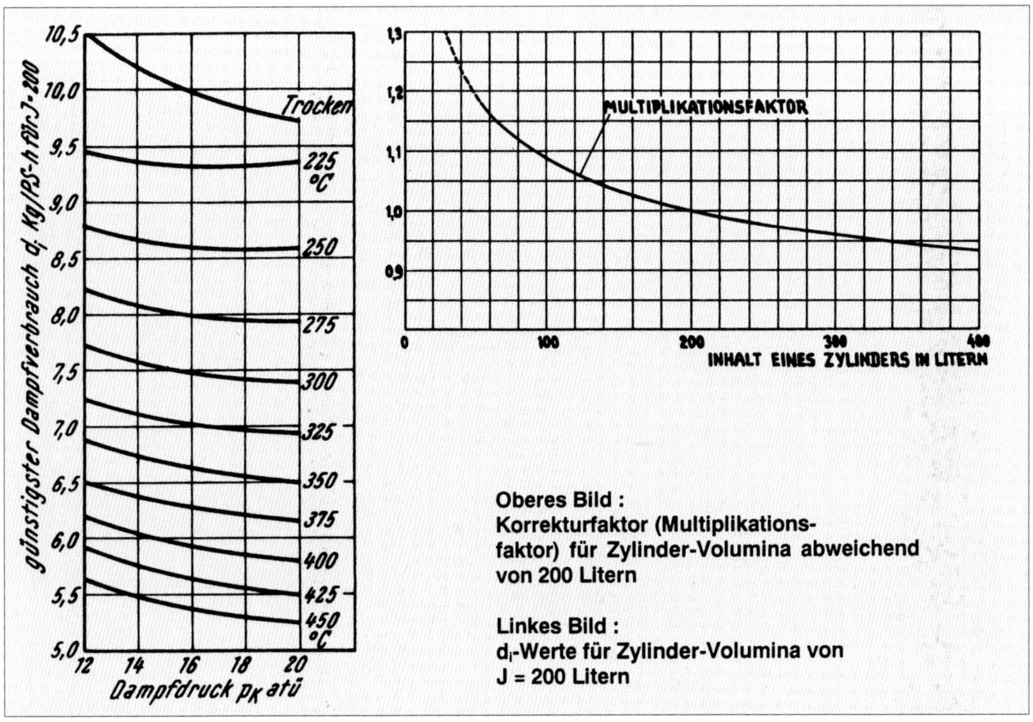

Bild 331
Günstigster spezifischer indizierter Dampfverbrauch d_i von Lokomotiv-Dampfmaschinen mit Einfach-Expansion nach Postupalsky für gute Dimensionierung von Dampfwegen und Steuerung bei einem Blasrohrdruck von 0,30 bis 0,35 atü

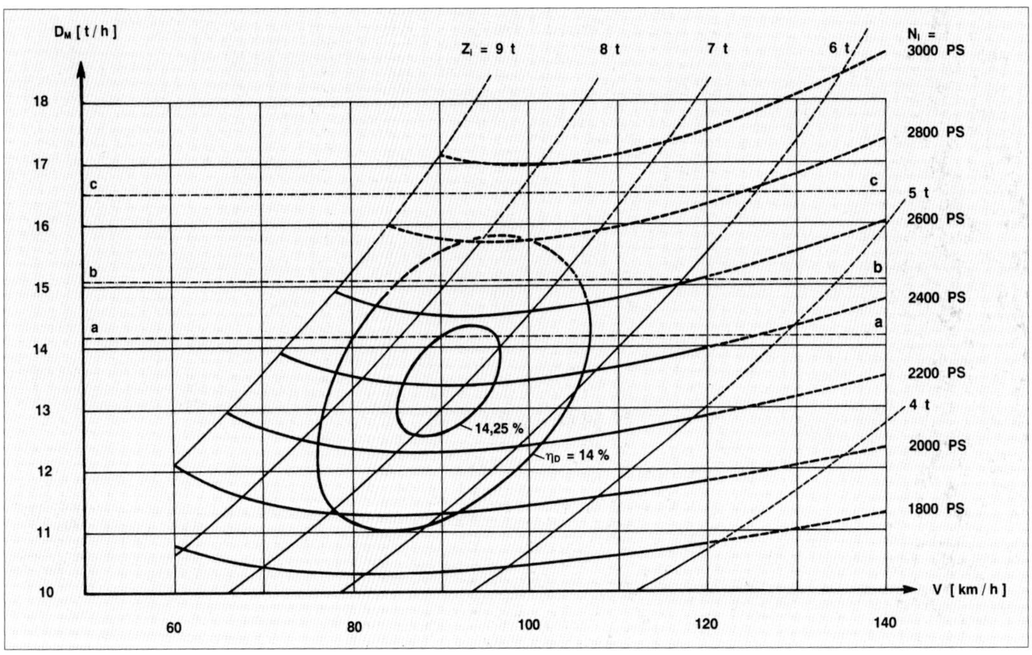

Bild 332
Kennlinienfeld der Dampfmaschine der ölgefeuerten Lokomotive 01 1100.
Meßergebnisse der indizierten Leistung N_i (Zylinderleistung) und der indizierten Zugkraft Z_i (Zylinderzugkraft) in Abhängigkeit von der Fahrgeschwindigkeit V und von der Maschinendampfmenge D_M mit Angabe des Wirkungsgrads h_D der Dampfmaschine. Extrapolationen sind gestrichelt dargestellt.

a) Nennleistung:
D_M = 14,160 t/h
(Kesselleistung D = 15,000 t/h)

b) Hochleistung:
D_M = 15,057 t/h
(Kesselleistung D = 15,968 t/h)

c) Höchstleistung:
D_M = 16,500 t/h
(Kesselleistung D = 17,510 t/h)

Minden die späteren Neubaukessel für die Baureihen 01, 03^{10} und 41 mit größeren Überhitzern ausstatten, um auch unter Kohlefeuerung höhere Dampftemperaturen und damit einen sparsameren Dampf- und Brennstoffverbrauch zu erzielen).

Die nachstehenden Ergebnisse sind anhand des Bildes 331 für einen Kesseldruck von p_K = 16 atü ermittelt worden.

Lok	$t_{ü}$ [°C]	J [Liter]	d_i [kg/PS$_i$h]
01 alt	390	187	6,05 x 1,01 = 6,11
01^{10} alt	390	130	6,05 x 1,05 = 6,35
03^{10} alt	390	115	6,05 x 1,07 = 6,47
01^{10} neu	440	130	5,47 x 1,05 = 5,74
01^{10} neu	450	130	5,37 x 1,05 = 5,64

Diese Zahlen bestätigen die Verbrauchsdaten der Lokomotive der Baureihe 01, die Reihe 01^{10} alter Bauform erscheint weniger gut gelungen, während die 03^{10} in ihrer Ursprungsform einen besseren Eindruck hinterläßt. Da sich die Zylinderblöcke der beiden letztgenannten Maschinen, abgesehen von geringfügigen Abmessungsunterschieden, ähneln, sind die im Bild 329 erkennbaren bedeutenden Differenzen der beiden Vertreter dreizylindriger Bauart nicht plausibel und möglicherweise auf individuelle Unterschiede der untersuchten Lokomotiven und auf Meßungenauigkeiten zurückzuführen.

Beachtlich sind die günstigen Verbrauchswerte der beiden letzten Zeilen der Tabelle. Ein für die 01 1100 ausgewiesener spezifischer Verbrauch von 5,60 kg/PS$_i$h erscheint dennoch wenig wahrscheinlich, zumal mit dieser Lokomotive bei den ersten Versuchsfahrten Blasrohrdrücke von mehr als 0,35 atü erreicht worden sind. Der aus dem Bild 330 ableitbare Bestwert von 5,75 kg/PS$_i$h für die ölgefeuerte 01^{10} wird hingegen bestätigt. Dennoch wird mit dem Ziel einer vorsichtigen Vorgehensweise die Charakteristik der 01 1063 mit einem Optimum von d_i = 5,84 kg/PS$_i$h für die Nennleistung der weiteren Betrachtung zugrunde gelegt, zumal die aus der Differenz der beiden spezifischen Verbrauchswerte ableitbare Differenz der indizierten Leistung mit rund 38 PS gering ist.

Den steilen Anstieg der d_i-Werte der 01 1100 oberhalb einer Geschwindigkeit von 100 km/h führte Düring auf vermeintliche stark ansteigende Drosselverluste zurück, die nach den Verbrauchskurven für die anderen dreizylindrigen Lokomotiven jedoch nicht wahrscheinlich sind. Die Ursache dieser Charakteristik ist nicht zu erklären.

Das Leistungsverhalten des Kessels

Überlegungen zur Einschätzung der maximalen Leistung einer Lokomotive haben am Kessel anzusetzen. Die erste Grenze der Leistungsfähigkeit eines Lokomotivkessels wird bei Kohlefeuerung durch die Größe des Rostes gesetzt. Es überrascht zunächst, daß Witte gegenüber dem Altbaukessel die Rostfläche des Neubaukessels von R = 4,41 m² auf R = 3,96 m² verkleinern ließ. Erstes Ziel war, die der Rostfläche proportionalen Stillstandsverluste des Kessels, immerhin rund 10 % des Kohleverbrauchs, zu vermindern. Zum anderen unterstreicht diese Charakteristik das Konstruktionsziel, den Kessel auf die Durchschnittsbelastung auszulegen und nicht bewußt Spitzenleistungen anzustreben. Ausgehend von der nach Meineke [Die Dampflokomotive] von Strahl klassifizierten Rost-Anstrengung für deutsche Steinkohle

(450 kg Kohle/h)/m² Rostfläche	⇒	mittelstarke Beanspruchung
(600 kg Kohle/h)/m² Rostfläche	⇒	höchste Dauerbelastung
(750 kg Kohle/h)/m² Rostfläche	⇒	Höchstleistung (bei Meineke nicht verbal definiert)
(900 kg Kohle/h)/m² Rostfläche	⇒	mit Kohlefeuerung nur kurzzeitig erreichbar

kann bei einem Wärmeinhalt der Kohle von 7.000 kcal/kg und der oben genannten Rostfläche entsprechend dem Bild 333 (quasi Kennlinienfeld des Kessels) von folgenden Leistungen des Neubaukessels für die vier Kategorien ausgegangen werden, vorausgesetzt, die Heizflächen sind hierauf abgestimmt:

Mittelstarke Beanspruchung	⇒	D = 13,0 t/h
höchste Dauerbelastung	⇒	D = 16,0 t/h
Höchstleistung	⇒	D = 18,0 t/h
Kurzzeitleistung	⇒	D = 19,5 t/h

Obwohl das Bild 333 auf die Ölfeuerung bezogen ist, kann es nach Absicherung durch das Kennlinienfeld des Kessels der Lokomotive 10 001 [Ebel: Baureihe 10, Anlage 9, S. 113] auch auf die Kohlefeuerung übertragen werden. Die Angabe zur letzten Stufe muß aufgrund der Grenzen der genannten Diagramme bereits als spekulative Extrapolation angesehen werden.

Allein die Feuerbüchsheizfläche erzeugt rund 60 % der Dampfleistung eines Lokomotivkessels, nur etwa 40 % entfallen auf die wesentlich größeren Heizflächen der Heiz- und Rauchrohre. Da dem Wärmeübergang durch eine Metallschicht wie der Feuerbüchswand Grenzen gesetzt sind, ist der Neubaukessel mit einer Feuerbüchsheizfläche von H_b = 22,00 m² dem Altbaukessel mit einer entsprechenden Fläche von nur 16,9 m² bezüglich der Dampferzeugung überlegen. Der vorzüglich dimensionierte Neubaukessel – ausgewiesen unter anderem durch eine optimale Kennzahl „Feuerbüchsheizfläche dividiert durch die Rostfläche" H_b/R = 22,00/3,96 = 5,56 – ist hinsichtlich der Rostfläche in der Lage, die den oben genannten Leistungen entsprechenden Dampfmengen zumindest bis zur dritten Stufe zu entwickeln.

War der Neubaukessel nach diesen Überlegungen bei Kohlefeuerung bezüglich der Rostfläche zumindest kurzzeitig durchaus für hohe Leistungen geeignet, so ist neben der oben angesprochenen Rost-Anstrengung zusätzlich die „Schluckfähigkeit" des Rostes zu berücksichtigen. Schwarzkopf [Schnellzugförderung im Flachland mit Dampflokomotiven] hat aufgrund von Erfahrungen aus dem Alltagsbetrieb mit der Verfeuerung westdeutscher Steinkohle die Schluckfähigkeit des Rostes mit rund 1.500 bis 1.800 kg Kohle je Quadratmeter Rostfläche festgestellt. (Bei Kohle mit einem anderen Schlackegehalt können sich hiervon abweichende Werte einstellen). War dieser Kohledurchsatz erreicht, mußte die Lokomotive bei einem Zuglauf ausgetauscht werden. Nach diesem zusätzlichen Kriterium war eine kohlegefeuerte Lokomotive der Baureihe 01^{10} bei mittlerer Beanspruchung – Rostanstrengung 450 kg/m²h – in der Lage, ohne Unterbrechung für Ausschlacken etwa dreieinhalb bis vier Stunden „unter Dampf" zu fahren. Für Langläufe im Flachland mit wenigen Zwischenhalten bedeutete diese Einschränkung, daß die Lokomotive mit dieser Leistung bestenfalls viereinhalb bis fünf Stunden vor einem Zug verbleiben konnte. Bei kurzen Halteabständen vermindert sich die durchschnittliche Beanspruchung der Maschinen, weil während längerer Zeitabschnitte der Fahrt (Auslauf, Bremsfahrt, Halt) keine Antriebsleistung erforderlich ist. In diesen Fällen und bei geringerer Leistungsanforderung waren auch Fahrten „mit einem Feuer" bis zu einer Dauer von sieben Stunden möglich, wie sie in Osnabrück und in Bebra planmäßig durchgeführt wurden. Auch im Mittelgebirge sind Langlauffahrten weniger anstrengend, weil der Zug etwa auf einem Drittel der Streckenlänge im Leerlauf rollen kann. Waren Langläufe mit größeren Distanzen verlangt, erforderte dies eine Verminderung der Rost- und damit Lokomotiv-Anstrengung.

Nach der Umstellung auf Ölfeuerung verlor das Kriterium Schluckfähigkeit seine Bedeutung. Eine hohe Leistung der Feuerung ließ sich nunmehr nahezu ohne zeitliche Begrenzung durchhalten. Nebenher ergibt sich hier das damalige Hauptargument für

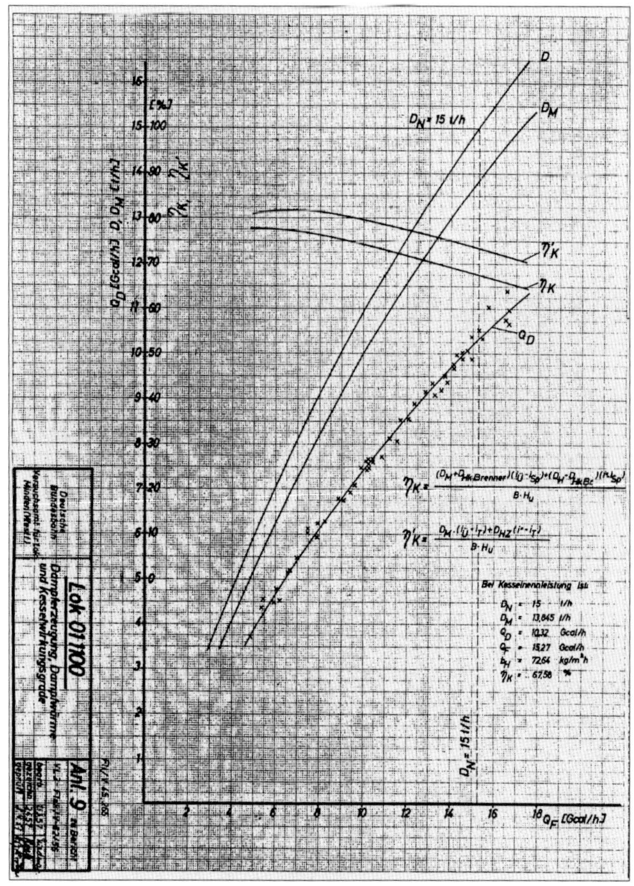

Bild 333 – Lok 01 1100, Dampferzeugung, Dampfwärme und Kesselwirkungsgrade „Kennlinienfeld des Kessels". D_M ohne Zugheizung, $D_{M'} = D_M + D_{HZ}$

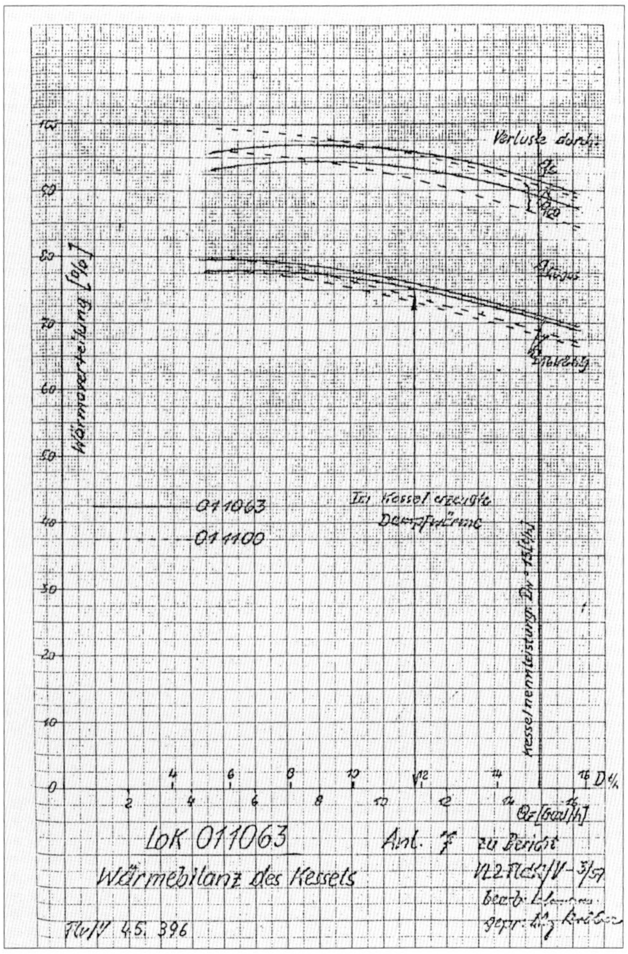

Bild 334 – Lok 01 1063, Wärmebilanz des Kessels

die Umstellung der im Köln-Hamburg-Verkehr eingesetzten 01^{10} auf Ölfeuerung.

Die Heizfläche eines Kessels stellt ein weiteres Kriterium dar, das die Leistung begrenzt. Für Lokomotivdampfkessel lässt sich bezüglich der Heizfläche eine Nennleistung nicht eindeutig festlegen. Kessel dieser Bauart, insbesondere die ab 1950 entwickelten Neubaukessel der beiden deutschen Bahnen, sind in weiten Bereichen belastbar. Leistungsgrenzen können einmal hinsichtlich des Wirkungsgrades gesetzt werden, der oberhalb einer optimalen Leistung mit zunehmender Belastung absinkt. Eine weitere Möglichkeit, eine Leistungsgrenze zu bestimmen, liegt im Instandhaltungsaufwand des Kessels, der mit wachsender Belastung überproportional zunimmt. Aus diesen Gedanken folgt, daß hinsichtlich der Definition der Nennleistung eines Kessels ein gewisser Ermessensspielraum besteht und außerdem eine definierte Nennleistung durchaus überschritten werden kann. Dies gilt insbesondere für kurzzeitige Beanspruchungen. Auch hier bestätigt der Alltagsbetrieb diese Aussage: Osnabrücker 01^{10} mußte man jahrelang stärker als mit Nennleistung anstrengen und erkaufte dies notgedrungen mit auffällig hohen Schadständen im Bw und einer großen Zahl von Bedarfsausbesserungen L 0 im AW Braunschweig.

Die spezifische Leistung eines Kessels wird in der Form der sogenannten Heizflächenbelastung oder Kesselanstrengung b_H gemessen, das ist die Dampfmenge – gemessen in kg –, die je Quadratmeter (feuerberührter) Heizfläche und je Stunde erzeugt wird. Die Höhe der möglichen Heizflächenbelastung ist vom Verhältnis der Heizfläche der Rohre zur Heizfläche der Feuerbüchse abhängig. Nach dem Henschel-Lokomotiv-Taschenbuch 1960 ist – sicherlich definiert für die Nennleistung – von folgenden Kennzahlen auszugehen:

H_r: Heizfläche der Rohre
H_b: Berührungsheizfläche der Feuerbüchse
$H_r/H_b \geq 11 \Rightarrow b_H$ = 50 bis 54 kg/m²h
H_r/H_b = 11 bis 9 $\Rightarrow b_H$ = 57 bis 60 kg/m²h
H_r/H_b = 9 bis 7 $\Rightarrow b_H$ = 65 bis 80 kg/m²h

Aus diesen Angaben läßt sich folgern, daß der Altbaukessel der 01^{10}-Lokomotiven mit seinen Abmessungen
H_b = 16,9 m²
H_r = 230,0 m²
$H_r + H_b$ = 246,9 m²
H_r/H_b = 13,6
eine Heizflächenbelastung von 60 kg/m²h minus 5 % Sicherheitsabschlag – das heißt also de facto 57 kg/m²h –, für die er bei Nennleistung definiert war, über einen längeren Zeitraum ohne erhöhte Schadanfälligkeit nicht durchzuhalten vermochte.

Der moderne „strahlungsbetonte" Neubaukessel der Lokomotiven der Baureihe 01^{10} mit seinen Abmessungen
H_b = 22,0 m²
H_r = 184,51 m²
$H_r + H_b$ = 206,51 m²
H_r/H_b = 8,39
ist hiernach hoch belastbar. Mit vergleichbar gestalteten Kesseln sind die nachstehenden Verdampfungsleistungen erzielt worden:

Personenzuglokomotive der Baureihe 23

H_b	=	17,1 m²	
H_r	=	139,18 m²	
$H_r + H_b$	=	156,28 m²	
H_r/H_b	=	8,14	
b_H	=	70,4 kg/m²h	Nennleistung
b_H	=	79,1 kg/m²h	im Kennlinienfeld der Lok angegebener Maximalwert
b_H	=	84 kg/m²h	im Versuch mehr als 1 Stunde gefahren

Personenzuglokomotive der Baureihe 66

H_r	=	76,06 m²	
H_b	=	11,40 m²	
H_r+Hb	=	87,46 m²	
H_r/H_b	=	6,67	
b_H	=	80,0 kg/m²h	Nennleistung
b_H	=	98,9 kg/m²h	im Kennlinienfeld der Lok angegebener Maximalwert
b_H	>	90 kg/m²h	im Versuch mehr als 1 Stunde gefahren

Aus diesen Erfahrungen und den bereits mit dem Neubaukessel der Baureihe 01^{10} „gefahrenen" Belastungen

b_H	=	72,64 kg/m²h	Nennleistung
b_H	=	79,10 kg/m²h	im Kennlinienfeld der Lok angegebener Maximalwert

kann auf eine mögliche Spitzenbelastung von
b_H = 85 kg/m²h
geschlossen werden, unabhängig von der Feuerungsart. Von diesen Daten ausgehend werden der weiteren Betrachtung die nachstehenden Leistungsstufen zugrunde gelegt (D: Dampfleistung des Kessels, D_M: Maschinendampfmenge):

a) Nennleistung:	b_H = 72,64 kg/m²h	D = 15,00 t/h	D_M = 14,16 t/h
b) Hochleistung:	b_H = 77,32 kg/m²h	D = 15,97 t/h	D_M = 15,08 t/h
c) Höchstleistung:	b_H = 84,79 kg/m²h	D = 17,51 t/h	D_M = 16,50 t/h

Wie die oben genannten, aufgrund der Rost-Anstrengung ermittelten Zahlen belegen, sind diese Kesselleistungen auch mit Kohlefeuerung erreichbar. Ausgehend von der Nennförderleistung der Heinl-Kolbenspeisepumpe von 250 Litern je Minute, das sind

Bild 335 – 01 1063 (Bw Osnabrück) wurde vom Lokversuchsamt Minden als Vertreterin der Zwei-Brenner-Bauart im Januar und Februar 1959 vor Meßwagen und Bremslok untersucht. Am 27. Februar 1959 präsentierte sie sich mit Indiziereinrichtung und Meßfahrt-Verkabelung auf den Versuchsamtsgleisen östlich vom Bw Minden. Hinter ihr ist eine der als Bremsloks eingesetzten 45er zu sehen. AUFNAHME: DB/BUSTORFF

15.000 Liter oder Kilogramm je Stunde, hatte die Deutsche Bundesbahn die Nennleistung des Kessels pragmatisch auf 15 t/h festgelegt, die sich aber ohne Inanspruchnahme der Kesselreserve durch Höherbelastung der Pumpe und notfalls durch das zusätzliche Speisen mit dem Injektor überschreiten ließ. Die mit „Hochleistung" klassifizierte Stufe ist dem Kennlinienfeld (Seite 144) und den Ergebnissen der Meßfahrt 42 von 01 1100 entlehnt (Seite 145), sie war die höchste erreichte Kesselleistung von 79,10 kg/m²h einschließlich des Dampfbedarfs für die Zugheizung. Wird dieser zusätzliche Dampfverbrauch – wie bereits ausgeführt – nicht berücksichtigt, sinkt die spezifische Kesselleistung auf 77,32 kg/m²h ab. Die Stufe der Hochleistung baut hiermit auf der Maschinendampfmenge auf, die den höchsten dargestellten effektiven Zugkräften und damit der entsprechenden indizierten Leistung zugrunde liegt. Mit „Höchstleistung" wird zunächst spekulativ eine Grenzleistung bezeichnet, die der Kessel ohne Erschöpfung sicherlich noch zu verkraften vermag. Eine absolute Obergrenze der Kesselleistung ist hiermit aber noch nicht erreicht. Der „krumme" Wert der Heizflächenbelastung unter c ist eine Folge der entsprechenden Maschinendampfmenge, für die mit dem Ziel der leichten Ablesbarkeit im Bild 332 ein „runder" Wert gewählt worden ist. Das Verhalten der Dampfmaschine in diesem Leistungsbereich wird noch zu betrachten sein.

Der Zusammenhang zwischen der Dampfleistung des Kessels D, der Maschinendampfmenge D_M und dem Dampfverbrauch der Hilfsbetriebe einschließlich der Zugheizung werden aus dem Bild 325 und dem bereits angesprochenen Bild 333 deutlich. Ohne Berücksichtigung des Dampfverbrauchs D_{HZ} der Zugheizung entsprechend Bild 325 ergibt sich im Bild 333 eine Kurve für die Maschinendampfmenge D_M, die um die entsprechenden Werte D_{HZ} über den angegebenen Daten liegt.

Den vorstehenden Überlegungen liegen Angaben zum Kessel der 01 1100 zugrunde, der zunächst mit einem Hauptbrenner und einem kleineren Hilfsbrenner ausgestattet war. Letzterer sollte vor allem die Wärmeverluste während des Stillstands ausgleichen. Als zweckmäßiger stellte sich – wie bereits geschildert – die spätere Ausführung mit zwei Hauptbrennern heraus. Der hiermit im Bereich der Nennleistung nach dem Bild 334 um 2,5 % verbesserte Kesselwirkungsgrad dürfte die oben angestellten Überlegungen nur unwesentlich beeinflussen.

Die Lokomotiv-Dampfmaschine

Ist die Charakteristik der ölgefeuerten 01^{10} bei der Nennleistung in der Form der 01 1063 bis in den Geschwindigkeitsbereich von 140 km/h als abgesichert anzusehen, so erlauben die vorliegenden Unterlagen keine Extrapolation in den Bereich höherer Leistung. In diesem Fall ist es erforderlich, auf Unterlagen der am gründlichsten untersuchten 01 1100 zurückzugreifen. Das Bild 332 zeigt für deren Dampfmaschine das sogenannte Kennlinienfeld. Dargestellt sind die Zylinderzugkraft Z_i und die indizierte Leistung N_i (Zylinderleistung) der Maschine in Abhängigkeit von der Maschinen-Dampfmenge D_M und von der Fahrgeschwindigkeit V. Gegenüber dem vom Versuchsamt für Lokomotiven in Minden aufgestellten Originalkennlinienfeld ist die Ordinate vom Wärmeinhalt der Maschinendampfmenge auf letztere selbst – wie vielfach üblich – umgestellt worden. Meßergebnisse und damit das vorliegende Diagramm des Versuchsamtes sind in durchgezogenen Linien dargestellt, Extrapolationen sind gestrichelt ausgeführt.

Wie zu erkennen ist, wurde bei den Meßfahrten die (indizierte) Nennleistung der Lokomotive etwa bis auf 2.650 PS_i überschritten. Die vorhandenen Kurven zeigen eine eindeutige Tendenz und lassen sich vorsichtig bis zu einer Geschwindigkeit von V = 140 km/h und bis zu einer Maschinendampfmenge von D_M = 18 t/h extrapolieren. Hierbei möglicherweise auftretende Fehler grenzen sich ein, indem die Kurven N_i = constant und Z_i = constant nach der Definition der Leistung

N_i [PS] = Z_i [kg] x V [km/h]/270

beziehungsweise der sich hieraus ergebenden Gleichung

V [km/h] = 270 x N_i [PS]/Z_i [kg]

sich bei eindeutig definierten Geschwindigkeiten schneiden. Wird das Originalkennlinienfeld des Versuchsamtes für Lokomotiven anhand der letzten Gleichung überprüft, zeigen sich Fehler. Die

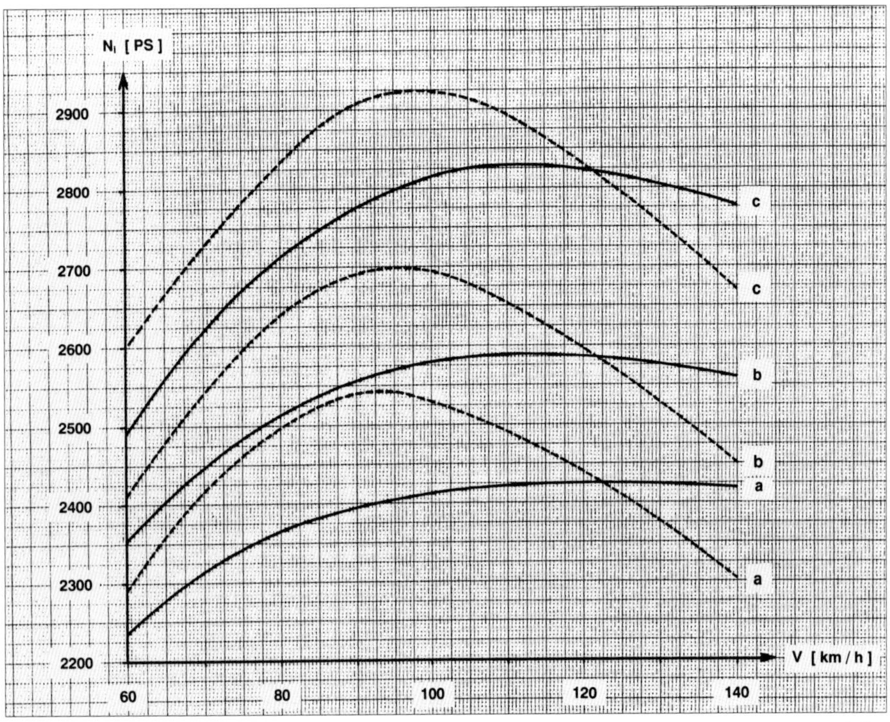

Bild 336 – Indizierte Leistung N_i der ölgefeuerten Lokomotiven 01 1063 und 01 1100 in Abhängigkeit von der Geschwindigkeit V bei unterschiedlichen Kesselanstrengungen b_H. **01 1063** ——— **01 1100** - - - - - - -

Kurven N_i = constant verlaufen nicht derart stark gekrümmt, wie sie das Versuchsamt dargestellt hat. Gegenüber dem Urstück des Diagramms zeigt das Bild 332 daher Abweichungen.

Zusätzlich zu den bisher angesprochenen Angaben ist im Kennlinienfeld der thermische Wirkungsgrad der Dampfmaschine η_D dargestellt, der Quotient aus der indizierten Leistung N_i dividiert durch die in der Maschinen-Dampfmenge enthaltene Wärmeenergie. Der thermische Wirkungsgrad erreicht mit mehr als $\eta_D = 14\,\%$ einen akzeptablen, jedoch nicht herausragenden Bestwert. Die angegebenen Daten des thermischen Wirkungsgrads von $\eta_D = 14\,\%$ beziehungsweise 14,25 % entsprechen indizierten Wirkungsgraden von rund $\eta_i = 69{,}5\,\%$ und 71 %. Als indizierter Wirkungsgrad η_i wird der Quotient aus der indizierten Leistung N_i dividiert durch die Leistung eines idealen Dampfprozesses (unter den vorliegenden Bedingungen von Druck und Temperatur) bezeichnet. Da der thermische Wirkungsgrad η_D mit steigendem Dampfdruck und steigender Dampftemperatur „automatisch" zunimmt, ist der indizierte Wirkungsgrad η_i für die Beurteilung der Qualität einer Dampfmaschine der aussagekräftigere Maßstab. Ein indizierter Wirkungsgrad von maximal 71 % ist für eine Lokomotive mit einstufiger Dampfdehnung als gut zu bezeichnen, mit Verbundlokomotiven sind hingegen Bestwerte bis zu 82 % erzielt worden.

Werden die oben angesprochenen Leistungsstufen des Kessels

a) Nennleistung: DM = 14,16 t/h
b) Hochleistung: DM = 15,08 t/h
c) Höchstleistung: DM = 16,50 t/h

mit ihren entsprechenden Maschinendampfmengen D_M in das Kennlinienfeld eingetragen, lassen sich die erzielbaren indizierten Leistungen aus dem Diagramm 332 ablesen, die als gestrichelte Linien im Bild 336 aufgezeichnet sind. Wie aus dem Bild 332 zu erkennen ist, läßt sich auch für die Lokomotivdampfmaschine keine eindeutig fixierte Leistungsgrenze definieren. Die Maschine ist durchaus in der Lage, auch erheblich größere Dampfmengen als die Nennleistung des Kessels bei vertretbarem Wirkungsgrad in mechanische Arbeit umzusetzen.

Die Kurven für die unterschiedlichen Stufen der indizierten Leistung N_i der 01 1100 zeigen in Abhängigkeit von der Fahrgeschwindigkeit V die bereits bekannte Form, allerdings schwächer ausgeprägt als im Bild 326. Dennoch ist die Differenz zwischen dem Leistungsmaximum und der Leistung bei der Höchstgeschwindigkeit mit 240 bis 250 PS beachtlich.

Für die endgültige Ausführung der ölgefeuerten Schnellzuglokomotiven der Baureihe 01^{10} ist – wie bereits ausgeführt – die Charakteristik der Lokomotive 01 1063 mit Sicherheit realitätsnäher als die der 01 1100 in ihrer ursprünglichen Bauform. Da die Nennleistungscharakteristik der 01 1063 vorliegt, für höhere Leistungsbereiche jedoch nur Unterlagen der 01 1100 zur Verfügung stehen, wird das Leistungsverhalten für die endgültige Ausführung der ölgefeuerten Lokomotiven der Baureihe 01^{10} sicherlich am ehesten angenähert, wenn nur die Differenzen zwischen Höchst- beziehungsweise Hochleistung und Nennleistung dem Kennlinienfeld der 01 1100 entnommen und der Nennleistung der 01 1063 hinzugefügt werden. Die auf diese Weise erzeugten ausgezogenen (durchgehenden) Kurven des Bildes *336* dürften der Realität am nächsten kommen.

Die Leistung der Lokomotive

Die Nennleistung der Lokomotive erreicht 2.425 PS_i, die bei Hochleistung auf rund 2.600 PS_i gesteigert werden kann. Thermisch ist die Dampfmaschine der Lokomotive in der Lage, bei Höchstleistung auch mehr als 2.800 PS_i in den Zylindern zu entwickeln. Eine „Drosselcharakteristik" im Bereich hoher Maschinendrehzahlen ist zwar erkennbar, aber nur schwach ausgeprägt. Wird die von Düring im Bild 330 angegebene Charakteristik des spezifischen indizierten Dampfverbrauchs berücksichtigt beziehungsweise extrapoliert, ergibt sich mit 2.440 PS_i bei 120 km/h und 2.460 PS_i bei 140 km/h eine geringfügig höhere indizierte Nennleistung. Für die definierten Stufen lassen sich die Angaben der beiden Quellen zur indizierten (Zylinder-)Leistung wie folgt zusammenfassen:

a) Nennleistung N_i = 2.425 (bis 2.460) PS
b) Hochleistung N_i = 2.590 (bis 2.630) PS
c) Höchstleistung N_i = 2.830 (bis 2.870) PS

Die erkennbaren Differenzen bewegen sich im Rahmen der Meß-Ungenauigkeiten. Den weiteren Berechnungen und Diagrammen sind vorsichtshalber die jeweils niedrigeren Werte zugrunde gelegt. Es ist nochmals zu betonen, daß die Stufe c keine absolute Grenze der Leistungsfähigkeit bedeutet, sondern – zumindest kurzzeitig – auch überschritten werden kann.

Wie bereits ausgeführt, ist das Triebwerk der Lokomotive nicht in der Lage, die Höchstleistung ohne „Warmlaufen" des mittleren Kreuzkopfs über einen längeren Zeitraum durchzuhalten. Ursache dieser Schwäche der Konstruktion ist die geringe Länge der Treibstange des mittleren Triebwerks, die große Winkelausschläge dieser Stange und damit hohe Anpreßkräfte des Kreuzkopfs auf die Gleitbahn zur Folge hat. Durch eine andere Bauform des Kreuzkopfs wäre dieser Mangel sicherlich zu beheben gewesen. Eine Änderung der Konstruktion unterblieb jedoch, weil ein langandauernder Einsatz der Maschinen in diesem Leistungsbereich nicht vorgesehen war.

Im Rahmen dieser Betrachtung stellt sich auch die Frage, zu welchen Leistungen eine weiterentwickelte 01^{10} imstande war, die ab 1957 in der Form der Baureihe 10 existierte.

Beide Lokomotivbauarten verfügen praktisch über den gleichen Kessel. Die Feuerbüchsen beider Maschinen, der wichtigste Teil des Dampferzeugers, sind identisch. Allein die Heizfläche der Rohre ist bei der Baureihe 10 infolge der um 0,5 m größeren Rohrlänge um 5,4 % ausgeweitet (01^{10}: H_r = 184,51 m², 10: H_r = 194,40 m²). Die Wirtschaftlichkeit des Kessels wird hierdurch bei Ölfeuerung mit ihren gegenüber Kohlefeuerung höheren Abgastemperaturen erhöht, die Verdampfungsleistung geringfügig verbessert. Beide Kessel verfügen über 44 Rauchrohre und damit auch über 44 Überhitzerelemente. Die größere Rohrlänge beschert hiermit der Baureihe 10 mit 105,7 m² gegenüber der Baureihe 01^{10} mit 93,97 m² die größere Überhitzerheizfläche. Willkommen war unter Anstrengung bis in die Nähe der Kesselreserve der größere Heißwasservorrat. Die für die Baureihe 10 angegebene Nennleistung des Kessels von D = 15 t/h [Ebel: Baureihe 10, Anlage 9, S. 113] ist abermals durch die Kesselvorschrift begründet, denn auch diese Baureihe besaß die V 15-Speisepumpe mit einer Nennleistung von 250 l/min = 15 t/h. Werden die bislang definierten Leistungsstufen beibehalten, lassen sie sich etwa wie folgt auf den Kessel der Baureihe 10 übertragen:

a) Nennleistung: D = 15,00 t/h D_M = 14,16 t/h
b) Hochleistung: D = 16,00 t/h D_M = 15,10 t/h
c) Höchstleistung: D = 18,40 t/h D_M = 17,30 t/h

In der letzten Stufe ist die Dampfleistung gegenüber der Baureihe 01^{10} um 0,9 t/h erhöht worden, denn der 216,4 m² große Kessel der Baureihe 10 war unter 85 kg/m²h Heizflächenbelastung in der Lage, 18,39 t Dampf in der Stunde zu erzeugen.

Nach den vorliegenden Erfahrungen stellt die Dampfmaschine der Baureihe 10 wohl ein Meisterwerk für einstufige Dampfdehnung dar. Die Langhubsteuerung mit ihrer geringen Einlaßdrosselung des Arbeitsdampfes ließ das Fahren mit kleinen Zylinder-Füllungen zu, die Maschine war hiermit bei den von den üblichen Einheitslokomotiven der Deutschen Reichsbahn gewohnten Füllungen erheblich „munterer“. Auch der gegenüber der 01^{10} von 660 mm auf 720 mm vergrößerte Kolbenhub begünstigte diese Optimierung der Dampfmaschine. Mit seinem günstigen Saugzugverhalten ermöglichte der Doppelschornstein vor allem bei hohen Maschinenleistungen einen niedrigen Abdampfgegendruck und damit einen günstigen Dampfverbrauch. Die Erhöhung des Dampfdrucks von 16 auf 18 atü trug ebenfalls zu einer Leistungssteigerung bei. Nach Postupalsky (Bild 331) kann für hohe Dampftemperaturen, ermöglicht durch die Ölfeuerung, von folgenden Bestwerten des spezifischen indizierten Dampfverbrauchs für einen Abdampfgegendruck von 0,30 bis 0,35 atü ausgegangen werden (Volumen eines Einzelzylinders: J = 130,3 Liter):

$t_ü$ = 440 °C ⇒ d_i = 5,35 x 1,05 = 5,62 kg/PS_ih
$t_ü$ = 450 °C ⇒ d_i = 5,27 x 1,05 = 5,53 kg/PS_ih

Da der Abdampfgegendruck die oben genannten Werte unterschritten hat, sind geringfügig günstigere Werte des spezifischen indizierten Dampfverbrauchs von schätzungsweise

$t_ü$ = 440 °C ⇒ d_i = 5,60 kg/PS_ih
$t_ü$ = 450 °C ⇒ d_i = 5,50 kg/PS_ih

wahrscheinlich. Ob der von Schöningh genannte Bestwert von 5,4 kg/PS_ih tatsächlich erreicht wurde, läßt sich im nachhinein nicht mehr feststellen. Von den spezifischen Werten 5,50 (Stufen a und b) beziehungsweise 5,60 kg/PS_ih (Stufe c) ausgehend, ergeben sich aus den oben genannten Maschinendampfmengen folgende maximale indizierte (Zylinder-)Leistungen für die Baureihe 10:

a) Nennleistung N_i = 2.575 PS
b) Hochleistung N_i = 2.745 PS
c) Höchstleistung N_i = **3.090 PS**

In der letzten Stufe, die – wie bereits mehrfach ausgeführt – auch überschritten werden konnte, verläßt die Dampfmaschine wahrscheinlich den günstigsten Leistungsbereich. Aus diesem Grunde wird in diesem Fall ein geringfügig ungünstigerer spezifischer Dampfverbrauch unterstellt. Die von Witte [Dampflokomotivreihen 66 und 10] mit einer Kesselleistung von D = 18 t/h (D_M = 17,6 t/h) bei Kohlefeuerung erhoffte Spitzenleistung der Lokomotive von 3.200 PS_i erscheint etwas optimistisch. Der hierfür erforderliche spezifische Dampfverbrauch von 5,5 kg/PS_ih ist bei einer gegenüber Ölfeuerung geringeren Dampftemperatur sehr niedrig. Dennoch belegt ein Vergleich der indizierten Leistungen, daß die Baureihe 10 als Oberstufe der Baureihe 01^{10} letzterer fühlbar überlegen war. Höhere als die genannten Maschinen-Leistungen hätten bei der angesprochenen Kesselleistung des Einsatzes der zweistufigen Dampfdehnung bedurft, die eine Verminderung des spezifischen indizierten Dampfverbrauchs bis auf etwa 5,2 kg/PS_ih gestattet hätte.

Da die Baureihe 10 letztlich eine Fortentwicklung der Baureihe 01^{10} blieb, hat sie von ihrer Stammmutter auch deren Schwäche, das mit einer kurzen Treibstange ausgestattete Mitteltriebwerk, „geerbt“. Anläßlich der Versuchsfahrten war beim Vorstoß in den Bereich einer indizierten Leistung von mehr als 2.500 PS_i erhebliches „Lehrgeld“ zu zahlen. Wie bereits von der 01^{10} gewohnt, lief der Kreuzkopf des Mitteltriebwerks heiß. Es bedurfte einiger konstruktiver Änderungen wie beispielsweise einer Luftkühlung der Gleitbahn, um dieses Problem leidlich in den Griff zu bekommen. Dieser ererbte Konstruktionsmangel beschränkte die maximale Leistung der Baureihe 10 auf rund 3.000 PS_i , obwohl der Kessel als auch die Dampfmaschine für höhere Spitzenleistungen durchaus geeignet waren.

Das Zugkraft-Geschwindigkeits-Diagramm

Wichtigstes fahrdynamisches Charakteristikum einer Lokomotive ist das Zugkraft-Geschwindigkeits-Diagramm (Z-V-Diagramm). Es bildet die Grundlage für sämtliche fahrdynamischen Untersuchungen wie beispielsweise die Fahrzeitermittlung von Zugfahrten einschließlich der Bestimmung des Energieverbrauchs. Zu achten ist auf die exakte Definition der Zugkraft oder Vortriebskraft, sie kann auf die Antriebsanlage, auf den Treibradumfang als auch auf den (Tender-)Zughaken der Lokomotive bezogen sein.

Auf der Basis des Bildes 336 läßt sich im Bild 337 für die verschiedenen Leistungsstufen der Lokomotive der Baureihe 01^{10} ein Zylinderzugkraft-Geschwindigkeits-Diagramm (Z_i-V-Diagramm) aufstellen, in das auch die Zugkräfte für konstante Zylinderfüllungen e eingetragen sind. Grundlage der letztgenannten Kurven sind die Ergebnisse der Meßfahrten mit den Lokomotiven 01 1092 und 01 1100, deren Verlauf nach Meineke und Röhrs [Die Dampflokomotive, S. 62-64] und durch entsprechende Kurven anderer Lokomotiven (Baureihe 03 [Henschel-Lokomotiv-Taschenbuch 1960, Bild 234, S. 286] abgesichert wurde. Wie sich dem Bild entnehmen läßt, musste die 01^{10} alter Bauart bei hohen Geschwindigkeiten sehr „kurz“, das heißt mit kleiner Füllung, gefahren werden. Mit dem neuen Kessel hingegen sind auch bei Höchstgeschwindigkeit und hoher Leistung Füllungen bis zu 30 % möglich. Vielfach wurde und wird im Hinblick auf eine schonende Beanspruchung des Triebwerks und einen ruhigen Lauf der Lokomotive empfohlen, vor allem im Bereich hoher Geschwindigkeit mit dem Ziel nicht zu hoher Kompressionskräfte des Kolbens bei der Verdichtung eine Zylinderfüllung von 30 % nicht zu unterschreiten. Aus dem Bild 337 wird deutlich, daß die 01^{10} bei Geschwindigkeiten von mehr als 100 km/h unterhalb ihrer Höchstleistung eine derartige Fahrweise bei vollem Schieberkastendruck nicht zuläßt. Soll dennoch eine Füllung von 30 % nicht unterschritten werden, ist es erforderlich, das Dampfvolumen durch Druckverminderung zu erhöhen und mit dem Regler den Schieberkastendruck des Dampfes zu drosseln, erkauft mit einer geringfügigen Leistungseinbuße.

Maßgebend für das Traktionsverhalten einer Lokomotive ist die am Zughaken erzielbare sogenannte effektive Zugkraft, die auf

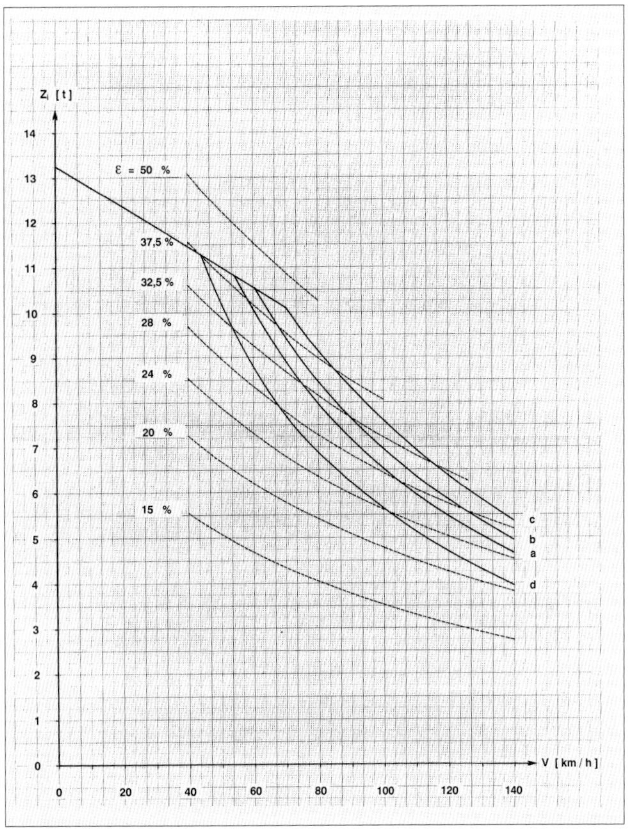

Bild 337 – Indizierte Zugkraft Z_i der Lokomotive der Baureihe 01^{10} in Abhängigkeit von der Fahrgeschwindigkeit V und von der Füllung ε

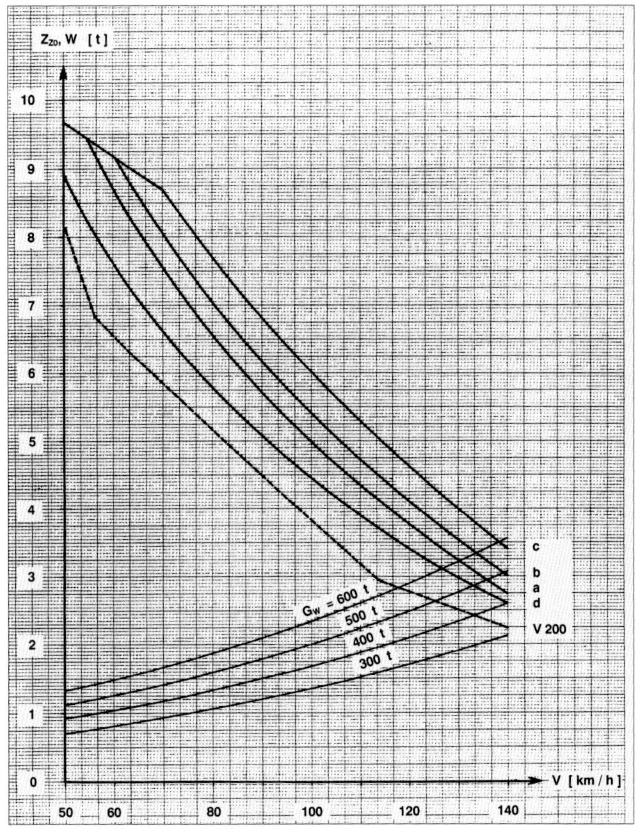

Bild 338 – Effektive Zugkraft Z_{Z0} am Zughaken der 01^{10} und der Diesellokomotive V 200 (Motorleistung 2.200 PS) und Fahrwiderstände W von Schnellzügen (Wagenzuggewicht G_W) auf ebener Strecke in Abhängigkeit von der Fahrgeschwindigkeit V

ebener Strecke mit Z_{Z0} bezeichnet wird. Sie ergibt sich aus der indizierten Zugkraft Z_i abzüglich des Fahrwiderstands W_L der Lokomotive:

$Z_{Z0} = Z_i - W_L$

Der Fahrwiderstand für die Lokomotive der Baureihe 01^{10} in ihrer letzten Ausführung wird auf ebener Strecke durch folgende Formel beschrieben:

$W_L = 785 + 4{,}896 \times (V/10)^2 + 0{,}0385 \times Z_i$

W_L:	Fahrwiderstand der Lokomotive	[kg]
V:	Fahrgeschwindigkeit	[km/h]
Z_i:	Indizierte Zugkraft (Zylinderzugkraft)	[kg]
Z_{Z0}:	Effektive Zugkraft am Tenderzughaken in der Ebene	[kg]

Die effektive Zugkraft für unterschiedliche Leistungsstufen der 01^{10} ist für ebene Strecken im Bild 338 und für eine Steigung von 10‰ im Bild 339 dargestellt.

Zum Vergleich sind auch die Leistungsdaten der Diesellokomotive V 200 mit einer Motorleistung von 2.200 PS aufgezeichnet. Diese Lokomotive ist mit zwei Maybach-Motoren MD 650/55 ohne Ladeluftkühlung ausgerüstet und verfügt über zwei Dreiwandlergetriebe der Bauart LT 306 r, hergestellt von der Firma Voith. Auch Düring zog in seinem Standardwerk über die deutschen Schnellzugdampflokomotiven diese Lokomotive zu einem Vergleich heran und erwähnte insbesondere die vor dem Meßwagen untersuchte V 200 043, die bei einer Geschwindigkeit von 80 km/h beispielsweise eine Zughakenleistung von 1.600 PS entwickelte [Abb. 87, S. 191]. Diese Leistungscharakteristik der V 200 widerspricht den aus dem Bild 340 ablesbaren Daten und erscheint überhöht. Es ist bekannt, daß bei einigen wenigen Lokomotiven der Baureihe V 200 die Antriebsmotoren vorübergehend auf eine Leistung von jeweils 1.200 PS eingestellt waren. Allem Anschein nach ist die V 200 043 bei den Messungen – ohne Hinweis bei der Nennung der Ergebnisse – ebenfalls mit erhöhter Motorleistung gefahren worden. Durch eine einfache Überschlagsrechnung läßt sich diese Diskrepanz aufklären (Quellen: Lehmann, Lippl). Der Fahrwiderstand der V 200 läßt sich nach folgender Formel berechnen [Henschel-Lokomotiv-Taschenbuch 1960, S. 55]:

$W = 3{,}198 \times G_r + 0{,}02907 \times (V + \Delta V)^2$

W:	Fahrwiderstand	[kg]
G_r:	Reibungsgewicht der Lokomotive	[t]
$G_r = 80$ t		
V:	Geschwindigkeit	[km/h]
ΔV:	Zuschlag für Gegen- und Seitenwind	[km/h]
$\Delta V = 0$		

Für eine Geschwindigkeit von 80 km/h ergibt sich:
W = 442 kg

Die entsprechende Leistung N zur Überwindung dieser Widerstandskraft beträgt:
N = W x V/270 = 131 PS
Für die Diesellokomotive der Baureihe V 200 errechnet sich hiernach die effektive Leistung am Zughaken bei einer Geschwindigkeit von 80 km/h wie folgt:

Motorleistung der V 200	2 x 1.100 PS	=	2.200 PS
Getriebeeingangsleistung		=	2.060 PS
Bestwirkungsgrad des Getriebes LT 306 r im 2. Wandlergang		=	0,82
Getriebeausgangsleistung	0,82 x 2060	=	1.689 PS
Wirkungsgrad der Achsgetriebe u. Kardanwellen i. allgemeinen		=	0,97
wegen gegenüber einmotoriger Lok geringerer Blindmomente im Antrieb bei nur jeweils 2 gekuppelten Radsätzen angesetzt		=	0,98

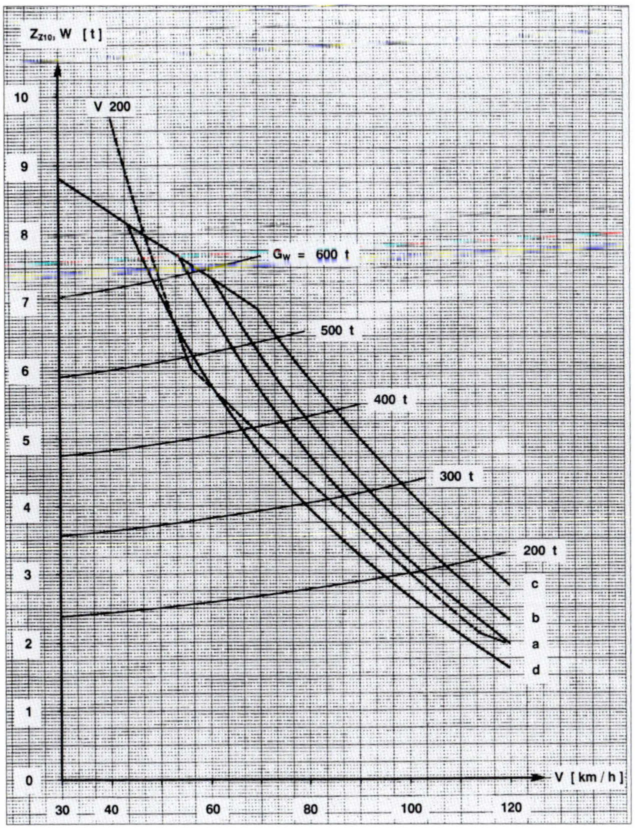

Bild 339 – Effektive Zugkraft Z_{Z10} am Zughaken der 01^{10} und der Diesellokomotive V 200 (Motorleistung 2.200 PS) und Fahrwiderstände W von Schnellzügen (Wagenzuggewicht G_W) auf einer Steigung von 10 ‰ in Abhängigkeit von der Fahrgeschwindigkeit V

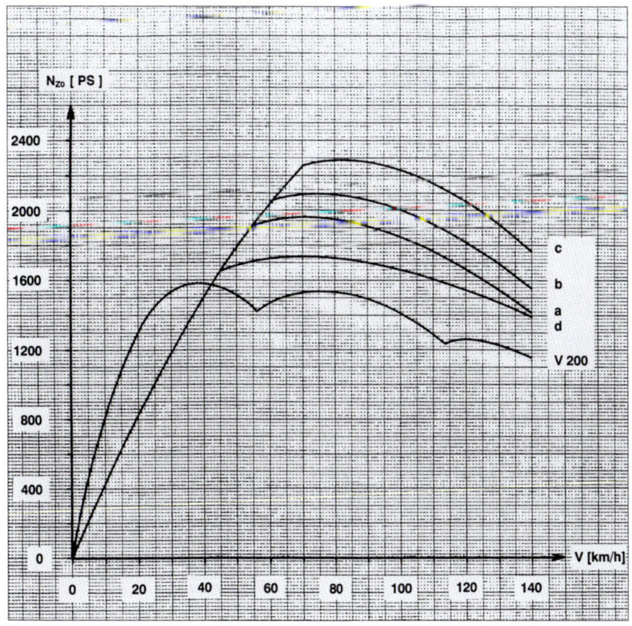

Bild 340 – Effektive Leistung am Zughaken auf ebener Strecke N_{Z0} der 01^{10} und der Diesellokomotive V 200 (Motorleistung 2.200 PS) in Abhängigkeit von der Fahrgeschwindigkeit V

Zu den Bildern 337 bis 340:
Lokomotive 01^{10} mit Neubaukessel und Ölfeuerung:
a) Nennleistung: D = 15,000 t/h, D_M = 14,160 t/h, b_H = 72,64 kg/m²h
b) Hochleistung: D = 15,968 t/h, D_M = 15,075 t/h, b_H = 77,32 kg/m²h
c) Höchstleistung: D = 17,510 t/h, D_M = 16,500 t/h, b_H = 84,79 kg/m²h
Lokomotive 01^{10} mit Altbaukessel, Stromlinienverkleidung und Kohlefeuerung:
d) Nennleistung: D = 14,080 t/h, D_M = 13,750 t/h, b_H = 57,00 kg/m²h

Leistung am Treibradumfang	0,98 x 1689	= 1.655 PS
Fahrwiderstandsleistung bei 80 km/h		= 131 PS
Leistung am Zughaken bei 80 km/h	1.655 – 131	= 1.524 PS

Die Lokomotive der Baureihe V 200 war in ihrer Serienausführung also nicht in der Lage, die in der oben genannten Quelle gezeigte Leistung zu erbringen.

Das Traktionsverhalten der Lokomotive

Für die Praxis ist von Interesse, mit welcher Zuglast eine Lokomotive auf ebener Strecke oder auf einer Steigung der Größe s [‰] eine bestimmte Geschwindigkeit erreichen kann. Angaben hierzu liefern in graphischer Form sogenannte s-V-Diagramme und in tabellarischer Form Schlepplastentafeln entsprechend Tabelle (Seite 280). In dieser umfangreichen Zusammenfassung sind die Schlepplasten der modernisierten Lokomotive der Baureihe 01^{10} und dreier weiterer Lokomotivtypen einander gegenübergestellt.

Abgesehen von einer nach Bild 322 nicht zu rechtfertigenden optimistischen Einschätzung der 01^{10} alter Bauform und einer verhaltenen Beurteilung der modernisierten 01^{10} bei hohen Geschwindigkeiten aufgrund der bereits besprochenen Charakteristik der 01 1100 läßt sich der Schlepplastentafel entnehmen, daß die Lokomotiven der Baureihe 01^{10} in ihrer letzten Bauform auf Flachlandstrecken und im Mittelgebirge mit Steigungen bis zu 10 ‰ mit Ausnahme sehr leichter Züge sämtlichen vergleichbaren Lokomotiv-Bauarten überlegen waren. Unterlegen waren sie nur den in Einzelexemplaren gebauten Baureihen 06 und 10.

Um die Angaben von Schlepplastentafeln einordnen zu können, ist anzumerken, daß derartige offizielle Unterlagen der Eisenbahnen erhebliche Sicherheitszuschläge hinsichtlich der Fahrwiderstände enthalten, um als Grundlage für fahrdynamische Untersuchungen wie beispielsweise Fahrzeitermittlungen Ergebnisse zu liefern, die auch unter ungünstigen Randbedingungen in der Realität einzuhalten sind. Da diese Bedingungen nur selten vorliegen, lassen sich die offiziellen Angaben der Schlepplasten-Tafeln in der Praxis zumeist übertreffen.

Der Fahrwiderstand der Wagengarnituren von Schnellzügen wird in Deutschland zumeist mit Hilfe der Formel von Sauthoff berechnet [siehe Henschel-Lokomotiv-Taschenbuch, Nordmann: Mechanik]:

$$W_W = 1{,}9 \times G_W + 0{,}0025 \times V \times G_W + 0{,}0048 \times (n + 2{,}7) \times 1{,}45 \times (V + \Delta V)^2$$

W_W	Fahrwiderstand des Wagenzuges	[kg]
G_W	Gewicht des Wagenzuges	[t]
V:	Fahrgeschwindigkeit	[km/h]
ΔV:	Zuschlag für Gegen- und Seitenwind	[km/h]

ΔV = 12 bis 15 km/h
n: Anzahl der Wagen im Zugverband

Höchstwahrscheinlich liegt den Daten der gezeigten Schlepplastentafel diese Formel zugrunde. Sauthoff hat sie 1933 veröffentlicht, sie baut auf Schnellzugwagen der damaligen Bauart auf. In der Zwischenzeit haben sich die Gegebenheiten verändert: Das durchgehend geschweißte Gleis mindert den Rollwiderstand ab, und infolge einer strömungsgünstigeren Gestaltung weisen moderne Wagen auch einen geringeren Luftwiderstand auf.

Für die Ermittlung der Fahrzeit von Zügen ist es unabdingbar, etwaigen Gegen- oder Seitenwind zu berücksichtigen. Allein durch diese Vorsichtsmaßnahme erhöht sich durch ΔV = 12 km/h der Luftwiderstand gegenüber Windstille bei einer Geschwindigkeit von 80 km/h um 32 % und bei einer Geschwindigkeit von 120 km/h immerhin noch um 21 %. Um das reale Traktionsverhalten beurteilen zu können, ist diese Vorsichtsmaßnahme aber sicherlich unangebracht, das Rechenergebnis würde sich in der täglichen Praxis zumeist übertreffen lassen. Aus diesem Grunde wird der Gegenwindzuschlag auf 5 km/h vermindert und die Formel von Sauthoff den Gegebenheiten und Bedingungen des alltäglichen Betriebseinsatzes angepaßt, wie sie vor rund 40 Jahren vorlagen. Unter diesen Voraussetzungen verändert sich die Formel wie folgt:

$WW = 1{,}5 \times GW + 0{,}0025 \times V \times GW + 0{,}0048 \times (n + 2{,}7) \times 1{,}45 \times (V + 5)^2$

Betrachtet werden die nachstehenden Wagenzüge:

Gewicht		Wagenanzahl	
	$G_W = 600$ t		n = 14
	$G_W = 500$ t		n = 12
	$G_W = 400$ t		n = 10
	$G_W = 300$ t		n = 8
	$G_W = 200$ t		n = 6

Um den Luftwiderstand der Züge nicht zu unterschätzen, der von deren Form und Länge, nicht aber von deren Gewicht beeinflußt wird, ist insbesondere für die leichten Züge eine verhältnismäßig hohe Wagenanzahl unterstellt worden. Pragmatisch wurde für die ersten sechs Wagen des Zuges in der Form der „Silberlinge" extremer Leichtbau mit einem Gewicht von 33,3 t je Wagen unterstellt, die nachfolgenden Wagen hingegen sind mit jeweils 50 t erheblich schwerer angenommen.

Die Fahrwiderstände der einzelnen Wagenzüge sind in Abhängigkeit von der Geschwindigkeit in den Bildern 338 und 339 aufgezeichnet. Auf ebener Strecke vermag die ölgefeuerte 01^{10} nach dem Diagramm 338 unter Einsatz der Nennleistung einen Wagenzug mit einem Gewicht von 600 t mit einer Geschwindigkeit von 130 km/h zu befördern. Das sind immerhin 80 t oder nahezu zwei Schnellzugwagen mehr als in der Schlepplastentafel angegeben. Mit ihrer – wie erwähnt wegen des Innentriebwerks nur kurzzeitig einsetzbaren – Höchstleistung kann die Lokomotive diesen Zug auch auf nahezu 140 km/h beschleunigen. Diese Geschwindigkeit kann sie bei ihrer Nennleistung dauernd mit einer Zuglast von etwa 440 t durchhalten, gegenüber der Schlepplastentafel wiederum 70 t zusätzlich. Die Diesellokomotive V 200 ist gegenüber der 01^{10} bei deren Nennleistung mit gleichschweren Zügen etwa 10

Schlepplasten-Tafel für Dampflokomotiven der Baureihen 01 und 01^{10} und für die Diesellokomotive der Baureihe V 200

Angabe des möglichen Wagenzuggewichts von Schnellzügen in Tonnen in Abhängigkeit von der Geschwindigkeit und von der Steigung

1. Zeile : Schlepplasten der 01^{10} mit Altbaukessel und Stromlinienverkleidung [Merkbuch 939a 1944]
2. Zeile : Schlepplasten der 01 mit Altbaukessel[Düring: Einheitslokomotiven]
3. Zeile : Schlepplasten der 01^{10} mit Neubaukessel und Ölfeuerung [Bild 339]
4. Zeile : Schlepplasten der V 200, Motor-Leistung 2.200 PS [nach Friedrich/Seidel]

Geschwindigkeit in km/h		60	70	80	90	100	110	120	130	140
Steigung	Lok									
0 ‰	01^{10} alt					1065	850	660	505	380
	01					855	650	500	375	-
	01^{10} neu					>900	>800	700	520	370
	V 200					710	560	440	350	270
1 ‰	01^{10} alt					815	660	510	400	295
	01				890	690	530	410	310	-
	01^{10} neu				>900	>800	700	545	405	285
	V 200	keine Angaben								
2 ‰	01^{10} alt				800	650	525	410	315	230
	01			925	730	570	440	345	260	-
	01^{10} neu			>900	>800	700	570	440	330	230
	V 200	keine Angaben								
3 ‰	01^{10} alt			800	655	530	430	330	250	185
	01			770	615	480	370	290	220	-
	01^{10} neu			>800	>700	600	475	360	265	180
	V 200	keine Angaben								
5 ‰	01^{10} alt		700	565	460	375	300	230	170	115
	01		900	715	560	445	350	270	220	155
-	01^{10} neu	>900	>700	650	535	430	335	250	175	115
	V 200	790	k.A.	520	k.A.	320	270	220	180	140
10 ‰	01^{10} alt	460	360	285	230	175	130	90	-	-
	01	495	390	300	235	180	130	95	60	-
	01^{10} neu	535	430	350	275	215	160	110	-	-
	V 200	460	k.A.	310	k.A.	190	160	130	100	80
14 ‰	01^{10} alt	310	235	180	135	95	-	-	-	-
	01	340	260	195	150	105	70	-	-	-
	01^{10} neu	365	290	230	175	125	-	-	-	-
15 ‰	V 200	310	k.A.	210	k.A.	120	100	70	-	-
20 ‰	01^{10} alt	130	90	-	-	-	-	-	-	-
	01	205	150	105	-	-	-	-	-	-
	01^{10} neu	225	170	125	-	-	-	-	-	-
	V 200	230	k.A.	150	k.A.	80	60	-	-	-
25 ‰	01^{10} alt	115	-	-	-	-	-	-	-	-
	01	140	95	-	-	-	-	-	-	-
	01^{10} neu	150	110	-	-	-	-	-	-	-
	V 200	170	k.A.	110	k.A.	60	-	-	-	-

Bild 341, unten – Wie leistungsfähig die 01^{10} Öl war, mag dieser Vergleich zweier dreifach gekuppelter Lokomotiven (Bebra, 7. Juni 1957) zeigen: Die rechts anfahrende preußische T 3 hatte ein Reibungsgewicht von 36 t, und dementsprechend eine Kuppelachslast von 12 t. Die 01^{10} brachte fast das doppelte Reibungsgewicht auf die Schiene. Die Verdampfungsheizfläche des 01^{10}-Kessels war ziemlich genau viermal so groß wie die des T 3-Kessels, doch schöpfte die große Lok daraus so viele PS wie 14 Loks der Gattung T 3. Ein ungerechter Vergleich, gewiß.
AUFNAHME: CARL BELLINGRODT/EK-VERLAG

bis 12 km/h langsamer oder vermag bei gleicher Geschwindigkeit nur 110 t bis 170 t leichtere Züge zu befördern. Bei der Höchstleistung der Dampflokomotive vergrößern sich die angegebenen Differenzen auf etwa 20 km/h und 200 bis 300 t.

Auf einer Steigung von 10 ‰ kommt der Diesellokomotive ihr gegenüber der Dampflokomotive um rund 100 t geringeres Eigengewicht zugute; im Vergleich zur 01^{10} mit im Mittel 180 t Dienstgewicht einschließlich Tender braucht sie nur rund 80 t bergwärts zu schleppen. Bei einer spezifischen Hangabtriebs-Kraft von 10 ‰ = 10 kg/t geht der Dampflokomotive ein Zugkraftvorteil von 1.000 kg verloren. Immerhin ist die Diesellokomotive auf dieser Steigung der Dampflokomotive in ihrer Ursprungsbauart generell überlegen. In ihrer letzten Bauform „schlägt" aber auch hier die 01^{10} die V 200. Insbesondere auf Rampen-Strecken kann die Dampflokomotive durch kurzzeitigen Einsatz ihrer Höchstleistung die Fahrgeschwindigkeit spürbar steigern und auf diesen Abschnitten zumeist geringer Länge im Verspätungsfall Minuten „herausfahren". Einen 500 t-Zug auf einer 12 km langen 10 ‰-Rampe mit einer Geschwindigkeit von 74 km/h (Höchstleistung 01^{10}) statt mit 55,5 km/h (V 200) zu befördern, bedeutet einen Fahrzeitgewinn von mehr als drei Minuten (3,24 min).

Auf Steigungen mit Längsneigungen von mehr als 15 ‰ gewinnt die Diesellokomotive mit ihrem geringen Eigengewicht und mit ihrer im Bereich niedriger Geschwindigkeit großen Zugkraft als Universalmaschine einen immer größeren Vorteil gegenüber einer Schnellzugdampflokomotive mit nur drei Treibradsätzen. Auf Gebirgsstrecken dieser Art ist ein „Flachlandrenner" – wie sie die 01^{10} nun einmal darstellt – aber auch überfordert. Dies wäre der Einsatzbereich einer vierfach gekuppelten Schnellzugdampflokomotive, über die Deutschlands Eisenbahnen – zumindest in moderner, ausgereifter Konstruktion – aber nie verfügten.

Den raschesten Überblick über das Leistungsverhalten von Lokomotiven vermittelt die Darstellung der effektiven Leistung am Zughaken auf ebener Strecke N_{Z0} in Abhängigkeit von der Fahrgeschwindigkeit V entsprechend Bild 340. Es zeigt, daß die Lokomotive der Baureihe 01^{10} in ihrer letzten Ausführung sehr leistungsfähig und ihrer Dieselkonkurrentin V 200 bei Geschwindigkeiten von mehr als 40 km/h weit überlegen war. Allenfalls die in den sechziger Jahren beschaffte verstärkte V 200[1] – die spätere Baureihe 221 – war ihr mit einer Motorleistung von 2.700 PS und einer Zughakenleistung von zusätzlich rund 380 PS ebenbürtig. Die effektive Leistung am Zughaken N_{Z0} der 01^{10} erreicht auf ebener Strecke nach dem Bild 340 für die definierten Leistungsstufen bei Geschwindigkeiten von 100, 120 beziehungsweise 140 km/h die nachstehenden Werte, denen zum Vergleich die entsprechenden Daten der Baureihe 10 gegenübergestellt sind:

		V = 100 km/h	**V = 120 km/h**	**V = 140 km/h**
a) Nennleistung	01^{10}	N_{Z0} = 1.850 PS	N_{Z0} = 1.670 PS	N_{Z0} = 1.420 PS
	10	N_{Z0} = 2.080 PS	N_{Z0} = 1.920 PS	N_{Z0} = 1.720 PS
b) Hochleistung	01^{10}	N_{Z0} = 2.000 PS	N_{Z0} = 1.820 PS	N_{Z0} = 1.560 PS
	10	N_{Z0} = 2.250 PS	N_{Z0} = 2.090 PS	N_{Z0} = 1.890 PS
c) Höchstleistung	01^{10}	N_{Z0} = 2.230 PS	N_{Z0} = 2.050 PS	N_{Z0} = 1.770 PS
	10	N_{Z0} = 2.590 PS	N_{Z0} = 2.430 PS	N_{Z0} = 2.230 PS

Da Angaben über den Fahrwiderstand der 10 nicht vorliegen, wird gegenüber der Baureihe 01^{10} folgende Minderung des Leistungsbedarfs für die Fortbewegung der Lokomotive geschätzt, verur-

Bild 342
10 001 rangiert mit dem Meßzug neben dem Gebäude des Lokomotiv-Versuchsamtes Minden, 14. Mai 1957. Schon äußerlich ist ihr die zugedachte Rolle der „Oberklasse" aller deutschen Dampfschnellzugloks anzusehen.

AUFNAHME: DB/BUSTORFF, SAMMLUNG BRIAN RAMPP

sacht durch die vollständige Ausstattung mit Wälzlagern und durch den Einfluß der (teilweisen) Stromlinienverkleidung:

V = 100 km/h ⇒ Minderung des Leistungsbedarfs 80 PS
V = 120 km/h ⇒ Minderung des Leistungsbedarfs 110 PS
V = 140 km/h ⇒ Minderung des Leistungsbedarfs 150 PS

Diese Werte entsprechen etwa 40 % der Minderung des Leistungsbedarfs, wie sie mit einer Lokomotive der Baureihe 03 erzielt worden ist, die mit einer vollständigen Stromlinienverkleidung ausgerüstet war [Düring: Schnellzug-Dampflokomotiven der Einheitsbauart, Abb. 115, S. 265].

Im Vergleich zur Baureihe 01^{10} zeigt die Reihe 10 für die entsprechenden Leistungsstufen eine Steigerung der effektiven Leistung am Zughaken bei

100 km/h um rund 230 bis 360 PS beziehungsweise etwa 12 bis 16 %,
120 km/h um rund 250 bis 380 PS beziehungsweise etwa 15 bis 19 %,
140 km/h um rund 300 bis 460 PS beziehungsweise etwa 21 bis 26 %.

Die Baureihe 10 war mit ihrer Nennleistung in der Lage, Traktionsleistungen zu erbringen, zu der die Baureihe 01^{10} bei einer Geschwindigkeit

von 100 km/h mindestens ihre Hochleistung,
bei 120 km/h erheblich mehr als ihre Hochleistung und
bei 140 km/h nahezu ihre Höchstleistung

einzusetzen hatte. Mit einer Zylinderzugkraft von 17.900 kg (01^{10}: 15.840 kg) und einem Reibungsgewicht von 66,9 t (01^{10}: 60,4 t) war die modernere Maschine auch im Geschwindigkeitsbereich bis 100 km/h und damit bei Anfahrten und auf Steigungen der älteren um mehr als 10 % spürbar überlegen.

Die zugkräftigste 01^{10} ist die stromlinienverkleidete 01 1102. Sie gewinnt bei 140 km/h und Nennleistung rund 330 PS durch den kleineren Luftwiderstand und bringt damit ungefähr 1.750 PS auf die Schiene. Bei höherer Heizflächenbelastung werden 2.000 PS_e überschritten. Damit und durch das infolge der Verkleidung auf fast 66 t angewachsene Reibungsgewicht der 01 1102 ist sie im Geschwindigkeitsbereich von 120 bis 140 km/h der BR 10 fast ebenbürtig. Angesichts der geringeren Anstrengung der Stromlinienlok im obersten Geschwindigkeitsbereich wäre es wegen der Probleme mit dem Mitteltriebwerk sinnvoll gewesen, 1957 auch über eine Verkleidung für die 01^{10} Öl nachzudenken.

Deutlich wird an diesen Berechnungen einerseits, daß das Bemühen um eine bessere Leistungsausbeute – dargelegt am Beispiel der Dampflokomotive – das intensive Nutzen aller denkbaren Chancen erfordert, die jeweils für sich betrachtet zunächst wenig effektiv erscheinen. Wie sich andererseits zeigt, wirkt sich eine Steigerung der indizierten Leistung einer Dampflok zu mehr als 90 % dieses Wertes auch als Steigerung der effektiven Leistung am Zughaken aus.

Zusammenfassung

Auch wenn die ölgefeuerten 01^{10} als die wohl besten Schnellzug-Dampflokomotiven der Deutschen Bundesbahn in Serienbauart anzusprechen sind, ist dennoch nicht zu übersehen, daß die ständigen Veränderungen gegenüber der Ursprungsbauform letztlich doch nur einen Kompromiß zustande kommen ließen. Mit dem für die Kohlefeuerung entworfenen neuen Kessel ließ sich der Wärmeinhalt des Heizöls nur ungenügend ausnutzen, extrem hohe Abgastemperaturen von mehr als 500 °C in der Rauchkammer – üblich sind etwa 350 °C – deuten darauf hin, daß der – nach Bild 334 durchaus gute – Wirkungsgrad des Kessels sich weiter hätte verbessern lassen. Die größere Rohrheizfläche der 10er hätte sich unterbringen lassen, für deren Kesseldruck von 18 atü war auch der 01^{10}-Kessel berechnet. Die Heizflächen von Feuerbüchse und Rohren konnten aber nicht mehr neu abgestimmt werden. Quasi als Nebeneffekt erreichte der Heißdampf bei der Regelleistung Temperaturen von weit über 400 °C, ein thermisch zwar günstiger Effekt, der zu einem geringen Dampf- und Brennstoffverbrauch beitrug, aber für Schmieröl und Kolbenringe eine höhere Beanspruchung bedeutete. Trotz der genannten Einschränkung war der Kessel außerordentlich leistungsstark und wirtschaftlich und konnte auch deutlich mehr als die für die Nennleistung genannten 15 Tonnen Wasser je Stunde verdampfen.

Derart hohe Leistungen offenbarten aber den angesprochenen Schwachpunkt der Konstruktion, das Innentriebwerk mit seiner Neigung zum „Warmlaufen". Dieser Effekt beschränkte die (indizierte) Zylinderleistung der Lokomotive auf rund 2.500 bis 2.600 PS_i, die sich nur kurzzeitig bis auf maximal 2.900 PS_i steigern ließ. Wäre dieser Mangel behoben worden, hätte die Lokomotive in den Leistungsbereich von mehr als 3.000 PS_i vorstoßen können. Aber auch ohne diese Ergänzung wurden die umgebauten Lokomotiven der Baureihe 01^{10} ihren Aufgaben voll und ganz gerecht, sie waren **die** Schnellzuglokomotiven der auslaufenden Ära der Dampftraktion bei der Deutschen Bundesbahn.

Die Einsatzgeschichte der 01^{10}

Zeitraum 1939 bis 1945

Am 29. August 1939 lieferte die BMAG die erste der neuen Stromlinienloks ab, die bereits 1936 bestellte 01 1001 mit Fabriknummer 11000. Wie bei anderen Werken auch hatte man dran „gedreht", daß die Lok eine „runde" Fabriknummer erhielt.

Das Reichsverkehrministerium verfügte am 15. Februar 1940, als die Abnahme der ersten Serienloks im RAW Braunschweig anstand, die Verteilung der ersten Maschinen:

01 1052 wurde dem Bremsenversuchsamt Grunewald zugeteilt und war bei der RBD Berlin zu führen. Die vor ihr dort benutzte 01 026 mußte sogleich an das Bw Erfurt zurückgegeben werden. Über dreieinhalb Jahre war 01 1052 in Berlin, bis sie am 28. November 1943 in Halle eintraf.

01 1053 – 1059 sollten an die RBD Halle gehen, 01 1060 – 1063 an die RBD Berlin, 01 1064 und 1065 an die RBD Erfurt, 01 1066 – 1069 an die RBD Hamburg und 01 1070 – 1078 an die RBD Hannover, eine Planung, die man noch leicht verändern mußte.

01 1001 lief bis 11. März 1940 beim Versuchsamt Grunewald. Laut Betriebsbuch traf sie am 12. März 1940 beim Bw Leipzig Hbf West ein, wo seit kurzem 01 1053 – 1055 in Dienst standen.

Die Serie 01 1052-1105 (BMAG-Fabriknummern 11308-11361) war innerhalb von neun Monaten an elf verschiedene Direktionen ausgeliefert:

-	1	Versuchsamt Bln.-Grunewald
Berlin	4	Berlin Ahb
Dresden	4	Dresden Altstadt
Erfurt	2	Erfurt
Frankfurt (M)	4	Bebra
Halle (S)	13	Halle P, Leipzig Hbf West
Hamburg	4	Hamburg-Altona
Hannover	5	Hannover
Köln	3	Deutzerfeld
München	6	München Hbf
Nürnberg	4	Nürnberg Hbf
Osten	4	Frankfurt (Oder) Pbf

Meist führte man einfach die 1938 unterbrochene 01-Zuteilung fort und verstärkte bereits vorhandene 01-Bestände in Hochburgen der Schnellzugförderung. Nur in Altona, Frankfurt (O) und München Hbf war die BR 01 neu. In ganz wenigen Einzelfällen gab man im Zusammenhang mit den Stromlinienlok-Zuteilungen Zweizylinder-01 ab. Insgesamt aber wirkt die Erstverteilung der 55 Maschinen wenig schlüssig; man verteilte sie in geringen Stückzahlen an fast alle wichtigen 01-Dienststellen, so als wenn man noch weitere Maschinen erwartete, um zu sinnvollen Beständen zu kommen. Dazu berichtete mündlich 1970 Dipl.-Ing Sperber, BD Köln, 1940/42 bei der RBD Breslau tätig, daß jedes Bw zwei oder drei dieser Starlok bekommen habe, um damit vor höchstwertigen Zügen repräsentieren zu können. Der Alltagsbetrieb aber brachte es mit sich, daß man sie in ganz normalen 01-Umläufen einsetzte.

Eigene Umlaufpläne für die Stromlinienloks gab es wohl nur in Frankfurt (O) Pbf und München Hbf; für Hamburg-Altona scheint es ausgeschlossen. Die Beschleunigung des Berlin-Verkehrs hatte sich kriegsbedingt erledigt, und die Maschinen rollten bald in die RBD Hannover ab. Bei den übrigen Bw setzte man die 01^{10} in den Plänen der 01 ein.

Die angeblich vorgesehene Zuweisung von 01^{10} zum Bw Königsberg muß in Frage gestellt werden, da die Strecke Insterburg – Tilsit – Memel nicht für 20 t Achsdruck zugelassen war und man noch kurz zuvor 03-Maschinen beim Bw Königsberg beheimatet hatte. Vermutlich ging es stattdessen nur darum, daß man im August 1940 eine 01^{10} während der „Deutschen Ostseemesse" in Königsberg zeigen wollte. Darauf weist eine Eintragung im Betriebsbuch der 01 1102 hin: Die Lok sollte nach der Abnahme an das Bw Königsberg Hbf kommen, blieb aber vom 13. August bis 18. September 1940 schadhaft im Abnahme-RAW Braunschweig, damit gemäß RZA-Verfügung die vorderen Treibstangen-Nadellager in Buchsenlager umgebaut werden konnten. Anschließend rollte sie zum neuen Heimat-Bw München Hbf ab. Vermutlich sollte das Bw Königsberg nur die Ausstellungslok bei der Zu- und Abführung betreuen. Gemäß RZA-Verfügung 6311 y Fuln vom 16. Juli 1940 kam dann 01 1103, die vom 6. bis zum 30.

Bild 343
01 1103 war nach der Abnahme den August 1940 über zunächst ein Hauptanziehungspunkt auf der Deutschen Ostseemesse in Königsberg.

AUFNAHME: BUNDESARCHIV, SLG. HANSJÜRGEN WENZEL

Die Erstzuteilungen mit Einzeldaten:

Betr.-Nr.	Anlieferung	Abnahme	erste Dienststelle
01 1001	30.08.39	29.08.39	Versuchsamt Bln.-Grunewald
1052	27.01.40	16.02.40	Versuchsamt Bln.-Grunewald
1053	27.01.40	20.02.40	Leipzig Hbf West
1054	02.02.40	27.02.40	Leipzig Hbf West
1055	02.02.40	08.03.40	Leipzig Hbf West
1056	02.02.40	19.03.40	Halle (S)
1057	09.02.40	15.03.40	Halle (S)
1058	09.02.40	06.03.40	Halle (S)
1059	16.02.40	22.02.40	Leipzig Hbf West
1060	17.02.40	28.02.40	Berlin Ahb
1061	22.02.40	02.03.40	Berlin Ahb
1062	24.02.40	18.03.40	Berlin Ahb
1063	28.02.40	20.03.40	Halle (S)
1064	01.03.40	23.03.40	Halle (S)
1065	06.03.40	27.03.40	Halle (S)
1066	10.03.40	29.03.40	Leipzig Hbf West
1067	13.03.40	02.04.40	Leipzig Hbf West
1068	15.03.40	03.04.40	Leipzig Hbf West
1069	18.03.40	04.04.40	Berlin Ahb
1070	27.03.40	06.04.40	Hamburg-Altona
1071	29.03.40	08.04.40	Hamburg-Altona
1072	29.03.40	11.04.40	Hamburg-Altona
1073	31.03.40	16.04.40	Hamburg-Altona
1074		17.04.40	Hannover
1075	12.08.40	23.08.40	Hannover
1076	06.04.40	21.04.40	Hannover
1077	10.04.40	23.04.40	Hannover
1078	13.04.40	03.05.40	Hannover
1079	17.04.40	30.04.40	Bebra
1080	17.04.40	03.05.40	Bebra
1081	20.04.40	06.05.40	Bebra
1082	22.04.40	07.05.40	Bebra
1083	25.04.40	09.05.40	Erfurt
1084		30.05.40	Erfurt
1085	02.05.40	28.05.40	Deutzerfeld
1086	02.05.40	25.05.40	Deutzerfeld
1087	14.05.40	30.05.40	Deutzerfeld
1088	17.05.40	25.05.40	Dresden Alt
1089	25.05.40	06.07.40	Dresden Alt
1090	28.05.40	06.06.40	Dresden Alt
1091		27.06.40	Dresden Alt
1092		08.07.40	Frankfurt (Oder) P
1093	29.06.40	10.07.40	Frankfurt (Oder) P
1094	20.07.40	22.07.40	Frankfurt (Oder) P
1095	06.07.40	11.07.40	Frankfurt (Oder) P
1096		19.07.40	Würzburg
1097	31.07.40	07.08.40	Würzburg
1098	26.06.40	02.07.40	Würzburg
1099	28.06.40	04.07.40	Würzburg
1100	20.07.40	22.07.40	München Hbf
1101	24.07.40	01.08.40	München Hbf
1102	31.07.40	13.08.40	München Hbf
1103	01.08.40	06.08.40	München Hbf
1104	05.08.40	17.08.40	München Hbf
1105	10.09.40	17.09.40	München Hbf

Anmerkungen zu dieser Aufstellung:

01 1060: Im Betriebsbuch ist das Abnahmedatum 28.2.1940 handschriftlich durch das Datum 20.4.1940 ersetzt. In der Wirtschaftlichkeitsübersicht des RZA stehen erstmals für April 21 Betriebs- und fünf Ausbesserungstage. Dagegen sind im Betriebsbogen Kilometerleistungen auch für Februar bis April aufgeführt, und die Beheimatungsangaben beginnen mit dem 28. Februar 1940. Deshalb wird hier von der Richtigkeit der Februar-Angabe ausgegangen.

01 1075: wurde verzögert im August 1940 angeliefert. Anlieferung und Abnahme 1943 durch RAW Braunschweig in neu angelegtes Betriebsbuch 2 eingetragen. Laufleistungen in RZA-Kladde beginnen im August 1940, dort auch Eintrag „Anlieferung: August 40!"

01 1089: wurde im Mai 1940 abgeliefert, aber erst am 6. Juli 1940 abgenommen. In der RZA-Wirtschaftlichkeitsübersicht sind erstmals für den Juli 25 Betriebs- und Ausbesserungstage verzeichnet. Der Abnahmetermin 25.5.1940 im Betriebsbuch (Zweitschrift von 1954) ist der Anlieferungstag.

01 1094: Der im Betriebsbuch (Zweitschrift) angegebene Abnahmetermin 20.7.1940 ist der Anlieferungstermin.

01 1098: Der im Betriebsbuch (Zweitschrift) angegebene Abnahmetermin 14.7.1940 ist falsch. Er ist durch die in der RZA-Wirtschaftlichkeitsübersicht angegebenen 29 Betriebs- und Ausbesserungstage im Juli widerlegt.

August in der Ausstellung stand, vom Folgetag bis zum 29. September 1940 zum Umbau der Treibstangenlager im RAW Braunschweig war und am 4. Oktober 1940 nach München kam.

Selbstverständlich bespannte die DR gelegentlich Züge für die Größen des Dritten Reiches oder für Staatsbesucher mit den neuen Stromlinienloks, wenn Repräsentation gewünscht wurde. So rollte Adolf Hitlers Sonderzug am 6. Juli 1940 nach dem siegreichen Angriff auf Frankreich hinter 01 1001 und 01 1052 in den pompös herausgeputzten Anhalter Bahnhof zu Berlin ein.

Schon im Jahre 1940 begannen die ersten Verschiebungen. Im März 1940 kam 01 1001 vom Versuchsamt Grunewald nach Leipzig Hbf West, das 01 1059 zum Bw Halle abgab. Im April 1940 wechselten die Hamburg-Altonaer Loks nach Hannover.

Während sich 1941 nichts änderte, endete in den Monaten April/Mai 1942 der 01^{10}-Einsatz in Dresden, das seine Loks an die RBD Halle (01 1088, 1089), Berlin (01 1090) und an das Bw Kattowitz (01 1091) abgab. In Dresden langten statt ihrer 01 006, 069, 190 und 213 ein. Ebenfalls nach Kattowitz wechselten 01 1092 – 1094 (April) und 1095 (September) des Bw Frankfurt (O) Pbf; im Gegenzug erhielt dieses Zweizylinder-03 von den RBD Berlin, Danzig, Münster und Stettin. In Braunschweig baute man in den Monaten November und Dezember 1942 einen 01^{10}-Bestand auf; dieses Bw erhielt die Bebraer 01 1079 – 1082, die Deutzerfelder 01 1085 – 1087 und von der RBD Halle 01 1088. München Hbf trat im April 1942 01 1101 an das Bw Würzburg, 01 1100, 1103-1105 an das Bw Nürnberg Hbf ab. 01 1102 blieb als Einzelgängerin hier. Im Ausgleich dazu trafen von der RBD Nürnberg 03 1073, 1086 und von der RBD Stuttgart 03 1076, 1078 ein.

Die Verteilung am 31. Dezember 1942:

Berlin Ahb	01 1060-1062, 1069, 1090
Braunschweig Hbf	1079-1082, 1085-1088
Erfurt P	1083-1084
Halle	1056-1059, 1063-1065, 1089
Hannover Ost	1070-1078
Kattowitz	1091-1095
Leipzig Hbf West	1001, 1053-1055, 1066-1068
München Hbf	1102
Nürnberg Hbf	1100, 1103-1105
VA Grunewald	1052
Würzburg	1096-1099, 1101

Bild 344 – 01 1091 (Bw Dresden Altstadt) erklimmt kurz vor 9 Uhr mit dem schweren D 125 München – Beuthen im Herbst 1940 die Rampe in Dresden-Klotzsche. 270 km weit, bis Breslau, wird sie den Zug bespannen. AUFNAHME: WERNER HUBERT, SAMMLUNG HELMUT GRIEBL

Nach diesen ersten Bereinigungen spielte die BR 01^{10} nur noch in sechs Direktionen betrieblich eine Rolle. Wichtigste Direktionen waren Hannover mit 17 und Halle mit 15 Stromlinien-01 geworden. Doch war diese Zusammenfassung erst der Auftakt zu einer umfassenden Neuverteilung von Lokomotiven.

Angesichts des im Verlauf des Jahres 1942 sich zum Ungünstigen verkehrenden Kriegsverlaufes wollte man keine Rücksicht mehr nehmen auf ausgeklügelte Lokomotivbeheimatungen, die genau auf die jeweiligen Betriebsbedürfnisse der Dienstellen zugeschnitten waren. Durch die Verringerung der Lokomotivbauarten bei den verschiedenen RBD trachtete man vor allem die Zersplitterung der Bauarten auf verschiedene Ausbesserungswerke zu vermindern und teils unwirtschaftlich lange Überführungsfahrten zu vermeiden. Die zuständige Eisenbahnabteilung im Reichsverkehrsministerium gab hierfür am 4. Dezember 1942 und am 8. Februar 1943 detaillierte Verfügungen heraus, wie der mehrere hundert Maschinen umfassende Austausch von Maschinen zwischen den RBD aussehen sollte. Bis zum 20. Mai 1943 sollte diese Typenbereinigung durchgeführt sein. Bei den Stromlinienlokomotiven führte diese Maßnahme hauptsächlich zu einer Verlagerung nach Osten. Während der 03^{10}-Bestand weitgehend durcheinander gewirbelt wurde, sollten nur die RBD Berlin und Halle sechs bzw. fünf 01^{10}-Maschinen in die RBD Breslau abgeben und von dort eine gleich große Anzahl 01 erhalten. Die in der Verfügung am Rand notierte Begründung „Breslau muß mehr und leistungsfähigere S-Lok erhalten“ ist angesichts der bereits dreimal bewiesenen mangelhaften Wintertauglichkeit der Stromlinienloks nicht recht nachvollziehbar. Breslau, Königsberg, Oppeln und Posen, vom Winter nicht gerade verschonte Direktionen, erhielten übrigens gleichermaßen auch 03^{10}.

Die tatsächlich in der ersten Jahreshälfte 1943 durchgeführte Rochade war dann doch viel umfangreicher als vorgesehen, führte zur Aufgabe von vier Standorten und zur Bildung zweier, wenn auch im Falle Breslaus, kurzlebiger Hochburgen:

Im Januar 1943 erhielt Kattowitz 01 1001 von Leipzig Hbf West, im Januar und Februar 1943 Nürnberg Hbf 01 1101 von Würzburg und 1102 von München Hbf. Die Grunewalder 01 1052 wechselte nach Halle P. Erfurt gab 01 1083-1084 im August 1943 an Würzburg weiter, beide wechselten indessen schon im September 1943 nach Nürnberg Hbf. Der Braunschweiger Bestand wurde aufgestockt durch 01 1070-1072. Zwölf Hallenser und Leipziger 01^{10} wurden bis April 1943 wie vorgesehen zum Bw Breslau Hbf abgegeben, das seinerseits alle Zweizylinder-01 an die RBD Berlin und Halle abtrat.

Die Verteilung am 31. Dezember 1943 unter Nennung der ehemaligen Dienststellen und der Stückzahlen im Vorjahresvergleich:

VA Grunewald		-	(1/0)
Berlin Ahb		-	(5/0)
Braunschweig Hbf	01	1070-1073, 1079-1082, 1085-1088	(8/12)
Breslau Hbf		1054-1057, 1059-1062, 1066, 1069, 1089-1090	(0/12)
Erfurt P		-	(2/0)
Halle P		1052, 1058, 1063-1065	(8/5)
Hannover Ost		1074-1078	(9/5)
Kattowitz		1001, 1091-1095	(5/6)
Leipzig Hbf West		1053, 1067-1068	(7/3)
München Hbf		-	(1/0)
Nürnberg Hbf		1083-1084, 1100-1105	(4/6)
Würzburg		1096-1099	(5/4)

Nach diesen Bw-Wechseln waren nur noch drei Reichsbahnausbesserungswerke für die Unterhaltung zuständig (Braunschweig, Meiningen, Stargard), das RAW Nied war entfallen.

Die einschneidendste Änderung ergab sich im Mai 1944. 01 1001, 1052-1069 und 1083 wurden der RBD Hannover zugewiesen, 01 1084-1105 der RBD Kassel. Diese gab dafür alle 01 an

Bild 345 – Nicht mehr ganz taufrisch erscheint die Dresdner **01 1090**, als sie einem Spätsommertag des Jahres 1940 per Lz-Fahrt von Berlin nach Dresden unterwegs ist und in Doberlug-Kirchhain eine Überholung abwarten muß. AUFNAHME: SAMMLUNG ARNOLD HAAS

die RBD Köln und Nürnberg sowie alle 39er an die RBD Erfurt, Frankfurt (M) und Saarbrücken. Die Konzentration erfolgte erkennbar im Bestreben, die schadanfälligen und aufwendig zu unterhaltenden Stromlinienlokomotiven in der Nähe des Unterhaltungswerkes Braunschweig zu konzentrieren. Eine schon verschiedentlich behauptete planmäßige Verbringung der Lokomotiven in den „Westen", diesseits einer absehbaren „Russengrenze" ist darin nicht zu sehen; gleichzeitig verschob man noch 03^{10} weit nach Osten, doch ebenfalls in die Nähe ihres Unterhaltungswerkes.

Die Verteilung am 31. Oktober 1944:

Braunschweig	01	1068-1072, 1079-1083
Göttingen		1084-1089, 1092, 1094, 1096, 1098, 1100
Hannover		1001, 1052-1067, 1073-1078
Kassel		1090-1091, 1093, 1095, 1097, 1099, 1101-1105.

Zahlreiche dieser Loks waren bereits betriebsfähig oder nicht betriebsfähig abgestellt; bekannt ist dies für die Hannoveraner 01 1063, 1070, 1071, 1073-1075 und 1077. Die Kasselaner Loks standen großenteils ab Oktober/November 1944 abgestellt in Göttingen (01 1097), Marburg (01 1095, 1101, 1102, 1104) und Treysa (01 1093). In der Endphase des totalen Krieges wurden Schnellzugloks, zumal die komplizierten Stromlinien-Maschinen auf dem zerschlagenen Streckennetz nicht mehr benötigt. Ohnehin war am 31. Januar 1945 der gesamte Schnellzugverkehr einzustellen. Genügend 50er und fabrikneue 42er standen zur Verfügung, um die wenigen und langsamen Personen- und Eilzüge zu befördern. Diese verkehrten nach den ab dem 1. Februar 1945 geltenden Fahrplänen zumindest in den westlichen RBD nur bei Dunkelheit. Folgerichtig ordnete das RVM mit Telegramm vom 23. Januar 1945 an, daß ab sofort keine Schnellzugloks mehr auszubessern seien. In Arbeit befindliche Schnellzugloks, deren Fertigstellung mehr als fünf Arbeitstage beanspruchte, waren getarnt außerhalb der RAW abzustellen.

Zeitraum 1945 bis 1954

Im Juni 1945 waren alle 32 Loks der RBD Hannover abgestellt; nur 01 1001 und 01 1083 werden in der Lokzählung vom 20. Juni 1945 als betriebsfähig bezeichnet. Die 33. Lok, 01 1067, war nach einer Flankenfahrt Mitte Januar 1945 in Eschwege West stehen geblieben. Das RAW Braunschweig bzw. die Bw hatten die meisten Loks „ausgelagert" auf Lade- oder Nebengleise kleinerer Bahnhofe, so nach Broistedt (01 1053, 1054, 1055, 1065, 1066, 1080), Hp Grüner Jäger (01 1071, 1072, 1081, 1082), Hasperde (01 1052, 1058), Rüningerfeld (01 1060, 1061, 1062), Springe (01 1057, 1069) und Wendessen (01 1063).

Die Lokomotiven wurden nach dem Juni 1945 entsprechend der Abstellorte Heimat-Bw zugeteilt, bei denen die Loks nie in Einsatz waren, wie Hameln (01 1052, 1057, 1059, 1064, 1069), Lehrte (01 1058, 1073, 1074, 1076, alle vier Abstellort Klein Bülten) oder Uelzen (01 1056). In der Lokzählliste nennt Hameln nur 1052, 1059 und Lehrte keine. In den Betriebsbüchern steht „Bw Hildesheim" für 01 1053, 1054, 1055, 1065, 1066, 1080; man hatte die Loks zuvor beim Bw Braunschweig Hbf, Abstell-Bf Broistedt erfaßt. Den Heimat-Bw oblagen auch während der Abstellungszeit die Führung der Betriebsbücher wie auch die regelmäßigen statistischen Meldungen der Loks.

Die Lok des Bw Hannover waren im Bw Hannover Ost (01 1068, 1078) und in Hannover Süd (01 1001, 1079 und 1083) abgestellt. Zumindest 01 1075 stand schwer bombenbeschädigt im RAW Braunschweig. 01 1070 und 1077, von denen kein Abstellort bekannt ist, befanden sich wohl auch dort.

Bild 346
Seit dem 1. März 1945 stand **01 1078** des Bw Hannover als Reserve abgestellt in Hannover Süd. An diesem Umstand änderte sich drei Jahre nichts, und fraglos war sie im August 1945, als H. P. Roberts dieses Bild aufnahm, schon nicht mehr betriebsfähig. Den provisorischen Schutz des Führerhauses gegen Fliegerbeschuß verlor sie erst bei der Entstromung 1949 im RAW Mülheim-Speldorf.

AUFNAHME: SAMMLUNG HANSJÜRGEN WENZEL

Die neu gegründete Reichsbahn-Generaldirektion in der britischen Besatzungszone mit Sitz in Bielefeld ließ mit Schreiben vom 31. Oktober 1945 die Ausbesserungswerke nicht mehr wiederherstellbare Loks benennen. Das RAW Braunschweig benannte an Schnellzugloks die im Werk abgestellten 01 155 und 01 1075. Irrtümlich bezeichnete die für die Weiterleitung der Aufstellung an die Direktionen zuständige GDW (Geschäftsführende Direktion des Werkstättenwesens) Hamburg 01 1075 als Lok des Bw Osnabrück Gbf. Eine Ausmusterung unterblieb. Erst ab dem 2. Januar 1947 wurde die weiterhin im Vorfeld des RAW Braunschweig abgestellte Maschine beim Bw Braunschweig Hbf geführt.

13 Kasselaner Loks waren nach der Zonengrenzziehung im britisch besetzten Gebiet, Bw Göttingen Pbf, verblieben (01 1084 – 1086, 1088 – 1092, 1094, 1096, 1098, 1100, 1105). 01 1087 war nach einer Zugleistung in Friedberg (RBD Frankfurt/M) stehen geblieben und wurde erst am 1. September 1946 an die RBD Kassel abgegeben. Recht schnell schon kamen aber beim Bw Kassel 01 1095 (Okt. 1945), 1101 (Nov. 1945), 1102 (Sep. 1945) und 1104 (Jan. 1946) wieder in Fahrt. Auch vereinzelte Göttinger Loks kamen zwischen 1945 und 1947 wieder in Betrieb. Das den US-Exklaven in der britischen Besatzungszone zugeordnete Bw hatte Bespannungsaufgaben im „Korridorverkehr“ zwischen der US-Zone und deren Nordseehäfen Bremen und Bremerhaven zu erfüllen, und für diesen mußten die 01^{10} unterhalten werden.

Die Loks des Hannoveraner Altbestandes dagegen blieben bis 1949/1950 abgestellt, sofern sie nicht 1947/48 ausgebessert und dem Bw Bebra zugewiesen wurden (01 1060, 01 1062, 1070, 1071, 1077, 1081, 1082). Dorthin kam im Juni 1947 auch die Betriebslok 01 1096 aus Göttingen.

Nach dem Vorgenannten verwundert nicht, daß am Stichtag 31. Dezember 1945 alle elf Loks der US-Zone (Frankfurt: 1, Kassel: 10) im Erhaltungsbestand waren, die der Britischen Zone am Stichtag 11. Februar 1946 aber als Reservegattung geführt wurden. Noch der Erhaltungsbestand der brit-US-Zone vom 1. Juli 1947 nennt nur zehn 01^{10} der RBD Kassel, die im RAW Nied werkstättenpflichtig waren (01 1067, 1087, 1090, 1093, 1099, 1101 – 1105). Diese Loks wurden, soweit noch nicht geschehen, „vorläufig entstromt“ (so!), wobei die restlichen Verkleidungsbleche unterhalb des „Umlaufes“ und alle Verkleidungsbleche des Tenders verschwanden. In der britischen Zone interessierte noch niemanden die 01^{10}; so verfügte die GBL West am 28. Februar 1948 die Abgabe von 01 1072, 1077, 1081, 1082, 1084, 1086, 1094 und 1098 an die RBD Kassel, die sodann 26 Loks besaß.

Das große Rätsel innerhalb der Baureihe 01^{10} ist die nun schon mehrfach erwähnte 01 1067. Die Umstände ihrer Ausmusterung im Jahr 1948 wurden zwar schon verschiedentlich geschildert, doch überdeckte meist Unbeweisbares die Fakten bei weitem. Das Betriebsbuch als wichtigste Informationsquelle liegt im Verkehrsarchiv des DB-Museums. Es ist vollständig, d.h. auch die Hefte für Kessel und Tender befinden sich darin, das, obwohl beide weiterverwendet wurden.

An relevanten Eintragungen ist aus dem Betriebsbuch zu entnehmen, daß 01 1067 ab dem 8. Mai 1944 beim Bw Hannover beheimatet war. Vom 31. Mai bis zum 8. Juni 1944 war sie zu einer L 0 im RAW Tempelhof, nachdem sie auf einer Zugfahrt schadhaft geworden war. Das RAW erneuerte die untere Gleitbahn des mittleren Kreuzkopfes. Danach fuhr die Lok an 13 Tagen des Juni und bis zum 8. Juli 1944 noch zusammen 5.757 km. Danach stellte man sie auf „warten“ ab, bis sie vom 16. September bis zum 21. Oktober im RAW Braunschweig eine L 2 mit umfangreichen Arbeiten an Fahrgestell und Kessel erhielt. Danach war sie noch an einem Oktobertag (504 km), an 25 Dezembertagen (5.260 km) und an 14 Januartagen 1945 (3.946 km) im Einsatz. Die 17 Abstelltage des Januar wurden irrtümlich in der Spalte „betriebsfähig kalt abgestellt“ geschrieben und in die z-Spalte übertragen. Für den März 1945 sind 13 RM Reparaturaufwand im Heimat-Bw aufgeführt. Wofür?

Die Eintragungen in den Betriebsbüchern aller Ende 1944/Anfang 1945 vorläufig abgestellten 01^{10} der RBD Hannover stammen alle von einer Hand. Diese Hand brachte – wohl mit Sicherheit nachträglich – die Bücher entsprechend der Lokzählung vom 19./20. Juni 1945 in der RBD Hannover „auf Stand“, im Falle der 01 1067 durch Aufzählung der Abstelltage in den Monaten Januar bis Juni in der z-Spalte. Die Eintragungen im Stammteil und Betriebsbogen enden mit dem 19. Juni 1945, wie bei den übrigen 01^{10}-Büchern der Bw Hannover und Braunschweig. Schrift und Tinte sind so einhellig, daß man von einem gemeinsamen Verwaltungsakt ausgehen muß, der zeitlich irgendwann für den Sommer 1945 anzunehmen ist.

Unzweifelhaft endete nach diesen exakten Angaben das Betriebsleben der 01 1067 am 14. Januar 1945. Nach einer bereits in den sechziger Jahren von Hansjürgen Wenzel abgeschriebenen

Bild 347
Die legendäre **01 1067**, hier als Lok des Bw Leipzig Hbf West vor dem D 104, den sie bis Leipzig Hbf führen wird, im Anhalter Bahnhof zu Berlin. Nach wenigen Betriebswochen sind die Rauchkammertüren im Sommer 1940 bereits durch einen zusätzlichen Riegel gesichert.

AUFNAHME:
WERNER BESTER,
SAMMLUNG VM NÜRNBERG

nichtamtlichen Angabe soll die Lok im Bahnhof Eschwege West eine Flankenfahrt erlitten haben.

Das Bw Hannover zählte die Lok am 20. Juni 1945, mit folgender Eintragung: „RBD Hannover, Unfall (wann?), abgestellt Eschwege". Für das Bw Hannover war die Lok verloren, da in der US-Zone, deshalb fehlte sie in der Lokzählung vom 1. Dezember 1945. Von den RBD Frankfurt (M) und München ist bekannt, daß sie erst im Laufe des Jahres 1946 die herumstehenden Schrottloks in den Bestand nahmen. Die RBD Kassel zählte sie am 15. Juli 1945 deshalb nicht. Also stand wohl 01 1067 in Eschwege und das Bw Eschwege interessierte die „Ausländerin" nicht. Eine andere Quelle aus der RBD Kassel gab für den gleichen Zeitpunkt an: Lok abgestellt Bf. Eschwege. In der Lokzählung der RBD Kassel 27. Dezember 1945 endlich tauchte sie als einzige 01^{10} abgestellt beim Bw Bebra auf. Das muß nicht verwundern, liegt doch Bebra nicht weit südlich von Eschwege. Im Betriebsbuch gibt es dafür keine Bestätigung, lediglich eine Bleistiftnotiz auf dem Deckblatt des letzten Betriebsbogens: Bebra. Wo sie aber bis 1947 abgestellt war, ist nicht bekannt.

Maschine und Betriebsbuch scheinen nicht am gleichen Ort gewesen zu sein, und das Buch stand auch dem neuen Unterhaltungs-RAW Nied fortan nicht zur Verfügung, wie weiter unten noch belegt wird.

Die Eintragung „Bebra" auf dem Betriebsbogen deutet an, daß die Zugehörigkeit der Lok zur RBD Kassel am Aufbewahrungsort des Betriebsbuches bekannt war. Die im Buch vorhandenen Kessel- und Tenderhefte lassen den Schluß zu, daß das Buch dem RAW Nied nicht vorlag. Eschwege und Bebra als Aufbewahrungsorte des Buches fallen auch aus, bliebe also das Heimat-Bw Hannover, wo es bis Juni 1945 geführt wurde, oder – vernünftig bei einer Schadlok – die Abgabe des Buches ins bisherige Unterhaltungswerk Braunschweig irgendwann 1945. Das Buch hat im VM Nürnberg die Inventarnummer 0002. 01 038 hat(te) Nr. 0001, 01 201 Nr. 0003, was uns zeitlich nicht weiterbringt, denn die

Bild 348 – Zwischen 1949 und 1951 verloren die 01^{10} ihre Stromlinienverkleidung und erhielten eine gründliche Aufarbeitung. **01 1061** (Bw Hagen-Eckesey), hier bei einem Zwischenhalt mit D 32 Braunschweig – Hameln – Altenbeken – Köln am 20. Mai 1949 in Wuppertal-Elberfeld, war damals gerade drei Wochen in neuer Gestalt im Dienst.

Bücher aller dieser Maschinen waren ab einem unbekannten Zeitpunkt im RZA Göttingen, später im BZA Minden gelagert und wurden in den fünfziger Jahren an das Verkehrsmuseum Nürnberg abgegeben.

Die nächste Lokzählung der RBD Kassel war am 23. März 1947. In der stand sie weiterhin beim Bw Bebra mit Zusatz: Wiederherstellung im Jahre 1947 vorgesehen.

Im Unterhaltungsbestand der brit-US-Zone vom 1. Juli 1947 war demnach unter zehn 01^{10} der RBD Kassel auch 01 1067 aufgezählt. Ihren Tender aber kuppelte das RAW Nied am 21. Mai 1947 mit 01 1100 (Bw Göttingen P). Das mag als Beleg dienen, daß die Maschine damals bereits im Erhaltungswerk RAW Nied stand.

Zwischen dem Juli 1947 und dem Termin der Ausmusterung untersuchte das RAW Nied 13 bislang abgestellte 01^{10} auf ihre Reparaturwürdigkeit und arbeitete zwischen Dezember 1947 und Januar 1949 zwölf von ihnen nach Schadgruppe L 3 auf. Sie bildeten zusammen mit vier weiteren den neuen Bestand des Bw Bebra. Die 13. Lok, 01 1067, musterte man am 25. Mai 1948 aus. Die Lok ohne Tender diente seit Dezember 1948 bei der Fa. Henschel als Ersatzteilspender. Den Kessel erhielt das RAW Nied von

Bild 349 – 01 173 (Bw Köln Bbf) als Vorspann- und **01 1073** (Bw Hagen-Eckesey) als Zuglok des D 32 müssen das Tal der Wupper bei Opladen im August 1949 noch mittels einer Behelfsbrücke überqueren. Die Bauarbeiten für die endgültige Wiederherstellung sind aber im Gange. AUFNAHMEN (2): CARL BELLINGRODT/EK-VERLAG

Bild 350 – 01 1069 (Bw Hagen-Eckesey) rollt vor dem E 326 Münster – Köln in der östlichen Einfahrt des Bahnhofs Wuppertal-Oberbarmen gerade auf die Wupperbrücke, 13. August 1950. AUFNAHME: CARL BELLINGRODT/EK-VERLAG

Henschel, nahm ihn als EK 48030 auf Lager und baute ihn während der L 4 der 01 1071 (Bw Bebra), die vom 16. Dezember 1948 bis zum 11. März 1949 dauerte, in diese ein. Rahmen und Triebwerksteile verbrauchte man in Kassel restlos.

Bei den 54 übrigen 01^{10} wurden 1949 bis 1951 im Rahmen einer Hauptuntersuchung L 4 (bei 01 1096: L 3-Zwischenuntersuchung) die Stromlinienverkleidungen abgebaut und kleine Windleitbleche angebracht.

Lok-Nr.	Entstromung	dann Bw	neuer Kessel	dann Bw
01 1001	27.04.49	Paderborn	01.04.54	Offenburg
1052	18.08.50	Bebra	20.12.53	Bebra
1053	13.05.49	Paderborn	01.11.54	Offenburg
1054	13.05.49	Paderborn	29.04.54	Offenburg
1055	15.07.49	Paderborn	20.09.54	Offenburg
1056	30.03.49	Paderborn	14.08.54	Offenburg
1057	08.06.49	Paderborn	26.11.54	Offenburg
1058	05.04.49	Paderborn	10.02.54	Offenburg
1059	08.06.49	Paderborn	04.06.55	Offenburg
1060	07.07.49	Hagen-Eck	04.12.53	Hagen-Eck
1061	03.05.49	Hagen-Eck	21.01.54	Hagen-Eck
1062	09.08.50	Kassel	25.02.54	Kassel
1063	29.09.49	Bebra	15.07.54	Bebra
1064	26.07.49	Düsseldorf Abf	27.07.54	Hagen-Eck
1065	21.05.49	Hagen-Eck	15.10.54	Hagen-Eck
1066	09.06.49	Hagen-Eck	19.02.54	Hagen-Eck
1068	02.06.49	Hagen-Eck	29.12.54	Hagen-Eck
1069	21.06.49	Hagen-Eck	01.11.55	Hagen-Eck
1070	05.09.50	Bebra	29.11.56	Bebra
1071	11.03.49	Bebra	09.11.55	Bebra
1072	16.06.50	Bebra	17.12.53	Bebra
1073	31.03.49	Hagen-Eck	25.09.55	Hagen-Eck
1074	11.03.49	Hagen-Eck	31.05.54	Hagen-Eck
1075	16.05.49	Hagen-Eck	24.06.54	Hagen-Eck
1076	23.08.49	Hagen-Eck	25.03.54	Hagen-Eck
1077	22.03.51	Bebra	27.03.54	Bebra
1078	24.06.49	Hagen-Eck	06.12.55	Hagen-Eck
01 1079	24.08.49	Düsseldorf Abf	20.03.56	Hagen-Eck
1080	28.04.49	Hagen-Eck	22.12.53	Hagen-Eck
1081	11.11.49	Bebra	22.12.55	Bebra
1082	30.09.49	Bebra	10.10.56	Bebra
1083	14.06.49	Hagen-Eck	14.05.54	Hagen-Eck
1084	27.06.49	Bebra	13.12.54	Bebra
1085	11.08.49	Bebra	07.03.54	Bebra
1086	13.05.49	Bebra	15.06.54	Bebra
1087	09.02.50	Bebra	12.02.54	Bebra
1088	09.06.49	Hagen-Eck	13.07.55	Osnabrück Hbf
1089	29.09.49	Hagen-Eck	03.09.54	Hagen-Eck
1090	15.12.49	Bebra	10.01.54	Bebra
1091	10.05.49	Hagen-Eck	25.08.55	Hagen-Eck
1092	01.06.49	Hagen-Eck	28.09.54	Hagen-Eck
1093	21.07.50	Bebra	08.04.54	Bebra
1094	31.08.49	Bebra	24.08.54	Bebra
1095	06.01.50	Kassel	13.03.62	Kassel
1096	18.05.51	Kassel	29.04.55	Kassel
1097	23.03.50	Kassel	28.01.54	Kassel
1098	09.12.49	Kassel	09.05.54	Kassel
1099	01.12.49	Kassel	07.11.54	Kassel
1100	29.06.49	Kassel	13.07.56	Kassel
1101	07.07.50	Kassel	21.05.54	Kassel
1102	26.09.50	Kassel	10.06.54	Kassel
1103	26.11.49	Kassel	14.04.54	Kassel
1104	30.03.50	Kassel	11.03.54	Kassel
1105	10.02.50	Kassel	11.12.53	Kassel

Bild 351 – 01 1086 (Bw Bebra) wartet im Novembernebel des Jahres 1949 in Würzburg Hbf auf die Abfahrt. AUFNAHME: DR. GÜNTHER SCHEINGRABER

Am Stichtag 28. Dezember 1949 führte die ED Kassel 27, die ED Essen acht 01^{10} und die ED Wuppertal 19 01^{10}, ebenfalls als Einsatzloks.

Wegen des inzwischen gefährlichen Kesselzustandes erhielten 53 Loks im AW Braunschweig zwischen 1953 und 1956 die bereits ausführlich vorgestellten Neubaukessel. Da es sich um eine reine Ersatzmaßnahme für die nicht alterungsbeständigen St 47 K-Kessel handeln sollte, bestellte das BZA Minden bei Henschel nur 53 Kessel. 01 1095 war erst 1962 an der Reihe: in sie war am 6. März 1953 ein 01-Kessel eingebaut worden.

Im Winterfahrplanabschnitt 1950/1951 kamen Loks des

Bw Bebra	bis	Frankfurt (M), Fulda, Göttingen, Hannover, Kassel, Würzburg,
Bw Hagen-Eck	bis	Aachen, Altenbeken, Braunschweig, Hamm, Kassel, Köln Bbf, Mönchengladbach, Münster (W), Rheine, Siegen, Wuppertal,
Bw Kassel	bis	Bebra, Frankfurt (M), Göttingen, Hannover, Münster (W),
Bw Paderborn	bis	Hannover, Kassel, Kreiensen, Mönchengladbach, Oberhausen.

Bild 352 – 01 1082 des Bw Bebra eilt vor dem D 174 auf der Nord-Süd-Strecke bei Mottgers am 7. Juni 1951 gen Süden. Hinter ihr läuft einer der in nur 20 Exemplaren gebauten PwPost4ü von 1928. AUFNAHME: CARL BELLINGRODT/EK-VERLAG

Bild 353 – 01 1001 (Bw Offenburg) kommt Anfang Mai 1957 aus dem Bw Haltingen und fährt Lz nach Bad Bf., um dort einen Zug nach Norden zu übernehmen. Die wenige, nach vorn geholte Kohle läßt darauf schließen, daß sie den Zug nur bis Offenburg führen wird. Offenburger Personale bemühten sich immer, im Heimat-Bw Kohle zu nehmen, da sie dann wußten, was sie bekamen. Schließlich ist auf den zweiteiligen Ursprungsschornstein wenig haltbarer Bauart hinzuweisen, den 1957 schon kaum noch eine Lok besaß. Der Bahnhof Weil am Rhein besaß als Ausgangsbahnhof der Wiesen- und Wehratalbahn schon seit Jahrzehnten Fahrleitungen, doch im Sommer 1957 war auch die Rheintalbahn schon fast fertig elektrifiziert. Wenige Tage nach diesem Bild kam 01 1001 als Sommeraushilfe zum Bw Bebra, im Juli 1957 zum Ölumbau zur Fa. Henschel und ab Ende August 1957 stand sie als Öllok in Osnabrücker Diensten – Ereignisse von nur vier Monaten! AUFNAHME: GERHARD GRESS

Bemerkenswerteste Leistungen waren für Bw Bebra die Durchläufe Würzburg – Hannover (356 km) vor FD 289/290 sowie Frankfurt – Hannover (352 km) vor D 275/276 und für Bw Hagen-Eck die Beförderung von D 30 zwischen Braunschweig und Aachen (418 km).

Die Paderborner Gruppe 01 1001, 1053-1059 setzte man im April 1952 geschlossen nach Offenburg um und tauschte sie gegen die dort beheimateten 03^{10}.

Zeitraum 1955 bis 1967

Die Lokzuteilung am 30. Juni 1955:

Bw Bebra (16)	01	1052, 1062, 1063, 1070-1072, 1077, 1081, 1082, 1084-1087, 1090, 1093, 1094
Bw Hagen-Eck (12)		1064, 1069, 1073-1075, 1078, 1079, 1083, 1088, 1089, 1091, 1092
Bw Kassel (11)		1095-1105
Bw Osnabrück Hbf (7)		1060, 1061, 1065, 1066, 1068, 1076, 1080
Bw Offenburg (8)		1001, 1053-1059

Im Sommerfahrplan 1955 wendeten Loks des

Bw Bebra	in	Altenbeken, Frankfurt (M), Fulda, Hannover, Kassel, Lübeck, Würzburg.
Bw Hagen-Eck	in	Aachen, Braunschweig, Dortmund, Göttingen, Hannover, Kassel, Köln, Münster (W), Oebisfelde (DDR), Rheine.
Bw Kassel	in	Aachen, Bebra, Frankfurt (M), Göttingen, Hagen, Hannover, Mönchengladbach, Münster, Rheine.
Bw Offenburg	in	Basel, Frankfurt (M), Heidelberg, Kehl, Ludwigshafen (Rhein), Mannheim.
Bw Osnabrück Hbf	in	Aachen, Bremen, Hamburg-Hamburg-Altona, Köln, Mönchengladbach.

Den längsten Weg vor einem Zuge legten Bebraer 01^{10} mit 557 km vor dem Saisonzug D 512 zwischen Bebra und Lübeck zurück. Beachtlich waren auch die Bebraer Durchläufe zwischen Würzburg und Hannover (356 km) vor F 53/54, D 79/80 oder D 173/174 und zwischen Frankfurt (M) und Hannover (352 km) vor D 85/86 und D 469/470. Hagen-Eckesey glänzte vor D 118 (Oebisfelde – Köln, 386 km). Osnabrücker 01^{10} strengten sich an vor F 11/12 (Aachen – Hamburg; 524 km), D 95 (Hamburg-Altona – Köln; 458 km) und D 396 (Köln – Hamburg-Altona).

Zwei Bebraer 01^{10} erreichten im Dpl. 1 durchschnittlich 893 km/Lokbetriebstag, zehn im Dpl. 2 824 km. Es folgten die Bw Osnabrück mit vier 01^{10} mit Tagesdurchschnittsleistungen von 874 bzw. 799 km, Offenburg mit sechs Loks (765 km) und Kassel mit neun (702 km).

Je nach Fortschritt der nach Norden vordringenden Elektrifizierung begann eine rund fünf Jahre andauernde Umgruppierung fast des gesamten Dampfschnellzuglok-Bestandes. Die durch den neuen Kessel enorm leistungsfähig gewordenen 01^{10} zog man bei nur noch drei Bahnbetriebswerken zusammen, die allesamt sehr schwere Züge in langen Nord-Süd-Durchläufen zu bespannen hatten.

Die Umgruppierung begann im Dezember 1954. Bis zum Juli 1955 erhielt das Bw Osnabrück Hbf acht 01^{10} des Bw Hagen-Eckesey, während dorthin gleich viele 01 aus Osnabrück abrollten. Die HVB hielt die dort beheimateten 01-Loks für nicht mehr geeignet für F-Zug-Durchläufe bis zu 524 km mit 120 km/h Plan-

Bild 354, oben
01 1059 (Bw Offenburg) rollt im April 1955 vor dem D 276, der aus neuen Leicht-Schnellzugwagen (LS-Wagen) gebildet ist, in den Badischen Bahnhof zu Basel. Erst am 4. April 1955 hat sie den neuen Kessel zweiter Bauart mit Gußschornstein erhalten. Im Zug läuft zwischen den LS-Wagen ein 3.-Klasse-Verstärkungswagen der Bauart 1928.

AUFNAHME: FRITZ SCHNEEBERGER

Bild 355
Wieder **01 1059**, nun als Lok des Bw Osnabrück Hbf, im Durchlauf zwischen Köln und Hamburg bei Sudmühle, nördlich von Münster, im Juni 1957. Kurzfristig überspannte 1956 das Netz der 01^{10}-Strecken fast die gesamte Bundesrepublik.

AUFNAHME: LUDWIG ROTTHOWE

geschwindigkeit, während es in Hagen möglich war, einen Dienstplan so aufzustellen, daß er keine Züge enthielt, die schneller als 100 km/h fuhren.

1957/58 folgte zwecks verbesserter Langlauffähigkeit der nächste Umbau: 34 Lokomotiven erhielten bei der Fa. Henschel & Sohn Ölhauptfeuerung. 01 1100 war die erste, und auch die einzige, die die Ölfeuerung gleich im Anschluß an die Neubekesselung erhielt. Die Aufstellung der Umbaudaten findet sich im Technikteil auf Seite 156.

Der Ölumbau zog die nächste Umgruppierung nach sich. Die Offenburger 01^{10} verließen das Bw bis September 1957, nachdem der Fahrdraht am 4. Juni 1957 vom Süden her Karlsruhe erreicht hatte. Die letzte Hagener 01^{10} rollte am 6. Januar 1959 ab. Schwerpunkt-Bw wurde Osnabrück Hbf.

Die Zuteilung am 31. Dezember 1958 sah so aus:

Bw Bebra	01	1052, 1061, 1071, 1077, 1081, 1084, 1085,	Öl
		1100-1105	Öl
		1070, 1072	Kohle
Bw Hagen-Eck	01	1069	Kohle
Bw Kassel	01	1053, 1056, 1062, 1086, 1087, 1090,	Kohle
		1093, 1094, 1095, 1096-1099	Kohle
Bw Osnabrück Hbf	01	1001, 1054, 1055, 1057-1061, 1063,	Öl
		1064, 1066, 1068, 1073-1076, 1079,	Öl
		1080, 1081, 1082, 1092	Öl
		1065, 1078, 1083, 1091	Kohle

Bebraer 01^{10} Öl wendeten im Sommerfahrplanabschnitt 1961 in Hamburg-Altona, Hannover, Kassel und Würzburg. Die längsten

Bild 356 – 1958 waren etliche Züge auf der Nord-Süd-Strecke noch „alt" gebildet. **01 1072** (Bw Bebra) rollt am 11. Juli 1958 ohne Anstrengung vor einem Vorzug des D 290 „Adria-Expreß" in Fuldahöfe nahe Flieden nach Süden.

Lokläufe erbrachten sie vor D 87 und D 89 zwischen Würzburg und Hamburg-Altona; während der Würzburger Wendezeit fuhren sie „die Spitze aus" bis Bamberg, Heidelberg und Stuttgart. Vor Schnellgüterzügen kamen sie bis Hamburg-Eidelstedt und Hannover-Linden. Im Sommerfahrplan 1961 standen die drei Bebraer 01^{10} des Dpl. 1 an der Spitze der km-Leistungen: 945 km je Lokbetriebstag waren zu verzeichnen.

Der Wirkungskreis der Kasselaner Kohleloks war markiert durch die Wendebahnhöfe Altenbeken, Bebra, Frankfurt (M), Gießen, Hagen, Hannover, Marburg (Lahn) und Rheine. Osnabrücker Loks waren zu beobachten in Bentheim, Bonn, Bremen, Dortmund, Düsseldorf, Essen, Hamburg-Han, Hamburg-Altona, Hamburg Hbf, Hamm, Hannover Hbf, Hengelo (NL), Köln, Münster und Osnabrück. Sie liefen vor F 11 zwischen Köln und Hamburg und in der Gegenrichtung vor D 94 und D 96 (458 km). Schnellgüterzüge beförderten sie von Osnabrück nach Hamburg-Eidelstedt, Köln-Gereon und Wanne Eickel. 881 km bzw. 841 km je Lokbetriebstag erreichten die je sechs Loks der beiden Osnabrücker 01^{10}-Dienstpläne im Sommer 1959. Im Juli 1960 war die Bebraer 01 1052 die DB-Dampflokomotive mit der höchsten Monatsleistung: 26.294 km! Im Juli 1961 erbrachte die Bebraer Öl-Lok 01 1104 27.503 km, die Osnabrücker Kohle-Lok 01 1097 25.052 km (denken Sie einen Augenblick an den strapazierten Osnabrücker Heizer, der damals für knapp 700 DM im Monat rund 5 t Kohle je Schicht bewegen mußte).

Nachdem ab 1. März 1963 bis Bebra und ab Sommerfahrplanabschnitt 1963/1964 durchgehend von Frankfurt bzw. Würzburg über Bebra – Göttingen bis Hannover elektrisch gefahren wurde,

Bild 357 – 01 1079 (Bw Hagen-Eckesey) vor E 327 Köln – Münster in Höhe des Bw Hagen Gbf (links hinten), am 3. Mai 1956. Kurze Zeit später wurden hier fast alle höherwertigen Züge auf neues Wagenmaterial umgestellt.
AUFNAHMEN (2): CARL BELLINGRODT/EK-VERLAG

Bild 358, oben
Die Zeit der „Öler“ begann gleich mit unglaublichen Monatsleistungen. **01 1084** rollt am 5. September 1958 vor D 174 Bremerhaven-Lehe – München in den Bahnhof Kreiensen am Rande des Harzes. Der schier endlose Zug, der seinen Lauf als E 174 begann, führte allein drei Kurswagen mit den Zielen Bayreuth, Bad Kissingen und Hof mit.

AUFNAHME:
CARL BELLINGRODT/EK-VERLAG

Bild 359
01 1052 (Bw Bebra), die eine Zeitlang mit alter Rauchkammertür unterwegs war, und 01 074 (Bw Treuchtlingen, mit neuer Tür) treffen im März 1959 im Würzburger Hauptbahnhof zusammen.

AUFNAHME:
J. B. KRONAWITTER,
SAMMLUNG HELMUT GRIEBL

Bild 360
01 1052 bunkert im Heimat-Bw Bebra am 7. April 1960. Noch gibt es keine Bodenbetankung, sondern nur den „Galgen“. Lokführer (im Führerhaus) und Heizer (auf dem Ölkasten) beobachten den Füllvorgang, während der Schuppenheizer auch noch den Wasserkran anstellt.

AUFNAHME:
PETER KONZELMANN,
SAMMLUNG HANS-JÜRGEN RIPPIN

Bild 361
01 1073 (Bw Osnabrück) rollt vor dem F 191 „Holland-Skandinavien-Expreß“ am 15. September 1962 über die Backsteinbögen im Oberhafen von Hamburg. Die hohen Zäune grenzen den Zollfreihafen ab.

AUFNAHME: ULRICH MONTFORT

Bild 362
Kurz vor dem Ziel muß **01 1061** (seit kurzem beim Bw Kassel) am 1. Juni 1963 vor D 74 Hamburg – Basel in Frankfurt-Bonames noch ordentlich brettern, vielleicht weil wegen Verspätung kürzeste Fahrzeit nötig ist.

AUFNAHME: JÜRGEN A. BOCK

gab Bebra von März bis Mai 1963 alle Ölloks nach Kassel ab, im Mai 1963 die Kohleloks nach Osnabrück (01 1053) und Kassel (01 1070, 1072). Kassel fuhr noch nach Gießen, Hagen und Hamm/Münster. Kassel besaß allerdings zuviele 01^{10}, so daß der Kasselaner Bestand nach und nach zu Gunsten des Bw Osnabrück vermindert wurde; 01 1090 gelangte im September 1964 zum BZA Minden. Durch die Elektrifizierung Kassel – Göttingen im September 1964, Frankfurt (M) – Gießen im Mai 1965 und Bebra – Kassel im Sommer 1966 wurde der Kasselaner Wirkungskreis weiter eingeschränkt. Den Einsatzraum der Osnabrücker Maschinen verkleinerten die Elektrifizierungen Essen – Köln am 27. Mai 1962, Wuppertal – Hamm am 29. Mai 1964 und Haltern/Hamm – Osnabrück Hbf am 25. September 1966.

In Kassel wurde unsere Lok nach der Aufnahme des durchgehenden elektrischen Betriebes zwischen Frankfurt und Kassel (März 1967) weitgehend entbehrlich.

Am 1. April 1967 erfolgte deshalb die nächste Umschichtung der Reihe 01^{10}. Der auf Kosten von Kassel und Osnabrück Hbf in Hamburg-Altona aufgebaute Bestand an ölgefeuerten 01^{10} löste auf den Strecke nach Westerland, Kiel und Flensburg die nach und nach abgestellten 03 und teils auch die V 200 ab. Acht Hamburg-Altonaer Öl-01^{10} erbrachten im Sommer 1967 eine Durchschnittsleistung von 607 km je Lokbetriebstag. Osnabrück Hbf gab alle, Kassel drei Kohleloks nach Rheine. Das Bw Rheine setzte im Sommer 1967 planmäßig fünf (+ 4 Saisonloks) Kohle-01^{10} im Dienstplan 1 mit durchschnittlich 555 km je Lokbetriebstag ein. Wendebahnhöfe der Rheiner Loks waren Dortmund Hbf, Emden-West, Emden-Außenhafen, Münster Hbf und Norddeich-Mole.

1967 wurde als erste die Osnabrücker 01 1079 nach einem Unfall am 24. November 1967 auf z gestellt.

Die Beheimatung am 31. Dezember 1967:

Bw	Baureihe	Nummern	Feuerung
Bw Hamburg-Altona	01	1001, 1061, 1081, 1084, 1092, 1100-1105	Öl
Bw Kassel	01	1062, 1056, 1087	Kohle
Bw Minden	01	1090	Kohle
Bw Osnabrück	01	1052, 1054-1060, 1063, 1064, 1066, 1069,	Öl
		1071, 1073-1077, 1080, 1082, 1085, 1088,	Öl
		1089, 1079 (z)	Öl
Bw Rheine	01	1053, 1065, 1069, 1070, 1072, 1078,	Kohle
		1083, 1086, 1091, 1093-1099	Kohle

Bild 363
Die letzten echten Langläufe der BR 01^{10} endeten 1966 mit der Elektrifizierung des Südteils Wanne-Eickel – Osnabrück der Rollbahn. Im März 1966 hat **01 1075** (Bw Osnabrück) gerade im Leerlauf mit 100 km/h den Galgenbergtunnel bei Lengerich durchfahren und darf gleich den Kölner Schnellzug wieder auf 135 km/h hochziehen.

AUFNAHME: LUDWIG ROTTHOWE

Bild 364
Wenig attraktiv wirkten die Kohleloks, nachdem man seit 1966 die einteiligen Gußschornsteine durch ein von den „Ölern" stammendes Unterteil ersetzte. **01 1098**, eben aus Kassel nach Rheine umbeheimatet, im Frühjahr 1967 im Heimat-Bw „an der Kohle".

AUFNAHME: GERHARD GRESS

Bild 365
Eindrucksvolles Porträt der Kasselaner Öllok **01 1084** im Heimat-Bw am 18. Februar 1967. Nur noch wenige Wochen, dann wird ihre neue Heimat Hamburg heißen.

AUFNAHME: PETER SCHEFFLER

Bild 366
01 1090 war einige Jahre lang eine Fürstin unter den 01^{10}. Beim Lokversuchsamt Minden war sie zuständig für die Überführung von Meßwagen über lange Strecken. Buchmäßig gehörte sie zum Bw Minden, ohne allerdings eine Lok der BD Hannover zu sein. Hier wird die kalte Maschine im Heimat-Bw von einer 44 gerade ans Licht geholt, Frühjahr 1967.

AUFNAHME: GERHARD GRESS

Zeitraum 1968 bis 1975

Zum Stichtag 1. Januar 1968 erhielten die kohlegefeuerten 01^{10} die neue Bezeichnung 011, die ölgefeuerten die neue Bezeichnung 012 unter Fortfall der Tausenderziffer und Zusatz einer Computerkontrollziffer (z.B. 01 1001 → 012 001-4). Erst im Frühjahr 1969 zeichnete man die Loks auch äußerlich um. Seit Anfang 1968 durften die Öllloks keine L 3-Untersuchungen mehr erhalten, und die Kohleloks wurden gar zum baldigen Auslauf bestimmt. Als erste stellte das Bw Rheine 01 1053 im Januar 1968 ab.

Zu Beginn des Winterfahrplans 1968/1969 wurden die Loks des Mindener Versuchsamtes, darunter 01 1090, nach Lehrte (September) und alsbald weiter nach Braunschweig abgegeben. Die Aufnahme des elektrischen Betriebes zwischen Osnabrück und Hamburg am 29. September 1968 war Anlaß zur Umsetzung der Osnabrücker Ölloks 012 071, 073-077, 080, 082, 085 und 088 nach Hamburg-Altona und von 012 052, 054-060, 063, 064, 066 und 068 nach Rheine. Dem Bw Rheine verblieb im wesentlichen die Bedienung der Emslandstrecke zwischen Münster und Norddeich. 1970 rollten die beiden letzten Kasselaner 011 056, 062 nach Rheine ab. Im Sommerfahrplan 1970 setzten Hamburg-Altona 13 und Rheine acht 012 planmäßig ein. 1968- 1971 schieden sieben, acht, vier und sieben Loks aus:

HVR-Verf.	Lok-Nr.
25.05.1948	01 1067

HVB-Verf.	Lok-Nr.
12.03.1968	012 079
21.06.1968	011 053, 095
02.10.1968	011 087
	012 089
11.12.1968	011 094
03.03.1969	011 086, 099

Fortsetzung auf Seite 304

Bild 367
01 1093 (Bw Rheine) mit D 366, dem Entlastungszug für den „Nordsee-Expreß“ D 66, in Rheine Süd, wo die Güterzug-Verbindungskurve zur Strecke nach Burgsteinfurt abzweigte, 10. August 1968.

Bild 368
Unübertroffene Planleistungen des Dampfbetriebes: **01 1076** hat am 30. Juni 1968, dem ersten Ferientag in Nordrhein-Westfalen, in Osnabrück den überlastigen und verspäteten D 597 Köln – Hamburg übernommen. Hier geht sie unter ohrenbetäubendem Auspuffgeräusch die Wiehengebirgsrampe an, die in Höhe des Heimat-Bw (links) beginnt. Hinten schiebt die 110, die den Zug gebracht hat, den 15-Wagen-Zug mit an, damit die Verspätung nicht noch größer wird.

Aufnahmen (2): Hans-Jürgen-Eggerstedt

Bild 369
Beim Bw Hamburg-Altona lösten die Ölloks 1967/68 hauptsächlich Dieselloks ab, die wiederum die letzten Altonaer 03-Einsätze beendeten. Am 28. August 1968, kurz vor dem Ende des Dampfbetriebes auf der Rollbahn und der Kohlelokbehandlung im Bw Hamburg-Altona trafen sich dort aber die Bremer **03 114** und **01 1102**.

Aufnahme: Gerd Neumann

Bild 370
01 1061 (Bw Hamburg-Altona) verläßt am 9. Januar 1968 bei rund -10 °C mit P 2712 nach Hamburg den Bahnhof Glückstadt.

AUFNAHME: GERD NEUMANN

Bild 371
Nach 24 Jahren einer der letzten Einsätze Kasselaner 01^{10}: **01 1062** führte am 6. Oktober 1968 einen Sonderzug nach Seligenstadt, hier in Würzburg.

AUFNAHME: THEODOR HORN

Bild 372
Obwohl beide nur noch wenige Wochen Einsatz vor sich haben, sind **011 078** und **011 069** Anfang März 1969 im Bw Rheine mit neuen Siebdruckschildern ausgestattet worden. An der hinteren Lok hat man noch nicht einmal die alte Nummer gelöscht, denn ihr spitzziffriges Frontschild hatte diese bereits an einen Liebhaber verloren.

AUFNAHME: REIN VAN PUTTEN

Bild 373
Auch **01 1052** büßte ihre Nummernschilder schon 1967 in Osnabrück ein. Am 4. April 1969 im Bw Rheine war sie im Gegensatz zu den meisten anderen Rheiner Maschinen noch ohne EDV-Schilder.

AUFNAHME: REIN VAN PUTTEN

Bild 374
In ihren beiden letzten Einsatzstellen wurde die 01^{10} zur Seebäderlok. **012 057** wartet am 7. September 1969 in Norddeich Mole vor dem D 1334 auf Ausfahrt.

AUFNAHME:
DIPL.-ING. HERBERT STEMMLER

Bild 375, oben
Alltag auf der Marschbahn 1970: **012 080** ist mit dem E 2105 von Hamburg nach Westerland unterwegs und hat im Bahnhof Husum, damals noch mit der unter den Westwind geduckten Bahnsteighalle, von 13.43 bis 13.47 Uhr Aufenthalt. Nebenan wartet der 515 nach St.Peter-Ording Anschlußreisende ab. Die Ausfahrt steht schon.

Aufnahme: Dipl.-Ing. Herbert Stemmler

Bild 376
Im September 1971 kam **011 062** (Bw Rheine) mit einem Sonderzug des NVBS als erste ihrer Baureihe nach Amsterdam. Das Bild entstand im Bahnhof Amsterdam-Amstel am 11. September 1971.

Aufnahme: F. J. Vorstenburg

Bild 377 – 012 001 und **105**, die die BD Münster beide wegen nur knapper Kesselfristen nicht mehr haben wollte, rosteten nach dem Ende des Hamburger Dampfbetriebes eine Zeitlang im Bw Hamburg-Rothenburgsort (hier 16. Februar 1973) vor sich hin.
Aufnahme: Dierk Lawrenz

Bild 378 – Genau zwei Jahre später sah **011 062** im Bw Rheine so aus: Man plünderte sie als Ersatzteilspender, um das Leben ihrer ölgefeuerten Schwestern ohne einen möglicherweise schicksalsbestimmenden Besuch im AW Braunschweig zu verlängern.
Aufnahme (22. September 1974): Dieter Kempf

Bild 379 – 012 080 hat eben mit einem Eilzug nach Norddeich Rheine verlassen. Im Hintergrund sind noch die Stadtkirche St. Dionysius aus dem 15. Jahrhundert und die Überquerung durch die Bahnlinie Rheine – Quakenbrück zu erkennen. AUFNAHME: DR. HEINRICH BAUMANN

Bild 380 – Das Ende: Am Abend des 31. Mai 1975 stehen im Bw Rheine **012 066, 100, 075, 080, 082, 055** und ganz hinten die noch für Sonderfahrten benötigte **012 061**, letztere unter Dampf. AUFNAHME: JOACHIM SCHMIDT

10.07.1969	011	083
19.09.1969	011	069, 090, 096, 097
03.12.1969	011	078
24.06.1970	011	093, 098
27.11.1970	011	070
	012	088
09.09.1971	011	065
	012	059
15.12.1971	011	056, 091
	012	057, 076, 085

Im Laufe der Jahre 1971 und 1972 verdrängten Verbrennungsmotor-Loks der Reihe 218 die Hamburg-Altonaer 012 aus ihren Dienstplänen (Planbedarf zuletzt: vier Loks).

Rheine erhielt von Hamburg-Altona im Jahre 1971 die betriebsfähigen Loks 012 073, 074, 075, 080, 084, 092, 100 und 101 sowie zum Ende des Sommerfahrplans 1972 die Loks 012 071, 077, 081, 082, 102 und 104. Die beiden z-Loks 012 001 und 105 versetzte man im November 1972 nach Hamburg Hbf.

Die Ausmusterungen ab 1972 wurden immer von der HVB (Hauptverwaltung) und anschließend von der ZTL (Zentrale Transportleitung) angeordnet

HVB-Verf.	ZTL-Verf.		
18.04.1972	21.04.1972	012	052
20.07.1972	01.08.1972	012	054, 073, 103
08.11.1972	13.11.1972	012	060
21.12.1972	22.12.1972	011	072
		012	001, 064, 074, 105
12.04.1973	25.04.1973	011	062
		012	058, 102
24.08.1973	30.08.1973	012	071, 084, 092
06.03.1974	12.03.1974	012	077
09.06.1974	24.06.1974	012	068
18.09.1974	26.09.1974	012	104
05.12.1974	10.12.1974	012	082, 101
16.05.1975	23.05.1975	012	080
16.06.1975	02.07.1975	012	055, 061, 063, 066, 075, 081, 100

Letzte Kohle-Lok war die am 22. Februar 1973 beim Bw Rheine abgestellte 011 062, letzte Öl-Lok die am 16. Juni 1975 z-gestellte 012 061. Die Abstellungen häuften sich nach Elektrifizierung der Strecke Münster – Rheine im Mai 1972. Die letzte Planleistung erbrachte 012 100 am Abend des 31. Mai 1975 vor dem Eilzug 3260 (Norddeich Mole – Emden).

Die Ausmusterungen verteilen sich auf die Jahre:

Jahr	Kohle	Öl
1948	1	
1968	4	2
1969	8	-
1970	3	1
1971	3	4
1972	1	9
1973	1	5
1974	-	5
1975	-	8

Zehn der 55 Lok blieben erhalten, darüber hinaus eine komplette Fahrwerksseite der 01 1080 im Bahnhof Hamburg-Altona, ein Kuppelradsatz im ehemaligen AW Braunschweig und mehrere Treib- und Kuppelräder der 012 055 als Denkmal in Bad Harzburg.

Zwischen März 1975 und Februar 1976 baute das AW Braunschweig aus Tendern von 011, 012 und einem 45-Tender Brückenbelastungswagen mit den Nummern 973 5 107 – 130 um. Dafür entfernte man den Aufbau und ersetzte ihn durch Schienenstapel. Die Wagen wogen auf diese Weise je nach Zuladung zwischen 82 und 87 t. Ein weiterer gleichartig umgebauter Tender wurde im AW Braunschweig „Kranbelastungswagen 1", so daß es 25 Tenderumbauten gab. Nachgewiesen allerdings ist nur der Umbau folgender Tender (Letztkupplung): 011 062, 072, 012 054, 058, 071, 073, 076, 077, 084, 101, 45 023. 1989 waren die 24 Wagen den Direktionen Essen, Hannover, München, Nürnberg und Stuttgart zugeteilt. Ende der neunziger Jahre musterte die DB alle Fahrzeuge aus.

Die Baureihe 01^{10} in Farbe

Bild 381
Noch im Sommer 1940 warb die BMAG in der „Lokomotive“ mit dem Zeeden-Gemälde von **01 1001**, nun durch Übermalung diverser Details wie Windleitbleche, Fabrikschild, Hoheitsschilder, Lampenform und Zierleistenanordnung auf den aktuellen Stand gebracht. Eine letzte, wohl nicht von Walter Zeeden und recht laienhaft angebrachte Veränderung zeigte den ab 1941 durchgeführten Triebwerksausschnitt.

ABBILDUNG: SAMMLUNG STEFAN LAUSCHER

Bild 382
Im Frühling 1940 gingen die sechs mit Rollenlagerstangen ausgerüsteten Loks **01 1100 – 1105** bei der BMAG in die Endmontage. Die starken Radkörper und Stangen wirken schon beeindruckend! Ganz links an der letzten Kuppelachse ist der Antrieb des Bremskraftverstellers zu erkennen.

Bilder 383 und 384
Zwei der ganz raren Farbfotos von Stromlinien-01^{10}: **01 1071** des Bw Hannover hat im Mai 1940 gerade den Bahnhof Bielefeld verlassen und strebt auf den Köln-Mindener Bahn dem Ruhrgebiet entgegen. Die beiden westlichen Gleise sind eine eigene zweigleisige Strecke nur für den Güterverkehr der verkehrsreichen Magistrale.

AUFNAHMEN:
SAMMLUNG DES HISTORISCHEN MUSEUMS BIELEFELD

Bild 385
Da von der Altkessel-01^{10} keine Farbfotos bekannt sind, stehe für diese kurze Epoche die **01 1095**, die 1953 einen 01-Kessel erhielt, den übrigen Altkesselmaschinen aber äußerlich glich und einen Neubaukessel erst 1962 erhielt. Das Bild aus dem Bahnhof Hamm stammt vom Mai 1959.

AUFNAHME: ROLF HAHMANN

Bild 386
01 1061 hat im Januar 1954 im AW Braunschweig einen Neubaukessel erhalten. Wenige Tage später entstand dieses Paradebild der neuwertigen Lok neben dem Heimat-Bw Hagen-Eckesey.

Bild 387, rechts
Erste Neubaukessellok war die Hagener **01 1060**, die am 4. Dezember 1953 in Dienst ging. Nur auf den ersten Bild entsprach die Maschine dem Aussehen der sechziger Jahre: Ovaler (vgl. mit dem oberen Bild), zweiteiliger Schlot, Gleitlagerstangen, zwei hohe Sandkästen, ein Gummiwulst zwischen Tender und Führerhaus fehlt…

Bild 388, unten
Im Frühling 1956 befördert die Osnabrücker **01 1073** den noch komplett aus Altbauwagen bestehenden D 94 Hamburg – Köln. Am nördlichen Stadtrand von Hagen fädelt sich die Strecke aus Bochum ein. Im Herbst 1957 erhielt auch diese Maschine eine Ölfeuerung.

Aufnahmen (3): Carl Bellingrodt

Bild 389 – Im Jahr 1956 verläßt **01 1060**, auch sie ab 1957 eine Öllok, den Bahnhof Hagen Hbf nordwärts. Nach zweieinhalb Jahren Einsatz mit dem neuen Kessel hat sie bereits einen einteiligen Gußschornstein erhalten. AUFNAHME: HELMUT SÄUBERLICH (BD WUPPERTAL)

Bild 390 – 01 1070 des Bw Bebra erhielt als letzte 01^{10} im November 1956 einen Neubaukessel, und gleichzeitig einen von der BR 45 stammenden Tender, den die Fa. Henschel versuchsweise mit Kohlenraum-Abdeckklappen ausgerüstet hatte. Im Mai 1957 fährt die Maschine aus dem Bahnhof Bebra nach Norden aus.

Aufnahme: Carl Bellingrodt, Sammlung Rolf Hahmann

Bild 391 – 01 1105 (Bw Bebra) wirkt durch den kranzförmigen Schornsteinaufsatz fremd, keinesfalls aber elegant. Vor D 383 beschleunigt sie nördlich von Würzburg bei Karlstadt. Im Maintal ist Ende April 1958 bereits der Frühling eingekehrt.

Aufnahme: Carl Bellingrodt

Bild 392 – 01 1069 des Bw Osnabrück verläßt im bitterkalten Winter 1958/59 den Bahnhof Hamburg-Dammtor vor einem Leicht-Schnellzug und wird gleich ihr Ziel, den Bahnhof Altona erreichen. AUFNAHME: WALTER HOLLNAGEL, SAMMLUNG GERD NEUMANN

Bild 393 – 01 1064 (Bw Osnabrück Hbf) rollt im Frühjahr 1963 vor dem F 192 „Skandinavien-Holland-Expreß“ vor dem Bahnhof Rotenburg über die Brücke über die Wümme. Zur Verstärkung ist vorne ein ehedem polnischer Hechtwagen der alten 3. Klasse eingestellt. AUFNAHME: DETLEF LUCKMANN

Bild 394 – Noch ein zweites Bild vom F 192, nun mit der Osnabrücker **01 1058** und in fast ganzer Länge. Im Sommer 1961 war der Zug noch aus Altbauwagen gebildet, ganz vorne ein 2. Klasse-„Bullenkopf" der NS. Beim Block Powe bei Ostercappeln beginnt die nördliche Wiehengebirgsrampe, den die Lok mit dem schweren Zug nicht im Schwung nehmen wird.
AUFNAHME: CARL BELLINGRODT, SAMMLUNG HELMUT DAHLHAUS

Bild 395 – Unverfälschte Bw-Stimmung der dreißiger Jahre strahlten viele Jahre später noch die Anlagen des Bw Kassel Bahndreieck aus. Im Sommer 1963 steht die dort beheimatete **01 1086** auf der Drehscheibe, während hinten eine Öllok von der Tankstelle kommt. AUFNAHME; SAMMLUNG HESSENCOURRIER

Bild 396 – Vor dem D 73 Basel – Hamburg-Altona dampft **01 1100** (Bw Bebra) im Winter 1961/62 durch Kassel-Wilhelmshöhe. Der Zug ist noch größtenteils aus schweizerischen Altbauwagen gebildet. AUFNAHME: SAMMLUNG HESSENCOURRIER

Bild 397 – Kurz vor dem Ende der Kasselaner Dampflokeinsätze auf der Main-Weser-Bahn überwindet **01 1084** (Bw Kassel) am 25. Februar 1967 die europäische Wasserscheide an der gleichnamigen Blockstelle. Wenige Wochen später war sie in Hamburg zuhause. AUFNAHME: HELMUT DAHLHAUS

Bild 398 – Dem F 191 „Holland-Skandinavien-Expreß" wurden im Mai 1965 anläßlich des Besuches der britischen Königin Elisabeth II. mehrere Sonderwagen angehängt. Frisch gereinigt prescht **01 1058** mit dem Zug in Höhe des Heimat-Bw Osnabrück Hbf die Wiehengebirgsrampe der Rollbahn gen Norden hoch. Die wegen der großen Zuglast benötigte Bremer 03 088 ist schmutzig. Vielleicht muß sie deshalb hinten laufen? AUFNAHME: JÜRGEN MUNZAR/EK-VERLAG

Bild 399 – Ebenfalls im Steigungsbereich des Wiehengebirges röhrt am 2. März 1968 die Osnabrücker **01 1088** vorbei. Es friert; alle Fenster der Lok sind geschlossen. Wenige Tage zuvor hat die Lok im AW Braunschweig eine L 2 und den Kessel der verunfallten 01 1079 erhalten. AUFNAHME: LUDWIG ROTTHOWE

Bild 400 – Vor D 394, einem der endlos erscheinenden Hamburg-Kölner Schnellzüge, läßt hier im April 1967 gerade **01 1066** des Bw Osnabrück Hbf die Rangier- und Abstellgleise des Bahnhofs Buchholz (Nordheide) hinter sich. Mehr als 79 km „freie Bahn“ liegen vor dem Lokführer, denn bis Utbremen darf er den Zug mit 135 km/h und bei Verspätung mit 140 km/h dreschen. Niemand hätte sich damals träumen lassen, daß auch 43 Jahre später diese Lok auf der Rollbahn ähnlich lange Sonderzüge befördern würde! AUFNAHME: HELMUT DAHLHAUS

Bild 401 – Gemächlicher ging es gleichzeitig auf der Emslandstrecke Münster – Rheine – Emden zu. Dort hatte die 01^{10} Kohle von der 01 das Zepter übernommen. Die Strecken-Höchstgeschwindigkeit allerdings lag nur bei 110 km/h. Das sieht man der Rheiner **01 1093**, die auf diesem herrlichen Bild mit einem Eilzug bei Greven beschleunigt, nicht an. Ein halbes Jahr noch, dann wurden diese Loks durch Osnabrücker Öler ersetzt, obwohl sie technisch viel besser erhalten waren als jene. AUFNAHME: HELMUT DAHLHAUS

Bild 402
01 1076 war am 9. April 1967, als sie vor dem markanten Beton-Wasserturm des Bw Hamburg-Altona Wasser nahm und Heizöl bunkerte, noch in Osnabrück beheimatet. Nach der Elektrifizierung der Rollbahn Ende September 1968 war sie weiterhin hier anzutreffen, nun aber auch hier beheimatet.

AUFNAHME: MAX R. DELIE

Bild 403, unten
Auch das Bw Hamburg-Altona bespannte ellenlange und dennoch sehr schnelle D-Züge. Hier ist es im August 1971 der „nur" 400 t schwere D 436 Westerland – Köln, mit dem die Altonaer **012 101** gerade die Insel Sylt hinter sich läßt und als Abschiedsgruß einen ölfetten „Rohrbläser" ins Watt setzt – heute undenkbar.

AUFNAHME: HELMUT DAHLHAUS

Bild 404 – Kurz vor dem Ende der Kasselaner Planeinsätze mit 01^{10} ist **01 1056** mit einem abendlichen D-Zug im heimischen Kopfbahnhof angekommen. Nur den drei kohlegefeuerten Maschinen 01 1056, 1062 und 1087 verblieb als 10er-Ersatz und für den Messeverkehr nach Hannover noch eine letzte Daseinsberechtigung bis zum Frühjahr 1968.

AUFNAHME: SAMMLUNG HESSENCOURRIER

Bild 405 – Im August 1968 standen die Rheiner Kohle-01^{10} kurz vor der Ablösung. **01 1078** steht in Norddeich-Mole abfahrbereit vor dem D 66 nach Köln. Vergleicht man es mit der heutigen Szenerie, wirkten Straßenverkehr, Parkmöglichkeiten und Touristenandrang richtig beschaulich.

AUFNAHME: LUDWIG ROTTHOWE

Bild 406 – Wie ein Wirbelsturm bricht am 2. September 1972 die **012 071** mit dem leichten Samstagsschnellzug D 637 bei Glückstadt in die Stille des Wochenendmorgens hinein – und wenige Sekunden später verhallt ihr Grollen schon am Horizont. Aufnahme: Gerd Neumann

Bild 407 – Bahnhof Hamburg-Altona, August 1971, 16.10 Uhr: Links steht **012 100** mit D 674 nach Westerland abfahrbereit, rechts 012 082 vor einer weiteren 012 mit dem E 588 nach Kiel. Planmäßig gab es diesen Leervorspann erst ab Ende September 1971. Zu diesem Zeitpunkt aber war 012 100 bereits beim Bw Rheine. Aufn.: Peter Driesch, Sammlung H. Ott

Bild 408 – 012 075 hat mit E 2109 Westerland – Hamburg-Altona am 18. Juli 1971 soeben das im Zuge der Erhöhung der Streckengeschwindigkeit auf 1.000 m Abstand versetzte Deckungsvorsignal der Eiderbrücke passiert. Nach dem Halt in Friedrichstadt befindet sich der Zug noch in der Beschleunigung, darf hier aber bis hinter der Klappbrücke nur 90 km/h fahren.
AUFNAHME: DIETMAR FALK

Bild 409 – Wieder ein Sprung zur anderen Seebäderbahn: **012 066** präsentiert sich am 3. April 1975, kurz vor dem Ende der 012, zwischen Marienhafe und Abelitz vor dem schnellen D 715 aufs Eindrucksvollste.
AUFNAHME: WILHELM SCHULZ

Bild 410, oben
Die letzten Aufnahmen sollen an das Ausbesserungswerk Braunschweig erinnern, das von 1940 bis 1975 nahezu ununterbrochen die Betriebsfähigkeit der BR 01^{10} sicherzustellen hatte. **01 1075** ist hier nach einer L 2 mit Neubereifung vor Bremslok 18 505 am 2. Juli 1963 im Bf. Meinersen zu sehen. Die nach 1945 kaum noch belegte Rennbahn Hannover – Stendal – Berlin benutzte man gerne für die schnellen Lastprobefahrten.

AUFN.: DIPL.-ING. HORST TROCHE

Bild 411, rechts
Reges Treiben herrscht am 20. November 1970 in der Richthalle des AW Braunschweig beim Zusammenbau der Rheiner **012 068**, die nach einem Unfall eine L 0.9 erhält.

AUFNAHME: ROLF WIESEMEYER

Bild 412
Mit 120 km/h und sechs Ballasttendern, entsprechend rund 400 t Zuggewicht, fährt **012 063** (Bw Rheine) am 28. Februar 1973 nach einer Schnellfahrt auf der alten Berliner Bahn über die Strecke Lehrte – Helmstedt wieder nach Braunschweig zurück. Sie hat eine L 2 erhalten, ihre letzte.

AUFNAHME: ROLF WIESEMEYER

Bild 413
Nach einem Schaden des Mitteltriebwerks mußte **012 081** des Bw Rheine vom 20. Februar bis zum 20. März 1974 im AW Braunschweig nach Schadgruppe L 0.2 aufgearbeitet werden. Nachdem man sie am 4. März 1974 ausgeachst hat und nun beim Abbauen der schadhaften Teile ist, liegt immer noch die zerstörte Mitteltreibstange auf dem Umlauf. Hinter der Lok steht übrigens die am 10. Januar 1974 mit einem losen Treibachs-Radreifen im Werk eingetroffene, aber nicht mehr reparierte 012 068.

Bild 414
Die letzte L 2 mit H 2.1-Kesseluntersuchung einer Lok unserer Baureihe erhielt **012 066** vom 20. Dezember 1973 bis zum 7. Februar 1974. Nur in diesem Umstand war es zu verdanken, daß sich 1975 die Ulmer Eisenbahnfreunde für sie entschieden. Das Bild zeigt die Lok am 7. Februar 1974 bei der Abholung durch Rheiner Personal.

Bild 415
Nachdem **012 081** abermals ihr Mitteltriebwerk zerstört hatte, mußte das AW Braunschweig sie als letzte DB-012 doch noch reparieren, weil sonst der bestehende Umlaufplan nicht mehr zu erfüllen war. Die Maschine erhielt vom 20. August bis zum 17. September 1974 eine L 0.9 und den Tender der mittlerweile z-stehenden 012 068. Hier ist die Lok am 10. September 1974 beim Probeheizen und ersten Bewegungsversuchen vor der Richthalle zu sehen.

AUFNAHMEN (3): CHRISTIAN ERNST

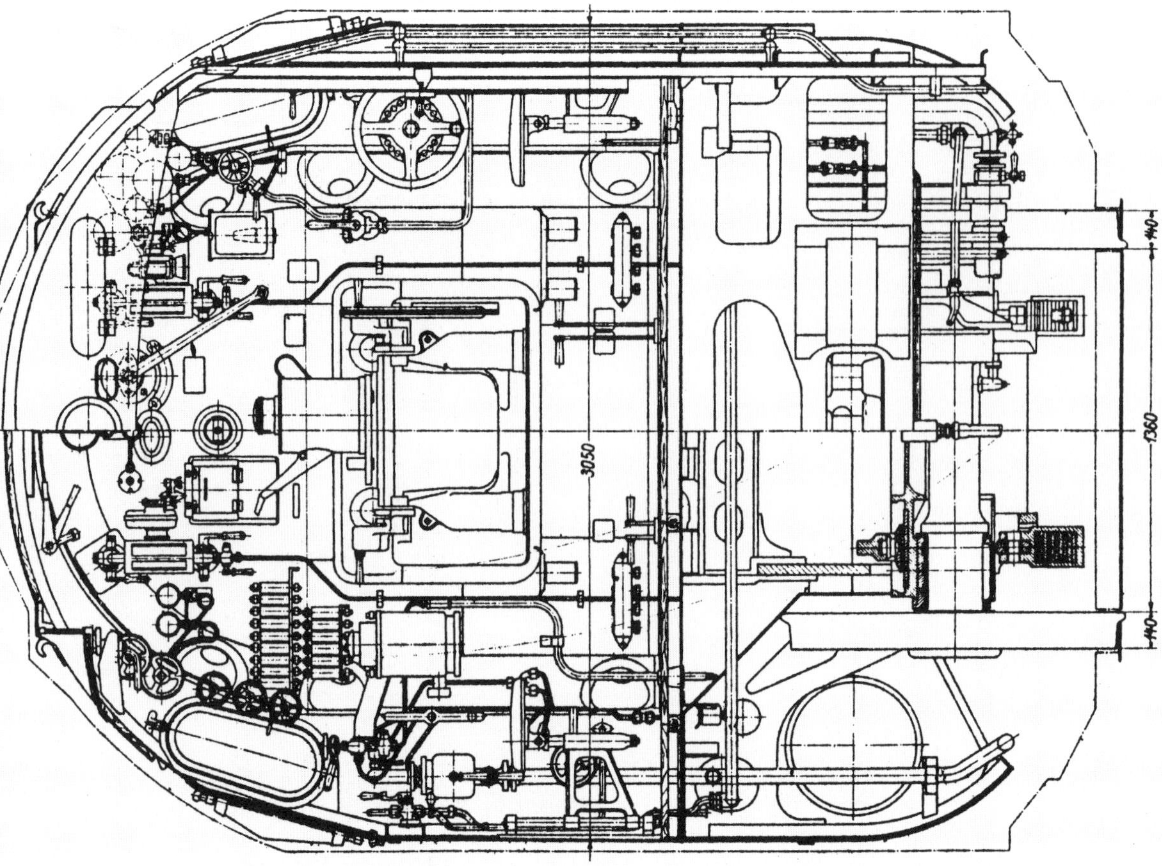
3050
140
1360
140

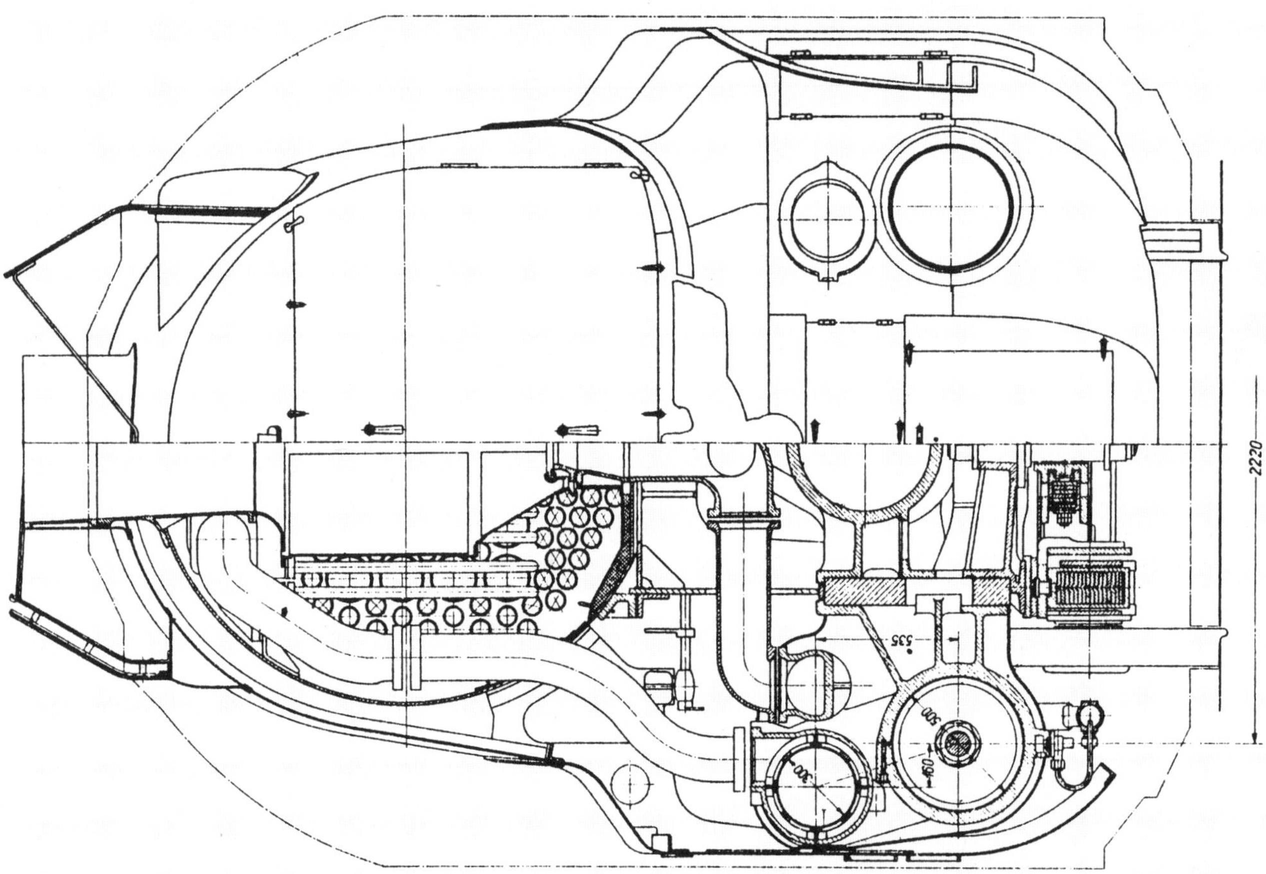
2220
535
500
300